环境修复技术丛书

污染场地地下水的原位化学氧化修复技术

In Situ Chemical Oxidation for Groundwater Remediation

［美］R. L. Siegrist　M. Crimi　T. J. Simpkin 编

廖晓勇 等◎译

U0216257

电子工业出版社

Publishing House of Electronics Industry

北京 · BEIJING

版权贸易合同登记号　图字：01-2015-4560

图书在版编目（CIP）数据

污染场地地下水的原位化学氧化修复技术 /（美）R. L. 西格里斯特（R. L. Siegrist），（美）M. 克里米（M. Crimi），（美）T. J. 辛普金（T. J. Simpkin）编；廖晓勇等译 . —北京：电子工业出版社，2022.10
（环境修复技术丛书）
书名原文：In Situ Chemical Oxidation for Groundwater Remediation
ISBN 978-7-121-32952-4

Ⅰ . ①污⋯　Ⅱ . ①R⋯②M⋯③T⋯④廖⋯　Ⅲ . ①场地—地下水污染—污染防治　Ⅳ . ① X523

中国版本图书馆 CIP 数据核字（2017）第 262170 号

责任编辑：李　敏
印　　刷：天津千鹤文化传播有限公司
装　　订：天津千鹤文化传播有限公司
出版发行：电子工业出版社
　　　　　北京市海淀区万寿路 173 信箱　邮编：100036
开　　本：787×1 092　1/16　印张：21.5　字数：922 千字　插页：116
版　　次：2022 年 10 月第 1 版
印　　次：2022 年 10 月第 1 次印刷
定　　价：288.00 元

凡所购买电子工业出版社图书有缺损问题，请向购买书店调换。若书店售缺，请与本社发行部联系，联系及邮购电话：（010）88254888，88258888。
质量投诉请发邮件至 zlts@phei.com.cn，盗版侵权举报请发邮件至 dbqq@phei.com.cn。
本书联系方式：limin@phei.com.cn 或（010）88254753。

本书翻译委员会

组　　长：廖晓勇

副组长：李　尤

组　　员：曹红英　吴泽赢　杨雪晶　赵　丹　阎秀兰

　　　　　卫皇曌　刘琼枝　费　杨　刘培娟　李先如

　　　　　龚雪刚　刘秋辛　杨　坤　单天宇　马　磊

　　　　　卢臻滢　刘楚琛　邵金秋　马　栋　张　荣

随着我国城市发展和产业结构调整，工业企业遗留场地地下水污染问题逐渐暴露。由于其对人类健康的危害和水资源安全的威胁，引起了政府的高度重视和民众的广泛关注。我国国家层面的污染场地地下水修复工作始于"十一五"期间，由于地下水污染的隐蔽性、复杂性和难以控制等特点，近年来，该领域的科技进步与发展虽然较快，但技术储备仍不能满足国内迫切的社会和市场需求。2016年，国务院印发的《土壤污染防治行动计划》明确提出，要引进消化国际上土壤与地下水污染治理先进技术和管理经验。

原位化学氧化技术具有修复效率高、反应速度快、操作简便等优点，已成为污染场地地下水修复的重要工程技术之一，在国际上广泛应用于有机污染地下水修复。国内也开始有部分工程案例尝试采用化学氧化修复方案，但技术水平有较大的发展空间。考虑到国内尚未有系统的化学氧化修复著作，为促进化学氧化修复技术在国内的发展与应用，译者推荐这一本非常全面、专业的工具书。本书囊括了化学氧化修复的理论基础、氧化剂的作用机理、化学氧化修复的详尽设计和实施步骤、化学氧化修复与其他修复技术联用方法实践、修复费用等，本书从实践中总结经验教训，提出化学氧化修复理论和技术发展方向。

译者水平有限，错误在所难免，请广大读者批评指正。

译者

2021 年 8 月

20世纪70年代末至80年代初，美国开始设法解决过去对有毒有害化学物质处置行为不当导致的遗留问题。1980年的《综合环境反应、补偿与责任法案》通常被称为《超级基金法》，是美国为解决遗留污染场地问题而制定的法律。作为美国最大产业组织的美国国防部（DoD）也意识到了遗留污染场地的问题。美国陆军、海军、空军和海军陆战队设施、驻地、生产点、船厂和仓库的历史运行已经导致了大范围的土壤、地下水和沉积物污染。在《超级基金法》的支持下，美国开始修复那些被私营部门废弃或忽视的严重污染场地。20世纪70年代中期，美国国防部开始了他们的修复计划。1984年，他们又开始实施国防环境恢复项目以评估和修复污染场地。1986年，美国国会修改了DERP，并指示国防部长实施一项新型修复技术的研究、开发和示范项目。

根据1994年美国国家研究委员会报告"为了修复行动的开展，对危险—废弃场地进行排名"，对于利用现有技术进行场地修复的成本和可持续性的早期评估是很乐观的。1980年，早期评估预测，清理一个超基金场地的平均费用仅为360万美元，大约有400个场地需要修复。美国国防部对于清理他们管辖范围内的污染场地费用的初步评估也是很乐观的。1985年，美国国防部假定有400～800个潜在场地需要修复，预计清理这些污染场地将会花费50亿～100亿美元。但是，1995年，投资在环境修复上的费用超过了120亿美元，预计完成这些场地修复所需成本超过200亿美元，污染场地的数量已经超过20000个。到2007年，在支出费用超过200亿美元后，预计属于DoD责任范围内的污染场地的传统清理（不包括未爆炸炸药等军用应对项目）的费用仍然超过了130亿美元。为什么低估了清理这些污染场地的费用？因为所有的这些评估都是基于假设现有的修复技术足以完成任务，拥有修复这些场地所需的科学、工程知识和工具，并且了解关于化学物质的全部作用行为。

然而，他们很快就意识到，要解决越来越多复杂的环境污染问题，包括地下水中的燃料和氯化溶剂污染、地下的重质非水相液体污染等，这些治理技术是远远不够的。1994年，在《地下水清理备选技术》文件中，美国国家研究委员会清楚地指出，为了清理地下水，美国已经进行了长达 15 年的失败试验，以往的地下水抽出—处理技术，在修复污染含水层时经常是无效的。美国国防部需要更好的技术来清理他们的污染场地，而更好的技术只能基于对地下及相关的化学、物理和生物过程在科学和工程上更深入的理解。为了以合理的成本修复美国国防部管辖的场地，他们委任战略环境研究与发展计划（SERDP）、环境安全技术认证计划（ESTCP）这两个组织来开展相关技术的研究、开发和示范工作。

1991 年，《国防授权法》授权 SERDP 为美国国防部、美国能源部、美国环境保护署的合作伙伴，它的任务是"通过基础技术的支持、应用研究及开发，帮助解决美国国防部和美国能源部关注的环境问题，让这些部门更好地履行其环境义务"。SERDP 的创建是为了结合全美国的能力和资产，以应对美国国防部面临的环境挑战。同样，SERDP 是美国国防部的环境研究和发展项目。为了解决陆军、海军、空军、海军陆战队面临的最高优先级问题，SERDP 关注跨服务需求及高风险、高回报的解决方案，以解决美国国防部最棘手的环境问题。SERDP 的章程允许其在广泛的研究和发展领域进行投资，从基础研究到应用研究，再到勘探开发。SERDP 认为，所有的研究，无论是基础研究还是应用研究，当专注于关键技术问题时，均可以在短期内影响环境管理。

另一个美国国防部合作组织——ESTCP，作为美国国防部的环境技术示范和认证项目，建于 1995 年。ESTCP 的目标是识别、演示和转化解决美国国防部最高优先级环境需求的技术。该项目推进新型的、低成本的环保技术在美国国防部设施和场地进行示范。这些技术通过提高效率、降低不利因素或者节省成本，在投资方面获得了较高的回报。目前，这些低成本的技术对美国国防部满足环保要求操作方面的影响是很显著的。创新技术既能降低环境修复的成本，又能降低国防部运营对环境的影响，同时还能增强军事储备。ESTCP 的策略是选择实验室能够广泛应用于 DoD 场地的技术，把国防部场地作为测试床。通过支持对创新环保技术的严格测试和评估，ESTCP 可获得经过验证的这些技术的成本和性能信息。通过这些努力，新的技术最终获得了终端用户和监管机构的认可。

在 SERDP 和 ESTCP 成立的 15～19 年内，它们在创新的、更具成本效益的环境修复技术的研发方面已经取得了许多进步。对于难以应付的环境污染问题，没有有效的技术是很难进行处理的。然而，新开发的技术不会被很快地广泛应用于政府或行业，除非工程咨询团体拥有设计、成本、市场方面的知识和经验能够应用它们。

为了帮助完成新开发技术的转移，SERDP 和 ESTCP 组织了环境修复技术方面的专著的出版，这些专著都是由每个学科领域的权威专家撰写的。每卷都可为专业人员提供所需的过程设计和工程方面的背景，这些专业人员通常都经过了高级培训，且拥有 5 年或者 5 年以上的经验。这一系列专著的第一卷《地下水中高氯酸盐的原位生物修复》，为高氯酸盐修复提供了至关重要的指导，第二卷《氯代溶剂污染源区修复》，提出了目前应用于解决氯代溶剂污染这一最顽固的污染问题的各种物理、化学及生物技术；第三卷《污染场地地下水的原位化学氧化修复技术》，描述了原位化学氧化修复（ISCO）这一新兴技术的原理和应用。随着新技术的不断形成及应用，相关的内容将会被写成新的卷包含在丛书内。

基于 10 年的集中研究、发展、示范及从商业化的实际应用中积累的经验教训，本卷提供了最新且全面的关于地下水原位化学氧化修复原理和应用的描述。本卷是基于 ESTCP 项目 ER-0623 的成果《地下水的原位化学氧化修复——技术实践手册》而完成的。

本书的目标读者包括选择、设计和操作原位化学氧化修复技术系统的修复专业人员、决策者、执业工程师和科学家们，以及试图改善当前先进技术的研究人员。本书的主题包括：

- 地下水污染、场地修复，以及当前原位化学氧化技术实践（见第 1 章）；
- 化学氧化的基础，过氧化氢、高锰酸盐、过硫酸盐、臭氧等氧化剂的使用，它们与目标污染物的反应，以及它们与天然存在的地下介质的交互作用（见第 2～5 章）；
- 原位化学氧化过程中氧化剂的迁移与转化，以及支持 ISCO 应用的可用数学模型（见第 6 章）；
- ISCO 与其他修复技术的联合，包括原位生物修复技术和监测条件下的自然衰减技术（见第 7 章）；
- ISCO 应用的评价、性能达标情况，以及吸取的教训（见第 8 章）；
- ISCO 的设计和实施，包括技术筛选、方案设计、详细设计和计划，以及实施和性能监控（提供了程序、流程及工具的举例，见第 9 章）；
- 场地特征描述，用于场地概念模型的构建、修复目标，以及 ISCO 应用终点的确定（见第 10 章）；
- 氧化剂传输、应急计划（见第 11 章）、ISCO 系统的性能监测（见第 12 章）；
- ISCO 技术的费用和持久性（见第 13 章）；

• ISCO 理论改进、技术发展及应用所需的知识和研究方面的缺口（见第 14 章）。

本书每章的技术部分都经过相关领域一位或多位专家的全面审核。编辑者和每章的作者共同完成了这本书，希望本书能为那些污染地下水修复的决策者，以及参与研究、开发先进的地下水原位修复技术的工作人员提供有用的参考。

SERDP 和 ESTCP 致力于开发创新技术来降低修复成本，解决过去的操作和工业实践导致的土壤、地下水及沉积物污染问题。编者也坚定地致力于这些技术的广泛传播，以确保组织的投资能够持续地产生效益，不仅为美国国防部，也为整个美国。通过本系列丛书，编者希望为更广泛的修复团体提供最新的知识和可用的工具，以鼓励这些技术全面、有效地应用。

Jeffrey A. Marqusee

PhD Executive Director, SERDP and ESTCP

Andrea Leeson

PhD Environmental Restoration Program Manager, SERDP and ESTCP

Robert L. Siegrist

Siegrist博士是科罗拉多矿业大学环境科学与工程学院教授和前任院长，毕业于威斯康星大学，在该校土木工程系获得学士和硕士学位，在环境工程系获得博士学位。在1995年进入科罗拉多矿业大学之前，Siegrist博士在威斯康星大学、挪威地理资源与污染研究所、橡树岭国家实验室从事学术研究。

Siegrist博士是一位国际公认的污染土壤和地下水原位修复专家，已发表300余篇技术论文，是第一篇关于原位化学氧化修复文献——《使用高锰酸盐进行原位化学氧化修复的原理与实践》（2001年）的主要作者。Siegrist博士在世界各地举办的讲习班和会议上做过100多场特邀报告，包括美国、澳大利亚、挪威、丹麦、西班牙、希腊、罗马尼亚、尼泊尔、泰国和越南；他还担任美国环境保护署（USEPA）、美国能源部（DoE）、美国国防部（DoD）、美国国家科学研究委员会、美国政府问责局的科学和工程顾问，也曾是北大西洋公约组织委员会会员，负责研究当代社会面临的挑战问题。

Siegrist博士的专业知识和研究成果得到了广泛认可，北大西洋公约组织委员会对其在1986—2002年的任职颁发了嘉奖，获得了美国环境工程学会的环境工程师资格认证，并于2005年作为战略环境研究与发展计划（SERDP）的主要负责人得到优秀项目奖。

Michelle Crimi

Crimi博士是克拉克森大学可持续发展学院的助理教授，他的研究主要集中在污染土壤和地下水的原位修复、有机物的化学氧化和降解、原位修复对含水层质量的影响，以及人体健康风险评估方面。Crimi博士在该领域发表了大量的研究论文，并在世界各地举办的讲习班和会议上做过许多特邀报告。他是第一篇关于原位化学氧化修复文献——《使用高锰酸盐进行原位化学氧化修复的原理与实践》（2001年）的共同作者。

Crimi博士在克拉克森大学工业卫生和环境毒理系获得学士学位，在科罗拉多州立大学环境健康系获得硕士学位，在科罗拉多矿业大学环境科学与工程学院获得博士学位。

Thomas J. Simpkin

Simpkin 博士是美国科罗拉多州恩格尔伍德市美国西图公司的修复实施主管，负责协调整个公司的技术转让、污染场地特征描述及修复实施方面的发展，他还带领公司在新的工具和技术研发方面开拓创新。

Simpkin 博士在威斯康星大学土木工程系获得学士和硕士学位，在环境工程系获得博士学位，他在污染场地调查、可行性分析、修复方案设计、修复实施等领域有 24 年从业经历，对于多项修复技术拥有丰富的经验，包括原位化学氧化、客土法、生物修复等。

此外，本书还要郑重答谢 Catherine M. Vogel 的统稿和编辑工作，以及 Sherrill C. J. Edwards、Kenneth C. Arevalo、Dianna Gimon 和 Christina Gannett 在编辑和制图方面的工作。

目 录

Contents

第 1 章

原位化学氧化：技术描述和现状

Robert L. Siegrist[1], Michelle Crimi[2], and Richard A. Brown[3]

[1] Colorado School of Mines, Golden, CO 80401, USA;
[2] Clarkson University, Potsdam, NY 13699, USA;
[3] Environmental Resources Management, Ewing, NJ 08618, USA.

范围

本章综述了原位化学氧化修复技术的发展历史、基础理论、现场应用、性能预测及相关成本等。

核心概念

- 原位化学氧化（ISCO）有较长的发展和使用历史。虽然该技术还在继续研究和发展，但它已经是一种成熟的污染场地地下水修复技术，包括污染源区和污染羽修复。

- ISCO主要被用于氯代有机溶剂和石油烃类的处理，以达到减少污染源区污染物质量或将污染羽中污染物浓度降低到一定水平的目的。为了实现更严格的修复目标，ISCO通常与其他技术（如生物修复技术）或方法（监测自然衰减）联用。

- ISCO的效果差异较大，准确的场地刻画，以及氧化剂输送系统的设计，可以提高目标处理区（TTZ）受关注污染物的氧化去除率。

- ISCO的应用通常需要进行2次或3次氧化剂注入，因为一次迅速的化学氧化处理后，地下水中污染物的水平通常会出现反弹。

- ISCO工程的平均费用通常为$100/yd^3$。然而，污染特征、场地条件，或者使用的氧化剂不同，成本会有较大的差异。

- 在某一污染场地考虑应用ISCO修复技术时，要考虑一系列常见的问题（见表1.6），以及关键点（见表1.7），才能确保ISCO应用成功。

1.1 污染场地和原位修复

1.1.1 引言

工业和军事用地的地下化学物污染对人体健康和环境质量构成威胁，已成为美国及全球其他国家普遍存在的问题。20 世纪 70 年代，美国大量场地出现了有害的健康效应（包括 Times Beach、Love Canal、Valley of the Drums 等），人们才开始意识到问题的严重性。在过去的 30 年间，美国在这些高浓度污染场地的识别、调查和修复方面做了大量努力。然而，在可以预见的将来，解决数千个已知场地、新发现的历史遗留场地，以及近期发生泄漏场地的污染问题，仍然会是一个持续的挑战。未来 10 年，美国需要在清理污染场地方面付出大量的努力和资金，以保护公众健康和环境质量（见图 1.1）。

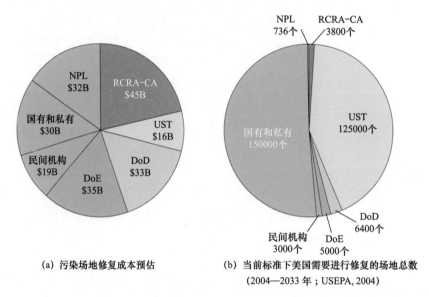

(a) 污染场地修复成本预估   (b) 当前标准下美国需要进行修复的场地总数
(2004—2033 年；USEPA, 2004)

图1.1　修复成本（总计2090亿美元）和场地数量（总计294000个）的预估，根据每个场地的平均成本，以及新发现的场地数量所得

注：NPL—美国国家优先整治名单或超级基金，RCRA-CA—《资源保护和回收法纠正行动方案》，UST—地下存储罐，DoD—美国国防部，DoE—美国能源部；民间机构—非美国国防部和美国能源部的联邦机构；国有和私有—国家强制性、自愿性场地和宗地，以及私人场地。

1.1.2 污染场地的特征

在美国，污染场地存在于各种各样的、不同规模的、从简单到复杂的设施和操作场所。这些场地包括加油站、干洗店、制造厂、产能设施、采矿场地、处置设施、核场地和军事场地等。土壤和地下水一直是最普遍的污染介质。最常见的目标污染物（COCs）是挥发性有机污染物（VOCs），它出现在很多场地中。另外，半挥发性有机污染物（SVOCs）和金属也是普遍存在的污染物。有毒物质和疾病登记机构（ATSDR）已经识别了 275 种美国 NPL 场地中常见的有害物质（ATSDR, 2009）。表 1.1 列出了 20 种化学物质（或化学基团），以及它们作为 COCs 在美国 NPL 场地中的普遍性和优先级别。其中的一些物质在很多非 NPL 场地中也普遍存在。

表 1.1　COCs 在 NPL 场地中的普遍性及其优先级别

COCs	在美国有害污染场地中的优先级别（ATSDR排名）[a]	在美国NPL场地中的普遍性[b]		美国饮用水标准（μg/L）[c]
		存在该COC的NPL场地的数量（个）	存在该COC的NPL场地的数量占总NPL场地数量的百分比	
砷	1	1149	68%	10
铅	2	1272	76%	15
汞	3	714	49%	2
氯乙烯	4	616	37%	2
多氯联苯	5	500	31%	0.5
苯	6	1000	59%	5
镉	7	1014	61%	5
多环芳烃	8	600	42%	—
苯并（a）芘	9	—	—	0.2
氯仿	11	717	50%	100
三氯乙烯	16	852	60%	5
铬	18	1127	68%	100
四氯乙烯	33	771	54%	5
五氯苯酚	45	313	20%	1
四氯化碳	47	425	26%	5
二甲苯（总）	58	840	51%	10000
甲苯	71	959	60%	1000
二氯甲烷	80	882	56%	5
1,1,1-三氯乙烷	97	823	50%	200
乙苯	99	829	49%	700

注："—"表示数据不可得。

[a]ATSDR（2009）。

[b]NPL场地中COCs的普遍性由美国环境保护署（USEPA）进行鉴定，详情可见ATSDR毒理学文档。

[c]最大污染物水平（MCLs）。

有机化合物一直是美国和其他工业国家污染场地土壤和地下水中的主要 COCs（USEPA, 1997, 2004; Siegrist et al., 2001; Kavanaugh et al., 2003; GAO, 2005）。2004 年，预测表明，美国约有 35000 个污染场地是来自地下储油罐（USTs）的石油污染。在很多 UST 场地，主要的目标污染物是 VOCs（包括苯、甲苯、乙苯、二甲苯）。除了 UST 场地，Kavanaugh 等（2003）还预测美国有 30000～50000 个场地存在地下水污染，其中 80% 为有机污染。Kavanaugh 等（2003）还估计，60% 有机化合物污染地下水中存在重质非水相液体（DNAPLs）。常见的 DNAPLs 包括三氯乙烯（TCE）、四氯乙烯（PCE，也称全氯乙烯）、氯仿和四氯化碳。DNAPLs 具有低溶解性、高密度、环境抗性（稳定性）等化学性质，可较长时间存在地下水中形成高浓度污染（Kavanaugh et al., 2003）。同样地，地下的轻质非水溶相液体（LNAPLs）（UST 场地的汽油和燃料产品）也是长期的地下水污染源。

NPL 场地和其他污染场地尽管有很多的暴露场景，现在或将来存在严重的健康风险，但基线风险主要是由迁移到可作为饮用水的地下水中的 COCs 的摄入暴露或通过蒸气入侵到建筑物中的 VOCs 的呼吸暴露所引起的（见图 1.2）。因此，修复地下水的主要驱动力仍然是减少上述暴露，保护人体健康。此外，减轻生态影响将变得越来越重要。

尽管大家都认同通过修复降低风险的价值，但关于污染物的最大安全浓度却存在分歧。关于怎样应对现在和将来都不太可能清理到安全水平的场地仍然存在相互矛盾的意见。

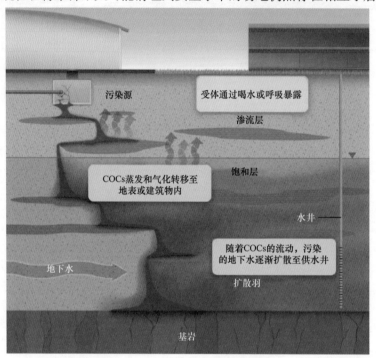

图 1.2　有机化学物质排放（图中红色部分）长期污染地下水，危害人类健康

1.1.3　场地修复方法

以前，常用的有机污染地下水修复方法是用抽提井将污染地下水抽出，然后在地表对抽出的地下水进行处理（抽出处理技术）。随着时间的推移，这种方法的性能被证实存在一定的局限性，其成本较高（Mackay and Cherry, 1989; NRC, 1994; USEPA, 1999）。基于15000 ~ 25000 个存在 DNAPL 污染场地的修复费用，Kavanaugh 等（2003）估计了实施地下水抽提系统的平均费用为 $180000/ 年，费用范围为 $30000 ~ $4000000。美国使用抽出处理技术的所有场地的年度总费用为 $27 亿 ~ $45 亿。假设修复周期为 30 年，利率为5% ~ 10%，则 DNAPL 场地修复的生命周期费用为 $500 亿 ~ $1000 亿（Kavanaugh et al., 2003）。普遍认为，单独使用抽出处理技术治理污染地下水几乎是不可能的，但抽出处理技术可以作为一种水力阻隔技术。因此，人们对于发展替代性原位修复技术和方法的兴趣明显增加（NRC, 1994; Kavanaugh et al., 2003; GAO, 2005）。

数年来，人们在有机污染物行为和迁移的科学和技术理解方面开展了大量研究，付出了大量努力，形成了基于工程和自然衰减过程的原位修复技术（NRC, 1994, 1997, 2005）。

主要的地下水原位修复技术及其优势和限制（Stroo, 2010）如表 1.2 所示。原位修复技术基于大量不同的技术原理，能够用于污染含水层的处理，以及在不同程度上用于近地表土壤及渗流区的处理。利用传质和回收等方法的技术包括土壤蒸气抽提、空气喷射或表面活性剂 / 助溶剂淋洗；利用原位破坏的技术包括生物修复或化学氧化 / 还原。随着传输方法和相关支撑技术（如土壤混合、水力破裂、土壤加热等）的发展，原位修复技术的多样性已经人大提高。

表 1.2 主要的地下水原位修复技术及其优势和限制（Stroo, 2010）

技　术	优　点	缺　点
强化还原氯化（ERD）	• 成本适中 • 能够完全去除污染物 • 灵活性高，适用于多种场地 • 适用于复合污染物 • 可与其他技术联用	• 可能生成有毒中间物 • 可能产生有毒挥发性物质 • 对水文地质条件敏感 • 可能会对水质造成影响 • 处理速率低
好氧堆肥	• 能够完全去除污染物 • 关注副产物少	• 堆肥通常会造成环境污染 • 在现场条件下难以控制进程 • 对水文地质条件敏感 • 中间体对降解微生物有毒害作用 • 现场应用较少
植物修复	• 低成本 • 高公众接受度 • 对水质指标影响小 • 可去除污染物	• 受深度和温度限制 • 过程缓慢 • 受到季节性波动影响 • 处理时需要大面积土地区域 • 可能逸出挥发性物质
监测自然衰减（MNA）	• 低成本 • 非侵入性 • 可与其他技术联用	• 去除速率极低 • 难以长期预测 • 长期监测成本高 • 有毒代谢物可能积累 • 不对污染源进行处理时极少被接受
原位化学氧化	• 成本适中（对高污染区） • 修复速率高 • 能够完全去除污染物 • 可与生物修复联用	• 稀释污染物成本高 • 氧化剂寿命短 • 存在健康和安全风险 • 在低渗透区效果不佳 • 能观察到污染物反弹 • 氧化剂会被其他物质消耗
原位化学还原	• 成本适中（使用零价铁） • 可与其他技术联用，如强化还原氯化 • 在许多场地其修复周期是经济可行的 • 能降解许多复合污染物	• 在某些场地可能会迅速钝化 • 可能会发生污染物回落 • 清洁速率低
电化学还原	• 成本适中 • 能源需求小 • 操作灵活 • 可降解大部分污染物	• 技术相对不成熟 • 受深度限制 • 在总溶解性固体含量高的场地可能不适用
原位空气喷射	• 成本低或适中（取决于蒸气处理） • 易于设计和安装	• 在低渗透区效果不佳 • 在均质或饱和液相中效果不佳 • 在深水层或浅水层均不可行 • 当存在重质非水相液体时效果不佳

场地的修复策略也发生了变化。早期基于抽出—处理的策略主要是阻隔；然而，如上所述，抽出—处理对于 NAPL 源区大量残留的污染物基本没有效果。目前，普遍认为同时或先后采用不同的修复技术相结合对于不同污染源区场地的修复更为有效（NRC, 2005）。例如，采用主动的技术（如热强化抽提或原位化学氧化修复）处理 DNAPL 源区使得采用工程化生物修复技术和渗透反应墙修复地下水污染羽成为可能（见图 1.3）。

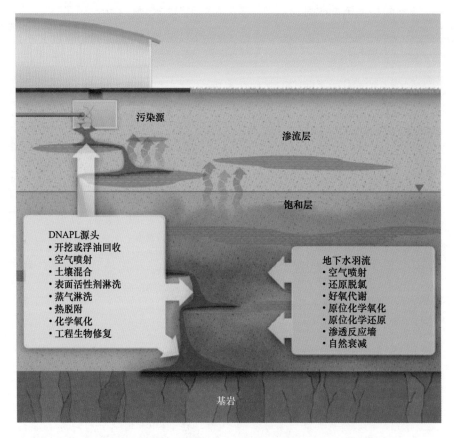

图1.3　DNAPL污染核心场地和相关地下水羽流区修复的可行性原位修复技术

注：图中红色代表DNAPL污染物。

原位化学氧化（ISCO）是多种具有成本效益的土壤地下水修复技术中的一种。ISCO 需要将化学氧化剂投加到地下以破坏有机 COCs，从而降低其对公众健康和环境质量的潜在风险。目前常用的 ISCO 氧化剂主要有过氧化氢、高锰酸钾、高锰酸钠、过硫酸钠和臭氧。

1.1.4　本书结构

本章主要对 ISCO 进行综述，包括其发展和现状、目前的成本和性能信息、从业人员和管理者在使用该技术时需要考虑的核心概念等。地下水 ISCO 修复的原理和实践的细节将在第 2 章介绍，如表 1.3 所示。虽然本书的重点是 ISCO 在地下水修复中的应用，但大量的原理和实践对于化学氧化修复在污染土壤及其他介质中的应用也是适用的。

表1.3 本书各章的主要内容

章　序	关 注 点	主要内容
第1章	原位化学氧化：技术描述和现状	原位化学氧化的特性、发展、现场应用、预期性能和成本，以及使用的注意事项
第2章	过氧化氢原位化学氧化的基础	过氧化氢的性质、反应化学、地下氧化剂的交互作用，以及对各种污染物的可处理性
第3章	高锰酸盐原位化学氧化的基础	高锰酸盐的性质、反应化学、地下氧化剂的交互作用，以及对各种污染物的可处理性
第4章	过硫酸盐原位化学氧化的基础	过硫酸盐的性质、反应化学、地下氧化剂的交互作用，以及对各种污染物的可处理性
第5章	臭氧原位化学氧化的基础	臭氧的性质、反应化学、地下氧化剂的交互作用，以及对各种污染物的可处理性
第6章	原位化学氧化相关的地下传输原理和模型	影响氧化剂在地下传输和分布的归趋和传输过程，以及分析和数据建模方法
第7章	原位化学氧化与其他原位修复方法结合原理	将原位化学氧化同时或先后与其他修复方法结合的可能性，以及确保有效结合的注意事项
第8章	原位化学氧化现场应用与性能评估	用于不同关注污染物和场地条件的原位化学氧化案例研究，清洁目标的设置、达到的效果，以及项目成本
第9章	特定场地原位化学氧化工程的系统方法	原位化学氧化的筛选、概念设计、细节设计、实施，以及性能监测的具体步骤
第10章	场地特征描述和ISCO处理目标	基于场地概念模型进行场地刻画，以正确筛选原位化学氧化方法并完善概念设计，进而实现修复目标
第11章	氧化剂传输方法和应急计划	氧化剂在地上、地下的传输方法，以及应急计划
第12章	原位化学氧化性能监测	对控制过程和性能保证进行监测
第13章	项目成本和可持续发展方面的考虑	评估原位化学氧化项目的成本，以及可持续性问题
第14章	原位化学氧化现状与发展方向	对原位化学氧化的现状，以及促进其目前和未来应用所需要的研究进行总结

1.2 ISCO 修复技术

大量的有机化学物质都能够通过与氧化剂的化学反应被氧化去除，如过氧化氢（CHP或改进的 Fenton 试剂）、高锰酸钾或高锰酸钠、过硫酸钠、臭氧等（见表1.4）。另外，还有一些新的氧化剂或氧化剂的组合，如 Peroxone、过碳酸盐和过氧化钙。关于这些氧化剂的信息较少，并且应用较少，所以本书不详细讨论。

表 1.4　用于降解有机污染物的化学氧化剂的性质

氧化剂	氧化剂分子式	商业形态	催 化 剂	活性组分
高锰酸盐*	$KMnO_4$ 或 $NaMnO_4$	粉末、液体	无	MnO_4^-
过氧化氢*	H_2O_2	液体	无、二价铁、三价铁	$OH^·$、$O_2^{·-}$、$HO_2^·$、HO_2^-
臭氧*	O_3（空气中）	气体	无	O_3、$OH^·$
过硫酸盐*	$Na_2S_2O_8$	粉末	无、二价铁、三价铁、热、过氧化氢、高 pH 值	$S_2O_8^{2-}$、$SO_4^{·-}$
过氧化物	H_2O_2 和 O_3（空气中）	液体、气体	臭氧	O_3、$OH^·$
过碳酸盐	$Na_2CO_3·1.5H_2O_2$	粉末	亚铁离子	$OH^·$
过氧化钙	CaO_2	粉末	无	H_2O_2、HO_2^-

注：带*的氧化剂是 ISCO 应用中最常见的氧化剂（详见1.3节）。

在合适的条件下，氧化剂能够产生反应性物质（见表 1.5），能够使很多 COCs（TCE、PCE 等氯代烃）、燃料（苯、甲苯、甲基叔丁基醚）、苯酚（无氯苯酚）、多环芳烃（萘、菲）、多氯联苯、炸药（如三硝基甲苯）和农药（如林丹）等转化或矿化。通过实验室的实验，已经确定了很多常见 COCs 的化学计量、反应途径和动力学过程。降解反应通常涉及电子转移或自由基反应过程，包括包含不同中间产物的简单或复杂的途径，并且符合二级反应动力学。对于不同氧化剂和特定污染物而言，使氧化剂活化产生自由基的条件不同，对介质条件（包括温度、pH 值、盐度）的敏感程度也不同。

表 1.5　与氧化剂相关的活性组分（Huling and Pivetz, 2006）

活性组分	分 子 式	标准还原电位（V）
羟基自由基	$OH^·$	+2.8
硫酸根自由基	$SO_4^{·-}$	+2.6
臭氧	O_3	+2.1
过硫酸根离子	$S_2O_8^{2-}$	+2.1
过氧化氢	H_2O_2	+1.77
高锰酸根离子	MnO_4^-	+1.7
超氧化氢自由基	$HO_2^·$	+1.7
氧气	O_2	+1.23
氢过氧根离子	HO_2^-	−0.88
超氧自由基	$O_2^{·-}$	−2.4

基于污染的性质和程度、场地条件、修复目标等，能够用于（或已经用于）现场的原位化学氧化系统的特征有显著差异（Siegrist et al., 2001; ITRC, 2005; Huling and Pivetz, 2006; Krembs, 2008）。ISCO 修复目标是在总体修复目标及基于特定场地建立的清理水平背景下确定的。ISCO 修复目标通常为以下三种中的一种：

- 使 ISCO 处理区域内的污染物浓度或质量降低一定比例（如 90%）；
- 使 ISCO 处理区域内的污染物浓度达到某一特定值（如地下固体介质中污染物的浓度 ≤ 1mg/kg，地下水中污染物的浓度 ≤ 100μg/L）；
- 使 ISCO 处理源区下游某一合规点地下水羽流中的污染物浓度达到某一特定值。

在某些情况下，必须通过将 ISCO 与其他修复技术或方法结合，才能够达到修复目标。氧化剂可以不同浓度、不同剂量，以及以液态、气态或固态等不同形式，通过不同的地下传输方式投加到地下环境中。氧化剂输送最常用的方法是通过垂直直推注入钻头，注入后渗透或通过垂直地下水井冲洗进入地下环境中（见图 1.4）；其他的输送方法还包括水平井、渗透廊、土壤混合、液压或气压破裂等。

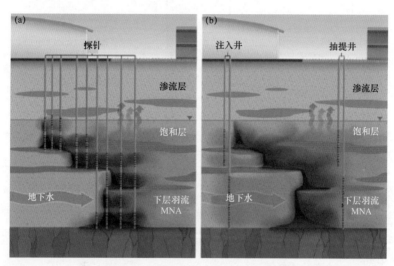

图1.4　原位化学氧化利用（a）直推探针注入或（b）井对井冲刷使氧化剂（图中蓝色部分）扩散至 DNAPL污染地下水目标治理区（图中红色部分）

Siegrist et al.（2006, 2008a）及其他由 DoD 资助的研究者完成的研究表明，ISCO 在污染地下水修复中的成功应用取决于所用氧化剂的化学反应及降解 COCs 的能力；也取决于氧化剂在地下的有效输送，以及氧化剂在特定水文地质和地球化学条件下的有效传输。氧化剂反应化学（与 COCs，以及与自然存在的有机质和矿物质）及地下传输都会影响 ISCO 的应用、COCs 的破坏及成本效益。

ISCO 的应用受地下条件的影响，包括地下水流向和流速、Eh、pH 值、温度、溶解性有机碳及氧化剂浓度等。在设计和实施 ISCO 时，应当充分考虑这些条件的影响，如图 1.5 和图 1.6 所示。

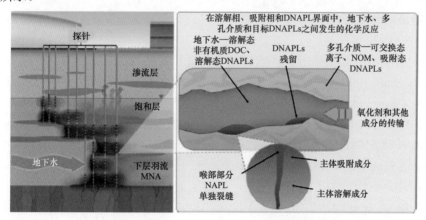

图1.5　宏观和微观表示：有机污染物污染的地下水可能存在于水相、吸附相和非水相中（Siegrist et al., 2006）

注：DOC—溶解态有机碳，NOM—天然有机质。

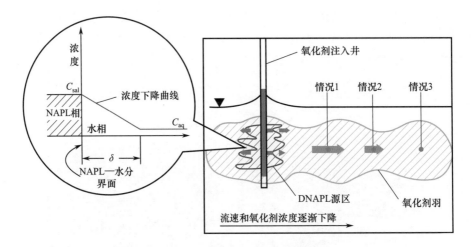

图1.6 ISCO传输方法会影响治理区内地下水的流速、氧化剂的浓度和NAPL的消耗（Siegrist et al., 2006; Petri et al., 2008a）。氧化剂注入后会有一个较大的下降趋势，如情况1有较高的流动速率和较高氧化剂浓度；情况2有较低的流动速率和适中的氧化剂浓度；而情况3的流动速率近似于地下水流速，氧化剂浓度接近0

1.3 ISCO 的发展

1.3.1 研究和发展

ISCO 是从使用化学氧化处理市政废水、工业废水和废水处理厂的有机污染物的历史中发展而来的。ISCO 发展的第一步是将地下水抽出来，置于罐状反应器中，使用化学氧化剂（如过氧化氢和臭氧）异位处理其中的有机 COCs（Barbeni et al., 1987; Glaze and Kang, 1988; Bowers et al., 1989; Watts and Smith, 1991; Venkatadri and Peter, 1993）。虽然 ISCO 的概念是在 1986 年被申请为专利的（Brown and Norris, 1986），但原位化学氧化的商业化应用最早其实是在 1984 年，人们利用过氧化氢作为氧化剂处理被甲醛污染的地下水（Brown et al., 1986）。

从 1990 年开始，研究者开始探索将过氧化氢和改进的 Fenton 试剂用于土壤和地下水修复（Watts et al., 1990, 1991, 1997; Watts and Smith, 1991; Tyre et al., 1991; Ravikumar and Gurol, 1994; Gates and Siegrist, 1993, 1995）。针对其他氧化剂，如臭氧（Bellamy et al.,1991; Nelson and Brown, 1994; Marvin et al., 1998）、高锰酸钾（Vella et al.,1990; Vella and Veronda, 1994; Gates et al., 1995; Schnarr et al., 1998; West et al., 1997; Siegrist et al., 1998a, 1998b, 1999; Yan and Schwartz, 1998, 1999; Tratnyek et al., 1998; Urynowicz and Siegrist, 2000）的研究也逐渐增加。近期，关于新的氧化剂，如过硫酸钠、过氧碳酸钠（重碳酸钠）（Brown et al., 2001; Block et al., 2004; Crimi and Taylor, 2007）等的研究使得 ISCO 技术得到了进一步发展。

与此同时，氧化剂传输方法也在不断发展，包括通过垂直探头渗透（Jerome et al., 1997; Siegrist et al., 1998c; Moes et al., 2000）、利用垂直或水平地下水井冲洗（Schnarr et al., 1998; West et al., 1997, 1998; Lowe et al., 2002）、通过土壤混合或液压气压破裂进行反应区投加等（Murdoch et al., 1997a, 1997b; Siegrist et al., 1999）。

20 世纪 90 年代和 21 世纪初期，关于 ISCO 开始有了一些案例研究报告（USEPA, 1998; ESTCP, 1999），最早的参考书（Siegrist et al., 2001）及最早的技术和管理参考手册也随之出版（ITRC, 2001）。这些资料提供了有价值的原则和方法、场地经验及监管要求。然而，这些资料并没有为确保有效的、及时的、经济的、场地特定的 ISCO 的独立应用，或与其他技术的联合应用提供最科学的知识和工程技术。因此，ISCO 的实施受到不确定的、可变的设计和应用实践的困扰。这使得在某些场地条件下和修复应用时 ISCO 的实施变得不可预计。

为了推动 ISCO 科学和工程的发展、解决 ISCO 设计和性能方面的问题，21 世纪初期 ISCO 的研发力度升级。ISCO 的巨大潜力及用户对其日益增长的兴趣（尤其是在 DoD 场地）推动了 ISCO 的研究。2002 年前后，DoD 的战略环境研究与发展计划（SERDP）及环境安全技术认证计划（ESTCP）开始了一项重大的 ISCO 研究计划。

DoD 的 ISCO 研究计划，以及其他资助研究项目中的 ISCO 研究，使人们增进了对 ISCO 的理解，对下列问题也有了更深的理解。

（1）COC 氧化化学和处理（Gates-Anderson et al., 2001; Jung et al., 2004; Qiu et al., 2004; Smith et al., 2004; Watts et al., 2005a）。

（2）氧化剂与地下介质的交互作用（Siegrist et al., 2002; Crimi and Siegrist, 2003, 2004a, 2004b; Anipsitakis and Dionysiou, 2004; Shin et al., 2004; Jung et al., 2005; Monahan et al., 2005; Mumford et al., 2005; Bissey et al., 2006; Jones, 2007; Teel et al., 2007; Sun and Yan, 2007; Sirguey et al., 2008; Urynowicz et al., 2008; Woods, 2008）。

（3）DNAPLs 的氧化破坏（Crimi and Siegrist, 2005; Heiderscheidt, 2005; Kim and Gurol, 2005; Urynowicz and Siegrist, 2005; Watts et al., 2005b; Siegrist et al., 2006; Smith et al., 2006; Heiderscheidt et al., 2008a; Petri et al., 2008a）。

（4）新型氧化剂的研究（Liang et al., 2004a, 2004b; Crimi and Taylor, 2007; Waldemer et al., 2007; Liang and Lee, 2008）。

（5）氧化剂的运输过程和传输性（Choi et al., 2002; Lowe et al., 2002; Struse et al., 2002; Lee et al., 2003; Tunnicliffe and Thomson, 2004; Heiderscheidt, 2005; Ross et al., 2005; Zhang et al., 2005; Petri, 2006; Heiderscheidt et al., 2008a; Petri et al., 2008a）。

（6）ISCO 与其他修复方法的联合（Sahl, 2005; Dugan, 2006; Sahl and Munakata-Marr, 2006; Sahl et al., 2007）。

（7）可处理性实验方法（Haselow et al., 2003; Mumford et al., 2004; ASTM, 2007）。

（8）数学模型和决策支持工具的制定（Kim and Choi, 2002; Heiderscheidt, 2005; Heiderscheidt et al., 2008b）。

21 世纪早期，人们对 ISCO 的兴趣和研发活动升级，发表的与氧化剂基础和应用的理解，以及其在原位修复中的应用相关的文献显著增多。2008 年，作为 DoD ESTCP 项目的一部分（Siegrist et al., 2010），Petri 等（2008b）完成了一篇与 ISCO 科学技术相关的文献综述。Petri 等查询了近 600 篇与 ISCO 相关的出版物，涉及 4 种氧化剂（高锰酸盐、过硫酸盐、过氧化氢和臭氧），这些出版物被描述和分类，用于分析 ISCO 科学的历史和现状，如图 1.7 和图 1.8 所示。Petri 等还进行了详细的综述和分析，阐明了 ISCO 相关的关键研究结果，以及对于现场的具体工程设计和性能的启示。

Petri 等（2008b）关于 ISCO 的综述揭示，从 20 世纪 90 年代晚期开始，与 ISCO 相关的公开信息急剧增多，如图 1.7 所示；此外，与 4 种氧化剂相关的已开展的工作显示研究者对其理解的宽度、深度存在显著差异，如图 1.8 所示。例如，与过氧化氢和高锰酸盐相关的公开发表文献显著多于臭氧和过硫酸盐；与过氧化氢相关的 ISCO 文献主要集中于其反应化学，关于氧化剂传输和模拟的则很少；与高锰酸盐相关的 ISCO 文献则涉及反应化学、传输和模拟等多个方面。

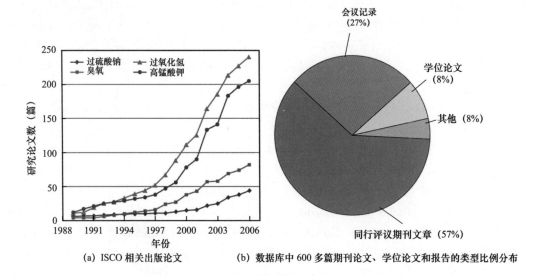

(a) ISCO 相关出版论文   (b) 数据库中 600 多篇期刊论文、学位论文和报告的类型比例分布

图1.7　与ISCO相关的公开信息数量统计（Petri et al., 2008b）

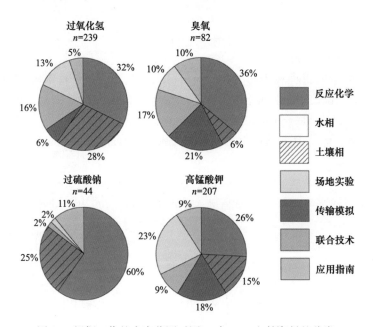

图1.8　根据工作的内容范围对图1.7中ISCO文献资料的分类

Petri 等（2008b）的综述中还包含了一些普遍适用于 4 种氧化剂的 ISCO 的发现。例如，同很多非 ISCO 修复技术一样，不管针对哪种氧化剂，ISCO 都受水文地质条件影响。此外，很多其他修复技术可能增强或干扰 ISCO。ISCO 对生物过程和生物修复影响的相关研究较多，得出了以下主要结论：

（1）ISCO 不会使地下消毒；

（2）生物过程可能会中断，但随时间又会回落；

（3）有些 ISCO 的影响可能是对生物过程有利的。

与过氧化氢、高锰酸盐、过硫酸盐和臭氧的使用相关的、已经开展的研发，得出了理解氧化剂基础的更详细的信息，如第 2 ～ 5 章所示。第 2 ～ 5 章分别描述了各种氧化剂的特性、反应化学、与地下介质的交互作用，以及不同 COCs 的可处理性。与地下环境中氧化剂的反应性传输相关的信息，包括数值模拟方法，将在第 6 章介绍。ISCO 与生物修复、MNA，以及其他技术和方法联合应用的潜力将在第 7 章介绍。

1.3.2 场地应用

美国及其他国家 ISCO 场地应用的数量在过去 10 年间迅速增加。2000 年前后，多份公开发表的报告和文本中都突出强调了使用过氧化氢（改进的 Fenton 试剂）、臭氧、高锰酸盐作为氧化剂的 ISCO 的应用（ESTCP, 1999; USEPA, 1998; Yin and Allen, 1999; Siegrist et al., 2001）。最近，Krembs（2008）对 ISCO 的历史案例研究进行了综述，对 242 个涉及 ISCO 场地应用的工程进行了总结，分析了场地特定的 ISCO 工程设计和实施。基于 Krembs（2008）的总结，从 20 世纪 90 年代开始，ISCO 的应用已经显著增加，如图 1.9 所示。

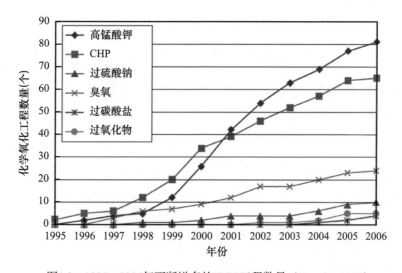

图1.9　1995—2006年不断增多的ISCO工程数量（Krembs, 2008）

基于 Krembs（2008）的综述，ISCO 已经被用于不同地质条件的场地［见图 1.10（a）］，并用于实现不同的修复目标［见图 1.10（b）］。图 1.11 给出了一些照片，表明了 ISCO 应用的一些场地的条件和设施。ISCO 场地应用及其经验相关的细节见第 8 章。

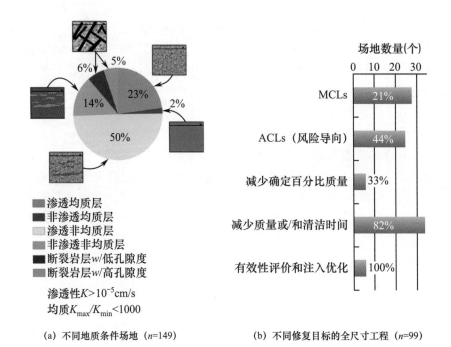

(a) 不同地质条件场地 （n=149）　　　　　　（b) 不同修复目标的全尺寸工程 （n=99）

图1.10　ISCO应用的相关数据（Krembs, 2008）。其中，（b）中条形图的长度代表场地数量，%表示场地中完成既定目标的场地所占百分比

注：ACL—可选（风险导向）清洁等级，cm/s—厘米/秒，ft/d—英尺/天，K—饱和水力传导系数。

1.4　系统选择、设计和实施

　　ISCO 系统的选择、设计和实施依赖于对 ISCO 及其对于特定污染物和场地条件适用性的清楚理解，以及场地特定的修复目标。不管是使用哪种氧化剂或哪种传输系统，在 ISCO 系统选择、设计和实施过程中，很多核心概念必须考虑。这些概念包括：

　　（1）目标 COCs 是否能够通过氧化降解去除；

　　（2）氧化剂破坏 NAPL 的效率；

　　（3）对于特定地下环境中特定的目标处理区，最佳的氧化剂剂量（浓度及传输等）；

　　（4）天然有机质、还原性无机物，以及一些矿物相引起的天然氧化剂需求量导致的竞争性氧化剂消耗；

　　（5）自动降解反应和自由基竞争反应导致的竞争性氧化剂消耗；

　　（6）氧化剂可能的有害影响（例如，铬等金属的移动、有毒副产物的形成、土层渗透性的降低、气体和热的逸出等）；

　　（7）ISCO 与其他修复技术和方法联合应用的潜力。

　　氧化剂、传输系统与特定 COCs、场地条件的配套，对于实现场地特定的修复目标是很重要的。此外，修复目标应该是现实且可实现的，因为基于分配给 ISCO 工程的资源，ISCO 通常作为一种独立的技术或联合修复的一部分。

NaMnO$_4$……注入井……TCE

(a)

KMnO$_4$……注入井……TCE

(b)

H$_2$O$_2$……直推注射探针……CB

(c)

KMnO$_4$传输和进料管……
注入井……TCE

(d)

KMnO$_4$卡车上的进料管

(e)

NaMnO$_4$进料管……
井对井传输……TCE

(f)

O$_3$……喷射井……前MGP场地

(g)

O$_3$产生和控制

(h)

O$_3$喷射井

(i)

Na$_2$S$_2$O$_8$……直推注射
探针……农药

(j)

NaMnO$_4$……多级注入
井……VOCs

(k)

图1.11　ISCO地下水修复实施场地案例及基础设施。图中注释为使用的氧化剂、传输方法和目标污染物

注：CB—氯苯，MGP—人工制气厂。

修复行动的选择、设计和实施通常采用分阶段实施的方法，如图1.12所示（GAO，2005），具体描述见第9章。在特定场地的可行性研究过程中，当选择ISCO作为可行的修复方法时通常要基于ISCO所具备的优势。这些优势包括：与不同COCs的快速反应、适用于多种地下环境、能够针对特定场地定制ISCO、可快速实施以支持财产转移和场地重建项目。在进行决策时也应该考虑ISCO的局限性，包括：有些COCs难以完全被氧化去除、地下环境介质表现出的NOD、氧化剂在地下环境中的稳定性、氧化剂有效分散的限制、挥发性气体的逸出、污染物反弹的可能性、化学物添加对水质的影响等。

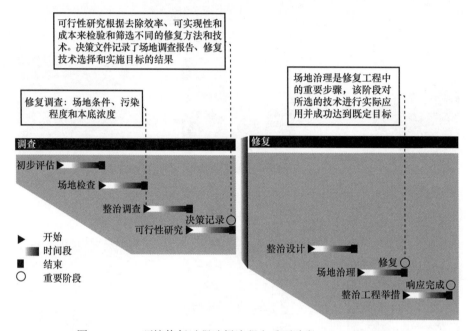

图1.12　DoD环境修复过程选择流程和重要阶段（GAO，2005）

如果选择ISCO作为一个特定场地的备选修复方法，必须进行场地特定的设计，这需要进行多个选择和决策。例如，必须在多种氧化剂（过氧化氢、过硫酸盐、高锰酸盐和臭氧）、多种传输方法（直推探针、注入井、空气喷射井）、过程控制、实施监测中做出选择。如第9章所述，这些选择需要慎重，以提高ISCO系统在足够的时间内产生足量氧化剂与目标COCs接触，从而提高去除COCs的机会。

如上述讨论，ISCO系统能够（已经）用于不同特征的场地、利用不同的氧化剂和添加物（如稳定剂或活化剂），而氧化物浓度和注入速率各不相同，地下传输方法也不同。此外，总的场地修复目标和监管约束也可能影响ISCO系统的修复目标。为了提高选择和决定的置信水平，需要进行可处理性实验和场地规模的中试。如果选择ISCO作为场地修复方法，需要进行修复设计和系统建设。最后，应进行ISCO实施和性能监测。另外，一些场地的修复需要通过ISCO的单独应用或与其他修复技术方法的联合应用来实现。

基于化学氧化剂的特性，ISCO的使用需要特别注意安全和废物管理问题。ISCO涉及特定条件下危险化学物的使用，因此，需要特别注意工人和环境安全问题。可能的工人安全风险包括与污染场地标准施工作业和工作相关的风险问题，以及ISCO特定的风险，通常与氧化剂的地上处理有关。安全风险的性质和严重性取决于氧化剂的形式、浓度，以及常规操作和地下传输方法。一旦氧化剂传输到地下，工人的安全风险就会降低，因为设计完好的原位传输方式通常不会对地面产生影响。环境风险包括氧化剂进入溪流或水体中，可能使这些水体的水质下降，且对水生生物产生不利影响。这些风险能够通过合理的工程控制，阻止氧化剂或污染物从场地迁移到敏感环境受体进行管理。

废物管理问题与 ISCO 产生废物的类型和量有关。通常最难管理的废物是容器、材料和个人防护设备，这些废物中会有氧化剂残留。用水冲洗这些材料能够将残留的氧化剂浓度降低到可接受水平。还原剂（硫代硫酸钠）也能够用于中和高锰酸盐等氧化剂，但会产生二氧化锰固体，需要进行脱水和恰当处理。需要注意的是，不要将与废弃容器中的氧化剂接触过的可燃材料随意丢弃，这些材料可能导致起火。ISCO 过程中可能产生的其他废物，以及氧化剂传输点和监测井建设安装过程产生的钻孔碎屑，可以通过驱动套管技术减少其产生。

1.5 项目实施和成本

ISCO 的效果各不相同：在有些场地，ISCO 应用后，目标 COCs 被去除，在一定的成本和时间内达到修复目标；而在另一些场地，ISCO 的应用具有不确定性，或者效果不好。ISCO 的效果不好通常是由于低渗透区域、结构异质性、天然存在物质的额外氧化剂消耗、大量 DNAPLs 存在等导致的氧化剂传输不均匀（Siegrist et al., 2001, 2006, 2008a）。ISCO 在某些场地应用时，还需要考虑二次效应，如金属移动、井筛堵塞、渗透性降低、气体外溢或无组织排放、健康和安全问题等（Siegrist et al., 2001; Crimi and Siegrist, 2003; Krembs, 2008）。

在 Krembs（2008）总结的 242 个案例中（研究结果见第 8 章），70% 以上的场地中都有 PCE 或 TCE 这类目标 COCs，75% 的场地的地下条件是可渗透的，70% 的案例中氧化剂是通过永久性或临时注入井进行投加的。Krembs（2008）还分析了这些 ISCO 案例的效果和成本。场地规模的 ISCO 案例中试图达到某一特定目标和最终达到的比例如下：

- 28 个案例试图达到 MCLs，其中有 21% 达到了；
- 25 个案例试图达到 ACLs，其中有 44% 达到了；
- 6 个案例试图降低 COCs 的量到某一特定浓度，有 33% 达到了；
- 34 个案例试图降低 COCs 的量实现清除，有 82% 达到了；
- 6 个案例试图评价修复效率、优化后期注入，100% 达到了。

Krembs（2008）报道称，55 个 ISCO 案例的平均总费用为 $22 万；单位土体的平均成本为 $94/yd³（基于 33 个案例数据）。McDade 等（2005）基于 13 个场地的案例得到了 ISCO 平均总费用和单位土体费用分别为 $23 万和 $125/yd³。不同场地的 ISCO 成本通常相差数量级，取决于不同的因素。例如，有燃料烃且渗透性较好的场地的 ISCO 费用通常比含有 DNAPLs 及复杂地下条件的场地的 ISCO 费用要低。当 ISCO 被用于处理较小的污染源区时，其单位成本也会较高。

为了更好地理解 ISCO 技术的实施现状和性能，ESTCP 研讨会在科罗拉多矿业大学召开（Siegrist et al., 2008b），超过 40 位专家参会，参会代表来自化学品公司、技术供应商、环保顾问、学者、修复工程管理者等。这次研讨会包括一系列的报告、小组会议和分组讨论会议，并进行了模拟，假定了 6 种场地情景，与会者就 ISCO 设计和实施提出了不同观点。

研讨会中与会代表表达的意见及达成的共识为 ISCO 的应用和性能期待提供了一些见解。

（1）ISCO 能够适用于不同的场地条件，但场地与 ISCO 技术相关的特定条件对 ISCO 性能有重要影响。另外，大多数参会者表示，在实际应用中可能在很多污染场地情景中会考虑 ISCO，但不同场景中 ISCO 的性能、需要的时间和费用有很大差异。

（2）ISCO 应用的成功或失败在很大程度上取决于场地特定的条件、修复目标，以及实施 ISCO 所需资源（时间、金钱等）的可获得性。

（3）很多场地需要多次注入氧化剂。

（4）当 ISCO 没有达到预定目标时，最根本的原因如下：

① 氧化剂没有被传输到整个目标处理区（TTZ）；

② 传输到目标处理区的氧化剂的量不够。

（5）上述两种原因导致的 ISCO 的较差性能在下列条件中更有可能发生：

① 场地特征描述不充分、污染物的量不清楚；

② 地下结构是高度异质的；

③ 设计忽略了被吸附的污染物；

④ 不确定是否存在 DNAPLs；

⑤ 存在竞争氧化剂的共存污染物；

⑥ 氧化剂已经迁移到目标处理区以外；

⑦ 氧化剂不能持续预期那么长的时间。

（6）反弹，即 ISCO 处理后，目标处理区的地下水中目标 COCs 的浓度回到或接近处理前的水平。这种现象经常发生，这可能是一个不利条件，反映了 ISCO 的一个内在缺陷或场地特定的性能缺陷。

① 如果想利用观察的方法优化场地概念模型、调整后续处理，那么在 ISCO 处理场地观察到反弹可能是有利的。

② ISCO 可以被视为一个持续的、迭代的过程，其中的污染物反弹应该被合理利用，而不是被当作 ISCO 技术不适用或应用不当的一个指示。

1.6 总结

地下水有机污染是美国及整个工业世界普遍存在的一个问题。对于地下存在污染源区（如 NAPLs）的场地，地下水污染可能持续数十年，需要花费大量的公共资源和私有资本，以减轻公众健康和环境风险。ISCO 已经被证实是一种对于很多地下水中普遍存在的有机污染物有效的修复技术。它的优势包括：适用于大量普遍存在的有机污染物，适用于大量的地下条件，能够快速修复场地，能够与其他原位修复技术和方法联合应用。它的局限性如下：有些 COCs 不能完全被氧化去除，地下介质会消耗氧化剂（NOD），有些氧化剂在地下不能维持很长时间，有害的副作用（包括挥发性气体排放和金属移动）。

一个成功的修复技术的发展通常要经历一系列的阶段：通过研究和发展，形成初步的概念、示范和测试；从业者的场地应用增加；建立广泛接受的实践标准。ISCO 的发展也经历了这一过程。20 世纪 90 年代，基础与应用实验研究阐明了大量常见的有机化合物在液相系统中的化学氧化反应；实验室研究也探索了影响氧化剂在土壤和地下水系统中输送和分配的传输过程；试点规模和全场规模的应用表明，ISCO 能够原位处理低浓度的溶剂和石油化合物，也能在一定程度上处理 NAPLs。这些工作的结果通过杂志文章和技术报告进行传播。20 世纪 90 年代晚期至 21 世纪早期出现了一些 ISCO 的案例报告（USEPA, 1998; ESTCP, 1999）、最早的参考书（Siegrist et al., 2001）及参考手册（ITRC, 2001）；随后，SERDP 和 ESTCP 的重大举措更是催化了 ISCO 在研究和发展方面的进展，人们对于 ISCO 的基础理解逐渐加深，出版物中公开发表的文献数也成倍增长；同时，场地应用的数量和多样性大幅增加。近年来，ISCO 的实施标准也开始出现并记录在案，被大量新的和有经验的从业者和监管机构广泛使用（ITRC, 2005; Huling and Pivetz, 2006; Siegrist et al., 2008b, 2010）。

ISCO 场地特定的选择、设计和实施需要考虑很多问题（见表 1.6），对于一些关键点需要特别注意（见表 1.7）才能确保成功应用。后面的章节提供了关于 ISCO 原理和应用方面的很多细节，为场地特定的工程设计以实现污染地下水的成功修复提供了坚实的基础。

表 1.6 原位化学氧化选择、设计和实施的常见问题（Crimi et al., 2008）

修复阶段分类		常见问题
原位化学氧化一览	1	原位化学氧化是什么？其机理是什么？
	2	原位化学氧化能实现什么修复目标？
	3	原位化学氧化的优缺点是什么？
	4	原位化学氧化已经制定了明确的修复标准吗？
原位化学氧化筛选	5	可以选择哪些原位化学氧化方法？
	6	原位化学氧化需要哪些场地刻画内容？
	7	在哪些场地原位化学氧化的效果最好？
	8	在哪些场地原位化学氧化面临挑战？
	9	原位化学氧化能否与其他技术联用？
原位化学氧化概念设计	10	原位化学氧化系统如何设计？
	11	原位化学氧化需要多少个注入点？
	12	原位化学氧化需要多少次注入？
	13	应该传输多少氧化剂溶液？
	14	为什么需要在实验室进行可行性实验？
	15	为什么需要进行现场中试？
	16	实验室的实验和现场实验的优缺点分别是什么？
	17	原位化学氧化项目的成本是多少？
原位化学氧化细节设计和规划	18	是否存在限制原位化学氧化应用的监管要求？
	19	原位化学氧化在实施过程中是否有特殊安全措施？
	20	原位化学氧化在实施期间如何进行优化？
	21	原位化学氧化的里程碑、度量和终点是什么？
原位化学氧化实施和性能监测	22	原位化学氧化项目需要监测什么？
	23	什么是反弹？这是一个问题吗？
	24	关闭场地时原位化学氧化发挥了多少效用？
	25	关于原位化学氧化原理和案例的更多信息在哪里能够获取？

表 1.7　成功实施原位化学氧化并避免出现问题需要了解的关键点（Siegrist et al., 2010）

原位化学氧化需要谨记的关键点
1. 原位化学氧化能成功应用于部分但不是所有场地。原位化学氧化适用于目标处理区较小、地下条件具有一定渗透性、关注污染物浓度不高的场地。在这些场地，原位化学氧化能成功实现常规的处理目标
2. 原位化学氧化能成功实现处理目标。由于氧化剂能在高渗透性的地下完成有效传输，只要设计合理，小目标处理区内能够达到严苛的处理目标。在这种场地中能实现美国环境保护署最大清洁水平，但前提是重质非水相液体不存在。修复目标需要合理设定，并要基于场地的特异性条件，以及具有挑战性的情形。实现目标的可能性与目标的严苛程度（如最大清洁水平或替代清理水平），以及场地带来的挑战的复杂程度（如没有重质非水相液体、具有一定渗透性的均质场地，以及有重质非水相液体、低渗透性的非均质场地）成反比。目标处理区实现最大清洁水平在某些场地是可能的，但即使条件完全适合，预期结果也要比目标降低20%
3. 原位有效传输是至关重要的。原位传输方法需要根据氧化剂、场地条件及需要实现的原位化学氧化的处理目标决定。同一个场地有多种传输方法可以使用，但不是所有方法都可用于所有氧化剂或场地条件。由于氧化剂会与天然还原性物质（如自然有机物、还原性矿物质）反应，某个注入点的氧化剂影响半径（ROI）通常不足4.57~6.10m。在大多数场景下，氧化剂的长距离分布是不可能的；在氧化剂影响半径内，实现氧化剂或氧化反应条件的完全均匀分布也是不可能的
4. 原位化学氧化通常需要两次及以上的传输活动。为实现氧化剂在目标处理区内的有效分布，并使氧化剂与目标关注污染物完全接触，需要两次甚至更多的传输活动
5. 一种或多种氧化剂能够降解大多数关注污染物。如果将联合氧化剂用于修复目标关注污染物，且有足够长的时间让其完成接触，那么反应速率和降解程度是不受限制的。现已存在6种甚至更多种化学氧化剂及种类更多的氧化剂溶液（如氧化剂+催化剂）。它们的反应化学不同，其活性物质的复杂性、催化的必要性及其与关注污染物的反应活性，以及化学计量学、反应动力学等都是不同的。某种氧化剂原位化学氧化应用的成功与否并不能推及所有氧化剂
6. 原位化学氧化能和其他修复措施联用。原位化学氧化可以与其他修复措施联用以实现协同效应。原位化学氧化常与ERD或MNA联用。然而，当有机修复剂已经传输到目标处理区内（如添加生物强化基质或表面活性剂以强化修复）时，原位化学氧化不能作为后续处理方法，因为氧化剂可能会与这些修复剂发生反应
7. "反弹"现象很普遍，在某些场地会更加频繁。原位化学氧化实施结束后，在目标处理区的监测井中观测到地下水中的关注污染物浓度升高，被定义为"反弹"。这一现象是常见的，并且与氧化剂类型有关，但是出现这一现象的频率和程度取决于原位化学氧化系统的设计和场地条件。工程中不希望出现"反弹"，但是它对于改善场地概念模型和优化后续处理的设计是有帮助的
8. 原位化学氧化能够暂时改变地下条件。原位化学氧化会改变目标处理区内的条件（如减小pH值、固定某些对氧化还原条件敏感的金属、降低某些微生物的活性等），但是这一变化通常不会持续很长时间。在氧化剂消耗完后，原位化学氧化目标处理区内的生化条件在短时间内就能恢复到处理前的状态，达到再平衡的时间与场地条件和原位化学氧化的运行情况有关
9. 扩散传输的氧化剂通常可以忽略不计。反应速率低及在低渗透性介质（LPM）中具有弱渗透能力的氧化剂（如高锰酸盐和过硫酸盐）理论上能减缓其从LPM出来的扩散行为。然而，氧化剂扩散进入LPM的速率通常比反应速率低，导致其可以传输的距离极小（如毫米或厘米范围）
10. 原位化学氧化成本波动极大。在33个应用原位化学氧化的修复场地中，成本中位数为$94/yd³，但由于各种因素，最高成本和最低成本之间相差3个数量级。例如，有石油烃和渗透性好的地下环境的场地成本比有重质非水相液体或复杂地下环境的场地成本要低得多。目标处理区相对较小的场地也会产生昂贵的成本。进行适当的筛选、设计，甚至室内实验和现场中试，有利于提高原位化学氧化的经济有效性

参考文献

Anipsitakis GP, Dionysiou DD. 2004. Radical generation by the interaction of transition metals with common oxidants. Environ Sci Technol, 38:3705–3712.

ASTM (American Society for Testing and Materials). 2007. ASTM D7262-07 Standard Test Method for Estimating the Permanganate Natural Oxidant Demand of Soil and Aquifer Solids. ASTM International, West Conshohocken, PA, USA, 5.

ATSDR (Agency for Toxic Substances and Disease Registry). 2009. ATSDR 2007 CERCLA Priority List of Hazardous Substances. Accessed June 23, 2010.

Barbeni M, Nfinero C, Pelizzetti E, Borgarello E, Serpon N. 1987. Chemical degradation of chlorophenols with Fenton's reagent. Chemosphere, 16:2225–2237.

Bellamy WD, Hickman PA, Ziemba N. 1991. Treatment of VOC-contaminated groundwater by hydrogen peroxide and ozone oxidation. J Water Pollut Control Fed, 63:120–128.

Bissey LL, Smith JL, Watts RJ. 2006. Soil organic matter-hydrogen peroxide dynamics in the treatment of contaminated soils and groundwater using catalyzed H_2O_2 propagations (modified Fenton's reagent). Water Res, 40:2477–2484.

Block PA, Brown RA, Robinson D. 2004. Novel Activation Technologies for Sodium Persulfate In Situ Chemical Oxidation. Proceedings, Fourth International Conference on the Remediation of Chlorinated and Recalcitrant Compounds, Monterey, CA, USA, May 24–27, Paper 2A-05.

Bowers AR, Gaddipati P, Eckenfelder WW, Monsen RM. 1989. Treatment of toxic or refractory wastewaters with hydrogen peroxide. Water Sci Technol, 21:477–486.

Brown RA, Norris RD. 1986. Method for Decontaminating a Permeable Subterranean Formation. U.S. Patent, 4,591,443.

Brown RA, Norris RD, Westray M. 1986. In Situ Treatment of Groundwater. Presented at Haz Pro'86, Baltimore, MD, USA, April 1–3.

Brown RA, Skaladany G, Robinson D, Fiacco RJ. 2001. Comparing Permanganate and Persulfate Treatment Effectiveness for Various Organic Contaminants. Proceedings, First International Conference on Oxidation and Reduction Technologies for In-Situ Treatment of Soil and Groundwater, Niagara Falls, Ontario, Canada, June 25–29.

Choi H, Lim H-N, Hwang T-M, Kang J-W. 2002. Transport characteristics of gas phase ozone in unsaturated porous media for in-situ chemical oxidation. J Contam Hydrol, 57:81–98.

Crimi ML, Siegrist RL. 2003. Geochemical effects associated with permanganate oxidation of DNAPLs. Ground Water, 41:458–469.

Crimi ML, Siegrist RL. 2004a. Association of cadmium with MnO_2 particles generated during permanganate oxidation. Water Res, 38:887–894.

Crimi ML, Siegrist RL. 2004b. Impact of reaction conditions on MnO_2 genesis during permanganate oxidation. J Environ Eng, 130:562–572.

Crimi ML, Siegrist RL. 2005. Factors affecting effectiveness and efficiency of DNAPL destruction using potassium permanganate and catalyzed hydrogen peroxide. J Environ Eng, 131:1716–1723.

Crimi ML, Taylor J. 2007. Experimental evaluation of catalyzed hydrogen peroxide and sodium persulfate for destruction of BTEX contaminants. Soil Sediment Contam, 16:29–45.

Crimi ML, Siegrist RL, Petri B, Krembs F, Simpkin T, Palaia T. 2008. In Situ Chemical Oxidation for Remediation of Contaminated Groundwater: Frequently Asked Questions. Prepared for the DoD Environmental Security Technology Certification Program (ESTCP), Arlington, VA, USA, 25 .

Dugan P. 2006. Coupling In Situ Technologies for DNAPL Remediation and Viability of the PITT for Post-Remediation Performance Assessment. PhD Dissertation, Environmental Science and Engineering Division, Colorado School of Mines, Golden, CO, USA, August.

ESTCP (Environmental Security Technology Certification Program). 1999. Technology Status Review:

In Situ Oxidation. ESTCP, Arlington, VA, USA, 50 .

GAO (U.S. Government Accountability Office). 2005. Report to Congressional Committees. Groundwater Contamination: DoD Uses and Develops a Range of Remediation Technologies to Clean up Military Sites. GAO-55-666. GAO, Washington, DC, USA, 46 .

Gates DD, Siegrist RL. 1993. Laboratory Evaluation of Chemical Oxidation Using Hydrogen Peroxide. Report from The X-231B Project for In Situ Treatment by Physicochemical Processes Coupled with Soil Mixing, ORNL/TM-12259. Oak Ridge National Laboratory, Oak Ridge, TN, USA.

Gates DD, Siegrist RL. 1995. In situ chemical oxidation of trichloroethylene using hydrogen peroxide. J Environ Eng, 121:639–644.

Gates DD, Siegrist RL, Cline SR. 1995. Chemical Oxidation of Contaminants in Clay or Sandy Soil. Proceedings, American Society of Civil Engineering (ASCE) National Conference on Environmental Engineering, Pittsburgh, PA, USA, July.

Gates-Anderson DD, Siegrist RL, Cline SR. 2001. Comparison of potassium permanganate and hydrogen peroxide as chemical oxidants for organically contaminated soils. J Environ Eng, 127:337–347.

Glaze WH, Kang JW. 1988. Advanced oxidation processes for treating groundwater contaminated with TCE and PCE: Laboratory studies. J Am Water Works Assoc, 5:57–63.

Haselow JS, Siegrist RL, Crimi ML, Jarosch T. 2003. Estimating the total oxidant demand for in situ chemical oxidation design. Remediation, 13:5–15.

Heiderscheidt JL. 2005. DNAPL Source Zone Depletion During In Situ Chemical Oxidation (ISCO): Experimental and Modeling Studies. PhD Dissertation, Environmental Science and Engineering Division, Colorado School of Mines, Golden, CO, USA, August.

Heiderscheidt JL, Siegrist RL, Illangasekare TH. 2008a. Intermediate-scale 2-D experimental investigation of in situ chemical oxidation using potassium permanganate for remediation of complex DNAPL source zones. J Contam Hydrol, 102:3–16.

Heiderscheidt JL, Crimi ML, Siegrist RL, Singletary M. 2008b. Optimization of full-scale permanganate ISCO system operation: Laboratory and numerical studies. Ground Water Monit Remediat, 28:72–84.

Huling SG, Pivetz BE. 2006. Engineering Issue Paper: In-Situ Chemical Oxidation. EPA 600-R-06-072. U.S. Environmental Protection Agency (USEPA) Office of Research and Development. National Risk Management Research Laboratory, Cincinnati, OH, USA, 60.

ITRC (Interstate Technology & Regulatory Council). 2001. Technical and Regulatory Guidance for In Situ Chemical Oxidation of Contaminated Soil and Groundwater (ISCO-1). Prepared by the Interstate Technology & Regulatory Cooperation Work Group In Situ Chemical Oxidation Work Team.

ITRC. 2005. Technical and Regulatory Guidance for In Situ Chemical Oxidation of Contaminated Soil and Groundwater, 2nd ed (ISCO-2). Prepared by the ITRC In Situ Chemical Oxidation Team.

Jerome KM, Riha B, Looney BB. 1997. Demonstration of In Situ Oxidation of DNAPL Using the Geo-Cleanse Technology. WSRC-TR-97-00283. Westinghouse Savannah River Company, Aiken, SC, USA.

Jones LJ. 2007. The Impact of NOD Reaction Kinetics on Treatment Efficiency. MS Thesis, University of Waterloo, Waterloo, ON, Canada.

Jung H, Kim J, Choi H. 2004. Reaction kinetics of ozone in variably saturated porous media. J Environ Eng, 130:432–441.

Jung H, Ahn Y, Choi H, Kim IS. 2005. Effects of in-situ ozonation on indigenous microorganisms in diesel contaminated soil: Survival and regrowth. Chemosphere, 61:923–932.

Kavanaugh MC, Rao PSC, Abriola L, Cherry J, Destouni G, Falta R, Major D, Mercer J, Newell C, Sale T, Shoemaker S, Siegrist RL, Teutsch G, Udell K. 2003. The DNAPL Cleanup Challenge: Is There a Case for

Source Depletion? EPA/600/R-03/143. USEPA National Risk Management Research Laboratory, Cincinnati, OH, USA, 129 .

Kim J, Choi H. 2002. Modeling in situ ozonation for the remediation of nonvolatile PAH contaminated unsaturated soils. J Contam Hydrol, 55:261–285.

Kim K, Gurol MD. 2005. Reaction of nonaqueous phase TCE with permanganate. Environ Sci Technol, 39:9303–9308.

Krembs FJ. 2008. Critical Analysis of the Field Scale Application of In Situ Chemical Oxidation for the Remediation of Contaminated Groundwater, MS Thesis, Environmental Science and Engineering Division, Colorado School of Mines, Golden, CO, USA, April.

Lee ES, Seol Y, Fang YC, Schwartz FW. 2003. Destruction efficiencies and dynamics of reaction fronts associated with the permanganate oxidation of trichloroethylene. Environ Sci Technol, 37:2540–2546.

Liang C, Lee IL. 2008. In situ iron activated persulfate oxidative fluid sparging treatment of TCE contamination: A proof of concept study. J Contam Hydrol, 100:91–100.

Liang C, Bruell CJ, Marley MC, Sperry KL. 2004a. Persulfate oxidation for in situ remediation of TCE. I. Activated by ferrous ion with and without a persulfate–thiosulfate redox couple. Chemosphere, 55:1213–1223.

Liang C, Bruell CJ, Marley MC, Sperry KL. 2004b. Persulfate oxidation for in situ remediation of TCE. II. Activated by chelated ferrousion. Chemosphere, 55:1225–1233.

Lowe KS, Gardner FG, Siegrist RL. 2002. Field pilot test of in situ chemical oxidation through recirculation using vertical wells. Ground Water Monit Remediat, 22:106–115.

Mackay DM, Cherry JA. 1989. Ground water contamination: Limits of pump-and-treat remediation. Environ Sci Technol, 23:630–636.

Marvin BK, Nelson CH, Clayton W, Sullivan KM, Skladany G. 1998. In Situ Chemical Oxidation of Pentachlorophenol and Polycyclic Aromatic Hydrocarbons: From Laboratory Tests to Field Demonstration. In Wickramanayake GB, Hinchee RE, eds, Physical, Chemical, and Thermal Technologies: Remediation of Chlorinated and Recalcitrant Compounds. Battelle Press, Columbus, OH, USA, 383–388.

McDade JM, McGuire TM, Newell CJ. 2005. Analysis of DNAPL source-depletion costs at 36 field sites. Remediation, 15:9–18.

Moes M, Peabody C, Siegrist R, Urynowicz M. 2000. Permanganate Injection for Source Zone Treatment of TCE DNAPL. In Wickramanayake GB, Gavaskar AR, Chen ASC, eds, Chemical Oxidation and Reactive Barriers: Remediation of Chlorinated and Recalcitrant Compounds Series C2-6. Battelle Press, Columbus, OH, USA, 117–124.

Monahan MJ, Teel AL, Watts RJ. 2005. Displacement of five metals sorbed on kaolinite during treatment with modified Fenton's reagent. Water Res, 39:2955–2963.

Mumford KG, Lamarche CS, Thomson NR. 2004. Natural oxidant demand of aquifer materials using the push-pull technique. J Environ Eng, 130:1139–1146.

Mumford KG, Thomson NR, Allen-King RM. 2005. Bench-scale investigation of permanganate natural oxidant demand kinetics. Environ Sci Technol, 39:2835–2840.

Murdoch L, Slack W, Siegrist R, Vesper S, Meiggs T. 1997a. Advanced Hydraulic Fracturing Methods to Create In Situ Reactive Barriers. Proceedings, International Containment Technology Conference and Exhibition, St. Petersburg, FL, USA, February 9–12.

Murdoch L, Slack B, Siegrist B, Vesper S, Meiggs T. 1997b. Hydraulic fracturing advances. Civil Eng, 67:10A–12A.

Nelson CH, Brown RA. 1994. Adapting ozonation for soil and ground water cleanup. Chem Eng,

11:EE18–EE22.

NRC (National Research Council). 1994. Alternatives for Ground Water Cleanup. National Academies Press, Washington, DC, USA, 336 .

NRC. 1997. Innovations in Ground Water and Soil Cleanup: From Concept to Commercialization. National Academies Press, Washington, DC, USA, 310 .

NRC. 2005. Contaminants in the Subsurface: Source Zone Assessment and Remediation.National Academies Press, Washington, DC, USA, 372 .

Petri BG. 2006. Impacts of Subsurface Permanganate Delivery Parameters on Dense Nonaqueous Phase Liquid Mass Depletion Rates. MS Thesis, Environmental Science and Engineering Division, Colorado School of Mines, Golden, CO, USA, January.

Petri B, Siegrist RL, Crimi ML. 2008a. Effects of groundwater velocity and permanganate concentration on DNAPL mass depletion rates during in situ oxidation. J Environ Eng, 134:1–13.

Petri B, Siegrist RL, Crimi ML. 2008b. Implications of the Scientific Literature for Field Applications of ISCO. Proceedings, Sixth International Conference on Remediation of Chlorinated and Recalcitrant Compounds, Monterey, CA, USA, May 18–22, Abstract C-045.

Qiu Y, Kuo CH, Zappi ME, Fleming EC. 2004. Ozonation of 2,6-3,4-and 3,5-dichlorophenol isomers within aqueous solutions. J Environ Eng, 130:408–416.

Ravikumar JX, Gurol M. 1994. Chemical oxidation of chlorinated organics by hydrogen peroxide in the presence of sand. Environ Sci Technol, 28:394–400.

Ross C, Murdoch LC, Freedman DL, Siegrist RL. 2005. Characteristics of potassium permanganate encapsulated in polymer. J Environ Eng, 131:1203–1211.

Sahl J. 2005. Coupling In Situ Chemical Oxidation (ISCO) with Bioremediation Processes in the Treatment of Dense Non-Aqueous Phase Liquids (DNAPLs). MS Thesis, Environmental Science and Engineering Division, Colorado School of Mines, Golden, CO, USA, April.

Sahl J, Munakata-Marr J. 2006. The effects of in situ chemical oxidation on microbial processes: A review. Remediation, 16:57–70.

Sahl JW, Munakata-Marr J, Crimi ML, Siegrist RL. 2007. Coupling permanganate oxidation with microbial dechlorination of tetrachloroethene. Water Environ Res, 79:5–12.

Schnarr MJ, Truax CL, Farquhar GJ, Hood ED, Gonullu T, Stickney B. 1998. Laboratory and controlled field experiments using potassium permanganate to remediate trichloroethylene and perchloroethylene DNAPLs in porous media. J Contam Hydrol, 29:205–224.

Shin W-T, Garanzuay X, Yiacoumi S, Tsouris C, Gu B, Mahinthakumar G. 2004. Kinetics of soil ozonation: An experimental and numerical investigation. J Contam Hydrol, 72:227–243.

Siegrist RL, Lowe KS, Murdoch LD, Slack WW, Houk TC. 1998a. X-231A Demonstration of In Situ Remediation of DNAPL Compounds in Low Permeability Media by Soil Fracturing with Thermally Enhanced Mass Recovery or Reactive Barrier Destruction. Oak Ridge National Laboratory Report ORNL/TM-13534. Prepared for the U.S. Department of Energy Office of Technology Development, Washington, DC, USA, 407 .

Siegrist RL, Lowe KS, Murdoch LC, Case TL, Pickering DA, Houk TC. 1998b. Horizontal Treatment Barriers of Fracture-Emplaced Iron and Permanganate Particles. In North Atlantic Treaty Organization (NATO)/Committee on the Challenges for Modern Society (CCMS) Pilot Study Special Session on Treatment Walls and Permeable Reactive Barriers, EPA 542-R-98-003, 77–82.

Siegrist RL, Lowe KS, Smuin DR, West OR, Gunderson JS, Korte NE, Pickering DA, Houk TC. 1998c. Permeation Dispersal of Reactive Fluids for In Situ Remediation: Field Studies. ORNL/TM-13596. Prepared by Oak Ridge National Laboratory for the U.S. Department of Energy Office of Science and Technology, Washington, DC, USA.

Siegrist RL, Lowe KS, Murdoch LC, Case TL, Pickering DL. 1999. In situ oxidation by fracture emplaced reactive solids. J Environ Eng, 125:429–440.

Siegrist RL, Urynowicz MA, West OR, Crimi ML, Lowe KS. 2001. Principles and Practices of In Situ Chemical Oxidation Using Permanganate. Battelle Press, Columbus, OH, USA, 336 .

Siegrist RL, Urynowicz MA, Crimi ML, Lowe KS. 2002. Genesis and effects of particles produced during in situ chemical oxidation using permanganate. J Environ Eng, 128:1068–1079.

Siegrist RL, Crimi ML, Munakata-Marr J, Illangasekare T, Lowe KS, Van Cuyk S, Dugan P, Heiderscheidt J, Jackson S, Petri B, Sahl J, Seitz S. 2006. Reaction and Transport Processes Controlling In Situ Chemical Oxidation of DNAPLs. ER-1290 Final Report. Prepared for the DoD Strategic Environmental Research and Development Program (SERDP), 235 .

Siegrist RL, Crimi ML, Munakata-Marr J, Illangasekare T, Dugan P, Heiderscheidt J, Petri B, Sahl J. 2008a. Chemical Oxidation for Clean Up of Contaminated Ground Water. In Annable MD, Teodorescu M, Hlavinek P, Diels L, eds, Methods and Techniques for Cleaning-up Contaminated Sites, NATO Science for Peace and Security Series. Springer Publishing, Dordrecht, The Netherlands, 45–58.

Siegrist RL, Petri B, Krembs F, Crimi ML, Ko S, Simpkin T, Palaia T. 2008b. In Situ Chemical Oxidation for Remediation of Contaminated Ground Water. Summary Proceedings, ISCO Technology Practices Workshop (ESTCP ER-0623), Golden, CO, USA, March 7–8, 2007. 77 .

Siegrist RL, Crimi ML, Petri B, Simpkin T, Palaia T, Krembs FJ, Munakata-Marr J, Illangasekare T, Ng G, Singletary M, Ruiz N. 2010. In Situ Chemical Oxidation for Groundwater Remediation: Site Specific Engineering and Technology Application. ER-0623 Final Report (CD-ROM, Version PRv1.01, October 29, 2010). Prepared for the ESTCP, Arlington, VA, USA.

Sirguey C, de Souza e Silva PT, Schwartz C, Simonnot M. 2008. Impact of chemical oxidation on soil quality. Chemosphere, 72:282–289.

Smith BA, Teel AL, Watts RJ. 2004. Identification of the reactive oxygen species responsible for carbon tetrachloride degradation in modified Fenton's systems. Environ Sci Technol, 38:5465–5469.

Smith BA, Teel AL, Watts RJ. 2006. Mechanism for the destruction of carbon tetrachloride and chloroform DNAPLs by modified Fenton's reagent. J Contam Hydrol, 85: 229–246.

Stroo HF. 2010. Remedial Technology Selection for Chlorinated Solvent Plumes. In Stroo HF, Ward CH, eds, In Situ Remediation of Chlorinated Solvent Plumes, SERDP and ESTCP Remediation Technology Monograph Series. Springer Science+Business Media, LLC, New York, NY, USA. Chapter 9.

Struse AM, Siegrist RL, Dawson HE, Urynowicz MA. 2002. Diffusive transport of permanganate during in situ oxidation. J Environ Eng, 128:327–334.

Sun HW, Yan QS. 2007. Influence of Fenton oxidation on soil organic matter and its sorption and desorption of pyrene. J Hazard Mater, 144:164–170.

Teel AL, Finn DD, Schmidt JT, Cutler LM, Watts RJ. 2007. Rates of trace mineral-catalyzed decomposition of hydrogen peroxide. J Environ Eng, 133:853–858.

Tratnyek PG, Johnson TL, Warner SD, Clarke HS, Baker JA. 1998. In Situ Treatment of Organics by Sequential Reduction and Oxidation. In Wickramanayake GB, Hinchee RE, eds, Physical, Chemical, and Thermal Technologies: Remediation of Chlorinated and Recalcitrant Compounds. Battelle Press, Columbus, OH, USA, 371–376.

Tunnicliffe BS, Thomson NR. 2004. Mass removal of chlorinated ethenes from rough-walled fractures using permanganate. J Contam Hydrol, 75:91–114.

Tyre BW, Watts RJ, Miller GC. 1991. Treatment of four biorefractory contaminants in soils using catalyzed hydrogen peroxide. J Environ Qual, 20:832–838.

Urynowicz MA, Siegrist RL. 2000. Chemical Degradation of TCE DNAPL by Permanganate. In Wickramanayake GB, Gavaskar AR, Chen ASC, eds, Chemical Oxidation and Reactive Barriers: Remediation of Chlorinated and Recalcitrant Compounds Series C2-6. Battelle Press, Columbus, OH, USA, 75–82.

Urynowicz MA, Siegrist RL. 2005. Interphase mass transfer during chemical oxidation of TCE DNAPL in an aqueous system. J Contam Hydrol, 80:93–106.

Urynowicz MA, Balu B, Udayasankar U. 2008. Kinetics of natural oxidant demand by permanganate in aquifer solids. J Contam Hydrol, 96:87–194.

USEPA (U.S. Environmental Protection Agency). 1997. Cleaning up the Nation's Waste Sites: Markets and Technology Trends. EPA 542-R-96-005. USEPA, Office of Solid Waste and Emergency Response (OSWER), Washington, DC, USA.

USEPA. 1998. Field Applications of In Situ Remediation Technologies: Chemical Oxidation. EPA 542-R-98-008. USEPA OSWER, Washington, DC, USA.

USEPA. 1999. Ground Water Cleanup: Overview of Operating Experience at 28 Sites. EPA 542-R-99-006. USEPA OSWER, Washington, DC, USA.

USEPA. 2004. Cleaning up the Nation's Waste Sites: Markets and Technology Trends. EPA 542-R-04-015. USEPA, Office of Solid Waste and Emergency Response (OSWER), Washington, DC, USA.

Vella PA, Veronda B. 1994. Oxidation of Trichloroethylene: A Comparison of Potassium Permanganate and Fenton's Reagent. In: In Situ Chemical Oxidation for the Nineties, Vol. 3. Technomic Publishing Co., Inc., Lancaster, PA, USA, 62–73.

Vella PA, Deshinsky G, Boll JE, Munder J, Joyce WM. 1990. Treatment of low level phenols with potassium permanganate. Res J Water Pollut Control Fed, 62:907–914.

Venkatadri R, Peters RW. 1993. Chemical oxidation technologies: Ultraviolet light/hydrogen peroxide, Fenton's reagent, and titanium dioxide-assisted photocatalysis. J Hazard Waste Hazard Mater, 10:107–149.

Waldemer RH, Tratnyek PG, Johnson RL, Nurmi JT. 2007. Oxidation of chlorinated ethenes by heat-activated persulfate: Kinetics and products. Environ Sci Technol, 41:1010–1015.

Watts RJ, Smith BR. 1991. Catalyzed hydrogen peroxide treatment of octachlorobidenzopdioxin (OCCD) in surface soils. Chemosphere, 23:949–955.

Watts RJ, Rausch RA, Leung SW, Udell MD. 1990. Treatment of pentachlorophenol contaminated soils using Fenton's reagent. J Hazard Waste Hazard Mater, 7:335–345.

Watts RJ, Leung SW, Udell MD. 1991. Treatment of Contaminated Soils Using Catalyzed Hydrogen Peroxide. Proceedings, First International Symposium on Chemical Oxidation. Technomic, Nashville, TN, USA, February 20–22.

Watts RJ, Jones AP, Chen P, Kenny A. 1997. Mineral-catalyzed Fenton-like oxidation of sorbed chlorobenzenes. Water Environ Res, 69:269–275.

Watts RJ, Sarasa J, Loge FJ, Teel AL. 2005a. Oxidative and reductive pathways in manganesecatalyzed Fenton's reactions. J Environ Eng, 131:158–164.

Watts RJ, Howsawkeng J, Teel AL. 2005b. Destruction of a carbon tetrachloride dense nonaqueous phase liquid by modified Fenton's reagent. J Environ Eng, 131:1114–1119.

West OR, Cline SR, Holden WL, Gardner FG, Schlosser BM, Thate JE, Pickering DA, Houk TC. 1997. A Full-Scale Field Demonstration of In Situ Chemical Oxidation through Recirculation at the X-701B Site. ORNL/TM-13556. Oak Ridge National Laboratory, Oak Ridge, TX, USA, 114 .

West OR, Cline SR, Siegrist RL, Houk TC, Holden WL, Gardner FG, Schlosser RM. 1998. A Field-Scale Test of In Situ Chemical Oxidation through Recirculation. Proceedings, Spectrum '98 International Conference on Nuclear and Hazardous Waste Management, Denver, CO, USA, September 13–18, 1051–1057.

Woods LM. 2008. In Situ Remediation Induced Changes in Subsurface Properties and Trichloroethene Partitioning Behavior. MS Thesis, Environmental Science and Engineering Division, Colorado School of Mines, Golden, CO, USA, April.

Yan YE, Schwartz FW. 1998, Oxidation of Chlorinated Solvents by Permanganate. In Wickramanayake GB, Hinchee RE, eds, Physical, Chemical, and Thermal Technologies: Remediation of Chlorinated and Recalcitrant Compounds. Battelle Press, Columbus, OH, USA, 403–408.

Yan YE, Schwartz FW. 1999. Oxidative degradation and kinetics of chlorinated ethylenes by potassium permanganate. J Contam Hydrol, 37:343–365.

Yin Y, Allen HE. 1999. In Situ Chemical Treatment. GWRTAC TE-99-01. Prepared for Ground Water Remediation Technologies Analysis Center, Pittsburgh, PA, USA, 82 .

Zhang H, Ji L, Wu F, Tan J. 2005. In situ ozonation of anthracene in unsaturated porous media. J Hazard Waste Hazard Mater, 120:143–148.

过氧化氢原位化学氧化的基础

Benjamin G. Petri[1], Richard J. Watts[2], Amy L. Teel[2], Scott G. Huling[3], and Richard A. Brown[4]

[1] Colorado School of Mines, Golden, CO 80401, USA;

[2] Washington State University, Pullman,WA 99164, USA;

[3] U.S. Environmental Protection Agency, Robert S. Kerr EnvironmentalResearch Center, Ada, OK 74820, USA;

[4] Environmental Resources Management, Ewing, NJ08618, USA.

范围

本章主要介绍利用过氧化氢原位氧化地下污染物的化学过程，包括自由基机理和其他反应机制、催化过程和反应迁移。

核心概念

- 过氧化氢反应的化学过程较为复杂，但其在合适的反应条件下可修复多种有机污染物。

- 亚铁离子Fe（II）和铁离子Fe（III），以及土壤中的铁锰矿物和其他金属离子可能会催化过氧化氢产生自由基。当基质中存在以上催化剂或人为添加以上催化剂时，可加快原位化学氧化速率。

- 在反应过程中，pH值可显著影响过氧化氢的化学性质和修复效率，具体影响包括催化剂的溶解度、过氧化氢的活性、自由基的形成及目标污染物的降解。在一些应用案例中，可通过注入调节剂（酸或碱）使pH值达到最佳阈值。

- 羟自由基（OH·）、超氧自由基（$O_2^{\cdot-}$）、超氧化氢自由基（$HO_2^{\cdot}$）等自由基对过氧化氢的化学反应过程有重要作用。

- 在不同的反应条件下，将由不同的自由基主导反应过程，而这一过程又受到一系列不同参数的影响，包括氧化剂浓度、催化剂种类、有机或无机的溶质和pH值。某些污染物只能在特定化学条件下被降解。

- 碳酸盐、碳酸氢盐、氯化物和其他无机离子及过氧化氢自身都可以和自由基发生反应，从而对修复效率和修复效果产生潜在影响。

- 在地下水中，过氧化氢的半衰期较短，一般为数小时至数天。

- 过氧化氢反应速率较高，导致其在地下水中的有效传输有限。

2.1 简介

过氧化氢是一种强氧化剂，长期以来广泛用于工业生产和水体修复。溶于水后，过氧化氢会迅速生成一系列自由基团及其他能转化或降解有机物的活性基团。过氧化氢一般与催化剂或活化剂联用，通常被称为催化过氧化氢（Catalyzed Hydrogen Peroxide，CHP）。在 CHP 中形成的活性基团既有氧化剂又有还原剂。

在实际环境修复中，CHP 已证实对于有机污染物的降解和解毒十分有效。虽然过氧化氢长期以来在工业生产中广泛应用，但是人们对于其背后的反应机理却知之甚少。20世纪 90 年代早期，过氧化氢在土壤修复中的广泛应用印证了使用催化过氧化氢方法的必要性，该方法与工业上传统的"Fenton 试剂"（芬顿试剂）有所不同。Watts 等（1990，1991a，1991b）、Pignatello（1992）、Watts（1992）、Pignatello 和 Baehr（1994）等的早期研究中已开始探索土壤矿物和其他化学物质是否会对过氧化氢的修复效率产生影响。后续研究发现，过氧化氢的化学反应过程十分复杂。尽管目前已取得一些研究成果，但知识缺口仍然存在，有关该氧化剂化学反应和应用的研究仍是当前活跃的领域。

1894 年，芬顿（Fenton）发现，在弱酸性条件下，溶解的 Fe（II）盐可以催化稀释后的过氧化氢（几 mg/L），该反应过程有强烈的氧化作用。当 pH 值为 3 ~ 5 时，溶解的 Fe（II）和过氧化氢的结合会产生 $OH^·$ 自由基团，如式（2.1）所示，该过程一般称为"芬顿反应"。

$$Fe^{2+} + H_2O_2 \longrightarrow Fe^{3+} + OH^- + OH^· \tag{2.1}$$

自发现芬顿反应后，它的实用意义日渐凸显。1955 年，Schumb 等（1955）首次将该反应用于污水处理。随着环境产业的发展，铁催化的过氧化氢反应被逐步用于污染土壤和地下水的修复，至今已有约 25 年的历史。

早期利用过氧化氢开展地下水原位化学氧化（ISCO）的应用，一般称为地下的"芬顿反应"。然而，在实际应用过氧化氢开展原位修复时，与式（2.1）中简单地产生羟基自由基（OH·）不同，会产生一系列复杂的化学反应。在原位修复工程案例中，发现很多在最初的"芬顿反应"中不存在的其他催化剂或自由基团，都对污染物的降解过程有重要影响。为了区分利用过氧化氢进行 ISCO 的过程中复杂的化学反应，将该过程称为"催化过氧化氢反应"（Watts and Teel, 2005），或简称为"催化过氧化氢（CHP）"。需要注意的是，"改进的芬顿反应"或"类芬顿反应"也可归属为 CHP。虽然这些术语都由原始的芬顿反应变形而来，但是各个术语具备不同的含义。为了避免混淆，CHP 专指过氧化氢在多孔介质中的反应。

本章详细总结了 CHP 的已有研究进展及其应用于原位化学氧化修复的情况，绝大部分信息来源于对过氧化氢及其应用于地下环境修复文献的客观评论和总结。本章调研了超过 239 篇已发表的与过氧化氢原位化学氧化修复有关的研究，包括同行评议的期刊论文、会议论文集、学位论文、政府出版物和未发表的报告。

2.2 化学原理

为了更好地理解 CHP 在开展原位化学氧化实践时的应用过程及其背后的机理，研究其化学反应的基本原理是十分有必要的。过氧化氢主导的化学反应十分复杂，但是可以分解为若干个主要的概念和反应机理，包括自由基链式反应（起始、扩增和终止）、自由基清除、有机污染物氧化，以及竞争和非生产性反应。因为过氧化氢的氧化性很强，在地下环境中会被迅速分解，故目前很多研究尝试提高其稳定性，以改善其在地下的迁移和传输。

2.2.1 物理化学特性

表 2.1 列出了过氧化氢的一些基本性质和两种最常用的溶解性铁催化剂，铁催化剂通常为水合盐类。表中列出的数据仅为以上物质在绝大多数条件下的物理化学性质，不排除其在其他条件下有不同的物理化学性质。

表 2.1　CHP 中特定化合物的物理化学性质（Lide, 2006）

化 合 物	化 学 式	分子质量（g/mol）	密度（g/cm³）	物理状态	最大溶解度
过氧化氢	H_2O_2	34	1.11（30%溶液）	液体	易溶
七水硫酸亚铁	$FeSO_4 \cdot 7H_2O$	278	1.895	固体	30wt.%
氯化铁	$FeCl_3$	162.2	2.90	固体	91wt.%

注：g/cm³—克/立方厘米；g/mol—克/摩尔；wt.%—质量百分比。

2.2.2 氧化反应

CHP 包含一系列不同的反应物，其机理各不相同。这些反应物基本主导了有机污染物的转化和降解。下文将介绍在反应过程中形成的自由基团、自由基团的特性，以及它们在 CHP 中的作用。

1. 直接氧化

直接氧化是指反应物和过氧化氢之间发生直接原子转移的过程。过氧化氢和有机物之间的直接反应通常被认为是次要的，但有时某些生物酶类在氧化剂分解过程中扮演着重要角色。过氧化氢具有较高的标准还原电势（E^0=1.776V；Lide, 2006），可直接氧化大多数有机化合物，但通常认为该反应太过缓慢，不产生明显作用（Watts and Teel, 2005）。还有部分原因是，常见的土壤矿物质会与过氧化氢反应，并产生自由基团，导致难以区分多孔介质反应系统中的直接氧化反应和自由基团反应。因此，在 CHP 系统中通常认为直接氧化反应对于降解有机污染物无明显作用。

如果假设过氧化氢和有机污染物的直接反应程度较低，则可以推测其和无机化合物的直接反应程度较高。过氧化氢和无机化合物的直接反应，通常会生成自由基团，引发自由基反应。而且，尽管过氧化氢有较高的还原反应势能，但它仍可以同时作为氧化剂和还原剂。例如，在 pH 值较小时，过氧化氢易于将 Fe（II）氧化为 Fe（III），但同时也会将二氧化锰［Mn（IV）］还原为［Mn（II）］（Neaman et al., 2004）。容易与过氧化氢发生直接反应的无机化合物包括溶解的过渡金属、无机阴离子和矿物表面物质。由于这些反应通常会产生自由基团，故在 2.2.2 节和 2.2.3 节会对其进行详细讨论。

2. 自由基团和其他活性中间体

目前已知或猜测以下自由基团和其他活性中间体参与了有机污染物的降解过程。这些自由基团由过氧化氢与某些催化剂反应生成（详见 2.2.3 节）。通常这些自由基团在 CHP 系统中的停留时间非常短（半衰期仅数秒，甚至数微秒），传统的直接分析技术难以对其进行检测和定量，故这些自由基团在 CHP 系统中的存留情况和重要性难以被确定。而用间接的化学方法检测以上自由基是否存在十分复杂。由于分析难度太大，因此还很难确定这些自由基团在 CHP 系统中扮演的角色。表 2.2 总结了在 CHP 系统中起着重要作用的关键自由基团和活性中间体，后文将会对表中的自由基团进行更详细的介绍。

表 2.2 已知或猜测的促进 CHP 反应的活性组分

组　分	化　学　式	标准还原电势[a]	pH 值[b]	作　用
过氧化氢	H_2O_2	1.776	pH 值<11.6	强氧化剂、弱还原剂
羟基	$OH^{\cdot}$	2.59	pH 值<11.9	强氧化剂
超氧阴离子	$O_2^{\cdot-}$	−0.33	pH 值>4.8	弱还原剂
超氧化氢自由基	$HO_2^{\cdot}$	1.495	pH 值<4.8	强氧化剂
氢过氧根阴离子	HO_2^-	0.878	pH 值>11.6	强氧化剂、弱还原剂
高价铁离子［Fe（Ⅳ）］	FeO_2^+	未知	未知	强氧化剂
溶剂化电子	e^-（aq）	−2.77	pH 值>7.85	强还原剂
单线态氧	$^1O_2$	无	未知	参与双烯合成反应和烯反应
氧气（三线态）	O_2	1.23	任意	弱氧化剂

注：[a]Lide（2006）；

[b]Buxton 等（1988）。

1）羟基（$OH^{\cdot}$）

羟基通常被认为是过氧化氢氧化系统的主力，它可以与多种有机化合物、无机化合物发生反应，是一种广谱性强氧化剂。羟基一般通过 3 种机制和有机化合物反应：去氢反应、重键加成、直接电子转移（Bossmann et al., 1998）。羟基和有机化合物的反应产物包括一种有机基团，该基团可以和水或其他物质反应，然后降解（Sedlak and Andren, 1991b）。

羟基的活性极强，由于在液相系统中它们可被瞬间消耗，因此，在强氧化系统中它们的浓度极低。尽管羟基有很高的标准还原电势（pH 值为 0 时，E^0=2.59V；pH 值为 14 时，E^0=1.64V；Bossmann et al., 1998），但不同的有机化合物和羟基间会有不同的反应速率，这取决于它们对于羟基的亲和能力（Buxton et al., 1988）。原位化学氧化系统内有众多化合物，包括污染物、自然有机物、无机矿物、溶解质。因为这些化合物与羟基反应时会相互竞争，所以，羟基降解某种污染物的程度取决于该污染物与羟基的反应速率能否优于溶液中的其他成分。

2）超氧阴离子（$O_2^{\cdot-}$）

超氧阴离子是一种近年来被广泛用于 CHP 系统以降解有机污染物的自由基团。它是一种温和的还原剂和亲核试剂，研究中将其作为一种关键基团用于降解高氧化性有机化合物，如氯甲烷和氯乙烷。超氧阴离子是过羟基（$HO_2^·$）的共轭酸碱对，酸解离常数（pKa）为 4.8（Afanas'ev, 1989）；因此，超氧化物只有在 pH 值 >4.8 时才会发挥作用。

长久以来，超氧阴离子都被认为是在液相系统中生成的，因此，其被视为一种弱/慢反应自由基。在传统的过氧化氢反应体系中，通过调节过氧化氢溶液的最适浓度（一般为 mg/L），以生成更多的羟基并削减其他活性物质的产量。然而，近期的研究发现，溶液中过氧化氢浓度较高（约 3.5 ～ 35g/L）会明显增强超氧自由基的反应活性（Smith et al., 2004）。这种现象的出现，可能是由于高浓度系统会促进超氧自由基的生成，同时提高超氧化物的溶解度，进而提高其反应活性。此外，Furman 等（2009）发现，如果在反应系统中存在固体，如金属氧化物，超氧自由基的反应活性会增加，因此，含水土层也许会利于超氧自由基的反应。

3）超氧化氢自由基（$HO_2^·$）

超氧化氢是超氧阴离子的质子化形式。$HO_2^·$ 的酸解离系数 pKa 为 4.8（Afanas'ev, 1989），在酸性条件下，其是超氧自由基存在的主要形式，例如，在 pH 值为 3 的传统芬顿系统中 $HO_2^·$ 占主导地位；然而，在中性至碱性的 CHP 系统中，超氧阴离子是主要的存在形式。超氧化氢是一种温和的氧化剂，在过氧化氢参与的链式反应中扮演着重要角色（Teel and Watts, 2002）。

4）氢过氧根阴离子（HO_2^-）

HO_2^- 是过氧化氢的共轭酸碱对，其酸解离系数 pKa 为 11.6（Lide, 2006）。HO_2^- 是一种亲核试剂，可迅速与缺电子功能团的污染物反应。一旦 HO_2^- 在 CHP 系统中生成，它就会以"扩散—控制"的速率迅速与质子结合。即使在低至中性 pH 值的环境下，它也可以和某些污染物质以接近"扩散—控制"的速率迅速结合。

5）高价铁离子［Fe（IV），FeO^{2+}］

过去 20 多年的研究发现，芬顿反应中最早出现的反应中间体也许是高价铁离子，而不是羟基，至少高价铁离子在芬顿反应中的形成时间非常早。这一理论在化学界引起了一些争议。研究者提出，芬顿反应的热力学环境不适于溶解性 Fe（II）和液相过氧化氢反应生成羟基（Bossmann et al., 1998）。这是由于在溶液中，Fe（II）会和水形成复合体（例如，Fe^{2+} 会形成 $Fe(OH)(H_2O)_5^+$），如果要让过氧化氢和 Fe（II）反应，必须先形成 $Fe(OH)(H_2O_2)(H_2O)_4^+$。Bossmann 等（1998）通过热力学计算得出，Fe（IV）比 $OH^·$ 更易生成，同时高价铁离子［一般为 Fe（IV）］是一种活性极强的中间产物（Rushand Bielski, 1986; Bossmann et al., 1998），其会迅速反应生成羟基或直接氧化有机化合物。1932 年，Bray 和 Gorin 首次提出芬顿反应系统中存在高价铁离子，然而，有关高价铁离子在铁催化过氧化氢反应中的作用尚无定论。因此，并不清楚在 CHP 系统中，高价铁离子是否可以降解有机污染物。Bossmann 等（1998）认为，高价铁离子与芳香族有机化合物的降解有关，这意味着高价铁离子也许在 CHP 系统中可氧化有机污染物。然而，其对于 ISCO 系统的重要性现在还不得而知。

6）溶剂化电子 e^-（aq）

溶剂化电子是指溶解于水溶液中的自由电子。溶剂化电子是溶剂化氢原子（$H^·$）的共轭碱，其酸解离系数 pKa 为 7.85（Rush and Bielski，1986）。它们在水中短暂存留，参与脱氯反应，如和多氯联苯化合物（PCBs）反应（Pittman and He，2002）。目前，有学者怀疑它们存在于 CHP 系统中，但它们何时形成及如何形成（Hasan et al.，1999；Watts et al.，2005a），以及它们是如何作用的，目前尚未探明。

7）单线态氧（$^1O^2$）

单线态氧是氧气分子（O_2）更高能量的形式，通常被称为三重态氧（如大气中的氧气）。单线态氧和三线态氧的能量差可达 94.2kJ/mol，能量差源自分子 2P 轨道中的偏离配置和自旋电子（Braun and Oliveros，1990）。较高的能量使其可以和某些特殊的有机物反应。单线态氧在气相时的半衰期较长（72 分钟），但是在水中的半衰期非常短（仅数毫秒）。单线态氧在 CHP 系统中的重要性目前还知之甚少。Tai 和 Jiang（2005）在钼催化过氧化氢的反应中证实了单线态氧的存在，并认为其在系统中可降解氯酚。然而，在实际 ISCO 应用中，铁催化过氧化氢反应的应用更为广泛，单线态氧在该反应中的作用目前还未开始进行大规模研究。考虑到系统十分复杂，目前还不能排除单线态氧在该系统中起作用的可能性，有人推测单线态氧可能存在于 CHP 系统中。

8）氧气（三线态）（O_2）

大气氧是过氧化氢分解生成的最稳定的活性氧分子，由于一些矿物质（如土壤矿物）可以通过反应式（2.2）催化过氧化氢的分解（Hasan et al.，1999），往往导致氧气的产量很大。氧气直接氧化有机物质非常缓慢，通常认为其对于 CHP 修复有机污染物没有实质性作用。然而，存在一些证据证明氧气在 CHP 系统中有一定的作用。例如，Rodriguez 等（2003）报道，在水相体系中采用 CHP 系统降解硝基苯及当空气中只有氮气时，生成的副产物只有硝基酚；而在同样的反应体系中将氮气换为氧气，副产物除硝基酚外，还有超氢化氧自由基，表明反应机制已经改变。Sedlak 和 Andren（1991b）也发现了相同的现象，在缺氧条件下处理氯苯（困难，但具备可能性），聚合反应会生成二氯联苯（一种多氯化物）；而在好氧条件下，PCB 的产量显著降低。Voelker 和 Sulzberger（1996）推测自由基攻击有机化合物生成的有机自由基团，如富里酸，可能会如反应式（2.3）所示，在形成过羟基时消耗氧气。因此，尽管氧气和有机污染物的直接反应速率很低，溶解的氧气仍然有助于 CHP 反应的扩增。除此之外，氧气还有助于有氧生物的降解反应，在地下只要有溶解氧的地方即可发生该反应。

$$2H_2O_2 \longrightarrow 2H_2O + O_2 \tag{2.2}$$

$$R^{\cdot} + H^+ + O_2 \longrightarrow HO_2^{\cdot} + R^+ \tag{2.3}$$

3. pH 值对自由基中间体的影响

自由基的生成速率和反应活性一般受 pH 值的影响。例如，一些自由基团是弱酸性或弱碱性，相互之间会发生去质子化（如过氧化物和超氧化氢自由基）。去质子化会影响反应通路、反应机制及它们的标准还原电位，而后者是驱动氧化反应和还原反应的热力学特性。表 2.3 列出了一些半反应式的标准还原电位，一般酸性系统的标准还原电位比碱性系统高。

表 2.3 CHP 系统中某些反应式的标准还原电位

反 应 式	标准还原电位E^0（V vs. NHE）	pH值域	参考文献
$H_2O_2+2H^++2e^-\leftrightarrow 2H_2O$	1.776	酸性	Lide（2006）
$HO_2^-+H_2O+2e^-\leftrightarrow 3OH^-$	0.878	碱性	Lide（2006）
$OH^·+H^++e^-\leftrightarrow H_2O$	2.59	酸性	Bossmann 等（1998）
$OH^·+e^-\leftrightarrow OH^-$	1.64	碱性	Bossmann 等（1998）
$HO_2^·+H^++e^-\leftrightarrow H_2O_2$	1 495	酸性	Lide（2006）
$O_2+e^-\leftrightarrow O_2^{·-}$	−0.33	碱性	Afanas'ev（1989）

注：NHE—Normal Hydrogen Electrode，标准氢电极。

2.2.3 过氧化氢的催化

1934 年，Haber 和 Weiss 在一篇核心论文中提出，自由基反应和支链扩增反应是铁催化过氧化氢氧化反应的关键部分。在该系统中，铁在 Fe（III）和 Fe（II）间来回转化，持续地生成和消耗，因此可以作为催化剂。他们进一步推测，其他溶解的多价态金属也可以与过氧化氢发生相似的催化反应，尤其是单价态变换离子［如 Fe（III）和 Fe（II）、Cu（III）和 Cu（II）］。化学界将以上概念称为 Haber-Weiss 机制，并认为它是溶解性金属离子催化分解过氧化氢的主要反应机制。反应式（2.4）～反应式（2.7）列出了 Haber 和 Weiss（1934）最初提出的反应式，De Laat 和 Gallard（1999）也发现了过氧化氢中几个重要反应式［见反应式（2.8）～反应式（2.12）］。

$$Fe^{2+} + H_2O_2 \longrightarrow Fe^{3+} + OH^- + OH^· \quad k = 6.3 \times 10^1 M^{-1}s^{-1} \tag{2.4}$$

$$OH^· + H_2O_2 \longrightarrow H_2O + OH_2^· \quad k = 3.3 \times 10^7 M^{-1}s^{-1} \tag{2.5}$$

$$HO_2^· + H_2O_2 \longrightarrow H_2O + O_2 + OH^· \tag{2.6}$$

$$Fe^{2+} + OH^· \longrightarrow Fe^{3+} + OH^- \quad k = 3.2 \times 10^8 M^{-1}s^{-1} \tag{2.7}$$

$$HO_2^· \longleftrightarrow O_2^{·-} + H^+ \quad pKa = 4.8 \tag{2.8}$$

$$Fe^{3+} + HO_2^· \longrightarrow Fe^{2+} + O_2 + H^+ \quad k \leqslant 2 \times 10^3 M^{-1}s^{-1} \tag{2.9}$$

$$Fe^{3+} + HO_2^- \longrightarrow Fe^{2+} + HO_2^· \quad k = 2.7 \times 10^{-3} s^{-1} \tag{2.10}$$

$$Fe^{3+} + H_2O_2 \longleftrightarrow Fe(HO_2)^{2+} + H^+ \quad k_e = 3.1 \times 10^{-3} \text{（unitless）} \tag{2.11}$$

$$Fe(HO_2)^{2+} \longrightarrow Fe^{2+} + HO_2^· \quad k = 2.7 \times 10^{-3} s^{-1} \tag{2.12}$$

其中，k——速率常数；k_e——平衡常数；M——摩尔浓度；s——秒（De Laat and Gallard, 1999）。

链式反应是指多重反应连续发生。在链式反应中，前一个反应的产物是后一个反应的反应物，因此，在链式反应中多个反应会同时发生，直到其中一种关键性反应物消耗殆尽。链式反应在自由基化学中很常见，因为当一种自由基与化合物反应后，生成产物一般是另一种自由基。自由基链式反应可分为 3 个主要步骤：初始反应、扩增反应和终止反应。在初始反应中，一种非自由基反应物通过反应生成自由基团，如反应式（2.4）和反应式（2.10）所示。在扩增反应中，一种自由基与其他自由基反应生成新的自由基，如反应式（2.5）和反应式（2.6）所示。在终止反应中，自由基与其他物质反应，不会再生成自由基，如反应式（2.7）和反应式（2.9）所示。终止反应很重要，因为它与目标有机污染物的氧化或 Fe（II）的循环生成有关，如反应式（2.9）所示。但有时终止反应与非目标污染物有关，或消耗其他自由基团。这种非目标污染物被称为"清除剂"，表示其在 CHP 系统中是无效的。

1. 溶解性铁离子的催化作用

如前文所述的那些生成自由基的链式反应，可以通过溶解性过渡金属离子与过氧化氢的一系列反应而被激活。不仅是铁，其他过渡金属离子对过氧化氢也具有催化作用，包括铜（Haber and Weiss，1934）、钼（Tai and Jiang，2005）、钌（Anipsitakis and Dionysiou，2004）和锰（Watts et al.，2005b）。然而，除锰以外，其他金属在地下的浓度较低，它们的成本或毒性使得其不宜用于催化 ISCO。此外，Watts 等（2005b）发现 Mn（II）在 CHP 系统中可以催化生成自由基，所需用量约 11000mg/L，这意味着它是一种弱催化剂。Anipsitakis 和 Dionysiou（2004）也尝试用浓度低得多的 Mn（II）作为催化剂，但是发现它没有产生任何有效的反应。因此，在众多的溶解性过渡金属离子中，铁离子可能是 CHP 系统中最重要的金属离子。

Haber 和 Weiss（1934）、Bossmann 等（1998）、De Latt 和 Gallard（1999）、Smith 等（2004）确定了铁催化 CHP 的一些重要反应。其中大部分反应都在反应式（2.4）～反应式（2.12）中列出。图 2.1 描绘了 CHP 系统中铁和自由基离子所扮演的角色，蓝色箭头表示与活性氧（如初始反应和扩增反应生成的自由基团）有关的反应，红色箭头表示系统中铁离子的循环。从图 2.1 中可知，铁离子在 Fe（III）和 Fe（II）之间不断转化，但是过氧化氢和相关物质被持续消耗。

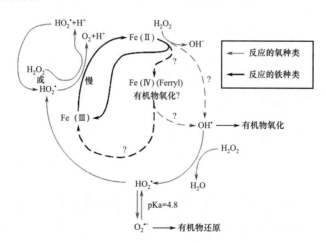

图2.1　溶解性铁离子催化的CHP系统的反应过程示意

反应式（2.4）～反应式（2.11）中的大部分反应都符合二级动力学，式（2.13）列出了反应速率的计算公式。

$$\frac{\partial C_{reactant1}}{\partial t} = -k_2 C_{reactant1} C_{reactant2} = -k_{p1} C_{reactant1} \tag{2.13}$$

式中，$C_{reactant1}$ 是反应物的初始浓度；$C_{reactant2}$ 是其他反应物的浓度；k_2 是反应的二级动力学速率常数；k_{p1} 是假一阶反应动力学速率常数，为 $C_{reactant2}$ 和 k_2 的乘积。过氧化氢的注入浓度为 $1 \sim 20$ wt.%（$10^{-1} \sim 100$M），导致在 CHP 系统中过氧化氢的浓度较高，同时，又由于反应的二级动力学速率常数也较高［见反应式（2.4），对于不含自由基的反应而言，这一速率较高］，因此，预期反应的假一阶反应动力学速率常数会非常高。这意味着，在反应式（2.4）中 Fe（II）会通常在数分钟甚至数秒内被快速消耗。考虑到在反应式（2.10）～反应式（2.12）中循环生成 Fe（III）和 Fe（II），在实际反应中 Fe（II）的消耗速率比反应式（2.4）中所示的低很多。因此，如图 2.1 所示的反应系统中反应式（2.10）～反应式（2.12）的反应是限制整个系统反应速率的重要反应，并且系统中的大部分铁离子应该都是 Fe（III）。无论是 Fe（III）还是 Fe（II），都可以有效催化 ISCO 系统的氧化剂，但是 Fe（III）在反应进行数分钟后将占主导地位。高价铁离子［Fe（IV）］在过氧化氢系统中是否存在及其重要性如何，至今尚无定论（见 2.2.2 节），其可能的转化路径在图 2.1 中用虚线进行了标注。

图 2.1 简单地描绘了反应的系统框架，没有列出 pH 值对反应尤其是对铁有效性的影响。与所有溶解性的金属离子一样，铁与水、过氧化氢的反应很复杂。如前所述，在反应数分钟后，CHP 系统中的铁离子大部分是 Fe（III）。在中性条件下，Fe（III）会生成氢氧化铁［Fe(OH)$_3$］，而溶解的 Fe（III）浓度极低。然而，在酸性条件下，Fe（III）的溶解度很高，有利于反应的进行。除此之外，Fe（III）和 Fe（II）的其他羟基化合物也会影响铁对过氧化氢的催化活性。相关的重要反应总结在反应式（2.14）～反应式（2.18）中。

$$Fe^{3+} + H_2O \longleftrightarrow FeOH^{2+} + H^+ \tag{2.14}$$

$$FeOH^{2+} + H_2O \longleftrightarrow Fe(OH)_2^+ + H^+ \tag{2.15}$$

$$Fe(OH)_2^+ + H^+ \longleftrightarrow Fe(OH)_3 + H^+ \tag{2.16}$$

$$Fe^{2+} + H_2O \longleftrightarrow FeOH^+ + H^+ \tag{2.17}$$

$$FeOH^+ + H_2O \longleftrightarrow Fe(OH)_2 + H^+ \tag{2.18}$$

由于 Fe(OH)$_3$ 在中性条件下不溶解，因此，传统的芬顿反应都在低 pH 值条件下进行，以防止 Fe（III）沉淀。此外，在低 pH 值条件下氧化剂的反应性能会有所增强（Watts and Teel, 2005）。然而，芬顿反应［见反应式（2.1）］中羟基自由基的生成速率随着 pH 值的增大而增大（Beltrán et al., 1998）。多年的经验认为，既能保证羟基活性，又能保持铁离子溶解态的最佳 pH 值为 3 左右。因此，大部分有关铁催化水中过氧化氢反应的研究，基本都将 pH 值控制在 $2 \sim 4$。然而，地下系统一般维持在中性 pH 值范围内（pH 值为 $6 \sim 8$），缓冲性较好，很难改变 pH 值。因此，很多研究也探索了在中性 pH 值（pH 值为 $6 \sim 8$）条件下的反应过程。图 2.2 列出了各 pH 值下的研究结果情况。

有些场地在修复过程中会向地下注入酸性试剂调整反应的 pH 值，以改善铁离子的溶解性。然而，在某些场地中，这种操作不切实际，因为地下含水层的缓冲容量太大，很难酸化。金属浓度过高也可能会限制酸性试剂的注入。为了克服这些困难，近年来很多研究集中探索如何在中性条件下有效催化过氧化氢，尽管此时系统中 Fe（III）的溶解度很低。实现这一目标可以通过利用中性铁、锰矿物催化反应（见 2.2.3 节），或用一种可溶的有机配位体（螯合剂）传载催化剂［Fe（III）或 Fe（II）］，使得铁离子在溶液中可以作为金属螯合物存在（见 2.2.3 节）。

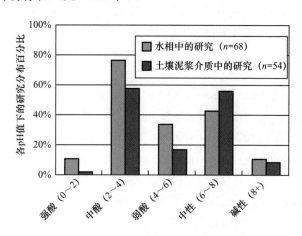

图2.2　各pH值条件下的研究结果汇总

注：因为很多研究调查不止调查了在一个pH值条件下的反应情况，所以所有数据的百分比总和超过100%。

2. 天然矿物质的催化作用

过氧化氢应用于水体修复和 ISCO 这两者最大的区别之一在于，氧化剂会和多孔介质中的矿物质发生剧烈反应。这些矿物质可以像含水铁化合物一样，在介质表面催化自由基生成；也可以作为消耗氧化剂的非生产性源，直接分解过氧化氢而不产生自由基；还有一些反应也会促进矿物质（如铁）的溶解，然后溶解的铁离子会如在芬顿反应中一样，成为催化剂。矿物表面在发生催化反应时，自由基的反应活性很强，因此，自由基团在反应开始前不会扩散很远的距离（一般为数纳米）。

目前已开展了一系列研究以确定对过氧化氢滞留和催化效应最大的常见土壤矿物质（Valentine and Wang, 1998; Huang et al., 2001; Kwan and Voelker, 2003; Watts et al., 2005b; Teel et al., 2007; Furman et al., 2009）。大量研究均表明，铁、锰矿物对过氧化氢的稳定性和催化效应最大，而其他微量元素的作用较小。铁、锰矿物广泛存在于土壤和地下水中，两者被认为是自然环境中过氧化氢最主要的氧化剂来源。Teel 等（2007）研究了铁和锰两者间谁的效应较大，结果发现在大多数研究中，锰矿物质，尤其是软锰矿，分解过氧化氢的速度高于铁矿物质。然而，一般土壤和地下水中铁矿物质的含量高于锰矿物质，综合考虑确定，两者对 ISCO 的重要性相同，且两者同时受到 pH 值的影响。表 2.4 列出了常见的铁、锰矿物质在不同 pH 值下的反应特性。"分解活性"是指相对于其他矿物质，该矿物质分解氧化剂的速率，并且在判定其催化活性时，只考虑该矿物质的质量，而不考虑其他因素（如矿物质的表面积）。"活性反应组分"是指，在反应中该矿物质可能会催化生成的组分。"催化效应"是指，该矿物质能否催化降解目标有机污染物。"？"代表相互作用的特性目前还不确定或者未知。

表 2.4 表明，每种矿物质对过氧化氢反应体系的影响都是复杂多变的。同一种金属

元素在不同矿物质间的多样性主要是由于不同矿物质的表面积存在区别。例如，水铁矿和软锰矿的比表面积很大（Huang et al., 2001; Kwan and Voelker, 2003; Teel et al., 2007），使其具有很多的催化位点。这也许解释了为什么存在以上矿物质的时候过氧化氢的分解速率很高。Valentine 和 Wang（1998）研究了在中性条件下水铁矿、针铁矿和半晶质氧化铁对过氧化氢的分解速率，结果表明 3 种铁矿物质的分解速率差异很大，但是当三者的比表面积相同时，它们的分解速率几乎相同。Kwan 和 Voelker（2003）比较了 pH 值为 4 的条件下，水铁矿、针铁矿和赤铁矿分别对过氧化氢的分解速率，结果表明在比表面积和过氧化氢浓度相同的情况下，水铁矿和针铁矿的 $OH^·$ 生成速率几乎相同，但是赤铁矿的分解速率低了一个数量级。因此，比表面积虽然不是决定因素，但是重要因素之一。

表 2.4 矿物质和过氧化氢相互作用下的特性[a]

矿 物 质	酸性条件（pH值约为3）			碱性条件（pH值约为7）		
	分解速率	活性反应组分	催化效应	分解速率	活性反应组分	催化效应
水铁矿（$Fe_2O_3 \cdot 0.5H_2O$）	快速	$OH^·$ O_2	有效	非常快	? 无$OH^·$?	无效
针铁矿（α-FeOOH）	快速	$OH^·$ 其他?	有效	适中	无$OH^·$ O_2^-? 其他?	有效
赤铁矿（Fe_2O_3）	适中	$OH^·$	有效	非常快	?	有效
磁铁矿（Fe_3O_4）	快速	?	有效	?	?	?
菱铁矿（$FeCO_3$）	适中	?	?	适中	?	?
软锰矿（β-MnO_2）	非常快	?	?	非常快	无$OH^·$和O_2^-	有效
水锰矿（$MnOOH$）	适中	?	?	快速	?	?

注：[a]数据来源于Huang等（2001）、Kwan和Voelker（2002, 2003）、Teel 等（2001, 2007）、Valentine和Wang（1998）、Watts等（2005a, 2005b）。

"？"表示参数不确定或未知。

pH 值是另一个主要影响因素，一些矿物质的活性在特定 pH 值条件下较强。例如，针铁矿在酸性条件下的活性强于在中性条件下的活性，而赤铁矿在中性条件下的活性强于在酸性条件下的活性。然而，整体而言，过氧化氢在中性条件下的分解速率优于在酸性条件下。对于原位化学氧化，在不同 pH 值条件下随时可能变化的催化剂的催化活性比分解速率更加重要。与传统的 Fe（II）催化反应一样，铁矿物一般在酸性条件下会催化 $OH^·$。一些研究在很大程度上证实了以上结论，研究者在实验系统中注入超量的能和羟基自由基反应的清除剂，然后与空白实验（未注入清除剂的反应）比较反应结束后其中某一种有机基质的降解效率（Teel et al., 2001; Kwan and Voelker, 2003），研究发现在中性条件下清除剂对有机基质的降解不发挥作用，这意味着有机物质在中性条件下的降解是通过非羟基通路进行的。软锰矿催化的反应也有相似的特征；而四氯化碳（一种对羟基自由基较顽固的有机物）也可以被降解，研究显示在反应系统中的反应介质是超氧自由基（O_2^-）（Watts et al., 2005a, 2005b; Furman et al., 2009）。

3. 螯合金属的催化作用及其他有机金属配合物的影响

螯合剂（配体）是一种能结合金属离子或土壤矿物质的可溶性有机化合物。通过与金属离子结合，螯合剂可以在氧化还原条件下维持金属离子的可溶性；而当螯合剂不存在时，金属离子通常会发生沉淀。与非螯合物相比，螯合剂也可以改变金属离子或土壤矿物与过氧化氢的反应活性。在中性条件下，铁的溶解性较低，导致在CHP系统中过氧化氢的催化较为困难，但是螯合剂可以改善催化效率。因此，当在原位化学氧化修复中难以酸化蓄水层时（考虑蓄水层缓冲容量、金属迁移等），螯合剂可作为一种辅助制剂应用于场地修复。柠檬酸、环糊精、乙二胺四乙酸（EDTA）和其他多氨基乙酸都可作为螯合剂应用于催化过氧化氢（Pignatello and Baehr, 1994; Jazdanian et al., 2004; Kang and Hua, 2005）。

本书介绍了多种螯合剂的反应特性，这些螯合剂通过多种机制提高了有机污染物的降解速率。螯合剂被证实可以降低过氧化氢在基质表面的分解速率，促进过氧化氢的传输，从而提升污染物的降解速率（Watts et al., 2007）。这种现象可能是几种机制共同作用的结果。过氧化氢的分解速率放缓可能是由于螯合剂与基质表面的活性矿物质或溶解的金属离子结合，减少了基质对过氧化氢的催化活性，延长了过氧化氢在地下基质中的停留时间。Fe（III）在溶液中一般以沉淀形式［Fe(OH)$_3$］存在，不是一种有效的催化剂；添加螯合剂可以保持铁离子以溶解状态存在，使其具备催化活性。溶解的铁离子被CHP反应消耗，减少了溶液中的铁离子浓度，而铁螯合物可以持续释放铁离子，促进反应持续进行。

环糊精是一种新型螯合剂，与传统的螯合剂相比它具备新的功能。这种复杂大分子不仅可以作为配体与铁离子螯合，同时也增强了低溶解度有机污染物的分解。环糊精内核疏水，可吸附非极性的有机污染物，而表面位点用于结合铁离子。当过氧化氢发生反应时，催化产生的自由基在污染物附近。因此，降解活性的提高不仅是因为螯合剂增加了铁离子的可利用性，还因为污染物更接近自由基团的产生位点。一些研究发现，在CHP系统中添加环糊精，有机污染物的降解量比只添加铁的降解量高；同时，添加环糊精会降低清除剂的影响（Tarr et al., 2002; Lindsey et al., 2003）。一项研究还评估了亚铁血红素对CHP系统的影响，亚铁血红素是血红蛋白的活性成分，血红蛋白在人体血液中负责运输氧气和二氧化碳（Chen et al., 1999）；血红素是一种相对复杂的有机分子，它的溶解度很高，且可以结合Fe（III）。当亚铁血红素和过氧化氢反应时，铁离子会被氧化为Fe（IV），高价铁离子是芬顿反应的中间体，而血红素本身是一种有机基团，可以降解有机污染物。血红素的特殊之处在于它一旦与有机物发生反应，其母体催化剂可立即再生。

螯合剂通常有助于提高铁离子的溶解度，并改善目标污染物的降解效率，但有时也会降低总体反应的效率，这也许是由于螯合剂自身是一种有机化合物，它也可在反应中被降解。例如，当OH·或其他自由基团与有机配位体距离接近时，配位体自身也可能会被降解。因此，选择合适的螯合剂添加量十分重要，添加量过少会降低催化活性，添加量过多则可能会导致氧化剂被过量清除，发生无效反应。

然而，不是所有的有机金属配合物都是有效的。低分子量的有机酸是有机氧化反应的常见副产物，尤其当母体污染物质是芳香族或包含大量碳原子时。这些有机酸类似柠檬酸或EDTA，也许会与铁催化剂发生反应。系统中生成有机酸对于反应各有利弊。Kwon等（1999）报道戊酸、己二烯二酸和丙酸可能会提高铁离子的溶解度，并提高其对过氧化氢的催化活性，因此对于反应是有益的。然而，很多研究者发现，草酸是一种常见的、生成浓度很高的有机反应副产物，和铁离子的结合力也很强，导致铁离子无法与过氧化氢反应（Li et al., 1997b; Kwon et al., 1999; Lu et al., 2002）。因此，当草酸的浓度过高时，会降低过氧化氢的催化作用。

一些有机金属配位体有助于提高反应效率。当羟基自由基攻击芳香族化合物时，通常会生成苯邻二酚和其他芳香二醇等中间体。这些芳香二醇具备还原性，可以将 Fe（III）还原为 Fe（II），促进芬顿反应持续进行。在一些过氧化氢氧化氯代酚类物质的研究中，在反应初始阶段会有一个停滞期，接着是加速转化期，最后污染物几乎消耗殆尽，反应速率减慢。在反应过程中的停滞期和随后的加速期，主要是由于邻苯二酚和对苯二酚参与反应，而为了保证反应进行，停滞期需要生成足够多的中间体（Sedlak and Andren, 1991b; Chen and Pignatello, 1997; Lu, 2000; Chen et al., 2002; Lu et al., 2002; Zazo et al., 2005）。

2.2.4　过氧化氢催化反应动力学

反应动力学对于 CHP 系统的有效性十分重要。反应式（2.4）～反应式（2.12）代表了在 CHP 系统中可能同时发生的反应。这些反应通常会一直进行，直到其中一个关键性的反应物耗尽。CHP 系统的限制性反应物通常是过氧化氢，但也包括催化剂，尤其是当发生沉淀反应或络合反应导致催化剂无效时。因为过氧化氢一般是链式反应的限制反应物，所以，通常需要计算系统中过氧化氢的消耗速率，便于及时补充，保证反应持续进行。此外，了解目标污染物的降解速率也非常重要，这可以确定在 ISCO 过程中链式反应的时间长短。CHP 链式反应中单一反应的速率（如自由基生成反应或污染物降解反应）一般用二级动力学模型进行描述。在该模型中，反应速率不仅取决于反应的速率常数，也受反应物浓度的影响。一系列有机反应物和无机反应物的反应速率常数已经确定（Buxton et al., 1988; Haag and Yao, 1992; Waldemer et al., 2009），尽管反应速率常数有效，但由于在异质性的地下系统中有多种多样的反应物，在建模和预测反应物和副产物浓度时还存在相当大的困难。

学者已经尝试对 CHP 系统进行化学建模，下面详细介绍已有的成果。然而，由于建模非常困难，一般简化地进行可处理性测试并测量反应动力学，经验性地建立一个假一阶模型。这种方式在尝试预测在 ISCO 过程中过氧化氢的分解（术语为"氧化剂的持久性"）时尤其有效。

1. 基本反应动力学和建模方法

由于过氧化氢的化学复杂性，以及 2.2.2 节和 2.2.3 节中提到的许多竞争反应机制，建立反应动力学模型非常困难。然而，在适当范围内，反应动力学模型会提供很大的便利，尤其是在没有开展大量实验的情况下，其可以预测反应过程。文献中使用的建模方法包括：①追踪 CHP 系统众多反应的精准基本化学模型；②基于特定自由基反应的简化模型；③一些假一阶动力学方法。下文会分别阐述以上几种方法的优势和局限性。

1）基本化学模型

对于 ISCO 的设计和性能建模来说，掌握氧化剂的消耗速率和污染物的降解速率很有必要。但由于系统中会同时发生多个反应，在一个化学模型中合理地展示所有反应十分困难，故通过 CHP 系统的化学模型获取反应速率参数很难实现。在为 CHP 系统建模的过程中，需要确定链式反应中重要反应的反应速率常数，还要列出每种活性反应组分的质量平衡。由于大量的反应式需要一系列非线性微分方程来表征，因此，CHP 系统的建模难度很大，数学求解所有氧化剂和污染物的降解速率很困难。此外，建模还需要大量的专业数据，包括溶液浓度、多孔介质成分、反应速率常数等。De Laat 和 Gallard（1999）成功建立了一个模型，较好地模拟了在不同酸碱度条件下，只有过氧化氢和溶解性铁离子（没有污染物）的复杂纯液相系统（没有土壤存在）的反应速率常数和自由基团浓度。即使在这个"简单的"化学系统中，他们发现至少需要 21 个反应（16 个动能表达式、5 个铁—水—过氧化氢形成反应）的反应参数才能建立合适的模型。这需要运用数值方法去解 5 个同时发生的非线性微分方程。与原位化学氧化系统相比，上述模型大大简化了反应的复杂程度。在实际的 CHP 系统中存在一系列污染物、土壤矿物、溶解质和天然有机物（NOM），这些物质的相关数据通常都很稀缺，因而想要将这种精确的理论模型应用于原位 CHP 化学系统，仍然是不切实际的。

2）竞争动力学分析

竞争动力学分析是一种用于整体评估两个及两个以上反应物与 OH˙ 的反应速率的简单工具。竞争动力学分析方法可以用于评估污染物降解的一般顺序、潜在清除剂的作用，或者确定当其他目标污染物或清除剂存在时污染物的转化速率。由于在 CHP 系统中会同时进行多个反应，因此，动力学分析提供了针对可能性结果的通常性预测。在一个简单的实验室反应系统中，实验结果可能会更加具体。例如，相对反应速率（R）是某个潜在反应物的反应速率和所有反应物速率总和的比值。例如，在一个反应系统中有 3 种化合物会与 OH˙ 反应，其中，化合物 1 是目标污染物，化合物 2 和化合物 3 是 OH˙ 清除剂，则化合物的相对反应速率可由式（2.19）计算，即

$$R_{C_1/C_1,C_2,C_3} = \left(\frac{k_{C_1}[C_1][OH^\cdot]}{(k_{C_1}[C_1]+k_{C_2}[C_2]+k_{C_3}[C_3])\,[OH^\cdot]} \right) \tag{2.19}$$

其中：

C_1、C_2、C_3 为清除剂或目标污染物的浓度；

k_{C_1}、k_{C_2}、k_{C_3} 分别为化合物 1、化合物 2、化合物 3 和 OH˙ 之间的二级反应速率常数。

当化合物 1 的反应速率 k_{C_1}=1$M^{-1}s^{-1}$，C_1 为 1M，清除剂的反应速率 k_{C_2}=1$M^{-1}s^{-1}$ 和 k_{C_3}=8$M^{-1}s^{-1}$，C_2 和 C_3 分别为 10M 和 1M 时，计算得出系统的相对反应速率为 1/(1+1+8) 或 1/10。这意味着当在系统中只有以上 3 种化合物消耗 OH˙ 时，只有 1/10 的羟基自由基会被污染物消耗，而剩余 9/10 的羟基都会参与清除反应。假设此处涉及的 [OH˙] 是相同的，因为反应在同一个反应器中进行。

在 CHP 系统中，OH˙ 和潜在清除剂或其他环境污染物反应的二级反应速率常数往往相差若干个数量级（见表 2.5）。目前已经发布了很多环境污染物和其他反应物（清除剂）的二级反应速率常数（Buxton et al., 1988; Haag and Yao, 1992）。

但是，上述分析方法没有考虑芬顿氧化系统内其他潜在的复杂因子。例如，在芬顿氧化系统中也存在能够转化污染物的反应中间体，而上述分析方法中未考虑这些反应物对反应结果是否存在显著影响。因而，该分析结果应该被用作系统反应条件的一般性评估，并应在使用时指出它所代表的简单系统。

表 2.5　OH·和潜在清除剂或其他环境污染物反应的二级反应速率常数[a]

污 染 物	二级反应速率常数（L/mol s）
四氯化碳	$<2 \times 10^6$
氯仿	$\approx 5.5 \times 10^6$
二氯甲烷	5.8×10^7
2-邻氯苯酚	1.2×10^{10}
氯苯	5.5×10^9
四氯乙烯	2.6×10^9
三氯乙烯	4.2×10^9
氯乙烯	1.2×10^{10}
苯	7.8×10^9
乙苯	7.5×10^9
甲苯	3.0×10^9
m-,o-,p-二甲苯	$(6.7 \sim 7.5) \times 10^9$
多氯联苯	$(5 \sim 6) \times 10^{10}$
多环芳烃（PAHs）	1×10^{10}
甲基叔丁醚（MTBE）	1.6×10^9
叔丁醇（TBA）	6.0×10^8
丙酮	1.1×10^8
1,4-二氧己环	2.8×10^9
清 除 剂	**二级反应速率常数（L/mol s）**
氯乙酸[b]	4.3×10^7
丙二酸[b]	2.0×10^7
草酸[b]	1.4×10^6
氢氧离子	1.2×10^{10}
碳酸氢盐离子	8.5×10^6
碳酸离子	3.9×10^8
二价铁离子	4.3×10^8
过氧化氢	2.7×10^7

注：[a]数据来源于Buxton等（1988）、Haag和Yao（1992）。

　　[b]氧化有机污染物产生的分解产物（羧酸）代表潜在的清除剂。

3）其他方法

考虑到在 CHP 系统中反应动力学的复杂程度，很多研究都采用室内批处理实验的数据建立假一阶动力学模型，这种方法简化了建模和预测过程中的数学计算。但是，从实验室数据推至现场应用是很不精确的，因为影响过氧化氢反应系统的因子过多。Miller 和 Valentine（1995a）利用假一阶动力学方法建立了 CHP 系统的反应模型。他们建立过氧化氢反应动力学模型分为两步，包括两个假一阶反应。首先，过氧化氢和土壤矿物及铁反应，生成大量的未知自由基团，这些自由基团或参与降解目标污染物，或参与其他反应。此外，反应速率动力学可以用于评估在稳定状态下的 OH· 浓度（$[OH·]_{SS}$）。其次，估算出的 $[OH·]_{SS}$ 可以用于预测 CHP 相似系统中其他目标污染物的假一阶反应速率常数（Huling et al., 2000a）。上述方法需要通过处理性研究以获取动力学参数，同时要忽略 CHP 化学反应的复杂性以实现简单化评估。在某些案例中，反应速率常数在整个反应过程中不是保持不变的，反应基质、反应中间体、副产物等在反应中可能会随时耗尽，导致反应的动力学参数发生改变。考虑到过氧化氢反应的复杂程度、需要通过实验测试获取数据、缺少系统参数（如清除剂浓度），预测原位 CHP 系统中的污染物降解动力学仍面临着巨大的挑战，并且很难保证预测结果的准确性。

2. 过氧化氢在多孔介质中的分解动力学（氧化剂持久性）

原位化学氧化有时需要在多孔介质中使用过氧化氢，因此，多孔介质是影响过氧化氢分解动力学（后文中称为氧化剂持久性）的主要因素。为了保证在 ISCO 过程中 CHP 的效率，需要保证氧化剂和催化剂与目标污染物的接触时间足够长，以保证污染物有足够长的时间分解或溶解。氧化剂的持久性会影响过氧化氢渗透至目标处理区域的效果，一旦氧化剂注入基质，其就会被持续消耗。尽管 CHP 反应很复杂，但是过氧化氢在多孔介质中氧化分解的批实验结果都能很好地拟合假一阶反应动力学。Miller 和 Valentine（1995a）利用假一阶反应动力学拟合了一维柱实验系统。假一阶反应动力学预测了氧化剂在地下基质中随时间的简单衰减指数。

1）过氧化氢稳定性

由于过氧化氢在地下基质中衰减太快，通常需要向地下基质注入化学辅助剂以提高氧化剂的稳定性。磷酸盐可以作为一种稳定剂，它能结合并降低矿物质和溶解性催化剂的活性。众多研究发现，当反应系统中存在磷酸盐时，氧化剂的分解速率降低（Lipczynska-Kochany et al., 1995; Valentine and Wang, 1998; Watts et al., 1999b; Baciocchi et al., 2004; Mecozzi et al., 2006）。磷酸盐是一种弱的过氧化氢清除剂，所以，它对于 CHP 降解目标污染物基本不会有不利影响；但磷酸盐是一种强络合剂，在实际场地修复中的传输距离有限，可能会影响过氧化氢的稳定性。

为了克服磷酸盐作为稳定剂的局限性，近年来很多研究集中于利用有机配位体作为稳定剂。Watts 等（2007）筛选了数十种有机配位体，判断它们作为稳定剂的可能性。他们筛选了 Sun 和 Pignatello（1992）发现的配位体，结果表明这种配位体只能提高铁催化过氧化氢的反应活性。Watts 等（2007）发现，最有效的稳定剂是柠檬酸盐、丙二酸酯和肌醇六磷酸酯，如图 2.3 所示为反应结果。实验采用了美国境内不同区域收集的 4 种土壤，施用这 3 种稳定剂可以将过氧化氢的分解速率降低至原来的 1/20 以下。实验结果表明，使用 3 种稳定剂中的任何一种均可降低过氧化氢在地下基质中的分解速率。

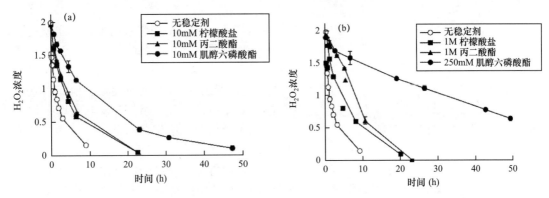

图2.3　美国佐治亚州砂质黏土系统中不同稳定剂对过氧化氢衰减时间的影响

注：初始 H_2O_2 浓度为 2%，1g 土壤中添加 5mL 溶液。M—Molar；mM—Milli-Molar（Watts et al., 2007）。

2）氧化剂持久性

在评估多孔介质中 CHP 反应过程的 59 个研究案例中，有 18 个案例报道了实验系统中获取的假一阶反应动力学速率常数，或提供了相关的动力学数据（例如，H_2O_2 的浓度和时间关系）（Baciocchi et al., 2003, 2004; Barcelona and Holm, 1991; Bissey et al., 2006; Chen et al., 2001; Crimi and Siegrist, 2005; Leung et al., 1992; Mecozzi et al., 2006; Miller and Valentine, 1995a, 1995b, 1999; Petigara et al., 2002; Tyre et al., 1991; Watts et al., 1990, 1994, 1999b; Yeh et al., 2003, 2004）。目前已经统计了在 37 个不同场地多孔介质中总计 139 个速率常数；记录了大量的化学参数，包括不同氧化剂的浓度、激活类型、pH 值和使用的稳定剂。表 2.6 列出了上述 139 个氧化剂持久性速率常数的最大值、最小值、中值和第一个、第三个四分位数。为了显示氧化剂持久性对其传输的影响，表 2.6 中还包含预估的过氧化氢在不同分解速率下的有效传输距离。这主要通过简单的一维线性速率进行预测，其中，有效传输距离是指氧化剂浓度降至初始浓度 10% 时的迁移距离。当过氧化氢被平稳地注入反应系统时，如果氧化剂持久性（$0.20h^{-1}$）满足参数的中值，一维线性注入速率为 10m/d，那么预测氧化剂迁移 5m 后其浓度将降至初始浓度的 10%。

表 2.6 分解速率常数和考虑地下水流速的预估传输距离

一阶速率范围	分解速率常数（1/h）	半衰期（h）	不同速率（m/day）下的有效[a]一维传输距离（m）		
			0.1m/day	1.0m/day	10m/day
最小值	0.00097	713	10.7	107	1070
第一个四分位数	0.036	19.3	0.27	2.7	27
中值	0.20	3.50	0.05	0.5	5
第三个四分位数	1.2	0.60	0.008	0.08	0.8
最大值	36	0.02	0.0003	0.003	0.03

注：[a]有效传输距离是指氧化剂浓度降至初始浓度10%时的迁移距离。

过氧化氢原位化学氧化中氧化剂的分解速率范围很宽，但是，最小速率和最大速率一般是在特殊情况下（包括极端的氧化剂浓度、催化剂浓度、稳定剂浓度、pH 值等）才会出现，不适用于实际的 ISCO 应用。因此，工作人员一般会合理地在大范围内取中间值，例如，在第一个四分位数和第三个四分位数之间取值。Krembs（2008）的综述中总结发现，CHP 中氧化剂的影响半径约为 5m（15 英尺）。

方差分析（ANOVA）结果表明，至少有 6 个主要因素会显著影响（如 >95% 的置信区间）氧化剂的持久性：①土壤矿物学，包括矿物种类和它们的比表面积（粒径）；②氧化剂浓度；③催化剂类型和浓度；④ pH 值；⑤是否使用稳定剂；⑥固体浓度（处理测试中的液固比）。目前已经观察到这些因素的一些影响趋势，氧化剂浓度、矿物学、添加可溶性铁催化剂（非天然铁矿物催化剂）、土壤质地（通过吸管法分类）对分解速率的影响最大。现在还不清楚铁矿物和锰矿物哪一种对分解速率的影响更大，结果主要取决于矿物分析的类型，且结果往往表明一种矿物会比另一种矿物更加重要。通常，矿物质浓度增加会导致氧化剂分解速率升高；提高氧化剂浓度一般会降低其分解速率，而添加任意铁催化剂会促进氧化剂分解。土壤质地对分解速率的影响比较复杂，但是，当土壤为中壤土或砂质土时，氧化剂的分解较快。本部分内容只参考了少数案例（共 37

种土壤），因此，结果只能代表一些特定土壤的性质。然而，它可能表明了粒径和催化活性之间的相关性，直观地显示了小粒径的介质有更大的矿物表面积和更多的催化剂反应位点。然而，粒径对催化活性的作用仍十分复杂，粉砂质土、粉砂质黏土、砂土和壤质砂土中氧化剂有相近的分解速率。粉砂质壤土和粉砂质黏土也许比砂土的表面积大，但是两种微粒的天然矿物质的催化活性较低。

其他一些参数也会影响过氧化氢的持久性，但是影响还未达到显著程度（如 <95% 的置信区间）。在反应系统中添加磷酸盐等稳定剂会降低氧化剂的分解速率，但是这种影响作用和其他显著性因子相比并不明显。pH 值也会影响氧化剂的持久性，一般来说，在高 pH 值条件下分解速率较高。然而，pH 值对氧化剂持久性的影响比较复杂，它可能会影响铁和矿物质的络合反应，也会影响活性氧化基团的生成。天然有机物（NOM）对氧化剂持久性的影响较小，可能是因为 NOM 和氧化剂的相互作用很复杂，它既可以加速氧化剂的分解，也可以缓和氧化剂的分解（详见 2.2.5 节）。

在实际场地修复过程中，由于无法控制多孔介质的矿物学性质和表面积，因此，必须通过选择最佳的反应参数来控制氧化剂的持久性，这些参数包括氧化剂浓度、催化剂类型和浓度、pH 值和稳定剂种类。

2.2.5 影响氧化剂效率和有效性的因素

影响 CHP 反应效率和有效性的因素很多。一方面，在 CHP 反应中存在竞争反应和非生产性反应；另一方面，还需要考虑污染物是否被完全降解，有机污染物在氧化时是否生成了副产物。本节将会讨论天然有机物对 CHP 反应的影响，并且列出天然有机物对 CHP 有效性的复杂作用。最后，本节会介绍可能对 CHP 效率和有效性存在潜在影响的物理因素，包括温度、氧气逸出等。

1. 非生产性的竞争反应

非生产性反应会与有机污染物竞争氧化剂。在某些情况下，污染物降解过程会放缓甚至完全停止。过去，非生产性反应被称为"清除反应"，研究通常关注那些会与污染物竞争羟基基团（OH·）的无机溶质（碳酸盐、氯化物等）（Huling et al., 1998）。实际上，传统的芬顿反应系统的数据也确实表明非生产性反应会降低反应效率（Beltrán et al., 1998; Lipczynska-Kochany et al., 1995; Kwon et al., 1999）。然而，近年来的研究不仅涉及了 CHP 化学系统中的其他自由基（如过氧化物；Smith et al., 2004），还显示之前那些经典的"清除剂"也许能提高降解反应的效率（Umschlag and Herrmann, 1999）。例如，过碳酸盐是近年来用于 ISCO 修复的一种新型氧化剂，它在碱性环境（如 pH 值为 11）和碳酸盐浓度很高的条件下可参与过氧化氢的氧化反应（Kelley et al., 2006）。以上这些化合物在 CHP 化学反应中的效用很复杂，也许不止参与了非生产性反应。下文将会介绍更多"清除剂"的相关知识。

1）碳酸盐和碳酸氢盐

碳酸盐和碳酸氢盐是地下水中最常见的两种阴离子，它们对 CHP 化学反应有很重要的影响。传统上认为，碳酸氢盐是过氧化氢系统中的一种清除剂，特别是对羟基自由基而言。羟基自由基和水中的碳酸盐或碳酸氢盐反应，会生成碳酸盐自由基或碳酸氢盐自由基，这两种自由基降解有机污染物的倾向和活性都比羟基自由基低。因此，碳酸盐和碳酸氢盐被认为是 CHP 系统中的清除剂［见反应式（2.20）和反应式（2.21）］。碳酸盐和羟基的反应速率比碳酸氢盐高 45 倍，因此，在碱性条件下这种清除反应更为显著（Buxton et al., 1988）。

$$OH^{\cdot} + HCO_3^{-} \longrightarrow OH^{-} + HCO_3^{\cdot} \quad k = 8.5 \times 10^6 M^{-1} s^{-1} \qquad (2.20)$$

$$OH^{\cdot} + CO_3^{2-} \longrightarrow OH^{-} + CO_3^{\cdot -} \quad k = 3.9 \times 10^8 M^{-1} s^{-1} \qquad (2.21)$$

除了参与清除羟基，碳酸盐自由基还可与过氧化氢反应，且反应速率很高（pH 值为 11.8 时，反应速率为 $2.0 \times 10^7 M^{-1} s^{-1}$）（Zuo et al., 1999）；当地下基质中含有高浓度的碳酸盐或碳酸氢盐时，应该考虑这两种离子对 ISCO（使用 CHP 反应）修复效率的影响。

近来，有证据表明，并非所有的碳酸盐对过氧化氢原位化学氧化的作用都是负面的。Umschlag 和 Herrmann（1999）发现，碳酸盐或碳酸氢盐离子可以降解一系列芳香族污染物，包括苯。此外，过碳酸钠（$Na_2CO_3 \cdot 3H_2O_2$）——一种近年来用于原位化学氧化的氧化剂，要在高含量的过氧化氢和碳酸盐存在时才能发挥效用（Kelley et al., 2006）。这种新型氧化剂的反应机制目前还未探明，但是它的大部分反应机制可能与过氧化氢的反应机制相似，同时也有一些独特的机制。此外，除了与羟基反应，碳酸盐也许能溶解矿物质表面的铁，并且改变它们的反应活性。Valentine 和 Wang（1998）发现，碳酸盐可以减缓氧化剂分解，并同时降低铁矿物催化的反应系统中的污染物降解效率。然而，实验中并未观察到其对污染物降解反应效率存在不良影响。对于 Fe（II）而言，系统中存在碳酸盐或碳酸氢盐可以提高催化效率，这也许是因为 $FeCO_3$（aq）和过氧化氢的反应活性高于 Fe^{2+}（aq）或 $FeOH^{+}$（aq）（Lipczynska-Kochany et al., 1995）。很多研究发现，碳酸盐或碳酸氢盐会降低 CHP 反应的效率（Beltrán et al., 1998; Lipczynska-Kochany et al., 1995），但也有证据表明其会促进该反应。因此，这两种离子对 CHP 反应的影响显得非常复杂。

2）氯化物

氯离子被证实会对 CHP 反应有显著的影响，尤其是会降低有机基质的降解速率。氯化物通过清除 CHP 反应生成的自由基团、络合可溶性铁和矿物质表面的催化位点来影响 CHP 反应。De Laat 等（2004）发现，氯化物对 Fe（II）催化过氧化氢系统的反应动力学没有明显的影响，但是在 Fe（III）催化的系统中发现过氧化氢的分解速率及污染物的降解速率降低，这是由于氯化物和 Fe（III）发生了络合反应。氯化物也会和 CHP 反应生成的自由基发生反应，当二氯化物与羟基反应时，会通过一系列链式反应［见反应式（2.22）～反应式（2.26）］生成氯离子自由基（$Cl_2^{\cdot -}$）（Yu and Barker, 2003）。目前，人们对二氯化物和有机物的反应机制在很大程度上是未知的。然而，Kiwi 等（2000）观察到二氯化物和其他氯化物会通过反应式（2.25）和反应式（2.26）中的反应快速生成氯气，氯气反过来会使有机化合物发生卤化反应，而 CHP 系统中的剧烈反应可能又会破坏卤化反应的产物。因此，在修复过程中应控制反应参数，包括酸性条件、高氯化物浓度（超过 1000ppm）、低过氧化氢浓度（低于 1000ppm），以避免生成二氯化物（Pignatello, 1992; De Laat et al., 2004）。卤化反应要求的高浓度氯化物在大多数正常的地下水环境中并不常见。一般来说，地下水中的氯化物（浓度为 20～100mg/L）不太可能发生明显的络合、清除或卤化反应。尽管如此，当地下水中存在四氯乙烯（PCE）等重质非水相

（DNAPLs）时，DNAPLs 氧化过程会逐渐累积氯化物，最终影响 CHP 反应。而高盐度的地下水中氯化物的存在也可能会影响过氧化氢原位化学氧化。

$$OH^{\cdot} + Cl^- \longleftrightarrow ClOH^{\cdot-} \quad k = 4.3 \times 10^9 \, M^{-1} s^{-1} \tag{2.22}$$

$$ClOH^{\cdot-} + H^+ \longleftrightarrow Cl^{\cdot} + H_2O \quad k = 3.2 \times 10^{10} \, M^{-1} s^{-1} \tag{2.23}$$

$$Cl^{\cdot} + Cl^- \longleftrightarrow Cl_2^{\cdot-} \quad k = 7.8 \times 10^9 \, M^{-1} s^{-1} \tag{2.24}$$

$$Cl_2^{\cdot-} + Cl_2^{\cdot-} \longrightarrow Cl_2 + 2Cl^- \quad k = 7.2 \times 10^8 \, M^{-1} s^{-1} \tag{2.25}$$

$$Cl^{\cdot} + Cl_2^{\cdot-} \longrightarrow Cl_2 + Cl^- \quad k = 2.1 \times 10^9 \, M^{-1} s^{-1} \tag{2.26}$$

3）硫酸盐

硫酸盐是地下水中常见的一种成分，也会影响 CHP 反应效率。然而，硫酸盐与羟基的反应不一定是非生产性的，硫酸盐可以与有机污染物发生重要反应。反应式（2.27）列出了硫酸盐参与的一个有效的链式反应。同时，硫酸盐也可通过络合反应影响 CHP 反应动力学。De Laat 等（2004）指出，Fe（II）和硫酸盐等的络合反应速率高于 Fe（II）和羟基的络合反应速率。然而，Fe（III）的情况恰恰相反，Fe（III）和硫酸盐等的络合反应速率远低于 Fe（III）和羟基的络合反应速率。因此，地下水中大量硫酸盐的存在对 CHP 反应的影响较为复杂，会提高一些反应的速率，也会降低另一些反应的速率或改变反应方向。不过，只有当地下水含盐或在以往修复过程中使用过含硫修复技术时（如亚硫酸盐原位化学氧化、过硫酸盐原位化学氧化等），才需要担心地下水中硫酸盐浓度过高的问题。

$$OH^{\cdot} + SO_4^{2-} \longrightarrow SO_4^{\cdot-} + OH^- \tag{2.27}$$

4）过氧化氢

当过氧化氢浓度过高时，它会变成自身的清除剂。当过氧化氢浓度升高时，链式反应［见反应式（2.5）和反应式（2.6）］和其他一些反应会更加剧烈。链式反应在生成一个自由基的同时，也会消耗一个自由基和一个过氧化氢分子；如果链式反应过多，氧化剂将会催化分解自身，这意味着系统失效。当氧化剂浓度过高时上述情况更容易出现，因为系统在过氧化氢的高活性和催化剂的高效率导致的高自由基浓度条件下，反应式（2.5）和反应式（2.6）更易发生。因此，为了确保在原位化学氧化修复过程中有足够的氧化剂传输至污染区域，必须保证氧化剂的浓度足够高。能实现有效污染物降解的最佳氧化剂剂量一般是通过实验确定的，而在修复时可承受的氧化剂投加量需要考虑其传输的经济性。

5）其他阴离子

硝酸不会和羟基发生反应（Lipczynska-Kochany et al.，1995; De Laat et al.，2004），但对溶剂化电子有很强的清除作用，这也许会对 CHP 系统中一些反应途径产生影响。一般情况下，地下水中硝酸浓度不会很高（如 >10mg/L），除非该场地以往经爆炸物［如六氢 -1,3,5- 三硝基 -1,3,5- 三嗪（RDX）、三硝基甲苯（TNT）］处理过，或者受到过农业活动的影响。

高氯酸盐在 CHP 系统中是高惰性的（Lipczynska-Kochany et al.，1995; De Laat et al.，2004），它不会清除系统中生成的自由基，并且和铁发生络合反应的可能性很低。因此，它通常在实验室或理论研究中被用作一种酸或盐来调节 pH 值或离子强度，它也可以作为可溶性铁盐催化剂的共轭碱。然而，高氯酸盐自身是一种地下水重污染物，故不可用于场地修复中。因为高氯酸盐在 CHP 系统中是惰性的，所以，当目标修复区域中有高氯酸盐时，对 CHP 降解有机污染物的效率没有影响。

6）生物酶

CHP 系统中的非生产性反应还包括生物酶参与的过氧化氢的降解。在过氧化氢氧化过程中会生成一些自由基团，而微生物会生成抗氧化酶以抵抗这些自由基团对细胞的损害，这些酶类在天然水体系统中的含量非常低。过氧化氢酶和过氧化物酶是抗氧化酶中最主要的两种，过氧化氢酶通过将过氧化氢分解为氧气和水来保护细胞，如反应式（2.28）所示。尽管过氧化氢酶在自然系统中的含量非常低，但是它的活性很高，因此还是会对 CHP 系统产生影响（Petigara et al., 2002）。过氧化物酶催化氧化剂分解的反应产物中没有羟基或氧气。

$$2H_2O_2 \longrightarrow 2H_2O + O_2 \tag{2.28}$$

2. 污染物矿化和副产物的形成

如前所述，CHP 系统中会生成多种活性中间体参与攻击或降解有机污染物。在理想化的修复程序中，这些反应会使修复的关注污染物（COCs）逐步矿化为二氧化碳、水和盐类（如氯盐、溴化物或硝酸盐），但事实并非总是如此。很多有机污染物的氧化需要多个步骤，因此完成污染物的矿化需要多个反应，尤其是当有机化合物的结构很大或者很复杂的时候。在各个氧化和降解步骤中，会生成多种有机物中间体。如果 CHP 反应足够剧烈，同时反应中生成的有机中间体能够被及时降解，那么有机物也许能够被完全矿化。然而，如果氧化剂或自由基受限，或者生成的有机中间体不能被及时降解，那么 CHP 处理完成后污染物仍不能被完全矿化。通常，使用 CHP 处理大量含苯环或长脂肪碳链的有机污染物后会存在残留中间体。大多数有机污染物 CHP 反应后的副产物是低分子量的羧酸，包括甲酸、草酸、乙酸等（Koyama et al., 1994; Bier et al., 1999; Huling et al., 2000b; Zazo et al., 2005）。这些副产物通常是非毒性的或者可以被生物降解的。母体有机化合物中的杂环原子（如 Cl^-、NO_2^- 功能团）通常以水盐（如氯代有机化合物中的氯化物或者含氮有机化合物中的硝酸）的形式释放，但是在某些情况下，这些内含物可以作为中间体（Huling et al., 2000b）。当系统中二氧化碳和有机酸副产物释放 H^+ 时，会导致系统偏酸性。然而，多孔介质中的本底矿物本身具备缓冲能力，因此不会导致系统的 pH 值变幅过大。2.4 节会对特定污染物具体的副产物进行阐述。

3. 天然有机物

目前，已开展的很多研究试图探明天然有机物（NOM，也称为土壤有机质或 SOM）对 CHP 系统的影响，结果显示其对反应的影响有显著差异性。这可能是由于研究中的试验条件千差万别。尽管场地试验类型多种多样，但仍可以从中总结出一些规律。具体来说，NOM 可以：

- 作为目标化合物的吸附剂（降低目标化合物在溶液中的含量）；
- 与 Fe 或其他无机反应物结合；
- 作为电子供体或受体；

- 传递电子；
- 清除自由基。

NOM 在 CHP 系统中可以同时发生如上多个反应，这给数据处理带来了很大的困难。通过这些反应和机制，NOM 可以增强或限制物质的传输、转化及其反应动力学，并最终对有机物的降解产生积极或不利的影响。由于难以预测不同场地条件下 NOM 的作用效果或相关参数，因此，在使用 ISCO 时必须针对具体场地开展可行性研究。

NOM 是一系列有机物的混合物，通常包括腐殖质、胡敏酸（HAs）、富里酸（FAs）、其他酚醛和奎宁 / 苯二酚化合物。这些有机物的分子质量各异，是无定型的，并且有大量的羧基和羟基官能团，同时含有脂肪族烃链和芳香环。这些官能团赋予 NOM 多种物理性质和化学性质，进而影响土壤粒径和溶质类型。极性官能团会帮助 NOM 与矿物质表面结合，并且络合可溶性离子，如金属阳离子。非极性疏水基团会吸附并隔离土壤基质的弱溶解度疏水性污染物。NOM 的分子大小及其在酸性溶液或碱性溶液中的溶解度是不一样的，因此，其物理性质和化学性质也存在区别。NOM 中每种有机物的相对数量会影响其在氧化处理系统中的作用和效果。

ISCO 系统中 NOM 吸附疏水性化合物会对这些有机物产生多种作用。一个双模的多环芳烃（PAH）的封锁包括两个过程：一是吸附于胡敏酸和富里酸，两者在土壤颗粒表面结合；二是吸附于腐殖质，腐殖质赋存在土壤颗粒的中心（也就是内表面）（Bogan and Trbovic, 2003）。PAHs 在吸附于腐殖质之前，需要先扩散进入胡敏酸 / 富里酸在土壤颗粒表面形成的交界面。在一个 CHP 的概念模型中发现，颗粒内过氧化氢的向内扩散和污染物解吸与活性炭中粒子的向外扩散会限制污染物的氧化（Huling et al., 2009; Kan and Huling, 2009）。相似地，PAHs 在颗粒内从 NOM 上解吸和扩散需要很长的时间（Bogan and Trbovic, 2003），而化学物质向内扩散和反应的时间更长。此外，NOM 的分子结构允许有机物与其结合，并使其从溶液中脱离。而 OH· 形成后的物理隔离和污染物的吸附，会阻碍污染物被 OH· 氧化（Lindsey and Tarr, 2000a, 2000b）。这表明 NOM 和污染物的吸附会减缓物质传输、转化及反应动力学。在一些研究中，当土壤或水体中的有机质浓度较高时，会导致污染物降解的速率和程度降低，这归因于污染物的吸附作用及其导致的污染物在氧化反应中的低获取性（Tyre et al., 1991; Watts et al., 1991a; Lindsey and Tarr, 2000a, 2000b; Baciocchi et al., 2003; Kanel et al., 2003）。当污染物的疏水性更强，或者污染物和 NOM 的吸附和平衡时间更长时，这种趋势会更加明显（Bogan and Trbovic, 2003; Lundstedt et al., 2006）。

目前已经达成共识，在 ISCO 过程中会氧化 NOM，导致已经吸附的 PAHs 从活性位点重新释放（Rivas, 2006），并且这种现象并不是针对特定的氧化剂而言的。Cuypers 等（2000）发现，过硫酸盐会氧化 NOM，并导致 PAHs 重新释放。此外，Liang 等（2003）观察到在三氯乙烯（TCE）和三氯乙烷（TCA）氧化前会出现一段停滞期，这归因于 NOM 的氧化反应。Struse 等（2002）在 $KMnO_4$ 氧化过程中也发现了 RDX 从吸附相中的明显释放。同样，Droste 等（2002）研究发现 NOM 的氧化会导致氯化物的生物可利用性增加，并导致生物还原脱氯反应增强。整体而言，以上研究表明，污染物的氧化程度与 NOM 成负相关，并且 NOM 的氧化与化合物的释放（解吸）成正相关，尤其是对于那些难以氧化的化合物而言。

NOM 也许会结合在土壤矿物表面的有效过氧化氢催化（Fe）位点，并与溶解的铁催化剂络合，这与螯合剂类似。在一些案例中发现，向土壤中添加 NOM 会降低过氧化氢的反应速率，而 NOM 含量高的土壤中过氧化氢的催化效率也低于 NOM 含量低的土壤（Valentine and Wang, 1998; Tarr et al., 2000; Crimi and Siegrist, 2005; Bissey et al., 2006）。然而，过氧化氢的反应速率低并不完全意味着其氧化效率降低。

NOM 和氧化反应的副产物也许会与羟基及其他反应活性中间体发生反应，因此，其类似于一种自由基清除剂。例如，土壤悬浮液中五氯苯酚（PCP）和 H_2O_2 的消耗速率和 NOM 的含量成显著负相关（Watts et al., 1990）。在某些 CHP 系统中，非目标污染物（包括葡萄糖、纤维素、木质素等）会阻碍苯并芘的氧化（Kelley et al., 1990）。研究结果显示有机质也许会和目标污染物竞争自由基团，但具体的反应机制目前尚不明确。相反，NOM 在其他 CHP 系统中的反应速率都很低（Goldstone et al., 2002; Bissey et al., 2006），这表明 NOM 不是一种主要的氧化剂消耗物质，尤其是在 CHP 反应已经开始之后。此外，活性炭的比表面积非常大，它会产生很多相似的环状结构和功能团的吸附位点，以供 NOM 进行吸附。然而，尽管在反应系统中有机碳含量很高的情况下，CHP 仍然可驱动已经消耗的活性炭（如污水处理中用于降解表面污染物的活性炭）再生（Huling et al., 2000b, 2007, 2009; Kan and Huling, 2009）。

在一些处理系统中，NOM 可以增强氧化反应。当系统中存在腐殖土时，通过多个与腐殖土相关的机制，可以增加 OH$^\cdot$ 的产量（Huling et al., 2001）。这些机制包括腐殖土的铁含量和活性较高，有机质将 Fe（III）还原为 Fe（II），或将有机质络合的 Fe（III）还原为 Fe（II）。NOM 既可以作为 Fe（III）的还原剂，也可以支持 H_2O_2 将 Fe（III）还原为 Fe（II）[见反应式（2.11）和反应式（2.12）]，因此，可以增强 Fe（II）的活性和 CHP 的链式反应（Voelker and Sulzberger, 1996; Li et al., 1997b; Vione et al., 2004）。Li 等（1997b）发现，当系统中存在富里酸时，2,4,6-TNT 的降解速率远高于存在腐殖酸的情况，原因就在于其增强了 Fe（III）的还原反应。腐殖酸材料可以促进微生物系统中的电子传递，以加强 Fe（III）的还原（Lovley et al., 1996; Scott et al., 1998），相似的氧化还原电对还有醌类和对苯二酚，这两者也是 CHP 系统中腐殖酸材料的成分（Chen and Pignatello, 1997）。整体而言，这些反应都为 Fe（III）还原为 Fe（II）提供了新的机制，增加了有效的 OH$^\cdot$ 产量。受污染的含水层材料如果包括以上有机质，也会增强 CHP 的氧化反应。

4. 温度

CHP 反应是放热反应，会导致含水层和地下水温度的升高。在某些案例中，尤其是当 H_2O_2 浓度很高且反应速率很快时，会明显观察到反应系统中的温度显著快速升高。例如，Mecozzi 等（2006）在利用过氧化氢处理泥浆悬浮液时，观察到系统温度由 30℃ 快速升高至 70℃。Mecozzi 等（2006）在现场试验中也观察到 CHP 反应的温度超过了 70℃，有时甚至可以融化聚氯乙烯（PVC）注入井。这种极端的温度升高所引起的健康和安全问题不属于本书的讨论范围，本章主要关注温度对反应化学的基本影响及原理。

化学反应速率随着温度的升高而加快，并且服从 Arrhenius 建立的反应方程 [见式（2.29）]。动力学速率常数（一级动力学或二级动力学）是活化能的函数（Ea），而频率因子（A）这个物理参数代表反应物之间的碰撞频率，有

$$k = Ae^{\frac{Ea}{RT}} \tag{2.29}$$

因为 CHP 链式反应中会同时发生很多反应，并且每个反应可能有不同的激活能量、初始动能和频率，所以温度对每个反应动力学的影响程度会相差若干个数量级。因此，主导反应或最快的反应可能随温度发生转变，导致主导反应的反应机制和反应效率发生变化。大多数文献都认为，高温会促进氧化剂分解。

过氧化氢分解会促进系统升温，但这不代表污染物的降解速率也随之加快，因为温度升高也会加快其他竞争副反应的反应速率。升温也会促进那些在环境温度下反应慢且溶解度较低的污染物的氧化，如 TNT（Li et al., 1997a, 1997b）。然而，高温也会促进氧化剂降解，降低氧化剂的持久性。其他物理反应和化学反应过程也会受到温度的影响，例如，反应物的溶解度、非水相液体（NAPLs）和共沸混合物的形成、污染物的降解速率等。因此，很难确定整个反应系统的动力学和 CHP 反应效率，也很难推测不同温度下的处理效率。由于温度的效应十分复杂，因此，要减小实验室结果应用于实际修复场地时的不确定性，在室内实验时就应模拟实际修复场地的环境温度。本书中大部分文献案例的室内研究温度为 20～25℃，地下水温度则一般为 10～15℃。

5. 氧气

过氧化氢大约有 94% 的氧气（按质量），因此，在一些 H_2O_2 反应中，氧气是很重要的反应副产物。有机污染物矿化和碳酸盐酸化会产生少量的二氧化碳。过氧化氢和无机矿物质，如针铁矿和软锰矿、生物酶类（如过氧化氢酶）在反应时会产生氧气分子。因为氧气在水中的溶解度很低（8～10mg/L），氧气从 CHP 系统中释放出来很容易以气态形式存在。Watts 等（1999b）发现，CHP 系统中针铁矿催化生成氧气的反应遵循零级动力学，这表明氧化剂分解为氧气的速率为常数，不受时间的影响。增大 pH 值和提高针铁矿浓度可以增大氧气的生成速率，而使用磷酸稳定剂会降低氧气的生成速率。

在向地下注入 H_2O_2 时，与简单的液体注入相比，在孔隙中快速形成和扩张的氧气会增大氧化剂溶液的传输距离。此外，氧气是一种末端电子受体，可以被好氧生物用于降解一些化合物。地下环境中形成气体也许会导致曝气和气提效应，从而扰动挥发性有机污染物（VOCs）。挥发性有机污染物的形成和传输可能会产生不可接受的暴露通路和健康风险，在这种情况下，它们需要被严格监测和控制。此外，气体造成的孔隙空间发生位移也许会暂时减小含水层的渗透率，并影响地下水运动。这种影响是暂时的，因为这些气体最终会溶入液相中，含水层的渗透率也会逐渐恢复，但需要时间。最后，当有可燃碳氢化合物存在时，氧气的产生可能会进一步生成易燃或爆炸性混合物，因此，当 CHP 反应中存在这些目标污染物时需要格外严格管理。

2.3 地下的氧化剂交互反应

当过氧化氢注入地下后，会同时发生一系列化学反应，导致氧化物的催化和分解、有机污染物的降解，以及地下环境的改变。前文大部分内容介绍了特定的化学反应式、反应物和反应机制，本部分内容将重点描述过氧化氢原位化学氧化时以上化学反应式的集体效应，并强调原位化学氧化从业者在实际应用中可能要控制的一些参数。

目前，针对 CHP 反应的研究多集中于反应的化学过程和机制，有关 CHP 试剂传输和迁移的研究较少。例如，Siegrist 等（2010）统计发现，有 74 篇文章利用水相体系研究 CHP 反应，有 59 篇文章利用土壤泥浆系统研究 CHP 反应，然而，仅有 12 个研究通过模拟场地注入和传输过程（如一维土柱、一维扩散槽、二维沙箱及注入探头模型）探究过氧化氢在土壤孔隙中的迁移过程。因此，要深入理解氧化剂的传输和迁移过程，还存在相当大的数据缺口。不确定性之一在于过氧化氢在地下生成氧气的反应（见 2.2.5 节），以及生成的气体对氧化剂和地下水传输产生的影响。Watts 等（1999b）的研究结果表明，在某些情况下，地下会逸出大量气体。气体逸出可能导致地下水位移、渗透率减小，以及产生其他一些传输影响。然而，目前还没有实验室或现场实验可以量化和明确这些因素对 CHP 反应的影响。

本节内容将分成两个部分来介绍通过文献调研总结的过氧化氢对地下基质的影响：①氧化剂持久性对氧化剂传输的影响；②CHP 注入对地下环境尤其是金属移动性的影响。

2.3.1 氧化剂持久性对氧化剂传输的影响

如何有效地实现氧化剂传输是原位化学氧化需要考虑的最重要因素之一。这包括要考虑影响氧化剂传输的常见因素，如渗透率和异质性，以及它们对氧化剂传输的影响；当然，也需要特别考虑过氧化氢持久性的影响。关于氧化剂持久性及影响因素的内容已在 2.2.4 节详细介绍过，下文将概述氧化剂持久性对氧化剂分布的影响。

在既定的地下环境中，过氧化氢是一种存在时间短但反应剧烈的氧化剂，它的半衰期只有几小时至几天。氧化剂的持久性非常重要，因为氧化剂的分解速率决定了氧化剂在污染地下基质中的反应时间，以及注入方法的选取和设计。如果氧化剂的持久性很低，那么氧化剂传输到孔隙介质中，以及与污染物（尤其是被吸附的或重质非水相物质）反应的时间会很短。一旦停止注入，氧化剂的传输距离可能会变得非常短（也就是说，呈现自然环境中地下水传输的无"漂移"状态）。

氧化剂的持久性会影响氧化剂的传输时间，以及氧化剂通过平流、扩散或分散机制到达目标区域的能力。图 2.4 给出了概念图，显示了过氧化氢随时间分解的典型伪一级动力学过程。假设平流是氧化剂在多孔介质中传输的主要机制，分散和扩散的作用可以忽略不计，那么氧化剂在地下的有效传输距离主要受到溶液流速和氧化剂衰变速率的影响。在某些情况下，催化剂或其他试剂会进行传输，类似的迁移和持久性需求也同样适用于它们。

更短的有效传输距离使更近的注入点间距成为必要；存在重质非水相或被吸附物质的场地需要多个注入点，以保证足够长的氧化剂传输距离及足够的接触时间以降解目标有机物。为了实现更近的注入点间距并延长接触时间，通常会采取提高氧化剂持久性的方法。本书前文已经介绍了氧化剂持久性过低时的负面效应。例如，Baciocchi 等（2004）发现在达西速率为 14m/d 的柱实验系统中，2wt.% 的过氧化氢在多孔介质中只传输了 30cm，其浓度就降低为初始浓度的 5% ~ 25%；而使用磷酸盐稳定剂可以显著提高氧化剂的传输速率，过氧化氢传输 30cm 后其浓度是初始浓度的 90%（见图 2.5）。

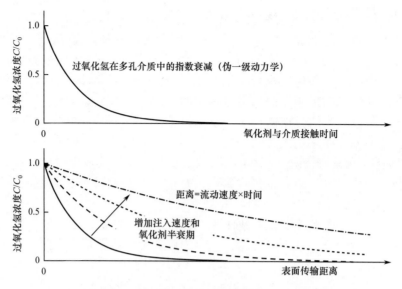

图2.4　氧化剂持久性对氧化剂传输影响的概念图。高的注射速度和
长半衰期能够增强氧化剂在多孔介质中的传输性能

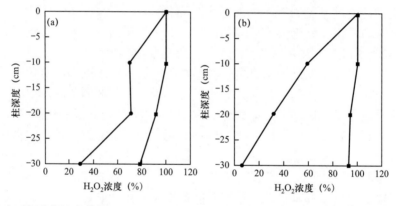

图2.5　土柱中过氧化氢浓度曲线：（a）10min，（b）180min。注入口参数：过氧化氢浓度为2%，流速
　　　为4.5mL/min，柱直径为2.5cm；实心圆仅过氧化氢，正方形曲线为过氧化氢与2.46g/L浓度磷酸盐
　　　（PO_4^-）的混合物。来自Baciocchl等（2004）；授权转载

在另一个关于过氧化氢传输的研究中，Seitz（2004）通过探究过氧化氢长时间的扩散过程，发现经过 50d，1wt.% 的氧化剂溶液仍无法在 2.5cm 长的砂质土壤中扩散至浓度达到可检测的水平。然而，尽管无法检测孔隙中氧化剂的浓度，但是一些证据表明氧化剂附近的污染物和 NOM 浓度有所降低，这意味着这些区域出现了污染物降解反应。这个研究系统中没有加入稳定剂或催化剂，目前还不清楚化学反应条件优化是否可以改善氧化剂的扩散过程。

这些研究强调了氧化剂持久性低面临的一些挑战，未来需要努力优化过氧化氢的化学反应条件以延长其传输距离。正如 2.2.4 节所讨论的，Watts 等（2007）及其他研究者致力于研究利用稳定剂来提高过氧化氢在地下系统中的半衰期，延长过氧化氢的传输距离，增强其反应的有效性。

2.3.2　对金属移动性的影响

在地下使用 CHP 可能会通过多种机制影响金属离子的移动性。首先，氧化剂会和金属离子及矿物质发生氧化反应，改变金属离子的氧化状态、移动性和毒性。其次，和金属结合的 NOM 的分解也会改变金属离子的移动性（Sirguey et al., 2008）。最后，使用激活剂提高铁离子的溶解度，如使用 pH 值调节剂（Villa et al., 2008），或添加螯合剂（Siegrist et al., 2006），或使用磷酸盐等稳定剂都会影响溶液中金属离子的移动性。

实验室研究为 CHP 原位化学氧化如何影响金属离子的移动性提供了证据。这些研究表明，CHP 可以促进各种金属离子的释放，包括锌（Zn）、镉（Cd）、铜（Cu）、铅（Pb）、钴（Co）、锰（Mn）、铬（Cr）和镍（Ni）（Rock et al., 2001; Monahan et al., 2005; Villa et al., 2008）。每种金属的溶解度主要取决于金属化合物类型、处理方法和多孔介质的化学条件。这些研究通常利用批处理反应堆研究氧化剂在多孔介质中的反应。在很多情况下，他们没有评估反应结束后或金属离子扩散至未处理区域时的污染物的衰减机理，尤其是在现场处理的时间尺度下。因此，目前研究人员对 CHP 原位化学氧化中金属离子的最终宿命还没有完全掌握。Krembs（2008）统计了原位化学氧化的案例（所有氧化剂），发现在242 个场地中只有 23 个场地检测了金属离子浓度。绝大部分场地注入的是高锰酸钾，因为 CHP 场地数量太少以至于不能给出有关金属离子移动性的有效说明。然而，在不考虑氧化剂的情况下，大多数场地中有毒金属，如铬、砷或镍可以在 6 个月内衰减完。下文将对评估金属离子移动性和相关机制的相关研究进行阐述。

1.　CHP 处理期间提高金属移动性的研究

通过批量实验，Monahan 等（2005）发现，在 pH 值为 3 时三价铁催化过氧化氢会导致高岭石释放 Cd、Cu 离子，尤其是 Zn 离子，而在中性 pH 值和添加螯合剂时，金属离子的总释放量高于 pH 值为 3 时的情况。铅在酸性条件下的移动性很低，在中性 pH 值条件下移动性增强。这主要是自由基氧化和移动金属所导致的。在低剂量过氧化氢（<7g/L）条件下，没有检测到高岭石释放金属离子。然而，不同金属离子的移动性不同，在相同 pH 值条件下一些金属离子的浓度增加，而另一些金属离子的浓度降低。图 2.6 显示了在添加螯合剂时，尽管在中性 pH 值条件下总金属离子含量更高，但是锌离子浓度却在酸性 pH 值条件下更高。

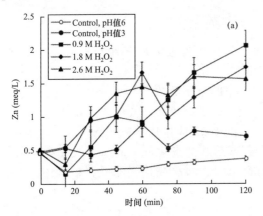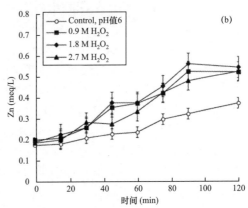

图2.6　锌数据来自：（a）pH 值为 3 时 Fe（Ⅲ）催化的过氧化氢体系；（b）pH 值为 6 时 Fe（Ⅲ）催化的过氧化氢体系（Monahan 等，2005）。其中，两图的 y 轴尺度不同。条件：土壤为吸附了金属的高岭土；固液比为 1g/35mL；氮三乙酸（NTA）为催化剂；[Fe（Ⅲ）–NTA]=1mM；氧化剂浓度如图例

注：meq/L—毫克当量每升。

在另一项研究中，1.1mol 过氧化氢和 3.0mol Fe（II）反应 3.5 天后，Villa 等（2008）发现，在受柴油污染的土壤中溶解的金属离子含量显著增加，其中，Zn 离子含量为 36%，Cu 离子含量为 12%，Ni 离子含量为 8.9%，Mn 离子含量为 3.1%，Cr 离子含量为 0.9%，Co 离子含量为 0.4%；Cr、Ni、Cu 和 Mn 离子浓度增幅最大，超过了地下水中的可接受水平；Pb 和 Cd 离子浓度没有观察到增大。

Rock 等（2001）在一个矿加工电镀场地的酸性和氧化性土壤中观测到六价铬的释放。在添加过氧化氢后，大量的 Cr（VI）溶解，这主要是源于 Cr（III）的氧化、Cr（VI）的增溶及 NOM 的氧化。然而，在过氧化氢消散后，高浓度的 Cr（VI）逐步减少，这可能是由于其又重新和剩余的 NOM 进行了结合。

2. NOM 的氧化蚀变或破坏

CHP 原位化学氧化过程中会造成与金属结合的 NOM 的显著改变或损失，这很大程度上是由于大量非特异性羟基自由基的形成（Sun and Yan, 2007; Sirguey et al., 2008）。Sirguey 等（2008）在批处理实验中选取了 4 种类型的土壤，发现添加过氧化氢除了可以破坏大部分 PAH 污染物，还会显著性降低土壤的有机碳含量（75% ~ 90%）。在利用高锰酸钾或臭氧进行原位化学氧化时，破坏或改变 NOM 也会导致与其结合的金属离子的再释放。

3. pH 值的变化

使用 CHP 一般会导致基质的 pH 值减小，特别是在添加酸以增强地下基质中铁催化剂溶解性的时候，这个过程一般会增强地下环境中金属离子的移动性（Huling and Pivetz, 2006）。虽然缓冲性好的地下水的酸化在一段时间后通常会有所弱化，但一些研究者仍发现当 pH 值减小到 2.3 时，弱缓冲性系统中的金属离子仍可以保持更长的时间（Villa et al., 2008）。矿物质和有机化合物中金属离子的潜在结合位点包括羟基、羧基和硝基，大量的氢离子（H^+）可以竞争性地结合在这些位点上，以协助金属离子的解吸和增溶（Dewil et al., 2007; Villa et al., 2008）。极小的 pH 值也可以增大某些金属氧化物和氢氧化物在多孔介质中的溶解度（Villa et al., 2008）。

2.4 污染物可处理性

由于 CHP 具有非选择性和广谱性，所以其可以用于处理多种有机污染物。表 2.7 整理了 CHP 常处理的有机污染物。由于缺乏严格的现场调查，大多数研究仅提供了实验室数据。一些研究调查了多种污染物，因此表 2.7 中的总案例数不等于研究案例的数量。这项调查总结了 CHP 处理的多种有机污染物种类，还区分了无多孔介质的水相系统和含多孔介质的系统。一般来说，土壤泥浆系统更能代表 CHP 原位化学氧化的实际场地情况，它有更高的氧化剂浓度、矿物质表面积、螯合剂或溶解的催化剂；而水相系统更能代表传统的芬顿系统，它有较低的氧化剂浓度、较小的 pH 值和较少的可溶性 Fe(II) 催化剂（见表 2.7）。

2.4.1 卤代脂肪族化合物

CHP 原位化学氧化已经广泛地应用于源区和羽流以处理卤代脂肪类污染物，尤其是氯乙烷（Krembs, 2008）。吸附或非水溶剂通常出现在使用这些物质的场地，并且它们的存在会显著影响原位化学氧化的有效性。几乎所有的研究都是在室温下进行的，并采用小规模的、完全均匀混合的室内批处理实验设备，如玻璃瓶或烧瓶，而 Bergendahl 等（2003）的研究利用了 55 加仑的批处理反应堆。

表 2.7 CHP 中不同有机化合物发生氧化降解的易感性

污染物种类	水相系统研究案例数	土壤泥浆系统研究案例数	可处理性
卤代脂肪族化合物	25个	13个	—
氯乙烯	3个	5个	可降解的
氯乙烷	6个	0个	有条件的降解
卤代甲烷	2个	1个	有条件的降解
其他	14个	7个	有条件的降解
氯代芳香族化合物	24个	14个	—
氯酚	14个	7个	可降解的
氯苯	2个	1个	可降解的
多氯联苯（PCBs）、二噁英、呋喃	7个	6个	有条件的降解
其他	1个	0个	有条件的降解
碳氢化合物	25个	22个	—
苯、甲苯、乙苯、总二甲苯（BTEX）	1个	3个	可降解的
总石油烃（TPH Energy）、饱和碳氢化合物	0个	9个	可降解的
甲基叔丁基醚（MTBE）	4个	1个	有条件的降解
酚类	10个	1个	可降解的
多环芳烃（PAHs）	8个	8个	有条件的降解
其他	2个	0个	有条件的降解
其他有机化合物	37个	22个	—
炸药、硝基芳香化合物	8个	5个	可降解的
农药	8个	4个	有条件的降解
其他	21个	13个	有条件的降解
总数	111个	71个	—

1. 氯乙烯

氯乙烯是 ISCO 处理的最常见的关注污染物。这类有机化合物含有一个碳碳双键。文献研究显示，其降解性很好。在水相系统和土壤泥浆系统中的研究均显示，氯乙烯在一系列条件下很容易降解，包括不同过氧化氢浓度、铁催化剂浓度和 pH 值范围。

水相系统的研究主要采用传统的方法，利用铁（II）催化剂和低浓度的过氧化氢生成羟基自由基（$OH^{\cdot}$）。这些研究普遍发现，降低 pH 值可以促进氯乙烯降解，这是由于增加了铁的溶解度。然而，Teel 等（2001）报道，在中性 pH 值条件下，非 -OH^{-} 机制可能主导了污染物的降解。许多最近的研究使用铁（III）或矿物作为催化剂，使用过氧化物（$O_2^{\cdot-}$）作为主要活性剂，特别是在过氧化氢浓度很高时（如 3.5 ～ 35g/L）（Watts et al., 1999; Teel and Watts, 2002; Smith et al., 2004）。因此，氯乙烯的降解部分可能是由于对各种反应机制较为敏感，包括氧化反应和还原反应。

氯乙烯的降解，尤其是 TCE 和 PCE 的降解，已经利用多孔介质模型在土壤泥浆系统中证明了。针对渗透性砂岩的调查最多，但一些低渗透性介质，包括壤土甚至裂隙岩体也有相关研究。土壤泥浆系统的 pH 值一般为中性到弱酸性，反映了媒介的自然 pH 值。因为接近中性 pH 值，可以使用 Fe（II）—螯合物来保持铁的可用性。其他研究已经将天然矿物多孔介质作为唯一的催化剂，这种方法的效果似乎依赖介质的特性，取决于是否存在铁矿物和锰矿物。由于氯乙烯已经被证明可被氧化和还原降解，因此存在矿物质可能会提高催化性能。含有少量铁矿物或锰矿物的超纯硅砂不容易降解，可能是由于缺少这些矿物质（Yeh et al., 2003）。然而，催化矿物质含量过高也可能导致氧化剂过度分解，使氧化剂在地下传输变成一个挑战。

只有少数研究评价了 CHP 氧化氯乙烷产生的中间体或副产物。Chen 等（2001）追踪了总有机碳（TOC）和氯化物，结果表明基于化学计量学 TCE 可完全脱氯和释放；TOC 浓度相应减小，表明碳反应的最终产物是二氧化碳。然而，并不是所有的研究结果都发生这种高效的氯化过程。Teel 等（2001）在水相系统中的研究指出，在中性 pH 值条件下，氯化物只释放了 2mol Cl⁻/mol TCE，这表明可能出现氯化物中间体的积累。事实上，Leung 等（1992）发现，早期反应阶段会发生脱氯反应并形成甲酸，但这些物质随反应持续进行而被降解和完全矿化。Chen 等（2001）、Gates 和 Siegrist（1995）也指出，在反应过程中 pH 值小幅度减小，这表明产生了质子（H⁺），但不能把这种现象归因于复杂的多孔介质和 CHP 的相互作用。

2. 氯乙烷

关于氯乙烷在水相系统中的降解过程只有少量研究。这些研究基于传统的芬顿反应，OH⁻ 自由基是主要的活性中间体。这些系统已经显示了一些氯乙烷反应，但是反应速率有所降低，导致降解程度的减弱。Bergendahl 等（2003）的研究结果似乎表明，当增大 OH⁻ 和氯化物含量时，处理效率反而会降低。然而，Teel 和 Watts（2002）完成了一个完全不同的研究，他们在低 pH 值条件下使用可溶性 Fe（III）作为催化剂，发现六氯乙烷（HCA）大量降解。HCA 是强氧化物，非常难以被氧化降解。然而，这个实验还可以降解其他强氧化物，如 CT、三氯溴甲烷和四硝基甲烷，这暗示超氧阴离子（O₂⁻）还有还原作用。Watts 等（1999a）在类似的土壤泥浆系统中证实了 HCA 会降解，并且评估了反应产物；大约 66% 的氯被释放，还检测到五氯乙烷、少量的 1,1,2- 三氯乙烷、PCE 及顺式和反式 -1,2- 二氯乙烯副产物（cis-DCE，trans-DCE）。过氧化氢浓度增大会提高降解率，增大氧化剂浓度是促进 CHP 中还原反应的重要方法。Gates-Anderson 等（2001）也支持该观点：他们发现在只含有天然矿物质的沙子中，如果氧化剂浓度较高，可以使 1,1,1-TCA 发生反应。天然矿物质催化降解氯乙烷的能力似乎与反应介质有关，因为砂壤土含有更高的游离氧化铁，使用相同的实验手段和方法在砂壤土中未观察到 1,1,1-TCA 发生反应。然而，在这两种介质中都可以处理氯乙烷 TCE 和 PCE，所以，反应途径在这两种介质中可能会有所不同。总体来说，考虑到研究数量有限，以及处理氯乙烷时参数变化较大，建议在处理这些污染物时使用 1wt.% ～ 10wt.% 的高浓度过氧化氢和 Fe（III）催化剂。

3. 卤代甲烷

因为卤代甲烷有很强的氧化性，所以，很难通过氧化反应降解，它们历来不被列入 ISCO 的修复领域。然而，最近的研究为 CHP 处理这些污染物提供了科学依据。目前还没有文献报道卤代甲烷在场地条件下的应用。实验室在研究卤代甲烷氧化过程时仅限于相对纯净的系统，如水相系统、纯矿物系统或 NAPL 状态，但不是在多孔介质中。因此，在利用 ISCO 时建议谨慎处理这些目标污染物。在开展实际场地修复时先进行可处理性研究或中试研究十分有必要。

卤代甲烷在 CHP 系统中的降解可能是因为还原机制。Buxton 等（1988）、Haag 和 Yao（1992）指出，OH^- 和某些氯化甲烷或溴化甲烷的反应速率常数比典型的有机化合物和无机化合物的反应速率常数小得多。特别是，CT（一种常见的 DNAPL 污染物）被发现与 OH^- 基本上不发生化学反应。

然而，最近的研究集中在超氧阴离子（O_2^{2-}）的作用上，在 CHP 系统中它可能发挥了重要作用（Teel and Watts, 2002; Smith et al., 2004, 2006; Watts et al., 2005b）。考虑文献中报道的催化剂剂量，可溶性 Fe（III）似乎是最有效的催化剂。因为它们促进氢过氧自由基（HO_2^-）通过反应式（2.10）～反应式（2.12）产生，而不是通过芬顿反应方程产生［见反应式（2.1）］。这将导致通过分解反应［见反应式（2.8）］生成 O_2。然而，必须通过添加螯合剂或调低 pH 值保持 Fe（III）的溶解度。使用可溶性和矿物形式的锰系催化剂似乎也可以催化降解这些强抗氧化化合物。但为了提高反应速率，似乎需要非常高浓度的锰系催化剂。这些研究中过氧化氢的浓度通常为 1wt.% ～ 7wt.%，并使用各种催化剂。使用高浓度的氧化剂很重要，Smith 等（2004）的研究证实，高浓度的氧化剂不仅能促进生成过氧化物，并且过氧化氢的存在还可以通过改善超氧化物在水相系统中的溶解度以增强其反应性。

目前，有关 CHP 处理卤代甲烷生成副产物的信息还很少。现在只在 CHP 处理 CT 时观测到逸出气体中有光气（$COCl_2$）。虽然这种气体是有毒的，但因为水的存在，它很容易水解为二氧化碳和盐酸，半衰期为 0.026 秒，因而它不会在这些环境中长时间停留，它在地下水或多孔介质中也不会构成威胁（ACC, 2003）。然而，如果长期暴露于 CHP 产生的废气中，特别是在封闭的空间内，则需要考虑可能的风险。当污染物有矿化潜力时，Watts 等（2005b）发现氯化物的平均释放速率为 2mol Cl /mol CT，意味着其没有完整的脱氯。在这些系统中生成光气，意味着产物水解完全后会发生矿化。

4. 其他卤代脂肪族化合物

目前对 CHP 处理带 3 个或 3 个以上碳原子的卤代脂肪族化合物，如氯化或溴化脂肪族化合物的研究还较少。这些污染物和其他卤代物不一样，经常在污染场地中发现。Haag 和 Yao（1992）报道，OH^- 与 1,2- 二溴 -3- 氯丙烷和 1,2- 二氯丙烷的反应速率高于氯化甲烷和乙烷，但仍然低于大多数芳香族化合物和农药化合物。这表明它们可能更容易被氧化，但是还需要开展进一步的研究。在含以上化合物的场地中进行 CHP 处理修复值得考虑。

2.4.2 氯代芳香族化合物

氯代芳香族化合物代表了地下水中的另一类关注污染物。这些化合物包括氯酚、氯苯、多氯联苯、二噁英，以及从木材防腐剂、溶剂、液压液、绝缘油和其他材料中提取的污染物。

1. 氯苯及氯酚类

目前，研究者对氯苯、氯酚都已进行了广泛研究（见表2.7）。因为它们有相似的反应途径，并且在环境中会同时出现，因此这些化合物被分组讨论。使用CHP处理、降解这些化合物非常容易，特别是通过羟基自由基。

氯苯和氯酚类虽然有不同的异构体，但大多数针对反应机制的研究发现它们有相似的降解途径。氯苯和氯苯酚与羟基自由基反应形成有机自由基中间体［氯代羟基环己二烯自由基（ClHCD·）］。这些自由基通过与其他水相反应物的作用转化形成酚类和苯-二醇（如苯邻二酚或苯醌），这可能是因为发生了氯化或脱氯作用；后续水解反应会导致苯环破裂，并且产物通常包括低分子量羧酸。羧酸通常包括完全脱氯草酸和甲酸，但也有研究显示会形成2-氯酚酸（Huling et al., 2000b）。以上化合物受氢氧自由基攻击的敏感性较低，这些酸通常会在溶液中积累（Koyama et al., 1994）。然而，在自然系统中，这些酸通常是重要的食品基质，很容易被生物降解。在极少数情况下，尤其是当氧化剂含量较低而污染物浓度很高时，ClHCD·基团可能会彼此之间或与其他有机物聚合反应形成多氯联苯、羟基氯化联氯二苯（Hydroxy-PCBs），或者其他酚类聚合物（Sedlak Andren, 1991b）。然而，这些化合物本身会受到攻击，因此它们在激烈的典型CHP系统中不容易形成或积累。

尽管氯苯和氯酚类的同分异构体的反应途径相似，但它们的反应动力学有所不同。羟基和氯-官能团在苯环的位置直接影响反应动力学，因为它们是羟基自由基直接攻击苯环的位点（Tang and Huang, 1995）。因此，氯酚的同分异构体可能有不同的降解率，因为有些化合物会有更高的敏感性。一般来说，这些相同化合物的同分异构体之间的差别（如2,4-二氯苯酚和3,4-二氯苯酚）似乎较小（小于一个数量级），而两种不同的化合物（如二氯苯酚和三氯酚）的差别较大（通常超过一个数量级）。

芳香族污染物降解动力学的另一个重要方面是，其氧化产生的有机反应物本身可以支持并促进由铁作为催化剂的再生反应（Lu, 2000; Lu et al., 2002）。苯-二醇，尤其是儿茶酚，具备还原剂的性质，可能会使Fe（II）生成Fe（III）。而快速生成的Fe（II）会通过芬顿反应［见反应式（2.4）］立即产生更多的羟基自由基，进而促进了污染物的降解。图2.7给出了一个典型的污染物浓度随时间变化的反应图。图2.7中显示，在初始延迟阶段反应进行缓慢，污染物浓度减小非常缓慢；随后的一个阶段反应加速，污染物浓度随时间延长减小速率增加（急剧减小）；在反应的最后阶段，COC浓度呈现指数性衰减。反应加速阶段会在溶液中积累二醇中间体并再生铁离子；初始延迟阶段需要积累足够的中间体以保证反应完成。这个滞后期在矿物质催化系统中长达几小时，但它短于在可溶性Fe（III）催化系统中的时间，并且没有观察到可溶性Fe（II）催化剂（Lu, 2000; Lu et al., 2002）。

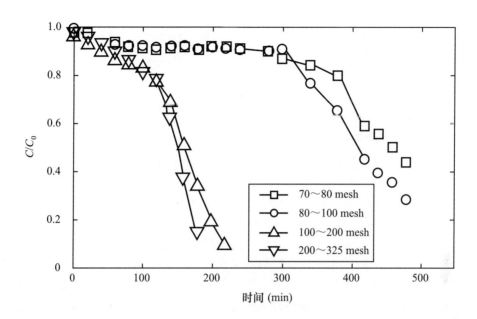

图2.7 2-氯酚（2-CP）浓度随过氧化氢催化氧化时间变化的反应图（Lu, 2000）。不同曲线表示不同颗粒大小的针铁矿表面积对反应的影响。反应条件：[2-CP]=50mg/L；[针铁矿]=200mg/L；[H_2O_2]=75mg/L；[$NaClO_4$]=0.1M，初始pH值=3，温度=30℃

　　反应的 pH 值也可能影响 CHP 降解氯酚的机制。所有酚类物质都可视为具有弱酸性的有机污染物。仅部分酚类化合物的 pKa 在中性到碱性范围内（例如，苯酚的 pKa=9.99，2- 邻氯苯酚的 pKa=8.55，2,3- 二氯苯酚的 pKa=7.44；Dean,1999）。因为 CHP 的大部分研究集中在酸性范围内，大部分的研究在质子占主导地位的情况下探讨污染物的降解和反应机制。一般来说，研究表明，CHP 在低 pH 值条件下降解氯酚的效率高于在高 pH 值条件下的效率，但这可能是由于在低 pH 值条件下催化剂的活性更高，更利于羟基自由基的产生，而不是改变了氯酚的活性或反应机制。然而，在高 pH 值条件下，会出现苯酚的离子形式，这可能会改变其吸附性（由于极性高），进而也可能改变其降解机制。一个主要的研究发现，过氧化氢在高 pH 值条件下降解氯酚利用了不同的反应机理（单线态氧），并且观察到与低 pH 值条件下不同的中间体（Tai and Jiang, 2005）。本研究采用钼催化剂而不是铁催化剂，因此结果是未知的，并不确定这种不同的机制是由于 pH 值的变化，还是由不同的催化剂引起的，或者两者兼而有之。

　　针对在多孔介质中此类化合物降解过程的研究，与在水相系统中的研究相比少很多。一个常见的趋势是，增大 NOM 含量会导致氯苯、氯酚的降解动力学下降。相关机制还没有完全研究透彻，但据推测 NOM 含量较高会增加污染物的吸附，同时 NOM 有可能作为氧化剂或自由基团的库。Watts 等（1994, 1999a）报道，高浓度过氧化氢会促进氯代芳烃的解吸，与单一介质传输相比，污染物降解速率快得多，这也许能在一定程度上解决氧化剂溶解度低带来的挑战。尽管如此，基于现有数据，通过 CHP 原位化学氧化处理高 NOM 含量的地下水系统仍面临一些挑战。

2. 多氯联苯、二噁英和呋喃

多氯联苯、二噁英和呋喃是持久性有机污染物，具有非常低的水溶解度，并且很容易吸附于环境中的有机基质。关于应用原位化学氧化处理这些污染物的研究较少，部分原因是它们的低溶解度导致其在水相系统中的低降解效率。本书介绍了通过 ISCO 处理它们的相关进展。

多氯联苯是指共享联苯结构，在联苯结构中取代氯原子在 1～10 的不同位置（同系物）的 209 种不同的化合物（同系物、同源染色体）。在工业生产中，多氯联苯通常是工业生产过程中产生的混合物，所以，地下哪里释放了多氯联苯，哪里就会产生各种各样的同系物。

测定氢氧自由基与多氯联苯的反应速率发现，该反应速率相当高（如 $109\,M^{-1}s^{-1}$），这在 CHP 处理其他有机污染物的反应速率范围内。然而，其降解活性通常也很低，因为多氯联苯的水相浓度很低。Lindsey 等（2003）使用环糊精配体与可溶性铁催化剂和过氧化氢结合来克服多氯联苯的低溶解度。环糊精有疏水的核心，可以结合强疏水性化合物（如多氯联苯），而环糊精表面有亲水的位点可以络合溶解的铁离子，与过氧化氢反应可能生成自由基团，直接导致污染物溶解并降解多氯联苯，实现了环糊精和 PCB 之间的有效联系。

一些调查研究了 CHP 处理多氯联苯的副产物。目前的理解是，氢氧自由基降解机制是，优先从 PCB 分子上非氯置换位点摘取一个氢原子，生成羟基 -PCB 反应中间体。事实上，Sedlak 和 Andren（1991a）已经观察到羟基 -PCBs 和二羟基 -PCBs。CHP 生成的其他自由基团 [如超氧化物阴离子（$O_2{}^{-}$）或氢过氧自由基 [$HO_2{}^{\cdot}$]]，与这些中间体的进一步反应通路在很大程度上还是未知的。Koyama 等（1994）报道，过氧化氢在氧化处理 PCB 时生成了草酸和甲酸，意味着发生了进一步的反应、苯环破裂。

多氯联苯种类会影响其降解速率和降解程度。Sedlak 和 Andren（1991）研究了多氯联苯 -1242 的降解过程，发现多氯联苯在氯含量高时的降解速率低于在氯含量低时的降解速率。他们还发现，在每类同系物中，如果同系物被取代了邻位的氯原子，那么其降解速率远远低于被取代了间位或对位的多氯联苯。由于反应速率不同，在处理 PCB 混合物时，可能出现随着时间的推移降解速率低的多氯联苯逐渐富集的现象，因为反应速率高的多氯联苯反应殆尽（Marble et al., 2004）。然而，不同多氯联苯的反应速率差距通常小于 1 个数量级，而且这种影响程度是未知的。

大多数研究集中于 PCB 在水相系统中的降解，而对多氯联苯吸附于多孔介质中的研究较少。Osgerby 等（2004）报道了两种火山土壤中多氯联苯的降解反应，发现两种火山土壤中 CHP 降解多氯联苯的反应条件是不同的，并且降解高度依赖 pH 值。Fe（III）催化剂是最有效的，而碱性 pH 值（pH 值约为 9）至强碱性 pH 值（pH 值为 13～14）是最佳的催化条件，这表明超氧化物可能参与了反应。然而，在碱性 pH 值下完成 CHP 反应可能很困难，因为过氧化氢在碱性 pH 值下半衰期非常短；在酸性条件下，只在一种火山土壤中观测到多氯联苯的有效降解；在中性 pH 值下也没有有效的降解效果。Manzano 等（2004）发现，在硅砂河流沉积物中，使用低剂量的催化剂，最优的过氧化氢浓度为 5%，温度升高会促进降解，检测到多氯联苯 -1242 混合物中有 82% 发生了脱氯作用。

二噁英和呋喃是一类与多氯联苯性质相似的污染物，它们在低剂量下就有很高的毒性。只有少数研究探索了 CHP 对这些污染物的降解效果。Mino 等（2004）发现，Fe（II）催化系统最初会缓慢降解 2,7- 二氯二苯并 -p- 二噁英（DCDD），但 Fe（III）催化剂能催化降解和氯化物解吸。据推测，在 Fe（II）催化系统中只有在芬顿反应生成 Fe（III）后才会启动降解反应。在氢氧自由基活性很高的情况下，环境中污染物的降解效率很低，表明 DCDD 的降解过程依赖其他反应机制。Mino 等（2004）猜测高价 Fe 离子［（Fe（IV）］主导了这个降解反应，但还没有开展机理研究以确定反应活性物种类。然而，基于反应式（2.10）～反应式（2.12），Fe（III）与过氧化氢反应将产生 $HO_2^{\cdot}$，目前还不清楚这个自由基团是否在降解过程中发挥了作用。检测结果显示，4- 氯邻苯二酚是一个副产物，这表明多环二噁英的结构被裂解了。Watts 等（1991a）调查了土壤中八氯二苯并 -p- 二噁英（OCDD）的降解情况，发现降解程度和土壤 NOM 含量呈现负相关关系。这和处理氯化苯和酚类的趋势类似，也许表明吸附反应和 NOM 作为自由基团库会降低降解效率。

2.4.3 碳氢化合物燃料

碳氢化合物有很多，包括在常见的燃料混合物中的有机污染物，如汽油、柴油、航空燃油、原油等，以及生产这些混合物的添加剂。因为碳氢化合物泄漏进入地下后通常涉及轻质非水相液体（LNAPL）的释放，导致非水溶剂和吸附态的污染物含量增加，这会影响 CHP 的应用。因为在油气泄漏的场地会有各种各样的化合物，而常规的管理方法往往只涉及控制某些化合物（如 MTBE 或 BTEX）、一类化合物（如 TPH）。因此，CHP 的应用可能需要针对混合物中某一种污染物或一部分碳氢化合物，具体对象的确定取决于该场地的修复目标。

在应用 CHP 处理这些污染物时应该小心谨慎，因为当 CHP 系统中碳氢化合物燃料的浓度很高时，可能会产生大量能量并导致氧气逸出，进而可以在地下形成易燃或易爆混合物。

1. 甲基叔丁醚

一些研究发现，应用 CHP 较易转化甲基叔丁醚（转化率大于 90% ～ 99%），但污染物的矿化（转化为 CO_2 和 H_2O）是很困难的。Burbano 等（2005）指出，即使在水相系统中最有效的条件下，MTBE 也只有 32% 的碳矿化为二氧化碳；相反，在水相系统中可以一直定期检测到一系列的中间产物和副产物，这些产物包括叔丁基甲酸（TBF）、叔丁醇、丙酮、乙酸甲酯（Burbano et al., 2002; Neppolian et al., 2002; Ray et al., 2002; Burbano et al., 2005）。与 MTBE 相比，这些中间产物在 CHP 中的反应速率很慢，因此容易在溶液中积累。随后，TBF 和 TBA 的降解会形成丙酮，丙酮在 CHP 中的反应速率非常低，而乙酸甲酯是由不同途径产生的（Burbano et al., 2002）。生成的丙酮浓度在系统中会很高，在某些系统中可以达到 MTBE 初始浓度（摩尔）的 1/3。但是，丙酮是可以生物降解的，所以如果 CHP 未能完全矿化 MTBE，也不会造成严重的威胁。CHP 在酸性 pH 值条件下对 MTBE 的降解效率似乎高于在中性 pH 值条件下的降解效率。

2. 苯、甲苯、乙苯和二甲苯

苯系物是可以使用 CHP 原位化学氧化处理的一种常见污染物。这种芳香族化合物容易被羟基自由基降解，并且在其降解过程中通常会检测到酚类、邻苯二酚、醌类等活性中间体。和处理氯苯及氯酚一样，邻苯二酚和醌类在 CHP 中的反应会还原铁为 Fe（II），因此可以再生催化剂。

苯环破裂后形成的副产物通常包括低分子量有机酸，如甲酸和草酸（Watts and Teel，2005）。有证据表明，CHP 原位化学氧化处理也可能通过一些机制促进 BTEX 的解吸（Watts et al.，1999a）。

3. 总石油烃和燃料混合物

已有研究调查了 CHP 降解 LNAPL 或吸附于土壤中的碳氢化合物燃料的效果。燃料是具有一系列有机化合物的复杂混合物，往往可以将其划分为几个主要组分，包括芳香族组分和脂肪族组分。芳香族组分包括苯系化合物，脂肪族组分包括链式碳氢化合物。除了这两个组分，燃料往往还具有一系列碳链，分子量从低碳（6～10个碳原子/分子）到高碳（30～34个碳原子/分子）。燃料的性质将会影响这些化合物的相对丰度，例如，汽油和柴油泄漏中碳组分的含量低于原油或燃油泄漏中碳组分的含量。

CHP 原位化学氧化处理土壤和地下水中的碳氢化合物燃料有两个主要的趋势。首先，芳香族组分的降解速率高于脂肪族组分。这并不奇怪，因为羟基更易攻击富有电子的芳香环。因此，芳香族组分比脂肪族组分更快耗尽。这意味着 CHP 原位化学氧化处理碳氢化合物废弃物具有潜在优势，因为这些毒性燃料的泄漏物种大部分是芳香族组分（如 BTEX；Watts et al.，2000）。其次，低碳化合物比高碳化合物更易被降解，部分原因可能是高碳化合物的溶解度更低，也更易吸附于地下基质。因此，CHP 原位化学氧化处理 TPH 的效果取决于泄漏的燃料类型，并且一般不能实现完全降解。

用 CHP 原位化学氧化处理污染土壤，柴油浓度为 1000mg/kg，最终处理了柴油中 99% 的有机物（Watts and Dilly，1996）。其他结果显示，CHP 对柴油—煤油混合物的去除率可以达到 50%（Kong et al.，1998）。用 CHP 原位化学氧化处理原油混合物，TPH 最大去除率在场地条件下可以达到 31%（Millioli et al.，2003）。碳氢化合物燃料矿化为二氧化碳可能会有很长的滞后期。Xu 等（2006）发现，柴油在多孔介质中的去除率可能超过 93%，但只有 5%～12% 的污染物会矿化为二氧化碳。

因为 TPH 污染物先被 CHP 降解，随后矿化为二氧化碳，因此需要考虑 CHP 原位化学氧化处理碳氢化合物燃料的中间体和副产物。Ndjou'ou 和 Cassidy（2006）评估了 CHP 原位化学氧化处理碳氢化合物燃料的中间体和副产物的物理和化学性质，发现在反应过程中产生了一系列的醇类、醛类、酮类和羧酸。这些中间体和副产物可能具有表面活性剂的性质，它们通过氧化反应生成了亲水官能团和疏水烃链。他们发现，这些类似表面活性剂的中间体的浓度可能会很高，也许能超过临界胶束浓度（CMC）的 4 倍，因此能够观察到碳氢化合物燃料的溶解度增加。如果氧化剂合适的话，这些中间体容易被 CHP 反应进一步降解；同时，在系统中也会发生生物降解反应。

2.4.4 多环芳烃

多环芳烃通常随着杂酚油、煤焦油、天然气厂（MGP）生产残渣和其他烃类污染物的释放进入环境中。多环芳烃类污染物，如碳氢化合物燃料（通常只是燃料类污染物的一个很小的组成部分）含有各种各样的化学成分，具有各种结构。多环芳烃类污染物具有相似的苯环结构。苯环外围上的位点可能被氢原子或其他碳氢化合物官能团（如甲基或乙基）取代。多环芳烃化合物的溶解度很低，所以它们很容易被 NOM 吸附。除了含有多环芳烃，污染物在释放时还通常包含其他轻质烃类组分，如酚类和甲酚，以及脂肪族和芳香族碳氢化合物燃料。如果有机污染物的成分复杂，那么在 CHP 系统中通常会观察到一个趋势：可溶性高或可氧化性高的污染物的降解速率高于低溶解度或低氧化性组分的降解速率，导致混合污染物中还会有大量的残余物（Forsey，2004）。

NOM 和地下固体对多环芳烃的吸附会严重影响 CHP 在水相和多孔介质中的氧化效果，而待处理的污染介质中的 NOM 的性质和数量会影响 CHP 处理多环芳烃的效果。Bogan 和 Trbovic（2003）观察到多孔介质的有机碳含量（f_{oc}）和多环芳烃的降解程度有复杂的关系。他们发现，增加 NOM 含量会促进多环芳烃降解，f_{oc} 的最大值约为 0.05；一旦超过该水平，增加 NOM 含量反而会使降解效率下降。他们还发现，那些未老化的碳环数较多（4～5 环）的多环芳烃与碳环数少（2～3 环）的多环芳烃相比，在多孔介质中更容易降解。所有研究均表明，污染时间越长，多环芳烃的可降解性越低。据推测，这是由于多孔介质的有机碳含量（f_{oc}）越低，则 NOM 吸附多环芳烃的能力越强；而在最佳的 f_{oc} 下，NOM 也许能够释放一些已经吸附的多环芳烃，提高污染物的修复效率。如果 f_{oc} 非常高，则使得水系氧化剂非常难以接触污染物。但是，4～5 环的多环芳烃的可处理性仍然很高，这似乎违反规律。猜测是吸附—限制反应发挥了作用，因为高质量的多环芳烃与低质量的多环芳烃相比，需要更长时间的迁移隔离才能被 NOM 吸附。Lundstedt 等（2006）的研究似乎观察到了这种现象，在老化时间很长的多环芳烃污染物中，4～5 环的多环芳烃的降解效率很低，大概是因为它们的解吸率比较低。因此，多环芳烃泄漏时间越长，越难以大规模地使用过氧化氢降解该污染物。在处理吸附的多环芳烃时可以使用助溶剂、表面活性剂或环糊精以提高效果（Lindsey et al.，2003；Lundstedt et al.，2006）。

考虑到多环芳烃污染物的复杂结构，在反应时形成各种各样的氧化中间体也就不足为奇了。理论上，OH· 完全矿化含 3 个及 3 个以上芳香环的多环芳烃需要完成大量的氧化反应。Lundstedt 等（2006）在检测反应中间体时发现，反应形成了一些氧化的 PAHs。他们也观察到一系列醌类和酮类，在氧化其他芳香族污染物时也观测到这类产物。Kanel 等（2003）观察到氧化会形成水杨酸，也会形成一些低分子量有机酸，如乙酸、甲酸、草酸。因为它们的结构较大，自身性质也限制了 CHP 对它们的氧化效率，所以实现多环芳烃污染物的完全矿化是相当困难的。Watts 等（2002）的研究结果证实了这一现象，在土壤泥浆系统中处理苯并（a）芘，如果要将 85% 的苯并（a）芘矿化为二氧化碳，化学计量学结果表明过氧化氢与苯并（a）芘的浓度比为 1000∶1～10000∶1。

苯酚和甲酚是多环芳烃类废弃物中常见的污染物，常见于煤焦油或杂酚油等中。应用 CHP 降解这些化合物的反应途径已经有了广泛的研究，其和氯酚、硝基酚有相似的反应趋势。酚类化合物在 CHP 系统中通常显示出自动催化性，尤其是在使用 Fe（III）作为催化剂时，因为羟基自由基与苯酚反应通常生成对苯二酚或邻苯二酚，这两者都可以有效地络合和减少 Fe（III）。因此，这些系统在初始阶段的反应通常是缓慢的，随着对苯二酚和邻苯二酚的浓度升高，反应速率也有所增加（见图 2.7），当酚类及其还原性的中间体在系统中耗尽后，系统的反应速率降低（Chen and Pignatello, 1997）。随后，这些芳香族中间体的破裂会生成一系列的羧酸，尤其是甲酸、草酸、醋酸和顺丁烯二酸，以及少量的反丁烯二酸、丙二酸和己烯二酸（Zazo et al., 2005）。然而，如果在反应过程中形成了大量的有机酸，那么意味着也可以发生聚合反应，形成链式芳香族聚合物。如果污染物浓度高而氧化剂浓度较低，则更容易形成该聚合物（Zazo et al., 2005）。甲酚在 CHP 系统中的表现和苯酚类似。

2.4.5 烈性炸药、硝基和氨基有机化合物

烈性炸药通常是指包含氧化性氮（硝基）和还原性氨基的有机化合物。这些有机化合物是弹药工厂场址常见的污染物，它们一般为纯固相或溶解和吸附相。相对于氯化溶剂和烃类污染物，针对这些有机化合物的 CHP 降解开展的研究较少。然而，本书还是介绍了这些有机污染物，特别是介绍了 TNT 和 RDX 降解的部分内容。将室温升至高温（40～45℃），可以显著提高烈性炸药尤其是 TNT 的降解速率。这可能是由于 TNT 的溶解度提高（Li et al., 1997b），从而改变了反应动力学速率。Bier et al.（1999）报道，在 CHP 系统中，RDX 的碳有 80% 被矿化，检测到副产物有硝酸盐和氨气，而中间体有甲酸和二甲基二硝胺。

其他硝基芳香化合物似乎以类似的动力学和反应通路降解为氯苯和氯酚。羟基自由基攻击硝基苯和硝基酚芳环上的羟化位点。此外，氯酚的氧化反应动力学中也观测到一个类似的滞后阶段（见图 2.7）。Fe（III）催化系统的降解动力学在最初阶段很缓慢，然后加速，随后降解速率随时间呈现指数性衰减。在氯酚系统中，这种现象的出现是由于邻苯二酚和醌类的积累，这两者具有还原性，能将 Fe（III）还原为 Fe（II）。这个滞后阶段是为了积累足够的 Fe（II）以保证反应进行。此外，Rodriguez 等（2003）报道，当溶液中存在氧气时，CHP 和硝基苯反应的副产物包括羟基，这表明溶解的氧气参与了反应。Teel 和 Watts（2002）研究了强氧化性化合物四硝基甲烷的降解反应，发现其可以被 CHP 降解，同时在降解过程中会形成过氧化物，但过氧化物不会被羟基自由基降解。其他包含硝基和氨基基团的有机化合物目前还未被广泛研究。喹啉和硝基苯易于和羟基反应，经常被用作羟基探针。

2.4.6 农药

农药包括一系列广泛的化合物，这些化合物有各种各样的结构和配方，对特定植物、动物、昆虫、真菌或细菌有毒害作用。目前还未用原位化学氧化技术处理这些化合物，

因为农药通常都是通过飞机喷洒的方式施用的，不利于原位化学氧化的操作。然而，如果这类化合物被释放到环境中后导致局部点或区域污染物浓度较高，此时使用原位化学氧化技术进行修复是有效的。由于农药有多种化学结构，所以确定单个化合物的转化途径和机制很难。因此，当还不明确污染物的转化途径时，需要开展可行性研究。

在 CHP 降解农药过程中通常会发现，农药的溶解度或吸附程度会影响修复的速率和效果。通常高溶解度、低吸附性农药的降解效果更佳（Tyre et al., 1991; Wang and Lemley, 2004）。

目前，针对 2,4- 二氯苯氧基乙酸（2,4-D）和 2,4,5- 三氯苯氧基乙酸（2,4,5-T）这两种杀虫剂的研究较多。CHP 在氧化降解这些相关化合物时［酸性 pH 值、低氧化剂浓度、Fe（II）催化剂］通常会释放单氯酚、双氯酚和三氯酚，随后的反应过程就是前文所述的氯酚的反应过程（Pignatello, 1992; Tarr et al., 2002; Chu et al., 2004）。2,4,5-T 的反应速率比 2,4-D 的反应速率低。Pignatello 和 Baehr（1994）报道，在中性 pH 值条件下使用螯合的 Fe（III）催化剂，2,4-D 在砂壤土中反应后几乎可以检测到近 100% 的氯化物；然而只有少量的污染物可以完全矿化为二氧化碳。CHP 降解农药的相关信息很少。

2.4.7　吸附性或非水相液体污染物

实验室研究结果和现场研究结果都已经证明，CHP 可以有效处理吸附性或 NAPL 污染物。结果表明，CHP 可以加速污染物的转化和迁移（Watts et al., 1999a; Lindsey et al., 2003; Ndjou'ou and Cassidy, 2006; Smith et al., 2006）。然而，实验室的实验条件不能完全代表吸附性或 NAPL 污染物在现场地下的真实转化和迁移过程。通常，在批处理反应堆研究中不能做到污染物和反应介质的完全混合，或者反应会有中断。大多数研究是通过测定批处理实验系统中人工合成的水系物质的浓度来估算污染物的溶解或解吸速率的，例如，通过测定气体在气瓶中的连续气流（用于挥发性污染物），或者通过水填充和抽取方法。在地下环境中，NAPL 的解吸和溶解率往往是由地下水的平流、机械弥散和分子扩散决定的。每个修复工程的这些参数通常都是由场地参数决定的，如地下水梯度、场地的渗透率和异质性。

本节介绍了一些 CHP 如何影响污染物转化的信息。CHP 会先消耗孔隙中位于 NAPL 和水交界面或吸附位点的水系污染物，这样会利于氧化剂在地下的有效传输，进而有利于处理吸附性或 NAPL 污染物。当场地中只有对流运输时，降解反应会促进更多的水系污染物溶解，进而显著增强 NAPL 的溶解率。通过类比高锰酸钾原位化学氧化的研究发现，当氧化剂含量增加 15 倍及以上时，污染物的消耗率和溶解率会明显增大（Reitsma and Dai, 2001; Petri et al., 2008）。

最近的研究表明，CHP 生成的活性反应组分可以大大促进 DNAPLs 的溶解，溶解率远大于 DNAPLs 自身的最大溶解率。Smith 等（2006）研究了四氯化碳和氯仿这一重质非水相液体的增溶效应，结果表明通过不同的反应会分别生成羟基自由基、超氧化物阴离子和氢过氧化物离子，他们认为过氧化物会促进 DNAPLs 的溶解（见图 2.8）。

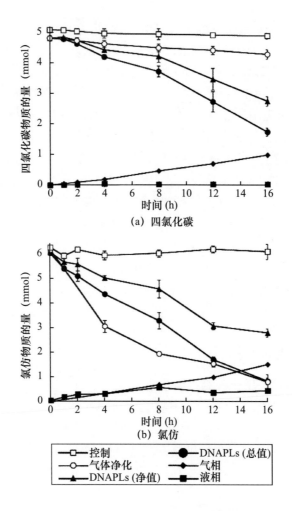

图2.8　CHP促进DNAPLs溶解。（a）四氯化碳，（b）氯仿。数据表明，CHP存在时DNAPLs溶解更快；CHP不存在时，以气体清除为主导，气体清除占主导表明最大传质速率可能通过挥发作用得到

资料来源：Smith等（2006）。

　　此外，Watts 等（1999a）报道，由 CHP 生成的一些活性反应组分可能会在一定程度上促进吸附相污染物的解吸，这说明其不仅对溶液中的污染物进行了简单降解。Corbin 等（2007）分离出在 CHP 反应中可促进污染物解吸反应的活性组分。他们统计出的活性组分有羟基自由基、氢过氧化物阴离子和超氧化物阴离子。过氧化物是一种活性氧，可以促进污染物的解吸。因此，CHP 氧化过程中形成的一些活性氧中间体，包括超氧化物，可以作为表面活性剂，或者其属性能增强疏水性污染物的溶解。污染物降解反应产生的有机中间体也可能会促进污染物溶解。Ndjou'ou 和 Cassidy（2006）报道，CHP 氧化一些复杂有机废弃物，如重质非水相碳氢化合物燃料生成的有机中间体，可能会产生有机表面活性剂作为反应中间体，它们在溶液中的浓度甚至可以超过临界胶束浓度（CMC）。如图 2.9 显示了总石油烃的表面张力、临界胶束浓度（CMC）和增溶效果。相关结果表明，提高污染物的溶解度是可行的，这会提高水相降解反应的修复效果。

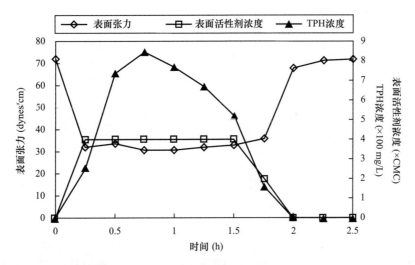

图2.9　在Fe（Ⅲ）催化CHP系统中，表面活性剂的生成对总石油烃的增溶作用。实验条件：

10600±850mg/kgTPH污染的场地土壤；固液比为4g/10mL；[Fe（Ⅲ）]=40mg/L，[EDTA]=6mg/L；

[H₂O₂]=10g/L；初始pH值为8

资料来源：Ndjou'ou和Cassidy（2006）。

研究表明，增加污染物的疏水性和吸附性会导致CHP反应效率降低，这对CHP的有效性形成了挑战（Quan et al., 2003; Lundstedt et al., 2006; Watts et al., 2008）。此外，Bogan和Trbovic（2003）发现，污染物老化时间越长，处理难度越大。因此，相较于近期泄漏的场地，污染物泄漏时间长、介质有机质含量高的场地的处理效率和处理效果较差。因此，尽管CHP提供了可以促进污染物在常规地下水环境中解吸和降解的机制，这些过程的绝对反应速率还是会强烈地受到特定场地条件的影响，包括NOM含量、污染物种类和泄漏发生时间。

研究表明，CHP反应会产热并释放气体，这可能会影响吸附性或NAPL污染物的处理效果，但目前还没有对该影响程度进行量化。因为CHP反应会产生热，特别是在反应剧烈的场地，地下环境的温度会明显升高。一般来说，温度升高会提高有机污染物的水溶解度，也会提高其降解速率（见2.2.5节）。虽然这些变化是短暂的，但它们仍会影响NAPL的传输。此外，CHP注入会快速放热和产生气体的特性，会促进可渗透性地下地层中的分散性，而分散性也许能进一步促进NAPL溶解。VOCs的挥发和汽化羽的反应会逸出气体，也有可能影响NAPL的质量传递和消耗。汽化羽在地下环境中向上逐步迁移时，在遇到低渗透性区域时经常会变为横向传输（Tomlinson et al., 2003）。汽化羽中VOCs在向上挥发时如果接触到地下水，会再次溶于地下水，因此在设计CHP系统时需要考虑气体逸出的可能性。虽然分散性增强可以促进污染物和氧化剂相互接触，但是需要小心处理，以避免不可控或危险情况的发生。

2.5　总结

CHP是一个复杂的化学系统，可以降解多种有机化合物。这种广谱反应是由于CHP

可以通过链式反应生成大量的活性自由基，而这些活性自由基同时具备氧化性和还原性。这些活性自由基是通过过氧化氢和催化剂反应产生的。目前，科学家已对多种催化剂进行了研究，包括可溶性铁盐、土壤矿物质和特殊的铁—有机配体复合物（螯合物）。传统上，羟基自由基被视为 CHP 反应中主要的活性组分，因为它具备非特异性，可以和大多数有机化合物反应。近年来，CHP 中其他自由基团也越来越受重视，过氧化物等其他反应中间体也许能通过还原反应降解强氧化性有机污染物（如卤代甲烷）。在 CHP系统中，非羟基自由基团也许也能促进 NAPL 的解吸和溶解。CHP 反应的副产物通常包括无机盐、二氧化碳和其他有机化合物，其中大部分为羧酸。

　　研究表明，CHP 可以降解多种有机污染物，并且 CHP 的处理效率和效果因污染物类型的不同而不同。优化化学条件可以快速、显著地降解水相、吸附相甚至 NAPL 目标污染物。然而，土壤和地下水成分与 CHP 的相互作用可能会影响 CHP 的处理效果。如果其他反应物浓度很高，其可能会与目标污染物竞争氧化剂，从而导致目标污染物降解程度有限。同时，高度疏水性污染物的吸附作用也是 CHP 处理面临的一个挑战，因为氧化剂在地下保持的时间很短，发生解吸反应的时间有限。尽管如此，我们仍然可以根据 CHP 的反应机理来克服环境条件限制，提高污染物的解吸率，即主要通过减少吸附相污染物，促进其在场地中的自然衰减实现。

　　最后，为了实现地下水的有效修复，必须保证 CHP 在地下的有效传输。在地下，氧化剂持久性很低，同时会受到一系列特定场地条件和原位化学氧化设计参数的影响，需要延长 CHP 的氧化剂持久性以延长氧化剂和污染物的反应时间。采用合适的注入方法或稳定剂也许能提高氧化剂的持久性和修复效率。

参考文献

ACC (American Chemistry Council). 2003. Phosgene: Robust Summaries. 201-14578B. Submitted by the Phosgene Panel, ACC, Arlington, VA, USA to the U.S. Environmental Protection Agency (USEPA) High Production Volume Challenge Program. 24 pp.

Afanas'ev IB. 1989. Superoxide Ion: Chemistry and Biological Implications. CRC Press, Boca Raton, FL. 296 pp.

Anipsitakis GP, Dionysiou DD. 2004. Radical generation by the interaction of transition metals with common oxidants. Environ Sci Technol 38:3705–3712.

Baciocchi R, Boni MR, D'Aprile L. 2003. Hydrogen peroxide lifetime as an indicator of the efficiency of 3-chlorophenol Fenton's and Fenton-like oxidation in soils. J Hazard Mater 96:305–329.

Baciocchi R, Boni MR, D'Aprile LD. 2004. Application of H_2O_2 lifetime as an indicator of TCE Fenton-like oxidation in soils. J Hazard Mater 107:97–102.

Barcelona MJ, Holm TR. 1991. Oxidation-reduction capacities of aquifer solids. Environ Sci Technol 25:1565–1572.

Beltrán FJ, Gonzalez M, Rivas FJ, Alvarez P. 1998. Fenton reagent advanced oxidation of polynuclear aromatic hydrocarbons in water. Water Air Soil Pollut 105:685–700.

Bergendahl J, Hubbard S, Grasso D. 2003. Pilot-scale Fenton's oxidation of organic contaminants in groundwater using autochthon iron. J Hazard Mater 99:43–56.

Bier EL, Singh J, Zhengming L, Comfort SD, Shea PJ. 1999. Remediating hexahydro-1,3,5-trinitro-1,2,5-trazine-contaminated water and soil by Fenton oxidation. Environ Toxicol Chem 18:1078–1084.

Bissey LL, Smith JL, Watts RJ. 2006. Soil organic matter-hydrogen peroxide dynamics in the treatment of contaminated soils and groundwater using catalyzed H_2O_2 propagations (modified Fenton's reagent). Water Res 40:2477–2484.

Bogan BW, Trbovic V. 2003. Effect of sequestration on PAH degradability with Fenton's reagent: Roles of total organic carbon, humin, and soil porosity. J Hazard Mater 100: 285–300.

Bossmann SH, Oliveros E, Gob S, Siegwart S, Dahlen EP, Payawan L, Straub M, Worner M, Braun AM. 1998. New evidence against hydroxyl radicals as reactive intermediates in the thermal and photochemically enhanced Fenton reactions. J Phys Chem A 102:5542–5550.

Braun AM, Oliveros E. 1990. Applications of singlet oxygen reactions: Mechanistic and kinetic investigations. Pure Appl Chem 62:1467–1476.

Bray WC, Gorin MH. 1932. Ferryl ion, a compound of tetravalent iron. J Am Chem Soc 54:2124–2125.

Burbano AA, Dionysiou DD, Richardson TL, Suidan MT. 2002. Degradation of MTBE intermediates using Fenton's reagent. J Environ Eng 128:799–805.

Burbano AA, Dionysiou DD, Suidan MT, Richardson TL. 2005. Oxidation kinetics and effect of pH on the degradation of MTBE with Fenton reagent. Water Res 39:107–118.

Buxton GV, Greenstock CL, Helman WP, Ross AB. 1988. Critical review of rate constants for reactions of hydrated electrons, hydrogen atoms and hydroxyl radicals ($OH^{\cdot}/O^{\cdot -}$) in aqueous solution. J Phys Chem Ref Data 17:513–886.

Chen F, Ma W, He J, Zhao J. 2002. Fenton degradation of malachite green catalyzed by aromatic additives. J Phys Chem A 106:9485–9490.

Chen G, Hoag GE, Chedda P, Nadim F, Woody BA, Dobbs GM. 2001. The mechanism and applicability of in situ oxidation of trichloroethylene with Fenton's reagent. J Hazard Mater 87:171–186.

Chen R, Pignatello JJ. 1997. Role of quinone intermediates as electron shuttles in Fenton and photoassisted Fenton oxidations of aromatic compounds. Environ Sci Technol 31:2399–2406.

Chen ST, Stevens DK, Kang G. 1999. Pentachlorophenol and crystal violet degradation in water and soils using heme and hydrogen peroxide. Water Res 33:3657–2665.

Chu W, Kwan CY, Chan KH, Chong C. 2004. An unconventional approach to studying the reaction kinetics of the Fenton's oxidation of 2,4-dichlorophenoxyacetic acid. Chemosphere 57:1165–1171.

Corbin JF III, Teel AL, Allen-King RM, Watts RJ. 2007. Reactive oxygen species responsible for the enhanced desorption of dodecane in modified Fenton's systems. Water Environ Res 79:37–42.

Crimi ML, Siegrist RL. 2005. Factors affecting effectiveness and efficiency of DNAPL destruction using potassium permanganate and catalyzed hydrogen peroxide. J Environ Eng 131:1724–1732.

Cuypers C, Grotenhuis T, Joziasse J, Rulkens W. 2000. Rapid persulfate oxidation predicts PAH bioavailability in soils and sediments. Environ Sci Technol 34:2057–2063.

De Laat J, Gallard H. 1999. Catalytic decomposition of hydrogen peroxide by Fe(III) in homogeneous aqueous solution: Mechanism and kinetic modeling. Environ Sci Technol 33:2726–2732.

De Laat J, Le GT, Legube B. 2004. A comparative study of the effects of chloride, sulfate, and nitrate ions on the rates of decomposition of H_2O_2 and organic compounds by Fe(II)/H_2O_2 and Fe(III)/H_2O_2. Chemosphere 55:715–723.

Dean JA, ed. 1999. Lange's Handbook of Chemistry, 15th ed. McGraw Hill, New York.

Dewil R, Baevens J, Appels L. 2007. Enhancing the use of waste activated sludge as bio-fuel through selectively reducing its heavy metal content. J Hazard Mater 144:703–707.

Droste EX, Marley MC, Parikh JM, Lee AM, Dinardo PM, Woody BA, Hoag GE, Chedda P. 2002. Observed Enhanced Reductive Dechlorination After In Situ Chemical Oxidation Pilot Test. Proceedings, Third International Conference on Remediation of Chlorinated and Recalcitrant Compounds, Monterey, CA, May 20–23, Paper 2C-01.

Fenton HJH. 1894. Oxidation of tartaric acid in presence of iron. J Chem Soc Trans 65:899–910.

Forsey SP. 2004. In Situ Chemical Oxidation of Creosote/Coal Tar Residuals: Experimental and Numerical Investigation. PhD Dissertation, University of Waterloo, Waterloo, ON.

Furman O, Laine DF, Blumenfeld A, Teel AL, Shimizu K, Cheng IF, Watts RJ. 2009. Enhanced reactivity of superoxide in water-solid matrices. Environ Sci Technol 43:1528–1533.

Gates DD, Siegrist RL. 1995. In-situ chemical oxidation of trichloroethylene using hydrogen peroxide. J Environ Eng 121:639–644.

Gates-Anderson DD, Siegrist RL, Cline SR. 2001. Comparison of potassium permanganate and hydrogen peroxide as chemical oxidants for organically contaminated soils. J Environ Eng 127:337–347.

Goldstone JV, Pullin MJ, Bertilsson S, Voelker BM. 2002. Reactions of hydroxyl radical with humic substances: Bleaching, mineralization, and production of bioavailable carbon substrates. Environ Sci Technol 36:364–372.

Haag WR, Yao D. 1992. Rate constants for reaction of hydroxyl radicals with several drinking water contaminants. Environ Sci Technol 26:1005–1013.

Haber F, Weiss J. 1934. The catalytic decomposition of hydrogen peroxide by iron salts. Proc Royal Soc London 147:332–351.

Hasan MA, Zaki MI, Pasupulety L, Kumari K. 1999. Promotion of the hydrogen peroxide decomposition activity of manganese oxide catalysts. J Appl Catal A Gen 181:171–179.

Huang HH, Lu MC, Chen JN. 2001. Catalytic decomposition of hydrogen peroxide and 2-chlorophenol with iron oxides. Water Res 35:2291–2299.

Huling SG, Pivetz BE. 2006. Engineering Issue: In-Situ Chemical Oxidation. EPA/600/R-06/072. USEPA Agency Office of Research and Development, Washington, DC. 58 pp.

Huling SG, Arnold RG, Sierka RA, Miller MR. 1998. Measurement of hydroxyl radical activity in a soil slurry using the spin trap a-(4-Pyridyl-1-oxide)-N-tert-butylnitrone. Environ Sci Technol 32:3436–3441.

Huling SG, Arnold RG, Jones PK, Sierka RA. 2000a. Predicting Fenton-driven degradation using contaminant analog. J Environ Eng 126:348–353.

Huling SG, Arnold RG, Sierka RA, Jones PK, Fine DD. 2000b. Contaminant adsorption and oxidation via Fenton reaction. J Environ Eng 126:595–600.

Huling SG, Arnold RG, Sierka RA, Miller MA. 2001. Influence of peat on Fenton oxidation. Water Res 35:1687–1694.

Huling SG, Jones PK, Lee TR. 2007. Iron optimization for Fenton-driven oxidation of MTBE-spent granular activated carbon. Environ Sci Technol 41:4090–4096.

Huling SG, Kan E, Wingo C. 2009. Fenton-driven regeneration of MTBE-spent granular activation carbon: Effects of particle size and iron amendment properties. J Appl Catal B 89:651–657.

Jazdanian AD, Fieber LL, Tisoncik D, Huang KC, Mao F, Dahmani A. 2004. Chemical Oxidation of Chloroethanes and Chloroethenes in a Rock/Groundwater System. Proceedings, Fourth International Conference on Remediation of Chlorinated and Recalcitrant Compounds, Monterey, CA, USA, May 24–27, Paper 2F-01.

Kan E, Huling SG. 2009. Effects of temperature and acidic pre-treatment on Fenton-driven oxidation of MTBE-spent granular activated carbon. Environ Sci Technol 43:1493–1499.

Kanel SR, Neppolian B, Choi H, Yang JW. 2003. Heterogeneous catalytic oxidation of phenanthrene by hydrogen peroxide in soil slurry: Kinetics, mechanism, and implication. Soil Sediment Contam 12:101–117.

Kang N, Hua I. 2005. Enhanced chemical oxidation of aromatic hydrocarbons in soil systems. Chemosphere 61:909–922.

Kelley R, Koenigsberg SS, Sutherland M. 2006. Field Results with an Alkaline In Situ Chemical Oxidation Process. Proceedings, Fifth International Conference on the Remediation of Chlorinated and Recalcitrant Compounds, Monterey, CA, USA, May 22–25, Abstract D-32.

Kelley RL, Gauger WK, Srivastava VJ. 1990. Application of Fenton's Reagent as a Pretreatment Step in Biological Degradation of Polyaromatic Hydrocarbons. Institute of Gas Technology Report CONF-901212-5. Presented at Gas, Oil, Coal, and Environmental Biotechnology III, New Orleans, LA, USA, December 3–5.

Kiwi J, Lopez A, Nadtochenko V. 2000. Mechanism and kinetics of the OH-radical intervention during Fenton oxidation in the presence of a significant amount of radical scavenger (Cl$^-$). Environ Sci Technol 34:2162–2168.

Kong SH, Watts RJ, Choi JH. 1998. Treatment of petroleum-contaminated soils using iron mineral catalyzed hydrogen peroxide. Chemosphere 37:1473–1482.

Koyama O, Kamagata Y, Nakamura K. 1994. Degradation of chlorinated aromatics by Fenton oxidation and methanogenic digester sludge. Water Res 28:895–899.

Krembs FJ. 2008. Critical Analysis of the Field-Scale Application of In Situ Chemical Oxidation for the Remediation of Contaminated Groundwater. MS Thesis, Colorado School of Mines, Golden, CO.

Kwan WP, Voelker BM. 2002. Decomposition of hydrogen peroxide and organic compounds in the presence of dissolved iron and ferrihydrite. Environ Sci Technol 36:1467–1476.

Kwan WP, Voelker BM. 2003. Rates of hydroxyl radical generation and organic compound oxidation in mineral-catalyzed Fenton-like systems. Environ Sci Technol 37:1150–1158.

Kwon BG, Lee DS, Kang N, Yoon J. 1999. Characteristics of p-chlorophenol oxidation by Fenton's reagent. Water Res 33: 2110–2118.

Leung SW, Watts RJ, Miller GC. 1992. Degradation of perchloroethylene by Fenton's reagent: Speciation and pathway. J Environ Qual 21:377–381.

Li ZM, Peterson MM, Comfort SD, Horst GL, Shea PJ, Oh BT. 1997a. Remediating TNT-contaminated soil by soil washing and Fenton oxidation. Sci Total Environ 204:107–115.

Li ZM, Shea PJ, Comfort SD. 1997b. Fenton oxidation of 2,4,6-trinitrotoluene in contaminated soil slurries. Environ Eng Sci 14:55–66.

Liang C, Bruell CJ, Marley MC, Sperry KL. 2003. Thermally activated persulfate oxidation of trichloroethylene (TCE) and 1,1,1-trichloroethane (TCA) in aqueous systems and soil slurries. Soil Sediment Contam 12:207–228.

Lide DR. 2006. CRC Handbook of Chemistry and Physics. CRC Press, Taylor and Francis Group, Boca Raton, FL.

Lindsey ME, Tarr MA. 2000a. Inhibited hydroxyl radical degradation of aromatic hydrocarbons in the presence of dissolved fulvic acid. Water Res 34:2385–2389.

Lindsey ME, Tarr MA. 2000b. Inhibition of hydroxyl radical reactions with aromatics by dissolved organic matter. Environ Sci Technol 34:444–449.

Lindsey ME, Xu G, Lu J, Tarr MA. 2003. Enhanced Fenton degradation of hydrophobic organics by simultaneous iron and pollutant complexation with cyclodextrins. Sci Total Environ 307:215–229.

Lipczynska-Kochany E, Sprah G, Harms S. 1995. Influence of some groundwater and surface waters constituents on the degradation of 4-chlorophenol by the Fenton reaction. Chemosphere 30:9–20.

Lovley DR, Coates JD, Blunt-Harris EL, Phillips EJP, Woodward JC. 1996. Humic substances as electron acceptors for microbial respiration. Nature 382:445–448.

Lu MC. 2000. Oxidation of chlorophenols with hydrogen peroxide in the presence of goethite. Chemosphere 40:125–130.

Lu MC, Chen JN, Huang HH. 2002. Role of goethite dissolution in the oxidation of 2-chlorophenol with hydrogen peroxide. Chemosphere 46:131–136.

Lundstedt S, Persson Y, Oberg L. 2006. Transformation of PAHs during ethanol-Fenton treatment of an aged gasworks' soil. Chemosphere 65:1288–1294.

Manzano MA, Perales JA, Sales D, Quiroga JM. 2004. Catalyzed hydrogen peroxide treatment of polychlorinated biphenyl contaminated sandy soils. Water Air Soil Pollut 154:57–69.

Mecozzi R, Di Palma L, Merli C. 2006. Experimental in situ chemical peroxidation of atrazine in contaminated soil. Chemosphere 62:1481–1489.

Miller CM, Valentine RL. 1995a. Hydrogen peroxide decomposition and quinoline degradation in the presence of aquifer material. Water Res 29:2353–2359.

Miller CM, Valentine RL. 1995b. Oxidation behavior of aqueous contaminants in the presence of hydrogen peroxide and filter media. J Hazard Mater 41:105–116.

Miller CM, Valentine RL. 1999. Mechanistic studies of surface catalyzed H_2O_2 decomposition and contaminant degradation in the presence of sand. Water Res 12:2805–2816.

Millioli V, Freire DDC, Cammarota MC. 2003. Petroleum oxidation using Fenton's reagent over beach sand following a spill. J Hazard Mater 103:79–91.

Mino Y, Moriyama Y, Nakatake Y. 2004. Degradation of 2,7-dichlorodibenzo-p-dioxin by Fe^{3+}- H_2O_2 mixed reagent. Chemosphere 57:365–372.

Monahan MJ, Teel AL, Watts RJ. 2005. Displacement of five metals sorbed on kaolinite during treatment with modified Fenton's reagent. Water Res 39:2955–2963.

Ndjou'ou A-C, Cassidy D. 2006. Surfactant production accompanying the modified Fenton oxidation of hydrocarbons in soil. Chemosphere 65:1610–1615

Neaman A, Moué lé F, Trolard F, Bourrié G. 2004. Improved methods for selective dissolution of Mn oxides: Applications for studying trace element associations. Appl Geochem 19:973–979.

Neppolian B, Jung H, Choi H, Lee JH, Kang JW. 2002. Sonolytic degradation of methyl-tert-butyl ether: The role of coupled Fenton process and persulfate ion. Water Res 36:4699–4708.

Osgerby IT, Takemoto HY, Watts RJ. 2004. Fenton-Type Reactions Applied to Pacific Soils at Low, Near-Neutral, and High pH, with and without Catalyst Metals. Proceedings, Fourth International Conference on the Remediation of Chlorinated and Recalcitrant Compounds, Monterey, CA, USA, May 24–27, Paper 2A-02.

Petigara BR, Blough NV, Mignerey AC. 2002. Mechanisms of hydrogen peroxide decomposition in soils. Environ Sci Technol 36:639–645.

Petri BG, Siegrist RL, Crimi ML. 2008. Effects of groundwater velocity and permanganate concentration of DNAPL mass depletion rates during in situ oxidation. J Environ Eng 134:1–13.

Pignatello JJ. 1992. Dark and photoassisted Fe^{3+}-catalyzed degradation of chlorophenoxy herbicides by hydrogen peroxide. Environ Sci Technol 26:944–951.

Pignatello JJ, Baehr K. 1994. Ferric complexes as catalysts for "Fenton" degradation of 2,4-D and metolachlor in soil. J Environ Qual 23:365–370.

Pittman CU, He J. 2002. Dechlorination of PCBs, CAHs, herbicides and pesticides neat and in soils at 250 ℃ using Na/NH_3. J Hazard Mater 92:51–62.

Quan HN, Teel AL, Watts RJ. 2003. Effect of contaminant hydrophobicity on hydrogen peroxide dosage requirements in Fenton-like treatment of soils. J Hazard Mater 102:277–289.

Ray AB, Selvakumar A, Tafuri AN. 2002. Treatment of MTBE-contaminated waters with Fenton's reagent. Remediat J 12:81–93.

Reitsma S, Dai QL. 2001. Reaction-enhanced mass transfer and transport from non-aqueous phase liquid source zones. J Contam Hydrol 49:49–66.

Rivas FJ. 2006. Polycyclic aromatic hydrocarbons sorbed on soils: A short review of chemical oxidation based treatments. J Hazard Mater 138:234–251.

Rock ML, James BR, Helz GR. 2001. Hydrogen peroxide effects on chromium oxidation state and solubility in four diverse, chromium-enriched soils. Environ Sci Technol 35:4054–4059.

Rodriguez ML, Timokhin VI, Contreras S, Chamarro E, Esplugas S. 2003. Rate equation for the degradation of nitrobenzene by 'Fenton-like' reagent. Adv Environ Res 7:583–595.

Rush JD, Bielski BHJ. 1986. Pulse radiolysis studies of alkaline Fe(III) and Fe(VI) solutions. Observation of transient iron complexes with intermediate oxidation states. J Am Chem Soc 108:523–525.

Schumb W, Satterfield C, Wentworth R. 1955. Hydrogen Peroxide. Rheinhold Publishing Corporation, New York. 749 pp.

Scott DT, McNight DM, Blunt-Harris EL, Kolesar SE, Lovley DR. 1998. Quinone moieties act as electron acceptors in the reduction of humic substances by humics-reducing microorganisms. Environ Sci Technol 32:2984–2989.

Sedlak DL, Andren AW. 1991a. Aqueous-phase oxidation of polychlorinated biphenyls by hydroxyl radicals. Environ Sci Technol 25:1419–1427.

Sedlak DL, Andren AW. 1991b. Oxidation of chlorobenzene with Fenton's reagent. Environ Sci Technol 25:777–782.

Seitz SJ. 2004. Experimental Evaluation of Mass Transfer and Matrix Interactions during In Situ Chemical Oxidation Relying on Diffusive Transport. MS Thesis, Colorado School of Mines, Golden, CO.

Siegrist RL, Crimi ML, Munakata-Marr J, Illangasekare TH, Lowe KS, van Cuyk S, Dugan PJ, Heiderscheidt JL, Jackson SF, Petri BG, Sahl J, Seitz SJ. 2006. Reaction and Transport Processes Controlling In Situ Chemical Oxidation of DNAPLs. ER-1290 Final Report.

Submitted to the Strategic Environmental Research and Development Program (SERDP), Arlington, VA, USA.

Siegrist RL, Crimi ML, Petri B, Simpkin T, Palaia T, Krembs FJ, Munakata-Marr J, Illangasekare T, Ng G, Singletary M, Ruiz N. 2010. In Situ Chemical Oxidation for Groundwater Remediation: Site Specific Engineering and Technology Application. ER-0623

Final Report (CD-ROM, Version PRv1.01, October 29, 2010). Prepared for the ESTCP, Arlington, VA, USA.

Sirguey C, de Souza e Silva PT, Schwartz C, Simonnot M. 2008. Impact of chemical oxidation on soil quality. Chemosphere 72:282–289.

Smith BA, Teel AL, Watts RJ. 2004. Identification of the reactive oxygen species responsible for carbon tetrachloride degradation in modified Fenton's systems. Environ Sci Technol 38:5465–5469.

Smith BA, Teel AL, Watts RJ. 2006. Mechanism for the destruction of carbon tetrachloride and chloroform DNAPLs by modified Fenton's reagent. J Contam Hydrol 85:229–246.

Struse AM, Marvin BK, Harris ST, Clayton WS. 2002. Push-Pull Tests: Field Evaluation of In Situ Chemical Oxidation of High Explosives at the Pantex Plant. Proceedings, Third International Conference on Remediation of Chlorinated and Recalcitrant Compounds, Monterey, CA, USA, May 20–23, Paper 2G-06.

Sun H, Yan Q. 2007. Influence of Fenton oxidation on soil organic matter and its sorption and desorption of pyrene. J Hazard Mater 144:164–170.

Sun Y, Pignatello JJ. 1992. Chemical treatment of pesticide wastes: Evaluation of Fe(III) chelates for catalyzed hydrogen peroxide oxidation of 2,4-D at circumneutral pH. J Agric Food Chem 40:322–327.

Tai C, Jiang G. 2005. Dechlorination and destruction of 2,4,6-trichlorophenol and pentachlorophenol using hydrogen peroxide as the oxidant catalyzed by molybdate ions under basic condition. Chemosphere 59:321–326.

Tang WZ, Huang CP. 1995. The effect of chlorine position of chlorinated phenols on their dechlorination kinetics by Fenton's reagent. Waste Manag 15:615–622.

Tarr MA, Lindsey ME, Lu J, Xu G. 2000. Fenton Oxidation: Bringing Pollutants and Hydroxyl Radicals Together. In Wickramanayake GB, Gavaskar AR, Chen ASC, eds, Chemical Oxidation and Reactive Barriers: Remediation of Chlorinated and Recalcitrant Compounds. Battelle Press, Columbus, OH, pp. 181–186.

Tarr MA, Wei B, Zheng W, Xu G. 2002. Cyclodextrin-Modified Fenton Oxidation for In Situ Remediation. Proceedings, Third International Conference on Remediation of Chlorinated and Recalcitrant Compounds, Monterey, CA, USA, May 20–23, Paper 2C-17.

Teel AL, Watts RJ. 2002. Degradation of carbon tetrachloride by modified Fenton's reagent. J Hazard Mater 94:179–189.

Teel AL, Warberg CR, Atkinson DA, Watts RJ. 2001. Comparison of mineral and soluble iron Fenton's catalysts for the treatment of trichloroethylene. Water Res 35:977–984.

Teel AL, Finn DD, Schmidt JT, Cutler LM, Watts RJ. 2007. Rates of trace mineral-catalyzed decomposition of hydrogen peroxide. J Environ Eng 133:853–858.

Tomlinson DW, Thomson NR, Johnson RL, Redman JD. 2003. Air distribution in the Bordon aquifer during in situ air sparging. J Contam Hydrol 67:113–132.

Tyre BW, Watts RJ, Miller GC. 1991. Treatment of four biorefractory contaminants in soils using catalyzed hydrogen peroxide. J Environ Qual 20:832–838.

Umschlag T, Herrmann H. 1999. The carbonate radical ($HCO_3^{\cdot}/CO_3^{\cdot-}$) as a reactive intermediate in water chemistry: Kinetics and modeling. Acta Hydrochim Hydrobiol 27:214–222.

Valentine RL, Wang HC. 1998. Iron oxide surface catalyzed oxidation of quinoline by hydrogen peroxide. J Environ Eng 124:31–38.

Villa RD, Trovo AG, Pupo Nogueira RF. 2008. Environmental implication of soil remediation using the Fenton process. Chemosphere 71:43–50.

Vione D, Merlo F, Valter M, Minero C. 2004. Effect of humic acids on the Fenton degradation of phenol. Environ Chem Lett 2:129–133.

Voelker BM, Sulzberger B. 1996. Effects of fulvic acid on Fe(II) oxidation by hydrogen peroxide. Environ Sci Technol 30:1106–1114.

Waldemer RH, Powell J, Tratnyek PG. 2009. In Situ Chemical Oxidation: ISCOKIN database.Accessed July 5, 2010.

Wang Q, Lemley AT. 2004. Kinetic effect of humic acid on Alachlor degradation by anodic Fenton treatment. J Environ Qual 33:2343–2352.

Watts RJ. 1992. Hydrogen peroxide for physicochemically degrading petroleum-contaminated soils. Remediation 2:413–425.

Watts RJ, Dilly SE. 1996. Evaluation of iron catalysts for the Fenton-like remediation of dieselcontaminated soils. J Hazard Mater 51:209–224.

Watts RJ, Teel AL. 2005. Chemistry of modified Fenton's reagent (catalyzed H_2O_2 propagations-CHP) for in situ soil and groundwater remediation. J Environ Eng 131:612–622.

Watts RJ, Udell MD, Rauch PA, Leung SW. 1990. Treatment of pentachlorophenol-contaminated soils using Fenton's reagent. Hazard Waste Hazard Mater 2:335–345.

Watts RJ, Smith BR, Miller GC. 1991a. Catalyzed hydrogen peroxide treatment of octachlorodibenzo-p-dioxin (OCDD) in surface soils. Chemosphere 23:949–955.

Watts RJ, Udell MD, Leung SW. 1991b. Treatment of Contaminated Soils Using Catalyzed Hydrogen Peroxide. Proceedings, First International Symposium: Chemical Oxidation: Technology for the Nineties, Nashville, TN, USA, February 20–22. Technomic Publishing, Lancaster, PA, USA, pp 37–50.

Watts RJ, Kong S, Dippre M, Barnes WT. 1994. Oxidation of sorbed hexachlorobenzene in soils using catalyzed hydrogen peroxide. J Hazard Mater 39:33–47.

Watts RJ, Bottenberg BC, Hess TF, Jensen MD, Teel AL. 1999a. Role of reductants in the enhanced desorption and transformation of chloroaliphatic compounds by modified Fenton's reactions. Environ Sci Technol 33:3432–3437.

Watts RJ, Foget MK, Kong SH, Teel AL. 1999b. Hydrogen peroxide decomposition in model subsurface systems. J Hazard Mater 69:229–243.

Watts RJ, Haller DR, Jones AP, Teel AL. 2000. A foundation for the risk-based treatment of gasoline-contaminated soils using modified Fenton's reactions. J Hazard Mater 76:73–89.

Watts RJ, Stanton PC, Howsawkeng J, Teel AL. 2002. Mineralization of a sorbed polycyclic aromatic hydrocarbon in two soils using catalyzed hydrogen peroxide. Water Res 36:4283–4292.

Watts RJ, Howsawkeng J, Teel AL. 2005a. Destruction of a carbon tetrachloride dense nonaqueous phase liquid by modified Fenton's reagent. J Environ Eng 131:1114–1119.

Watts RJ, Sarasa J, Loge FJ, Teel AL. 2005b. Oxidative and reductive pathways in manganesecatalyzed Fenton's reactions. J Environ Eng 131:158–164.

Watts RJ, Finn DD, Cutler LM, Schmidt JT, Teel AL. 2007. Enhanced stability of hydrogen peroxide in the presence of subsurface solids. J Contam Hydrol 91:312–326.

Watts RJ, Haeri-McCarrol TM, Teel AL. 2008. Effect of contaminant hydrophobicity in the treatment of contaminated soils by catalyzed H_2O_2 propagations (modified Fenton's reagent). J Adv Oxid Technol 11:354–361.

Xu P, Achari G, Mahmoud M, Joshi RC. 2006. Application of Fenton's reagent to remediate diesel contaminated soils. Pract Period Hazard Toxic Radioact Waste Manag 10:19–27.

Yeh CKJ, Wu HM, Chen TC. 2003. Chemical oxidation of chlorinated non-aqueous phase liquid by hydrogen peroxide in natural sand systems. J Hazard Mater 96:29–51.

Yeh CKJ, Chen WS, Chen WY. 2004. Production of hydroxyl radicals from the decomposition of hydrogen peroxide catalyzed by various iron oxides at pH 7. Pract Period Hazard Toxic Radioact Waste Manag 8:161–165.

Yu X-Y, Barker JR. 2003. Hydrogen peroxide photolysis in acidic aqueous solutions containing chloride ions. I. Chemical mechanism. J Phys Chem A 107:1313–1324.

Zazo JA, Casas JA, Mohedano AF, Gilarranz MA, Rodríguez JJ. 2005. Chemical pathway and kinetics of phenol oxidation by Fenton's reagent. Environ Sci Technol 39:9295–9302.

Zuo Z, Cai Z, Katsumura Y, Chitose N, Muroya Y. 1999. Reinvestigation of the acid-base equilibrium of the (bi) carbonate radical and pH dependence of its reactivity with inorganic reactants. Radiat Phys Chem 55:15–23.

第 3 章

高锰酸盐原位化学氧化的基础

Benjamin G. Petri[1], Neil R. Thomson[2], and Michael A. Urynowicz[3]

[1] Colorado School of Mines, Golden, CO 80401, USA;
[2] University of Waterloo, Waterloo, ON, Canada N2L3G1;
[3] University of Wyoming, Laramie, WY 82071, USA.

范围

使用高锰酸盐作为氧化剂的原位化学氧化修复方法处理地下水中的关注污染物，包括化学反应、动力学表达式、氧化剂与地下介质的交互作用、常用COCs的氧化效率。

核心概念

- 高锰酸盐是一种选择性的氧化剂，只能氧化某些类型的有机化合物。
- 高锰酸钠与水易混合溶解，而高锰酸钾在20℃时在水中的溶解度只有6.5%。
- 出于实用目的，高锰酸盐反应只能发生在液相系统中。
- 高锰酸盐的化学反应对pH值不敏感。
- 高锰酸盐与有烯烃键的化合物反应性较强，但对于有碳碳单键的化合物反应性较弱（如饱和碳氢化合物）。
- 在氧化反应中，高锰酸盐和目标有机化合物的浓度符合二级反应动力学。
- 难溶的二氧化锰和二氧化碳是高锰酸盐和有机化合物反应的主要副产物。
- 在某些条件下，二氧化锰固体或二氧化碳气体可能降低结构的渗透性，并影响氧化剂的传输和处理效率。
- 高锰酸盐能与地下多孔介质中天然存在的还原性物质反应，被称为天然氧化剂需要量（NOD）。高锰酸盐的NOD是一个动力学控制过程，可以显著影响目标COCs的去除。
- 高锰酸盐可能通过多种机制影响重金属的迁移性。然而，基于场地经验，这种现象通常是暂时的，随着时间延长，升高的金属浓度又会降低。

3.1 前言

高锰酸盐是一种常见的化学氧化剂，很久前就已经被用于水和废水的处理，以及工业和有机化工行业（Ladbury and Cullis, 1958; Fatiadi, 1987; Dietrich et al., 1995; Singh and Lee, 2001）。它的强氧化还原电位、可预测的化学性、稳定性、无毒副作用产物等特点使得其成为一种有吸引力的氧化剂，被用于有机污染物的处理及溶解性锰和三卤甲烷前体的去除，以及其他过程。高锰酸盐与过氧化氢一样，都是最早被用于原位化学氧化的氧化剂之一，人们对其在 20 世纪 90 年代早期和中期进行了重要的研究和开发（Gonullu and Farquhar, 1989）。从这些早期的应用可以发现，高锰酸盐是 ISCO 中一种最常用的氧化剂，要大量积累学习其在地下有效性的控制过程。与其他原位化学氧化的氧化剂相比，高锰酸盐的地下行为和传输过程等氧化化学相对简单，因此更易被理解。高锰酸盐最重要的特性是稳定性，这被视为高锰酸盐最大的优势。当没有其他天然氧化剂库时，高锰酸盐的强稳定性确保其在地下有很长的接触时间和传输距离，使得高锰酸盐在非均质地下环境中能够通过平流、弥散和扩散的方式进行传输（Siegrist et al., 1999; Conrad et al., 2002; Struse et al., 2002b; Seitz, 2004; Thomson et al., 2007）。然而，与其他原位化学氧化剂相比，高锰酸盐的高稳定性和化学单一性使其在应用中只适用于部分有机化合污染物。

高锰酸盐被作为一种选择性氧化剂是因为它只能降解部分有机化合物，这种选择性取决于目标污染物的化学结构及其受高锰酸盐攻击的难易性（Singh and Lee, 2001; Waldemer and Tratnyek, 2006）。高锰酸盐也能够与地下含水层介质，尤其是天然存在的有机质（NOM）产生有限但速度受控制的天然氧化剂需要量（NOD）（Mumford et al., 2005）。在某些情况下，这可能代表了一个对性能和费用效率产生影响大的氧化剂库（Haselow et al., 2003; Crimi and Siegrist, 2004b; Urynowicz et al., 2008; Xu and Thomson, 2008），而氧化剂的成功传输受反应产物的影响。在典型的环境条件下，反应产物通常以二氧化锰固体的形式存在，该副产物通常在反应点位或其附近形成，可能会造成注入设备的堵塞，影响地下渗透性及流通途径，从而影响地下高锰酸盐和污染物的传输过程（Schroth et al., 2001; Conrad et al., 2002; MacKinnon and Thomson, 2002; Li and Schwartz, 2004c; Tunnicliffe and Thomson, 2004; Heiderscheidt et al., 2008a）。由于优先通道会限制有些区域氧化剂和污染物的接触，加之地下环境的异质性，这些运输过程的改变会对高锰酸盐的 ISCO 效率和有效性产生极大影响（Li and Schwartz, 2000; Thomson et al., 2008）。

本章描述了高锰酸盐的化学性质，包括反应途径和动力学特征，并讨论了天然氧化剂需要量（NOD）、氧化剂与地下环境的交互作用，以及在 ISCO 过程中高锰酸盐能够降解的污染物的类型。

3.2 化学原理

本节描述了高锰酸盐的性质，以及在 ISCO 过程中高锰酸盐的化学反应及其与地下介质的交互作用。与其他高级氧化过程相比，高锰酸盐的反应相对简单。

3.2.1 物理和化学性质

高锰酸盐是一种强化学氧化剂，根据其浓度大小，其水溶液呈现粉色到深紫色。高锰酸根离子是一种过渡金属氧化剂，在酸性条件下氧化还原电位较高，达 1.68V（Lide, 2006），其氧化能力来源于七价锰。在很多自然水体环境的氧化还原条件下，这种价态的锰是不稳定的，因此高锰酸盐是一种潜在的氧化剂，可以从很多有机或无机机制获取电子。目前有两种形式的高锰酸盐被广泛用于 ISCO：高锰酸钾和高锰酸钠。这两种形式的高锰酸盐的氧化反应性是相同的，但它们的物理和化学性质存在一些差异，这给高锰酸盐 ISCO 系统的设计提供了一些启发。在本章中，氧化剂被称为"高锰酸盐"或"高锰酸根离子"，是活性氧化成分，而钠盐和钾盐只有在必要时才会进行区分。所有的高锰酸盐的浓度都以 MnO_4^-（g MnO_4^-/L，而不是 g $KMnO_4$/L）的形式表示，以方便钾盐和钠盐的直接比较。表 3.1 给出了两种形式高锰酸盐的重要特性。

表 3.1 两种形式高锰酸盐的主要物理和化学性质

性 质	高锰酸钠（$NaMnO_4$）	高锰酸钾（$KMnO_4$）
分子量（g/mol）	141.93	158.03
常见物质形态	水溶液	晶状固体
在蒸馏水中的溶解极限（g/L）	在水中混相（约900g/L）	65.0g/L（20℃） 27.8g/L（0℃）
溶液密度	1.36～1.39（40wt.% 溶液）	1.039（6wt.%溶液）
化学不兼容性	强酸、有机过氧化物、过氧化氢、有机物、还原剂和金属粉末	

注：℃—摄氏度；wt.%—质量百分比。

在 ISCO 应用中，高锰酸钠在任何浓度和温度下都是易于溶解的。这使其能以浓缩液态水溶液的形式输送至地下，在不存在任何特殊的固体处理设备的情况下即可被稀释至所需浓度。然而，生产工艺的差异使高锰酸钠的价格与同等量的高锰酸钾的价格相比要高很多。与高锰酸钠相比，高锰酸钾的溶解度更低（20℃时为 6.5wt.%；Lide, 2006），在地下环境温度中溶解度更低。由于高锰酸钾的溶解度低，通常以固体形态运送到场地，因此需要固体处理设备在其注入前进行充分混合，同时需要最大限度地降低空气中化学粉尘的暴露。随着高锰酸盐在 ISCO 中应用数量的增加，合适的设备应用也更加广泛，高锰酸盐生产商已生产出颗粒状或包裹状的高锰酸钾以减少化学粉尘（Kang et al., 2004; Ross et al., 2005）。由于高锰酸钾的溶解度的限制，在常温条件下，高锰酸钾以标准液形式注入地下的最高浓度为 4wt.% ～ 5wt.%，而高锰酸钠能以更高的浓度输送。

在使用标准注入方法注入高锰酸钾时，还需要考虑的一个重要的问题就是可能发生的氧化剂沉淀问题。因为高锰酸钾的溶解度限值会随着温度的降低而降低，所以将常温或较高温度下的饱和溶液注入一个较冷的环境中，可能导致溶液过饱和，从而形成高锰酸盐沉淀。在某些情况下，尤其是在低水力传导性的介质中，沉淀物可能在注入井附近聚集，导致井孔暂时堵塞。然而，随着时间延长，低浓度的地下水迁移到注入井附近，高锰酸盐沉淀可能会再溶解。

一些创新的注入方法充分利用了高锰酸钾的低溶解性，将高锰酸盐以固体形式注入，使其能够随着时间推移持续释放出来。这些方法包括将固体和液体高锰酸盐的泥浆注入裂隙中（Case, 1997; Siegrist et al., 1999），或者注入蜡或聚合物涂层封装的固体高锰酸钾，使其能够在 NAPL 存在时溶解（Kang et al., 2004; Ross et al., 2005）。目前，开发的固体高锰酸盐应用方法包括土壤混合、液压破裂、表面应用，以及向井中注入微粒等。

高锰酸盐是一种离子，与其他离子无异，能够作为一种共轭碱。然而，高锰酸盐的质子化形式（$HMnO_4$）只能在极酸性条件下形成，并且化学性不稳定。由于质子化形式极不稳定，高锰酸盐的酸离解常数（pKa）尚未测定过。因此，离子形式（高锰酸根）是高锰酸盐在溶液中的主要形式。由于其高极性，高锰酸盐离子既不挥发，也不容易分配到非极性有机相中。在 ISCO 系统中，高锰酸盐氧化反应通常局限于液相中。在有机化学应用中，相转移催化剂能够通过将高锰酸盐和季铵盐络合，允许氧化剂分配到非极性有机相中（Fatiadi, 1987），从而促进有机相反应。一些学者研究了相转移催化剂可作为一种加速 ISCO 处理 NAPL 污染的方法，促进在有机相及液相中的反应（Seol and Schwartz, 2000; Seol et al., 2001）。该方法的使用，能够加速有机相 TCE、PCE 等物质的降解，通常认为该类污染物易被高锰酸盐降解。然而，一些在液相中几乎不与高锰酸盐反应的污染物，如 1,1,2-三氯乙烷（1,1,2-TCA）、1,1,2,2- 四氯乙烷（1,1,2,2-TeCA）等也能够被大量降解。因此，高锰酸盐在有机溶剂中的反应性和机制可能与在液相溶液中不同。目前，在 ISCO 中使用相转移催化剂的效果尚不清楚，公开发表的文献中还没有该类催化剂的现场应用。因此，对于所有实际的 ISCO 应用而言，高锰酸盐反应仅发生在液相中。

3.2.2 氧化反应

高锰酸盐是一种过渡金属氧化剂，主要通过直接的电子转移发生反应，而不是像其他 ISCO 氧化剂通过自由基中间体发生反应。转移的电子数，以及主要的反应机制，取决于系统的 pH 值（<3.5；3.5 ～ 12；>12）。通常，在酸性条件下转移的电子较多，如

$$MnO_4^- + 8H^+ + 5e^- \longrightarrow Mn^{2+} + 4H_2O \quad pH值 < 3.5 \tag{3.1}$$

$$MnO_4^- + 2H_2O + 3e^- \longrightarrow MnO_2（固体）+ 4OH^- \quad 3.5 < pH值 < 12 \tag{3.2}$$

$$MnO_4^- + e^- \longrightarrow MnO_4^{2-} \quad pH值 > 12 \tag{3.3}$$

在大部分天然地下水的 pH 值条件下，反应式（3.2）是主要的反应。因此，在原位化学氧化应用时，高锰酸盐通常发生 3 电子转移反应，产生二氧化锰固体，其在液相中以胶体形式出现（Crimi and Siegrist, 2004c）。然而，在某些情况下，尤其是在处理高污染区域时，例如，在 NAPL 源附近，由于反应产生酸或碱，pH 值可能会发生显著变化。通过室内实验观察发现，在处理有机相 TCE 或 PCE 时，pH 值降至 1 左右（MacKinnon and Thomson, 2002; Petri, 2006）。在一个场地环境中，Stewart（2002）观察到，在处理薄的 TCE 库时，pH 值降至 2.5 左右，表明该区域多孔介质中 1% 的碳酸盐矿物质被有效去除。在酸性条件下，反应的化学计量和机制发生变化，反应式（3.1）成为主要的反

应。在碱性条件下，高锰酸盐氧化反应如反应式（3.3）所示，由于高 pH 值条件超出了一般地下水环境的 pH 值范围，因此该反应在 ISCO 的应用中一般难以发生。然而，在强碱性条件下，反应可能会生成绿色的锰离子（MnO_4^{2-}），生成物本身也是氧化剂。

在中性或弱酸性条件下，包括在典型的地下水系统中，高锰酸根离子与被氧化的底物之间会直接发生反应，包括羟基离子等自由基反应并未参与有机物的降解。然而，在碱性条件下，尤其是在以反应式（3.3）为主的强碱性条件下，羟自由基参与了高锰酸盐的反应过程（Ladbury and Cullis, 1958）。相对丁常规的 pH 值范围，碱性高锰酸盐氧化系统会发生不同的反应，因此其反应机制和产物也会随之改变。在调查 pH 值对 ISCO 相关污染物降解的影响研究中，基本没有观察到在环境相关条件下存在这种影响（Yan and Schwartz, 1999; Damm et al., 2002），表明反应机制没有发生大的变化。

3.2.3　反应机制和途径

高锰酸盐已被证明可与各种不同的有机化合物反应。高锰酸盐与脂肪族碳氢化合物的反应是一个与化合物中碳链的类型和脂肪链上的官能团相关的函数。高锰酸盐与烯烃反应主要作用于碳碳双键及 π 电子，其氧化机制是高锰酸根离子加成到碳碳双键上生成环状酯，随后碳碳双键断裂，或者羟基、羰基官能团被加成到分子上（Ladbury and Cullis, 1958; Fatiadi, 1987; Singh and Lee, 2001），具体如图 3.1 所示，数据来源于 Arndt（1981）。

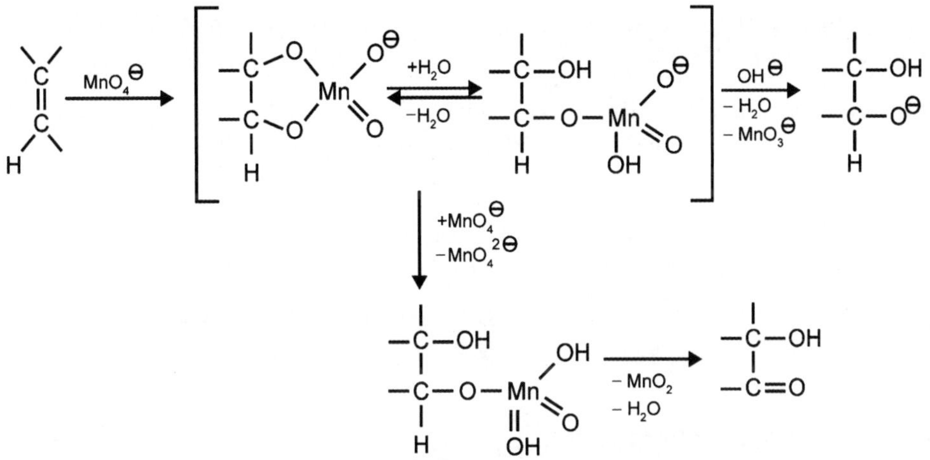

图3.1　高锰酸盐氧化烯烃双键

在液相溶液中，这些极性官能团加成到有机化合物上可能产生不稳定的中间产物，这些中间产物通过水解反应被进一步分解。3.4.1 节介绍了高锰酸盐与乙烯化合物，特别是氯乙烯的反应。高锰酸盐还能够与炔键反应（Fatiadi, 1987），炔键是碳碳三键，其在地下水修复的常见目标污染物中并不常见。对于烷烃类物质（碳碳单键），如饱和碳氢化合物，高锰酸盐与其的反应性要差得多，这种低反应性主要是因为饱和碳氢化合物缺少 π 电子，是亲电试剂，如高锰酸盐，所以难以从化合物的碳碳单键中夺取电子。极性官能团如羧基或羟基，可以提高被取代的脂肪族化合物的反应性，醇和羧酸等均能与高锰酸盐发生反应（Arndt, 1981）。

由于芳香环上不同极性官能团的存在，高锰酸盐氧化芳香化合物的反应性差异很大。虽然所有的芳香化合物都含有 π 电子，但由于苯没有官能团，所以高锰酸盐本身不能与苯发生反应（Waldemer and Tratnyek, 2006）。这是因为苯的高度芳香性，π 电子在芳香环上高度离域，导致高锰酸盐难以通过氧化还原反应夺取电子。但当苯环上的氢被甲基、乙基或其他烷基官能团取代时，如甲苯、乙苯、二甲苯、高锰酸盐可能通过从官能团上夺取苄基氢原子来氧化这些污染物（Forsey, 2004; Waldemer and Tratnyek, 2006），通常形成相应的苄醇或苯甲酸，在氧化过程中会破坏芳香环。其他官能团的存在也对高锰酸盐的反应性有较大的影响，是供电官能团。例如，羟基，包括未共用的电子，可能增加电子密度，使得环更易于被高锰酸盐攻击（Schnitzer and Desjardins, 1970）。这可用于解释为何苯酚和高锰酸盐的反应比苯和高锰酸盐的反应要快 7 个数量级（Waldemer and Tratnyek, 2006）；而羰基、羧基、磺酸盐和硝基等吸电子官能团降低了芳香环中电子的有效性，因此表现出相反的效应，导致其与高锰酸盐的反应更慢（Schnitzer and Desjardins, 1970），这可以用于解释为什么高锰酸盐与硝基苯酚的反应速率远比苯酚要低得多（Waldemer and Tratnyek, 2006）。高锰酸盐与芳香化合物的反应将在 3.4.3 节和 3.4.4 节进一步讨论。

如 Clar 模型所述，高锰酸盐与多环芳烃（包含多个芳香环）氧化的反应性很大程度上取决于多环芳烃中各个芳香环的芳香化程度（Brown et al., 2003），这再次表明反应性与电子域化程度有关。由于多环芳烃中的各个芳香环需要与其他环共享电子，因此化合物中各个芳香环的芳香化程度可能不同。Clar 模型给出了对给定 PAH 中电子排布进行概化的方法，PAH 中具有类似苯的芳香性（称为芳香六偶体）的环数被最大化（Clar, 1972），其他的碳键被模拟成共用的双键（环之间共享）或"真正"的双键，其中电子的行为是高度域化的，类似于烯烃键。Brown 等（2003）发现，高锰酸盐和 PAH 的反应性可以通过特定 PAH 的普遍结构来解释。基于氧化剂与烯烃键的强反应性，有真正双键结构的 PAH 最易与高锰酸盐反应，而当 PAH 环上含有大量芳香六偶体时，其反应速率会显著降低。共用的双键能促进反应，但该影响要小于"真正"的双键和稳定的芳香六偶体所产生的影响。如上所述，被官能团取代的 PAH 也可能受到适用于单环芳香化合物的反应机制的影响，如卞氢的取代（Forsey, 2004）。更多关于高锰酸盐对 PAH 降解的讨论见 3.4.5 节。

3.2.4　高锰酸盐反应动力学

为了使化学氧化发生，高锰酸根离子必须与关注的目标污染物（COC）发生碰撞（如 TCE），如图 3.1 所示。首先，1mol TCE 与 1mol 高锰酸根离子反应产生中间体，随后与 1mol 高锰酸根离子反应，产生二氧化碳、二氧化锰和盐，即

$$A+B \rightarrow C \rightarrow D+E+B \rightarrow F+E+P \tag{3.4}$$

式中，A 为有机化合物（如 TCE），B 为高锰酸根离子，C 为环酯，D 为有机中间体，E 为二氧化锰，F 为二氧化碳，P 为其他产物（如氯离子）。第一步是限速步骤，所以反应速率受两种反应物 A、B 浓度的限制。A 的降解可被描述为二阶不可逆的双分子反应，反应动力学的速率定律为

$$r_a = \frac{\mathrm{d}[A]}{\mathrm{d}t} = -k[A]^{\alpha}[B]^{\beta} \tag{3.5}$$

式中，k 为反应速率常数（单位取决于 α 和 β），[A]= 有机物的浓度（mol L^{-1}），[B]= 氧化剂的浓度（mol L^{-1}），α 为 A 的反应级数，β 为 B 的反应级数，t 为时间。高锰酸盐对 COC（如 TCE）的二阶降解的反应速率方程为

$$\frac{\mathrm{d}[TCE]}{\mathrm{d}t} = -k_2\lfloor TCE\rfloor^1\lfloor MnO_4^-\rfloor^1 \tag{3.6}$$

式中，k_2 为二阶反应速率常数（M^{-1} S^{-1}），[TCE] 为 TCE 的浓度（mol L^{-1}），[MnO$_4^-$] 为 MnO$_4^-$ 的浓度（mol L^{-1}），α=1 表示 TCE 的一阶反应，β=1 表示 MnO$_4^-$ 的一阶反应。图 3.2 显示 TCE 的氧化符合二阶反应动力学。

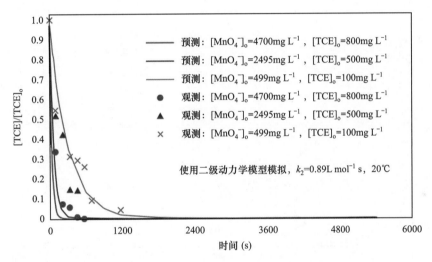

图3.2　在 MnO$_4^-$ 的二阶反应中，TCE 的浓度随时间变化的观测预测结果（Siegrisst 等，2001）

如果高锰酸盐是过量的（大于 5 倍基于 TCE 的化学计量要求），如式（3.6）所示的反应速率可以描述为假一阶。设假一阶动力学常数 k'（T-1 的单位）为二阶反应速率常数 k_2 和高锰酸盐初始浓度的乘积，即

$$\frac{\mathrm{d}[TCE]}{\mathrm{d}t} = k'[TCE]^1 \tag{3.7}$$

$$k' = k_2[MnO_4^-]^1 \tag{3.8}$$

类似上述描述的有机物（如 TCE）降解的方法，高锰酸盐的二阶降解为

$$\frac{\mathrm{d}[MnO_4^-]}{\mathrm{d}t} = -k_{2MnO_4^-}[TCE]^1[MnO_4^-]^1 \tag{3.9}$$

反应速率受温度影响，即有 Arrhenius 方程为

$$k = A_f \mathrm{e}^{-\frac{E_a}{RT}} \tag{3.10}$$

式中，A_f 是 Arrhenius 频率因子，E_a 是反应的活化能（kJ mol），T 是温度（K），R 是气体

常数（8.314J K^{-1} mol^{-1}）。活化能 E_a 取决于两个或多个不同温度下的基本反应的速率常数 k。例如，Case（1997）确定的在 20℃ 和 10℃ 时高锰酸钾氧化 TCE 的反应速率常数揭示了 E_a 为 78kJ mol^{-1}；Yan 和 Schwartz（1996）确定了在 20℃ 和 10℃ 时高锰酸钾氧化 10mg L^{-1} TCE 的反应速率常数，以及 E_a 为 73kJ mol^{-1}；Huang 等（1999）也研究了高锰酸盐氧化 TCE 的动力学，报道了其活化能 E_a 为（35±2.9）kJ mol^{-1}。

高锰酸盐氧化 TCE 的二阶反应的温度依赖性如式（3.11）所示，其是式（3.10）的重排。

$$\ln K = \ln A_f - \frac{E_a}{R}\left\{\frac{1}{T}\right\} \tag{3.11}$$

在不同温度下，TCE 的降解和二阶反应速率常数如图 3.3 所示。与 10℃ 相比，20℃ 时的二阶反应速率常数要高出 3 倍。

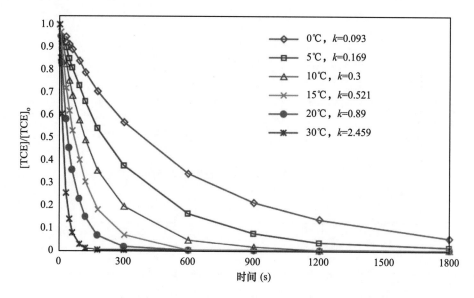

图3.3 在不同温度下，MnO_4^- 二阶反应中 TCE 的降解效果（Siegrist 等，2001）

一些常见的能够被高锰酸盐氧化的 COCs 的二阶反应速率常数已经确定（Waldemer and Tratnyek, 2006）。在大多数情况下，非极性目标有机物在液相系统中不发生解离，它们的反应速率常数通常对正常地下水范围的 pH 值或离子强度不敏感（Yan and Schwartz, 2000; Damm et al., 2002; Huang et al., 2002）。

动力学通常是确定某种化合物能否被高锰酸盐降解的重要因素。由于高锰酸盐的氧化还原电位为 1.68V，能够与多种热力学有利的有机物反应，但在 ISCO 应用中，高锰酸盐只有在合理的反应速率下才能有效氧化。通常来说，当反应速率常数低于 $10^{-4}M^{-1}$ s^{-1} 时，由于动力学限制，污染物的降解难度增加。例如，一种化合物在浓度为 7.5g L^{-1} 的高锰酸盐溶液（等于 0.063M）中的反应速率常数为 $110^{-4}M^{-1}$ s^{-1}，半周期为 30h，这在很多 ISCO 应用中可能是合理的，因为氧化剂通常能持续数天，但要使高浓度的氧化剂在地下均匀分布是很难实现的，较低的高锰酸盐浓度会导致动力学减慢。由于污染物的降解速率没有 NOD 动力学速率快，因此，当考虑应用高锰酸盐氧化低于该反应速率的污染物时，推荐进行可处理性实验。多种特定有机污染物的反应速率常数被收集在一个名为 ISCOKIN 的数据库中（Waldemer et al., 2009）。

3.2.5　二氧化锰的生成

根据反应式（3.2）及如图 3.4 所示的形态图，高锰酸盐在 ISCO 常见的环境条件下被还原成二氧化锰［低 pH 值和高氧化还原电位（Eh）］。二氧化锰的产生通常可以通过地下深棕色到黑色区域的出现证实（见图 3.5）（Schroth et al., 2001; Conrad et al., 2002; MacKinnon and Thomson, 2002）。在最开始产生时，虽然可以聚集成较大尺寸的颗粒，但二氧化锰固体多呈现胶体状。利用扫描电镜对高锰酸盐 ISCO 过程中产生的二氧化锰固体进行观察，证实了其胶体性质（见图 3.6）。

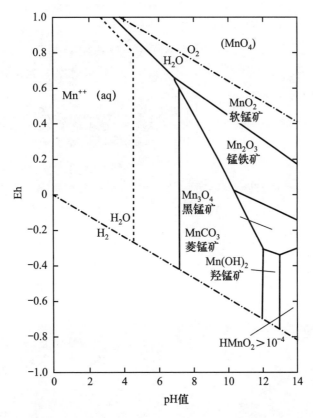

图3.4　25℃、总溶解碳为$10^{-1.4}$条件下Eh和pH值对锰形态的影响（Duggan et al., 1993）

与高锰酸盐 ISCO 相关的二氧化锰通常表示为 MnO_2，其中，锰是以四价氧化态存在的。然而，Arndt（1981）报道称，由于矿物基质中通常含有水、羟基、外来离子（尤其是，在使用高锰酸钠时有钠离子，在使用高锰酸钾时有钾离子），二氧化锰暂时未在 MnO_2 矿物学中确切地观察到，这通常会导致缺氧现象，通常使产生的二氧化锰介于 $MnO_{1.7}$ 到 MnO_2 之间（Arndt, 1981）。为了简化这部分讨论，通常用 MnO_2 代表高锰酸盐 ISCO 中产生的二氧化锰。纯的二氧化锰有多种晶形，如图 3.7 所示（Pisarczyk, 1995）。

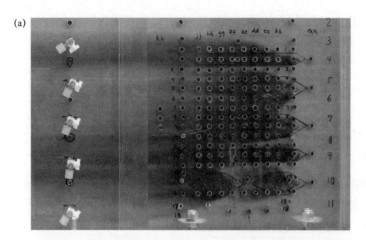

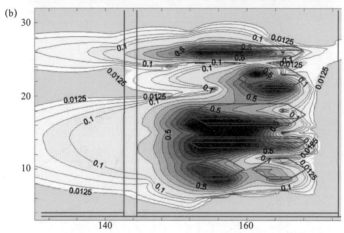

图3.5 在二维（2D）砂质PCE致密非水相流体（DNAPL）填充罐中，二氧化锰随着高锰酸钾的冲刷而沉积（Heiderscheidt, 2005; Heiderscheidt et al., 2008a）。在2.5天内，二孔隙体积（V）2120mg的MnO_4^-氧化剂溶液由右侧冲洗至左侧。6个离散PCE场地中MnO_2的沉积浓度［$gMnO_2/kg$砂］如红圈内所示

图3.6 扫描电镜下二氧化锰的图像：（a）二氧化锰固体的SEM图像（X6000），该固体取自使用了2wt.%～4wt.%高锰酸钾治理的DNAPLs污染地下水场地的提取井（West et al., 1997）；（b）固体的显微图像，该固体来源于高锰酸钾循环系统管道中1mm滤网上的残留物（Siegristet et al., 2000）

其中一项研究利用 X 射线衍射对 ISCO 过程中产生的锰沉淀进行了分析，研究者观察到，锰一般是无定型的（缺乏晶体结构）胶体形式，或者有水钠锰矿的性质（Li and Schwartz, 2004b）。

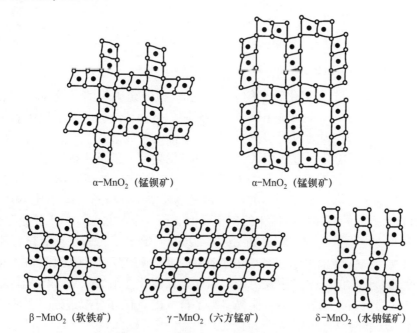

α-MnO₂（锰钡矿）　　　　α-MnO₂（锰钡矿）

β-MnO₂（软铁矿）　　　γ-MnO₂（六方锰矿）　　　δ-MnO₂（水钠锰矿）

图3.7　MnO₂晶型（Pisarczyk, 1995）

除非浓度极高，否则在通常情况下溶解性锰离子或二氧化锰固体均没有毒性（ATSDR, 2000），因此从健康风险的角度它们通常不被关注。然而，从美学角度来看，它们是不希望存在于饮用水或非饮用途径的水中的。当溶解性锰遇到气态氧时，它们会慢慢地氧化，并形成二氧化锰，使水体变为黄色或棕褐色，使管道装置染色，该过程通常发生在饮用水系统中。由于该现象通常是公众不希望看到的，故美国国家环境保护局设定了锰的二级最大污染水平为 $50\mu g\ L^{-1}$。虽然并非强制要求符合二级最大污染水平，但在地下环境中高浓度溶解性锰的存在在某些场地受到了较大关注。

除美学角度以外，高锰酸盐在 ISCO 过程中产生的二氧化锰固体对于地下环境可能有显著的理化影响，进而影响 ISCO 的有效性。最重要的是，二氧化锰可能改变地表以下氧化剂注入点附近和目标处理区的水力传导性和渗透性；反之，会改变高锰酸盐在地下的反应性传输，对于 DNAPLs 和其他污染物的高锰酸盐修复有深远的影响（MacKinnon and Thomson, 2002; Siegrist et al., 2002; Li and Schwartz, 2004c）。如果地下环境或设备被二氧化锰堵塞，二氧化锰固体也可能导致高背压和注入设备的问题。二氧化锰对地下氧化剂和污染物传输的影响将在 3.3.2 节进一步讨论。

此外，虽然二氧化锰在氧化条件下是高度不可溶的，但在一些地下条件下，它可能通过还原性溶解形成可溶性锰离子（Mn^{2+}）。微生物活动可能强化这种溶解。例如，Sahl（2005）观察到在一个生物有效的砂填充柱中使用高锰酸盐使系统达到平衡后，二氧化锰固体被彻底去除，但具体的机制尚不清楚。另外，在重建环境的氧化还原条件后，目标处理区二氧化锰的长期趋势目前也不清楚。

二氧化锰也是一种氧化剂，在酸性条件下其氧化还原电位为 1.24V（Arndt, 1981），氧化还原电位足够强,使其与很多有机污染物的反应是热力学有利的[见反应式（3.12）]。然而，在碱性条件下，二氧化锰的氧化还原电位会降到 -0.05V [见反应式（3.13）]，表明二氧化锰在这些条件下是很稳定的。

$$MnO_2 + 4H^+ + 2e^- \longrightarrow Mn^{2+} + 2H_2O \qquad 酸性条件 \qquad (3.12)$$

$$MnO_2 + 2H_2O + 2e^- \longrightarrow Mn(OH)_2 + 2OH^- \qquad 碱性条件 \qquad (3.13)$$

Arndt（1981）综述了二氧化锰矿物（如软锰矿和硬锰矿）的反应性，并报道了很多可以与有机化合物发生的不同氧化反应及其机制。然而，这些氧化反应中有很多都是在非极性溶液中进行的，因为极性溶液（如水）可能与矿物表面复合，并改变矿物的反应性，而非极性溶液可能会促进液相系统中不可能发生反应的反应机制产生。Pizzigallo 等（1995）特别说明，水钠锰矿和软锰矿都是含有二氧化锰的锰矿物，能够有效地降解一氯苯酚、二氯苯酚和三氯苯酚，并且降解速率较快。尽管这些速率比 Waldemer 和 Tratnyek（2006）报道的高锰酸盐氧化的速率要低 2～3 个数量级，但仍然是足够快的，因此从长远来看还是很重要的。Kim 和 Gurol（2005）给出了二氧化锰氧化氯乙烯的证据，他们观察到当高锰酸根离子在系统中消耗殆尽后，三氯乙烯（TCE）在 DNAPL 中仍然连续不断地以较低的速率产生氯离子，因此，在氧化注射结束后，以及高锰酸根离子在系统中消耗完全后，二氧化锰可能仍参与了持续的氧化和衰减过程。在适当的条件下，这可能导致连续的有机污染物的非生物转化。

二氧化锰也可以催化高锰酸盐的自动降解，并作为一个非生产性的氧化剂库，如反应式（3.14）所示（Stewart, 1965）。

$$2MnO_4^- + H_2O \xrightarrow{MnO_2} 2MnO_2 + 2OH^- + \frac{3}{2}O_2 \qquad (3.14)$$

该反应通常比污染物的氧化反应慢得多，在平流控制的 ISCO 传输系统中不是重点关注的对象。然而，在扩散控制的 ISCO 传输系统中，由于高锰酸盐存在的时间较长，所有其他的主要还原剂被消耗，该过程可能会变得较为重要。

二氧化锰也可能影响使用其他氧化剂的 ISCO 的后续应用。锰矿物是过氧化氢极度活跃的催化剂（Watts et al., 2005; Teel et al., 2007）。虽然这些锰矿物可能催化有机污染物的降解，但注入高锰酸盐后产生的高浓度的二氧化锰可能导致过氧化氢快速、猛烈地分解，因此不推荐在使用高锰酸盐的区域应用催化的过氧化氢，至少在缺乏慎重考虑的情况下不推荐应用。过硫酸盐与二氧化锰的交互作用还没有被深入研究过，但基于和过氧化氢的相似性，可以想象二氧化锰也可以作为一种催化剂。

二氧化锰还可能作为溶解溶质尤其是金属阳离子的吸附剂。作为一种胶状固体，二氧化锰有较大的表面积，胶状固体表面的吸附位点能够吸引并可逆地结合正阳离子。Crimi 和 Siegrist（2004a）特别指出，这些二氧化锰固体可以吸附和固定镉，尽管吸附程度取决于其他系统参数。例如，镉的吸附量在中性 pH 值时比低 pH 值时要高，因为氢离子会与镉竞争可用的吸附位点;同时，溶液中镉的存在也会导致镉的吸附程度降低。投加氧化剂的性质也会影响二氧化锰吸附金属的能力，因为高锰酸盐是以钾盐或钠盐的形式被注入的，可能存在较高浓度的钾离子或钠离子，因此，这些一价阳离子在生成二氧化锰的反应区的阳离子交换过程中占主导地位。然而，二价或更高价态的阳离子比一价阳离子有更强的阳离子交换能力，因此，随着高锰酸盐注入后地下环境达到平衡，一价阳离子就可能通过离子交换被其他金属取代。

3.2.6　二氧化碳气体的产生

二氧化碳也是高锰酸盐分解有机物的一种产物。当高锰酸盐攻击有机化合物时，它能够部分或全部氧化该有机化合物使其生成无机副产物；对于碳原子，其终产物是二氧化碳。在液相系统中，溶于水中的二氧化碳的量取决于 pH 值，在高 pH 值条件下，液相系统能够存储大量的二氧化碳，形成碳酸盐和重碳酸盐；在低 pH 值条件下，二氧化碳将以气体的形式从溶液中溢出（Benjamin, 2002）。因为高锰酸盐在反应过程中会产生酸度，尤其是在降解氯代有机物时，故二氧化碳可能以气体的形式从溶液中释放出来。这在很多系统中都被观察到过（Reitsma and Marshall, 2000; Schroth et al., 2001; Li and Schwartz, 2003; Petri et al., 2008）。高锰酸盐 ISCO 过程中产生的二氧化碳气体的命运取决于地下条件。在某些条件下，二氧化碳气体可能保持在溶液中，允许其他的溶解性气体分配到气相中。如果该非连续的气相接近 NAPL 库，则其存在可能通过气相的反复、自发膨胀和移动显著影响 NAPL 库的质移（Mumford et al., 2008）。在其他一些情况下，当 pH 值反弹后，二氧化碳气体最终可能重新溶解到水中。pH 值的回落可能是由于碳酸盐矿物的 pH 值缓冲作用或高 pH 值溶液从上游的流入，然而，这种效应是短暂的，但在地下水系统中产生的气体移动或滞留能够以多种方式改变地下的迁移机制，详细分析见 3.3.2 节。

3.2.7　天然有机质的氧化

高锰酸盐能够氧化和降解天然有机质，通常认为 NOM 是对 ISCO 场地中天然氧化剂需要量 NOD（见 3.3.1 节）的最大贡献者（Haselow et al., 2003; Xu et al., 2004; Mumford et al., 2005; Urynowicz et al., 2008）。碱性高锰酸盐氧化（尤其是在较高温度下）已被很多人用作调查腐殖质结构的一种方法，通过降解 NOM 和刻画副产物的特征可以确定腐殖质的母体结构（Schnitzer and Desjardins, 1970; Ortiz De Serra and Schnitzer, 1973; Griffith and Schnitzer, 1975; Almendros et al., 1989）。高 pH 值和高温下高锰酸盐的应用可能涉及高锰酸根离子［见反应式（3.3）］或自由基，从而导致与典型 ISCO 场地不同的高锰酸盐化学反应。从这些高 pH 值、高温下的研究和典型 ISCO 的条件中推导出的结果存在多少错误目前并不清楚，然而这些研究是有意义的，尤其是能够提供关于高锰酸盐氧化 NOM 的副产物类型的信息。研究表明，高锰酸盐与腐殖质反应的许多副产物已被识别，包括脂肪族和芳香族羧酸。Griffith 和 Schnitzer（1975）识别了脂肪族的主要副产物为丁二酸和戊二酸，而主要的芳香酸包括至多 4 个羧基或羟基取代的苯。Almendros 等（1989）的研究显示，温度对副产物的性质有重要的影响，低温下很多脂肪族副产物从 NOM 矩阵中剥离出来，而芳香族从 NOM 矩阵中释放出来需要更高的温度。这是 NOM 矩阵中芳香结构稳定性更高的缘故。

3.3 地下环境中氧化剂的交互作用

在 ISCO 应用过程中，当高锰酸盐被注入地下时，高锰酸盐及其反应产物与地下环境之间会发生多种重要的交互作用。例如，当含水层介质包含天然还原物质（如 NOM 和其他可能表现出氧化剂需求的还原性矿物质）时，会降低高锰酸盐的迁移能力和持久性，反过来会影响系统降解目标有机污染物的效率。其他影响包括产生固体二氧化锰反应产物，以及在有机物氧化过程中可能产生二氧化碳，均会进一步改变地下的化学反应和反应性迁移过程。这些影响及其他一些影响都可能影响修复效率，因此在设计和实施污染场地 ISCO 时应慎重考虑。这些交互作用将在下面进一步讨论。

3.3.1 天然氧化剂需要量

1. 过程描述

NOD 在每个使用高锰酸盐的 ISCO 场地中都必须考虑。高锰酸盐注入地下后，会被一系列地下介质和氧化剂之间的反应所消耗，包括 NOM、无机矿物质或溶解的溶质（Haselow et al., 2003; Mumford et al., 2005; Urynowicz, 2008; Urynowicz et al., 2008; Xu and Thomson, 2008）。被这些反应消耗的高锰酸盐不能用于降解 COCs，因此这些反应可被视为非生产性的氧化剂库。参照 NOD 产生了其他一些术语，如土壤氧化剂需要量（SOD）、总氧化剂需要量（TOD），但这些术语在本章几乎没有被使用。

几乎所有天然存在的介质都有不同程度的 NOD，但 NOD 的范围因场地而异，即使在同一场地也可能存在较大的差异。虽然很多较低 NOD 场地适宜用高锰酸盐 ISCO，但也有一些场地的 NOD 反应表现出较大的氧化剂需求。在这些场地中，NOD 能够消耗大量的高锰酸盐，需要注入大量高锰酸盐以克服 NOD，成本较高；或者因为大量高锰酸盐被 NOD 消耗，少量被用于降解 COCs，导致处理效率较低（Haselow et al., 2003; Mumford et al., 2004）。因此，仔细评价高锰酸盐 NOD 是高锰酸盐 ISCO 决策过程中的一个重要环节。

最早的概念模型将 NOD 视为一个瞬时、有限的氧化剂库，只有先满足其对高锰酸盐的需要，剩余高锰酸盐才能被用于氧化 COCs（Drescher et al., 1998; Zhang and Schwartz, 2000; Siegrist et al., 2001）；然而，很多最近的研究表明 NOD 是一个动力学控制的过程（Heiderscheidt et al., 2008b; Mumford et al., 2005; Hönning et al., 2007; Jones, 2007; Urynowicz, 2008; Urynowicz et al., 2008; Xu and Thomson, 2009）。因此，NOD 消耗高锰酸盐的速率可能对 ISCO 的应用有显著的影响。最近的很多研究试图使用反应动力学速率和有限的 NOD 上限代表最终的 NOD。自然的、有限的 NOD 上限值与其他氧化剂（如过氧化氢等）的持久性不同，它们在含水层介质存在条件下被催化分解；催化活性是不会被氧化剂改变的，从而导致全部的氧化剂最终被分解（Teel et al., 2007）。NOD 有限的上限值假定和污染物一样，最终能够被完全满足，此后，将没有高锰酸盐再被 NOD 消耗。然而，二氧化锰对高锰酸盐的催化分解较慢，如反应式（3.14）所示，这表明没有氧化剂分解上限。Xu 和 Thomson（2008）报道称，二氧化锰的自动催化分解通常是很慢的，几个月的时间尺度内才会受到关注。因此，自动催化分解只与长期场地监测有较大的相关性，与早期的氧化剂注入和分散没有相关性。

NOM 早就被认为是 NOD 最大的贡献者，因此很多研究关注了 NOD 与有机碳比例之间的关系（Hood, 2000; Xu and Thomson, 2008）。然而，这些经验关系只能代表构建它们数据的情况，不同 NOD 含水层固体的适用性限制了它们的广泛应用，还原性物质及矿物质和溶质在很多场地也起着重要的作用。

评价特定介质的 NOD 的常用方法仍然是，通过实验室测试确定规定时间内每单位干重土壤消耗的高锰酸盐的量，很多因素都会影响 NOD 的测量。理论上，忽略自动催化降解，NOD 消耗的高锰酸盐的量会不断增加，直到在无限的时间内逐渐达到一个最终的"NOD"，因此实验室测得的 NOD 随着反应时间的延长而增大。还有报道称，高锰酸盐浓度的升高会导致较高的 NOD 值（Siegrist et al., 2002; Crimi and Siegrist, 2005; Hönning et al., 2007; Urynowicz et al., 2008; Xu and Thomson, 2009）。与实验条件相关的其他因素（如土水比、高锰酸盐和土壤的比例）也会影响结果。

因为反应时间、高锰酸盐浓度和其他实验条件都会影响 NOD，所以希望能用直接比较不同介质结果的标准方法衡量 NOD，使 ASTM 方法向帮助特定场地进行高锰酸盐 NOD 的刻画方向发展（ASTM, 2007）。ASTM 方法的 A 部分是 48h 测试，它能够及时表征 NOD，支持高锰酸盐 ISCO 的技术筛选和早期的决策制定。ASTM 方法的 B 部分是 2 周的动力学测试，提供关于高锰酸盐消耗速率和程度的见解。另一个快速、经济地评价含水层介质最终 NOD、支持高锰酸盐 ISCO 场地筛选和早期设计的方法是以高锰酸盐作为氧化剂改进化学需氧量（COD）测试。这种方法的早期测试表明，高锰酸盐 COD 测试和混合均匀的批量反应器获得的最大 NOD 没有显著差异。

NOD 测试通常采用在液相批量系统中持续搅拌的分类介质进行。持续搅拌能擦洗土壤颗粒表面，确保土壤颗粒与所有氧化性物质的充分接触。然而在实际应用中，高锰酸盐被注入地下时主要依赖对流、分散和扩散等过程与介质接触，而不是通过机械搅拌。在场地条件下，场地中的部分氧化性物质可能位于末端的空隙和扩散受限的低渗透性介质中，或者被限制在土壤颗粒内，难以与氧化剂接触。此外，随着时间的延长，二氧化锰的沉淀可能会限制进一步的反应，阻碍深度氧化的发生（Jones, 2007; Xu and Thomson, 2009）。在实验室系统中，这种阻碍可通过搅拌去除，因此实验室批量测试获得的 NOD 可能要高于场地观察到的 NOD。Xu（2006）发现，通过柱实验获得的 NOD 是 7 天批量测试获得的最大 NOD 的 1/10 ~ 1/2，因此推测两者之间可能存在相关性，能够按比例放大以预测原位 NOD。

另一个更好的评价场地 NOD 的方法是，使用高锰酸盐推拉测试（Struse et al., 2002a; Mumford et al., 2004）。该方法将一定量的高锰酸盐注入地下，在反应一段时间后，从注入点抽出地下水。溴等保守性示踪剂被用于评价抽提之前注入高锰酸盐的效率，然后通过注入和抽提出的氧化剂的量和接触的介质的体积来计算 NOD。Mumford 等（2004）表示，只要在反应过程中地下水的移动较缓慢，使用这种方法就能可靠地计量地下水的原位 NOD，其结果具有可重复性。

2. NOD 幅度

与 NOD 相关的高锰酸盐需要量通常是目标污染物消耗氧化剂的数倍（Haselow et al., 2003; Hönning et al., 2007）。因此，高锰酸盐 NOD 的幅度是筛选特定场地高锰酸盐 ISCO 可行性的重要参数。研究显示，NOD 从小于 0.04g MnO_4^-/kg（Haselow et al.，2003）到 98g MnO_4^-/kg 不等（Xu and Thomson, 2008）。

Hönning 等（2007）在丹麦完成了一项研究，采用取自 12 个 Danish 场地的 31 种砂质或黏质多孔介质开展了实验室批量泥浆实验。在这些场地中，黏性土壤的 NOD（21 天测定）要比砂性土壤高。冰川融水砂的 NOD 通常为 0.5g MnO_4^-/kg（干重）～ 2g MnO_4^-/kg（干重），砂性土壤的 NOD 为 1g MnO_4^-/kg（干重）～ 8g MnO_4^-/kg（干重），黏性土壤的 NOD 为 5g MnO_4^-/kg（干重）～ 20g MnO_4^-/kg（干重）。

最新的 ASTM7252-07（ASTM, 2007）完成后，Carus 化学公司编译了一个数据库，集合了 46 个不同场地 274 个样品的不同 NOD 值（按照 ASTM 方法的 A 部分测量了48h）。相关结果利用直方图进行了总结，如图 3.8 所示。

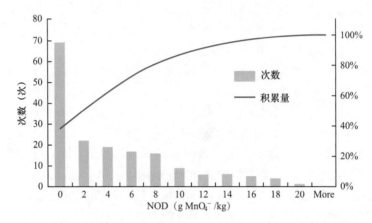

图3.8　46个不同场地274个样品高锰酸钾的NOD值直方图（数据来自M. Dingens, Carus Chemical Company，2009年7月9日）

由于含水层固体的异质性及不同场地地球化学性质的差异，很难将 NOD 值与场地特定的多孔介质性质结合起来。然而，NOD 幅度与 NOM 含量仍旧被确定有较强的相关性（Hönning et al., 2007; Xu and Thomson, 2008）。当高锰酸盐与 NOM 接触后，NOM 会部分分解或大量分解（Griffith and Schnitzer, 1975; Almendros et al., 1989; Woods, 2008）；这种反应性可能表现出显著的氧化剂需求（Haselow et al., 2003; Urynowicz et al., 2008; Xu and Thomson, 2008）。

反应式（3.15）给出了一个模型化合物代表的 NOM 的高锰酸盐氧化的化学计量关系（Hönning et al., 2007）：

$$28MnO_4^- + 3C_7H_8O_4 + 28H^+ \longrightarrow 28MnO_2（固体）+ 21CO_2 + 26H_2O \qquad (3.15)$$

反应式（3.15）表明，高锰酸根离子和 TOC 的理论比为 13.2g/g。Hönning 等（2007）的研究表明，对于 TOC 含量较低的冰川融水砂（0.01wt.% ～ 0.06wt.%），与反应式（3.15）一致，高锰酸盐的消耗和 TOC 之间存在线性关系。然而，对于 TOC 含量相对较高的砂性土壤和黏性土壤（0.4wt.% ～ 1.8 wt.%），其 NOD 为 2g MnO_4^-/kg 介质～ 20g MnO_4^-/kg 介质，其 NOD 和初始 TOC 之间没有相关性。

Xu 和 Thomson（2009）也调查了 NOD 和 TOC 之间的关系。他们基于图 3.9 中的数据推荐了一个推导最大 NOD 值（150 天测试）的经验关系式：

$$NOD_{max} = 12.2(TOC) - 3.4 \quad r^2 = 0.78$$ （3.16）

式中，NOD 以 g MnO_4^-/kg 表示，TOC 的单位为 mg/g。

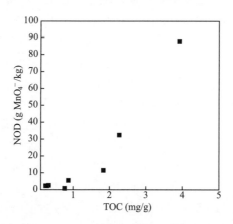

图3.9 NOD与TOC的关系（未公开数据，来自Xu和Thomson, 2009）

Xu 和 Thomson（2009）测得的 NOD 的差异不能仅依靠 TOC 严格解释。结果表明，相比其他类型的 NOM，有些类型的 NOM 可能更易于被高锰酸盐氧化。两个显著的异常值清楚地表明，可以使用 TOC 评价 NOD 的限制。TOC 含量排第 4 位（0.77mg/g）的介质其 NOD 最低（0.77g MnO_4^-/kg）；而最高 NOD 的介质其 TOC 含量最高，为 3.93mg/g，NOD 为 87.9g MnO_4^-/kg。对比这两种介质，TOC 含量增加 3 倍，150 天内测定的 NOD 增加了 115 倍。然而，反应式（3.16）给出的基于 8 种介质的数据推导关系，通过过高预测低 NOD 样品及低估高 NOD 样品的 NOD 只能预测 12 倍的增加。对高 TOC、低 NOD 介质的进一步刻画表明，至少有些有机碳可能是褐煤，类似于低品位煤，有机质的风化和整合程度较土壤中常见的腐殖质要高。这或许能解释为什么土壤相对其他多孔介质更难以被高锰酸盐氧化。

NOD 与除 NOM 外的其他介质性质之间的相关性较低。例如，还原性矿物质一直以来被认为在 NOD 中起着重要作用，尤其是在那些 NOM 含量低而 NOD 莫名高的土壤中。然而，Xu 和 Thomson（2008）发现，将不定性铁含量考虑在内后，NOD 与 TOC 的相关系数仅从 0.78 增加到 0.8，这种显著性的微小增加很难辨别，尤其是当仅调查了 8 种介质时。Hönning 等（2007）研究了氧化还原电位对 NOD 的影响，发现 NOD 和还原条件之间的负相关存在不确定性。

Mumford 等（2005）调查了一种多孔介质中粒径对 NOD 的影响。假定 NOD 的氧化发生在颗粒表面是合乎逻辑的，小颗粒组分可能有更大的面积，会表现出较高的 NOD。然而，Mumford 等（2005）发现结果相反。进一步的研究表明，这些粗颗粒组分的 NOM 含量为其他组分的 2 倍，因此 NOD 的增加是可以理解的。他们假定，粗颗粒实际上是由 NOM 将土壤颗粒聚集在一起的，高锰酸盐能够自由扩散到其中与它们接触。NOD 与易于测量的地下特征（如有机碳含量、还原性无机物、粒径等）之间缺少确定的相关性，因此需要通过实验测定，以更准确地预测特定场地的 NOD。另外，利用现有的文献中的值建立 NOD 和介质特性之间的相关性需要慎重。

3. NOD 动力学

1）注意事项概述

在高锰酸盐 ISCO 的设计和实施过程中，NOD 动力学也是一个重要的考虑因素，而这种重要性取决于最终 NOD 的大小。例如，对于 NOD 较低的场地，NOD 动力学就不是那么重要，因为无论时间多长，NOD 消耗的高锰酸盐的总量还是较小；然而，对于NOD 中等或较高的场地，高锰酸盐能够传输较远的距离，NOD 动力学的作用就变得较大，因为虽然 NOD 较高，但反应速率越低，高锰酸盐的传输距离越长。有多种方法用于表征 NOD 动力学特征，与 NOD 相关的高锰酸盐反应通常被概化成与多孔介质中不同的矿物质和有机物发生的连续的平行反应，这些反应的速率是连续的（Mumford et al., 2005; Urynowicz et al., 2008）。因此，快速反应很快将反应快速的物质耗尽，而反应较慢的组分能够持续反应较长时间（见图 3.10）。这通常表现为高锰酸盐消耗的速率随着时间慢慢降低（见图 3.11）。然而，Urynowicz 等（2008）观察到，高锰酸盐的反应速率级数也随时间降低。对于有些介质，这可能是逐渐发生的；对于其他一些介质，反应速率可能发生突变。为了更好地理解 NOD 的复杂动力学，一些人主张将反应速率分为两部分：快速反应，较高的 NOD，即反应速率高或瞬时需求；缓慢反应，较低的 NOD，即反应速率低（Mumford et al., 2005; Urynowicz et al., 2008; Xu and Thomson, 2009）。

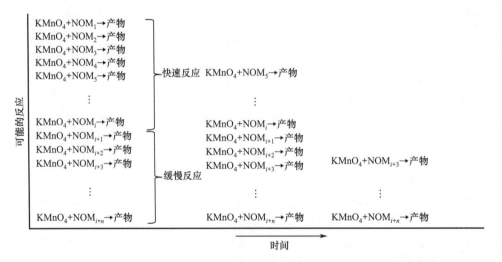

图3.10　高锰酸钾和反应物（也就是NOM）的可行性反应，这些反应的反应速度有的较快，有的则较慢

资料来源：Urynowicz, 2008。

2）瞬时的 NOD 方法

模拟 NOD 的最早尝试是将其概化为一个有瞬时需求的氧化剂库（Zhang and Schwartz, 2000; Mumford et al., 2002; Haselow et al., 2003）。这种方法要求 NOD 在高锰酸盐被进一步传输前被完全消耗。这是模拟高锰酸盐传输的最保守方法，因为它假定所有的高锰酸盐 NOD 必须在污染物被处理前得到充分反应。然而，NOD 是一个动力学控制的过程，并且 NOD 和污染物的降解是同时进行的，因此，使用瞬时的 NOD 方法进行高锰酸盐 ISCO 的设计和实施可能导致使用的高锰酸盐多于有效降解污染物需要的量。此外，通常不希望 NOD 被全部消耗，因为一旦还原剂被耗尽，高锰酸盐就可能变得很稳定，会在地下留存很长的时间。

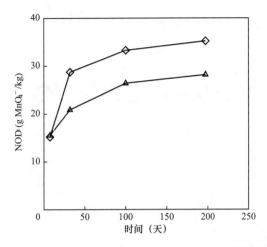

图3.11 在初始浓度为10g KMnO₄/L（三角形曲线）或20g KMnO₄/L（菱形曲线）的反应中，NOD表现出不同的反应曲线

3）速度限制的 NOD 方法

不同的作者推荐了各种速度限制的 NOD 方法模拟 NOD 动力学，用于分析实验室数据或者预测高锰酸盐在地下的传输。使用的方法包括瞬时的、零级的、一阶的、二阶的反应速率或它们的组合。这些速度限制的 NOD 方法本身有不同程度的数学复杂性，有时也影响其他过程。例如，Xu 和 Thomson（2008）推荐的一个速度限制模型中就包括了一个代表自动催化降解过程和捕获由于多孔介质颗粒上二氧化锰的沉淀导致的 NOD 钝化的动力学术语，如反应式（3.14）所示。其他研究表明，将速度限制的 NOD 分解成快速过程和慢速过程对于获得更好的高锰酸盐随时间变化的曲线是有用的。然而，快速过程和慢速过程的分界点需要明确，以便于理解，因为可能会使用不同的截止时间。通常，缓慢反应对于最终 NOD 的贡献要大于快速反应。Xu 和 Thomson（2008）报道的数据表明，最终 NOD 的 50% 是在 7 天内发生的，但这其中大部分发生在 1 天内。然而，在 Urynowicz 等（2008）推荐的双组分假一级模型中，对于其中一种土样，快速反应贡献了最终 NOD 的 35%，快速反应的比例随氧化剂浓度变化，从氧化剂浓度高时的 18% 到氧化剂浓度低时的 53%。

第 9 章推荐的简易预测高锰酸盐在多孔介质中传输的方法将其近似分为一个快速反应和一个缓慢反应，假定快速反应是瞬时的，缓慢反应允许二级反应动力学，与 Xu 和 Thomson（2009）的结论一致。不同作者推荐的速度限制的 NOD 方法的公式如表 3.2 所示。第 6 章提供了将速度限制的 NOD 方法的公式与数学模型相结合的相关信息。

可用模型的复杂性相差很大，从简单到复杂。如表 3.2 所示的 Mumford 等（2005）推荐的零级模型，以及 Urynowicz 等（2008）推荐的双组份假一级模型从数学角度来说是很简单的，能够与场地特定的分析模型结合，包括对流扩散反应方程，如 van Genuchten 和 Alves（1982）计算的内容，因此将这些速度限制的 NOD 方法的简单模型结合到电子表格工具和设计公式中是可行的。然而，可氧化的含水层介质与高锰酸盐的反应造成的损失会降低 NOD 随时间的变化速率，最终在某个点将 NOD 耗尽，这个过程不能用零级模型或一级模型表达。随着模拟的时间长度的增大，无法解释该问题导致NOD 消耗的高锰酸盐量的限制。因此，简单的数学模型仅与早期氧化剂的注入阶段有关，为了表达耗时较长的过程，如注入和移动、被动注入、循环、高锰酸盐在地下持久性的预测，可能需要使用更复杂的模型。速度限制的 NOD 模型，如 Xu 和 Thomson（2009）推荐的模型，需要一个能被解答的数值框架。

表 3.2　文献中提出的速度限制的 NOD 模型总结

动力学类型	公式模型	备　注
Mumford 等（2005）		
零级	$\dfrac{dC_{MnO_4^-}}{dt} = -k_0$	k_0为常数（mg MnO$_4^-$/kg）
其他	$NOD(t)=NOD_{ultimate}(a\ln(t)+b)$	a和b为常数，$NOD_{ultimate}$（单位：mg/kg）为最大NOD值
Xu（2006）		
二级短期NOD	$\dfrac{dC_{MnO_4^-}}{dt} = -k_{MnO_4^-}(C_{MnO_4^-})^\alpha(C_{OAM})^\beta$ $\dfrac{dC_{OAM}}{dt} = -k_{OAM}(C_{MnO_4^-})^\alpha(C_{OAM})^\beta$	$-k_{MnO_4^-}$为氧化层材料高锰酸钾消耗的二级动力学反应速率，k_{OAM}为高锰酸钾消耗OAM的二级动力学反应速率，α和β为反应常数，C_{OAM}为重铬酸盐COD测试的OAM浓度，β相当于动力学模型的校正系数
Urynowicz 等（2008）		
双组分假一级动力学	$\dfrac{dC_{MnO_4^-}}{dt} = -k_f a(C_{MnO_4^-}) - k_s b(C_{MnO_4^-})$	k_f（1/时间）为NOD快速反应的一级动力学反应速率，k_s是缓慢反应的一级动力学反应速率
Xu 和 Thomson（2009），Jones（2007）		
短期和长期二级动力学	$\dfrac{d\theta C_{OAM}^{fast}V}{dt} = -k_{ox}^{fast}\theta C_{OAM}^{fast}C_{MnO_4^-}V$ $\dfrac{d\theta C_{OAM}^{slow}V}{dt} = -k_{ox}^{slow}\theta C_{OAM}^{slow}C_{MnO_4^-}V$ $\dfrac{d\theta C_{MnO_4^-}V}{dt} = -k_{ox}^{fast}\theta C_{OAM}^{fast}C_{MnO_4^-}V - k_{ox}^{slow}\theta C_{OAM}^{slow}C_{MnO_4^-}V - k_{MnO_4^-}\theta C_{MnO_4^-}V$	θ为孔隙度，V为体系总体积，k_{ox}^{fast}为OAM快速反应的二级动力学反应速率，k_{ox}^{slow}为OAM缓慢反应的二级动力学反应速率，C_{ox}^{fast}为快速反应OAM浓度，C_{ox}^{slow}为缓慢反应OAM浓度，$k_{MnO_4^-}$为一级动力学反应速率
CDISCO（见6.9.3节；Siegrist et al., 2010）		
瞬时NOD组分	若$C_{MnO_4^-}^i > C_{NOD-I}^i \rho_B/n$，则 $C_{MnO_4^-}^{i+1} = C_{MnO_4^-}^i - N_I^i \rho_B/n$，其中$N_I^{i+1}=0$ 否则$C_{NOD-I}^{i+1} = C_{NOD-I}^i - C_{MnO_4^-}^i n/\rho_B$，其中$C_{MnO_4^-}^{i+1}=0$	C_{NOD-I}和$C_{MnO_4^-}$为瞬时NOD和高锰酸盐浓度；角标i表示计算的开始，$i+1$表示计算的结束；n为孔隙度，ρ_B为土壤密度
NOD二级动力学	$\dfrac{dC_{NOD-S}}{dt} = k_2^{slow}C_{NOD-S}C_{MnO_4^-}$	C_{NOD-S}为缓慢反应NOD，k_2^{slow}为缓慢反应NOD与高锰酸盐反应的二级动力学反应速率，t为时间

4．NOD 对于高锰酸盐传输的影响

NOD 的大小和动力学会以多种方式影响高锰酸盐在地下的输送和传输。例如，很多 ISCO 应用案例使用强制的注入输送，通过井或直推钻杆。由于初始速度往往很高，在注入的初始阶段，快速反应的 NOD 组分很可能对高锰酸盐的分布有较大的影响；然而，随着自然地下水对流条件下流速的下降和氧化剂与介质的接触，缓慢反应的 NOD 组分可能变得越来越重要，因为这些传输过程需要更长的时间。传输策略如注入和漂移，依赖自然平流和分散，可能同时受到 NOD 快速反应和缓慢反应组分的影响。

因为高锰酸盐在低渗透区的传输依赖扩散这一传输机制，而扩散需要较长的时间才能确保氧化剂的有效传输，故动力学 NOD 的整个过程（包括快速反应和缓慢反应部分）均需要被关注。Seitz（2004）评价了高锰酸盐在两种介质中的扩散传输，这两种介质有相似的高锰酸盐有效扩散系数、相似的曲度，以及相似的保守溴示踪剂的扩散通量，但 NOD 的大小差异显著。对于高 NOD 介质（24g MnO_4^-/kg 介质），高锰酸盐通过扩散传输穿过一个 2.5cm 长的土芯花费了 80 天。然而，对于扩散特征相似的低 NOD 介质（3.2g MnO_4^-/kg 介质），高锰酸盐传输相同的距离仅花费了 24 小时。这表明高锰酸盐的扩散传输有较大的相位差，NOD 可作为处理扩散到低渗透层中污染物的一个控制因素。

从场地收集的监测数据记录了 NOD 对高锰酸盐传输的影响。在其中一个 ISCO 场地，TCE 污染羽的处理没有达到预期效果，可能是因为高 NOD 限制了氧化剂的传输。此外，高的注入背压可能是注入井附近 NOD 氧化产生的二氧化锰沉淀导致的。Crimi 和 Siegrist（2004b）针对这些问题的研究包括利用 Heiderscheidt 等（2008b）开发的数学传输模型模拟场地，将快速反应和缓慢反应一级 NOD 动力学纳入其中。这一模拟练习的结果表明，井筛附近 NOD 的氧化可能导致大量二氧化锰沉淀的沉积，从而导致操作困难。基于这些模型的结果可以推测：降低高锰酸盐的浓度，增大注入流速，可能会提高氧化剂的传输速率；通过将二氧化锰分散到地表以下更大的区域，使其远离注入井，可以减少堵塞问题（Heiderscheidt et al., 2008b）。

3.3.2　高锰酸盐对地下传输过程的影响

可能受高锰酸盐 ISCO 影响的地下传输过程包括地下渗透性的改变、DNAPL 质移过程、污染物吸附、密度驱动的平流等，以下将进行详细讨论。

1. 二氧化锰对流量和传输的影响

如 3.2.5 节所述，二氧化锰固体是高锰酸盐氧化反应的产物。大量二氧化锰的沉积可能改变地下传输行为。虽然 Struse 等（2002b）的研究表明，二氧化锰对于多孔介质的扩散传输特性（如曲度）影响极小，但可能降低多孔介质（Schroth et al., 2001; Conrad et al., 2002; Li and Schwartz, 2004a; Heiderscheidt et al., 2008a）或结构（Tunnicliffe and Thomson, 2004）中对流流动的渗透性。渗透性降低的现象更易于在高锰酸盐反应激烈的区域发生，如 NAPL 界面或存在 NOD 的区域（Conrad et al., 2002; Li and Schwartz, 2004a; Heiderscheidt et al., 2008a）。

Heiderscheidt 等（2008a）报道称，基于压力传导研究，浓度为 0.1g MnO_2/kg 介质的二氧化锰能改变砂性介质中的流动途径，该浓度显著低于堵塞孔隙需要沉积的二氧化锰的质量。例如，如果二氧化锰和常见的锰矿物软锰矿的密度（5.04g/cm^3）相同，假定最初的孔隙度为 0.3，该浓度可能将结构的孔隙度降低 0.01%。低浓度二氧化锰可能显著降低渗透性这一事实表明，二氧化锰固体的密度显著低于纯矿物，或者二氧化锰在孔隙边缘而非孔隙中的沉积降低了渗透性。Heiderscheidt（2005）开发了一个解释二氧化锰沉积及随之产生的对流场的影响导致渗透性变化的模型，该模型假定整个孔隙空间堵塞导致渗透性降低，因此二氧化锰固体的假定密度是一个非常敏感的参数。密度 9.5mg/cm^3 的二氧化锰颗粒很好地拟合了一个二维砂罐实验中获得的压力传感器和总锰数据，该数据比软锰矿的密度要低几个数量级。目前，关于影响在细颗粒介质（包括细砂、黏土和壤土）中传输二氧化锰的边界浓度差异是否很大并不清楚，这些介质的孔喉较小，因此可能对二氧化锰沉淀导致的堵塞更为敏感。

因为地下环境是异质的，所以高锰酸盐溶液的传输模式和相应的二氧化锰的沉淀也是异质的。二氧化锰沉积的异质性可能进一步受到目标污染物和非目标污染物分布的影响。例如，NAPL 代表高度浓缩的还原区，当暴露于高锰酸盐溶液时，可能导致高度域化及二氧化锰的沉积（Conrad et al., 2002; MacKinnon and Thomson, 2002; Li and Schwartz, 2003, 2004c; Siegrist et al., 2006）。NOD 的存在也可能导致二氧化锰的沉淀（Crimi and Siegrist, 2004b; Xu and Thomson, 2009）。如果 NOD 在空间上是一致的，NOD 氧化导致的二氧化锰的沉淀就可能是一致的；然而，如果 NOD 在空间上是变异的，那么 NOD 氧化导致的二氧化锰的沉淀在空间上就可能是变异的。这些因素的结合可能导致除高锰酸盐传输本身造成的异质性外，二氧化锰分布额外的异质性。

二氧化锰传输的异质性对氧化剂和污染物的传输有重要的影响，从而影响 ISCO 的处理效率。这些影响会导致二氧化锰沉淀程度的差异，对整个区域渗透性的影响可能不一致。二氧化锰大量沉淀的区域，水力传导性可能会降低，表现为流速和最终流量的降低（Li and Schwartz, 2000; MacKinnon and Thomson, 2002; Lee et al., 2003; Heiderscheidt et al., 2008a），这可能对高锰酸盐 ISCO 的效果产生不利的影响，因为随着时间的延长，越来越多的高锰酸盐可能有效地绕过污染区域，无法对污染物的处理起作用（Li and Schwartz, 2000; Lee et al., 2003）。当处理 DNAPLs 时，越流的影响更为重要。MacKinnon 和 Thomson（2002）发现，在 5 个月的砂罐 ISCO 实验中，高锰酸盐—DNAPLs 界面生成了直径几厘米的锰氧化物"石头"。该"石头"是由被二氧化锰黏合在一起的含水层砂凝聚体组成的。这些沉积物明显阻碍了系统中地下水的流动和 DNAPLs 库的传质。

2. 气体逸出对流量和传输的影响

在高锰酸盐 ISCO 过程中，尤其是在处理 DNAPLs 期间，在多孔介质中可能逸出气体（Reitsma and Marshall, 2000; MacKinnon and Thomson, 2002; Lee et al., 2003; Li and Schwartz, 2003; Petri et al., 2008）。导致孔隙空间中二氧化碳逸出的化学过程如 3.2.6 节所述。尽管高锰酸盐 ISCO 场地逸出气体的量相比过氧化氢或臭氧 ISCO 场地要少得多，但地下水系统中气体的存在可以通过多种途径改变流量和传输机制。首先，孔隙空间的水被气体取代，降低了地下的相对渗透性，这可能暂时减小通过气体将水部分去饱和的区域地下水的流量（Reitsma and Marshall, 2000; Lee et al., 2003; Li and Schwartz, 2003）。类似于二氧化锰的沉淀，这可能导致气体产生密集区的越流，尤其是在 DNAPLs 界面最容易产生。因此，这可能导致氧化剂越过目标污染物，从而降低高锰酸盐 ISCO 的处理效率（Lee et al., 2003）。

气体的逸出，尤其是在包含挥发性污染物的 DNAPLs 源区，也可能影响污染物的传输。挥发性有机污染物（VOCs）可能分配到气相，或和气体一起扩散。在饱和区，气体可能由于浮力向上迁移。分配到气相中的 VOCs 可能溶解到未污染或浓度低于液气分配平衡的污染地下水中（Mumford et al., 2008）。多个作者表示，如果过量的二氧化碳溢出，大量 DNAPLs 会因此损失，那么 DNAPLs 源区完全水饱和是有可能的（Reitsma and Marshall, 2000; Petri et al., 2008）。如果污染气体通道被限制在高锰酸盐存在的区域，VOCs 可能随着它们分配到水相而被分解。多个作者观察到这些气体通道，并注意到它们可能被二氧化锰充满，表明氧化发生在地下水的空气—水界面（Reitsma and Marshall, 2000; Petri et al., 2008）。如果含有 VOCs 的气相迁移到未与高锰酸盐接触的未污染区域，这些区域的污染物浓度可能升高。在现有的文献中，气体逸出只见于处理 DNAPLs 的高锰酸盐系统中。这是因为，只有 NAPLs，尤其是氯代的 NAPLs，能够产生足够的酸度驱动气体生成反应，如 3.2.6 节所述。降低这种可能性和气体产生的严重性的条件包括缓冲性较好的含水层的存在（Schroth et al., 2001），以及低浓度氧化剂的使用（Petri et al., 2008）。低溶解度的 DNAPLs 和较低的反应速率（例如，PCE 相对于 TCE）产生气体的可能性也较低（Petri et al., 2008）。

3. 对 DNAPLs 质移过程的影响

高锰酸盐用于 DNAPLs 的修复已经被广泛研究，尤其是氯乙烯、TCE 和 PCE 等。在很多批量系统、一维柱、二维柱和三维罐及场地研究中，ISCO 和 DNAPLs 之间的各种可能影响 ISCO 的机制和交互作用被识别。

为了进一步理解 ISCO 对 DNAPLs 质移的影响，快速总结 DNAPLs 质移和传输的概念模型是有必要的。DNAPLs 质移理论上通常是在污染物扩散通过 DNAPLs 界面薄的水相停滞膜时发生的。跨膜的现行浓度梯度驱动了跨膜的扩散传输。在膜的 NAPLs 相一侧，假定浓度对于污染物饱和；在膜的整体水相一侧，假定浓度为整体水相的浓度（例如，孔隙空间和代表性元素体积的浓度）。整体水相中的量随后受到地下对流、扩散、整体扩散和反应的影响。跨膜扩散的概念模型可以用式（3.17）进行数学描述。

$$\frac{\partial C}{\partial t} = k_{La}(C_s - C) \tag{3.17}$$

式中，C 是液相污染物浓度，C_s 是 DNAPLs 的饱和浓度，t 是时间，k_{La} 是体积质移速率系数。k_{La} 与流速、介质粒径、异质性和其他系统参数相关（Miller et al., 1990; Powers et al., 1994; Saba and Illangasekare, 2000）。这种关系，如式（3.17）所示，加上分散相的对流、扩散、整体扩散和反应等过程，提供了高锰酸盐 ISCO 对 DNAPLs 质移影响讨论的基础。

1）COC 氧化导致的溶解强化

大量研究报道了地下水系统中 DNAPLs 的衰减速率能够被高锰酸盐强化，衰减速率超过没有高锰酸盐存在系统中的自然溶解速率（Schnarr et al., 1998; Reitsma and Dai, 2001; Jackson, 2004; Heiderscheidt et al., 2008a; Kim and Gurol, 2005; Urynowicz and Siegrist, 2005; Petri et al., 2008）。溶解强化代表了 ISCO 处理 DNAPLs 的优势，这是因为 DNAPLs 随着 DNAPLs—水界面溶解到地下水流所导致的 DNAPLs 的慢速衰减是它们在源区长久存在的主要原因。液相中化学反应导致的 DNAPLs 溶解和降解加速可能导致 DNAPLs 源持久性降低，可能提高 ISCO 的处理效率。溶解强化受液相中氧化反应的驱动，氧化反应可以维持低的污染物浓度和高的浓度梯度［见式（3.17）］。

很多调查者发现了氧化反应导致的不同程度的溶解速率的提高（Schnarr et al., 1998; Reitsma and Dai, 2001; Schroth et al., 2001; MacKinnon and Thomson, 2002; Jackson, 2004; Heiderscheidt, 2005; Kim and Gurol, 2005; Urynowicz and Siegrist, 2005; Petri et al., 2008）。在一个 DNAPLs 库界面的理论模型系统中，Reitsma 和 Dai（2001）报道，溶解速率相比环境流速可以提高 5 ~ 50 倍。氧化剂浓度越高，溶解速率提高的程度越高；流速越快，溶解速率提高的程度越低。流速的影响可能是因为，这个理论系统依赖横向扩散是污染物从 DNAPLs 界面迁移的一个主要机制。在高流速情况下，横向扩散更强，从而导致更大的溶解速率。显然，由于氧化动力学，非氧化系统中溶解强化只有当最初的质移速率很小时才是较大的。在一个一维实验系统中（多孔介质填充通流管式反应器，见图 3.12），Petri 等（2008）观察到溶解速率相比最初的溶解速率提高了 16 倍，溶解强化的程度依赖氧化剂浓度、DNAPLs 污染物类型和流速等。PCE 的溶解强化程度高于 TCE，当氧化剂浓度较高、环境流速较低时，溶解强化程度更高。

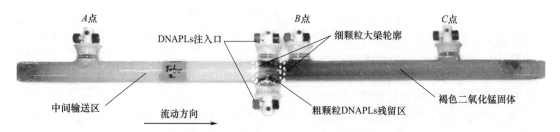

A点　　　　　　　　　　　B点　　　　　　　　　　C点

DNAPLs注入口　　　　　　　　细颗粒大梁轮廓

中间输送区　　　　　　　　　　　　　　　　褐色二氧化锰固体

流动方向　　　　　　　粗颗粒DNAPLs残留区

图3.12　流动管道反应研究，使用高锰酸盐冲洗的DNAPLs修复过程，研究氧化剂浓度和流动速度对修复效果的影响

由于 DNAPLs 类型导致的溶解强化程度的差异（如 PCE 高于 TCE），可能是因为 TCE 的溶解程度更高、溶解速率更高，而当溶解速率已经很高时，溶解强化的程度可能受到限制。冲洗速率也会产生影响，当地下水流速较高导致溶解速率较高时，氧化不可能加速溶解。然而，当初始条件下环境流速较低导致溶解速率较低时，加入高锰酸盐后溶解速率的强化就变得明显。因此，氧化剂的存在导致溶解速率的提高是有上限的，这取决于与溶解反应动力学相关的氧化反应动力学。

为了进一步理解和概化高锰酸盐的强化行为，另一种机制被推荐用于解释这种行为。一种方法是，假定式（3.17）中的关系和参数不因氧化反应而改变，并且假定溶解速率的强化是由整体相的浓度降低导致浓度梯度的增加导致的；另一种方法最早是由 Schnarr 等（1998）概化的，他们提出基于 Schnarr 等（1998）关于反应性化合物扩散的理论，薄膜内可能发生了显著的反应。这导致非线性浓度梯度的形成，虽然没被包含在式（3.17）中，但是可以在图 3.13 中看到。

Reitsma 和 Dai（2001）研究了这种理论的非线性浓度梯度，发现除非薄膜的厚度很大，否则氧化导致的溶解强化并不显著。将这个理论联系到实际系统中，则薄膜和整体水相之间并不存在明确的边界。然而，在概念上，这可能被认为代表了一个污染区域（如低渗透性区域），在该污染区域中 DNAPLs 停留在一个环境流速很低的区域。因此，大量的氧化剂传输可能发生，通过扩散传输而不是平流运输。在这些条件下，如图 3.13 所示的概念模型可能相比基于式（3.17）预测的质移更有代表性。

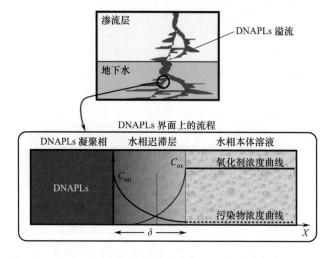

图3.13　DNAPLs界面的模拟浓度分布，以及对质量传递的影响

2）二氧化锰沉淀导致的溶解抑制

当高锰酸盐用于降解 DNAPLs 污染物时，DNAPLs—水界面可能成为集中反应区。因此，DNAPLs—水界面也是一个二氧化锰沉淀的集中区，可能导致界面多孔介质渗透性的降低。在数字二维罐试验中，观察到在 DNAPLs—水界面的数厘米范围内多孔介质中二氧化锰的沉淀有效地降低了渗透性，改变了地下水流场（Conrad et al., 2002; Heiderscheidt et al., 2008a; Siegrist et al., 2006）。在二维或三维流场中，这可能导致 DNAPLs 源周围地下水流向的偏移（Conrad et al., 2002; Lee et al., 2003）。DNAPLs 在地下水中的溶解传质速率对 DNAPLs—水界面的流场和流速是敏感的（Miller et al., 1990; Powers et al., 1994; Saba and Illangasekare, 2000）。因此，渗透性的降低和从 DNAPLs—水界面的越流可能降低从 DNAPLs 库的质移（MacKinnon and Thomson, 2002; Heiderscheidt et al., 2008a）。渗透性变化的区域性也减少了高锰酸盐向 DNAPLs—水界面的对流传输。随着高锰酸盐反应时间的延长，越来越多的二氧化锰累积，DNAPLs—水界面渗透性的降低变得越来越明显。

当应用高锰酸盐 ISCO 处理 DNAPLs 时，有人观察到如之前所描述的一样，在初始阶段 DNAPLs 溶解速率提高，但随着时间延长，溶解速率逐渐下降，通常会降到很低，甚至低于高锰酸盐氧化前的溶解速率（Schnarr et al., 1998; Huang et al., 2000; MacKinnon et al., 2002; Li and Schwartz, 2003; Tunnicliffe and Thomson, 2004; Urynowicz and Siegrist, 2005）。虽然这种影响在各种 DNAPLs 架构中都被观察到了，但在处理库中的 DNAPLs 时明显被放大（Conrad et al., 2002; Heiderscheidt et al., 2008a）。这可能是因为以点形式存在的污染物相对于库而言有较大的表面积用于污染物质移，以及因为平流受到 DNAPLs 的阻碍导致连续的 DNAPLs 饱和区的接触存在挑战。因此，在很多混合系统中，观察到 DNAPLs 质移随着时间降低（Li and Schwartz, 2000; MacKinnon and Thomson, 2002; Lee et al., 2003）。

DNAPLs—水界面渗透性随着时间降低的效应，以及越流导致的质量减少对修复效果有显著的影响。这种现象既是修复的优势，也是劣势。优势是因为在 DNAPLs 库外包上一层二氧化锰外壳可能有效地包裹、固定并限制它们的溶解，这可能导致永久的羽载荷速率的降低和污染物质量通量的减小（MacKinnon and Thomson, 2002; Mueller et al., 2006, 2007）。劣势则是冲洗的低效性，随着时间的推移，越来越多的氧化剂越过污染物，导致处理效率降低。此外，大量的污染物可能停留在地下。为了防止或减轻随着时间产生的越流的影响，有些人推荐了一些新的解决方案来阻止二氧化锰沉淀，或者在形成沉淀后将其去除。这些观点及其科学证据将在以下章节进行更详细的讨论。

3）二氧化锰包裹 DNAPLs

DNAPLs—水界面二氧化锰的沉淀随着时间推移可能会包裹 DNAPLs，从而限制 DNAPLs 的移动并进一步抑制其溶解，进而降低地下水污染羽的浓度和通量速率。如果 DNAPLs 能够以这种形式被固定，可能会降低风险，形成一个有效的修复结果（Mueller et al., 2007; Thomson et al., 2008）。然而，为了确保有效性，包裹在 DNAPLs 外面的二氧化锰膜必须满足 3 个条件：①有足够的完整性以阻止 DNAPLs 的不混溶相移动；②限制或阻止 DNAPLs 的溶解；③有长期稳定性。这些条件是否能被满足，以及在何种条件下能被满足的证据是不尽相同的。

MacKinnon 和 Thomson（2002）报道，PCE 库暴露于高锰酸盐后，DNAPLs 界面的二氧化锰沉淀区很厚，并且很坚固，以至于二氧化锰有效地将含水层中的砂胶结到"岩石"中（见图 3.14）。这种高强度的固化可能暗示了二氧化锰在结构上是很完整的，足以阻止 DNAPLs 移动。然而，Conrad 等（2002）的研究证据却指向相反的方向，当在异质的砂罐中基于一系列 DNAPLs 的残留物和库形成二氧化锰后，实验观察到 DNAPLs 已经突破二氧化锰的外壳进行了迁移。Conrad 等（2002）仅使用 750mg/L 的高锰酸盐冲洗了异质罐两次，每次持续 1.5 ～ 2h，总冲洗体积为 0.67PV。相比之下，MacKinnon 和 Thomson（2002）采用 7500mg/L 的高锰酸盐冲洗了 150 天，氧化剂输送量达 13PV。因此，暴露时间的差异、高锰酸盐浓度的差异和输送孔隙体积的差异都可能解释二氧化锰结构完整性方面的显著差异。

在地下尤其是在异质的场地，含水层中任意给定点的氧化剂体积（PV）和浓度（mg/L）及氧化剂接触的持久性都可能不同。因此，源区的 DNAPLs 被二氧化锰外壳包裹的程度可能在一些区域比其他一些区域要高。通常，通过二氧化锰的沉淀，DNAPLs 可能被固定，但需要较高的氧化剂含量、浓度和较长的接触时间。

（a）   （b）

图3.14　在DNAPLs污染池含水层模型中产生的二氧化锰，该模型由二维砂质存储罐搭建，用来研究高锰酸盐淋洗对DNAPLs中PCE的去除效果：（a）开挖过程中二维砂质存储罐内景，（b）取自含水模型中的一些砂/二氧化硅粉末表明二氧化锰开始逐渐累积，因此就形成了块状二氧化锰和砂粒（MacKinnon and Thomson, 2002）

很多研究发现，随着时间的推移，DNAPLs—水界面有二氧化锰膜或外壳沉积的DNAPLs 源区的溶解速率下降（Li and Schwartz, 2000, 2004c; MacKinnon and Thomson, 2002; Heiderscheidt et al., 2008a; Urynowicz and Siegrist, 2005）。MacKinnon 和 Thomson（2002）表明，虽然 45% 的 PCE 库含量是被氧化反应破坏的，但离开罐的污染物质量通量及因此导致的溶解速率下降了 75%。关于二氧化锰是否能完全抑制 DNAPLs 的溶解并不清楚（例如，通过外壳阻止污染物的扩散），质移的减少是否主要是二氧化锰导致DNAPLs—水界面多孔介质渗透性的变化导致的也不清楚。例如，Struse 等（2002b）研究了高锰酸盐在细粒度粉质黏土中的扩散传输，发现高锰酸盐实际上并没有造成扩散传输性质的变化。这可能暗示了二氧化锰并没有抑制扩散传输，而 Struse 等（2002b）的研究中包括溶解相和吸附相中的 TCE，没有或仅有少量 DNAPLs。

Urynowicz（2000）研究了悬浮在静态含水层系统中整齐的 TCE 液滴上 TCE 的质移，并研究了高锰酸盐的影响（见图 3.15）。Urynowicz 发现暴露在高锰酸盐中后，TCE 液滴上 TCE 的质移会随着时间减弱，最终停止（Urynowicz, 2000; Urynowicz and Siegrist,

2005）。随着实验的推进，二氧化锰包裹 DNAPLs［见图 3.15（a）、图 3.15（b）］一段时间后，SEM 分析揭示了分解后小的撕裂的板状膜［见图 3.15（c）、图 3.15（d）］。SEM 分析的局限性之一是样品在分析前或分析期间进行了干燥，所以不清楚是否改变了二氧化锰膜的外观或结构。然而，膜上的撕裂，如果不是样品制备导致的，可能表明 DNAPLs 周围的二氧化锰沉淀并不总是完整的，不会完全消除液相的质移。因此，原位形成的二氧化锰固体是否在 DNAPLs 周围形成阻止质移的不透水的边界是存在疑问的。

(a) 与高锰酸盐发生氧化反应之前，TCE DNAPLs 液滴悬停在注射器针头上的磷酸盐缓冲液中。针孔直径为 0.8mm，pH 值为 6.9，离子强度为 0.3M

(b) 与高锰酸盐发生化学反应 3h 后，TCE DNAPLs 液滴悬停在注射器针头上的磷酸盐缓冲液中

(c) TCE DNAPLs 液滴完全分解后，二氧化锰残留物图像

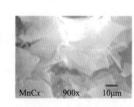

(d) 化学氧化过程和 TCE DNAPLs 液滴完全分解后，二氧化锰残留物微观图像

图3.15　TCE DNAPLs 液滴中二氧化锰的形成过程

有效包裹 DNAPLs 的第三个要求是二氧化锰膜或外壳必须在地下具有持久性，不会随时间退化。这是二氧化锰沉淀最起码需要调查的内容，在这方面需要开展更多的工作。然而，有很多信息提供了关于二氧化锰沉淀的持久性的观点。图 3.4 摘自 Duggan 等（1993），给出了受 Eh-pH 值影响的主要锰的种类。Eh-pH 值图也有其劣势，因为必须假定溶液中的种类和浓度，这可能反过来影响预期的结果，尤其是在定量方面。此外，他们并没有评价反应动力学特征。有的反应可能是热力学有利的，但速率很慢，以至于它们在效率上很不重要。然而，EH-pH 值图对于不同矿物质的性质是有启发性的。Duggan 等（1993）的研究表明，二氧化锰固体不管是 MnO_2、Mn_2O_3、Mn_3O_4、$MnCO_3$，还是 $Mn(OH)_2$，在中性到碱性条件下占主导，但以哪种特定的矿物相为主则因 Eh 而异。然而，在中性到酸性条件下或正 Eh 条件下，则以溶解态锰为主要的类别。如 3.2.5 节所述，二氧化锰在酸性条件下起氧化剂的作用，并产生锰离子产物。由于二氧化锰可能作为一种有效的氧化剂，DNAPLs 则是一种有效的还原剂，在应用中它们依赖与彼此的相互接触。如果存在酸性条件，二氧化锰外壳很可能发生还原性溶解反应；如果存在碱性条件，二氧化锰外壳则可能留存较长时间，但存在从一种相向其他各种矿物相转化的可能性。Sahl（2005）的一项研究发现，在一个接种了 PCE 降解菌的厌氧柱中，氧化停止后，沉积的二氧化锰被完全去除，厌氧生长培养基冲洗后被恢复。无法识别这种转变究竟是需氧的还是厌氧的，因为涉及厌氧生长培养基组分，但很显然在很多条件下二氧化锰都是不稳定的。

4）二氧化锰沉淀导致的迁移效率问题

很多调查发现，当二氧化锰沉淀在源区周围后，DNAPLs 的溶解速率就随时间延长降低，氧化处理污染物的速率也随之降低。这导致了使用高锰酸盐冲洗含水层 DNAPLs

源区的固有低效性，因为大量注入的高锰酸盐会越过 DNAPLs 污染区（Li and Schwartz，2000, 2004c）。例如，在 MacKinnon 和 Thomson（2002）的实验中，所用介质几乎都没有 NOD，在 150 天的实验过程中，0.7kg PCE DNAPL 中大约有 45% 被破坏，并以氯离子的形式回收。然而，这需要添加 8.5kg 高锰酸钾，产生 29mol 高锰酸盐 /1mol PCE 的有效化学计量比，这远高于理论上的 4mol 高锰酸盐 /3mol PCE 的化学计量比［参照式（3.22）］，导致注入的高锰酸盐在很大程度上无法接触到 DNAPL 发生降解。此外，氯离子的产生量随时间减少，表明随着二氧化锰持续地抑制溶解，有效化学计量比进一步降低，因此一些人开展了减轻或阻止 DNAPLs 界面二氧化锰沉淀生成方法的研究。

为了帮助减轻二氧化锰沉淀的问题及其对冲洗效率和孔隙堵塞的不利影响，很多固体控制方法及注入方法的替代方法被推荐。注入参数的优化可能是控制二氧化锰沉淀的一种途径，可能不会导致渗透性的降低和质移的减少。Petri（2006）发现，当处理 DNAPLs 源时，如果地下水流速较高或者氧化剂浓度较低，相比低流速或高浓度氧化剂系统，二氧化锰沉淀会更加分散，在低流速或高浓度氧化剂系统中，沉淀更倾向于集中在 DNAPLs—水界面；在远离界面的地方或更大的区域内（见图 3.16）形成二氧化锰沉淀有利于减小渗透性降低的程度。在高流速系统中，DNAPLs 的溶解也更快，导致 DNAPLs 的消减速度更快。

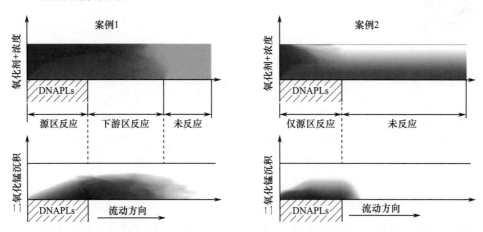

图3.16　高冲洗速度和低浓度氧化剂反应条件下的反应云数据，远离DNAPLs—水界面的反应导致了二氧化锰的分散型沉积（案例1），靠近DNAPLs—水界面的反应则使二氧化锰的沉积较为集中（案例2）（Petri, 2006）

Heiderscheidt 等（2008b）评价了高 NOD 场地二氧化锰沉淀导致的渗透性降低，模型模拟预测显示，在注入流速较高和氧化剂浓度中等的情况下，二氧化锰沉淀的分散程度更高。然而，在很多实际场地中，要实现高流速，通常受到很多限制，取决于目标处理区的地下水力传导性。此外，中等的氧化剂浓度需要更长的注入时间，以实现与高浓度氧化剂输送情况下等量的氧化剂量，这可能会增加与现场时间相关的成本。NOD 也可能是一个重要的因素。因此，传输的优化除考虑强化质移和控制二氧化锰沉淀的可能性以外，还需要考虑很多不同的因素。

很多人推荐了控制二氧化锰沉淀的方法。Li 和 Schwartz（2004b, 2004c）建议在注入氧化剂时用有机酸循环冲洗，复合和溶解地下生成的二氧化锰。多种可生物降解的酸，如柠檬酸或草酸，能够以可观的速度还原溶解性二氧化锰。在二维罐中采用高锰酸盐和有机酸循环冲洗，Li 和 Schwartz 实现了 DNAPLs 源及异质结构中生成二氧化锰的完全去除。然而，可能的劣势是完全去除每次氧化剂冲洗过程中生成的二氧化锰需要的酸的量远大于冲洗用的氧化剂的量。此外，虽然很多羧酸难以被高锰酸盐氧化，但反应仍然可能以一定速率进行。因此，残留的氧化剂可能降解注入地下的有机酸，需要在开始时用水冲洗或使用过量的酸以克服这种需要。同时，水冲洗后可能需要注入高锰酸盐，以避免与有机酸反应导致的氧化剂损失。

有研究显示，注入化学添加剂作为稳定剂不会引起氧化剂的额外消耗（Crimi and Ko, 2009; Crimi et al., 2009）。磷酸根离子等能够通过改变氧化反应产生的二氧化锰颗粒的表面电荷稳定溶液中的二氧化锰颗粒。在水处理应用中，通常希望通过中和表面电荷使颗粒移动，絮凝成较大的颗粒，并从溶液中沉淀下来。然而，在控制二氧化锰环节渗透性降低时，则恰好相反。颗粒之间的排斥力，赋予二氧化锰胶体强的表面电荷，会抑制其絮凝，因此，添加稳定剂后，二氧化锰可以在溶液中以胶体形式或纳米到微米级颗粒形式保持分散状态，从而可以在地下传输更远的距离，由此减小高锰酸盐注入导致的本地化渗透性降低的程度。

Crimi 和 Ko（2009）评价了一系列可能的无毒的稳定化剂，包括六偏磷酸钠（HMP）、黄原胶、阿拉伯树胶和 Dowfax8390。结果表明，基于颗粒过滤、粒度分布和 zeta 电位研究，HMP 稳定二氧化锰颗粒的效果最好。Crimi 等（2009）进一步研究了同时注入高锰酸盐和 HMP 到含有 DNAPLs 的 4 种不同多孔介质的柱中后，HMP 对二氧化锰沉淀的影响，结果发现 HMP 显著地减少了 DNAPLs 源区的二氧化锰沉淀，减少率达 25% ～ 87%，具体多少取决于多孔介质。尤其是与对照系统（只注入高锰酸盐）相比，注入 HMP 和高锰酸盐到不同的多孔介质中，这些多孔介质有显著的黏粒含量、有机质含量和矿物含量，导致源区沉淀的二氧化锰的量减少 1/6 ～ 1/2。这表明 HMP 降低了二氧化锰的渗透性和 DNAPLs 的溶解性的不利影响的潜力。

4. 氧化对污染物吸附的影响

高锰酸盐可能影响多孔介质表面对污染物的吸附，氧化过程可能强化解吸。然而，相比高锰酸盐对质移和传输过程的影响，关于高锰酸盐 ISCO 对吸附过程的影响及其机制研究较少，尤其是与 DNAPLs 相关的。对过氧化氢而言，有报道称与基线或对照条件相比，污染物的解吸速率可能被氧化系统强化（Watts et al., 1999）。可以设想，解吸速率的增大可能源自高锰酸盐通过以下各种可能机制的反应。

（1）液相污染物的降解，加强了吸附污染物的释放，改变了溶解相和吸附相之间的平衡，使其向解吸方向发展。

（2）通过破坏 NOM 介质，加强吸附污染物的释放，释放和降解吸附在介质上的污染物。

（3）改变 NOM 的物理性质，从而降低其吸附有机污染物的能力。

（4）沉淀的二氧化锰可能吸附污染物，可能在其他有机吸附基质上形成涂层或钝化层，影响其吸附能力。

高锰酸盐 ISCO 导致的 NOM 性质的变化对于修复是很重要的，污染物吸附应从两个方面进行考虑。很多场地的污染物吸附能够用简单的线性关系来模拟，如式（3.18）所示。

$$K_d = f_{oc} K_{oc} \qquad (3.18)$$

式中，K_d 是污染物在液相和有机质相之间的分配系数，f_{oc} 是有机碳比例，K_{oc} 是污染物有机碳分配系数。

高锰酸盐降解 NOM 对吸附的影响是通过减小 f_{oc}，从而减小介质上的吸附位点实现的，这已经被很多人证实（Schnitzer and Desjardins, 1970; Ortiz De Serra and Schnitzer, 1973; Griffith and Schnitzer, 1975; Almendros et al., 1989; Seitz, 2004; Woods, 2008）。然而，氧化反应，尤其是有选择性的反应，可能改变介质的物理性质和化学性质从而影响吸附。例如，K_{oc} 与有机介质中亲水性或疏水性的官能团的量有关，其随着疏水性官能团的增加而增大（Kile et al., 1999）。如果高锰酸盐优先降解一些官能团，有机质的疏水性可能会改变，导致 K_{oc} 改变。

Woods（2008）研究了高锰酸盐对多孔介质吸附 TCE 的影响。在多种不同的含有 TCE 的多孔介质中，采用 10700mg/L 高锰酸盐进行处理，氧化铅的 f_{oc} 减小了 63%，更常见的是减小 20%～25%。这表明在高锰酸盐的氧化过程中会损失大量的 NOM。据推测，吸附在损失的 NOM 上的污染物也能够被降解。ISCO 应用后，f_{oc} 的变化对污染物的吸附也有影响。如果 NOM 的 K_{oc} 没有被氧化反应所改变，有机碳的耗尽也会导致相应介质吸附污染物能力的减弱。如果修复前和修复后 COCs 的浓度是相同的，其他所有的因素也是相同的，而 f_{oc} 减小了 50%，那么污染物吸附的总量也相应减小 50%。然而，基于液相污染物的浓度的变化可能并不明显。Woods（2008）的研究还显示，尽管 NOM 从土壤中损失，多孔介质的 K_d 并不会发生变化或者受高锰酸盐处理的影响而显著增大。这表明高锰酸盐处理的介质可能有额外的吸附污染物的能力，尽管这种机制并不清楚。

5. 高锰酸盐 ISCO 对金属移动性的影响

使用高锰酸盐的 ISCO 能通过改变 pH 值和 Eh，产生二氧化锰固体，改变离子组成，破坏或改变 NOM，或者由于商业化高锰酸盐纯度不够导致引入额外的金属等，影响地下水中金属的移动性（Siegrist et al., 2001; Crimi and Siegrist, 2004a）。通常，特定场地金属移动低风险的条件包括 ISCO 前高 pH 值、强缓冲能力、高度氧化条件、阳离子交换位点较多、氧化条件下移动性较差金属的存在等。当高锰酸盐浓度较高（>1000mg/L），并且使用时间较长(>90d)，场地 pH 值较低，存在天然的或与污染物共存的金属时（Siegrist et al., 2001），金属移动性的风险相对更高一些。

1）pH 值和 Eh 的改变

土壤和地下水 pH 值的变化会在很大程度上影响金属的移动性（Chuan et al., 1996），取决于存在的污染物和 ISCO 前的场地条件，高锰酸盐 ISCO 可能使系统 pH 值减小到 3 以下（Siegrist et al., 2001; Petri et al., 2008）或者增大到 10 以上（Nelson et al., 2001; Sirguey et al., 2008）。在低 pH 值条件下，金属离子的溶解度和移动性（如铅、镉、锌等）可能显著增加（Forstner et al., 1991; Chuan et al., 1996）。在高 pH 值条件下，很多金属可能会沉淀或吸附到多孔介质表面。

高锰酸盐 ISCO 也能提高系统的 Eh 达 800mV（Siegrist et al., 2001）。强氧化条件可能通过一系列方式提高关注金属的移动性，具体取决于场地条件（Forstner et al., 1991）。

2）二氧化锰的形成

高锰酸盐氧化过程中形成的二氧化锰能够吸附重金属，减小高锰酸钾不纯造成的金属移动性增强的影响（Siegrist et al., 2001）。然而，二氧化锰对不同金属的吸附能力不同（Al et al., 2006）。高锰酸盐 ISCO 过程中形成的二氧化锰对很多金属的吸附贡献很大，包括土壤中的铝、铜、钴、锌、镍、铅、银、钛、铀和镉（Nelson et al., 2001）。

Al 等（2006）指出，在实验室规模的研究中，二氧化锰能够减轻高锰酸盐 ISCO 其他方面导致的金属移动性。他们从两个含有不同比例砂和方解石的土柱入口引入 TCE 和高锰酸盐的混合物［包含 1mg/L Cu、Pb、Zn、Mo、Ni 和 Cr（Ⅵ）］。通过分析两个土柱中氧化后形成的二氧化锰，发现在较宽的 pH 值范围内（2.4～6.25），Mo、Pb、Ni 和 Cu 在土柱中完全衰减。衰减效应不是完全的，Zn 没有受到阻碍，Cr（Ⅵ）是保守地穿过土柱的。

ISCO 过程中其他系统参数（如 pH 值）也可能影响二氧化锰衰减移动金属。Crimi 和 Siegrist（2004a）表明，镉在 pH 值为 7 时与颗粒的相关性比 pH 值为 3 时要高。Siegrist 等（2001）报道，在金属浓度较低时，增大 pH 值会显著增加二氧化锰颗粒对金属的吸附能力，如同增加多孔介质对金属的吸附能力；在金属浓度较高时，pH 值对二氧化锰吸附金属基本没有影响。

3）离子含量的变化

高锰酸盐氧化能够增加地下的可交换态离子，如 Ca、Mg、K（Nelson et al., 2001; Sirguey et al., 2008）。在这些例子中，Ca 能够与重金属竞争吸附位点（Crimi and Siegrist, 2004a）。在一些条件下，吸附的重金属能够被这些交换态离子取代，从而在水体中传输。

4）NOM 的破坏性变化

高锰酸盐 ISCO 能够通过氧化改变 NOM 的金属吸附能力（Siegrist et al., 2001）。增加高锰酸盐剂量能够导致多孔介质 TOC 的降低（Crimi and Siegrist, 2004a; Woods, 2008）。Sirguey 等（2008）报道，加入高锰酸盐显著地降低了多种土壤中有机碳和氮的含量。NOM 降解能够导致 NOM 相关金属（如 Cu 或 Zn）的释放（Brennan, 1991）。

5）高锰酸盐不纯引入的金属

高锰酸盐 ISCO 过程中导致金属浓度升高的另一个可能原因是商业化高锰酸盐产品中含有的痕量重金属污染物。通常，铬和砷是微量杂质中最受关注的两种。因此，一些高锰酸盐的早期应用为使用技术级的高锰酸盐，超过了这些金属的 MCLs。通常，高锰酸钾比高锰酸钠含有更多的微量杂质，但是使用高锰酸钠作为氧化剂时需要的浓度也较高，所以两种高锰酸盐的应用都要注意（Huling and Pivetz, 2006）。最近，化学制造商尝试通过生产 ISCO 专用级别的高锰酸盐来解决这个问题，这种高锰酸盐含有的金属浓度较低。用于修复的高锰酸盐需要进行一系列分析，包括微量金属的浓度，使用户能够确定金属杂质是否会超过 MCLs。如果金属含量足够高，可能会有超过 MCLs 的风险，而场地对金属浓度很敏感，该问题可能通过降低注入地下的高锰酸盐溶液的浓度得以解决（Siegrist et al., 2001）。

6）高锰酸盐 ISCO 过程中金属的移动

场地级别的高锰酸盐 ISCO 已经被证明会提高地下的金属含量。Crimi 和 Siegrist（2003）观察到场地地下水中聚集的二氧化锰中的 Ni、Mn 和 Cr 浓度显著升高。他们将这种变化归结于高锰酸盐的大量使用导致的场地特定条件、大量 DNAPLs 的存在，以及场地地质条件。Chambers 等（2000a, 2000b）发现，当用高锰酸盐处理某一场地时，地下水中 Cr（Ⅵ）浓度升高，他将这归结于高锰酸盐中微量铬的聚合，以及地下多孔介质中铬的氧化。

通常，高锰酸盐 ISCO 导致增加金属的自然衰减可能使得其浓度在氧化后的较短时间内和较小空间内达到可接受值（Huling and Pivetz, 2006）。例如，在 Chambers 等（2000a, 2000b）的研究中，六价铬的浓度在 3 个月内降低到了 MCLs 以下。

Moore（2008）分析了 30 个高锰酸盐 ISCO 场地中溶解态铬浓度随时间变化的数据。虽然场地天然条件和设计特性的变化趋势之间存在差异，但总体结果均表明，氧化剂加入后，六价铬浓度立即升高，但在 ISCO 后 6 个月到 1 年内衰减。Moore（2008）也考虑了高锰酸盐氧化的一种重要的潜在副产物——溶解性锰的浓度，溶解性锰在 ISCO 后可能持续存在，其水平在两年内降低，这种降低趋势能够基于 pH 值和氧化还原电位的测量进行预测。Moore（2008）也报道，只在目标处理区观察到这些金属浓度的升高，而在下游并没有观察到，尤其是当地下水流速超过 46cm/d 时。

6. 密度驱动的平流

当溶解在液相中时，任何移动的溶解性溶质都可能改变溶液的密度。在高锰酸盐 ISCO 过程中，由于氧化剂浓度达 1wt.% 或更高，高锰酸根离子也可能以这种方式增大溶液密度。注入浓度高的溶液到密度较低的地下水中，引力作用可能导致浓度高的溶液向下迁移。Schincariol 和 Schwartz（1990）报道，当地下系统中两种溶液的密度差小于 $0.0008g/cm^3$ 时，相当于 1000mg/L 氯化钠引起的密度差异，可能会发生向下迁移现象。在地下水系统中，液体的移动遵循达西定律，介质的水利传导系数是密度平流的一个因素。

在水利传导性较高的介质中，密度驱动的平流可能导致浓度较高溶液的流速下降。然而，低渗透性介质可能有效地限制平流，因此，当浓度较高的溶液遇到隔水层时，向下迁移可能停止；当溶液在隔水层上形成类似池塘时，就会发生横向移动（Schincariol and Schwartz, 1990）。很多研究者已经发现并报道了重力驱动的高锰酸盐溶液的平流（Nelson, 1999; Stewart, 2002; Siegrist et al., 2006）。Stewart（2002）报道了注入 4wt.% ～ 5wt.% 的高锰酸钾到一个砂层含水层系统中的研究，该含水层中有 TCE DNAPLs 池位于渗透性砂层上。他们观察到氧化剂注入的最初半径大约是 2m，但溶液会向下迁移直到聚集到隔水层及 TCE 池的顶部，然后就会横向移动。该隔水层的稍微浸渍会使得重力流加快浸渍的速度。注入 11 个星期后，高锰酸盐羽的半径达到 3 ～ 6m。ISCO 完成后的监测表明，残留物和 5cm 厚的池状 DNAPLs 被有效降解，高锰酸盐已经扩散到隔水层中 15cm，但是厚度为 13cm 的 DNAPLs 池仍然有一定量的自由相残留。

这种被动投放技术在处理 DNAPLs 时有其自身优势，因为高锰酸盐溶液向下迁移可能有利于其与 DNAPLs 接触。Nelson（1999）发现，在注入高锰酸盐到砂性含水层 2 天内就可以观察到显著的下游平流，使用直推技术的特殊注入手段能够创造堆叠处理区，能够强化氧化剂与介质的接触。Frazer 等（2006）发现，密度驱动的平流是 ISCO 场地实施中的一个主要过程，能够改善氧化剂在非均质含水层中的分配。

Henderson 等（2009）研究了密度驱动的平流作为一种传输高锰酸盐到弱透水层表面

地下水的 DNAPLs 中去的方法。研究者改进了多组分反应运移码（MIN3P）来模拟基于高锰酸盐的 ISCO。新的反应运移码 MIN3P-D，包括了依赖密度的流体流动、溶质运移、污染物处理和地球化学反应之间的直接耦合。Henderson 等（2009）使用该模型模拟了位于弱透水层上的砂质含水层中 TCE 氧化的现场实验，对氧化剂、溶解 TCE 和反应产物浓度的一般空间和瞬时演变进行了模拟。密度驱动的高锰酸盐的平流发生在含水层—隔水层界面含有 DNAPLs 的区域。

3.4　污染物可处理性

高锰酸盐能够处理一系列的 COCs，通过 3.2 节所述可知，反应化学、动力学和产物取决于 COCs 的类型及地下条件。本部分描述了高锰酸盐对特定类别污染物的处理。有很多类型的污染物的高锰酸盐降解已经被研究过，然而还存在一些缺口。表 3.3 对不同有机污染物的高锰酸盐 ISCO 的可处理性进行了评价。第 9 章介绍了基于场地特定因素，包括 COCs 特性、场地条件和处理目标等进行高锰酸盐 ISCO 选择的指南和工具。

3.4.1　氯乙烯

高锰酸盐能够攻击烯烃键（Ladbury and Cullis, 1958; Arndt, 1981; Fatiadi, 1987），这类污染物适合通过高锰酸盐氧化去除。高锰酸盐对氯乙烯的降解已经被广泛研究，其机制和反应产物都已经较为清楚。

4 种常见烯烃类的高锰酸盐氧化的化学计量关系已被建立，见反应式（3.19）～反应式（3.22）。基于污染物的完全矿化，并假定发生的主要反应是半反应［见反应式（3.2）］，高锰酸根离子转移 3 个电子，产物是二氧化锰，给出了反应物和产物的理论关系，见反应式（3.19）和反应式（3.22）。

氯乙烯：

$$10MnO_4^- + 3C_2H_3Cl \longrightarrow 10MnO_2 + 6CO_2 + 3Cl^- + 7OH^- + H_2O \qquad (3.19)$$

二氯乙烯：

$$8MnO_4^- + 3C_2H_2Cl_2 \longrightarrow 8MnO_2 + 6CO_2 + 6Cl^- + 2OH^- + 2H_2O \qquad (3.20)$$

三氯乙烯：

$$2MnO_4^- + C_2HCl_3 \longrightarrow 2MnO_2 + 2CO_2 + 3Cl^- + H^+ \qquad (3.21)$$

四氯乙烯：

$$4MnO_4^- + 3C_2Cl_4 + 4H_2O \longrightarrow 4MnO_2 + 6CO_2 + 12Cl^- + 8H^+ \qquad (3.22)$$

表 3.3　使用高锰酸盐 ISCO 技术降解不同有机污染物的可行性综合评估

污染物类别	所在章节	是否能被高锰酸盐降解	备　注
氯代脂肪族化合物			
氯乙烯	3.4.1节	高效	氯乙烯易被高锰酸盐降解。目前已经对PCE和TCE等化合物进行了深入研究，了解了它们的降解机理及产物
氯乙烷类	3.4.2节	低效	取决于饱化合物的饱和性［如1,1,1-三氯乙烷（1,1,1-TCA）；1,1-二氯乙烷（1,1-DCCA）］，它们不能和高锰酸盐发生强烈的反应
甲烷氯化物	3.4.2节	低效	取决于化合物的饱和性［如四氯化碳（CT）］，它们不能和高锰酸盐发生强烈的反应
氯代芳香族化合物			
氯酚类	3.4.4节	高效	氯酚的同分异构体能与高锰酸盐发生快速反应，速度比大多数氯化乙烯快10～100倍
多氯联苯/二噁英/呋喃	3.4.5节	无效	基于化合物结构和研究数据，这些化合物不与高锰酸盐发生反应
烃类化合物			
苯/甲苯/乙苯/总二甲苯（BTEX）	3.4.4节	一定条件下有效	苯基本上不与高锰酸盐发生反应，其他BTEX化合物能被高锰酸盐降解，但降解速度仅为PCE的降解速度的1/100～1/10
饱和链烃	3.4.3节	低效	取决于化合物的饱和性及低水溶性，它们不能和高锰酸盐发生强烈的反应
甲基叔丁酯	3.4.3节	低效	反应速度远低于甲烷化合物
酚类化合物	3.4.4节	高效	酚及其同分异构体与高锰酸盐的反应速率比大多数氯化乙烯的反应速率快10～100倍，硝基苯酚的同分异构体的反应速率与氯化乙烯类似
多环芳烃（PAHs）	3.4.5节	一定条件下有效	PAHs与高锰酸盐的反应性根据化合物结构和性质的不同而不同
其他有机化合物			
爆炸物和芳香族硝基化合物	3.4.6节	一定条件下有效	与高锰酸盐的反应性根据化合物结构和性质的不同而不同。根据某些已发现的降解反应来看，虽然反应速率慢，但硝基苯酚能很快被降解
农药	3.4.7节	不确定	某些化合物的降解反应已经被发现，但有限的研究已经完成

注：对应的章节中详细讨论了每种污染物的可行性研究信息。

　　化学计量关系表明，降解氯乙烯需要的高锰酸盐的量与氯代程度有关（见表3.4）。因为氯代程度越高的乙烯越容易被氧化，因此将其氧化生成矿化产物需要转移的电子数越少。此外，氯代程度越高的系统产生的酸度越高，氯代程度越低的烯烃产生的碱度越高。每种氯乙烯在氧化过程中 pH 值的减小程度与氯代程度是成比例的，这已经在实验室研究中被观察到（Huang et al., 2001）。

表 3.4　高锰酸钾矿化氯乙烯及其他有机物的化学计量要求

目标污染物	分子量（g/mol）	氧化剂需要量（g MnO$_4^-$/g目标）	MnO$_2$产生量（g MnO$_2$/g目标）
四氯乙烯	165.6	0.96	0.70
三氯乙烯	131.2	1.81	1.32
二氯乙烯	96.8	3.28	2.39
氯乙烯	62.4	6.35	4.64
苯酚	94.1	11.8	8.62
萘	128.2	14.8	10.8
菲	178.2	14.7	10.7
芘	202.3	14.5	10.6

虽然这些化学计量关系提供了许多重要的信息，但在实际应用过程中仍存在一些局限性。例如，在任何原位应用中，含水层介质都会有一定程度的 NOD，可能会与污染物竞争氧化剂。因此，在有 NOD 存在的情况下降解污染物所需的氧化剂的量可能要比根据化学计量比计算的量多。此外，有效的化学计量可能存在偏差，取决于反应条件和高锰酸盐的传输。例如，如果在反应过程中 pH 值减小到以反应式（3.1）中的半反应为主的程度，化学计量就会改变，从而降低高锰酸盐和污染物的比例，因为在这样的条件下能够发生更强的氧化。此外，如 3.2.3 节所讨论的，限速步骤是环状酯的形成，随后通过不同的水解和氧化反应降解形成有机酸或矿化产物。然而，在一些条件下，污染物的量大大多于高锰酸盐，如接近 NAPLs，高锰酸盐只能够启动反应，但不足以降解反应较慢的有机酸或随后的氧化产物，这时化学计量就不再起作用。Petri 等（2008）观察到，在有 TCE 和 PCE DNAPLs 存在的一维系统中，高锰酸盐和污染物的化学计量比显著低于如反应式（3.21）和反应式（3.22）所示的反应。

在降解氯乙烯的过程中，环状含锰酯类的形成是主要的限速步骤，能够用二级反应动力学表示。不同的是，氯乙烯经历了两个阶段的动力学过程，这是因为其环状含锰酯类的形成是可逆的，而可逆平衡形成前后的反应动力学速率不同（Huang et al., 2001）。反应条件（如 pH 值和离子强度）对初始限速步骤的影响不大。

表 3.5 总结了在多项研究中确定的 6 种氯乙烯的反应速率常数。这些反应速率常数通常是在常温（20～25℃）及不同氧化剂浓度、氯乙烯浓度和 pH 值条件下测定的。不同实验条件下反应速率常数的差异表明，氯乙烯的降解速率并不只对其中的某个参数敏感。然而，不同氯乙烯的反应速率常数间也存在很大的差异，这是由于氯原子的数量，以及它们在分子上位置的不同产生的立体效应。例如，1,2-二氯乙烯是众多乙烯中降解速率最快的，而四氯乙烯是最慢的，两者之间的差异达 3 个数量级。尽管氧化速率有很大差异，但是这些反应都足够快，能够通过 ISCO 处理被有效去除。

高锰酸盐与氯乙烯反应时形成的环状含锰酯类很不稳定，会通过不同的途径快速降解，其降解途径取决于 pH 值和被降解的氯乙烯。在低 pH 值条件下，与质子的反应导致酯类的碳碳键断裂，释放甲酰氯（TCE）或光气（PCE）。反之，它们会快速水解，以HCl 形式释放氯，形成二氧化碳（PCE）和甲酸（TCE）（Yan and Schwartz, 2000; Huang et al., 2002）。在中性或碱性条件下，环状含锰酯类通过一系列快速的水解反应分解，导致 PCE 或 TCE 完全脱氯，氯以 HCl 的形式被释放，终产物包括多种有机酸。其中，草酸是两种氯乙烯分解的主要产物，反应还观察到乙醇酸和乙醛酸（Yan and Schwartz, 2000; Huang et al., 2002）。所有产生的有机酸都可能被进一步降解，通过与高锰酸盐的反应矿化为二氧化碳，但这些反应的速率较初始的氯乙烯的反应速率慢得多，导致其可能在溶液中积累。因为这些潜在的副产物完全脱氯，也是自然界常见的物质，容易被微生物降解，因此它们在溶液中的积累从风险评价的角度来说并不是什么问题，甚至可能有利于后期的生物修复和自然衰减。

表 3.5　在 20～25℃下，一些氯乙烯污染物与高锰酸盐的反应速率常数总结

污染物	pH值	MnO₄⁻浓度（mg/L）	污染物浓度（mg/L）	反应速率常数（$M^{-1}s^{-1}$）	参考文献
PCF	10.6	150～3800	0.6～0.8	0.028±0.001	Dai and Reitsma（2004）
	5.2	3800～23000	48～111	0.041±0.011	Hood et al.（2000）
	7	95～750	17	0.035±0.004	Huang et al.（2001）
	7	12	166	0.043	Waldemer and Tratnyek（2006）
	4～8	120	<17	0.045±0.03[a]	Yan and Schwartz（1999）
	平均			0.038	
TCE	7	95～750	13	0.80±0.12	Huang et al.（2001）
	7	12	132～525	0.76±0.03	Waldemer and Tratnyek（2006）[a]
	7	12	132～525	0.46±0.05	Waldemer and Tratnyek（2006）[a]
	7	12	132～525	0.67±0.05	Waldemer and Tratnyek（2006）[b]
	4～8	120	<13	0.67±0.03	Yan and Schwartz（1999）
	平均			0.67	
cis-DCE	7	95～750	9.7	1.52±0.05	Huang et al.（2001）
	7	36	290～1160	0.71±0.06	Waldemer and Tratnyek（2006）
	4～8	120	<10	0.92±0.5[a]	Yan and Schwartz（1999）
	平均			1.05	
trans-DCE	7	95～750	9.7	48.6±0.9	Huang et al.（2001）
	4～8	120	<10	30±2[a]	Yan and Schwartz（1999）
	平均			39.3	
1,1-DCE	7	95～750	9.7	2.1±0.2	Huang et al.（2001）
	4～8	120	<10	2.38±0.13[a]	Yan and Schwartz（1999）
	平均			2.24	
VC	7	95～750	6.2	二级动力学	Huang et al.（2001）

注：[a]静态系统：两值之间的差异不清楚。

[b]停留装置。

3.4.2　氯乙烷和氯甲烷

与氯乙烯相比，氯乙烷和氯甲烷（如 1,1,1-TCA、1,1-DCA、CT 等）不容易与高锰酸盐反应。Waldemer 和 Tratnyek（2006）尝试测量这些污染物及其他相关化合物的降解动力学反应速率，发现它们都小于 $4×10^{-5}M^{-1}s^{-1}$。这些化合物因其饱和性和缺少双键而

难以在溶液中被氧化；很多作者尝试氧化这些化合物，发现极少部分或许根本无法被去除（Gates-Anderson et al., 2001; Cho et al., 2002; Jazdanian et al., 2004）。氯仿由于具有独特的化学性质，能够以较低但足够的反应速率在溶液中被降解（Waldemer and Tratnyek, 2006）。

Seol 等（2001）研究了用高锰酸盐辅以相转移催化剂降解 1,1,2-TCA 和 1,1,2,2-TeCA DNAPLs，相转移催化剂使高锰酸盐能够直接分配到有机相中，使降解效率大大提高。然而，这些相转移催化剂是否导致在液相系统中不能发生降解的反应机制并不清楚。

3.4.3 BTEX、MTBE 和饱和脂肪族化合物

高锰酸盐对 BTEX 的氧化已经有很多研究，尽管并不如氯乙烯那么多。BTEX 代表了燃料相关污染物的一种常见组分，例如，燃料烃的轻质非水相液体（LNAPL）泄漏。此外，BTEX 是含 PAHs 废物的一种次要组分，如杂酚油或煤焦油。高锰酸盐降解 BTEX 的动力学通常要比氯乙烯慢得多，仅为氯乙烯中降解最慢的 PCE 的降解速率的 1/100 ~ 1/10（Waldemer and Tratnyek, 2006）。苯降解得如此之慢，以致于对实际应用而言，它与高锰酸盐几乎是不反应的（Forsey, 2004）。这对于使用高锰酸盐处理 BTEX 污染是一项很大的挑战，因为美国国家环境保护局对苯的管制要比对其他 BTEX 组分的管制严格得多。例如，苯的 MCL 是 5ppb，而甲苯是 1000ppb，乙苯是 700ppb，总二甲苯是 10000ppb。

Waldemer 和 Tratnyek（2006）描述的 BTEX 化合物的降解机制，完全不同于氯乙烯形成的环状酯，BTEX 的氧化是攻击苄基 C—H 键（芳香环侧链上的碳氢键）。甲苯、乙苯、二甲苯所有异构体，以及异丙基苯都含有苄基碳氢键，都能够与高锰酸盐以较慢但足够的反应速率发生反应。由于苯没有苄基碳氢键和高度芳香性，因此它与高锰酸盐几乎不反应。Forsey（2004）也发现，叔丁基苯被烷基侧链取代，缺少苄基碳氢键，也几乎不与高锰酸盐反应。

MTBE 的氧化也被研究过。Damm 等（2002）发现，MTBE 的氧化比典型的氯乙烯慢得多，二阶反应速率常数为 $6.26×10^{-5}M^{-1}s^{-1}$。这也比用过氧化氢和臭氧氧化 MTBE 的反应速率慢得多。当 pH 值为 5 ~ 10 时，该反应速率常数与 pH 值无关，并且高锰酸盐与 MTBE 的摩尔比例为 2∶1（Damm et al., 2002），形成的反应产物包括甲酸叔丁酯（TBF）和叔丁醇（TBA）。在使用其他氧化剂，如过氧化氢（Burbano et al., 2002; Ray et al., 2002）氧化 MTBE 时，也会产生这些产物。然而，高锰酸盐很难降解叔醇，叔醇也被用作工业应用中高锰酸盐反应的溶剂。因此，MTBE 产生的 TBA 不会通过氧化被进一步降解（Singh and Lee, 2001）。因此，当用高锰酸盐氧化 MTBE 时，很可能发生 TBA 的积累现象。

至今为止，以石油烃为代表的饱和脂肪烃的氧化很少被研究。饱和脂肪烃中缺少碳碳双键，并且溶解度极低，导致它们难以被液相高锰酸盐氧化。据报道，高锰酸盐与饱和脂肪烃之间的反应大多发生在非液相溶剂、相转移催化剂或高浓度的酸中，所有这些应用于实际的 ISCO 都是不现实的（Arndt, 1981; Fatiadi, 1987）。这些氧化系统成功发生反应的产物通常包括羧酸（Fatiadi, 1987）。然而，当利用高锰酸盐处理燃料混合物时，自由相饱和烃通常难以被氧化。

3.4.4 苯酚

高锰酸钾在水处理中被用于苯酚类化合物的化学氧化。高锰酸钾氧化苯酚的化学计量关系为

$$3C_6H_5OH + 28KMnO_4 + 5H_2O \longrightarrow 18CO_2 + 28KOH + 28MnO_2 \qquad (3.23)$$

根据反应式（3.23），苯酚的矿化消耗了大量的高锰酸盐，1g 苯酚可消耗 11.8g 高锰酸盐（见表 3.4）。

虽然苯和其他只含有烃取代官能团的芳香污染物与高锰酸盐的反应都很慢，但当苯环被一个或多个羟基取代成苯酚类污染物时，与高锰酸盐的反应却变得很快。苯酚和氯苯酚的各种异构体与高锰酸盐的反应速率比很多氯乙烯要快 10 ～ 100 倍，硝基苯酚异构体与高锰酸盐的反应速率和氯乙烯类似（Waldemer and Tratnyek, 2006），这表明应用高锰酸盐修复它们在实际应用中是可能的。然而，它们的反应机制和中间产物并不如氯乙烯那么清楚。苯酚被认为通过与高锰酸盐的一个电子的转移而降解（Waldemer and Tratnyek, 2006），副产物包括醌和提示环断裂的其他产物。苯酚的反应性受 pH 值影响，因为苯酚的去质子化取决于它们的 pKa，形成的酚离子通常比质子形式的反应要快（Waldemer and Tratnyek, 2006）。通常，虽然有些硝基苯酚和五氯苯酚例外，具有在酸性范围内的 pKa，但多数苯酚类污染物拥有中性到碱性范围内的 pKa。因此，当处理苯酚类污染物时，在碱性条件下的降解动力学可能会更快。

3.4.5 多环芳烃

有的 PAHs 能够被高锰酸盐氧化，也有一些研究涉及其反应动力学、机制、产物和效率（Gates et al., 1995; Gates-Anderson et al., 2001; Lamarche, 2002; Brown et al., 2003; Forsey, 2004; Thomson et al., 2008）。然而，也有一些 PAHs 难以被高锰酸盐氧化。这些难以氧化的 PAHs 包括联苯和二苯并呋喃，在高锰酸盐存在的情况下降解不明显（Siegrist et al., 2001; Forsey, 2004; Thomson et al., 2008）。

在早期的实验研究中，Gates 等（1995）评价了高锰酸盐对砂土和粉质黏土中的萘、菲和芘污染的处理。这些化合物矿化的反应式如下。

萘：

$$C_{10}H_8 + 16KMO_4 + 16H^+ \longrightarrow 10CO_2 + 16MnO_2 + 16K^+ + 12H_2O \qquad (3.24)$$

菲：

$$C_{14}H_{10} + 22KMnO_4 + 22H^+ \longrightarrow 14CO_2 + 22MnO_2 + 22K^+ + 16H_2O \qquad (3.25)$$

芘：

$$3C_{16}H_{10} + 74KMnO_4 + 74H^+ \longrightarrow 48CO_2 + 74MnO_2 + 74K^+ + 52H_2O \qquad (3.26)$$

Gates 等（1995）利用柱实验研究了土壤类型、氧化剂加载速率、表面活性剂或铁添加剂，以及 pH 值对污染处理效果的影响。初始 PAHs 浓度分别如下：萘为 260 ～ 337mg/kg，菲为 248 ～ 341mg/kg，芘为 226 ～ 331mg/kg。在添加氧化剂前，90% ～ 99% 的 PAHs 在

NAPL 相中，只有少量的 PAHs 在液相中或吸附到了土壤固体上。对于这两种类型的土壤，在氧化剂量为 20g/kg 时，高锰酸盐处理萘、菲和芘的效率均大于 90%（见图 3.17）。

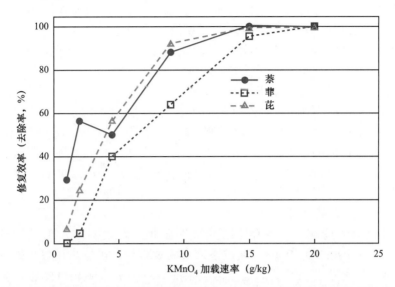

图3.17 20℃，48h多环芳烃在黏土泥浆中的氧化效率与KMnO₄加载速率的关系（Siegrist et al., 2001）

　　Brown 等（2003）研究了结构活性与吸附到土壤中的 PAHs 降解的相关性。他们发现，PAHs 反应性差异很大，但基本的趋势能够通过 Clar 图确定的 PAHs 的电子分布特征来解释，如 3.2.3 节所述。他们使用零级动力学方法，确定了 6 种 PAHs 处理程度的顺序：苯并芘 > 芘 > 菲 > 蒽 > 芴 > 䓛。然而，没有人报道过关于这些 PAHs 污染物的二级反应速率常数。

　　Forsey（2004）使用批量和一维柱实验评价了高锰酸盐降解 DNAPLs 杂酚油中一系列 PAHs 的动力学反应和产物。杂酚油混合物中很多 PAHs 的氧化能够使用二级动力学来模拟。对于有二级反应速率常数报道的化合物，它们的二级反应速率常数为 10^{-3} ～ $100M^{-1} s^{-1}$，该反应速率常数足够大，能够确保 ISCO 应用的有效性。能够降解的 PAHs 包括萘、1-甲基萘、2-甲基萘、蒽、菲、苊、芴、䓛、荧蒽和芘。图 3.18 给出了 Arndt（1981）得出的萘向邻苯二甲酸的转化。Forsey（2004）也证明了吲哚和咔唑都是包含杂原子（氮）的多环芳烃，能够被高锰酸盐氧化。

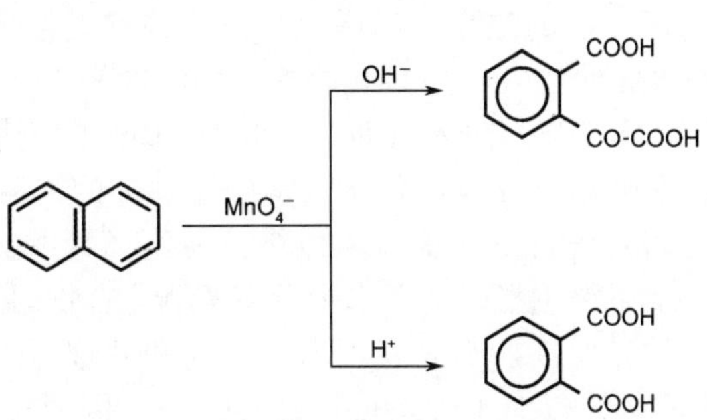

图3.18 萘芳香酰化产物的氧化（Arndt, 1981）

多种 PAHs 的氧化产物已经被识别，包括羰基（C=O）取代到原来的 PAHs 上，导致形成多环芳醌（Forsey，2004）。例如，芴氧化形成 9-芴酮，苊氧化形成不稳定产物苊酮，蒽氧化形成 9,10-蒽醌。前两种产物能够被高锰酸盐氧化，但没有识别出它们被进一步氧化的产物；而后一种产物 9,10-蒽醌在氧化系统中很稳定，它的一种衍生物被用作制造商业过氧化氢的催化剂。因此，当用高锰酸盐处理 PAHs 时一些稳定的有机副产物可能会累积。副产物中还可能包括脂族和芳族羧酸，例如，Arndt（1981）报道了在碱性高锰酸盐氧化菲时，生成了大量的联苯 2,2-二羧酸。

因为 PAHs DNAPL（如杂酚油或煤焦油）通常是上百种不同的有机化合物的混合物（Brown et al.，2006），导致杂酚油中有难以被高锰酸盐氧化的物质。例如，虽然通常 PAHs 是杂酚油和煤焦油的主要成分，但其中也有一些 BTEX 和其他单环芳香化合物。正如之前所讨论的，苯和叔丁基苯难以被高锰酸盐氧化（Forsey，2004）。此外，虽然煤焦油或杂酚油的主要成分为芳香污染物，但也有一些饱和的脂肪烃组分（Brown et al.，2006），这些组分也难以被高锰酸盐氧化（Fatiadi，1987）。

高锰酸盐对包含可降解和不可降解组分的杂酚油或煤焦油 DNAPL 的处理可能改变污染物的性质。Thomson 等（2008）通过室内实验观察到，虽然高锰酸盐处理能够有效降解很多 PAHs，显著减少杂酚油的量，但剩余的 NAPL 和吸附相可能包含大量难以被高锰酸盐降解的 PAHs。因此，这些难以降解的成分在液相中的浓度可能比基线状态有所升高，按照拉乌尔定律的溶解度模拟，多组分 NAPL 中特定污染物的有效液相溶解度限值与化合物在 NAPL 中的摩尔分数成正比，即

$$C_e = X_n C_s \tag{3.27}$$

式中，C_e 是污染物的有效液相溶解度限值，X_n 是污染物在 NAPL 混合物中的摩尔分数，C_s 是污染物在纯溶液中的溶解度限值。这在批量实验和柱实验中被观察到，也在中试尺度实验中被一定程度地观察到。在实验中，联苯和二苯呋喃的浓度在氧化后升高，表明在 DNAPL 相中富含这些难以被氧化的 PAHs（Forsey，2004；Thomson et al.，2008）。

鉴于 PAHs 有一些可以氧化的组分，也有一些难以氧化的组分，高锰酸盐 ISCO 无法实现对这些 DNAPL 的完全去除。然而，研究也表明，高锰酸盐 ISCO 能够降低污染源的量，以及减少负载到地下水污染羽的量。Thomson 等（2008）表明，在柱实验中用高锰酸盐处理杂酚油 DNAPL 使 PAHs 组分的总量减少了 33%，导致排出总量减少了 25%。在 Canadian Forces Base Borden 的一个场地示范中，Thomson 等（2008）采用半被动的脉冲注入系统投加高锰酸盐处理杂酚油源区。利用 4 个上游的注入井，使用脉冲注入系统维持源区高锰酸盐的浓度，确保氧化反应速率及浓度梯度驱动的扩散始终最大。实验共进行了 6 次脉冲注入，高锰酸盐的平均浓度为 13g/L，注入高锰酸盐的总量为 125kg，注入速率为 5L/min，注入时间为 10h，对周围的流场造成最小的干扰。基于估计地下水平均线性流速为 10cm/d，每次高锰酸盐脉冲的末端能够在 7d 内有效地向注入井下游迁移，此时需要进行下一次注入以维持源区高锰酸盐的浓度。Thomson 等（2008）报道称，150d 后，下游围栏线地下水中所有监测化合物的排放量都有所减少（见表 3.6）。虽然由于源区的异质性，不能表现出处理前和处理后土芯中 DNAPLs 量的差异，但确实观察到了排放量的减少（从 2.0g/d 到 1.1g/d）。因为所分析的很多 PAHs 都属于 USEPA 管制的 16 种 PAHs，所以通过高锰酸盐冲洗进一步分解这些组分来实现管制的目标是可能的，尽管可能在地下环境中留下一些不反应的组分（如饱和烃等）。

表 3.6　高锰酸盐 ISCO 治理杂酚油污染场 150d 后，监测线上地下水羽流上污染物的质量通量变化

污 染 物	流 通 量		质量通量的变化
	Pre-ISCO（mg/d）	Post-ISCO（mg/d）	
萘	750	310	−59%
1-甲基萘	200	120	−40%
萘乙酸	15	6	−58%
联苯	84	71	−15%
苊	430	200	−53%
芴	110	51	−54%
咔唑	61	18	−70%
二苯呋喃	250	210	−16%
菲	96	60	−37%
蒽	31	14	−55%
萤蒽	13	11	−11%
芘	9	3	−63%
总共	2048	1075	−47%

3.4.6　爆炸物及相关的化合物

很多作者报道了爆炸性化合物的成功降解，它们相对氯乙烯而言降解难度要大一些。例如，高锰酸盐被用于处理 RDX（六氢 -1,3,5- 三硝基 -1,3,5- 三嗪）（Adam et al., 2004; Adam and Comfort, 2005; Waldemer and Tratnyek, 2006）。很多需要修复的爆炸性物质都包含亚硝基。Schnitzer 和 Desjardins（1970）报道称，亚硝基使得有机物难以被氧化，因为它们的吸电子特性；然而，降解可能发生。

Adam 等（2004）针对实际场地中 RDX 的降解进行了深入的可行性研究。他们发现，高锰酸盐降解 RDX 的速率较慢，氧化反应能够以可测量的速度持续 30d 甚至更长。尽管没有报道二级反应速率常数，但该反应比 PCE 的氧化要慢得多。反应速率对初始 pH 值（4～11）和 RDX 浓度（1～10mg/L）敏感。虽然确切的反应途径和机制并不清楚，但超过 87% 的 RDX 中的碳以二氧化碳的形式释放，这表明存在显著的矿化。RDX 中的氮有 20%～30% 转化成 N_2O，是氮循环中的一种常见形态。没有观察到硝酸或氨的产生，表明 N_2O 或其他氮形态是 RDX 中氮的最终形式。这与过氧化氢处理 RDX 过程中产生的产物相反，过氧化氢处理 RDX 的产物包括大量的氨和硝酸（Bier et al., 1999）。反应中可能产生的一种有机副产物是 4- 硝基 -2,4- 重氮丁醛，还可能产生其他产物，水中残留的有机碳证明了这一点，但其他产物并没有被识别出来。然而，也有研究表明，基于二氧化碳的产生速率，这些中间产物相比母体的 RDX 化合物更容易被生物降解（Adam et al., 2004; Adam and Comfort, 2005）。因此，RDX 的可矿化程度较高，能够用高锰酸盐处理。然而，由于反应速率较低，RDX 需要与高锰酸盐接触的时间较长，故在处理 RDX 时，长时间的 NOD 动力学是需要考虑的一个重要因素。

高锰酸盐对这类物质中其他污染物的氧化方面的研究相对较少。硝基苯酚是很多爆炸物污染场地常见的一种共有化合物，与其他酚类污染物一样，其与高锰酸盐的反应速率较高。Waldemer 和 Tratnyek（2006）报道了一系列硝基苯酚的反应速率常数，发现它

们与氯乙烯的反应速率常数在同一区间，尽管它们比很多氯苯酚的反应速率要小。2,4,6-三硝基甲苯（2,4,6-TNT）也表现出与硝基苯酚类似的降解速率，尽管苦味酸的降解速率要慢得多，类似于RDX。然而，很多这类物质的反应途径和降解产物都不是很清楚。

3.4.7　农药

高锰酸盐对多种农药的降解也被研究，但相对于其他污染物，相关研究的程度要低得多。Tollefsrud 和 Schreier（2002）评价了土壤中艾氏剂、狄氏剂、α-氯丹和γ-氯丹的降解，发现它们的降解程度不同，艾氏剂降解最多，狄氏剂降解最少。这4种农药的结构相似，艾氏剂之所以降解较快，部分原因是其含有一个乙烯键，但其他3种没有。高锰酸盐与乙烯键的反应被广泛记载（Ladbury and Cullis, 1958; Fatiadi, 1987）。狄氏剂的降解最少，可能是因为在 Tollefsrud 和 Schreier（2002）的研究中，污染土壤是老化的，疏水性强的狄氏剂可能被强烈吸附到土壤中，副产物、中间产物和反应途径没有被分析，所以无法确定在所研究的系统中这些物质是否被矿化。

🏭 3.5　总结

高锰酸盐 ISCO 的很多方面都被深入研究过，包括高锰酸盐化学反应的机制、关注有机污染物的可降解性、高锰酸盐与地下环境的交互作用等。研究表明，高锰酸盐的化学性是可以预测的，包括与有机物的直接反应。某些污染物的降解，尤其是氯乙烯及PAHs 的降解在一定程度上已经被深入研究过，代表了关于高锰酸盐 ISCO 的大部分认知。然而，因为控制高锰酸盐在地下环境中扩散传输过程的复杂性，高锰酸盐 ISCO 的应用仍然存在一些操作上的不确定性。虽然高锰酸盐的传输过程已经被深入研究，也获得了一些认知，但它们受场地特定条件的影响很大。影响高锰酸盐 ISCO 应用的一种最重要的因素就是地下 NOD。含水层介质表现出的非生产性高锰酸盐消耗，受场地条件变化影响很大，会显著影响高锰酸盐 ISCO 的效果。NOD 是一个动力学控制过程，但至今该动力学仅基于容易测量的场地特性参数的简单预测。因此，准确测定 NOD 的方法应基于实验室的测试过程和场地的 Push-Pull 测试。

其他需要考虑的重要因素包括高锰酸盐 ISCO 对 DNAPLs 溶解过程的可能影响，以及固相二氧化锰对渗透性的影响。高锰酸盐可以显著破坏一些 DNAPLs，尤其是以残留 Ganglia 形式存在的那些 DNAPLs，其降解速率要比溶解速率快得多，从而导致其更快地被去除。然而，DNAPLs 的处理也可能受到源区形成的二氧化锰的限制，尤其是在存在池状 DNAPLs 的时候。二氧化锰沉淀可能降低 DNAPLs 源区多孔介质的渗透性，转移源区周围的高锰酸盐溶液，导致氧化剂和污染物无法有效接触，减少了 DNAPLs 的解散。DNAPLs 上二氧化锰膜的形成是需要避免的一个问题，因为它限制了氧化剂和污染物的接触。在操作时需要采取策略避免产生二氧化锰沉淀。高锰酸盐还能够通过降解 NOM 或者改变它们的吸附特性，影响污染物的吸附过程，但这个问题并没有被深入研究。高锰酸盐本身也是一种浓稠溶液，能够促进与污染物尤其是 DNAPLs 的接触，被认为是一种有利的被动投加方式。

参考文献

Adam ML, Comfort SD. 2005. Evaluating biodegradation as a primary and secondary treatment for removing RDX (hexahydro-1,3,5-trinitro-1,3,5-triazine) from a perched aquifer. Bioremediation 9:9–19.

Adam ML, Comfort SD, Morley MC, Snow DD. 2004. Remediating RDX-contaminated ground water with permanganate: Laboratory investigations for the Pantex perched aquifer. J Environ Qual 33:2165–2173.

Al TA, Banks V, Loomer D, Parker BL, Mayer KU. 2006. Metal mobility during in situ chemical oxidation of TCE by KMnO$_4$. J Contam Hydrol 88:137–152.

Almendros G, Gonzalez-Vila FJ, Martin F. 1989. Room temperature alkaline permanganate oxidation of representative humic acids. Soil Biol Biochem 21:481–486.

Arndt D. 1981. Manganese Compounds as Oxidizing Agents in Organic Chemistry, Claff C (Translator). Open Court Publishing Company, La Salle, IL, USA, 344.

ASTM (American Society of Testing and Materials). 2007. ASTM D7262-07 Standard Test Method for Estimating the Permanganate Natural Oxidant Demand of Soil and Aquifer Solids. ASTM International, West Conshohocken, PA, USA, 5.

ATSDR (Agency for Toxic Substances and Disease Registry). 2000. Toxicological Profile for Manganese. U.S. Department of Health and Human Services, ATSDR, Atlanta, GA, USA, 461.

Benjamin MM. 2002. Water Chemistry. McGraw-Hill, New York, NY, USA, 668.

Bier EL, Singh J, Zhengming L, Comfort SD, Shea PJ. 1999. Remediating hexahydro-1,3,5-trinitro-1,2,5-trazine-contaminated water and soil by Fenton oxidation. Environ Toxicol Chem 18:1078–1084.

Brennan B. 1991. Chemical partitioning and remobilization of heavy metals from sewage sludge dumped into Dublin Bay. Water Res 25:1193–1198.

Brown GS, Barton LL, Thomson BM. 2003. Permanganate oxidation of sorbed polycyclic aromatic hydrocarbons. Waste Manag 23:737–740.

Brown DG, Gupta L, Kim T-H, Moo-Young HK, Coleman AJ. 2006. Comparative assessment of coal tars obtained from 10 former manufactured gas plant sites in the Eastern United States. Chemosphere 65:1562–1569.

Burbano AA, Dionysiou DD, Richardson TL, Suidan MT. 2002. Degradation of MTBE intermediates using Fenton's reagent. J Environ Eng 128:799–805.

Case TL. 1997. Reactive Permanganate Grout for Horizontal Permeable Barriers and In Situ Treatment of Groundwater. MS Thesis, Colorado School of Mines, Golden, CO, USA.

Chambers J, Leavitt A, Walti C, Schreier CG, Melby J. 2000a. Treatability study: Fate of chromium during oxidation of chlorinated solvents. In Wickramanayake GB, Gavaskar AR, Chen ASC, eds, Chemical Oxidation and Reactive Barriers: Remediation of Chlorinated and Recalcitrant Compounds. Battelle Press, Columbus, OH, USA, 57–65.

Chambers J, Leavitt A, Walti C, Schreier CG, Melby J, Goldstein L. 2000b. In Situ Destruction of Chlorinated Solvents with KMnO$_4$ Oxidizes Chromium. In Wickramanayake GB, Gavaskar AR, Chen ASC, eds, Chemical Oxidation and Reactive Barriers: Remediation of Chlorinated and Recalcitrant Compounds. Battelle Press, Columbus, OH, USA, 49–55.

Cho HJ, Fiacco RJ, Brown RA, Sklandany GJ, Lee M. 2002. Evaluation of Technologies for In Situ Remediation of 1,1,1-Trichloroethane. Proceedings, Third International Conference on Remediation of Chlorinated and Recalcitrant Compounds, Monterey, CA, USA, May 20–23, Paper 2C-20.

Chuan MC, Shu GY, Liu JC. 1996. Solubility of heavy metals in a contaminated soil: effects of redox potential and pH. Water Air Soil Pollut 90:543–556.

Clar E. 1972. The Aromatic Sextet. John Wiley and Sons, New York, NY, USA. 146.

Conrad SH, Glass RJ, Peplinski WJ. 2002. Bench-scale visualization of DNAPL remediation processes in analog heterogeneous aquifers: Surfactant floods and in situ oxidation using permanganate. J Contam Hydrol 58:13–49.

Crimi ML, Ko S. 2009. Control of manganese dioxide particles resulting from in situ chemical oxidation using permanganate. Chemosphere 74:847–853.

Crimi ML, Siegrist RL. 2003. Geochemical effects on metals following permanganate oxidation of DNAPLs. Ground Water 41:458–469.

Crimi ML, Siegrist RL. 2004a. Association of cadmium with MnO_2 particles generated during permanganate oxidation. Water Res 38:887–894.

Crimi ML, Siegrist RL. 2004b. Experimental Evaluation of In Situ Chemical Oxidation Activities at the Naval Training Center (NTC) Site, Orlando, Florida. Prepared for Naval Facilities Engineering Command, Port Hueneme, CA, USA, 64.

Crimi ML, Siegrist RL. 2004c. Impact of reaction conditions on MnO_2 genesis during permanganate oxidation. J Environ Eng 130:562–572.

Crimi ML, Siegrist RL. 2005. Factors affecting effectiveness and efficiency of DNAPL destruction using potassium permanganate and catalyzed hydrogen peroxide. J Environ Eng 131:1724–1732.

Crimi ML, Quickel M, Ko S. 2009. Enhanced permanganate in situ chemical oxidation through MnO_2 particle stabilization: Evaluation in 1-D transport systems. J Contam Hydrol 105: 69–79.

Cussler EL. 1997. Diffusion: Mass Transfer in Fluid Systems. Cambridge University Press, Cambridge, UK. 580.

Dai Q, Reitsma S. 2004. Kinetic study of permanganate oxidation of tetrachloroethylene at a high pH under acidic conditions. Remediat J 14:67–79.

Damm JH, Hardacre C, Kalin RM, Walsh KP. 2002. Kinetics of the oxidation of methyl tertbutyl ether (MTBE) by potassium permanganate. Water Res 36:3638–3646.

Dietrich AM, Hoehn RC, Dufresne LC, Buffin LW, Rashash MC, Parker BC. 1995. Oxidation of odorous and nonodorous algal metabolites by permanganate, chlorine, and chlorine dioxide. Water Sci Technol 31:223–228.

Drescher E, Gavaskar AR, Sass BM, Cumming LJ, Dresher MJ, Williamson TKJ. 1998. Batch and column testing to evaluation oxidation of DNAPL source zones. In Wickramanayake GB, Hinchee RE, eds, Physical, Chemical and Thermal Technologies: Remediation of Chlorinated and Recalcitrant Compounds. Battelle Press, Columbus, OH, USA, 425–432.

Duggan LA, Wildeman TR, Updegraff DM. 1993. Abatement of Manganese in Coal Mine Drainages Through the Use of Constructed Wetlands. U.S. Bureau of Mines, Mining Research Contract J021002, January.

Fatiadi AJ. 1987. The classical permanganate ion: Still a novel oxidant in organic chemistry. Synthesis 2:85–127.

Forsey SP. 2004. In Situ Chemical Oxidation of Creosote/Coal Tar Residuals: Experimental and Numerical Investigation. PhD Dissertation, University of Waterloo, Waterloo, Ontario, Canada.

Forstner U, Calmano W, Kienz W. 1991. Assessment of long-term metal mobility in heat processing waters. Water Air Soil Pollut 57–58:319–328.

Frazer JD, Fiacco RJ, Pac T, Lewis RW, Madera E. 2006. Physical Distribution and Temporal Persistence of Injected Permanganate within Saturated Soils. Proceedings, Fifth International Conference on the Remediation of Chlorinated and Recalcitrant Compounds, Monterey, CA, USA, May 22–25, Paper D-57.

Gates DD, Siegrist RL, Cline SR. 1995. Chemical oxidation of contaminants in clay or sandy soil. Proceedings, American Society of Civil Engineers (ASCE) National Conference on Environmental Engineering, Pittsburgh, PA, USA.

Gates-Anderson DD, Siegrist RL, Cline SR. 2001. Comparison of potassium permanganate and hydrogen peroxide as chemical oxidants for organically contaminated soils. J Environ Eng 127:337–347.

Gonullu T, Farquhar GJ. 1989. Oxidation to Remove TCE from Soil. Department of Civil Engineering, University of Waterloo, Waterloo, ON, Canada. 13.

Griffith SM, Schnitzer M. 1975. Oxidative degradation of humic and fulvic acids extracted from tropical volcanic soils. Can J Soil Sci 55:251–267.

Haselow JS, Siegrist RL, Crimi ML, Jarosch T. 2003. Estimating the total oxidant demand for in situ chemical oxidation design. Remediat J 13:5–15.

Heiderscheidt JL. 2005. DNAPL Source Zone Depletion during In Situ Chemical Oxidation (ISCO): Experimental and Modeling Studies. PhD Dissertation, Colorado School of Mines, Golden, CO, USA.

Heiderscheidt JL, Siegrist RL, Illangasekare TH. 2008a. Intermediate-scale 2-D experimental investigation of in situ chemical oxidation using potassium permanganate for remediation of complex DNAPL source zones. J Contam Hydrol 102:3–16.

Heiderscheidt JL, Crimi M, Siegrist RL, Singletary M. 2008b. Optimization of full-scale permanganate ISCO system operation: Laboratory and numerical studies. Ground Water Monit Remediat 28:72–84.

Henderson TH, Mayer KU, Parker BL, Al TA. 2009. Three-dimensional density-dependent flow and multicomponent reactive transport modeling of chlorinated solvent oxidation by potassium permanganate. J Contam Hydrol 106:195–211.

Hönning J, Broholm MM, Bjerg PL. 2007. Quantification of potassium permanganate consumption and PCE oxidation in subsurface materials. J Contam Hydrol 90:221–239.

Hood ED. 2000. Permanganate Flushing of DNAPL Source Zones: Experimental and Numerical Investigation. PhD Dissertation, University of Waterloo, Waterloo, ON, Canada.

Hood ED, Thomson NR, Grossi D, Farquhar GJ. 2000. Experimental determination of the kinetic rate law for the oxidation of perchloroethylene by potassium permanganate. Chemosphere 40:1383–1388.

Huang K, Hoag GE, Chheda P, Woody BA, Dobbs, GM. 1999. Kinetic study of oxidation of trichloroethylene by potassium permanganate. Environ Eng Sci 16:265–274.

Huang K-C, Chheda P, Hoag GE, Woody BA, Dobbs GM. 2000. Pilot-scale study of in-situ chemical oxidation of trichloroethene with sodium permanganate. In Wickramanayake GB, Gavaskar AR, Chen ASC, eds, Chemical Oxidation and Reactive Barriers: Remediation of Chlorinated and Recalcitrant Compounds. Battelle Press, Columbus, OH, USA, 145–152.

Huang K-C, Hoag GE, Chheda P, Woody BA, Dobbs GM. 2001. Oxidation of chlorinated ethenes by potassium permanganate: A kinetics study. J Hazard Mater 87:155–169.

Huang K-C, Hoag GE, Chheda P, Woody BA, Dobbs GM. 2002. Kinetics and mechanism of oxidation of tetrachloroethylene with permanganate. Chemosphere 46:815–825.

Huling SG, Pivetz BE. 2006. Engineering Issue: In-Situ Chemical Oxidation. EPA/600/R-06/072. USEPA Office of Research and Development, National Risk Management Research Laboratory, Cincinnati, OH, USA, 58.

Jackson SF. 2004. Comparative Evaluation of Potassium Permanganate and Catalyzed Hydrogen Peroxide during In Situ Chemical Oxidation of DNAPLs. MS Thesis, Colorado School of Mines, Golden, CO, USA.

Jazdanian AD, Fieber LL, Tisoncik D, Huang KC, Mao F, Dahmani A. 2004. Chemical Oxidation of Chloroethanes and Chloroethenes in a Rock/Groundwater System. Proceedings, Fourth International Conference on Remediation of Chlorinated and Recalcitrant Compounds, Monterey, CA, USA, May 24–27, Paper 2F-01.

Jones LJ. 2007. The Impact of NOD Reaction Kinetics on Treatment Efficiency. MS Thesis, University of Waterloo, Waterloo, ON, Canada.

Kang N, Hua I, Rao PSC. 2004. Production and characterization of encapsulated potassium permanganate for sustained release as an in situ oxidant. Ind Eng Chem Res 43: 5187–5193.

Kile DE, Wershaw RL, Chiou CT. 1999. Correlation of soil and sediment organic matter polarity to aqueous sorption of nonionic compounds. Environ Sci Technol 33:2053–2056.

Kim K, Gurol MD. 2005. Reaction of nonaqueous phase TCE with permanganate. Environ Sci Technol 39:9303–9308.

Ladbury JW, Cullis CF. 1958. Kinetics and mechanism of oxidation by permanganate. Chem Rev 58:403–438.

Lamarche C. 2002. In Situ Chemical Oxidation of an Emplaced Creosote Source. MASc Thesis, University of Waterloo, Waterloo, ON, Canada.

Lee ES, Seol Y, Fang YC, Schwartz FW. 2003. Destruction efficiencies and dynamics of reaction fronts associated with the permanganate oxidation of trichloroethylene. Environ Sci Technol 37:2540–2546.

Li XD, Schwartz FW. 2000. Efficiency problems related to permanganate oxidation schemes. In Wickramanayake GB, Gavaskar AR, Chen ASC, eds, Chemical Oxidation and Reactive Barriers: Remediation of Chlorinated and Recalcitrant Compounds. Battelle Press, Columbus, OH, USA, 41–48.

Li XD, Schwartz FW. 2003. Permanganate oxidation schemes for the remediation of source zone DNAPLs and dissolved contaminant plumes. In Henry SM, Warner SD, eds, Chlorinated Solvent and DNAPL Remediation. American Chemical Society, Washington, DC, USA, 73–85.

Li XD, Schwartz FW. 2004a. DNAPL mass transfer and permeability reduction during in situ chemical oxidation with permanganate. Geophys Res Lett 31:L06504, doi:10.1029/2003GL019218.

Li XD, Schwartz FW. 2004b. DNAPL remediation with in situ chemical oxidation using potassium permanganate. Part I. Mineralogy of Mn oxide and its dissolution in organic acids. J Contam Hydrol 68:39–53.

Li XD, Schwartz FW. 2004c. DNAPL remediation with in situ chemical oxidation using potassium permanganate. Part II. Increasing removal efficiency by dissolving Mn oxide precipitates. J Contam Hydrol 68:269–287.

Lide DR. 2006. CRC Handbook of Chemistry and Physics. CRC Press, Taylor and Francis Group, Boca Raton, FL, USA. 2504.

MacKinnon LK, Thomson NR. 2002. Laboratory-scale in situ chemical oxidation of a perchloroethylene pool using permanganate. J Contam Hydrol 56:49–74.

MacKinnon LK, Cox EE, Hood ED, Mumford KG, Thomson NR. 2002. Evaluation of Oxidation and Bioremediation for CVOCs in Fractured Bedrock. Proceedings, Third International Conference on Remediation of Chlorinated and Recalcitrant Compounds, Monterey, CA, USA, May 20–23, Paper 2H-58.

Miller CT, Poirier-McNeill MM, Mayer AS. 1990. Dissolution of trapped nonaqueous phase liquids: Mass transfer characteristics. Water Resour Res 26:2783–2796.

Moore K. 2008. Geochemical Impacts From Permanganate Oxidation Based on Field Scale Assessments. MS Thesis, East Tennessee State University, Johnson City, TN, USA.

Mueller J, Moreno J, Dmitrovic E. 2006. In Situ Biogeochemical Stabilization of Creosote/

Pentachlorophenol NAPLs using Catalyzed and Buffered Permanganate: Pilot and Full Scale-Applications. Proceedings, The International Symposium and Exhibition on theRedevelopment of Manufactured Gas Plant Sites, Reading, United Kingdom, April 4–6, 625–629.

Mueller J, Moreno J, Dingens M, Vella P. 2007. Stabilizing the NAPL threat: In-situ biogeochemical stabilization and flux reduction using catalyzed permanganate. Pollut Eng March. Accessed July 8, 2010.

Mumford KG, Thomson NR, Allen-King RM. 2002. Investigating the Kinetic Nature of Natural Oxidant Demand during ISCO. Proceedings, Third International Conference on Remediation of Chlorinated and Recalcitrant Compounds, Monterey, CA, USA, May 20–23, Paper 2C-37.

Mumford KG, Lamarche CS, Thomson NR. 2004. Natural oxidant demand of aquifer materials using the push-pull technique. J Environ Eng 130:1139–1146.

Mumford KG, Thomson NR, Allen-King RM. 2005. Bench-scale investigation of permanganate natural oxidant demand kinetics. Environ Sci Technol 39:2835–2840.

Mumford KG, Smith JE, Dickson SE. 2008. Mass flux from a non-aqueous phase liquid pool considering spontaneous expansion of a discontinuous gas phase. J Contam Hydrol 98:85–96.

Nelson MD. 1999. The Geochemical Reactions and Density Effects Resulting from the Injection of $KMnO_4$ for PCE DNAPL Oxidation in a Sandy Aquifer. MSc Thesis, University of Waterloo, Waterloo, ON, Canada.

Nelson MD, Parker BL, Al TA, Cherry JA, Loomer D. 2001. Geochemical reactions resulting from in situ oxidation of PCE-DNAPL by $KMnO_4$ in a sandy aquifer. Environ Sci Technol 35:1266–1275.

Ortiz De Serra MI, Schnitzer M. 1973. The chemistry of humic and fulvic acids extracted from Argentine soils-II. Permanganate oxidation of methylated humic and fulvic acids. Soil Biol Biochem 5:287–296.

Petri BG. 2006. Impacts of Subsurface Permanganate Delivery Parameters on Dense Nonaqueous Phase Liquid Mass Depletion Rates. MS Thesis, Colorado School of Mines, Golden, CO, USA.

Petri BG, Siegrist RL, Crimi ML. 2008. Effects of groundwater velocity and permanganate concentration of DNAPL mass depletion rates during in situ oxidation. J Environ Eng 134:1–13.

Pisarczyk K. 1995. Manganese Compounds. Encyclopedia of Chemical Technology. John Wiley & Sons, New York, USA, 1031–1032.

Pizzigallo MDR, Ruggiero P, Crecchio C, Mininni R. 1995. Manganese and iron oxides as reactants for oxidation of chlorophenols. Soil Sci Soc Am J 59:444–452.

Powers SE, Abriola LM, Dunkin JS, Weber WJ Jr. 1994. Phenomenological models for transient NAPL-water mass-transfer processes. J Contam Hydrol 16:1–33.

Ray AB, Selvakumar A, Tafuri AN. 2002. Treatment of MTBE-contaminated waters with Fenton's reagent. Remediat J 12:81–93.

Reitsma S, Dai QL. 2001. Reaction-enhanced mass transfer and transport from non-aqueous phase liquid source zones. J Contam Hydrol 49:49–66.

Reitsma S, Marshall M. 2000. Experimental study of oxidation of pooled NAPL. In Wickramanayake GB, Gavaskar AR, Chen ASC, eds, Chemical Oxidation and Reactive Barriers:Remediation of Chlorinated and Recalcitrant Compounds. Battelle Press, Columbus, OH, USA, 25–32.

Ross C, Murdoch LC, Freedman DL, Siegrist RL. 2005. Characteristics of potassium permanganate encapsulated in polymer. J Environ Eng 131:1203–1211.

Saba T, Illangasekare TH. 2000. Effect of groundwater flow dimensionality on mass transfer from entrapped nonaqueous phase liquid contaminants. Water Resour Res 36:971–979.

Sahl J. 2005. Coupling In Situ Chemical Oxidation (ISCO) with Bioremediation Processes in the

Treatment of Dense Non-Aqueous Phase Liquids (DNAPLs). MS Thesis, Colorado School of Mines, Golden, CO, USA.

Schincariol RA, Schwartz FW. 1990. An experimental investigation of variable density flow and mixing in homogeneous and heterogeneous media. Water Resour Res 26:2317–2329.

Schnarr M, Truax C, Hood E, Gonully T, Stickney B. 1998. Laboratory and controlled field experimentation using potassium permanganate to remediate trichloroethylene and perchloroethylene DNAPLs in porous media. J Contam Hydrol 29:205–224.

Schnitzer M, Desjardins JG. 1970. Alkaline permanganate oxidation of methylated and unmethylated fulvic acid. Soil Sci Soc Am Proc 34:77–79.

Schroth MH, Oostrom M, Wietsma TW, Istok JD. 2001. In-situ oxidation of trichloroethene by permanganate: Effects on porous medium hydraulic properties. J ContamHydrol 50:78–98.

Seitz SJ. 2004. Experimental Evaluation of Mass Transfer and Matrix Interactions during In Situ Chemical Oxidation Relying on Diffusive Transport. MS Thesis, Colorado School of Mines, Golden, CO, USA.

Seol Y, Schwartz FW. 2000. Phase-transfer catalysis applied to the oxidation of nonaqueous phase trichloroethylene by potassium permanganate. J Contam Hydrol 44:185–201.

Seol Y, Schwartz FW, Lee S. 2001. Oxidation of binary DNAPL mixtures using potassium permanganate with a phase transfer catalyst. Ground Water Monit Remediat 21:124–132.

Siegrist RL, Lowe KS, Murdoch LC, Case TL. 1999. In situ oxidation by fracture emplaced reactive solids. J Environ Eng 125:429–440.

Siegrist RL, Urynowicz MA, Crimi ML, Struse AM. 2000. Particle Genesis and Effects During In Situ Chemical Oxidation of Trichloroethene in Groundwater Using Permanganate. Final Report. Oak Ridge National Laboratory, Department of Energy, Oak Ridge, TN, USA.

Siegrist RL, Urynowicz MA, West OR, Crimi ML, Lowe KS. 2001. Principles and Practices of In Situ Chemical Oxidation Using Permanganate. Battelle Press, Columbus, OH, USA, 336.

Siegrist RL, Urynowicz MA, Crimi ML, Lowe KS. 2002. Genesis and effects of particles produced during in situ chemical oxidation using permanganate. J Environ Eng 128:1068–1079.

Siegrist RL, Crimi ML, Munakata-Marr J, Illangasekare TH, Lowe KS, van Cuyk S, Dugan PJ, Heiderscheidt JL, Jackson SF, Petri BG, Sahl J, Seitz SJ. 2006. Reaction and Transport Processes Controlling In Situ Chemical Oxidation of DNAPLs: Project ER-1290 Final Report. Submitted to DoD Strategic Environmental Research and Development Program(SERDP), Arlington, VA, USA.

Siegrist RL, Crimi ML, Petri B, Simpkin T, Palaia T, Krembs FJ, Munakata-Marr J, Illangasekare T, Ng G, Singletary M, Ruiz N. 2010. In Situ Chemical Oxidation for Groundwater Remediation: Site Specific Engineering and Technology Application. ER-0623 Final Report (CD-ROM, Version PRv1.01, October 29, 2010). Prepared for the ESTCP, Arlington, VA, USA.

Singh N, Lee DG. 2001. Permanganate: A green and versatile industrial oxidant. Org Process Res Dev 5:599–603.

Sirguey C, de Souzae Silva PT, Schwartz C, Simonnot M. 2008. Impact of chemical oxidation on soil quality. Chemosphere 72:282–289.

Stewart R. 1965. Oxidation by permanganate. In Wiberg KB, ed, Oxidation in Organic Chemistry. Academy Press, New York, NY, USA. 168.

Stewart CL. 2002. Density-Driven Permanganate Solution Delivery and Chemical Oxidation of a Thin Trichloroethene DNAPL Pool in A Sandy Aquifer. MSc Thesis, University of Waterloo, Waterloo, ON, Canada.

Struse AM, Marvin BK, Harris ST, Clayton WS. 2002a. Push-Pull Tests: Field Evaluation of In Situ Chemical Oxidation of High Explosives at the Pantex Plant. Proceedings, Third International Conference on Remediation of Chlorinated and Recalcitrant Compounds, Monterey, CA, USA, May 20–23, Paper 2G-06.

Struse AM, Siegrist RL, Dawson HE, Urynowicz MA. 2002b. Diffusive transport of permanganate during in situ oxidation. J Environ Eng 128:327–334.

Teel AL, Finn DD, Schmidt JT, Cutler LM, Watts RJ. 2007. Rates of trace mineral-catalyzed decomposition of hydrogen peroxide. J Environ Eng 133:853–858.

Thomson NR, Hood ED, Farquhar GJ. 2007. Permanganate treatment of and emplaced DNAPL source. Ground Water Monit Remediat 27(4):74–85.

Thomson NR, Fraser M, Lamarche C, Barker JF, Forsey SP. 2008. Rebound of a creosote plume following partial source zone treatment with permanganate. J Contam Hydrol 102:154–171.

Tollefsrud E, Schreier CG. 2002. Effectiveness of Chemical Oxidation to Remove Organochlorine Pesticides from Soil. Proceedings, Third International Conference on Remediation of Chlorinated and Recalcitrant Compounds, Monterey, CA, USA, May 20–23, Paper 2C-16.

Tunnicliffe BS, Thomson NR. 2004. Mass removal of chlorinated ethenes from rough-walled fractures using permanganate. J Contam Hydrol 75:91–114.

Urynowicz MA. 2000. Dense Nonaqueous Phase Trichloroethene Degradation with PermanganateIon. PhD Dissertation, Colorado School of Mines, Golden, CO, USA.

Urynowicz MA. 2008. In situ chemical oxidation with permanganate: Assessing the competitive interactions between target and nontarget compounds. Soil Sediment Contam 17:53–62.

Urynowicz MA, Siegrist RL. 2005. Interphase mass transfer during chemical oxidation of TCE DNAPL in an aqueous system. J Contam Hydrol 80:93–106.

Urynowicz MA, Balu B, Udayasankar U. 2008. Kinetics of natural oxidant demand by permanganate in aquifer solids. J Contam Hydrol 96:187–194.

van Genuchten MT, Alves WJ. 1982. Analytical Solutions of the One-Dimensional Convective-Dispersive Solute Transport Equation. Technical Bulletin Number 1661. U.S. Department of Agriculture, Agricultural Research Service, 151.

Waldemer RH, Tratnyek PG. 2006. Kinetics of contaminant degradation by permanganate. Environ Sci Technol 40:1055–1061.

Waldemer RH, Powell J, Tratnyek PG. 2009. In Situ Chemical Oxidation: ISCOKIN Database. Accessed July 8, 2010.

Watts RJ, Bottenberg BC, Hess TF, Jensen MD, Teel AL. 1999. Role of reductants in the enhanced desorption and transformation of chloroaliphatic compounds by modified Fenton's reactions. Environ Sci Technol 33:3432–3437.

Watts RJ, Sarasa J, Loge FJ, Teel AL. 2005. Oxidative and reductive pathways in manganesecatalyzed Fenton's reactions. J Environ Eng 131:158–164.

West OR, Cline SR, Holden WL, Gardner FG, Schlosser BM, Thate JE, Pickering DA, Houk, TC. 1997. A Full-scale Demonstration of In Situ Chemical Oxidation through Recirculation at the X-701B Site. ORNL/TM-13556. Department of Energy Oak Ridge National Laboratory, Oak Ridge, TN, USA, 114.

Woods LM. 2008. In Situ Remediation Induced Changes in Subsurface Properties and Trichloroethene Partitioning Behavior. MS Thesis, Colorado School of Mines, Golden, Colorado, USA.

Xu X. 2006. Interaction of Chemical Oxidants with Aquifer Material. PhD Dissertation, University of Waterloo, Waterloo, Canada.

Xu X, Thomson NR. 2008. Estimation of the maximum consumption of permanganate by aquifer solids using a modified chemical oxygen demand test. J Environ Eng 134:353–360.

Xu X, Thomson NR. 2009. A long-term bench-scale investigation of permanganate consumption by aquifer materials. J Contam Hydrol 110:73–86.

Xu X, Thomson NR, MacKinnon LK, Hood ED. 2004. Oxidant Stability and Mobility: Controlling Factors and Estimation Methods. Proceedings, Fourth International Conference on Remediation of Chlorinated and Recalcitrant Compounds, Monterey, CA, USA, May 24–27, Paper 2A-08.

Yan YE, Schwartz FW. 1996. In situ oxidative dechlorination of trichloroethylene by potassium permanganate. Proceedings, Third International Conference on AOTs. October 26–29, Cincinnati, Ohio.

Yan YE, Schwartz FW. 1999. Oxidative degradation and kinetics of chlorinated ethylenes by potassium permanganate. J Contam Hydrol 37:343–365.

Yan YE, Schwartz FW. 2000. Kinetics and mechanisms for TCE oxidation by permanganate. Environ Sci Technol 34:2535–2541.

Zhang H, Schwartz FW. 2000. Simulating the in situ oxidative treatment of chlorinated ethylenes by potassium permanganate. Water Resour Res 36:3031–3042.

过硫酸盐原位化学氧化的基础

Benjamin G. Petri[1], Richard J. Watts[2], Aikaterini Tsitonaki[3], Michelle Crimi[4], Neil R. Thomson[5], and Amy L. Teel[2]

[1] Colorado School of Mines, Golden, CO 80401, USA;

[2] Washington State University, Pullman, WA 99164, USA;

[3] Orbicon A/S Roskilde, Denmark;

[4] Clarkson University Potsdam, NY 13699, USA;

[5] University of Waterloo, Waterloo, Canada.

范围

过硫酸盐在地下水污染物的原位化学氧化中的化学过程和应用，包括自由基等反应机理、催化剂、地下运移和污染物处理。

核心概念

- 完善具体的监测目标十分必要，这样才能收集足够的信息以评估原位化学氧化工程的有效性。监测项目必须和原位化学氧化处理目标相关联，这样才能保持专注且高效的数据收集工作，同时能够进行相应改变以获得预期结果。

- 过硫酸盐的化学反应是复杂的。过硫酸盐可以通过直接的电子转移反应或自由基反应参与反应。电子转移反应相对缓慢且具有选择性。自由基被激活时产生非特异性的反应，导致大范围有机污染物的降解。

- 目前研究认为，反应中发挥主要作用的基团是硫酸根和羟基自由基。然而，新的研究证明，超氧阴离子和过氧化氢自由基也可能发挥重要作用。

- 过硫酸盐的活化条件有加热、螯合或非螯合过渡金属（尤其是铁）、过氧化氢和碱性pH值环境。不同污染物、活化方法和多孔介质的处理，都可能导致反应效率、有效性和反应产物发生变化。

- 碳酸盐、碳酸氢盐或氯离子可作为自由基捕获剂，降低反应效率和反应有效性。

- 过硫酸盐和目标化合物之间的反应动力学是复杂的。为了简化过程，经常假设为准一级反应动力学。然而，由于系统间的外推很困难，所以通常需要在室内进行评估。

- 含水层固体和过硫酸盐的相互作用还不是很清楚；过硫酸盐与含水层固体反应会导致氧化剂的消耗，但是这个过程的反应速率和反应所达到的程度未得到好的解释。在不同条件下，反应的持久性不同，从几天到几个月不等。
- 过硫酸盐对金属移动性的影响还不是很清楚。过硫酸盐可能通过pH值的改变、金属的氧化、活化剂的注入及其他机制，来影响地下水中金属的浓度。

4.1 引言

人们对于过硫酸盐的研究兴趣始于 2000—2002 年，彼时过硫酸盐的相关研究工作开始定期地出现在重大修复会议的会议记录及报告中。由于过硫酸盐应用于原位化学氧化（ISCO）的时间相对较短，而在工业生产过程和水处理方面，相对过氧化氢、高锰酸钾或臭氧，过硫酸盐是一种不常使用的氧化剂，所以可获得的过硫酸盐的研究信息相对较少。目前，关于过硫酸盐的反应化学、活化方法、污染物处理性和地下运移等了解很少。但是，关于过硫酸盐在 ISCO 中应用的科学认知正在迅速增强，随着时间的推移和实验的开展，过硫酸盐方面的研究无疑会得到更加快速的发展。

4.2 化学原理

为了更好地理解过硫酸盐在 ISCO 中的应用，以及该技术的合理实施，了解其化学反应的基本知识是十分重要的。过硫酸盐的化学反应复杂，包括：自由基链式反应（链式反应包括链的引发、链的传播增长、链的终止）；清除自由基；竞争及非生产性反应；有机污染物的氧化反应。

4.2.1 物理化学特性

过硫酸盐在化学文献中的正式名称为过二硫酸盐，是一种强氧化剂，阴离子分子式为 $S_2O_8^{2-}$。另一种不同于过二硫酸盐的强氧化剂是过一硫酸盐，分子式为 SO_5^{2-}。由于过一硫酸盐不是目前主要的 ISCO 氧化剂，为了简化，本书所指的过硫酸盐仅为过二硫酸盐。过硫酸钠最常应用于 ISCO，其重要的物理化学性质如表 4.1 所示。过硫酸盐的分子结构如图 4.1 所示。

表 4.1　过硫酸钠重要的物理化学性质（来自 Block，2006）

性　　质		数　　值
物理形态		白色结晶固体
分子量		238.1g/mol
固溶度	0℃	37wt.%
	25℃	42wt.%
	50℃	46wt.%
溶液密度	10wt.%	1.067g/mL
	20wt.%	1.146g/mL
	30wt.%	1.237g/mL
	40wt.%	1.340g/mL

注：℃—摄氏度；g/mL—克 / 毫升；g/mol—克 / 摩尔；wt.%—质量分数。

最常用的过硫酸盐为固体钠盐（$Na_2S_2O_8$），其次是过硫酸铵和过硫酸钾溶液，但它们一般不应用于 ISCO，这是因为铵盐能够在地下产生铵 / 硝酸盐污染物，而过硫酸钾不易溶解，并且通常比过硫酸钠价格昂贵。过硫酸钠溶于水后，会产生钠离子和过硫酸盐阴离子。在室温及中性 pH 值条件下，过硫酸根离子稳定存在于水溶液中；然而，在酸性 pH 值条件下，过硫酸根离子缓慢水解生成过一硫酸盐（或卡罗酸）或过氧化氢（见图 4.2），并且随着 pH 值的减小，反应速率逐渐增大（Marianp, 1968）。两者都是高活性氧化剂，具有氧化有机化合物的潜能（Ball and Edwards, 1956），但是它们在过硫酸盐 ISCO 反应中的作用仍未可知。

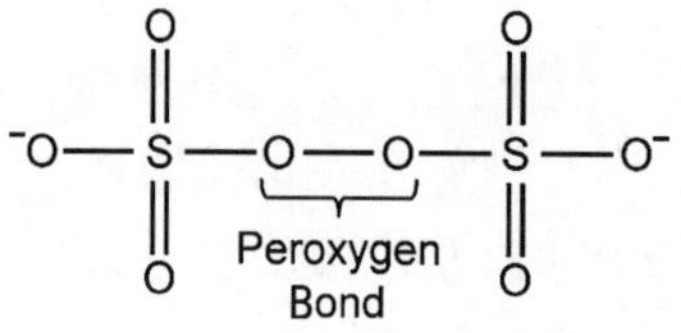

图4.1　过硫酸盐的分子结构

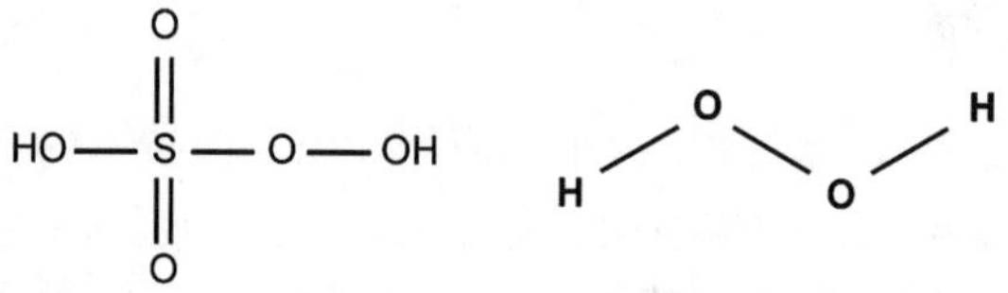

(a) 过一硫酸盐或卡罗酸　　　　　　　　　(b) 过氧化氢

图4.2　过硫酸盐水解产物分子结构

4.2.2　氧化反应

过硫酸盐的化学反应很复杂，包括目标有机污染物与氧化剂之间的直接反应，以及氧化剂分解产生高反应活性的自由基，从而降解目标有机污染物。过硫酸盐 ISCO 与过氧化氢 ISCO 相似，均是氧化剂被激活产生自由基，其具有的非特异反应性，能够攻击多种有机污染物。但是，过硫酸盐的活化通常比过氧化氢催化慢；因此，过硫酸盐在地下的持久性更长，更有利于提高过硫酸盐和污染物相互作用接触的时间。过硫酸盐的活化方法很多，每种活化方法可能包含不同的反应机理（Block et al., 2004; Crimi and Taylor, 2007），因此选择活化方法必须结合关注污染物（COCs）及地下环境（Block et al., 2004）。过硫酸盐的化学反应可能涉及多种自由基产生链式（增长）反应，其中包括过氧化氢化学反应中一些重要的自由基。但是，过硫酸盐化学反应中独有的自由基也发挥着重要的作用。最后，过硫酸盐和含水层材料之间存在大量可能影响过硫酸盐化学性质和有效性的化学反应，虽然这些反应的性质和机制仍存在相当大的不确定性。

1. 直接氧化

过硫酸盐可以直接与一些化合物发生反应，其中没有自由基中间体发挥作用。House（1962）报道，过硫酸盐生成硫酸根离子[见反应式(4.1)]的反应标准氧化还原电位为 2.01V。

$$S_2O_8^{2-} + 2e^- \rightarrow 2SO_4^{2-} \tag{4.1}$$

这种高氧化还原电位表明，过硫酸盐是一种强水氧化剂，有利于多种氧化反应产生热力学效应。然而，House（1962）指出，很多直接氧化反应的动力学速率很慢，而氧化分解生成自由基可显著提高氧化反应的速率。最近的研究表明，不涉及自由基中间体的过硫酸盐阴离子与有机物的直接反应也可以是显著的。例如，Tsitonaki 等（2006）的研究表明，在室温条件下，在只有甲基叔丁基醚（MTBE）、水、过硫酸根离子（无活化剂）存在的条件下，系统中甲基叔丁基醚的降解达到 99%，这表明可能发生直接氧化反应（见图 4.3）；同时表明在室温条件下可能发生一定程度的热活化。

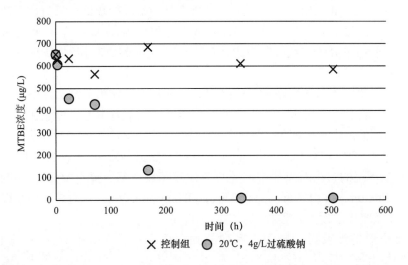

图4.3 室温条件下在含水系统中过硫酸钠的MTBE去除量。实验设置：在顶空自由瓶中加入MTBE水溶液650μg/L和过硫酸钠4g/L；对照组不添加过硫酸钠；7个重复瓶在20℃下充分混合，在每个时间点采样（Tsitonaki et al., 2006）

然而，过硫酸盐最重要的电子转移反应似乎是与过渡金属、自由基或其他反应物反应产生硫酸基（SO_4^{2-}）的单电子转移反应［见反应式（4.2）］：

$$S_2O_8^{2-} + e^- \rightarrow SO_4^{2-} + SO_4^{\bullet-} \tag{4.2}$$

单电子转移反应导致过硫酸盐分子内过氧键断裂，释放出一个过硫酸盐阴离子和一个过硫酸盐自由基，以及氧化的过渡金属。

2. 自由基氧化

过硫酸盐的直接氧化是 ISCO 系统中一种潜在的反应途径，很多过硫酸盐的反应是过硫酸盐阴离子与另一种化学物质反应生成自由基。这个过程被称为活化，有利于过硫酸盐 ISCO 过程。活化过硫酸盐反应更快速、选择性更低（选择性单一）。然而，值得权衡的是过硫酸盐消耗更快，可能导致效率的降低。在过硫酸盐反应及各种各样的活化方法中，存在大量未知或可能已经生成的自由基。在过硫酸盐活化系统中，已知发挥重要作用的主要自由基包括硫酸盐自由基（$SO_4^{\bullet-}$）和羟基自由基（$OH^{\bullet}$）（Peyton, 1993; Liang et al., 2007b）。

羟基自由基是非特异性强氧化剂，常见于含水自由基系统中，并在酸性溶液中具有很强的标准还原电位，为 2.59V（Bossmann et al., 1998）。羟基自由基通过各种反应机理参与反应，包括直接电子转移、氢抽提反应及多重键反应（Bossmann et al., 1998）。羟基自由基的反应速率非常快，通常接近扩散控制速率（速率超过扩散速率，可以将反应物供给到反应部位），趋向 $10^6 \sim 10^{11}M^{-1}s^{-1}$，其中，M 为摩尔浓度，s 为秒（Buxton et al., 1988）。

硫酸根同样是非特异性强氧化剂，强标准还原电位为 2.43V（Huie et al., 1991），是过硫酸盐氧化系统中主要的反应成分。但是，硫酸根反应主要通过直接的电子转移，硫酸根和有机物的反应速率接近扩散控制速率，略低于羟基自由基，范围为 $10^5 \sim 10^9\ M^{-1}s^{-1}$（Neta et al., 1977; Tsitonaki et al., 2010）。相对于羟基自由基，硫酸根较低的反应性可能使得积聚在溶液中的硫酸根浓度更高。通过羟基自由基或者硫酸根的有机氧化，产物通常包括有机自由基，然后可能通过分解导致有机物的降解，或者与溶液中其他反应物反应、传播，从而产生新的羟基或硫酸根。

到目前为止，研究工作主要集中于硫酸根和羟基自由基作为关键活性中间体在过硫酸盐氧化系统中发挥的作用。然而，除了这两种自由基，其他自由基也可能在过硫酸盐化学反应中发挥作用，但尚未具体证明。其中包括超氧阴离子（O_2^{2-}）和过羟基自由基（$HO_2^{\cdot}$），常见于过氧化氢系统中（De Laat and Gallard, 1999；见第 2 章）。有研究表明，在亚硫酸盐和过一硫酸盐系统的自由基反应中，还有其他硫基自由基发挥重要作用，包括 SO_5^{2-} 和 SO_3^{2-} 自由基（Buxton et al., 1996; Anipsitakis and Dionysiou, 2003），但是它们在以过硫酸盐为基础的 ISCO 系统中的发生过程和重要性尚不清楚。

自由基反应通常涉及反应链中一系列的独立反应。反应链中的反应可归为 3 类：引发反应、传播（增长）反应和终止反应。引发反应是指从非自由基物质中产生自由基，如过硫酸盐阴离子或过氧化氢。正是引发反应导致了氧化剂的活化。传播（增长）反应包括一种（一个）自由基的消耗和另一种（一个）自由基的产生。传播（增长）反应能够根据反应条件将一种自由基转化为另一种自由基。终止反应消耗一种自由基，但不再产生其他任何自由基。终止反应代表了一个反应的最终结束点，可能是生产性的，例如，有机污染物的氧化；也可能是非生产性的，例如，与非目标有机物、矿物质或溶质的反应。

3. pH 值对自由基中间体的影响

过硫酸盐化学反应受到 pH 值的影响（pH 值依赖型）。pH 值对部分过硫酸盐活化和化学反应的影响如表 4.2 所示。然而，根据过硫酸盐反应对溶液 pH 值的影响，pH 值影响的评估是复杂的。硫酸盐是过硫酸盐反应主要的无机副产物，是一种极弱的共轭碱。因此，过硫酸盐反应中质子的产生，可能引起 pH 值的下降；这种现象已经在许多过硫酸盐系统中被发现（Sperry et al., 2002; Block et al., 2004; Waisner et al., 2008）。然而，pH 值降低的程度有可能是含水层缓冲能力及氧化剂计量的作用。例如，Block 等 2004 年研究发现，在无缓冲性的成批体系内，除了碱性活化，几乎在所有的活化方式下，pH 值都从 7 降低到接近 2。甚至在碱性活化中，pH 值也能发生改变。Waisner 等在 2008 年发现 pH 值从 11 降低到 9，能够降低氧化剂活性的有效性。在一个现场研究中，Sperry 等．（2002）指出，在监测井内 pH 值仅从 5.7 降低到 5.3，这潜在地表明在现场内 pH 值的变化程度可能比在实验室内小。但是，可能部分是由于地下采样的低分辨率造成的，因为 pH 值或水质的强区域影响可能在从地下水到附近区域的过程中，通过混合 / 稀释而减弱。

考虑 pH 值的影响是十分重要的，因为它们不仅能够改变反应进程及影响 ISCO 的有效性，还能够影响金属的氧化和迁移性。4.3.2 节将进一步讨论这些影响。

表 4.2　pH 值对部分过硫酸盐活化和化学反应的影响

过硫酸盐活化方法	pH值对机理和其他方面的影响
碱性活化	活化过程pH值达到11。在该pH值条件下，传播（增长）反应有利于羟基自由基超越硫酸根作为主要反应物（Liang et al., 2007b）。通过氧化得到的酸性产物可能会导致pH值回落而终止氧化反应（Waisner et al., 2008）
铁活化	铁在中性pH值条件下易沉淀并停止活化。酸化至pH值为3能够提高铁的有效性和活化作用，在无螯合物条件下，没有螯合物活化作用（Block et al., 2004）
螯合铁活化	螯合铁能够改善铁留在中性pH值溶液中的能力（Liang et al., 2004b），并且反过来促进活化
过氧化氢活化	pH值对过硫酸盐—过氧化氢耦合系统的影响还未得到广泛报道。然而，过氧化氢在碱性加速速率和中性pH值条件下分解，并且自由基化学反应也可能发生改变
热活化	pH值对热活化的影响很大程度上是未知的
未活化（激活）的过硫酸盐	pH值对未活化的过硫酸盐的影响还未被广泛研究。然而，Block 等（2004年）的研究数据显示，未活化的过硫酸盐可能在酸性条件下更有效

4.2.3　过硫酸盐的活化和传播反应

过硫酸盐的活化方法很多，包括加热、螯合或未螯合的过渡金属、过氧化氢或强碱性pH 值。这些方法概括于表 4.3 及下文中。

1. 活化方法

1）热活化

据反应式（4.3），过硫酸盐通过加热可以分解为两个过硫酸根自由基。这个进程是通过温度驱动的，较高的温度可以显著地加速活化速率。热活化在温度为 $30\sim60\,^\circ\!\text{C}$（$86\sim140\,^\circ\!\text{F}$）的情况已经被广泛地研究（Huang et al., 2002; Liang et al., 2003; Huang et al., 2005）。

$$S_2O_8^{\bullet-} \xrightarrow{\ hv\ } 2SO_4^{\bullet-} \tag{4.3}$$

热活化可能引起强攻击性氧化条件，不仅能加速活化，也能提高有机物、自由基，以及其他化学物质之间的反应速率。增长率遵循阿伦乌斯方程［见式（4.4）］，反应速率是活化能（E_a）和频率因子（A）的函数，频率因子是一个表示反应物之间碰撞次数的物理参数，k 为动力学反应速率常数（无论是一级，还是二级），R 为理想气体常数，T 为绝对温度。

$$k = Ae^{-\frac{E_a}{RT}} \tag{4.4}$$

表 4.3　常见的过硫酸盐活化方法关键特征总结

活化方法	关键特征
热活化	• 升温加速活化速率 • 可能导致强攻击性氧化条件 • 反应机制可能会随温度的升高而改变 • 反应效率可能会随温度的升高而改变（升温不一定总是提高效率） • 副反应（如水解）可能随温度升高而加剧 • 温度可能引起额外的非反应影响，如污染物的挥发和溶解

（续表）

活化方法	关键特征
溶解态金属活化	• 目前最常见的过硫酸盐活化方法 • 二价铁［Fe（II）］最常用；其他过渡金属也可用，包括三价铁［Fe（III）］ • Fe（II）和Fe（III）可以参与污染物的直接氧化还原反应，除了氧化剂活化反应 • 中间体和产物的形成随着pH值的变化而改变；在低pH值条件下往往是最有效的
螯合金属活化	• 在中性pH值条件下可以发生金属催化 • Fe（II）通过乙二胺四乙酸（EDTA）或柠檬酸络合是目前最常见的螯合方式；其他方式也可以 • 过硫酸盐和金属螯合剂的最佳配比是关键，并且从站点至站点而改变 • 螯合剂能够添加到多孔介质系统而不附加其他金属，推测增加自然金属溶解性，有利于活化过硫酸盐
过氧化氢活化	• 活化机制尚不清楚——独立的氧化剂活动与结合的氧化剂活动相比，其相互作用的影响与加热产生的影响的对比 • 能够产生强攻击性和非特异性氧化条件 • 过氧化氢与过硫酸盐的最佳配比随着站点从站点而改变 • 过氧化氢的累加进样是有益的，因为它往往比过硫酸盐的分解更迅速
碱性pH值活化	• 通常使用氢氧化钠（NaOH）或氢氧化钾（KOH） • 活化需要pH值高于11 • 碱性活化能够产生一些自由基，具体反应机制尚不清楚 • 污染物的碱水解副反应非常重要

由于过硫酸盐氧化反应可能涉及自由基，自由基能与有机物和其他化合物参与链式反应，因此可能存在多个不同的个体同时发生反应。链内的每个反应可能具有不同的活化能和频率因子。一些反应可能比其他反应加快得更多，因此反应机制可能随着温度的升高而转变。反应机制的转变非常重要，它们影响着整个反应的效率。

一般来说，当温度升高时，氧化剂分解的速率也随之加快。在多数情况下，污染物的降解速率也会加快。通过对不同温度下污染物的过硫酸盐氧化进行评估研究已经表明，在通常情况下，随着温度的升高，降解速率和程度更高（Cho et al., 2002; Huang et al., 2002; Liang et al., 2003, 2007b）。然而，反应效率可能发生改变，例如，竞争性副反应的加快有时会导致反应效率下降。Liang 等于 2006 年的研究中表明，当温度为 $20℃$（$68℉$），氯化物浓度约为 7000mg/L 时，清除氯化物（见 4.2.5 节）显著降低了反应效率；Aiken 于 1992 年的研究表明，在 $100℃$ 下，氯化物的浓度约为 700mg/L，对反应效率有不利影响。因此，这种非生产性反应的相对影响随着温度而增加。Tsitonaki（2008）研究得到的温度对反应效率的影响数据如图 4.4 所示。从图 4.4 中可以观察到，当温度增加到 $35℃$（$95℉$）时，MIBE 在 48 小时后降解最高；然而，随着温度的升高，过硫酸盐的分解随之增加。因此，当温度超过 $35℃$ 时，由于更多的过硫酸盐被消耗，而降解产率保持不变，所以系统的反应效率下降。

在高温情况下，除过硫酸盐的链式反应外，其他降解过程也可能变得显著。其中一个潜在的重要进程就是污染物的水解。对于常见的有机污染物而言，在室温和 pH 值条件下，水解反应通常很缓慢，从而导致地下水中有机污染物的持久存在。然而，中性水解（有机物和水的反应）、碱性水解（有机物和氢氧根阴离子的反应）都随着温度升高而加快。污染物对有机物成分的水解作用具有特定的敏感性。一些化合物包括一些卤代烷烃，相当容易水解，而其他的化合物，包括氯乙烯，一般耐水解（Jeffers et al., 1989）。Huang 等（2005）的研究数据表明，水解可能是热活化过硫酸盐体系中的一个重要过程。例如，他们指出，在每个热活化系统中，当温度超过 30℃（86 ℉）时，在任何过硫酸盐浓度下，2,2-二氯丙烷都能快速降解；然而，其他 9 种卤化乙烷和丙烷却未被有效处理，即使在最强攻击性条件下平均也只有 5% 的去除率。我们期望，如果一个氧化机制能够解释该系统中 2,2-二氯乙烷的降解，其他 9 种化学相似污染物也应该能被降解，至少能被降解一部分。然而，考虑到 Jeffers 等（1989）的研究，发现该系统中 2,2-二氯乙烷被降解，而其他卤代烷烃仍能持久存在。他们研究了 16 种氯化溶剂的水解，发现 2,2-二氯乙烷对中性水解具有最高的敏感性。他们还发现，在中性水解中，2,2-二氯乙烷在 30℃（86 ℉）下半衰期大约16h，在 40℃（104 ℉）下半衰期为 4h，均在 Huang 等的 72h 时间表内。然而，虽然在高温情况下对某些污染物而言水解可能是主要的反应机制，但是过硫酸盐氧化反应可能仍然可以通过直接攻击和水解副产物的矿化作用降解污染物。例如，1,1,1,2-四氯乙烷和 1,1,2,2-四氯乙烷（1,1,1,2-TeCA 和 1,1,2,2-TeCA）碱性水解得到三氯乙烯（TCE），该过程不易进行水解，但是非常易于氧化降解。

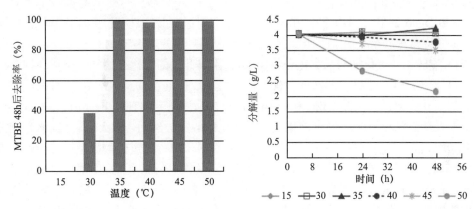

图4.4 不同活化温度下48h后通过过硫酸盐的MTBE去除率（左图）和同一系统内过硫酸盐的分解量（右图）。实验设置：在顶空自由瓶中加入MTBE水溶液1mg/L、过硫酸钠4g/L，重复3次，并在每个时间点采样（Tsitonaki et al., 2008）

物理进程也可以通过温度而改变。很多有机污染物在更高的温度下具有更高的溶解限度，从而潜在影响密集的非水相液体（DNAPL）的溶解。挥发过程也有可能被加快。这些进程可能通过促进 DNAPL 的溶解或污染物的解吸进一步强化对污染物的处理。

2）溶解铁和其他过渡金属活化

使用过渡金属可能是目前文献中最常见的活化方法。使用过渡金属的过硫酸盐活化方法是，在一定的环境温度和 pH 值范围内，通过使用金属螯合物，来加快过硫酸盐的化学反应。这可能不需要环境温度或者 pH 值的改变，但这个过程可能需要能量供应或大量的酸或最基本的反应物质。科研人员已经明确，能够活化过硫酸盐的金属离子包括 Fe（II）、Fe（III）、银 ［Ag（I）］和铜 ［Cu（II）］（Kolthoff et al., 1951; House, 1962; Anipsitakis and Dionysiou, 2004, Block et al., 2004）。然而，由于银和铜的价格比较昂贵、存在潜在毒性，以及在环境中比较稀有,故它们不适用于过硫酸盐的 ISCO 活化。因此,Fe（II）和 Fe（III）

是应用于过硫酸盐的 ISCO 活化的两种最常见的过渡金属活化剂。

Fe（II）的过硫酸盐活化已经得到了很好的研究（Kolthoff et al., 1951; Anipsitakis and Dionysiou, 2004; Liang et al., 2004a, 2004b; Crimi and Taylor, 2007）。该反应机理包括一个电子转移反应，见反应式（4.2），其中铁提供电子，结果发生反应式（4.5）中的反应（Kolthoff et al., 1951）。

$$S_2O_8^{2-}+Fe^{2+} \rightarrow SO_4^{\cdot-}+SO_4^{2-}+Fe^{3+} \ (k=8.3M^{-1}s^{-1}) \tag{4.5}$$

该反应在很多方面是催化过氧化氢（CHP）反应的模拟［见第 2 章中反应式（2.4）～反应式（2.12）］，其中，氧化剂的过氧化氢键断裂产生一个自由基，该自由基可能继续氧化目标有机物或者通过传播反应被转化。

Fe（III）的活化机理尚不明确。Liang 等（2004a）研究发现，当使用 Fe（II）活化过硫酸盐时反应会停滞（或失速），这可能是因为 Fe（II）被耗尽，结果产生的 Fe（III）在溶液中累积导致的。可以通过向系统中添加更多的 Fe（II）或者添加硫代硫酸盐还原剂将 Fe（III）还原到 Fe（II），来恢复该反应的活性。这可能表明，通过 Fe（III）活化过硫酸盐的速率比通过 Fe（II）的速率慢得多，或者通过 Fe（III）活化过硫酸盐本身是无效的。Anipsitakis 和 Dionysiou（2004）研究指出，Fe（III）对过硫酸盐具有轻度催化活性，从而能够降解 2,4-二氯苯酚。然而，他们将此归因于 Fe（III）和芳烃污染物的直接反应。众所周知，Fe（III）能够作为氧化剂与酚类化合物反应，特别是儿茶酚类化合物和醌类化合物（Chen and Pignatello, 1997; Lu, 2000; Lu et al., 2002），并且该反应的产物是 Fe（II），可以被应用于过硫酸盐的活化。因此，Anipsitakis 和 Dionysiou（2004）研究发现的 Fe（III）的表观活性，可能是由涉及酚醛污染物的缓慢自催化反应而产生的假象。然而，Block 等（2004）也提供了 Fe（III）活性的证据；过硫酸盐 -Fe（III）系统相对于单一的过硫酸盐系统，能够实现氯乙烯、氯代苯、苯、甲苯、乙苯和二甲苯（BTEX）及含氧材料更高的降解。Anipsitakis 和 Dionysiou（2004）观察到，芳香类污染物仍可能促进铁还原反应，氯乙烯和含氧材料的降解表明可能出现一些催化剂。有一种可能是 Fe(III)缓慢反应变回 Fe(II)［见反应式（4.6）～反应式（4.9）］。再生的 Fe（II）再通过反应式（4.5）用于过硫酸盐的活化。

$$S_2O_8^{2-} + 2H_2O \leftrightarrow 2HSO_4^- + H_2O_2 \ (k = 6.12\times10^{-6}M^{-1}min^{-1}, \ pH=1.7, 25℃) \tag{4.6}$$

$$Fe^{3+} + H_2O_2 \leftrightarrow Fe(OH_2)^{2+} + H^+ \ (k = 3.1\times10^{-4}M^{-1}s^{-1}) \tag{4.7}$$

$$Fe(OH_2)^{2+} \rightarrow Fe^{2+} + HO_2^{\cdot} \ (k = 2.7\times10^{-3}M^{-1}s^{-1}) \tag{4.8}$$

$$Fe^{3+} + HO_2^{\cdot} \rightarrow Fe^{2+} + O_2 + H^+ \ (k = 2\times10^3M^{-1}s^{-1}) \tag{4.9}$$

House（1962）报道，酸性条件可能促进反应式（4.6）中的反应，反应式（4.7）和反应式（4.8）中的反应被认为是在过氧化氢系统中发生的（De Laat and Gallard, 1999）。反应式（4.5）～反应式（4.9）中反应的潜在组合表明，过渡金属过硫酸盐活化可能参与 Haber-Weiss-Like 催化机制，其中，铁连续在 Fe（II）和 Fe（III）之间来回循环，产生自由基，直到氧化剂耗尽。然而，根据目前的研究证据［例如，Liang 等（2004a）发现的反应停滞］，这个循环可能不如在过氧化氢系统中观察到的 Haber-Weiss 循环强烈。这可能是由于反应式（4.6）中的反应在室温下十分缓慢，这也表明了过硫酸盐在水溶液中的长半衰期。例如，基于 House（1962）报道的反应式（4.6）中的一阶反应速率常数，预测在室温、酸性溶液条件下的半衰期为 80d。因此，反应式（4.6）中的反应可能非常缓慢。此外，过氧化氢可能不总是由过硫酸盐水解产生的。在中性和碱性条件下，House（1962）观察到氧气的产生，而不是产生过氧化氢，这不会促进反应式（4.6）～反应式（4.9）中的反应链。

3）螯合金属活化

通过溶解铁进行过硫酸盐活化也可受到铁的有效性的影响。在溶液系统中，大范围 pH 值条件下 Fe（II）是以溶解态存在的［Fe_2^+ 或者 $Fc(OII)^+$］。当氧化剂活化进行时，Fe（II）通过反应式（4.5）被氧化成 Fe（III）。然而，当无螯合剂或者其他溶质存在时，Fe（III）的溶解态［Fe_3^+、$Fe(OH)^{2+}$、$Fe(OH)^+$］仅在酸性条件下普遍存在，而在中性条件下，Fe（III）以固体氢氧化铁［$Fe(OH)_3$］的形式趋于沉淀。当 Fe（III）从反应中沉淀时，它的氧化活性降低甚至消失（见图 4.5）。因此，为了维持含铁过硫酸盐系统的长时间活性，铁必须存在于溶液中。这可以通过酸化溶液（或者含水层）到 pH 值约为 3，其中，铁变得可溶，或者通过使用有机物——铁配体配合物（或螯合物），从而保持在中性条件下。后一种方式已作为在中性条件下活化铁的方法被广泛应用（Cho et al., 2002; Block et al., 2004; Jazdanian et al., 2004; Liang et al., 2004b; Nadim et al., 2005; Dahmani et al., 2006; Tsitonaki et al., 2006; Crimi and Taylor, 2007）。Block 等（2004）指出，在一个系统中，当 pH 值维持在中性（缓冲）条件下时，螯合铁系统比等效的非螯合铁系统表现得更好。然而，在无缓冲系统中，过硫酸盐反应［见反应式（4.7）］中的 pH 值降低到 2，两种系统的表现是等价的。因此，推测可能是提高了铁的可用性，通过螯合使系统在中性条件中得以运行。

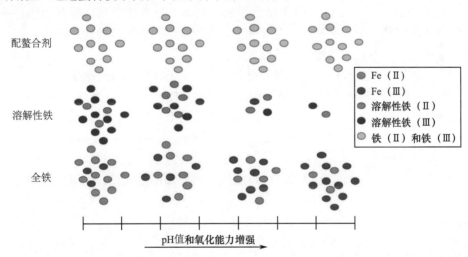

图4.5　铁的可用性［全铁和溶解性Fe（II）或Fe（III）］：使用螯合剂的复合铁随pH值和氧化程度的变化

关于使用螯合剂的研究已经发现，铁螯合物能够提高等效非螯合铁系统的处理有效性（Block et al., 2004; Liang et al., 2004b; Dahmain et al., 2006）。Liang 等（2004）提出了一种更全面的螯合铁活化的评价法，并且研究了柠檬酸、EDTA、三聚磷酸钠（STPP）、1-羟基乙烷-1,1-二膦酸（HEDPA）的使用。柠檬酸的使用导致最广泛的污染物降解。其他活化过硫酸盐较慢，因此可能提高氧化剂的持久性。在铁螯合剂活化下，氧化剂、铁、螯合剂的摩尔比似乎对整体有效性具有更强烈的影响。Liang 等（2004b）报道称，螯合剂与铁的摩尔比为 1:5 具有最佳性能，当铁的浓度较低时，需要相对较多的螯合剂，以保持溶液中的铁浓度。同样，Crimi 和 Taylor 也研究过螯合剂与铁的比例，并且也发现当铁的浓度较高时，1∶5 的比例下效果很好；当铁的浓度较低时，则需要增加螯合剂的剂量。

在使用螯合剂活化时最后考虑的是螯合剂本身可能被氧化反应所降解。许多螯合剂是有机化合物，因此它们有被自由基或直接氧化反应所氧化的潜在可能。然而，螯合铁活化的研究通常不显示螯合剂浓度随时间的变化，因此在文献中很少去确定这种影响的大小。

4）过氧化氢活化

过氧化氢（H_2O_2）和过硫酸盐的组合应用已经表明过硫酸盐可以被活化，即使不添加过渡金属活化剂（Block et al., 2004; Robinson et al., 2004; Crimi and Tayor, 2007）。这种活化方法背后的机理尚不清楚，因为过氧化氢和硫酸钠之间发生了什么样的直接催化反应是未知的。然而，很多土壤矿物质，特别是铁和锰的氧化物，可以被过氧化氢催化活化（Huang et al., 2001a; Kwan and Voelker, 2003; Wattts et al., 2005b; Teel et al., 2007）。矿物质普遍存在于多孔介质环境中，如针铁矿、软锰矿、水铁矿等，因此可以预测很多场地站点将会存在一些催化矿物。过氧化物与催化矿物的反应可能引发自由基的形成，例如，羟基（OH·）或超氧化物自由基（$O_2^{·-}$）（Kwan and Voelker, 2003; Watts et al., 2005b）。从这些反应中生成的自由基可以与过硫酸盐相互作用，通过传播反应形成硫酸根自由基（$SO_4^{·-}$），如

$$S_2O_8^{2-} + OH^· \rightarrow SO_4^{2-} + SO_4^{·-} + \frac{1}{2}O_2 + H^+ \tag{4.10}$$

Cronk 和 Cartwright（2006）报道称，过氧化氢也可以通过提高地下温度支持过硫酸盐的活化。向地下使用一定剂量的过氧化氢，能够提高 60～80℃（140～176 ℉）的地下温度，并能通过反应式（4.3）活化过硫酸盐。然而，过氧化氢和热耗散远远超过了过硫酸盐的分解，因此，为了保持地下温度促进热活化，必须周期性地使用过氧化氢。

值得一提的是，在这些系统中过氧化氢可能具有和过硫酸盐化物同样重要的作用。在现场，一个通用的方法是使用同等质量百分比（例如，1wt.% 的过硫酸钠和 1wt.% 的过氧化氢）。然而，鉴于这两种氧化剂的分子量相差很大（H_2O_2 的分子量为 34g/mol，$Na_2S_2O_8$ 的分子量为 238g/mol），在使用同样质量百分比的情况下，过氧化氢与硫酸钠的摩尔比接近于 7∶1。

5）碱性 pH 值活化

过硫酸盐的碱性 pH 值活化包括向过硫酸盐溶液中添加浓碱，常用氢氧化钠（NaOH）或氢氧化钾（KOH），将 pH 值提高到强碱性范围内（pH 值为 11～12）。这将引起氧化剂的分解从而形成自由基，但明确的反应机制尚未知。活化后，由于在碱性条件下具有高浓度的氢氧根离子（OH^-），传播反应促进反应式（4.11）中硫酸自由基转化为羟基自由基。因此，很可能由传播反应得到的羟基自由基和其他自由基是这些系统中主要的活性反应物质。此外，在高 pH 值下，羟基（OH·）本身可能会离解成氧自由基 $O^{·-}$ 和 H^+［解离常数 pKa=11.9］，从而影响它们的反应性（Buxton et al., 1998）。

$$SO_4^{·-} + OH^- \rightarrow SO_4^{2-} + OH^· \tag{4.11}$$

在碱性条件下活化时，pH 值通常必须提高到 11 及以上。酸碱滴定评估很重要，通过使用位点特异性介质评估使地下环境达到如此高 pH 值所需的碱的量。由 Block 等（2004）得到的在碱性条件下活化能够非常有效地降解有机污染物，包括高度氧化的卤代甲烷和氯

乙烷。这些污染物，尤其是卤代甲烷，很大程度上被认为与强氧化剂能发生弱反应，包括羟基自由基和硫酸基（Teel and Watts, 2002; Huang et al., 2005）。然而，Watts 等（2005）、Smith 等（2004）对过氧化氢的研究表明，在自由基系统中，通过一种涉及超氧化物（$O_2^{·-}$）的还原途径能够降解高度氧化的污染物。在碱性活化系统中，是否还存在其他特殊自由基能够促进还原降解或其他反应机制是未知的。

在碱性活化系统中，另一种潜在的主要降解过程是碱性水解。在强碱性溶液中，很多有机化合物与氢氧根离子反应，分解或部分降解独立的氧化反应。对丁不同的有机化合物，在高 pH 值条件下该过程的意义和速率差异很大。反应速率通常随着 pH 值、温度的升高而增大。Jeffers 等（1989）研究了大量不同氯化有机溶剂在大范围 pH 值和温度条件下的碱性、中性水解速率，发现在过硫酸盐氧化过程中，1,1,2,2-TeCA、1,1,1,2-TeCA、1,1,2-三氯乙烷（1,1,2-TCA）和三氯甲烷在室温下及升高 pH 值时具有高碱性水解速率，这表明该机制在碱性活化过硫酸盐降解有机物的过程中可能发挥重要作用。然而，在某些情况下，水解反应得到的副产物氯乙烷，即使在高温和高 pH 值时发生得也很缓慢。因此，过硫酸盐氧化反应可能通过降解碱性水解副产物维持矿化反应（见 4.4.1 节）。

2. 传播反应

当活化过硫酸盐时，几个重要的传播反应影响链式反应中活性自由基的平衡。这些传播反应存在水溶液中其他化学物质的功能。例如，当 pH 值很高时，会出现大量氢氧根离子（OH^-），硫酸和 OH^- 迅速反应，产生羟基自由基（$OH^·$），见反应式（4.11）。这是由 Liang 等（2007b）观察得到的，他们同时也进行了清除研究，根据 pH 值确定主要自由基。他们研究发现，在过硫酸盐系统中，在低 pH 值（2～4）条件下，硫酸根自由基（$SO_4^{·-}$）是主要自由基，而在高 pH 值（7～9）条件下，羟基自由基（$OH^·$）是主要自由基。过硫酸盐阴离子本身也是一种能够传播自由基的物质。例如，如果系统中羟基自由基活性和硫酸浓度高，则反应式（4.11）可逆，从而形成硫酸根。这已在无过硫酸盐的过氧化氢 ISCO 系统中观察到，并且有证据表明，高硫酸盐背景浓度能够导致硫酸盐自由基的形成（De Laat et al., 2004）。

而硫酸盐自由基和羟基自由基都是已知的强氧化剂，它们与有机物的反应速率不同，这取决于化合物的性质和官能团（Neta et al., 1977; Buxton et al., 1988; Haag and Yao, 1992）。一些高度氧化的有机物，如四氯化碳（CT），与强氧化性自由基不反应，如羟基和硫酸根（Teel and Watts, 2002; Huang et al., 2005）。因为已观察到，在过硫酸盐系统中的某些反应条件下，这些化合物迅速分解（Huang et al., 2005; Root et al., 2005），这强调了其他未知的自由基物质可能正在形成，其中可能包括一些能够促进还原机制的自由基。

一些额外的自由基物质可能是因为溶解氧的存在而形成的。Peyton（1993）利用总碳（TOC）分析研究了热活化过硫酸盐，并发现有机碳完全矿化成二氧化碳（CO_2）不太可能发生，除非有溶解氧（O_2）的存在。一种可能涉及氧的传播反应为

$$R^· + O_2 \rightarrow RO_2^· \tag{4.12}$$

式中，$R^·$ 是有机基团，$RO_2^·$ 是有机—过氧化物自由基。有机基团和有机—过氧化物自由基可能促进其他传播反应及污染物的降解（Peyton, 1993）。

4.2.4 过硫酸盐反应动力学

过硫酸盐反应动力学是地下有机污染物成功降解的另一个重要考虑因素。由于过硫酸盐的强还原电位和自由基中间体，很多与有机化学物质的反应是热力学有利的。然而，这些反应必须在一定的时间尺度内才能发生，其与有效降解 COCs 的 ISCO 修复相关。当过硫酸盐注入地下时，通过与污染物和天然媒介成分的相互作用，其被一系列的催化和其他反应所消耗，直到最终从溶液中耗尽。这个时间的长短或氧化剂的持久性，是氧化剂活化强烈程度的函数，根据活化方法和特定位点因素，氧化剂分解速率从一个多孔介质到另一个多孔介质变化。为了有效降解污染物，利用过硫酸盐降解污染物的速率需要与地下氧化剂总使用期相似，或比其在更短的时间内发生。此外，能够影响氧化剂的运移和吸附污染物的解吸的地下过程具有时间依赖性，因此，氧化剂必须在此过程中维持足够长的时间，从而达到显著降解污染物的目的。

1. 多孔介质中过硫酸盐分解动力学（氧化剂持久性）

虽然氧化剂的持久性被认为是 ISCO 成功的重要考虑因素，但是在未受污染的地下环境中，过硫酸盐的持久性和控制参数及过程并未被完全理解。一些关于这一主题的初步研究试图将过硫酸盐的持久性与高锰酸钾进行比较；这些研究假定在给定的多孔介质中，能够被多孔介质还原剂消耗掉的过硫酸盐的需求和上限（Hoag et al., 2000; Haselow et al., 2003; Dahmani et al., 2006）。该方法的应用结果表明，在污染物有效降解之前，必须传递足够的氧化剂来满足该"需求"。然而，Mumford 等（2005）、Xu 和 Thomson（2008）的研究表明，高锰酸钾天然氧化剂需求量（NOD）不是单值瞬时需求；相反，是由动力学控制的，因此，需要随时间变化对需求进行调整。引申开来，这种动力学行为可能也适用于过硫酸盐。然而，有科学证据支持这种概念，通过含水层固体的过硫酸盐部分消耗是由于与有限数量的还原剂反应，该概念将支持有限需求法。例如，过硫酸盐早已用于湿法氧化 TOC 分析，其中，天然有机物（NOM），包括腐殖质，被推测能定量转化成二氧化碳（Peyton, 1993）。因此，可以期待从 NOM 中得到过硫酸盐的有限需求。

研究已观察到，过硫酸盐的持久性似乎不同于高锰酸钾，因为过硫酸盐的损失随着时间的推移增加，这与过氧化氢（过氧化物，Peroxide）的分解行为存在一些相似之处（Brown and Robinson, 2004; Sra et al., 2007, 2010）。这表明过硫酸盐的持久性可能受到催化过程的影响，因此，在催化剂天然存在的情况下，过硫酸盐将会分解，直到被完全耗尽。在这种条件下，如果天然催化剂通过反应不改变或者未被耗尽，那么在该反应中，过硫酸盐的需求量将没有上限。Sra 等（2008）对多孔介质中过硫酸盐的持久性进行了评估，并且断定过硫酸盐的分解服从准一级动力学，暗示催化分解反应的发生。此外，他们研究了在批量、柱和推挽式现场系统中的持久性动力学，发现氧化分解速率从批量到柱和场地系统分别增加了 5 倍和 50 倍。这种分解速率的增加并不意外，因为含水材料的含量从批量浆料到柱系统是增加的，并且现场系统可能会遇到异质性（Sra et al., 2010）。如果存在活化剂或者污染物，该行为可能进一步复杂化，因为它们也能影响过硫酸盐的持久性（Ceimi and Taylor, 2007; Liang et al., 2008; Sra et al., 2010）。

表 4.4 给出了文献中过硫酸盐的持久性的示例范围。在使用该信息时必须考虑实验方法和条件的可变性。

表4.4 文献中提到的过硫酸盐的持久值

来 源	报道数据（比率或范围）	半 衰 期	注 解
Liang等（2003）	0.75～4.7/d	0.15～0.92d	3种土壤6h后一级过硫酸盐降解动力学；存在TCE或TCA；批量系统；热活化（50℃或60℃）；11.7g土壤在60mL反应器中
Brown和Robinson（2004）	<0.06～14.3g Na$_2$S$_2$O$_8$/kg（湿重）	—	过硫酸盐的损失随着时间延长而增加；未观测6种污染土壤的阈值；曝光21d后所得的数据；批量系统；无氧化剂与固体的质量比
Dahmani等（2006）	0.1～0.3g Na$_2$S$_2$O$_8$/kg（干重）	—	观测1种土壤曝光10天后过硫酸盐的消耗阈值；批量系统；液固比为5:1（V/V）；过硫酸盐浓度变化范围为0.1～5g/L
Liang等（2004b）	0.01～1.96/d[a]	0.35～69d	1种土壤超过24h后一级过硫酸盐降解动力学；批量系统；存在TCE；液固比为5:1（V/V）；不同摩尔比的过硫酸盐、螯合物（EDTA）、铁和TCE
Crimi和Taylor（2007）	0.02～2.39/d	0.29～35d	5种土壤一级过硫酸盐降解动力学；批量系统；液固比为4:1（V/V）；存在BTET；不同活化剂
Liang等（2008）	1.39g和5.98g Na$_2$S$_2$O$_8$/kg（干重）	—	一种土壤超过28d；批量系统；未报告时间数据；添加铁和不添加铁；氧化剂与固体质量比为400g Na$_2$S$_2$O$_8$/kg
Sra等（2010）	0.001～0.34/d	2～700d	7种未污染土壤的一级过硫酸盐降解动力学；批量系统；超过30d；氧化剂和固体质量比为1.0g或20g Na$_2$S$_2$O$_8$/kg；柱系统；推挽式现场测试超过25d
Sra等（2010）	0.001～0.7/d	1～700d	4种未污染土壤的一级过硫酸盐降解动力学；批量系统；氧化剂与固体质量比为1.0g或20g Na$_2$S$_2$O$_8$/kg；不同活化剂

注：kg—千克。

[a]一级反应速率系数，由作者估计。

2. 基本反应动力学和建模方法

硫酸自由基或羟基自由基与各种有机反应物或无机反应物之间的反应速率被描述为二级反应动力学（取决于氧化剂和污染物的浓度），而污染物的损坏率（或降解率）被描述为准一级反应动力学（假定氧化剂浓度过量），如图4.6所示。这些速率已被大量出版物报道，其中包括 Neta 等（1977）、Buxton 等（1988, 1996, 1999）。然而，考虑到这些系统的复杂性，开发精确的分析模型来跟踪特定反应性物质在数学上是很烦琐的。表4.5 总结了氧化性物质的衰减率和所测污染物的降解率。该表是由多个有过深入研究的综述和实验研究的资料汇编而成的，读者可以从这些出版物中获取更多与初始条件相关的详细信息。

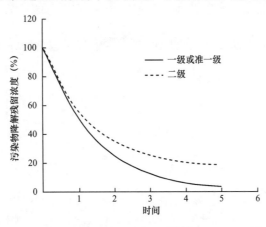

图4.6 一级、准一级或二级反应动力学示例污染物降解数据。此处时间作为一个通用单位变化

当特定自由基物质占据主导地位时，竞争动力学可以作为一种简化方法来评估反应效率，但是不能评估整体动力学速率。因为自由基的浓度在所有涉及它的反应中都是相同的，所以竞争动力学预测，一个系统内每个特定反应的相对优势取决于每个反应物浓度的产物，其具有二级反应速率；具有更快反应速率或更高浓度的反应物往往占据主导地位。Peyton（1993）证明了该方法能够用于分析 TOC 分析仪中过硫酸盐的化学作用。该方法也对 ISCO 有效。然而，ISCO 存在的大量未知，使得该方法得到的结论存在更大的不确定性。例如，过硫酸盐和土壤矿物质的反应在很大程度上是未知的，但是与过氧化氢反应时，土壤矿物质对自由基反应具有主要影响，并没有将其包含在竞争动力学的计算中，这会引起显著误差。此外，当存在多种自由基物质促进降解时，竞争动力学难以方便地解释其他自由基的影响。

由于有机污染物与过硫酸盐在降解过程中可能发生了多个尚不清楚的反应，所以建立时间点的过硫酸盐氧化动力学模型存在高度不确定性的问题。因此，研究反应动力学最常用的方法是收集相关的实验室数据，然后对原位条件下的结果进行推断。在很多情况下，准一级动力学似乎适用于系统中的污染物，该系统中过硫酸盐是过量的，并且存在活化剂（Huang et al., 2002, 2005; Liang et al., 2003, 2004b, 2006, 2007b）。然而，已观察到反应停滞（或失速）的现象，这表明其他过程也参与了反应（Anipsitakis and Dionysiou, 2004; Liang et al., 2004a）。从充分混合均匀的实验室系统到现场，所遇到的复杂的异质性地下环境，必须谨慎推断得出结论。

表 4.5 羟基、硫酸基和过硫酸根离子的反应速率

基团衰减的二级反应速率（$M^{-1}s^{-1}$）			
反应物	$OH^{\cdot a}$	$SO_4^{\cdot -b}$	$S_2O_8^{2-}$
甲醇	9.7×10^8	1.6×10^7	N/R
乙醇	1.6×10^9	7.8×10^5	N/R
四氢呋喃	4.0×10^9	1.1×10^8	N/R
甲基叔丁醚	1.6×10^9	3.1×10^7	N/R
氯离子	4.3×10^9	2.5×10^8	N/R
碳酸根离子	4.0×10^8	1.6×10^6	N/R
碳酸氢根离子	1.0×10^7	6.1×10^6	N/R
三氯乙烯	4.2×10^9	N/A	N/R
四氯乙烯	2.6×10^9	N/A	N/R
碘离子	1.1×10^{10}	N/A	N/R
污染物降解率（准一级）K_{obs}（s^{-1}）			
反应物	$OH^{\cdot}$	$SO_4^{\cdot -}$	$S_2O_8^{2-}$
甲基叔丁醚	0.029^c	$5.8 \times 10^{4\ d}$	$0.13 \times 10^{4\ d}$
三氯乙烯	N/A	2.21^e	1.16^e
四氯乙烯	N/A	2.69^e	0.91^e

注：N/R—不相关；N/A—无效。

[a] Buxton 等（1988）。

[b] Tsitonaki 等（2010）。

[c] Burbano 等（2002）。

[d] Huang 等（2002），基于假设：在室温下过硫酸根离子占据主导地位，而在 50℃时硫酸根占据主导地位。

[e] Liang 等（2007a），基于假设：无活化剂存在时过硫酸根离子占据主导地位，而在活化系统中硫酸根占据主导地位。

4.2.5 影响氧化效率和有效性的因素

一旦自由基形成，它们的反应就非常迅速，几乎是在瞬间完成的（Neta et al., 1977; Buxton et al., 1988; Haag and Yao, 1992）。这些反应涉及攻击地下污染物，而降解它们，就是 ISCO 的目标。然而，它们也可以与溶液中其他化学成分发生反应。与其他自由基的过度传播反应，以及与非生产性化合物的反应，会降低反应效率和有效性。有时将这些反应称为清除反应。如果清除剂的浓度过高，自由基对目标有机物的反应效率会被降低或被完全消除。表 4.6 总结了地下水环境中常见的关键清除剂的作用和影响，并在后面章节进行了进一步的讨论。

表 4.6 地下水环境中常见的关键清除剂的作用和影响

清除剂	作用和影响
碳酸盐和碳酸氢盐	• 与（清除）自由基相互作用及作为金属络合剂（对金属活化剂重要）； • 能够减缓甚至阻止污染物的降解； • 能够形成碳酸盐和碳酸氢盐自由基——被认为相对非反应性自由基汇，但可能有助于自由基的传播和污染物的降解
氯化物	• 与（清除）自由基相互作用和作为金属络合剂（对金属活化重要）； • 氯化溶剂氧化物副产品——可以累积，特别是DNAPL污染； • 能够减缓甚至阻止污染物的降解； • 能够形成氯自由基——被认为相对非反应性自由基汇； • 能够潜在导致氯化消毒副产品的生成（如卤代甲烷等）
多孔介质	• 天然有机物能够直接消耗过硫酸盐及可能作为自由基汇； • 活化过硫酸盐可能催化土壤矿物质，但是机制尚不清楚

1. 碳酸盐和碳酸氢盐

这些阴离子对 ISCO 的影响是十分重要的考虑因素，因为碳酸盐和碳酸氢盐在地下环境中无处不在。水中存在碳酸盐和碳酸氢根阴离子，它们来自被水吸收的大气中的二氧化碳、碳酸盐矿物的溶解，以及有机化合物通过生物和非生物机制的降解。因此，很多天然地下水中碳酸盐和碳酸氢盐含量较高；由于有机物的破坏，该含量甚至可以通过 ISCO 增加。碳酸盐和碳酸根离子可能影响过硫酸盐的反应效率、动力学，以及与自由基的反应和作为金属络合剂的反应途径。

碳酸盐或碳酸氢根离子能够形成含水配合物，在含金属的溶液中或矿物表面能形成固体沉淀物，从而降低反应性（Valentine and Wang, 1998）。过硫酸盐的这种影响尚未被明确探索过；然而，为了进一步对比，在涉及过氧化氢的催化反应的基础上，已经发现这种络合过程能够显著减缓过氧化氢的分解及降低污染物的降解速率。在某些情况下，观察到它能降低反应速率，但是不能减小反应效率（Valentine and Wang, 1998）；在另一些情况下，它能有效地抑制反应（Lipczynska-Kochany et al., 1995; Beltrán et al., 1998）。

在过硫酸盐系统中，已经注意到，碳酸氢盐和碳酸盐的存在能够减缓污染物氧化反应的速率及减小反应效率（Huang et al., 2002; Liang et al., 2006; Waldemer et al., 2007）。然而，这些研究都无法得出反应速率减缓和反应效率减小背后的反应机制。Peyton（1993）和 Liang 等（2004）都观察到 pH 值对碳酸盐、过硫酸盐反应的不利影响，但是反应机制尚不清楚。

除络合过程外，碳酸盐和碳酸氢盐也能通过反应形成自己的自由基，即（Liang et al.,

2006）：

$$SO_4^{\bullet-} + CO_3^{2-} \rightarrow SO_4^{2-} + CO_3^{\bullet-} \quad (k = 6.1 \times 10^6 \, M^{-1} \, s^{-1}) \tag{4.13}$$

$$SO_4^{\bullet-} + HCO_3^- \rightarrow SO_4^{2-} + HCO_3^{\bullet} \quad (k = 1.6 \times 10^6 \, M^{-1} \, s^{-1}) \tag{4.14}$$

$$HCO_3^{\bullet} \leftrightarrow H^+ + CO_3^{\bullet-} \quad (pKa = 9.5) \tag{4.15}$$

该反应产生碳酸氢根自由基（$HCO_3^{\bullet}$）和碳酸根自由基（$CO_3^{\bullet-}$），它们具有自己的酸—碱化学反应［见反应式（4.15）］（Zue et al.，1999）。对于这些自由基和有机物的反应，以及它们参与的链反应的传播，人们理解得不如硫酸盐或羟基自由基深。习惯上认为，它们能减缓反应，或者是非反应性的——非生产性——自由基汇（Huang et al.，2002；Liang et al.，2006）。这种观点很大程度上是基于一种观察结果，当存在碳酸盐时，污染物的降解量会减少（Huang et al.，2002；Liang et al.，2006；Waldemer et al.，2007）。然而，最近的研究表明，它们的形成并不完全是非生产性的，并且它们可能促进传播反应和污染物的降解。碳酸根自由基（$CO_3^{\bullet-}$）在 pH 值为 12 的条件下标准还原电位是 1.59V（Huang et al.，1991），标准还原电位很强使得该物质能够参与很多氧化反应。Umschlag 和 Herrmann（1999）研究了碳酸盐和碳酸氢盐自由基与一系列芳香族化合物，包括 BETX 的活动行为，发现碳酸盐和碳酸氢盐自由基能够降解它们。他们发现与这些自由基反应的动力学反应速率为 $10^2 \sim 10^7 M^{-1} s^{-1}$；这比类似的芳香族化合物与羟基的动力学反应速率（$10^9 M^{-1} s^{-1}$）或硫酸根自由基的动力学反应速率（$10^8 \sim 10^9 M^{-1} s^{-1}$）小，但根据自由基的浓度仍能促进降解（Neta et al.，1977；Buxton et al.，1988）。因此，碳酸盐自由基可能支持一些降解反应，尽管其重要性尚不清楚。

上述讨论结果表明，过硫酸盐与碳酸盐或碳酸氢盐之间的相互作用可能是互补且有害的；然而，目前的实验证据表明这些离子对反应性能有完全的负面影响（Huang et al.，2002；Liang et al.，2006）。但是，确定特定的具有挑战性的浓度阈值是困难的，因为这些过程不能很容易地被识别、分离或定量。其他系统变量同样也发挥着作用。例如，Liang 等（2006）指出，在中性条件下，碳酸氢盐浓度在高达约 550mg/L 时对效率影响相对较小，而在 pH 值为 9 或 11 时，该浓度对反应效率有较大的负面影响。因此，这种影响可能依赖系统。

2. 氯化物

氯化物是另一种能够充当自由基清除剂的阴离子，也能够影响金属的有效性。氯化物普遍存在于水中，它的浓度通常很低，除非是在盐度很高的情况下，如海洋环境或含盐量很高的地下水中。然而，和碳酸盐和碳酸氢盐一样，在氧化氯化有机污染物时，氯化物也是一种潜在的反应产物。ISCO 反应中的氯化物演变对处理 DNAPL 化合物具有特别的意义；已发现在处理高锰酸钾系统中的这些污染物时，本地浓度超过了 3000mg/L（Petri，2006）。

类似于碳酸盐和碳酸氢盐，氯化物也能与金属和矿物质形成配合物（De Laat et al.，2004）。同样，这能够影响催化作用的速率。作为氯化物金属配合物，比起纯水溶液中占据主导地位的水合金属配合物，其与过硫酸盐可能具有不同的反应性。这种现象在过硫酸盐系统中还未被探索过，但在涉及过氧化氢和氧的铁催化系统中已被发现。例如，De Laat 等（2004）指出，氯化物对 Fe（II）过氧化氢催化的动力学没有影响，但是当氯化物存在时，Fe（III）的催化显著变慢；这导致氧化分解速率和污染物降解速率较慢。Sung 和 Morgan

（1980）指出，当氯化物存在时，由于铁的络合，通过溶解氧的 Fe（II）氧化动力学出现类似的减速影响；但是，通过金属或矿物质表面的过硫酸盐催化的影响程度尚不清楚。

氯离子能够与其他自由基反应，如羟基或硫酸基，从而形成具有独特化学性质的自由基（Yu and Barker, 2003）。反应式（4.16）～反应式（4.18）描述了硫酸与羟基反应生成自由的氯原子（Cl）的过程（Buxton et al., 1999; Yu and Barker, 2003）。氯原子在水溶液体系中是不稳定的；如果氯离子浓度够高，氯原子将与氯离子复合形成二氯自由基［见反应式（4.19）］。二氯自由基通常比羟基或硫酸基反应慢，因此它们可能在溶液中积聚而达到较高的浓度。目前，尚不清楚它们对有机化合物氧化的生产性作用，因此通常将它们视为非生产性自由基汇。如果二氯自由基的浓度很高，它们也能相互反应［反应式（4.19）对应反应式（4.20）］，或者与氯原子反应［反应式（4.20）对应反应式（4.21）］形成氯气（Cl_2）（Yu et al., 2004）。

$$SO_4^{\cdot-} + Cl^- \rightarrow Cl^{\cdot} + SO_4^{2-} \quad (k = 6.1 \times 10^8 M^{-1} s^{-1}) \tag{4.16}$$

$$OH^{\cdot} + Cl^- \leftrightarrow ClOH^{\cdot-} \quad (k = 4.3 \times 10^9 M^{-1} s^{-1}) \tag{4.17}$$

$$ClOH^{\cdot-} + H^+ \leftrightarrow Cl^{\cdot} + H_2O \quad (k = 3.2 \times 10^{10} M^{-1} s^{-1}) \tag{4.18}$$

$$Cl^{\cdot} + Cl^- \leftrightarrow Cl_2^{\cdot-} \quad (k = 7.8 \times 10^9 M^{-1} s^{-1}) \tag{4.19}$$

$$Cl_2^{\cdot-} + Cl_2^{\cdot-} \rightarrow Cl_2 + 2Cl^- \quad (k = 7.2 \times 10^8 M^{-1} s^{-1}) \tag{4.20}$$

$$Cl^{\cdot} + Cl_2^{\cdot-} \rightarrow Cl_2 + Cl^- \quad (k = 2.1 \times 10^9 M^{-1} s^{-1}) \tag{4.21}$$

氯气及其水溶液产物能够形成卤化有机物。这是由 Aiken（1992）发现的，他通过 TOC 分析调查了海水样品中过硫酸盐的热活化；并指出当氯化物浓度超过 0.1M（3500mg/L）时，就会形成卤化有机物中间体。该中间体包括挥发性卤代甲烷，推测可能还包括非挥发性卤乙酸。由于二者都能在氯气消毒饮用水的 NOM 氧化过程中形成（HDR 工程，2001），因此其潜在形成的推测是合理的。此外，Waldemer 等（2007）指出，亲本污染物的卤化反应能够发生，因为在处理四氯乙烯（PEC）时发现了六氯乙烷（HCA）的存在，并推测是产生的活性氯物质与 PCE 反应形成了 HCA。Aiken（1992）指出，提供充足的氧化剂接触时间，卤代中间体产率会降低，表明随后它们会分解。因此，它们可能在与氧化剂接触很久的 ISCO 应用中没有意义，并且其浓度为痕量水平。这确实表明氯化物最初未存在于 ISCO 站点内，过硫酸盐使用后可能被检测到，尤其是当氯化物背景浓度很高时。

氯化物中基团的形成可能并不完全是非生产性的。Yu 等（2004）的研究证据表明，氯原子自由基（$Cl^{\cdot}$）和二氯自由基（$Cl_2^{\cdot-}$）可能有助于过硫酸盐的传播反应。他们明确报道了反应式（4.22）和反应式（4.23）中的反应速率，这些反应可与过硫酸盐离子反应产生自由基；然而，他们没有确定这些反应的产物。但是，产物很可能包括其他自由基中间体，从而使得传播反应可以发生。Yu 和 Barker（2003）也观察到二氯自由基能够引发过氧化氢中氢过氧自由基（$HO_2^{\cdot}$）的产生。然而，值得注意的是，相较于其他自由基反应，这些反应是很缓慢的；它们在 ISCO 进程中的意义尚不清楚，有可能很轻微，如果其他更快的竞争反应占据主导地位的话。

$$Cl^{\cdot} + S_2O_8^{2-} \rightarrow 产物 \quad (k=8.8\times10^6 M^{-1} s^{-1}) \tag{4.22}$$

$$Cl_2^{\cdot-} + S_2O_8^{2-} \rightarrow 产物 \quad (k \leqslant 1\times10^4 M^{-1} s^{-1}) \tag{4.23}$$

尽管有证据表明氯自由基可能促进传播反应，但是关于氯化物清除的文献报道已普遍指出氯化物能够降低 ISCO 性能。从文献中不能确定氯化物产生不利影响的明显阈值浓度，因为阈值可能与特定的温度和系统有关。Aiken（1992）指出，当系统中氯化物浓度超过 700mg/L 时，反应效率下降；但是在高温系统（100℃或 212 ℉）中可能导致比典型的氧化反应更加剧烈的氧化反应。相反，Liang 等（2006）评估了室温下氯化物对未活化的过硫酸盐的影响，并未发现对反应效率的不利影响，直到氯化物的浓度超过 7000mg/L。

3. 多孔介质

目前，蓄水层固体或多孔介质对过硫酸盐化学的影响尚未被完全理解。已发表的 4 个研究调查了不同类型的多孔介质对过硫酸盐 ISCO 的影响，实现了媒介间的直接比较。Crimi 和 Taylor（2007）评估了在 5 种不同多孔介质中 3 种不同的活化方法——碱性活化、过氧化氢、螯合铁，并指出在每种多孔介质中一种活化方法与另一种活化方法的有效性是不同的，这意味着媒介特性能够影响处理效果。然而，尚不清楚何种机制造成了不同活化方法下的这种变化。

NOM 对过硫酸盐氧化化学和有效性的影响性质仍然不确定。已经观察到 NOM 与过氧化氢对 ISCO 的有效性具有很大的影响，包括溶解金属的络合作用、矿物表面的氧化催化作用，以及作为自由基槽通过吸附过程降低污染物的可用性。然而，NOM 对过硫酸盐的影响更加不确定，尤其是关于过硫酸盐的催化作用。但是，NOM 对氧化剂可用性和污染物吸附的影响已有一定的研究。有人假设 NOM 是过硫酸盐氧化剂的汇，就像高锰酸钾 NOD 一样，并假设 NOM 将通过氧化反应被彻底耗尽（Huang et al., 2000; Droste et al., 2002; Haselow et al., 2003）。支持该假设的是过硫酸盐长期以来作为一种湿法氧化法用于测定水样中的 TOC，通过过硫酸盐将 TOC 矿化为二氧化碳，从而进行量化（Aiken, 1992; Peyton, 1993; Koprivnjak et al., 1995）。然而，这些 TOC 湿法氧化法在使用时往往具有非常严格的反应条件，例如，非常高的氧化剂计量、酸性环境和先进的活化方法（如紫外线或高温），因此它们可能并不能代表地下 ISCO 的典型条件。已有报道称，即使在这些严格的条件下，溶液中仍然显著存在 TOC，这表明一些有机碳含量可能与过硫酸盐和其自由基是无化学反应性的（Koprivnjak et al., 1995）。Woods（2008）的数据似乎支持这种观点。其在对不同多孔介质中挥发性有机物（VOCs）的过硫酸盐处理研究中，发现有机碳含量分数（f_{oc}）平均仅减少了 30%，这表明在使用过硫酸盐的 ISCO 后，NOM 仍然存在。也有其他人指出，多孔介质中过硫酸盐反应不同于涉及高锰酸钾 NOD 的反应，多孔介质中过硫酸盐的反应由速率限制分解过程支配，并且过硫酸盐不显著耗尽 NOM（Brown and Robinson, 2004）。Sra 等（2010）进行了一系列实验室规模和中试规模的研究，来估计 7 种特征含水材料存在时过硫酸盐的分解动力学参数。对于这些含水层固体，在低初始过硫酸盐浓度（1g/L）和高初始过硫酸盐浓度（20g/L）下，过硫酸盐不断被耗尽。这种分解遵循准一级动力学表达式，表明类似于过氧化氢行为的催化过程正在发生。然而，不同于过氧化氢，高浓度实验的准一级反应速率比低浓度实验的准一级反应速率低，这表明当含水层材料质量相同时，高浓度条件下过硫酸盐的稳定性更高。对于一些含水层材料，过硫酸盐暴露超过 80 天后化学氧化剂的需求（COD）测试结果显著降低，表明一些固体的还原能力确实已丧失。

多孔介质对过硫酸盐反应化学的影响尚不清楚。已知过氧化氢对某些特定的多孔介质矿物质具有催化活性，催化过氧化氢的主要矿物质包括铁和锰的氧化物，它们是这些系统中自由基产物的主要来源（Kwan and Voelker, 2003; Watts et al., 2005a, 2005b; Teel et al., 2007）。然而，矿物质催化是否也是过硫酸盐的主要进程是未知的。Dahmani 等（2006）的数据表明矿物质催化可能发生；在有高锰铁且不添加活化剂的过硫酸盐系统中，氯乙烯大量降解。然而，该研究并没有进行实验来确定在过硫酸盐之间是否发生了直接反应，或者自由基催化产物是否发挥了作用。因此，多孔介质矿物质和过硫酸盐化学之间的相互作用的性质还不清楚。

4.3 过硫酸盐在地下的交互作用

在地下，通过有效利用氧化剂必须实现的 ISCO 的几个重要目标为：
- 氧化剂必须能够降解污染物；
- 氧化剂必须有效接触污染物；
- 足量的氧化剂必须与污染物接触足够长的时间才能有效地降解污染物。

尽管这些目标普遍适用于任何氧化剂，并且经常应用于其他非 ISCO 修复技术，但是每种氧化剂都具有独特的属性，可能会影响它们满足这 3 个重要目标的能力。无效的活化将不满足第一个目标，因为一些目标污染物不能被降解。第二个目标通常是站点特定的水文地质的问题，对原位修复而言，最大的挑战是异质的站点。然而，氧化剂也具有独特的潜力能够影响地下污染物和氧化剂的运移过程，这对满足第二个目标产生了重要影响。为了满足最后一个目标，必须提供足够的氧化剂并且持续足够长的时间，使得污染物的降解发生。因此，氧化剂的量和氧化剂持久性的动力学是很重要的。所有这些过程都受到地下运移机制的影响。

下面章节将讨论已知的或推测的与过硫酸盐 ISCO 相关的重要过程。有研究开始关注过硫酸盐 ISCO 在更具代表性的地下条件下的过程（Sra et al., 2007; Liang et al., 2008; Liang and Lee, 2008），包括几个一维（1-D）柱研究和在良好表征含水层中的一个现场实验。然而，与其他氧化剂的运移相比，这部分研究可以引用的文献更少。因此，下面的描述基于目前可获得的文献，以及类比其他相关氧化剂过程的合理假设。根据其他氧化剂外推的结果也存在不确定性，但其中几乎没有可利用的数据，该方法有助于预测如何有目的性地应用过硫酸盐。应当指出的是，该领域确实需要更多的研究，并且随着时间的推进，更多的信息变得可用，人们对这些过程的理解无疑会发生变化。

4.3.1 对地下传输过程的影响

过硫酸盐与其他 ISCO 氧化剂（如高锰酸钾或过氧化氢）的反应，在地下水环境中有很多影响因子，对氧化剂和污染物的运输过程有潜在影响力。例如，高锰酸钾反应，二氧化锰固体可能沉淀，从而改变地下渗透性的形成和液体的流动方式（Conrad et al., 2002; MacKinnon and Thomson, 2002; Heiderscheidt, 2005）。过氧化氢反应，有明显的排气现象（Watts et al., 1999b），这也可能影响地下渗透性和氧化剂的分配，以及挥发性污染物的传输机制。然而，过硫酸盐反应的应用对地下进程，如对流、弥散和扩散，以及污染物相态的区分的影响尚未被广泛探究。

1. 对 NAPL 的影响

地下非水相液体（NAPL）的存在对所有原位修复技术提出了独特的挑战。过硫酸盐已经应用于已知存在或猜测存在 NAPL 的场地中（Krembs, 2008）。然而，在公开发表的文献中几乎没有涉及过硫酸盐氧化剂和 NAPLs 之间的直接实验，因此几乎没有数据来解释过硫酸盐对 NAPL 污染物及其运输过程的影响。对其他氧化剂，如高锰酸钾和过氧化氢的研究，提供了一些关于过硫酸盐可能与 NAPL 污染物相互作用的推测依据。

1）地下 ISCO 的 NAPLs 的概念模型

ISCO 系统设计包括注射过量的氧化剂，从而使 COCs 的氧化剂需求量超出很多数量级。我们认识到，大量的氧化剂可能会被其他天然氧化剂槽和竞争反应所消耗，并且由于冲洗低效将导致一些氧化剂无法接触污染物。然而，即使假设在地下环境中能够实现氧化剂的相对均匀分布，NAPLs 也对 ISCO 提出了特别的挑战，因为它们代表了污染物质量高度集中的区域（见图 4.7）。完全降解 NAPLs 区域内的有机物所需的过硫酸盐的化学计量将非常庞大，因此多次注射到该区域从而有效地耗尽 NAPLs 是不常见的（Krembs, 2008）。

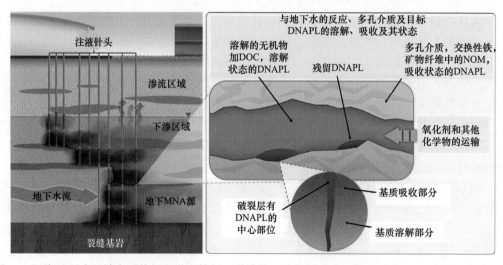

图4.7　污染地下水区域宏观特征和微观特征，其中核心有机污染物可能以液相、吸附相和非液相存在（来源于Siegrist等，2010）。高密度污染物存在的区域对氧化剂的需求很大，并且在NAPL—氧化剂界面的反应很集中

2）在 NAPL—水界面的反应

基于使用高锰酸钾的 1-D 柱研究和 2-D 容器的研究，在 NAPL—水界面（见图 4.7）已发现氧化剂和污染物之间强烈反应的区域（Lee et al., 2003; Petri et al., 2008）。因此，合理假设使用过硫酸盐，NAPL 界面仍然是一个剧烈反应区，其中 NAPL 代表还原剂，在还原剂和液态氧化剂之间可能发生剧烈反应。在这个剧烈反应区内，污染物是过量的，但

是氧化剂传递到该区必须通过平流、分散和扩散运移过程。使用过硫酸盐，发现 DNAPL 池和残余物迅速与二氧化锰固体、高锰酸钾稳定反应产物镶嵌（Conrad et al., 2002; MacKinnon and Thomson, 2002; Heiderscheidt, 2005）。其沉积量可反映在 DNAPL 界面发生反应的强度。因此，NAPLs 的过硫酸盐处理，过硫酸盐反应副产物和潜在的 pH 值下降可能也在 NAPL 界面变得剧烈。此外，有机氧化产生的溶解的二氧化碳和氯化物也应在该界面剧烈产生。不同于高锰酸钾的二氧化锰副产物，过硫酸盐反应的产物通常是可溶的，因此可能从反应区运移出去。然而，它们也可能影响界面内过硫酸盐的化学反应和物理传输过程。

3）对过硫酸盐反应化学的潜在影响

由于 NAPL 界面是一个假设的反应强度区，所以也可能存在大量的氧化污染物产生的无机副产物的演变。其中最显著的可能包括二氧化碳、碳酸氢盐、碳酸盐，以及处理氯化有机污染物时产生的氯化物。在高锰酸钾系统中，氯化物浓度相当高，超过了 3000mg/L，当处理 TCE 和 PCE DNAPLs 时（Petri et al., 2008），如 4.2.5 节所述，这些离子可能会影响反应化学。很多人指出，当这些阴离子浓度很高时，对反应化学会产生不利影响，例如，降低氧化速率或降低反应效率（Aiken, 1992; Liang et al., 2006）。然而，最近一些证据表明，它们可能促进传播反应和有机物的降解（Umschlag and Herrmann, 1999; Yu and Barker, 2003; Yu et al., 2004）。

另一个潜在的对特定氯化有机物的不利影响是，涉及氯离子、卤化反应的自由基的传播（Aiken, 1992; Waldemer et al., 2007）。例如，Waldemer 等（2007）在 PCE 的过硫酸盐处理过程中，观察到有 HCA 产生的痕迹。在使用过氧化氢的情况下，以及在高氯化物浓度、高污染物浓度和低氧化剂浓度情况下似乎最可能产生这种氯化中间体（Pignatello, 1992; DeLaat et al., 2004）。如果这也适用于过硫酸盐，那么这种情况似乎也可能在 DNAPL 界面发生。然而，在这个例子中，氯的产生基本上是由 PCE 氧化驱动的，所以 PCE 可能被降解到百万分之几十或百万分之几百。然而，对于 HCA 而言，可能仅影响十亿分之一或万亿分之一。此外，HCA 或其他中间体的产生可能也受到过硫酸盐化学反应机制的影响，并且这种影响随后减小。因此，原始污染物质量和浓度引起的风险可能比痕量中间化合物高得多。然而，这确实提高了 ISCO 修复之前未检测到的有机化合物在修复之后被检测到的可能性，并且在有氯化 DNAPL 污染物存在时这种可能性会更高。

这些影响表明，在 NAPL 界面过硫酸盐复杂的化学反应，可能会随着时间和距离发生改变，因为副产物的产生会影响反应的效率和途径。然而，截至目前，还没有详细的实验数据记录化学反应是如何随着平流、分散和扩散运移而发生改变的。

4）气体析出的可能（析气潜力）

二氧化碳及其对应的溶解相的碳酸氢盐和碳酸盐是有机化合物氧化得到的主要无机碳基反应副产物。水在酸性条件下比在碱性条件下存储以碳酸盐和碳酸氢盐的溶解态存在的二氧化碳的能力差（Benjamin, 2002）。其结果是，pH 值下降及由污染物氧化引起的高碳酸盐或碳酸氢盐浓度的减小可能使二氧化碳以气体形式从溶液中析出，从而充满多孔介质的孔隙。这对地下污染物的分区可能会有影响；也可能会降低地下的相对渗透率。这种现象在过硫酸盐相关的文献中尚未被提及，在野外条件下是否会发生也未知。然而，在涉及 DNAPLs 的高锰酸钾 ISCO 系统中已记录了这种现象的发生（Reitsma and Marshall,

2000; Schroth et al., 2001; MacKinnon and Thomson, 2002; Li and Schwartz, 2003; Petri et al., 2008）。因此，可以推测在过硫酸盐系统中也可能存在气体析出。气体析出的另一种可能是 O_2 的产生，由于过氧化氢活化，过硫酸盐中过氧化氢分解。这也能影响上文中提到的污染物的分区和地下渗透率。

2. 对污染物吸附作用的影响

过硫酸盐的氧化可能会影响污染物的吸附过程。有机污染物的吸附通常是由于其疏水性，导致它们在非极性 NOM 和极性水相中的划分。评估污染物吸附最常见的方法是假设 NOM 中的浓度和水相中的浓度处于平衡，然后通过分配系数［见式（4.24）］将两者联系起来。该系数通常根据 NOM 含量和污染物—有机碳分配系数［见式（4.25）］估计得到：

$$K_d = C_{soil} / C_{Aqueous} \tag{4.24}$$

$$K_d = f_{oc} / K_{oc} \tag{4.25}$$

式中，K_d 是分配系数，表示吸附的含水污染物质量的分布（单位：L/kg），C_{soil} 是土壤吸附的污染物的浓度（单位：mg/kg），$C_{Aqueous}$ 是液相浓度（单位：mg/L），f_{oc} 是有机碳分数（无量纲），K_{oc} 是污染物—有机碳分配系数（单位：L/kg）。文献中的证据表明，过硫酸盐的氧化过程能够影响这种关系中的因素。使用螯合铁活化过硫酸盐，Woods（2008）评估了 ISCO 对 NOM（f_{oc}）的量和有机碳吸附行为（K_{oc}）的影响。实验设置为使用来自现场的具有不同含量的多孔介质，存在或不存在 DANPL 污染物，过硫酸盐的计量为 38g/kg 介质。在所有情况下，K_d 的值随着过硫酸盐的注入而减小，当存在 DANPL 时平均减小 15%，当不存在 DANPL 时则减小接近 50%。可能由于过硫酸盐系统中缺乏竞争性还原剂（如 DANPL），所以引起氧化剂和多孔介质之间更多的相互作用。分析也表明了 f_{oc} 的改变，f_{oc} 平均减小 30%，但在一种情况下则减小接近 60%。这种分区特性的变化可能影响液相浓度对 ISCO 的响应。例如，如果在使用过硫酸盐后 K_d 值减小 50%，那么吸附量也将减少 50%，但是在水溶液中没有出现变化。因此，当不进行处理时，50% 的吸附量被降解，但是被有效地从改变的多孔介质中额外吸附的释放量所替代。

Cuypers 等（2000, 2002）将增强解吸归结为一个不同的机制，其中过硫酸盐降解了 NOM 基质，导致吸附的污染物释放，从而有利于氧化反应。然而，这种机制的程度可能随着 NOM 的性质而改变，即众所周知的异质性。Cuypers 等（2000, 2002）评估了 14 种不同的多孔介质随着 NOM 含量的变化，并指出过硫酸盐可能仅降解低浓缩的、低腐殖化的 NOM 基质的组分，并且可能释放或降解吸附在 NOM 上的污染物。然而，对吸附在高浓缩 NOM 的污染物的处理，以高度风化的有机物为代表，几乎不能实现。因为 NOM 腐殖化的程度从一个场地到另一个场地的变化很大，甚至在一个场地内也大不相同，这意味着利用过硫酸盐处理吸附的污染物的效果也可能从一个场地到另一个场地而发生变化，并且在一个场地的空间内取决于 NOM 的性质。Liang 等（2003）也指出了 NOM 对热活化过硫酸盐处理效果的实际影响。他们发现，对于高有机物含量介质，有效处理需要更高的氧化剂计量、更长的接触时间、更高的活化温度，才能达到低有机物含量介质中相同污染物降解的程度。

有人研究处理吸附相污染物，并且指出使用过硫酸盐增大了污染物的解吸速率和解吸程度（Cuypers et al., 2000, 2002）。Watts 等（1999a）观察到了 CHP 反应中的增强解吸，将这种影响归因于超氧化物和吸附污染物之间的直接反应，其导致污染物解吸到液相中。因此，一些过氧化氢产生的活性中间体可能作为表面活性剂或助溶剂。因为过氧化氢和过硫酸盐产生的活性物质可能会有重叠，所以该机制可能也与过硫酸盐的反应机制相关，但目前尚不清楚。在氧化反应和增强吸附解吸的反应中观察到了类似于表面活性剂物质的产生（Ndjou'ou and Cassidy, 2006）。

4.3.2 对金属移动性的影响

因为有机污染物过硫酸盐原位处理是一种相对新的方法，所以关于过硫酸盐对金属移动性影响的研究还不是很多。过硫酸盐阴离子的最强还原电势（2.01V）和硫酸根的最强还原电势（2.6V）（Eberson, 1987）表明，这些物质可能直接氧化金属和矿物。通常，现场监测结果表明增高的金属浓度随着时间而衰减，因此这可能不是主要关注的问题（Huling and Pivetz, 2006; Krembs, 2008）。尽管如此，为了完整，这里仍然讨论能够增强金属移动性的机制。由于该领域缺乏对过硫酸盐的机制研究，因此关于金属形态的推论通常基于对环境化学的一般理解，以及与其他氧化物的类比。

首先，报道称过硫酸钠中几乎没有金属杂质。FMC 技术参数对过硫酸盐环境等级规定如下：2ppm 的铁，<0.2ppm 的铜和铅，<0.15ppm 的铬。其他金属的数据未报道。

金属影响过硫酸盐氧化的一个方面是酸性物质可能是主要反应产物（见 4.2.2 节），因此，当多孔介质的缓冲能力被耗尽时 pH 值可能会急剧降低；或者碱性活化（见 4.2.3 节）可能将 pH 值提高到 11 及以上。由于金属移动性与 pH 值有关，因此，pH 值的变化可能影响溶解金属的浓度。pH 值的影响将具体到金属和系统地球化学；溶液中的氧化还原电位和其他化学物质（如硫酸盐、碳酸盐等）根据 pH 值相互作用，最终确定金属的浓度。

过硫酸盐氧化也使用各种各样的活化方法和措施，一些措施可能影响溶解金属的移动性。正如先前所讨论的，碱性活化将提高 pH 值并可能影响金属移动性，其他方面也能对金属移动性产生影响。例如，频繁地传递螯合剂能够提高铁的移动性和有效性，从而提高过硫酸盐的活化性。然而，并不仅限于铁，也可能复合和移动土壤基质中的其他金属。这种移动性的持续时间尚未被研究，但是推想可能会一直持续到螯合剂被氧化剂本身或其他地球化学过程降解或固定。热活化过程中升高温度也可能影响金属的吸附和流动性，这取决于金属、吸附位点的性质和地下条件。例如，已经发现温度升高能够提高金属阳离子对土壤和催化剂树脂的吸附，从而降低它们的移动性（Barrow, 1992; Pehlivan et al., 1995）。然而，在过硫酸盐系统中的意义如何是未知的，并且一旦热消散后这种移动性的降低是暂时性的还是永久性的也是未知的。NOM 的氧化代表了可能会影响金属浓度和衰减的一个最终机制。NOM 的降解可能导致络合或吸附在 NOM 上金属的释放。

4.4 污染物的可处理性

由于很多如上文所述的反应发生，过硫酸盐能够降解多种污染物。污染物和活化方法可以改变处理效率、有效性和反应产物。本节对评估不同污染物类别的过硫酸盐处理方法的研究进行了介绍。如表 4.7 所示为过硫酸盐 ISCO 处理下有机污染物敏感性的综合评价。

表 4.7　过硫酸盐 ISCO 处理下有机污染物敏感性的综合评价

污染物类别	易受过硫酸盐氧化剂的影响	说　明
卤代脂肪族化合物	是；取决于污染物类型	氯乙烯非常适用；氯乙烷不适用；氯甲烷仅在非常积极的活化方法下适用
氯代芳香族化合物	是；有限的数据但可能性很高	公布的数据很少，但现有的数据确实表明对于大多数氯代芳香族化合物适用
碳氢燃料	是；取决于过硫酸盐活化方法	具有更加复杂结构的碳氢化合物的氧化高度依赖活化方法
多环芳烃	是；取决于过硫酸盐活化方法	具有更加复杂结构的碳氢化合物的氧化高度依赖活化方法；几乎没有可获得的服从个体组分的信息
硝基芳香族化合物	是；有些比其他的更适合	2,4,6-三硝基甲苯（TNT）似乎比二硝基甲苯（DNT）更适合
农药	可能是	有限的数据；可能取决于结构的复杂性和活化方法

4.4.1　卤代脂肪族化合物

卤代脂肪族化合物包括：各种有机卤素化合物，以及与环境相关的短链、通常被用作溶剂的氯化物；氯乙烯化合物，如 PCE；氯乙烷，如 1,1,1- 三氯乙烷（1,1,1-TCA）；氯甲烷，如 CT；其他脂肪族化合物。溴化类和氟化类的污染物虽然很少用于 ISCO 措施，但还是通常被归为卤代脂肪族化合物。过硫酸盐和卤代脂肪族化合物反应很多变，但是主要取决于与碳元素的结合方式（例如，结合一个碳原子对比结合两个碳原子），同时还有卤化的程度。

1. 氯乙烯

氯乙烯，尤其是 TCE 和 PCE，是常见的地下水污染物，并且是 ISCO 最常见的目标 COCs（Krembs, 2008）。因此，通过过硫酸盐对它们进行降解已被广泛研究。一般来说，这类污染物非常适用于过硫酸盐 ISCO。通过使用过硫酸盐对所有的六氯乙烯、PCE、TCE、1,1- 二氯乙烯（1,1-DCE）、顺式 -DCE、反式 -DCE 和氯乙烯（VC）进行降解的研究已被证明（Huang et al., 2005; Waldemer et al., 2007）。Block 等（2004）研究了水系统中在各种活化方法下氯乙烯的降解，包括未活化的过硫酸盐（室温，中性条件，无活化剂）、Fe（II）活化、Fe（III）活化、螯合铁（III）活化、过氧化氢活化和碱性活化。他们的研究发现，每种活化方法下氯乙烯的浓度均低于对照组中的浓度。过氧化氢和碱性活化方法均能引起广泛的降解。然而，对于未活化的过硫酸盐，Fe（II）或 Fe（III）活化，氯乙烯的降解受到系统 pH 值的显著影响。尽管这些系统的起始 pH 值接近中性，但是由过硫酸盐氧化造成的酸化导致无缓冲剂系统的 pH 值下降 2 左右，并且发生了广泛的降解。然而，当 pH 值强制保持在中性时，在缓冲性良好的含水层内，对于铁活化而言，降解速率较慢并且不广泛，而未活化的过硫酸盐几乎未反应。Liang 等（2003）对室温、中性条件下多孔介质泥浆中热活化过硫酸盐进行了研究，发现其对 TCE 的降解有限，但是 $40 \sim 60$℃（$104 \sim 140$℉）的热活化能够得到广泛的降解。这些结果表明，非螯合铁活化和未活化的过硫酸盐在良好的缓冲系统中比热活化、过氧化氢或碱性活化更具挑战性。

其他系统化学的相互作用也已被发现。Dahmani 等（2006）研究了过硫酸盐的 Fe（II）—螯合铁活化降解一系列氯乙烯，并指出处理有效性随着污染物浓度的升高而下降。Liang 等（2004a）研究了过硫酸盐的铁活化，并且发现在 Fe（II）活化下，一旦 Fe（II）完全氧化成 Fe（III），TCE 的降解几乎停滞。该系统可以通过增加 Fe（II）的剂量或施加硫代硫酸盐再活化，可以推测还原剂将 Fe（III）转化为 Fe（II）。Liang 等（2004b）评估了 Fe（II）—螯合铁活化，并获得了更好的结果，包括在多孔介质泥浆系统中 TCE 的浓度降低了 99%，表明螯合剂可能帮助规避中性 pH 值的挑战。

Waldemer 等（2007）的一项研究探究了过硫酸盐热活化降解氯乙烯的动力学及反应产物。他们发现降解动力学速率按照 PCE、TCE、反式 -DCE 和顺式 -DCE 这个顺序依次降低。值得注意的是，这几乎与 Huang 等（2001b）得出的高锰酸钾降解氯乙烯的顺序相反。Waldemer 等（2007）发现氯化产物几乎是定量的，并且恢复 80%～90%，但是确定了几种来自氯乙烯降解的有机副产物。当处理顺式 -DCE 或反式 -DCE 时，对这两种异构体的主要比例进行检测，结果显示异构化发生，顺式 -DCE 转化为反式 -DCE，反之亦然。他们推测，这可能是由与硫酸根反应的单键中间体导致的，然后又分解形成了氯乙烯，而不是通过氧化或水解反应降解。在处理 TCE 和 PCE 时，唯一确定的其他化合物是微量的 HCA。HCA 的形成时间较晚，这表明可能由于溶液中氯化物的积累而发生了卤代反应。如 4.2.5 节讨论的，氯化物可能与硫酸或羟基相互作用产生自己的自由基，其中的一些自由基引起了卤化。据推测，这些氯化物的一种与 TCE 或 PCE 母体化合物反应，生成 HCA。

Huang 等（2005）报道了在硫酸盐热活化处理混合污染物中几种更高的烯烃污染物，包括顺式 -1,3- 二氯丙烯、反式 -1,3- 二氯丙烯、1,1- 二氯丙烯和六氯丁二烯（HCBD）。这些污染物全部被降解，显示乙烯易发生氧化反应。然而，HCBD 的降解比其他污染物的降解更慢，尽管目前尚不清楚这是固有的抗氧化性还是一些其他因素引起的。

尽管已经对过硫酸盐 ISCO 处理氯乙烯进行了关注，但是化学原理方面仍然不清楚。例如，在降解氯乙烯过程中自由基物质和机制中最活跃的是什么尚不清楚；直接反应和自由基反应的作用也未知。氯乙烯包含一个含有 p- 电子的碳—碳双键，这种结构中的电子服从电子转移反应。例如，这是高锰酸钾参与乙烯降解的主要机制（Arndt, 1981）。自由基的识别和机制，以及它们处于最有利条件下都会使得哪些污染物被最优化化学处理尚未知。

2. 氯乙烷

相比于氯乙烯，针对几乎所有 ISCO 氧化剂，卤代烷烃（如 1,1,1-TCA、1,2,3- 三氯丙烷）更耐氧化。通过活化的过硫酸盐对它们进行降解的研究无一例外地表现出该规律。这种抗性可能是由于它们缺乏与碳—碳双键和芳香环相连的 π-电子，从而能够促进亲电氧化反应。Block 等（2004）、Liang 等（2003）和 Cho 等（2002）指出，在室温下在未活化的过硫酸盐系统中氯乙烷未发生降解；相反，当温度升高到 35～60℃（95～140 ℉）（Cho et al., 2002; Liang et al., 2003; Tsitonaki et al., 2006），或者在碱性或过氧化氢活化条件下（Block et al., 2004），仅发现 1,1,1-TCA 显著降解。Liang 等（2003）观察到，在所有对比温度下 1,1,1-TCA 的降解速率低于氯乙烯的降解速率，从而突出了 1,1,1-TCA 对氧化剂的抗性。Jazdanian 等（2004）指出，尽管在 Fe（II）—螯合铁活化系统中 1,1,1-TCA 几乎完全降解，但是 1,1- 二氯乙烷（1,1-DCA）、1,1,1-TCA 的一种常见的生物降解产物完全未降解。这表明，在氯乙烷中 1,1-DCA 可能更抗氧化剂。Huang 等（2005）的研究显示，在包含 59 种有机污染物的溶液中，热活化过硫酸盐处理 13 种卤代烷烃，包括氯乙烷及更高氯化和溴化的烷烃。在对所有系统的检测中，他们发现仅有 2,2- 二氯丙烷降解到不可检测浓度之下。对于其他 12 种化合物，相比于 20℃（68 ℉）或 40℃（104 ℉）处理下不到 10% 的去除率；在 30℃（86 ℉）下处理效果更好，其对 12 种化合物的平均去除率为 20%；在 40℃（104 ℉）系统中，氯乙烷的浓度增加了，表明它是溶液中其他化合物降解反应的产物。

在这些结果中，值得注意的是，尽管很多氯乙烷对氧化剂表现出抗性，但是这类污染物中的一些在高温或强碱性条件下容易发生快速水解反应（Jeffers et al., 1989）。特别是 1,1,1-TCA 和 2,2-二氯丙烷在温度升高时，由于中性水解（与水反应）都能快速降解，因此这可能是一个与热活化过硫酸盐发生显著反应的过程。1,1,2,2-TeCA、1,1,2-TCA 和 1,1,1,2-TeCA 也表现出快速碱性水解（与 OH⁻ 反应），表明这可能是碱性活化过硫酸盐的一个主要反应途径。然而，Jeffers 等（1989）指出，一些氯乙烷的碱性水解产生中间产物氯乙烯，包括 TCE、VC 和 DCE 同分异构体。图 4.8 展示了在还原条件下发生和在更高 pH 值下增强脱去氯化氢反应的途径。Arnold 等（2002）也指出，乙烷也能通过与金属铁或氧化铁表面的介导反应产生乙烯。因此，即使碱性条件或铁介导反应负责启动这些抗氧化污染物的降解，但是过硫酸盐氧化物可能支持由采用了活化剂（如碱性条件、可溶性铁）的水解反应生成的化学中间体的降解反应，特别是按照先前介绍的过硫酸盐的顺序方法。

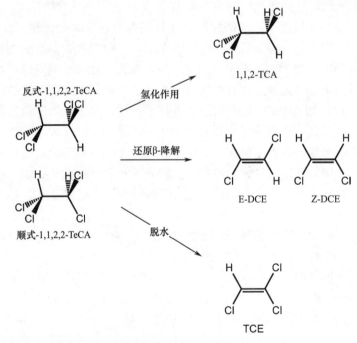

图4.8　1,1,2,2-TeCA的还原降解途径（修改于Arnold等，2002）

Huang 等（2005）研究的系统是在更高温度下，如 60 ～ 80℃（140 ～ 176 ℉），溶液中没有 59 种其他污染物与氯乙烷竞争过硫酸盐，其会发生更广泛的降解，由于水解和过硫酸盐反应结合可能导致更剧烈的处理。Huang 等（2005）对 1,1,2-TCA 和 1,1,1-TCA 在 40℃（104 ℉）下分别与过硫酸盐单独反应的后续研究表明，它们更易降解。

值得注意的是，1,4-二氧六环通常作为氯乙烷的共污染物，用于稳定 1,1,1-TCA。Brown 等（2004）的研究表明，Fe（Ⅱ）—活化的过硫酸盐能将 1,4-二氧六环降解到不可检测水平，但是目前几乎没有可获得的机制或产物信息。

3. 卤代甲烷

由于卤代甲烷具有高氧化态，因此这些化合物耐氧化。例如，CT 不与羟基反应（Haag and Yao, 1992），尽管 OH˙ 具有很强的还原电位。因为硫酸根也能通过氧化机制参与反应（Huie et al., 1991），因此通过硫酸根氧化 CT 似乎不太可能。然而，CT 已被证明易通过还原机制而降解，例如，与超氧阴离子反应（Watts et al., 1999a; Teel and Watts, 2002; Smith et al., 2004）。其他卤代甲烷，如三氯甲烷，同样不是氧化机制；然而，它们在 CHP 系统中表现出高程度降解，CHP 系统可能产生超氧化物或其他还原剂（Teel and Watts, 2002; Smith et al., 2006）。这种抗氧化但易于还原的反应途径表明，如果在过硫酸盐 ISCO 系统中出现卤代甲烷的降解，那么还原反应途径就一定存在。有证据表明该途确实存在，因为在一些过硫酸盐系统中也已发现了卤代甲烷的降解（Huang et al., 2005; Root et al., 2005）。然而，过硫酸盐系统中导致这些反应途径表达的条件尚不清楚。

过硫酸盐处理卤代甲烷的报道有些矛盾。最全面的卤代甲烷的过硫酸盐氧化研究是由 Huang 等（2005）进行的。他们采用温度为 20 ～ 40℃（68 ～ 104 ℉）的过硫酸盐热活化，其目的是确定多种 COCs 的降解性，包括很多氯代脂肪族和芳香族污染物。溶液中共存在 59 种有机污染物，包括 CT 和 11 种其他卤代甲烷。在含有 59 种有机污染物的溶液中，CT 和 3 种其他卤代甲烷大量降解，然而其他有机污染物未被有效处理。这与 Huang 等（2005）认为 CT 不能降解的假设矛盾。对 CT 单独进行的后续研究表明，热活化不能降解 CT。因此，在含有 59 种有机污染物的复杂溶液中可能存在一些机制导致 CT 和其他卤代甲烷的降解，而不存在于 CT 单独系统中。很难识别起作用的是什么机制，因为该过程包括大量的活性物质，例如，过氧化物、溶剂化电子或由其他有机污染物氧化产生的有机自由基（Huang et al., 2005）。相比之下，Root 等（2005）特别研究了 CT 和三氯甲烷在 Fe（Ⅱ）— 螯合铁活化、碱性活化和过氧化物活化过硫酸盐系统中的降解，并且发现在这 3 种活化方式下两种污染物以超控速率被降解。碱性活化能够引起最广泛的降解，其次是过氧化氢系统。假设羟基或过氧化氢的存在能够产生传播反应而导致还原剂的形成，那么这些系统中还原性物质（如超氧化物）的形成似乎是合理的。碱性或中性水解液可能发挥了作用，因为当温度或 pH 值升高时，一些卤代甲烷也会发生明显的降解（Jeffers et al., 1989），而碱性活化和热活化中也能发生降解。然而，过硫酸盐系统中导致卤代甲烷降解的任何机制的意义尚未阐明。

4.4.2　氯代芳香族化合物

卤代芳烃（特别是氯代芳香化合物）是另一大类包含许多污染物的物质。这些化合物也与过硫酸盐的化学氧化有一系列关系，从易于反应到抗性，取决于化合物本身。这种反应的变化性尚未被理解。Neta 等（1977）指出，硫酸根的反应性比羟基的反应性更具选择性。

1. 氯代苯类化合物和氯酚

这类污染物的过硫酸盐氧化在文献中并没有得到广泛报道。然而，基于 Huang 等（2005）提供的数据，这类污染物似乎非常适合用过硫酸盐处理。Huang 等（2005）研究了在含有 59 种不同有机污染物的复杂溶液中，8 种不同的氯代芳烃污染物的降解，包括氯苯、二氯苯的所有异构体、三氯苯的两种异构体和氯甲苯的两种异构体，发现它们都能被热活化过硫酸盐降解，但是降解速率随着芳香环上氯含量的增加而降低。氯甲苯具有最高的降解速率，可能表明苯环上甲基基团的存在提高了它们相对于氯苯的反应性。Barbash 等（2006）报道，过硫酸盐可以通过降解 NOM 基质（Matrix）提高对三氯苯的降解速率，进而促进污染物的释放，但未发现挥发性有机氯产物。相比氯苯类化合物，对氯酚的研究更少。然而，已经发现酚类污染物非常适合其他氧化剂的降解（Tang and Huang, 1995; Lu, 2000; Waldemer and Tratnyek, 2006），因此可以推测酚类污染物也应该非常适合用过硫酸盐处理。过氧化氢系统中观察到的最强趋势是氧化反应形成的中间体，尤其是苯二醇，如儿茶酚或醌，其作为还原剂与 Fe（II）反应，生成 Fe（III）活化剂（Lu, 2000; Lu et al., 2002）。类似的机制可能在铁活化过硫酸盐系统中存在，但是尚未被探索。目前，唯一已知的过硫酸盐处理酚类降解的研究是由 Anipsitakis 和 Dionysiou（2004）进行的，他们表明 2,4- 二氯苯酚能被 Fe（II）和 Fe（III）活化的过硫酸盐有效降解。

2. 多氯联苯

多氯联苯（PCBs）、二噁英和呋喃是另一类氯代芳香族污染物。在环境中，有 209 种 PCBs 的同系物，它们通常以混合物的形式存在。PCBs 往往很难用水性氧化剂处理，部分是因为它们的疏水性限制了它们的溶解度，以及它们在水相中与氧化剂的接触。有证据表明，实现 PCBs 的完全降解可能很困难，甚至在优化系统中，因为一些高度氯化的 PCBs 同系物是抗氧化的（Sedlak and Andren, 1991）。

过硫酸盐处理 PCBs 还未被广泛研究，截至目前，几乎没有可获得的信息。Rastogi 等（2009）通过 Fe（II）活化过硫酸盐和过一硫酸盐研究了 2-氯联苯（PCB-1）的降解。大量研究关注于过一硫酸盐，但是这两者都能降解 PCB-1。在水溶液系统中实现完全降解是可能的，但是处理的有效性比在多孔介质系统中更低，这可能是由于 PCBs 的吸附作用。在多孔介质系统中，利用过硫酸盐的降解程度比利用过一硫酸盐的降解程度低。两种氧化剂的自由基淬灭研究表明，相对于羟基自由基（OH·）或过一硫酸盐自由基（SO$_5^{·-}$），硫酸根自由基（SO$_4^{·-}$）是主要的活性物质。因此，在过硫酸盐系统中比在过氧化单硫酸盐系统中降解得更慢，可能是受到催化的限制而不是反应的限制。反应中间体没有量化，即使在一个最高程度的处理系统中，仍然剩余 23% 的 TOCs，这表明一些有机副产物可能形成。Waisner 等（2008）也研究了在多孔介质中 TNT、DNT 和铅共污染物对 PCBs 的处理。40℃（104 ℉）下热活化过硫酸盐可以将 PCBs 的浓度降低 85% 左右，然而碱性活化和碱水解活化仅能使浓度降低 70% ～ 75%。相关反应的副产物未被研究。最近，O'Connell 等（2009）的研究表明，在碱性活化系统中，向多孔介质中添加 PCBs Arochlor-1248 并反应 12 天，Arochlor-1248 的浓度仅降低了 50%。

4.4.3 碳氢燃料

碳氢燃料是一种广泛的有机污染物。碳氢燃料、油及其残留物是有机化合物的复杂混合物，包括各种各样的直链和支链烷烃、取代芳烃、多环芳烃（PAHs）和添加剂，如 MTBE。这些混合物的组成可能会因为烃源的不同而发生很大的变化。这对 ISCO 有一定的影响，因为混合物的各部分对过硫酸盐的氧化将产生不同的反应。多组分混合物的组成也可能会改变，因为 ISCO 作为更易溶和更易氧化的成分，会从混合物中耗尽，而抗性更强或不易溶的部分会被保留下来。本节接下来对每种碳氢燃料的氧化进行介绍。

1. 甲基叔丁基醚

Huang 等（2002）特别研究了热活化过硫酸盐在一系列 pH 值条件下对 MTBE 的降解。它们发现 MTBE 是可降解的，并且降解速率随着温度的升高及过硫酸盐浓度的增加而增加。在碱性条件下，降解不太有效，可能对碱性活化构成了挑战。在氧化过程中发现，一系列有机污染物在溶液中积聚，包括叔丁基甲酸（TBF）、叔丁醇（TBA）、乙酸甲酯和丙酮。所有的这些副产物可以进一步被降解，这表明给予足够的氧化剂接触时间，则矿化是可能的。然而，丙酮在溶液中存在的时间比其他污染物存在的时间更长，表明丙酮的氧化速率很慢。值得注意的是，这些相同的有机中间体在 MTBE 的 CHP 处理过程中也形成了（Burbano et al., 2002; 2005），因此降解 MTBE 的这两种氧化方式可能遵循相似的机制。Tsitonaki 等（2006）也研究了未活化、热活化，以及螯合铁活化过硫酸盐条件下 MTBE 在水和多孔介质系统中的降解。这 3 种活化方法在单纯的水系统中表现良好。未活化过硫酸盐在多孔介质中的实验失败。在多孔介质中，铁最初有效，但是在几小时之后反应停滞，只有热活化过硫酸盐能够达到 98% 的降解。

2. BTEX 和其他芳香烃

BTEX 和其他芳香烃的过硫酸盐氧化已经被一些研究人员所研究，并且通常认为这类物质非常适合过硫酸盐氧化（Huang et al., 2005; Crimi and Taylor, 2007; Sra et al., 2008）。Huang 等（2005）研究了 BTEX 的降解，以及相关的芳香族化合物 1,2,4- 三甲苯和 1,3,5- 三甲苯（TMB）、异丙苯、正丙苯、叔丁基苯、仲丁基苯和正丁基苯的降解。研究发现，所有的物质都能被高度降解，并且降解速率比氯化苯的降解速率快，很多卤代脂肪族污染物也存在于相同的溶液中。因此，碳氢燃料中的芳烃组分似乎非常适用于过硫酸盐 ISCO。在这个系统中，丙酮的浓度显著增大了，表明它可能是反应的副产物；因为在这项研究中，溶液中共含有 59 种卤化污染物和非卤化污染物，所以不可能确定该副产物是从 BTEX 的降解中得到的，还是从其他污染物的降解中得到的。Sra 等（2008）研究了 BTEX、TMB 和萘的降解作为活化方法的作用。在一般情况下，BTEX 几乎对所有的氧化方法都反应良好，包括碱性活化、过氧化氢和螯合铁活化，以及未活化的过硫酸盐。然而，利用过氧化氢和碱性活化降解 TMB 和萘更广泛。Crimi 和 Taylor（2007）也研究了在多孔介质系统中 BTEX 污染物的降解，并且发现降解的有效性和副产物的产生随着多孔介质和活化方法的改变而发生变化。一个有趣的发现是，不同的活化方法得到的不明化合物的气相色谱产生完全不同的样式，这表明有机中间体和副产物可能形成，以及不同活化方法涉及的反应途径是不同的。

3. 脂肪烃

通过过硫酸盐降解脂肪烃的研究还未被广泛报道。Sra 等（2008）对特定汽油组分（F1 和 F2）的破坏进行了评估。F1 包括低分子量的烃（C6 ~ C10），F2 包括高分子量的烃（C11 ~ C16）。总体来说，这两部分似乎都能通过过硫酸盐进行处理，但是 F1 比 F2 更易处理。石油烃总量（TPH）能够减小 93% 以上。研究也对碱性活化、过氧化氢、螯合铁活化和未活化的过硫酸盐条件进行了评估，结果显示在所有情况下 TPH 都能减小，碱性活化的处理程度似乎最高。

4.4.4　多环芳烃

多环芳烃通常与煤加工剩余物联系在一起，如煤焦油或焦油，并且也被用作木材防腐剂。残留物通常是 PAHs 的复杂混合物，其中包括具有多种不同替代程度的脂肪烃链的化合物及杂原子，如氧、硫或氮。PAHs 通常是这些混合物的主要成分，尽管通常也存在一些酚类、BTEX 和饱和脂肪酸组分（Brown et al.，2006）。

通过活化过硫酸盐降解 PAHs 在文献中已有报道。然而，可获得的特定信息相对较少，例如，特定 PAHs 化合物降解的敏感性，或者可能形成的化学中间体。通常，研究中将由美国环境保护署（USEPA）管理的 16 种 PAHs 作为数据。然而，Huang 等（2005）发现非卤化芳香烃具有非常高的处理度，如 BTEX，这表明这些污染物应该非常适用于过硫酸盐氧化，尽管缺乏具体数据证实。Cuypers 等（2000, 2002）研究了 PAHs 吸附 NOM 的降解，并且发现过硫酸盐能够处理 16 种 USEPA 管理的 PAHs。过硫酸盐 3 小时氧化处理的有效性与 2～4 环 PAHs 强化生物降解 21d 后的有效性相似；然而，5～6 环 PAHs 通过过硫酸盐处理的程度比生物降解处理的程度高。此外，NOM 的氧化提高了它们的解吸作用，从而提高了处理有效性。Nadim 等（2005）也进行了关于现场多孔介质的处理性研究，并发现通过热活化和 Fe（II）—螯合铁活化过硫酸盐能够实现 16 种 USEPA 管理的 PAHs 的降解。Robinson 等（2004）研究了热活化和过硫酸盐条件下工业气体残留的处理方法，并发现现场主要的污染物能够被降解高达 87%。其他半挥发性有机化合物（SVOCs）的结果多变。Crime 和 Taylor（2007）、Huang 等（2005）报道了水和多孔介质中萘的有效降解，可以通过使用热活化、过氧化氢、碱性活化及螯合铁活化过硫酸盐等方法。然而，在多孔介质中，一种或另一种活化方法的有效性似乎随着媒介而改变，尽管尚不清楚是何种机制控制着该性能。Forsey（2004）研究了铁活化过硫酸盐系统中甲酚的降解，通过改变反应物的摩尔比实现。当铁浓度增大，同时保持甲酚和过硫酸盐固定的摩尔比（1∶8）时，甲酚氧化量降低；然而，当甲酚和过硫酸盐的摩尔比变为 1∶10 时，甲酚的去除量增加。当甲酚、过硫酸盐、Fe^{2+} 的摩尔比被调整到 1∶10∶8 时，95% 的甲酚被氧化，这表明存在最佳摩尔比，并且更高的铁浓度可能抑制该反应。

4.4.5　硝基芳香族化合物

Crimi 和 Taylor（2007）研究了多孔介质中芳香族污染物的活化过硫酸盐处理，包括硝基苯、BTEX 和萘。研究发现，硝基苯和其他污染物的处理有效性随着多孔介质的种类和活化方法而变化。在 4 种测定媒介的 3 种中，铁活化的效果比过氧化氢活化的效果更好，在某些情况下，硝基苯的降解能达到 71%～99%。然而，在第 4 种多孔介质中，过氧化氢的活化能使硝基苯的降解达到 99%，而螯合铁活化根本无法达到。更复杂的结果是，在螯合铁活化系统中 BTEX 成分被降解，表明过硫酸盐的活性有效。目前还不清楚为什么性能随着特定多孔介质而变化，因为多孔介质均具有相似的初始 pH 值；然而，多孔介质并没有广泛的矿物学和有机物特征，因此可能是一些未知的多孔介质依赖机制在发挥作用。值得指出的是，Neta 等（1977）报道，硝基苯与硫酸根的反应非常缓慢（就算真的存在该反应）。因此，如果反应是通过非硫酸盐自由基反应机制进行的，那么反应机制可能依赖多孔介质类型。

Waisner 等（2008）也研究了过硫酸盐对高爆炸污染的多孔介质的处理，包括 TNT、1,4-DNT 和 2,6-DNT，以及 PCBs 和铅污染物。活化方法包括 40℃（104 °F）热活化过硫酸盐、通过使用熟石灰 [$Ca(OH)_2$] 的碱性活化过硫酸盐，以及热活化和碱性活化结合。他们还研究了单独碱性水解，通过只添加石灰而不添加过硫酸盐的方法。有趣的是，所有方法具有相似的 TNT 去除率（86%～96%），但是单独的碱性水解对 DNT 的去除效果（90%）

比其他任何过硫酸盐的效果更好，包括碱性活化（39%～56%）。这可能是由于过硫酸盐氧化将 pH 值从 12 降低到 9，停止了碱性水解和有效的氧化剂活化。然而，可以确定的是 TNT 可能比 DNT 更易处理。

4.4.6 农药

农药是一类广泛的污染物，对一些目标生物有共同的毒性作用。它们的化学结构范围包括从简单到复杂，从不溶性到高度可溶性，从强吸附到高度移动。通过过硫酸盐氧化处理这些成分在文献中尚未被广泛报道。两种特定农药的过硫酸盐处理：林丹（g-hexachlorocyclohexane）和莠去津，已有文献报道。

Crimi（2005）评估了在两种不同地下水环境（地下水 A 和地下水 B）中多种过硫酸盐活化方法对林丹的破坏性，并且不存在多孔介质。过硫酸盐活化方法包括加热到 40℃、碱性活化（pH 值为 11）、过氧化氢（过氧化氢：过硫酸盐为 10：1）、螯合铁活化和未活化。在地下水 A 中，所有活化方法均能将林丹从 7mg/L 降解到检测限度之下。然而，在地下水 B 中，林丹的初始浓度为 630mg/L，具有更多的可变性能；只有碱性活化、过氧化氢和热活化系统能够有效降解林丹至检测限度之下（见图 4.9）。通过气相色谱（GC）—电子捕获检测没有检测到氯化疏水中间体。然而，螯合铁活化系统在色谱图上产生了额外的峰值，表明中间体可能形成。这些中间体与氯苯酚和四氯苯酚的保留时间相对应，但是复合物尚未确认。

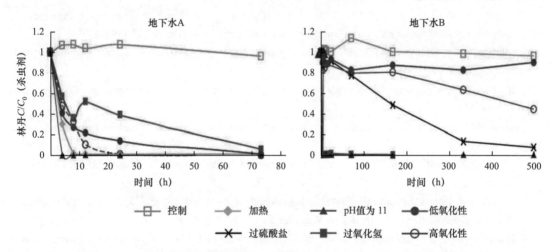

图4.9 Crimi（2005）关于林丹降解研究的结果。观察地下水A和地下水B活化有效性之间的显著差异（规模变化）。两种地下水条件是相同的，过硫酸盐浓度为15g/L（除了高氧化条件的30g/L）。

注：地下水B的"热"线没有显示出来—它被过氧化氢和pH值为11的线所隐藏，并且与这些结果相吻合

其他农药化合物的降解还未被彻底研究。Anipsitakis 和 Dionysiou（2003）研究了过氧化单硫酸盐对莠去津的降解，发现硫酸根是负责莠去津降解的主要反应物质。因此，莠去津在过硫酸盐系统中也可能被降解。

Huang 等（2005）研究了溶液中 59 种热活化过硫酸盐的降解，其中包括 1,2-二溴-三氯丙烷和 1,2-二溴乙烷，这两者都用作农药。然而，作为农药，这些污染物也归于 4.4.1 节讨论的卤代烷类，并符合卤代烷烃的一般趋势，并且较耐氧化。1,2-二溴乙烷未被过硫

酸盐氧化处理，而已研究了 1,2-二溴-三氯丙烷在最严格条件下的处理［40℃（104 ℉）、5g/L 过硫酸盐、72h 的接触时间］。

4.5 总结

过硫酸盐作为一种可行的氧化剂已被用于 ISCO。有多种方法可获得过硫酸盐的活化，从而引发强大的氧化过程而降解广泛的有机污染物。有些机制被很好地理解，但不是对所有污染物或所有活化方法而言。一些中间体副产物已被报道，但不是对所有污染物类型。对过硫酸盐的 ISCO 仍然存在基础知识认知上的缺陷，特别是关于降解特定污染物，尤其是更耐氧化的物质，例如，卤代甲烷和氯乙烷的优化化学进程。最后，关于地下相互作用如何影响过硫酸盐的化学、活化和有效性，仍然存在很大的不确定性。但是，过硫酸盐展示了有效降解大量核心有机污染物的现场应用和实验室研究的良好前景。

参考文献

Aiken G. 1992. Chloride interference in the analysis of dissolved organic carbon by the wet oxidation method. Environ Sci Technol 26:2435–2439.

Anipsitakis GP, Dionysiou DD. 2003. Degradation of organic contaminants in water with sulfate radicals generated by the conjunction of peroxymonosulfate with cobalt. Environ Sci Technol 37:4790–4797.

Anipsitakis GP, Dionysiou DD. 2004. Radical generation by the interaction of transition metals with common oxidants. Environ Sci Technol 38:3705–3712.

Arndt D. 1981. Manganese Compounds as Oxidizing Agents in Organic Chemistry (Claff C, translator). Open Court Publishing Co., La Salle, IL. 344.

Arnold WG, Winget P, Cramer CJ. 2002. Reductive dechlorination of 1,1,2,2-tetrachloroethane. Environ Sci Technol 36:3536–3541.

Ball DL, Edwards JO. 1956. The kinetics and mechanism of the decomposition of Caro's acid. I. J Am Chem Soc 78:1125–1129.

Barbash AM, Hoag GE, Nadim F. 2006. Oxidation and removal of 1,2,4-trichlorobenzene using sodium persulfate in a sorption-desorption experiment. Water Air Soil Pollut 172:67–80.

Barrow NJ. 1992. A brief discussion on the effect of temperature on the reaction of inorganic ions with soil. J Soil Sci 43:37–45.

Beltrán FJ, Gonzalez M, Rivas FJ, Alvarez P. 1998. Fenton reagent advanced oxidation of polynuclear aromatic hydrocarbons in water. Water Air Soil Pollut 105:685–700.

Benjamin MM. 2002. Water Chemistry. McGraw-Hill, New York, NY. 668.

Block PA, Brown RA, Robinson D. 2004. Novel Activation Technologies for Sodium Persulfate In Situ Chemical Oxidation. Proceedings, Fourth International Conference on Remediation of Chlorinated and Recalcitrant Compounds, Monterey, CA, USA, May 24–27, Paper 2A-05.

Bossmann SH, Oliveros E, Gob S, Siegwart S, Dahlen EP, Payawan L, Straub M, Worner M, Braun AM. 1998. New evidence against hydroxyl radicals as reactive intermediates in the thermal and photochemically enhanced Fenton reactions. J Phys Chem A 102:5542–5550.

Brown RA, Robinson D. 2004. Response to Naturally Occurring Organic Material: Permanganate Versus

Persulfate. Proceedings, Fourth International Conference on Remediation of Chlorinated and Recalcitrant Compounds, Monterey, CA, USA, May 24–27, Paper 2A-06.

Brown RA, Robinson D, Sklandany GJ. 2004. Treatment of 1,4-Dioxane. Proceedings, Fourth International Conference on Remediation of Chlorinated and Recalcitrant Compounds, Monterey, CA, USA, May 24–27, Paper 5D-03.

Brown DG, Gupta L, Kim T-H, Moo-Young HK, Coleman AJ. 2006. Comparative assessment of coal tars obtained from 10 former manufactured gas plant sites in the eastern United States. Chemosphere 65:1562–1569.

Burbano AA, Dionysiou DD, Richardson TL, Suidan MT. 2002. Degradation of MTBE intermediates using Fenton's reagent. J Environ Eng 128:799–805.

Burbano AA, Dionysiou DD, Suidan MT, Richardson TL. 2005. Oxidation kinetics and effect of pH on the degradation of MTBE with Fenton reagent. Water Res 39:107–118.

Buxton GV, Greenstock CL, Helman WP, Ross AB. 1988. Critical review of rate constants for reactions of hydrated electrons, hydrogen atoms and hydroxyl radicals ($^{\cdot}OH/^{\cdot}O^-$) in aqueous solution. J Phys Chem Ref Data 17:513–886.

Buxton GV, McGowan S, Salmon GA, Williams JE, Wood ND. 1996. A study of the spectra and reactivity of the oxysulphur-radical anions involved in the chain oxidation of S(IV): A pulse and g-radiolysis study. Atmos Environ 30:2483–2493.

Buxton GV, Bydder M, Salmon GA. 1999. The reactivity of chlorine atoms in aqueous solution II: The equilibrium $SO_4^{\cdot-} + Cl^- \rightarrow SO_4^{2-} + Cl^{\cdot}$. Phys Chem Chem Phys 1:269–273.

Chen R, Pignatello JJ. 1997. Role of quinone intermediates as electron shuttles in Fenton and photoassisted Fenton oxidations of aromatic compounds. Environ Sci Technol 31:2399–2406.

Cho HJ, Fiacco RJ, Brown RA, Sklandany GJ, Lee M. 2002. Evaluation of Technologies for In Situ Remediation of 1,1,1-Trichloroethane. Proceedings, Third International Conference on Remediation of Chlorinated and Recalcitrant Compounds, Monterey, CA, USA, May 20–23, Paper 2C-20.

Conrad SH, Glass RJ, Peplinski WJ. 2002. Bench-scale visualization of DNAPL remediation processes in analog heterogeneous aquifers: Surfactant floods and in situ oxidation using permanganate. J Contam Hydrol 58:13–49.

Crimi ML. 2005. Project Report to FMC Corporation. A Comparision of Methods to Activate Sodium Persulfate for Lindane Destruction. Colorado School of Mines, Golden, CO.

Crimi ML, Taylor J. 2007. Experimental evaluation of catalyzed hydrogen peroxide and sodium persulfate for destruction of BTEX contaminants. Soil Sediment Contam 16:29–45.

Cronk G, Cartwright R. 2006. Optimization of a Chemical Oxidation Treatment Train Process for Groundwater Remediation. Proceedings, Fifth International Conference on Remediation of Chlorinated and Recalcitrant Compounds, Monterey, CA, USA, May 22–25, Paper B-56.

Cuypers C, Grotenhuis T, Joziasse J, Rulkens W. 2000. Rapid persulfate oxidation predicts PAH bioavailability in soils and sediments. Environ Sci Technol 34:2057–2063.

Cuypers C, Grotenhuis T, Nierop KGJ, Franco EM, de Jager A, Rulkens W. 2002. Amorphous and condensed organic matter domains: The effect of persulfate oxidation on the decomposition of soil/sediment organic matter. Chemosphere 48:919–931.

Dahmani A, Huang KC, Hoag GE. 2006. Sodium persulfate oxidation for the remediation of chlorinated solvents (USEPA Superfund Innovative Technology Evaluation Program). Water Air Soil Pollut Focus 6:127–141.

De Laat J, Gallard H. 1999. Catalytic decomposition of hydrogen peroxide by Fe(III) in homogeneous aqueous solution: Mechanism and kinetic modeling. Environ Sci Technol 33:2726–2732.

De Laat J, Le GT, Legube B. 2004. A comparative study of the effects of chloride, sulfate, and nitrate ions on the rates of decomposition of H_2O_2 and organic compounds by Fe(II)/H_2O_2 and Fe(III)/H_2O_2. Chemosphere 55:715–723.

Droste EX, Marley MC, Parikh JM, Lee AM, Dinardo PM, Woody BA, Hoag GE, Chedda P. 2002. Observed Enhanced Reductive Dechlorination After In Situ Chemical Oxidation Pilot Test. Proceedings, Third International Conference on Remediation of Chlorinated and Recalcitrant Compounds, Monterey, CA, USA, May 20–23, Paper 2C-01.

Eberson L. 1987. Electron Transfer Reactions in Organic Chemistry. Springer, Berlin.

Forsey SP. 2004. In Situ Chemical Oxidation of Creosote/Coal Tar Residuals: Experimental and Numerical Investigation. PhD Dissertation, University of Waterloo, Waterloo, ON.

Haag WR, Yao D. 1992. Rate constants for reaction of hydroxyl radicals with several drinking water contaminants. Environ Sci Technol 26:1005–1013.

Haber F, Weiss J. 1934. The catalytic decomposition of hydrogen peroxide by iron salts. Proc R Soc Lond A Math Phys Sci 147:332–351.

Haselow JS, Siegrist RL, Crimi ML, Jarosch T. 2003. Estimating the total oxidant demand for in situ chemical oxidation design. Remediation 13:5–15.

HDR Engineering. 2001. Handbook of Public Water Systems. John Wiley & Sons Inc., New York, NY. 1152.

Heiderscheidt JL. 2005. DNAPL Source Zone Depletion during In Situ Chemical Oxidation (ISCO): Experimental and Modeling Studies. PhD Dissertation, Colorado School of Mines, Golden, CO.

Hoag GE, Chheda P, Woody BA, Dobbs GM. 2000. Chemical Oxidation of Volatile Organic Compounds. U.S. Patent 6,019,548.

House DA. 1962. Kinetics and mechanism of oxidations by peroxydisulfate. Chem Rev 62:185–203.

Huang HH, Lu MC, Chen JN. 2001a. Catalytic decomposition of hydrogen peroxide and 2-chlorophenol with iron oxides. Water Res 35:2291–2299.

Huang K-C, Hoag GE, Chheda P, Woody BA, Dobbs GM. 2001b. Oxidation of chlorinated ethenes by potassium permanganate: A kinetics study. J Hazard Mater 87:155–169.

Huang KC, Couttenye RA, Hoag GE. 2002. Kinetics of heat-assisted persulfate oxidation of methyl-tert-butyl ether (MTBE). Chemosphere 49:413–420.

Huang KC, Zhao Z, Hoag GE, Dahmani A, Block PA. 2005. Degradation of volatile organic compounds with thermally activated persulfate oxidation. Chemosphere 61:551–560.

Huie RE, Clifton CL, Neta P. 1991. Electron transfer reaction rates and equilibria of the carbonate and sulfate radical anions. Int J Rad Appl Instrum C Radiat Phys Chem 38:477–481.

Huling SG, Pivetz BE. 2006. Engineering Issue: In-Situ Chemical Oxidation. EPA/600/R-06/072. U.S. Environmental Protection Agency Office of Research and Development, National Risk Management Research Laboratory, Cincinnati, OH. 58.

Jazdanian AD, Fieber LL, Tisoncik D, Huang KC, Mao F, Dahmani A. 2004. Chemical Oxidation of Chloroethanes and Chloroethenes in a Rock/Groundwater System. Proceedings, Fourth International Conference on Remediation of Chlorinated and Recalcitrant Compounds, Monterey, CA, USA, May 24–27, Paper 2F-01.

Jeffers PM, Ward LM, Woytowitch LM, Wolfe NL. 1989. Homogeneous hydrolysis rate constants for selected chlorinated methanes, ethanes, ethenes and propanes. Environ Sci Technol 23:965–969.

Kolthoff IM, Medalia AI, Raaen HP. 1951. The reaction between ferrous iron and peroxides: IV. Reaction with potassium persulfate. J Am Chem Soc 73:1733–1739.

Koprivnjak J-F, Blanchette JG, Bourbonniere RA, Clair TA, Heyes A, Lum KR, McCrea R, Moore TR. 1995. The underestimation of concentrations of dissolved organic carbon in freshwaters. Water Res 29:91–94.

Krembs FJ. 2008. Critical Analysis of the Field-Scale Application of In Situ Chemical Oxidation for the

Remediation of Contaminated Groundwater. MS Thesis, Colorado School of Mines, Golden, CO.

Kwan WP, Voelker BM. 2003. Rates of hydroxyl radical generation and organic compound oxidation in mineral-catalyzed Fenton-like systems. Environ Sci Technol 37:1150–1158.

Lee ES, Seol Y, Fang YC, Schwartz FW. 2003. Destruction efficiencies and dynamics of reaction fronts associated with the permanganate oxidation of trichloroethylene. Environ Sci Technol 37:2540–2546.

Li XD, Schwartz FW. 2003. Permanganate oxidation schemes for the remediation of source zone DNAPLs and dissolved contaminant plumes. In Henry SM, Warner SD, eds, Chlorinated Solvent and DNAPL Remediation. American Chemical Society, Washington, DC, 73 85.

Liang C, Lee IL. 2008. In situ iron activated persulfate oxidative fluid sparging treatment of TCE contamination: A proof of concept study. J Contam Hydrol 100:91–100.

Liang C, Bruell CJ, Marley MC, Sperry KL. 2003. Thermally activated persulfate oxidation of trichloroethylene (TCE) and 1,1,1-trichloroethane (TCA) in aqueous systems and soil slurries. Soil Sediment Contam 12:207–228.

Liang C, Bruell CJ, Marley MC, Sperry KL. 2004a. Persulfate oxidation for in situ remediation of TCE. I. Activated by ferrous ion with and without a persulfate-thiosulfate redox couple. Chemosphere 55:1213–1223.

Liang C, Bruell CJ, Marley MC, Sperry KL. 2004b. Persulfate oxidation for in situ remediation of TCE. II. Activated by chelated ferrous ion. Chemosphere 55:1225–1233.

Liang C, Wang ZS, Mohanty N. 2006. Influences of carbonate and chloride ions on persulfate oxidation of trichloroethylene at 20o C. Sci Total Environ 370:271–277.

Liang C, Huang CF, Mohanty N, Lu CJ, Kurakalva RM. 2007a. Hydroxypropyl-b-cyclodextrin- mediated iron-activated persulfate oxidation of trichloroethylene and tetrachloroethylene. Ind Eng Chem Res 46:6466–6479.

Liang C, Wang ZS, Bruell CJ. 2007b. Influence of pH on persulfate oxidation of TCE at ambient temperatures. Chemosphere 66:106–113.

Liang C, Lee I-L, Hsu I-Y, Liang C-P, Lin Y-L. 2008. Persulfate oxidation of trichloroethylene with and without iron activation in porous media. Chemosphere 70:426–435.

Lide DR. 2006. CRC Handbook of Chemistry and Physics. CRC Press, Taylor and Francis Group, Boca Raton, FL.

Lipczynska-Kochany E, Sprah G, Harms S. 1995. Influence of some groundwater and surface waters constituents on the degradation of 4-chlorophenol by the Fenton reaction. Chemosphere 30:9–20.

Lu MC. 2000. Oxidation of chlorophenols with hydrogen peroxide in the presence of goethite. Chemosphere 40:125–130.

Lu MC, Chen JN, Huang HH. 2002. Role of goethite dissolution in the oxidation of 2-chlorophenol with hydrogen peroxide. Chemosphere 46:131–136.

MacKinnon LK, Thomson NR. 2002. Laboratory-scale in situ chemical oxidation of a perchloroethylene pool using permanganate. J Contam Hydrol 56:49–74.

Mariano MH. 1968. Spectrophotometric analysis of sulfuric solutions of hydrogen peroxide, peroxymonosulfuric acid, and peroydisulfuric acid. Anal Chem 40:1622–1667.

Mumford KG, Thomson NR, Allen-King RM. 2005. Bench-scale investigation of permanganate natural oxidant demand kinetics. Environ Sci Technol 39:2835–2840.

Nadim F, Huang KC, Dahmani A. 2005. Remediation of soil and ground water contaminated with PAH using heat and Fe(II)-EDTA catalyzed persulfate oxidation. Water Air Soil Pollut: Focus 6:227–232.

Ndjou'ou A-C, Cassidy D. 2006. Surfactant production accompanying the modified Fenton oxidation of hydrocarbons in soil. Chemosphere 65:1610–1615.

Neta P, Madhavan V, Zemel H, Fessenden RW. 1977. Rate constants and mechanisms of reaction of SO4 — with aromatic compounds. J Am Chem Soc 99:163–164.

O'Connell M, Thomson NR, Sra K, Bright C. 2009. Optimizing Solvent Extraction of PCBs from Soil with Chemical Oxidants. Proceedings, Fifth International Conference on Remediation of Contaminated Sediments, Jacksonville, FL, USA, Paper E7-65.

Pehlivan E, Ersoz M, Pehlivan M, Yildiz S, Duncan HJ. 1995. The effect of pH and temperature on the sorption of zinc(II), cadmium(II), and aluminum(III) onto the new metal-ligand complexes of sporopollenin. J Colloid Interface Sci 170:320–325.

Petri BG. 2006. Impacts of Subsurface Permanganate Delivery Parameters on Dense Nonaqueous Phase Liquid Mass Depletion Rates. MS Thesis, Colorado School of Mines, Golden, CO.

Petri BG, Siegrist RL, Crimi ML. 2008. Effects of groundwater velocity and permanganate concentration of DNAPL mass depletion rates during in situ oxidation. J Environ Eng 134:1–13.

Peyton GR. 1993. The free-radical chemistry of persulfate-based total organic carbon analyzers. Mar Chem 41:91–103.

Pignatello JJ. 1992. Dark and photoassisted Fe^{3+}-catalyzed degradation of chlorophenoxy herbicides by hydrogen peroxide. Environ Sci Technol 26:944–951.

Rastogi A, Al-Abed SR, Dionysiou DD. 2009. Sulfate radical-based ferrous-peroxymonosulfate oxidative system for PCBs degradation in aqueous and sediment systems. Applied Catal B 85:171–179.

Reitsma S, Marshall M. 2000. Experimental study of oxidation of pooled NAPL. In Wickramanayake GB, Gavaskar AR, Chen ASC, eds, Chemical Oxidation and Reactive Barriers: Remediation of Chlorinated and Recalcitrant Compounds. Battelle Press, Columbus, OH, 25–32.

Robinson D, Brown RA, Dablow J, Rowland K. 2004. Chemical Oxidation of MGP Residuals and Dicyclopentadiene at a Former MGP Site. Proceedings, Fourth International Conference on Remediation of Chlorinated and Recalcitrant Compounds, Monterey, CA, USA, May 24–27, Paper 2A-03.

Root D, Lay ME, Block PA, Cutler WG. 2005. Investigation of Chlorinated Methanes Treatability using Activated Sodium Persulfate. Proceedings, First International Conference on Environmental Science and Technology, New Orleans, LA, USA, January 23–26.

Schroth MH, Oostrom M, Wietsma TW, Istok JD. 2001. In-situ oxidation of trichloroethene by permanganate: Effects on porous medium hydraulic properties. J Contam Hydrol 50:78–98.

Sedlak DL, Andren AW. 1991. Aqueous-phase oxidation of polychlorinated biphenyls by hydroxyl radicals. Environ Sci Technol 25:1419–1427.

Siegrist RL, Crimi ML, Petri B, Simpkin T, Palaia T, Krembs FJ, Munakata-Marr J, Illangasekare T, Ng G, Singletary M, Ruiz N. 2010. In Situ Chemical Oxidation for Groundwater Remediation: Site Specific Engineering and Technology Application. ER-0623 Final Report (CD-ROM, Version PRv1.01, October 29, 2010). Prepared for the ESTCP, Arlington, VA, USA.

Smith BA, Teel AL, Watts RJ. 2004. Identification of the reactive oxygen species responsible for carbon tetrachloride degradation in modified Fenton's systems. Environ Sci Technol 38:5465–5469.

Smith BA, Teel AL, Watts RJ. 2006. Mechanism for the destruction of carbon tetrachloride and chloroform DNAPLs by modified Fenton's reagent. J Contam Hydrol 85:229–246.

Sperry KL, Marley MC, Bruell CJ, Liang C, Hochreiter J. 2002. Iron Catalyzed Persulfate Oxidation of Chlorinated Solvents. Proceedings, Third International Conference on Remediation of Chlorinated and Recalcitrant Compounds, Monterey, CA, USA, May 20–23, Paper 2C-22.

Sra K, Thomson NR, Barker JF. 2007. Fate of Persulfate in Uncontaminated Aquifer Materials. Proceedings, Groundwater Quality 2007, Fremantle, Australia, December 2–7, Paper T-13.

Sra, K., Thomson, N.R., Barker, JF. 2008. In situ chemical oxidation of gasoline compounds using persulfate, Proceedings of the Petroleum Hydrocarbons and Organic Chemicals in Ground Water Conference, Houston, TX, Nov 3–5.

Sra, K, Thomson, NR, Barker, JF. 2010. Persistence of Activated Persulfate in Uncontaminated Aquifer Materials. Environ Sci Technol 44 (8):3098–3104.

Sung W, Morgan JJ. 1980. Kinetics and product of ferrous iron oxygenation in aqueous systems. Environ Sci Technol 14:561–567.

Tang WZ, Huang CP. 1995. The effect of chlorine position of chlorinated phenols on their dechlorination kinetics by Fenton's reagent. Waste Manage 15:615–622.

Teel AL, Watts RJ. 2002. Degradation of carbon tetrachloride by modified Fenton's reagent. J Hazard Mater 94:179–189.

Teel AL, Finn DD, Schmidt JT, Cutler LM, Watts RJ. 2007. Rates of trace mineral-catalyzed decomposition of hydrogen peroxide. J Environ Eng 133:853–858.

Tsitonaki A. 2008. Treatment Trains for the Remediation of Aquifers Polluted with MTBE and other Xenobiotic Compounds. PhD Dissertation, Technical University of Denmark, Copenhagen, Denmark.

Tsitonaki A, Mosbaek H, Bjerg PL. 2006. Activated Persulfate Oxidation as a First Step in a Treatment Train. Proceedings, Fifth International Conference on the Remediation of Chlorinated and Recalcitrant Compounds, Monterey, CA, USA, May 22–25, Paper D-77.

Tsitonaki A, Petri BG, Crimi ML, Mosbaek H, Siegrist RL, Bjerg PL. 2010. In situ chemical oxidation of contaminated soil and groundwater using persulfate: A review. Crit Rev Environ Sci Technol 40:55–91.

Umschlag T, Herrmann H. 1999. The carbonate radical ($HCO_3^{\cdot}/CO_3^{\cdot-}$) as a reactive intermediate in water chemistry: Kinetics and modeling. Acta Hydroch Hydrob 27:214–222.

Valentine RL, Wang HC. 1998. Iron oxide surface catalyzed oxidation of quinoline by hydrogen peroxide. J Environ Eng 124:31–38.

Waisner S, Medina VF, Morrow AB, Nestler CC. 2008. Evaluation of chemical treatments for a mixed contaminant soil. J Environ Eng 134:743–749.

Waldemer RH, Tratnyek PG. 2006. Kinetics of contaminant degradation by permanganate. Environ Sci Technol 40:1055–1061.

臭氧原位化学氧化的基础

Wilson S. Clayton[1], Benjamin G. Petri[2], and Scott G. Huling[3]

[1] Aquifer Solutions Inc. Evergreen, CO 80439, USA;
[2] Colorado School of Mines, Golden, CO 80401, USA;
[3] U.S. Environmental Protection Agency, Robert S. Kerr Environmental Research Center, Ada OK 74820, USA.

范围

　　本章主要对臭氧气体进行原位化学氧化的化学过程和使用方法进行阐述，包括反应机理、臭氧与地下介质的相互作用、臭氧的传输，以及对不同关注污染物的修复效率。

核心概念

- 臭氧是一种反应活性高，但作用时间短的氧化剂，需要快速传输到目标位置。
- 臭氧性质不稳定，需要现场生成，并立即注入地下。
- 臭氧具有直接的氧化作用，同时可在地下固体或催化剂的添加下催化生成强氧化性的自由基。
- 臭氧能转变或矿化多种有机污染物，包括许多难处理的有机污染物。
- 臭氧是一种气态氧化剂，可以直接注入到包气带或地下水中。
- 对于臭氧喷射技术，多相流动机制和传质阻力会限制臭氧的传输。
- 臭氧被还原后可生成氧气，可以促进好氧生物的降解。

5.1 简介

臭氧（O_3）的原位化学氧化包括臭氧注入地下对关注有机污染物的降解的阐述。臭氧有 3 个氧原子，是一种强氧化剂（见图 5.1），在大气条件中为气体。臭氧主要通过两种反应途径与有机污染物进行反应：一种是臭氧与有机污染物直接反应；另一种是臭氧经过催化降解后，生成的自由基与有机污染物反应。臭氧的直接氧化反应在气体状态（Reisen and Arey, 2002）中，或者通过臭氧溶于水而在水溶态（Hoigné and Bader, 1983a, 1983b; Hoigné et al., 1985）中进行，而自由基反应在液相中发生已被证明（Langlais et al., 1991）。也有研究表明，自由基反应也可在气相中发生（Choi et al., 2002; Reisen and Arey, 2002）。由于臭氧反应机制的多样化，它可以降解多种不同的有机污染物。由于臭氧是气体，它可以被直接注入包气带（不饱和带），这使得臭氧比在不饱和的多孔介质中与污染物充分接触受到限制的液相氧化剂更有优势。臭氧也可以通过喷射井直接注入地下饱和带。这样，污染物的成功去除取决于氧化剂和饱和地下介质是否能有效接触，而由于复杂的气体分布是原位喷射技术的典型特征，确保有效解除是非常具有挑战性的难题（Huling and Pivetz, 2006）。臭氧的喷射技术包括挥发性关注污染物（COCs）的剥离和氧化过程。氧气（O_2）是臭氧分解后的副产物，同时也是辅助注入剂（空气）。将 O_2 注入地下的好处是，它是好氧生物降解过程的重要电子受体（Lute et al., 1998; Fogel and Kerfoot, 2004; Ahn et al., 2005; Jung et al., 2008）。

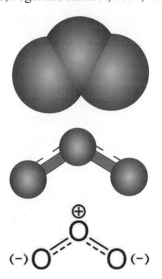

图5.1　臭氧的分子结构

然而，使用臭氧进行原位化学氧化也存在局限性。臭氧在制造、存储、运输到场地的过程中很不稳定，所以它必须现场生成，并立即注入地下。批量制造臭氧最常用的方法是电晕放电法，即使空气或纯氧气体通过两块荷电板，在高能电磁场下氧气被电离成氧原子，氧原子与氧分子碰撞形成臭氧。纯氧也可在现场用空气制得。因此，使用臭氧进行原位化学氧化的药剂成本很低，主要是产生臭氧所需的设备费和电费；为保证臭氧原位化学氧化过程的进行，现场需要配有电源（Huling and Pivetz, 2006）。使用臭氧的原位化学氧化的另一个局限是现场用于生产臭氧的设备。目前大型的商业化臭氧发生器产量有限，每天只能生产约 22.68kg 臭氧。尽管可以使用多台臭氧发生器进行生产，但是相比其他原位化学氧化剂，臭氧短时间内向地下大量注入的能力还是逊色了不少。因此，需要大量氧化剂进行修复的场地在使用臭氧进行修复时，需要更长的注入周期，其成本的有效性会受到影响。注入周期通常为 3～18 个月，具体长短取决于污染物的浓度和场地特征。然而，臭氧注入周期长，也带来了一些优势。对于在修复过程中逐步暴露出来的敏感区，人们可以更有针对性地进行处理。另外，长时间保持强氧化状态能够更有效地处理高浓度的污染物，包括难降解的重质非水相液体（DNAPL）。

尽管臭氧的原位化学氧化存在诸多局限性，但只要场地条件合适，它仍是一种非常有效的修复技术，其处理效率与氧化剂和污染物的接触有效性有关。与其他原位修复技术一样，臭氧的迁移分布受地下介质的渗透性和异质性影响较大，可能还会影响接触的有效性。臭氧注入饱和带的地下水中更是如此，对于地下多样的环境条件更敏感。与同质性强、渗透率高的场地相比，臭氧在异质性和中低渗透率的场地分布更为复杂，从而导致了修复结果的不确定性。另一个需要考虑的问题是臭氧与介质的相容性，与其他氧化剂一样，臭氧会与非目标物质发生反应（如天然有机物），这样会对其在地下的稳定性和迁移性造成影响。如果含水层介质消耗了大量的臭氧，由于竞争和无效反应的发生，与污染物的氧化反应效率就会降低，所以原位化学氧化在中低氧化剂需求的介质中更为经济、高效。因此，在使用臭氧进行原位化学氧化时，需要考虑污染场地的水文地质条件和地球化学因子，这样可以制定更佳的修复方案，得到更好的修复结果。

5.2 化学原理

臭氧是一种强氧化剂，在气相和液相介质中均可发生反应，可以直接氧化，也可以通过自由基中间体进行氧化（Staehelin et al., 1984; Tomiyasu et al., 1985; Langlais et al., 1991）。由于臭氧可以通过多种反应途径降解有机污染物，可适用于多种污染物。由于反应介质（气相和液相）和反应途径（直接反应和自由基反应）的多样性，臭氧的化学过程很复杂。根据污染物类型、性质和系统条件的不同，化学反应过程也不相同，一些污染物偏向于特定的降解途径，另一些则不是；场地的地球化学条件对某些污染物的臭氧处理影响较大，另一些则不是。本节对臭氧的物理化学特征、反应过程、机制及其对原位化学氧化的影响进行了阐述。

5.2.1 物理化学特性

臭氧是一种高反应活性的气体，由氧原子组成，化学式为 O_3。臭氧性质不稳定，半衰期为几小时到几天（DeMore et al., 1997; Hauglustaine et al., 2004; Staehelin and Hoigné, 1982）。由于臭氧不稳定，因此在使用时需要用臭氧发生器现场生成。臭氧发生器的工作原理是，使空气或纯氧气流通过两块荷电板产生氧原子而形成臭氧。现场的臭氧发生器也能被用来生产纯氧。臭氧发生器以空气为原料，制得的臭氧浓度可达到 1%～2%（体积比）；以纯氧为原料，制得的臭氧浓度可达到 8%～10%。有时通过空气稀释能够促进臭氧地下注入的速率，臭氧氧化体系的主要消耗为臭氧生成过程中的电力。

气态臭氧的物理化学特性（见表 5.1）影响其迁移运输。臭氧在水中的理论溶解度取决于温度和臭氧浓度。臭氧气体浓度增大、温度降低能够增大其在水中的溶解度。由于水中分解反应的发生，臭氧在水中无法达到溶解限度，尤其是在碱性条件下（Langlais et al.，1991）。在含有土壤和含水介质的环境体系中，由于催化性矿物和有机物与臭氧反应，臭氧分解很快，在水相和气相中的浓度都很有限。

表 5.1　气态臭氧的物理化学特性

性　质	数　值	
分子量[a]	48g/mol	
物理形态[a]	淡蓝色或无色气体	
标准还原电位[a]	2.076V	
密度[a]	2.106g/L（STP）	
温度[b]（℃）	亨利常数（atm m³/mol）	溶解限度[c]（mg/L）
0	35.0	46.3
5	44.8	36.2
10	57.4	28.3
15	75.6	21.5
20	93.4	17.4
25	118.0	13.7
30	149.5	10.9
35	186.8	8.69

注：℃—摄氏度；atm m³/mol—标准大气压下的摩尔体积；g—克；mg/L—毫克每升；STP—标准温度（20℃）和标准大气压（1atm）；V—伏特。

[a]Lide（2006）。

[b]Langlais et al.（1991）。

[c]在标准温度和标准大气压（STP）下，纯氧中臭氧浓度为5%。

5.2.2　氧化反应

臭氧的化学反应包括直接氧化和自由基氧化两种机制，其在气相和液相介质中均能发生。此外，臭氧可以与多种有机污染物及非目标物质反应，涉及多种反应途径并会产生多种中间物，因此臭氧的化学反应颇为复杂。

1．气相反应

由于臭氧是一种活性气体，并且以气体形式注入地下，所以反应可能会在气相和液相中发生。文献大多关注臭氧在气相系统中的反应，并没有特别针对臭氧注入地下后的气相反应进行研究。也有部分作者，如 Luster-Teasley 等（2009）、Hsu 和 Masten（2001）对原位臭氧处理中的气相反应进行了研究。Luster-Teasley 等（2009）研究发现，在非饱和土壤中，土壤 pH 值和含水率会影响多环芳烃（PAH）的氧化效率；在风干土壤中，pH 值升高，多环芳烃去除效率提高；土壤水分增加，芘的去除率降低。Choi 等（2000）、Dunn 和 Lunn（2002）、Goi 和 Trapido（2004）、Jung 等（2004）对臭氧原位氧化的气相反应进行了更深层次的研究，结果表明，随着含水率增加，污染物的降解效率降低。高含水率会减少非挥发性污染物和臭氧的气—固表面接触，同时促进臭氧向水相介质的迁移。

在气相介质中，挥发性污染物和臭氧可以均匀地接触并反应（Reisen and Arey, 2002）；在非均相介质中，臭氧与吸附在固体表面或溶解在非水相液体中的污染物在介质表面发生反应（Masten, 1991; Naydenov and Mehandjiev, 1993; Andreozzi et al., 1996）。Reisen 和 Arey（2002）对两种挥发性 PAHs 的降解反应动力学过程进行了研究，基于它们的动力学反应速率和原位化学氧化处理使用的臭氧浓度，证明了同质反应对于某些挥发性有机污染物的降解是一个很重要的过程。Choi 等（2000）的研究表明，对于在常温下不挥发的污染物菲，异质反应可能是氧化的主要过程。

关于土壤和水系统中自由基的气相反应的研究较少。在大气化学中，早已有研究证明，羟基自由基、过羟基自由基和有机自由基对 VOCs 的反应和传输起到重要作用（Levy, 1971）。然而，在大气系统中，自由基产生的主要途径是通过阳光中紫外线的照射使臭氧发生光解反应；在地下介质中，臭氧不可能发生这种光解反应，只能通过其他可能的催化剂，如固相矿物或水蒸气等，使催化反应发生。Jung 等（2004）的研究表明，臭氧的催化反应（如自由基的形成）可以在气—固界面上发生；观察发现菲在干燥的天然砂介质中的去除效率高于在玻璃珠中的去除效率。天然砂中含有金属氧化物，由于其可以催化自由基的生成，正如已知它们可以与其他过氧化物（如过氧化氢等）反应的特性（Teel et al., 2001; Kwan and Voelker, 2003）。也有作者将二氧化锰作为臭氧降解有机物的催化剂进行实验（Naydenov and Mehandjiev, 1993; Andreozzi et al., 1996; Li et al., 1998; Li and Oyama, 1998），但仍没有数据表明降解反应是否是通过自由基进行反应的。目前，在气相介质中自由基的反应机理仍是研究的难点。

2．液相反应

液相反应在臭氧的原位化学氧化中十分重要，尤其是应用于饱和带时。气态臭氧在地下介质中与水体接触后发生传质过程，臭氧进入液相，该过程在 5.3 节会有详细介绍，但最终臭氧浓度会在两相介质中趋于平衡。然而，由于臭氧在水体中的高反应活性，该平衡不可能实现。分解过程需要持续提供氧化剂，而主导这种分解反应的化学参数，如 pH 值、温度、有机反应物和无机反应物等，决定了水中臭氧在稳定状态下的浓度。基本上，臭氧与化合物的反应不是通过直接氧化，就是通过分解产生自由基来进行的，但由于环境条件和污染物类型的不同，某种机制会起主导作用。

1）直接氧化反应

臭氧可以和许多有机污染物发生直接氧化反应，直接氧化反应只涉及有机物的氧化和转化，并没有生成自由基中间体。臭氧常见的直接氧化反应机理包括两种，一种是臭氧在烯键（碳—碳双键）上的环化加成，另一种是对芳香烃的亲电子攻击（Langlais et al., 1991）。Dowideit 和 von Sonntag（1998）通过停流分析测量臭氧与乙烯或氯乙烯衍生物的反应速率，结果表明该反应速率由碳—碳双键的电子密度控制，几乎完全遵循 Criegee 机制。由于污染物不同，其他直接氧化反应机制可能也很重要，但这一观点尚未被完全证明。总体而言，这些氧化机制表明自然界中臭氧对有机物的直接氧化是有选择性的。

在第一种机制中，臭氧在碳—碳双键上发生环化加成，形成杂环复合物，把该中间体称为初级臭氧化物。初级臭氧化物不稳定，会很快分解，使碳—碳双键断裂，并形成羰基。生成的羰基化合物也不稳定，会进一步发生水解反应，使化合物降解。此外，这些反应会生成副产物过氧化氢（H_2O_2），从而对其他氧化机制产生影响（Langlais et al., 1991；Beltrán, 2004）。

另一种重要的反应机制是芳香环的亲电子攻击，该反应由臭氧分子从芳香环富电子位吸电子驱动。芳香族化合物带有的供电子官能团，如羟基（—OH）或氨基（—NH_2），能够促进其与臭氧反应；而带有的吸电子基团，如硝基（—NO_2）、羧基（—COOH）、卤代基（—Cl、—Br、—I），会减缓该反应的反应速率（Langlais et al., 1991）。该氧化反应在芳香环攻击位置上增加一个羟基，同时生成超氧阴离子（O_2^-）。在最常见的情况中，如与酚类化合物反应，产物为醌或邻苯二酚，随后继续与臭氧反应，最终使环发生断裂（Langlais et al., 1991；Beltrán, 2004）。

根据以上两种已得到充分证明的反应机制，臭氧与任何含有碳—碳双键或芳香环的有机污染物，尤其是酚类化合物，具有高反应性。然而，对于其他污染物，由于其性质的差异性，臭氧的直接氧化反应具有一定的选择性。Hoigné 和 Bader（1983a, 1983b）研究了有机物与臭氧在水中发生直接氧化反应的动力学过程，发现由于有机物种类和反应条件的不同，反应速率常数之间相差几个数量级，反应半衰期从 1s 到 1000s 不等。

2）自由基反应

臭氧会分解产生自由基，尤其是在碱性溶液中。自由基氧化反应系统的正确反应途径和基团仍然存在争论，但是学者一致认同自由基反应链是由反应式（5.1）开始的。不同的学者提出了该反应的不同产物，但他们一致认为产物包括活性氧基团（Staehelin and Hoigné, 1982；Staehelin et al., 1984；Tomiyasu et al., 1985）。

$$O_3 + OH^- \rightarrow 活性氧 \tag{5.1}$$

由反应式（5.1）可知，该反应由氢氧根（OH^-）参与反应开始，臭氧分解的速率与pH 值成正比，即 pH 值升高会促进臭氧的分解。因此，臭氧的直接氧化反应通常发生在酸性条件下，而在中性和碱性条件下，自由基反应占主导地位。

产生的自由基发生链式增长反应，生成大量的活性氧基团，在不同的条件下会生成不同的活性氧基团。其中一些自由基已经被证实存在，并在臭氧的化学反应过程中起到重要作用，但某些自由基是否存在仍存在争议或只存在于理论中，还未被证实。臭氧氧化反应体系中推断或已知的活性基因如表 5.2 所示。

表 5.2 臭氧氧化反应体系中推断或已知的活性基团

种 类	英文名称	标准还原电势（V）	特 性
臭氧（O_3）	Ozone	2.07（acid）[a]	活性气体，臭氧氧化反应体系中的主要氧化剂，可直接氧化，也可产生自由基
羟基自由基（$OH^·$）	Hydroxyl Radical	2.59（acid）[b] 1.64（alk）[b]	强氧化自由基，可与多种有机化合物反应（Buxton et al., 1988），被认为是在臭氧氧化反应体系中起主要氧化作用的自由基（Langlais et al., 1991；Beltrán, 2004）
超氧阴离子（$O_2^{·-}$）	Superoxide Anion	−0.33（alk）[c]	氢过氧自由基（$HO_2^·$）的共轭碱，酸解离常数 $pK_a = 4.8^c$，还原剂，近期有研究表明其在过氧化氢体系中通过还原机制参与抗氧化有机物的降解（Watts et al., 1999）

（续表）

种 类	英文名称	标准还原电势（V）	特 性
氢过氧自由基（HO$_2^{\cdot}$）	Perhydroxyl Radical	1.495（acid）[a]	超氧化物在酸性条件下的主要形态，pK$_a$=4.8[c]，弱氧化剂，但在臭氧的链式反应中起重要作用（Langlais et al., 1991）
氢过氧化物（HO$_2^-$）	Hydroperoxide	0.878（alk）[a]	过氧化氢的共轭碱，pK$_a$=11.6[a]，在碱性条件下该离子发挥重要作用，Tomiyasu et al.（1985）的研究表明其在臭氧自由基链式增长反应中起重要作用
过氧化氢（H$_2$O$_2$）	Hydrogen Peroxide	1.78（acid）[a]	臭氧分解反应的产物，不稳定，分解很快，分解后产生自由基，主要产物为OH$^{\cdot}$和O$_2^{\cdot-}$，在臭氧原位化学氧化过程中常与臭氧一起输送
分子氧（O$_2$）	Molecular Oxygen	1.23（acid）[a]	臭氧分解后的主要产物之一，在臭氧向地下输送过程中同时存在于气相中，能够与有机基团反应生成有机过氧化物，刺激好氧生物降解
臭氧化物（O$_3^-$）	Ozonide	—	臭氧分解生成自由基的一种重要的中间产物（Langlais et al., 1991）
氢过三氧自由基（HO$_3^{\cdot}$）	Hydrogen Trioxide	—	Staehelin等（1984）提出的一种臭氧链式反应的中间体，也是臭氧化物（O$_3^-$）的质子化形态
氢过四氧自由基（HO$_4^{\cdot}$）	Hydrogen Tetraoxide	—	Staehelin等（1984）提出的一种臭氧链式反应的中间体
过三氧化氢（H$_2$O$_3$）	Trioxidane	—	臭氧原位化学氧化过程中生成的一种强氧化性中间产物，在水相体系中分解生成单线态氧（Cerkovnik and Plesnicar, 1993）
单线态氧（^{1}O$_2$）	Singlet Oxygen	—	分子氧的高能形态，与某些有机物反应使其降解（Kanofsky et al., 1988）

注：acid 表示在酸性条件下的还原电势，alk 表示在碱性条件下的还原电势。

[a]Lide（2006）提出的链式反应。

[b]Bossmann等（1998）提出的链式反应。

[c]Afanas'ev（1989）提出的链式反应。

Langlais 等（1991）提出了臭氧分解成自由基的两种反应机制，包括 Hoigné、Staehelin 和 Bader（HSB 模型）（Hoigné and Bader, 1983a, 1983b; Staehelin and Hoigné, 1982）、Tomiyasu 等（1985）提出的反应机制。这两种反应机制最大的不同是 Tomiyasu、Fukutomi 和 Gordon 等并不认同 HSB 模型中提出的几种自由基，尤其是 HO$_3^{\cdot}$ 和 HO$_4^{\cdot}$。下面对两种反应机制进行了阐述。

（1）Hoigné、Staehelin 和 Bader 模型。在 HSB 模型中，Hoigné、Staehelin 和 Bader 认为反应式（5.1）产生了一条循环反应链，通过若干自由基中间体发生链式增长反应。根据这种反应机制，反应由反应式（5.1）开始，按照反应式（5.2）产生超氧阴离子（O$_2^{\cdot-}$）和氢过氧自由基（HO$_2^{\cdot}$）（Staehelin and Hoigné, 1982）。

$$O_3 + OH^- \rightarrow HO_2^{\cdot} + O_2^{\cdot-} \quad (k=70 \pm 7 \ M^{-1}s^{-1}) \tag{5.2}$$

由于溶液是碱性的，氢过氧自由基很快离解生成超氧阴离子，见反应式（5.3），因此 1 摩尔臭氧参与反应可以生成 2 摩尔超氧阴离子。生成的超氧阴离子与臭氧发生一系列增长反应，产生多种活性氧基团，见反应式（5.4）～反应式（5.8）。这些活性氧基团包括臭氧化物（O_3^-）、羟基自由基（$OH^{\cdot}$）、氢过三氧自由基（$HO_3^{\cdot}$）、氢过四氧自由基（$HO_4^{\cdot}$）。在 HSB 模型中，该过程详见反应式（5.3）～反应式（5.8）及图 5.2。反应式（5.9）和反应式（5.10）是终止步骤，即臭氧氧化反应体系中生成过氧化氢的机理（Staehelin et al., 1984）。

$$HO_2^{\cdot} \leftrightarrow O_2^{\cdot-} + H^+ \quad (pK_a = 4.8) \tag{5.3}$$

$$O_3 + O_2^{\cdot-} \rightarrow O_3^- + O_2 \tag{5.4}$$

$$O_3^- + H^+ \leftrightarrow HO_3^{\cdot} \tag{5.5}$$

$$HO_3^{\cdot} \rightarrow OH^{\cdot} + O_2 \tag{5.6}$$

$$OH^{\cdot} + O_3 \rightarrow HO_4^{\cdot} \tag{5.7}$$

$$HO_4 \rightarrow HO_2 + O_2 \tag{5.8}$$

$$HO_4 + HO_4 \rightarrow H_2O_2 + 2O_3 \tag{5.9}$$

$$HO_3^{\cdot} + HO_4^{\cdot} \rightarrow H_2O_2 + O_3 + O_2 \tag{5.10}$$

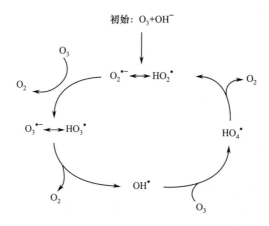

图5.2　臭氧分解途径（Staehelin et al., 1984）

（2）Tomiyasu、Fukutomi 和 Gordon 模型。Tomiyasu 等（1985）提出了一个不同的反应机制，该反应按照线性变化进行，没有中间产物氢过三氧自由基（$HO_3^{\cdot}$）和氢过四氧自由基（$HO_4^{\cdot}$），而是发生单电子传递，生成羟基自由基（$OH^{\cdot}$）和臭氧化物（O_3^-），见反应式（5.11），或者发生双电子传递，生成氢过氧化物（HO_2^-）和氧气分子（O_2），见反应式（5.12）。臭氧和氢过氧化物发生链式增长反应，见反应式（5.13）～反应式（5.19），通过中间体臭氧化物（O_3^-）产生大量羟基自由基。

$$O_3 + OH^- \rightarrow O_3^- + OH^{\cdot} \tag{5.11}$$

$$O_3 + OH^- \rightarrow HO_2^- + O_2 \tag{5.12}$$

$$O_3 + HO_2^- \rightarrow HO_2^{\cdot} + O_3^- \tag{5.13}$$

$$HO_2^{\cdot} \leftrightarrow O_2^{\cdot-} + H^+ \tag{5.14}$$

$$O_3 + O_2^{\cdot-} \rightarrow O_3^- + O_2 \tag{5.15}$$

$$O_3^- + H_2O \rightarrow OH^{\cdot} + OH^- + O_2 \tag{5.16}$$

$$O_3^- + OH^{\cdot} \rightarrow O_2^{\cdot-} + HO_2^{\cdot} \tag{5.17}$$

$$O_3^- + OH^{\cdot} \rightarrow O_3 + OH^- \tag{5.18}$$

$$O_3 + OH^{\cdot} \rightarrow O_2 + HO_2^{\cdot} \tag{5.19}$$

反应速率受 pH 值影响，pH 值升高则反应速率增加。当 pH 值 >6 时，臭氧与氢过氧化物阴离子的反应速率大于与过氧化氢的反应速率（Taube and Bray, 1940; Staehelin and Hoigné, 1982）。Tomiyasu 等的模型强调了氢过氧化物（HO_2^-）在链式增长反应中的作用，而 HSB 模型则强调了超氧阴离子（$O_2^{\cdot-}$）的作用。这也启示我们，在应用中将过氧化氢和臭氧结合，产生低浓度的氢过氧化物就可以催化反应剧烈进行。

3）pH 值对反应途径的影响

由于臭氧分解和自由基反应都由氢氧根离子开始 [见反应式（5.1）]，pH 值对臭氧氧化机制的影响很大。在酸性条件下，除非有其他催化剂存在，否则臭氧很难分解，所以臭氧的直接氧化反应起主导作用；而在碱性条件下，自由基反应起主导作用。此外，在酸性条件下臭氧的稳定性较在碱性条件下更高，臭氧在碱性条件下分解较快。这对于从事原位化学氧化的从业者有两点启示。一是直接氧化反应是有选择性的，因此，如果场地条件为酸性，从业者需要确定直接氧化反应是否能够降解目标污染物，而在碱性条件下，则无须考虑，因为自由基氧化反应是非选择性的（Masten and Hoigne, 1992）。二是臭氧的供应能力，如果在强碱性条件下，由于臭氧的快速反应，在地下的传输距离会很短；在酸性条件下则不会。因此，在低 pH 值条件下具有较强的稳定性和传输能力，在高 pH 值条件下具有较强的氧化能力。所以，目标处理区的 pH 值是使用臭氧进行原位化学氧化需要重点考虑的因素。

3. 过臭氧化反应

过臭氧化是指臭氧和过氧化氢同时使用，在污水处理中一直被认为是一种高级氧化技术（AOP）。同时，添加过氧化氢的好处是可以加快自由基的生成，尤其是羟基自由基，其主要通过反应式（5.20）和反应式（5.21）生成。过氧化氢本身与臭氧的反应速率较低（Taube and Bray, 1940），然而其共轭碱氢过氧化物阴离子与臭氧易发生反应（Tomiyasu et al., 1985）。该反应随后通过与上文所述的相同系列反应，即 Hoigné、Staehelin 和 Bader 模型或 Tomiyasu、Fukutomi 和 Gordon 模型发生链式反应，生成羟基自由基。由于在碱性条件下过氧化氢解离速率增大，过臭氧化反应系统中臭氧的分解速率也随着 pH 值的增大而增大。

$$H_2O_2 \leftrightarrow HO_2^- + H^+ \quad (pK_a = 11.6) \tag{5.20}$$

$$O_3 + HO_2^- \rightarrow HO_2^{\cdot} + O_3^- \tag{5.21}$$

大量研究表明，在某些有机污染物的降解系统中，过臭氧化反应的应用能提高臭氧对有机污染物的降解效率（Adams and Randtke, 1992; Kuo and Chen, 1996; Bose et al., 1998;

Safarzadeh-Amiri, 2001; Mitani et al., 2002）。这些研究发现，过臭氧化反应能提高有机污染物的降解速率或污染物的矿化程度。然而，过臭氧化反应系统并不是一直高效的，某些污染物倾向于与臭氧发生直接氧化反应，而不是与羟基自由基反应（Spanggord et al., 2000），而且过氧化氢诱导分解也被认为是导致降解效率低下的原因之一。因此，在实际的原位化学氧化修复中，过臭氧化反应并不如直接的臭氧注入常见（Krembs, 2008；详见第 8 章）。

5.2.3 臭氧反应动力学

由于臭氧具有较高的氧化电势，以及在分解时可能产生多种活性氧基团，它能与有机污染物及含水层介质发生许多化学反应。然而，臭氧氧化的整体效果取决于动力学反应速率。臭氧和气相中或水相中的有机基质之间的直接氧化反应通常遵循二级反应动力学模型，即

$$\frac{\partial C_{ox}}{\partial t} = -k_2 C_{ox} C_{org}$$

（5.22）

式中，C_{ox} 表示氧化剂浓度（单位：$M\ L^{-3}$），C_{org} 表示有机基质浓度（单位：ML^{-3}），k_2 是二级反应动力学速率常数（单位：$M^{-1}\ s^{-1}$），t 表示时间。因此，在与有机基质的反应中，臭氧的消耗速率是一个与反应动力学速率常数和该基质浓度有关的函数。同样地，基质的反应动力学速率也是与基质浓度和臭氧浓度有关的函数。许多特定有机物与臭氧的反应动力学速率常数已在文献中列出，例如，Hoigné 和 Bader（1983a, 1983b）报道了许多有机物和无机物与液相臭氧的反应动力学速率常数（见表 5.3）。需要注意的是，文献中记录的反应速率常数仅代表母体化合物的消失，而没有指明子体产物是否形成或者矿化作用是否彻底。进一步讲，这些反应速率常数仅代表了直接氧化，不包括自由基反应。

表 5.3 部分有机污染物与臭氧的反应动力学速率常数

污 染 物	与臭氧的反应动力学速率常数（$M^{-1}s^{-1}$）	参考文献
硝基苯	0.09	Hoigné 和 Bader（1983a）
氯苯	0.75	
苯	2	
甲苯	14	
苯酚	1300	
萘	3000	
三氯乙烯	17	
苯胺	90	Hoigné 和 Bader（1983b）
n-甲酚	12～30	
2-氯酚	1.1	
4-氯酚	600	
硝基苯酚	<50	

除直接氧化反应外，自由基反应也发挥着作用。臭氧分解产生的自由基，尤其是羟基自由基（OH˙），也遵循二级反应动力学［见式（5.22）］。羟基自由基与有机物或无机物的反应动力学速率常数大多为 $10^{-10} \sim 10^{-9}M^{-1}\ s^{-1}$（Buxton et al., 1988; Haag and Yao, 1992），这说明其半衰期大约为 10^{-9}s。然而，由于自由基链式反应的发生，以及不同的自由基和反应中间体的产生，自由基引起的污染物转化的反应动力学变得复杂。在氧化处理系统中，

自由基和反应中间体的出现是短暂的，难以鉴定和定量，但其显著影响反应的进行。因此，在这些氧化条件下建立污染物转化模型是十分困难的。

通常，反应动力学速率越高，化合物的氧化越容易进行。但是，由于原位化学氧化不是单一的反应系统，它是污染物、天然有机物、无机矿物和其他成分的复合体，它们都会和臭氧发生反应，因此反应动力学过程也变得复杂。这些不同的组分与臭氧反应，产生不同的自由基，有不同的反应动力学速率，所以仅通过动力学过程来预测污染物的去除是十分困难的。基于此，反应动力学模型必须考虑到与不同组分同时进行的多个反应，以有效地预测臭氧的浓度和污染物的降解（Choi et al., 2002; Shin et al., 2004）。由于反应过程复杂，使用一级反应动力学速率近似值的简易经验模型通常更符合臭氧分解和污染物降解的实验数据。

温度也会影响臭氧原位化学氧化的有效性。通常，反应动力学会随温度升高而加快，这种加速既有好处，也有坏处。好处是污染物的氧化反应加快，但是无效反应的速率，如臭氧的自分解反应，也会加快。尽管地下温度通常是恒定的，但是由于臭氧化反应为放热反应，会使环境温度显著升高。例如，Dunn 和 Lunn（2002）通过 1-D 柱实验研究发现，由于天然有机物的氧化，填充干燥土壤的柱内温度界面可以超过 200℃，而在湿润土壤中，温度变化比较温和，只观察到 10℃ 左右的温度升高，结果表明土壤水分能够减缓温度的剧烈变化。因此，在地质背景下，一般不会出现较明显的温度变化，一旦发生就能够观察到污染物被更有效地去除（Dunn and Lunn, 2002）。

温度还会影响臭氧的溶解度。回顾表 5.1，亨利常数随温度升高而显著增大，表明温度越高，臭氧的溶解度越低（Langlais et al., 1991）。此外，由于臭氧的分解反应速率随温度升高而加快，臭氧的溶解浓度会降低至溶解度限值之下。

5.3 臭氧在地下的交互作用

5.3.1 影响臭氧化学反应的交互作用

即使在单一的液相和气相介质中，臭氧的反应化学也相当复杂，而在含水层固体和地下水介质中，臭氧与其发生的交互作用使得复杂程度增加。这种交互作用对于臭氧原位化学氧化的有效性和反应效率影响很大。某些交互作用是有益的，如可作为促进自由基形成的催化剂；而某些交互作用是无益的，如会作为非目标物消耗氧化剂。这些现象将在下文进行描述。

1. 金属氧化物的影响

部分学者以田间土壤而不是玻璃珠、石英砂等简单干净的实验室介质为对象研究了污染物的强化降解方法（Choi et al., 2002; Jung et al., 2004）。一些实验对污染土壤进行高温前处理，以确保土壤中的天然有机物并未起到作用。这为土壤天然矿物质对污染物降解的强化机制研究提供了证据，一些气相中臭氧的催化反应也证明了该结论。Andreozzi 等（1996）、Naydenov 和 Mehandjiev（1993）都对二氧化锰（MnO_2）催化臭氧降解有机污染物进行了研究。锰氧化物是普遍存在的土壤矿物质，所以在臭氧的原位化学氧化过程中很可能起到催化作用。然而，并没有作者对该氧化系统中的活性成分进行确定，所以该反应是由臭氧的直接氧化反应还是自由基形成机制主导的仍不明确。此外，研究者对铁、锰氧化物在催化过氧化氢反应和自由基生成方面的作用开展了充分的研究（Teel et al., 2001, 2007; Kwan and Voelker, 2003; Watts et al., 2005b）。因此，可以合理假设土壤矿物质在臭氧催化反应中起到重要作用，然而其反应途径的原理和重要性目前仍处于未知阶段。

2. 天然有机物的影响

众所周知，臭氧会和土壤中的天然有机物（NOM）发生反应，通常发生在气相中的反应多于在液相中的反应。Hsu 和 Masten（2001）研究发现，NOM 对臭氧表现出大的需求量，会迟滞臭氧在不饱和介质中的传输，NOM 对臭氧的消耗量为 5.4mg O_3/1mg NOM，即部分臭氧与 NOM 发生降解反应。这种反应会对臭氧的反应效率和污染物处理的有效性产生影响。Kainulainen 等（1994）研究发现，臭氧可以将腐殖质降解成小组分，例如，臭氧化作用可使腐殖质的平均分子大小减小 1 个数量级。尽管臭氧的需求量增加影响了其反应效率，但是土壤有机物的降解对于污染物处理是有益的。腐殖质的破坏可以使吸附的疏水性的污染物释放出来，更易被氧化，反而提高了污染物的处理效率。此外，Lim 等（2002）发现臭氧和 NOM 的反应会产生羟基自由基（OH·），因此，就污染物处理而言，NOM 的氧化是有好处的。Ohlenbusch 等（1998）同样发现，腐殖质被臭氧氧化后的产物比母体更具有生物降解性，这可能是由于某些能促进生物降解作用的底物的产生。因此，臭氧对 NOM 的氧化是一把双刃剑，既造成了臭氧消耗量的增加，又促进了降解污染物的其他反应和降解机制。

3. 溶解离子的影响

溶解离子如碳酸根（CO_3^{2-}）、碳酸氢根（HCO_3^-）、硫酸根（SO_4^{2-}）、氯离子（Cl^-）等可以和羟基自由基（OH·）反应生成包括自由基在内的中间产物，但是这些生成的自由基对有机物的降解效率不如羟基自由基。例如，尽管碳酸（氢）根自由基（$CO_3^{-·}$/$HCO_3^{·}$）已被证明可以和芳香族有机污染物反应（Umschlag and Herrmann, 1999），但是在臭氧氧化实验中，碳酸（氢）根的存在会使反应效率降低（Adams and Randtke, 1992; Sunder and Hempel, 1997; Bose et al., 1998; Safarzadeh-Amiri, 2001; Zhang et al., 2005）。Cl^- 对臭氧反应的影响还未进行大量研究，但是对其他氧化剂，Cl^- 会对其反应效率和有效性产生负面影响（Lipczynska-Kochany et al., 1995; De Laat et al., 2004）。在某些情况下，与氯自由基的交互作用会导致卤化反应的发生，但是一般只发生在氯离子浓度过量、氧化剂不足的情况下（Aiken, 1992; Kiwi et al., 2000）。

在其他氧化剂的相关研究中发现，在清除反应占主导地位前，溶解离子的浓度很高，这表明许多清除剂都是污染物氧化反应的产物。CO_2 溶于水生成碳酸根/碳酸氢根，NOM 和有机污染物矿化后产生 CO_2，使其浓度升高。同样，溶液中会出现氯离子，含氯有机质尤其是含氯基团丰富的 DNAPLs 发生降解。例如，Petri（2006）研究发现，在高锰酸盐氧化体系中，由于降解副产物会在溶液中积累，DNAPLs 界面中 Cl^- 浓度很快超过 3000mg/L。因此，这些清除反应会影响臭氧原位化学氧化的效率，尤其是在自由基反应主导的氧化过程中。但是，其对整个场地臭氧处理效率的影响情况尚未明确。

5.3.2　影响臭氧传输的交互作用

1. 臭氧反应特征

通常来讲，随时间的延长有两种反应特征会影响臭氧的传输。第一种是在反应早期，"受限需求机制"，即臭氧的消耗量随时间延长逐渐减少；第二种是长期的"动力学需求机制"，即臭氧通过催化反应被消耗。天然有机物、有机污染物、还原性的无机物都是与"受限需求机制"相关的反应物，而水（氢氧根 OH⁻）、金属氧化物控制着长期的"动力学需求机制"。在"受限需求机制"中，臭氧表现出穿透行为，随着时间的延长，其在多孔介质中传输得越远，在注入点附近消耗越少（Lim et al., 2002）。图 5.3 给出了利用 2-D 分析模型计算的臭氧传输半径的概念图（Clayton, 1998b）。

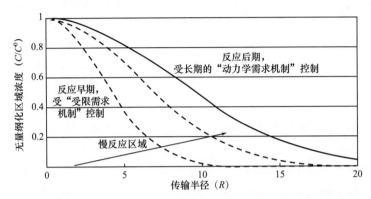

图5.3　"受限需求机制"下臭氧随时间逐渐消耗其传输半径变化的概念图。

最终，臭氧的传输半径被"动力学需求机制"持续控制

"动力学需求机制"是一个臭氧被催化分解而持续消耗的长期过程（Lim et al., 2002; Shin et al., 2004），最终控制着臭氧的末期传输。Shin 等（2004）通过实验室内田间土壤填充的柱实验对这两种机制进行了表征，随后用于评估模拟野外条件下臭氧的传输。在该研究中，臭氧的注入模拟区域采用五点网格法布置注入井和抽提井，间隔 2m 或 1m。使用相同的注入速率进行模拟预测，注入井间隔 1m 的设置在 23 ～ 28h 内 TCE 和土壤无机物被完全氧化，而间隔 2m 的设置在 1600h 后只去除了 80% 的污染物。该结果验证了臭氧的催化反应（"动力学需求机制"）及对臭氧传输的影响。

"受限需求机制"和"动力学需求机制"的反应物间的相互作用会引起复合效应。例如，多孔介质含水率的升高会限制臭氧和其他反应活性成分的接触，但是由于空气含量降低，可以增大臭氧的迁移速率延长其传输距离（Choi et al., 2002）。然而，Sung 和 Huang（2002）的研究发现，高的孔隙含水率和水质参数可以促进臭氧向液相的质量传输，进而导致臭氧气相浓度的降低，使其传输距离缩短。

2. 影响臭氧传输的地下条件

在不饱和区域和饱和区域，臭氧的反应和传输都受到很多参数的影响。这些影响反应动力学速率的参数包括但不限于含水率、pH 值、NOM、污染物浓度和特征、活性金属及无机物种类和浓度。此外，多孔介质的水文地质和岩性特征影响气体传输过程。了解臭氧的迁移传输机制对于臭氧输送系统的设计是相当重要的。

1）多孔介质含水率

多孔介质含水率通过多种途径影响臭氧在地下的传输。孔隙中水分的存在减少了空气含量，从而增大了注入臭氧的速率（Clayton, 1998b; Choi et al., 2002）。含水率的增加

（减少了空气饱和程度）也减少了臭氧气体和土壤固相的接触，因此固相表面的臭氧反应活性物质（NOM、金属氧化物、污染物等）对臭氧的消耗减少（Choi et al.，2002；Jung et al.，2004）。例如，75%以上的含水率限制了臭氧和固相矿物及有机物的反应（Jung et al.，2004）。两种机制使臭氧的传输距离增大。

由于氢氧根离子（OH⁻）的强催化反应，臭氧在液相中的分解速度比在气相中更快。例如，在 20℃ 环境温度下臭氧和液相臭氧（pH 值为 7）的半衰期分别为 3d 和 20min。该值仅考虑热分解，不考虑壁效应、湿度、有机负荷及其他催化效应。其他溶解性化合物也会与臭氧反应，因此，溶于水相中的臭氧气体很快会被催化分解，显著缩短其传输距离。

假设目标污染物可溶并主要存在于液相中，含水率在保证臭氧和污染物的接触方面起到重要作用；相反，假设目标污染物主要分布于固相中，含水率会限制臭氧和污染物的接触。例如，在处理高含水率土壤中的难挥发性有机污染物时，能观察到处理效率明显降低（Dunn and Lunn，2002；Goi and Trapido，2004；Zhang et al.，2005；O'Mahony et al.，2006）。总体来说，最优的孔隙介质含水率取决于特定的场地条件。

2）天然有机物含量

非饱和区臭氧对 NOM 的氧化限制了地下臭氧的传输距离（Hsu and Masten，2001；Choi et al.，2002；Kim and Choi，2002；Lim et al.，2002；Jung et al.，2004；Zhang et al.，2005）。Hsu 和 Masten（2001）测量了 NOM 对臭氧的消耗量为 5.4mg O_3/mg NOM，氧化过程遵循二级反应动力学。Shin 等（2004）的研究发现，土柱中注入臭氧使 NOM 降低了 30%。这些研究结果说明，臭氧的总消耗量包括氧化土壤中 NOM 的消耗量。高有机质土壤或含水层对臭氧的原位化学氧化的技术和经济可行性是挑战，但是具体的可行性仍需要根据特定的场地条件进行评估。缩短注入时间间隔、延长总注入时间可以有效克服高 NOM 带来的臭氧消耗量增大的问题。

3）污染物浓度

高浓度的污染物（吸附或 NAPLs 形式）由于和臭氧发生反应，会限制臭氧的传输（Choi et al.，2002；Kim and Choi，2002；Zhang et al.，2005）。在这种情况下，规划更短的传输距离、更近的注入井和监测井，延长臭氧的注入时间，增大臭氧装载量就相当重要。Choi 等（2002）和 Zhang 等（2005）分别研究发现，在浓度为 1500mg/kg 的柴油污染土壤中，以及在相对浓度较低的 50mg/kg PAHs 污染土壤中，臭氧的传输距离均缩短。这些结果表明，重污染的多孔介质相对于轻污染的土壤需要更长的臭氧化时间来达到修复目标。

4）金属氧化物和其他矿物质

以铁、锰氧化物为代表的矿物质因与臭氧的反应限制了其传输（Lin and Gurol，1998；Jung et al.，2004；Shin et al.，2004）。还原性的矿物质（硫化物）与臭氧发生非催化反应，符合"受限需求机制"，而铁、锰氧化物作为臭氧反应的催化剂，表现出"动力学需求机制"。在某些研究中，金属氧化物作为臭氧催化剂可以加快污染物的氧化速率，加快自由基的形成，提高污染物的降解速率（Naydenov and Mehandjiev，1993；Andreozzi et al.，1996；Choi et al.，2002；Jung et al.，2004）。尽管如此，由于潜在的氧化剂消耗途径，场地含有大量的铁、锰氧化物，或者还原性矿物含量较高，这还是给确保与氧化剂充分接触带来了巨大的挑战。

5.3.3　臭氧传输过程

1. 包气带过程

在生物通风研究中，Leeson 和 Hinchee（1996a, 1996b）已对注入气体（主要是空气）在包气带中的传输过程进行了评估。在包气带中，土壤气体在地下孔隙中互相连通，气体可以在不同的压力梯度下流动。包气带中的气体流动比液体更可控，这也是包气带臭氧原位处理的优点。然而，由于臭氧反应，臭氧注入地下后在包气带中的传输受到限制（见5.3.2 节）。一般而言，臭氧在包气带的传输和反应包括气态臭氧随时间的消耗，以及液相至气相反应的传质距离（Clayton, 2000a）。限制臭氧传输有两个主要因素，一是臭氧在气相和液相中的反应速率，二是液相至气相的传质速率。臭氧与含水层固体的气相反应对于其在包气带中的传输也很重要，尤其是在含水率低的情况。污染物在气体、液体、NAPL及吸附相的相间传质对于臭氧的传输和反应过程也很重要。

2. 饱和区过程

空气喷射技术（AS）是一种已经得到充分研究的技术（Ahfeld et al., 1994; Hein et al., 1997; Johnson, 1998; Brooks et al., 1999）。其与臭氧喷射技术有相似性，其质量输送和传质机制可以借鉴到目前研究有限的臭氧喷射技术中来。在臭氧注入地下过程中，臭氧的质量传输和传质机制决定了其传输过程，决定了该处理过程成功与否。

1）臭氧喷射技术与气体流

含有臭氧的空气或纯氧在压力条件下通过喷射井注入饱和区。在地下的臭氧喷射与空气喷射相似，因此将空气喷射的传输和分布特征应用到臭氧注入是合理的（Huling and Pivetz, 2006）。考虑到有效数量的关于臭氧迁移传输规律的研究，空气喷射技术的核心分析可用来帮助评估臭氧在饱和区的传输。通常，空气喷射不会造成空气以注入井为圆心的均匀径向分布，空气分布受地下异质性和毛细水力特征的变异控制，这取决于地下介质粒径大小和孔隙结构特征（Dahmani et al., 1994; Clayton, 1998a; Brooks et al., 1999; Elder and Benson, 1999; Chao et al., 2008）。空气喷射中气体的传输有 3 种不同过程：非饱和多孔介质中的连续气流，离散非饱和空气通道中的气流，起泡。

多孔介质中大粒径会导致孔隙较大，离散气泡受到的浮力会超过毛细管空气进入的压力，气泡会因为浮力上升（Dahmani et al., 1994; Clayton, 1998a）。气泡流仅发生在空气压力极低的、非常粗的砂粒或砾石中。Dahmani 等（1994）在实验室研究中发现，当介质粒径超过 4mm，与砾石大小一致时，会发生气泡的传输；当介质粒径减小为 0.75mm 时，气体通道主导传输过程，没有观察到气泡。Chao 等（2008）的研究同样发现，气泡主导的传输过程发生在平均粒径为 1.7mm 时，而气体通道主导的传输过程发生在平均粒径为 0.4mm时。Chao 等（2008）采用比 Dahmani 等（1994）更细的扩散器（一种空气喷射方法）进行研究，结果可以解释两个研究结果粒径范围不同的部分原因。在气泡生成的粗粒径介质中，其传输和去除效率十分不同。气泡以锥形在粗粒径均匀介质中向上向外迁移，从而与含水层介质充分接触（Chao et al., 2008）。然而，气泡流发生的地方，小气泡聚合形成大气泡，最终形成连续的气流（空气通道），限制了气泡侧向和纵向的传输。

大多数场地都分布着中等粒径的介质和孔隙，气流在有限的空气通道中发生。理想化的气泡流和空气通道流的不同之处在图 5.4 中进行了描述，图中展示了一个简化的不存在异质性的地下环境。目前，并没有展示和记载持续的气泡侧向传输的实地调查研究。

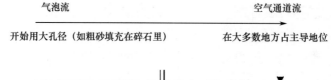

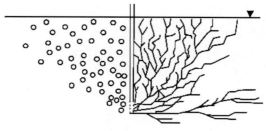

图5.4　理想化的气泡流和空气通道流的不同（Clayton, 1998a）

地下空气通道流发生在气—水毛细管压与空气进入压力相近的地下介质中。在一个理想系统中，如图 5.5 所示，空气通道形成 V 字形连通网络（Elder and Benson, 1999; Chao et al., 2008）。然而，气体（注入空气或臭氧）在大多数场地饱和区的传输不是一个理想的系统，空气通道是不均匀分布的，很难进行特征分析和预测（Ahfeld et al., 1994; Hein et al., 1997），并允许气体绕过含水层的有效截面到达被注入的地方。空气通道流通常在中等和较小粒径的介质中发生，这是大多数空气或臭氧喷射场地的主要气流状态（Huling and Pivetz, 2006）。Clayton（1998a）实地测量的空气饱和度较低（<10%），与复合离散通道的形成一致。Clayton 和 Nelson（1995）实地测量了地下气体饱和度，以及臭氧喷射时的溶解臭氧，发现空气饱和度和溶解臭氧浓度在开始注入的 20min 较高，这是由于在穿透潜水面之前，注入压力高时气体穿透能力强。Johnson 等（2001）及其他作者的研究也表明脉冲式注入对该情况是有益的。

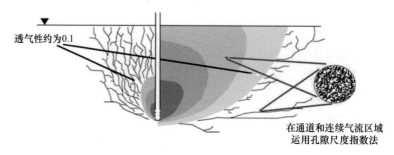

图5.5　理想化的空气通道和连续气流（Clayton, 1998a）

Clayton（1998a）在一个均匀分布的极细砂（水力充填）场地研究中发现，地下气流的传输要求空气喷射压力高于空气进入毛细管的压力，在空气流均匀、空气饱和度高的区域形成与离散的通道网络完全相反的路径。图 5.5 展示的概念模型，是一个简化的非异质性地下环境。地下异质性的存在，会形成连续的优先流区域。Clayton（1998a）发现，田间和实验室实验测量的连续流环境的空气饱和度较高（10% ～ 30%），形成相对均匀的空气饱和区域，与被水饱和区域分隔的离散通道不同。在该场地中，30% 的空气饱和区域存在于距注入点 7m 的细砂中。该结果说明，当地下异质性控制空气通道时，臭氧喷射在细颗粒场地更为有效，因为空气饱和度高使臭氧的传质及与污染物的均匀接触更充分。然而，低渗透性的黏土区域会限制臭氧喷射技术的应用。

实际上，地下异质性对空气分布有重要影响。空气喷射的影响半径是不确定的，由于3 种可能的气体流动方式，气流并不是以喷射注入点为中心均匀或放射状分布的。此外，对于空气通道流，出现非均匀分布的空气通道，留下大量的水在未受气体挥发传质机制影响的空气通道中的现象是常见的（Ahfeld et al., 1994）。鉴于空气喷射和臭氧喷射的相似性，空气喷射和氧化处理在喷射井间同样是不均匀的。Clayton 和 Nelson（1995）测量了中等粒径砂性含水层的地下水中溶解的臭氧，结果并未展现出均匀的空间分布。总而言之，在原位臭氧喷射中，并没有文献或研究揭示臭氧在地下水中的影响半径。截至本书出版前，仍未有实际案例能确定臭氧喷射的影响半径。

2）臭氧传质和反应

通常认为，臭氧和挥发性有机物在水相和气相间的传质通过在水—气界面的溶解实现。空气通道间的距离，不管是在孔隙尺度（连续流）还是在宏观尺度（空气通道），均决定了质量传输的扩散路径长度，从而控制传质的速率。臭氧从气相到液相的传质过程受气相中臭氧浓度和液相中溶解臭氧浓度的驱动。气相中臭氧浓度越高，液相中溶解臭氧浓度越低，传质过程会增强。对于空气通道，空气喷射可以很快去除通道附近区域的挥发物，而在通道之间水饱和区域去除较慢（Johnson, 1998）。由此可以做出合理推测，污染物氧化的传质机制相似：①挥发性污染物扩散至空气或臭氧通道，发生气相氧化反应；②臭氧扩散至液相氧化污染物。

气体喷射质量传输和传质过程的复杂性使预测大多数地下饱和区臭氧喷射的有效性成为挑战。Braida 和 Ong（2001）研究发现，空气喷射中污染物的挥发限制在气体通道附近的局部区域，传质区域外的 VOCs 的浓度仍相对稳定。该研究结果表明，扩散受污染物扩散率、粒径、介质均匀度影响，亨利常数和通道中臭氧流速对其影响很小。与此相反，对于空气喷射系统中氧气的传质过程，气流和亨利常数对其影响很大（Chao et al., 2008）。在这些案例中，气体流速随气体通道密度变化的程度是未知的。气体通道的变化会影响整个传质过程。鉴于在液相中臭氧反应快、扩散时间有限，臭氧在气体通道外的扩散距离不可能过长。

臭氧反应速率是控制臭氧地下传输的主要因素。臭氧在液相中的分解速率是与 pH 值（Langlais et al., 1991）、金属氧化物、污染物浓度和 NOM（Choi et al., 2002; Lim et al., 2002）有关的函数。当这些因子数量增加时，臭氧反应速率增大，传输距离缩短。

3）臭氧对污染物传输的影响

臭氧的原位喷射会引起有机污染物的挥发。由于臭氧与 VOCs 之间的反应，挥发排放情况会减轻，但是根据特定场地条件仍需要进行评估，并判断是否需要控制。通常使用土壤气相抽提（SVE）井和活性炭吸附处理来解决这一问题。控制挥发性污染物的排放有利于减小污染物含量，对中等浓度的 COCs，仅用空气喷射技术就可达到修复目标。孔隙中的空气和氧气会阻塞原位化学氧化修复后地下水的流动。此外，饱和区注入的气体会取代地下水，滞留的气体会改变注入区域附近的地下水流，需要对这些因素造成的地下水和污染物传输的改变进行评估。

5.3.4 臭氧原位化学氧化建模

臭氧原位化学氧化建模为预测臭氧的有效性，以及实际施工前的设计优化提供了帮助。但是，由于现场数据有限，收集额外的数据所需成本较高，并且需要做出大量简化假设，所以会导致结果的不确定，使得臭氧原位化学氧化建模极具挑战。因此，对臭氧注入的建模并没有广泛应用和报道。尽管如此，仍有部分研究采用分析和数据方法对臭氧的传输和修复进行了预测。这些发现给予修复从业者一定的帮助。这些研究大多集中在简化系统（尤其是低含水率条件下，如包气带）中的臭氧传输和处理（Clayton, 1998b; Hsu and Masten, 2001; Kim and Choi, 2002; Sung and Huang, 2002; Shin et al., 2004）。然而，少数研究在更加复杂的系统中开展，研究了臭氧从气相到液相的传质及在各相中的反应，更能代表臭氧注入潜水面以下的传质过程（Clayton, 1998b; Kim and Choi, 2002; Sung and Huang, 2002）。

表 5.4 列出了不同作者提出的关于臭氧原位化学氧化反应的一系列数学模型，以及他们认为的传输过程。这些研究为臭氧的原位氧化修复提供了有用的信息，尤其是臭氧的传输行为。比如，很多对实验数据的研究发现，NOM、土壤矿物质等反应活性物质对臭氧的消耗会迟滞臭氧在介质中的传输（Hsu and Masten, 2001; Kim and Choi, 2002; Shin et al., 2004）。因此，注入点间距是设计中需要重点考虑的问题，因为介质特征决定其可达到的有效传输距离。部分研究表明，臭氧向液相的传质过程对臭氧传输的影响在饱和区系统的处理中是非常重要的（Clayton, 1998b; Kim and Choi, 2002; Sung and Huang, 2002）。然而，到目前为止，所有的数学模型仅考虑了单一移动相（气相），大多数案例都假设污染物为不迁移（如不具挥发性的）污染物，并关注高度的理论系统。

表 5.4　臭氧原位化学氧化反应的数学模型及其传输过程

研　究	范　围	模型类型	包含的过程	结　论
Clayton（1998b）	2-D	分析模型	• 以注入点为中心的放射状气流； • 一阶臭氧衰减	模型较简单，可保守预测臭氧影响半径
	1-D	数值模型	• 臭氧和挥发性污染物在气相中的水平流动； • 臭氧和污染物在气相和液相中的传质速率限制； • 土壤污染物解吸速率受限； • 臭氧和污染物在气液两相中的二阶反应	臭氧和挥发性、半挥发性污染物在一维气体通道中的理论传输模型。最初，注入点周围的反应会限制臭氧的分布，但是由于活性基质的消耗，臭氧传输距离随着时间延长。然而，分解反应会影响臭氧传输的上限值。由于无组织排放，会逸出一些挥发性污染物

研　究	范　围	模型类型	包含的过程	结　论
Hsu和Masten（2001）	1-D	数值模型	• 气相臭氧的平流，只包括可压缩气体的流动； • 假设污染物不移动； • 臭氧、污染物和NOM间的二阶反应； • 相同的相态不是分散的ᵃ； • 污染物和NOM反应是连续和同时进行的	模型仅用于不移动的污染物。连续和同时反应模型中的臭氧传输并没有显著区别，相比NOM对臭氧的消耗，污染物的消耗量很小。NOM显著迟滞臭氧的传输
Kim和Choi（2002）	1-D	数值模型	• 臭氧气相平流和扩散过程； • 假设污染物不移动； • 臭氧、污染物和NOM间的二阶反应； • 臭氧自分解一阶反应； • 臭氧液相传质，有3种方法：平衡模型、吸附速率限制模型、相态集中模型	3种方法均能较好预测臭氧穿透后的稳态，但是穿透时间不能预测。平衡方法受亨利常数影响大，速率限制方法受K_{la}影响大。相态集中模型预测达到稳态的时间最短，其假设所有反应活性物质均能充分接触
Shin等（2004）	1-D和3-D	数值模型	• 臭氧气相平流和扩散过程； • 假设污染物不移动； • 臭氧、污染物和NOM间的二阶反应； • 臭氧自分解一阶反应； • 相同的相态不是分散的ᵃ	利用实验中得到的评估模型参数创造了3-D模拟展示，NOM、自分解反应、无机物显著迟滞了臭氧的传输。注入口间距降低1/2，导致非移动性污染物处理时间缩短为原本的1/1000
Sung和Huang（2002）	1-D	数值模型	• 臭氧分散气相平流过程； • 假设污染物不移动； • 液相中与污染物的二阶反应； • 臭氧在液相中的传质速率受限； • 由于液相边界层的反应，臭氧传质被强化； • 污染物解吸至液相的速率受限	在含水不饱和土壤中臭氧传输和非挥发性有机污染物降解的理论模型。与介质不发生竞争反应。在1-D柱中，Pe和St数量对臭氧传输行为影响大。当St少于1时，该系统受传质过程控制；当St大于1时，该系统受臭氧传输控制

注：ᵃ非分散相表明，在气相、液相或固相中的反应并没有分离，但仅用一个经验反应速率系数进行建模。

5.3.5　臭氧对金属移动性的影响

臭氧原位氧化反应通过改变 pH 值和氧化还原电位（Eh）、吸附重金属的 NOM 的氧化反应，以及对目标处理区内的水含量来影响地下环境中金属的移动性。

1．地下环境的改变

1）pH 值和 Eh 的改变

在臭氧化过程中，pH 值的改变是由介质中 NOM 向有机酸的转变造成的（Huling and Pivetz, 2006）。Shin 等（2005）发现，pH 值的降低程度与介质 NOM 的含量成比例。在 3-D 箱实验中，他们发现 20 天后 pH 值从 6.1 降至 5.6。由于该介质中 NOM 含量相对较低，推测 NOM 含量高的场地中 pH 值会显著降低，形成低 pH 值环境，从而使金属的移动性增强（Siegrist et al., 2001）。

臭氧是一种强氧化剂，会分解产生氧化性更强的羟基自由基（OH·），这两种物质都可以氧化 ORP（氧化还原电位）敏感的金属，如铬（Cr）、硒（Se），使其变为易迁移的形态（Jung et al., 2005）。

2）NOM 的转化或破坏

臭氧可以通过两种方式影响吸附金属的 NOM：使大分子 NOM 分裂成小分子，增加 NOM 氧化副产物的极性并降低其芳香性（Kerc et al., 2004）。大分子量有机物往往有更高的静电势、更多的配体、更强的吸附性，导致金属容量增大、金属的移动性降低（Kerc et al., 2004）。经过臭氧前处理的土壤样品，铜的可萃取性增强，就是因为臭氧破坏了 NOM 与铜的络合（Finzgar et al., 2006）。在另一个关于铅的研究中也得到了类似的结果，但研究发现锌的萃取性并未受到影响（Lestan et al., 2005）。需要注意的是，添加螯合剂乙二胺四乙酸（EDTA）后并未观察到铅的萃取性增强，并且单独的臭氧处理并没有影响铅的生物有效性和移动性。

由于 NOM 和其他活性（还原性）物质的非特异性氧化对臭氧的大量消耗，臭氧在地下的保留时间很短，所以要达到修复目标需要长时间的臭氧注入。这会导致 NOM 的大量氧化，可能释放与 NOM 结合的大量金属，造成健康风险。

3）含水率改变

注入的臭氧通常是干燥的，因此，根据场地的水文条件，注入的臭氧或空气会导致土壤水分的蒸发（Shin et al., 2005）。注入臭氧放入场地的含水率很重要，因为它可以保护污染物或吸附金属的 NOM 不被气相臭氧氧化（Jung et al., 2005）。由于暴露在臭氧环境中含水率会降低，会导致臭氧与金属氧化物的接触增加，进而促进羟基自由基的产生，增加与重金属结合的 NOM 被氧化的可行性（Choi et al., 2002）。在此情况下，处理前含水率低的场地、对含水率变化相当敏感的场地、有大量吸附金属的 NOM 的场地，金属的移动性更容易受到影响。

2. 现场条件下对金属移动性的评估

如前文所述，臭氧能通过多种过程提高金属的移动性。臭氧化过程中涉及金属移动性的现场数据有限。如果在特定场地关注金属的移动性，具有场地特异性的关于移动可能性的分析便能完成，并以暴露途径为基础，与之相关的健康和生态风险也要进行评估。该分析应涵盖对相关因素的思考，例如，包括重金属在内的历史废物管理活动，已知重金属浓度的土壤和含水层材料，先前存在的低 pH 值或对 pH 值、ORP 变化的敏感程度，高含量的吸附金属的 NOM，低含水率或由于长期的臭氧、空气注入导致的含水率减小。

5.4 污染物的可处理性

由于臭氧在液相和气相中的高反应性，其能和有机污染物发生直接反应，或者产生能与污染物反应的自由基，所以臭氧能处理大量的有机污染物。由于臭氧原位氧化技术的不断发展，某类污染物获得比其他污染物更广泛的研究。例如，早期臭氧常用于已用气相抽提或者空气喷射去除碳氢化合物燃料的石油场地。在这种情况下，臭氧用来处理残留污染物。通过调查，烃类污染物挥发性较差，难以被生物降解，并且不能被空气喷射去除。这些污染物包括总石油烃（TPH）、芳香族碳氢化合物［如苯、甲苯、乙苯、二甲苯和其他苯系物（BTEX）］、燃料充氧剂［如甲基叔丁醚（MTBE）］和多环芳烃（PAHs）。表 5.5

列出了原位化学氧化中臭氧对不同有机物的可处理性评估。第9章介绍了基于场地特异因素包括关注污染物特征、场地条件和处理目标的臭氧原位化学氧化还原的选择指南和工具。

表5.5 原位化学氧化中臭氧对不同有机物的可处理性评估

污染物类别	章 节[a]	臭氧对污染物是否可处理?	说 明
氯代脂肪烃化合物 [如三氯乙烯、四氯乙烯、三氯乙烷（1,1,1-TCA）]	5.4.1节	是	机理、速率和产物均被熟知，并有文献记录
1,4-二氧六环	5.4.1节	是	可能生成有机酸和酒精中间体，这取决于自由基的传播机制
氯代芳香族化合物（如氯苯、二氯苯、氯酚）	5.4.2节	是	机理、速率和产物均被熟知，并有文献记录
燃料碳氢化合物（如苯系物、总石油烃）	5.4.3节	是	机理、速率和产物均被熟知，并有文献记录
甲基叔丁醚（MTBE）	5.4.3节	是	会产生叔丁醇，处理速率低于甲基叔丁醚
多环芳烃（如苯并蒽、苯并(a)芘、芘、蒽）	5.4.4节	是	机理、速率和产物均被熟知，并有文献记录
硝胺和硝基炸药 [如六氢-1,3,5-三硝基-1,3,5-三嗪（RDX）、硝基甲苯、2,4,6-三硝基甲苯（TNT）、硝基苯]	5.4.5节	是	机理、速率和产物均被熟知，并有文献记录
农药（如有机磷、有机氯农药）	5.4.6节	可能	尽管已有初步结果，但可用数据有限

注：[a] 对各类污染物的处理能力的信息将在哪些章节中进行讨论。

5.4.1 氯代脂肪族化合物

氯代脂肪族化合物是一类包括常用氯化溶剂在内的化合物。三氯乙烯（TCE）和四氯乙烯（PCE）在工业上得到广泛使用，最常见的是氯乙烯。氯乙烯含有一个碳—碳双键；鉴于臭氧与烯烃的高反应性，所有的氯乙烯都能与臭氧发生剧烈反应。这类物质在实验室和现场研究中被广泛研究，并且许多学者证明臭氧能够有效地降解氯乙烯（Sunder and Hempel, 1997; Kerfoot, 2000; Schaal and Hey, 2002; Dablow and Rowland, 2004）。即使氯乙烯是原位化学氧化处理的主要目标污染物，但这些研究并没有深入探究反应机理。然而，臭氧对烯烃的氧化（Langlais et al., 1991）极力证明，氯乙烯是可以被降解的。臭氧对烯烃的降解被认为是通过直接氧化进行的，即臭氧与烯烃结合形成一个环状的臭氧化物。这个臭氧化物极不稳定，易迅速分解，碳—碳双键完全断裂，并形成含氧中间体。Langlais 等（1991）提出这个机理，认为光气（$COCl_2$）是这个氧化过程中产生的主要中间体之一。然而，由于水解反应光气在水中会被迅速分解，所以，氯化物和二氧化碳应该是臭氧氧化氯乙烯的主要产物。Sunder 和 Hempel（1997）的实验证实了这一假设，他们在处理三氯乙烯和四氯乙烯期间发现了大量氯化物的释放。自由基氧化可能也会发挥作用，因为羟基自由基也会攻击乙烯的化学键。Sunder 和 Hempel（1997）通过研究过臭氧化系统发现，过氧化氢剂量越高，降解程度越大，这表明羟基自由基发挥了一定作用。

氯代脂肪族化合物中的其他主要污染物包括氯乙烷［如 1,1,1- 三氯乙酸（1,1,1-TCA）］、氯甲烷(如四氯化碳)。这些同样也是工业场所无处不在的污染物，并且是一些研究的对象。然而，考虑到它们的饱和性质（缺乏双键），这些化合物与臭氧或羟基自由基反应的活性较弱，从而更耐原位臭氧化。然而，Watts 等（1999, 2005a）近期的研究表明，氯乙烷和氯甲烷易被还原降解，如和超氧阴离子（O_2^{-}）反应。在臭氧分解反应中还可能产生过氧化物［如反应式（5.2）和反应式（5.3）］。然而，臭氧系统中可能的降解程度还有待证实。Kerfoot（2000）研究了一系列氯代脂肪族化合物的处理，指出氯乙烷和氯甲烷的处理效率远低于同一个体系中的氯乙烯。

除了氯化溶剂，经常出现在氯化溶剂污染场地的关注污染物就是与其形成复合污染的 1,4-二氧六环。1,4-二氧六环添加在氯化溶剂中作为稳定剂，防止氯化溶剂在工业使用中分解。已有研究者研究了臭氧对 1,4-二氧六环的处理。Brown 等（2004）发现，污水中的 1,4-二氧六环能够被臭氧降解，但是在该系统中由于臭氧化时间较长，难以确定处理效率。Suh 和 Mohseni（2004）进行了一个关于 1,4-二氧六环反应动力学、机制和副产物更加深入的研究，结果表明 1,4-二氧六环能够被氧化降解至无法检测的浓度水平，但是污染物矿化产生的二氧化碳（CO_2）较少，这表明在反应过程中可能会形成有机中间体。他们推测，这些中间体可能由低分子量的有机酸和醇组成，但还没有确定具体的组分。在化学氧化后进行生物修复过程时他们还研究了矿化程度，并发现这些副产物比 1,4-二氧六环更易生物降解。有趣的是，他们还发现在碱性条件下或使用适量过氧化氢产生的副产物比在酸性条件下或不使用过氧化氢产生的副产物更易被生物降解。高级氧化系统，以及在碱性条件下的臭氧系统更有可能涉及自由基的氧化，而在酸性条件下的臭氧系统更有可能涉及臭氧的直接氧化。根据 Suh 和 Mohseni（2004）的研究数据可以判断，羟基自由基反应的产物可能比臭氧直接氧化反应的产物更易被生物降解。

5.4.2 氯代芳香族化合物

氯代芳香族化合物是一类包括各种用作溶剂、木材防腐剂、农药和其他化合物的污染物。这类污染物包括含氯苯酚、氯化苯和氯化多环芳烃化合物，如多氯联苯（PCBs）、二噁英和二苯并-p-呋喃。尽管关于臭氧对这些化合物的降解已进行了大量研究，但研究主要关注的是氯酚类化合物。

由于苯环上的羟基及电子极易与氧化剂发生反应，基本上每种氧化剂都能氧化酚类污染物，因此臭氧能氧化氯酚，包括溶解态臭氧的直接反应（Hoigné and Bader, 1983b; Hong and Zeng, 2002），以及与自由基的反应（Sedlak and Andren, 1991; Tang and Huang, 1995）。由于酚类污染物含有一个羟基基团，它们也可以分解成氢离子（H^+）和酚盐离子，与弱酸类似，在分解时会有一个 pK_a 值。因此，臭氧会与苯酚（非解离）或酚钠离子反应。大量研究结果表明，臭氧对酚盐的直接氧化速率比对非解离形式的苯酚要快几个数量级（Gurol and Nekouinaini, 1984; Qiu et al., 1999, 2001; Benitez et al., 2000; Hirvonen et al., 2000; Haapea and Tuhkanen, 2005)。因此，苯酚降解的反应动力学系数在中性或碱性条件下会更高，因为在此条件下酚盐形式占主导，而在酸性条件下未解离的苯酚形式占主导。

臭氧直接氧化苯酚的主要机制可能是臭氧对芳香环的亲电加成，然后在攻击位点加入一个羟基，形成苯二醇（Langlais et al., 1991）。最常见的攻击位点是酚羟基的邻位或者对位，因此，氯化或脱氯邻苯二酚和苯醌是能观察到的主要有机中间体（Hirvonen et al., 2000; Hong and Zeng, 2002; Qiu et al., 2004）。这些中间体往往更易与臭氧和其他化合物发生反应。它们与臭氧或液相自由基的反应导致环的破裂及有机酸的形成。其中，部分有机酸可能保留了母系有机物的氯，但只要施加适量氧化剂，它们就能够降解并且释放定量的氯离子（Hong and Zeng, 2002）。然而，由于酚类物质的降解是通过这些中间化合物的降解完成的，因此后者的降解可能会滞后于污染物的初步降解（Qiu et al., 1999, 2004; Hirvonen et al., 2000; Hong and Zeng, 2002）。此外，臭氧及其自由基与氯代芳香族化合物偶尔会发生二聚化反应，这样可能导致低浓度水平的联苯类化合物的形成，主要为羟基多氯联苯。处理酚类物质在酸性条件下比在碱性条件下更易出现这种情况，这可能是由于游离态分解速度更快造成的。

当涉及臭氧对其他氯代芳香族化合物（如氯苯、多氯联苯、二噁英和呋喃）的降解时，文献中关于其降解机理、反应动力学的研究较少。已有数个探究土壤中吸附的多氯联苯、二噁英和呋喃的不同去除程度的研究（Schaal and Hey, 2002; Goi et al., 2006），但是这些研究并没有提供具体的降解动力学或机制的数据。

5.4.3　燃料烃和总石油烃

燃料烃可能是土壤和地下水中分布范围最广且最常见的有机污染物。燃料烃通过气相色谱法定量，是一系列与石油产品泄漏相关的有机污染物。燃料（如汽油和柴油）都不是纯净物，而是各类碳氢化合物的混合物。通常，这些化合物可以被细分为两类：脂肪烃和芳香烃。燃料烃混合物可能还包括多环芳烃及燃料添加剂等，如甲基叔丁醚。

臭氧已被广泛研究并应用于燃料泄漏产生的燃料烃的处理，通常这种氧化剂对这类污染物有良好的反应性。原位化学氧化使用臭氧处理烃污染土壤大多是从此演变发展而来的。土壤气相抽提和空气喷射一直以来被用作去除石油泄漏产生的轻质非水相液体（LNAPL）的方法，通过从抽提蒸气中回收挥发性有机污染物及同时应用好氧生物降解达到去除目的。然而，由于燃料是各种有机污染物的混合物，即使使用空气喷射和土壤气相抽提，随着时间的推移，地下残留的低挥发性或非挥发性的燃料混合物也会重新富集。因此，需要引入一种氧化性气体（如臭氧）来处理这些残留物。在使用土壤气相抽提和空气喷射的场地，许多原位臭氧化所需的基础设施（如喷射井）都已安装好，减轻了臭氧化技术的经济成本。因此接下来对这些场地应用臭氧进行大致的介绍。

1. 脂肪烃

通常，脂肪烃是由不同数量的碳原子组成的，是具有支链、直链和环状结构的饱和烃。这些饱和烃水溶性低，使得水溶性氧化剂对它们的氧化较为困难。然而，由于其具有潜在活性，因此更易被臭氧分解。此类污染物的修复目标，通常用该类污染物包含的多种有机物总量的减少程度来衡量。这类方法通常测定石油烃（TPH）、柴油类有机物（DRO），以及油和油脂含量（O&G）。因此，臭氧处理碳氢化合物的研究通常包括对这些指标的测定。现已证明，使用这种方法能够实现污染物质量的大幅度减小。表 5.6 总结了部分臭氧注入燃料烃污染土壤的降解结果。

表 5.6　文献中记载的土壤柱中燃料烃的降解结果

燃料类型	度量指标	浓度（mg/kg）	去除效率（%）	参考文献
柴油	柴油类有机物	1485	80	Choi 等（2000）
原油	油和油脂含量	20600	95	Dunn 和 Lunn（2002）
页岩油	总石油烃	5500	80	Goi 等（2006）
柴油	总石油烃	2700	50	Jung 等（2005）
柴油	柴油类有机物	1485	94	Yu 等（2007）

在最小含水率的非饱和土壤中对上述所有的系统的研究结果表明，气相臭氧参与的反应比部分进入水相的臭氧参与的液相反应对这些污染物降解的作用更大。Dunn 和 Lunn（2002）指出，在干燥土壤中臭氧对燃料烃的去除比在潮湿土壤中更有效，可能是因为水相中部分臭氧作为氧化剂被消耗。臭氧对有机物的降解通过在气相中发生的反应、在污染物—相界面上的反应，或者部分臭氧进入有机相后的反应实验。Choi 等（2000）通过柱实验观察到含有较高铁锰含量的土壤中的石油烃的降解效率比在纯砂粒或由玻璃组成的土壤中高，结果表明土壤中金属氧化物的存在也能催化石油烃的降解。因此，气相的非均相催化机制可能会促进石油烃的降解。

臭氧和脂肪烃反应会生成有机中间体。Yu 等（2007）通过柱实验研究推测，要想完全降解有机物使之无法检测出柴油类有机物含量，柴油类有机物消耗臭氧量为 32mg O_3/mg DRO。他们还指出，各类烃与气相臭氧反应的动力学速率不存在显著性差异，高碳数烃的反应动力学速率随时间逐渐成比例降低，而低碳数烃（如 C_{10}）的反应动力学速率随时间逐渐增加。Jung 等（2005）、Choi 等（2000）得出了类似结论，高碳数烃的含量随着时间的推移而减少，而低碳数烃含量增加。这一结论导致作者认为，饱和烷烃的降解机理首先是高碳组分降解为低碳组分，其次是低碳组分进一步降解为二氧化碳和其他低分子量的有机物。然而，实际的矿化率是较低的。例如，Dunn 和 Lunn（2002）发现，受原油污染的土壤中油和油脂含量为 20g/kg，臭氧氧化处理后能去除其中的 95%，轻质非水相液体只有 30% 能够以 CO_2 的形式回收。臭氧氧化后残留石油烃，显示氧化后剩余的石油烃氧含量更高。因此，臭氧氧化后的产物可能包括低分子量、可生物降解、带有含氧基团的脂肪族化合物，如羧酸、醇、酮等。

2. 芳香烃

芳香烃是另一种常见的燃料组分，包括结构中含有一个苯环的众多污染物。苯环上的 6 个氢能被各种官能团取代。在燃料中，氢通常是被短的烷烃链取代。最常见的芳香烃是苯系物，包括苯、甲苯、乙苯和二甲苯。与饱和脂肪烃不一样，芳香烃具有较高的水溶性，移动性更高，并且在地下水中浓度更大。因此，这类污染物在水相中的反应可能更重要，恰恰与饱和脂肪烃相反，后者在气相中的反应占主导地位。多环芳烃和酚类污染物也属于芳香烃，但它们一般存在于非燃油泄漏的场地（见 5.4.4 节）。

臭氧降解苯系物并不像饱和烃或甲基叔丁醚一样能查阅到大量相关文献。然而，在实验室水平和现场实验中都已证实苯系物能够完全降解，且以臭氧为氧化剂的原位化学氧化技术能够成功去除苯系物（Dey et al., 2002; Garoma et al., 2008）。Kuo 和 Chen（1996）对甲苯的降解机制及相关降解反应动力学进行了详细研究。他们发现，臭氧的直接反应过程较缓慢。然而，随着 pH 值的升高，或者将过氧化氢加入臭氧化系统中，甲苯的降解速率迅速增加。这可能是由于在高 pH 值条件下，或者在高级氧化系统中才会产生羟基自由基，而羟基自由基被认为能够快速降解苯系物和其他芳香族化合物（Buxton et al., 1988）。也有研究指出，使用二氧化锰作为催化剂，气相臭氧也能降解苯（Naydenov and Mehandjiev, 1993），即土壤矿物在苯系物的降解中可能起催化作用。

3. 甲基叔丁醚

甲基叔丁醚是一种含氧化合物，作为燃油添加剂被广泛应用于汽油中。然而，由于它的低气味阈值和一些关于其毒性的新证据，其已经引起了监管的关注。由于甲基叔丁醚难挥发，并且对生物抵抗性强，通过常规的土壤气相抽提或者空气喷射技术无法去除，因此使用臭氧作为氧化剂的原位化学氧化技术处理甲基叔丁醚成为近期研究的重点。已有大量的研究证明了甲基叔丁醚的可降解性。

研究表明，甲基叔丁醚可降解成无害产物，如二氧化碳（CO_2）和水。然而，降解过程会首先生成有机中间体，并且其降解反应动力学明显要慢于其他烃类污染物（如苯系物）的氧化（Garoma et al., 2008）。因此，想要使甲基叔丁醚完全氧化降解为二氧化碳，可能需要大剂量的氧化剂。Mitani 等（2002）对甲基叔丁醚的降解反应速率、机制及臭氧氧化降解的产物进行了研究，他们推测甲基叔丁醚的降解通过两个独立的反应途径完成，每个反应的中间体不同。主要的反应是臭氧攻击甲基形成甲基叔丁酯（TBF），然后降解生成甲基叔丁醇（TBA）。持续加入臭氧，甲基叔丁醇氧化生成丙酮，进一步氧化生成乙酸。甲基叔丁酯生成甲基叔丁醇的速度相对较快，但是甲基叔丁醇生成丙酮，再从丙酮转化成乙酸的反应速率较慢。因此，随着时间的推移，能够观测到甲基叔丁醇和丙酮在溶液中累积，导致需要更长与臭氧接触的时间及更大的剂量来降解它们（Mitani et al., 2002; Schreier et al., 2004）。第二个反应是臭氧攻击叔丁基的结果，会生成乙酸甲酯。同样，乙酸甲酯的生成速率低于甲基叔丁醚的降解速率，从而导致其浓度低于甲基叔丁醇和丙酮，乙酸甲酯降解成乙酸（Mitani et al., 2002）。Mitani 等（2002）还发现，臭氧直接氧化和羟基自由基对甲基叔丁醚的攻击在甲基叔丁醚降解过程中均起到重要作用。Safarzadeh-Amiri（2001）的研究结果与之恰恰相反，他认为臭氧降解甲基叔丁醚主要是由于羟基自由基对臭氧的攻击。在高级氧化系统中加入过氧化氢能够显著增大反应速率和提高降解效率（Mitani et al., 2002）。现场实验使用以臭氧作为氧化剂的原位化学氧化处理甲基叔丁醚污染的土壤，结果表明臭氧具备降解甲基叔丁醚的能力，能够达到预期的效果（Dey et al., 2002; Krembs 2008）。

5.4.4 煤焦油、杂酚油和碳氢废物

多环芳烃是含有两个以上苯环的有机污染物，其广泛存在于杂酚油和煤焦油废物中。石油产品中也有残留的多环芳烃。释放到环境中的多环芳烃通常不是单一化合物，而是各种多环芳烃的混合物。石油废弃物（如杂酚油、煤焦油）还含有非多环芳烃组分，如苯酚、甲酚、苯系物和非芳香族化合物（如饱和脂肪族化合物）（Brown et al., 2006）。有大量文

献研究了臭氧对多环芳烃和其他废物组分的处理能力。

1. 多环芳烃

在臭氧氧化处理方面，多环芳烃是所有有机化合物中研究最多的。许多研究发现，使用臭氧处理多环芳烃，多环芳烃混合物组分不同，降解速率也不同。更确切地说，含有更少苯环的多环芳烃（如 2 个或 3 个）的降解程度远高于含有更多苯环的多环芳烃（如 4～6个）（Masten and Davies, 1997; Nam and Kukor, 2000; Goi and Trapido, 2004）。例如，Nam 和 Kukor（2000）通过氧化和生物降解联合去除吸附在土壤中的多环芳烃，发现含有 2～3个苯环的多环芳烃的去除效率为 95%，而含有 4 个苯环的多环芳烃的去除效率为 65%，含有 5 个苯环的多环芳烃的去除效率仅为 16%。这可能是由于随着苯环数的增加，多环芳烃的疏水性增强，而疏水性越强，天然有机物的吸附能力越强，导致能够发生氧化的物质越少。在液相氧化剂（如过氧化氢）中也会出现这种情况（Bogan and Trbovic, 2003）。而有趣的是，Masten 和 Davies（1997）在低含水率的非饱和土壤中也发现了这种情况，因此，要想处理这些受到强吸附作用的污染物，气态和液态氧化物同样面临着挑战。然而，并非总是如此，Clayton（2000b）观察到含有 3 个苯环、4 个苯环、5 个苯环的多环芳烃的去除效率大于 95%。在这个研究中，多环芳烃的去除不具有选择性，对含有 3 个苯环、4 个苯环、5 个苯环的多环芳烃进行同样的处理。

学者对臭氧氧化多环芳烃的降解机制、反应途径及生成的中间体进行了大量研究。通过文献调研，挥发性较好的多环芳烃的氧化降解多发生在均一气相（Reisen and Arey, 2002）、臭氧气相和吸附在土壤颗粒上的多相反应（Jung et al., 2004）、液相（Hoigné and Bader, 1983a）中。在此过程中会形成各种中间体，产生的中间体取决于多环芳烃母体和反应条件。因为多环芳烃含有多个处于还原状态的、由碳原子组成的环，需要进行多步反应才能使多环芳烃的碳转化为二氧化碳（CO_2）。因此，要使降解效率提高，需要加大氧化剂的剂量。Yao 等（1998）通过研究臭氧氧化含有 4 个苯环的芘的降解产物证实了这一观点。低剂量臭氧降解产生含有 3 个苯环结构的菲，而增大氧化剂剂量，能够生成含有 2 个苯环结构的联苯。因此，逐渐增大氧化剂剂量，破坏初始多环芳烃的苯环的能力越强。此外，Stehr 等（2001）研究菲的降解，结果表明这些中间体能够进一步裂解成含有 1 个环的芳香酸，如水杨酸、邻苯二甲酸等。据此可推测，随着臭氧剂量的增加，最终能够生成非芳香族的有机化合物。

单一多环芳烃母系化合物产生的中间体的数量和种类极多，表明了氧化机制的复杂性。例如，Zeng 等（2000）推断苯并 (a) 芘氧化降解会产生超过 61 种有机中间体，包括芳香族和脂肪族中间体。大多数中间体都是支链或直链的碳氢化合物，还有各种有机酸和醛。然而，即使使用高剂量的氧化剂，也不是所有多环芳烃都能被臭氧氧化降解。Zhang 等（2005）研究了含有 3 个环的蒽的降解，发现期间产生了大量的 9,10-蒽醌。这种中间体和母系多环芳烃具有不同的性质。多环芳烃与臭氧的直接氧化或者与自由基如羟基自由基发生的氧化不仅会使苯环发生裂解，还会引入新的官能团。在臭氧氧化降解多环芳烃过程中，最常见的官能团是羰基（C=O）及其不同的衍生品，如醛基、羧基和酮基（Yao et al., 1998; Zeng et al., 2000）。其他官能团还包括臭氧化物和羟基官能团。这些官能团的引入给多环芳烃结构上加入氧原子，使得含氧的多环芳烃成为中间体（Yao et al., 1998; Zeng et al., 2000; Stehr et al., 2001）。这些官能团可能会影响化合物的各种特性，如疏水性、毒性。

由于部分官能团会影响中间体的极性，使之强于母系化合物，因此中间体可能有较高的溶解度，并且更易发生生物转化反应。氧化生成的中间体比母系化合物更易被生物降解，并且生物利用率更高，这引起了研究者对氧化—生物降解联用处理污染物的关注（Nam and Kukor, 2000; Zeng et al., 2000; Goi and Trapido, 2004; Goi et al., 2006; Haapea and Tuhkanen, 2006）。然而，并不是所有中间体都更易被生物降解。Stehr 等（2001）发现，芘氧化降解后产生的中间体更具生物毒性。尽管如此，在木榴油或煤焦油的污染物中，芘仅代表多环芳烃混合物中的一种，研究表明这些混合物的氧化过程的污染物具有较强的生物可降解性（Nam and Kukor, 2000; Haapea and Tuhkanen, 2006）。

根据臭氧氧化多环芳烃产生的中间体的情况，可以判断仅通过臭氧氧化不可能使污染物完全矿化为二氧化碳。然而，通常进行臭氧氧化后再进行生物降解和自然衰减，能够达到使这些污染物去除和转化为低毒性物质的预期目标。

2. 酚类化合物

酚类污染物包括苯酚、甲酚和其他苯环上至少有一个氢原子被羟基取代的芳香族化合物。通常以多环芳烃为主的污染物中也会含有酚类污染物（Brown et al., 2006）。因此，臭氧对酚类物质的降解也引起了学者的关注。一般来说，臭氧能够与酚及其相关污染物发生快速反应，包括直接反应机制和自由基反应机制（Huang and Shu, 1995）。苯酚的氧化过程是，臭氧或羟基自由基攻击苯环上羟基官能团的对位或邻位，形成苯酚或醌，然后开环形成脂肪族羧酸（Langlais et al., 1991）。正如在 5.4.2 节中讨论过的氯酚，这些污染物在碱性条件下可能分解成离子，与弱酸相似。通过查阅文献发现，苯酚的离子形式比非离子形式与臭氧的反应速率更快（Hoigné and Bader, 1983b），因此，在碱性条件下可以使得这些污染物的降解更加迅速、彻底。甲酚的氧化可能产生芳香族和脂肪族酸类中间体，如水杨酸、甲酸、草酸等（Wang, 1992）。

5.4.5 硝基芳香化合物和硝酸铵爆炸物

硝基芳香化合物和硝酸铵爆炸物结构中含有带硝基官能团（—NO_2）的苯环。地下水中的这类污染物包括三硝基甲苯（TNT）、三甲基三硝基胺（RDX）、硝基苯和硝基酚，与其相关的化合物包括其产物及氯代硝基芳香族化合物，如氯代硝基苯。在实验室（Adam et al., 2006）和现场实验（Marvin et al., 2008）中，臭氧已经成功应用于处理爆炸类化合物。Adam 等（2006）对具有放射性标记的三甲基三硝基胺进行室内实验，并测定三甲基三硝基胺转化为二氧化碳的矿化率大于 90%，即苯环发生完全断裂。Marvin 等（2008）指出，三甲基三硝基胺、环四亚甲基四硝胺（HMX）、三硝基甲苯及 2,4- 二硝基甲苯的处理较为彻底，并没有反应副产物的产生。同时，他们还指出，由于黏土的低渗透性，臭氧在包气带中的作用半径为 3.4 ～ 4.3m。

Gilmore 等（2002）对臭氧降解三硝基甲苯做出评价，指出在氮质量平衡条件下能够实现三硝基甲苯的有效矿化。在降解过程中唯一能够观测到的中间体为二硝基甲苯。Spanggord 等（2000）的研究表明，由于它们与臭氧直接反应的超快动力学，4- 氨基 -2,6- 二硝基甲苯（三硝基甲苯降解代谢产物）的两种同分异构体更易被臭氧降解处理。根据这些研究，三硝基甲苯及其副产物表现出能被臭氧降解的特性。

Bose 等（1998）研究三甲基三硝基胺的降解机制，观察到在高 pH 值条件下，或在过氧化氢存在时臭氧对三甲基三硝基胺的氧化降解更加彻底，推测羟基自由基（OH˙）在降解三甲基三硝基胺时起到了重要作用。此外，即使存在高浓度的羟基自由基，三甲基三硝基胺苯环上碳的矿化还受许多因素影响。Bose 等（1998）发现，在含氮量为 50% 的过臭氧化系统中苯环上的碳极少甚至没有发生裂解。据此他们推测，RDX 的 3 个硝基发生裂解产生硝酸，但是有机碳和一半的有机氮被保留下来。值得一提的是，Adams 和 Randtke（1992）对莠去津的臭氧氧化过程进行研究，莠去津是一种具有三氮杂环的污染物，与三甲基三硝基胺结构类似，但又有不同于它的官能团。他们研究发现，官能团容易被氧化，而三氮杂环难以裂解。然而，Adam 等（2006）的研究显示，对放射性标记的三甲基三硝基胺矿化率超过 90%。Adam 等（2006）研究了三甲基三硝基胺在土壤泥浆和土壤柱中的降解，发现土壤的存在提高了三甲基三硝基胺的矿化程度，这和 Bose 等（1998）、Adams 和 Randtke（1992）在纯水溶液中观测到的臭氧氧化结果存在明显差异，可能是实验条件的差异造成的。因此，对于三甲基三硝基胺的降解，土壤可能起到重要的催化作用。尽管如此，臭氧在处理三甲基三硝基胺过程中仍会产生一些有机副产物。Adam 等检测并确定 4-硝基 -2,4-二氮杂丁醛是其中一种副产物，在高锰酸盐氧化三甲基三硝基胺的过程中也会产生该物质（Adam et al., 2004），其他人也得到了类似结论。然而，Adam 等（2006）在微观研究中发现，在天然微生物作用下，这些中间体比母系化合物三甲基三硝基胺更易生物降解，它们的生成可能不会引起风险问题。

其他硝基芳香化合物包括硝基酚，目前并未对其进行大量研究。Wang（1992）研究了臭氧对 2,4- 二硝基苯酚的氧化过程，通过微生物实验发现经过臭氧化后污染物的毒性降低了 50%，同时观测到副产物有机酸。

5.4.6 农药

由于农药在环境中大面积分布，所以原位化学氧化并不常用于处理农药。尽管如此，仍有部分对于几种可用臭氧处理的常用杀虫剂的研究。Adams 和 Randtke（1992）研究臭氧对莠去津的降解，以及产生的副产物。莠去津结构中有一个三氮杂环，环上连着几个官能团。他们发现，尽管臭氧能够完全氧化环上的官能团，但由于臭氧无法打开三氮杂环，矿化率仍然不高。因此，莠去津在降解过程中一定会出现具有三氮杂环结构的副产物。Pierpoint 等（2003）对两种不同的农药氟乐灵和苯胺进行了研究，两者都含有一个苯环，但他们发现苯环上碳的矿化率较高（苯胺为 70% ～ 97%，氟乐灵为 72% ～ 88%），这表明臭氧对它们的可处理性。研究者还观测到一些反应中间体，包括苯胺生成的硝基苯和亚硝基苯，以及氟乐灵生成的保留了三氟甲基的芳香族中间体。

5.5 总结

以臭氧作为氧化剂的原位化学氧化是一种适用性广的修复技术，可用来处理各种关注污染物。以臭氧作为氧化剂的原位化学氧化是气相和液相反应的结合，在饱和和非饱和地下条件下均可使用。然而，臭氧原位化学氧化的应用涉及施工和安全管理，以及地下过程的复杂性。由于臭氧反应迅速，半衰期为数小时甚至更短，臭氧必须现场生产，因此需要可用电力。用电会限制臭氧发生器的规格、臭氧的产生量和给料能力，最终可能限制可使用臭氧原位化学氧化场地的大小。将臭氧传输和分布到目标处理区是有效修复的关键，而氧化剂传输系统（大小、注入压力、臭氧浓度等）的设计会对其造成严重影响。氧化剂运输受地下发生的臭氧反应和水文参数的影响，包括渗透率、非均质性和粒径分布。在饱和区内，臭氧喷射涉及复杂的运输过程和反应机制，这使得臭氧与污染物的均匀接触颇具挑战性。在使用该项技术时需要仔细判定场地条件是否符合，这是目标污染物能否成功去除的关键。

参考文献

Adam ML, Comfort SD, Morley MC, Snow DD. 2004. Remediating RDX-contaminated ground water with permanganate: Laboratory investigations for the Pantex perched aquifer. J Environ Qual 33:2165–2173.

Adam ML, Comfort SD, Snow DD, Cassada D, Morley MC, Clayton WS. 2006. Evaluating ozone as a remedial treatment for removing RDX from unsaturated soils. J Environ Eng 132:1580–1588.

Adams CD, Randtke SJ. 1992. Ozonation byproducts of atrazine in synthetic and natural waters. Environ Sci Technol 26:2218–2227.

Afanas'ev IB. 1989. Superoxide Ion: Chemistry and Biological Implications. CRC Press, Boca Raton, FL, USA. 242.

Ahfeld DP, Dahmani A, Ji W. 1994. A conceptual model of field behavior of air sparging and its implications for application. Ground Water Monit Remediat 14:132–139.

Ahn Y, Jung H, Tatavarty R, Choi H, Yang J-W, Kim IS. 2005. Monitoring of petroleum hydrocarbon degradative potential of indigenous microorganisms in ozonated soil. Biodegradation 16:45–56.

Aiken G. 1992. Chloride interference in the analysis of dissolved organic carbon by the wet oxidation method. Environ Sci Technol 26:2435–2439.

Andreozzi R, Insola A, Caprio V, Marotta R, Tufano V. 1996. The use of manganese dioxide as a heterogeneous catalyst for oxalic acid ozonation in aqueous solution. Appl Catal A Gen 138:75–81.

Beltrán FJ. 2004. Ozone Reaction Kinetics for Water and Wastewater Systems. Lewis Publishers, New York, NY, USA. 358.

Benitez FJ, Beltrán-Heredia J, Acero JL, Rubio FJ. 2000. Rate constants for the reactions of ozone with chlorophenols in aqueous solutions. J Hazard Mater B79:271–285.

Bogan BW, Trbovic V. 2003. Effect of sequestration on PAH degradability with Fenton's reagent: Roles of total organic carbon, humin, and soil porosity. J Hazard Mater B100:285–300.

Bose P, Glaze WH, Maddox DS. 1998. Degradation of RDX by various advanced oxidation processes: I. Reaction rates. Water Res 32:997–1004.

Bossmann SH, Oliveros E, Gob S, Siegwart S, Dahlen EP, Payawan L, Straub M, Worner M, Braun AM. 1998. New evidence against hydroxyl radicals as reactive intermediates in the thermal and photochemically enhanced Fenton reactions. J Phys Chem A 102:5542–5550.

Braida WJ, Ong SK. 2001. Air sparging effectiveness: Laboratory characterization of airchannel mass transfer zone for VOC volatilization. J Hazard Mater B87:241–258.

Brooks MC, Wise WR, Annable MD. 1999. Fundamental changes in in situ air sparging flow patterns. Ground Water Monit Remediat 19:105–113.

Brown RA, Robinson D, Sklandany GJ. 2004. Treatment of 1,4-Dioxane. Proceedings, Fourth International

Conference on Remediation of Chlorinated and Recalcitrant Compounds, Monterey, CA, USA, May 24–27, Paper 5D-03.

Brown DG, Gupta L, Kim T-H, Moo-Young HK, Coleman AJ. 2006. Comparative assessment of coal tars obtained from 10 former manufactured gas plant sites in the eastern United States. Chemosphere 65:1562–1569.

Buxton GV, Greenstock CL, Helman WP, Ross AB. 1988. Critical review of rate constants for reactions of hydrated electrons, hydrogen atoms and hydroxyl radicals ($^{\cdot}OH/^{\cdot}O^{-}$) in aqueous solution. J Phys Chem Ref Data 17:513–886.

Cerkovnik J, Plesničar B. 1993. Characterization and reactivity of hydrogen trioxide (HOOOH), a reactive intermediate formed in the low-temperature ozonation of 2-ethylanthraquinone. J Am Chem Soc 115:12169–12170.

Chao K-P, Ong SK, Huang M-C. 2008. Mass transfer of VOCs in laboratory-scale air sparging tank. J Hazard Mater 152:1098–1107.

Choi H, Lim HN, Kim J. 2000. Ozone-enhanced remediation of petroleum hydrocarboncontaminated soil. In Wickramanayake GB, Gavaskar AR, Chen ASC, eds, Chemical Oxidation and Reactive Barriers: Remediation of Chlorinated and Recalcitrant Compounds. Battelle Press, Columbus, OH, USA, 225–232.

Choi H, Lim H-N, Kim J, Hwang T-M, Kang J-W. 2002. Transport characteristics of gas phase ozone in unsaturated porous media for in-situ chemical oxidation. J Contam Hydrol 57:81–98.

Clayton WS. 1998a. A field and laboratory investigation of air fingering during air sparging. Ground Water Monit Remediat 17:134–145.

Clayton WS. 1998b. Ozone and contaminant transport during in-situ ozonation. In Wichramanayake GB, Hinchee RE, eds, Physical, Chemical, and Thermal Technologies. Battelle Press, Columbus, OH, USA, 389–395.

Clayton WS. 2000a. Remediation of organic chemicals in the vadose zone – injections of gasphase oxidants: ozone gas. In Looney BB, Falta R, eds, Vadose Zone Science and Technology Solutions. Battelle Press, Columbus, OH, USA, 1049–1054.

Clayton WS. 2000b. Vadose zone in-situ ozonation of polycyclic aromatic hydrocarbons and pentachlorophenol. In Looney BB, Falta R, eds, Vadose Zone Science and Technology Solutions. Battelle Press, Columbus, OH, USA, 1200–1205.

Clayton WS, Nelson CH. 1995. In Situ Sparging: Managing Subsurface Transport and Mass Transfer. Proceedings, Superfund XVI Conference, Washington, DC, USA, November 6–8, 1135–1144.

Dablow J, Rowland K. 2004. Pulsed Ozonation to Remediate MGP Residuals and Dicyclopentadiene. Proceedings, Fourth International Conference on Remediation of Chlorinated and Recalcitrant Compounds, Monterey, CA, USA, May 24–27, Paper 2A-18.

Dahmani MA, Ahlfeld DP, Ji W, Farrell M. 1994. Air sparging laboratory study. In Hinchee RE, ed, Air Sparging for Site Remediation. CRC Press, Boca Raton, FL, USA, 108–111.

De Laat J, Le GT, Legube B. 2004. A comparative study of the effects of chloride, sulfate, and nitrate ions on the rates of decomposition of H_2O_2 and organic compounds by Fe(II)/H_2O_2 and Fe(III)/H_2O_2. Chemosphere 55:715–723.

DeMore WB, Sander SP, Golden DM, Hampson RF, Kurylo MJ, Howard CJ, Ravishankara AR, Kolb CE, Molina MJ. 1997. Chemical Kinetics and Photochemical Data for Use in Stratospheric Modeling. JPL-Publ-97-4. National Aeronautics and Space Administration, Jet Propulsion Laboratory, California Institute of Technology, Pasadena, CA, USA. 274.

Dey JC, Rosenwinkel P, Wheeler K. 2002. In situ remediation of MTBE utilizing ozone. Remediat J 13:77–85.

Dowideit P, von Sonntag C. 1998. Reaction of ozone with ethane and its methyl and chlorinesubstituted derivatives in aqueous solution. Environ Sci Technol 32:1112–1119.

Dunn JA, Lunn SR. 2002. Chemical Oxidation of Bioremediated Soils Containing Crude Oil. Proceedings, Third International Conference on Remediation of Chlorinated and Recalcitrant Compounds, Monterey, CA, USA, May 20–23, Paper 2C-21.

Elder CR, Benson CH. 1999. Air channel formation, size, spacing and tortuosity during air sparging. Ground Water Monit Remediat 19:171–181.

Finzgar N, Zumer A, Leštan D. 2006. Heap leaching of Cu contaminated soil with [S,S]-EDDS in a closed process loop. J Hazard Mater B135:418–422.

Fogel S, Kerfoot WB. 2004. Bacterial Degradation of Aliphatic Hydrocarbons Enhanced by Pulsed Ozone Injection. Proceedings, Fourth International Conference on Remediation of Chlorinated and Recalcitrant Compounds, Monterey, CA, USA, May 24–27, Paper 3B-05.

Garoma T, Gurol MD, Osibodu O, Thotakura L. 2008. Treatment of groundwater contaminated with gasoline components by an ozone/UV process. Chemosphere 73:825–831.

Gilmore T, Cantrell K, Thornton E. 2002. Treatment of Explosive Compounds in Unsaturated Sediment Using Oxidizing Gas Mixtures. Proceedings, Third International Conference on Remediation of Chlorinated and Recalcitrant Compounds, Monterey, CA, USA, May 20–23, Paper 2G-05.

Goi A, Trapido M. 2004. Degradation of polycyclic aromatic hydrocarbons in soil: The Fenton reagent versus ozonation. Environ Technol 25:155–164.

Goi A, Kulik N, Trapido M. 2006. Combined chemical and biological treatment of oil contaminated soil. Chemosphere 63:1754–1763.

Gurol MD, Nekouinaini S. 1984. Kinetic behavior of ozone in aqueous solutions of substituted phenols. Ind Eng Chem Fundam 23:54–60.

Haag WR, Yao D. 1992. Rate constants for reaction of hydroxyl radicals with several drinking water contaminants. Environ Sci Technol 26:1005–1013.

Haapea P, Tuhkanen T. 2005. Aged chlorophenol contaminated soil's integrated treatment by ozonation, soil washing, and biological methods. Environ Technol 26:811–819.

Haapea P, Tuhkanen T. 2006. Integrated treatment of PAH contaminated soil by soil washing, ozonation, and biological treatment. J Hazard Mater B136:244–250.

Hauglustaine DA, Hourdin F, Jourdain L, Filiberti M-A, Walters S, Lamarque J-F, Holland EA. 2004. Interactive chemistry in the laboratoire de mété orologie dynamique general circulation model: Description and background tropospheric chemistry evaluation. J Geophys Res 109:D04314.

Hein GL, Gierke JS, Hutzler NJ, Falta RW. 1997. Three-dimensional experimental testing of a twophase flow-modeling approach for air sparging. Ground Water Monit Remediat 17:222–230.

Hirvonen A, Trapido M, Hentunen J, Tarhanen J. 2000. Formation of hydroxylated and dimeric intermediates during oxidation of chlorinated phenols in aqueous solution. Chemosphere 41:1211–1218.

Hoigné J, Bader H. 1983a. Rate constants of reactions of ozone with organic and inorganic compounds in water – I: Non-dissociating organic compounds. Water Res 17:173–183.

Hoigné J, Bader H. 1983b. Rate constants of reactions of ozone with organic and inorganic compounds in water – II: Dissociating organic compounds. Water Res 17:185–194.

Hoigné J, Bader H, Haag WR, Staehelin J. 1985. Rate constants of reactions of ozone with organic and inorganic compounds in water – III: Inorganic compounds and radicals. Water Res 19:993–1004.

Hong PKA, Zeng Y. 2002. Degradation of pentachlorophenol by ozonation and biodegradability of intermediates. Water Res 36:4243–4254.

Hsu I-Y, Masten SJ. 2001. Modeling transport of gaseous ozone in unsaturated soils. J Environ Eng 127:546–

554.

Huang CR, Shu HY. 1995. The reaction kinetics, decomposition pathways and intermediate formations of phenol in ozonation, UV/O₃ and UV/H₂O₂ processes. J Hazard Mater 41:47–64.

Huling SG, Pivetz BE. 2006. Engineering Issue: In-Situ Chemical Oxidation. EPA/600/R-06/072. U.S. Ennvironmental Protection Agency Office of Research and Development, National Risk Management Research Laboratory, Cincinnati, OH, USA, 58.

Johnson PC. 1998. Assessment of the contributions of volatilization and biodegradation to in-situ air sparging performance. Environ Sci Technol 32:276–281.

Johnson PC, Johnson RL, Bruce CL, Leeson A. 2001. Advances in in-situ air sparging/biosparging. Bioremediat J 5:251–266.

Jung H, Kim J, Choi H. 2004. Reaction kinetics of ozone in variably saturated porous media. J Environ Eng 130:432–441.

Jung H, Ahn Y, Choi H, Kim IS. 2005. Effects of in-situ ozonation on indigenous microorganisms in diesel contaminated soil: Survival and regrowth. Chemosphere 61:923–932.

Jung H, Sohn K-D, Neppolian B, Choi H. 2008. Effect of soil organic matter (SOM) and soil texture on the fatality of indigenous microorganisms in integrated ozonation and biodegradation. J Hazard Mater 150:809–817.

Kainulainen T, Tuhkanen T, Vartiainen T, Heinonen-Tanski H, Kalliokoski P. 1994. The effect of different oxidation and filtration processes on the molecular size distribution of humic material. Water Sci Technol 30:169–174.

Kanofsky JR, Sugimoto H, Sawyer DT. 1988. Singlet oxygen production from the reaction of superoxide ion with halocarbons in acetonitrile. J Am Chem Soc 110:3698–3699.

Kerc A, Bekbolet M, Saatci AM. 2004. Effects of oxidative treatment techniques on molecular size distribution of humic acids. Water Sci Technol 49:7–12.

Kerfoot WB. 2000. Ozone supersparging for chlorinated and fluorinated HVOC removal. In Wickramanayake GB, Gavaskar AR, eds, Physical and Thermal Technologies: Remediation of Chlorinated and Recalcitrant Compounds. Battelle Press, Columbus, OH, USA, 27–34.

Kim J, Choi H. 2002. Modeling in situ ozonation for the remediation of nonvolatile PAHcontaminated unsaturated soils. J Contam Hydrol 55:261–285.

Kiwi J, Lopez A, Nadtochenko V. 2000. Mechanism and kinetics of the OH-radical intervention during Fenton oxidation in the presence of a significant amount of radical scavenger (Cl⁻). Environ Sci Technol 34:2162–2168.

Krembs FJ. 2008. Critical Analysis of the Field-Scale Application of In Situ Chemical Oxidation for the Remediation of Contaminated Groundwater. MS Thesis, Colorado School of Mines, Golden, CO, USA.

Kuo C-H, Chen S-M. 1996. Ozonation and peroxone oxidation of toluene in aqueous solutions. Ind Eng Chem Res 35:3973–3983.

Kwan WP, Voelker BM. 2003. Rates of hydroxyl radical generation and organic compound oxidation in mineral-catalyzed Fenton-like systems. Environ Sci Technol 37:1150–1158.

Langlais B, Reckhow DA, Brink DR. 1991. Ozone in Water Treatment: Application and Engineering. Lewis Publishers, Boca Raton, FL, USA, 569.

Leeson A, Hinchee RE. 1996a. Principles and Practices of Bioventing: Volume I: Bioventing Principles. Prepared for the Air Force Center for Engineering and the Environment, Brooks City-Base, TX, USA, 178.

Leeson A, Hinchee RE. 1996b. Principles and Practices of Bioventing: Volume II: Bioventing Design. Prepared for the Air Force Center for Engineering and the Environment, Brooks City-Base, TX, USA, 189.

Leštan D, Hanc A, Finžgar N. 2005. Influence of ozonation of extractability of Pb and Zn from contaminated soils. Chemosphere 61:1012–1019.

Levy H. 1971. Normal atmosphere: Large radical and formaldehyde concentrations predicted. Science 173:141–143.

Li W, Oyama T. 1998. Mechanism of ozone decomposition on a manganese oxide mechanism of ozone decomposition on a manganese oxide catalyst. 2. Steady-state and transient kinetic studies. J Am Chem Soc 120:9047–9052.

Li W, Gibbs G, Oyama T. 1998. Mechanism of ozone decomposition on a manganese oxide catalyst. 1. In situ Raman spectroscopy and ab initio molecular orbital calculations J Am Chem Soc 120:9041–9046.

Lide DR. 2006. CRC Handbook of Chemistry and Physics. CRC Press, Taylor and Francis Group, Boca Raton, FL, USA, 2608.

Lim HN, Hwang TM, Kang JW. 2002. Characterization of ozone decomposition in a soil slurry: Kinetics and mechanism. Water Res 36:219–229.

Lin S, Gurol MD. 1998. Catalytic decomposition of hydrogen peroxide on iron oxide: Kinetics, mechanism, and implications. Environ Sci Technol 32:1417–1423.

Lipczynska-Kochany E, Sprah G, Harms S. 1995. Influence of some groundwater and surface waters constituents on the degradation of 4-chlorophenol by the Fenton reaction. Chemosphere 30:9–20.

Luster-Teasley S, Ubaka-Blackmoore N, Masten SJ, 2009. Evaluation of soil pH and moisture content on in-situ ozonation of pyrene in soils. J Hazard Mater 167:701–706.

Lute JR, Sklandany GJ, Nelson CH. 1998. Evaluating the effectiveness of ozonation and combined ozonation/bioremediation technologies. In Wickramanayake GB, Hinchee RE, eds, Designing and Applying Treatment Technologies, Battelle Press, Columbus, OH, USA, 295–300.

Marvin BK, Clayton WS, Seitz SJ. 2008. In-Situ Ozone Oxidation of High Explosives in the Vadose Zone. Proceedings, Sixth International Conference on Remediation of Chlorinated and Recalcitrant Compounds, Monterey, CA, USA, May 19–22, Abstract M-007.

Masten SJ. 1991. Ozonation of VOCs in the presence of humic acid and soils. Ozone Sci Eng 2:287–312.

Masten SJ, Davies SHR. 1997. Efficacy of in-situ ozonation for the remediation of PAH contaminated soils. J Contam Hydrol 28:327–335.

Masten SJ, Hoigné J. 1992. Comparison of ozone and hydroxyl radical-induced oxidation of chlorinated hydrocarbons in water. Ozone Sci Eng 14:197–214.

Mitani MM, Keller AA, Bunton CA, Rinker RG, Sandall OC. 2002. Kinetics and products of reactions of MTBE with ozone and ozone/hydrogen peroxide in water. J Hazard Mater B89:197–212.

Nam K, Kukor JJ. 2000. Combined ozonation and biodegradation for remediation of mixtures of polycyclic aromatic hydrocarbons in soil. Biodegradation 11:1–9.

Naydenov A, Mehandjiev D. 1993. Complete oxidation of benzene on manganese dioxide by ozone. Appl Catal A Gen 97:17–22.

O'Mahony MM, Dobson ADW, Barnes JD, Singleton I. 2006. The use of ozone in the remediation of polycyclic aromatic hydrocarbon contaminated soil. Chemosphere 63:307–314.

Ohlenbusch G, Hesse S, Frimmel FH. 1998. Effects of ozone treatment on the soil organic matter on contaminated sites. Chemosphere 37:1557–1569.

Petri BG. 2006. Impacts of Subsurface Permanganate Delivery Parameters on Dense Nonaqueous Phase Liquid Mass Depletion Rates. MS Thesis, Colorado School of Mines, Golden, CO, USA.

Pierpoint AC, Hapeman CJ, Torrents A. 2003. Ozone treatment of soil contaminated with aniline and trifluralin. Chemosphere 50:1025–1034.

Qiu Y, Zappi ME, Kuo CH, Fleming EC. 1999. Kinetic and mechanistic study of ozonation of three dichlorophenols in aqueous solution. J Environ Eng 125:441–450.

Qiu Y, Kuo CH, Zappi ME. 2001. Performance and simulation of ozone absorption and reactions in a stirred-tank reactor. Environ Sci Technol 35:209–215.

Qiu Y, Kuo CH, Zappi ME, Fleming EC. 2004. Ozonation of 2,6-3,4- and 3,5-dichlorophenol isomers within aqueous solutions. J Environ Eng 130:408–416.

Reisen F, Arey J. 2002. Reactions of hydroxyl radicals and ozone with acenaphthene and acenaphthylene. Environ Sci Technol 36:4302–4311.

Safarzadeh-Amiri A. 2001. O_3/H_2O_2 treatment of methyl-tert-butyl ether (MTBE) in contaminated waters. Water Res 35:3706–3714.

Schaal W, Hey N. 2002. Ozonation Treatment Studies Using Dioxin-, Furan- and Hydrocarbon Contaminated Water. Proceedings, Third International Conference on Remediation of Chlorinated and Recalcitrant Compounds, Monterey, CA, USA, May 20–23, Paper 2H-23.

Schreier CG, Seyfried S, Osborn SJ. 2004. Confirmation of MTBE Destruction (Not Volatilization) When Sparging with Ozone. Proceedings, Fourth International Conference on Remediation of Chlorinated and Recalcitrant Compounds, Monterey, CA, USA, May 24–27, Paper 3B-15.

Sedlak DL, Andren AW. 1991. Oxidation of chlorobenzene with Fenton's reagent. Environ Sci Technol 25:777–782.

Shin W-T, Garanzuay X, Yiacoumi S, Tsouris C, Gu B, Mahinthakumar G. 2004. Kinetics of soil ozonation: An experimental and numerical investigation. J Contam Hydrol 72:227–243.

Shin K, Jung H, Chang P, Choi H, Kim K. 2005. Earthworm toxicity during chemical oxidation of diesel-contaminated soil. Environ Toxicol Chem 24:1924–1929.

Siegrist RL, Urynowicz MA, West OR, Crimi ML, Lowe KS. 2001. Principles and Practices of In Situ Chemical Oxidation Using Permanganate. Battelle Press, Columbus, OH, USA, 348.

Spanggord RJ, Yao D, Mill T. 2000. Kinetics of aminodinitrotoluene oxidations with ozone and hydroxyl radical. Environ Sci Technol 34:450–454.

Staehelin J, Hoigné J. 1982. Decomposition of ozone in water: Rate of initiation by hydroxide ions and hydrogen peroxide. Environ Sci Technol 16:676–681.

Staehelin J, Bü hler RE, Hoigné J. 1984. Ozone decomposition in water studied by pulse radiolysis. 2. OH and HO_4 as chain intermediates. J Phys Chem 88:5999–6004.

Stehr J, Muller T, Svensson K, Kamnerdpetch C, Scheper T. 2001. Basic examinations on chemical pre-oxidation by ozone for enhancing bioremediation of phenanthrene contaminated soils. Appl Microbiol Biotechnol 2001:803–809.

Suh JH, Mohseni M. 2004. A study on the relationship between biodegradability enhancement and oxidation of 1,4-dioxane using ozone and hydrogen peroxide. Water Res 38:2596–2604.

Sunder M, Hempel DC. 1997. Oxidation of tri- and perchloroethene in aqueous solution with ozone and hydrogen peroxide in a tube reactor. Water Res 31:33–40.

Sung M, Huang CP. 2002. In-situ removal of 2-chlorophenol from unsaturated soils by ozonation. Environ Sci Technol 36:2911–2918.

Tang WZ, Huang CP. 1995. The effect of chlorine position of chlorinated phenols on their dechlorination kinetics by Fenton's reagent. Waste Manag 15:615–622.

Taube H, Bray W. 1940. Chain reaction in aqueous solutions containing ozone, hydrogen peroxide, and acid. J Am Chem Soc 62:3357–3373.

Teel AL, Warberg CR, Atkinson DA, Watts RJ. 2001. Comparison of mineral and soluble iron Fenton's catalysts for the treatment of trichloroethylene. Water Res 35:977–984.

Teel AL, Finn DD, Schmidt JT, Cutler LM, Watts RJ. 2007. Rates of trace mineral-catalyzed decomposition of hydrogen peroxide. J Environ Eng 133:853–858.

Tomiyasu H, Fukutomi H, Gordon G. 1985. Kinetics and mechanism of ozone decomposition in basic aqueous solution. Inorg Chem 24:2962–2966.

Umschlag T, Herrmann H. 1999. The carbonate radical ($HCO_3^·/CO_3^{·-}$) as a reactive intermediate in water chemistry: Kinetics and modeling. Acta Hydrochim Hydrobiol 27:214–222.

Wang Y. 1992. Effect of chemical oxidation on anaerobic biodegradation of model phenolic compounds. Water Environ Res 64:268–273.

Watts RJ, Bottenberg BC, Hess TF, Jensen MD, Teel AL. 1999. Role of reductants in the enhanced desorption and transformation of chloroaliphatic compounds by modified Fenton's reactions. Environ Sci Technol 33:3432–3437.

Watts RJ, Howsawkeng J, Teel AL. 2005a. Destruction of a carbon tetrachloride dense nonaqueous phase liquid by modified Fenton's reagent. J Environ Eng 131:1114–1119.

Watts RJ, Sarasa J, Loge FJ, Teel AL. 2005b. Oxidative and reductive pathways in manganesecatalyzed Fenton's reactions. J Environ Eng 131:158–164.

Yao JJ, Huang Z, Masten SJ. 1998. The ozonation of pyrene: Pathway and product identification. Water Res 32:3001–3012.

Yu DY, Kang N, Bae W, Banks MK. 2007. Characteristics in oxidative degradation by ozone for saturated hydrocarbons in soil contaminated with diesel fuel. Chemosphere 66:799–807.

Zeng Y, Hong PK, Wavrek D. 2000. Integrated chemical-biological treatment of benzo[a] pyrene. Environ Sci Technol 34:854–862.

Zhang H, Ji L, Wu F, Tan J. 2005. In-situ ozonation of anthracene in unsaturated porous media. J Hazard Mater B120:143–148.

第 6 章

原位化学氧化相关的地下传输原理和模型

Jeffrey L. Heiderscheidt[1], Tissa H. Illangasekare[2], Robert C. Borden[3] and Neil R. Thomson[4]

[1] United States Air Force Academy, Colorado Springs, CO 80840, USA;

[2] Colorado School of Mines, Golden, CO 80401, USA;

[3] North Carolina State University, Raleigh, NC 27695, USA;

[4] University of Waterloo, Waterloo, ON Canada, N2L 3G1.

范围

本章主要包括化学氧化药剂的地下传输过程和影响因素，包括源区架构、传质过程、反应动力学和自然氧化需求（NOD），以及过程模拟的建模方法和工具。

核心概念

- ISCO的效果取决于地下传输过程所控制的氧化剂到污染物的传递，主要包括平流、分散和扩散过程，这些过程受污染物的源区架构、溶解、吸附、解吸、化学反应及多孔介质的影响。

- 模型可以对地下条件提供更深入的了解，对修复的选择、设计或优化是有帮助的。模型也能额外满足对于场地特征描述的需求，但模型的输入值通常由有限的观测数据推测得到。

- 在一个ISCO系统设计过程中，传输模型对于认识NOD、场地异质性和源区构架的影响是有帮助的。

- 现成的ISCO数学建模工具较少，除高锰酸钾外，氧化剂的传输模型通常都使用现有的工具。

- ISCO概念设计模型（CDISCO）和三维化学氧化反应性迁移模型（CORT3D）是确定ISCO可行性的设计工具。CDISCO注重注射阶段氧化剂的传输，以及与多孔介质的交互作用，并有助于注射条件间的快速比较。CORT3D则可将该过程与其他过程进行组合，但会花费更长的时间去设置和进行模拟。

6.1 简介

之前章节的重点在于原位化学氧化实际应用中各种氧化剂的使用，而成功的原位化学氧化取决于地下环境中氧化剂和污染物的接触，该过程与氧化剂剂量和传输方法有关。对于 ISCO 的成功实施来说，同等重要的影响因素还有地下的水文地质条件和污染源特征，包括自然存在的还原性物质、自由相污染物的浓度和结构，以及地球物理化学异质性所产生的影响。这些因素的交互作用及对 ISCO 产生的综合影响通常很难预测。此外，相比可用来表征场地水文地质条件、污染源特征和污染羽范围的样品的数量，污染场地的延伸面积是非常大的。

模型是一种可能提供对地下条件更好认识（Clement et al., 2000）和对复杂反应过程更深刻理解的工具。通过模拟可能的过程，并与观测数据（如水头、水中污染物浓度、自然氧化需求的质量百分比及被吸附的或非水相液态污染物的质量百分比）进行匹配，可以估计污染源的位置和构造。这些模拟考虑了可能的源区构造和场地水文地质条件，推测氧化剂的有效传输过程，有助于修复方案的设计。通过对场地参数的上下边界进行模拟，还可以检查不确定性的影响。这些模拟提供了对于潜在附加场地特征的认识和有关氧化剂有效性，以及传输过程等问题的信息（Heiderscheidt, 2005）。虽然过程的复杂性和不确定性使得预测模型与实际情况完全匹配几乎是不可能的，但模型在场地调查和概念化，以及数据收集方面发挥了非常重要的作用。在接下来的内容里，我们可以得知，在不确定的地下环境中对 ISCO 的复杂反应和过程进行建模的水平仍处在初始阶段。

ISCO 普遍应用于包括 NAPLs 在内的有机污染场地的修复。因此，本章首先描述地下污染源区和传质过程的特征，然后对控制 ISCO 试剂传输的数学模型进行讨论。这些过程将决定氧化剂是否能被有效地传送到目标区域。接下来还会有一个关于影响地下水力条件过程的简单介绍。有关污染物的氧化反应及其动力学过程的详细讨论也会被给出，最后是不与目标污染物作用的氧化剂的反应的讨论。本章的结尾有一个关于之前发布的 ISCO 建模研究的说明，并讨论了 ISCO 建模工具的适用性。

6.2 源区架构

场地中 NAPLs 最初污染的区域（源区）的物理和地球化学性质被称为源区架构。源区架构能影响地下水羽的性质，也会影响原位修复技术对污染源区和污染羽的修复。本节提供了有关污染源区架构的简单介绍。

研究者通过数学建模、室内实验和场地示范证明场地异质性对 NAPLs 的迁移和阻隔有显著的影响，并导致了源区污染的复杂性和难治理性（Schwille, 1988; Kueper et al., 1993）。即使在相对均匀的多孔介质中，微小的异质性也会普遍存在，这会导致 NAPLs 大面积残留（Dekker and Abriola, 2000a; USEPA, 2004）。

重质非水相液体（DNAPLs）释放到环境中，会下沉至潜水面以下（见图 6.1），并通过与细颗粒层的接触进行横向扩散（Pinder and Abriola, 1986; Kueper et al., 1989;

Illangasekare et al., 1995a, 1995b）。除了这种横向扩散，某些 DNAPLs 可能还会通过土层交界处孔隙尺度的异质性导致的渗透过程进入细颗粒介质中（Kueper and Frind, 1991a, 1991b; Poulsen and Kueper, 1992; Held and Illangasekare, 1995a, 1995b）。相反，大颗粒物质的存在，尤其是当其覆盖低渗透性介质时，可以起到阻隔作用，并导致 DNAPLs 的饱和或淤积（Illangasekare et al., 1995b）。

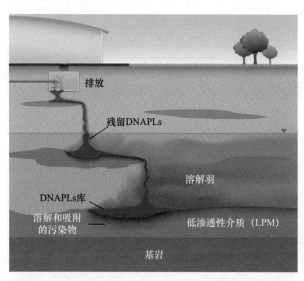

图6.1 通用的DNAPLs污染场地概念模型（DNAPLs的浓度用红色进行了标识）

轻质非水相液体（LNAPLs）与 DNAPLs 的行为类似（例如，通过与细颗粒子层的接触进行横向扩散），通过包气带向下迁移直至潜水面。一旦抵达潜水面，LNAPLs 通常漂浮于潜水面上，慢慢消减，并随着潜水面的变化而上下浮动。LNAPLs 层的这种向上和向下的运动会导致地下水位上下附近区域饱和 LNAPLs 的大面积残留。

地下环境通常包含处于含水层范围内的，或作为含水层下方弱透水层的低渗透性区域，有关描述如图 6.2（a）所示。对 NAPLs 产品污染区域的观察显示，随着时间的延长，大部分溶解的化学品会弥散到低渗透性的介质中去［见图 6.2（b）］，这些介质将会变成含有高浓度溶解态和可吸附态污染物的污水汇（Mackay and Cherry, 1989; Johnson and Pankow, 1992; Ball et al., 1997; Liu and Ball, 2002; Sale et al., 2007）。例如，Johnson 等（1989）发现，仅仅 5 年内，有机污染物［包括三氯乙烯（TCE）］就已经在含有 DNAPLs 的危险废物堆下方的渗透性极低的黏土防渗层中入渗了 15 ～ 20cm。相反，废物产生的氯化物在相同时间内的入渗深度超过了 83cm。不同的入渗深度归因于不同分子的扩散速度和阻碍扩散的有机物的吸附作用。类似地，Ball 等（1997）对一种取自特拉华州多佛空军基地（AFB）TCE或PCE污染场地地下弱透水层中的土样进行了研究。他们发现，在预期的15～20年内，由于污染羽到达了核心位置的上方，PCE 和 TCE 在弱透水层中入渗了 80 ～ 100cm，这证实了下部的不透水层能被其上方的污染羽所污染。一旦 NAPLs 相通过自然分解或破坏性的源清理技术得以消耗，污染羽中的污染物将通过入渗从低渗透性区域返还到地表。有关高渗透性流动地带的内容在图 6.2（c）和图 6.2（d）中进行阐明（Parker et al., 1994, 1997; Freeze and McWhorter, 1997; Liu and Ball, 2002; Reynolds and Kueper, 2002;

Polak et al., 2003）。

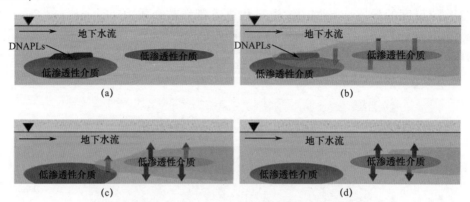

图6.2　溶解性污染物的扩散概念模型：（a）DNAPLs覆盖在低渗透性区域上方；（b） DNAPLs渗透进入低渗透性区域；（c）一旦污染源耗尽，低渗透性区域即发生DNAPLs的反向扩散；（d）低渗透性区域污染物耗尽时反扩散停止

6.3　污染物的传质过程

污染物的传质过程是指污染物从一相到另一相的物质交换。

6.3.1　NAPL 的溶解

NAPL 的溶解，或者说从非水相到水相的传质过程是非常重要的，通常是地下水污染羽的起源（Illangasekare et al., 2006）。污染物的溶解速率决定了污染羽中污染物的浓度、污染物进入水相（被认为是绝大多数氧化反应发生的地点）的速度和 NAPL 源的寿命。水相的污染物浓度接着会影响最终吸附于含水层物质上的污染物质量，而一旦 NAPL 源被耗尽，这些物质就会变成水相污染物的二次来源。进一步，NAPL 填满孔隙空间的程度将影响污染物源区内和周边的水力条件，进而影响流体流量和氧化剂到源区的传递。

NAPL 的传质速率取决于 NAPL 污染源的结构和大小。残留的 NAPL 以部分填充于孔隙中的分散的点和节的形式存在。NAPL 初始进入含水层向下移动时，地下条件改变汇成一个大的 NAPL 池，当 NAPL 被耗尽的时候，NAPL 都会被遗留。相反，NAPL 池是NAPL 填充了多孔介质孔隙空间的绝大部分区域。相对于等量的以残留态分布的 NAPL，NAPL 池拥有更小的界面区域，所以源自残留态 NAPL 的传质速率预计会比源自 NAPL 池的传质速率大很多，前者也会导致更高的水相污染物浓度和更快的源消解（Johnson and Pankow, 1992）。

传质或 NAPL 在水相中的溶解通常以一个基于著名的滞膜模型（Sherwood et al., 1975）的一级线性驱动力模型来表示：

$$\frac{\mathrm{d}c_\infty}{\mathrm{d}t} = -k_{\mathrm{La}}(c_\infty - c^*) \tag{6.1}$$

式中，$\dfrac{dc_\infty}{dt}$ 是一定时间内水相浓度的变化速率（$ML^{-3}T^{-1}$），c_∞ 是溶液的溶质浓度（ML^{-3}），c^* 是可溶组分的溶解限度（ML^{-3}），k_{La} 是 NAPL 的溶解速率或质量传递系数（T^{-1}）。L、T 和 M 指标准单位，L 是长度 [通常用厘米（cm）或米（m）来表示]，T 是时间 [通常用秒（s）或天（d）来表示]，M 是质量 [通常用毫克（mg）或微克（μg）来表示]。因为 k_{La} 不能被直接测定，故大量的研究被投入以发展根据可测的系统参数（包括孔隙尺寸和 NAPL 饱和度）来估算 k_{La} 的方法（Miller et al., 1990; Imhoff et al., 1994; Powers et al., 1994a, 1994b; Ewing, 1996; Nambi, 1999; Saba and Illangasekare, 2000; Clement et al., 2004b）。

一般的方法是使用 Welty 等（1976）提出的 Gilland-Sherwood 经验相关式：

$$Sh = a + b\,Re^c\,Sc^d \tag{6.2}$$

根据描述系统的其他无量纲值（例如，雷诺数 Re 和施密特数 Sc）来估计修正的舍伍德数（Sh），其中 a、b、c 和 d 都是经验常数。修正后的舍伍德数使系统的质量传送与扩散力相关联，雷诺数使系统惯性力与黏性力相关联，而施密特数使黏性力与扩散力相关联。这 3 个无量纲数的数学相关公式为

$$Sh = \frac{k_{La}d_{50}^2}{D_m} \tag{6.3}$$

$$Re = \frac{\rho_w \bar{v} d_{50}}{\mu_w} \tag{6.4}$$

$$Sc = \frac{\mu_w}{\rho_w D_m} \tag{6.5}$$

式中，d_{50} 是晶粒代表尺寸的中位值（L），D_m 是分子扩散系数（L^2T^{-1}），ρ_w 是水相密度（ML^3），$\bar{v}$ 是地下水的平均线性速度（LT^{-1}），μ_w 是水相动力黏度（$ML^{-1}T^{-1}$）。从式（6.2）中获得的舍伍德数会在式（6.3）中被用于估计 k_{La}。大部分相关公式将 NAPL 在某些形态的体积含量（θ_n）合并到了溶解过程 NAPL—水界面面积变化的解释中（Miller et al., 1990; Powers et al., 1994b）。

如表 6.1 所示是在 NAPL—水界面的 Gilland-Sherwood 经验关系式。经验系数和公式的差异至少部分源于实验条件的差异。例如，Powers 等（1994a）使用的是一个有球状溶解有机介质的一维分散系统，之后又使用了一个一维均质系统（1994b）；而 Saba 和 Illangasekare（2000）考虑的是一个包括由异质性趋导的流经流量的二维系统。Miller 等（1990）和 Imhoff 等（1994）都使用了一维系统。Ewing（1996）和 Saba 等（2001）想出了一种带有表面冲洗的二维系统。Nambi 和 Powers（2003）通过研究带有高 NAPL 饱和度的二维系统进一步扩展了可提供的选择，此系统会导致更慢的传质过程，以 NAPL 饱和度方面显著增长的指数来刻画。这些关系式对于 0.01 ~ 25.0 内修正的舍伍德数是有效的（Miller et al., 1990; Imhoff et al., 1994; Nambi and Powers, 2003）。

如果 NAPL 溶解速率与流体传输速率几乎一致，那么局部平衡假设（LEA）就是有根据的，并且根据 NAPL 源对质量去除率的估算就会被简化，可通过假设与 NAPL 接触的水相有与污染物溶解度相同的污染物浓度得以完成（Powers et al., 1998）。LEA 的有效性可用第一 Damkohler 数进行评估，Da(I) 的计算如式（6.6）所示。它是一个将流体移动时

间特性或水力停留时间（$L/\bar{v}$）与 NAPL 质量传递的时间特性或溶解性（$1/k_{La}$）联系起来的无量纲数值。

$$Da(I) = \frac{k_{La}L}{\bar{v}} \qquad (6.6)$$

通常，$Da(I) \geqslant 100$ 表明达到平衡，$10 \leqslant Da(I) < 100$ 表明接近平衡，而 $Da(I) < 10$ 表明速率受限的传质（Brusseau, 1992）。因为传质速率取决于水速，在关系式中均以雷诺数的形式表示，$Da(I)$ 在一个给定系统的传质优化过程中可能有用，而这个优化过程取决于哪个传质关系式能最好地描述系统（Mayer et al., 1999）。

为了优化氧化过程，NAPL 的传质速率与氧化速率越接近越好。$Da(J)$ 的计算如式（6.7）所示，它使 NAPL 质量传递的时间特性或溶解性（$1/k_{La}$）与化学反应的时间特性（$1/k_1$）联系起来，对于比较这些速率是非常有用的。

$$Da(J) = \frac{k_1}{k_{La}} \qquad (6.7)$$

$Da(J) \ll 1$ 表明污染物转入水相的速度快于化学氧化对其的降解速度，而 $Da(J) \gg 1$ 显示化学反应快于质量传递。

表 6.1　在 NAPL—水界面的 Gilland-Sherwood 经验关系式

传质经验关系式	参考文献
$Sh = 37.15\left(\dfrac{\theta_n}{\phi}\right)^{1.24} Re^{0.61}$（$\theta_n/\phi < 0.35$）	Nambi 和 Powers（2003）
$Sh = 0.4727 Re^{0.2793} Sc^{0.33}(\theta_n/1-\theta_n)^{1.642}(d_{50}/EL)^{0.1457}$	Saba 等（2001）
$Sh = 11.34 Re^{0.2767} Sc^{0.33}(\theta_n d_{50}/EL)^{1.037}$	Saba 和 Illangasekare（2000）
$Sh = 4.84 Re^{0.219}\theta_n^{1.32}$	Ewing（1996）
$Sh = 36.8 Re^{0.654}$	Powers 等（1994a）
$Sh = 4.13 Re^{0.598}(d_{50}/d_M)^{0.673}U^{0.369}(\theta_n/\theta_{no})^{\beta}$；$\beta = 0.518 + 0.114(d_{50}/d_M) + 0.10U$	Powers 等（1994b）
$Sh = 340\theta_n^{0.87} Re^{0.71}(d_{50}/x)^{0.31}$	Imhoff 等（1994）
$Sh = 12\theta_n^{0.75} Re^{0.60} Sc^{0.5}$	Miller 等（1990）

注：Sh—舍伍德数；Re—雷诺数；Sc—施密特数；θ_n—NAPL 体积含量；θ_{no}—NAPL 初始体积含量；τ—土壤曲率；U—土壤非均—系数；d_{50}—相对（中位数）粒度；d_M—中等砂粒直径（美国农业部定义为 0.05cm）；β—NAPL 几何学系数；L—流向特征或溶解长度；x—流向方向上到残余 NAPL 的距离。

ISCO 可通过诱导传质过程（以及接下来的降解过程）增强来加速对污染源的修复。基于实验结果，Schnarr 等（1998）指出，在氧化反应发生阶段，NAPL 的溶解和氧化过程与传质过程的增强是同时进行的，这主要源于水相浓度梯度的增大。Urynowicz（2000）证实了在没有多孔介质存在的情况下，小批量溢流实验中高锰酸钾增强 NAPL/TCE 溶解过程的能力；但是，固体二氧化锰在 NAPL—水界面的形成会使溶解速率有所下降。Reitsma 和 Dai（2001）进行了一个理论研究来估计化学反应导致的 NAPL 传质增强的最大预期结果。他们估计，增大的浓度梯度最大能导致 PCE/NAPL 池分散性质量传递 5 倍的增长；但是，局部区域会存在很弱的 NAPL 向水相迁移的增强，溶解传质参数将没有变化。进一步地，他们认为实际的增强会有所减弱，因为渗透率的减小和接触界面的减少在估计时没有被考虑。相反，MacKinnon 和 Thomson（2002）在一个二维氧化实验中，计算出 NAPL

池 PCE 的传质过程有 10 倍的初始增长，并在一段时间后存在由于固体二氧化锰的形成所致的质量通量的减小。

可以简化地用源项或源函数来表示 NAPL 的溶解过程，作为 Gilland-Sherwood 关系式的替代。例如，Zhu 和 Sykes（2004）提议了 3 种不同的基于源区中 NAPL 的残留量来进行源区浓度描述的假平衡函数。类似地，Basu 等（2008）评估了 4 个简化的源区函数，将离开源区的平均水相浓度与各种源损耗项联系起来。利用以上这些源函数大大降低了模拟的复杂性，但它们不允许系统在模拟期间有从根本上对源区产生影响的变化。特别地，利用源函数是指对全部 NAPL 源区进行整体考量，没有关注源区内 NAPL 的空间分布（Zhu and Sykes, 2004），并忽视了地下的不均匀性（Willson et al., 2006）。因此，用这些源项来模拟源区或接近源区的氧化反应所导致的潜在传质的增长或减少是困难或不可能的。

6.3.2　污染物的吸附 / 解吸

吸附是水相溶质被吸附于地下多孔介质内 [见图 6.3（a）] 或表面 [见图 6.3（b）] 的传质过程，它使水相中的化学物质得以去除。相比大体积流量，吸附有延缓地表下岩石中化学物质运输的作用，这是因为被吸附的物质将不再通过平流、分散和扩散等途径迁移（Mackay and Cherry, 1989）。一旦水相浓度开始减小，可逆吸附的化学物质就会开始解吸，并返还到水相中继续传输。

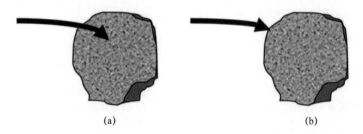

（a）　　　　　　　　　　　　　　　　（b）

图6.3　组分的吸附概念模型：（a）水相化合物吸附于多孔介质内；（b）水相化合物吸附于多孔介质表面

吸附的最大作用可能是充当污染物汇，并最终作为水污染的另一个源。在许多情况下，原始的纯污染物都是在修复行动前就进入地表以下的（Freeze and McWhorter, 1997）。因此，在与多孔介质结合的有机质含量丰富的地下水中，大量的污染物被吸附于多孔介质上。这种被吸附的污染物通常要在解吸并重新进入水相后才可被氧化。但是，相对于大体积流量的流速，仅靠低渗透性介质的扩散作用产生的解吸速率通常很慢（Heyse et al., 2002）。因此，被吸附的污染物能充当一个相对长期的地下水污染源，而其解吸的速率可能会限制场地被清理干净的速度。

吸附过程可以用与水相浓度相平衡的数学公式来表达，这意味着被吸附污染物的质量会随着水相污染物浓度的变化而即刻变化。在通常情况下，平衡吸附用一个阻滞系数 Rf 来表达。这个阻滞系数与水相浓度的变化速率相乘，消除了追踪计算被吸附污染物的质量的必要。如果以这种方式表现吸附过程，就要决定哪种平衡吸附被采用：线型、朗缪尔型、弗莱因德利胥型或一些其他的吸附平衡等温线。这个选择决定了在表达阻滞系数时使用的方程式。更多详细讨论可参考 Zheng 和 Wang（1999）的研究。

另外，吸附也可作为速率限制过程来建模，在这个过程中，被吸附污染物质量的变化率慢于水相浓度的变化。Haggerty 和 Gorelick（1994）提议用以下关系式进行吸附建模，既能模拟污染物的平衡吸附，又能模拟其速率限制吸附过程。

$$\frac{\mathrm{d}X_{\mathrm{sorb}}}{\mathrm{d}t} = \frac{\phi}{\rho_B}\xi(C_{\mathrm{cont}} - \frac{X_{\mathrm{sorb}}}{\lambda_{\mathrm{sorb}}}) \tag{6.8}$$

式中，ϕ 是土壤孔隙度，ρ_B 是土壤容重（ML^{-3}），X 是速率限制传质系数（T^{-1}），C_{cont} 是溶解污染物浓度（ML^{-3}），X_{sorb} 是多孔介质吸附的污染物的质量分数（MM^{-1}），而 λ_{sorb} 是线性吸附系数（L^3M^{-1}）。当 ξ 变大时，非平衡吸附会趋向于平衡吸附；相反，当 ξ 变得非常小时，吸附过程可忽略不计。以这种方式模拟吸附过程，允许吸附或解吸的速率在模型的各个位置根据其局部的吸附量和水相浓度产生变化。

6.4　主要的试剂传输过程

本节描述了影响注入试剂传输到目标治理区域的主要地下传输过程。每个过程对于特定 ISCO 应用的重要性取决于现场条件、氧化剂种类和传输情况。有关 NAPL 的移动和 NAPL 源区最终形成的讨论超出了本书的范围，因为 ISCO 是在一些 NAPL 被假定是稳定的场地作为代表被实施的，而 NAPL 之所以被假定为稳定的，是由于 NAPL 的释放期与修复的启动时间相隔太久。通常与化学传递相关的物理传输过程的概述可见 Kitanidis 和 McCarty（2011）的研究。

6.4.1　平流

平流可能是氧化剂和溶解的污染物在地表以下进行物理运移的最重要的途径。平流指的是氧化剂或溶解的污染物随大体积流体从一个地点移动到另一个地点的过程，具体描述如图 6.4（a）所示。基于达西理论，渗透性基质材料的平流流速能根据平均地下水力传导率 K（LT^{-1}）、孔隙度（ϕ）及引起流动的平均水力梯度（$\Delta h/\Delta x$）进行估算。

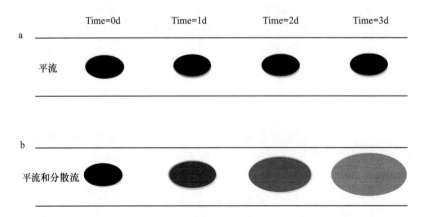

图6.4　单独的平流作用及平流和分散流共同作用分别导致的化合物随时间迁移的对比。
更浅的阴影代表了质量扩散时污染物更低的浓度

$$v = -\frac{K}{\phi}\left(\frac{\Delta h}{\Delta x}\right) \qquad (6.9)$$

在大多数氧化剂传输情景中，平流是主导的传送机制，而地下水力梯度、渗透率或孔隙度的改变会影响平流过程。高渗透区和低渗透区的渗透率可达到好几个数量级的差异。另外，NAPLs 或空气的截留能大大降低受影响区域的渗透性（更多内容见 6.5 节）。渗透率减小会导致流体从包含大量污染物的区域周围绕过。这种分流降低了试剂的传输效率，延长了达到理想修复目标的时间。在某些极端的例子中，注入的氧化剂可能会完全绕开目标区域。Soga 等（2004）改进了源清除技术并进行了数值模拟，证实了 NAPL 源区土壤的异质性和复杂性是控制源降解效率的关键因素。

主动注射应用极高的压力（水力梯度）来实现地下水中的高流速。注射终止后，水力梯度恢复正常，环境流场控制了进一步的氧化剂输送。更多的讨论，以及对主动注射和被动注射中氧化剂平流输送的比较可参考第 11 章。

用数学方法表征平流输送，首先应对地下流体储量的变化进行描述。这可以通过基本流动方程［见式（6.10）］来实现，在方程中，S_s 是多孔介质的比容量（L^{-1}），h 是水头（L），t 是时间（T），K_{xx}、K_{yy} 和 K_{zz} 分别是 x、y、z 坐标轴向上的渗透系数，分别等于渗透系数在 x、y、z 坐标轴方向上的分量，W 是代表流体源和汇的单位体积的体积流量（T^{-1}）。Fetter（1999）、Schwartz 和 Zhang（2003）提供了有关基本流动方程的附加说明。

$$S_s \frac{\partial h}{\partial t} = \frac{\partial}{\partial x}\left(K_{xx}\frac{\partial h}{\partial x}\right) + \frac{\partial}{\partial y}\left(K_{yy}\frac{\partial h}{\partial y}\right) + \frac{\partial}{\partial z}\left(K_{zz}\frac{\partial h}{\partial z}\right) - W \qquad (6.10)$$

式（6.11）描述了平流输送下物种 k 的浓度随时间的变化 $\partial C^k/\partial t$（$ML^{-3}T^{-1}$），其中 x_{ij} 是笛卡儿坐标轴各轴向上的距离（L）。这个等式适用于许多物种的单相传输。然而，实际上地表以下的溶质运移不仅通过平流来实现，通常来说，溶质运移至少还应包括分散过程，6.4.2 节将对分散过程进行描述。事实上，在许多实际应用中，需要添加附加条件来对溶质的源、汇和化学反应进行表达。

$$\phi \frac{\partial C^k}{\partial t} = -\frac{\partial}{\partial x_i}(\phi \bar{v_i} C^k) \qquad (6.11)$$

6.4.2 分散过程

分散是由穿过不同多孔介质孔道的平流流速的差异导致的，属于物理混合过程（Freeze and Cherry, 1979）。事实上，分散的实际权重大小由地下介质异质性控制。分散会使向下运输的氧化剂扩散增强，使氧化剂比只通过平流进行输送提前到达目标区域，如图 6.4（b）所示，还会促进氧化剂与溶解性污染物的混合。如果在自然条件下或试剂注入时地下流体的流速高，或者地下介质不均匀，那么考虑分散过程非常重要。通常来说，地下水水流方向的分散混合比垂直方向的分散混合要强得多。由于分散主要取决于地下流体流速，故任何改变地下水力梯度、渗透率或孔隙度的过程都很重要。

平流与分散运输的结合用平流—分散等式［见式（6.12）］来表达。特别地，式（6.12）描述了物种 k 的浓度随时间的变化 $\partial C^k/2\partial t$（$ML^{-3}T^{-1}$），它是水力分散运输（等式右边第一项）、平流运输（等式右边第二项）、汇或源（等式右边第三项）及化学反应（等式右边最后一项）共同作用的结果。和平流方程［见式（6.11）］一样，这个等式适用于许多物种的单相运输。D_{ij} 是水力分散系数张量（L^2T^{-1}），用于对分散和扩散进行解释；q_s 是单位体积含水层的体积流量速率，代表了流体的源（正的）和汇（负的）；C_s^k 是物种 k 源或汇流量的浓度（ML^{-3}）；R_n 是化学反应项（$ML^{-3}T^{-1}$）。有关平流—分散等式的补充细节可参考 Fetter（1999）、Zheng 和 Bennett（2002）的研究。

$$\phi\frac{\partial C^k}{\partial t}=\frac{\partial}{\partial x_i}\left(\phi D_{ij}\frac{\partial C^k}{\partial x_j}\right)-\frac{\partial}{\partial x_i}\ \phi\bar{v}_iC^k\ -q_sC_s^k+\sum R_n \tag{6.12}$$

6.4.3 扩散过程

相比平流和分散传输，扩散在许多地下环境中是一个相对缓慢的过程。携带氧化剂的地下水不能轻易进入低渗透性介质区域（Dekker and Abriola, 2000b; Stroo et al., 2003）。因此，当低渗透性介质中存在污染物时，扩散就成为被考虑的重要过程。因为不同的化学物质有不同的分子扩散系数和不同的吸附性能，故可利用这些差异对低渗透性介质中的污染物进行修复，尤其是高锰酸钾的原位化学氧化（Siegrist et al., 1999; Struse et al., 2002b）。

基于文献中报道的部分研究，高锰酸钾在 ISCO 期间能发生扩散运输。Struse 等（2002b）研究了高锰酸钾在长 2.54cm、低渗透性粉砂质黏土原土芯中的扩散过程。高锰酸钾扩散通过未污染的土芯大约需要 15d。当 TCE 被置于土芯中间时，高锰酸钾将花费 2 倍的时间通过土芯；但是，几乎所有的 TCE 都被成功氧化，且没有 TCE 扩散到土芯外。这些结果显示，高锰酸钾能有效地扩散进入低渗透区并氧化污染物。进一步地，使用 Millington-Quirk 关系式可将有效扩散系数和孔隙度很好地关联起来。类似地，Siegrist 等（1999）研究了高锰酸钾扩散进入俄亥俄州某场地中粉质黏土低渗透性介质的能力。高锰酸钾通过水力压裂法进行注入，10mon 之后，高锰酸钾在注入处上、下部都扩散了 15cm 以上，且批量实验显示该区域仍然保持较高的降解潜力。然而，文献中报道的相关研究较少，且有关低渗透性介质的性质和结构是如何影响目标修复区域使用不同氧化剂的 ISCO 的有效性的研究也较少。

Johnson 等（1989）证实，不同的溶质通过多孔介质的扩散速率是不同的。Millington 和 Quirk（1959, 1961）提出，水溶性溶质通过多孔介质的有效扩散系数 D_e（L^2T^{-1}），能根据溶质所在溶液（在无限稀释浓度时）的分子扩散系数 D_m（L^2T^{-1}）和有效孔隙度 ϕ_{eff} 进行估算。

$$D_e=D_m\phi_{eff}^{\frac{4}{3}} \tag{6.13}$$

为了解释多相系统（如 NAPL 存在时）中减小的有效孔隙度，Jury 等（1991）修改了 Millington-Quirk 关系式，使之与含水量（θ_w）及有效孔隙度联系起来［见式（6.14）］。在溶液完全饱和的情况下，含水量（θ_w）与有效孔隙度（ϕ_{eff}）是相等的，故式（6.14）可简化成式（6.13）。

$$D_e=D_m\frac{\theta_w^{\frac{10}{3}}}{\phi_{eff}^2} \tag{6.14}$$

6.4.4 密度驱动流

当浓缩的氧化剂溶液注入地下水区域时，密度差会产生使氧化剂溶液向下迁移的重力，如图 6.5 所示。氧化剂注入溶液的密度驱动运输的作用价值是很重要的。Schincariol 和 Schwartz（1990）的研究表明，即使密度差异小到 0.0008g/mL，流动的显著不稳定性也能发生。式（6.10）和式（6.12）不适用于密度驱动运输，故需要替代公式 [如 Guo 和 Langevin（2002）、Langevin 等（2003）、Langevin 和 Guo（2006）、Henderson 等（2009）介绍的那些公式] 来对其进行描述。

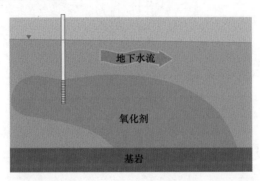

图6.5 氧化剂密度显著高于地下水密度时氧化剂的传输概念模型

6.4.5 吸附

吸附的概念及其对污染物运输的影响在 6.3.2 节进行了讨论。在氧化剂注入期间，污染物的移动速率会比氧化剂的传输速率慢，而吸附能增大氧化剂接触污染物的可能性。

如果吸附反应与地下流体流速相比足够快，它就可以被当作瞬时的，可通过在式（6.12）左侧添加无量纲阻滞系数 R 对其进行考虑，如式（6.15）所示。有关可用的瞬时或平衡吸附代表式的讨论可参考 Zheng 和 Wang（1999）。当流体流速与吸附反应相比较为快速时，吸附反应就作为 R_n 项之一通过动力学方程式进行表达。

$$R\phi\frac{\partial C}{\partial t} = \frac{\partial}{\partial x_i}\left(\phi D_{ij}\frac{\partial C}{\partial x_j}\right) - \frac{\partial}{\partial x_i}\ \phi\bar{v}_i C\ - q_s C_s + \sum R_n \tag{6.15}$$

6.4.6 注气法

臭氧在 ISCO 氧化剂中是特殊的，因为它通常以气体的形式注入，其特殊性在第 5 章中进行了详细描述。潜水面下气体的注射已经是很多调查原位曝气期间地下空气分布的研究关注点。证据显示，宏观气道（见图 6.6）将以砂子、泥砂和黏土为主导；而气泡主导流将仅在均匀的砂砾含水层中存在（Brooks et al., 1999）。

曝气所致的空气分布由微观过程和宏观过程同时控制。在微观层面上，空气入口孔压强将控制注入臭氧的迁移；在宏观层面上，异质性（如更低渗透性区域）的存在将改变大体积臭氧的迁移模式。由于大孔道与更高渗透性区域相关联，故注入的臭氧将沿着相对高渗透性的路径富集（Thomson and Johnson, 2000; Tomlinson et al., 2003）。

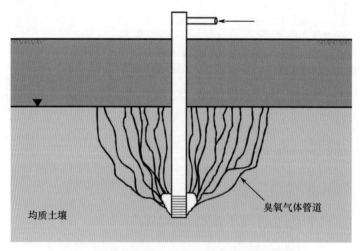

图6.6 臭氧注入时宏观气道的形成概念模型

6.5 影响水力条件的过程

在实施 ISCO 的场地，地下水流速通常是不可忽略的，所以平流和分散过程是可溶性污染物扩散和氧化剂向目标治理区域传输的重要过程。因此，能导致水力条件在空间上、时间上或两方面都发生变化的过程很重要。

6.5.1 稳定组分引起的渗透减弱

由孔隙间稳定组分（如 NAPL、微生物的生长、无机沉淀物）导致的孔隙度减小有多种表征方法。这些方法包括指数模型，如式（6.16）（Wyllie, 1962）和式（6.17）（Reis and Acock, 1994）所示；或者毛细管模型，如康采尼—卡曼方程，如式（6.18）所示（Bear, 1972）。

$$K_{r,w} = \left(\frac{1 - S_n - S_{r,w}}{1 - S_{r,w}} \right)^3 \tag{6.16}$$

$$K_{r,w} = \left(1 - \frac{\phi - \phi_{\text{eff}}}{\phi} \right)^b \tag{6.17}$$

$$K_{r,w} = \frac{\phi^3}{K_s(1-\phi)^2} \left(\frac{d_{50}^2}{180} \right) \tag{6.18}$$

式中，$K_{r,w}$ 是相对透水率，S_n 是孔隙间稳定组分的饱和度，$S_{r,w}$ 是多孔介质的残余水饱和度，ϕ 是多孔介质的孔隙率，ϕ_{eff} 是多孔介质的有效孔隙率，b 是与多孔介质类型相关的经验指数，K_s 是饱和导水率（LT^{-1}），d_{50} 代表（平均）粒度（L）。

接下来讨论关键稳定组分 NAPL、固体产物和气体产物对渗透性的影响。与 NAPL 和固体有关的可能的孔隙堵塞机制的概念模型可参考图 6.7。本节对估算由稳定组分引起的渗透率降低的式（6.16）～式（6.18）的应用，以及与固体产物有关的渗透率降低的可能性也进行了介绍。

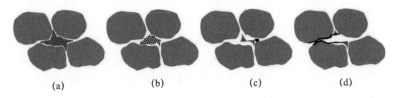

图6.7　孔隙堵塞机制的概念模型：（a）NAPL充满孔隙；（b）微生物生长或出现无定型类凝胶态的沉淀物，NAPL仍存在；（c）在孔喉中生成固体，仍存在NAPL；（d）生成的固体减小了孔喉的直径，并对NAPL进行了封锁

1. NAPL 含量

对比源区外其他类似的地下区域，流经 NAPL 高度饱和源区的地下水流量会大大减少，这是因为源区的 NAPL 会填满大部分孔隙空间导致有效渗透率降低（Powers et al., 1998; Saba and Illangasekare, 2000）。Oostrom 等（1999）、Taylor 等（2001）都执行了非均质系统中试剂冲洗 NAPL 的 2-D 槽实验。在两个研究中，由于绕流作用，注入的试剂都没有在其上覆盖有低渗透性介质的高度饱和的 NAPL 池中显著减小 NAPL 的质量。Saenton 等（2002）的建模工作显示，绕流能降低试剂的传输效率，延长到达理想修复终点的时间。在这些研究中的某些极端情况下，注入的表面活性剂能完全绕开 NAPL 源区。相反，当 NAPL 通过溶解或修复从孔隙中被移除时，增大的孔隙空间将对液压流体流量开放，使透水率增大，并致使流经这些区域的流体流速增大。

Saenton（2003）、Illangasekare 等（2006）发现，式（6.16）能与实验获得的 NAPL 在石英砂孔隙空间中的渗透率数据（Saba, 1999）很好地吻合，其涉及的孔隙堵塞概念模型可能是如图 6.7（a）所示的类型。

2. 固体产物

当用高锰酸钾氧化 NAPL 高度饱和源区时，二氧化锰的生成会导致渗透率降低，进而减弱氧化剂传送至源区的能力（Schroth et al., 2001; Siegrist et al., 2002; Lee et al., 2003）。关于高锰酸钾氧化 NAPL 低饱和源区对渗透率影响的研究有点模糊不清。Nelson 等（2001）推断，对饱和度为 4% ～ 7% 的 PCE/NAPL 进行氧化时所生成的二氧化锰对渗透率的影响是可以忽略不计的，尽管在含碳酸盐矿物砂层的缓冲作用下系统停留在中性条件下。相反，Lee 等（2003）发现，在无缓冲性石英砂系统中，用高锰酸钾氧化饱和度为 4% ～ 7% 的 PCE/NAPL 源区生成的二氧化锰高达 4900mg MnO_2（s）/kg 多孔介质。更进一步，在两个月以上的实验中，观察到前期氧化反应速率降低 1/6，并将该现象归因于由渗透率下降导致的氧化剂传送量的减小。Heiderscheidt 等（2008b）进一步发现，超过 100mg MnO_2（s）/kg 多孔介质的二氧化锰产量会导致在残余 NAPL 饱和度为 6% ～ 40% 的 PCE 源中进行 2-D 中尺度槽实验时渗透率的降低。

Clement 等（1996）提议，用式（6.17）（其中 b =19/6）来表达由微生物生长引起的孔隙堵塞，图 6.7（b）中对其进行了概念化。相反，Reis 和 Acock（1994）推断康采尼—卡曼方程的各种形式通常都不是拟合多孔介质中化学沉淀所致渗透率降低的最优模型，其在很大程度上低估了渗透率的降低。他们进一步指出，指数模型也有低估渗透率降低的缺点，尤其是在堵塞程度高的时候，而强堵塞通常是在孔喉远早于孔隙被填满（被阻塞）的情况下发生的，如图 6.7（c）和图 6.7（d）所示。指数模型低预测的可能性是通过 Lee 等（2003）用其分析一个三维槽实验的结果得到证实的。在这个实验中，残余 NAPL 饱和度大约为 8% 的 TCE/NAPL 源区使用高锰酸钾进行氧化修复。如果二氧化锰的密度确定为 5040g/L（CRC，2001），那么无论使用式（6.16）还是式（6.17）[b =3.5，数据源自使用类似土壤进行实验的研究（Reis and Acock, 1994）]，计算出来的渗透率下降都只有 1.6%。然而，注意到以下这一点是很重要的，即 CRC（2001）研究中的密度是对如图 6.7（c）和图 6.7（d）所示类似的干燥的、老化的软锰矿型二氧化锰而言的，而实际中生成的却是含水的、可能呈胶体状的水钠锰矿型二氧化锰，它与如图 6.7（b）所示的类似，应该具有小得多的密度（Nelson et al., 2001; Conrad et al., 2002; Li and Schwartz, 2004; Al et al., 2006）。因此，如果将二氧化锰的有效密度确定为 1000g/L，那么计算出来的渗透率下降就增长到 7.5%。但是，要解释实验数据，还需要更大的渗透率下降，而这可能要在二氧化锰早于整个孔隙空间被填满（将孔喉堵塞）的情况下才会发生。例如，Heiderscheidt（2005）预计，有效二氧化锰密度要低于 100g/L 才能对研究的中尺度二维槽系统中测定的渗透率下降做出解释。

Reitsma 和 Randhawa（2002）实施了一维柱实验，在石英砂地中用 2000mg/L 的高锰酸钾 [以 3.0m/d 的达西速率] 对水相中的 PCE（浓度大约为 50mg/L）进行了氧化。他们确认了当二氧化锰（假定固体二氧化锰的密度为 5040g/L）填充了孔隙的仅 1% 的空间时，渗透率就降低了 98%。但实际上，更多的孔隙空间可能已经被填充了，因为就像之前提到的，生成的二氧化锰的密度应该更低。但即使二氧化锰的密度被估计为 1000g/L，用式（6.16）或式（6.17）进行预测的渗透率降低也仅有 15%。Reitsma 和 Randhawa（2002）推断，渗透率下降很可能源于孔隙堵塞。他们也发现，更高的流体速率会导致更低的孔隙率下降，这可能是因为更高的流体速率在一些二氧化锰开始堵塞孔喉的时候就将其移开了。

Schroth 等（2001）实施了一维柱实验来研究产物二氧化锰对渗透率的影响。他们的研究与 Reitsma 和 Randhawa（2002）的研究的不同之处在于，残留的 NAPL/TCE 被安置在柱长的 2/3 处，高锰酸钾的浓度为 790mg/L，达西速率为 15.8m/d，预计 24h 后会有 96% 的渗透率下降。基于被消除的 TCE 量，产物二氧化锰的量被估计为 66.2g。假设二氧化锰平均分布于 NAPL 源区，其浓度被设定为 5040g/L，那么，估计渗透率的降低 [使用式（6.16）或式（6.17）] 将只有 10%。然而，如果二氧化锰被认为主要存在于 NAPL 源区的前 25% 的区域，就像 Schroth 等（2001）观测到的那样，估计的渗透率下降就会变成 33.6%。更进一步地，如果产物二氧化锰的有效密度被定为 1000g/L，并且其被认为主要存在于 NAPL 源区的前 25% 的区域，那么估计的渗透率下降（为 95.2%）就会相当接近观测值。Schroth 等（2001）使用的柱子与 Reitsma 和 Randhawa（2002）使用的柱子相比，前者的横截面是后者的 2 倍，长度是后者的 33 倍，这表明尽管孔喉堵塞发生于孔隙尺度，但只要选择合适的二氧化锰有效密度，渗透性关系式（6.16）和式（6.17）在更大的孔隙尺度内仍然有效。

虽然之前的讨论主要关注在使用高锰酸钾氧化时二氧化锰的生成所导致的渗透率降低，但它同样适用于使用过氧化氢或过硫酸盐作为氧化剂，以及使用溶解态铁离子作为催化剂时固体产物所导致的渗透率降低 [Jazdanian et al., 2004; ITRC (Interstate Technology and Regulatory Council), 2005]。在中性和碱性条件下，三价铁离子倾向于沉淀为氢氧化铁固体。但是，当三价铁离子作为催化剂时，这种影响通常能通过酸化地下修复区域或使用螯合剂将铁离子保持在溶液中来避免，这在过氧化氢和过硫酸盐章节（分别是第2章和第4章）中进行了讨论。

6.5.2　气体产物

不产生固体副产物的氧化剂也会导致渗透率降低，气体产物也可能是一个问题。气体形成的一个潜在的源是矿化有机物时二氧化碳的生成。

产生气体的一个更大的源是氧气的生成，氧气与二氧化碳相比具有更低的水溶性。它产生于过氧化氢的还原过程。在不同的场地条件下，过氧化氢都趋向于在地表以下快速降解，所以存在很大的影响渗透率的可能性。

气体产物可不同程度地降低某些孔隙空间的饱和度。作为这种降低饱和度作用的结果，流体运输的可用孔隙空间减少，导致了渗透率的下降。用式（6.16）～式（6.18）对气体的生成进行解释，需要两个主要的假设：形成的气体不能溶解于水相中；气体是固定不动的，就待在它生成的地方。这些假设对于一些特殊的系统来说可能是合乎情理的，但对于其他系统有可能是不合理的。例如，如果生成气体的体积很大，形成的气泡就可能变得足够大致使浮力超过毛细力，导致气泡开始向上迁移，这时就变成了一个多相传输的问题，需要多相、多组分的反应迁移模型来解决。在这种情况下，式（6.16）～式（6.18）就不适用了，就不能用其合理地模拟渗透率的降低了。

6.6　氧化剂/污染物的动力学反应公式

不同氧化剂对污染物的氧化速率、氧化反应机理和反应途径的复杂程度都是不一样的。从水相污染物浓度、氧化剂浓度，到温度、活化方法、天然有机物浓度、还原性矿物和自由基，都会导致污染物氧化速率的不同。本节简要介绍决定每种氧化剂氧化反应速率的重要因素，补充细节请参考氧化剂相关章节（见第2～5章）。

污染物氧化的数学表达式根据氧化剂种类的不同而不同，但通常涉及参与污染物和氧化反应的各种物质的浓度。对于高锰酸钾而言，这意味着要追踪污染物和高锰酸钾的浓度；对于其他氧化剂而言，这意味着要追踪污染物和初始氧化剂所产生的各个重要的自由基或反应物，以及合适的活化剂或催化剂。追踪所有的这些成分是一个艰难的任务。

通常来说，一个给定关键污染物的氧化动力学过程是一个二级反应，这意味着污染物的浓度（反应过后）能通过式（6.19）进行计算。式中，C_i 是组分 i 的浓度（ML^{-3}），dC_i/dt 是组分 i 的浓度随时间的变化率，k_2 是特定氧化剂降解污染物的二级反应动力学系数（$L^3M^{-1}T^{-1}$）。

$$\frac{dC_{cont}}{dt} = -k_2 C_{cont} C_{oxidant} \qquad (6.19)$$

另外，如果氧化剂或污染物的浓度过量，那么过量组分的浓度将基本保持不变，这时就能使用一级反应动力学表达式。在这种情况下，如果氧化剂过量，那以，式（6.19）就变成

$$\frac{\mathrm{d}C_{\mathrm{cont}}}{\mathrm{d}t} = -kC_{\mathrm{cont}} \qquad (6.20)$$

式中，k 是一个伪一级反应动力学系数，由二级反应动力学系数与氧化剂的浓度相乘所得，因为氧化剂在这里过量。

类似地，如果污染物过量，氧化剂被追踪，那么，式（6.19）就变成

$$\frac{\mathrm{d}C_{\mathrm{oxidant}}}{\mathrm{d}t} = -kC_{\mathrm{oxidant}} \qquad (6.21)$$

式中，k 等于二级反应动力学系数乘以污染物的浓度，因为污染物在这里过量。在使用解析法时，这些一级反应式特别重要，这是因为解析法通常受限于一级反应式的形式。

氧化剂和水中副产物的浓度（例如，含氯溶剂的氧化产生的 Cl^-）是基于反应化学计量学进行估计的。各氧化剂和水相副产物的通用表达式为

$$\frac{\mathrm{d}C_{\mathrm{oxidant}}}{\mathrm{d}t} = Y_{\mathrm{oxidant/cont}}\frac{\mathrm{d}C_{\mathrm{cont}}}{\mathrm{d}t} - k_j C_{\mathrm{oxidant}} - k_{2k} C_k C_{\mathrm{oxidant}} + k_y C_y \qquad (6.22)$$

$$\frac{\mathrm{d}C_{\mathrm{by\text{-}product}}}{\mathrm{d}t} = -Y_{\mathrm{by\text{-}product/cont}}(k_2 C_{\mathrm{cont}} C_{\mathrm{oxidant}}) \qquad (6.23)$$

式中，C_{oxidant} 是特定氧化剂成分（如自由基或反应活性物种）的浓度，$Y_{i/j}$ 是通过合适的反应化学计量学方法得到的组分 i 与组分 j 化学计量的摩尔质量比，k_j 是第 j 个氧化剂消解反应（如自分解反应）的一级氧化剂消解速率，k_{2k} 是氧化剂与第 k 个水相组分（如发生清除反应的组分）反应的二级氧化剂消解速率，C_k 是第 k 个正在消耗氧化剂的组分的水相浓度，k_y 是第 y 个氧化剂生成反应（如自由基 y 的一级催化生成反应）的一级氧化剂生成速率，C_y 是分解生成特殊氧化剂组分的物质的水相浓度。

如果一个二级反应正在生成特殊的氧化剂组分，那么另一个 C_k 项就能带着正号而不是负号纳入式（6.22）中。在这种情况下，k_{2k} 是二级氧化剂生成速率，C_k 是正分解产生氧化剂的第 k 个组分的水相浓度。

6.6.1 高锰酸盐反应

如第 3 章所述，用高锰酸盐氧化难降解污染物的速率取决于水相污染物的浓度和氧化剂的浓度，通常来说，各组分的反应是一级反应，而总反应是二级反应。Ladbury 和 Cullis（1958）回顾和总结了高锰酸盐氧化芳香烃、酚类、芳香醇、糖类、脂肪酸、醛类、酮类，以及大量无机化合物的各种反应途径和反应动力学过程。更多近期的研究阐明了高锰酸盐氧化卤代烯烃，尤其是氯乙烯，如四氯乙烯和三氯乙烯的反应途径和反应动力学过程（Schnarr et al., 1998; Huang et al., 1999; Yan and Schwartz, 1999, 2000; Huang et al., 2001, 2002）。进一步地，Huang 等（2002）发现 PCE 的氧化速率在 pH 值为 3 ~ 10 的范围内不会显著改变。这些结果支持和拓展了 Yan 和 Schwartz（1999）的研究，表明高锰酸盐氧化 TCE 的速率不受 pH 值为 4 ~ 8 条件的控制。Damm 等（2002）发现 pH 值为 5.3 ~ 9.9 时，高锰酸盐对甲基叔丁醚（MTBE）的氧化有类似的结果。Huang 等（2002）也发现反应速率不会受 0 ~ 0.2M 外离子强度的影响，而自然地下水中的离子强度通常在 0 ~ 0.2M 外；

然而，他们也确实发现反应速率会随着温度的升高而增大。

例如，高锰酸盐氧化 PCE 的反应化学计量学表达式如反应式（6.24）所示，而高锰酸盐和氯离子的反应方程式如式（6.25）和式（6.26）所示。

$$4MnO_4^- + 3C_2Cl_4 + 4H_2O \rightarrow 6CO_2 + 4MnO_2（s）+ 8H^+ + 12Cl^- \qquad (6.24)$$

$$\frac{dC_{MnO_4^-}}{dt} = Y_{MnO_4^-/cont}\frac{dC_{cont}}{dt} \qquad (6.25)$$

$$\frac{dC_{Cl^-}}{dt} = -Y_{Cl^-/cont}(k_2 C_{cont} C_{MnO_4^-}) \qquad (6.26)$$

式中，$Y_{i/j}$ 是由反应式（6.24）和组分分子质量计算所得的组分 i 与组分 j 的化学计量摩尔浓度比。

6.6.2　臭氧反应

臭氧的化学反应过程要复杂得多（更多详情可参见第 5 章）。臭氧能以类似于高锰酸盐氧化的方式直接氧化污染物。但是，它也能通过分解产生自由基（羟基自由基、超氧阴离子和氢过氧自由基）和其他活性氧类混合物来氧化污染物，每种污染物有不同的反应动力学速率（Staehelin and Hoigné, 1982; Staehelin et al., 1984; Tomiyasu et al., 1985）。另一种潜在的复杂性在于，不像其他氧化剂，臭氧的直接（和潜在的自由基）氧化会在气相和水相中发生（Choi et al., 2002; Reisen and Arey, 2002）。进一步地，臭氧在水相中的分解速率会在很大程度上依赖 pH 值，表现为在酸性条件下的慢速分解（和自由基形成），以及在碱性条件下的快速分解。

6.6.3　过氧化氢反应

过氧化氢的化学反应过程比臭氧稍微简单一些，但仍然相当复杂，尤其是在与高锰酸盐（具体细节可参考第 2 章）进行比较时。为了促进或控制过氧化氢的活性，其通常与催化剂或稳定剂（如溶解铁、铁锰矿物、有机配位体或螯合剂）一起用于 ISCO。在被催化时，过氧化氢生成与很多有机污染物有快速反应速率的自由基（如羟基自由基、超氧阴离子和氢过氧自由基）。但是，这些自由基的生成涉及大量的链反应，会产生许多中间产物，而其中某些中间产物由于存活时间太短不能被测定。进一步地，形成自由基的种类和数量取决于使用的催化剂和 pH 值。

6.6.4　过硫酸盐反应

过硫酸盐的化学反应过程相当复杂，如第 4 章描述的一样。过硫酸盐能通过直接反应或硫酸根、羟基自由基，以及潜在的其他（超氧阴离子、氢过氧自由基和外加硫基自由基）自由基的形成和反应过程来进行氧化（Peyton, 1993; Buxton et al., 1996; De Laat and Gallard, 1999; Tsitonaki et al., 2006; Liang et al., 2007）。进一步地，自由基形成的数量和速率取决于某些活化方法的使用。不同的活化方法会导致不同的降解机制，故活化方法的选择取决于被治理的污染物和环境（Block et al., 2004; Crimi and Taylor, 2007）。

6.7 非生产性反应的氧化剂用量

除了破坏目标污染物 COCs，每种氧化剂都很容易发生非生产性反应，包括自然氧化降解、催化反应和自分解反应而被消耗。自然氧化降解涉及与非选择性材料的反应，包括与天然有机材料（NOM）、无机矿物质及溶解物的反应；催化反应指的是存在催化剂时氧化剂的分解；而自分解反应是氧化剂自发的分解。这些非生产性反应与目标反应竞争，减少了可用于破坏目标污染物的氧化剂的量。非生产性反应中消耗氧化剂的源及其反应速率因氧化剂的不同而不同，详细内容可参考氧化剂相关章节（见第 2 ~ 5 章）。本节是关于非生产性反应中氧化剂消耗的一个简短讨论。

不管对于哪种氧化剂，NOD 都是一个重要因素，通常它被当作固定相进行建模。目前大量研究都表明，穿透性介质的 NOD 比任何地下水中溶解成分挥发的 NOD 多得多。NOD 可以作为一种或多种成分在模型中被拟合，所用一级反应式为

$$\frac{\mathrm{d}X_{\mathrm{NOD}_i}}{\mathrm{d}t} = -k_{\mathrm{NOD}_i} X_{\mathrm{NOD}_i} \tag{6.27}$$

式中，左边是 NOD 成分 i 的质量变化率，X_{NOD_i} 是 NOD 成分 i 的质量分数（MM^{-1}），k_{NOD_i} 是 NOD 成分 i 的一阶氧化速率（T^{-1}）。当式（6.27）被用于拟合 NOD 时，一个一阶项［在式（6.28）中被圈出来］需要被插入式（6.22）中来说明 NOD 对氧化剂的消耗。

$$\frac{\mathrm{d}C_{\mathrm{oxidant}}}{\mathrm{d}t} = Y_{\mathrm{oxidant/cont}} \frac{\mathrm{d}C_{\mathrm{cont}}}{\mathrm{d}t} - \boxed{(k_i X_i)\frac{\rho_B}{\varphi}} - k_j C_{\mathrm{oxidant}} - k_{2k} C_k C_{\mathrm{oxidant}} + k_y C_y \tag{6.28}$$

式中，k_i 是氧化剂与第 i 个消耗氧化剂的 NOD 成分反应的一阶氧化剂消耗率，X_i 是第 i 个消耗氧化剂的 NOD 成分的质量分数，ρ_B 是多孔介质的体积密度，ϕ 是多孔介质的孔隙率。

第 3 章给出了研究 NOD 动力学的几种备选公式的讨论，其依据是使用高锰酸盐的 ISCO。在第 3 章中，可能由于情况不同，NOD 或有机含水层物质的量是作为浓度被体现的，而这里用质量分数来对其进行说明，因为在固体多孔介质中 NOD 占优势。然而，NOD 的浓度和质量分数实际上是等价的，并且可由下列等式进行关联：

$$C_{\mathrm{NOD}} = X_{\mathrm{NOD}_i}\left(\frac{\rho_B}{\varphi}\right) \tag{6.29}$$

或者，二阶的 NOD 氧化可通过对式（6.27）进行修正来拟合，修正后为

$$\frac{\mathrm{d}X_{\mathrm{NOD}_i}}{\mathrm{d}t} = -k_{2\_\mathrm{NOD}_i} X_{\mathrm{NOD}_i} C_{\mathrm{oxidant}} \tag{6.30}$$

式中，$k_{2\_\mathrm{NOD}_i}$ 是 NOD 成分 i 的二阶氧化速率（$\mathrm{L}^3\mathrm{M}^{-1}\mathrm{T}^{-1}$），$C_{\mathrm{oxidant}}$ 是氧化剂的浓度（ML^{-3}）。在这种情况下，一个二阶项［在式（6.31）中被圈出来］需要被插入式（6.22）中来说明 NOD 对氧化剂的消耗：

$$\frac{\mathrm{d}C_{\mathrm{oxidant}}}{\mathrm{d}t} = Y_{\mathrm{oxidant/cont}} \frac{\mathrm{d}C_{\mathrm{cont}}}{\mathrm{d}t} - \boxed{(k_{2i} X_i)\frac{\rho_B}{\varphi} C_{\mathrm{oxidant}}} - k_j C_{\mathrm{oxidant}} - k_{2k} C_k C_{\mathrm{oxidant}} + k_y C_y \tag{6.31}$$

式中，k_{2i} 是氧化剂和第 i 个消耗氧化剂的 NOD 成分反应的合适的二阶氧化剂消耗率。

当 NOD 氧化反应为二阶或更高阶反应时，实际上也可以当作一阶反应来对待，这是

由于模拟通常高估了 NOD 氧化反应中的氧化剂消耗量。原因是在更高阶的反应中，反应动力学常数取决于氧化剂的浓度和 NOD 的量，以致于当氧化剂被消耗时，NOD 的氧化速率会降低。因此，在高估氧化剂消耗量进而导致低估对污染物的氧化方面，该拟合是相对保守的。

通常来说，孔隙中 NOD 被氧化的量可被忽略，所以 NOD 的去除不会使渗透性增大。但如果不是这种情况，NOD 的量和假饱和度可用一个适当的密度参数添加到水力渗透方程中［见式（6.16）］。除了 NOD 的量，假饱和度还将包含在计算更新的水力渗透性时 NOD 量的变化。

其他形式的非生产性氧化剂需求，如自分解反应，都包含在式（6.22）中。这些非关注有机污染物的氧化剂需求项在式（6.28）和式（6.31）中再次进行了说明。特别地，式（6.28）中右边圈中的项阐明了氧化剂的自分解反应，式（6.31）中右边圈中的项则阐明了一个潜在的氧化剂清除反应。

6.7.1 高锰酸盐非生产性氧化剂需求

非生产性高锰酸盐的最大消耗是其与场地多孔介质及含水层固体中有机物质、还原性金属和其他代表性还原剂的反应消耗。这些多孔介质成分所带来的氧化剂需求就是 NOD，它经常通过那些整个区域的质量水平比要修复污染物的质量水平大得多的地点来表达。这些 NOD 与目标污染物竞争可用的氧化剂。虽然 Zhang 和 Schwartz（2000）提出，包含 NOD 在内的成分与高锰酸盐 MnO_4^- 反应的速率比含氯污染物与高锰酸盐 MnO_4^- 反应的速率快得多，但有证据表明不是所有的 NOD 成分都比污染物有更快的氧化速率（Siegrist et al., 1999; Yan and Schwartz, 1999; Mumford et al., 2002, 2005; Struse et al., 2002a）。由于 NOD 通常作为一个成分复杂的混合物来发挥作用，而这些成分与氧化剂接触的表面积不同，所以一般认为高锰酸盐与 NOD 的氧化反应是一个动力学控制过程（见 3.3.1 节）。因此，NOD 和污染物的氧化反应同时发生，并且氧化的相对速率控制了各自的消解。此外，由于 NOD 来源于混合成分，故 NOD 氧化反应的反应动力学速率根据不同的多孔介质有很大的不同。研究表明，当一种特殊多孔介质中的某些 NOD 成分的反应动力学速率经常高于目标污染物时，NOD 通常由至少两种具有显著不同氧化速率的成分组成（Crimi and Siegrist, 2004; Jackson, 2004; Mumford et al., 2005）。

6.7.2 臭氧非生产性氧化剂需求

研究表明，臭氧在与 NOM 的反应中极易被消耗，这类似于高锰酸盐与 NOD 反应时的情况（Hsu and Masten, 2001; Choi et al., 2002; Kim and Choi, 2002; Lim et al., 2002; Jung et al., 2004; Zhang et al., 2005；参见 5.3.2 节）。此外，臭氧还有一种永远不会随着时间而停止的缓慢的消耗，这可能是 pH 值或多孔介质中的矿物含量等因素的催化作用引起的臭氧分解（Clayton, 1998; Lim et al., 2002; Shin et al., 2004）。这表明氧化剂的运输存在一个最大极限距离。

6.7.3 过氧化氢非生产性氧化剂需求

与其他被讨论的氧化剂相比，过氧化氢可能是地下环境中最不稳定的（参见 2.2.4 节）。

不像臭氧和高锰酸盐，NOM 并不是过氧化氢的一个主要的汇，因为过氧化氢和 NOM 之间的反应速率通常相当慢（Goldstone et al., 2002; Bissey et al., 2006）。对过氧化氢的最大非生产性氧化剂需求源自那些由多孔介质中存在的各种矿物质和它们各自的比表面积（晶粒尺寸）所引起的矿物催化作用。此外，清除反应可以在自由基中间产物和水溶性物质之间发生，这扰乱了自由基的进一步传播。例如，碳酸根和碳酸氢根离子是强清除剂，可以清除羟基自由基，并形成碳酸自由基和碳酸氢自由基这些弱得多的氧化剂。

6.7.4　过硫酸盐非生产性氧化剂需求

一些研究表明，NOM 充当氧化剂过硫酸盐的一个汇，就像其与臭氧和高锰酸盐的关系一样（Hoag et al., 2000; Haselow et al., 2003; Dahmani et al., 2006; Liang et al., 2008；参见 4.2.4 节）。其他研究表明，过硫酸盐可能也会经历类似臭氧反应时的催化分解反应（Liang et al., 2003; Crimi and Taylor, 2007; Sra et al., 2007）。然而，相较于其他氧化剂，有关过硫酸盐的基础性研究少得多，我们尚不清楚其中是否有一个过程比其他过程更重要，以及它们是否都依赖地下环境才能发生。

6.8　已发表的 ISCO 模型研究

大多数之前的模型研究集中于使用臭氧进行包气带处理，以及使用高锰酸盐进行饱和带处理的 ISCO。使用过硫酸盐和过氧化氢的 ISCO 建模工作的不足可能是这些氧化反应具有更复杂的性质，以及过硫酸盐是一种新近发展的技术。有关水文地球化学模型的更多信息通常可在 Kitanidis 和 McCarty 的研究（2011）中找到。

6.8.1　臭氧模型

一些不同的模型和实验研究已经实施，用于评估气态臭氧注射在治理包气带中难挥发性有机污染物时的应用效果（Hsu and Masten, 2001; Kim and Choi, 2002; Sung and Huang, 2002; Shin et al., 2004）。表 6.2 给出了由不同作者提出的关于臭氧反应运移的一系列模型及各自考虑的反应过程。

表 6.2　模拟使用臭氧 ISCO 的研究

研　究	域	模型类型[a]	包含的过程	发　现
Clayton（1998）	二维	解析型	• 从注射点发出的径向气流 • 一阶的臭氧（O_3）衰减	简单模型可能会提供对 O_3 有效半径的保守预测
	一维	数值型	• 气态 O_3 和挥发性污染物的水平对流 • 污染物和臭氧气相和水相之间限速的传质过程 • 土壤中污染物的限速解吸过程 • 气相和水相中臭氧和污染物之间的二阶反应	O_3 和挥发性、半挥发性污染物通过一维气体通道运移的理论模型。最初，注射点附近的反应限制了分布，但当反应基质被耗尽时，O_3 的传输会随着时间增加。然而，分解反应可能会导致 O_3 传输的上限。某些挥发性污染物的挥发使之未氧化

（续表）

研 究	域	模型类型 [a]	包含的过程	发 现
Hsu 和 Masten（2001）	一维	数值型	• 气态臭氧的水平对流，仅包括可压缩气流 • 污染物被假定是非移动的 • O_3、污染物和土壤有机质之间的二阶反应 • 各相被集总 [b] • 污染物和NOM的反应被模拟为相继或同时发生	限于非移动污染物的模型。相继或同时反应模型的O_3传输没有显著的差异，因为与与NOM的需求相比，污染物的需求较小。NOM显著阻碍了O_3传输
Kim 和 Choi（2002）	一维	数值型	• 只有O_3的气相对流和分散 • 污染物被假定是非移动的 • O_3、污染物和土壤有机质之间的二阶反应 • 一阶的O_3自分解 • O_3向水相的传输，使用3种途径：①均衡模型；②限速吸附模型；③各相集总模型	突破后的稳定O_3浓度用3种途径的预测效果都很好，但突破时间经常被过度预测。均衡模型对亨利定律常数非常敏感；限速吸附模型对系数k_{La}非常敏感；各相集总模型对趋近于稳态的预测较其他两种模型快，是因为其有对集总接触（与所有反应物种）的假设
Shin等（2004）	一维和三维	数值型	• 只有O_3的气相对流和分散 • 污染物被假定是非移动的 • O_3、污染物和土壤有机质之间的二阶反应 • 一阶的O_3自分解 • 各相被集总 [b]	通过实验结果估计参数，作者做了一个三维拟合，发现NOM、自分解和无机材料显著阻碍了O_3的运输。这种阻滞在估计一种土壤的参数设计考量中被突出，注射点的点距减小为原来的1/2导致清除一种非移动污染物的时间缩短为原来的1/1000
Sung 和 Huang（2002）	一维	数值型	• 只有O_3的气相对流和分散 • 污染物被假定是非移动的 • O_3、污染物和土壤有机质之间的二阶反应 • O_3向水相的限速传质 • 水相边界层内的反应导致O_3传输增强 • 污染物向水相的限速解吸	亲水的非饱和土壤中O_3传输和非挥发性污染物降解的理论模型。与基质的竞争反应不被考虑。发现克莱准数（Pe）和斯坦顿数（St）对一维柱中的臭氧传输行为有显著的影响。特别地，当St比1大得多时，系统中O_3的传输受控

注：[a]模型类型指的是数学模型基于解析方法还是数值方法。

[b]集总相表示气相、液相或油相中的反应不被分离，而被当作一个有经验反应速率系数的反应。

其中一些研究表明，臭氧运输被其与 NOM 和土壤矿物质的反应所限制（Hsu and Masten, 2001; Kim and Choi, 2002; Shin et al., 2004）。另外，介质性质决定了可能达到的有效运输距离，因此注射点的点距是一项重要的设计依据。一些人还研究了臭氧向水相的转变对臭氧运输的影响，这对饱和区的治理有重要启示。目前，这些模型只考虑了单一的移动气相污染物和固定的（如非挥发性的）污染物。

6.8.2 高锰酸盐模型

很多模型已经被开发和应用于研究高锰酸盐运移，以及其对污染物、NAPL 清除的影响(Hood, 2000; Zhang and Schwartz, 2000; Reitsma and Dai, 2001; Forsey, 2004; Heiderscheidt, 2005; Mundle et al., 2007; Henderson et al., 2009)。对使用高锰酸盐 ISCO 治理进行建模的标准途径包括：①溶解性高锰酸盐和污染物的平流扩散运输；②用带有传质系数的线性驱动力模型拟合 NAPL 的溶解过程（Miller et al., 1990; Imhoff et al., 1994; Powers et al.,1994b；或 6.3.1 节中描述的研究）；③通过线性平衡分配或限速传质方法模拟污染物于固相中的吸附；④污染物降解用一个二阶关系来模拟，其中污染物的氧化速率与水溶性高锰酸盐的浓度、水污染物浓度成正比。这些研究的主要区别为：①检核的拟合条件（一维的还是三维的，场地实验还是实验室实验，均质性还是异质性）；②NOD 消耗高锰酸盐的动力学过程；③生成的固体二氧化锰堵塞带来的影响；④注射液密度对溶质运移的影响。

在早期研究中，Zhang 和 Schwartz（2000）开发了一种使用上述标准方法来模拟氯乙烯的 ISCO 治理的模型。通过比较拟合结果与来自一维实验柱和三维实验单元（两者都含有 NAPL）的实验数据,首次对模型进行了验证。这一早期研究对 NOD 动力学的理解不够充分，并且对 NOD 的高锰酸盐消耗使用了一个带有很高反应速率系数的二阶函数进行模拟。这个高反应速率系数导致了一个有效瞬时反应，阻止了高锰酸盐的运移，直到 NOD 被消耗完。这个被验证的模型接着被应用于模拟一个大规模的高锰酸盐场地实验，NOD 作为模型校正的一个合适参数。研究发现，高锰酸盐的分布和导致的修复系统性能对 NOD 很敏感。

Hood（2000）使用带有上述标准流程的三维数值模型对氯乙烯的 ISCO 治理进行了模拟。NOD 导致的高锰酸盐消耗被模拟成一个氧化剂和背景有机碳之间的二阶反应。但是，在这个系统中，NADL 的氧化剂消耗比 NOD 的氧化剂消耗多得多，因此 NOD 反应的动力学变得不那么重要。对二维空间异质性蓄水层的数值模拟表明，污染物的清除速率对 DNAPL 的传质速率、氧化剂浓度和地下水流速都很敏感。相反，污染物的清除速率对横向扩散系数和高锰酸盐氧化污染物的反应速率常数并不敏感。这些结果与 Reitsma 和 Dai（2001）的解析模型结果一致，这表明 NAPL 的清除速率主要依赖 NAPL 的溶解度和氧化剂浓度，较少依赖反应速率、化学计量学和横向扩散系数。更高的 NAPL 溶解度和更低的氧化剂浓度减小了最大期望增益。Reitsma 和 Dai（2001）总结，对于来自 NAPL 区域的扩散传质过程，在污染物和高锰酸盐之间假设一个瞬时反应是合适的。

Heiderscheidt（2005）通过修改 RT3D（三维空间中的反应运移）模型（Clement, 1997; Clement et al., 1998）开发了 CORT3D（三维空间中的化学氧化反应运移）模型来模拟使用上述标准流程的高锰酸盐 ISCO 治理。此外，CORT3D 还包括由 NAPL 的溶解带来的渗透率增大，以及由固体二氧化锰的沉积带来的渗透率减小。NOD 的高锰酸盐消耗通过假设 NOD 由分离的快速反应和慢速反应组成来进行模拟,反应中高锰酸盐消耗NOD 的速率是一阶的。CORT3D 的模拟值与二维砂槽实验的结果对比显示，氧化剂对 NAPL 溶解度的增益随时间的推移减慢，这是因为小的 PCE 中心被耗尽，并且生成了会导致流体绕过更大源区的固体二氧化锰。之后CORT3D 被用于检测场地条件和注射系统操作参数对有机碳含量（超过 0.5%）和 NOD（0.2 ～ 7g KMnO$_4$/kg）含量较高的细砂蓄水层中 ISCO 治理的影响（Heiderscheidt et al., 2008a）。模型模拟和场地监控数据之间的比较表明，蓄水层中含量较高的 NOD 对氧化剂（高锰酸盐）的分布有巨大的影响，如图 6.8 所示。模型的灵敏度分析表明，通过以更高流速注射更低浓度氧化剂的方法有可能实现高锰酸盐分布的增长。

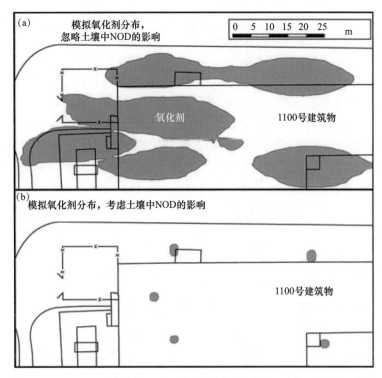

图6.8 蓄水层中高含量的NOD（7g KMnO$_4$/kg）对氧化剂分布（阴影区域）的影响（摘自Heiderscheidt et al., 2008a）

Mundle 等（2007）修正了 RT3D（Clement, 1997; Clement et al., 1998）来模拟破碎黏土中使用标准流程的高锰酸盐 ISCO 治理。这个模型的范围是处于对称的三维破碎黏土半透水层中的有一个水平裂缝的二维垂直堰板。这个断裂处最初包含一个饱和度为 0.34 的长 5m 的 TCE NAPL 源区，在氧化剂冲洗前经历了两年的自然溶解和基质扩散。NOD 的高锰酸盐消耗被当作氧化剂和 NOM 之间的一个二阶反应来模拟。溶质运移受多种扩散和污染物（PCE 或 TCE）对 NOM 的线性平衡分配的影响。模型拟合包含断裂处 NAPL 的初始溶解和紧接着的高锰酸钾冲洗（以去除渗入黏土基质的任何残留的 NAPL 和污染物）两部分。模型拟合结果表明：①ISCO 将同时破坏断裂处和基质中的污染物；②在活跃的高锰酸盐注射期间断裂处溶解的污染物浓度将降低；③一旦 ISCO 终止，污染物浓度将会反弹（见图 6.9）。灵敏度分析表明，水文地质学参数（初始的 NAPL 饱和度、孔径宽度与间隔、基质孔隙度、微量有机碳含量、NOD 动力学等）和设计变量（水力梯度、氧化剂剂量等）将影响被降解污染物的量和反弹的程度。在许多案例中，高锰酸盐注射前的最大反弹浓度为 5% ～ 10%，并且与被消解污染物的量无关。

Henderson 等（2009）研究了一个数学模型来评估密度差对氧化剂传输的影响。他们修正了 MIN3P 反应运移码（Mayer et al., 2002）来连接密度制约的流动、运输、反应过程，与固体二氧化锰的形成有关的渗透率降低，以及与含水层基质发生的地球化学反应。接着，一个使用修正码建立的模型被校准，以与在一个具体使用高锰酸盐进行 DNAPL 治理的场地实验中观测到的高锰酸盐、氯化物和 TCE 的空间分布和时间分布进行配对。在场地实验中，4000L 浓度为 38 ～ 48g/L（38000 ～ 48000ppm）的 KMnO$_4$ 注射液在一个

28m×32m 的板桩围场中心附近被注射。注射液的较高密度导致高锰酸钾溶液下沉，并使其遍布整个黏土隔水层表面。TCE/DNAPL 存在于含水层的较低位置，接近含水层—隔水层的交界面。被校准的模型能够准确地再现场地中观察到的主要过程，包括密度致使的注射液的下沉，以及与 TCE 的氧化释放的 HCl 相关联的某些位置上 pH 值的下降。图 6.10显示了高锰酸钾注射 15d 内的拟合速度矢量场。拟合结果表明，在注射之后，流体密度梯度对地下水的移动提供了主要驱动力。此外，溶液与含水层基质的反应对溶液密度和所导致的流动模式并没有很大的影响。固体二氧化锰的形成对渗透性的影响较为温和，这大概是由于高锰酸钾的注射量相对较小（152 ～ 192kg）。虽然拟合结果表明密度驱动流在实验中对增强高锰酸盐与污染物的接触非常有效，但它可能是由实验的特殊条件——大部分DNAPL 位于较低渗透率黏土层的顶端附近，以及背景水力梯度为零所致，这是因为场地实验是在板桩围场内执行的。当与密度差相关联的流动比与背景水力梯度相关联的流动更大时，密度效应是最重要的（Ibaraki and Schwartz, 2001）。

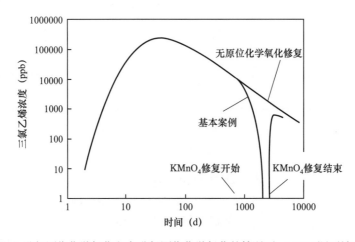

图6.9　在使用KMnO₄进行原位化学氧化和未进行原位化学氧化的情况下，NAPL源下坡5m处污染物TCE的浓度随时间变化的模型模拟（摘自Mundle et al., 2007）

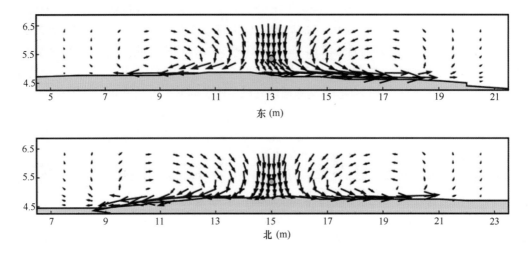

图6.10　在板桩围场中心附近注射高密度KMnO₄溶液（38～48g/L，即38000～48000ppm）时，流速场的模型模拟（摘自Henderson et al., 2009）。其中，蓝色圆圈代表注射点，底部的阴影层是黏土隔水层

6.9 ISCO 建模工具的实用性

建模工作对于可行性研究、修复设计、系统优化，甚至是测试或校验新模型代码都很有帮助。建模可以通过在预期的范围和资源条件下模拟各种各样的修复选择来进行可行性研究。尽管地下情况摸清不易，模型输入值通常从有限的观测数据中推测，但是多重拟合仍适用于特定修复方案可行性的检验。

一旦一个可行的修复方案被选择，就能使用模型使系统配置（井的位置、流速、浓度等）发生变化，并可基于特定场地的目标（最小的安装费用、最小的运行费用、最短的修复时间）来预计最有效的系统配置。虽然不推荐使用拟合结果作为真实情况的预测，但是将拟合结果与相关表现的预测进行对照是完全有根据的。

如果一个现存的修复系统不像初始预期的那样运行，建模就能在实现系统最优化方面发挥很大的作用。与修复设计一样，拟合能将修正结果与当前系统进行比较，并判定哪些改动是更加有效的。如果在初始设计中没有进行传输过程的模拟，这些拟合将会特别有帮助。此外，建模还能帮助识别那些在初始设计中未被考虑的不利的场地或源条件。

尽管建模有效用，但从 6.8 节中描述的对于 ISCO 建模工作相对全面的概括中就能明显地看到，目前 ISCO 建模工具非常少，而能被直接使用的就更少了。本节将讨论现有的 ISCO 建模工具。由于可用的建模工具很少，本节将首先回顾适当的模型维度和适用的解析解。在缺乏可用的、数值解稳定的建模工具的情况下，一个合适的解析解可以提供粗略的数量级估计。解析解是对流和溶质运移方程的精确数学解，必须是由将要研究的特定条件推导出来的。它们通常能被快速执行，但是被局限于水文性质相对均衡的简单流系统中。相反，数值解实际上是估计值，由求解溶质运输方程的数值分析方法确定。数值解在模拟多样化或动态变化的条件上提供了很大的灵活性。这里，一个封闭式的解析解不能被导出，但是相较于解析解，数值解通常要花费更多的时间去运行求解，并需要更多的输入数据。

6.9.1 模型维度（一维、二维、三维）

可以选择一维、二维或者三维的系统来模拟地下环境。根据要建模的系统和建模目标，一个一维或者二维的模型可能是合适的，并且实施起来也更容易、更快速。若浓度在整个内流边界上是均匀的，一维模型更合适，如在一个多孔介质栏中，或在穿过羽或源区中心。二维模型可被用于模拟垂直贯穿整个含水层且在其中混合均匀的薄含水层，其垂直方向的浓度梯度是可以忽略的。如果源足够宽，水平方向的浓度梯度也可以忽略，并且不会导致中心轴线垂直方向溶质的运移，二维模型也可用于拟合厚含水层中污染物羽中心轴线垂直方向上的切面。

6.9.2 解析解

解析解为潜在的数学问题提供了一个精确解，并能快速计算获得。解析解的一个很大的缺点是它们仅能用于对一些水力性质相对均匀的相对简单流系统的建模。此外，每个解析解都对应于特定的溶质/源条件和边界条件。很多可能适用于 ISCO 的简单对流和运移情景的解析解已被求出（Gershon and Nir, 1969; Bear, 1972, 1979; Cleary and Ungs, 1978;

229

Yeh, 1981; van Genuchten and Alves, 1982; Domenico, 1987; Wexler, 1992; Tartakovsky and Di Federico, 1997; Sun et al., 1999; Leij et al., 2000; Tartakovsky, 2000; Clement, 2001）。但是，为了求出其他条件下的解析解，需要更高等的数学知识。同样，如果存在一个解是关于一维问题的，而其被期望发展成二维问题或三维问题的解，也需要更高等的数学知识。另外，对于一些像二阶反应或变化的水力传导性这样的条件，求出解析解可能是不可行的。

许多已有的解析解（如 Wexler 于 1992 年提出的）是由理想体系推导出来的。地下水流速在主轴方向上通常被假定是均匀的，且被看成一个不变的量。孔隙度和水力分布系数也通常被假定为常量，因此，解析解不能模拟水力效应，如绕流。解析解也被局限于模拟以阻滞因子形式表现的平衡吸附动力学。如果是非平衡吸附模拟，例如，吸附过程与泵抽条件下的地下水流速比较相对慢一些的情况，数值解就是必要的。解析解的另一个局限性在于它们仅能由一阶动力学反应推导得到，尽管污染物氧化反应是典型的二阶动力学反应。但是，就像之前讨论的，如果污染物或氧化剂浓度在模拟过程中基本保持恒定，那么污染物的氧化反应就可以被当成一阶动力学反应进行模拟。最后，解析解大多被局限于单组分运输。然而，最近的工作成果已经展示了如何将单一物种的解析解延伸至多物种的解析解，只要反应是按次序、不是同时发生的（Sun et al., 1999; Clement, 2001; Quezada et al., 2004; Srinivasan and Clement, 2008）。如果要模拟同时发生的反应（现实中的氧化反应是很典型的例子），则数值解是必要的。

通过叠加原理，解析解可以被应用于某些微现实情景。例如，它可以被用于模拟内流边界浓度随时间逐步变化的系统。叠加原理也能被用于模拟二维系统和三维系统中随空间逐步变化的内流边界浓度（Domenico, 1987; Aziz et al., 2000; Clement et al., 2002; Srinivasan et al., 2007）。Wexler（1992）提供了应用叠加原理的很好的例子。Wexler（1992）的研究中可能被应用于模拟 ISCO 的有用解，以及它们的适用条件和过程如表 6.3 所示。

表 6.3　对模拟 ISCO 可能有用的解析方法（Wexler, 1992）

维　数	条件 / 过程
一维	有限体系，规定浓度（在入口边界），恒定的水流速度，恒定的纵向分散系数，一阶衰减和线性平衡吸附（利用阻滞因子划分扩散系数和速度）
	有限体系，规定流量（穿过入口边界），恒定的水流速度，恒定的纵向分散系数，一阶衰减和线性平衡吸附（利用阻滞因子划分扩散系数和速度）
	半无限体系，规定浓度（在入口边界），恒定的水流速度，恒定的纵向分散系数，一阶衰减和线性平衡吸附（利用阻滞因子划分扩散系数和速度）
	半无限体系，规定流量（穿过入口边界），恒定的水流速度，恒定的纵向分散系数，一阶衰减和线性平衡吸附（利用阻滞因子划分扩散系数和速度）
二维	面积无限延伸的蓄水层，连续的点源（其中，流体以恒定的速度和浓度被注入，并且注射速率很低，不会扰乱流场），恒定的水流速度，恒定的纵向、横向分散系数，一阶衰减和线性平衡吸附（利用阻滞因子划分扩散系数和速度）
	有限宽度的半无限蓄水层，有限宽度的带状源，恒定的水流速度，恒定的纵向、横向分散系数，一阶衰减和线性平衡吸附（利用阻滞因子划分扩散系数和速度）
	无限宽度的半无限蓄水层，有限宽度的带状源，恒定的水流速度，恒定的纵向、横向分散系数，一阶衰减和线性平衡吸附（利用阻滞因子划分扩散系数和速度）
	无限宽度的半无限蓄水层，高斯源，恒定的水流速度，恒定的纵向、横向分散系数，一阶衰减和线性平衡吸附（利用阻滞因子划分扩散系数和速度）

维　数	条件/过程
三维	无限延伸的蓄水层，连续的点源（其中，流体以恒定的速度和浓度被注入，并且注射速率很低，不会扰乱流场），恒定的水流速度，恒定的纵向、横向（横向、垂直）分散系数，一阶衰减和线性平衡吸附（利用阻滞因子划分扩散系数和速度）
	半无限长度、有限宽度、有限高度的蓄水层，有限宽度、有限高度的"碎块"源（在入口边界），恒定的水流速度，恒定的纵向、横向（横向、垂直）分散系数，一阶衰减和线性平衡吸附（利用阻滞因子划分扩散系数和速度）
	半无限长度、无限宽度、无限高度的蓄水层，有限宽度、有限高度的"碎块"源（在入口边界），恒定的水流速度，恒定的纵向、横向（横向、垂直）分散系数，一阶衰减和线性平衡吸附（利用阻滞因子划分扩散系数和速度）

尽管有种种限制，分析模型依然是重要的工具。最重要的是，作为精确解，它们是检验数值解的标准，也能被用于迅速模拟一个简化的情景来估计溶质的传输速率，从而引导数据收集和水质监测工作（Wexler，1992）。相反，数值模型（虽然实质上是近似情况）是模拟二阶动力学反应、非均衡吸附和同时发生的多组分反应的唯一选择，也是模拟非均匀和变化的水动力条件的唯一方法。所有这些过程的合并可让数值模型模拟一个非常现实的条件。但是，以下这一点是非常关键的，即许多数值模型的输入值都不得不从极其有限的观测数据中被推导出来。虽然数值模型相对于解析方法能提供一个更好的潜在系统响应的范围，但是它们不应普遍用于预测系统行为。

6.9.3　ISCO 的概念设计

ISCO 的概念设计（CDISCO）工具的发展与 ER-0626（Borden et al.，2009）和 ER-0623（Siegrist et al.，2010）项目下环境安全技术认证计划（ESTCP）的支持是分不开的，它的目的是协助使用高锰酸盐的 ISCO 中注射系统的概念设计。ISCO 的概念设计工具旨在模拟注射期间和注射一小段时间后高锰酸盐的运移和降解，但不模拟注射期之后氧化剂向下的平流漂移。此外，由于多相污染物的复杂性，ISCO 的概念设计工具也不模拟污染物浓度。

这个模型主要由两个部分组成。

（1）一个数值模型，模拟注射之后高锰酸盐的一维径向运移和消耗。基于用户定义的重叠因子，这个数值模型可以让用户轻松地估计含水层参数（有效厚度、渗透性、总 NOD、NOD 动力学）和注射条件（高锰酸盐浓度、注射流速和持续时间）对单个注射井的有效影响半径（ROI）和要求井距的影响。

（2）一个程序，允许设计者迅速计算初步预计成本，从而评估注射条件（高锰酸盐浓度、注射流速和持续时间）对总项目成本的影响。输入参数包括回注频率、总固定花费，以及注射点安装、化学试剂和注射劳动力的单位成本。

ISCO 的概念设计工具允许用户输入特定场地的数据，或者关键的场地和设计参数的假定值。设计参数，如注射方法（打井还是直接注射）、氧化剂注射的持续时间、氧化剂注射的量、注射氧化剂溶液的体积等都有可能不同；ISCO 的概念设计工具还会估计井距或注射点点距，并生成一个初步的成本估计。通过快速运行输入了不同参数的多种模型，并比较生成的成本，使初步的最优化设计得以实现；同时，生成了设计参数对项目成本的影响图示。

ISCO 的概念设计工具最初是为高锰酸盐而设计的，但是随着动力学输入参数的修正，其可以粗略估计氧化剂持久性的伪一阶动力学，而这些研究通常是用某些条件下的过氧化氢和过硫酸钠来进行的。因此，CDISCO 工具对于这些氧化剂的概念设计，包括分解动力学上的一些考虑，都有适用性。CDISCO 工具在模拟过硫酸盐和催化过氧化氢（CHP）分布时的一个主要限制是它不考虑催化剂（铁、基质、另一种氧化剂、热等）的运移。由于催化剂与主要氧化剂的地下运移可能完全不同，所以伪一阶动力学反应速率可能会随着时间和空间发生变化。在这些条件下，使用 CDISCO 工具模拟过硫酸盐和 CHP 的分布是不合适的。任何尝试使用 CDISCO 工具来模拟除高锰酸盐外氧化剂的用户都应该了解，其输出值和真实场地过程匹配的精确程度存在相当大的不确定性。用户需要很谨慎，并应该在使用 CDISCO 工具前对 ISCO 有一个较好的理解。

1. CDISCO 高锰酸盐运移模型

高锰酸盐远离中心注射井的平流扩散运移以穿过一系列连续搅拌的槽反应器（CSTR）的流来表示。与时间导数的评价相关联的数值扩散是微不足道的（van Genuchten and Wierenga, 1974），所以纵向散布通过将每个反应器的长度设置为纵向扩散距离的 2 倍来进行模拟。由目标污染物产生的高锰酸盐消耗作为一个瞬时反应来模拟。NOD 被假设由两个部分组成：NOD_F，其可与高锰酸盐瞬间反应；NOD_S，其反应较慢。高锰酸盐的消耗率（dM/dt）与氧化剂浓度和 NOD_S 浓度的乘积成正比，即

$$\frac{dM}{dt} = -k_s\, NOD_S\, M \rho_B / \phi \tag{6.32}$$

式中，NOD_S 是慢 NOD 的浓度（ML^{-3}），M 是氧化剂的浓度（ML^{-3}），k_s 是二阶慢 NOD 的消耗率（$L^3M^{-1}T^{-1}$），ρ_B 是土壤体积密度（ML^{-3}），ϕ 是土壤孔隙度。瞬时 NOD 和慢 NOD 部分的分离结果与 Mumford 等（2005）、Xu（2006）、Urynowicz 等（2008）及其他人的实验结果一致。

CSTR 模型是在 Excel 表格中运行的。用户首先输入含水层特征（孔隙度、水力传导度、注射间隔、NOD、污染物浓度等）、注射条件（高锰酸盐注射浓度、注射流速、持续时间）及目标条件（最小氧化剂浓度和计算 ROI 的持续时间）的相关信息。基于这些信息，Excel 表格会建立一系列反应器。当注入的水从注射井径向向外呈放射状迁移时，每个反应器的体积会向外增长，就可以计算径流从注射井向外散布时被减弱的速率。高锰酸盐浓度在空间和时间上变化的实际计算由 CDISCO Excel 表格内的 Visual Basic Macro 来完成（Borden et al., 2009）。每次计算的时间步长由 Excel 表格自动决定，以实现计算误差的最小化。

图 6.11 给出了高锰酸钾运移模型模拟中 CDISCO 的代表性输出，显示了高锰酸盐浓度在不同时间（模拟的 15d、30d、45d 和 60d）相对于辐射距离的变化。底部的表格给出了输入参数和一系列预模拟计算得出的 ROI。有效 ROI 是基于用户规定的接触时间和最小的氧化剂浓度计算出来的。

2. CDISCO 成本估计程序

成本估计程序基于用户规定的修复区域大小、注射 ROI 的重叠（%）、计划的注射次数、固定成本及注射点安装、化学试剂和劳动力的单位成本等生成了一个初步的成本估计。在实际应用中有两种可能的注射方法：直拉推杆注射或井注射。成本因素被包括在调度、劳动力、材料、装备租赁、出差、材料及承包商费用中。

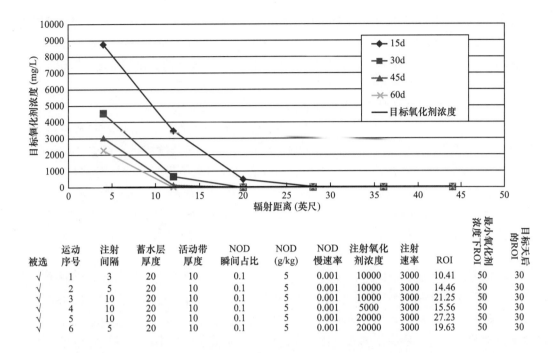

被选	运动序号	注射间隔	蓄水层厚度	活动带厚度	NOD瞬间占比	NOD(g/kg)	NOD慢速率	注射氧化剂浓度	注射速率	ROI	最小氧化剂浓度下ROI	目标天后的ROI
√	1	3	20	10	0.1	5	0.001	10000	3000	10.41	50	30
√	2	5	20	10	0.1	5	0.001	10000	3000	14.46	50	30
√	3	10	20	10	0.1	5	0.001	10000	3000	21.25	50	30
√	4	10	20	10	0.1	5	0.001	5000	3000	15.56	50	30
√	5	10	20	10	0.1	5	0.001	20000	3000	27.23	50	30
√	6	5	20	10	0.1	5	0.001	20000	3000	19.63	50	30

图6.11　高锰酸钾运移模型模拟中CDISCO的代表性输出

图 6.12 给出了 CDISCO 工具用于注射方案成本对比时的代表性输出，并与成本估计程序的输出进行比较。含水层参数、修复范围大小（100 英尺 ×100 英尺）、ROI 重叠（25%）、

运行	1	2	3	4	5	6
总修复费用（注射）	$94800	$94800	$94800	$94800	$94800	$94800
注射井安装费用	$85667	$47700	$25367	$41000	$18667	$29833
注射费用	$478800	$410400	$364800	$684000	$228000	$228000
购买氧化剂费用	$378547	$324469	$288417	$270391	$360521	$360521
安装和注射总费用	$1037814	$877369	$773384	$1090191	$701988	$713155
注射针和注射井数目	35	18	8	15	5	10
NOD（g/kg）	5	5	5	5	5	5
氧化剂注入浓度	10000	10000	10000	5000	20000	20000
氧化剂注入质量（磅）	26288	22533	20029	18777	25036	25036
注射间隔（d）	3	5	10	10	10	5
注射体积（加仑/d）	3000	3000	3000	3000	3000	3000
活动带/目标带厚度	0.5	0.5	0.5	0.5	0.5	0.5

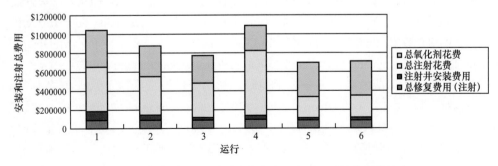

图6.12　CDISCO工具用于注射方案成本对比时的代表性输出

计算 ROI 的时间（30d）、最小氧化剂浓度（50mg/L）及注射次数（5 次）对所有选择都是不变的。选择 1 成本相对较高，因为短的注射持续时间（3d）意味着需要大量的注射点。选择 5 成本相对较低，因为较长的注射持续时间（10d）和较高的氧化剂浓度（20000mg/L 高锰酸钾）减少了需要的注射点数量。

3．CDISCO 对过硫酸盐和 CHP 的应用

虽然 CDISCO 工具专门开发了用于高锰酸盐注射系统的设计，但是它在恰当地修正输入参数后，也可模拟部分 CHP 和过硫酸盐的分布。在混合充分的成批系统中，过氧化氢的分解经常被观察到跟随在伪一阶动力学后面。通过设定污染物浓度和将瞬时 NOD 设为 0，将慢 NOD 的浓度（NOD_S）设定为远大于最大氧化剂的浓度，CDISCO 工具可以被用来模拟氧化剂的伪一阶动力学衰退。在这些条件下，有效一阶动力学衰退率将等于二阶慢 NOD 动力学衰退率乘以 NOD_S。当过硫化氢的消耗是一阶动力学反应时，可应用相同的做法。

但实际上，这些氧化剂的应用通常涉及催化剂（铁、基底、热、另一种氧化剂等）的顺序注射，因为 CDISCO 工具未考虑从而影响了动力学和传递过程。例如，CDISCO 工具并不涉及对氧化剂和催化剂的分离追踪。通常来说，CDISCO 工具可以近似估计氧化剂存留动力学的唯一情形是催化剂和氧化剂在注射点同时被混合的情况，并且之后必须做出假设，即一阶动力学反应速率从此之后保持恒定。还必须注意到，这些氧化剂的反应运移并不像高锰酸盐那样有据可查，因此可能存在 CDISCO 工具不能模拟影响运移的现象。例如，在过氧化氢的案例中，观测到的 ROI 通常比基于单独的流体增加所期望的 ROI 要大，一部分原因是孔隙中氧气的变化增强了流体驱动。由于过硫酸盐和 CHP 的反应运移无据可查，故适用于验证过氧化氢和过硫酸盐的 CDISCO 工具的资料是缺乏的。因此，确定 CDISCO 工具在这些应用中的精确性是很有挑战性的工作。因此，在多数情况下，使用 CDISCO 工具来预测过硫酸盐和过氧化氢的运移和存留是不实际的。任何尝试对除高锰酸盐外的氧化剂使用 CDISCO 工具的用户都应该被预先警告，CDISCO 工具的输出与真实场地过程配对的精确性存在相当大的不确定性，建议谨慎使用。

6.9.4　三维化学氧化反应运移

三维化学氧化反应运移（CORT3D）模型是由项目 ER-1290（Siegrist et al., 2006）和 ER-1294（Illangasekare et al., 2006）下的战略环境研究与发展计划（SERDP）支撑开发的，它提供了对地下水中三维原位化学氧化反应运移的模拟（Heiderscheidt, 2005）。CORT3D 是在 2.5 版的 RT3D 和 2000 年版的 MODFLOW 的基础上改进而建立的（McDonald and Harbaugh, 1988; Harbaugh and McDonald, 1996a, 1996b; Harbaugh et al., 2000）。

RT3D 是一个通用型的有限差分数学编码，能用于模拟三维地下水含水层中各种类型的反应运移（Lu et al., 1999; Clement et al., 2000, 2004a; Lee et al., 2006; Lim et al., 2007; Rolle et al., 2008）。RT3D 以 MT3D 为基础（Zheng, 1990），并在美国太平洋西北国家实验室得到了发展，用于加快原位生物修复系统的设计和自然衰减的评估，但它不限于这些用途。另外，通过自定义反应程序包的特征，RT3D 提高了模拟任何感兴趣化学系统（包括移动组分和非移动组分的混合）的反应动力学的灵活性。CORT3D 根据目标特征来打包一

个特定氧化反应的程序，并在模拟过程中使用了大量的可执行文件来体现变化的渗透率和
NAPL 的溶解。

由于溶解和氧化都是瞬时过程，其中，NAPL 饱和度随时间下降，而氧化锰固体（使
用高锰酸盐时化学氧化反应的一种副产物）随时间增加（有效孔隙度和渗透性变化），故
地下水流动模式需要随时间进行更新。对流动模式的更新（随有效水力传导度、孔隙度、
NAPL 饱和度和氧化锰量的变化）越频繁，模拟就越接近瞬时过程。

CORT3D 提供了很高的合并地下过程的灵活性。它包含 NAPL 的溶解、平衡或速率
限制的吸附、污染物的二级动力学氧化反应、NOD 的动力学氧化反应（既有快速的动力
学部分，又有缓慢的动力学部分），以及各水相物种不同的扩散系数。这个编码追踪了 3
种水中移动组分（污染物、氯化物、氧化剂）和 5 种固定组分（NAPL、被吸附的污染物、
氧化锰、快速 NOD、慢速 NOD）。

和 CDISCO 工具一样，CORT3D 工具是为使用高锰酸钾的 ISCO 开发的。然而，当有
合适的假设和反应速率数据时，用户也可能使用它去进行适用性调查及其他氧化剂的概念
设计。

1. CORT3D 模型组成

Saba 和 Illangasekare（2000）在研究中使用 Gilland-Sherwood 关系式的通用形式表现
传质过程或 NAPL 的溶解，来估计 6.3.1 节中描述的集中传质系数。Saenton（2003）对中
尺度二维 PCE 自然溶解和表面活性剂的增强溶解实验使用了相同的关系式，证明其是灵
活而有效的。这种通用关系式为

$$Sh = \alpha_1 \, Re^{\alpha_2} \, Sc^{\alpha_3} \left(\frac{\theta_n d_m}{\tau L} \right)^{\alpha_4} \tag{6.33}$$

式中，经验系数 α_1、α_2、α_3、α_4 和 τ 对于给定的系统是特有的，并且是通过校验或逆向建
模来确定的。在计算集中传质系数时，模型编码不会直接解释 ISCO 对传质的潜在影响，
因为这一点需要固有传质系数的相关知识才能实现，而这些是不能被计算出来的。相反，
如果集中传质会由于快速的化学反应（而不是更多地由于氧化过程中增大的浓度梯度）而
增加，那么化学反应中溶解过程的 Gilland-Sherwood 参数就需要通过逆向建模来估算了。
接着，一个正向模拟就会使用各阶段适当的 Gilland-Sherwood 参数来分阶段运行了。

尽管数值差分模型编码意图涵盖高度扩散主导条件下的人工数值散布，但使用这些编
码的模型对于比较不同的情景仍非常有用。为达到这个目的，CORT3D 工具允许对每种移
动物种使用不同的有效扩散系数进行模拟，且每种物种的有效扩散系数会基于多孔介质的
属性在空间上发生变化。这种修正对于模拟高锰酸盐向低渗透性介质的扩散运移（其中运
移主要由扩散主导）是很重要的（Siegrist et al., 1999; Struse et al., 2002b）。有效扩散系数
D_e（L^2T^{-1}）使用 6.4.3 节中修正的 Millington-Quirk 关系式进行估计（Jury et al., 1991），其
将有效扩散与分子扩散系数 D_m（L^2T^{-1}）、含水量 θ_w 和有效孔隙度 ϕ_{eff} 关联起来。

$$D_e = D_m \frac{\theta_w^{\frac{10}{3}}}{\phi_{eff}^2} \tag{6.34}$$

一个带有改进的 RT3D 编码的新化学氧化反应模组被开发使用。这种新的模组跟踪了

3 种移动物种：水相污染物（cont）、高锰酸盐（MnO_4^-）和氯离子（Cl^-）。污染物浓度（氧化反应过后）使用以下二级反应进行计算（Huang et al., 1999; Siegrist et al., 2001）：

$$\frac{dC_i}{dt} = -k_2 C_{cont} C_{MnO_4^-}$$ （6.35）

式中，C_i 是组分 i 的浓度（ML^{-3}），dC_i/dt 是组分 i 随时间的浓度变化率，k_2 是 MnO_4^- 降解污染物的二阶反应系数（$L^3M^{-1}T^{-1}$）。

MnO_4^- 和 Cl^- 的浓度基于反应的化学计量学进行计算，但 MnO_4^- 等式还包括 NOD 项。反应模组是成比例的，所以化学计量学比率可被调节，以适应不同污染物的氧化模拟；对于 PCE 的氧化，应用反应式（6.36）中给出的化学计量学反应；而高锰酸盐和氯离子的反应方程式则对应式（6.37）和式（6.38）。

$$4MnO_4^- + 3C_2Cl_4 + 4H_2O \longrightarrow 6CO_2 + 4MnO_2(s) + 8H^+ + 12Cl^-$$ （6.36）

$$\frac{dC_{MnO_4^-}}{dt} = Y_{MnO_4^-/cont} \frac{dC_{cont}}{dt} - (k_{NOD_F} X_{NOD_F} + k_{NOD_S} X_{NOD_S}) \frac{\rho_B}{\phi}$$ （6.37）

$$\frac{dC_{Cl^-}}{dt} = -Y_{Cl^-/cont}(k_2 C_{cont} C_{MnO_4^-})$$ （6.38）

式（6.38）中的 Y_{ij} 是组分 i 对组分 j 的化学计量摩尔质量比及组分分子量。在式（6.37）中，X_{NOD_F} 是有较快氧化速率的 NOD 部位的质量分数（MM^{-1}），X_{NOD_S} 是有较慢氧化速率的 NOD 部位的质量分数（MM^{-1}），k_{NOD_F} 是快速 NOD 部位的一阶氧化速率（T^{-1}），k_{NOD_S} 是较慢 NOD 部位的一阶氧化速率（T^{-1}）。

该反应模组还追踪了 5 种固定物种：NAPL、被吸附的污染物、氧化锰、快速 NOD 和慢速 NOD。氧化锰的生成用式（6.39）进行模拟，即

$$\frac{dX_{MnO_2}}{dt} = \frac{\phi}{\rho_B} \Big[Y_{MnO_2/MnO_4^-} \Big] \Big(-\frac{dC_{MnO_4^-}}{dt} \Big)$$ （6.39）

式中，X_{MnO_2} 是土壤中 $MnO_2(s)$ 的质量分数（MM^{-1}），dX_i/dt 是组分 i 的质量比随时间的变化率。将所有生成的 $MnO_2(s)$ 当作不移动的物种，提供了对填充于孔隙中并有可能改变渗透性的固体生成物的一个最坏情况的模拟。

反应模组也能使用式（6.40）模拟污染物的均衡或限速吸附（Haggerty and Gorelick, 1994），即

$$\frac{dX_{sorb}}{dt} = \frac{\phi}{\rho_B} \xi \Big(C_{cont} - \frac{X_{sorb}}{\lambda_{cont}} \Big)$$ （6.40）

式中，ξ 是限速吸附的传质系数（T^{-1}），X_{sorb} 是土壤中吸附污染物的质量分数（MM^{-1}），λ_{cont} 是线性吸附系数（L^3M^{-1}）。当 ξ 变大时，非平衡吸附会接近平衡吸附；当 ξ 变得非常小时，吸附是可忽略的。Clement 等（2004a）在对于联合带有限速吸附的 NAPL 溶解和动力学生物降解的模拟研究中，使用并证明了式（6.40）的作用。

CORT3D 在氧化剂存在的位置分别使用一阶反应等式（6.41）和式（6.42）来模拟快速 NOD 和慢速 NOD 质量比的变化。

$$\frac{dX_{NOD_F}}{dt} = -k_{NOD_F} X_{NOD_F}$$ （6.41）

$$\frac{\mathrm{d}X_{\mathrm{NOD_S}}}{\mathrm{d}t} = -k_{\mathrm{NOD_S}}X_{\mathrm{NOD_S}} \qquad (6.42)$$

NOD 被假定是固定的，因为截至目前的批处理研究只表明土壤中的 NOD 通常远大于地下水中任何由溶解性组分表现出来的 NOD。此外，相对孔隙空间，被氧化 NOD 的体积被假定是可忽略的，所以 NOD 的去除不会增大渗透性；但是，NOD 的氧化的确会消耗高锰酸盐并生成 MnO_2（s），这反而会降低渗透性。

由 NAPL 体积的减小和 MnO_2（s）的生成所导致的渗透性的改变用式（6.43）进行模拟，式（6.43）是为种植分选良好的谷物的疏松砂层和非润湿的 NAPL 的研究而生成的（Wyllie，1962）。

$$k_{r,w} = \left(\frac{1 - S_{\mathrm{MnO_2}} - S_n - S_{r,w}}{1 - S_{r,w}} \right)^3 \qquad (6.43)$$

式中，$S_{\mathrm{MnO_2}}$ 代表填满固体氧化锰的总孔隙空间体积的伪饱和度。这个伪饱和度通过使用有效氧化锰密度，将生成固体的质量分数转化成体积来进行估计。这个有效密度本质上是一个拟合参数，而不是生成的氧化锰粒子的实际密度。这是因为使用高锰酸盐进行氧化期间，生成的 MnO_2（s）可能会根据多孔介质和水的条件及其形成的位置呈现不同的形态，这在 6.5.1 节进行了讨论。由每种潜在的孔隙堵塞机理所导致的渗透率降低的程度被预计是具有场地特性的，其取决于多孔介质和水的条件。因此，有效密度参数可能会在不同场地条件的模拟中发生变化，但它对于所有相似条件的单一模拟应该是一个常量。

由于溶解和氧化都是瞬时过程，其中 NAPL 的饱和度随时间的推移而减小，而固体氧化锰随时间的推移而增多（有效孔隙度和渗透性的变化），故地下水流动模式需要定期更新。流动响应（对于有效水力传导度、孔隙度、NAPL 饱和度和氧化锰量变化）的更新越频繁，拟合值就越接近瞬态解。由于在这个模型编码中流动和传输方法不是耦合的，故长时间段的模拟被打破成许多短时间段的稳态流，并且瞬态运输被设定依次运行。类似于 Saenton（2003）对于表面活性剂增强含水层修复的模拟研究中的模型编码，有效水力传导度在 MODFLOW 模型中被用于生成流速场。这个流速场接着被用于估计 NAPL 溶解的传质系数。然后，传输模型编码会以一个相对较短的时间间隔模拟 NAPL 的溶解、氧化和其他相关反应。如果总拟合时间没有结束，那么传输结果就会被用于生成新的孔隙度和水力传导度，循环往复。

2. CORT3D 模型编码检验

开发 CORT3D 模型的一个重要步骤是将该模型编码的结果与解析解及其他（之前被验证过的）数值解进行对比的检验过程。检验完模型编码后，接下来就需要进行测试，以证明设有特定实验条件、使用了该编码的模型在用一系列独立的观测数据进行了校准后，能够重现重要的过程和效应。有关检验过程的概述如下，详细的讨论可参考 Heiderscheidt（2005）。

CORT3D 模型中的化学氧化反应在检验步骤上与解析方法不同。首先，PCE 的氧化（当 NOD 不存在时）使用一个非流动情况下的一维均匀体系进行模拟，既使用了 CORT3D 模型，又使用了一个 PCE 氧化速率定律的解析解（Hood，2000）。CORT3D 模拟结果和解析解的吻合度显示，污染物氧化动力学运行正确。使用该模型拟合非流动条件下 NOD（当 PCE 不存在时）的快速氧化，并将其与一阶降解的解析解进行比较，NOD 氧化动力学进行了类似的测试。同样，CORT3D 模拟结果与解析解吻合，表明模型动力学运行正确。

接着用结合了平流、分散和化学反应过程的解析方法对 CORT3D 模型进行了验证。尽管 CORT3D 模型包含了二阶化学氧化过程，但解析方法针对的仍是在主轴方向上只有一阶反应的均匀流下的均匀体系。因此，CORT3D 模型被建立，在污染物或氧化剂过量存在时，伪一阶反应的一阶反应速率常数（k_1）等于二阶反应速率常数（k_2）与过量物质摩尔浓度（C_{Excess}）的乘积，如式（6.44）所示。CORT3D 的模拟结果与在入口有第三类（或柯西）通量边界的有限系统的一维溶质传输方程的解析解进行了比较（Wexler, 1992）。出口边界的浓度梯度被指定为零。最初，目标物质的浓度在柱中的所有位置上都为零。

$$k_1 = k_2 \left[C_{Excess} \right] \tag{6.44}$$

使用一个 40cm 长的柱子实施了两种情况的比较：一种情况下氧化剂是过量的，另一种情况下 PCE 是过量的。在这两种情况下，CORT3D 的模拟结果都与解析解相同，这表明模型运行正确。对一个更大的 40m 长的柱子并保持氧化剂过量的一维情形和不同情形进行了附加比较，以证实 CORT3D 模型能用于更大的尺度规模。同样，CORT3D 模拟结果与解析解的结果正好吻合。

该模型代码也用一个半无限长、有限宽含水层的二维解析解进行了检验，该含水层包含均匀介质，只在 x 轴方向有恒定而均匀的地下水流，并且在入口有一个有限宽的恒定污染线源（Wexler, 1992），如图 6.13 所示。同样，设有过量氧化剂的拟合模型被建立以近似一个伪一阶反应，这是由于解析解是一阶的。出口和四周边界上的浓度梯度都被设定为零。尽管在 CORT3D 模型中使用的是一个 1m 的方形试池，但数值结果会近似等于远离中心线 10m 区域内（$R^2 = 0.995$）和中心线区域内（$R^2 = 0.999$）的解析结果。

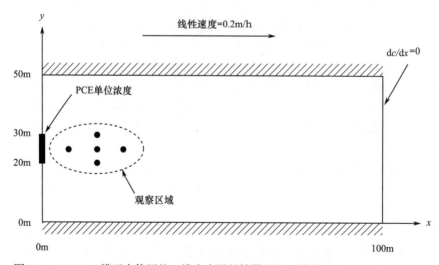

图6.13　CORT3D模型中使用的二维含水层的情景原理（摘自Heiderscheidt，2005）

一系列被证实改进了的 RT3D 扩散编码如预期般运行的模拟也被实施。新代码同时被用于模拟 3 种组分（PCE、MnO_4^- 和 Cl^-）的纯粹扩散（无水力梯度，故缺乏平流和机械混合过程），以及结合了平流的扩散 / 分散。其结果被用于与原始 RT3D 编码在各条件下分别运行的结果进行对比。同样，结果表明有效的新 RT3D 扩散编码运行正常。

在检验了模型编码正常运行之后，据文献记录，编码被用于模拟一系列一维的室内实验，突出显示了重要的 ISCO 的相关过程，如由于 MnO_2（s）的生成而导致的渗透性降低，因为这些过程无解析解。这些实验的目的不是要将模型编码对所有条件进行普遍验证，因为在特定情景下的模型必须对特定的边界条件、性能指标和应用进行个别验证是公认的（Refsgaard and Knudsen, 1996; Van Waveren et al., 1999; Refsgaard and Henriksen, 2004）。相反，这个测试的目的是证明使用模型编码获取实验中观察到的特定 ISCO 重要相关过程和效应的模型已被创建。当可获得充分的数据时，该模型会使用一组数据进行校准，并接着用于预测从一个独立数据集中获得的观测效应。

对由 MnO_2（s）的生成导致的渗透性降低、NAPL 的溶解和氧化、氧化期间增强的质量传递和 NOD 的氧化实验使用 CORT3D 模型逐一进行了拟合。在某些情况下，可用数据集太小，以至于不能实行其后跟随一个独立数据集预测的模型检验。此外，由于实验提取于文献，故可能允许完整模型检验的重要数据有时候是缺失的。但是，尽管有数据限制，Heiderscheidt（2005）还是获取了实验中观察到的各个过程的突出特征。

3. 美国佛罗里达海军培训中心场地的 CORT3D 模拟

经查实，在位于美国佛罗里达奥兰多的海军培训中心（NTC）的可操作单元（见图 6.14），使用 CORT3D 模型进行了数值模拟，以检查可能对 ISCO 的效果产生不利影响的现场情况和系统性能，作为修改 ISCO 系统以实现理想的修复效果的尝试。在 NTC 场地，高锰酸钾通过垂直注射井持续注入地下水区域，以处理 PCE 及其分解产物。然而，观测到的氧化剂的分布比预期的要更有限。

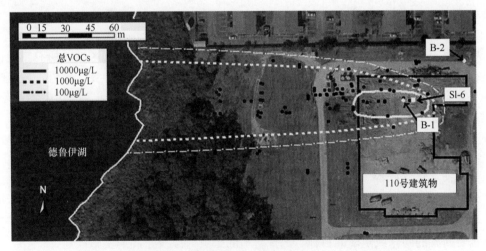

图6.14　海军培训中心场地位置图（摘自Heiderscheidt et al., 2008a）

在完成了场地地下水和地表下多孔介质的特性描述研究之后，对各种各样的条件（注入／抽提井的流速、注入氧化剂的浓度、现存 NOD 的量和 NOD 的氧化速率）实施了 CORT3D 模拟。图 6.8 演示了 NOD 可能产生的对氧化剂运输的重大影响，强调了在设计一个 ISCO 系统时解释 NOD 的必要性。表 6.4 总结并对比了基础情景（1000mg/L、56.8L/min）、高氧化剂浓度和低氧化剂浓度情景、高流速和低流速情景的模拟结果；剩下的情景（没有显示的）属于那些被显示情景的范围。对于每个情景，表 6.4 列出了氧化剂传输的区域、MnO_2（s）生成的范围及相对基础情景的百分比变化。氧化剂传输的区域与 MnO_2（s）生成的范围的比值是对于每个条件（其中，氧化剂传输的范围被最大化，而固体二氧化锰的降解被最小化）下预期有效性的一个估量。最高的比率指示了最优的氧化剂传输情景。特别地，对于 NTC 场地，比起基础情景或其他将必需的氧化剂传输到目标治理区域而将 NOD 带来的非生产性的氧化剂消耗及 MnO_2（s）的降解程度最小化的情景，高流速、低浓度的注射是一个更有效的方法（Heiderscheidt et al., 2008a）。

表 6.4　确定最佳氧化剂传输方案的模拟结果

模拟条件		氧化剂传输		MnO_2（s）生成的范围		氧化剂传输区域与 MnO_2（s）生成范围的比值
氧化剂浓度（mg/L）	流量（L/min）	范围（m²）	变化率（%）	范围（m²）	变化率（%）	
250	18.9	5.4	−78	6.6	−76	0.81
250	56.8	8.6	−66	11.2	−59	0.76
250	181.7	46.8	87	40.4	48	1.16
1000	56.8	25.5	0	28.0	0	0.91
1000	181.7	58.3	123	52.2	92	1.12
4000	56.8	79.2	216	113.0	306	0.70
4000	181.7	177.4	623	175.0	560	1.01

注：摘自Heiderscheidt（2008a）；变化率（%）是相对基础情景（1.00mg/mL、56.8L/min）而言的。

6.10　总结

　　ISCO 的成功实践通常取决于对各种相关传输和反应过程的准确考虑。所有常见的传输过程，如平流、分散、扩散和吸附等，都在 ISCO 的实施中非常重要。此外，密度驱动运输在注射某些高浓度氧化剂时很重要。其他重要的考虑因素有氧化剂 / 污染物的反应、传质过程、非关键有机污染物的氧化需求，以及由污染源的清除和氧化副产物的生成所导致的水力影响。以上某些因素的相对重要性取决于考虑特殊场地条件而采用的氧化剂。

　　由于各种重要因素，以及它们之间相互依赖性的存在，模型成为一个强大的工具，它可以改进地下环境调查、帮助聚焦于考虑源区架构和场地水文地质条件的氧化剂和传输方式的修复选择，以及改善设计流程。尽管现存的模型工具主要关注高锰酸盐，但将它们应用于特定条件和特定假设下的其他氧化剂也是可能的。有效地实现这些应用取决于适当地制定要回答的问题或建模的目标、选择合适的工具，以及正确地实施计划。

　　声明：本章表达的是作者的观点和看法，不一定代表美国空军学院、美国空军、美国国防部或美国政府的官方政策或立场。

参考文献

　　Al TA, Banks V, Loomer D, Parker BL, Mayer KU. 2006. Metal mobility during in situ chemical oxidation of TCE by KMnO4. J Contam Hydrol 88:137–152.

Aziz CE, Newell CJ, Gonzales JR, Haas P, Clement TP, Sun Y-W. 2000. BIOCHLOR: Natural Attenuation Decision Support System, User's Manual, Version 1.0. EPA/600/R-00/008. U.S. Environmental Protection Agency (USEPA), Office of Research and Development, Washington, DC.

Ball WP, Liu C, Xia G, Young DF. 1997. A diffusion-based interpretation of tetrachloroethene and trichloroethene concentration profiles in a groundwater aquitard. Water Resour Res 33:2741–2757.

Basu NB, Fure AD, Jawitz JW. 2008. Simplified contaminant source depletion models as analogs of multiphase simulators. J Contam Hydrol 97:87–99.

Bear J. 1972. Dynamics of Fluids in Porous Media. American Elsevier Publishing Company, Dover, NY. 764.

Bear J. 1979. Hydraulics of Ground Water. McGraw Hill, New York, NY. 569.

Bissey LL, Smith JL, Watts RJ. 2006. Soil organic matter-hydrogen peroxide dynamics in the treatment of contaminated soils and groundwater using catalyzed H_2O_2 propagations (modified Fenton's reagent). Water Res 40:2477–2484.

Block PA, Brown RA, Robinson D. 2004. Novel Activation Technologies for Sodium Persulfate in Situ Chemical Oxidation. Proceedings, Fourth International Conference on Remediation of Chlorinated and Recalcitrant Compounds, Monterey, CA, USA, May 24–27, Paper 2A-05.

Borden RC, Cha KY, Simpkin T, Lieberman MT. 2009. Design Tool for Planning Permanga nate Injection Systems, Draft Technical Report Project ER-0626. Submitted to Environmental Security Technology Certification Program (ESTCP), Arlington, VA, USA.

Brooks MC, Wise WR, Annable MD. 1999. Fundamental changes in situ air sparging flow patterns. Ground Water Monit Remediat 19:105–113.

Brusseau ML. 1992. Rate-limited mass transfer and transport of organic solutes in porous media that contain immobile immiscible organic liquid. Water Resour Res 28:33–45.

Buxton GV, Greenstock CL, Helman WP, Ross AB. 1988. Critical review of rate constants for reactions of hydrated electrons, hydrogen atoms and hydroxyl radicals ($^{\cdot}OH/^{\cdot}O^{-}$) in aqueous solution. J Phys Chem Ref Data 17:513–886.

Buxton GV, McGowan S, Salmon GA, Williams JE, Wood ND. 1996. A study of the spectra and reactivity of the oxysulphur-radical anions involved in the chain oxidation of S(IV): A pulse and g-radiolysis study. Atmos Environ 30:2483–2493.

Choi H, Lim H-N, Kim J, Hwang T-M, Kang J-W. 2002. Transport characteristics of gas phase ozone in unsaturated porous media for in-situ chemical oxidation. J Contam Hydrol 57:81–98.

Clayton WS. 1998. Ozone and contaminant transport during in-situ ozonation. In Wickramanayake GB, Hinchee RE, eds, Physical, Chemical, and Thermal Technologies: Remediation of Chlorinated and Recalcitrant Compounds. Battelle Press, Columbus, OH, 389–395.

Cleary RW, Ungs MJ. 1978. Analytical Models for Groundwater Pollution and Hydrology. Princeton University, Water Resources Program Report 78-WR-15. 165.

Clement TP. 1997. A Modular Computer Code for Simulating Reactive Multi-Species Transport in 3-D Groundwater Systems. PNNL-11720. Pacific Northwest National Laboratory, Richland, WA. 59.

Clement TP. 2001. Generalized solution to multispecies transport equations coupled with a firstorder reaction network. Water Resour Res 37:157–163.

Clement TP, Johnson CD. 2002. What's New in RT3D Version 2.5. Pacific Northwest National Laboratory, Richland, WA. 20.

Clement TP, Hooker BS, Skeen RS. 1996. Macroscopic models for predicting changes in saturated porous media properties caused by microbial growth. Ground Water 34:934–942.

Clement TP, Sun Y, Hooker BS, Petersen JN. 1998. Modeling multispecies reactive transport in ground water. Ground Water Monit Remediat 18:79–92.

Clement TP, Johnson CD, Sun Y, Klecka GM, Bartlett C. 2000. Natural attenuation of chlorinated solvent compounds: Model development and field-scale application. J Contam Hydrol 42:113–140.

Clement TP, Truex MJ, Lee P. 2002. A case study for demonstrating the application of U.S. EPA's monitored natural attenuation screening protocol at a hazardous waste site. J Contam Hydrol 59:133–162.

Clement TP, Gautam TR, Lee KK, Truex MJ, Davis GB. 2004a. Modeling coupled NAPL dissolution and rate-limited sorption reactions in biologically active porous media. Bioremediat J 8:47–64.

Clement TP, Kim YC, Gautam TR, Lee KK. 2004b. Experimental and numerical investigation of NAPL dissolution processes in a laboratory scale aquifer model. Ground Water Monit Remediat 24:88–96.

Conrad SH, Glass RJ, Peplinski WJ. 2002. Bench-scale visualization of DNAPL remediation processes in analog heterogeneous aquifers: Surfactant floods and in situ oxidation using permanganate. J Contam Hydrol 58:13–49.

CRC. 2001. CRC Handbook of Chemistry and Physics, 2nd ed. CRC Press, Cleveland, OH. 2664.

Crimi ML, Siegrist RL. 2004. Experimental Evaluation of In Situ Chemical Oxidation Activities at the Naval Training Center (NTC) Site, Orlando, Florida. Submitted to Naval Facilities Engineering Command, Port Hueneme, CA, USA. 64.

Crimi ML, Taylor J. 2007. Experimental evaluation of catalyzed hydrogen peroxide and sodium persulfate for destruction of BTEX contaminants. Soil Sediment Contam 16:29–45.

Dahmani A, Huang KC, Hoag GE. 2006. Sodium persulfate oxidation for the remediation of chlorinated solvents (USEPA Superfund Innovative Technology Evaluation Program). Water Air Soil Pollut Focus 6:127–141.

Damm JH, Hardacre C, Kalin RM, Walsh KP. 2002. Kinetics of the oxidation of methyl tert-butyl ether (MTBE) by potassium permanganate. Water Res 36:3638–3646.

De Laat J, Gallard H. 1999. Catalytic decomposition of hydrogen peroxide by Fe(III) in homogeneous aqueous solution: Mechanism and kinetic modeling. Environ Sci Technol 33:2726–2732.

Dekker TJ, Abriola LM. 2000a. The influence of field-scale heterogeneity on the infiltration and entrapment of dense non-aqueous phase liquids in saturated formations. J Contam Hydrol 42:187–218.

Dekker TJ, Abriola LM. 2000b. The influence of field-scale heterogeneity on the surfactant enhanced remediation of entrapped non-aqueous phase liquids. J Contam Hydrol 42:219–251.

Domenico PA. 1987. An analytical model for multidimensional transport of a decaying con-taminant species. J Hydrol 91:49–58.

Ewing JE. 1996. Effects of Dimensionality and Heterogeneity on Surfactant-Enhanced Solubilization of Non-aqueous Phase Liquids in Porous Media. MS Thesis, University of Colorado, Boulder, CO. 152.

Fetter CW. 1999. Contaminant Hydrogeology, 2nd ed. Prentice-Hall, Inc., Upper Saddle River, NJ. 500.

Forsey SP. 2004. In Situ Chemical Oxidation of Creosote/Coal Tar Residuals: Experimental and Numerical Investigation. PhD Dissertation, University of Waterloo, Waterloo, ON.

Freeze RA, Cherry JA. 1979. Groundwater. Prentice-Hall, Inc., Englewood Cliffs, NJ. 604.

Freeze RA, McWhorter DB. 1997. A framework for assessing risk reduction due to DNAPL mass removal from low permeability soils. Ground Water 35:111–123.

Gershon ND, Nir A. 1969. Effects of boundary conditions of models on tracer distribution in flow through porous mediums. Water Resour Res 5:830–839.

Goldstone JV, Pullin MJ, Bertilsson S, Voelker BM. 2002. Reactions of hydroxyl radical with humic substances: Bleaching, mineralization, and production of bioavailable carbon substrates. Environ Sci Technol 36:364–372.

Guo W, Langevin CD. 2002. User's Guide to SEAWAT: A Computer Program for Simulation of Three-Dimensional Variable-Density Ground-Water Flow. In Techniques of Water Resources Investigations, Book 6, Chapter A7. U.S. Geological Survey. 77.

Haggerty R, Gorelick SM. 1994. Design of multiple contaminant remediation: Sensitivity to rate-limited mass transfer. Water Resour Res 30:435–446.

Harbaugh AW, McDonald MG. 1996a. User's Documentation for MODFLOW-96: An Update to the U.S. Geological Survey Modular Finite-Difference Ground-Water Flow Model. U.S. Geological Survey Open-File Report 96-485. 56.

Harbaugh AW, McDonald MG. 1996b. Programmer's Documentation for MODFLOW-96: An Update to the U.S. Geological Survey Modular Finite-Difference Ground-Water Flow Model. U.S. Geological Survey Open-File Report 96-486. 220.

Harbaugh AW, Banta ER, Hill MC, McDonald MG. 2000. MODFLOW-2000: The U.S. Geological Survey Modular Ground-Water Model — User Guide to Modularization Concepts and the Ground-Water Flow Process Model. U.S. Geological Survey Open-File Report 00-92. 130.

Haselow JS, Siegrist RL, Crimi ML, Jarosch T. 2003. Estimating the total oxidant demand for in situ chemical oxidation design. Remediation 13:5–15.

Heiderscheidt JL. 2005. DNAPL Source Zone Depletion during In Situ Chemical Oxidation (ISCO): Experimental and Modeling Studies. PhD Dissertation, Colorado School of Mines, Golden, CO.

Heiderscheidt J, Crimi ML, Siegrist RL, Singletary M. 2008a. Optimization of full-scale permanganate ISCO system operation: Laboratory and numerical studies. Ground Water Monit Remediat 28:72–84.

Heiderscheidt J, Siegrist RL, Illangasekare TH. 2008b. Intermediate-scale 2D experimental investigation of in situ chemical oxidation using potassium permanganate for remediation of complex DNAPL source zones. J Contam Hydrol 102:3–16.

Held RJ, Illangasekare TH. 1995a. Fingering of dense non-aqueous phase liquids in porous media: 1. Experimental investigation. Water Resour Res 31:1213–1222.

Held RJ, Illangasekare TH. 1995b. Fingering of dense non-aqueous phase liquids in porous media: 2. Analysis and classification. Water Resour Res 31:1223–1231.

Henderson TH, Ulrich K, Mayer KU, Parker BL, Al TA. 2009. Three-dimensional density-dependent flow and multicomponent reactive transport modeling of chlorinated solvent oxidation by potassium permanganate. J Contam Hydrol 106:195–211.

Heyse E, Augustijn D, Rao SC, Delfino JJ. 2002. Nonaqueous phase liquid dissolution and soil organic matter sorption in porous media: Review of system similarities. Crit Rev Environ Sci Technol 32:337–397.

Hoag GE, Chheda P, Woody BA, Dobbs GM. 2000. Chemical Oxidation of Volatile Organic Compounds. U.S. Patent 6019548.

Hood ED. 2000. Permanganate Flushing of DNAPL Source Zones: Experimental and Numerical Investigation. PhD Dissertation, University of Waterloo, Waterloo, ON.

Hsu I-Y, Masten SJ. 2001. Modeling transport of gaseous ozone in unsaturated soils. J Environ Eng 127:546–554.

Huang K, Hoag GE, Chheda P, Woody BA, Dobbs GM. 1999. Kinetic study of oxidation of trichloroethylene by potassium permanganate. Environ Eng Sci 16:265–274.

Huang K, Hoag GE, Chheda P, Woody BA, Dobbs GM. 2002. Kinetics and mechanism of oxidation of tetrachloroethylene with permanganate. Chemosphere 46:815–825.

Huang K-C, Hoag GE, Chheda P, Woody BA, Dobbs GM. 2001. Oxidation of chlorinated ethenes by potassium permanganate: A kinetics study. J Hazard Mater 87:155–169.

Ibaraki M, Schwartz FW. 2001. Influence of natural heterogeneity on the efficiency of chemical floods in source zones. Ground Water 39:660–666.

Illangasekare TH, Armbruster EJ III, Yates DN. 1995a. Non-aqueous-phase fluids in heterogeneous aquifer: Experimental study. J Environ Eng 121:571–579.

Illangasekare TH, Ramsey JL, Jensen KH, Butts M. 1995b. Experimental study of movement and distribution of dense organic contaminants in heterogeneous aquifers. J Contam Hydrol 20:1–25.

Illangasekare TH, Munakata Marr J, Siegrist RL, Soga K, Glover KC, Moreno-Barbero E, Heiderscheidt JL, Saenton S, Matthew M, Kaplan AR, Kim Y, Dai D, Gago JL, Page JWE. 2006. Mass Transfer from Entrapped DNAPL Sources Undergoing Remediation: Characterization Methods and Prediction Tools. CU-1294 Final Report. Submitted to the Strategic Environmental Research and Development Program (SERDP), Arlington, VA, USA. 435.

Imhoff PT, Jaffe PR, Pinder GF. 1994. An experimental study of complete dissolution of a nonaqueous phase liquid in saturated porous media. Water Resour Res 30:307–320.

ITRC (Interstate Technology & Regulatory Council). 2005. Technical and Regulatory Guidance for In Situ Chemical Oxidation of Contaminated Soil and Groundwater, 2nd ed. ISCO-2.Prepared by the ITRC In Situ Chemical Oxidation Team, Washington, DC.

Jackson SF. 2004. Comparative Evaluation of Potassium Permanganate and Catalyzed Hydrogen Peroxide during In Situ Chemical Oxidation of DNAPLs. MS Thesis, Colorado School of Mines, Golden, CO.

Jazdanian AD, Fieber LL, Tisoncik D, Huang KC, Mao F, Dahmani A. 2004. Chemical Oxidation of Chloroethanes and Chloroethenes in a Rock/Groundwater System. Proceedings, Fourth International Conference on Remediation of Chlorinated and Recalcitrant Compounds, Monterey, CA, USA, May 24–27, Paper 2F-01.

Johnson CD, Truex MJ, Clement TP. 2006. Natural and Enhanced Attenuation of Chlorinated Solvents Using RT3D. PNNL-15937. Pacific Northwest National Laboratory, Richland, WA.

Johnson RL, Pankow JF. 1992. Dissolution of dense chlorinated solvents into groundwater. 2: Source functions for pools of solvent. Environ Sci Technol 26:896–901.

Johnson RL, Cherry JA, Pankow JF. 1989. Diffusive contaminant transport in natural clay: A field example and implications for clay-lined waste disposal sites. Environ Sci Technol 23:340–349.

Jung H, Kim J, Choi H. 2004. Reaction kinetics of ozone in variably saturated porous media. J Environ Eng 130:432–441.

Jury WA, Gardner WR, Gardner WH 1991. Soil Physics. 5th ed. John Wiley & Sons, New York, NY. 328.

Kim J, Choi, H. 2002. Modeling in situ ozonation for the remediation of nonvolatile PAH contaminated unsaturated soils. J Contam Hydrol 55:261–285.

Kitanidis PK, McCarty PL. 2011. Delivery and Mixing in the Subsurface: Processes and Design Principles for In Situ Remediation. SERDP and ESTCP Remediation Technology Monograph Series. Springer Science+Business Media, LLC, New York, NY, USA.

Kueper BH, Frind EO. 1991a. Two-phase flow in heterogeneous porous media. 1: Model development. Water Resour Res 27:1049–1057.

Kueper BH, Frind EO. 1991b. Two-phase flow in heterogeneous porous media. 2: Model application. Water Resour Res 27:1059–1070.

Kueper BH, Abbott W, Farquhar G. 1989. Experimental observations of multiphase flow in heterogeneous porous media. J Contam Hydrol 5:83–95.

Kueper BH, Redman D, Starr RC, Reitsma S, Mah M. 1993. A field experiment to study the behavior of tetrachloroethylene below the water table: Spatial distribution of residual and pooled DNAPL. Ground Water 31:756–766.

Ladbury JW, Cullis CF. 1958. Kinetics and Mechanism of Oxidation by Permanganate. Chem Rev 58: 403–438.

Langevin CD, Guo W. 2006. MODFLOW/MT3DMS-based simulation of variable density ground water flow and transport. Ground Water 44:339–351.

Langevin CD, Shoemaker WB, Guo W. 2003. MODFLOW-2000, the U.S. Geological Survey Modular Ground-Water Model — Documentation of the SEAWAT-2000 Version with the Variable-Density Flow Process (VDF) and the Integrated MT3DMS Transport Process (IMT). U.S. Geological Survey Open-File Report 03-426. 43.

Lee ES, Seol Y, Fang YC, Schwartz FW. 2003. Destruction efficiencies and dynamics of reaction fronts associated with the permanganate oxidation of trichloroethylene. Environ Sci Technol 37:2540–2546.

Lee M, Lee KK, Clement TP, Hamilton D. 2006. Nitrogen transformation and transport modeling in groundwater aquifers. Ecol Model 192:143–159.

Leij FK, Priesack E, Schaap MG. 2000. Solute transport modeled with Green's functions with application to persistent solute sources. J Contam Hydrol 41:55–173.

Li XD, Schwartz FW. 2004. DNAPL mass transfer and permeability reduction during in situ chemical oxidation with permanganate. Geophys Res Lett 31:L06504.

Liang C, Bruell CJ, Marley MC, Sperry KL. 2003. Thermally activated persulfate oxidation of trichloroethylene (TCE) and 1,1,1-trichloroethane (TCA) in aqueous systems and soil slurries. Soil Sediment Contam 12:207–228.

Liang C, Wang ZS, Bruell CJ. 2007. Influence of pH on persulfate oxidation of TCE at ambient temperatures. Chemosphere 66:106–113.

Liang C, Lee I-L, Hsu I-Y, Liang C-P, Lin Y-L. 2008. Persulfate oxidation of trichloroethylene with and without iron activation in porous media. Chemosphere 70:426–435.

Lim HN, Hwang TM, Kang JW. 2002. Characterization of ozone decomposition in a soil slurry: Kinetics and mechanism. Water Res 36:219–229.

Lim MS, Yeo IN, Clement TP, Roh Y, Lee KK. 2007. Mathematical model for predicting microbial reduction and transport of arsenic in groundwater systems. Water Res 41:2079–2088.

Liu C, Ball WP. 2002. Back diffusion of chlorinated solvent contaminants from a natural aquitard to a remediated aquifer under well-controlled field conditions: Predictions and measurements. Ground Water 40:175–184.

Lu G, Clement TP, Zheng C, Wiedemeier TH. 1999. Natural attenuation of BTEX compounds: Model development and field-scale application. Ground Water 37:707–717.

Mackay DM, Cherry JA. 1989. Groundwater contamination: Pump-and-treat remediation. Environ Sci Technol 23:630–636.

MacKinnon LK, Thomson NR. 2002. Laboratory-scale in situ chemical oxidation of a perchloroethylene pool using permanganate. J Contam Hydrol 56:49–74.

Mayer AS, Zhong L, Pope GA. 1999. Measurement of mass-transfer rates and surfactant enhanced solubilization of non-aqueous phase liquids. Environ Sci Technol 33:2965–2972.

Mayer KU, Frind EO, Blowes DW. 2002. Multicomponent reactive transport modeling in variably saturated porous media using a generalized formulation for kinetically controlled reactions. Water Resour Res 38:1174, doi:10.1029/2001WR000862.

McDonald MG, Harbaugh AW. 1988. A Modular Three-Dimensional Finite-Difference Ground-Water Flow Model. U.S. Geological Survey Techniques of Water-Resources Investigations, Book 6, Chapter A1. 586.

Miller CT, Poirier-McNeill MM, Mayer AS. 1990. Dissolution of trapped nonaqueous phase liquids: Mass transfer characteristics. Water Resour Res 26:2783–2796.

Millington RJ, Quirk JP. 1959. Permeability of porous media. Nature 183:387–388.

Millington RJ, Quirk JP. 1961. Permeability of porous solids. Trans Faraday Soc 57:1200–1207.

Mumford KG, Thomson NR, Allen-King RM. 2002. Investigating the Kinetic Nature of Natural Oxidant Demand during ISCO. Proceedings, Third International Conference on Remediation of Chlorinated and Recalcitrant Compounds, Monterey, CA, USA, May 20–23, Paper 2C-37.

Mumford KG, Thomson NR, Allen-King RM. 2005. Bench-scale investigation of permanganate natural oxidant demand kinetics. Environ Sci Technol 39:2835–2840.

Mundle K, Reynolds RA, West MR, Kueper BH. 2007. Concentration rebound following in situ chemical oxidation in fractured clay. Ground Water 45:692–702.

Nambi IM. 1999. Dissolution of Non-Aqueous Phase Liquids in Heterogeneous Subsurface Systems. PhD Dissertation, Department of Civil and Environmental Engineering, Clarkson University, Potsdam, NY.

Nambi IM, Powers SE. 2003. Mass transfer correlations for non-aqueous phase liquid dissolution from regions with high initial saturations. Water Resour Res 39:1030, doi: 10.1029/2001WR000667.

Nelson MD, Parker BL, Al TA, Cherry JA, Loomer D. 2001. Geochemical reactions resulting from in situ oxidation of PCE-DNAPL by $KMnO_4$ in a sandy aquifer. Environ Sci Technol 35:1266–1275.

Oostrom M, Hofstee C, Walker RC, Dane JH. 1999. Movement and remediation of trichloroethylene in a saturated, heterogeneous porous medium. 2: Pump-and-treat and surfactant flushing. J Contam Hydrol 37: 179–197.

Parker BL, Gillham RW, Cherry JA. 1994. Diffusive disappearance of immiscible-phase organic liquids in fractured geologic media. Ground Water 32:805–820.

Parker BL, McWhorter DB, Cherry JA. 1997. Diffusive loss of non-aqueous phase organic solvents from idealized fracture networks in geologic media. Ground Water 35:1077–1087.

Peyton GR. 1993. The free-radical chemistry of persulfate-based total organic carbon analyzers. Mar Chem 41:91–103.

Pinder GF, Abriola LM. 1986. On the simulation of non-aqueous phase organic compounds in the subsurface. Water Resour Res 22:109S–119S.

Polak A, Grader AS, Wallach R, Nativ R. 2003. Chemical diffusion between a fracture and the surrounding matrix: Measurement by computed tomography and modeling. Water Resour Res 39:1106, doi: 10.1029/2001WR000813.

Poulsen MM, Kueper BH. 1992. A field experiment to study the behavior of tetrachloroethylene in unsaturated porous media. Environ Sci Technol 26:889–895.

Powers SE, Abriola LM, Dunkin JS, Weber WJ Jr. 1994a. Phenomenological models for transient NAPL-water mass-transfer processes. J Contam Hydrol 16:1–33.

Powers SE, Abriola LM, Weber WJ Jr. 1994b. An experimental investigation of non-aqueous phase liquid dissolution in saturated subsurface systems: Transient mass transfer rate. Water Resour Res 30:321–332.

Powers SE, Nambi IM, Curry GW Jr. 1998. NAPL dissolution in heterogeneous systems: Mechanisms and a local equilibrium modeling approach. Water Resour Res 34:3293–3302.

Quezada CR, Clement TP, Lee KK. 2004. Generalized solution to multidimensional, multi-species transport equations coupled with a first-order reaction network involving distinct retardation factors. Adv Water Resour 27:507–520.

Refsgaard JC, Knudsen J. 1996. Operational validation and intercomparison of different types of hydrological models. Water Resour Res 32:2189–2202.

Refsgaard JC, Henriksen HJ. 2004. Modelling guidelines — terminology and guiding principles. Adv Water

Resour 27:71–82.

Reis JC, Acock AM. 1994. Permeability reduction models for the precipitation of inorganic solids in Berea sandstone. In Situ 18:347–368.

Reisen F, Arey J. 2002. Reactions of hydroxyl radicals and ozone with acenaphthene and acenaphthylene. Environ Sci Technol 36:4302–4311.

Reitsma S, Dai QL. 2001. Reaction-enhanced mass transfer and transport from non-aqueous phase liquid source zones. J Contam Hydrol 49:49–66.

Reitsma S, Randhawa J. 2002. Experimental Investigation of Manganese Dioxide Plugging in Porous Media. Proceedings, Third International Conference on Remediation of Chlorinated and Recalcitrant Compounds, Monterey, CA, USA, May 20–23, Paper 2C-39.

Reynolds DA, Kueper BH. 2002. Numerical examination of the factors controlling DNAPL migration through a single fracture. Ground Water 40:368–377.

Rolle M, Clement TP, Sethi R, Molfetta AD. 2008. A kinetic approach for simulating redoxcontrolled fringe and core biodegradation processes in groundwater: Model development and application to a landfill site in Piedmont, Italy. Hydrol Process 22:4905–492.

Saba TA. 1999. Upscaling of Mass Transfer from Entrapped NAPLs under Natural and Enhanced Conditions. PhD Dissertation, University of Colorado, Boulder, CO. 204 pp.

Saba TA, Illangasekare TH. 2000. Effect of ground-water flow dimensionality on mass transfer from entrapped non-aqueous phase liquid contaminants. Water Resour Res 36:971–979.

Saba TA, Illangasekare TH, Ewing JE. 2001. Investigation of surfactant-enhanced dissolution of entrapped non-aqueous phase liquid chemicals in a two dimensional groundwater flow field. J Contam Hydrol 51:63–82.

Saenton S. 2003. Prediction of Mass Flux from DNAPL Source Zone with Complex Entrapment Architecture: Model Development, Experimental Validation, and Up-Scaling. PhD Dissertation, Colorado School of Mines, Golden, CO. 246.

Saenton S, Illangesekare TH, Soga K, Saba TA. 2002. Effects of source zone heterogeneity on surfactant-enhanced NAPL dissolution and resulting remediation end-points. J Contam Hydrol 59:27–44.

Sale T, Illangasekare T, Zimbron J, Rodriguez D, Wilking B, Marinelli F. 2007. AFCEE Source Zone Initiative. Final Report. Submitted to Air Force Center for Engineering and the Environment (AFCEE), Brooks City-Base, TX.

Schincariol RA, Schwartz FW. 1990. An experimental investigation of variable density flow and mixing in homogeneous and heterogeneous media. Water Resour Res 26:2317–2329.

Schnarr M, Truax C, Hood E, Gonully T, Stickney B. 1998. Laboratory and controlled field experimentation using potassium permanganate to remediate trichloroethylene and perchloroethylene DNAPLs in porous media. J Contam Hydrol 29:205–224.

Schroth MH, Oostrom M, Wietsma TW, Istok JD. 2001. In-situ oxidation of trichloroethene by permanganate: Effects on porous medium hydraulic properties. J Contam Hydrol 50:78–98.

Schwartz FW, Zhang H. 2003. Fundamentals of Ground Water, John Wiley and Sons, New York, NY. 583.

Schwille F. 1988. Dense Chlorinated Solvents in Porous and Fractured Media. Translated by JF Pankow. Lewis Publishers, Chelsea, MI. 146.

Sherwood TK, Pigford RL, Wilke CR. 1975. Mass Transfer. McGraw-Hill, New York, NY. 677.

Shin W-T, Garanzuay X, Yiacoumi S, Tsouris C, Gu B, Mahinthakumar G. 2004. Kinetics of soil ozonation: An experimental and numerical investigation. J Contam Hydrol 72:227–243.

Siegrist RL, Lowe KS, Murdoch LC, Case TL. 1999. In situ oxidation by fracture emplaced reactive solids. J Environ Eng 125:429–440.

Siegrist RL, Urynowicz MA, West OR, Crimi ML, Lowe KS. 2001. Principles and Practices of In Situ Chemical Oxidation Using Permanganate. Battelle Press, Columbus, OH. 348.

Siegrist RL, Urynowicz MA, Crimi ML, Lowe KS. 2002. Genesis and effects of particles produced during in situ chemical oxidation using permanganate. J Environ Eng 128:1068–1079.

Siegrist RL, Crimi ML, Munakata-Marr J, Illangasekare TH, Dugan P, Heiderscheidt JL, Jackson S, Petri B, Sahl J, Seitz S, Lowe K, Van Cuyk S. 2006. Reaction and Transport Processes Controlling In Situ Chemical Oxidation of DNAPLs. Project CU-1290 Final Report. Submitted to SERDP, Arlington, VA, USA. 235.

Siegrist RL, Crimi ML, Petri B, Simpkin T, Palaia T, Krembs FJ, Munakata-Marr J, Illangasekare T, Ng G, Singletary M, Ruiz N. 2010. In Situ Chemical Oxidation for Groundwater Remediation: Site Specific Engineering and Technology Application. ER-0623 Final Report (CD-ROM, Version PRv1.01, October 29, 2010). Prepared for the ESTCP, Arlington, VA, USA.

Soga K, Page JWE, Illangasekare TH. 2004. A review of NAPL source zone remediation efficiency and the mass flux approach. J Hazard Mater 110:13–27.

Sra K, Thomson NR, Barker JF. 2007. Fate of Persulfate in Uncontaminated Aquifer Materials. Presented at Groundwater Quality, 2007, Fremantle, Australia, December 2–7.

Srinivasan V, Clement TP. 2008. Analytical solutions for sequentially coupled one-dimensional reactive transport problems. Part I. Mathematical derivations. Adv Water Resour 31: 203–218.

Srinivasan V, Clement TP, Lee KK. 2007. Domenico solution – Is it valid? Ground Water 45:136–146.

Staehelin J, Hoigné J. 1982. Decomposition of ozone in water: Rate of initiation by hydroxide ions and hydrogen peroxide. Environ Sci Technol 16:676–681.

Staehelin J, Bühler RE, Hoigné J. 1984. Ozone decomposition in water studied by pulse radiolysis. 2: OH and HO_4 as chain intermediates. J Phys Chem 88:5999–6004.

Stroo HF, Unger M, Ward CH, Kavanaugh MC, Vogel C, Leeson A, Marqusee JA, Smith BP. 2003. Remediating chlorinated solvent source zones. Environ Sci Technol 37:224A–230A.

Struse AM, Marvin BK, Harris ST, Clayton WS. 2002a. Push-Pull Tests: Field Evaluation of In Situ Chemical Oxidation of High Explosives at the Pantex Plant. Proceedings, Third International Conference on Remediation of Chlorinated and Recalcitrant Compounds, Monterey, CA, USA, May 20–23, Paper 2G-06.

Struse AM, Siegrist RL, Dawson HE, Urynowicz MA. 2002b. Diffusive transport of permanganate during in situ oxidation. J Environ Eng 128:327–334.

Sun Y, Petersen JN, Clement TP. 1999. Analytical solutions for multiple species reactive transport in multiple dimensions. J Contam Hydrol 35:429–440.

Sung M, Huang CP. 2002. In situ removal of 2-chlorophenol from unsaturated soils by ozonation. Environ Sci Technol 36:2911–2918.

Tartakovsky DM. 2000. An analytical solution for two-dimensional contaminant transport during groundwater extraction. J Contam Hydrol 42:273–283.

Tartakovsky DM, Di Federico V. 1997. An analytical solution for contaminant transport in nonuniform flow. Transp Porous Media 27:85–97.

Taylor TP, Pennell KD, Abriola LM, Dane JH. 2001. Surfactant enhanced recovery of tetrachloroethylene from a porous medium containing low permeability lenses. 1: Experimental studies. J Contam Hydrol 48: 325–350.

Thomson NR, Johnson RL. 2000. Air distribution during in situ air sparging: An overview of mathematical modeling. J Hazard Mater 72:265–282.

Tomiyasu H, Fukutomi H, Gordon G. 1985. Kinetics and mechanism of ozone decomposition in basic aqueous solution. Inorg Chem 24:2962–2966.

Tomlinson DW, Thomson NR, Johnson RL, Redman JD. 2003. Air distribution in the Borden aquifer during in situ air sparging. J Contam Hydrol 67:113–132.

Tsitonaki A, Mosbaek H, Bjerg PL. 2006. Activated Persulfate Oxidation as a First Step in a Treatment Train. Proceedings, Fifth International Conference on the Remediation of Chlorinated and Recalcitrant Compounds, Monterey, CA, USA, May 22–25, Paper D-77.

Urynowicz MA. 2000. Dense Nonaqueous Phase Trichloroethene Degradation with Permanganate Ion. PhD Dissertation, Colorado School of Mines, Golden, CO.

Urynowicz MA, Balu B, Udayasankar U. 2008. Kinetics of natural oxidant demand by permanganate in aquifer solids. J Contam Hydrol 96:187–194.

USEPA (U.S. Environmental Protection Agency). 2004. Discussion Paper: Cleanup Goals Appropriate for DNAPL Source Zones. USEPA, Office of Solid Waste and Emergency Response, Washington, DC. 16.

van Genuchten MT, Alves WJ. 1982. Analytical Solutions of the One-Dimensional ConvectiveDispersive Solute Transport Equation. Technical Bulletin Number 1661. U.S. Department of Agriculture, Agricultural Research Service, Washington, DC. 151.

van Genuchten MT, Wierenga PJ. 1974. Simulation of One Dimensional Solute Transfer in Porous Media. Bulletin 628. New Mexico State University Agricultural Experimental Station, Las Cruces, NM.

Van Waveren RH, Groot S, Scholten H, Van Geer FC, Wosten JHM, Koeze RD, Noort JJ. 1999. Good Modeling Practice Handbook. STOWA Report 99-05. Utrecht, RWS-RIZA, Lelystad, The Netherlands.

Welty JR, Wicks CE, Wilson RE. 1976. Fundamentals of Momentum, Heat, and Mass Transfer, 2nd ed. John Wiley & Sons, New York, NY. 789.

Wexler E. 1992. Analytical Solutions for One-, Two-, and Three-Dimensional Solute Transport in Ground-Water Systems with Uniform Flow. In U.S. Geological Survey Techniques of Water-Resources Investigations, Vol 3, Chap B7. U.S. Geological Survey, Denver, CO. 198.

Willson CS, Weaver JW, Charbeneau RJ. 2006. A screening model for simulating DNAPL flow and transport in porous media: Theoretical development. Environ Model Softw 21:16–32.

Wyllie MRJ. 1962. Relative permeability. In TC Frick, ed, Petroleum Production Handbook, Reservoir Engineering, Vol II. McGraw-Hill, New York, NY, 25.

Xu X. 2006. Interaction of Chemical Oxidants with Aquifer Material. PhD Dissertation, University of Waterloo, Waterloo, ON.

Yan YE, Schwartz FW. 1999. Oxidative degradation and kinetics of chlorinated ethylenes by potassium permanganate. J Contam Hydrol 37:343–365.

Yan YE, Schwartz FW. 2000. Kinetics and mechanisms for TCE oxidation by permanganate. Environ Sci Technol 34:2535–2541.

Yeh GT. 1981. AT123D-Analytical Transient One-, Two-, and Three-Dimensional Simulation of Waste Transport in the Aquifer System. Oak Ridge National Laboratory (ORNL) Environ mental Science Division Publication 1439, Oak Ridge, TN. 83.

Zhang H, Schwartz FW. 2000. Simulating the in situ oxidative treatment of chlorinated ethylenes by potassium permanganate. Water Resour Res 36:3031–3042.

Zhang H, Ji L, Wu F, Tan J. 2005. In situ ozonation of anthracene in unsaturated porous media. J Hazard Mater 120:143–148.

Zheng C. 1990. A Modular Three-Dimensional Transport Model for Simulation of Advection, Dispersion, and Chemical Reactions of Contaminants in Groundwater Systems. Submitted to the USEPA Robert S. Kerr Environmental Research Laboratory, Ada, OK.

Zheng C, Bennett GD. 2002. Applied Contaminant Transport Modeling, 2nd ed. John Wiley & Sons, New

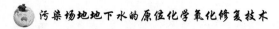

York, NY. 621.

Zheng C, Wang PP. 1999. MT3DMS: A Modular Three-Dimensional Multispecies Transport Model for Simulation of Advection, Dispersion, and Chemical Reactions of Contaminants in Groundwater Systems; Documentation and User's Guide. Report SERDP-99-1. Submitted to the SERDP, Arlington, VA, USA.

Zhu J, Sykes JF. 2004. Simple screening models of NAPL dissolution in the subsurface. J Contam Hydrol 72:245–258.

原位化学氧化与其他原位修复方法结合原理

Junko Munakata-Marr[1], Kent S. Sorenson Jr.[2], Benjamin G. Petri[1]
and James B. Cummings[3]

[1] Colorado School of Mines, Golden, CO 80401, USA;
[2] CDM, Denver, CO 80202, USA;
[3] U.S. Environmental Protection Agency, Office of Solid Waste Emergency Response, Washington, DC 20460, USA.

范围

本章主要介绍了原位化学氧化与其他原位修复技术之间的相互作用，以及原位化学氧化与生物修复、表面活性剂/助溶剂冲洗、空气喷射和热处理等技术耦合的可选方法。

核心概念

- 与单独使用原位化学氧化技术相比，将原位化学氧化技术与其他修复技术联合应用，特别是在开展修复行动之前编制好联合修复计划，能够产生更显著的效益。
- 强化原位生物修复和监控自然衰减是与原位化学氧化技术联合应用最多的两种技术。
- 原位化学氧化可能会导致有氧微生物和厌氧微生物丰度和多样性的短暂性降低，但随着时间变化通常会出现反弹。
- 表面活性剂或助溶剂强化原位化学氧化可以提高污染物去除率，但必须考虑修复制剂间的化学兼容性。
- 空气喷射和热处理技术可能与原位化学氧化实现协同交互，但原位化学还原与原位化学氧化是存在拮抗作用的。

7.1 简介

本章侧重于原位化学氧化与其他修复技术/方法的集成与协同耦合应用，由此提供一个联合修复措施以实现更高效的清理。这种耦合可能同时完成，也可能在不同的时间或空间上进行耦合。在时间方面，原位化学氧化与其他技术依照顺序应用于相同目标处理区，如原位化学氧化修复后采用原位生物修复技术。在空间方面，一部分场地采用原位化学氧化修复，其他部分则应用其他不同的修复技术或方法。例如，污染源区域可采用原位化学氧化进行处理，而零价铁渗透反应墙的原位化学还原技术可用于修复污染羽。

原位化学氧化与其他修复技术联合处理目标关注污染物具有显著优势。例如，以原位化学氧化作为前处理能增强目标关注污染物在后续生物修复过程中的敏感性，而后处理采用原位化学氧化可显著降低修复前处理残留污染物达到目标所需氧化剂的量。在公认单独使用原位化学氧化不可行的情况下（如某种极端岩性、高污染物质量密度污染场地的严格处理目标），这种主动耦合的方法可能是唯一能达到修复目标的方法。

联合方法可能随着时间变化收集新信息而改变修复策略。例如，对于一个已经采用其他修复技术的污染场地而言，后续应用原位化学氧化实际上是一种联合修复方法，但必须考虑前期修复技术与计划应用的技术之间的交互作用，因为前期修复技术可能会影响原位化学氧化修复的位置或相邻位置的应用。很多技术都适合与原位化学氧化修复技术耦合应用，但需要仔细评估这些技术与原位化学氧化技术之间的特定交互作用。

Krembs（2008）的案例研究数据显示，在135个采用联合修复方法的原位化学氧化场地中，76%的场地耦合应用了原位化学氧化和其他修复技术，60%的场地在原位化学氧化修复前应用了其他技术，22%的场地在原位化学氧化修复期间耦合了其他技术，30%的场地在原位化学氧化修复技术后联合应用了其他技术（见表7.1）。由于一些场地报道称，多次将其他技术与原位化学氧化技术进行耦合应用（如原位化学氧化修复前后均耦合应用其他技术），因此表7.1中百分比总和会超过100%。由于原位化学氧化修复后耦合其他修复技术可能在案例研究文件撰写（通常在原位化学氧化修复完成后很短时间内就开始）后开始，因而可能导致其报道频率偏低。

表 7.1 135 个场地在不同尺度上使用原位化学氧化技术联合其他修复技术的百分比（Krembs, 2008）

耦合方式	所有尺度	大 规 模	中试规模
原位化学氧化技术耦合其他修复技术	76%	89%	44%
原位化学氧化技术在其他修复技术后应用	60%	68%	36%
原位化学氧化技术与其他修复技术同时应用	22%	30%	3%
原位化学氧化技术在其他修复技术前应用	30%	38%	15%
污染场地总数	135	90	39

如表 7.2 所示，在原位化学氧化技术前应用最多的是挖掘技术（50%），其次是抽出处理技术（22%），实践证明，在此类技术后应用原位化学氧化技术难以达到修复目标。抽出处理技术（11%）和土壤气相抽提技术（9%）是与原位化学氧化技术同时应用最多的两种技术，而自然衰减技术（19%）和强化原位生物修复技术（17%）经常用在原位化学氧

化技术之后（见表 7.2）。含重质非水相液体的污染场地更适合将原位化学氧化技术与其他修复技术耦合应用，尤其是在原位化学氧化技术后耦合其他技术，如自然衰减技术和强化原位生物修复技术，这两种技术在 45% 的含重质非水相液体污染场地（n=49）原位化学氧化修复后应用。除过碳酸盐（仅 2 个研究案例，其中 1 个采用了技术耦合）及低渗透性的多孔介质（在 14 个研究案例中有 8 个采用了技术耦合）外，技术耦合在各类型的污染物、氧化剂及地质背景中具有较高的应用比例（67%）。

表 7.2 原位化学氧化技术前、中和后联合应用技术总结（Krembs, 2008）

技术或方法	场地百分比（%）（n=103）		
	在原位化学氧化技术前应用	与原位化学氧化技术同时应用	在原位化学氧化技术后应用
空气喷射	8	3	1
生物曝气	—	—	1
生物通风	1	—	—
双相萃取	1	2	2
液体修复强化	2	—	—
强化原位生物修复	3	2	17
挖掘	50	4	8
自然衰减	—	—	19
抽出处理	22	11	8
表面活性剂/助溶剂	—	3	4
土壤气相抽提	18	9	

注：由于一些场地联合应用了多种修复技术，所以百分比总和大于100%。自然衰减技术只统计了明确指出在原位化学氧化技术后采用自然衰减技术作为耦合技术的部分场地，因此原位化学氧化技术后使用自然衰减技术的比例很可能被低估。

本章总结了公开发表的原位化学氧化技术与其他修复技术交互作用研究相关的文献，并重点关注这些具有潜在重大交互作用的技术和方法。本章的目的不是对所有影响其他修复技术的因素进行完整的综述，而是报道原位化学氧化技术对其他技术，或者其他技术对原位化学氧化技术有独特影响的重要领域。当前已有一些针对原位化学氧化技术与其他技术和方法耦合应用的报道（Sahl and Munakata-Marr, 2006; Scott and Ollis, 1995; Waddell and Mayer, 2003），本章既涵盖了这些关键综述文献的描述，同时增加了这些综述文献不包含的更多细节性描述。关于联合修复技术和方法在特定场地工程应用中的注意事项将在第 9 章展示。

7.2 原位生物方法

在众多原位化学氧化修复场地中，监测自然衰减或强化原位生物修复都是修复决策中不可或缺的部分。因此，考虑原位化学氧化修复中使用的氧化剂对修复场地地下生物群落和地球化学条件潜在影响是非常重要的。不同修复过程间的交互作用可能是互补的，如原位化学氧化能增强微生物活性；但也可能是有害的，如原位化学氧化可能会抑制微生物反应过程。总之，已有文献表明原位化学氧化并不能对场地地层起到完全杀菌的作用，虽然它会暂时扰乱生物反应过程，但随着时间推移微生物可以得到恢复。本节将讨论这些特定的交互作用及其背后的机制，以及这些交互作用对监测自然衰减和强化原位生物修复的潜在影响。

7.2.1 氧化剂对地球化学和生物过程的影响

已有一些报道总结了化学氧化剂对微生物丰度和多样性的影响（Sahl and Munakata-Marr, 2006; Scott and Ollis, 1995; Waddell and Mayer, 2003）。这些影响可分为直接影响（如氧化剂与微生物之间的相互作用）和间接影响（如通过改变氧化还原电位、pH 值和底物可利用性）。在通常情况下，微生物暴露于化学氧化剂下会降低浓度和多样性，但也可能升高到较接触前更高的水平。本节对已有文献中化学氧化剂对微生物直接影响和间接影响的描述进行了总结，而原位化学氧化耦合自然衰减技术和强化原位生物修复技术对微生物影响的相关信息将分别在 7.2.3 节和 7.2.4 节中阐述。

经常用于消毒灭菌的强氧化剂会对微生物产生直接的、明显的有害影响。然而，微生物可以通过产生过氧化氢酶、超氧化物歧化酶等抗氧化酶对活性氧化剂进行防御。在土壤和地下水中发现的许多好氧和兼性微生物（Pardieck et al., 1992），以及一些与环境相关的厌氧微生物（Brioukhanov et al., 2002; Hewitt and Morris, 1975）都可以表达这些保护酶。例如，一株表达过氧化氢酶的微生物菌株可耐受高浓度的过氧化氢（34g/L），而缺乏过氧化氢酶菌株的生长代谢在低浓度过氧化氢（0.34g/L）条件下被完全抑制（Schlegel, 1977）。

观察化学氧化时微生物的活性，有助于进一步证明微生物对氧化剂的抗性。基于液体批量微观实验结果，可预测通过催化过氧化氢氧化四氯乙烯及好氧生物降解氧化副产物两种同时矿化反应的最佳程度为 62%，最佳条件为过氧化氢 77mg/L（2.3mM）、细胞 104.2 个/mL 和亚铁离子［Fe（II）］18 mg/L（0.33mM）（Büyüksönmez et al., 1999）。催化过氧化氢氧化四氯乙烯及好氧生物降解草酸的同时反应在液体批量微观实验（Howsawkeng et al., 2001）和土壤泥浆反应器中（Ndjou'ou et al., 2006）均已观察到。催化过氧化氢对四氯乙烯的氧化速率和程度会随着催化过氧化氢浓度的增加而增大，而草酸的同化作用会随着催化过氧化氢浓度的增加而降低（Howsawkeng et al., 2001）或滞后（Ndjou'ou et al., 2006）。

Tsitonaki 等（2008）报道了热活化过硫酸盐对微生物活性的抑制作用。对照组（不添加过硫酸盐）在 15 ~ 50℃时没有表现出温度对微生物总量或活细胞 / 死细胞（Baclight™ 测定）的影响。接触过硫酸盐（40℃活化）2 天不会影响土著微生物的活细胞浓度，但会显著降低添加的恶臭假单胞菌（*Pseudomonas putida*）的数量，这可能是由于生长期的差异造成的（分别处于稳定生长期和指数生长期）。尽管微生物细胞在全剂量过硫酸盐测试中保持形态完整，并且细胞数量类似，在过硫酸盐剂量最高（10g/L，50mM）时，乙酸吸收会受到严重抑制，表明完整的细胞是失活的，这可能是通过降低 pH 值至 4 以下观察到的。在过硫酸盐剂量最低（0.1g/L 和 1g/L，0.5mM 和 5mM）时，并且 pH 值保持在 7 以上时，微生物对乙酸的同化作用与对照组结果一致。

在间接影响方面，添加化学氧化剂可能会影响系统中的主要终端电子受体（TEA）。微生物可利用的能量数量主要取决于终端电子受体，只有在最有活力的终端电子受体几乎耗尽之后，低能量的终端电子受体才会占据主导地位，如表 7.3 所示。

表 7.3 微生物代谢中终端电子受体的结构

	终端电子受体	还原的配对物	生物过程
进一步降低	氧气（O_2）	二氧化碳（CO_2）	好氧呼吸作用
	硝酸盐（NO_3^-）	铵根离子（NH_4^+） 氮气（N_2） 氧化亚氮（N_2O）	硝酸盐还原作用
	二价铁 [Fe（Ⅲ）]	二价铁 [Fe（Ⅱ）]	铁还原
	二氧化锰（MnO_2）	溶解性的锰（Mn^{2+}）	锰还原
	硫酸盐（SO_4^{2-}）	二硫化物（HS^-）	硫酸盐还原
	二氧化碳（CO_2）	甲烷（CH_4）	甲烷化

　　根据氧化剂的反应可知，上述所有终端电子受体（硝酸盐除外）可能都是原位化学氧化反应的产物。原位化学氧化使用的过氧化氢、臭氧或过碳酸钠均有可能产生大量的氧气（如溶解氧），因此地下环境可能会由于这些氧化剂的使用而变成好氧环境，从而提高好氧微生物的活性（Bittkau et al.，2004）。硫酸盐是过硫酸盐反应的主要副产物，而二价铁和三价铁又是过氧化氢和过硫酸盐原位化学氧化的催化剂，因此在某些情况下可能会有大量这些物质被传输至地下。二氧化锰作为高锰酸盐氧化体系中典型的无机副产物，也可能会大量存在于地下。需要注意的是，许多原位化学氧化反应在氧化有机污染物的同时，也会氧化土壤有机质，并生成二氧化碳溶于水产生碳酸盐和重碳酸盐。这些原位化学氧化副产物的终端电子受体可能会改变微生物的群落动态平衡，从而对生物降解产生有利或有害的影响。例如，氧的存在可能会强化石油烃的好氧生物降解，但也会抑制石油烃的还原脱氯过程。同样，硫酸盐可能会强化其还原菌的活性，从而影响其在苯、甲苯、乙苯等苯系物或多环芳烃降解中的作用，但也可能干扰还原脱氯过程。高锰酸盐氧化过程中产生的二氧化锰可能作为 1,2- 二氯乙烯等化合物降解中的终端电子受体（Bradley et al.，1998）。这些影响通常是暂时的，当氧化剂和产生的终端电子受体耗尽后，地下地球化学条件的影响通常会随着时间的推移逐渐削减，并恢复到原位化学氧化前的水平。

　　原位化学氧化除对可利用的终端电子受体产生影响外，在一定条件下还可以显著改变 pH 值，从而反过来影响微生物的活性。如第 2 ～ 5 章所述，在某些情况下，基于反应化学和地下水系统缓冲能力，pH 值可下降至接近 2，或者升高至接近 11。虽然已经发现可在极端 pH 值环境下生长的微生物，但微生物通常对快速变化的 pH 值不具有高耐受性，因此一些原位化学氧化的应用可能会造成负面影响。在高锰酸盐反应体系中，高锰酸根离子在与有机污染物和天然有机质反应时，pH 值可能会降低。过硫酸盐也可能会造成 pH 值降低（Block et al.，2004）。此外，过硫酸盐可能被碱性条件活化（Block et al.，2004），而过氧化物会在酸性条件下被引入（Watts and Dilly，1996）。这些极端的 pH 值条件（过酸或过碱）会显著降低微生物的生长速率，甚至可能会改变氧化剂应用区域微生物的多样性（Landa et al.，1994）。有证据表明，氯化溶剂彻底还原脱氯，如四氯乙烯和三氯乙烯变成乙烯的最佳条件是在中性条件下（Fogel et al., 2009; Zhuang and Pavlostathis, 1995），而部分还原脱氯作用则可以在更宽的 pH 值范围内发生，如当 pH 值降至至少 5.5 以下时，才能转变成顺二氯乙烯（Macbeth and Sorenson, 2009）。已有实验研究表明，一种唯一利用二氯乙烯和氯乙烯作为终端电子受体的特定菌株 *Dehalococcoides*，其生长的最适 pH 值范围为 6.8 ～ 7.5（Maymó-Gatell, 1997）。此外，Magnuson 等（1998）研究发现，*Dethenogenes* 菌株 195 产生的四氯乙烯脱卤素酶（可将四氯乙烯转化为三氯乙烯）在 pH 值小于 5 和 pH 值大于 8 时活性不稳定。

7.2.2 预氧化强化污染物的生物降解

很多研究已经探索了微生物转化前目标化合物的预氧化（通常是分开应用的）。异位废水或水相处理一直是预氧化研究的焦点（Scott and Ollis, 1995），更确切地说，这只代表了一种显著不同的系统，这里不进行过多的讨论。土壤异位氧化预处理去除多环芳烃也曾有研究（Mohan et al., 2006; Rivas et al., 2000），在其他文献中也有描述（Haapea and Tuhkanen, 2006）。Cassidy 等（2002）也曾通过氧化—生物处理联合技术对多氯联苯（PCBs）进行异位处理。通过预氧化将难降解化合物转变为生物可利用的底物是多年来一直用于提高污染土壤可生物降解性的方法。正如其他文章所描述的（Sahl and Munakata-Marr, 2006; Waddell and Mayer, 2003），化学氧化后污染物的生物降解性通常会增强，这说明原位化学氧化可以强化后续生物转化。原位化学氧化也可以通过氧化天然有机质中的腐殖酸和富里酸产生微生物可利用的底物来增强其活性（Almendros et al., 1989; Griffith and Schnitzer, 1975; Ortiz De Serra and Schnitzer, 1973）。

表 7.4 总结了在监测自然衰减或强化原位生物修复（结合生物强化技术）背景下，进一步探究氧化反应后提高生物降解性的关键条件和发现。众多研究表明，PAH 作为主要目标污染物经过催化过氧化氢（Kulik et al., 2006; Lee and Hosomi., 2001; Piskonen and Itävaara, 2004）或臭氧（Kulik et al., 2006; Nam and Kukor, 2000; O'Mahony et al., 2006）预氧化后可转变为生物降解性更高的副产物，从而提高好氧生物的降解作用。其他一些研究也进一步论证了二噁英异构体 2,3,7,8- 四氯二苯并二噁英的催化过氧化氢反应产物的生物降解性（Kao and Wu, 2000），以及高锰酸钾氧化环三亚甲基三硝胺（Royal Demolition eXplosive，RDX）及其产物（Adam et al., 2005）的好氧生物降解性。

虽然大多数研究都集中在氧化后的强化生物降解方面，但 Nam 等（2001）的研究发现，在生物降解后采用催化过氧化氢处理能够使污染土壤中多环芳烃的去除效率达到最大。采用生物降解—催化过氧化氢处理可完全去除萘，而催化过氧化氢—生物降解对萘的去除率仅为 94%。与之类似的是，生物降解后应用催化过氧化氢可去除 56% ～ 68% 的苯并 (a) 芘，而生物降解前采用催化过氧化氢对苯并 (a) 芘的去除率仅为 25%。

表7.4　在自然衰减和强化原位生物修复背景下化学氧化联合生物降解的实验研究汇总

（不包括微生物效应，微生物影响的研究见表7.5和表7.6）

氧　化　剂	实验设计	目标污染物	污染物去除
监测自然衰减			
*Goi*等（2006）			
催化过氧化氢 将不同量的H_2O_2施加到含Fe土壤中（获得不同的H_2O_2和污染物比例），每天1次，共3天	• 在淬火后的批处理泥浆中添加催化过氧化氢 • 氧化后对未改良土壤（不调整pH值，不接种微生物）样品进行好氧孵化30天	• 砂土和泥炭土采用页岩油和变压器油处理 • 砂土和泥炭土中分别添加5.6g/kg和5.5g/kg的页岩油	• 催化过氧化氢—生物处理对砂土中页岩油和变压器油的去除率分别为80%和100%，而对泥炭土中的去除率分别为53%和75% • 联合修复的去除率高于单一处理：生物降解单一处理对砂土中页岩油和变压器油的去除率分别为50%和52%，而对泥炭土中的去除率分别为42%和33%
臭氧（0.2%，V/V）	• 向土壤或泥炭土柱中通1h、2h、5h的臭氧 • 氧化后对未改良土壤样品进行好氧孵化30天	• 砂土和泥炭土中分别添加17.4g/kg和19.0g/kg的变压器油	• 臭氧—生物处理对砂土中变压器油的去除率（70%）略低于催化过氧化氢处理，其他处理的去除率则与之相当 • 联合修复的去除率高于任何单一处理的去除率
*Kulik*等（2006）			
催化过氧化氢 按不同H_2O_2和土的比例添加H_2O_2和Fe	• 10g砂土或3g泥炭土中加入含10∶1（摩尔比）的H_2O_2/Fe（II）蒸馏水100mL，泥浆反应24h • H_2O_2和砂土质量比分别设置为0.043、0.086和0.172 • H_2O_2和泥炭土质量比为0.133和0.266 • 氧化后再进行好氧降解（不接种微生物，不调整pH值）	• 砂土中加入7种不同PAH的混合物，使砂土中PAH总浓度为1420mg/kg • 泥炭土中加入7种不同PAH的混合物，使泥炭土中PAH总浓度为2370mg/kg	• 当H_2O_2/Fe（II）剂量最高时，PAH去除率最高（砂土为88.5%，泥炭土为70%） • 经过8周孵化处理，H_2O_2/Fe（II）剂量最低的砂土中PAH总去除率为94%（提高20%） • 经过8周孵化处理，H_2O_2/Fe（II）剂量最低的泥炭土中PAH总去除率为59%，与未添加H_2O_2/Fe（II）的对照处理的去除率（56%）相当
臭氧（0.05%，V/V）	• 在半连续泡沫柱中进行两相臭氧氧化，然后进行好氧生物降解（不接种微生物，不调整pH值）		• 120min时，砂土中PAH去除率为64% • 300min时，泥炭土中PAH去除率为41% • 虽然臭氧对砂土中PAH的去除率高于泥炭土，但臭氧氧化加8周生物降解的联合修复对两种土壤的去除率相似（70%~75%）
*Piskonen*和*Itävaara*（2004）			
催化过氧化氢 每克土0.006g H_2O_2和0.35mg Fe（II），或每克土0.0015g H_2O_2和0.087mg Fe（II）	• PAH污染土壤放在烧杯中进行氧化（加入土著PAH降解微生物，土壤中PHE、PYR和BaP浓度为250mg/kg） • 氧化后土壤的生物降解能力通过96孔的微量滴定板中放射性标记的CO_2生成量进行评价	在微量滴定板中加入放射性标记的PHE、PYR和BaP（5nCi）	• 在170天的孵化过程中，与未氧化土壤相比，较低浓度的催化过氧化氢可明显增强PHE的矿化作用（12%） • 较低浓度和较高浓度的催化过氧化氢孵化处理170天后，PYR的矿化率分别为52%和61%；在未氧化的对照处理中，PYR的矿化率为27% • 未观察到BaP的矿化 • 添加Tween 80、Brij 35、Tergitol NP-10或Triton X-100等表面活性剂与单独添加催化过氧化氢相比，并未增强对污染物的矿化作用

（续表）

氧 化 剂	实验设计	目标污染物	污染物去除
生物强化技术			
Adam等（2005）			
KMnO₄ 4000mg/L	在烧瓶中进行含水层材料的氧化，直到环三亚甲基三硝胺（RDX）消耗殆尽，一些处理用MnSO₄终止反应，上清液转移至含水层材料构成的好氧微观系统中	含水层材料加入5mg/L的液体RDX，以备氧化	• RDX氧化产物的生物降解比RDX的生物降解速率更快，终止反应的微观系统比未终止反应的降解速率更快，但经过77天孵化后的矿化程度（CO_2产生量）没有显著性差异，未氧化、未终止和终止反应的微观系统中的矿化率分别为47%、49%和57%
Kao和Wu（2000）			
催化过氧化氢 20mg/L H_2O_2 和 28mg/L Fe（II）， pH值为3.5（依次氧化3次）	添加TCDD的砂土在土壤泥浆反应器（500g土+500mL去离子水）中进行氧化反应，pH值为7，采用异养细胞大于10^7个/g土的好氧活性污泥进行生物强化	土壤中TCDD的浓度为125μg/kg	• 催化过氧化氢可去除99%的TCDD，并产生大量的氧化产物 • 所有的氧化产物在35天内均被生物降解
Lee和Hosomi（2001）			
催化过氧化氢 每克土添加0.03～0.1g H_2O_2和2.7～7.0mg Fe（II）	添加BaA的模拟土壤（火山灰土）在反应器中进行氧化，然后转移至含有营养物质及多环芳烃降解微生物的河流底泥的好氧烧瓶中	土壤中BaA的浓度为500mg/kg	• 每克土中添加0.085g以上H_2O_2和5.6mg以上Fe（II），经过24h处理后，BaA的去除率为97%，初步氧化产物为BaA-7,12-dione • 经过63天好氧生物降解处理，可去除98%的BaA-7,12-dione，但去除的BaA较少
Nam和Kukor（2000）			
臭氧 （0.00015%, V/V）	加入7种不同PAH的粉砂壤土（有机碳含量为2.94%）或砂土（有机碳含量为0.03%），以及煤焦油污染的砂壤土，先进行氧化，然后接种多环芳烃降解菌（大于10^8个/克土）	人工土壤PAH的总浓度为600mg/kg： • 其中NAP、FLU、PHE、ANT和PYR的浓度为100mg/kg • CHR和BaP的浓度为50mg/kg 煤焦油污染土壤中污染物的浓度（mg/kg）如下。 • NAP：1205mg/kg • FLU：252mg/kg • PHE：921mg/kg • PYR：524mg/kg • CHR：454mg/kg • BaP：366mg/kg	• 臭氧处理2天后粉砂壤土和砂土中的NAP被完全去除 • 臭氧处理2天后砂土中其他污染物的去除率为32.4%（BaP）～75%（FLU） • 臭氧处理4天后粉砂壤土中其他污染物的去除率为10.3%（PYR）～95.1%（FLU） • 经2天氧化和4周生物降解处理较单独采用臭氧氧化处理，粉砂壤土中各污染物的去除率增加如下：PHE（36.8%），ANT（64.3%），PYR（37.5%），CHR（39.3%）。但先进行生物降解后氧化处理各污染物的去除率较单独采用臭氧氧化低25%～50% • 氧化—生物降解联合处理煤焦油污染砂壤土比单独采用生物降解对PYR和CHR的去除率提高了60%，单独生物降解可去除95%的NAP、FLU和PHE，但其他污染物去除很少 • 联合修复对BaP的去除没有强化效果

（续表）

氧　化　剂	实验设计	目标污染物	污染物去除		
Nam等（2001）					
催化过氧化氢 2g H_2O_2和323mg $Fe(ClO_4)_3 \cdot 6H_2O$ 在催化过氧化氢氧化前，在土壤中加入82.5mg儿茶酚或141.0mg五倍子酸（螯合剂）和1g $CaCO_3$（控制pH值）	煤焦油污染的砂壤土，氧化后接种多环芳烃降解菌，菌群浓度为（0.4～1.2）$\times 10^8$个/克土	煤焦油污染土壤中污染物的初始浓度如下。 • NAP：1205mg/kg • FLU：252mg/kg • PHE：921mg/kg • PYR：524mg/kg • CHR：454mg/kg • BaP：366mg/kg	目标污染物 NAP FLU PHE PYR CHR BaP	氧化—生物降解[a] 94% 67% 64% 32% 16% 25%	生物降解—氧化[a] 100% 98% 99% 81% 59% 62%
O'Mahony等（2006）					
臭氧 （0.001%，V/V）	• 砂壤土（碳含量2.07%，pH值为3.61）和黏土（碳含量4.29%，pH值为6.03） • 臭氧氧化后，转入烧瓶并接种产碱假单胞菌PA-10，菌密度为3$\times 10^9$个/克土壤干重	对200mg/kg的PHE污染土壤进行臭氧氧化和生物降解联合处理，对100mg/kg的PHE污染土壤采用生物降解处理	• 两种土壤经臭氧氧化6h后，PHE的去除率为45%～55% • 未经氧化处理但接种微生物的土壤，其PHE在一天内被完全降解；而未接种微生物的土壤（无论氧化与否），其PHE在9天内被降解了70% • 联合修复不能强化去除黏土中的PHE，而臭氧氧化会延缓砂壤土中生物强化对PHE的去除作用		
Valderrama等（2009）					
催化过氧化氢 1574～8862mM H_2O_2和47～180mM Fe (II)，H_2O_2：Fe 分别为10：1、20：1、40：1和60：1	污染土壤在批量泥浆反应器中进行氧化，然后在好氧序批式反应器中进行生物降解，辅以活性污泥强化生物降解	土壤中污染物的初始浓度如下。 • PHE：258mg/kg • FLA：228mg/kg • ACE：165mg/kg • PYR：153mg/kg • FLU：124mg/kg • CHR：58mg/kg • ANT：68mg/kg • BbF：44mg/kg • BaA：41mg/kg • BaP：40mg/kg • BkF：25mg/kg	• H_2O_2：Fe比例为10：1、20：1、40：1和60：1的样品在氧化处理30min后，总多环芳烃的去除率分别为42%、43%、61%和71%		

注：μg—微克，ACE—苊（Acenaphthene），ANT—蒽（Anthracene），BaA—苯并蒽（Benz (a) Anthracene），BaP—苯并 (a) 芘 (Benzo (a) Pyrene)，BbF—苯并 (b) 荧蒽（Benzo (b) Fluoranthene），BkF—苯并 (k) 荧蒽（Benzo (k) Fluoranthene），$CaCO_3$—碳酸钙 (Calcium Carbonate)，CFU—菌落形成单位（Colony Forming Units），CHR—䓛（Chrysene），FLA—荧蒽（Fluoranthene），FLU—芴（Fluorene），g/kg—克 / 千克，h—小时，$KMnO_4$—高锰酸钾，$MnSO_4$—硫酸锰，NAP—萘（Naphthalene），nCi—毫微居里，PHE—菲（Phenanthrene），PYR—芘（Pyrene），TCDD—2,3,7,8- 四氯二苯并二噁英（2,3,7,8-Tetrachlorodibenzo-p-Dioxin），V/V—体积比。

[a]两种螯合剂的平均去除率。

7.2.3 监测自然衰减

尽管微生物数量会得到恢复（见 7.2.1 节和 7.2.4 节），但依赖土著微生物活性的监测自然衰减作用还可能会因为原位化学氧化反应而暂时削弱。实际上，在以自然衰减过程为主时，修复人员会有针对性地选择化学氧化剂来刺激土著微生物的生长代谢。例如，当一个场地的自然衰减过程主要是硫酸盐还原作用，并且假定不同化学氧化剂对目标污染物的氧化效率相同时，相对催化过氧化氢和臭氧而言，过硫酸盐更适合用作氧化剂来刺激土著微生物数量的增长。相反，催化过氧化氢或臭氧更适合好氧处理区，并且可以减少处理过程中对地球化学和微生物的扰动。此外，监测自然衰减可能会由于原位化学氧化导致污染物浓度降低和生物可利用性提高而被强化（见 7.2.2 节）。

大量生物降解的微观实验和柱实验研究探讨了在监测自然衰减条件下，原位化学氧化对原生土壤或含水层中微生物的影响。表 7.5 对其中一些研究的细节信息进行了汇总。微观实验和柱实验研究表明，氧化反应会减少微生物生物量，但原位化学氧化联合生物降解可提高污染物的去除率。例如，一些研究调查了不同时期的臭氧氧化效果，通过观察发现长时间暴露于臭氧环境中的土壤中异养菌的数量（通常为 1～3 个数量级）大大减少；臭氧氧化后结合生物降解去除污染物，程度最高的处理为暴露于臭氧环境中间时段的土壤。这些研究结果表明，高暴露量会对微生物起抑制作用，而低暴露量难以达到理想的预处理效果（Ahn et al., 2005; Jung et al., 2008）。

表 7.5 在自然衰减条件下原位化学氧化联合生物降解的实验室研究汇总（包含微生物效应）

实验设计	目标污染物	污染物去除	微生物菌落观察
好氧生物降解			
Ahn等（2005）			氧化剂：臭氧（1.4%，V/V）
臭氧应用于土柱，氧化时间为 0min、10min、30min、60min、180min、300min或900min，随后在有氧烧杯中进行生物降解	土壤污染物浓度：TPH浓度为2651.5mg/kg；芳香烃浓度为278.6mg/kg	• 900min时臭氧氧化去除率最高，TPH去除率为47.6%，芳香烃去除率为11.3% • 经过9周生物降解处理，TPH（25.4%）和芳香烃（4.7%）降解率最高的处理分别为氧化180min和0min • 经过臭氧处理900min的土壤，生物降解阶段污染物的去除率可忽略不计，TPH去除率为3.6%，芳香烃去除率为0.5%	• 未氧化处理的土壤中初始菌落数： ——总异养菌，1.6×10^8 ——十六烷降解菌，1.3×10^7 ——菲降解菌，1.2×10^6 • 臭氧氧化后，异养菌总数以如下数量级减少：0.5（10min 氧化处理）、1（30min 氧化处理）、2（60min 氧化处理和180min 氧化处理）、3（300min 氧化处理和900min 氧化处理）。十六烷降解菌的数量呈现类似的减少趋势。当氧化处理时间大于等于60min时，土壤中无法检测到菲降解菌。 • 经过9周孵化，总异养菌和十六烷降解菌的细菌菌落总数增加了0.5～1.5个数量级。菲降解菌数量在氧化处理10min和30min的土壤中分别以1.5个数量级和2.5个数量级增加，在氧化处理60min和180min的土壤中菌落总数分别为8.2×10^5和4.2×10^4 • 基于DNA检测的细菌数量估计数高出1～2个数量级 • 全细胞杂交研究表明，氧化处理300min、900min的土壤菌落组成和未氧化的土壤经9周孵化后的菌落组成差异较小

（续表）

实验设计	目标污染物	污染物去除	微生物菌落观察
Fogel和Kerfoot（2004）		氧化剂：臭氧（0.001%、0.01%、0.03%，V/V）+ H_2O_2（5%）	
场地地下水的好氧微观系统，采用臭氧和过氧化氢处理30min	水中存在石油烃，但是没有相关报道	臭氧/过氧化氢氧化后，短链脂肪烃（C9～C16）增多，而长链烃（C18～C36）减少	• 0.001%和0.01%的臭氧处理后异养菌数量比背景数量分别增加4～5个和3～4个数量级，十六烷降解菌的数量也呈现类似的增加趋势 • 0.03%的臭氧处理中无论有无过氧化氢都会表现出毒性，导致异养菌和十六烷降解菌数量低于检测限
Jung等（2005）		氧化剂：臭氧（1.4%，V/V）	
臭氧应用于土柱，氧化时间为0min、10min、30min、60min、180min、300min和900min，随后在有氧烧杯中进行生物降解	土壤中TPH浓度为2600mg/kg	• 氧化时间为900min的处理组的TPH去除率最高（50%），但是生物降解处理无法提高其去除率 • 氧化时间为180min的处理组中TPH的总去除率最高（40%），经过9周孵化培养后生物降解又去除了15%的TPH	• 分别经过60min、300min和900min氧化处理后，土壤中的异养菌数量从10^8分别减少至10^6、10^5和10^4 • 900min氧化处理后，土壤中十六烷降解菌的数量从10^7减少至10^3 • 菲降解菌数量经过30min臭氧氧化后从10^6减少至10^4，在臭氧氧化60min时甚至减少至检测限以下 • 在9周孵化培养期间，异养菌、十六烷降解菌和菲降解菌数量增加了2个数量级，其中增加最多的是10min氧化处理组和未氧化处理组土壤中的菲降解菌
Jung等（2008）		氧化剂：臭氧（0.9%，V/V）	
臭氧应用于土柱，氧化时间为0min、30min、90min、180min和360min，随后在有氧烧杯中进行生物降解； 供试土壤：7种土壤和商业砂土	土壤中十六烷的浓度为750mg/kg	• 砂土中十六烷的去除率最高（45%～80%），其他供试土壤中十六烷的去除率为20%～40%，污染物去除率随着臭氧氧化时间延长而提高 • 4周孵化后有更多的十六烷被去除，但是在氧化时间较长的处理组中去除率有较小幅度的下降	• 臭氧氧化30min后所有土壤处理组的异养培养板中细菌数量减少87%以上 • K系数因土壤质地不同而不同（土壤有机质、含水量和颗粒大小） • 4周孵化后，异养菌数量与氧化处理时间成反比例增加：氧化30min的土壤中异养菌数量增加了1个数量级，氧化360min的土壤中异养菌数量变化最小
Lute等（1998）		氧化剂：臭氧（5%～6%，V/V）	
• 连续臭氧应用于土壤泥浆 • 土柱中保持连续气流，每隔1天通入15min的臭氧	• 泥浆中PAH总浓度为3300ppm； • 土柱中PAH总浓度为200ppm	• 50h内泥浆中PAH的去除率为99%； • 10周内土柱中PAH的去除率为70%	• 泥浆异养培养板中微生物数量在1h和8h时会分别减少3个和5个数量级 • PLFA分析结果表明，土柱中微生物的多样性在10周通气期间保持在同一水平；但菌落密度将增加1～2个数量级

实验设计	目标污染物	污染物去除	微生物菌落观察
Martens和Frankenberger（1995）	氧化剂：催化过氧化氢，每克土0.016g H_2O_2和0.93mg Fe（II）		
向含土著PAH降解菌的煤气厂（MGP）土壤中添加PAH以组成微观系统	土壤中的污染物ACE、ANT、BaP、CHR、FLA、FLU、NAP、PyrenePHE、PYR的浓度均为400mg/kg	• 在56天孵化期间，催化过氧化氢和生物降解联合较单独采用生物降解可显著提高如下污染物的矿化作用：FLU（35% VS13%）、PHE（29% VS 3%）、ANT（24% VS <1%）和BaP（17% VS 2%）；两种处理组对其他污染物的矿化作用类似 • 在氧化前用SDS处理可提高PHE、FLU和PYR的去除率（分别为38%、39%和30%），CHR的去除率未提高	在这项研究中没有报道，但作者提出在原来的研究中发现刚应用催化过氧化氢时会减少细菌和真菌数量，在5～7天后细菌和真菌数量得到恢复（Martens and Frankenberger，1994）
Palmroth等（2006）	氧化剂：催化过氧化氢，每克富铁土含0.4g H_2O_2		
催化过氧化氢处理土柱，然后对土壤模型进行生物降解	土壤中PAH浓度为4000mg/kg	• 在全饱和土柱中氧化处理4天后降解率为44% • 随后的有氧土壤孵化16周后污染物去除率提高15%；虽然未氧化，但土壤孵化处理也呈现类似的去除率（12%）	在催化过氧化氢处理土柱中： • 活细胞数量较少 • 微生物胞外酶活性较低 • 渗滤液对费希尔（氏）弧菌毒性较高
厌氧生物降解			
Bittkau等（2004）	氧化剂：MCB采用催化过氧化氢68mg/L H_2O_2和112mg/L Fe（II）（各2mM）；PLFA分析采用34mg/L H_2O_2和56mg/L Fe（II）（各1mM）		
厌氧地下水微观系统	催化过氧化氢：MCB采用15mg/L H_2O_2（130μM） 厌氧生物降解（MCB去除）：苯为8mg/L（100μM） 其余各50μM：氯代对苯二酚7mg/L，对苯二酚6mg/L，苯酚5mg/L，儿茶酚6mg/L，间苯二酚6mg/L	• MCB：70天内完全去除 • 苯：可忽略不计 • 氯代对苯二酚：70天内去除68% • 对苯二酚：70天内去除70% • 苯酚：70天内去除74% • 儿茶酚：41天内去除66% • 间苯二酚：41天内去除76%	• 催化过氧化氢处理的微观系统中的活细胞数量和PLFA少于空气处理的微观系统，但多于未经处理的对照组 • 催化过氧化氢处理的微观系统中由PLFA表征的生物多样性低于空气处理的微观系统或未经处理的对照组

注：μM—微摩尔（Micro-Molar），DNA—脱氧核糖核酸（Deoxyribonucleic Acid），MCB——氯苯（Monochlorobenzene），MGP—煤气厂（Manufactured Gas Plant），PLFA—磷脂脂肪酸（Phospholipid Fatty Acids），ppm—百万分之一（Part Per Million），SDS—十二烷基硫酸钠（Sodium Dodecyl Sulfate），TPH—总石油烃。

一些场地已经研究了在特定的自然衰减条件下原位化学氧化对微生物数量的影响。Gardner 等（1996）研究发现，高锰酸钾（3% ～ 5% 质量比）应用于场地后，对好氧和厌氧培养检测的微生物量没有不良影响。Klens 等（2001）在注入 0.7% $KMnO_4$ 溶液两周后的场地中试发现，好氧和厌氧异养菌、硝酸盐还原菌、硫酸盐还原菌和产甲烷菌的活细胞数量减少。卡纳维拉尔角机场场地在高锰酸盐氧化中试后，地下水中好氧异养菌数量在 6 个月内显著增加，而第 3 个月采集的地下水样品中未检测到硫酸盐还原菌或产甲烷菌；虽然氧化结束 1 个月后生物量增加，但磷脂分析测定的微生物多样性却没有明显变化（Azadpour-Keeley et al., 2004）。生物量水平在修复处理终止 12 个月后降低至氧化前水平，木质素和腐殖质氧化产生的生物可利用碳可刺激微生物生长。Droste 等（2002）将过硫酸盐和高锰酸盐联合应用于一个含有残余重质非水相液体（DNAPL）和水相三氯乙烯的污染场地修复中，对注入区及其下层区域进行 22 个月注入后，监测发现三氯乙烯的还原脱氯作用被强化。地球化学和磷脂数据表明，过硫酸盐可刺激硫酸盐还原菌的生长，并且该还原菌对三氯乙烯氧化后的生物降解没有明显的干扰作用。在两个注入高锰酸钾或高锰酸钠的场地中，磷脂脂肪酸（PLFA）分析显示氧化后生物量水平明显增加，且受高锰酸盐影响注入井中出现了复杂的微生物群落（Luhrs et al., 2006）。

Maughon 等（2000）在格鲁吉亚的海军潜艇基地金斯湾（NSB，Kings Bay）的 11 号场地进行催化过氧化氢化学氧化后，将监测自然衰减技术作为最终修复措施。目标处理区经过 30 天的修复后，污染最严重的监测井中的总氯代挥发性有机化合物（CVOC）浓度降低至 100mg/L 以下（平均减少 99%），并保持至少 13 个月。

佛罗里达州彭萨科拉海军航空站（NAS）废水处理厂在 1998—1999 年开展催化过氧化氢修复后，2003—2005 年从低 pH 值的地下水羽流中采集的样品显示有生物和非生物还原脱氯活性（Bradley et al., 2007）。在沿地下水流动路径 60m 的距离内，总氯乙烯的浓度下降程度大于 98%，其中，90% 的三氯乙烯转变为还原性脱氯初代产物，二氯乙烯和氯乙烯分别有 50% 和 25% 发生转变。此外，在一些经过 228 天孵化培养的泥沙沉积物中也观察到了还原脱氯作用。定量聚合酶链反应（qPCR）分析证实了地下水中 *Dehalococcoides* 类微生物的存在，但其含量低于污染羽外水体中的含量。监测自然衰减已经获批成为彭萨科拉海军航空站（NAS）修复措施中的正式组成部分[1]。

新罕布什尔州米尔福德萨维奇市政供水井场地采用高锰酸盐进行化学氧化，而生物强化作为其备选修复措施之一（Macbeth et al., 2005）。该场地微生物学调查的关键结果总结如下，进一步的详细介绍见附录 E 中 E.4.1 节。原位化学氧化实施一年后，地下水样品中微生物 DNA 浓度增加，但遗传分析检测结果表明微生物多样性减小。研究者认为，较高的氧化剂浓度会减小总生物量和生物多样性，当氧化剂浓度降低至一定的阈值时，会刺激少数微生物种群生长；当氧化剂浓度进一步降低时，则会刺激更多的微生物种群生长，其生物量和生物多样性也均会增大，最终恢复到氧化前的水平。

考虑到原位化学氧化修复的有效性、修复行动目标和场地现场条件等因素，在原位化学氧化后采用监测自然衰减足以及时实现修复目标。但如果监测自然衰减不能达到修复目标，则可能需要采取更多其他的积极措施，如强化原位生物修复（见 7.2.4 节）。

---

1 Personal communication with M. A. Singletary, Naval Facilities Southeast, Jacksonville, FL, September 25, 2009.

新罕布什尔州米尔福德萨维奇市政供水井场地（Savage Municipal Water Supply Well Site, Milford, New Hampshire）

修复设计

场地操作单元 1 有一个小的四氯乙烯 DNAPL 污染源区域，造成了地下水较大的四氯乙烯污染羽。该污染源区域已被泥浆墙阻隔，原位化学氧化主要用于处理附近区域的 DNAPL。然而，原位化学氧化修复后需要进行后续处理，还原脱氯和强化原位生物修复被认为是最合适的技术。研究人员分别在原位化学氧化实施前、初始注入 1 年后（2 口井共注入 3855.5kg 高锰酸钾）和大规模二次注入 1 年后（8 口井注入 10886.2kg 高锰酸钾）3 个阶段全面分析了微生物群落结构特征（Macbeth et al., 2005; Macbeth, 2006; Weidhaas and Macbeth, 2006）。此外，研究人员还采集了特异性 *Dehalococcoides* spp. 样品，以确定强化原位生物修复是否为修复策略的必要组成部分。

关键结果

- 2003—2005 年，处理区监测井中四氯乙烯浓度下降范围在略低于 90% 至 2 个数量级之间，最终浓度为 17 ～ 190mg/L。
- 所有监测井中的氧化还原电位（ORP）2003—2005 年稳步增大，2005 年从 889mV 增大至 925mV。
- 场地中的可溶性有机碳（DOC）含量极低，但 2003—2005 年略有增大。
- 以物种丰富度或物种数量表征的微生物多样性在所有监测井的基础样品中极高，但可能由于处理区中的四氯乙烯浓度较高使得监测井中微生物多样性较低。2004 年修复治理区监测井中物种丰富度显著下降，2005 年保持在相似的水平。修复治理区外的所有监测井在 3 个采样阶段的物种丰富度保持稳定不变。
- 由均匀度表征的微生物群落结构和多样性，代表了物种的相对丰度。2003 年，修复治理区和下游监测井中物种相对丰度（如多个物种丰富度相似或少数物种占优势）相似。2004 年，修复治理区的微生物群落中少数能耐受高浓度高锰酸钾的物种占优势，导致物种均匀度大幅下降。2005 年，修复治理区监测井中物种均匀度得到一定程度的恢复，下游保持不变。
- 克隆库分析结果给出了类似的见解，在下游监测井中大量细菌遗传关系较远，而 2004 年修复治理区的序列与发酵细菌（*Desulfosporosinus*）的关系非常接近。2005 年修复治理区中种属的数量和范围增加，多数与 *Clostridia* 关系密切。
- 基于以上结果，研究人员研发了一种描述高锰酸钾处理前、处理中和处理后的微生物群落动态的概念模型（Macbeth et al., 2005; Macbeth, 2006），该模型细节详见附录 E.4.1 节。

7.2.4　强化原位生物修复技术（EISB）

如上所述，原位化学氧化对污染物生物可降解性和微生物群落的影响可能影响任何以生物学为基础的处理方法。基于此，继原位化学氧化和活性氧化中止技术之后，采用强化原位生物修复技术是可以成功的。

关于对原位化学氧化和强化原位生物修复技术联合修复的一点可能性考虑是，如果在应用原位化学氧化之前对一个场地应用强化原位生物修复技术，并且将原位化学氧化和强化原位生物修复技术应用于相同的目标处理区，目标处理区中可能存在氧化剂与强化原位生物修复制剂间发生反应的可能性。为提高场地的微生物活性，许多强化原位生物修复技术都涉及电子供体基质（如乳酸或乳化油）的注入问题。然而，这些基质基本上都是些强消耗氧化剂的还原剂，且远多于基于氧化剂的持久性或目标处理区本地基质氧化剂需求测试所预期的量。此外，这些基质还可以促进重要生物量的生长，从而增加对氧化剂的需求。因此，地下残留的电子供体基质或生物质生成都需要投加额外的氧化剂以兑服这种需求。考虑到修复的经济性与效果，在原位化学氧化设计时必须考虑到这一点。

1. 厌氧工艺

在厌氧条件占据主导地位的污染场地使用化学氧化剂可能会导致氧化还原条件的显著变化。许多厌氧微生物对这些变化非常敏感，但一些研究也表明在氧化剂应用过程中强化原位生物修复的厌氧微生物仍然会存在，甚至最后可能被强化。

Hrapovic 等（2005）将蒸馏水通入从自然衰减场地获取的土壤搭建的土柱，发现高锰酸钾氧化后并未观察到脱氯活性。由于氧化前的脱氯活性未确定，因此其对原生土壤微生物脱氯活性氧化性的相对影响无法确定。随后，在还原脱氯培养的生物强化后采用乙醇修复技术可恢复还原脱氯活性。两个接受场地地下水且含有微生物的土柱中最后产生的还原脱氯副产物含量非常低（平均 23mg/L）。

Sahl 等（2007）在一维（1-D）土柱中采用高锰酸钾氧化局部区域的四氯乙烯后，观察到厌氧菌混合培养还原脱氯活性的反弹现象。在氧化过程中，以合适的速率将一定浓度范围的高锰酸钾注入土柱中；氧化过后，在土柱中注入含有甲醇的营养基且不再接种。尽管高锰酸钾反应后会产生固体 MnO_2，但在所有土柱中都可以观察到活性的恢复，甚至部分活性高于氧化前的活性。通过分离土柱的分子分析证实了土柱内存在还原脱氯性的 *Dehalococcoides* 微生物，这说明脱氯微生物能够在高锰酸钾氧化及其氧化产生的固体 MnO_2 环境中存活。

在三氯乙烯和二氯乙烯都几乎被高锰酸钾完全去除的一个场地中，当高锰酸钾无法强化足够的微生物活性来降解抗氧化剂 1,1-二氯乙烷（1,1-DCA）时，糖浆或乳酸注射液曾被用于强化还原脱氯性（Pac et al., 2004）。研究结果显示，应用井中的溶解氧降为 0.5mg/L 以下，且除一个残留高锰酸钾的注入井外，其他注入井的 ORP 均下降到 150mV 以下。除高锰酸钾残余外，短监测期（春季到秋季）也可能对 1,1-DCA 生物降解性的不足产生影响。相反，在另一个应用 1700L 20% 的高锰酸钠修复三氯乙烯出现反弹的现场，在注射乳酸后观察到还原脱氯产物顺式二氯乙烯和氯乙烯的浓度升高（Luhrs et al., 2006）。

2. 好氧工艺

虽然好氧微生物也受到氧化剂的影响（见 7.2.1 节），但在更有利的氧化还原条件下它们比厌氧微生物生长得更好，可能是受原位化学氧化反应的氧化还原变化的抑制较弱。几个微观基础研究调查了在好氧原位生物修复环境中原位化学氧化对微生物降解的影响，结果如表 7.6 所示。这些研究结果与其他章节所描述的一致：氧化剂量越多，微生物数量越少，对生物降解性的抑制越大；但氧化剂耗尽后，随着时间延长微生物数量出现反弹。

表7.6　原位化学氧化联合好氧强化原位生物修复的实验室研究汇总（包含微生物效应）

实验设计	目标污染物	污染物去除	微生物菌落观察
生物强化技术			
Miller等（1996）		氧化剂：催化过氧化氢，每克土0.15～0.36g H_2O_2、2mg Fe（II）	
在土壤泥浆微观系统中进行氧化处理，随后在土壤微系统和渗滤液系统中进行生物降解，未氧化土壤也需要接种	添加农药并除草通至土壤，使农药浓度为100mg/kg	• 当土壤pH值为3～4时，2天去除率为65%～99%；当土壤pH值为7时，2天去除率小于25% • 渗滤液密度测试结果显示，催化过氧化氢处理释放的有机物可被生物降解	• 催化过氧化氢处理后，胰蛋白大豆琼脂培养基（TSA）上没有菌落生长 • 渗滤液（中和至pH值为7）可促进包含具有生物修复能力在内的微生物生长；但通过在TSA和Pseudomonas分离培养基上培养，微生物的多样性减小
Stehr等（2001）		氧化剂：臭氧，1.2%，V/V	
臭氧处理低总有机碳（0.1%）和高总有机碳（3.5%）土壤，转移至好氧泥浆反应器后用Sphingomonas yanoikuyae DSM6900进行生物强化	土壤中菲的浓度为1000mg/kg	• 菲在未氧化处理的砂土中易被生物降解：24h后去除率为90%，48h后去除率为95% • 臭氧会抑制好氧生物的降解作用，24h内接收0.188mg/kg和1.214mg/kg O_3的砂土内，去除率分别只有50%和65%；两种砂土的修复效率达到95%需要96h	无论菲存在与否，臭氧对Sphingomonas yanoikuyae和Bacillus subtilis脱氢酶活性的抑制作用随着剂量的增加而增强
生物刺激作用			
Kastner等（2000）		氧化剂：催化过氧化氢（场地3个注入井中6个批次1天的实验注入：50% H_2O_2、50mg/L $FeSO_4$、用H_2SO_4调节pH值）	
对从催化过氧化氢应用场地中采集的地下水进行微观系统好氧降解	• 对照组微观系统中水相三氯乙烯浓度为0.7mg/L（5mM） • 测试组微观系统中水相三氯乙烯浓度为5mg/L（40mM）	• 地下水中甲烷氧化菌富集，各处理组（含对照组）140天内降解的三氯乙烯可忽略不计 • 酚（50mg/L；0.5mM）可刺激对照组中三氯乙烯的降解，对其他处理组无效；甲苯（50mg/L；0.5mM）对生物降解没有刺激作用	• 添加甲烷可刺激处理区地下水中甲烷氧化菌的生长 • 氧化处理10个月后，地下水和土壤样品的各处理组的微生物直接计数结果没有显著差异 • 虽然未与背景或控制水平的细胞活性做对比，但作者认为催化过氧化氢会抑制微生物对三氯乙烯的降解作用，并导致pH值下降，而好氧共代谢过程会使pH值升高
Ndjou'ou等（2006）		氧化剂：催化过氧化氢；每克土0.00085～0.017g H_2O_2，H_2O_2：Fe（III）=50：1（摩尔比）	
在粉砂壤土泥浆反应器中进行催化过氧化氢氧化处理	土壤中四氯乙烯浓度为200mg/kg 泥浆草酸浓度为200mg/L	• 600min内所有剂量处理对四氯乙烯的氧化效率均大于95% • 在催化过氧化氢低剂量时，草酸的好氧生物降解和四氯乙烯的氧化作用同时发生，但较高剂量的催化过氧化氢处理会逐步延缓草酸代谢直至四氯乙烯被完全氧化 • 虽然存在生物耗氧，但H_2O_2分解产生的氧气主要用于草酸生物降解及保持溶解氧（DO）水平相对稳定	• 催化过氧化氢剂量增加，会逐步降低log(异养菌数)/g土，经过600min处理，该数值从不添加催化过氧化氢的7.5降低至催化过氧化氢剂量最高时的6.0 • 当催化过氧化氢剂量最高时，草酸降解作用发生滞后，表明活细胞暂时失活

7.3 表面活性剂／助溶剂淋洗方法

表面活性剂和助溶剂淋洗是一种将表面活性剂或助溶剂混合物注入地下，以增加低溶解度污染物的溶解度，并提高非水相液体（NAPLs）流动性的修复技术。这些修复技术在传统上常被用于强化一些污染物质去除技术以提高效率、缩短修复时间，尤其是抽出处理技术。相对于单独淋洗，这种方法可去除更多的污染物。通常来说，在解决传统大规模清洁的严峻挑战方面，这种方法主要针对混合相污染物，尤其是重质非水相液体（DNAPLs）（Lowe et al., 1999; Kavanaugh et al., 2003）。

将原位化学氧化与表面活性剂／助溶剂淋洗联用可以提高处理性能，而单一的表面活性剂或助溶剂淋洗通常无法彻底去除污染物，经常会有一些残留的污染物存在，因此，即使表面活性剂／助溶剂淋洗可使大部分污染物大量减少，但高价态污染物可能依然存在（Lowe et al., 1999）。在表面活性剂／助溶剂淋洗后使用原位化学氧化方法可有效地降解残余污染物，从而更可能实现修复目标。Dugan（2008）在相对均匀的 DNAPL 源区利用表面活性剂淋洗去除了 90% 的 PCE，其中残留的 DNAPL 主要为 TCE。随后用高锰酸钾淋洗法去除剩余样品中 90% 的污染物，最终污染物去除率高达 99%。

近年来，许多关于表面活性剂的应用也证实了表面活性剂可使低溶解性有机污染物更易被水相处理试剂利用，从而提高原位处理技术的处理能力（Dugan, 2008; Li, 2004; Lundstedt et al., 2006; Xu et al., 2004）。此外，氧化剂与表面活性剂联用还可增强污染物与氧化剂的接触作用。增溶作用可有效增加溶液中污染物的含量，使污染物与氧化剂更容易接触，进而提高其氧化速率和氧化程度。这意味着从传统表面活性剂的应用为重点转移至污染物原位降解，而不是传统上要求的异位修复和处理（有时可能较难且价格昂贵）。虽然 Dugan（2008）无法量化证明表面活性剂和氧化剂联用与氧化剂单独使用的效果差异，但其实验结果表明表面活性剂和高锰酸钾的联用可以降解大量的 DNAPL。

无论是作为一个有序去除污染物的方法，还是作为一种同时强化的 ISCO 技术，若需要 ISCO 与表面活性剂耦合应用有效，则必须考虑两者耦合的特定关键因素。这些关键因素包括：建立氧化剂与表面活性剂或助溶剂的化学相溶性，以及期待增溶作用带来什么效益。目前已发表的文献为这些机制提供了一些依据，但在方法联用方面，更多的工作是对 ISCO 与表面活性剂联用的质量进行定量评估。在现场实践方面，ISCO 与表面活性剂联用已有实践。例如，Krembs（2008）在 3 个 ISCO 场地中采用共同注入的方式将 ISCO 与表面活性剂耦合应用。确定无疑的是，当前已有很多场地耦合应用了 ISCO 和表面活性剂，但只是没有报道。由于该方法出现较晚，因此目前很少有关于该方法整体长期有效性的信息，但随着时间推移和应用频率的增加，这类信息将逐渐完善。

7.3.1 表面活性剂／助溶剂存在时的氧化作用

同时使用氧化剂和表面活性剂或助溶剂的研究普遍注意到，增强疏水性污染物的增溶作用可提高氧化剂对这些污染物的降解速率和降解程度（Dugan, 2008; Li, 2004; Lundstedt et al., 2006; Xu et al., 2004）。这为了解表面活性剂／助溶剂与 ISCO 同时应用的假定效益提供了科学支持。Zhai 等（2006）在助溶剂存在时利用高锰酸盐处理 PCE 发现，尽管高锰酸盐与助溶剂的二阶反应速率常数较小，但溶液中较高浓度的污染物使得其降解速率和氯的生产速率都大大增大。同样，Xu 等（2006）也指出，在处理土壤中的柴油等轻质非水相液体（LNAPL）时，催化过氧化氢与表面活性剂联用的降解效果要优于单独使用催化过氧化氢的降解效果。Li（2004）等在处理 DNAPL 相的 TCE 时发现，表面活性剂与高锰酸钾联用比没有表面活性剂的处理具有更高的氯代率。总体而言，这些研究为提高增溶作用可增大高锰酸盐氧化处理速率提供了足够的证据，但将这些研究结果（大都是批量实验）外推至现场应用可能会比较困难。因此，还需要在更具代表性的（复杂的、流动的）系统中开展更多的基础研究，以确定在现场条件下可能发生的增强质量去除的规模。

环糊精类不是严格意义上的表面活性剂，而是一种独特的多糖，其内部有结合污染物的疏水性结构，外部则为促进其在溶液中悬浮且可结合水铁离子的亲水基。如果使用过硫酸盐与铁，过硫酸盐的活化将在靠近污染物的区域中出现，并且将提高 DNAPL 化合物的处理和传质效率。Liang 等（2007）在强化过硫酸盐原位化学氧化修复 DNAPL 实验中，将羟丙基 -b- 环糊精（HBCD）作为过硫酸盐的活化剂和溶解度增强剂。在环糊精和过氧化氢联用的 ISCO 研究系统中也证明了环糊精类强化效果的可靠性（Lindsey et al., 2003; Tarr et al., 2002）。Liang 和 Lee（2008）在一维柱实验中使用 5.5g/L 的 HBCD 处理 DNAPL 污染源区发现，污染物的溶解性增加了 47%，也相应地提高了有效 DNAPL 的质量耗损率。在混合物中加入亚铁材料对 HBCD 提高增溶性的能力没有任何影响，这表明铁离子和 HBCD 可以作为活化剂共同使用。

相比之下，Liang 和 Lee（2008）指出，相对于仅含铁的系统，HBCD 系统在过硫酸盐处理污染物质量方面具有较小的差异。Liang 和 Lee（2008）在实验过程中在 DNAPL 源区下游的喷射帷幕中注入过硫酸盐，而不是在柱基中注入过硫酸盐，使 HBCD 和过硫酸盐在 DNAPL 源区相互作用。因此，活化过硫酸盐的氧化反应区包括污染源下游区域，而不是直接接触 DNAPL。此外，柱中的高流速也表明氧化剂与污染物的接触时间仅为到达取样口之前的 18min，因此，很难预计在实际场地中当过硫酸盐、活化材料（铁离子）、HBCD 与 DNAPL 污染源接触一次或连续接触时，处理效果会如何变化。目前，在实际场地中环糊精是否与氧化剂结合应用尚不清楚，因此它们的现场规模修复效果仍不确定。

7.3.2　助溶剂对氧化机制的影响

ISCO 与助溶剂联用可能会改变反应机制和产物。Arndt（1981）报道了大量高锰酸盐在水和非水溶剂中的氧化反应。值得一提的是，这些报道中的反应产物和反应过程不仅取决于氧化剂和污染物，而且取决于助溶剂。这种相关性在助溶剂和氧化剂联用的文献中也经常见到。例如，Zhai 等（2006）研究发现，在利用高锰酸盐处理 PCE 时，氯的质量平衡在水溶液中为 100%，而在叔丁醇或丙酮等助溶剂中仅为 70%，这表明助溶剂会增加纯水系统中氯化中间产物形成的可能性。同样，Lundstedt 等（2006）对比了采用和未采用 33% 乙醇溶液作为助溶剂的情况下，催化过氧化氢降解多环芳烃的降解效果。结果表明，乙醇有效增强了多环芳烃的溶解性，而且 PAH 的降解程度要高于在水—催化过氧化氢系统中的降解程度。然而，含助溶剂系统中形成的含氧多环芳烃副产物含量远高于水溶液系统，这表明氧化机制可能发生了变化，或者水溶液系统中的含氧多环芳烃被降解了，而助溶剂与中间产物对氧化剂的竞争作用抑制了助溶剂系统中中间体的降解。

7.3.3　表面活性剂和助溶剂与氧化剂的兼容性

在 ISCO 与表面活性剂或助溶剂联用之前，需要考虑的另一个关键反应是修复制剂之间的相互反应。表面活性剂和助溶剂都是有机化合物，氧化剂可能会与它们反应，从而产生非生产性氧化剂的需求，甚至破坏表面活性剂。表面活性剂和助溶剂在使用后，通常需要采用水冲洗除去残留的表面活性剂或助溶剂。如果在 ISCO 应用前，水冲洗除去了大部分残留的表面活性剂和助溶剂（作为计划外的耦合应用），则无须过多关注兼容性问题。但是，如果在应用 ISCO 前地下的表面活化剂和助溶剂的浓度仍然很高，或同时开展 ISCO 和表面活性剂 / 助溶剂冲洗时，氧化剂与表面活性剂 / 助溶剂的兼容性则可能对该方法的效果造成显著影响。

氧化剂与表面活性剂和助溶剂之间的化学兼容性问题在一些文献中已有探讨，事实上，有几家 ISCO 厂商出售与氧化剂匹配的表面活化剂和助溶剂。Dugan（2008）研究了 72 种表面活性剂和 8 种助溶剂与高锰酸钾的兼容性；Zhai 等（2006）探讨了 17 种助溶剂与高锰酸盐的兼容性。这些研究虽然筛选了大量的表面活性剂和助溶剂，但只有少数几种可与高锰酸钾兼容。在 Dugan（2008）研究的 72 种表面活性剂中，只有 8 种表面活性剂在高浓度时［高于临界胶束浓度（> CMC）］有足够的抗高锰酸钾氧化性，从而可以考虑混合使用的可能性。上述两位研究人员探讨的助溶剂中，有很多可生物降解的环境友好型助溶剂，如伯醇（如乙醇）或二醇（如异丙醇），都很容易与高锰酸钾反应。这就意味着这些助溶剂与高锰酸钾难以形成有利耦合，特别是难以共同应用。只有丙酮和叔丁醇（TBA）表现出了足够的抗高锰酸钾氧化性，因此可以考虑两者的共同应用。事实上，这些化合物是抗高锰酸钾氧化性的，且在高锰酸钾化学应用中被用作溶剂（Arndt, 1981; Damm et al., 2002; Singh and Lee, 2001）。TBA 已经作为助溶剂被注入应用（Falta et al., 1999），但由于丙酮的毒害作用，其无法作为地下注射的溶剂（ATSDR, 1994）。

其他氧化剂，如过硫酸盐、催化过氧化氢或臭氧，在氧化剂与表面活性剂之间具有强化学兼容性的可能性也值得商榷。与高锰酸钾的选择性反应相反的是，这些氧化剂通过非特异性反应产生自由基，因此产生的各种自由基与有机表面活性剂和助溶剂之间反应的可能性更高。已有研究表明，羟基自由基可与伯醇发生反应（Buxton et al., 1988），而过氧化氢 ISCO 能降解抗高锰酸盐氧化性的丙酮、TBA（Burbano et al., 2005; Neppolian et al., 2002）。由于 TBA 清除硫酸根自由基的速率较羟基自由基更慢，因此在使用过硫酸盐作为氧化剂时可以和 TBA 耦合应用（Anipsitakis and Dionysiou, 2004），但这种耦合方法的效果还没有明确的调查结果。Dugan（2008）开展了一系列表面活性剂与 Fe（II）-CHP 耦合的研究，并指出很多系统都会产生过多的泡沫和热，这也是这些活性剂与 CHP 联用时潜在的操作挑战。尽管表面活性剂或助溶剂与这些氧化剂存在潜在的反应，但并不完全排除它们与 ISCO 的联合应用。Lundstedt 等（2006）同时注射催化过氧化氢和助溶剂乙醇（33%）发现，污染物的解吸和降解作用均得到提高，反应效率却下降了，推测可能是由于污染物与助溶剂对氧化剂的竞争导致的。

7.3.4　氧化反应产生的表面活性剂

相关文献表明，ISCO 也可能会导致某些特定污染物产生性质与表面活性剂类似的中间体，这可能被开发为一种新的耦合方法。Ndjou'ou 和 Cassidy（2006）提到，在泥浆反应器中 CHP 与 LNAPL 形态的燃料碳氢化合物反应会产生具有类似表面活性剂性质的有机中间体。该有机中间体的初始浓度非常低，但它们会随着时间在溶液中积累直至超出 CMC 的 4 倍并产生增溶作用。如果氧化剂过量且反应时间充足，这些具有表面活性剂性质的有机中间体随后会在胶团中石油烃的动员下发生降解。Millioli 等（2003）可能也注意到了增溶作用的现象，他们利用催化过氧化氢处理土壤中的 LANPL 原油，发现大部分油脂成分进入悬浮液中，并通过形成乳浊液而被去除。这一发现突出了这样一种机制的可能性：即使没有注入表面活化剂，也可能暂时增加氧化过程中污染物的浓度。

由于针对 ISCO 产生表面活性剂的研究文献有限，此工艺在现场应用的意义尚无法确定。在地下环境中产生表面活性剂的可能性可能与存在的污染物种类和质量水平密切相关。鉴于这种基于 ISCO 和重质非水相的氯化溶剂（Siegrist et al., 2006）的影响还没有被广泛报道，典型的氯化溶剂的氧化反应可以生成类表面活性剂的中间体似乎是不可能的。然而，LNAPLs（包括 TPH 和 PAH）通常都含有高分子量的脂肪族和芳香族碳氢化合物的混合物，这些物质的氧化可能导致其在彻底矿化为 CO_2 之前会产生多种有机中间体化合物。因此，虽然尚未被证明，但较其他污染物而言，这些类表面活性剂的中间体更可能从石油烃中形成。

7.4　非生物还原方法

非生物还原方法广义上是指，所有将化学还原剂注入地下并通过还原途径来降解关注污染物的修复技术。还原反应可使氯化或溴化有机物发生脱卤反应，以及其他通过电子捐献而发生降解反应。也就是说，原位化学还原（ISCR）和原位化学氧化是完全相反的。

由于非生物还原方法涉及将还原剂注入地下，以及相应的氧化还原电位变化，它和原位化学氧化之间极有可能会产生交互作用。还原剂会降低地下的氧化还原电位，而氧化剂与之相反。如果原位化学氧化期间地下存在大量的还原剂，那么在有效的氧化反应发生之前，大量的氧化剂会与还原剂发生中和作用，并提高氧化还原电位。同样，如果在原位化学氧化之后进行原位化学还原，在还原反应发生之前，需要注入大量的还原剂以便和残留的氧化剂发生中和反应，并降低氧化还原电位。这两种技术起到相反的作用，因此在同一个目标处理区耦合应用这两种技术将是一个挑战。接下来，我们会进一步讨论零价铁和其他原位化学还原技术联用的可能性。

7.4.1　零价铁

原位化学还原最常用的还原剂为零价铁，金属铁氧化产生的电子可与有机污染物发生还原反应。零价铁能以颗粒态进行传输，并构造渗透反应墙从而拦截污染羽。零价铁还可以纳米零价铁形式注入，这种颗粒小到能够注入并分布在渗透性岩层进行源区处理。

关于零价铁与原位化学氧化之间相互影响的相关文献较少。通过研究零价铁和高锰酸盐 ISCO 之间的直接相互作用，发现零价铁对高锰酸盐氧化剂的需求量较大（Okwi et al., 2005）。此外，研究者还发现高锰酸盐的氧化副产物 MnO_2 沉积在零价铁表面可有效钝化铁，进一步抑制还原脱氯反应。因此，在原位化学氧化过程中，并不希望出现零价铁反应墙拦截高锰酸盐的情况，因为氧化剂可能会被渗透反应墙消耗殆尽，而渗透反应墙也会因氧化剂而失效。同样，在源区注入纳米零价铁，氧化剂的需求量可能很大，并且铁可能部分或完全失效。因此，为确保高锰酸盐 ISCO 和零价铁 ISCR 的有效性，需要避免氧化剂和还原剂的接触。

关于零价铁和过氧化氢之间的交互作用还没有直接的研究文献报道。然而，基于过氧化氢进行催化的文献，能够预测到快速反应和氧化剂分解。在水溶液中，零价铁氧化产生二价铁和三价铁，两者都是固态氢氧化物和氧化物。这些铁化合物都可用作过氧化氢的催化剂（Fenton, 1894; Haber and Weiss, 1934; Kwan and Voelker, 2003; Li et al., 1999; Teel et al., 2007）。这些催化反应可能产生能够降解有机污染物的自由基（Kwan and Voelker, 2003）。因此，零价铁及其副产物对过氧化氢的催化分解可能对修复有生产性影响。然而，为使催化能够快速且有效地进行，通常需要大量的零价铁（如一个渗透反应墙）或非常大的表面积（如纳米零价铁）。这给氧化剂传输造成了挑战，并且给原位化学氧化性能，尤其是给氧化剂的长效性方面带来负面影响。过氧化氢分解产生的氧气也能造成铁被氧化。目前，以过氧化氢为氧化剂的原位化学氧化是否会对零价铁降解污染物的行为造成影响是未知的。和高锰酸盐不一样，零价铁表面并不会覆盖固体副产物，因此过氧化氢不大可能导致铁失效。然而，过量的氧化剂暴露可能会消耗零价铁，并降低其长效性。

同样，关于零价铁和过硫酸盐的交互作用也没有报道。然而，零价铁反应仍产生可溶性二价铁和三价铁，以及铁的氧化物。亚铁是常见的用来活化过硫酸盐反应的物质（Kolthoff et al., 1951），而三价铁被认为起催化作用（Anipsitakis and Dionysiou, 2004; Block et al., 2004）。固态铁氧化物和氢氧化物或金属铁之间的催化反应是未知的，但具有重要地位。然而，pH 值大幅下降可能也是影响过硫酸盐的重要因素（Block et al., 2004）。众所周知，酸会腐蚀金属铁，因此过硫酸盐会加速零价铁的腐蚀。和过氧化氢一样，过硫酸盐对零价铁反应的影响是未知的。同样，过硫酸盐反应中没有固体生成似乎是可信的，零价铁表面对过硫酸盐仍有一些催化活性，但与氧化剂的过量反应也会影响零价铁的质量或长效性。

7.4.2　其他原位化学还原技术

其他原位化学还原技术并不像零价铁一样普遍使用，但也包括一些能发生类似反应的水溶性还原剂的使用。文献中报道的其他化学还原剂包括溶解性亚铁、亚硫酸氢钠、多硫化钙（Brown et al., 2006; Chemburkar et al., 2006; Szecsody et al., 2006）。这些还原剂的作用机制和零价铁类似，均通过还原剂供电子来促进有机污染物的降解。有时，原位化学还原这一术语用于描述包括添加供电子试剂以促进微生物厌氧还原脱氯作用在内的方法。本文 7.2.4 节厌氧生物修复对这些技术进行了讨论。

除亚铁外，从文献中能获取的关于原位化学氧化的氧化剂与其他还原剂之间交互作用的信息极少。亚铁对过氧化氢和过硫酸钠都具有催化活性（Fenton, 1894; Kolthoff et al., 1969），并且通常作为活化剂和氧化剂一起传输，因此，任何需要传输亚铁的原位化学还原技术都将有助于这些氧化剂的催化作用。氧化剂和其他还原剂之间的反应可能会导致大量的氧化剂被分解和消耗。然而，自由基氧化剂可能通过起始反应和传播反应产生不同的自由基，尤其是硫基还原剂，如连二亚硫酸钠和多硫化钙。Buxton 等（1996）发现，当同一种溶液中存在不同氧化态的硫时会形成大量的氧硫自由基，包括 SO_3^{-} 和 SO_5^{-}。然而，关于这些自由基在原位化学氧化的氧化剂和含硫的还原剂的交互作用之间是否起作用，目前尚没有定论，还处于推测阶段。

7.5 空气喷射方法

空气喷射（AS）是一种去除挥发性污染物的技术，现已广泛应用于原位化学氧化场地，通常在原位化学氧化之前用来去除源区污染（Krembs, 2008）。虽然空气喷射方法在原位化学氧化场地中被广泛使用，但涉及原位化学氧化与空气喷射交互作用的文献有限。Siegal 等（2009）报道，加拿大爱德华空军基地使用空气喷射强化了过硫酸盐的分布，提高了轻质非水相液体的溶解性，并降低了苯系物、石油碳氢化合物、丙酮和二氯乙烯的浓度。尽管由于化学注入井具有一定距离导致氢氧化钠不充分，使得在空气喷射时过硫酸盐没有被活化，但污染物浓度还是有一定程度的降低。除上述文献中提到的交互作用外，考虑到已发表的文献有限，本章作者只能推测关于场地特异性的注意事项或两种技术之间的相互作用等相关信息。例如，作为臭氧喷射和包气带排放收集的基础设施，已安装的空气喷射设备可为将臭氧作为氧化剂的原位化学氧化提供经济效益。空气饱和区残留的空气可能会影响地下渗透性和氧化剂分布，空气喷射可能会影响好氧生物活性并影响渗透性和需氧量。然而，由于缺乏对原位化学氧化和空气喷射之间交互作用的直接描述的文献，这些可能发生的过程的重要性难以评估。

7.6 热修复方法

热修复方法包括通过地下加热引发的一系列物理、化学过程而去除或降解有机污染物的方法。热修复所需的热量通常通过以下 3 种方法获得：蒸气注入、电阻加热、导热加热。通常，温度越高，物理、化学反应的速率越快、程度越高，其中包括污染物溶解、挥发、解吸、热分解、氧化（与大气中的氧气和氧化剂）、水解等（USEPA, 2004）。通过热修复，污染物的去除可以通过物理性提取，如土壤蒸气抽提（SVE）完成，或者污染物可以通过上述提及的化学过程加速降解。温度可能上升到很高，在一些情况下可能超过 500℃（USEPA, 2004）。作为一个非常有效且能够满足修复目标的修复方法，热修复与原位化学氧化联用会产生一定的效益。热修复最主要的费用就是增加地下温度需要的热能成本。一些污染物，如半挥发性有机污染物（SVOCs）可能要达到相当高的温度才能挥发或降解，因此，为获得有效的处理性能，热修复过程中高热量的输入是必要的。然而，由于与氧化剂联用会引入新的化学降解机制，所以达到有效降解的热量需求可能会减少。因此，热修复和原位化学氧化联用可能会节约成本或达到更好的处理效果。同样，在环境温度下表现出抗氧化性的一些污染物在高温下可能更容易被氧化剂降解。因此，热修复可能强化原位化学氧化，并且两种技术可能具有协同效益。

然而，热修复与原位化学氧化联用之前需要注意几个关键的问题。现有发表的文献中鲜有涉及热修复和原位化学氧化的耦合应用，现场应用更少。例如，Krembs（2008）研究的242个原位化学氧化案例中，没有热修复和原位化学氧化联用的案例。由于加热可活化过硫酸盐（Huang et al., 2005），因此过硫酸盐和热修复的联用明显可行。然而，这种联用的有效性评价具有局限性（Waldeme et al., 2007）。已有许多研究评估温度对化学反应系数和机制的影响，化学反应速率会随着温度的升高而加快，并且通常遵守阿伦尼乌斯公式（参考第2～5章）。

在原位化学氧化系统中，氧化反应可能具有不同程度的复杂性，例如，从高锰酸盐相对简单的直接反应，到过氧化氢和过硫酸盐复杂的链式反应。由于链式反应代表了一系列同步反应，而链式反应中不同反应的加速度取决于它们的活化能，因此温度升高对反应效率的影响难以预测。例如，当温度升高时，竞争的副反应速率较污染物的降解反应速率增长更快，污染物降解或氧化剂氧化的效率就会降低。同样，如果污染物在低温时难以被氧化，温度升高可能会使降解速率加快。动力学的一般加速度可能与使用的氧化剂种类无关。然而，未被活化的过硫酸盐在低温下反应缓慢，加热可以催化氧化剂产生自由基（Peyton, 1993），这意味着温度升高，过硫酸盐的性能较其他氧化剂会增强得更多。

热修复和原位化学氧化联用还能使原位化学氧化从热修复机制中获益。例如，热修复可使某些污染物的水解反应（与水反应）加速，使污染物浓度明显降低。这将使得一些污染物快速降解，例如，具有抗氧化性的氯代乙烷（Jeffers, 1989）。然而，某些污染物的水解反应可能产生含氯中间体，因此需要通过氧化剂降解中间体来促进污染物矿化。

原位化学氧化与热修复联用的一个潜在缺点是，涉及氧化剂的其他不利反应的速率也会增大。例如，温度升高，自由基氧化剂在催化剂的强作用下将迅速分解，从而限制了氧化剂的分布。此外，传播反应过度也将降低反应效率。尽管如此，将热修复的生化过程与原位化学氧化耦合应用对提高处理程度和处理效率仍具有较强的潜力。

7.7 联合方法的现场应用

虽然许多现场修复使用了联合方法（见表7.1和表7.2），但只有少数场地收集了充分的数据以了解现场规模发生的交互作用。表7.2表明，监测自然衰减和强化原位生物修复是原位化学氧化之后最常用的修复技术。此外，如7.2节中提到的，监测自然衰减和强化原位生物修复与原位化学氧化联用在实验室层面获得了最多的关注。附录E.4节展示了原位化学氧化的3个实际应用案例，以及与其他修复技术和方法的交互作用。如7.2节强调的，一个应用案例应该包括原位化学氧化对场地微生物群落影响的严格评估（见附录E.4.1节）。作为该应用案例的一部分，与现场应用和7.2节总结的其他研究相一致的虚拟概念模型也被建立了。此外，附录E还列出了2个展示联合修复中原位化学氧化多功能性的现场案例：第1个案例研究表明，通过升高温度、增大压力，并结合催化过氧化氢可提高产品回收率；第2个案例则描述了催化过氧化氢和高锰酸盐的序贯应用。

7.8　总结

将不同的修复技术和方法联用可以提高达到修复目标的可能性，尤其是针对具有独特挑战或较高清理目标的场地。原位化学氧化可与许多修复技术和方法联用，如生物修复、监测自然衰减及其他有效的原位修复方法。然而，为优化原位化学氧化与联合修复方法的性能，在应用前需要对可能发生的交互作用进行仔细思考。虽然氧化剂可能会抑制或暂时破坏地下生物活动，但这些影响通常都是暂时性的，并且会随着时间改变。在某些情况下，原位化学氧化使用的氧化剂可以增加末端电子受体或部分氧化污染物使之更易被生物降解，从而强化生物修复和监测自然衰减的处理效果。原位化学氧化与其他修复技术的交互作用研究大多是针对特定氧化剂或技术而言的，整体的研究较少。

基于原位化学氧化与其他修复技术之间交互作用的文献，以及实际应用获得的证据可知，原位化学氧化能与强化的好氧和厌氧生物修复、监测自然衰减，以及表面活性剂/助溶剂淋洗联用；同样，它可以和空气喷射、原位化学还原、热修复联用。用原位化学氧化预处理以减少污染物质量，用原位化学氧化与表面活性剂等试剂联用以提高处理效率，以及用原位化学氧化进行后续处理以去除残留污染物，这些都可能增加达到处理目标、缩短处理时间、降低处理成本的可能性。因此，除较少仅用原位化学氧化就能达到修复目标，并且成本效益好的场地外，几乎所有场地都可以主动考虑是否采用原位化学氧化与其他修复技术联用处理污染物。

参考文献

Adam ML, Comfort SD, Zhang TC, Morley MC. 2005. Evaluating biodegradation as a primary and secondary treatment for removing RDX (hexahydro-1,3,5-trinitro-1,3,5-triazine) from a perched aquifer. Bioremediat J 9:9–19.

Ahn Y, Jung H, Tatavarty R, Choi H, Yang J-W, Kim IS. 2005. Monitoring of petroleum hydrocarbon degradative potential of indigenous microorganisms in ozonated soil. Biodegradation 16:45–56.

Almendros G, Gonzalez-Vila FJ, Martin F. 1989. Room temperature alkaline permanganate oxidation of representative humic acids. Soil Biol Biochem 21:481–486.

Anipsitakis GP, Dionysiou DD. 2004. Radical generation by the interaction of transition metals with common oxidants. Environ Sci Technol 38:3705–3712.

Arndt D. 1981. Manganese Compounds as Oxidizing Agents in Organic Chemistry. Open Court Publishing Co., La Salle, IL, USA. 344 .

ATSDR (Agency for Toxic Substances and Disease Registry). 1994. Toxicological Profile for Acetone. U.S. Department of Health and Human Services ATSDR, Atlanta, GA, USA. 276.

Azadpour-Keeley A, Wood LA, Lee TR, Mravik SC. 2004. Microbial responses to in situ chemical oxidation, six-phase heating, and steam injection remediation technologies in groundwater. Remediation 14:5–17.

Bittkau A, Geyer R, Bhatt M, Schlosser D. 2004. Enhancement of the biodegradability of aromatic groundwater contaminants. Toxicology 205:201–210.

Block PA, Brown RA, Robinson D. 2004. Novel Activation Technologies for Sodium Persulfate In Situ Chemical Oxidation. Proceedings, Fourth International Conference on Remediation of Chlorinated and

Recalcitrant Compounds, Monterey, CA, USA, May 24–27, Paper 2A-05.

Bradley PM, Landmeyer JE, Dinicola RS. 1998. Anaerobic oxidation of [1,2-^{14}C] dichloroethene under Mn(IV)-reducing conditions. Appl Environ Microbiol 64:1560–1562.

Bradley PM, Singletary MA, Chapelle FH. 2007. Chloroethene dechlorination in acidic groundwater: Implications for combining Fenton's treatment with natural attenuation. Remediat J 18:7–19.

Brioukhanov AL, Thauer RK, Netrusov AI. 2002. Catalase and superoxide dismutase in the cells of strictly anaerobic microorganisms."Microbiology (Russia)"; the original Russian publication is Mikrobiologiya, Vol. 71, No. 3, 2002, 330–335.

Brown RA, Lewis RL, Fiacco RJ, Leahy MC. 2006. The Technical Basis for In Situ Chemical Reduction (ISCR). Proceedings, Fifth International Conference on Chlorinated and Recalcitrant Compounds, Monterey, CA, USA, May 22–25, Paper D-04.

Burbano AA, Dionysiou DD, Suidan MT, Richardson TL. 2005. Oxidation kinetics and effect of pH on the degradation of MTBE with Fenton reagent. Water Res 39:107–118.

Buxton GV, Greenstock CL, Helman WP, Ross AB. 1988. Critical review of rate constants for reactions of hydrated electrons, hydrogen atoms and hydroxyl radicals (OH/O$^-$) in aqueous solution. J Phys Chem Ref Data 17:513–530.

Buxton GV, McGowan S, Salmon GA, Williams JE, Wood ND. 1996. A study of the spectra and reactivity of the oxysulphur-radical anions involved in the chain oxidation of S(IV): A pulse and g-radiolysis study. Atmos Environ 30:2483–2493.

Büyüksönmez F, Hess TF, Crawford RL, Paszczynski A, Watts RJ. 1999. Optimization of simultaneous chemical and biological mineralization of perchloroethylene. Appl Environ Microbiol 65:2784–2788.

Cassidy D, Hampton D, Kohler S, Nuttall HE, Lundy WL. 2002. Comparative Study of Chemical Oxidation and Biodegradation of PCBs in Sediments. Proceedings, Third International Conference on Remediation of Chlorinated and Recalcitrant Compounds, Monterey, CA, USA, May 20–23, Paper 2C-27.

Chemburkar A, Warner J, Sklandany GJ, Brown RA. 2006. Use of Chemical Reductants to Stimulate Abiotic Reductive Pathways. Proceedings, International Conference on Remediation of Chlorinated and Recalcitrant Compounds, Monterey, CA, USA, May 22–25, Paper D-02.

Damm JH, Hardacre C, Kalin RM, Walsh KP. 2002. Kinetics of the oxidation of methyl tertbutyl ether (MTBE) by potassium permanganate. Water Res 36:3638–3646.

Droste EX, Marley MC, Parikh JM, Lee AM, Dinardo PM, Woody BA, Hoag GE, Chedda P. 2002. Observed Enhanced Reductive Dechlorination After In Situ Chemical Oxidation Pilot Test. Proceedings, Third International Conference on Remediation of Chlorinated and Recalcitrant Compounds, Monterey, CA, USA, May 20–23, Paper 2C-01.

Dugan PJ. 2008. Coupling Surfactants/Cosolvents with Oxidants: Effects on Remediation and Performance Assessment. PhD Dissertation. Colorado School of Mines. Golden, CO, USA.

Falta R, Lee CM, Brame SE, Roeder E, Coates JT, Wright C, Wood AL. 1999. Field test of high molecular weight alcohol flushing for subsurface nonaqueous phase liquid remediation. Water Resour Res 35:2095–2108.

Fenton HJH. 1894. Oxidation of tartaric acid in presence of iron. J Chem Soc Trans 65:899–910.

Fogel S, Kerfoot WB. 2004. Bacterial Degradation of Aliphatic Hydrocarbons Enhanced by Pulsed Ozone Injection. Proceedings, Fourth International Conference on Remediation of Chlorinated and Recalcitrant Compounds, Monterey, CA, USA, May 24–27, Paper 3B-05.

Fogel S, Findlay M, Smoler D, Folsom S, Kozar M. 2009. The Importance of pH in Reductive Dechlorination of Chlorinated Solvents. Proceedings, Tenth International In Situ and On Site Bioremediation Symposium, Baltimore, MD, USA, May 5–8, Paper C3-01.

Gardner FG, Korte N, Strong-Gunderson J, Siegrist RL, West OR, Cline SR, Baker JL. 1996. Implementation of Deep Soil Mixing at the Kansas City Plant. ORNL/TM-13532. Prepared for U.S. Department of Energy Office of Energy Research, Washington, DC, USA. 250.

Goi A, Kulik N, Trapido M. 2006. Combined chemical and biological treatment of oil contaminated soil. Chemosphere 63:1754–1763.

Griffith SM, Schnitzer M. 1975. Oxidative degradation of humic and fulvic acids extracted from tropical volcanic soils. Can J Soil Sci 55:251–267.

Haapea P, Tuhkanen T. 2006. Integrated treatment of PAH contaminated soil by soil washing, ozonation, and biological treatment. J Hazard Mater B136:244–250.

Haber F, Weiss J. 1934. The catalytic decomposition of hydrogen peroxide by iron salts. Proc R Soc Lond A Math Phys Sci 147:332-351.

Hewitt J, Morris JG. 1975. Superoxide dismutase in some obligately anaerobic bacteria. FEBS Lett 50: 315–318.

Howsawkeng J, Watts RJ, Washington DL, Teel AL, Hess TF, Crawford RL. 2001. Evidence for simultaneous abiotic-biotic oxidations in a microbial-Fenton's system. Environ Sci Technol 35:2961–2966.

Hrapovic L, Sleep BE, Major DJ, Hood E. 2005. Laboratory study of treatment of trichloroethene by chemical oxidation followed by bioremediation. Environ Sci Technol 39:2888– 2897.

Huang KC, Zhao Z, Hoag GE, Dahmani A, Block PA. 2005. Degradation of volatile organic compounds with thermally activated persulfate oxidation. Chemosphere 61:551–560.

Jeffers PM, Ward LM, Woytowitch LM, Wolfe NL. 1989. Homogeneous hydrolysis rate constants for selected chlorinated methanes, ethanes, ethenese and propanes. Environ Sci Technol 23:965–969.

Jung H, Ahn Y, Choi H, Kim IS. 2005. Effects of in-situ ozonation on indigenous microorganisms in diesel contaminated soil: Survival and regrowth. Chemosphere 61:923–932.

Jung H, Sohn K-D, Neppolian B, Choi H. 2008. Effect of soil organic matter (SOM) and soil texture on the fatality of indigenous microorganisms in integrated ozonation and biodegradation. J Hazard Mater 150:809–817.

Kao CM, Wu MJ. 2000. Enhanced TCDD degradation by Fenton's reagent preoxidation. J Hazard Mater B74:197–211.

Kastner JR, Santo Domingo J, Denham M, Molina M, Brigmon R. 2000. Effect of chemical oxidation on subsurface microbiology and trichloroethene biodegradation. Bioremediat J 4:219–236.

Kavanaugh MC, Rao PSC, Abriola L, Cherry J, Destouni G, Falta R, Major D, Mercer J, Newell C, Sale T, Shoemaker S, Siegrist RL, Teutsch G, Udell K. 2003. The DNAPL Cleanup Challenge: Is There a Case for Source Depletion? EPA/600/R-03/143. USEPA National Risk Management Research Laboratory, Cincinnati, OH, USA. 129.

Klens J, Pohlmann D, Scarborough S, Graves D. 2001. The Effects of Permanganate Oxidation on Subsurface Microbial Populations. In Leeson A, Kelley ME, Rifai HS, Magar VS, eds, Natural Attenuation of Environmental Contaminants: The Sixth International In Situ and On-Site Bioremediation Symposium. Battelle Press, Columbus, OH, USA, 253–259.

Kolthoff IM, Medalia AI, Raaen HP. 1951. The reaction between ferrous iron and peroxides: IV. Reaction with potassium persulfate. J Am Chem Soc 73:1733–1739.

Kolthoff IM, Sandell EB, Meehan EJ, Bruckenstein S. 1969. Quantitative Chemical Analysis. Macmillan, New York, NY, USA. 1199.

Krembs FJ. 2008. Critical Analysis of the Field-Scale Application of In Situ Chemical Oxidation for the Remediation of Contaminated Groundwater. MS Thesis. Colorado School of Mines. Golden, CO, USA.

Kulik N, Goi A, Trapido M, Tuhkanen T. 2006. Degradation of polycyclic aromatic hydrocarbons by combined chemical pre-oxidation and bioremediation in creosote contaminated soil. J Environ Manage 78:382–391.

Kwan WP, Voelker BM. 2003. Rates of hydroxyl radical generation and organic compound oxidation in mineral-catalyzed Fenton-like systems. Environ Sci Technol 37:1150–1158.

Landa AS, Sipkema EM, Weijma J, Beenackers AA, Dolfing J, Janssen DB. 1994. Cometabolic degradation of trichloroethylene by Pseudomonas cepacia G4 in a chemostat with toluene as the primary substrate. Appl Environ Microbiol 60:3368 3374.

Lee BD, Hosomi M. 2001. A hybrid Fenton oxidation-microbial treatment for soil highly contaminated with benz (a) anthracene. Chemosphere 43:1127–1132.

Li Z. 2004. Surfactant-enhanced oxidation of trichloroethylene by permanganate — proof of concept. Chemosphere 54:419–423.

Li YS, You YH, Lien ET. 1999. Oxidation of 2,4-dinitrophenol by hydrogen peroxide in the presence of basic oxygen furnace slag. Arch Environ Contam Toxicol 37:427–433.

Liang C, Lee IL. 2008. In situ iron activated persulfate oxidative fluid sparging treatment of TCE contamination: A proof of concept study. J Contam Hydrol 100:91–100.

Liang C, Wang ZS, Bruell CJ. 2007. Influence of pH on persulfate oxidation of TCE at ambient temperatures. Chemosphere 66:106–113.

Lindsey ME, Xu G, Lu J, Tarr MA. 2003. Enhanced Fenton degradation of hydrophobic organics by simultaneous iron and pollutant complexation with cyclodextrins. Sci Total Environ 307:215–229.

Lowe DF, Oubre CL, Ward CH, eds. 1999. Surfactants and Cosolvents for NAPL Remediation: A Technology Practices Manual. Advanced Applied Technology Demonstration Facility Program (AATDF) Monograph Series. CRC Press LLC, Boca Raton, FL, USA. 412.

Luhrs RC, Lewis RW, Huling SG. 2006. ISCO's Long-Term Impact on Aquifer Conditions and Microbial Activity. Proceedings, Fifth International Conference on Remediation of Chlorinated and Recalcitrant Compounds, Monterey, CA, USA, May 22–25, Paper D-48.

Lundstedt S, Persson Y, Oberg L. 2006. Transformation of PAHs during ethanol-Fenton treatment of an aged gasworks' soil. Chemosphere 65:1288–1294.

Lute JR, Sklandany GJ, Nelson CH. 1998. Evaluating the Effectiveness of Ozonation and Combined Ozonation/Bioremediation Technologies. In Wickramanayake GB, Hinchee RE, eds, Designing and Applying Treatment Technologies. Battelle Press, Columbus, OH, USA,295–300.

Macbeth TW. 2006. Microbial Population Dynamics as a Function of Permanganate Concentration: OK Tool, Milford, NH. North Wind, Inc., Report No. NWI-2234-001, April.

Macbeth TW, Sorenson KS Jr. 2009. In Situ Bioremediation of Chlorinated Solvents with Enhanced Mass Transfer. Environmental Security Technology Certification Program (ESTCP) Cost and Performance Report for Project ER-0218. November.

Macbeth TW, Peterson LN, Starr RC, Sorenson KS, Goehlert R, Moor KS. 2005. ISCO Impacts on Indigenous Microbes in a PCE-DNAPL Contaminated Aquifer. Proceedings, Eighth In Situ and On-Site Bioremediation Symposium, Baltimore, MD, USA, June 6–9.

Magnuson JK, Stern RV, Gossett JM, Zinder SH, Burris DR. 1998. Reductive dechlorination of tetrachloroethene to ethene by a two-component enzyme pathway. Appl Environ Microbiol 64:1270–1275.

Martens DA, Frankenberger WT Jr. 1994. Feasibility of In Situ Chemical Oxidation of Refractile Chlorinated Organics by Hydrogen Peroxide-Generated Oxidative Radicals in Soil. In Means JL, Hinchee RE, eds, Emerging Technology for Bioremediation of Metals. Lewis Publishers, Boca Raton, FL, USA, 74–84.

Martens DA, Frankenberger WT. 1995. Enhanced degradation of polycyclic aromatic hydrocarbons in soil treated with an advanced oxidative process – Fenton's reagent. J Soil Contam 4:175–190.

Maughon MJ, Casey CC, Bryant JD, Wilson JT. 2000. Chemical Oxidation Source Reduction and Natural Attenuation for Remediation of Chlorinated Hydrocarbons in Groundwater. In Wickramanayake GB, Gavaskar AR, eds, Physical and Thermal Technologies. Battelle Press, Columbus, OH, USA,307–314.

Maymo´-Gatell X. 1997. Dehalococcoides ethenogenes strain 195, a novel eubacterium that reductively dechlorinates tetrachloroethene (PCE) to ethene. Report No. AL/EQ-TR-1997- 0029. Submitted to the Air Force Research Laboratory, Tyndall Air Force Base, FL, USA. 232.

Miller CM, Valentine RL, Roehl ME, Alvarez P. 1996. Chemical and microbiological assessment of pendimethalin-contaminated soil after treatment with Fenton's reagent. Water Res 30:2579–2586.

Millioli V, Freire DD, Cammarota MC. 2003. Petroleum oxidation using Fenton's reagent over beach sand following a spill. J Hazard Mater 103:79–91.

Mohan SV, Kisa T, Ohkuma T, Kanaly RA, Shimizu Y. 2006. Bioremediation technologies for treatment of PAH-contaminated soil and strategies to enhance process efficiency. Rev Environ Sci Biotechnol 5:347–374.

Nam K, Kukor JJ. 2000. Combined ozonation and biodegradation for remediation of mixtures of polycyclic aromatic hydrocarbons in soil. Biodegradation 11:1–9.

Nam K, Rodriguez W, Kukor JJ. 2001. Enhanced degradation of polycyclic aromatic hydrocarbons by biodegradation combined with a modified Fenton reaction. Chemosphere 45:11–20.

Ndjou'ou A-C, Cassidy D. 2006. Surfactant production accompanying the modified Fenton oxidation of hydrocarbons in soil. Chemosphere 65:1610–1615.

Ndjou'ou A-C, Bou-Nasr J, Cassidy D. 2006. Effect of Fenton reagent dose on coexisting chemical and microbial oxidation in soil. Environ Sci Technol 40:2778–2783.

Neppolian B, Jung H, Choi H, Lee JH, Kang JW. 2002. Sonolytic degradation of methyltert-butyl ether: The role of coupled Fenton process and persulfate ion. Water Res 36:4699–4708.

Okwi GJ, Thomson NR, Gillham RW. 2005. The impact of permanganate on the ability of granular iron to degrade trichloroethene. Ground Water Monit Remediat 25:123–128.

O'Mahony MM, Dobson ADW, Barnes JD, Singleton I. 2006. The use of ozone in the remediation of polycyclic aromatic hydrocarbon contaminated soil. Chemosphere 63:307–314.

Ortiz De Serra MI, Schnitzer M. 1973. The chemistry of humic and fulvic acids extracted from Argentine soils. II. Permanganate oxidation of methylated humic and fulvic acids. Soil Biol Biochem 5:287–296.

Pac T, Lewis RW, Connelly T. 2004. Sequential Implementation of In Situ Chemical Oxidation and Reductive Dechlorination. Proceedings, Fourth International Conference on Remediation of Chlorinated and Recalcitrant Compounds, Monterey, CA, USA, May 24–27, Paper 5A-11.

Palmroth MRT, Langwaldt JH, Aunola TA, Goi A, Münster U, Puhakka JA, Tuhkanen TA. 2006. Effect of modified Fenton's reaction on microbial activity and removal of PAHs in creosote oil contaminated soil. Biodegradation 17:29–39.

Pardieck DL, Bouwer EJ, Stone AT. 1992. Hydrogen peroxide use to increase oxidant capacity for in situ bioremediation of contaminated soils and aquifers: A review. J Contam Hydrol 9:221–242.

Peyton GR. 1993. The free-radical chemistry of persulfate-based total organic carbon analyzers. Mar Chem 41:91–103.

Piskonen R, Itävaara M. 2004. Evaluation of chemical pretreatment of contaminated soil for improved PAH bioremediation. Appl Microbiol Biotechnol 65:627–634.

Rivas FJ, Beltra´n FJ, Acedo B. 2000. Chemical and photochemical degradation of acenaphthylene: Intermediate identification. J Hazard Mater 75:89–98.

Sahl J, Munakata-Marr J. 2006. The effects of in situ chemical oxidation on microbiological processes: A review. Remediation 16:57–70.

Sahl JW, Munakata-Marr J, Crimi ML, Siegrist RL. 2007. Coupling permanganate oxidation with microbial dechlorination of tetrachloroethene. Water Environ Res 79:5–12.

Schlegel G. 1977. Aeration without air: Oxygen supply by hydrogen peroxide. Biotechnol Bioeng 19:413–424.

Scott JP, Ollis DF. 1995. Integration of chemical and biological oxidation processes for water treatment: Review and recommendations. Environ Prog 14:88–103.

Siegal J, Rees AA, Eggers KW, Hobbs RL. 2009. In situ chemical oxidation of residual LNAPL and dissolved-phase fuel hydrocarbons and chlorinated alkenes in groundwater using activated persulfate. Remediation 19:19-35.

Siegrist RL, Crimi ML, Munakata-Marr J, Illangasekare TH, Lowe KS, van Cuyk S, Dugan PJ, Heiderscheidt JL, Jackson SF, Petri BG, Sahl J, Seitz SJ. 2006. Reaction and Transport Processes Controlling In Situ Chemical Oxidation of DNAPLs. Final Report, Project ER-1290. Submitted to Strategic Environmental Research and Development Program (SERDP), Arlington, VA, USA.

Singh N, Lee DG. 2001. Permanganate: A green and versatile industrial oxidant. Org ProcessRes Dev 5: 599–603.

Stehr J, Müller T, Svensson K, Kamnerdpetch C, Scheper T. 2001. Basic examinations on chemical pre-oxidation by ozone for enhancing bioremediation of phenanthrene contaminated soils. Appl Microbiol Biotechnol 57:803–809.

Szecsody JE, McKinley JP, Fruchter JS, Williams MD, Vermeul VR, Fredrickson HL, Thompson KT. 2006. In-Situ Chemical Reduction of Sediments for TCE, Energetics and NDMA Remediation. Proceedings, Fifth International Conference on the Remediation of Chlorinated and Recalcitrant Compounds, Monterey, CA, USA, May 22–25, Paper D-07.

Tarr MA, Wei B, Zheng W, Xu G. 2002. Cyclodextrin-Modified Fenton Oxidation for In Situ Remediation. Proceedings, Third International Conference on Remediation of Chlorinated and Recalcitrant Compounds, Monterey, CA, USA, May 20–23, Paper 2C-17.

Teel AL, Finn DD, Schmidt JT, Cutler LM, Watts RJ. 2007. Rates of trace mineral-catalyzed decomposition of hydrogen peroxide. J Environ Eng 133:853–858.

Tsitonaki A, Smets BF, Bjerg PL. 2008. Effects of heat-activated persulfate oxidation on soil microorganisms. Water Res 42:1013–1022.

USEPA (U.S. Environmental Protection Agency). 2004. In Situ Thermal Treatment of Chlorinated Solvents: Fundamentals and Field Applications. EPA 542-R-04-010. USEPA Office of Solid Waste and Emergency Response, Washington, DC, USA. 145.

Valderrama C, Alessandri R, Aunola T, Cortina JL, Gamisans X, Tuhkanen T. 2009. Oxidation by Fenton's reagent combined with biological treatment applied to a creosote-contaminated soil. J Hazard Mater 166:594–602.

Waddell JP, Mayer GC. 2003. Effects of Fenton's reagent and potassium permanganate applications on indigenous subsurface microbiota: A literature review.Georgia Water Resources Conference, Athens, GA, USA, April 23–24.

Waldemer RH, Tratnyek PG, Johnson RL, Nurmi JT. 2007. Oxidation of chlorinated ethenes by heat-activated persulfate: Kinetics and products. Environ Sci Technol 41:1010–1015.

Watts RJ, Dilly SE. 1996. Evaluation of iron catalysts for the Fenton-like remediation of dieselcontaminated soils. J Hazard Mater 51:209–224.

Weidhaas J, Macbeth TW. 2006. Influence of In Situ Chemical Oxidation on Microbial Population Dynamics: Savage Municipal Water Supply Site, Operable Unit 1, Milford, NH. North Wind, Inc., Report No.

NWI-2234-002, November.

Xu X, Thomson NR, MacKinnon LK, Hood ED. 2004. Oxidant Stability and Mobility: Controlling Factors and Estimation Methods. Proceedings, Fourth International Conference on Remediation of Chlorinated and Recalcitrant Compounds, Monterey, CA, USA, May 24–27, Paper 2A-08.

Xu P, Achari G, Mahmoud M, Joshi RC. 2006. Application of Fenton's reagent to remediate diesel contaminated soils. Pract Period Hazard Toxic Radioact Waste Manage 10:19–27.

Zhai X, Hua I, Rao PSC, Lee LS. 2006. Cosolvent-enhanced chemical oxidation of perchloroethylene by potassium permanganate. J Contam Hydrol 82:61–74.

Zhuang P, Pavlostathis SG. 1995. Effect of temperature, pH and electron donor on the microbial reductive dechlorination of chloroalkenes. Chemosphere 31:3537–3548.

第8章

原位化学氧化现场应用与性能评估

Friedrich J. Krembs[1], Wilson S. Clayton[1] and Michael C. Marley[2]

[1] Aquifer Solutions, Inc., Evergreen, CO 80439, USA;
[2] XDD, Stratham, NH 03885, USA.

范围

通过分析原位化学氧化（ISCO）工程案例，评估影响原位化学氧化修复性能的场地条件和设计参数。

核心概念

- 在大范围的工程规模中，通过使用各种设计方法，ISCO已被应用于许多不同类型的场地。

- 大多数工程的目的在于处理挥发性有机化合物（VOCs），尤其是氯乙烯。

- 尽管有一些工程将ISCO应用于修复非渗透性的、松散介质和裂隙岩体的场地，但大多数工程将ISCO用来修复渗透性的、松散介质的场地。

- 一半的ISCO工程都完成了指定的修复目标。成功率与计划修复目标的严密性密切相关。很少有场地达到最高污染水平（MCLs），已知或者潜在的高密度非水相液体（DNAPL）场地均未达到MCLs。

- 较氯代化合物而言，ISCO更易于处理燃油相关的化合物。

- ISCO修复项目的平均成本是22万美元，平均单位成本为123美元/立方米。项目建设规模、DNAPL的存在、传输方式几乎都会直接影响成本。

- 15个监测微生物种群的案例研究均表明，微生物的活性没有持续减小。

- 测水相金属浓度的项目中有半数项目表明，金属浓度瞬间增大，并且浓度增大的持续时间和强度具有高度的场地特异性。只有两个场地报道称，金属浓度增大不受场地特异性影响。这两个场地使用了常量注射系统，并且在注射系统改进后，场地特异性影响增大。

8.1　简介

本章介绍了原位化学氧化（ISCO）的方法和应用结果，并对现场应用（案例研究）数据库展开了分析。案例研究数据库的建设和分析是作为环境安全技术认证计划（ESTCP）项目 ER-0623 的一部分展开的，具体见 Krembs（2008）、Siegrist 等（2010）。

建立 ISCO 案例研究数据库是为了利用过去的现场 ISCO 项目信息，分析某种修复技术在何种情况下应用最成功，并识别技术的固有局限性及确定最有效的、可行的系统设计方案。这种分析考虑了 ISCO 技术的使用环境、应用方法和取得的结果。这些工作是用一种系统的方式来实现的，通过一种一致的、可以在各个案例研究之间进行有意义比较的方式记录每个案例的相关数据，最终目的是正确分析这些案例研究，并就 ISCO 在特定场地和设计条件下最可能出现的结果提供一个客观的评估结果。本章提到的案例研究数据是在 1995—2007 年完成的，甚至包括一些最初的 ISCO 项目。在这段时期，这种技术的实践获得了相当大的进步。某些项目以一种与最佳实施方式不同的方法使用 ISCO 技术，这些案例应该被牢记。

为了能够尽可能全面，案例研究数据库应包含尽可能多的现场工程数据。这些场地包含了不同水平的质量保证、整体设计质量和监测方法。例如，在很多场地中，ISCO 的修复目标是关注污染物（COCs）在水相中浓度的减小，而含水层中的固体样品没有分析。这存在一种局限性，这种限制可能影响对案例研究数据库中许多场地 COCs 的质量减小的正确结论。尽管评估 ISCO 现场项目数据还有技术上的限制，但是大量项目数据的汇总和分析能够对 1995—2007 年的产业实践和 ISCO 的性能提供一个有代表性的概述。

8.2　以往案例研究综述

场地环境修复已经有了众多的案例研究综述。一些以前的案例研究综述集中在 ISCO，或者包含大量的 ISCO 案例研究。有研究人员试图利用这些早期研究，通过概括在数据库中的发现，并且在信息可以获得的情况下，用跟进该场地联系人的方式来实现。这些案例研究人员提出的定量分析和度量过程中使用的方法在本节也进行了检验，并且不同程度地合并到了数据库中。这些案例研究文档在表 8.1 中总结陈述，并在下面进一步讨论。

表 8.1　以往案例研究综述概述

名　称	作　者	年　份	场地编号	类　型	内　容
原位修复技术：原位化学氧化	USEPA	1998年	14	D	专注于ISCO案例研究，并举出其应用案例
技术情况综述：原位氧化	ESTCP	1999年	42	B	专注于ISCO，并包括定量分析，例如，成功案例与不成功案例的百分比，以及整个工程的成本
污染土壤和地下水原位化学氧化技术和管理指导	ITRC	2001年	8	D	将案例研究作为ISCO指导文档的支持附件

（续表）

名 称	作 者	年 份	场地编号	类 型	内 容
评估DNAPL源头区域修复的可行性：案例研究综述	Geosynte Consultants, Inc.	2004年	28	B	专注于包括ISCO和其他技术在内的DNAPL源头区域修复：进行结果的定量分析
DNAPL修复·几乎关闭监管的代表性项目	USEPA	2004年	4	D	检验处于或者接近监管关闭的DNAPL场地的有代表性的案例研究，包括使用的修复技术及监管机制
污染土壤和地下水原位化学氧化技术和管理指导（第二版）	ITRC	2005年	14	D	将案例研究作为ISCO指导文档的支持附件
36个场地的DNAPL源头损耗成本分析	McDade等	2005年	13	B	检查36个DNAPL场地的修复成本，包括ISCO及其他技术
DNAPL源头修复技术在59个氯化物溶剂污染地的效果	McGuire等	2006年	23	B	检查59个DNAPL场地的修复效果，包括ISCO及其他技术；制定了数值指标来评估成功性和反弹性。McDade等（2005）的系列文章

注：1. 场地编号—包含在案例研究综述中的ISCO案例研究编号；DNAPL—密集的非水相液体；D—示范性案例综述，通常使用相对少的例子来证明几乎没有场地能达到给定的结果（例如，一些DNAPL场地的监管可以关闭）；B—大规模型案例研究综述，一般采用比较大的样本量进行统计分析得到发展趋势（例如，在DNAPL源头修复的场地中，平均成本一直如此）。

2. 在科罗拉多州场地的石油分离和公共安全石油烃修复情况是另一个有效的ISCO案例研究文档，但是这项工作还在收集数据，目前尚未发布。

本节通过表 8.1 中列出的案例研究文档回顾了案例研究数据收集和分析方法，并作为一种利用已有的 ISCO 案例研究填充和更新 ISCO 数据库的工具。这个综述研究对需要考虑的参数、性能衡量标准，以及大量数据收集方法提出了深刻的理解。具体而言，大尺度分析（ESTCP, 1999; Geosyntec Consultants Inc., 2004; McDade et al., 2005; McGuire et al., 2006）展示了试图聚集比较大的数据集，并进行统计分析研究发展趋势的优点。这些案例研究综述也表明，有必要制定有效的指标来评估这些案例研究，并且研究计算或分析必须用一种统一的方式。8.4 节介绍了用于评估案例研究数据的指标。

8.3 ISCO 案例研究数据库的发展历程

本节介绍了 ISCO 案例研究数据库设计准备过程中用到的方法，包括数据库概念设计、关键数据库参数的定义、数据收集方法，以及通过处理和压缩使数据标准化一致的格式。最后，本节介绍了一些将被用到的方法的局限性。更多的方法和定义的详细信息可以从 Krembs（2008）中找到。

8.3.1 关键数据库参数的定义

由于关键数据库参数在后面的结果展示部分会起到重要作用，这里简要讨论了数据库设计期间建立的几个参数的定义，包括场地地质、氧化剂、COC 组、可处理性研究、工程目标，以及目标修复区域（TTZ）的体积计算、液体传输的孔隙体积量、氧化剂装载速率（氧化剂剂量）、最大地下水浓度的降低率、污染物是否发生反弹等。

1. 场地地质

基于地下的地质条件（包括渗透性、异质性、地质媒介的固结性）（ESTCP, 2007; NRC, 2004），将每个场地的地质类型分类到场地分组 A ～ F。渗透性和非渗透性的松散介质的边界分别用饱和水力传导度（K）高于或低于 10^{-5}cm/s 来确定。对于松散介质，异质和同质物质之间的边界分别用渗透系数的范围（最大 / 最小）大于或小于 1000 来确定。需要注意的是，用于评估异质性的水力梯度的最大值 / 最小值来自特定的地层，即使这些地层可能由于太薄而不能在现场直接测定。例如，一个上面砂土夹杂着间断性黏土的地层将被认为是异质性的，即使井中用 3.05m 的段赛测试并没有相差 1000 倍。固结性物质（石头）基于基质孔隙度进行细分，基质孔隙度根据工程报告中岩石类型的描述来推断，而不是用记录的孔隙度。6 种场地分组的水文地质特征如表 8.2 所示。

表 8.2　6 种场地分组的水文地质特征

场地分组	渗透性/非渗透性	形　态
A组	渗透性（$K>10^{-5}$cm/s）	同质性（$K_{max}/K_{min}<1000$）
B组	非渗透性（$K<10^{-5}$cm/s）	同质性（$K_{max}/K_{min}<1000$）
C组	渗透性（$K>10^{-5}$cm/s）	异质性（$K_{max}/K_{min}>1000$）
D组	非渗透性（$K<10^{-5}$cm/s）	异质性（$K_{max}/K_{min}>1000$）
E组	低基质孔隙度的固结性物质	一般火成岩和变质岩
F组	高基质孔隙度的固结性物质	一般沉积岩

根据 ISCO 将要应用的 TTZ，场地分为如表 8.2 所示的 6 组。例如，如果位于黏土（上层）和岩石（下层）之间的砂层是 ISCO 应用处理的区域，那么处在岩床上约 0.35m 砂土含水层的厚黏土沉积层可以被分配到 C 组。由于由大部分 TTZ 组成的渗透性砂岩和不透水材料的上层、下层可能发生相互作用，该场地不会被分配到 A 组。若大多数的目标处理区域是渗透性的，则尽管该场地大部分的地质环境是非渗透性的，该场地也不会被分配到 D 组。

2. 氧化剂

根据使用的氧化材料，ISCO 修复工程中使用的氧化剂分为以下 6 类：

• 高锰酸钾（MnO_4^-），包括钠和钾的形式；

• 催化过氧化氢（CHP）[亚铁离子 Fe（Ⅱ）催化或者 Fe（Ⅱ）—螯合剂催化的过氧化氢]；

• 臭氧（O_3）；

• 过硫酸盐（$S_2O_8^{2-}$）；

• 过碳酸盐（如 $[Na_2CO_3]_2 \cdot 3H_2O_2$）；

• Peroxone，臭氧和过氧化氢联用的一种产品。

另外，那些需要催化的氧化剂还会使用催化剂。

3. COC 组

场地中出现的主要 COCs 都录入数据库中，并分为广泛的 COCs 类 [如挥发性有机化合物（VOCs）], 以及具体的化合物（如苯）。这些变量不是相互排斥的, 所以, 如果多个污染物出现在一个场地中, 这些信息都会在数据库中被获取。地下水和地下固体（如果可获取）的单个COCs的最大浓度也会被记录下来。

4. 可处理性研究

ISCO系统设计期间进行的实验室可处理性研究分为两类：批量实验（如齐整的化学研究、泥浆反应器), 传输研究（如柱、槽）。被当作可处理性研究却在现场进行的工程称为中试, 中试会从上述定义的实验室可处理性研究中独立出来进行分析。

从可处理性研究获取的信息类型也记录在数据库中, 表8.3对其进行了简要的介绍。在许多案例中, 可处理性研究提供的信息不只适合一种分类, 因此表8.3中的5种类型并不是互相排斥的。

表8.3 可处理性研究类型

可处理性研究类型	描 述
COCs降解	该研究表明场地的COCs可以被ISCO氧化剂降解
优化	该研究验证了多种氧化剂和/或催化剂浓度, 从而确定实际场地应用中理想的ISCO化学条件
二阶地下水影响	该研究评估了可能对二级地下水标准造成影响的潜在不利因素（如金属的迁移）
自然催化剂/缓冲区	该研究评估了天然矿物质（最常见的是铁）是否可以激活ISCO药剂, 而不需要添加其他的催化剂。另外, 该研究评估了是否存在可能会阻碍ISCO过程中调整地下pH值能力的天然矿物质（如碳酸盐）
自然需氧量（NOD）/土壤需氧量（SOD）[a]	该研究量化了地下介质消耗氧化剂的程度。这组研究包括那些污染或未被污染的介质, 也包括实验室测量氧化剂浓度随时间变化的动力学研究, 以及在放置一定时间后, 实验室测量氧化剂浓度确定的最终需求研究

注：[a]NOD在本章使用, 两种形式一般可以互换。

5. 工程目标

在案例研究综述中, 通常有5种工程修复目标。这些修复目标如表8.4所示, 按照最严到最松的标准列表。修复目标对于ISCO工程很重要, 因为他们提供了工程成功和失败的判断标准。

表8.4 数据库中的修复目标

修复目标	描 述
达到最大污染物水平（MCLs）	工程团队计划满足COCs浓度的最严监管地下水标准
达到选择的清理水平（ACLs）	工程团队计划完成地下水ACLs。ACLs定义为一个比MCLs高的要求达到的浓度。其应用常常与特定场地的风险评估和/或监管制度相联系, 在上述风险评估和监管制度中, 低含量的含水层不要求满足MCLs
预定降低百分比的质量/浓度	一定比例的COCs质量的减少或者浓度降低百分比是修复的优先目标
减少污染物的质量/浓度, 缩短清理时间	目标与先前有所区别, 是因为没有预定需要达到的还原率, 而不仅是为了降低污染物的质量/浓度, 缩短清理时间
评估未来工作优化的效率	该目标在中试中最常见, 包括场地效率评估和降解设计分析, 如井距、氧化剂持久性等

6．设计参数

数据库设计的目的是捕捉通过使用可用于不同 ISCO 项目比较的少量参数，而针对特定场地条件设计的复杂修复系统。基于此，本节定义了一些参数，并用一种系统的、有意义的、一致的方式计算这些参数值，计算方式可以描述不同环境下的数据。这些参数可以通过图 8.1 更形象地展示出来。图 8.1 展示了一种直压式传输药剂（青色部分）到场地下面的方法。氧化剂从注入点的移动距离就是影响半径（ROI）。每个圆柱体都是一个特定的注入点的影响区域，这些重叠的圆柱体定义了 TTZ（如虚线所示）。

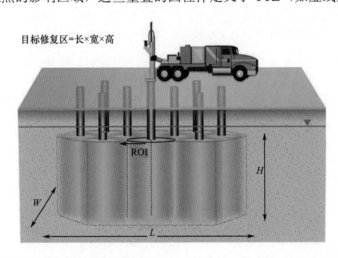

目标修复区=长×宽×高

图8.1　理想的氧化剂注入示意图。氧化剂在所有的水平方向上都从注入点迁移了一段距离。

在场地应用中，由于地下地质条件的变化，氧化剂在地下的分布很可能不会是这个方式

1）传输的孔隙体积量

"孔隙体积量"通常是，在一个既定的地质介质体积下，修复期间将溶液体积引入孔隙空间体积的无量纲数。在数据库的案例中，ISCO 设计的孔隙体积量的计算方式为

$$孔隙体积量[-]= \frac{氧化剂注入体积[L^3]}{(目标处理区体积[L^3])(孔隙度[-])} \quad (8.1)$$

式中，L 为长度量纲；[-] 表示无量纲；氧化剂注入体积只包括注入的氧化剂体积，而不管是否有催化剂。催化剂及其 pH 值一般不会包括在计算过程中，除非它们是与氧化剂同时注入的。当文档中没有明确说明时，TTZ 定义为注入位置阵列加上设计的 ROI 范围的外表边缘以内（见图 8.1 中包裹着 10 个椭圆的六边形区域）。TTZ 体积通过氧化剂注入的间隔和厚度相乘得到的空间范围计算得到（见图 8.1）。由于水平方向的渗透系数比垂直方向的渗透系数大得多（Freeze and Cherry, 1979; Cleary, 2004），因此溶液的注入假定为从注入点的水平流动。当文本中没有标明时，可假设孔隙度为 0.35。尽管假定的 0.35 的孔隙度可能不会在所有的案例中都是正确的，但目前记录的最松散介质的孔隙度的总体变化范围是 0.1（冰碛物）～ 0.6（黏土）（Fetter, 2001）。数据库计算的孔隙度体积量有 4 个数量级的变化范围。

2）氧化剂装载速率

氧化剂装载速率是指氧化剂注入量与 TTZ 中地质介质总量的比值，也称为氧化剂用

量。氧化剂装载速率的计算方式为

$$氧化剂装载速率 [g/kg] = \frac{氧化剂注入量 [m]}{(目标处理区体积 [L^3])(地下污染物浓度 [m/L^3])} \quad (8.2)$$

式中，L 为长度量纲，m 为质量。

基于行业标准，氧化剂载入速率 [单位：g 氧化剂 /kg 地下介质] 可以更容易地比较设计分析过程中的总有机碳量（TOC）和 NOD。当高锰酸盐作为氧化剂时，氧化剂装载速率基于引用的高锰酸根阴离子的量计算。

7. 最大地下水浓度的降低率

百分比变化率的计算方式为

$$百分比变化率 [-] = \frac{修复前的最大浓度 [m/L^3] - 修复后的最大浓度 [m/L^3]}{修复前的最大浓度 [m/L^3]} \quad (8.3)$$

百分比变化率的最大值根据在 ISCO 实现期间，ISCO 启动之前从 TTZ 收集的数据，与最后的氧化剂注入之后一年从 TTZ 收集的数据相比较计算得到。为期一年的后期 ISCO 是为了让氧化剂消耗完全，并使地下污染物的分布重新平衡。因此，设计最大地下水浓度的降低率指标是为了便于反映可能产生的修复反弹。后期 ISCO 监测的时间也比较短，以免影响其他非 ISCO 过程，例如，场地中应用的其他修复技术。该计算方法可能基于 ISCO 修复前后的相同位置（如一个永久热点），或者两个不同的采样位置（如修复后记录的最高浓度，与修复前不在同一个位置）。

8. 成本

成本涉及修复价格。修复价格应尽可能有较大兼容性（设计、实施及性能监测阶段）。成本不包括需要用到修复技术的场地特征成本。各项成本数据应该谨慎使用，因为他们可能会发生较大变化进而影响总成本（例如，井的安装或者性能监测的遗漏）。单位成本由总成本除以 TTZ 体积计算得到。

9. 联合

联合涉及多种修复技术的使用，前提是两种技术可以实现协同效应，或者一种技术能够节省另一种技术不能节省的成本。ISCO 技术与其他技术的联合应用详见第 7 章。

将技术联合应用到案例研究分析中，意味着另一种修复技术被应用到特定场地修复相同的源或污染羽区域。联用包括空间上和时间上的联用。空间上联用的一个例子是在包气带利用土壤气相抽提（SVE），并在饱和带运用 ISCO 技术。时间上联用的例子有：在相同的目标修复区域先用 ISCO 修复，然后利用气体喷射技术，以及 ISCO 修复源区域，之后使用监测式自然衰减技术（MNA）监测残留污染物。

10. 反弹

反弹是指，地下水 COCs 浓度在修复后立刻有一个初始降低，而在处理完成后的监测阶段有一定程度的上升。污染物反弹问题一直被认为是使用 ISCO 修复地下水的相关性能缺陷，因为它表明只有一部分区域完成了修复。然而，在主要针对液相的原位修复中，反弹是意料之中的，包括 ISCO、生物修复和化学还原等。在许多情况下，反弹的出现可能反映了针对场地条件或修复目标的 ISCO 设计的不足，或者需要进一步 ISCO 修复来达到修复目标。

当氧化剂降解存在于水相中的 COCs，以及不完全降解存在于吸附相、非水相液体

（NAPL）或者难以接近的水相中的污染物时，反弹都有可能发生。一旦氧化剂耗尽，任何残留的吸附相或者 NAPL 相 COCs 都能与地下水重新平衡，从而导致后期 ISCO 监测阶段观察到水相中的污染物增加。另一种潜在的污染反弹机制是从低渗透性介质的反向扩散，这些低渗透性介质在 ISCO 实现期间没有修复完全。第三种污染反弹机制是由于对源区域的描述不完全，导致 ISCO 应用并未按照预期将源区域作为目标。从场地未处理的上坡处涌入的污染地下水也可能会导致污染物浓度的增加。如果修复技术未能完全应用到整个污染区域，这种浓度增加在任何原位修复技术中都可能发生，因此认为这不属于工程应用中的反弹。这里的目的是检查特定 ISCO 的反弹率。

地下水 COCs 浓度的反弹不会直接反映 TTZ 中 COCs 总量的变化。例如，如果 DNAPL 或者吸附相中的 COCs 质量部分减少，地下水中的 COCs 浓度可能不会成比例减少。因此，如果只测定水相中的 COCs 浓度（这是 ISCO 案例研究评估中最常见的例子），则不能轻易评估整体的 COCs 质量减少。这是数据库中包含的大多数工程案例固有的限制。

反弹率不一定等同于 ISCO 工程的失败。反弹也有积极的作用，如可以标记污染物到更易修复的水相中的迁移，也可以帮助定位以前未知的 NAPL 区域或高吸附相浓度区域。将反弹列入数据库中是为了对后期 ISCO 监测阶段 TTZ 中的地下水污染物浓度增加到一定程度的可能性做出正确评估。然而，当在单个场地中监测到反弹时，工程团队会被强烈要求考虑可能发生的物理机制，以及该机制会对另外的处理做出怎样的反应。例如，由于 TTZ 中 COCs 的描述不完全，场地中发生了反弹，那么在相同位置的重复注入可能不会使 COCs 浓度得到预期的降低。

既然反弹是在这种背景下定义使用的，那么反弹就可以通过评估它的标准来进行描述。考虑到后期 ISCO 中 COCs 浓度增大的重要性，其必须置于合适的环境中。例如，后期 ISCO 中 COCs 浓度从 0.5μg/L 增大到 5.5μg/L 代表此期间有 1000% 的增幅。然而，这个增幅的相对重要性取决于 MCLs 是多少，或者初始浓度是 10μg/L 或 1000μg/L 而变化。因此，本案例研究中用到的反弹标准会将后期 ISCO 增幅与前期 ISCO 基线值进行比较。这与以往的案例研究工作是相违背的。GeoSyntec（2004）为那些对他们的调查做出回应的人提供了反弹的定义。McGuire 等（2006）仅验证了前期修复阶段的浓度变化，并指出当后期修复监测的后半段相对于前半段出现了 25% 以上的污染物浓度增幅时，则视为发生反弹，而不用考虑前处理阶段的浓度。McGuire 等（2006）同时验证了只有母化合物和遗漏的降解产物。本案例研究中，如果后期 ISCO 浓度相对于基线值增幅大于 25%，或者不等式（8.4）成立，则认为监测位置发生反弹。

$$\frac{\text{ISCO 后最新浓度} - \text{ISCO 后最低浓度}}{\text{基线值}} \geqslant 0.25 \qquad (8.4)$$

式中，"ISCO 后最新浓度"是指完成氧化剂传输后一年内收集的最新的（距今天最近）分析结果；"ISCO 后最低浓度"是指在 ISCO 后期监测阶段记录的浓度最低值。如果在 ISCO 后期监测阶段监测位置的浓度持续降低，那么明显没有发生反弹，最新浓度和最低浓度相同，上述不等式不成立。"基线值"是指一年内在 ISCO 应用之前在某个位置收集的所有样品结果的理想平均值，除非能够观测到值的变化趋势，或者只获取到了一个值。

为了利用上述技术进行反弹评估，至少需要 3 个，甚至更多个抽样调查中获取的 ISCO 修复后一年的性能监测数据。为了让氧化剂在 TTZ 中耗尽，并使地下重新平衡，监测一年是必要的。在氧化剂存在时间特别长的情况下（例如，高锰酸钾使用一年后还是能观察到紫色），反弹标准基的监测阶段需要扩展到氧化剂耗尽后的 2 次抽样调查。

再次说明，以上的反弹计算是在 TTZ 中的每个井中进行的。发生了上述反弹的井的位置的百分比也会计算和记录。这是第二个提供给定现场场地范围反弹普遍性信息的标准。

8.3.2 案例研究数据库的开发建设

数据库开发过程包括案例源文档的收集，以及数据输入和标准化。该工作的总体目标是产生尽可能大的样本容量，用于填充数据库的案例研究是从许多不同的来源收集到的。表 8.5 列出了不同的数据源种类、数据源完全性和可靠性的总体评估，以及其他说明。

数据输入只由一个人进行，从而减少对使用的分类法引入"操作影响"的说明。当一个场地的某个特定参数无法从源文档获取时，该字段在数据库中保存为空白。应注意，用一组一致的单位进行数据输入。

表 8.5 数据源概要

类 型	来 源	数据可靠性	数据完全性	说 明
监管项目文件	内部项目团队、州和联邦监管机构、顾问、项目业主	很好	好到很好	这些文档是首选的信息源，由环境专业人员提交给监管部门的报告组成。如果很多顾问产生了很多份报告，而只有一份报告被综述采纳，那么完全性会比期望值低。USEPA和许多州的监管机构有可以下载这些报告的网站
科学和工程期刊	图书馆查阅	很好	一般到好	这些期刊文章是可靠的信息源，但是在许多案例研究中并不会提供所有的期望细节，因为他们代表报告给监管机构的长报告中的几页精华
技术公告和指导文件	网上和图书馆查阅	一般到很好	一般到很好	案例研究通常包含在这些文档中作为支撑材料。在许多案例中，这些材料并没有所需的那么完全。然而，即使简洁的案例研究也可以通过其他途径（如当地监管机构）收集相关场地的数据。案例研究汇编期间采取的质量保证/质量控制（QA/QC）措施并不总是包含在这些报告中
案例研究综述	网上和图书馆查阅	很好	一般到很好	案例研究综述包括示例和大规模的类型研究。前者的数据是关于有限数量场地的完全描述；后者调查了大量工程报告中相关的细节。这两种类型的案例研究综述提供场地名称以便通过其他方式获取更多的信息，因此都是有价值的
在线数据库	在线搜索	一般到很好	一般到好	包括ISCO网站在内，有几个在线数据库专注于修复案例研究。案例研究中的内容差别很大，数据库管理者识别数据采取的QA/AC方法也不清楚

类 型	来 源	数据可靠性	数据完全性	说 明
会议记录	会议承办方	好	一般到很好	会议中记录的ISCO修复的案例研究概要包含不同质量的数据。这些来源只能提供有限的获取更多信息的能力，因为项目业主只允许发布有限的信息，并且从报告材料中删除了场地名和所在城市
技术提供方信息	提供方网址	一般	一般	许多技术提供方在他们的网站上提供了简洁的案例研究概述。这些概述是为了提供工作概览，因而不会特别详细

注：1. 数据可靠性涉及数据源的可信度，可信度从文档隶属的行业评审水平，以及文档代表的与技术报告相反的市场性材料程度两方面来评估。数据完全性涉及包含期望数据的源文档的参数数量。

2. USEPA—美国环境保护署。

8.3.3 潜在局限性

前面描述的方法中，存在一些需要指出的特定局限性。

1. 数据采集局限性

有一些潜在的偏差数据源，可能会限制数据库中ISCO场地采集数据对更大型的整体现场规模的ISCO场地的代表性。这些偏差数据源于数据采集的方式。

第一，努力获取尽可能多的数据，因此数据是从现存的、容易获取的源采集的。这些现存的数据源不一定能完全代表ISCO整体。例如，干洗店修复国家联盟有一个完备的案例研究在线数据库，其中的许多场地都适合应用ISCO，因此干洗机可能是数据库中一种代表性的设备类型，氯乙烷可能是代表性的污染物。然而，干洗机的ISCO修复经验被应用到含有其他相似污染物的污染场地。例如，佛罗里达州的奥兰多海军训练中心有一个由于干洗操作造成的氯化物溶剂污染羽就是用ISCO修复的。

第二，可能会有利于成功案例研究的偏差。正如前面说的，会议记录和宣传资料都是数据源。考虑到在一个案例研究中，场地业主、项目工程师或技术提供方是自动共享信息的，他们可能选择成功的案例研究作为最大的兴趣点。记录案例研究的个体在财政刺激下进一步开展未来的工作，以及描述他们以往的工作时，会尽可能地描述有利的方面。如果这种对于场地好的偏差确实存在，那么就会有积极的影响。这项工作的目的之一是验证ISCO处于哪组条件下是成功的，因此拥有尽可能多的成功的场地将有利于该目的。

第三，限制与收集工程数据的困难度相关。主要原因是，场地业主不愿意发布场地信息。如果场地业主认为环境影响对他的财产是一个潜在的不利因素，而看不到发布相关消息会获得的利益，他们就不会发布这些信息。

2. 数据还原和分析局限性

用于还原和分析数据的方法也存在一些局限性，下面简要概述这些局限性，详细的讨论见Krembs（2008）。

氧化剂在地下的持久性对ISCO修复成本和修复成功率具有重要影响。然而，在报告回顾中，从业者有许多种不同的方法测定他们场地中氧化剂的持久性。对于更稳定的氧化剂，氧化剂被耗尽之前存留的时间一般精确到月（例如，报告语言如"氧化剂在 TTZ 中存留了 5 个月，而在 ISCO 完成后 8 个月的场地考察期间将被耗尽"）。由于这些限制，氧化剂持久性数据不可能录入数据库中。

高锰酸盐应用期间的氧化剂持久性在很大程度上取决于 NOD，尽管在重污染源区域 COCs 的需求可能会比这个影响大得多，然而，在报告回顾中从业者有多种通过小试确定 NOD 的方法。测试中使用的氧化剂和场地地下固体的量，以及测试期间氧化剂浓度测定的频率和时间间隔是主要的变量。由于测试方案具有广泛变化，数据无法用一致的方法进行比较，因此这种案例研究对高锰酸盐场地的 NOD 范围提供的指导作用很小。

所有修复技术的成功在一定程度上依赖 COCs 在地下的质量分布情况，以及质量分布和渗流场分布之间的关系。反过来，对于这些问题的理解取决于地下取样方法和密度。有人试图通过计算参数，如取样密度（每立方米取样的数量）来量化地下特征，然而，很少有项目有足够的数据来计算这些参数。那些可用于计算这些参数的项目，其结果一般以采样分布图显示（例如，一个相对密集的网络中可能因感受器安装在注射井下坡处而导致较小的单位体积采样量）。最终的结果是，由于不能完全掌握 COCs 在地下的分布情况，数据库并不能筛选出适合的原位化学氧化技术，也没有产生预期的结果。

地下水的使用浓度作为污染物浓度在其他阶段的代表值（吸附相和 NAPL 相）具有显著的局限性。报告中对地下水中 COCs 的研究比含水层固体中 COCs 的研究更频繁，一个主要的原因是地下水几乎总是包含在项目监测数据库中。然而，在 NAPL 相或吸附相中存在大量的 COCs，只有一小部分 COCs 存在于水相中。此外，在没有分析数据的情况下，很难分清 COCs 水相与其他相的界限，而且在 ISCO 后界限可能会改变，因为天然有机物质可以为 COCs 提供吸附位点，并可能破坏 ISCO（Siegrist et al., 2001; Siegrist and Satijn, 2002）。由于这些问题的存在，ISCO 可能导致 COCs 的总量明显减小，包括吸附相和 NAPL 相，即使在 ISCO 前后地下水浓度相近的情况下。

8.4 ISCO 案例研究数据库内容的概况

本节介绍了案例研究数据库中包含的数据概况。本节集中讨论了所有的数据，包括总体综述、COCs、地质情况和氧化剂 3 个部分。8.5 节会对哪些场地条件影响 ISCO 设计进行讨论，8.6 节会对影响 ISCO 修复效果的场地因素进行讨论。

除非特别指出，否则这些数据包括全尺度的数据和中试规模应用的数据。数据的范围在案例研究数据源中差异很大，导致很多参数在数据录入时由于缺乏数据而留为空白值。如图 8.2 所示，数据库中的场地数量 n 与每次分析联系在一起，每次分析的场地数量都会剧烈波动，数据库中包含被分析的参数数据（分析的所有参数字段非空白值）。

数据库中数据来自 7 个国家及美国 42 个州的 242 个场地，共有 19 种不同的场地类型。大部分的场地是政府的，涉及制造业 / 工业领域，涵盖化学生产场所、以前建成的天然气发电厂（MGP）、服务站、废物处理场所，以及木材处理站点、干洗厂地。

许多不同种类的污染物已经在现场规模利用 ISCO 进行处理。数据库中大多数场地的主要污染物为氯乙烷（70%），其次是苯、甲苯、乙苯和总二甲苯（BTEX）（18%），再次是总石油烃（TPH）（11%）、氯代乙烷（8%）、甲基叔丁基醚（MTBE）（7%）、SVOCs（7%）和氯苯（5%），其他污染物的含量少于3%。大约1/2的场地记录有DNAPL污染（或者污染物水平潜在表明DNAPL存在），大约1/10的场地记录被轻质非水相液体（LNAPL）污染。

本项工作的范围是分析应用ISCO修复污染地下水，因此，只有工程团队采集了地下水样品的场地才会被包括在内。大约1/4的场地靠测定或者评估（从地下固体的含水量和TOCs数据）地下固体中的COCs浓度来补充建立概念场地模型，以及进行ISCO性能分析。但是，对于污染物总量和质量流量而言，只有6%和2%的场地进行相应的评估。

数据库中包含了6种氧化剂，它们的累积使用频率如图8.2所示。图8.2表明，随着时间的推移，高锰酸盐和CHP的应用最为普遍，其次是臭氧，而过硫酸盐、Peroxone和过碳酸盐是最新开发的氧化剂。随着时间的推移，在现场规模的氧化剂使用的整体趋势与Petri等（2008）在实验室进行的ISCO氧化剂研究综述结果相似，高锰酸盐和CHP是最常使用/研究的，臭氧和过硫酸盐也较为常用（参考第1章的图1.7和图1.8）。

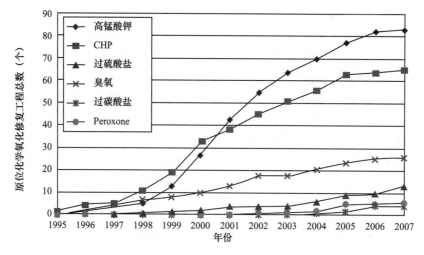

图8.2　随着时间推移，氧化剂累积使用频率（$n=182$），ISCO使用频率的显著降低

由于从工程完成到向大众公布结果存在一段滞后时间

ISCO已经被广泛应用到地质介质中，包括松散的沉积物和断裂的基岩。场地中记录的平均饱和导水率为3.5×10^{-8}cm/s（一种粉质黏土）~0.85cm/s，中位数为1.6×10^{-3}cm/s（$n=87$）。地下水的深度为地下0.3～46m，中位数为3.0m（$n=124$）。记录和计算（使用达西定律；在没有提供有效孔隙度的情况下，假设有效孔隙度为0.3）的地下水流动速度为$7.0\times10^{-7}\sim1.8\times10^{-3}$cm/s，中位数是$7.0\times10^{-5}$cm/s（$n=58$）。地下固体的TOCs含量为0.0013～280g/kg，中位数是4.1g/kg（$n=23$）。松散的地下固体的异质性程度变化很大，描述范围从"均质细砂、微量泥沙"到"高度异质砂、碎石和泥沙"。单个场地中记录的最大渗透系数与最小渗透系数的比率（异质性的另一种度量）为1.25～4000（$n=12$）。6种地质分组中的场地分布概况如表8.6所示。

ISCO工程的目标在降低COCs浓度到低于MCLs和评估修复技术在场地规模应用

的效率之间变化。正如 8.3.1 节中描述的，ISCO 修复目标分为 5 类，一些工程对修复技术有多个修复目标。在这 5 类修复目标中，MCLs 是最常见的目标（37%），其次是总体质量的降低或者修复时间的缩短（31%），再次是技术评估或优化（27%），最后是 ACLs（25%），以及预先确定的污染物最终量的减少（9%）（$n=112$）。

表 8.6 地质分组中的场地分布概况

地质分组	类　型	场地百分比（$n=209$）
A组	可渗透（$K>10^{-5}$cm/s），同质（$K_{max}/K_{min}<1000$）	21%
B组	不可渗透（$K<10^{-5}$cm/s），同质（$K_{max}/K_{min}<1000$）	3%
C组	可渗透（$K>10^{-5}$cm/s），异质（$K_{max}/K_{min}>1000$）	47%
D组	不可渗透（$K<10^{-5}$cm/s），异质（$K_{max}/K_{min}>1000$）	15%
E组	低基质孔隙度的固结性物质，一般火成岩和变质岩	7%
F组	高基质孔隙度的固结性物质，一般沉积岩	7%

ISCO 药剂可以通过多种技术传输，但注入井法、直压法和喷射法（用于臭氧和过臭氧化）是最常用的（见表 8.7）。

以前的案例研究中的 ISCO 系统设计主要是全规模的应用（65%），以及较少的中试（35%）。过半（52%）的 ISCO 系统设计将吸附相和水相污染物作为目标，仅将水相污染物作为目标的场地比重略低于一半（45%），少量场地（2%）将水相污染物和困在基岩基质中的污染物作为处理目标（$n=164$）（注：只有水相与其他种类的区别基于 CSMs 的文字描述，以及记录的地下固体的 TOCs 含量。后者并不意味着吸附相污染物不存在，只是认为与水相污染物相比，吸附相污染物可以忽略不计）。

表 8.7 氧化剂输送方法总结

输送方法	场地占比（$n=181$）
注入井法	47%
直压法	23%
喷射法	14%
渗透法	10%
再循环法	7%
水力输送法	6%
机械混合法	2%
水平井法	1%

注：比例总和大于100%的原因是在某些场地使用了多种输送方法。渗透法是指在渗透带挖沟渠、廊道或垂直井，使得氧化剂能够在修复区域垂直迁移。

大部分设计（52%）只针对源区域，19% 的设计针对源区域和污染羽区域，14% 的设计仅针对污染羽区域，14% 的设计是中试并且只针对一小部分的源区域或污染羽区域（$n=170$）。目标修复区域的面积范围为 7.4～24000m²，中位数是 750m²（$n=110$）。目标修复的体积范围是 5.7～260000m³，中位数是 3800m³（$n=110$）。

氧化剂装载速率（氧化剂质量与要处理地下固体质量的比值）为 0.004～60g/kg，中位数是 1.1g/kg（$n=68$）。孔隙体积数量为 0.004～56，中位数是 0.12（$n=65$）。传输次数为 1～10，中位数是 2（$n=159$）。

大部分的场地（78%）都进行了可处理性研究（$n=121$）。然而，这个数据可能较实际偏高，因为很难确定许多简单的案例研究中是否进行了可处理性研究，在工程案例中没有提及可处理性研究。当没有提及可处理性研究时，则不进行假设（字段留空白值，并且不包含在如上文提到的78%的频率分析中）。要注意的是，这与未进行可处理性研究的假设不同。可处理性研究不是由与场地联系人的通信确定的，而是从表明可处理性研究非必需的报告中确定的。大多数的全规模场地（60%）进行中试（$n=87$）。

在58%的场地中（$n=78$），ISCO技术方法在实现期间会被改进。这样的改进会被追踪，从而评估从业者使用观察法的频率。这种环境修复理论是从岩土工程改编而来的（Peck, 1969），并且遵循以下规则：在最初实现期间，相对高的不确定性是可以接受的，但是必须持续监测其性能。另外，基于观测更新的CSM和ISCO系统设计也是在实现阶段完成的（详细的描述见第11章）。可修改的参数包括氧化剂浓度、注入点的数量和间隔、传输次数，以及注入压力和流动速率的变化。

大部分的场地（76%）以联合修复的方式利用ISCO，其中，60%的场地采用ISCO实施前联合的方式，22%的场地在ISCO实施阶段联合，30%的场地在ISCO实施后进行联合修复（$n=135$）。ISCO实施后联合修复的比率可能被低估了，因为许多修订的源文档在ISCO完成后写得很简单，ISCO实施后联合修复可能在写这些文档之后开始。挖掘是最常用的ISCO实施前联合方法（50%），然后是SVE方法（18%）。抽出处理方法（P&T）（11%）和SVE方法（9%）是在ISCO实施阶段最常用的联合方法。MNA（19%）和强化原位生物修复（EISB）（17%）则是在ISCO实施后联合修复中最常用到的。

只有9个研究案例计算了污染物的减少量。其中，污染物最少减少了73%，中位数是84%，最多减少了94%。在记录了性能数据的场地中，24%的场地记录了地下固体和地下水的结果，而剩下的场地仅记录了地下水浓度（$n=120$）。在某些场地中，ISCO实现了地下水中COCs浓度最大降低超过99.99%。6个场地达到并维持了MCLs，包括3个氯化溶剂场地，在这3个场地中，2个场地用臭氧喷射，1个场地用催化过氧化氢处理低浓度的污染羽区域（低于70μg/L的氯乙烯）。一个含有DNAPL的场地利用ISCO将TCE浓度从接近溶解限度降低到风险值（300μg/L）以下（Sun Belt Precision Products, Reported by B. L. Parker in USEPA, 2003；ITRC, 2005）。然而，其他一些场地的COCs浓度在使用ISCO后变化很微小，甚至出现增大。数据库尽管有许多混杂的因素影响地下水浓度降低的百分比，但非氯代化合物一般会比氯代化合物有更大程度的降低。

大约一半的工程（52%，$n=121$）实现了修复性能目标，满足特定修复目标的工程百分比与目标的严格性成负相关。满足MCLs的6个场地占数据库中尝试达到MCLs场地（$n=39$）的15%。39%的场地达到了ACLs（$n=28$），46%的场地成功减少污染量，或者污染物降低浓度达到目标百分比（$n=11$）。80%的场地达到了污染物总质量减少的目标（$n=40$），95%的场地（$n=37$）完成了技术评估。24%的全规模场地完成了场地关闭（$n=74$）。这里的场地关闭是指工程达到了监管标准的所有要求（例如，MCLs、ACLs、制度控制的实现），并且不再要求修复和监测。在确实达到场地关闭要求的场地中，有89%的场地是ISCO与其他技术联用的，其中，58%的场地在ISCO之前联用，37%的场地在ISCO实施阶段使用另一种同地协作技术，21%的场地在ISCO实施之后使用另一种技术。一些场地在收集这些数据时有可能没有完成场地关闭要求，而后续完成了，故未统计在内。

工程总成本的中位数是 220000 美元（*n*=55），单位成本的中位数是 120 美元／立方米（*n*=33）。这些成本比 McDade 等（2005）记录的 ISCO 场地中的成本略低。

总体来说，数据库中的场地有过半（62%）发生了反弹（*n*=71）。在那些发生了反弹的场地中，接近一半（49%）的反弹发生在目标修复区中的监测井附近（*n*=26）。含有与燃油相关污染物的场地比含有氯代挥发性有机物（CVOCs）的场地反弹发生的概率更小。另外，当含有与燃油相关污染物的场地发生反弹时，相对含有 CVOCs 的场地而言，在监测位置发生反弹的概率更小。

8.5 影响原位化学氧化设计的条件分析

本节介绍了更详细的调查 COCs 和地质是如何影响设计和结果的汇总数据，并介绍了使用不同氧化剂的应用之间的设计方法差别。

8.5.1 处理的 COCs

ISCO 设计由存在于场地中的 COCs 决定。本节重点分析处理氯乙烷和燃油类化合物的差异。其他的氯化化合物和 SVOCs 由于只有相对少的案例研究，故在本节省略。氯代苯化合物的数据与氯乙烷数据的相似度比与燃油类化合物数据的相似度更高。相对于氯乙烷污染的场地，从业者更倾向于在燃油类化合物污染的场地达到 MCLs（见表 8.8）。

表 8.8 根据 COCs 分组的 ISCO 修复计划目标

修复目标	场地百分比			
	氯乙烷（*n*=110）	BTEX（*n*=21）	TPH（*n*=15）	MTBE（*n*=12）
达到MCLs	28%	48%	67%	75%
达到ACLs	28%	19%	13%	8%
减少量到规定的百分比	10%	5%	0%	0%
减少清理量或缩短修复时间	34%	33%	20%	17%
评估性能／优化	32%	5%	7%	0%

注：列的总和可能会大于100%，这是因为某些场地有不止一个修复目标；*n*表示其中COCs组的源数据已经明确说明了目标的场地总数。

氧化剂的选择也会随着 COCs 组的不同而不同。高锰酸盐是处理氯乙烷最常用的氧化剂，而催化过氧化氢和臭氧是处理燃油类化合物最常用的氧化剂（见表 8.9），其他 COCs 组所用的氧化剂也包含在表 8.9 中作为参考。请注意，COCs 组不是互相排斥的，如一个场地可能包含多种 COCs；用高锰酸盐处理的氯乙烷污染场地所占百分比较高可能是因为：氯乙烷只是次要污染物，主要修复目标是处理氯乙烷类化合物。

在修复设计中，前期设计测试方法和联用方法在氯乙烷和燃油类化合物（特别是 MTBE）之间变化。3 种燃油类化合物污染场地更常采用联合方法，最常联合应用的方法是挖掘。MTBE 场地比起其他组使用可处理性研究更少，而使用中试规模研究更多。相关结果如表 8.10 所示。

表 8.9　COCs 组使用的氧化剂

使用的氧化剂	场地百分比						
	氯乙烯 （n=154）	氯乙烷 （n=18）	氯苯 （n=11）	BTEX （n=38）	TPH （n=24）	MTBE （n=15）	SVOCs （n=20）
高锰酸盐	58%	50%	18%	8%	13%	7%	15%
催化过氧化氢	31%	33%	64%	50%	46%	20%	45%
过硫酸盐	6%	28%	27%	13%	8%	13%	5%
臭氧	8%	6%	9%	21%	25%	53%	40%
过臭氧化	1%	6%	0%	3%	4%	13%	5%
过碳酸盐	1%	6%	0%	11%	8%	0%	5%

注：列之和可能超过100%，因为某些场地包含不止一种氧化剂；水平方向的n之和大于总场地数，因为在许多场地中存在多种COCs组。

表 8.10　由 COCs 组确定的 ISCO 前期设计和联用

	氯乙烯	BTEX	TPH	MTBE
使用可处理性研究的百分比	67%（n=51）	70%（n=10）	56%（n=9）	33%（n=3）
只使用中试研究和全规模的百分比	58%（n=60）	67%（n=12）	67%（n=11）	83%（n=6）
使用联合修复的场地百分比	71%（n=95）	94%（n=18）	93%（n=14）	92%（n=12）
ISCO之前联用的百分比	53%	83%	64%	83%
ISCO期间联用的百分比	19%	33%	21%	33%
ISCO之后联用的百分比	33%	17%	43%	8%

　　氯乙烯污染场地和燃油类化合物污染场地的修复结果是不同的。受氯乙烯污染的场地没有列出，在一般情况下，ISCO 在氯乙烯污染场地的修复效果与在燃油类化合物污染场地的修复效果一样好，具体结果如表 8.11 所示。BTEX 场地达到 MCLs 的发生率低（0%），可能是因为构建数据库的数据收集方法的混杂。除非达到 MCLs 并维持的事实通过联系对工程负责的监管机构得到确认，否则这个指标不能确定。这样的确认在 BTEX 场地中只是计划，并不能成为现实。表 8.11 中的结果不应被解读为未出现 BTEX 浓度降低的 ISCO 修复，而应该被理解为在案例研究回顾过程中无法联系到监管机构来确定是否达到 MCLs。

表 8.11　通过 COCs 分组选择的性能结果

	氯乙烯	BTEX	TPH	MTBE
达到场地关闭的百分比	20%（n=50）	43%（n=7）	38%（n=8）	63%（n=8）
场地中达到MCLs的百分比	3%（n=105）	0%[a]（n=12）	25%（n=12）	60%（n=5）
发生反弹的场地百分比	72%（n=54）	38%（n=8）	43%（n=7）	29%（n=7）
在发生反弹的场地中，监测井发生反弹的百分比	50%（n=22）	29%（n=2）	25%（n=1）	29%（n=2）

注：[a]达到MCLs的百分比在与监管机构尝试讨论案例研究之后才能确定；表中显示的百分比不应被解读为在BTEX场地中ISCO从未达到MCLs；场地关闭定义为积极的修复和监测的完成，包括MCLs、基于风险标准的实现，还可能包括制度和工程控制的要求。一些到数据采集为止还没有达到关闭要求或者达到MCLs的场地可能在后续达到要求。达到MCLs的百分比是基于浓度标准的达到，与工程目标无关。

8.5.2　水文地质条件

　　本节介绍了基于 6 种地质分组的场地分组数据，如表 8.12 所示。用于基于地质介质给场地分组的分类系统与 8.3.1 节一样，并在其中进行了详尽描述。

表 8.12 场地分组的水文地质特征

场地分组	可渗透性	形 态
A组	可渗透（$K>10^{-5}$cm/s）	同质（$K_{max}/K_{min}<1000$）
B组	不可渗透（$K<10^{-5}$cm/s）	同质（$K_{max}/K_{min}<1000$）
C组	可渗透（$K>10^{-5}$cm/s）	异质（$K_{max}/K_{min}>1000$）
D组	不可渗透（$K<10^{-5}$cm/s）	异质（$K_{max}/K_{min}>1000$）
E组	低基质孔隙度	一般火成岩和变质岩
F组	高基质孔隙度	一般沉积岩

场地分组 A 组和 C 组共同组成了数据库中 69% 的案例研究，B 组、E 组和 F 组组成了 17% 的案例研究。后面的 3 组在液体流经裂层占主要作用的场地的物理特性相似，这些裂层在不同程度上相互连接，但在稳固介质孔隙度和流动性裂层区域也存在相互作用，为此，它们在表 8.13 中组合在一起。B 组、E 组、F 组的组合基于同质的、不渗透的场地的假设（B 组的场地实际上是断裂的）。数据库中许多黏性场地都记录了黏性物质的裂层。黏土中污染物的存在，包括 DNAPL 的浓度均说明，这些系统是有裂层的，因为污染物在某种程度上渗透到了黏土中。这两点证据都支持了场地分组 B 组、E 组和 F 组的组合——以 BEF 组的形式进行分析。

从业者基于地质介质处理场地的方式有一些差别，如表 8.13 所示，A 组中的工程最有可能达到最严格的修复目标 MCLs。

表 8.13 基于地质分组的 ISCO 修复计划目标

修复目标	场地百分比			
	A组（n=30）	C组（n=78）	D组（n=16）	BEF组（n=21）
达到MCLs	43%	35%	31%	29%
达到ACLs	27%	22%	56%	10%
减少量到规定的百分比	3%	12%	6%	10%
减少清理的量或缩短清理时间	20%	37%	13%	43%
评估性能 / 优化	20%	31%	13%	38%

注：BEF组是B组、E组和F组的组合。列的和可能会大于100%，因为有些场地有多个修复目标。

根据要处理的地质介质情况，ISCO 系统设计会发生变化。在较低渗透性的 D 组和 BEF 组中，高锰酸盐的选择频率更高，CHP 的选择频率较低（见表 8.14）。A 组的场地相对于其他地质分组，进行可处理性研究和中试研究的频率更低（见表 8.15）。然而，技术联合的使用差别没有那么明显，A 组（n=30）和 C 组（n=66）中 77% 的场地使用了联合方法，而 D 组（n=14）中 57% 的场地，以及 BEF 组（n=16）中 94% 的场地将 ISCO 与另一种技术联用。在考虑联合技术是在 ISCO 之前、期间或之后实现时，这些趋势是相似的。

ISCO 工程结果的性能会随着处理地质介质的类型而变化。将场地关闭的实现作为性能指标，A 组的场地中有 47%（n=15）的场地关闭了，而 C 组的场地中有 13%（n=38）的场地完成了关闭。将达到 MCLs 作为性能指标，A 组的场地中有 33%（n=9）的场地达到了，而 C 组的场地中有 11%（n=19）的场地达到了（见表 8.16），其他场地（0%）没有达到 MCLs。当检测 COCs 总浓度最大降低值的百分比时，A 组的场地百分比中位数是 77%（n=11），而 C 组是 58%（n=39），D 组是 43%（n=9），BEF 组是 43%。A 组的反弹率最低，BEF 组的反弹率最高（见表 8.17）。场地中发生了反弹的监测井的数量表现出相反的趋势,A组的场地中监测井发生反弹的百分比更高,而BEF组发生反弹的百分比更低。

表 8.14　基于地质分组使用的氧化剂

氧化剂	场地百分比			
	A组（n=42）	C组（n=98）	D组（n=31）	BEF组（n=14）
高锰酸盐	33%	38%	68%	50%
CHP	41%	40%	32%	29%
过硫酸盐	5%	6%	0%	7%
臭氧	12%	17%	3%	14%
Peroxone	7%	2%	0%	0%
过碳酸盐	5%	3%	0%	0%

注：BEF组是B组、E组和F组的组合。

表 8.15　基于地质分组的 ISCO 前处理测试

前处理测试类型	A组	C组	D组	BEF组
使用可处理性研究——所有规模的百分比	55%（n=20）	83%（n=64）	80%（n=15）	75%（n=16）
使用可处理性研究——仅全规模的百分比	25%（n=12）	40%（n=75）	70%（n=10）	75%（n=8）
使用中试研究——仅全规模的百分比	29%（n=17）	59%（n=44）	85%（n=13）	78%（n=9）

注：BEF组是B组、E组和F组的组合。

表 8.16　基于地质分组的 ISCO 场地中选择的性能指标

性能结果	A组	C组	D组	BEF组
仅达到全规模场地关闭的百分比	47%（n=15）	13%（n=38）	29%（n=7）	20%（n=10）
计划并达到MCLs的百分比	33%（n=9）	11%（n=19）	0%（n=3）	0%（n=4）
计划并达到ACLs的百分比	29%（n=7）	50%（n=12）	33%（n=6）	50%（n=2）

注：BEF组是B组、E组和F组的组合。

表 8.17　基于地质分组的 ISCO 场地反弹率

	A组	C组	D组	BEF组
发生反弹的场地百分比	35%（n=17）	65%（n=34）	75%（n=8）	89%（n=9）
在发生反弹的场地中，监测井发生反弹的百分比	56%（n=3）	49%（n=15）	52%（n=4）	36%（n=3）

注：BEF组是B组、E组和F组的组合。

8.5.3　氧化剂

本节通过使用的氧化剂对整个数据集细分时出现的结果差异进行了讨论。在数据库涵盖的工程中，高锰酸盐主要用于处理氯乙烯。出现这类 COCs 的场地中有 95% 的场地使用了高锰酸盐（n=87）。在使用了 CHP 的场地中，有 61% 的场地存在氯乙烯，而存在 BTEX、TPH 和 SVOCs 的场地占比分别为 26%、15% 和 11%（n=72）。值得注意的是，在本分析及其他涉及 COCs 的分析中，百分比之和可能超过 100%，因为一些场地存在多种污染物组。在使用臭氧的场地中，44% 的场地存在氯乙烯，30% 的场地存在 BTEX，22% 的场地存在 TPH，30% 的场地存在 MTBE，26% 的场地存在 SVOCs（$n=27$）。

修复目标在一定程度上会根据氧化剂的变化而改变。在使用臭氧的场地中，71% 的场地计划实现 MCLs（$n=21$）；在使用 Peroxone 的场地中，50% 的场地计划实现 MCLs（$n=4$）。在使用其他 4 种氧化剂的场地中，20% ～ 33% 的场地计划实现 MCLs。

ISCO 系统的目标修复区会随着不同的氧化剂而变化。在分别应用臭氧和过臭氧化的场地中，分别有 35%（$n=20$）和 50%（$n=4$）的场地将其只用于处理污染羽（与污染源相对）；在应用其他氧化剂的场地中，只将污染羽作为目标的场地占 0% ～ 13%。比起其他 4 种氧化剂，臭氧和过臭氧化一般将更大的目标修复区面积和体积作为目标。高锰酸盐的注入浓度比 CHP 和过硫酸盐更低，一般与催化剂混合后注入，并注入水（见表 8.18）。

表 8.18　注入的氧化剂浓度

	高锰酸盐	CHP	过硫酸盐
氧化剂注入浓度的中位数	24g/L（$n=59$）	190g/L（$n=37$）	160g/L（$n=8$）
氧化剂溶液与催化剂和 / 或冲洗水溶液原位混合后的氧化剂浓度的中位数	23g/L（$n=40$）	90g/L（$n=23$）	100g/L（$n=5$）

注：其他氧化剂由于样品体积太小而省略。在上述第二种注入方式中，每个场地浓度的测定方式是：假设原位完全混合，通过减少的注入氧化剂浓度占注入催化剂和 / 或水的比率来测定；高锰酸盐和过硫酸盐只计算阴离子，CHP 是过氧化氢的浓度。

不同氧化剂的设计参数也不同，包括 ROI、传输的孔隙体积数量、传输次数，以及传输周期（见表 8.19）。设计的 ROI（计划 ROI）由工程报告文字描述或注入间距确定，液相氧化剂（高锰酸盐、催化过氧化氢和过硫酸盐）的 ROI 是一致的，而臭氧的 ROI 会更大。由注入监测工程文档结果确定的观测 ROI 表明，催化过氧化氢一般能达到设计的 ROI，而观测到的高锰酸盐、过硫酸盐和臭氧的分布比预期要大。比起 CHP，高锰酸盐传输时的氧化剂装载率（g 氧化剂 /kg 处理介质）更低而孔隙体积数量更大，而过硫酸盐的平均剂量及孔隙体积数量更大。液相氧化剂的传输次数和传输周期相似，但其传输周期比臭氧的传输周期更长。

表 8.19　使用的氧化剂设计参数

	高锰酸盐	CHP	过硫酸盐	臭 氧
平均设计ROI	4.3m（$n=29$）	4.8m（$n=30$）	4.0m（$n=6$）	7.6m（$n=5$）
平均观测ROI	7.6m（$n=11$）	4.8m（$n=6$）	6.1m（$n=3$）	—
平均氧化剂剂量	0.4g/kg（$n=36$）	1.2g/kg（$n=19$）	5.1g/kg（$n=6$）	0.1g/kg（$n=4$）
平均传输孔隙体积数量	0.16（$n=32$）	0.073（$n=26$）	0.57（$n=6$）	—
平均传输次数	2次（$n=65$）	2次（$n=57$）	1次（$n=10$）	1次（$n=15$）
平均传输周期	4天（$n=45$）	6天（$n=42$）	4天（$n=7$）	210天（$n=15$）

注：过臭氧化和过碳酸盐由于样品空间小此处省略。

可处理性研究应用于 78% 使用了高锰酸盐的场地（$n=50$），78% 使用了催化过氧化氢的场地（$n=45$），所有使用了过硫酸盐的场地（$n=8$），43% 使用了臭氧的场地（$n=7$），

33%进行了过臭氧化的场地($n=3$)。在全规模应用中,对于使用了高锰酸盐、催化过氧化氢、臭氧和过臭氧化的场地,其中试的频率为50%～65%,而使用了过硫酸盐场地的100%($n=4$)进行了中试,但没有对使用了过碳酸盐的场地($n=1$)进行中试。

数据库中的 ISCO 达到的性能因使用的氧化剂不同而不同。表 8.20 包含了所有的污染物,以及有或没有 NAPL 的所有污染物和场地,并且不考虑修复成本。因为上述干扰因素没有包括在表 8.20 中,因此表 8.20 不应解读为某种氧化剂普遍优于另一种氧化剂。

表 8.20　基于氧化剂的性能结果

	高锰酸盐	催化过氧化氢	臭　氧	过硫酸盐	过臭氧化
达到场地关闭的场地百分比	16%（$n=32$）	27%（$n=22$）	50%（$n=12$）	0%（$n=4$）	50%（$n=2$）
达到MCLs的场地百分比	0%（$n=55$）	2%（$n=45$）	31%（$n=13$）	0%（$n=8$）	50%（$n=2$）
地下水中总COCs降低的平均百分比	51%（$n=27$）	56%（$n=26$）	96%（$n=5$）	24%（$n=5$）	—
平均总成本（万美元）	24（$n=25$）	27（$n=14$）	16（$n=10$）		27（$n=3$）
平均单位成本（美元/立方米）	170（$n=17$）	170（$n=10$）	57（$n=2$）		42（$n=2$）
观测到反弹的场地百分比	78%（$n=32$）	57%（$n=21$）	27%（$n=11$）	50%（$n=2$）	—
在发生反弹的场地中,监测井发生反弹的百分比	48%（$n=11$）	53%（$n=10$）	28%（$n=3$）		—

注：过碳酸盐由于数据缺乏而省略；表中包含全部污染物、地质分组,以及有或没有NAPL的场地；达到MCLs的场地百分比包括所有场地而不管其修复目标。

8.6　影响 ISCO 修复效果的场地因素分析

本节主要介绍 ISCO 能够达到的修复效果,以及哪些场地因素能够影响修复效果的案例调查结果。在论述结果之前,一系列使用性能标准作为统计分析的反应变量值在本节进行讨论。

8.6.1　修复性能标准

达到预期修复效果场地的百分比是由达到修复目标的难易程度决定的——MCLs 是最难达到的目标,而修复技术的总体评估是最容易达到的目标(见 8.4 节)。场地关闭的实现与管理环境有很大关系。管理环境就是相关法规对末端修复标准的要求。一些场地受美国州政府法律监督,一些美国州政府的制度允许"修复具有一定可行性"或场地风险可评估,然而,有的制度要求修复后达到一定的浓度标准。因此,从定性的角度而言,由于修复目标和法律法规对评价修复成功的可能性非常重要,所以某种修复技术在特定场地使用时,统计分析其修复结果对评价其他地理因素,以及污染物控制是成功或者失败方面很重要。

与上述定性标准相反,定量标准可在不同场地进行比较,而与法律控制标准无关。在地下水中,在进行数据库定量分析时污染物减少的最大浓度百分比是最常用的,主要是因为它能够利用适量的数据进行计算。如 8.3.1 节所述,污染物减少的最大浓度百分比可计算在目标修复区 ISCO 反应前和反应后 COC(或 COCs 类)的最高浓度变化,其只受地下水样品的限制，并不能代表目标修复区的 COCs 总量。

8.6.2　设计条件和环境条件的性能经验和影响

基于数据库的案例研究，ISCO 修复在处理高浓度的燃油类污染物时，其修复效率要高于处理氯化物类污染物的修复效率。这可能不是由氧化剂和这两类 COCs 之间的反应动力学差异造成的。胡玲和 Pivetz（2006）指出，氧化剂与氯乙烯和氯苯类有机污染物之间的反应动力学速率和氧化剂与石油烃、BTEX 和 MTBE 之间的反应动力学速率是一样的。由于氧化动力学不是造成这种性能差异的原因，因此这种差异可能是不同COCs 在地下的迁移方式不同造成的。MTBE 的溶解性比其他 COCs 更强，因此 ISCO处理时更容易被水相中的氧化剂氧化；而氯乙烯和所选的燃油类化合物（苯、乙苯和甲苯）的溶解性和吸附性相差不大（Hemond and Fechner-Levy, 2000）。

基于数据库中的数据，地下水中高浓度的各种 CVOCs 的修复效率在修复活动中没有明显的差别。根据反应动力学，可以预测到氯乙烷类的修复效率会低于其他 CVOCs（Huling and Pivetz, 2006）。然而，从数据库可知，高浓度的 1,1,1- 三氯乙烷的平均修复效率为 65%（$n=4$），比其他 CVOCs 的修复效率高，这种意外现象可能是 1,1,1-TCA场地样本规模相对较小导致的。然而，基于其他可以获取的 4 个场地数据可知，ISCO在某些情况下可以使 COCs 的降解达到目标［这 4 个场地包括应用高锰酸盐、催化过氧化氢、过硫酸盐和过碳酸盐修复的场地。高锰酸盐处理氯化乙烯的场地同样出现了这种情况］。

ISCO 工程处理燃油类 COCs 的总成本小于处理其他类型 CVOCs 的总成本。这种不同与 ISCO 工程大小无关；燃油类 COCs 和 CVOCs 场地之间的单位成本、场地范围和TTZ 的值没有明显不同。造成成本不同的可能的原因之一是它们的迁移特性，可能原因之二是燃油类污染场地的 ISCO 工程目标污染物的总量要小于 CVOCs 污染场地。

根据氧化剂的不同，ISCO 系统设计可以有多种方法，可以根据各种氧化剂中的反应性和持久性的差异进行设计，同样可以根据个人喜好进行设计。例如，许多从业人员专注于某类氧化剂，他们可以根据在场地中获得的经验来发展专业技术。

CHP 从业人员相比高锰酸盐从业人员可能倾向于使用高浓度、低注入量和多种传输方法（见表 8.18 和表 8.19），这可能是由于高锰酸盐的稳定性强于 CHP 导致的。作者认为这个原因是可能的，因为许多 CHP 从业人员常常在多个处理实验中专注于氧化剂传输的设计。CHP 和高锰酸盐应用的总孔隙体积数量的不同也可能是 CHP 应用场地计算方式不同导致的，其仅计算了过氧化氢的体积和不添加活化剂的溶液体积。

预设计测试（先导测试或者可处理性研究）的使用同样根据氧化剂的不同而不同（见8.5.3 节）。一般的臭氧修复工程实验可处理性研究作为羽设计测试，频率远低于其他氧化剂。过硫酸盐修复工程全部使用可处理性研究，频率远高于其他氧化剂。大约 80% 的CHP 和高锰酸盐应用场地使用可处理性研究作为预设计测试。事实上，所有的过硫酸盐应用场地都使用可处理性研究也是常见的，因为在使用过硫酸盐这种氧化剂时，它的活化方式多种多样。相比之下，CHP 和高锰酸盐使用可处理性研究则可能会有点奇怪，CHP 仅需要某种活化剂（自然发生或注入），而高锰酸盐不需要活化剂。然而，高锰酸盐 NOD 消耗程度是设计中的重点考虑对象之一，在有足量数据确定可处理性研究种类的场地中，71% 应用高锰酸盐的场地使用了可处理性研究来确定 NOD。因为 ISCO 修复选择的氧化剂的原因，预设计测试的使用并不多见。但是，这并不令人惊讶，因为预设计测试一般设计用来评估氧化剂的分配和传输问题（也包括其他问题），这些问题更依赖地下地质学而不是氧化剂特性。该结论的例外可能是气体氧化剂臭氧和过氧化物。然而，由单独的传输点和监控发布所组成的预设计测试在这些氧化剂中使用频繁。这些测试的目的通常是全面优化井距，以及评估连续的氧化剂系统对水溶液中金属浓度的影响。

通过所选择的氧化剂，高浓度四氯乙烯（PCE）或 TCE 的平均修复效率没有差别。仅有两种污染物有足够的数据来进行统计学实验。这样的结果并不令人惊讶，因为这些氧化剂中有一些已经在 ISCO 中使用超过 10 年了。如果一种氧化剂能够确定优于（或差于）其他氧化剂，那么从业人员肯定会更专一地使用（或不再使用）它。根据选择氧化剂的不同，ISCO 工程之间的总成本和单位成本会有不同。电子当量的成本根据氧化剂的不同而不同，包括化学成本在内的其他因素对 ISCO 工程的总成本也有影响（见第 13 章）。

处理中的 TTZ 内的地质条件对 ISCO 系统的设计和达成的效果有重要的影响。传统观点认为，渗透材料与均质材料一样，更适用于 ISCO 的处理。这个观点由数据库中的数据支持，如均质和可渗透性场地（A 组）在多方面的指标上有更好的表现，如场地达到关闭的程度和反弹的概率（见表 8.16 和表 8.17）。然而，A 组场地相比其他场地分组，对高浓度 PCE 和 TCE 的修复效率没有明显差别。

A 组场地应用可处理性研究和预设计测试的频率要低于其他场地分组（见表 8.15），但是同样可以获得好的结果。预设计测试的结果是可以预料的，因为预设计测试的主要目的是获得氧化剂传输问题的信息，而氧化剂的传输特性在均质和可渗透性材料相关的其他地质环境中是基本不变的。

当将 ACLs 作为绩效指标时，传统观点会与数据库的结果矛盾。C 组（可渗透性、异质的）场地中 ACLs 出现的频率要高于 A 组场地（见表 8.16）。这样的结果用在所有场地上有 90% 以上的可信度，用在浓度高于 1% 的氯乙烯污染场地上更能保证 95% 以上的可信度 [可信度差异根据 Lunneborg（2000）的非参数随机实验进行评估]。对这个看似反常的结果的一种可能解释是监管环境的改变。

A 组和 C 组对高浓度 PCE 或 TCE 的修复效率也没有显著性差异，这种现象是从业人员对 C 组场地使用高浓度氧化剂造成的。对这些数据进行检验包括 DNAPL 存在和不存在两种情况。此项检验囊括了污染物和独立于监管环境结果的度量标准。这种结果违背了均质场地对 ISCO 的适用性高于非均质场地的传统观点。可能的解释之一是，ISCO 修复设计者在非均质场地面临不断增加的挑战，需要投入更多的精力来应对此类场地的挑战，因此可能在非均质、可渗透性地质介质（C 组）中取得更好的结果。这项理论被孔隙体积数量、传输活动数量，以及 A 组和 C 组被高于 1% 溶解度标准的氯乙烯所污染的场地之间的传输活动持续时间所证实。该分析中没有指出 3 个参数之间的明显差别。在考虑氧化剂剂量（g 氧化剂 /kg 被处理介质）时，使用 CHP 和高锰酸盐修复氯乙烯场地的设计根据被处理的 A 组或 C 组地质介质的不同而不同。在这两个氧化剂的案例中，C 组地质介质对氧化剂剂量需求较高。虽然这些数据没有统计学意义（在 CHP 修复工程中，$P=0.155$，$n=9$；在高锰酸盐修复工程中，$P=0.222$，$n=12$），但统计学意义的缺失可能是由于两个氧化剂案例分析的数据样本过小导致的。

自由相（NAPL）污染的存在对环境修复有重要影响。如前文所示，DNAPL 疑似场地使用 ISCO 处理要比 LNAPL 场地规律得多。DNAPL 的存在影响 ISCO 的目标、设计和实施结果。当 DNAPL 可能存在时，从业人员在 ISCO 之后基本不会立即尝试达到 MCLs。DNAPL 场地中 ISCO 应用的目标 TTZ 也要小于无 DNAPL 场地。DNAPL 场地相对无 DNAPL 场地，ISCO 系统被设计使用更大孔隙体积数量的试剂和更高的氧化剂剂量。DNAPL 场地的平均传输时间也同样较长。

在 DNAPL 场地上使用 ISCO 不像在非 DNAPL 场地上那样可以在实施过程中修正，却更适合与其他技术联用，尤其是与后 ISCO 技术，如 EISB 和 MNA 联用。

相对无 DNAPL 场地，在 DNAPL 场地中，ISCO 应用同样根据实施结果的不同而不同，明显不能达到 MCLs（0%～25%，$n=36$）或达到场地关闭条件（9%～37%，$n=62$），但它们基本不可能达到 ACLs。回到 ISCO 应用目标问题，最新的统计数据指出了对 ISCO 应用于 DNAPL 场地设置现实期望的重要性。在可能的情况下，应针对场地来协商 ACLs。如果 MCLs 是一个强制的需求，那么后 ISCO 技术可能需要联合技术。数据库中的许多场地使用计算机建模的方式来评估 ISCO 结束后达到 MCLs 所需的时间，这种评估是在特定场地对污染物的自然生物降解条件下进行的（Chapelle and Bradley, 1998; Chapelle et al., 2005）。这些评估有两个前提：① ISCO 能够对特定污染物进行修复；②自然生物降解速率在 ISCO 完成后可以恢复到初始水平。第一个前提依赖合适的 ISCO 设计和实施，同时类似地管理 ACLs 框架场地，因为 ISCO 必须达到超过 MCLs 的特定地下水浓度条件。第二个前提也是合理的，因为数据库中没有研究案例表明，微生物种群持续减少，以及 EISB 和 MNA 在 ISCO 技术后使用得非常频繁，尤其是在 DNAPL 场地（见 8.7 节）。

DNAPL 场地的 ISCO 工程相比其他场地总成本更高，是因为 DNAPL 场地通常被认为更难修复，也如上所述，DNAPL 场地需要更长时间的传输活动、更大孔隙体积数量的药剂、更大剂量的氧化剂。

中试可以为改进场地 ISCO 工程在可渗透性、非均质地质介质（C 组）上的实施提供指导，但不能为可渗透性、均质地质介质（A 组）上的实施提供参考，主要原因之一是从业人员进行的中试主要评估与氧化剂传输有关的问题（传输距离、浓度随时间的改变、优先流等）。A 组场地成功的频率没有经过中试，这种测试一般是基于常规场地特征（颗粒大小、污染程度等）等可用数据进行的确定性水平预测。相反地，氧化剂在可渗透性、非均质地质介质（C 组）上的分配偏差水平上表现得足够好，因此，在处理这类介质时，中试是非常重要的。

虽然它的最初出现有悖常理，根据统计学测试显示，可处理性研究不能增加 ISCO 工程的成功概率。如前文所述，此陈述有如下注意事项。第一，因为数据库是基于场地 ISCO 工程的，其不包括任何表现出会导致工程设计师选择其他修复技术或方法的不利结果的可处理性研究。这类情况强调了可处理性研究的价值，因为一旦中试的结果不好，在场地上的成功率可能也会极低。不成功的实验室研究价值要远低于不成功的场地 ISCO 工程的应用价值。第二，难以确定可处理性研究是否是基于审查材料得到的。如果没有提到可处理性研究是根据工程文件得到的，那么这个字段应该为空白，除非能够确定可处理性研究没有进行。这可能会过高估计可处理性研究使用的频率。

8.7 原位化学氧化的二次影响

在 15 个案例中对应用 ISCO 之前和之后的微生物群落进行探究，结果发现均没有微生物种群的减少。一些研究表明，在 ISCO 技术执行之后，微生物种群会立即减少，然而，之后就会反弹回基准值。在数据库中记录的 19 个场地，EISB 被认为是原位化学氧化之后的耦合技术。数据库中有 20 个场地的数据显示，MNA 被用作后 ISCO 技术。在 ISCO 之后，MNA 很可能被低估了，因为当项目文件明确指出它将被使用时，MNA 仅作为后 ISCO 技术。另外，项目文件审查将很快被确认，那时 ISCO 技术及后 ISCO 技术的需要和选择还未被评估。

案例研究在 23 个场地对金属进行了探测，10 个场地（43%）的探测数据表明，在应用 ISCO 技术期间和之后，金属浓度保持在背景范围之内；剩下的 13 个场地（57%）的探测数据表明，在应用 ISCO 技术期间和之后，金属浓度相对于基准线浓度有所提高，其中砷、镉、锰、镍 4 种金属元素的浓度增大明显。浓度增大的持续时间是位点专一的，并且在小于 1 个月和大于 36 个月之间变化。但这并不表明规律标准超过此期间，只是浓度保持在预处理值以上。除两个点以外的地点，金属浓度都被限制在 ISCO 目标处理区之中，但这两个点的金属浓度下降梯度增加，都是连续臭氧/过氧化氢喷射的应用。有两种情况出现系统关闭一个月内金属的衰减：一种情况是系统在相对于 COCs 更低的氧化剂浓度重新开启，但是没有使金属转移；另一种情况是系统依然关闭，因为目标COCs 浓度值已经达到。

36 个场地的含水层渗透率在实施 ISCO 后降低至实施 ISCO 前的 17%。在应用 CHP 的案例中，渗透率降低为原来的 9%（$n=11$）。这会产生在低渗透压介质中气体的生成导致比想象中更高的喷射压力的情况。通过将一个密封的喷射系统改变为重力供给喷射系统，这种情况得以缓解。在高锰酸盐的监测点中，26% 的监测点显现出渗透压降低（$n=19$）。这表明，作者试图证明高锰酸盐能达到氧化污染物和封存在二氧化锰中未氧化的剩余COCs 的双重目的。渗透率降低的报告率可能会低于其发生率，因为当项目文件明确说明渗透率降低现象没有发生时，渗透率降低才被说明。几个项目报告表明，有措施可以改善注射水井性能，并在注射高锰酸盐后渗透率降低。这些措施包括冲击和再开发，以及酸和过氧化氢的添加。在这些情况下，注射水井的性能得以改善，但在其他情况下则不然。

8.8 关键发现的总结

对收集的 242 个 ISCO 案例研究进行分析，主要结论如下。
- 从时间上来说，ISCO 作为一个整体达到预期目标的场地略多于研究场地的一半（52%，$n=121$），其成功率主要依赖尝试目标的严格性。在试图达到 MCLs 的场地中，只有很少的场地成功地做到了这一点（15%，$n=39$）。在试图达到 ACLs 的场地中，只有

39%（n=28）的场地成功实现了目标。几乎所有试图使污染物含量减少和技术评估的场地都取得了成功（80%，n=40和95%，n=37）。

- 在项目文件审查时，大多数场地都没有足够的实施和性能监测数据以确定成功或失败的原因。地下固体的实验室分析结果，注入过程中氧化剂分布的定量监测结果，以及完整的场地特征显示，那些通常不可用的数据可能是最具潜在使用价值的数据。

- 达到MCLs目标的场地均是低浓度的氯化溶剂污染羽（3个场地）和MTBE喷雾帘（3个场地）。已知或疑似DNAPL场地均没有达到MCLs标准。

- 全规模修复场地中有24%的场地（n=74）实现了场地关闭（修复完成），其中大多数场地达到了ACLs或清理到了可行程度。在这些关闭的场地中，89%的场地实施ISCO技术与另一种技术联用方法，其中，58%的场地在实施ISCO技术前使用其他技术（如挖掘、SVE），37%的场地在实施ISCO技术期间同时使用其他技术，21%的场地在实施ISCO技术后使用另一种技术（如MNA）。

- 很少有场地在ISCO技术实施前后计算COCs量，这反映了商业项目的普遍约束。对于那些计算了COCs量的场地，COCs量的减少百分比中位数为84%（n=9）。

- 1/4的修复场地采用地下固体和地下水采样结果作为一种性能评估手段，而其余的修复场地则依赖地下水中污染物的浓度变化（n=120）。考虑到大约有3/4的场地试图治理污染源区域，而缺乏地下固体采样意味着许多项目没有一个合适的设计监测程序来评估修复目标的进展情况。

- 虽然大多数的案例研究是针对PCE（四氯乙烯）和TCE（三氯乙烯）开展的，但是ISCO技术已经被用来治理各种各样的有机化合物。

- 虽然相当可观数量的含有不可渗透地下固体或破碎岩石的场地采用了ISCO技术，但ISCO技术最常用于治理可渗透的地下固体。

- 使用ISCO技术治理DNAPL污染场地和无NAPL场地的频率几乎相同；LNAPL污染场地也会采用ISCO技术治理，但其使用频率相对较小。

- 62%的场地中至少有一个监测位置出现了反弹现象。在发生反弹现象的监测位置，反弹现象发生在治理区域内大约一半的监测井中。这种现象的物理机制包括：从吸附相或NAPL相到水相间的质量传递限制；低渗透介质的COCs反扩散；COCs基准线浓度的不完整表征导致注射位置布局不当，最终导致不彻底的治理修复。通常，根据可用的数据无法区分每种机制的相对使用频率。在许多场地中，氧化剂剂量不足，注入井间距或注入体积限制都可能导致不完全修复的结果。在这些情况下，重复使用相同的修复技术进行修复可能会成功。

- ISCO修复的平均总成本为220000美元，平均单位处理成本为126美元/立方米。

- 对于氯代化合物而言，ISCO技术在燃料相关的化合物修复方面取得了显著的较好性能，尤其是针对MTBE。无论是在达到MCLs的频率方面，还是在持续较高的污染物浓度最大减少百分比方面，臭氧和Peroxone喷射系统在MTBE和其他燃料相关的场地修复中已经表现出了较高的成功率。

- ISCO已经实现了地下水中氯代化合物浓度高达99.9%的削减率。然而，这仅是例外，在同等污染物浓度的场地中未观察到如此高的氯代化合物浓度削减率，其削减率的中位数为54%（n=56）。在氯代化合物污染的场地中，特别是在含有明显吸附相或 DNAPL 相污染物的场地中，该指标更多变。在许多这样的场地中，由于缺乏地下固体采样，导致观测数据混杂。

- 可渗透地下固体的异质性程度不仅影响修复成功的可能性，还会影响反弹的发生率。可渗透、均质场地（A组）更容易达到 MCLs，并实现场地关闭，而且最大污染物浓度削减率有更高的均值；相对于可渗透、异质场地（C组）而言，这类场地不太可能发生反弹现象。然而，独立于异质性的量，可渗透场地进行 ISCO 修复后达到 ACLs 的频率是一致的。在修复异质性材料时，从业人员通常会使用更高的氧化剂剂量。

- 中试剂提高了可渗透、异质场地（C组）的性能，但对于可渗透、均质场地（A组）的性能没有影响。

- DNAPL 的存在对 ISCO 而言，与对其他修复技术一样，都是一种很大的挑战。在案例研究数据库中，没有一个 DNAPL 场地达到了 MCLs，但一些 DNAPL 场地达到了 ACLs 和场地关闭要求。ISCO 从业人员进行长期交付活动、选择更大的注入量和更高的氧化剂剂量来处理 DNAPL 场地。DNAPL 场地更有可能在 ISCO 技术实施后使用耦合技术，特别是 EISB 和 MNA。反弹现象在疑似 DNAPL 场地中更为普遍，56% 的确定 DNAPL 不存在的场地监测井（$n=34$）中观察到反弹现象，78% 的疑似 DNAPL 场地中至少在一个监测井中观察到反弹现象（$n=36$）。

- 在使用 ISCO 技术时，微生物种群并不是永久减少，还有可能不受 ISCO 的影响，甚至因实施 ISCO 技术而繁荣。当在实施 ISCO 技术后使用 EISB 和 MNA 两种技术时，ISCO 技术与 EISB 和 MNA 这两种技术是兼容的。

- 大约有一半的案例研究监测发现，ISCO 技术会导致重金属浓度的瞬态增大，其持续时间和严重程度具有很高的场地特异性。除了两个案例研究指出铬浓度的增大梯度增大，所有重金属的影响仅限于 ISCO 处理区域。

- 大约有 1/5 的案例研究发现有渗透率降低的现象。这些数据可能夸大了这种现象的发生率，因为很有可能有些项目的渗透率没有发生变化，从而未对渗透率变化情况进行讨论。渗透率降低的原因主要是高度的场地特异性，与数据库中的任何数据都不相关。在某些情况下，重建或添加酸或过氧化氢能提高修复性能。

8.9　总结

本章对使用 ISCO 案例研究数据库中的数据展开定量分析进行了全面的总结。ISCO 案例研究数据库的准备主要是为了确保从过去的 ISCO 现场规模工程中使用信息以评估何时是最成功的，识别技术的固有局限性，确定什么样的系统设计是最有效的。定量分析的目的是通过确定在具有挑战性的特定场地条件下提高成功概率的关键设计特性，将 ISCO 的成败与推进实践标准的关键设计和现场条件联合起来。对研究结果的仔细回顾、分析、发现有助于从业人员基于场地条件和修复目标更好地关注和优化他们的设计。尽管 ISCO 案例研究数据库中的数据存在一定的局限性，但定量分析结果仍然有助于开展更经济的 ISCO 修复。

参考文献

Chapelle FH, Bradley PM. 1998. Selecting remediation goals by assessing the natural attenuation capacity of groundwater systems. Bioremediat J 2:227–238.

Chapelle FH, Bradley PM, Casey CC. 2005. Behavior of a chlorinated ethene plume following source-area treatment with Fenton's reagent. Ground Water Monit Remediat 25:131–141.

Cleary RW. 2004. Fundamental and Advanced Concepts in Groundwater Hydrology. In Manual of the Groundwater Pollution and Hydrology Course, Princeton Groundwater, Princeton, NJ, USA. 503.

Colorado Department of Labor and Employment Division of Oil and Public Safety. 2007. Petroleum Hydrocarbon Remediation by In-situ Chemical Oxidation at Colorado Sites. Colorado Department of Labor and Employment Division of Oil and Public Safety, Remediation Section, Denver, CO, USA. June 14.

ESTCP (Environmental Security Technology Certification Program). 1999. Technology Status Review: In Situ Oxidation. ESTCP, Arlington, VA, USA. 50.

ESTCP. 2007. Critical Evaluation of State-of-the-Art In Situ Thermal Treatment Technologies for DNAPL Source Zone Treatment (ER-0314) Project Fact Sheet. ESTCP, Arlington, VA, USA.

Fetter CW. 2001. Applied Hydrogeology, 4th ed. Prentice-Hall, Inc., Upper Saddle River, NJ, USA. 598.

Freeze RA, Cherry JA. 1979. Groundwater. Prentice-Hall, Inc., Upper Saddle River, NJ, USA, 604.

GeoSyntec Consultants, Inc. 2004. Assessing the Feasibility of DNAPL Source Zone Remedia- tion: Review of Case Studies. Contract Report CR-04-002-ENV for NAVFAC, May.

Hemond HF, Fechner-Levy EJ. 2000. Chemical Fate and Transport in the Environment, 2nd ed. Academic Press, San Diego, CA, USA. 433.

Huling SG, Pivetz BE. 2006. Engineering Issue Paper: In-Situ Chemical Oxidation. EPA 600- R-06-072. U.S. Environmental Protection Agency Office of Research and Development, National Risk Management Research Laboratory, Cincinnati, OH, USA. 60.

ITRC (Interstate Technology & Regulatory Council). 2001. Technical and Regulatory Guidance for In Situ Chemical Oxidation of Contaminated Soil and Groundwater (ISCO-1). Prepared by the Interstate Technology & Regulatory Cooperation Work Group In Situ Chemical Oxidation Work Team.

ITRC. 2005. Technical and Regulatory Guidance for In Situ Chemical Oxidation of Contaminated Soil and Groundwater, 2nd ed (ISCO-2). Prepared by the ITRC In Situ Chemical Oxidation Team.

Krembs FJ. 2008. Critical Analysis of the Field Scale Application of In Situ Chemical Oxidation for the Remediation of Contaminated Groundwater. MS Thesis. Colorado School of Mines Department of Environmental Science and Engineering, Golden, CO, USA.

Lamarche C, Thomson NR, Forsey S. 2002. ISCO of a Creosote Source Zone by Permanganate. Proceedings, Third International Conference on Remediation of Chlorinated and Recalcitrant Compounds, Monterey, CA, USA, May 20–23, Paper 2C-18.

Lunneborg CE. 2000. Data Analysis by Resampling: Concepts and Applications. Duxbury Press, Pacific Grove, CA, USA. 568.

McDade JM, McGuire TM, Newell CJ. 2005. Analysis of DNAPL source-depletion costs at 36 field sites. Remediation 15:9–18.

McGuire TM, McDade JM, Newell CJ. 2006. Performance of DNAPL source depletion technologies at 59 chlorinated solvent-impacted sites. Ground Water Monit Remediat 26:73–84.

NRC (National Research Council). 2004. Contaminants in the Subsurface: Source Zone Assess-ment and Remediation. National Academies Press, Washington, DC, USA. 372.

Peck RB. 1969. Advantages and limitations of the observation method in applied soil mechanics. Geotechnique 19:171–187.

Petri BG, Siegrist RL, Crimi ML. 2008. Implications of the Scientific Literature for Field Applications of ISCO. Proceedings, Sixth International Conference on Remediation of Chlorinated and Recalcitrant Compounds, Monterey, CA, USA, May 18–22, Abstract C-045.

Siegrist RL, Satijn B. 2002. Performance Verification of In Situ Remediation Technologies. Report from the 2001 Special Session of the NATO/CCMS Pilot Study on Evaluation of Demonstrated and Emerging Technologies for the Treatment of Contaminated Land and Groundwater (Phase III). EPA 542-R-02-002.

Siegrist RL, Urynowicz MA, West OR, Crimi ML, Lowe KS. 2001. Principles and Practices of In Situ Chemical Oxidation Using Permanganate. Battelle Press, Columbus, OH, USA. 348.

Siegrist RL, Crimi ML, Petri B, Simpkin T, Palaia T, Krembs FJ, Munakata-Marr J, Illangase- kare T, Ng G, Singletary M, Ruiz N. 2010. In Situ Chemical Oxidation for Groundwater Remediation: Site Specific Engineering and Technology Application. ER-0623 Final Report. Prepared for the ESTCP, Arlington, VA, USA.

USEPA (U.S. Environmental Protection Agency). 1998. In Situ Remediation Technology: In Situ Chemical Oxidation. 542-R-98-008. USEPA Office of Solid Waste and Emergency Response, Washington, DC, USA. September.

USEPA. 2003. The DNAPL Remediation Challenge: Is There a Case for Source Depletion? 600-R-03-143. USEPA Office of Research and Development, National Risk Management Research Laboratory, Cincinnati, OH, USA. December.

USEPA. 2004. DNAPL Remediation: Selected Projects Approaching Regulatory Closure. 542-R-04-016. USEPA Office of Solid Waste and Emergency Response, Washington, DC, USA. December.

特定场地原位化学氧化工程的系统方法

Michelle Crimi[1], Thomas J. Simpkin[2], Tom Palaia[2], Benjamin G. Petri[3] and Robert L. Siegrist[3]

[1] Clarkson University, Potsdam, NY 13699, USA;
[2] CH2M HILL, Englewood, CO 80112, USA;
[3] Colorado School of Mines, Golden, CO 80401, USA.

范围

对原位化学氧化进行有效筛选、设计及实施的系统工程方法。

核心概念

- 系统工程方法可以提高ISCO项目修复达标的可能性。

- ISCO的适用性，以及合适的氧化剂及传输方法筛选取决于污染场地条件和修复目标。一个良好的场地概念模型有助于指导ISCO筛选。

- 为了提高修复效率和有效性，在多数ISCO处理场地中应考虑将ISCO技术与其他技术或方法（空间上如分层注射，时间上如ISCO后自然衰减）联用。

- ISCO系统分层的概念设计方法可以指导具体场地的数据收集，以便优化修复效果、提高成本效益。

- 最终的系统设计和实现规划取决于污染的方式。

- 通过观察法对ISCO的实施及性能进行监控，可引导系统设计优化，并进一步优化修复效果。

9.1 引言

从最初的技术筛选、场地实施到性能监测都是应用 ISCO 应用程序进行决策的结果，是进行有效设计和实现原位化学氧化（ISCO）的方法。通过 ISCO 应用程序做出的决策通常与其他地下水原位修复技术和一些特定技术的细节是一致的。本章介绍 ISCO 系统工程应用于大环境中的方法论。图 9.1 的左边显示了常规的方式，一般遵循环境清理的方法；图 9.1 的右边展示了本章描述的方法如何匹配传统工艺。ISCO 系统设计分为 4 个主要部分：ISCO 技术筛选、ISCO 概念设计、ISCO 详细设计和规划、ISCO 实施和性能监测。

表 9.1 介绍了这些组件的一般内容。图 9.1 展示了这些组件在一个线性决策模式中的重要性。值得注意的是，ISCO 技术设计和实施通常是一个重复反馈的过程，因为场地环境因素和设计效果相关信息在实施过程中才能获得。

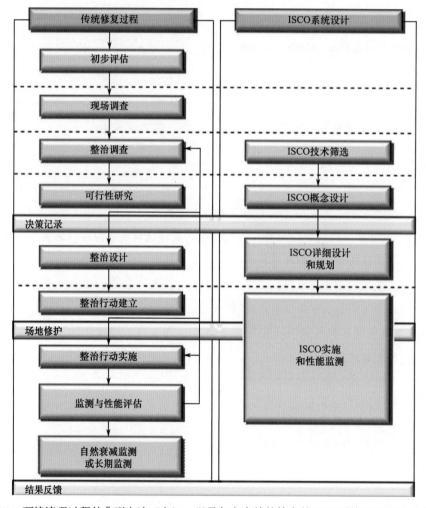

图9.1 环境清理过程的典型方法（左），以及与它有关的特定的ISCO系统工程方法（右）

ISCO 系统工程方法的核心部分总结在下文中，并在本章相关的小节中进行了更详细的描述。本章提供了 ISCO 技术设计和实施的过程和方法的一些有效案例，案例中包含了上述 4 个流程。这些流程基于文献记载、案例分析（成功或失败的经验教训）和专业经验总结获得。关于这些材料的更详细资料及 ISCO 具体技术方面的细节在其他章节中给出。例如，相应的氧化剂的细节可参考第 2 ～ 5 章，而 ISCO 数学建模的具体细节在第 6 章介绍。

表 9.1 特定场地 ISCO 工程系统方法的组成

ISCO方法组件	范　围
ISCO技术筛选	• ISCO对场地的适用性需要确定的数据。 • 描述影响氧化剂和传输方法选择的关键因素。 • 所需要的地址，以及ISCO技术与其他修复技术和方法耦合的价值［如自然衰减监测（MNA）ISCO布点］
ISCO概念设计	在ISCO技术筛选阶段，有前途的ISCO处理包括两个阶段的设计： • 最初的概念设计阶段（一级设计）使用现有数据，依据成本和实现可行性来迅速减少ISCO的选择项。 • 更彻底的概念设计阶段（二级设计）通过使用来自特定场地的实验室数据、场地实验数据，或建立以减小成本不确定性和提高设计效率的模型，来精选一级设计中可能的方案。 将案例中的程序（流程）作为实验室和（或）场地实验的参考，并进行标准成本估算
ISCO详细设计和规划	3个独立的阶段：初步设计、最终设计和规划： • 初步设计包括在初步设计报告基础上的发展，以及操作和应急计划。 • 最终设计涵盖精练的方法、设计和性能规范，价值和设计优化，建设成本及相关成本优化。 • 规划阶段集中了采购、投标过程，合同选择，质量保证，健康和安全性能监测
ISCO实施和性能监测	3个独立的阶段：实施监测、传输性能监测和修复性能监测 • 实施监测侧重于基础设施建设、污染物基线及地球化学监测。 • 监测规定适当的方法，包括当有观测场地环境与预期不同时所要采取的反应策略。 • 氧化剂传输性能和修复性能已经在针对性能标准的测量结果和必要时实施的应急计划中进行了讨论

9.2 筛选 ISCO 适用性

9.2.1 简介

ISCO 技术筛选过程如图 9.2 所示，其是一个多步骤的迭代过程。ISCO 技术对污染场地的修复是否适合，与污染物性质、场地情况和修复目标紧密相关。关于 ISCO 技术筛选，首先要从 ISCO 技术在关键场地是否可能会失效方面确定其是否应该立刻被排除。适当的场地特征数据描述是必要的，以确定是否有明确的 ISCO 技术不适用的理由。本书提供了数据收集工作和方案确定的方法。如果没有明确的迹象表明 ISCO 技术是行不通的，下一步就应确定耦合方法（ISCO 技术加上适当的预处理和 / 或后 ISCO 修复技术或方法）是否必要，或是否值得进行成本效益分析；接下来要综合评价多个氧化剂和传输技术场地的特点。通过调查污染物特征和多孔介质 / 地下水情况能得到一系列信息表，而这些信息表在 ISCO 技术筛选方面有较高的参考价值（一组特定的氧化剂和传输方法组合）。这些评估是对特定场地 ISCO 可行性方案选择的结果，这些结果根据 3 个主要的因素，即效率、可行性和用户偏好的考虑来评分定级。

值得关注的是，虽然通过信息的多次循环反馈，ISCO技术筛选过程中的流程和决策可以线性的方式进行描述，但筛选依然需要使用观察法。观察法认为，制定决策必须有标准偏差数据的支撑，在修复工程中应收集相关数据以减小过程中的不确定性，同时在迭代过程中不断完善修复程序。观察法在第11章中也有探讨，总结如下：

- 实施调查，确定场地的一般特征；
- 确定优选场地条件及条件中的潜在偏差；
- 在优选场地条件支撑下进行设计工作；
- 当偏差程度超出预期时，应有确定的行动方案进行处理（应急计划）；
- 在技术实施阶段进行测量以评估实际情况；
- 根据需要修改设计和实施方案以适应实际现场条件。

　　ISCO技术筛选过程中的决策是为了不断找出及减小偏差。ISCO技术筛选决策过程如图9.2所示。图9.2中的数字指流程步骤，字母指决策点。流程步骤和决策点在下面的章节中以案例研究的形式描述。

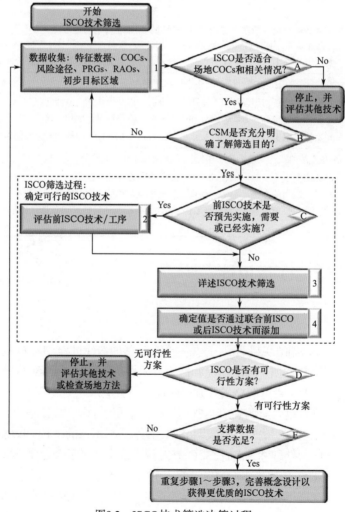

图9.2　ISCO技术筛选决策过程

注：COCs—目标污染物；CSM—场地概念模型；PRGs—预期修复目标；RAOs—修复行动目标。

9.2.2 场地概念模型（CSM）所需的数据及 ISCO 的开发和筛选

任何修复技术都应优先开发场地概念模型（CSM）。CSM 的发展详见第 10 章。此外，CSM 的发展也是美国环境保护署土壤筛选指导的一部分，用户指南文档见附录 A（USEPA，1996）。CSM 的发展通常基于：

- 综合考虑了过去、现在和未来用途的场地发展史；
- 场地寿命、类型和位置；
- 场地地质和水文条件；
- 以往在场地进行过的补救活动及其修复进展；
- 修复工程进行期间的合理监管办法；
- 当前场地管理计划和退出策略。

ISCO 技术筛选过程（见图 9.2 中的方框 1）包括 ISCO 场地特征数据需求、典型 CSM 数据表的使用和 ISCO 特定场地性质信息，如表 9.2 所示。除几个特定的 ISCO 参数以外，该数据表包括几乎所有原位修复技术设计所需的参数。

CSM 中的数据漏洞会在 ISCO 技术筛选中引入偏差，导致其无法作为可行的技术达到修复场地的目的（参见第 10 章）。偏差的范围会因为场地的不同而有所不同，这取决于包括修复目标严格与否在内的多种因素。例如，如果管理机构要求场地修复至最高允许浓度水平（MCLs）以下，则需要精准的 CSM，并付出昂贵的数据收集成本。但是，如果修复目标是减少污染物，并且预算有限，那么 CSM 的精确度可以相对较低。此外，如果观察法贯穿整个 ISCO 技术筛选、设计和实施阶段，那么大量额外数据可以根据需要收集，以填补重要的数据漏洞并指导修正相关偏差程度。研究团队可能很喜欢从场地中收集额外的多孔介质和地下水（用恰当的方式存储），以便对 ISCO 案例进行后续分析及完善 ISCO 工程。这将节省管理者的样本采集成本。例如，在整治调查中，如果允许使用有机氯溶剂，就能够为自然氧化剂需求（NOD）实验收集足量的多孔介质样本。样品的存储和 NOD 测试运行，应该以 ISCO 技术筛选阶段出现的高锰酸盐作为首选氧化剂。大量样品的收集、处理和存储过程应该遵循标准实践（USEPA, 1989, 1991）。

9.2.3 筛选特定场地 ISCO 污染物、场地条件和治理目标

ISCO 对处理一些地下有机 COCs，以及满足风险或者绩效治理目标来说是一项有效的修复技术。然而，ISCO 不能普遍适用于所有受污染的场地，ISCO 的缓解和有效性取决于特定场地条件的显著性。本节提供了示例程序和预防措施来帮助确定在初步技术筛选过程中是否应该考虑 ISCO。

根据筛选程序中 ISCO 场地特征数据提供的信息，可以确定 ISCO 是否是可行的（决策 A，见图 9.2）。这里有 4 个方面的注意事项来帮助做出这个决策：①氧化剂与 COCs 的反应能力；②现场水文地质条件；③污染物的性质和污染程度（例如，NAPL 的存在代表污染物溶解度低）；④修复目标。这些注意事项会在下文进行讨论。

表 9.2 开发一个 CSM 和启用 ISCO 技术筛查需要的信息清单

目标污染物（COCs）数据
- [ ] COCs鉴定
- [ ] 预测横向和纵向的污染程度（污染源和羽流区域）
- [ ] 污染来源的质量和 / 或分布 [溶解阶段，主要的吸附质量，疑似或已经存在的非水相液体（NAPL）、混合NAPL等] 的近似信息。
- [ ] 泄漏或扩散阶段

水文地质数据
- [ ] 污染区域及毗邻区域内所有重要的岩性层鉴别（如连续记录）
- [ ] 控制地下水流动的主要半透水层或不透水层鉴别
- [ ] 含水层的材料特性
- [ ] 如果场地板结：渗透率（一级 / 二级）的估计
- [ ] 如果场地松散：通过实地测试所得的渗透系数 [如果水力传导度明显高（如粗砂）或明显低（如黏土），则不必测量]
- [ ] 异质性特征 [如主要是透水或不透水的构造、饱和水利传导度（K）在不同阶层之间变化的评估、高水利传导度地区相关性评估、是否有断口或其他溢流通道出现的评估等]
- [ ] 不透水层深度
- [ ] 评估地下水的海拔、水力梯度（横向和纵向）、流动方向

地球化学数据
- [ ] 地下水的氧化还原电位（ORP）/（Eh）
- [ ] 多孔介质 / 地下水pH值
- [ ] 溶解氧（DO）
- [ ] 温度

目的和目标
- [ ] 分析的有关规定
- [ ] 数值和非数值的目的 / 目标的识别
- [ ] 满足首要目标的数值识别
- [ ] 使用ISCO必要结束点的确定

场地安排
- [ ] 计划规模
- [ ] 地形和地表海拔
- [ ] 横向的污染物源区（s）和扩散区（s）划定
- [ ] 主要场地基础设施的位置和主要场地通道（如建筑物、道路、公共事业、栅栏、储水池等）
- [ ] 监测井的位置、土样或其他特征活动的明显标识

横截面的水文地质特征和污染物
- [ ] 污染物源区和主要扩散区的规模和位置概述
- [ ] 污染物源区和扩散区的横向和纵向概述
- [ ] 主要场地表层和次表层的基础设施和主要场地通道（如建筑物、道路、公共事业、栅栏、储水池等）
- [ ] 污染物扩散区主要地质层的确认
- [ ] 不透水岩性层或半透岩性层的识别
- [ ] 重点含水层测压面（s）确定
- [ ] 风险受体（如井、表面水体、住宅等）
- [ ] 受管制的建筑（如界址线等）
- [ ] 监测井的位置、土样或其他特征活动的明显标识

特定ISCO数据
- [ ] 健康和安全等问题
- [ ] 氯化乙烯污染场地（高锰酸钾待施用的场地）[a]中高锰酸钾NOD数据 [例如，美国材料试验学会（ASTM）的48小时测试方法D7262-07]

注：[a]类似的评价筛选阶段不一定推荐其他的氧化剂，因为不会限制氧化剂消耗的程度。在激活（通过多孔介质接触自然矿物质，或通过改造）的时候伴随着氧化剂的自动分解，氧化将100%耗尽，尽管有不同的分解效率。然而，在任何ISCO可行性场地，为之后的动力学实验收集足够的媒体报道是值得的，但在将这些信息作为参考时，需要保持谨慎的态度。

确定 ISCO 对 COCs 的适用性

在应用 ISCO 技术时，应该考虑场地中污染地下水和 / 或多孔介质的有机 COCs 能否被一般的氧化剂降解［也就是被完全矿化成二氧化碳（CO_2）或其他无害产物］。表 9.3 将污染物分为 3 类。这是基于对 ISCO 的氧化剂研究积累的经验划分的，但也不排除某些特殊的污染物或场地条件可能更适宜用其他的氧化剂来处理，在这种情况下就需要加入更多必要的筛选条件（稍后介绍）。表 9.3 中的信息来源于编撰此书期间所能获得的文献资料，这一点在其他章节（第 2 ～ 5 章）也有提及。氧化剂的研究仍在不断进行，因此未来将会有更加丰富的信息加入。表 9.3 旨在帮助相关人员判断进行污染场地修复时是否应该考虑 ISCO，以及为使用 ISCO 治理特殊类型污染物提供些许个人经验。

表 9.3　ISCO 可处理性污染物的分类

类别1：非常适合使用ISCO 氧化剂处理的污染物类型	类别2：常用ISCO氧化剂降解 但有效性不确定的污染物类型	类别3：不适用于ISCO处理的 污染物类型
氯乙烷	氯乙烷	重金属
苯系物	氯化甲烷 / 溴化甲烷	放射性核素
石油烃	爆炸物（环三次甲基三硝基胺、三	无机盐
多环芳烃	硝基甲苯等）	高氯酸盐
氯苯	有机除草剂或杀虫剂	营养物质（硝酸盐、氨、磷酸盐）
酚类化合物（如氯酚）	对亚硝基二甲基苯胺	
燃料充氧剂（甲基叔丁基醚、甲基	酮类	
叔戊基醚）	多氯联苯	
醇类	二噁英/呋喃	
1, 4-二噁烷		

来源：Holgné 和 Bader（1983a, 1983b）；Huang等（2005）；ITRC（2005）；Huling 和 Pivetz（2006）；Waldemer 和 Tranyek（2006）。

注：BTEX—苯、甲苯、乙苯和二甲苯；MTBE—甲基叔丁基醚；NDMA—对亚硝基二甲基苯胺；PAHs—多环芳烃；PCBs—多氯联苯；RDX—环三次甲基三硝基胺；TAME—甲基叔戊基醚；TNT—三硝基甲苯；TPH—总石油烃。

ª因为不同氧化剂对污染物的降解效果不同，因此需要加入更多的评价以方便选择合适的氧化剂，详见9.2.6节。

类别 1 包含一些常见的很容易被 ISCO 氧化剂降解的有机污染物。一般来说，大部分 ISCO 的应用和经验用于治理类别 1 的污染场地。类别 2 包含能被 ISCO 氧化剂降解的有机污染物，但其降解性多具有场地和特定进程的针对性。这些污染物经常不是因为具有抗氧化性使修复效率降低，就是在被 ISCO 氧化剂降解时降解程度不确定或降解成本不确定。如果场地的主要风险污染 COCs 是类别 2 中的污染物，那么在为这些污染物筛选 ISCO 技术时应该更加谨慎，因为对这类 COCs 用于 ISCO 的理论和实践知识还不够充足。类别 3 包含的则是不适用于 ISCO 的污染物类别。一般来说，对于这些无机污染物 ISCO 要么无效，要么可能通过改变污染物在地表下的状态使得污染状况恶化。此外，如果强氧化还原性的重金属（如钴）或放射性核素，存在于目标 COCs 是类别 1 和类别 2 中污染物的污染场地，那么，ISCO 的选择应该考虑到 ISCO 对钴污染浓度和 / 或流动性的影响所带来的潜在风险。面对这类场地，在进行 ISCO 技术筛选之前，应该降低 CSM 的偏差。

即使 COCs 服从氧化反应，ISCO 的治理目标在一些场地和地下设定条件下也可能无法实现，因为在整个目标治理区域（TTZ）中传递氧化剂存在困难。表 9.4 给出了一个矩阵，以进一步指导 ISCO 技术筛选和总结的建议，即 ISCO 过程是否进行基于 ISCO 处理目标是否确定，同时也为常规水文地质条件和污染物定级提供参考。建议分类如下：

"1"——强烈推荐对 ISCO 技术进行进一步筛选。结合 ISCO 治理目标、场地条件和 COCs 特征等因素，选择能使 ISCO 工程达到修复目标的潜在 ISCO 技术。

"2"——建议对 ISCO 技术进行进一步筛选。ISCO 治理目标、场地条件和 COCs 特征等因素，为 ISCO 技术选择提供了成功的潜力，但是有较高的不确定性。可以考虑将 ISCO 技术与其他技术（生物修复、热敏等）联合使用，同样也建议使用先进的传递技术（如混合、压裂等），因为这可能提高实现治理目标的概率。

"3"——可选择对 ISCO 技术进行进一步筛选。ISCO 治理目标、场地条件和 COCs 特征等因素的结合为 ISCO 技术的成功应用提供了一个挑战。然而，能够推测的是，这些目标和特点同样对其他修复技术提出了挑战。同样，考虑到 ISCO 技术可能继续实施，但应该认识到其性能较高的不确定性。强烈建议 ISCO 技术与其他技术联合应用，如联合使用先进的传递技术。

在使用表 9.4 之前，场地污染物的总体污染水平必须首先被评估（在 10.4.2 节会进一步讨论）。通常认为，有机污染物浓度／质量低于液相中污染物浓度，为低浓度／质量；而有机污染物浓度／质量高于液相中 COCs 浓度／质量（USEPA, 1992）规定值［该值与用于评估重质非水相液体（DNAPL）的标准值一致］，则被认为高浓度／质量。然而，有机碳含量高的场地由于有较强的吸附作用，使得水相中的污染物浓度低于 1% 的阈值。对低浓度／质量污染物的建议在表 9.4 的上半部分，对高浓度／质量污染物的建议在表 9.4 的下半部分。

接下来，ISCO 的处理效率需要满足一个确定的修复目标。例如，如果该场地的四氯乙烯（PCE）的含量为 5mg/L，而满足 MCLs 的修复目标为 5μg/L，那么修复效率应达到 99.9%。修复效率在表 9.4 中高浓度和低浓度部分的顶部。

一旦选定了所需的修复效率，场地特征被认为最接近真实的场地条件（见表 9.4 左栏）。对应表 9.4 中提供的适当的 ISCO 治理目标、现场条件和 COCs 特征。特别是对于场地水文地质条件来说，表 9.4 提供的建议关系到 ISCO 技术能否继续筛选的决策，不发表任何有关成功概率的结果是很重要的。因此，当 ISCO 技术与其他修复技术的对比存在困难时，为避免潜在可行的 ISCO 技术过早被剔除，这份建议是相对积极的。例如，如果大多数出现在非均质场地的 COCs 出现在可流动的、高传递系数的场地，那么 ISCO 技术成功的概率明显要大于 COCs 出现在低渗透性、低传递系数的场地。进一步的筛选建议在后面的案例数据库中仍会继续推荐，因为大部分的技术在处理这些低流动性 COCs 时仍存在经验上的限制。

表 9.4　COCs 等级、场地水文地质条件和 ISCO 治理目标下 ISCO 技术进一步筛选的建议

ISCO治理目标类型	降低浓度			减少质量			减少质量通量		
去除量	50%~90%	90%~99%	99%~99.9%	50%~90%	90%~99%	99%~99.9%	50%~90%	90%~99%	99%~99.9%
低污染物浓度／质量									
松散的介质									
均质渗透性	1	1	2	1	1	2	1	1	2
非均质渗透性	1	2	2	1	1	2	1	1	2
均质低渗透性	1	2	2	1	1	2	1	1	2
非均质低渗透性	1	2	2	1	1	2	1	1	2

ISCO治理目标类型	降低浓度			减少质量			减少质量通量		
综合介质（断裂的）									
沉积岩	1	2	2	1	1	2	1	1	2
火成岩/变质岩	1	2	3	1	2	3	1	1	2
岩溶	1	2	3	2	2	3	1	2	3
高污染物浓度/质量									
松散的介质									
均质渗透性	1	1	2	1	1	2	1	1	2
非均质渗透性	1	2	3	1	1	2	1	2	3
均质低渗透性	1	2	3	1	2	3	1	2	3
非均质低渗透性	1	2	3	1	2	3	1	2	3
综合介质（断裂的）									
沉积岩	1	2	3	1	2	3	1	1	2
火成岩/变质岩	2	2	3	2	3	3	1	2	3
岩溶	2	3	3	3	3	3	2	3	3

注：表中内容关系到ISCO技术能否继续筛选的决策建议，但未发表任何有关成功概率的结果。表中的值是基于文献综述、实地体验及由作者评估的研究案例获得的。

其中，"1"—强烈推荐对ISCO技术进行进一步筛选；"2"—建议对ISCO技术进行进一步筛选；"3"—可选择对ISCO技术进行进一步筛选。

表9.4中关键术语的解释如下。

（1）低污染物浓度/质量。溶液相中的COCs浓度明显低于污染物溶解度下限（如溶解度<1%），或者表现出低水平的吸附性能（如经常扩散到地下水支流中）。

（2）高污染物浓度/质量。COCs浓度表现出较高的吸附性能，或有NAPL污染物的残留；这种情况经常在核心污染地区附近出现，包括总NAPL。NAPL在汇集前应进行预处理，其值不会达到池化NAPL的地步，除非在ISCO技术实施之前，池已经被移除或减少到残留相水平。

（3）ISCO治理目标类型。地下水治理目标类型是指在某个给定场地上追求的ISCO处理后预期目标，包括3种类型。

- 浓度降低的目标。修复目的不是使多孔介质或地下水中污染物浓度降低（如95%），就是使场地污染物浓度达到目标浓度值。修复成功与否是由去除率是否达标，或者是否满足污染物浓度阈值，或者是否超出点、界限和场地范围决定的。
- 减量化目标。修复目标是减小污染物质量（如缩小源区或扩散区范围）。有时，减量化目标是修复目的，但并没有进行性能估算，此时ISCO只能作为后续进程，如MNA或生物修复。通常，这些修复目标应用于整个场地或核心区域，并使用地理空间法和定期监测数据进行评估。
- 质量通量减少目标。考虑到地下水中污染物在二维（2-D）平面上的流动，因此在二维平面上计算污染物削减量，同时也考虑到了修复工程对地下水流动产生的影响。这类目标的价值基于作者的判断、研究和经验,而不是基于实际案例研究的性能,因此是目前不可用的修复目标。

(4)松散的介质。根据场地内污染物 TTZs 分布于松散的多孔介质可以划分为 4 个子类(包括未胶结的砂粒、粉粒、黏土和冰碛土)。

- 渗透性。如果平均渗透系数大于 10^{-4}cm/s,认为是渗透性场地,可考虑应用 ISCO 技术修复;如果平均渗透系数小于 10^{-4}cm/s,则认为是低渗透性场地。
- 非均质性。如果不同空间上的渗透系数相差 1000 倍以上,则认为该场地是非均质性的;如果不同空间上的渗透系数相差小于 1000 倍,则认为该场地是均质性的。渗透系数相差倍数的确定通常通过对砂粒、粉粒和黏土存在时的理想化估算得出,而不是对比 K 值。

(5)综合介质。污染物 TTZs 存在于板结的裂隙岩层中的场地,可根据标准地理学定义的沉积岩层、火山岩层、变质岩层、溶岩层进行分类。喀斯特地貌对使用 ISCO 技术进行的地下水修复会造成独特的问题,因此必须单独评估。

表 9.4 中的信息来源于已发表的研究结果(见第 2 ~ 5 章)、对实际修复案例研究的经验(详见第 8 章)、ISCO 专家的勘测结果,以及从其他作者收集到的经验。案例 9.1 展示了表 9.3 和表 9.4 的实际应用。

案例9.1 从特定场地污染物、地质学和治理目标方面对ISCO技术进行筛选

ISCO技术是否适用于场地X?

场地X是被氯苯类有机污染物污染的场地,其中,地下水中的总含氯有机物(CVOCs)浓度超过30500μg/L,多孔介质中的CVOCs浓度则超过40000μg/kg。在某些区域还可能存在DNAPL。通过场地特性的活动,确定了被污染物污染的区域在地下3.05~9.15m,面积为30.5m×30.5m。这个场地具有渗透性,其非均质性冰碛土层的渗透系数约为15.24m/d。治理目标只是简单地减少部分污染物质量。

污染物:

- 氯苯。
- 地下水中的总含氯有机物(CVOCs)浓度超过30500μg/L,土壤中的CVOCs浓度超过40000μg/kg。
- 某些区域可能存在DNAPL。
- 在地下3.05~9.15m污染最严重。

地质/水文:

- 冰碛土层。
- 具有渗透性和非均质性。
- K=15.24m/d。

ISCO治理目标:

减少污染物质量。

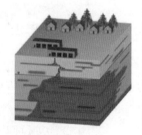

回应: 表9.3表明,污染物在类别1中能够被有效降解,因此ISCO处理氯苯类有机污染物是一个可行的选择。接着,依据表9.4进行判断:由于该场地中污染物浓度较高,因此需要参照表9.4的下半部分;根据该场地ISCO治理目标找到"减少质量"栏下的"50%~90%"列,找到"非均质渗透性"行,最终的对应值为继续进行ISCO筛选的结果(见表9.4,推荐程度为1)。

在污染源区修复技术中,基本没有能达到 99.9% 修复效率的技术,ISCO 同样不例外。虽然根据 ISCO 场地应用综述(见第 8 章),在某些情况下 ISCO 的修复效率超过 99.9%,但这只是个别情况。因此,为了提高对 COCs 的修复水平,通常需要开发高价值的 ISCO 设计方案(如高密度注入井网络、若干传递活动、多样的 ISCO 试剂孔容 [PVs])。ISCO 修

复工程通常需要包括后 ISCO 联合技术（如强化微生物修复或 MNA）在内的应急方案，该应急方案应该整合在设计中。例如，在有三氯乙烯 DNAPL 残留的非松散均质渗透性场地，地下水中 TCE 的浓度为 200mg/L，场地修复目标为风险基准浓度目标 20μg/L。这意味着修复效率要达到 99.99%，但是单独使用 ISCO 技术是不现实的。在这种情况下，ISCO 技术应用实现了等同于 TCE 质量减小到 TTZ（也就是 90%）的治理目标，然后在 ISCO 技术实施之后通过强化原位微生物降解或 MNA 来增大 TCE 的去除率，最终达到 20μg/L 的修复目标。

9.2.4　ISCO 筛选的场地概念模型

纵观原位化学氧化的选择和设计，以及可以用来场地修复的方法，CSM 被不断用来帮助确定收集的合理质量数据是否充足，CSM 被规定为决策步骤之一，即图 9.2 中的决策流程 B。

第 10 章强调了在 CSM 中所描述场地的典型特征。根据 ISCO 技术修复的阶段、使用的方法和修复目标，允许适当的偏差存在。例如，同样是获得好的结果，在筛选阶段所需的场地信息要少于在细节设计和规划阶段。同样，含有溶解态污染物和以可替代清洁水平为目标的均质场地，比含有 DNAPL 污染物和以 MCLs 为清洁目标的场地有更大的偏差。CSM 中允许的偏差程度取决于工程参与人之间的协议，应该公开讨论。这里仅为各个工程参与人提供参考，因为这个场地管理方法不能被广泛采用，同样可能不适用于所有场地。

为了帮助分析"不确定性"，可以使用一种涉及半定量分配分数的重要标准。例如，如果有足够的证据表明 DNAPL 存在，则根据相关标准其具有较高确定性；如果溶解相污染在两侧表现不明显，根据相关标准其具有中等确定性。此外，相关的重要程度可被用于每个准则来表示不同的准则所具有的重要性。每个相关的重要程度都对应特定的场地条件和项目利益相关方观念。应该理解，特定的场地条件的重要性会随着 ISCO 项目的执行时间而改变（从筛选到设计和执行）。项目利益相关方应该集体决定其重要性和价值，这可能会定期在整个项目执行期间进行审查。

确定性水平根据特定项目的不同而不同，同时要得到项目团队的一致认可，并取决于 ISCO 特定场地工程的决策阶段。例如，在 ISCO 技术筛选过程中可以允许低水平的确定性，而在 ISCO 场地概念模型设计过程中则需要增大确定性水平。在 ISCO 细节设计和规划过程中，为了尽可能地提高项目的成功概率，高水平的确定性就显得尤为重要。建立 CSM 确定性的目标是确保缩小相应数据差距，减少或接受少量偏差，这样可以提高修复工程成功的概率。

如果筛选决策 B 的结果表明 CSM 的确定性过低，那么筛选过程 1（ISCO 特定场地特征）应该重新确认，同时减少数据空缺，帮助收集足够的场地特征数据以支撑随后的决策（见图 9.2）。当 CSM 确定性足够时，下一步则根据先前实施的修复技术和当前的自然衰减过程来评估 ISCO 的兼容性，或者在必要时进行联合方法的前 ISCO 技术应用。

9.2.5　前 ISCO 修复的思考

筛选决策 C（见图 9.2）决定了前 ISCO 技术治理步骤的可行性和优点。此外，前 ISCO 修复过程可能已经实现（通过微生物降解工程或设计），或者已经在过去实施了，因此在进行 ISCO 技术筛选时必须考虑场地条件。

在某些案例中，将 ISCO 技术与其他修复技术或过程联合应用是慎重而又积极的决定（见第 7 章）。例如，可能得益于合理的、天然的生物或非生物 COCs 衰减过程，可以提高成功的概率，因为在面对高浓度污染水平（如 NAPL）或其他有技术挑战性的情况（如低渗透性地层）时，单独使用 ISCO 技术可能无法有效、可靠地达到修复要求，或者增加经济效益。如果场地为如表 9.4 所示的 "2" 类或 "3" 类场地，联合修复比单独使用 ISCO技术修复更能提高修复效果。

ISCO 技术通常被考虑使用在已经进行过前 ISCO 过程的场地，使之成为事实上的联合方法。在图 9.2 决策 C 中获得 "Yes" 答案的一些案例可能包括：

• 该场地已被其他技术实施过修复，应考虑之前修复活动的影响。

• 场地中有自然生物或非生物活动，ISCO 技术在实施时需要对这些活动进行恢复（或增强）。

如果结果为 "Yes"，下一步就是筛选前 ISCO 联合技术，以便找出可能会与 ISCO 技术产生协同或拮抗作用的技术（见图 9.2 中的流程 2）。表 9.5 总结了这些相互作用。ISCO技术与其他技术和方法之间的相互作用在第 7 章中进行了详细讨论。表 9.5 中的清单包括多种处理技术和方法，这些处理技术和方法可能已经进行了实践，或许是使工程达到修复目标的关键。表 9.5 提供的信息为增强联合修复方法提供了参考，为 ISCO 技术的设计和实施提供了警示。如果结果为 "No"，下一步（见图 9.2 中的流程 3）则将在 9.2.6 节具体描述，以对 ISCO 技术的筛选进行确认。

表 9.5 前 ISCO 修复技术范围内可能被应用的 ISCO TTZ

前ISCO技术	优　点	缺　点
挖掘	• 快速实施。 • 在润湿表面更易使用氧化剂。 • 土壤混合方法可能更容易实现	• 可能存在过热点。 • 可以通过回填土发生优先流动。 • 污染或高度有机回填土可能导致过高的氧化剂需求。 • 对清洁回填土的氧化处理会降低氧化剂的使用效率
增强产品回收 / 多相萃取	• 可能减少大体积的污染物，进而减少氧化剂的需求量。 • 池或高饱和NAPL区的去除提高了氧化剂的迁移能力，增大了ISCO修复成功的可能性	• 污染区的深度会增加。 • 可能会有NAPL残留
表面活性剂增强 含水层修复 （SEAR）	• 可能减少大体积的污染物，进而减少氧化剂的需求量。 • 表面活性剂可以增强某些氧化剂的反应。 • 增强增溶和解吸作用，在水相中可能会提高氧化剂的效率	• 不相容的表面活性剂可能会导致过多的氧化剂分解。 • 会形成泡沫，导致渗透性损失。 • SEAR之后，某些NAPL可能依然残留
土壤气相抽提 / 空气喷射	• 可能减少大质量的污染物，进而减少氧化剂的需求量。 • 有现成的设备（原位臭氧氧化）。 • 污染气体可以被大量氧化剂气体捕获。 • 可能氧化某些微量矿物，降低ISCO的NOD介质	

前ISCO技术	优 点	缺 点
热修复	• 可能减少大质量的污染物，进而减少氧化剂的需求量。 • 高温可能会使某些氧化剂活化。 • 对于某些氧化剂和抗污染物，降解动力学速率可在高温下大大提高	• 升高的温度可能会使某些氧化剂或污染物产生放热反应，导致健康和安全问题。 • 可能造成淤泥和黏土材料板结，使氧化剂的传输出现问题。 • 在高温下，氧化剂的过量分解会导致传输效率问题
内在的或强化生物修复	• ISCO修复之后，土壤中的生物降解过程可以恢复到未修复之前的状态（例如，未经修正的自然水平），也可以作为使修复工程更加完美的步骤	• 氧气减少可能会导致氧化剂需求量增加。 • 在治理区域中提升生物质和／或有机基质浓度可能会导致氧化剂过度竞争，使治理效率降低

注：所列的优点和缺点在相关技术与ISCO技术联合的基础上，而不仅使用前ISCO清单中的技术。

9.2.6 ISCO技术的详细筛选

详细的ISCO技术筛选（见图9.2筛选流程3）是完成筛选和确认ISCO技术的一套完整步骤，包括化学氧化剂的选择和传输方式组合。这些步骤在表9.6～表9.9中进行了讨论。

第1步是确定哪些化学氧化剂和活化方法（如果需要）最适合现场COCs的修复。早期的筛选过程（见表9.3）根据化学氧化法分类的污染物，需要在该筛选阶段进行更详细的分析。表9.6提供了包括高锰酸盐、过氧化氢、过碳酸盐、过硫酸盐和臭氧在内的特定氧化剂对污染物降解性能的详细信息，并提供了特定氧化剂处理相关污染物效率的"等级"制度。这些等级根据文献和案例研究资料、专业经验和专家意见确定，因此不建议将其作为指导，但可以根据最新的研究和经验对其进行改进。许多不同的污染物可以被一些同样的氧化剂氧化是很正常的现象，而投资人可以根据自己的经验偏向于使用某种氧化剂。在这一点上，ISCO没有"备选"方案；但是，在这种情况下保留所有或大部分的选择是值得的，备选过程可以推迟直到需要更多细节来考虑场地情况，甚至直到可以预估成本的概念设计阶段。

第2步是考虑特定地点的地球化学条件下氧化剂的适用性，可以利用表9.7，它遵循表9.6给出的"等级"制度。有关可能影响氧化剂活性过程和原因的细节，参考第2～5章中关于氧化剂化学性质和接触面之间相互作用的描述。再次强调，表9.7中的信息仅供参考且有待完善。如果场地情况堪忧，但表9.7中没有记录，那么根据氧化剂推荐的修复方法就值得再次考虑了。表9.6和表9.7中使用的污染物特征和场地评价标准应该从最后一个氧化剂或一般会出现在场地中的活化氧化剂／催化剂中选择。

第3步是考虑与氧化剂特点匹配的合适的传输方法。利用不同的传输方法增强特定氧化剂活性和稳定性的原理见第2～5章，氧化剂迁移转化过程的细节见第6章，氧化剂传输方法的讨论见第11章。通常来说，有效的传输方法与氧化剂稳定性及在TTZ中迁移转化的分解性能密切相关。

表9.6　常规氧化剂对常见 COCs 氧化的顺应性

氧化剂和活化技术	高锰酸钾	过氧化氢			过碳酸盐	过硫酸盐						臭氧	
		螯合铁	无[a]	铁/酸		碱性条件	热	铁	螯合铁	无	过氧化物	仅有臭氧	联合过氧化物
常见的混合污染物													
轻烃燃料[b]	恰当	好	好	好	好	极好	极好	极好	极好	好	极好	好	好
重烃燃料[c]	差	恰当	恰当	恰当	恰当	好	好	差	恰当	差	好	恰当	恰当
杂酚油、煤焦油、工业燃气厂（MGP）残留物、其他PAHs	好	好	好	好	好	好	好	恰当	恰当	差	好	好	好
PCB或PCBs[d]	N/R[e]	恰当	差	恰当	恰当	恰当	好	差	差	N/R	恰当	N/R	N/R
二噁英类或呋喃类	N/R	恰当	差	恰当	恰当	恰当	好	差	差	N/R	恰当	N/R	N/R
常见的燃油污染物及其降解产物													
苯	N/R	极好	极好	极好	极好	极好	极好	极好	极好	极好	极好	极好	极好
甲苯	好	极好	极好	极好	极好	极好	极好	极好	极好	极好	极好	极好	极好
乙苯	好	极好	极好	极好	极好	极好	极好	极好	极好	极好	极好	极好	极好
二甲苯	好	极好	极好	极好	极好	极好	极好	极好	极好	极好	极好	极好	极好
甲基叔丁基醚（MTBE）	差	好	好	好	极好	极好	极好	极好	极好	极好	极好	好	好
叔丁醇（TBA）	N/R	恰当	恰当	恰当	恰当	好	好	恰当	恰当	差	好	恰当	恰当
常见的氯化溶剂、稳定剂及其降解产物													
四氯乙烯（PCE）	极好	极好	极好	极好	极好	极好	极好	极好	极好	极好	极好	极好	极好
三氯乙烯（TCE）	极好	极好	极好	极好	极好	极好	极好	极好	极好	极好	极好	极好	极好
三氯乙烯[f]	极好	极好	极好	极好	极好	极好	极好	极好	极好	极好	极好	极好	极好
氯乙烯	极好	极好	极好	极好	极好	极好	极好	极好	极好	极好	极好	极好	极好
四氯乙烷[g]	N/R	恰当	恰当	差	恰当	恰当	恰当	恰当	恰当	恰当	恰当	恰当	恰当
三氯乙烷[h]	N/R	好	好	差	好	好	恰当	恰当	差	好	好	好	好
二氯乙烷[i]	N/R	好	恰当	恰当	差	恰当	差	恰当	恰当	差	好	好	好
氯乙烷	N/R	好	恰当	恰当	差	恰当	差	恰当	恰当	差	好	好	好
四氯化碳	N/R	好	好	差	恰当	极好	恰当	N/R	N/R	N/R	极好	N/R	N/R
氯仿	N/R	好	好	差	恰当	好	N/R	N/R	N/R	N/R	好	差	差
二氯甲烷	N/R	好	恰当	差	恰当	恰当	N/R	N/R	N/R	N/R	恰当	差	差
亚甲基氯	N/R	好	恰当	差	恰当	恰当	差	差	差	差	差	差	差
1,4-二氧杂环己烷	好	极好	极好	极好	极好	极好	极好	极好	极好	极好	极好	好	好
五氯苯酚（PCP）	好	好	好	好	好	极好	极好	恰当	恰当	恰当	好	好	好
3-氯苯酚、4-氯苯酚	好	好	好	好	好	极好	极好	好	好	好	极好	好	好
氯代-苯酚、二氯苯酚	好	好	好	好	好	极好	极好	好	好	好	极好	好	好
氯苯	差	恰当	恰当	恰当	恰当	极好	极好	好	好	好	极好	恰当	恰当

（续表）

氧化剂和活化技术	高锰酸钾	过氧化氢			过碳酸盐	过硫酸盐					过氧化物	臭氧	
		螯合铁	无a	铁/酸		碱性条件	热	铁	螯合铁	无		仅有臭氧	联合过氧化物
2-氯苯、3-氯苯	差	恰当	恰当	恰当	恰当	极好	极好	好	好	好	极好	恰当	恰当
六氯苯	N/R	恰当	恰当	恰当	恰当	好	好	恰当	恰当	恰当	好	恰当	恰当
爆炸物及其热力学和降解产物													
RDX、HMX	好	好	好	好	好	好	好	好	好	好	好	好	好
TNT、DNT	差	差	差	差	差	差	差	差	差	差	差	差	差
二硝基苯和三硝基苯	恰当	恰当	恰当	恰当	恰当	恰当	恰当	恰当	恰当	恰当	恰当	恰当	恰当
一硝基苯酚和二硝基苯酚	好	好	好	好	好	好	好	好	好	好	好	好	好

注：DNT—二硝基甲苯，HMX—环四亚甲基四硝胺；[a]矿物催化；[b]汽油、柴油、煤油、航空燃油等；[c]其他燃油、重油等；[d]多氯联苯（PCBs）或多溴联苯（PBBs）；[e]N/R—不推荐；[f]1,1-三氯乙烷、1,2-三氯乙烷；[g]1,1,1,2-四氯乙烷和1,1,2,2-四氯乙烷（1,1,1,2-TwCA和1,1,2,2-TwCA）；[h]1,1,1-三氯乙烯和1,2-三氯乙烯（1,1,1-TCA和1,2-TCA）；[i]1,1-三氯乙烷和1,2-二氯乙烷（1,1-DCA和1,2-DCA）。

表 9.7　氧化剂对于常见地球化学条件的适用性

氧化剂和活化技术	高锰酸钾	过氧化氢			过碳酸盐	过硫酸盐					过氧化物	臭氧	
		螯合铁	无a	铁/酸		碱性条件	热	铁	螯合铁	无		仅有臭氧	联合过氧化物
pH值													
<5	极好	极好	极好	极好	N/R	N/R	极好	极好	极好	极好	极好	极好	极好
5~6	极好	极好	极好	极好	恰当	差	极好	极好	极好	极好	极好	极好	极好
6~7	极好	极好	好	好	好	恰当	极好	好	极好	极好	极好	极好	极好
7~8	极好	好	恰当	恰当	极好	好	极好	恰当	好	好	极好	极好	极好
8~9	极好	好	差	差	极好	极好	好	差	好	恰当	恰当	好	恰当
>9	好	差	N/R	N/R	极好	极好	恰当	N/R	差	差	差	恰当	差
碱度（mg/L，碳酸钙浓度[CaCO$_3$]）													
0~300	极好	极好	极好	极好	极好	极好	极好	极好	极好	极好	极好	极好	极好
300~1000	极好	极好	极好	极好	极好	极好	极好	极好	极好	极好	极好	极好	极好
1000~3000	极好	好	好	好	极好	极好	好	好	极好	极好	极好	极好	极好
>3000	极好	恰当	恰当	恰当	极好	恰当	恰当	恰当	恰当	恰当	极好	极好	恰当
氯化物浓度（mg/L）c													
0~300	极好	极好	极好	极好	极好	极好	极好	极好	极好	极好	极好	极好	极好
300~1000	极好	极好	极好	极好	极好	极好	好	极好	极好	极好	极好	极好	极好
1000~3000	极好	好	好	好	好	好	恰当	好	好	好	好	极好	好
3000~10000	极好	恰当	恰当	恰当	恰当	恰当	差	恰当	恰当	恰当	恰当	恰当	恰当
>10000	好	差	差	差	差	差	差	差	差	差	差	差	差
饱和带有机碳含量（f_{oc}）													
f_{oc}<3.0%	N/R	N/R	N/R	N/R	N/R	差	差	差	差	差	差	N/R	N/R
1%≤f_{oc}<3.0%	差	差	差	差	差	恰当	恰当	恰当	恰当	恰当	恰当	差	差
0.3%<f_{oc}<1.0%	好	好	好	好	好	极好	极好	极好	极好	极好	极好	好	好
0.1%<f_{oc}<0.3%	极好	极好	极好	极好	极好	极好	极好	极好	极好	极好	极好	极好	极好
f_{oc}<0.1%	极好	极好	极好	极好	极好	极好	极好	极好	极好	极好	极好	极好	极好

（续表）

| 氧化剂和活化技术 | 高锰酸钾 | 过氧化氢 | | | 过碳酸盐 | 过硫酸盐 | | | | | 臭氧 | |
		螯合铁	无[a]	铁/酸		碱性条件	热	铁	螯合铁	无	过氧化物	仅有臭氧	联合过氧化物
污染物浓度[d]													
非常低	好	极好	极好	极好	极好	好	好	好	好	好	好	极好	极好
低	极好	极好	极好	极好	极好	极好	极好	极好	极好	极好	极好	极好	极好
中等	极好	极好	极好	极好	极好	极好	极好	极好	极好	好	极好	极好	极好
高	好	好	好	好	好	好	好	好	好	恰当	好	恰当	恰当
非常高	好	恰当	恰当	恰当	恰当	好	好	恰当	恰当	恰当	好	差	差

注：[a]矿物催化；[b]N/R指不推荐；[c]应该包括基于适当污染物浓度的氧当量。[d]非常低指浓度小于等于10mg/kg或100μg/L，低指浓度为10～100mg/kg或0.1～1mg/L，中等指浓度为100～1000mg/kg或1～10mg/L，高指浓度为1000～10000mg/kg或10～100mg/L，非常高指浓度大于10000mg/kg或100mg/L。

表9.8　不同氧化剂传输方法的适当性

传递方式	高锰酸盐	过氧化氢	臭氧	过硫酸盐
直接推入探针注射				
	常见执行	常见执行	技术上不可行	常见执行
注入井				
垂直井	常见执行	不经常执行	常见执行（喷雾孔）	常见执行
水平井	可执行但很少	技术上是可行的	可执行但很少	可执行但很少
再循环				
垂直井	不经常执行	技术上不可行	常见执行（喷雾孔）	技术上是可行的
水平井	技术上是可行的	技术上不可行	技术上是可行的（SVE）[a]	技术上是可行的
沟槽或淋洗注射（拦截羽）				
	技术上是可行的	技术上不可行	不经常执行	技术上是可行的
土壤混合				
	可执行但很少	可执行但很少	技术上不可行	可执行但很少
ISCO修订的断裂布设[b]				
气压	可执行但很少	技术上不可行	技术上不可行	技术上是可行的
液压	可执行但很少	技术上不可行	技术上不可行	技术上是可行的
表面应用程序或渗渠				
	常见执行	技术上不可行	技术上不可行	可执行但很少

注：[a]ISCO 在使用臭氧时会经常涉及使用土壤气相抽提（SVE）来捕获和控制地下气流，这是空气处理和发布，而不是重新注入。

[b]除了通过破碎提高输送率，有些站点已经以固体形式在破碎过程中注入氧化剂。表9.8中给出的值反映的是2009年地下水污染治理使用情况的总体水平。

说明：常见执行（例如，大于15%的修复区域）；不经常执行（例如，小于15%的修复区域）；可执行但很少（例如，小于5%的修复区域）；技术上是可行的，是指可能没有实际应用的可能性，或者仍处于演示阶段；技术上不可行（例如，无法实施）。

　　第4步是为了比较在常用水文地质条件下，不同特定氧化剂传递方法的适用性，如表

9.9 所示。通过表 9.6 ～表 9.9 完成详细原位化学氧化修复方法筛选过程的目的是，筛选出一系列适用于 COCs 的特性、场地条件的氧化剂和传递方法。

表 9.9　适用常见水文地质条件的传递方法

参　数	垂直注射井	垂直注射井再循环	水平注射井	直接推进	土壤混合	水力—结构ISCO的分布修正	气动—结构ISCO的分布修正	沟注 / 幕注	表面应用或渗水廊道
使用介质类型									
疏松介质	优秀	优秀	优秀	优秀	优秀	优秀	优秀	优秀	优秀
紧实介质	优秀	好	优秀	未推荐ª	未推荐	优秀	优秀	一般	好
紧实介质特点									
结构连续性									
连续性好	好	好	一般	未推荐	未推荐	好	好	一般	好
连续性差	一般	低	低	未推荐	未推荐	好	好	未推荐	低
渗透性（主要和次要）									
低	好	好	一般	未推荐	未推荐	好	好	一般	好
高	一般	低	低	未推荐	未推荐	好	好	未推荐	低
透射率									
低	好	好	一般	未推荐	未推荐	好	好	一般	好
高	一般	低	低	未推荐	未推荐	好	好	未推荐	低
疏松介质特点									
水力传导度（cm/s）									
$>10^{-3}$	好	一般	一般	优秀	优秀	低	低	优秀	优秀
$10^{-4}\sim10^{-3}$	一般	低	低	优秀	优秀	一般	一般	好	好
$10^{-5}\sim10^{-4}$	低	未推荐	未推荐	好	优秀	好	好	一般	一般
$10^{-6}\sim10^{-5}$	低	未推荐	未推荐	一般	优秀	优秀	优秀	未推荐	低
$<10^{-6}$	未推荐	未推荐	未推荐	未推荐	优秀	优秀	优秀	未推荐	未推荐
异质性程度（K_{max}/K_{min}）									
<1000	优秀	优秀	一般	一般	优秀	一般	一般	优秀	优秀
>1000	一般	一般	低	好	优秀	一般	一般	一般	低
非均质类型（当$K_{max}/K_{min}>1000$时）									
分层	一般	一般	低	好	优秀	好	好	好	一般
随机	一般	一般	一般	好	优秀	一般	一般	好	一般
异质性程度ᵇ									
小（<0.3m）	好	好	低	好	优秀	低	低	一般	好
中等（0.3～1m）	一般	一般	一般	一般	优秀	一般	好	一般	一般
大（>1m）	一般	一般	一般	好	优秀	好	好	低	低
其他重要的传递参数									
传递深度（地表以下）									
<5m	优秀	优秀	优秀	优秀	优秀	一般	一般	优秀	优秀
5～10m	优秀	优秀	优秀	优秀	优秀	优秀	优秀	优秀	一般
10～25m	优秀	优秀	好	一般	低	优秀	优秀	好	未推荐
25～50m	好	好	低	低	未推荐	优秀	好	一般	未推荐
>50m	好	好	未推荐	未推荐	未推荐	一般	一般	低	未推荐

（续表）

参　数	垂直注射井	垂直注射井再循环	水平注射井	直接推进	土壤混合	水力—结构ISCO的分布修正	气动—结构ISCO的分布修正	沟注 /幕注	表面应用或渗水廊道
场地活动干扰程度									
地上活动的影响[c]	轻微	中等	很轻微	中等	很大	轻微	轻微	轻微	轻微
地下活动的影响[d]	轻微	轻微	轻微	中等	很大	中等	中等	中等	轻微
修复不同质量分布污染物的能力[e]									
很低	优秀	优秀	优秀	优秀	优秀	优秀	优秀	优秀	优秀
低	优秀	优秀	优秀	优秀	优秀	优秀	优秀	优秀	优秀
中等	好	优秀	优秀	优秀	优秀	优秀	优秀	好	优秀
高	好	优秀	优秀	优秀	优秀	优秀	优秀	一般	好
很高	一般	好	好	好	优秀	优秀	优秀	低	一般

注：[a]不推荐；[b]可供选择的材料晶体间距；[c]建筑、道路、限制区域等；[d]公共基础、公共事业设备等；[e]很低指污染物浓度小于等于10mg/kg或小于100μg/L，低指污染物浓度为10～100mg/kg或0.1～1mg/L；中等指污染物浓度为100～1000mg/kg或1～10mg/L，高指污染物浓度为1000～10000mg/kg或10～100mg/L；很高指污染物浓度大于等于10000mg/kg或大于100mg/L。

案例9.2是一个野外场地通过选择垂直注射井注入过硫酸盐（螯合铁活化）的方法。这些筛选表显示，采用直接推进法注入更为有效，然而每种方法的成功程度是可以预见的。实际上，直接推进过硫酸盐的方法实现了75%的污染物质量去除，以及使污染物浓度降低90%。后续的MNA作为场地长期治理战略的一部分，以达到预期治理目标。案例9.3也是一个野外场地，不过被注入高锰酸钾。该案例显示只取得了40%的四氯乙烯浓度降低，并且具有高传递背压，因而该处理方法被认为是不成功的。

案例9.2　ISCO技术详细筛选之一

在案例9.1中介绍了场地X的特点，再次寻找哪些氧化剂（S）和传递方式（ES）最有利于场地X的条件。

污染物：
- 氯苯。
- 地下水中CVOCs浓度高达30500μg/L，土壤中CVOCs浓度高达40000μg/kg。
- 一些地区怀疑有DNAPL。
- 在地表以下3.05～9.15m影响最大。

地质 / 水文条件：
- 冰碛土层。
- 渗透性和异构性。
- K= 5.24m/d。

补救行动目标：
减少污染物质量。

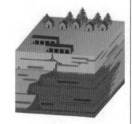

响应： 查阅表9.6，在"氯代芳烃污染物"的范畴，它呈现碱性，热或过氧化氢活化是治理氯苯最可行的选择。在激活或催化氧化剂的方法中，如果需要的话，将进一步利用表9.7对场地地球化学特征（在本例中未提供）进行评价。在典型的或常见的场地条件下，多数方法是可行的。表9.8显示最成功的传递方法包括直接推进法、垂直注射井注射或渗透。最后，表9.9匹配特定站点的水文地质条件、可行的传递方法。下面的表格总结了表9.9的结果，作为使用表9.8中选项的辅助。

	垂直注射井	直接推进	表面应用性或渗透性
疏松介质	优秀	优秀	优秀
高水力传导系数	优秀	优秀	优秀
异质性程度>1000	持平	良好	较差
随机异质性	持平	良好	持平
低到中等传递深度	优秀	优秀	较差
能够处理非常高质量密度的污染物	持平	良好	持平

案例9.3 ISCO技术详细筛选之二

看一个附加的对比场地Y:哪个氧化剂(S)和传递方法(ES)最有利于场地Y的条件?

场地Y:在地下水中四氯乙烯的最大浓度为6500µg/L,在多孔介质中四氯乙烯的最大浓度为4900mg/kg。场地中是否含有DNAPL未提及。通过场地特性的活动,已确定的最大污染物的影响是地下1.53～3.66m。此处主要防渗(黏土)均质,平均水力传导系数大约为0.03cm/d。现场的治理目标是将四氯乙烯的浓度降低到500µg/L。

污染物:
- 地下水中PCE最大含量为6500µg/L,在含水层固体中PCE的最大含量为4900mg/kg。
- 在项目文件中场地是否含有DNAPL没有提及。
- 污染限制在地下1.53～3.66m。
- 如果采用挖掘技术,多孔介质是《资源保护和回收法》(RCRA)F所列的。

地质/水文条件:
- 黏土层。
- 防渗且均质。
- K=0.03cm/d。

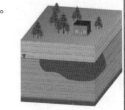

补救行动目标:
- 将地下水中四氯乙烯浓度降低到500µg/L。

回应:查阅表9.6,根据"常见氯化溶剂"的范畴,可以看到所列氧化剂可以达到的PCE修复效果。与前面的例子一样,在激活或催化氧化剂的方法中,如果需要的话,将进一步利用表9.7对场地地球化学特征(在本例中未提供)进行评价。在典型的或平均的场地条件下,多数方法是可行的,具有较高预期的成功概率。表9.8表明,几乎所有传输方法都具有基于广泛适用性氧化剂的生存能力。表9.9中的选项适用性较小。土壤混合法,或者液压、气压破碎等方法建议用于低渗透性场地部位,土壤混合法可能更适用于浅层传递深度的污染物。

9.2.7 原位化学氧化方法耦合

如果按照9.2.6节描述的原位化学氧化修复方法详细筛选过程所保留下来的方法,只考虑"公平"或不太有利,添加一个前置或后置原位化学处理技术或方法,会显著增加项目的价值及其可行性。第7章详细介绍了原位化学氧化修复方法与其他技术或方法耦合的原理,所以本章只对其进行总结。

原位化学氧化修复方法可以与(同时间、同地点)其他技术结合,以提高达到场地修复目标的能力。虽然文献和实地案例提供的信息有限，但可以得到原位化学氧化修复方法与其他技术同期耦合的理论依据为：

- 表面活性剂/助溶剂冲洗可以提高污染物溶解度，因此，COCs 在水溶液中更容易被氧化剂降解。
- 热技术可充当活化剂（如热活化的过硫酸盐）或在原位化学氧化期间提高反应动力。
- 泵和治理，可以在循环系统利用现有的基础设施，或者诱使梯度影响氧化剂在地下的迁移。

表 9.10 和表 9.11 分别介绍了原位化学氧化修复同时与其他技术应用，或应用于其他技术之前的注意事项（如 9.2.5 节与表 9.5 中所描述的在其他技术之后应用原位化学氧化修复）。

表 9.10　在低水平污染物浓度毗连区，当其他修复技术和方法与 ISCO 在同一时间应用时的注意事项

在低水平污染物浓度区域顺梯度修复或毗连的ISCO修复					
使用的氧化剂	强化微生物修复		反应障碍	ISCO	MNA
	需氧	厌氧			
过氧化氢	+溶解有机物部分氧化(溶解有机碳[DOC])；ISCO 过程在顺梯度修复区域会增强好氧生物的修复能力	+过氧化氢加入后好氧生物的降解活性会增强	-氧化剂在地下不起作用，氧化过程会产生高度氧化和有氧条件，从而对厌氧生物的降解起到抑制作用；		-如果在修复后，出现持续低pH值的状况，而在这种情况下，不适合过硫酸盐的活化；*过氧化氢不会对后续高锰酸盐处理造成影响	-如果含水层缓冲能力低，则pH值的变化会对顺梯度区域的生物活性不利；+臭氧有利于顺梯度区域的MNA
过硫酸盐		+溶解有机物部分氧化（溶解有机碳[DOC]）；ISCO 过程在顺梯度修复区域会增强或抑制厌氧生物的修复能力	*在顺梯度修复区域，根据呼吸途径，判断硫酸盐会增强或抑制厌氧生物的降解作用	-硫酸盐的释放会造成不利的物理化学状况，并导致Fe PRB污染，虽然只在很少案例中出现，但该污染能用化学方法避免	+可和过氧化氢共存，因为过氧化氢可以作为过硫酸盐的催化剂；-如果使用腐蚀性的活化剂或处理后出现持续高pH值的情况，将对过氧化氢催化过程不利；+金属氧化会增加电子受体，从而增强生物修复能力；+由于有机物部分氧化，ISCO有助于顺梯度区域的MNA	*ISCO通常不影响顺梯度区域的生物机制；-如果顺梯度区域的地理化学状态不适合金属吸附／金属降解，ISCO造成的金属释放会导致金属含量超出地下水标准；+金属氧化会增加电子受体，从而增强生物修复能力；+如果含水层缓冲能力低，则腐蚀性硫酸盐的加入造成pH值的变化，会对顺梯度区域的生物活性不利；-硫酸盐有利于顺梯度区域的MNA
高锰酸盐				-高锰酸盐会氧化表面PRB，从而降低活性	-残留的高锰酸盐会对后续的过硫酸盐处理效果产生影响	
臭氧	+在臭氧加入后好氧生物的降解活性会增强					臭氧有利于顺梯度区域的MNA

注：+代表积极作用；-代表消极作用；*代表兴趣点。在一定范围内，联合修复方案的影响可适用于表中所列的氧化剂或特定的氧化剂。

表 9.11　在 ISCO 实施后，其他修复方法和技术应用于污染羽目标修复区时需要注意的事项

污染水平	后置ISCO处理	前ISCO方法			
		过氧化氢活化过硫酸盐	过硫酸盐	高锰酸盐	臭氧
低	筛选	+ISCO可用来减少RCRA控制的混合物，由此减少废物产量、降低成本			
高或低	增强的化学修复	有氧	+部分氧化有机物（DOC）的残留会增强有氧生物的降解能力			
			+氧残留会增强有氧生物的降解能力			+氧残留会增强有氧生物的降解能力
		厌氧	+残留DOC会增强厌氧生物的降解能力； -氧化剂在地下不起作用，氧化过程会产生高度氧化和厌氧条件，而对厌氧生物降解起到抑制作用			
高或低	增强的化学修复	厌氧		*在顺梯度区域，根据呼吸途径，判断硫酸盐会增强或抑制厌氧生物降解	*MnO$_2$固体会减少污染物迁移，维持高氧化还原电位； *MnO$_2$会被生物降解，使得污染物更好迁移	
低	金属减少区或反应障碍区			-残留的硫酸盐会对亚铁反应不利	-残留的高锰酸盐会使铁表面钝化	
低	监控自然衰减	*需要一段时间来显现其对修复效率的影响，可能取决于特定场地条件，如土著微生物群落、地球化学和水文条件 +源区域质量流量的减少可能会增强MNA的有效性，也会导致羽状物分解 +残留DOC会增强生物活性			
		*在顺梯度区域，根据呼吸途径，判断硫酸盐会增强或抑制厌氧生物降解			

注：+代表积极作用；-代表消极作用；*代表兴趣点。在一定范围内，联合修复方案的影响可适用于表中所列的氧化剂或特定的氧化剂。

应适当查阅每个原位化学氧化法耦合表，确定是否有机会将原位化学氧化法与其他技术和方法协同起来。表 9.10 和表 9.11 提供了增强耦合方法需要注意的事项和 / 或原位化学氧化修复方法的设计和实施需要考虑的注意事项。

9.2.8　原位化学氧化方法的筛选结果

本节介绍了图 9.2 中判断过程 D 和判断过程 E。判断过程 D 筛选的基本过程很简单。如果筛选过程 3（ISCO 技术详细筛选）和 / 或筛选过程 4（耦合修复的考虑）的结果是，没有可行的 ISCO 或可耦合的 ISCO 方案，就需要考虑其他的替代补救措施。当有可行的 ISCO 方案时，下一步是观察 CSM 在 ISCO 概念设计过程的评估数据是否充分。当项目方对 CSM 的不确定性可以接受时，ISCO 概念设计过程就开始了。当 CSM 的不确定性较高，项目方难以接受时，项目相关方应考虑 CSM 的哪些方面是不能被接受的，并在概念设计开始之前努力收集更多的数据以减小不确定性，使其达到可接受的水平。当可行的 ISCO 方案出现，并且有充分的数据支持它时，建议筛选概念设计的前几个方案。在 ISCO 概念设计时，若 ISCO 方案相同或相近，则项目相关方的主要目标是缩小选择方案数目的标准。

9.3 原位化学氧化系统的概念设计

9.3.1 简介

原位化学氧化概念设计过程为原位化学氧化技术筛选后保留的原位化学氧化方法的详细评估提供了机会，以确定该方法的可行性。概念设计过程包括分析每个原位化学氧化方法的属性，以寻求更好的设计方法。在这个阶段，设计因素如氧化剂注射点间距、注射点数量、注射体积和其他因素都应被考虑在内。

概念设计过程包括两个层次。第一个层次包含场地现有信息的分析，在必要时做出合理假设，以达到迅速评估各种原位化学氧化方法和缩小选择范围的目的。然后，进行不确定性分析，以确定概念设计的第二个层次是否有必要。如果有必要，第二个层次附加的信息应包含关于场地通过实验室测试的信息、关于现场测试，以及关于减小原位化学氧化法（该原位化学氧化法要求处理效果达到可接受的限值）的不确定性的模型。

以下描述一个按照开发特定场地原位化学氧化概念设计的过程。下面的信息对应图9.3中描绘的过程和判断点，以及类原位化学氧化技术的筛选（见图9.2），图中的数字代表处理步骤，字母代表判断点。

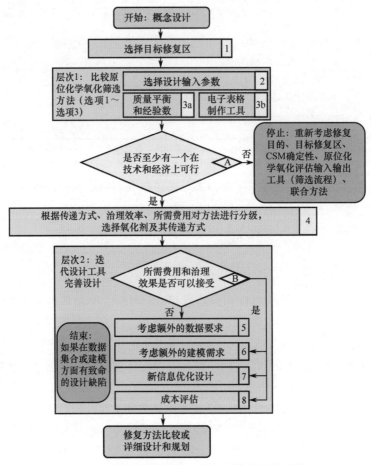

图9.3 原位化学氧化概念设计开发的判断逻辑

9.3.2　目标修复区

目标修复区可以被确定为通过原位化学氧化处理地下的三维区域。对该三维区域的水平方向（例如，在地图上的边界）和垂直方向（针对性的深度间隔）进行确定。确定目标修复区不是一件容易或简单的事情。整个场地的修复目标和可用时间通常是定义目标修复区的主要因素。以下是可能的注意事项：

- 如果在很短时间内达到 MCLs 或基于风险的处埋标准是不变的，那么，目标修复区应根据地下水超标 MCLs 的程度最佳值来确定。
- 如果达到 MCLs 或基于风险的处理标准是一个长期的目标，那么，目标修复区可以缩小界定范围，用 MNA 来管理原位化学氧化目标修复区外的受污染区域（见 9.2.7 节）。
- 如果质量去除是目标修复区的治理目标，所期望的质量去除程度必须被确定。而目标修复区去除的这部分质量可以确定。
- 减少质量通量是一个可能被使用的相对较新的目标（见 10.4.2 节）。如果质量通量减少是原位化学氧化的处理目标，那么，目标修复区应根据原位化学氧化的处理有效性和目标修复区外未处理的 COCs 的后续迁移来估计（包括简单模型或复杂模型）。

目标修复区的深度间隔可以通过有针对性地对大多数污染的表层进行深度—地下剖面（包括多孔介质和地下水）离散分析来确定。膜界面探针（MIP）或类似的现场工具也可被用于帮助理解污染与深度和 / 或不同类型岩性的 COCs 质量（COCs 是被黏土携带的，还在较高渗透性砂岩中存在，见 10.4.2 节）。

在确定的目标修复区有一系列完美的数据是很少见的，因为总会存在一些不确定性。额外的数据文件可以在原位化学氧化概念设计阶段被收集，如 9.3.5 节所述。一种替代方法是根据观察法和可用信息进行第一次原位化学氧化注入氧化剂。目标修复区的第二次氧化剂注入根据第一次注入后得到的结论和随后的监测性能进行调整（见第 12 章）。

9.3.3　一级概念设计

一级概念设计使用当前 CMS 和原位化学氧化提供的筛选结果完成。
- 原位化学氧化系统适用性的初步评估和成本估算。
- 根据原位化学氧化筛选表，对保留的原位化学氧化法进行比较（见 9.2.8 节）。
- 原位化学氧化性能上的灵敏度信息（例如，氧化剂输送 ROI）和各种设计参数的成本（例如，氧化剂的浓度和注射体积）。

1. 设计注意事项

一级概念设计的第一步是选择合适的设计参数。主要设计参数（不管其在具体设计方案中是否涉及）如下。
（1）TTZ。
- 治理区。
- 饱和区的厚度。
- 移动带饱和区的厚度百分比面积（通常体积比为 5% ～ 80%）；可以通过示踪剂或

实验测试来评估。

- 总孔隙度（通常 n 为 $0.15 \sim 0.40 V/V$）。
- 堆积密度（通常为 $1.4 \sim 1.8 \text{kg/L}$）。

（2）污染物浓度和剖面分布图（用深度—离散数据空间表述目标修复区）。

（3）所需氧化剂浓度和所需持续时间（基于污染物质量、氧化剂持久氧化导致的污染物分解和 NOD）。

（4）NOD（通常表示消耗氧化剂质量／介质质量）：主要适用于高锰酸盐系统。

（5）氧化剂注射量／氧化剂传递量（通常为 $1 \sim 3$）。

在原位化学氧化地下水系统中，一个关键的设计参数是"移动带的厚度"。其含义是原位化学氧化注入的氧化剂实际迁移的体积分数。因为地下的异质性和多孔介质的水力特性可变性，注入的氧化剂溶液只通过饱和形成区域的一小部分进行对流传输。在有些场地，这种现象在枯燥的记录中是显而易见的［例如，对流主要通过粗粒度层（如金沙）发生，少部分通过细粒度层（如淤泥和黏土）发生］。但是，即使在相对均匀的地下区域，要使对流主要通过地下的不同部分，只要液压传导率有很小差异即可。这些差异可能无法轻易在审核枯燥的记录时觉察。相比目标修复区的总厚度，小的移动带可能对处理结果产生负面影响。例如，如果在低渗透层的污染物由于前期修复长期暴露于 COCs 中，氧化剂不太可能和污染物反应及向后扩散，可能使地下水中的 COCs 浓度维持在修复目标以上。小的移动带往往会导致高 ROI，因为从注射探头或注射井注入的氧化剂会比径直活塞流迁移得更远。这可能会使实现给定 ROI 的成本更低。从枯燥的记录中获得的信息可以为移动带的厚度提供一个合理的估计。然而，设计参数的不确定性应考虑在内，其灵敏度也应在概念设计阶段进行评估（Payne et al., 2008）。

在高锰酸盐处理实验中，最重要的设计参数之一是 NOD（见 3.3.1 节）。在没有 NAPL 的情况下，NOD 通常远远超过与 COCs 反应的氧化剂的消耗量。在一级概念设计时，实际测量的 NOD 可能无法使用。在不同地方，NOD 不同，有些场地低于 $0.1 \text{g MnO}_4^-/\text{kg}$ 介质，有些场地却接近 $100 \text{g MnO}_4^-/\text{kg}$ 介质。多孔介质中的有机质含量增加一般会使 NOD 显著增加、生物量增加，而矿物质减少。在缺乏特定站点的 NOD 数据的情况下，一系列值可以用于确定设计参数对 NOD 的影响。为了降低不确定性，强烈建议对目标修复区的 NOD 进行测试，因为这是目前定量评价 NOD 唯一的、可靠的方法。

通常，由于这些氧化剂的化学反应，NOD 值对于过硫酸盐、CHP 和臭氧不适用（见第 2 章、第 4 章、第 5 章）。也就是说，只要该氧化剂与地下的试剂接触（例如，传递活化剂，需要减少的矿物质），就会影响其分解生成自由基物质，氧化剂将 100% 随时间被消耗掉。相对 NOD 值而言，氧化剂随时间的持久性是过硫酸盐、CHP 和臭氧比较合适的物理设计参数。

另一个原位化学氧化关键设计参数是用来传递化学品和实现原位化学氧化治理目标而需要注射的次数。在 88 个包含注射次数的完整的案例研究技术项目数据中，75% 的案例使用 1 种以上的输送（输送氧化剂）方式，45% 的案例使用 2 种或 3 种输送方式，58% 的案例用 $2 \sim 4$ 种输送方式。案例的输送方式的平均种数为 2.8 种（这些数据不包括需要长时间输送氧化剂的臭氧化或过臭氧化案例）。相关内容的更多细节在第 8 章中可以找到。多次注入会增加成本，但可以在第一次注入的基础上对设计进行修改和优化。应用、衡量和调整设计的想法与观察法是一致的。

2．一级概念设计的方法

多种方法可以用来完成原位化学氧化的一级概念设计。此处介绍两种方法，更复杂的方法已在第6章进行了详细描述。使用哪种方法取决于所考虑的原位化学氧化需要达到的目标，即信息的可用性和设计的目的。在某些案例中用到联合氧化法（前一个步骤使用一个简单的化学氧化法，后一个步骤使用一个复杂的氧化方法）。这可能是合适的，因为它可以帮助识别输出结果，并对典型设计的输出结果进行排序。一级概念设计早期要解决的问题如下：

- 注射井的间距或输送点的行间隔；
- 在每个注射位置输送的氧化剂质量和浓度；
- 注射氧化剂的流速、总体积和输送持续时间；
- 氧化剂注射的次数。

1）一级质量守恒的设计方法

质量守恒法（见案例9.4）加经验法是一种常用的方法。这种方法的主要组成部分包括：①对指定输送方法的、原位化学氧化筛选过程中的输送结果进行评估；②根据类似地点或条件（通常取决于形成的特点和使用的氧化剂）经验，选择注射井/点的间距；③基于经验和/或特定的已知的化学特性，选择适当的氧化剂流速和浓度；④用质量平衡来计算所需氧化剂的质量。根据质量守恒定律，高锰酸盐或未活化的过硫酸盐等氧化剂会被慢慢耗尽，应计算NOD值（已在3.3.1节中进行了详细讨论）和污染物的化学计量需求。相反，经历快速分解的氧化剂遵从质量守恒定律，第2章、第4章、第5章分别描述了CHP、活化过硫酸盐、臭氧的降解速率的估计值。所用氧化剂的质量是根据目标修复区和经验质量负荷比（氧化剂质量/含水固体质量）确定的。

一般，过氧化氢、过硫酸盐和其他氧化剂系统的设计取决于活化剂的分配，以及上述氧化剂化学（过氧化氢或过硫酸盐）特性。氧化剂和活化剂/催化剂可依次加入，如热活化或碱性活化过硫酸盐或过氧化氢活化最常见；也可同时加入氧化剂和活化剂/催化剂，如柠檬酸铁活化过硫酸盐也很常见。此外，为支持一级概念设计，实验室研究会选择最佳的化学参数，以最大限度地提高氧化剂的分布、污染物的降解，并避免操作问题（如过多的热量或气体逸出）。有很多因素会影响氧化剂的氧化效果；特殊因素优化研究可能包括活化剂类型、稳定的修正、活化剂浓度、氧化剂浓度和pH值。优化这些因素的原因和步骤在附录D.2有更详细的讨论。关于过氧化氢、过硫酸盐和臭氧等催化剂、活化剂和调节剂的其他细节可以参见第2章、第4章、第5章。

表9.12是对原位化学氧化在场地的应用实例的回顾，提供了这些案例研究报告中设计参数中位值的概述（更多细节见第8章）。虽然这些信息是有趣的，但它并不一定表明这些应用都设计了"合适"的设计参数，也并未表明所有这些案例研究都成功了。在选择这些设计参数值之前，"好的"设计方法和"好的"场地位置需要纳入考虑。

在已达到原位化学氧化修复目标的受污染场地中，每种注入液都有更长的持续时间和更大体积的氧化剂输送（见第8章）。对68个原位化学氧化历史案例的回顾显示，输入场地目标修复区的氧化剂溶液的平均体积仅约0.10PV。一个专门的调查（Cooper et al., 2006）表明，在目标修复区注入的氧化剂平均溶液量为0.10～0.30PV。有趣的是，在上述68个原位化学氧化历史案例中，被注入到目标修复区的氧化剂量约为0.50PV，在这些场地可以达到90%或更高COCs浓度降低的目标标准。

2）第一层分析模型设计方法

一个相对简单的分析模型相比质量平衡法能够为决策提供更强的说服力，该分析模型主要对原位化学氧化中不同参数的实验方法进行直接比较。可以基于分析模型和质量守恒法考虑的概念设计的参数包括：

- 水力传导系数的变化；
- 地下非均质性的定量或半定量了解；
- 氧化剂需求/分解动力学和氧化剂运输（通常由实验室或野外实验研究确定）；
- 氧化剂 ROI 的期望重叠百分比。

案例9.4　应用质量守恒定律设计的原位化学氧化

　　合适的氧化剂传输的间距、氧化剂浓度、氧化剂传输的质量，以及氧化剂传输的流速和体积、场地氧化剂传输次数分别是多少？

回顾案例 9.1 和案例 9.2 中场地 X 的特点：在多孔介质和地下水中含有高浓度的氯苯，可能有 DNAPL。经过原位化学氧化的筛选过程后，最可行的方法是场地通过直推探头/井输送过硫酸盐。由于可能需要多次注射，本案例选用注射井。污染物研究区域为长 30.48m、宽 30.48m 在地下 3.048～9.14m 的长方体。	**污染物**： • 氯苯。 • 含氯挥发性有机化合物总量在地下水中的浓度高达 30500μg/L，在土壤中的浓度为 40000μg/kg。 • 在一些可能有 DNAPL 的区域。 • 在地下 3.048～9.14m 区域的影响最大。 **地质/水文环境**： • 冰碛土层。 • 渗透性和异质性。 • K=15.24m/d。 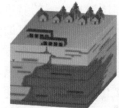 **修复目标**： • 减少污染物质量。

　　回应：注射井常见的间距大约是 6.096m，转化成一个注射点分布为 5 个×5 个的网格，即 25 个注射井。使用氧化剂剂量为 4g 过硫酸盐/1kg 介质（略高于如表 9.12 所示的值），需要氧化剂的近似质量为 3995kg。注意以下假设：

- 5663.36m³ 目标修复区（宽 30.48m×长 30.48m×深 6.096m）。
- 容重 =17638kg/m³，因此，介质质量大约为 908000kg。

　　由于现场污染物质量很高，所以在目标修复区输送的氧化剂溶液约为 1PV 的设计应该被考虑（中位数以上的值如表 9.12 所示）。1PV 约等于输送氧化剂 2265m³（假设 n=0.40）。在 2.3×10⁷L 溶液中需要输入浓度 1.7g/L 的过硫酸盐 29500kg。如果预算允许，可以用 2～10 个不确定因素，过硫酸盐输入浓度为 3.4～17g/L（在其"正常"输送范围内）。对于这个例子，碱性活化过硫酸盐可以假设是有效的，地上活化部分可被使用。活化剂/过硫酸盐的质量比为 1：2。如果同时向 8 个注射井注射氧化剂，合理的输入体积约 45.46L/min，注射时间为每天 8h，每个场地注射的预期时间是 16d。在污染物质量很高的情况下达到最大质量去除，预计该场地有两个以上注射井能够达到预期效果，而保持目标的标记是很重要的。这个场地的修复目标是达到一定的污染物质量去除，因此，可以假定后续有针对性地在目标修复区进行注射的初始过程。如果污染物质量去除效果很好，则可以把观察重点放在热点地区随后的修复中，减少注射井的数目，增加注射井间距，减少注射液体积，并降低每个注射井的注射时间。例如，第二次注射质量和体积为第一次注射质量和体积的 75% 是合理的假设。第 13 章介绍了使用本例的估算成本。

与质量守恒法相比，权衡实施一级概念设计的分析建模方法，需要更多准确的场地数据（虽然在初始比较中，有些参数可以假设，并进行后续提炼）。此外，关注分析模型的不确定性很重要。因为模型公式和输入值是不完整的，所以不应过分看重模型的输出结果，而是适当参考。

6.9.3 节更详细地描述了可以相对迅速和直接对比不同原位化学氧化方法的分析模型设计方法，并将其命名为原位化学氧化概念设计或 CD 原位化学氧化概念设计。CD 原位化学氧化概念设计根据注射探头/井的地下环境进行建模，因为从氧化剂注射点径向扩张的一系列区域属于完全混合反应区，它是通过一个电子表格工具来实现的。该模型虽然是简化版的地下溶剂转移数学模型，但是相比质量守恒法其确认重要参数更有优势。CD 原位化学氧化概念设计的输出是当氧化剂的输送方式为探针注入或注射井注入（两种常见的输送方式）时设计的 ROI。在设计时需要对所需 ROI 进行评估，而不同设计方法和不同场地特征的最初成本比较决定了 ROI；也需要评估哪个 ROI 对特定特征场地是最灵敏的（如氧化剂类型、氧化剂需求/反应动力学、移动带百分比等）。正如 9.3.6 节解释的，这种想法注重收集现场的关键数据，以减少设计数量和不确定性支出。

表 9.12　原位化学氧化案例中氧化剂常见的技术设计参数的中位值（见第 8 章）

	高锰酸盐	CHP	过硫酸盐	臭氧
设计ROI中间值	4.57m（$n=33$）	4.57m（$n=35$）	3.81m（$n=6$）	7.62m（$n=6$）
观察到的ROI中间值	7.62m（$n=13$）	4.57m（$n=8$）	6.096m（$n=3$）	12.192m（$n=3$）
氧化剂剂量的中间值（g 氧化剂/kg 介质）	0.41（$n=37$）	1.2（$n=21$）	3.4（$n=7$）	0.041（$n=5$）
注入氧化剂的中间PVs值	0.16（$n=34$）	0.086（$n=27$）	0.82（$n=7$）	—
注入氧化剂方式的中间值	2（$n=70$）	2（$n=63$）	1（$n=11$）	1（$n=16$）
注入氧化剂的持续时间的中间值（天）	4（$n=49$）	6.5（$n=48$）	4，5（$n=8$）	280（$n=16$）

注：n 为符合场地的数目。

一级概念设计过程 3a 或 3b 如图 9.3 所示，初步成本估计可以帮助优化设计方法和比较选项。例如，CDISCO 有特定目标修复区的成本估计这一步骤，包括注射的 ROI 重叠占比（%）、计划注液方式的数目、固定成本、单位注射点的安装成本、化学试剂的数目、注液的劳动成本等。注液方法可能有两种：通过临时的直接推动探针，通过注射井。成本因素包括调动、人力、材料、设备租赁、行程和分包商的成本。成本在详细设计和确定设计后（见图 9.3 过程 8）进行全面分析。

9.3.4　概念设计方案的可行性

原位化学氧化概念设计的下一步如图 9.3 判断 A 所示。这一判断是基于一级概念设计出现的可行原位化学氧化方案的技术和经济可行性进行的。该判断基于以下几个方面。

（1）能够进行设计试验，需要考虑的因素如下：

• 传递点间距的实用性；
• 所需氧化剂的体积和质量的实用性；
• 高于或低于地面基础设施的潜在干扰；
• 设计氧化剂浓度的安全处理。

（2）项目预算约束。

基于成本问题讨论，如果没有一个原位化学氧化技术被认为是可行的，那么应考虑下面的选项：

- 重新确定目标修复区；
- 重新评估一级概念设计输入参数值；
- 重新评估 CSM 的确定性，并收集需要的数据（表 9.1 中列出了数据需求建议名单）；
- 重新修订原位化学氧化技术筛选过程，特别要注意联合方法（见 9.2.5 节）或更积极的传递方法，如土壤混合或再循环系统（见 9.2.6 节）。

如果有多个 ISCO 技术被认为是技术上和经济上可行的，则接下来对原位化学氧化概念设计过程的所有可能选择的氧化剂和传递方法进行排序。

9.3.5 氧化剂和传递方法选择的排序

概念设计过程 4（见图 9.3）是依据一级概念设计中的方法（1 ～ 3 种 ISCO 技术）实施的，它包括所有可行 ISCO 技术的比较（氧化 / 传输方式组合），这在案例 9.5 中有说明。这一阶段 ISCO 的选择和设计过程应该重复进行，根据特定场地条件和 ISCO 筛选过程中的污染物特点，已经证实 ISCO 是一个很好的修复方法（如果能够使氧化剂和污染物接触，很有机会能达到 COCs 降解的目的）。因此，在 ISCO 技术筛选中，这个过程的排序标准主要关注氧化剂在这种传递方式下的有效性和相关影响因素，具体如下。

1. 传递的有效性

考虑到在一级概念设计中的注入设计因素已经评价，此标准关注的只是该传递方法实现氧化剂和污染物接触的能力。通过大量参数重复进行一级概念设计基本上可以评估注射点的 ROI 和其他设计特点。更简单的方法（质量守恒方法和分析模型方法），不确定性通常有效果预测。越简单的方法（质量守恒方法与分析模型方法），在预测传递的有效性方面确定性越低。

2. 处理性能的确定

考虑到场地因素会在氧化剂注入和反应时影响目标修复区 COCs 的量，确定一个 ISCO 设计可以达到修复目标处理性能的可能性，如由于存在 DNAPL 而反弹，或者由于污染物在低渗透层的向后扩散而反弹。在评估这个标准时，考虑的首要问题是，"该注液设计氧化性是否足够（适当注射 ROI 重叠占比和足够数量的注液次数），考虑到 CSM 的不确定因素，是否能使得 ISCO 达到修复目标？"这种评价的过程也会受到除 CSM 外其他因素的影响，如法律修复要求、ISCO 场地之后的管理方法，以及 ISCO 后耦合的技术或方法是否可以实现。

- 成本。对这一标准的筛选成本进行比较。这些粗略的成本应与项目预算进行比较，确保有足够资金支持 ISCO 过程。
- 成本确定性。一种 ISCO 技术能够在最小非预见成本及改变顺序的情况下顺利运行以确定成本的可能性。不可预见的费用可能源于需要额外注射点，具有更高氧化性的注液方法、更高的氧化剂用量和 / 或比计划更多的注液次数。因为氧化效果确定，成本确定会根据设计因素，如 NOD 值、污染物质量 / 分布、地下异质性（在注液过程中移动带的厚度）和设计注液的氧化能力而变化。

- 可执行性。在现场实际条件（如注射井布置、场地活动的干扰、地下和地上基础设施的存在，以及由于注液器材临时安置／存储的空间限制）下对这项标准进行评估。
- 公众和工作人员的安全。此标准的评价考虑的是一种处理方法在处理过程中的潜在危险。在安全方面需要考虑：在氧化处理过程中接触氧化剂的风险；在注液过程中在氧化剂前暴露的风险（如注液器材表面或注液管路）；氧化剂意外与可燃／易燃材料混合，由于副产物的生成（如高浓度过氧化氢产生的氧）和自加速分解（和周围材料燃烧时生成的物质），当存储的氧化剂在热量和水分中暴露（如过硫酸盐）而引起爆炸的风险。

这些标准对不同利益相关者的优先级不同。例如，在某些场地或对于某些项目相关者，最优先考虑的是 ISCO 处理的性能。因为环境法规和 ISCO 的修复目标必须达到场地修复目标的要求。在某些场地，基于场地基础设施的复杂性，修复方法的可操作性是主要考虑的因素。项目相关者应该对评价标准有一个相对重要性／权重评价，然后根据达成标准的可能性对每种技术进行排序。分配权重乘以排序号可得出每种 ISCO 技术的总分。

案例 9.5 在概念设计时 ISCO 技术排序

假定在特定场地下列问题会影响 ISCO 技术的有效性和可执行性，哪种氧化剂和传递方法最有利?

ISCO 概念设计时有两种可作为有水和路的开放场地修复的方案。场地对氧化剂的需求高且频繁，还没有关于场地的预算，项目相关方要求方案具有快速、高利润的特点。

回应：项目相关方，包括设计团队，制作了下列表格来比较两种方案。权重是在没有预算控制的前提下处理的迅速程度。设计团队对方案符合标准的程度进行估算。数字 1 代表低可能性，数字 5 代表高可能性。各项权重和分数相乘之和为总权重。方案 1 因总分最高被选来用作后续设计。

ISCO 选项排序

标 准	权 重（%）	方 案 1	方 案 2
传递效能	40	5	2
修复性能确定性	30	1	2
成本	0	3	3
成本确定性	0	1	5
可执行性	10	2	2
公众和工作人员安全	20	2	2
总分（总权重）	100	2.9	2.0

9.3.6 二级概念设计

1. 成本和性能可信度

二级概念设计的目的是：①用新数据完善设计；②为可行性研究提供数据（将 ISCO 与其他方法对比）；③如果选择了 ISCO 方法，为完善设计提供基础。

二级概念设计的第一步是确认在离开一级概念设计的情况下，其成本和性能可信度是否可以接受，或者是否需要收集更多的数据（见图 9.3 判断 B）。在一级概念设计时，在输入参数的可能范围和评估结果范围不确定的情况下，一系列迭代设计方案都应该纳入考虑。

应急评估可以帮助降低概念设计需要统计数目的不确定性，以及帮助确认 ISCO 设计的预算成本和修复效果的可信度是否可被接受。应急评估的结果可以被用来评估是否需要继续现在的概念设计，或者是否需要回顾实验数据和设计基础；也可以为之后的 ISCO 详细设计和计划流程做初步设计（见 9.4 节）。评估结果可以为项目相关者提供一个设计框架，即考虑潜在修复效果的范围，估算项目成本和项目时间表对项目的影响。在第 11 章中有更详细的关于估算项目成本和修复效果可信度的应急评估流程的讨论。

虽然不常见，估算项目成本和修复效果可信度只在一级概念设计中可接受。现阶段认为，判断一个场地的可信水平是否可接受的前提包括：

- 当与氧化剂持久性相关的大量数据可用时；
- 使用观察法并且其不确定性水平可接受时；
- 时间紧且项目相关方接受高水平不确定性时；
- 在界定明确的目标修复区存在低水平浓度的 COCs 时；
- 一个相对小的目标修复区（体积小于 $56.6m^3$）；
- 高度均匀和渗透多孔的介质；
- 达到目标处理能力的高度确定性；
- 在特定场地和设计方案方面有丰富经验；
- 弹性预算，或者项目经费高于预算成本。

案例 9.5（有弹性预算的例子）的修复效果和预算成本可信度是可接受的；然而，由于场地修复效果是优先考虑的要素，场地负责人可能会选择收集更多的数据以提高修复效果的确定性。

在一级概念设计中有大量的修复效果和预算成本不确定的地方，需要收集更多的数据（见图 9.3 过程 5）。在修复效果和预算成本可信度高的地方，额外建模（见图 9.3 过程 6）或改进方案（见图 9.3 过程 7）的预算成本低于准备一个可行性实验的预算成本（见图 9.3 过程 8）。

2. 考虑额外数据需求

收集额外数据的目的是优化 ISCO 方案，以及减少方案的修复效果和预算成本的不确定性。在修复效果和预算成本可信度判断 B（见 9.3.6 节）迭代过程发生的情况下，进行图 9.3 中的过程 5。要记住，如果观察法应用于生产，在第一次注液完成时，收集额外数据是 ISCO 运行的一部分。也就是说，第一次完全注液是收集额外数据的一部分。

数据收集可以优化 CSM，并缩小在概念设计中输入参数的范围。在特定场地条件下运用 ISCO 方案，下列数据需要被收集：

- 氧化剂需求及氧化持久性（NOD 程度和速度）；
- 污染物 / 氧化剂—污染物降解效果；
- 污染物解吸 / 溶解量；
- 处理时的中间体 / 副产物；
- 金属活动；
- 通过知道哪种氧化剂将被注入，了解氧化剂的输入量和部分信息。

通过在实验室进行不同方法、不同水平的小实验得到一系列数据，数据包括中试确定实验材料，现场中试评估场地修复效果。如图 9.4 所示的判断过程可以帮助选择合适的测试水平。通常，由于化学过程的不确定性（氧化能力持久性、污染物可降解性、不同氧化剂活化方法的结果），实验室实验已经能够满足这些要求。由于输送和迁移过程的不确定性，进行现场中试是有必要的。

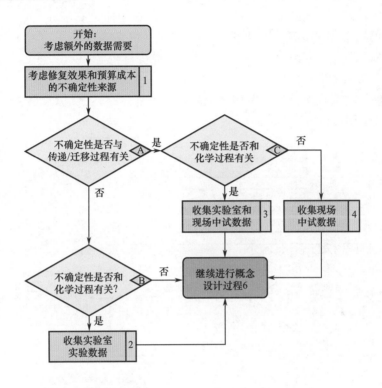

图9.4 二级概念设计的数据收集逻辑判断图

附录 D.1 和附录 D.2 是氧化剂氧化能力持久性、污染物可降解性、副产物评估实验检测的指导。附录 D.2 包括污染物解吸/溶解量、处理时的中间体/副产物和金属活动的评估过程。注意，污染物解吸/溶解量、处理时的中间体/副产物很重要，它们不是相对独立的，而是一个连续的过程。它们是同时进行还是连续进行是由场地所需数据决定的。附录 D.4 提供了现场中试指导，而场地规模是评价氧化剂氧化能力持久性、污染物可降解性、副产物等信息的一种手段。附录 D.4 也对氧化剂输送能力进行了评估。附录 D.3 是对这些实验室实验和中试相关的环境样品中出现的氧化剂和氧化剂浓度常用分析方法的总结。

3. 考虑额外的建模需求

- 如果修复效果和预算成本的不确定性在不可接受的范围内，就需要设计除一级概念设计参数外，包含其他参数的复杂模型。第 6 章详细讨论了这些参数及其应用范围。
- 在建立额外的模型之前，项目相关方应该详细审阅收集数据的目的。如果适合详细建模，现场水文地质和地球化学条件也应该被评估。另外，增加修复效果和预算成本确定性的数据也应该纳入考虑。在图 9.3 过程 7 中，因为需要解决优化设计中出现的问题，所以需要建立优化模型。出现的问题如下：

- NAPL 存在的影响；
- 污染源几何结构的影响；
- 氧化剂接触效率；
- 多孔介质非均匀性的影响；
- 氧化副产物的影响（高锰酸盐产生的 MnO_2 副产物）；
- 优化的传输方法（注液方式、注液体积、注液持续时间）；
- 氧化剂消耗速率的影响，如 NOD 反应动力学（快或慢）；
- 选取的氧化剂负荷和浓度；
- 设计输入参数的灵敏性分析。

如图 9.5 所示的建模决策逻辑图用来判断执行更复杂的 ISCO 模型是否合适或者是否可行。模型的判断步骤如下。

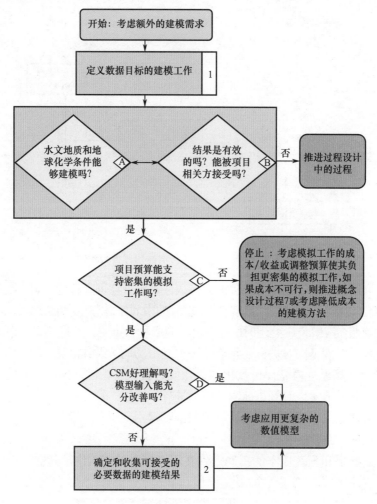

图9.5　二级概念设计中的建模决策逻辑图

- 确定数据目标。在概念设计过程中建立复杂模型的首要目的就是降低修复效率及预估成本的不确定性。在选择模型之前应确定导致不确定性的因素有哪些。

- 在适应水文地质和地球化学条件前提下进行建模，即特定场地的水文地质和地球化学条件建模。
- 预算。预算是否可以支持密集的建模支出？在概念设计阶段建模的成本—效益有哪些？如果采用观察法，在 ISCO 初始执行过程中，项目团队应该考虑收集更多数据。然而，如果 ISCO 项目增加（第一阶段收集的数据可以用来优化模型），后一阶段的修复项目应利用前期建模投入的劳动和支出。在概念设计阶段，ISCO 设计的规模是评价模型的一个重要因素。
- 概念场地模型的完整性。重新观察 CSM，将数据收集作为概念设计过程 5 的一部分（见 9.3.6 节），可以帮助选出达到数据目标的确定模型参数。

在这一阶段，可以用在 ISCO 概念设计中额外场地调查的数据，以及实验室修复效率研究、场地研究的一系列数据来建立数值模型，并用可用数据模拟特定条件的场地模型。然而，场地数据可能不足以校正特定场地模型。因此，在初步分析时，模型应用受到限制，包括比较和评估各种方案及氧化剂传递方法的可行性。

4. 修改方案设计

一旦收集到附加数据并解决了建模需要，概念方案设计就能发展成 ISCO 设计，能够优化性能、降低成本。这可能涉及：

- 重新评估达到 ISCO 修复目标的概率；
- 重新定义 TTZ；
- 基于一个精致的 CSM 和 / 或设计方法的输入值 / 范围重复一个完整的概念设计过程；
- 将复杂的输出数据合并到建模程序中；
- 考虑能与 ISCO 技术联合应用的技术。

我们的目标是完成概念设计，如果适用，通过在一级概念设计中使用的设计方法，以及收集的任何新的信息中额外获得的数据来建模、迭代应用程序。展望未来，在进行成本估算后，二级概念设计的最后阶段将形成一个特定项目的修复方案（如一个 FS）。

9.4 ISCO 系统的具体设计及规划

9.4.1 引言

具体设计和规划过程的基本目的在于：①完成 ISCO 设计；②为 ISCO 系统的实施提供操作手段及缔约文件。具体设计和规划过程完善了 ISCO 技术的实施，并在安装启用及性能检测过程（见 9.5 节）之前完成。

我们应该遵从以下章节制定的过程，完善 ISCO 设计并为之后需要制订的项目工作计划文件做好准备。与这些过程步骤和关键点相对应的信息将在 9.6 节中具体描述，过程分为 3 个阶段：初级设计阶段、最终设计阶段、计划阶段。

尽管过程中的大部分步骤都能广泛适用于 ISCO 系统，但是这些步骤是否具有适用性取决于具体项目的需要 / 目标及签约目的。具体设计和规划过程可以进行改动以满足项目相关方的需要。例如，如果一个项目需要在 30%、60%、90% 或 100% 阶段得到成果，那么这个过程就要在相对应的阶段进行调试。本节概述该过程，指定一种更合理的方式来进行设计，只包括初级设计（大约设计 30%）阶段和最终设计（100%）阶段。

这里所制定的过程着重于选出 ISCO 实施的技术设计与文件的最佳方法，而不仅是为了针对所需要设计审核的常规文件。因为要求标准显著变化，所以无须使其适应这一过程。然而，在许多案例中，修复行动的管理许可从设计报告的初级原理中取得。如果标准制定者或其他决策者需要额外的详细信息，可以通过最终的设计方案来获得许可。

9.4.2 初级设计阶段

1. 初级设计报告的设计原理

一份设计报告的原理是具体设计和规划过程中的第一步（见图 9.6 过程 1），初级设计原理的目的在于正式建立文件设计参数，并且用于最终设计方案中。初级设计原理是项目利益方评估和审核的典型代表，在推进 ISCO 实施的最终设计阶段之前确保关键设计参数达成一致。

初级设计报告结合了所有先前的预想和已完成的概念性设计工作。初级设计报告的原理详细说明了以下与 ISCO 相关的设计参数：

- 水文地质和地球化学条件及污染物结构；
- TTZ 的位置和大小；
- 治理目标；
- 氧化剂的选择及 ISCO 的修复技术确定；
- ISCO 的化学反应设定；
- 岩性设置及氧化剂载体 / 污染物介质设定；
- 氧化剂用量及进样量；
- 注射点 / 井的施工方法制定；
- 氧化剂存储、迁移、混合的要求，以及运输设备的要求（大小、化学兼容性、安全性能、使用接口）；
- 氧化剂传输过程参数的确定，包括注射探头 / 井的布置，氧化剂混合、迁移和监测流程图，氧化剂传输浓度，预定注射的容量、速率压力和操作时间；
- 初级传输和修复过程中的监测（包括监测位置、方法和频率）；
- 保证健康安全的工程控制；
- 准许要求；
- 废物管理要求；
- 工程实施的成本估算。

设计原理图主要体现在初级设计报告中，初级设计报告中至少包括以下几点：

- 仪器装设系统图和工艺流程图；
- ISCO 修复系统布置图；
- 初级管道布置图；
- 注射井的布设图或注射探针细节。

附录 D.5 介绍了一个在 ISCO 项目中高锰酸钾直接注入的初级报告设计原理图。可以看出，如果能够采用基于性能的承包方式，上面列举的设计原理中的特定因素可能会被遗漏（从表9.6的决策B中可得知）。被遗漏的因素包括氧化剂的体积／剂量、进样设施和注射井的设计。

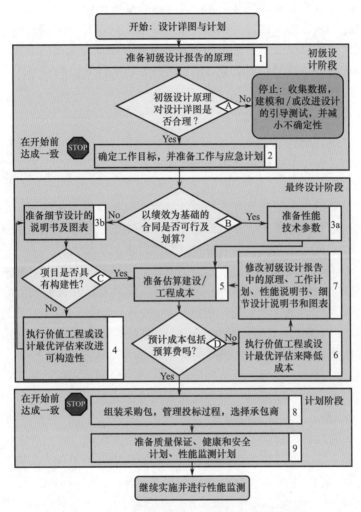

图9.6　ISCO细节设计及计划过程决策逻辑图

2．设计的资料充分性

在最终设计阶段之前，项目利益方能通过审核设计报告的基本原理，评估计划中ISCO设计的效益，以及初级设计阶段所依靠数据的可靠性（见图9.6决策A）。工程施工方可以通过这个机会重新考虑其他方法，确定其他数据收集方法，这也许有助于减小设计中的不确定性。这个决策集中于从以下几个方面来彻底回顾初级设计：①重新审视场地概念模型的正确性；②评估设计参数是否充分量化；③预估ISCO系统设计初期的成功率和失败后果。这些评估接下来会进一步讨论。这些过程的目的在于，通过减小设计基础的不确定性，使实现ISCO修复目标的概率最大化。

3．操作和应急计划

工程协议依赖资料的充分性，这些资料用来支持ISCO系统的设计，并作为初级设计

报告原理的签注,准备了操作和应急计划(见图9.6过程2)。操作和应急计划包括以下内容:

- 施工标准及目的;
- ISCO治理目标和进程;
- 应急预案,包括施工决策逻辑、优化方法、修复终止计划。

考虑并通过这些项目的审核,并在最终设计阶段之前将其列入操作和应急计划之中是十分重要的,因此操作策略及决策逻辑的监管许可是可以预先获得的;在合同期内的计划实施首先需要合适的工料补给。附录D.6列出了典型施工计划中的特定因素。

9.4.3 最终设计阶段

下面描述的最终设计阶段适用于大型的ISCO项目,对于许多典型的小规模ISCO工程也许不是很适用。具体工作可根据实地情况实施。

1. 承包方式

最终设计阶段开始于实施承包方式和设计类型的决策(见图9.6决策B)。承包方式决定了设计中必须包括的具体水平。本节描述了两个基本的选项:以绩效为基础的承包;一个事主工程师,以及具有详细设计说明书和说明图的事主承包人。

在选择承包方式时,应该考虑需要用到观察法。像前面所讨论的,观察法要建立在从CSM到实施计划的工况条件都处于动态变化中的假设之上,并且需要依赖场地经验和监测资料结果来修改。在应急计划期间,包括在ISCO系统设计期间,大部分的潜在修改应该预先设定。因此,以绩效为基础的承包方式应适用于观察法。在制定合同的细节部分时,要留心对合同多做调整,以防止应急事故的发生。

以绩效为基础的合同也是设计结构实施合同。这类合同不提供所需设备或者实现工程目标方式的具体信息,但可以提供一系列选用任何方法或材料都可以达到的最低性能指标(例如,确定的时间表、终点或预期结果)。以绩效为基础的合同结合了性能要求,以及其他标准的合同要求或规格,如施工质量控制和健康安全要求。

规范的合同需要准备好成套的说明书和说明图,详细陈述承包人的确切的、完整的项目任务范围(例如,公司负责ISCO系统的安装和操作)。对于传统规范的设计,合同没有典型的性能要求。典型的规范说明书包括注射井的北/东的方位、注射井的完整开发细节、氧化剂和激活法的选择、注射氧化剂的容积和剂量、氧化剂混合方式,以及注射的持续时间和注射后的监测。

ISCO的施工合同中通常包括性能和规范元素的结合,例如,一份总的规范合同中的性能说明书。对于某些特定的活动,如氧化剂的混合和传递,其规范合同也是在性能基础上制定的,但是应该避免个人项目范围中性能和规范的重叠。

以绩效为基础的合同中应该要求ISCO技术实施的承包人具有专业经验。根据性能说明书、合同的结构及承包人的经济风险水平,一些专业承包人也许要承担绩效合同的额外费用。

规范设计完成之后,可以聘用如钻井工人之类的贸易专有承包人。这可以发动更多的承包商来投标,以减少投标的费用。但是,一般的、经验有限的承包商也可能需要工程师监督和指导(ISCO项目设计顾问)。

所有类型的合同都要保证目标传送和氧化剂激活法的一致性,同时也应具有适当的灵活性，使承包商可以尽力做到最好，以这样一种方式来达到初级设计阶段提出的潜在承包商的紧密合作。

表9.13列出了在性能基础上的合同方法，以及在规范基础上的合同方法的优缺点比较，这两种合同方法都将在选择施工合同方法中投标。

选取合同方法的依据是承包商期待达到的性能合同中的最低性能说明书（见图9.6步骤3a)，或者规范合同的具体设计说明书和设计图。这些过程会在附录D.7中进一步描述。

表 9.13　ISCO 在性能基础上的合同方法和在规范基础上的合同方法的比较

选择标准	在性能基础上的合同方法	在规范基础上的合同方法
说明书的投入水平	低	高
承包商选择	选择性高	选择性低到中
CSM的理解水平	中到高	低到中
修复治理目标	更多修复量化目标，如达到90%的修复量	更多修复无量化目标，如减少源头污染
TTZ的大小	小到中	中到大
修复传送途径	专利或专有系统	全是无专利系统
总体施工费用	中到高	低到高
经济风险程度	依赖承包商知识水平和合同书表达变量	依赖对CSM的理解和设计确定性的变量
顺序改变的潜在性	高，如果合同书表达不紧密	低

2. 施工能力的复审

施工能力审查可以用来评估是否符合成本效益，以及可行的场地修复实施方法是否已被包含在一个详细的以规定为基础的设计中（见图9.6决策C)。如果由施工队进行审查，确定该方法是可行的且具有成本效益，则该项目被视为具有可建设性且具有投标价值。施工能力审查的范围将根据项目需求变化，但它至少涉及投标中有代表性的、潜在的承包商，并确定那些可能会使 ISCO 系统设计实施复杂化的场地条件和后勤问题（例如，车辆和设备的许可、地形、现场活动、工作时间等)。如果一个上级施工能力审查制定完成，施工审查小组（通常由设计团队和其他受影响的项目参与者组成，如客户、技术顾问、未来 ISCO 承包商等）应该遵循以下要素。

- 审查设计概念。团队回顾了项目的设计目标、实地修复的序列及项目的其他方面。完成这项交流信息的首选方法是召开一个团队的车间会议，其中负责设计的人员可以说明 ISCO 的设计，并解决一些特定的设计问题或可能会影响现场实施的要素。
- 可用的经验教训。团队回顾了所有项目类型可用的经验，并与其他类似项目参与者协商以确认可以适用于任何特殊项目施工的经验教训。
- 审查性能／现场条件。团队回顾了现场条件、后勤约束和其他潜在的合约要求，以了解它们在实地实施中的影响。工作时间的限制、并发现场操作，以及可用的氧化剂和材料都对现场实施有所影响，还可以影响现场实施的顺序。

由建筑业协会制定的施工实行指南（CII）对项目实施的施工原则提供了详细的指导，其中包括最新的案例研究。

3. 价值工程／优化设计评估

如果项目的可建设性及中标度较低，价值工程（VE）可用于评估和筛选完整的设计，并简化系统设计和操作，或者改良系统的可靠性。执行 VE 的指南是由 SAVE 国际提供的，可应用 VE 的案例包括：

- 使用不同的氧化剂处理方式，可以更好地适应现场的要求，如在简易的实验罐中稀释氧化剂，氧化剂在线投加至注水线处，或者在厂区外异地稀释氧化剂，然后将溶液转移至场地内。
- 如果场地许可或工作时间是一个影响因素，则依据自动化、可靠性、可维护性的设计特点，尽量减少现场工作人员出现在现场的需求。
- 采用模块化的设计与修复能力，在场地没有明显破坏的情况下，可以轻易缩小 / 增大系统。

4. 建设成本 / 工程估价

无论是选用以性能为基础的承包方式，还是选用以规范为基础的承包方式，下一步都是对于性能或细节设计说明，即 FS-水平成本估算，这是概念设计过程的一部分（见图 9.3 过程 8，在 9.3.6 节中有相关描述）。建设成本 / 工程估价的精确度预计将增加至 -15%～20%，以适用于投标估价、确立合同金额，并作为一个控制基线，控制实际成本和资源。工程成本估价在第 13 章与等级 2 的成本估价进行了比较。

建设成本 / 工程估价所需要达到的投入水平和内部审查的水平取决于项目的具体要求。一种选择是更新 FS-水平成本估算（见图 9.3 过程 8，9.3.6 节有相关描述）、成品数量和单位价格、所列的假设和说明，并更新设备和承包商的报价。然而，最终的方法通常也是唯一的方法，取决于项目团队的专业经验和业主的要求。

5. 成本估算与支出平衡

成本估算的下一步准备是粗略地确认建设成本 / 工程估价是否在分配至项目的预算之中（见图 9.6 决策 D）。在 ISCO 设计过程中，成本估算的精确度（-15%～20%）已经通过减小概念设计过程中设计输入参数的不确定性有所改进。若决策点结果为"是"，则接下来开始组装采购包，准备投标过程和选择承包商；若决策点结果为"否"，则应通过采取更多措施降低项目成本或增加项目预算。

6. 优化成本

如果 ISCO 工程成本异常高，则需要应用之前介绍的价值工程（VE）来评估并筛选完整的设计方案和现场实施方法以降低成本（见图 9.6 过程 6）。VE 过程将根据项目需求变化。若结果是高水准的评估，则之前团队 VE 评估的相同概念也能被应用。

如果在 VE 评估中有利的设计 / 操作的变化可用于提高施工能力、降低成本，则应进一步修订操作和应急计划，以及性能规格 / 详细设计说明书和图纸，以反映上述变化（见图 9.6 过程 7）。

9.4.4 计划阶段

计划阶段的要素包括采购包装配、进行投标、选择承包商、准备质量保证（质量保证）计划、准备健康和安全计划，并准备性能监测计划。以下许多要素不仅适用于 ISCO 修复工程，同样适用于许多原位修复工程。

1. 采购包装配、投标和选择承包商

某些项目的实施通常需要承包商的协助，例如，注射井的安装，多孔介质和地下水样

品的分析，氧化剂的提供，氧化剂的直接注入，注射设备的制造（取决于注入设计），以及混合氧化剂并加入注射井(如果注射不会自行完成)。采购过程对承包商的选择至关重要，承包商必须满足（至少在最低限度）项目的技术、健康、安全和进度要求。下面列出了在采购过程中应遵循的基本步骤。

- 将合约/招标书寄给预先取得资格的承包商，基于承包商相关的技术经验及过去的健康、安全记录，以及项目要求对其进行选择。
- 接受投标，并进行全面的价格和技术审查，确保承包商可以满足技术、进度、健康与安全要求。
- 进行谈判，并与胜出承包商签约。

在签约过程中应考虑劳务费用要求。合同中可能规定劳务费用总体结算（总额）或分期结算。在一个严格的、规定劳务费用总体结算、以性能为基础的合同中，只有达到系统指定的性能才会付款。而承包商的劳务费用分期结算合同中，规定通过承包商的工作时间及其提供的材料进行结算。总体结算和分期结算也可结合使用。例如，一口注射井的安装或定量氧化剂的注射可被确定为单位定价。奖励措施也可以写入合同，以在承包商实现一定的性能时对其给予奖励。以单位定价为付款方式的合同结合奖励措施可能会激励承包商达到预期的结果，同时具有弹性。账目表通常在合同中出现，它确定了当达到一定进程时，将会按照合同中的进程给承包商付款。账目表也包括项目实施条例和项目表中的变化，其同样会在操作和应急计划中提到。因此，依据观察法设计的项目，以单位定价为付款方式可能是项目最合适的合同机制。

2. 质量保证计划、健康和安全计划及性能监测计划

详细设计和规划过程的最后一步是准备详细的质量保证计划、健康和安全计划及性能监测计划。这3个计划在ISCO实施和性能监测期间具有重要作用，9.5节中对此有详细说明。计划中细节的确定高度依赖场地状况及管理者和业主的要求，因此其特定内容如下。

1）质量保证计划

一个项目的质量保证计划（QAPP）应向QA/QC程序、政策、要求展示提供一个平台，以保证数据是科学、有效的。QAPP应该在具体项目的基础上制定，以满足项目数据的独特性要求。例如，在联邦政策下（UFP-QAPP），美国国防部要求任何项目的质量和环境采样计划都需要包括QAPP。其他有关UFP-QAPP的信息可以在美国环境保护署的网站上查询。每个UFP-QAPP中QAPP的内容如附录D.8所示。

QAPP的主要目的是指明功能要求的必要性，从而保证通过性能监测计划收集的数据能被分析并融入操作和应急计划中的判定逻辑。性能监测计划指明了要收集的数据。QAPP规定数据分析的程序。操作和应急计划使用数据分析的结果改良ISCO操作的进程。数据分析方法在ISCO实施和性能监测中进一步说明（见9.5节）。

ISCO的质量保证程序应包括传输和修复过程中的监测及数据分析，以确保设计参数相吻合。从质量保证的角度来看，多重的证据是必要的，以保证时效性。例如，在受氧化及传输法影响的区域，传输过程中的液压头、氧化剂和活化剂浓度、氧化还原条件等指标都由监测井测量。如果所有证据均表明，氧化剂是存在的，并与COCs接触，则允许承包商转移到下一个注入位置。测定ISCO修复效率的QA技术也需要多重证据。例如，项目必须确保注射稀释效果已消散，在评估污染物的去除率之前，液压和污染物的分区重新平

衡已重新建立。第 12 章讨论了对修复效率的监测。

2）健康和安全计划

一个具体的健康和安全计划应该遵守美国职业安全与健康管理局（OSHA）《危险废物作业和应急响应（HAZWOPER）标准》29 联邦法规（CFR）1910.120《职业安全与健康标准》和 29 CFR 1926.65《安全和健康建设法规》。承包商项目团队的所有成员应审核并通过健康和安全计划。健康和安全计划的副本应保存在现场，以便适时补充。

健康和安全计划一般包括（但并不仅限于）以下规定：

- 项目信息；
- 场地地图和场地计划；
- 在实施项目期间要完成的任务；
- 现场团队健康和安全交流计划；
- 员工与承包商签署的同意表；
- 培训要求；
- 需要的个人防护装备（PPE）；
- 危险控制（具体项目、工作环境、有害的生物和化学药品）；
- 交通管控计划；
- 大气监测计划；
- 净化程序；
- 场地控制计划；
- 应急预案——应急物资和装备、应急响应和报告、应急设施联系人、医院方位；
- 基于行为的预防表——工作危害分析、任务前安全计划、安全—工作／预防损失的措施、损失结果。

上述健康和安全计划的规定不仅针对 ISCO 修复，ISCO 的具体危害在 ITRC（2005）中有总结。

与氧化剂相关的主要危害有：不慎吸入和人体皮肤的暴露，气体和反应热的产生，高压，因为不适当的存储而产生的潜在的、不受控制的反应。在处理和混合氧化剂时，必须进行工程控制，并使用适当的个人防护设备。健康和安全计划应包括对现场使用的特定氧化剂的安全预防措施和适当的培训要求，包括氧化剂的活化剂，如酸或碱。一些重要的具体考虑因素包括：

- 固体氧化剂的粉尘危害（如高锰酸钾和活化过硫酸钠）；
- 现场由氧化剂产生的电力事故（如臭氧）；
- 堆焊或采光时氧化剂使用加压探头注射，可能会从探头或相邻废弃的钻孔或井溢出至表面，沿着注射管／软管加上安全阀，或者在监测井附近加上密闭盖，有助于在加压注射期间减轻氧化堆焊。

3）性能监测计划

性能监测计划应该设计为：

- 收集操作目标和修复进程中必要的数据；
- 监测 ISCO 系统，以确保它的实施按计划进行，并根据需要通过操作和应急计划对系统进行优化；

- 用文件证明 ISCO 系统的实施能否达到修复目标（见第 10 章）。

一个充分设计的传输和性能监测计划，提供的数据与操作和性能标准是一致的。该标准在初级设计阶段就已经得到了相关利益方的一致认可。所有项目团队成员都应该审核并通过性能监测计划。性能监测计划的副本应保存在现场，随时提供给项目团队成员，并在项目实施或条件变化或补充信息时适时修改。

性能监测计划应包括的 3 个主要阶段为基线技术实施监测、传输性能监测、修复性能监测。一般的修复性能监测计划的组成部分包括（但不限于）：

- 清楚地指明数据需求和目的（包括意外事故评估的测定）；
- 监测点的数量与位置；
- 数据量目标；
- QA/QC 取样步骤；
- 数据分析计划，以及判定操作和应急计划的参考。

性能监测计划的细节和规范见第 12 章。

9.5　安装启用和性能监测

9.5.1　简介

ISCO 实施和性能监测过程的主要目的包括：①构建和启动实施 ISCO 设计；②如果 ISCO 系统满足传输和修复性能标准，就能实现性能监测计划评估；③执行操作和应急计划来适应并优化 ISCO 系统设计或操作，以响应新场地数据获得，并有效处理在 ISCO 运行过程中遇到的性能缺陷。这个过程的目的是实现既定 ISCO 修复目标。这个过程是本章描述的 ISCO 治理工程中系统研究方法的 4 个主要组成部分，可实施 ISCO 的补救措施。

描述这一过程可以实施和监测 ISCO 系统，如图 9.7 所示，图中的信息对应于流程和决策。类似于 ISCO 治理工程中系统研究方法的其他 3 个组成部分的决策逻辑图，图中的数字是流程步骤，字母是决策点。ISCO 实施和性能监测过程分为 3 个阶段：①实施监测阶段；②传输性能监测阶段；③修复性能监测阶段。

将安装启用和性能监测过程中的许多组成部分包括在内的方法是修复行业的最优方法，其对 ISCO 的补救措施并不是唯一的。人们希望该过程中的大多数组成部分对大多数 ISCO 项目是必要的。然而，该过程的某些组成部分可能会不适用，取决于具体项目的需求、目标和承包方式。安装启用和性能监测可以根据需要来定制相关组成部分以满足利益相关者。安装启用和性能监测过程关注的是 ISCO 执行过程中技术方面的最优方法，而不具体提出监管文档所需的实施、优化和中止。监管要求变化很大，因此没有尝试调整安装启用和性能监测过程。但是，在很多情况下，该过程中获得的数据可以用来获得监督机构对补救措施的认可。

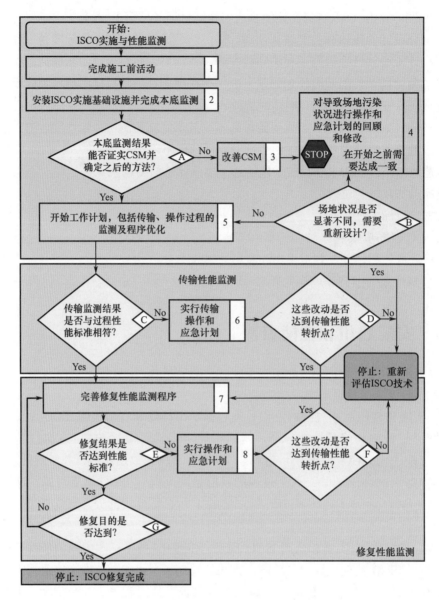

图9.7　ISCO实施和性能监测决策逻辑图

9.5.2　实施监测阶段

1. 前期建设活动

这个过程（见图 9.7 过程 1）的目的是：①确保 ISCO 实施的方式符合地方、省份和国家的许可和规定；②建筑区域的清除程度高于或低于一般标准的公用设施，控制工程范围避免对现有实用工具的破坏；③所有管理和性能上的准备在 ISCO 系统的安装和操作过程中都已经做好。

前期建设活动在附录 D.9 中有更详细的描述，包括：

· 注射许可；

- 用具清理；
- 潜在的受体调查；
- 工程控制；
- 行政管理；
- 健康和安全。

2．ISCO 基础设施的安装启用

如图 9.7 过程 2 所示，在安装 ISCO 注入基础设施（如注射井、监测井、管道、注射设备），以及执行基线多孔介质和地下水监测时，需要执行基本活动。根据实际的注入设计和方法论，可能会要求实施一些措施，场地所有者和 / 或监管机构也会对场地强加一些特定的要求。例如，如果仅通过直接注入技术（DPT）注入氧化剂，则 ISCO 的基础设施可能比规定的更加简单。

操作和应急计划及过程中的所有措施都应该被提出，以满足所有未来项目潜在的可能需求，以便所有的健康和安全、工业转包、场地许可，以及材料和设备的需求可以被满足，并在一定程度上实用，不会导致重大项目延迟。

ISCO 安装的基础设施包括注射井和监测井，以及氧化剂分段运输、混合和传送的设备。设备包括：供水设备、储油罐、化学漏斗和搅拌机，化学药物供料系统，泵，喷射管 / 软管，注射井管部件和仪器仪表（压力仪表、流量计等）。设备的选用会因为处理和传输氧化剂的方法不同而有所差异。无论选用何种氧化剂注入方法，还是选用何种传递方法，在基础设施安装活动中都应包含以下现场应用。

适当地监督承包商是必要的，以确保 ISCO 基础设施是按设计安装的。QC 人员熟悉最终设计（ISCO 详细设计和计划过程的最终设计阶段）和项目工作计划文档（ISCO 详细设计和规划过程的初级计划阶段），这对传送和现场关键性能监测阶段的治理工作是非常重要的。

为了维护项目决策以应对场地条件和设计基础的改变，与指定的 QC 人员、工程师、承包商频繁地沟通是十分有效的方式。

工作记录簿、现场数据表中全面和详细的场地资料及建筑日志应该被保存。附录 D.10 包含指导施工和传送不同 QA / QC 氧化剂的输送技术，以及它们主要的组成元素和相关的 QA/QC 检查 / 测试，以验证相关输送技术的完整性和有效性。

3．基线监控

基线监控决策如图 9.7 所示，基线多孔介质和地下水中样品收集、分析与性能监测程序（在第 12 章中会详细描述）一致。多孔介质和地下水基数应该用于验证当前对 CSM 的理解是否正确，判断当前 ISCO 设计是否应该改进，若需要改进，提出应该怎样改进。这么做的目的是总结所有获得的新信息，确定 CSM 的任何更改是否会对当下 ISCO 设计的实效性、可行性及成本产生重大影响。如果基线监控结果显著不同于预期，那么 CSM 应该被更新。在执行和整体性能监测过程中，较高整体确定性应该会增大 ISCO 修复目标实现的概率。如果基线监控结果与预期相比没有显著的不同，则传送操作可以开始。

如果在 ISCO 基础设施安装或基线监控过程中，现场条件发生的变化与当前 ISCO 设计明显不同，以至于当前 ISCO 设计不能被实施，或不具有好的收益和高的安全性，则应该适当地改进设计，甚至需要完整地重新设计。考虑到 CSM 的更新，监管驱动器、时间表和预算等是否有完全重新设计的必要，以及应该在多大程度上被执行，需要项目团队评

估和决定。

此时，为了优化性能、降低 ISCO 实施成本，操作和应急计划需要进一步精确化。在 ISCO 项目实施阶段，优化设计 / 改进如下。

（1）校正 TTZ 横向范围和深度及注射点的数量。

（2）基于对多孔介质和地下水中 COCs 的分析数据，以及多孔介质和地下水的理化性质（pH 值、碱度、金属含量、ORP、DO 和 / 或温度）、NOD 和 / 或其他实验室氧化剂持久性测试来调整氧化剂剂量（总质量和注入浓度）。

（3）基于在钻探过程中多孔介质展现出的岩性及非均质性，改善注射点间距或注射井深以优化氧化剂分布 / 有效半径。

（4）在 TTZ 内和 / 或周边增加额外的监测井，如果 TTZ 修改，则充分监测氧化剂传输过程和修复性能。

（5）在 ISCO 设计改进的基础上，改进性能监测计划、操作和应急计划，解决监测问题，管理之前未鉴别出的氧化还原敏感性金属问题。

4．启动 ISCO 操作

在如图 9.7 所示的流程 5 中，初始 ISCO 系统操作和过程监管应与操作和应急计划、性能监测计划一致（见 9.4.2 节）。ISCO 的工作计划为首次氧化剂的注入，以及验证 ISCO 系统是否满足设计和性能基础规范的具体性能监测提供了详细的指导。然而，该设计也能通过应用观察法于整个操作与监控程序，达到实时优化的目的。观察法的目标是整合性能监测结果和实时决策逻辑，为设计变更留出余地。观测法依赖于理解与 CSM 相关的不确定性，以及提前预测可能会出现的合理的情况变化。例如，DPTs 和带有数据记录器的原位传感器等技术的使用都极大地提高了应用观察法的能力，其应用能改善相关结果。第 11 章介绍了信息观测方法。

作为观测法的一部分，在 ISCO 传送过程中，监测领域指标对评估氧化剂和注入流体的分布规律，以及氧化剂的反应程度来说是非常重要的。跟踪现场指标（如地下水的 pH 值、ORP、颜色）将允许快速对 ISCO 设计传输方法进行评估，并确定可能需要修改的传输方法（如更小的注射点间距、注入体积 / 率的变化、氧化剂浓度剂量的变化）。

9.5.3　传输性能监测阶段

氧化剂的传输阶段应该和性能监测程序（在第 12 章详细描述）的运行一致。氧化剂的监测结果可用来确定氧化剂的传送目标（操作标准）、ISCO 详细设计和规划过程（见 9.4 节）与建立的标准是否一致（见图 9.7 决策 C）。每个 ISCO 设计都有它特定的目的和标准。ISCO 设计的传输性能应该被确认的基本标准是在 TTZ 中氧化剂分布的范围与均匀性（浓度同于或超过目标氧化剂浓度）。如果传输性能目标达到，那么修复性能监测程序也将实现；如果传输性能仍达不到要求，那么操作和应急计划中传输优化部分将被实施（见图 9.7 过程 6）。

当传输能力仍有缺陷时，应急响应行动定义为 ISCO 详细设计和规划过程的一部分（见 9.4 节）。基于 ISCO 传输过程监测的初始阶段的结果，应遵循操作和应急计划预定义的程序，以确定是否有任何意外事故，从而用来解决传输能力的缺陷。处理典型传输能力缺陷的优化方法通常包括额外的注射、不同的注射方法（如自下而上注射，而不是自上而下直接喷射）及安装新注射井。

图 9.7 中的决策 C 被重复执行，以评估 ISCO 传输设计的最佳性能，并确定氧化剂的传输目标和标准是否满足程序要求（见图 9.7 决策 D）。如果最优化的 ISCO 传输设计满足传输性能标准，修复性能监测程序就应该开始（见图 9.7 过程 7）。如果没有达到传输性能标准，那么项目团队应该停止并重新评估选定的 ISCO 传输方法，以确定是什么失效模式（如场地条件、传输技术等）限制了传输效率，或者说该 ISCO 技术是否适合该场地。

9.5.4 修复性能监测阶段

ISCO 系统修复性能监测应该与性能监测程序一致（在第 12 章会有详细描述）。在如图 9.7 过程 6 所示的操作和应急计划执行过程中，性能监测程序中做出的修改也应该在其中得以实现。

修复性能监测结果应该被用来确定在操作和应急计划（见 9.4.2 节）中设立的具体 ISCO 修复目标，与在过程 6（见图 9.7）中操作和应急计划所修改的目标是否一致（见图 9.7 决策 E）。正如 ISCO 详细设计和规划过程中讨论的那样，每个 ISCO 设计都有自己特定的处理方式。若 ISCO 系统性能满足修复性能标准，并展开了初步修复，则修复操作继续进行，并采取决策 G（见图 9.7）。若 ISCO 系统修复性能没有达到标准，修复进程也未如预期进行，则下一步执行操作和应急计划中的修复优化部分（见图 9.7 中的过程 8 和决策 F）。

与流程相关的过程 8（见图 9.7），对于修复性能的突出事故进行定义、评估，并将其作为 ISCO 详细设计和规划的一部分（见 9.4 节）。基于 ISCO 修复性能监测初始阶段的结果，在操作和应急计划中预先制定的程序应该被用来确定突发事故回应行为准则是否应该被完善，从而处理可见的修复性能缺陷。遵循规定的决策逻辑，有助于确定修复性能缺陷的优化方案。修复性能缺陷的优化方案可能包括额外的注射、改变现有活化方式、安装新注射井、针对后续注射 TTZ 的细化及加大 ISCO 工作周期。

对于决策 F（见图 9.7），决策 E 执行的程序是重复评估优化 ISCO 设计的修复性能，并确定修复目标是否达到。如果优化 ISCO 设计达到修复性能目标，那么修复性能监测将继续进行；如果修复性能仍有缺陷，那么 ISCO 设计应该被重新评估，以确定限制修复效率的原因（如现场条件、传输技术、氧化剂剂量等），或者最终确定该 ISCO 技术不适合该场地。

在大多数修复目标达成以后，修复性能的监测数据将会被评估，以确定 ISCO 修复目标是否达到。正如在大多数 ISCO 实施和性能监测过程中做出的成效和决策一样，确定 ISCO 修复目标是否达到应该基于预先制定的标准和相关利益方意向的一致性（见 10.6 节）。如果经过对监测数据的仔细审查，并比较 ISCO 修复目标和 ISCO 操作终点后，项目团队一致认为 ISCO 修复取得成功，那么 ISCO 修复就完成了；如果不是，则需要继续处理，过程 7（见图 9.7）又将被重复。

9.6 总结

对特定场地 ISCO 工程的系统研究方法包括对特定场地条件和修复目标的第一次筛选出的适用技术。筛选过程包括为特定场地选择一种适当的氧化剂和传输方法，以及考虑 ISCO 与其他修复技术的联合应用来提高修复效率和成本收益。接下来，使用综合性 CSM，对一个甚至多个 ISCO 系统构想出大致设计。这个过程包括确定适当的氧化剂剂量和传输速率、传输点的间距和数量，以及传输次数（多次传输是常见的，也是预期之中的）。这些系统的设计都是因地制宜的，为了改进设计、降低成本，可能需要额外收集数据，包括确定氧化剂的持久性（场地介质的损耗率和损耗程度）、潜在中间体和 / 或副产品的产生、氧化剂的供应能力，以及其他影响设计和修复的特性。这些数据可以通过使用小试、矿场实验或建模（简单分析和 / 或数字分析）获得。ISCO 系统的最终设计和实现取决于承包方式、性能标准和通过实时监测得到的实际经验。此外，实时监测结果也需要考虑快速、具有成本效益的决策，反过来提高实现 ISCO 修复目标的可能性，并及时过渡到随后的 ISCO MNA 过程。

参考文献

Cooper E, Livadas A, Hanna T. 2006. National Survey of In Situ Soil and Groundwater Remediation Design Criteria. Proceedings of Fifth International Conference on Remediation of Chlorinated and Recalcitrant Compounds, Monterey, CA, USA, May 22–25.

Hoigné J, Bader H. 1983a. Rate constants of reactions of ozone with organic and inorganic compounds in water – I: Non-dissociating organic compounds. Water Res 17:173–183.

Hoigné J, Bader H. 1983b. Rate constants of reactions of ozone with organic and inorganic compounds – II: Dissociating organic compounds. Water Res 17:185–194.

Huang KC, Zhao Z, Hoag GE, Dahmani A, Block PA. 2005. Degradation of volatile organic compounds with thermally activated persulfate oxidation. Chemosphere 61:551–560.

Huling SG, Pivetz BE. 2006. Engineering Issue Paper: In-Situ Chemical Oxidation. EPA 600-R-06-072. US Environmental Protection Agency (USEPA) Office of Research and Develop-ment, National Risk Management Research Laboratory, Cincinnati, OH, USA. 60.

ITRC (Interstate Technology and Regulatory Council). 2005. Technical and Regulatory Guidance for In Situ Chemical Oxidation of Contaminated Soil and Groundwater, 2nd ed (ISCO-2). Prepared by the ITRC In Situ Chemical Oxidation Team.

Payne FC, Quinn JA, Potter ST. 2008. Remediation Hydraulics. CRC Press Taylor & Francis Group, Boca Raton, FL, USA. 408.

USEPA (US Environmental Protection Agency). 1989. Soil Sampling Quality Assurance User's Guide, 2nd ed. EPA 600/8-69/046. USEPA Environmental Monitoring Systems Laboratory, Las Vegas, NV, USA. March. 279 p.

USEPA. 1991. Site Characterization for Subsurface Remediation: Seminar Publication. EPA 625/4-91/026. USEPA Office of Research and Development, Washington, DC, USA, November. 268 p.

USEPA. 1992. Estimating the Potential for Occurrence of DNAPL at Superfund Sites. 9355.4-07FS. USEPA Office of Solid Waste and Emergency Response. Washington, DC, USA, January.

USEPA. 1996. Soil Screening Guidance: User's Guide, 2nd ed. 9355.4-23. USEPA Office of Solid Waste and Emergency Response. Washington, DC, USA, July.

Waldemer RH, Tratnyek PG. 2006. Kinetics of contaminant degradation by permanganate. Environ Sci Technol 40:1055–1061.

场地特征描述和ISCO处理目标

Robert L. Siegrist[1], Tom Palaia[2], Wilson Clayton[3] and Richard W. Lewis[4]

[1] Colorado School of Mines, Golden, CO 80401, USA;
[2] CH2M HILL, Englewood, CO 80112, USA;
[3] Aquifer Solutions, Inc., Evergreen, CO 80439, USA;
[4] Environmental Resources Management, Mansfield, MA 02048, USA.

范围

场地特征描述方法通过构建一个场地概念模型（Conceptual Site Model，CSM），对原位化学氧化（In Situ Chemical Oxidation，ISCO）技术进行筛选和概念设计，从而实现 ISCO 的修复目标。

核心概念

- 有效的CSM构建对于ISCO技术的筛选和概念设计起着至关重要的作用。

- 快速的场地特征描述方法，如三位一体方法，非常适用于CSM的构建和ISCO技术的筛选。

- ISCO技术的筛选和概念设计的有效特征描述，可以通过整合传统技术和先进诊断技术、方法来获取。

- 在对ISCO技术进行场地特征描述时，要对其他原位处理技术的选择、设计和实施有相同水平的理解，但需要重点关注地下水文地质和地球化学条件，包括：

－ 氧化剂和地下介质的反应性（可控制氧化剂的消耗速率）；

－ 氧化还原电位（可提供氧化剂持久性依据）；

－ pH值和碱度（可影响化学氧化和自由基清除）；

－ 氧化还原和pH值敏感性金属的存在（会导致处理后的毒性）。

- 若ISCO技术作为一种独立的治理措施，或者作为联合修复方法中的一部分，则需要仔细为其构建修复目标和最终处置措施。

10.1　简介

在场地修复过程中，出于多种目的需要进行场地特征描述和监测，包括：①对污染物性质和污染程度的定义；②对修复对象和目标的构建；③对修复技术或方法的筛选和概念性设计；④对修复技术或方法的详细设计；⑤在修复进行过程中的监测和工艺控制；⑥修复对象和目标的性能验证及实现；⑦关于终止修复和未来土地利用的决定。

前3个目的取决于场地初始条件和污染特征，以及有效的场地概念模型（CSM）的构建。通过有效的场地概念模型构建来评估是否需要采取修复措施，以及达到何种修复目标。一个有效的场地概念模型同样也能帮助评估修复技术，如原位化学氧化（ISCO）技术，以确定它们是否能作为独立的技术使用或作为联合修复技术的一部分使用。

本章介绍了场地特征描述方法和工艺，用于潜在 ISCO 场地概念模型的构建，以及确立实际的修复目标和最终处置措施。本章还讨论了适当筛选 ISCO 技术，评估潜在的、可能的一个或多个 ISCO 技术的初始概念、设计特征、描述类型和水平，但本章没有介绍在修复项目过程中产生的可用于改进场地概念模型和 ISCO 系统设计细节的工艺。这些工艺通常在设计工作、引导测试或执行全面修复（见第9章）过程中出现。定义基线条件的监测活动需要优先于 ISCO 系统的运行。此外，支持 ISCO 进程控制和性能监测的内容在第 12 章中介绍。

10.2　场地概念模型

10.2.1　一般描述

场地概念模型是综合性的，是可以描述环境污染场地现状、现有和潜在风险、场地污染物等多个相关场地属性的集合。场地概念模型应该反映关注污染物（Contaminants of Concern，COCs）的产生、迁移、赋存和归趋，以及对人类健康和环境产生的威胁。场地概念模型应同时表现出关键性场地的情况，包括但不限于地理位置、场地和毗邻土地的用途、敏感受体（包括受蒸气入侵和地表水冲击影响的受体），以及因地上和地下基础设施造成的场地物理性限制。构建场地概念模型的通用指南可以在一些出版物中找到（USEPA, 1996, 2006, 2008d; ITRC, 2003; USACOE, 2003; NAVFAC, 2008a）。一旦场地概念模型构建成功，其就可以用图形、表格、叙述的方式，或者通过这些方式的组合来表述。

在许多案例中，场地概念模型支持选择性修复技术潜在性能的一般性评估，并为评估替代技术的利弊提供基础。例如，若场地概念模型表明大量的残留污染物被固定在淤泥或细沙层中，或者嵌入渗透性的沉淀物中，那么增加质量传递的修复技术（如加热、压裂）可能会有效；而将短效修复制剂（如过氧化氢）注入渗透层不适用于这些情况，但使用长效氧化剂（如高锰酸盐或过硫酸盐）可能是可行的。为给类似 ISCO 技术这样的原位修复技术的筛选提供帮助，CSM 应解决如表 10.1 所示的主要问题。

表 10.1 构建场地概念模型的注意事项

构建场地概念模型需要考虑的问题[a]
1. 是否已经鉴定了污染场地中地表和／或地下污染物的排放机制？
• 如果原始污染物的释放源头不再使用，其是否已经被恰当地关停、废弃、拆毁或搬迁？
• 如果设备仍在运转，是否能采用具有适当检测限的常规检测来证明溢出和泄漏不再发生？
• 如果设备仍在运转，周期性的意外泄漏是否能进入地表下层？
2. 是否鉴定了关注污染物和复合污染物？
• 是否已知每种污染物来源释放的物质含量？
• 污染源附近受影响的介质（多孔介质、地下水、地表水、底泥）是否有充足的样本用于潜在关注污染物的全套分析？
• 是否分析过污染物源头和顺梯度污染羽的复合污染物？
• 是否分析过因相邻土地使用而产生的复合污染物？
• 是否收集了足够数量的典型样品，并通过合理分析明确了非水相液体（Non-Aqueous Phase Liquid，NAPL）的来源？
3. 是否充分描述了污染场地的地下多孔介质和地质学／岩石学特征？
• 是否对多孔介质采样位点采取了合适的、具有代表性采收率的地下采样技术？
• 是否已经完成对COCs归趋和转移，以及对潜在修复措施（如ISCO）的可行性起重要影响的关键性物理、化学和生物学特征的分析？
• 是否评估了地下层的非均质性？
• 岩性是坚固的还是松散的？是不是连续性的晶体结构？
• 如果岩床暴露在地表，岩石的类型是什么？压裂和风化的程度如何？
• 如果岩床在地下，岩石是否具有原生孔隙度？其渗透性是多少？
4. 是否描述了场地的水文地质学特征？
• 是否在代表性的季节多次测定了地下水的量压面和场地可能出现的液压梯度的其他变化？
• 是否对含水层进行了有限制条件下和无限制条件下的评估？
• 是否对场地进行过水平梯度和垂直梯度的测量？
• 是否对含水层的饱和度进行了测定？
• 是否采取了多个测试评估水力传导度的变异性？
• 是否表征了地下水和地表水之间的液压交互作用？
• 是否采取了示踪研究和试点实验来表征场地的有效孔隙度？
5. 地下层是否存在可移动的和／或残留态的非水相液体？
• 监测井中是否有非水相液体的累积？
• 多孔介质和水样中能否用物理手段观察到非水相液体？
• 如何比较非水相液体的溶解相浓度和溶解度？
• 是否使用了非水相液体指示工具［激光诱导荧光（Laser-Induced Fluorescence，LIF）、色带取样器、苏丹IV染料等］？
6. 是否对非水相液体源区的大小和形状进行了评估及界定？
• 是否界定了条目"源料"和"源区"？
• 是否界定了源区的横向范围和纵向范围，使之在一个合适的误差范围内与潜在的处理方法和可接受的水平一致？
• 非水相液体是在包气带和／或饱和带？
• 非水相液体是富集在可辨认的岩石界面还是潜水面？
• 非水相液体能贯穿进入低渗透层和细粒层的深度是多少？
7. 地下水污染羽大小和形状的特征是否在可接受的水平内？
• 是否在所有主要方向上界定了污染羽的横向延伸？
• 是否界定了污染羽的纵向延伸？
• 污染羽是不是混合的？如果是，有没有很好地表征出来？

（续表）

构建场地概念模型需要考虑的问题[a]
8. 已有的评估是否体现了现有的和潜在的对人类未来及生态的影响？
• 源区的存在是否有很高的潜力会使人类接触到污染物（在居住、工作、娱乐中摄入，或者皮肤接触、吸入）？
• 作为当前或潜在饮用水源的含水层是否含有污染物？
• 是否考虑和评估了室内空气通道？通道是否完整？
• 是否评估了污染羽的迁移率和稳定性对潜在受体的危害？
• 源区COCs进入地下水的速率是否比自然衰减（Natural Attenuation，NA）更快（例如，污染羽会随时间的推移扩散）？
• 受污染的地下水和地表水之间是否存在有效的关联可能对生态资源产生威胁？
• 浅地层（地下0～4.572m）中是否存在污染物，污染物是否容易被工人接近？
9. 是否描述了污染物的归趋和转移机理特征？
• 是否明确了污染物从污染羽源头至末端的迁移途径？
• 是否明确了自然衰减的机理？并对其管制污染羽的能力进行了评估？
• 是否建立了特定场地的归趋和迁移模型来长期预测污染羽的构形？
• 是否评估了地下条件的可变性对污染羽产生的暂时性影响？
10. 如果需要采取修复措施，哪种修复措施是可行的？
• 是否有明确的适用于该场地条件和污染物的修复措施？
• 是否有处理培训和／或配套方法以保证修复技术的可行性？
• 哪些特征数据比较容易收集以帮助修复措施和配套方法的早期评估［例如，多孔介质总有机碳含量（TOC）、地下水pH值］？

注：[a]表中列出的问题是为了说明这些内容是在构建有效的场地概念模型时应该着重考虑和经常提出的。然而，在构建场地概念模型时也应该考虑表中没有列出的问题，因为所有污染场地都具有独一无二的属性。

10.2.2　构建 ISCO 所需的场地概念模型

在考虑使用 ISCO 技术进行修复的工程初期，场地特征描述可以为有效场地概念模型的建立提供决策帮助。一个有效的场地概念模型将会获取污染场地关键性的特征，可以用于鉴定和适当考虑潜在可行的修复技术和方法。在构建场地概念模型过程中，应该牢记 ISCO 技术的潜在可行性，以便让场地概念模型具有正确的信息类型和水平来支持 ISCO 技术的评估。用于 ISCO 的化学氧化剂有可能转化为各种普通的有机关注污染物，并将其完全矿化或转化为更容易生物降解的中间体（见第 2 ～ 5 章）。地下水修复的氧化剂传输方法通常涉及氧化剂溶液的注入（见第 11 章）。由于许多有机关注污染物可以采用 1 ～ 2 种氧化剂进行处理，以及将氧化剂传输至地下有多种典型注入方法，因此 ISCO 可被视为很多场地的潜在可行性技术，特别是在：①可能确定为 NAPL 中心的源区；②地下水溶解相和吸附相有机物相对较高的区域。

在构建地下水污染修复的场地概念模型时，特别是在将 ISCO 技术列为可行修复技术的场地，将基于以下内容进行场地特征描述：

- 场地特征和土地的使用情况；
- 污染物的性质和范围；
- 水文地质条件；
- 地球化学条件；
- 污染物归趋和迁移过程；

- 场地特征描述数据分析和可视化。

上述相关的特征描述方法和技术在 10.4 节中有详细描述。

10.3 场地特征描述的策略和方法

10.3.1 介绍

多种出版物中均对场地特征描述的策略和方法进行了描述（Barcelona et al., 1985; USEPA, 1988, 1993; Aller et al., 1991; Nielson, 1991; Pohlmann and Alduino, 1992; Lapham et al., 1997; Yeskis and Zavala, 2002; UK EA, 2000; ITRC, 2006）。多年来，场地特征描述的重点是描述污染物的性质和范围，而对评估修复技术的可行性和设计提供的信息有限。通常，使用传统方法集成零散的数据，包括钻取地下土心、样本采集，以及地下水监测井的安装和抽样。收集到的样品一般采用标准化和规定的土壤和水体分析方法离线在实验室进行分析；直到几周后现场采样工作完成，分析结果才可用。当数据出现异常或有新目标出现时，重新监测将会额外增加大量开支。

场地特征描述相关的不确定性被认为是参与场地修复的关键技术因素，这促进了不确定性管理方法的发展（Brown et al., 1990; USEPA, 1997）。过去 10 年中，人们对快速、准确和经济的场地特征描述的重要性的认知有所加深，以帮助在场地评估和修复过程中实现更低的成本、更快速的方法和更多的特定产出。这种认知是随着时间和经验，以及技术的发展而逐渐形成的。场地特征描述包括系统规划、动态工作策略和实时场地测量的应用，以减小场地概念模型的不确定性，促进污染场地的关闭。这种现代的方法被美国材料试验协会（American Society for Testing and Materials，ASTM）称为快速场地特征描述法，也被美国环境保护署（U.S Environmental Protection Agency，USEPA）称为三维一体法（ITRC, 2003, 2007; ASTM, 2004; Crumbling et al., 2001, 2003; USEPA, 2008c）。场地特征描述方法中有一个统一的概念表征，如三维一体法是"管理不确定性"。这可以通过关注除数据质量外的策略质量来完成，如表 10.2 所示。

表 10.2 通过关注除数据质量外的策略质量来促进场地特征描述

组　成	关 键 要 素
项目策略质量	确定决策目标的不确定性
	确定可能导致决策错误的不确定性因素
	确定策略来管理每个主要的不确定性
项目数据质量	利用场地数据分析和动态工作计划来管理抽样的不确定性
	利用质量保证 / 质量控制（QA/QC）、方法改良等来管理数据分析的不确定性

10.3.2 三维一体法概述

三维一体法包括一系列交互式的步骤和阶段，如图 10.1 所示。这种交互式的策略向导方法具有灵活性，便于获取结果后对现场工作进行修正。这种方法尤其适用于使用 ISCO 技术的污染场地，因为它能生成关于场地条件和污染特征的高分辨率数据。当考虑应用 ISCO 技术来达到特定的地下水修复目标时，用这些数据构建更准确的场地概念模型是至关重要的。采用三维一体法进行场地特征描述包括 3 个关键因素：①系统规划；②动态工作策略；③实时测量。

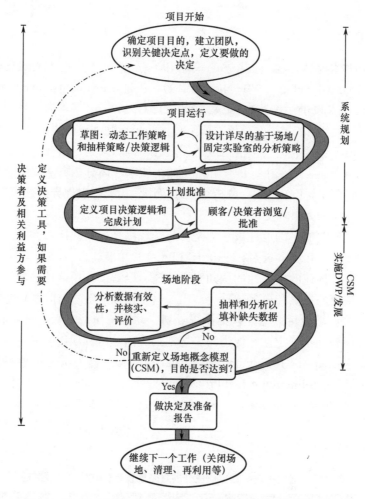

图10.1 使用三维一体法描述场地特征的交互阶段和步骤图解（USEPA, 2008c）

1. 系统规划

为构造场地概念模型并为 ISCO 技术的筛选、设计、执行奠定基础，需要设计采样和分析程序来收集关键性的数据。系统规划是一个可用于定义数据目标，以及确保项目股东开发工作计划达成共识之前的过程。根据 ISCO 项目的状态（如 ISCO 技术筛选、设计和执行），可能需要不同的场地概念模型细化程度和数据收集的细节。

例如，ISCO 技术的筛选过程可能需要对现有关注污染物的浓度范围，以及可能使用的 ISCO 技术进行修复的地下区域的特征进行评估，但可能不需要对目标处理区（Target Treatment Zone，TTZ）进行精细描述。因此，在实际应用中采用数据目标来定义 COCs

污染物的性质、采样，采用适度的数据分析方法（如土壤蒸气采样）描述污染源和污染羽，以及从高、中、低浓度的COCs污染区域获取地下多孔介质和地下水样本。用于支持ISCO技术可行性评估和／或系统设计的数据，可能不需要像传统的场地特征描述数据一样经过严格的实验室测试。

然而，为支持ISCO系统的细节设计流程，需要用高密度数据和中高质量样本来描述和表征目标处理区，以及近似的污染源质量和／或污染相分布。为了完成数据目标，可以将基于紧密间隔勘查位点的高数据密度方法［如含有膜界面探针的圆锥透光计（MIP）］及在适量特征区域内确定的多孔介质和地下水样本同时使用。附加的场地特征描述方法在10.4节中将进一步讨论。

2．动态工作策略

动态工作策略是成功地进行场地特征描述不可或缺的部分，因为其提供了一种优化的方式来实现场地特征描述过程。与严格执行场地特征描述的工作计划不同，动态工作策略由一个应急计划组成，该计划包括旨在评估数据收集程序和适应过程以确保调查目标得到满足的触发水平和决策逻辑。用于场地修复的典型动态工作策略一般来说同样适用于ISCO技术，在此不进行详细讨论。运用动态工作策略进行场地特征描述的附加常用信息可以在其他地方找到（USEPA, 2006, 2007; ITRC, 2007）。

3．实时测量

快速测量，以及在某些情况下的实时测量也可以用采样和分析方法来支持场地概念模型的开发，以及ISCO技术筛选的细化、细节的设计和执行（NAVFAC, 2008b; USEPA, 2008a, 2008b）。这些测量技术获得的场地特征描述数据具有一定优势，因此当工作人员在现场时，可以在一个时期内完成目标数据。实时测量和快速测量通常具有以较低成本获取高密度数据点的优势。每个数据点的质量通常低于实验室传统分析方法或替代分析方法得出的样本数据的质量。然而，即使包含一些低质量的数据点，对于给定的决策目标，更高密度的数据集也能提高整体信息的质量（例如，ISCO中TTZ的描述）。

10.4 场地特征描述的方法和技术

本节描述了可能适用于场地特征描述、构建有效场地概念模型，以及ISCO技术筛选和早期概念设计的方法和技术。需要注意的是，以下描述的活动不一定需要在每个ISCO项目中开展。然而，ISCO项目中常用的活动都已标注出来。10.5节对关键场地特征描述区域信息的重要性，以及与其他原位修复技术相比，ISCO技术所需努力的程度进行了总结。

10.4.1 场地特征和土地使用属性

场地概念模型中的场地特征和土地使用属性展现了需要使用ISCO技术的场地所具有的物理环境。因此，对关键特征进行详细的现场调研尤为重要，如地界线、地形、水资源、基岩露出、公共设施建设、水和电力设备、地下公共走廊、废弃的公用线路、现有和先前使用的储水池、老水井、难以接近的区域，以及潜在的人类和环境受体。对潜在的地下管道及因 ISCO 技术应用产生放热和气体等不易收集的排放物管道进行定位尤为重要。详细的现场调研可以使用传统的测量设备、地理定位系统或航空摄影测量制图。现场调研的数据可以在场地平面图中使用手工或计算机辅助方法来表示（如计算机辅助设计、地理信息系统、2-D 或 3-D 地理空间垂直校正方法）。如图 10.2 所示为一个简易的 ISCO 项目场地平面设计图。

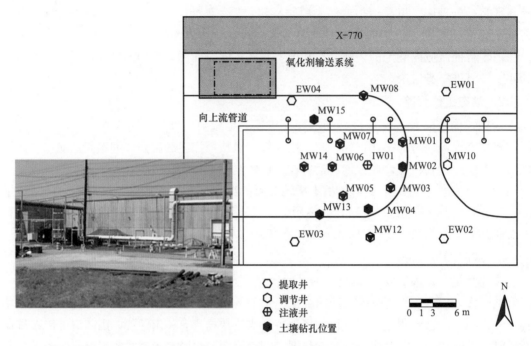

图10.2　疑似被TCE污染的地下水场地污染羽修复平面设计图（Siegrist et al., 2001; Lowe et al., 2002），方案最终采用再循环高锰酸钠（NaMnO₄）垂直井进行ISCO修复

10.4.2　污染物的性质和范围

1. 关注污染物的表征

为正确考虑污染物位点的 ISCO 修复，场地特征描述需要完成与关注污染物相关的 3 个目标：

- 确定存在的关注污染物及其在地下的浓度范围，以评估 ISCO 的可处理性、有效氧化剂的选择、适当的化学反应；
- 确定在当前场地岩性状态下关注污染物的分布，以设计并实现适当的 ISCO 技术；
- 对横向和垂直方向的关注污染物进行描述，为 ISCO 修复选择合适的目标处理区。

场地特征描述必须确定场地中的关注污染物以评估 ISCO 的可处理性，并设计合适的氧化剂和化学反应；应努力关注识别母体化学物质和降解产物（生物质和非生物质），受污染的地下水中的关注污染物通常含有有机化合物（ATSDR, 2009）。场地特征描述工作也应该说明其他先前可能存在的、可能干扰 ISCO 流程的残留态有机物水平（如表面活性剂／助溶剂、植物油）。一旦复合污染物纳入 ISCO 流程，即使它们不是现有的关注污染物，也应该加以鉴别（如氧化还原敏感性金属）。为了鉴别化学物质，样品必须在考虑数据质量目标

（DQOs）的前提下依据一种方法学收集，并在野外或固定实验室进行分析。当前，DQOs 实现、样品设计和分析方法已有可行的指南（USEPA, 2006）。表 10.3 总结了野外采样和分析方法。表 10.4 列出的方法与非水相液体源区有特殊的关联，但它们同样适用于水相液体的地下区域。

表 10.3 适用于 ISCO 技术场地特征描述的常用野外样品采集和分析方法（改编自 FRTR, 2008）

活动和方法	技术／仪器举例
进入地下层的方法	
疏松地层钻井方法	空心杆预测、声频钻削
加固层钻井方法	顿钻钻具、声频钻削、旋转钻探
驱动方式	圆锥贯入仪、直推技术
便携式取样器	单一立管、有限区间井、嵌套井
便携式原位地下水采样器／感应器	直接驱动采样器、被动多层采样器
固定原位采样器	多级胶囊采样器、多端口套管
破坏性取样方式	取心和提取
样品收集方法	
手持方法	样品勺、铁铲、钻子、管子
电动土壤取样器	分离筒和固体筒、薄壁开管
地下水采样泵	囊状低流量泵、蠕动泵
便携式抓取采样	泥浆泵
萃取收集法	扩散袋、吸附剂设备
气体／空气收集法	土壤气体探测器
样品分析方法（有机化合物）	
样品萃取法	溶剂萃取、吹扫—捕集、顶空
原位分析法	固体／多孔光纤、LIF、MIP
异位分析法	光离子化检测器、火焰离子检测器、探测管、气相检测或气质检测、免疫比色分析、生物分析

除表 10.3 和表 10.4 列出的多种方法外，用于 VOCs 和 SVOCs 污染场地 ISCO 技术筛选、设计和实施的野外快速分析技术还包括：

- 采用移动实验室分析地下水不连续深度的样品（Waterloo Profiler™、Geoprobe® Screen Point、Hydropunch®、SimulProbe®、Iso-Flo®）；
- 被动或主动土壤蒸气取样；
- 对土壤核心样本的顶空检测；
- 圆锥贯入仪测试（CPT）；
- 薄膜介面探测器（MIP）；
- 激光诱导荧光检测器（LIF）；
- 电阻率成像（ERI）；
- 电导率（EC）探测。

使用这些技术及类似的技术，以及更传统的采样和分析方法可以对污染物的性质和扩散程度，以及减小决策的不确定性提供一个最佳描述方法。调查方法的选择应该基于一个特定的场地，要认识到各种传统调查方法可以提供足够的场地特征描述数据。

表 10.4　应用于污染场地（包括 NAPL 源区）的场地特征描述技术的优点和缺点（USEPA, 2003）

工具 / 方法	潜在的优点	潜在的缺点
• 振动探针（Geoprobe®）	• 比较便宜 • 更高的移动性和可用性 • 有开发良好的采样工具 • 可用于某些传感器	• 很难穿透致密的土壤 • 限制了深度
圆锥贯入仪测试	• 深入渗透 • 某些传感器开发良好（LIF、桩端阻力、摩阻比等）	• 更昂贵 • 可用性更低 • 不易操作
有机蒸气分析筛选土壤核心	• 快速，费用较低 • 与非水相液体共存的高浓度挥发性有机物 • 有助于集中采样	• 需要定性数据 • 对有效污染物的挥发性、含水率、样品温度和样品处理具有数据敏感性
紫外（UV）荧光检测器	• 快速，费用较低 • 许多非水相液体发荧光 • 可以提供详细的地层学与污染物分布之间关系的信息 • 可以使用数码相机存档	• 需要荧光非水相液体 • 没有选择性 • 受非目标荧光物质干扰（如沿海沉积物、贝壳碎片） • 可能存在显著的假阳性和假阴性
疏水性染料振动测试	• 定性评估方法和视觉证明简单、快速、便宜 • 不需要分析设备	• 需要已知的背景，并对NAPL污染样品进行干扰和特异性反应检查 • 只能检测非水相液体 • 可能存在假阳性（与其他有机物反应）和假阴性（非水相液体不足） • 在黑暗的土壤中视觉很难辨别
带状NAPL采样条（RNS）	• 相对简单、直接，费用较低 • 可以提供详细的地层学与污染物分布之间关系的信息 • 适合通过照相快速建立文档	• 与处理相关的衬管及接触的塑料芯套筒会轻微变色 • 一些非水相液体反应相对微弱 • 会因蒸发褪色和 / 或无法检测 • 有可能出现假阳性和假阴性 • 可能出现交叉污染（裸井）
薄膜介面探测器	• 广泛普及 • 同时记录挥发性有机物和土壤导电率 • 在包气带和导电土壤中运行 • 可用于描述非水相液体源区 • 快速场地筛选（0.305cm/s） • 有节约成本的可能	• 较高的检测限和数据分析质量 • 为挥发性有机污染物设计 • 可能存在较高的污染物残余 • 限制穿透阻力 • 适合浅层使用
井下RNS（如NAPL FLUTe™）	• 提供钻井深度方向的非水相液体分布的连续记录 • 可在多种类型的洞口使用 • 可以节约成本	• 异质性可能限制信息的价值 • 可能难以解释非水相液体相对模糊的反应 • 毛细作用可能会夸大非水相液体的存在 • 有可能出现假阳性和假阴性 • 可能出现交叉污染
CPT/LIF 紫外荧光探针	• 实时描述地层学和荧光污染 • 典型的效率为每天10～15个位点，每个位点91.44～121.92m • LIF波形可以提供产品标识 / 验证及拒绝非污染物的荧光 • 减少因调查产生的场地COCs浪费和暴露 • 有节约成本的可能	• 主要适用于多环芳烃 • 受制于干扰因素 • 非水相液体必须邻近"蓝宝石"窗口 • 适用性有限 • 成本较高

工具／方法	潜在的优点	潜在的缺点
直接分析地下水	• 没有钻粉，只有少量的清洗水 • 可以在（水体样品）提升过程中通过滤网将清洁水泵出，以减少污染物的堵塞 • 可以利用蠕动或气压低流量泵收集各深度的多个样品（在任何间距） • 可执行饱和渗透系数测试 • 可开发井管滤网 • 可用棒子对孔洞进行灌浆 • 提供了可用于回溯NAPL源的详细浓度资料 • 快速和相对较高的成本效益	• 受岩性（堵塞、浊度和缺乏细粒度沉积物）和深度（取决于钻井和样本收集方法）的制约 • 只提供了水质的快速检测结果 • 金属和疏水性化合物的浓度可能因样品的浊度而产生偏离 • 垂直水力梯度会影响回溯的解释 • 由于异质性和稀释效应，很难定义重质非水相液体源的形态 • 浓度大于有效溶解度，即样品中有非水相液体；浓度小于有效溶解度，则需要进一步寻找原因
井间分区示踪测试（PITT）	• 可以估计重质非水相液体的饱和度	• 需要知道重质非水相液体的位置 • 需要为渗透系数提供足够的示踪测试 • 需要足够小的源区以保证在合理的时间内布井进行示踪测试 • 天然有机碳的存在可能会导致一些难以解释的结果 • 异构重质非水相液体的分布（特别是水池）会低估重质非水相液体的体积 • 昂贵，并且可能需要恢复示踪物进行监管

如 10.3 节中的讨论，可以通过实地测量使采样的不确定性最小化，并根据需要通过适当的实验室分析及质量保证或质量控制来减小采样的不确定性（见表 10.2）。场地特征描述方法和技术的选择还应包括需要评估的属性，以及需要达到的检测限。确保测量可以满足对决策很重要的问题是十分重要的 [例如，地下水中三氯乙烯浓度低于 5μg/L，此值即最大污染物水平（MCL）]。例如，一个无法检测低浓度污染羽的薄膜界面探测器（MIP），可以与圆锥贯入仪测试（CPT）联用来鉴定较高浓度的区域和具有地下深度短程可变性的有机污染物。这些数据通常表明，最高浓度往往出现在低渗透性层，而这些信息对设计ISCO 传输系统极为重要。移动实验室直推技术和不连续深度取样联用进行样品分析，可以量化源区和相应地下水污染羽中关注污染物的浓度。

在许多受关注污染物污染的场地中，需要关注非水相液体源区的存在。表 10.5 总结了帮助评估重质非水相液体源区的存在，并限定其边界的场地特征描述活动。重质非水相液体源区的场地特征描述对评估 ISCO 技术是否能实现修复目标、是否选择了最佳的 ISCO 技术，以及如何对其进行设计起着至关重要的作用（例如，传输的氧化剂浓度及传输方法）。由于场地特征描述难点的复杂性，表 10.5 为多种技术联用提供了依据（Kueper and Davies, 2009）。

场地特征描述能提供必要的参数值（如容重、孔隙度、有机碳组分、含水孔隙度），当与化学数据结合时，可用来评估样品采集区的污染量。式（10.1）表述了一个平衡分配的关系，表明了关注有机污染物在地下吸附态、水溶态和蒸气态的比重关系。当 $\theta_a=0$ 时，式（10.1）仍能应用于地下水中。

$$C_i^{\mathrm{Total}} = \frac{C_i^w}{\rho_b}\left(K_{\mathrm{oc}} f_{\mathrm{oc}}\, \rho_b + \theta_w + H' \theta_a\right) \tag{10.1}$$

式中，C_i^{Total} 为在各相多孔介质中污染物 i 的总浓度（单位：mg/kg），C_i^w 为地下水中污染物 i 的浓度（单位：mg/L），K_{oc} 为有机碳分配系数（单位：mL/g），f_{oc} 为有机碳分数（单位：g/g），ρ_b 为干容重（单位：g/mL），θ_w 为含水孔隙度（单位：L/L），H' 为亨利定律常数（无量纲），θ_a 为充气孔隙度（无量纲）。例如，基于场地地下水的监测数据及污染物的水相浓度（C_i^w），可以用式（10.1）来计算当前污染物的总浓度（C_i^{Total}）。

按照式（10.1），场地特征描述数据可以用来确定重质非水相液体浓度是否超过阈值（Feenstra et al., 1991; USEPA, 1992; Kueper and Davies, 2009）。即使用式（10.1），设定 C_i^w 为污染物 i 的有效溶解度，C_i^{Total} 为存在重质非水相液体时的总浓度阈值（单位：mg/kg）。例如，位于砂质层的地下水（$f_{oc}=0.00009$g/g，$\rho_b=1.58$g/mL，$\theta_w=0.39$L/L），重质非水相液体的阈值，即三氯乙烯的浓度计算为 358mg/kg（$C_i=1366$mg/L，$K_{oc}=166$mL/g），四氯乙烯的浓度计算为 39mg/kg（$C_i=150$mg/L，$K_{oc}=155$mL/g）（Oesterreich and Siegrist, 2009）。

表 10.5　可将 DNAPL 源区评估和描述结合的调查方法（Kueper and Davies, 2009）

方　法	说　明
场地使用 / 场地历史	某些与地下存在的重质非水相液体相关的工业活动（如汽油制造厂、木材保存场地、干洗经营、化学品制造）
视觉观测	虽然不是很通常的，但重质非水相液体可以在模拟井、钻井或地下获取的核心样品中观察到
多孔介质中化学物质浓度高于重质非水相液体饱和度阈值	多孔介质中重质非水相液体化学物质的浓度对应一个重质非水相液体饱和度阈值（在 5%～10% 的孔隙空间内），能够作为重质非水相液体存在的依据
多孔介质中化学物质浓度在分区阈值以上	多孔介质中重质非水相液体化学物质的浓度超过溶解相和吸收相的分区浓度，即存在重质非水相液体
蒸气浓度	若气相羽位于地下水之上，则意味着重质非水相液体化合物的存在
疏水性染料测试	疏水性染料，如红油，可以分区进入重质非水相液体并将其变成红色，可以在地面用罐子或井下带采样来进行染料测试
地下水浓度大小	地下水浓度超过 1% 的有效溶解度，表明地下水可能接触了重质非水相液体
持续的地下水污染羽	存在一个连续的、持续的污染羽，很久之后最有可能释放污染物进入地下水
存在污染明显异常的位置	存在已知的非顺梯度位置的地下水污染，或者存在疑似污染物释放，表明重质非水相液体的存在
地下水浓度随深度的变化趋势	重质非水相液体化合物浓度随地下水区域深度的增加而增大，表明重质非水相液体的存在
地下水浓度随时间的变化趋势	地下水区域重质非水相液体化合物的浓度在一定距离的污染羽中随时间的推移而减小到不同的程度，意味着存在一个重质非水相液体源区
地下水中检测出高吸附的化合物	检测重质非水相液体化合物的高吸附度和低溶解度，表明当地重质非水相液体的来源
其他类型的方法	PITT 方法，或者利用直推平台的探针进行井下测量

注：Kueper 和 Davies（2009）列举了多种关于以上方法的计算。

如果已知一个多组分重质非水相液体环境，重质非水相液体中的每种污染物的有效溶解度可用 Raoult's 定律估计，即

$$C_i^w = m_i S_i \qquad\qquad (10.2)$$

式中，C_i^w 为化合物 i 在水中的有效溶解度（单位：mg/L）；m_i 为化合物 i 在重质非水相液体中的摩尔组分（无量纲）；S_i 为化合物 i 的单一水相溶解度（单位：mg/L）。在这个案例中，每种化合物的有效溶解度可用式（10.2）计算；同时，用式（10.1）可以计算当前每种污染物的阈值浓度（阈值）。

如果来自地下水（包含孔隙水的含水层固体）的样品表明，目标 COCs 浓度超过了计算的重质非水相液体浓度阈值，那么重质非水相液体中相关分布估计也会超过污染物总浓度阈值（C_i^{Total}）。为了帮助计算关注污染物在地下区域的平衡相分布，可以使用分析模型并在电子表格中执行，如 SOILMOD（Dawson, 1997）或 NAPLANL。

随着科技进步，当前已有一系列可用的方法和工具，但关于某些场地地下关注有机污染物（尤其是挥发性污染物）的描述，仍然是非常不精确及具有挑战性的。许多现有问题和挑战主要基于土壤和地下水区域的采样和分析中存在的问题：①在一些介质中一些有机化合物（如土壤中和含水层固体中的 VOCs）可能存在较大的测量误差（超过 90% 的负偏差或更高）（Hewitt, 1994; Siegrist et al., 2006; Oesterreich and Siegrist, 2009）；②可能需要大量的样本来解决异质性、时间和空间变化问题（West et al., 1995; Schumacher and Minnich, 2000; Parker et al., 2003）。对于存在重质非水相液体的源区，10 倍或更多地下自然系统污染物的分布，以及无法收集到足够样本或计算复杂性，导致无法准确估计当前关注污染物的总量（SERDP and ESTCP, 2006）。

2. 污染物质量流量

地下水中关注污染物质量流量正在成为一个描述关注污染物污染羽和源—羽关系的重要指标（USEPA, 2003）。然而，如何在没有夸大污染物质量流量对执行和决策的作用时表达其潜在的价值，仍然存在不确定性和不同的观点。本节提供了使 ISCO 技术有可能成为潜在可行的修复措施的总结和说明。

关注污染物质量流量（表示为质量 / 时间 / 区域）和关注污染物污染羽截面垂直径流（质量 / 时间）可以同时代表关注污染物的浓度和地下水径流（见图 10.3）。这些信息提供了有关修复措施对整体污染羽强度和动态反应的重要数据（Brooks et al., 2008; Guilbeault et al., 2005）。污染物质量流量和总污染物质量流量测量可用于更有效地制定修复关注污染物污染羽和 / 或关注污染物源区的目标，关注污染物质量流量或总质量流量的改变对 ISCO 修复的响应可以为理解整体修复响应提供一个重要的指标。测量质量流量的技术正在进步，其中包括被动技术（Hatfield et al., 2004; ESTCP, 2007）和主动技术（Bockelmann et al., 2001）。Goltz 等（2007）对不同方法测量地下水关注污染物质量流量进行了综述。

用监管方法定义场地修复的处理目标尚未包含质量流量 / 总质量流量的测量，然而这些概念正处在监管框架内。例如，一个超级基金场地的首选修复措施将减少高浓度地下水区域的质量流量 / 总质量流量作为修复目标（Remedial Action Objectives，RAOs）（USEPA, 2009）。为联合应用修复方法，运用质量流量或总质量流量对某种技术（如 ISCO）构建修复终点是非常有用的。例如，质量流量或总质量流量可能提供了在强化原位生物修复、监测自然衰减（MNA）或渗透活性壁垒处理的顺梯度污染羽场地中确定 ISCO 修复终点的相关依据。有效利用质量流量或总质量流量可以显著减小这些应用在场地特征描述中的不确定性。然而，取样的程度要达到质量流量测量不确定性的预期水平可能很复杂，在某些情况下可能是不现实的。成本效益分析有助于确保在场地特征描述数据增长和决策支持过程中不产生额外的费用。

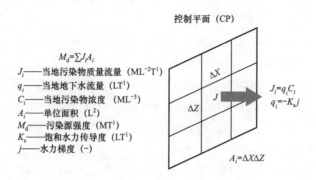

图10.3 控制平面的污染源强度定义（M_d）、当地地下水流量（q_i）和污染物质量流量（J_i）示意（USEPA, 2003）

10.4.3　水文地质条件

作为场地概念模型的一部分，理解地下水的稳态和瞬时形态是至关重要的。场地的水文地质条件对不同 ISCO 氧化剂和传输方式有很大的影响。因此，理解水文地质条件是十分重要的，包括以下几点。

- 污染区域内和直接毗邻区域内重要岩层的赋存和特征。
- 鉴定可以管理地下水流的阻水层和半阻水层。
- 如果地下水的组成是疏松的：
- 估计多孔介质渗透率（主要 / 次要）；
- 现场测量渗透系数［如果渗透系数显然很高（如均匀的粗砂）或显然很低（如黏土），则没必要进行筛查］；
- 非均质性特征描述（如主要形成渗透水或非渗透水，评估不同地层之间 K 值的可能变化，评估高 K 值区域的相互连接，评估是否断裂或存在其他优先的通路）。
- 估计地下水海拔、水力梯度（水平方向和垂直方向）、流向。
- 如果地下水的组成是坚固的，估计其渗透率。

为了描述水文地质条件，场地特征描述数据可以通过数组组建技术来获得，包括：
- 视觉钻井记录；
- 核心取样和物理特征分析（完整或常规的拼合式取土器）；
- 监测井或探针网中的水位；
- 嵌套监测井的水力评估；
- 水力测试［泵测试或段塞测试（常规或气动）］；
- 示踪测试；
- 钻孔流量计（胶体的、热量的）；

- 视频显微镜；
- 地球物理技术（电磁、电阻率、导电率、地面穿透雷达、钻孔、抗震）。

由于地下环境的异质特性，可能需要在污染区域内的每个独特的层，或者在最终ISCO 处理目标区域（TTZ）中应用这些技术。每个参数将获得一系列的值，这些值将用于 ISCO 技术筛选和设计过程中的不确定性或敏感性分析。如果存在不可接受的不确定性，则需要使用额外的方法和高分辨率的应用方法进行附加特征描述。

10.4.4　地球化学条件

地下区域的地球化学条件被认为是 ISCO 修复中非常重要的因素，因为它们能够通过目标修复区影响化学氧化反应和化学氧化剂的传输。因此，与其他原位化学修复技术相比，考虑应用 ISCO 技术通常需要致力于地球化学条件的场地特征描述工作。表 10.6 列出了与 ISCO 技术特别相关的数据，包括参数。

地球化学在 ISCO 技术应用中起着至关重要的作用，因为 ISCO 系统设计必须考虑地下氧化剂的持久性问题，包括自动分解反应和含水层自然氧化剂需求（NOD）（ASTM，2007；见附录 D）。氧化剂和化学反应还必须考虑潜在的激活剂［如铁（Fe^{2+}）、锰（Mn^{2+}）］和自由基清除剂［如碳酸盐（CO_3^{2-}）］。了解地下的氧化还原状态，以及富集沉积区金属、矿物质和天然有机物（NOM）的减少，可以提高对潜在自然氧化剂需求的理解。例如，对 ISCO 技术来说，在地下水区域还原条件［低氧化还原电位（ORP）］下通常会比在氧化条件下更具有挑战性。地下水环境下的氧化还原状态可以对还原敏感性金属铬的移动（或砷的固定）提供深入的理解。

如第 9 章、第 12 章中的讨论，地球化学数据对 ISCO 技术的实现和性能监测是十分重要的，因为有些修复效果能够被可靠地预测，其他类金属的移动则无法很好地预测。因此，分析基线和后 ISCO 技术的地球化学条件对于监测和 ISCO 修复效果（正面和负面）非常重要。

水相地球化学参数通常通过相对较长时间间隔的模拟井来收集。若目的是描述当地含水层的条件，这些模拟井中的复合式样品完全可以用来进行地球化学分析。也就是说，在ISCO 处理目标区域（TTZ）的每个独特地层量化一系列场地的当前状况，对深入了解地球化学条件相当重要。任何显著差异的存在，以及空间变异的细节都可以使每个地层的ISCO 技术产生调整。

表 10.6　在场地特征描述中获取的地球化学数据对于确定 ISCO 技术是否
是一个可行的修复技术起重要的作用

介　质	数　据	对ISCO的重要性	测量的一般方法
地下水多孔介质固相	颜色	表征氧化还原	现场分析使用Munsell颜色表
	有机质含量（TOC，f_{oc}）	用于分区计算和最大氧化剂需要量（NOD）指标计算	离线实验室分析
	矿物学	某些矿物质可以和氧化剂反应（最大氧化剂需要量，催化剂）	通过地质地图和核心样本的地质解释进行估计

介 质	数 据	对ISCO的重要性	测量的一般方法
地下水水相	温度	能影响反应速率	使用原位或现场测量计
	pH值	能影响化学反应[a]	
	溶解氧（DO）	表征氧化还原[a]	
	氧化还原电位（ORP）		
	碱度	能影响化学反应[a]	在现场或离线实验室分析检测
	阴离子（如F^-、Cl^-、NO_3^-、PO_4^{3-}、SO_4^{2-}）	潜在的自由基清除剂	通常在离线实验室分析检测
	阳离子（如K^+、Ca^{2+}、Na^+、Al^{3+}、Mg^{2+}、Fe^{2+}、Fe^{3+}、Mn^{2+}）	潜在的激活剂	
地下水固相和液相	高锰酸钾的自然氧化剂需求或过硫酸盐、过氧化氢和臭氧的持久性	影响ISCO的质量流量和传输能力	在离线实验室完成小试
	氧化还原敏感性金属（如S、Fe、Fe^{2+}、Mn^{2+}、As^{3+}、Cr^{3+}）		通常在离线实验室分析检测

注：Al—铝，As—砷，Ca—钙，Cl—氯，Cr—铬，F—氟，Fe—铁，K—钾，Mg—镁，Mn—锰，Na—钠，NO_3^-—硝酸根，PO_4^{3-}—磷酸根，S—硫，SO_4^{2-}—硫酸根。

表中的数据对ISCO技术的筛选和概念设计都可能起重要的作用，其中标注"[a]"表示对大多数场地和大多数ISCO技术都特别重要。

10.4.5　归趋和传输过程

场地特征描述可以促进对控制关注污染物和实施 ISCO 场地中氧化剂移动的归趋和传输过程的理解（见第 6 章）。这种理解对确保以下几点是十分重要的。

- 对于 ISCO 来说目标修复区的位置是正确的。
- 现实的修复目标的确立。
- 在没有对关注污染物迁移产生副作用的前提下达到了最佳的氧化剂（或催化剂、稳定剂）传输（如非水相液体的位移或转移）。
- 在传输过程和进入地下之后对化学氧化剂潜在归趋的理解（如趋势的量级）。
- 使 ISCO 修复后可能的反弹最小化（或通过流量，或通过基质逆扩散）。
- 可以适当地设计 ISCO 系统以避免（或者至少减少）影响 ISCO 后处理技术。

理解归趋和运输过程，如非水相液体流动性和溶解相平流、吸附、扩散、散布，以及已经或可能对污染物分布产生影响的过程，可以帮助阐明 ISCO 后处理技术将出现的过程。例如，从低渗透介质和已被吸收的污染物解吸的后 ISCO 基质逆扩散，在一些 ISCO 修复场地中已经出现（见第 8 章）。这是由于场地特征描述不能充分确认服从扩散和解吸过程的条件，并且 ISCO 系统设计没有充分解决其发生的可能性。例如，氧化剂类型的选择和传输方法可能无法实现低渗透区域的渗透性和长期性、介质的有效处理、逆扩散的减少及 COCs 反弹的防止。

在场地特征描述期间，可以在目标处理区域（TTZ）和顺梯度区域获取关于赋存和自然衰减过程的数据。因为强化原位生物修复和 / 或监测自然衰减通常是在 ISCO 处理后进行的，其在早期的场地特征描述工作中的使用通常比较谨慎，主要通过使用分子生物学工具（如分子分析、脂质分析）来收集一些生物参数和自然衰减参数（如生物降解产物、硝酸盐、铁、硫酸盐/硫化物、甲烷、乙烯、乙烷、氯、pH值、温度等），以及微生物数据。

10.4.6 场地特征描述数据的分析和可视化

出于许多目的，通常需要对场地特征描述数据进行分析和可视化。例如，随着场地概念模型的发展和改进，污染物和水文地质条件的性质，以及污染物的地理空间分析和可视化对增进场地概念模型的理解是非常重要的。这些可视化通常阐明了场地概念模型的重要属性，如不连续的半承压岩性层、潜水或分离的污染羽及多种残留物源区。可视化也能帮助理解ISCO修复中污染物的释放迁移途径和源区范围。

使用环境统计方法可以建立数学分析的特征数据集（Gilbert, 1987; Keith, 1996; Gibbons et al., 2009），这种数据集可以用商业软件完成（如Microsoft Excel、SAS JMP®）。决策支持软件还包括含有地理空间分析的统计分析程序（USEPA, 2005）。表10.7列出了几个公共软件包。

表 10.7　包括统计分析和地理空间分析的决策支持工具（FRTR, 2009）

程　序	功　能
自适应建模系统风险评估（ARAMS）	CSM、统计分析、生态风险评估、人类健康风险评估
GeoSEM	可视化、地理空间插值、统计分析
监控和修复优化系统（MAROS）	数据管理、监控网络优化、统计分析
空间分析和决策支持（SADA）	可视化、初步取样、二次取样、地理空间插值、统计分析、人类健康风险评估

由于大多数场地特征描述数据由点源测量、数学插值在内的二维或三维地理空间分析组成（Isaaks and Srivastava, 1989; Cressie, 1991），因此有大量可用于数据分析的统计软件包如二维和三维地理空间分析软件GeoSEM和SADA（见表10.7）。此外，一个公共的软件包（R编程语言）提供了各种各样的统计方法（如线性建模和非线性建模、经典统计测试、时间序列分析、分类、聚类）和图表技术。

场地特征描述数据可以用各种方法和技术进行可视化达到报告和交流的目的。各种二维地图、图纸通常用于ISCO技术筛查和概念设计，包括：
- 关注污染物污染羽场地计划覆盖图（见图10.4）；
- 地质与污染物运移界面叠加图；
- 水压面地图（降水期间的稳态和瞬态）；
- 基岩或隔水层等值线图；
- 地下水关注污染物浓度等值线图（见图10.4）；
- 地下水关注污染物水平等值线图（见图10.5）；
- 单个监测井和整个污染羽的关注污染物时间序列图。

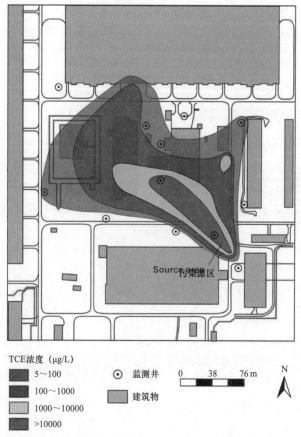

图10.4 美国能源部（DoE）俄亥俄州的某地下水受三氯乙烯污染场地的二维等值线图。场地计划的污染
羽源区已在图10.2中表示，其中4个角落的抽提井可用于ISCO的再循环

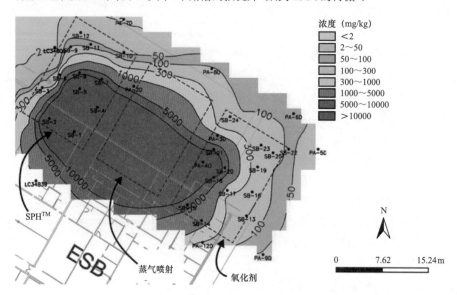

图10.5 美国国家航空航天局（NASA）佛罗里达州某地下水受三氯乙烯污染场地的二维等值线图
（Gavaskar, 2002）。利用地质统计学分析深度—不连续CPT核心样品和野外气相色谱，轮廓代
表溶解、吸收和非水相的三氯乙烯总浓度

可以用地理统计学软件包（见表10.7）实现三维可视化（见图10.6中的浓度体积模型）。二维可视化可以方便项目报告，彩色三维可视化可以提供更完整的地下条件。这些可视化可以提供强大的输出帮助完善场地概念模型，以便更清楚地理解ISCO修复中任何源区的空间分布，优化注入策略、技术和基础设施。

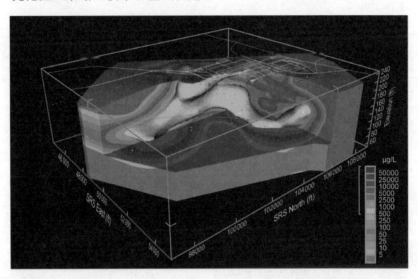

图10.6　南加利福尼亚州地下DoE场地的复杂三氯乙烯污染空间分布的三维容积可视化（Jackson and Looney, 2001）。土地表面尺寸为2438～3048m，深度尺寸约为54.86m；TCE浓度为近5µg/L（蓝色）～50000µg/L（红色）

无论选择二维可视化还是三维可视化，如果它们基于有限的数据集、弱插值参数和边界，都将会给人们造成一定程度的错误理解。实际数据可以展现成等值线图，以便用户更了解用于生成地图的数据。

10.5　ISCO需要的场地特征数据

通过ISCO技术的筛选和概念设计，并保持与应用于场地修复的观测方法一致，定期回顾场地概念模型可以确保收集足够多的、质量有保障的数据，并通过充分定义场地概念模型来支持决策（见第9章）。一般来说，场地概念模型中的数据缺口会导致具有可行性的ISCO技术的筛选或应用对满足场地修复目标的不确定性。不确定性的可接受范围会随场地的不同而不同，其决定因素包括ISCO项目的阶段、ISCO使用的方法、COCs和场地条件，以及ISCO修复目标的确定。例如，场地ISCO技术筛选阶段所需的场地特征描述信息比详细设计和规划阶段要少。同时，对于已经建立的可替代清理水平目标（ACLs）的相对同质的地质和没有重质非水相液体的场地，比含有重质非水相液体源区的相对异质的场地和以污染物水平为清洁目标的场地，允许有更大的不确定性。

问题可能出在与其他原位修复技术相比，ISCO技术对场地特征描述的需求如何（见表1.2）。一般来说，如果问题受到需要支持有效场地概念模型初步建立的限制，可以适当筛选ISCO技术并进行概念设计，使数据集可与大多数原位修复技术类似。表10.8列出了关键场地特征描述区域（见10.4节），以及在这些区域以筛选 ISCO 技术和进行一种或多种 ISCO 技术的概念设计为目的可获取的相对重要的信息（见第9章）。表10.8 同样表示了与其他原位修复技术相比 ISCO 场地特征描述所需相对工作水平的评估，这与将修复制剂传输至目标处理区域（TTZ）类似。

表 10.8　ISCO 技术筛选和概念设计所需场地特征描述的一般性评估描述内容

	重要程度[a]	说　　明	描述结果表明ISCO技术比其他原位修复技术更合适？[b]
场地特征和土地使用情况	高	如果存在氧化剂迁移或污染物逸出的可能性，定义氧化剂传输到目标处理区域的路径和暴露环境极为重要	是，但要求增加的结果并不好
污染物的性质和污染程度	高	在目标处理区域较大或空间可变性增加的情况下，对关注污染物需要进行更细节化的描述。通过高清晰度、不同深度、直推采样获取的细节知识能够完成目标性的氧化剂传输	可能，取决于与之相较的原位修复技术
水文地质条件	高	由于ISCO涉及流体（通常为水相）向目标处理区域的传输，了解水文地质条件对实现有效的传输至关重要	否
地球化学条件	高	了解地下的地球化学条件有利于为了解氧化剂的行为和归趋（如活化性、持久性、最大氧化剂需要量；详见表10.6）提供帮助。然而，一些简单的数据如氧化还原电位、溶解氧、pH值、总有机碳、f_{oc}和粒径分析也能起到作用，不应该被忽视	是，这是ISCO场地特征描述需求更好的一部分，但是时间和成本需要最小化
归趋和传输过程	低到高	ISCO技术通常与其他修复技术［如强化还原脱氯（ERO）］或方法（如监测自然衰减）联用，以实现场地的修复目标。了解归趋和传输过程至关重要，而这取决于拟实施的联合修复类型和性质	可能，但并非必要；这取决于特定化比较
描述数据的可视化	适中	描述数据的可视化能帮助交流和决策制定过程，对于所有原位修复技术和修复方法都是有用的	否

注：[a]原位技术额外的数据需求包括流体向目标处理区域的传输，如强化脱氯、原位化学还原或空气喷射（详见第1章表1.2）。

[b]重要程度（高、中、低）在不同场地之间存在差异，这种场地之间的差异是由污染物特征、场地条件，以及处理目标、修复阶段的不同（筛选和概念设计两个阶段）造成的。

在 ISCO 项目实施期间，场地概念模型和 ISCO 技术应用中的不确定性会减少项目的收益。换言之，可以根据需要收集的数据来填补重要的数据缺口以处理相关的不确定性。然而，越来越多的管理者和从业人员被要求减少现场调查活动，但他们为场地概念模型的开发收集的场地特征描述数据可能最终仍将被用于 ISCO 技术筛选和概念设计。因此，如果考虑将 ISCO 技术作为修复技术，早期可能会审慎地进行相对便宜的特殊 ISCO 技术分析（如 pH 值、ORP、TOC、f_{oc}、粒度）。这些数据通常很好地支持了其他技术的评价。此外，依据相关保持时间问题，如果 ISCO 技术成为可行的修复措施，并且项目收益还处于概念设计阶段，那么可以为了随后的检测收集更多的多孔介质和地下水，这将为未来的样品收集节约成本。例如，为自然氧化剂需求（NOD）和氧化剂持久性测试收集和存储足够的多孔介质和地下水，在完全了解之前需要对这些数据进行决策。样品收集的数量，以及收集、处理和存储过程都应该遵循标准实践（USEPA, 1989, 1991; Keith, 1996; Popek, 2003）。

10.6 ISCO 处理的目标

场地修复项目通常是在监管机构的管辖下实施的，因此从一个场地到另一个场地的修复过程可能各不相同，关键术语及其定义也可能不同。为了接下来的讨论，以及获得 ISCO 技术应用的结果，表 10.9 列出了几个相关的修复术语定义。

表 10.9 与 ISCO 技术应用及结果相关的修复术语定义

术 语	ISCO技术的意义和应用
修复宗旨（Remediation Objectives）	修复宗旨的建立可以规定预计修复的目的。修复宗旨通常希望获得高水平结果，但其自身往往不能直接测量。例如，修复宗旨可以表示为，"为不限制当前和未来的土地利用而减少对人类健康风险的污染场地修复。"在综合环境反应、补偿和侵权责任法（CERCLA）下的修复活动目标（RAOs）就是一个客观的例子
修复目标（Remediation Goals）	修复目标定义了需要达到或完成的修复活动。修复目标一般针对整个修复系统（或处理链），或者针对一个特定的处理技术（见下面的处理目标）。CERCLA的修复目标通常是数值水平的。例如，在CERCLA的可行性研究过程中，初步修复目标（PRGs）定义修复面积和修复水平的浓度。一旦对选择的修复做了决策，并且修正了PRGs，PRGs将成为修复目标（RGs）
清除水平（Cleanup Level）	清除水平用于描述使某一特定场地或在某个特定目标处理区域内土壤、地下水或其他介质中的关注污染物浓度达到某一特定值相关的修复程度。清除水平通常是由监管部门和项目指定的，可能包括特定介质（如土壤或地下水）的数值。在某些监管计划中，清理水平可以作为修复目标（如在 USEPA CERCLA项目下开发PRGs）
处理目标（Treatment Goals）	处理目标是特定的标准，衡量某一活动是否成功实施。例如，ISCO处理目标可以是在目标处理区域（TTZ）应用ISCO技术要达到的标准
操作终点（Operational Endpoints）	操作终点可以被建立并适用修复技术的应用（如ISCO）。例如，操作终点可以设置为在某一特定时期内目标处理区域内某一污染物的目标浓度，达到该目标浓度后，ISCO操作可以终止。操作终点可被设置为要实现的目标

注：表中所列的修复术语定义和使用对监管程序、辖区管理评估和污染场地的修复不具有普遍的一致性。

在常规实践中，场地特征描述数据支持了有效场地概念模型的开发，也能用于评估修复是否合理。如果修复因监管需求强制执行，或者因其他原因（如产权流转或变更土地使用方式）被认为是必要的，就可以建立修复宗旨和目标（包括 RAOs 和 PRGs）。另外，ISCO 技术可作为一个可行的、独立的技术使用，或与其他几种技术和方法联合进行修复。如果 ISCO 技术被选择在一个特定的 TTZ 实施，则需要明确定义并商定特定 ISCO 处理目标。ISCO 技术在实施过程中可以基于先前的协议设立操作终点，这个协议包括是否、如何、何时替换或终止 ISCO 操作，以及如何进行下一步考虑。

只要符合场地范围的修复宗旨和修复目标，ISCO 处理目标都可以相对灵活地确定，也因为这个事实 ISCO 技术通常结合其他修复技术和方法使用。灵活选择 ISCO 处理目标的例子如下：

• 降低非水相液体源区污染物浓度，在某种程度上是可行的；
• 减小污染物质量流量可减小顺梯度迁移；
• 降低污染物浓度促进场地关闭；
• 使污染物的质量流量减小到强化原位生物修复和 / 或 MNA 所需的程度，使场地在一个合适的时间关闭。

虽然这类 ISCO 处理目标是常用的目的表述，但是对使用 ISCO 技术修复地下水的基本预期起着帮助交流的作用。

开发量化的 ISCO 处理目标通常需要确定目标处理区域。在场地概念模型中初步描述目标处理区域对排除可能采取 ISCO 技术物理限制的区域是十分重要的，并且可以确定满足 ISCO 技术的修复目标（第 9 章中有更多关于目标处理区域描述的讨论）。考虑用基于 10.2.2 节所述的场地概念模型开发组件的 ISCO 技术来描述目标处理区域，同时确定场地修复目标和清除水平。目标处理区域包括传输化学氧化剂和 ISCO 达到特定修复目标的一个或多个地下区域的清晰边界。ISCO 处理目标的例子可以设置为特定的目标处理区域，包括：

- 减小地下水污染物浓度以满足各自的最大污染物水平；
- 减小地下水污染物浓度以满足替代清洁水平；
- 通过预定百分比或目标最终值来减小关注污染物的浓度和质量；
- 通过与基线或目标质量流量对比降低的预定百分比来减小关注污染物质量流量。

例如，可以将目标处理区域在如图 10.6 所示的三氯乙烯浓度约为 10000mg/kg 的含有化学氧化剂传输区域的场地设置为较低的砂单元。基于一个 ISCO 处理目标可以确定设计和实施 ISCO 技术（如注射点的数量和深度、氧化剂浓度和传输体积等）的目标处理区域（如在目标处理区域中三氯乙烯总量减少 90%）。

在为目标处理区域开发 ISCO 处理目标时，很重要的是要认识到 ISCO 技术可能会与另一种技术或方法联合（见第 7 章）。如果是这种情况，那么在目标处理区域仅应用 ISCO 技术可能无法实现场地处理目标和清除水平；相反，在目标处理区域使用 ISCO 技术与其他技术和方法的联合修复可能可以实现场地处理目标和清除水平。

指定 ISCO 处理目标和操作终点的好处在于，可以明显地与降低场地风险和关闭场地，或者过渡到后 ISCO 修复方法相串联。数字操作终点可以为使用已经建立的地质统计方法获取的执行监测数据提供基础。数字操作终点的主要缺点是，它可能很难预测实现目标所需的时间和成本。

10.7 场地特征描述和 ISCO

场地特征描述数据和由此形成的场地概念模型需要经过适当的 ISCO 技术筛选，考虑为特定的场地设置特定的修复目标和处理目标。根据这些考虑，判定 ISCO 技术是否可行，如果可行，某一种或其他类型的 ISCO 技术可能是首选。这种类型的项目决策需要充分的场地特征描述数据支持，同时还要有足够的资金和时间支持。

为了阐明场地特征描述数据、ISCO 处理目标，以及处理目标在决策中交互的程度，表 10.10 给出了在 ISCO 技术实践研讨会中相关分组的讨论摘要（Siegrist et al., 2008）。参与者包括化学氧化剂制造商、ISCO 从业人员、环境顾问、场地所有者和管理者、监管机构和研究人员，研讨会讨论了不同阶段 ISCO 项目中不同类型场地特征描述数据的重要性。

在该研讨会上，参与者基于 6 个污染场地场景及其特点，分享了他们需要哪些额外的数据，以用于筛选可行的 ISCO 技术（见表 10.11）。表 10.12 总结了 6 个污染场地场景，而图 10.7 展示了其中 1 个污染场地场景，向每位参与者说明考虑每个污染场地场景所需的细节程度。

表 10.10 ISCO 技术实践研讨会中小组讨论反映 ISCO 场地特征数据的作用和价值（Siegrist et al., 2008）

小组讨论序号和主体	ISCO场地特征描述相关评论总结[a]
Ⅰ：ISCO技术筛选	• ISCO技术选择取决于一个好的概念模型，这对绩效工资和绩效合同特别重要 • 基于场地特征描述数据的关注污染物位置、地下氧化剂的归趋和传输，对ISCO是非常重要的 • ISCO的关键参数是最大氧化剂需要量和氧化剂在地下的持久性 • 在一个给定的场地中，测量和解释关于氧化剂的最大氧化剂需要量及在地下的持久性的代表性数据是非常多变的，新方法正在开发中 • 还原条件（如低氧化还原电位）对考虑ISCO概念设计及相对其他处理技术（如强化还原脱氯）的可行性是十分重要的；单独减少条件不会排除在某一场地对ISCO技术的考虑 • 氧化剂损耗（如通过最大氧化剂需要量）通常是影响ISCO执行的重要因素，而不是条件的减少
Ⅱ：ISCO技术可行性研究；氧化剂选择和传输方法；实验室实验和现场测试	• 氧化剂选择过程的第一步是考虑什么氧化能够降解场地中存在的污染物 • 相对地，存在更多的不溶性有机物［如高辛醇／水分配系数（K_{ow}）］和非水相液体可能会限制氧化剂的选择和／或影响性能 • 场地的地质情况将限制传输方法的可行性，这可能反过来限制场地氧化剂的使用 • 地下渗透是一种限制，但并不能克服，低渗透率对更快速的氧化剂而言意味着更多的问题；使用土壤混合技术，几乎任何ISCO技术都能应用于渗透率极低的条件
Ⅲ：ISCO系统设计和模型工具	• 有许多不确定的因素影响地下水ISCO技术的概念设计，包括异质性、污染物体系和传质 • 氧化剂在地下分散的能力是决定其需求总量的关键因素，在目标处理区域很难取得二者完整的联系。使用氧化剂混合注入方法（如氧化剂循环方法）是必要的 • 必须在注入过程中估计地下安全因素的百分比；同样重要的是，不要使地下的氧化剂量过多，这可能会产生潜在的问题（如金属富集或氧化剂持续时间太长）
Ⅳ：ISCO执行和性能监测	• MIP对地质勘探和性能监测来说是一个伟大工程。电导率分析也是有价值的，可用于确定地下高锰酸盐和过硫酸盐分布。使用地质探针收集土壤钻孔样本可以相对较低的成本提供良好的实时结果 • 在ISCO处理后出现反弹是相对常见的，可能由许多过程引起：①氧化有机碳之前氧化物已被吸收；②在ISCO处理过程中重质非水相液体没有完全被氧化，而是一直在溶解；③整个目标处理区域没有完全被氧化，如从低渗透层扩散

注：[a]表中给出的共识性的结论是从研讨会文件中复制的（Siegrist et al., 2008），并且只包括ISCO场地特征描述相关的记录。

表 10.11 基于场地概况正确评估 ISCO 技术是否为可行的修复技术所需的额外信息

（Siegrist et al., 2008）

场 景	研讨会参与者关于ISCO筛选所需额外数据的适当考虑[a]
对于所有场地	• 最大氧化剂需要量、氧化剂持久性 • 非水相液体饱和度 • 地质横截面关注污染物的溶解和吸收浓度 • 钻孔日志 • 好的修复调查数据，包括污染物描述、土壤地层学 • 潜在的受体位置 • 随时间变化的污染物浓度 • 利益相关者的目标和时间限制 • 未来土地的使用 • 监管环境（如对抗与合作） • 参观场地以确定访问限制 • 时间和数据质量（特殊的ISCO）
场景1——含有四氯乙烯（重质非水相液体）的均质砂层	• 微生物的分子数据

（续表）

场 景	研讨会参与者关于ISCO筛选所学额外数据的适当考虑[a]
场景2——含有四氯乙烯（重质非水相液体）的淤泥砂层	• 更好地描述污染物的垂直范围和定义 • 可能在多个源区的土壤气体调查中存在 • 关于重质非水相液体汇集的更深入的信息 • MIP测量或二次土壤钻井取样 • 评估通过隔水层和NAPL管道传输的施工安装 • 现存的和其他污染物混合的浓度
场景3——含有1,1,1-三氯乙酸和1,1-二氯乙酸的非均质砂层和淤泥	• 1,4-二噁烷的存在和浓度 • 非均质的MIPs采样 • 污染源是如何开挖回填的 • 进行土壤气体调查来识别其他的污染源区 • 总石油烃抽样 • 化学需氧量测试
场景4——含有四氯乙烯的黏土	• "对于所有场地"列出的事项
场景5——断裂的含有三氯乙烯、重质非水相液体的花岗岩	• 基岩的地球物理学 • 进行多个井的井泵测试以评估裂隙流路径 • 垂直剖面测试 • ISCO修复的时间框架可能因太慢而无法满足需求
场景6——裂缝中含有苯系物和甲基叔丁基醚（轻质非水相液体）的泥岩	• 泵试验——裂缝连通性测试和 / 或示踪剂测试？许多人认为这两个测试是不必要的，因为污染羽可以作为示踪剂 • 包括主要的地球化学案例 • 页岩基和潜在氧化剂中间的反应 • 土壤气体调查 • 地下水流量测量

注：[a]表中总结的观点是参与者在ISCO技术实践研讨会中分享的观点（Siegrist et al., 2008）。

表 10.12 在 ISCO 技术实践研讨会中给出的 6 个污染场地场景，用来引出关于 ISCO 技术筛选、概念设计和性能期望的观点（Siegrist et al., 2008）

场景参数	场 景 1	场 景 2	场 景 3	场 景 4	场 景 5	场 景 6
水文地质学						
形态学	均质疏松	异质疏松	异质疏松	均质疏松	断裂的火成岩	断裂的沉积岩
渗透性	可渗透的	可渗透的	不可渗透的	不可渗透的	基质孔隙度低	基质孔隙度高
速率（m/d）	1.5	0.1	0.01	0.01	0.01	0.2
地球化学						
f_{oc}	0.0095	0.003	0.005	0.03	0.0005	0.005
pH值	6.5	7.0	7.5	6.5	6.0	8.0
Eh（mV）	150	100	−150	−100	−200	−100
污染物位置						
主要的COCs（相）	氯乙烯（DNAPL）	氯乙烯（DNAPL）	氯乙烯（DNAPL）	氯乙烯（含水的）	氯乙烯（DNAPL）	苯系物和甲基叔丁基醚（LNAPL）
大致泄漏年限（年）	2	15	20	15	20	5
源区面积（m²）	400	8000	1000	—	2000	150
污染羽面积（m²）	20000	80000	3000	500	13000	7000
COCs深度（m）	7	50	15	6	30	12

注：Eh=ORP—氧化还原电位；m—米；mV—毫伏。

场景2

场景2由密西西比西一座军方工厂组成，其地下环境受到大量TCE及少量氯苯的污染，20年前中断了污染物的释放。场地是由细砂夹杂上及夹层间粉一黏粒组成的。非水相污染物土及夹层被确认为重质非水相液体的源区。在土壤的剩余饱和度，并且在粉一黏粒上方水池高达3cm。污染物延伸至50m bgs，厚黏土弱含水层阻止了重质非水相液体的进一步向下迁移。受污染的地下水源梯度延伸0.5km，非水相超过工厂边界。平均孔隙流速为朝东北方向10cm/d，但受季节影响。季节变化给合已经进入可渗透的粉一黏粒的相互作用导致了3-D现状。少量的TCE似乎已经进入土粒中，少量氯苯在源区中观测到。下面将给出场地计划、场地地理概念模型及特性。

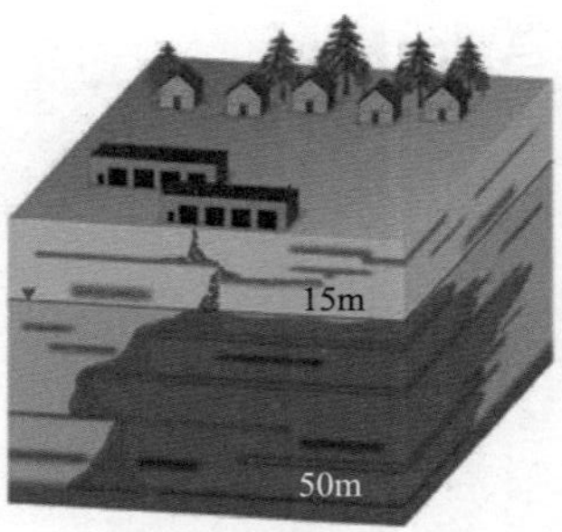

场地概念模型（非等比例）

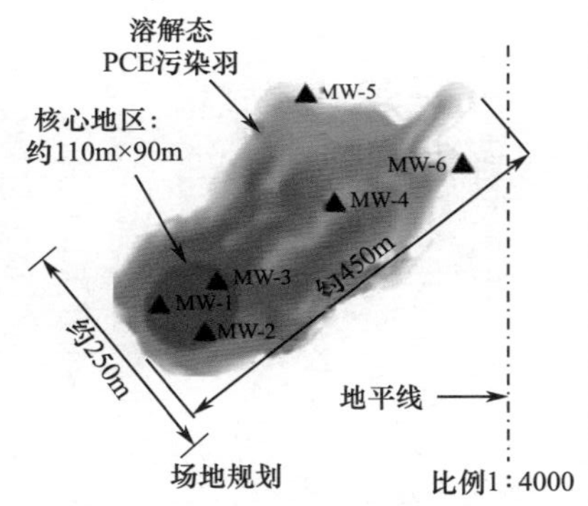

溶解态 PCE污染羽
核心地区: 约110m×90m
场地规划
地平线
比例1:4000
约250m
约150m

场地特征数据

地下水水样分析数据

取样地	MW-1	MW-1	MW-2	MW-2	MW-3	MW-3	MW-4	MW-5	MW-6
取样深度 (m)	15～18	30～33	47～50	15～18	47～50	15～18	15～13	15～18	15～18
TCE (μg/L)	950000	250000	890000	660000	780000	780000	7000	100	85
氯苯 (μg/L)	180	100	180	260	50	900	100	—	—

土样分析数据

取样地	MW-1	MW-1	MW-2	MW-2	MW-3	MW-3
样土描述	砂粒	黏粒	砂粒	黏粒	砂粒	黏粒
取样深度 (m)	20	40	40	20	20	40
TCE (mg/kg)	90000	30000	45000	60000	32000	19000
氯苯 (mg/kg)	900	550	800	—	100	1400

主要场地参数

水文参数	
地质背景	松散多孔介质
介质类型	细砂粉粒层
形态	异质层
渗透系数 (cm/s)	细砂: 10^{-4}，粉质黏土: 10^{-8}
水文学	饱和潜水
水文深度	15m
含水层深度	50m
平均流速	0.1m/d
地质化学参数	
有机碳含量	黏粒: 0.015，清洁砂: 0.003
总碱度	80mg/L ($CaCO_3$)
pH值	7.0
Eh	0.10V
温度	15℃
溶解态铁	0.2μg/L
主要铁矿物类型	针铁矿
污染水文学参数	
污染物	DNAPL PCE混合物及残余物，少量氯苯
污染场地面积	8000m²
羽流面积	80000m²
污染物最深深度	50m

图10.7 在ISCO技术实践研讨会中给出的第2个污染场地场景描述细节，以引出关于ISCO技术筛选、概念设计和性能期望值的观点（Siegrist et al., 2008）

注：℃—摄氏度；$CaCO_3$—Calcium Carbonate，碳酸钙；V—伏特。

10.8　总结

在地下水污染场地特征描述中，ISCO 技术可能被视为一个独立的技术或联合修复技术的一部分，所设计的方法与其他原位修复技术的使用类似。然而，由于 ISCO 技术可以战略性地处理小范围或不规则的目标处理区域，或者其中一部分的目标处理区域，所以 ISCO 技术筛选和概念设计可以受益于根据几何学、浓度和相态分布而获取的详细的关注污染物的空间特征描述。通过现场测量等方法额外获取的数据分析质量较低，但可以在合理的成本内提供所需的空间描述。此外，由于 ISCO 技术涉及进入或穿过地下的反应液传输，详细地了解地球化学条件和注入水力学是至关重要的。这些数据方便了筛选潜在 ISCO 技术的可行性，可用于指导概念设计，包括化学氧化剂的使用和注入方法、应用数量等的实施方法。最后，基于由场地特征描述演变而来的场地概念模型，可以描述目标处理区域，并建立 ISCO 技术的实际处理目标和数字操作终点。在某些情况下，一个更严格的 ISCO 处理目标可能要求更详细的描述数据以减小不确定性和确定最终选择，以及成功地实施 ISCO 技术，或者作为一种独立的技术，或者作为联合修复技术的一部分。在这些情况下，必要的额外场地特征描述数据和场地概念模型改良，通常会成为 ISCO 项目从概念设计到细节设计，再到执行过程中的必要组成。

参考文献

Aller L, Bennett TW, Hackett G, Petty RJ, Lehr JH, Sedoris H, Nielson DM, Denne JE. 1991. Handbook of Suggested Practices for the Design and Installation of Ground-water Monitoring Wells. EPA/600/4-89/034. U.S. Environmental Protection Agency (USEPA) Office of Research and Development, Environmental Monitoring Systems Laboratory, Las Vegas, NV, USA, 221.

ASTM (American Society for Testing and Materials). 2004. Standard Guide for Accelerated Site Characterization for Confirmed or Suspected Petroleum Releases. ASTM E1912-98 (2004). ASTM International, West Conshohocken, PA, USA.

ASTM. 2007. Standard Test Method for Estimating the Permanganate Natural Oxidant Demand of Soil and Aquifer Solids. ASTM D7262-07. ASTM International, West Conshohocken, PA, USA.

ATSDR (Agency for Toxic Substance and Disease Registry). 2009. 2007 CERCLA Priority List of Hazardous Substances. Accessed July 18, 2010.

Barcelona MJ, Gibb JP, Hellfrich JA, Garske EE. 1985. Practical Guide for Ground-water Sampling. EPA/600/2-85/104. USEPA Robert S. Kerr Environmental Research Laboratory, Ada, OK, USA. 169.

Bockelmann A, Ptak T, Teutsch G. 2001. An analytical quantification of mass fluxes and natural attenuation rate constants at a former gasworks site. J Contam Hydrol 53:429–453.

Brooks MC, Wood AL, Annable MD, Hatfield K, Cho J, Holbert C, Rao PSC, Enfield CG, Lynch K, Smith KE. 2008. Changes in contaminant mass discharge from DNAPL source mass depletion: Evaluation at two field sites. J Contam Hydrol 102:140–153.

Brown SM, Lincoln DR, Wallace WA. 1990. Application of the observational method to remediation of hazardous waste sites. J Manag Eng 6:479–500.

Cressie NAC. 1991. Statistics for Spatial Data. John Wiley & Sons, Inc., New York, NY, USA. 900.

Crumbling DM, Groenjes C, Lesnik B, Lynch K, Shockley J, VanEe J, Howe R, Keith L, McKenna G. 2001. Applying the concept of effective data to contaminated sites could reduce costs and improve cleanups. Environ Sci Technol 35:405A–409A.

Crumbling DM, Griffith J, Powell DM. 2003. Improving decision quality: Making the case for adopting next-generation site characterization practices. Remediation 13:91–111.

Dawson HE. 1997. Screening-Level Tools for Modeling Fate and Transport of NAPLs and Trace Organic Chemicals in Soil and Groundwater: Soilmod, Trans ID, and Naplmob; Colorado School of Mines: Golden, CO, 1997.

ESTCP (Environmental Security Technology Certification Program). 2007. Field Demonstration and Validation of a New Device for Measuring Water and Solute Fluxes. ER-0114 Cost and Performance Report. ESTCP, Arlington, VA, USA, April.

Feenstra S, Mackay DM, Cherry JA. 1991. A method for assessing residual NAPL based on organic chemical concentrations in soil samples. Ground Water Monit Remediat 11:128–136.

FRTR (Federal Remediation Technologies Roundtable). 2008. Field Sampling and Analysis Technologies Matrix, Version 1.

FRTR. 2009. Statistical Analysis for Decision Support. Accessed July 18, 2010.

Gavaskar A. 2002. Site-specific validation of in situ remediation of DNAPLS. In Siegrist RL, Satijn B (eds). Performance Verification of In Situ Remediation Technologies. EPA 542-R-02-002, 104–118.

Gibbons RD, Bhaumik D, Aryal S. 2009. Statistical Methods for Groundwater Monitoring. John Wiley & Sons, Inc., New York, NY, USA, 374.

Gilbert RO. 1987. Statistical Methods for Environmental Pollution Monitoring. Van Nostrand Reinhold, New York, NY, USA, 320.

Goltz MN, Kim S, Yoon H, Park J. 2007. Review of groundwater contaminant mass flux measurement. Environ Eng Res 12:176–193.

Guilbeault MA, Parker BL, Cherry JA. 2005. Mass and flux distributions from DNAPL zones in sandy aquifers. Ground Water 43:70–86.

Hatfield K, Annable MD, Cho J, Rao PSC, Klammler H. 2004. A direct passive method for measuring water and contaminant fluxes in porous media. J Contam Hydrol 75:155–181.

Hewitt A. 1994. Losses of Trichloroethylene from Soil During Sample Collection, Storage and Laboratory Handling. Special Report 94-8. U.S. Army Corps of Engineers, Cold Regions Research and Engineering Laboratory, Hanover, NH, USA.

Isaaks EH, Srivastava RM. 1989. Applied Geostatistics. Oxford University Press, New York, NY, USA, 561.

ITRC (Interstate Technology and Regulatory Council). 2003. Technical and Regulatory Guidance for the Triad Approach: A New Paradigm for Environmental Project Management. SCM-1, December. ITRC, Washington, DC, USA.

ITRC. 2006. The Use of Direct-push Well Technology for Long-term Environmental Monitoring in Groundwater Investigations. SCM-2. ITRC Sampling, Characterization and Monitoring Team, Washington, DC, USA.

ITRC. 2007. Triad Implementation Guide. SCM-3. ITRC Sampling, Characterization, and Monitoring Team, Washington, DC, USA.

Jackson DG Jr, Looney BB. 2001. Evaluating DNAPL Source and Migration Zones: M-area Settling Basin and the Western Sector of A/M Area, Savannah River Site (U). WSRC-TR-2001-00198, June 15. 52.

Keith LH. 1996. Principles of Environmental Sampling, 2nd ed. American Chemical Society, Washington,

DC, USA, 848.

Kueper BH, Davies K. 2009. Assessment and Delineation of DNAPL Source Zones at Hazardous Waste Sites. USEPA Groundwater Issue Paper, EPA 600-R-09-119. USEPA Office of Research and Development, National Risk Management Research Laboratory, Cincinnati, OH, USA, 20.

Lapham WW, Wilde FD, Koterba MT. 1997. Guidelines and Standard Procedures for Studies of Ground-water Quality: Selection and Installation of Wells, and Supporting Documentation. U.S. Geological Survey (USGS) Water-Resources Investigations Report 96-4233. USGS, Reston, VA, USA, 110.

Lowe KS, Gardner FG, Siegrist RL. 2002. Field evaluation of in situ chemical oxidation through vertical well-to-well recirculation of NaMnO$_4$. Ground Water Monit Remediat 22:106–115.

NAVFAC (Naval Facilities Engineering Command). 2008a. Groundwater Risk Management Handbook. NAVFAC Engineering Service Center, Port Hueneme, CA, USA, January.

NAVFAC. 2008b. Detailed Hydraulic Assessment Using a High-Resolution Piezocone Coupled to the Geovis. TR-2291-ENV. Prepared by NAVFAC Engineering Service Center, Port Hueneme, CA, USA for ESTCP, Arlington, VA, USA, 360.

Nielson DM. 1991. Practical Handbook of Ground-Water Monitoring. CRC Press, LLC, Boca Raton, FL, USA, 717.

Oesterreich RC, Siegrist RL. 2009. Quantifying volatile organic compounds in porous media: Effects of sampling method attributes contaminant characteristics and environmental conditions. Environ Sci Technol 43:2891–2898.

Parker BL, Cherry JA, Chapman SW, Guilbeault MA. 2003. Review and analysis of chlorinated solvent DNAPL distributions in five sandy aquifers. Vadose Zone J 2:116–137.

Pohlmann KF, Alduino AJ. 1992. Groundwater Issue Paper: Potential Sources of Error in Ground-Water Sampling at Hazardous Waste Sites. EPA/540/S-92/019. USEPA Office of Solid Waste and Emergency Response, Washington, DC, USA.

Popek EA. 2003. Sampling and Analysis of Environmental Chemical Pollutants. Academic Press, San Francisco, CA, USA, 356.

Schumacher BM, Minnich M. 2000. Extreme short-range variability in VOC-contaminated soils. Environ Sci Technol 34:3611–3616.

SERDP (Strategic Environmental Research and Development Program) and ESTCP. 2006. SERDP and ESTCP Expert Panel Workshop: Reducing the Uncertainty of DNAPL Source Zone Remediation. SERDP/ESTCP, Arlington, VA, USA, June, 89.

Siegrist RL, Urynowicz MA, West OR, Crimi ML, Lowe KS. 2001. Principles and Practices of In Situ Chemical Oxidation Using Permanganate. Battelle Press, Columbus, OH, USA, 336.

Siegrist RL, Lowe KS, Crimi ML, Urynowicz MA. 2006. Quantifying PCE and TCE in DNAPL source zones: Effects of sampling methods used for intact cores at varied contaminant levels and media temperatures. J Ground Water Monit Remediat 26:114–124.

Siegrist RL, Petri B, Krembs F, Crimi ML, Ko S, Simpkin T, Palaia T. 2008. In Situ Chemical Oxidation for Remediation of Contaminated Ground Water. Summary Proceedings, ISCO Technology Practices Workshop (ESTCP ER-0623), Golden, CO, USA, March 7–8, 2007. 77.

UK EA (United Kingdom Environment Agency). 2000. Secondary Model Procedure for the Development of Appropriate Soil Sampling Strategies for Land Contamination. R&D Technical Report P5-066/TR. Almondsbury, Bristol, UK.

USACOE (U.S. Army Corps of Engineers). 2003. Conceptual Site Models for Ordnance and Explosives (OE) and Hazardous, Toxic, and Radioactive Waste (HTRW) Projects. EM 1110- 1-1200. USACOE, Washington, DC,

USA, February 3.

USEPA (U.S. Environmental Protection Agency). 1988. Guidance for Conducting Remedial Investigations and Feasibility Studies under CERCLA. EPA 540/G-89/004. OSWER Directive 9355.3-01. USEPA, Office of Emergency and Remedial Response, Washington, DC, USA, October.

USEPA. 1989. Soil Sampling Quality Assurance User's Guide, 2nd ed. EPA 600/8-69/046, March.

USEPA. 1991. Site Characterization for Subsurface Remediation. Seminar Publication. EPA 625/4-91/026. November.

USEPA. 1992. Estimating Potential for Occurrence of DNAPL at Superfund Sites. Publication 9355.4-07FS. USEPA Office of Solid Waste and Emergency Response, R.S. Kerr Environmental Research Laboratory, Ada, OK, USA, 10.

USEPA. 1993. Subsurface Characterization and Monitoring Techniques: A Desk Reference Guide: Volume I: Solids and Ground Water Appendices A and B. EPA/625/R-93/003a.

USEPA. 1996. Soil Screening Guidance: User's Guide, 2nd ed. Publication 9355.4-23. USEPA, Office of Solid Waste and Emergency Response, Washington, DC, USA, July.

USEPA and DOE (U.S. Department of Energy). 1997. Uncertainty Management: Expediting Cleanup Through Contingency Planning. DOE/EH/(CERCLA)-002. February.

USEPA. 2003. The DNAPL Cleanup Challenge: Is There a Case for Source Depletion? EPA/600/R-03/143. December, 129.

USEPA. 2005. Decision Support Tools-Development of a Screening Matrix for 20 Specific Software Tools. USEPA Office of Superfund Remediation and Technology Innovation, Brownfields and Land Revitalization Technology Support Center, Washington, DC, USA, 24.

USEPA. 2006. Guidance on Systematic Planning Using the Data Quality Objectives Process. EPA QA/G-4. USEPA Office of Environmental Information, Washington, DC, USA, February.

USEPA. 2007. Management and Interpretation of Data under a Triad Approach. Technology Bulletin. EPA 542-F-07-001, 14.

USEPA. 2008a. Environmental Technology Verification Program. Advanced Monitoring Systems Center. Accessed July 18, 2010.

USEPA. 2008b. Characterization and Monitoring, Technology Descriptions and Selection Tools. USEPA Hazardous Waste Cleanup Information (CLU-IN), Technology Integration and Information Branch.

USEPA. 2008c. Triad Central Website. Accessed July 18, 2010.

USEPA. 2008d. Conceptual SiteModel Checklist. Accessed July 18, 2010.

USEPA. 2009. Environmental Fact Sheet: Commencement Bay South Tahoma Channel Superfund Site. USEPA Region 10, Seattle, WA, USA, May, 16.

West OR, Siegrist RL, Mitchell TJ, Jenkins RA. 1995. Measurement error and spatial variability effects on characterization of volatile organics in the subsurface. Environ Sci Technol 29:647–656.

Yeskis D, Zavala B. 2002. Ground Water Forum Issue Paper: Ground-water Sampling Guidelines for Superfund and RCRA Project Managers. EPA/542/S-02/001. USEPA Office of Solid Waste and Emergency Response, Washington, DC, USA, 53.

氧化剂传输方法和应急计划

Thomas J. Simpkin[1], Tom Palaia[1], Benjamin G. Petri[2], and Brant A. Smith[3]

[1] CH2M HILL Englewood, CO 80112, USA;
[2] Colorado School of Mines, Golden, CO 80401, USA;
[3] XDD, LLC, Stratham, NH 03885, USA.

范围

氧化剂传输到地下表层的方法及控制、改变氧化剂传输体系的应急计划。

核心概念

- 本章总结了若干氧化剂的传输机制，可为原位化学氧化技术的筛选、设计、实施提供依据。

- 氧化剂的传输有多种方法，包括注入井法、直推探针法、喷雾法、渗透法、再循环法、水力压裂法、机械混合法、水平井法。其中，注入井法和直推探针法是常用的两种方法。

- 每种传输方法都有其独有的特点，使其适用于某种特定的氧化剂和现场实验条件。

- 在选择、设计氧化剂的传输方法时要考虑其影响因素，包括含水土层异质性、污染物分布、地下设施、注入氧化剂后污染物的迁移、氧化剂与活化剂（如必需的催化剂）的混合。

- 由于氧化剂传输到地下层的不确定性和挑战性，观察法常常有利于实现预期的效果。

- 观察法要求在方案编制过程中建立相应的应急计划。应急计划应该包括所有可能发生结果的目录明细，并开发适当的监控及响应系统，监测与假定条件发生的偏差。

11.1 引言

实现原位化学氧化的首要条件是，氧化剂能有效传输到地下层，并与污染物结合发生作用。因此，氧化剂的传输方法需要认真设计、规划，考虑表层及次表层的环境和污染物的分布。另外，最佳的氧化剂传输方法依赖氧化剂本身的特征及其在地下层的持久性。所以，氧化剂的选择和传输需要协调一致。

由于很难精确预测氧化剂传输到地下层，结果往往会偏离预期值，因此，在整个原位化学氧化技术的概念设计中，应急计划是必不可少的部分。应急计划可为工程团队提供一种方法：预料、估量和修正产生的偏差，这样就可以减小在项目实施过程中出现的不确定性。

本章首先讨论了影响氧化剂传输的基本原理（见 11.2 节），然后阐述了氧化剂进入地下层的不同传输方法（见 11.3 节），总结了氧化剂传输的注意事项（见 11.4 节），讲解了地表氧化剂的管理措施（见 11.5 节），并介绍了其实施方法，如观察法（观察法能监测、调整氧化剂传输系统，实现氧化剂和污染物的最大接触，见 11.6 节）。第 9 章也针对不同的氧化剂和实验场地，对氧化剂传输进行了指导性说明，包括方案设计方法。

氧化剂可以气态、固态、液态 3 种形式进行传输，其中液态形式是最常用的，也是本章讨论的重点。臭氧作为唯一常用的气态氧化剂，本章对其传输也进行了讨论。氧化剂以固态形式较难进行有效传输，所以对固态氧化剂的应用讨论较少。

11.2 液态氧化剂的传输机制

关于氧化剂如何在地下层进行传输的机制在本书中阐述较少，但这些传输机制在氧化剂传输体系的选择、设计时都需要考虑到。从实用的角度出发，氧化剂在地下层分布的常见机制如下文所述，更多分布机制的详细情况见本书第 6 章及其他书目（Siegrist et al., 2001; Huling and Pivetz, 2006; Payne et al., 2008; Kitanidis and McCarty, 2011）。

11.2.1 液态氧化剂注入过程中的平流

在氧化剂注入过程中，注入压力导致液态氧化剂取代孔隙水并从注入口快速涌出，一旦注入停止或地下水丘消散，液态氧化剂的运动也将停止，如图 11.1 所示。氧化羽的形状大小与注入流体的体积和速度、渗透系统的空间变异性、氧化剂的消耗速率（与催化剂、污染物、土壤矿物质或有机物反应）有关。需要注意的是，注入压力可以高达 $1406kg/m^2$，或者更高，远远大于典型含水层的自然梯度。由此可见，在注入液态氧化剂时，处理目标区域地下水的流速要远远大于自然流速。

在注入过程中，氧化剂的对流迁移程度与惰性示踪物类似，只是氧化剂在地下层会被消耗。对高锰酸盐而言，其消耗量由氧化剂的总体需要量决定，受比率限制（自然氧化剂需求量，见第 3 章附加讨论部分：高锰酸盐在地下层的消耗）。第 3 章和第 6 章介绍的模型已成功模拟了高锰酸盐在地下层的迁移消耗，并对自然氧化剂需求量进行了解释。

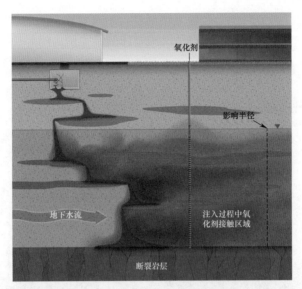

图11.1 注入过程中氧化剂的迁移运动（蓝色表示氧化剂的传输和分布，红色表示有机化学污染）

与高锰酸盐相比，过硫酸盐和催化后的过氧化氢在地下层的消耗过程更复杂。这两种氧化剂常常与活化剂或催化剂混合使用，它们之间相互反应可提供更多的活性组分。另外，每种氧化剂都会因与土壤中的矿物质或有机物发生反应而被消耗。综合多孔介质的络合作用、传输活性、稳定助剂、氧化性等因素的影响，过硫酸盐和催化后的过氧化氢在地下层的持久性比高锰酸盐更难以预测。到目前为止，还没有模型可以正确模拟这些氧化剂的反应传输过程，因此常常把经验、现场实验和观察法作为硫酸盐、过氧化氢进行原位化学氧化的重要参考。臭氧作为一种气态氧化剂，加之原位化学氧化法的多相性，其在地下层的传输机制更为复杂。但是，臭氧是唯一的气态氧化剂，本书第5章讨论了其迁移现象，本章仅对液态形式的氧化剂进行讨论。

因为氧化剂在地下层平流传输过程中，不会占据所有的孔隙，所以氧化剂存在分散现象。液态氧化剂的注入，导致微尺寸速度变化，进而引起分散现象，并促进氧化剂的机械混合和铺展。这虽然在一定程度上使氧化剂浓度下降，但增大了氧化剂与溶解污染物的接触概率。不同的氧化剂的分散效果也不同，例如，臭氧一般以氧气作为副产物，大量的氧气能够增大臭氧在地下的机械分散程度。

11.2.2 液态氧化剂注入后的平流

如果停止注入氧化剂或地下水位降低，则存在于地下层中的氧化剂会随着环境（地下水）移动，此现象也称为氧化剂的"漂移"，如图11.2所示。相对于氧化剂注入过程中的对流，"漂移"是一个较慢的分散过程，可通过计算地下水水流速度和氧化剂的潜在持久性对其最大"漂移"程度进行估算，在低有效水力传导系数和水力梯度（有较低的水流流速）的位点，氧化剂的"漂移"受到限制。

氧化剂的反应速率（被消耗速率）也会影响其"漂移"程度，所以氧化剂的寿命对其"漂移"距离具有重要影响。例如，高锰酸盐和某些过硫酸盐的"漂移"程度取决于氧化剂的注入量、氧化剂的需要量及其与污染物的反应动力学。有时，氧化剂的"漂移"可达到比预期更远的修复距离，但有时也会致使氧化剂进入不被希望进入的领域，所以不宜注入过多的氧化剂，尤其是当注入氧化剂超过了敏感受体的承受能力时。

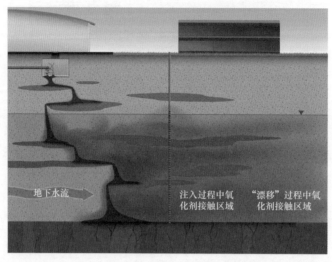

图11.2　注入地下层的氧化剂"漂移"图（蓝色表示氧化剂的传输和分布，红色表示有机化学污染）

11.2.3　通过平流进入地下后氧化剂的扩散

除了平流输送，在不受有效平流作用影响的低渗透区域氧化剂也存在扩散作用。扩散是由化学梯度和流体自由运动引起的（如布朗运动）。相对平流运动而言，扩散是一个缓慢的过程，并受浓度梯度、低渗透层的厚度、多孔介质的性质、化合物的固有扩散速率等因素的影响。例如，使用水力压裂法注入的高锰酸盐固体进入低渗透率的黏土，地下水在平流过程中每天移动数米（1999年Seitz等通过10个多月的观察得到的结果），高锰酸盐仅扩散了40cm。在低渗透率的介质中氧化剂的扩散距离也与其在多孔介质中的持久性有关。例如，Seitz（2004）研究高锰酸盐在两种扩散性质几乎相同但氧化剂需要量不同的介质中的扩散作用发现，在氧化剂需要量低的区域，氧化剂在24h内的扩散距离为2.5cm，而在氧化剂需要量高的区域，扩散同样的距离需要80d。因此，通过溶液平流作用运输寿命短的氧化剂，其扩散距离是不显著的（如超过10cm），显著的扩散距离需要时间的保障。

氧化剂可以扩散到低渗透性层；同样，污染物也可以从低渗透性层等扩散到高渗透性层，与剩余的高浓度氧化剂发生反应。污染物的反扩散作用也由浓度梯度决定，由于高渗透性层氧化剂的存在，污染物的浓度相对于自然状态下较低，所以扩散速率相对较大。污染物的反扩散速率将随时间降低，因为在交界面处污染物的浓度不断下降（降低了浓度梯度，从而减小了扩散驱动力）。

11.3　氧化剂传输方法

表11.1介绍了常用的氧化剂传输方法和使用频率，主要依据第8章和Krembs（2008）讨论的案例研究的数据库，一些提供传输方法更详尽信息的重要文献也在表11.1中列出。

根据第8章和Krembs（2008）讨论的案例研究的数据库，最常用的氧化剂传输方法是直推探针法和传统的注入井法。这两种氧化剂传输方法的优点为：①灵活的扩展性，体现在不同的修复区域设定、修复区域大小和形状方面；②有经验的承包商的可用性；③有效地降低了基础设施成本；④与精准的输送方法的结合性（如再循环法和水力压裂法）。

Krembs（2008）总结了工程中相关的设计参数，数据如表11.2所示，下文在讨论传输方法时也会考虑这些参数。

表 11.1 氧化剂传输方法汇总

类 型	适用深度	特 点	案例中的使用频率	参考文献
注入井法				
永久性或临时性井，用于氧化剂注入	通常无限制	可再次利用	47%	Huling 和 Pivetz（2006）；Los Angeles Regional Water Quality Control Board—In Situ Remediation Reagents Injection Working Group（2009）；Siegrist 等（2001）；Numerous Others（Krembs，2008）
直推探针法				
直推探针法（DPT）用于氧化剂注入	受直推探针技术设备限制，一般在30.48m	新的目标点位需要再次注入	23%	Huling 和 Pivetz（2006）；Los Angeles Regional Water Quality Control Board—In Situ Remediation Reagents Injection Working Group（2009）；Siegrist 等（2001）；Numerous Others（Krembs，2008）
喷雾法				
喷雾井或喷雾点，注入臭氧气体	取决于传输臭氧的压力要求		14%	Huling 和 Pivetz（2006）；Siegrist 等（2001）；其他（见第5章）
渗透法				
切开口、裂纹或垂直井，应用在包气带或表面，使氧化剂可以在修复区域垂直移动	取决于包气带的深度	表层需要的氧化剂量大，限制了其渗透	10%	Siegrist等（1998，2001）
再循环法				
氧化剂和提取的再回收的地下水再次进入注入井循环	没有限制，是蓄水层成本利用最大化的方法，但钻井的费用昂贵	可能存在注入井之间最大半径影响	7%	Lowe等（2002）；Palaia等（2004）；West等（1998）
水力压裂法				
压裂产生的液压形成氧化剂注入的通道	取决于地下深度层产生压裂需要的高压	最适用于低渗透性区域，氧化剂向压裂区域外扩散	6%	Murdoch等（1997）；Palaia和Sprinkle（2004）；Siegrist等（1999）
机械混合法				
利用施工设备或大的螺旋输送器，将氧化剂和污染土壤或地下水混合	依据设备所能达到的深度，一般在地下水层18.29m（英国地质调查所）	使氧化剂和污染物得到较大程度的混合和接触	2%	Cline等（1997）；Haselow等（2008）

（续表）

类　型	适用深度	特　点	案例中的使用频率	参考文献
水平井法				
采用卧式定向钻井注入氧化剂，最常用于一个循环过程	受限于注入最大深度所需要的注入角度，一般在30.48m左右（英国地质调查所）	可用于建筑物或其他建筑地下修复	1%	West等（1998）；Siegrist等（2001）；Strong等（2006）

注：本表的编制依据Krembs（2008）的数据库（见第8章），共有案例181个，由于在一些工程中运用了多种传输方法，所以案例中的使用频率总和大于100%；"渗透"指的是包气带的切开口、裂纹或垂直井，有利于氧化剂的垂直移动。

表 11.2　采用注入井法传输不同氧化剂所需的设计参数

	高锰酸盐	催化过氧化氢	过硫酸盐	臭　氧
设计的注入井之间的影响半径平均数	4.267m（$n=29$）	4.572m（$n=30$）	3.962m（$n=6$）	7.620m（$n=5$）
观察的注入井之间的影响半径平均数	7.620m（$n=11$）	4.572m（$n=6$）	6.096m（$n=3$）	—
氧化剂平均用量	0.4g/kg（$n=36$）	1.2g/kg（$n=19$）	5.1g/kg（$n=6$）	0.1g/kg（$n=4$）
平均孔体积数	0.16（$n=32$）	0.073（$n=26$）	0.57（$n=6$）	—
平均传输次数	2次（$n=65$）	2次（$n=57$）	1次（$n=10$）	1次（$n=15$）
平均持续时间	4天（$n=45$）	6天（$n=42$）	4天（$n=7$）	210天（$n=15$）

注：本表的编制依据Krembs（2008）的数据库（见第8章），n为统计项目中所使用的次数。

11.3.1　直推探针法的液态氧化剂注入

直推探针法（DPT）配有相应的设备，将小直径的空心棒插进地面，到达或稍微超过目标处理区域的修复深度，化学试剂通过空心棒的底端进入地下层。通常，空心棒的底端长 0.3048 ～ 1.524m。一次注入完成后，把空心棒向上提拉一点距离，再次注入氧化剂，如此重复，直到目标处理区域修复深度间隔达到要求。上面描述的是"自下而上"的注入方式（初始注入位置在修复层底部，逐渐向上移动），通常也会用到"自上而下"的注入方式（初始注入位置在修复层顶部，逐渐向下移动），这时需要在空心棒的底部配备专用工具，增加氧化剂的均匀分布程度，增大注入压力形成压裂，或者用于加强可以增强氧化剂在低渗透性介质中传输的其他方法。直推钻机可以将液态氧化剂（如高锰酸盐、过硫酸盐、过氧化物）直接输送到地下，图 11.3 展示了直推探针法注入氧化剂模式的剖面，如图 11.4 所示为直推钻机和一种液态氧化剂注入工具的图片。

在野外现场实验中，相对于永久性的注入井，直推探针法具有更大的灵活性。在同一个场地，要考虑地下水层而改变氧化剂的注入位置，也要将已有的注入井优化直接解决污染问题，因此含有较多污染物的特定深度间隔可能更容易与直推探针接触，所以直推探针法与观察法（见 11.6 节）联用最合适。如果直推探针法不会残留永久性注入井，或者只作为单一的氧化剂注入工程，或者将最大限度地降低资金成本作为考虑因素，直推探针法则为优选技术。例如，对于浅层注入来说，直推探针法的成本相对较低，就可以有较多的注入位置。

因为直推探针点不像注入井那样是全液压开发的，所以其在单个点上的注入速率或总体积可能是有限的。例如，氧化剂溶液通常只在一个时间间隔才能注入，该时间间隔取决于筛面长度和地层特性。因此，由氧化剂接触的注入点区域（通常称为影响半径）很有可能比注入大量体积的氧化剂溶液的永久井实现的可能性更小。

图11.3 直推探针法注入探针的横截面示意图（蓝色表示氧化剂的输送和分布，红色表示有机化学污染）

(a)   (b)   (c)

图11.4 直推探针法的装备和工具图片

表 11.3 汇总了直推探针法及其他方法与典型流速的一般准则，其由美国洛杉矶地区水质量管理委员会原位修复试剂注入工作组于 2009 年编制，此工作组也提供了大量试剂安全注入地下层的其他准则。应当指出的是，这些准则的指导方针主要适用于直推探针法和其他使用注入井应用于大体积（孔体积和流速的百分比）污染源区的技术。

因为直推探针法所需的影响半径较小，所以直推探针法注入通常以网格形式进行（注入点行间距与注入点间距相同），图 11.5 展示了这种方法。直推探针法中的注入点间距依据影响半径而定，根据经验或设计方法（见第 9 章）一般应考虑重叠因数，避免注入点之间产生盲区。

注入顺序取决于注入点目标，但一般应从下层往上注入，减小污染物向下扩散的可能性。由外而内的注入法也可以使污染物向中心聚集。如果同时多点注入，最好不要选择相邻的注入点，以免相互干扰影响其注入量。

表 11.3　化学试剂注入指南

（美国洛杉矶地区水质量管理委员会原位修复试剂注入工作组，2009）

推荐化学品注入安全标准				
指标参数	范围	反应试剂	非反应性试剂	
			液相	非液相
最大孔隙百分比[a]	GP～SP	<33%	<33%[b]	<10%
	SP～SM	<10%	<33%	<10%
	ML～CL	<5%	<10%	<5%
ROI（反应区域）	GP～SP	<9.144m	<9.144m	<4.572m
	SP～SM	<4.572m	<4.572m	<4.572m
	ML～CL	<1.524m	<1.524m	<1.524m
流速	GP～SP	0.305～1.524m/<1gpm（大于5%的过氧化物溶液不推荐使用）	0.305～1.524m/重力单元	0.305～1.524m/<3gpm
		1.524～3.048m/<3gpm	1.524～3.048m/<5gpm	1.524～3.048m/<5gpm
		3.048～9.144m/<15gpm	3.048～9.144m/<15gpm	3.048～7.62m/<10gpm
		>9.144m/<25gpm	>9.144m/<25gpm	>7.62m/<15gpm
	SP～SM	0.305～1.524m/<1gpm（大于5%的过氧化物溶液不推荐使用）	0.305～1.524m/1gpm	0.305～1.524m/<3gpm
		1.524～3.048m/<3gpm	1.524～3.048m/<5gpm	1.524～3.048m/<3gpm
		3.048～9.144m/<15gpm	3.048～9.144m/<15gpm	3.048～9.144m/<10gpm
		>9.144m/<25gpm	>9.144m/<15gpm	>9.144m/<10gpm
	ML～CL	0.305～1.524m/水泥和黏土中不适用	0.305～1.524m/重力单元	0.305～1.524m/<3gpm
		1.524～3.048m/<3gpm	1.524～3.048m/<5gpm	1.524～3.048m/<3gpm
		3.048～9.144m/<3gpm	3.048～9.144m/<15gpm	3.048～9.144m/<10gpm
		>9.144m/<3gpm	>9.144m/<15gpm	>9.144m/<10gpm
注入监测				
压力（psi）	压力应保持不变，监测以防止其发生压裂，除非试剂的物理特性或土壤的苛刻条件需要外在给予疏通；诱导压裂需要较高压力，此时应配备控制缓解计划			
温度	温度应限制在一定范围内，使产生的蒸气最少，除非有相应的蒸气控制系统；温度应限制在150 ℉（66℃），避免产生不必要的副作用			
流速（gpm）	监测流速达到上面推荐的流速标准			
蒸气浓度（ppm）	当注入区具有高污染的挥发性有机化合物时，应对蒸气到达表面的所有潜在途径进行监测			
兼容材料	氧化剂从罐存储到泵再到注入工具或注入井，此过程需要相应的兼容材料。一般而言，不锈钢或聚氯乙烯（PVC）是具有腐蚀性的氧化剂的首选材料。氧化剂在注入前，喷头应记录选择的氧化剂与所有设备的兼容性			

范围：GP～SP为等次差的砾石到分级较差的砂；SP～SM为分级较差的砂到粉砂；ML～CL为粉砂到黏土。

反应试剂：产生热量或氧气/压力的化学氧化剂（例如，过氧化氢、过氧化物与铁活化，过硫酸钠与过氧化氢或铁在高pH值下反应）。

非反应性试剂：过氧化镁、钙羟基氧化物、过氧化钙、甘油三聚乳酸、乳酸、甘油聚乳酸脂和脂肪酸脂、零价铁、钠和高锰酸钾、多硫化钙、乳化油、其他电子供体、生物强化。

最大孔隙体积百分比：处理区有效孔体积中注入试剂的体积百分比。

ROI（影响半径）：从试剂的理想注入点到其设计的破坏污染物的距离，包括注入试剂的孔体积，以及通过扩散、分散及平流作用产生的额外分布。

℃—摄氏度；℉—华氏度；gpm—加仑/分钟；ppm—百万分率。

[a] 每个注入工程。

[b] 如果应用程序包括地下水开采，则注入点的最大孔隙体积百分比应等于或小于90%；所有化学品在一定条件下反应，并根据提供的材料安全数据表（MSDS）的指导方针对其加以控制。

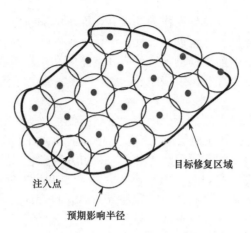

图11.5 注入点网格布局示意

目标修复区域

注入点

预期影响半径

如果需要多次注入，和可以重复利用的注入井法相比，直推探针法的低成本优势被否定。在某些情况下，直推探针法装置是没有效果的。直推探针法的注入深度限制在30.48m以下，岩石、鹅卵石或者黏合层也会限制直推探针法的应用。但是，技术的更新和平台的扩大可以克服以上不足。

11.3.2 建井式液体注入

ISCO 应用程序经常指导使用注入井。垂直注入井可以使用许多不同的钻机和钻井方法进行安装。其中，一些方法可能会影响孔的性能（由于井孔的涂抹等），所以在选择钻口和钻孔时必须小心。影响 ISCO 注入井的应用和性能的因素类似于地下水生产井。有关地下水生产井设计，以及钻井建造和发展的更多细节，请参考斯特雷特于 2007 年发表的文章。图 11.6 展示了注入井应用的横截面。

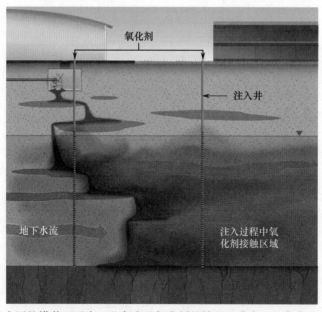

图11.6 注入井应用的横截面示意（蓝色表示氧化剂的输送和分布，红色表示有机化学污染）

在一般情况下，注入井应设计仅作为注入井，而不能同时作为监测井。高效注入井要求精心设计，适用于大量的流体运动，并提供了待处理的注入井和地下水之间良好的液压连接。最有效的注入井是用连续插槽（绕丝）井管滤网和相对粗砂包专门设计形成的。连续插槽及屏幕占开槽管50%的开放面积。更大的开放区域会导致显著更高的注射速率和较差的屏幕污染。

井筛的长度和直径也是重要的考虑因素。在可行的情况下，注入井筛的长度不应超过3.048～4.572m，特别是在异质地层或在高度集中源区域。在某些情况下，可以使用锁定监测井和用于注入的特定时间间隔包装。然而，流过井管砂包进入其周围封隔（加壳）未必有效。如果形成具有高度均匀的（如厚砂）单元，则较长的注入时间可能是可接受的。长注入井井管滤网的问题是，没有办法控制注入液离开井管。注入液只会沿着阻力最小的方向移动，这往往会在整个井筛中形成多条路径。渗透区可能是污染量最大的位置。类似的情况也会发生在井中地下水位和渗流区。有可能是渗流区流动阻力较小，因此会存在比期望更多的流动。

理论上注入井和钻孔的直径有可能在注入时对井管内的流速产生影响。然而，其他因素可能也会产生较大的影响，经验总结显示，最合理的井管尺寸为0.61～1.83m。

应考虑重力供给与加压注入。如果注入期间深度注入间隔是显著且恒定的，则重力供给是合适的。然而，在加压注入过程中可以获得更大的水平分布。

压力太高可能会导致压裂，除非压裂是所希望的结果。为了避免发生水平压裂，注入压力应比注入点上方覆盖层的土压力低。高压也可能导致密封井产生裂缝，并导致氧化剂的堆焊。加压孔应当用可以维持较高压力的特殊材料（高压聚氯乙烯或钢）构造。

井套管必须含有一个与所述氧化剂或活化剂相容的材料帮助它注入（包括可能发生的温度升高）。聚氯乙烯是最常用的材料之一，但在某些情况下，还需要用不锈钢或其他材料（例如，产生显著热量）。具体情况需要查询化学相容性数据库，并考虑注入溶液的浓度高低。

注入井可以在一个网格内进行布点，类似于直推探针法的布点。在一些场地，在垂直地下水流的方向安装一系列注入井也是可行的。如果天然地下水的流速足够快，且仍然存在氧化剂，则氧化剂的"漂移"可能会发生，使得井间距大于孔间距，这会使需要的井更少。图11.7说明了不同的布井方法之一。

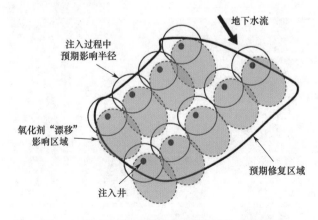

图11.7　存在氧化剂"漂移"现象的注入井布局

当出现计划多次注入、在每个注入点注入大量液体、目标处理区超出适用直推探针法的深度、向基岩中注入等情况时，安装注入井非常有利。此外，在垂直井管装置或不适合使用直推探针法的地方，水平井可以被用来实现建筑物或其他基础设施区域的注入。

永久注入井的一个缺点是，随后的喷射项目就位置进行优化十分不易（例如，如果必须是紧密间隔或已确定新的目标区域），主要是因为会造成额外成本，以及钻机运回现场所需的时间成本。正如 11.5 节讨论的，额外的注入井装置与 DPT 注入点填补，应该是应急计划的一部分。

11.3.3　建井式气体喷射

臭氧是一种气态氧化剂，在 ISCO 中是独一无二的。第 5 章提供了关于臭氧的 ISCO 的详细信息。因为臭氧是一种气体，臭氧喷入到井中分布的方法是有限的，只有水平和垂直两种。对于臭氧而言，水平井的一个好处是臭氧主要是在垂直方向传输，而不是在水平方向传输，因此，从水平井一个喷射羽状就可以产生臭氧的竖直帘。臭氧喷射的井间距需要根据臭氧喷射的经验确定，也能根据空气喷射方法的总体趋势确定（更多信息见第 5章）。例如，喷射的影响半径是流量与地层性质的函数。

气体的移动不同，有时其通过地下流动比液体的流动更容易，它们的浮力是导致这种情况的部分原因。因此，理论上而言，臭氧在某些情况下在地下接触污染物的效率可能更高。然而，在异质或低渗透条件下，地下的气体分布也会发生变化，部分地区的氧化剂可能与污染物充分接触，也可能完全绕过污染物。气体的注入也可以增强地下水的机械混合，进而促进抗冲击挥发性污染物的运输。所有这些问题都必须在通过喷射井注入臭氧时予以考虑。

11.3.4　液体的再循环

再循环系统通过引水到提取井并重新抽取地下水连续处理一部分蓄水层，用氧化剂修正蓄水层后，使蓄水层提取井向上梯度或交叉梯度（Lowe et al., 2002）。图 11.8 说明了这个概念。是否需要这样的地上处理系统取决于注入规定。由于成本和复杂性，在可允许的情况下，再循环系统通常不提供地上处理系统。

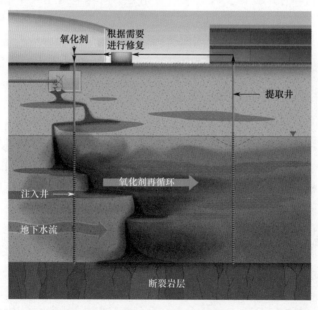

图11.8　ISCO再循环方法的横截面示意（蓝色表示氧化剂的输送和分布，红色表示有机化学污染）

以下几种情况非常适合使用再循环系统：
- 试图将氧化剂输送到低渗透层。
- 通过不断地补充氧化剂以延长目标处理区暴露在氧化剂中的时间（这应该会促进氧化剂向低渗透层的额外扩散）。
- 在具有极高地下水水位的场地，氧化剂在与低渗透层的污染物充分接触前会被水流从目标处理区冲刷下来。
- 目标处理区较大（如大型羽状物）的场地，其注入式栅极是不实际的，自然氧化剂"漂移"不能处理羽状物。
- 液压控制的装置，可以防止氧化剂"漂移"超出 TTZ，或者到其他不受控制的位置，如地表水。

再循环系统的主要缺点是它们的机械复杂性，以及增加设备、管及其运营和维护（O&M）所需的额外成本，特别是在关注污染物的地基处理有必要的情况下，再循环系统可能会涉及污染或堵塞（生物学和化学）等的维护问题。高锰酸盐、二氧化锰（MnO_2）固体的使用会存在堵塞严重的问题。考虑到成本和复杂性，在实际应用中通常不使用再循环系统。然而，进一步的研究可以找到解决这些弊端的方法。

在短期注入期间，临时再循环或最低限度的泵抽也可以促进氧化剂的分布。相邻孔的泵送可以增加氧化剂的平流分布的量。一旦氧化剂到达某一点，如抽水井，泵送就可以停止。

11.3.5　利用沟或渠投加氧化剂

沟或渠可以用来创建氧化区，在地下水中处理污染物时，污染物以地下水的形式流走。沟或渠垂直于地下水流安装。在一些情况下，控制地下水流的附加装置，如漏斗和大门，可能需要确保污染的水穿过沟或渠进行处理。沟或渠最适合使用臭氧，臭氧可以喷雾形式进入它们。当前已有在沟槽中应用固体高锰酸钾的案例。

沟作为含水层材料连续挖掘安装，渠通常作为一系列垂直注入井安装。沟可以与氧化剂溶液或臭氧气体注入高导磁材料回填，并通常设计成喷射系统，以便控制氧化剂去向，如多个注入点。若目标处理区上面有地面基础设施，其运维要求沟槽最小。沟槽 ISCO 的实施要求对沟槽进行持续管理。由于最小地下水构造和 O&M 要求，沟槽是很有优势的。

11.3.6　氧化剂和土壤机械混合

原位土壤混合是一种通过地下物质和氧化剂的机械混合将氧化剂引入地下的手段。土壤混合可以通过使用常规的施工设备（如反向铲）或特殊混合设备来进行。大直径螺旋推运器（直径 1.52～3.04m）或水平旋转磁头是常用的混合设备。如图 11.9 所示是用于土壤混合的大直径螺旋推进器的照片。土壤混合适用于低渗透材料，或者流体注入地下不可行的、拥有复杂结构的场地。由于土壤混合后地下的物理结构更加均匀，其直接结果是增加了污染物和氧化剂接触的程度和速率。土壤混合也会破坏应通过目标处理区减少污染地下水的"漂移"原本的优先流程。在土壤混合过程中可以通过加入膨润土来进一步增强混合效果。只有垂直范围的混合设备或螺旋装置才能够实现土壤（目前为地表 12.19～18.29m 以下土壤）的混合。此外，土壤混合比常用的喷射法更昂贵，因此，它的应用限于相对小的、明确的污染源区域。

图11.9 用于土壤混合的大直径螺旋推进器

11.3.7 用于氧化剂投加的压裂技术

地下压裂是现有与 ISCO 联用以在氧化剂注入前提高渗透性的技术。然而，氧化剂也可以通过压裂过程传输到地下。地下压裂可以通过液压或气动完成。水力压裂法通过注入包括水、砂和超过地层压力瓜尔豆胶凝的浆料来创建地下砂填充断裂。砂作为支撑剂，支持打开随后氧化剂注入的高渗透区域的断裂层。另外，固体氧化剂也有可能作为支撑剂，在压裂初期注入。水力压裂法创建单个缝，并且目标处理深度多发性断裂需要重复压裂。如图 11.10 所示为水力压裂横截面示意。

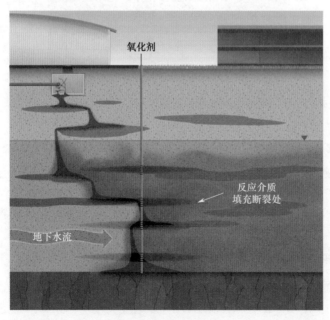

图11.10 水力压裂横截面示意（蓝色表示氧化剂的输送和分布，红色表示有机化学污染）

气动压裂通过在高压下注入空气或其他气体的脉冲串完成。在进行气动压裂时，没有支撑剂注入，裂缝一般都通过含水层基质（蛛网图案）形成，比使用水力压裂法制造了更小、更普遍的单接缝。压裂完成后，在进行压裂的井中完成氧化剂注入。氮气或空气也可以与氧化剂一起注入，雾化氧化剂从而加强其分布。如图11.11所示为气动压裂的横截面示意，如图11.12所示为注入高锰酸钾使用的喷射气动压裂设备。

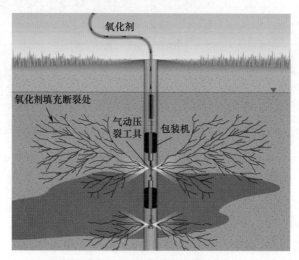

图11.11　气动压裂的横截面示意

图11.12　注入高锰酸钾使用的喷射气动压裂设备（在背景中）

土壤压裂有助于提高低渗透性材料的投资回报率和可实现的注入率。然而，预测和控制压裂裂缝形状或半径是非常困难的。因此，压裂附近的结构和公共设施可能存在风险。此外，整个TTZ垂直间隔可以不断裂，否则部分TTZ可能会受到氧化剂的影响。扩散必须依靠从裂缝中注入的氧化剂输送到低磁导率材料中（或将污染物传输到含有氧化剂的材料裂缝中）。由于经常使用高压，压裂会增加注入的成本，并有可能带来额外的安全问题。

11.3.8　地表应用或渗透廊方法

氧化剂的表面施用通常仅限于氧化剂的扩散。固体氧化剂在陆地表面混入土壤顶部0.914～1.52m，然后溶入浅层地下水或地表水，并通过氧化剂修正带渗透进入地下水底层。一般来说，如果表层土壤的NOD高，大部分的氧化剂被消耗后才可以到达地下水。然而，氧化剂可通过渗透廊直接与地下水获得更多的接触。

渗怜水廊道用一个高导磁率的材料安装构成，其延伸到地下。氧化剂以溶液的形式引入地道，然后在重力作用下渗入地下水。在渗怜水廊道施工期间，也可以使用固态氧化剂，将其溶解到地下水中达到目的。

渗渠的安装通常是非常经济的。安装完成后，渗渠是一个被动系统，除了确保必要的氧化剂负荷等，只需要少量的维护。然而，渗渠的影响力相当有限。渗透廊适用于浅水层及合理的地下水流速。在渗透廊稳定供应氧化剂可以保持渗怜水廊道化学浓度顺梯度，若时间允许，氧化剂还可以扩散到低渗透性区域。另外，渗渠需要不断补充氧化剂，使氧化剂足够去除多孔介质基质中的污染物。因为渗透廊本质上是被动的，可能需要多年的运作以达到预期的效果。

11.4 氧化剂传输的一般考虑

在水和废水的处理方面，化学氧化的应用已有几十年的历史。相比水和废水的处理，就地施加化学氧化剂的传输面临着独特的挑战。

- 地下土壤和岩层本身是不均匀的，且迁移途径颇为曲折。
- 地下不能直接观察（或"看见"），因此，地球化学和水文地质数据必须从土壤钻孔样本、地下水样品及探针、井或钻井日志中获得。
- 在上文提到的地面水处理反应器中，多孔介质与氧化剂的完全混合和均匀混合需要通过不同的方式来实现。

11.4.1 节和 11.4.2 节将对那些为成功实施 ISCO 带来挑战的含水层和污染源的特征进行讨论，并陈述在氧化剂传输设计、实施和监测期间需要考虑的关键问题。

11.4.1 含水层非均质性

含水层系统具有形成含水层单元的沉积过程中产生的独特的三维结构。这些独特的沉积过程会造成地下系统的不均匀，以及大小、形状、粒径分布、每个沉积单元渗透率的不同（Payne et al., 2008; NRC, 2005）。另外，自然过程也可能导致固结层和非固结层的断裂，在含水层系统中创建优先传输路径。一个显著结论是，在设计氧化剂传输系统时，应考虑到地层的异质性导致其将携带大部分氧化剂。即使较小水力传导度变化，也可能会导致大多数注入流经过离散的高渗透晶体、层或断裂传输。这个因素也可用"移动孔隙率"来表示（Payne et al., 2008）。移动孔隙率可用于控制氧化剂注入时和随后的平流过程中的多数液体。标准含水层特性测试协议提供穿过整个井管滤网的平均含水层性能，这种性能通常低估了原位修复过程中的实际流速。氧化剂传递的示踪试验或现场测试可能需要估计移动孔隙率。Payne 等（2008）指出，许多点位的移动孔隙率为 0.02 ~ 0.10。

移动孔隙率的概念也可以用于描述双域模型（Suthersan et al., 2009）。图 11.13 是双域模型的一个简单例子。注入流流经不同区域的比例由该区域水力传导度的比率来决定。在不同构造中，渗透系数的差异可达 10 倍以上。从外部观察土壤钻孔样本不可能察觉水力传导度数量级的变化。

另外，移动孔隙率或双域流动的最终结果是，大部分氧化剂将在小部分（高渗透）区域被消耗。正如下面所讨论的，关注污染物主要聚集在低渗透层，基于此，氧化剂必须扩散到低渗透层，或者存在足够长的时间，使污染物从低渗透层扩散到高渗透层，并在高渗透层进行处理。

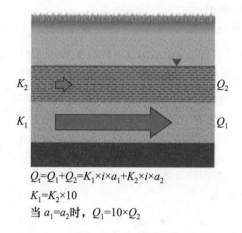

$$Q_t=Q_1+Q_2=K_1\times i\times a_1+K_2\times i\times a_2$$
$$K_1=K_2\times 10$$
当 $a_1=a_2$ 时，$Q_1=10\times Q_2$

图11.13　在地下水力条件下简单的双域模型

注：Q_t—地下水总流量；Q_1和Q_2—土层1和土层2的地下水流量；K_1和K_2—土层1和土层2的水力传导度；i—土层1和土层2的水力梯度；a_1和a_2—土层1和土层2的截面积。

管理这种双域问题的方法之一是冲刷大量的氧化剂透过次表层，这种方法比再循环系统更有成效。如果有足够多的氧化剂溶液冲刷地层，那么某些［由水力传导度（K）决定］氧化剂溶液将流经低渗透层。图 11.14 说明了这一概念。若要在低渗透层冲刷一个孔体积，则在高渗透层至少需要冲刷 10 个孔体积（水力传导度相差 10 倍）。然而，如果一个低成本再循环系统可以完成，也是一种可接受的方法，因为再循环系统会循环使用氧化剂，可以缓解对氧化剂量的需求。

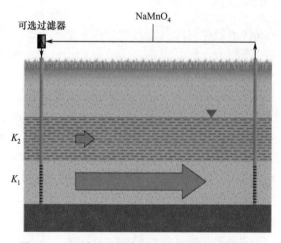

图11.14　再循环系统中氧化剂传递的双域模型

注：$NaMnO_4$—高锰酸钠。

11.4.2　污染物分布

地下异质性的另一个结果是，污染物不容易分布均匀。AFCEE 源区域倡议——源区和羽状污染物的反扩散（Sale et al., 2005）提供了有关污染物分布概念的细节。最重要的一个事实是，界定和划分污染源区和羽状污染物是困难的，需要考虑到所有的地方污染物都可以存储在地下介质"隔室"中。这些污染物包括吸附在多孔介质中的污染物、溶解在地下水中（高渗透层、低渗透层）的污染物、非水相液体污染物（NAPLs）和气相污染物。污染物中的大部分可能驻留在低渗透介质中或残留在非水相液体中。非水相液体残留可能以小斑点和神经节的形式存在，被困在孔隙中，或者淤积在黏土/砂土层上，或者驻留在岩石/干燥的黏土上。非固定非水相液体可以在更具传导性的区域存在，而非水相液体残留可存在于两个不同水力传导度的区域。污染物高残留的场地可能也最难与氧化剂接触，因为它们通常位于远离地下水流动路径的地方。对于历史场地，由于天然地下水冲洗，主流通道的污染物已被冲掉或扩散到低渗透层，但污染物可能留存在主流动通道的外部。关于污染物的分布在第 6 章有更多讨论。

11.4.3　地下设施及其他优先通道

除了天然异质性和相关的优先通道，地下还存在人造优先通道，在实际应用中必须考虑它们的影响，尤其是在浅目标喷射间隔的浅层地下水系统中。公共设施的垫料比原生地层更具渗透性，并且可以充当氧化剂注入的优先流动通道，从而使氧化剂迁移到意想不到的地点；通过雨水管道，氧化剂可在水体表面释放，在回填区地基周围同样可以收集到氧化剂。

井和废弃不当的钻孔也是一个隐患。如果这些墙壁或钻孔的密封结构不健全，它们就可以作为优先流动通道，氧化剂在注射过程中可能会堆积在地表。氧化剂堆积在地表是一种常见的问题，特别是浅地层的注射（如浅于 3.05m 的地面）。为减少氧化剂堆积在地表的可能性，需要限制注射压力。另外，应确定井和目标处理区的钻孔的位置，将其作为优先流动通道考虑氧化剂堆积在地表的可能性。

11.4.4　污染物迁移

在氧化剂喷射方案的设计中，污染物质量的迁移潜力应予以考虑。大量氧化剂溶液的注入将使一些溶解污染物偏离注入点。此迁移的大小可通过注入孔体积的百分比和能推入溶解污染物的距离来确定。如第 8 章和 Krembs（2008）所讨论的，输送到 ISCO 点位的氧化剂体积为目标处理区孔体积（PV）的 12%，尽管目标处理区孔体积会随地点、传输方法和使用氧化剂类型的变化而变化。由于孔体积的大小与注入点的距离平方成正比，因此流体被推动的距离并不会显著大于影响半径。例如，对于 6.096m 的影响半径，流体的原始体积将仅被推出 8.534m（假设完整的活塞流和 12% 的孔体积）。

然而，这个结论是假定注入流体相对均匀传递得出的。如果实际的流程非常小（例如，在基岩断裂处或在黏土矿的薄砂层），可能结论就并非如此。这些小流程的污染物可以通过注入的流体被有效地推压一个相对较大的距离。污染物的迁移也可能延迟，这取决于地下条件（如有机碳的分数）。

扩散可能导致氧化剂与溶解的污染羽混合，因此，污染物将不可能以完美的活塞流模式推在氧化剂的前面。如果大部分污染物聚集在低渗透层，或者被吸附在土壤中，或者以非水相液体形式存在，推动大量的污染物离开只是个小问题。通过注入氧化剂溶液将这种污染物轻易地移动不太可能。在非水相液体中，毛细作用力趋向于保持污染物在适当的位置，因此，即使在高地下水流速的区域，除非使用表面活性剂，否则污染物将不会移动。

有时也要考虑一下注入策略，例如，如果溶解污染物易析出是一个主要问题，则可以选择在羽化边缘注入。在氧化剂需求量大的位点，再循环系统可用于限制污染物的位移。

11.4.5　氧化剂活化的需要

需要活化的氧化剂（CHP 和过硫酸盐）的传输过程更为复杂，因为必须考虑活化因素。对于 CHP 而言，在某些情况下其催化过程会受到天然矿物的影响，氧化剂在接触地下介质时就会发生催化反应。然而，如果矿物催化无效或过快，则需要注入其他的催化剂或稳定助剂。因为 CHP 的催化反应快速，以及 CHP 存在的短暂性，不同基团的传输距离可以忽略不计，活化通常必须在地下发生。这个过程主要以两种形式完成：

- 首先注入催化剂溶液，接着注入氧化剂，在氧化剂渗透到地下，并通过扩散与催化剂接触时，催化过程发生。
- 在注射点（Injection Point），将催化剂与氧化剂混合同时注入。

如果催化剂与氧化剂的混合发生在注射点，由于催化作用快速，氧化剂在分解之前扩散表示为非生产性氧化剂水槽，这是催化剂和氧化剂分散到地下之前接触最小化的理想条件。

然而，不同注入方法的有效性并未被广泛研究并在文献中报道，因此很难确定在哪种情况下哪种方法是更有效的。这些方法由专有的承包商 / 供应商去操作注入，所以想要了解使用过的方法的具体细节也很难。

在活化的过硫酸盐体系中，活化也可以通过添加化学物质的方式完成［如碱（高 pH 值）、亚铁、螯合铁、过氧化氢］，或者以加热的方式。目前对于添加化学物质的方式（Chemical Amendments）没有统一的标准。过硫酸盐本身比过氧化氢更加稳定，过硫酸盐产生的自由基比 CHP 产生的自由基更慢（见第 4 章）。例如，过硫酸盐可以稳定存在数周，甚至在活化之后也很稳定。因此，地上混合可与某些添加化学物质的方式一起使用，例如，地上混合去碱性活化（Aboveground Mixing for Alkaline Activation）已经被广泛使用。然而，对于其他添加化学物质的方式，通常不是先注入活化剂再注入氧化剂，就是先注入氧化剂再注入活化剂。目前，还不清楚其中一种方法是否比另一种方法更加有效，或者在地下活化剂和氧化剂的混合如何起作用。

如果是加热条件，活化助剂是物理修正方式，可以通过蒸气注入或电加热。可能的注入方法包括注入已加热过的过硫酸盐进入地下，或者将过硫酸盐预先安置在地下，然后加热促使其活化。在前一种情况下，根据不同的温度及介质，氧化剂的分解过程可能非常快速，限制了其分散。在后一种情况下，广泛分散是有可能的，因为氧化剂分解动力学（The Kinetics of Oxidant Decomposition）在低温条件下有可能更慢。

🏭 11.5　氧化剂的地上处理和混合

在氧化剂被传输到地下之前，必须用地面设备进行处理和混合。使用不合适的地面设备会影响地下工程的执行，也可能会造成重大的环境问题和安全问题。执行问题依赖氧化剂处理设备，包括高于或低于目标物的氧化剂传输浓度；混合不充分会导致注入大量的固体，直推探针注入会引起井的堵塞，或者形成含水层；设备故障会导致存储的氧化剂分解而损失其氧化强度，还会延长项目完成时间。设备故障和氧化剂失效也会导致环境问题和安全问题。

由于许多 ISCO 注入都在短期内执行，因此氧化剂处理设备一般不会由该项目的场地拥有者购买；相反，氧化剂处理设备可能由执行注入的专业承包商通过租赁途径（包括化学氧化剂供应商）来提供。尽管如此，咨询工程师或场地拥有者应该仔细审查所需设备的设计和功能，以验证系统设计的合理性，同时满足氧化剂混合设备的安全性。

氧化剂混合设备的特性取决于使用的氧化剂及其运输和存储形式。表 11.4 总结了大部分常规氧化剂的运输和存储形式，同时考虑了它们的处理方式。采用固体形式（如高锰酸钾和过硫酸钠）运输和存储氧化剂可以安全、高效地在容器中运输，以及与水混合。如果有大量的固体氧化剂需要混合，建议使用机械传递设备而不是人工——批量混合。高锰酸钾溶液建议增加过滤步骤，以免不溶解的固体物质进入注入井或地层。如表 11.5 所示为地面氧化剂处理和混合装备的使用注意事项。

表 11.4 常规氧化剂的运输和存储形式

氧化剂传输	氧化剂浓度	必要的混合系统	备 注
高锰酸钾固体	通常为98% $KMnO_4$	连续固体进样或批次进样	浓度<2.5%时可溶，但在高浓度下也可以泥浆的形式注入，一般浓度<6%，除非形成断裂
高锰酸钾溶液	<2.5%	连续或批次	浓度<2.5%时可溶，但在高浓度下也可以泥浆的形式注入，一般浓度<6%，除非形成断裂
高锰酸钠溶液	<40%	连续或批次	从安全角度来看，最大浓度为20%
过硫酸钠固体	通常为99%以上的 $Na_2S_2O_8$	连续固体进样或批次进样	传统方法是形成水溶液注入，或者直接与土壤混合，土壤搅拌设备不能允许夹点（饱和蒸气压与冷却剂的最小温差点）或物质摩擦产生的过多热量
过硫酸钠溶液	通常不以溶液形式传输，常温下最大溶解度为43%（wt.%）	连续或批次	过硫酸盐溶液的pH值约为2，可引起软金属的酸性腐蚀；所有容器和管道要适当通气，所有溶液应在4小时内被用完
过氧化氢溶液	一定浓度范围内都是可用的，一般注入浓度<17.5%，C-FATS 法中的注入浓度>34%，浓度越高，放热和气体内部反应的可能性越大	连续或批次	活化剂必须在分离池混合，通常是分开注入而不是同时注入
臭氧	现场制备	通常和空气混合	对于臭氧生成设备的功率有一定的要求（取决于发动机的大小），并且必须配有操作设备的安全防范措施

表 11.5 地面氧化剂处理和混合装备的使用注意事项

注意事项	简 介
固相去除	氧化剂溶液注入前进行适当的过滤
流量测定	配备适当的、兼容的流量和压力测量设备，测定预期的流速范围和准确度。注意：由于流量计的兼容问题，过硫酸盐溶液的流速低于1gpm时很难被监测到
流速控制	为达到精确度，需要提供适当的兼容类型的流量控制阀。注意：过氧化氢需要配置放气阀
取样口	设置取样口，便于在监测过程中收集样品
备件	为所有的关键部分提供备件（阀门、计量尺等）
二级防护	当规定或操作者要求时，提供合适的、必要的二级防护
泄漏清理	提供泄漏物清理系统和现场化学物质的中和试剂；不能将泄漏污染物在同一个容器内混合，应分开处理，一些有机物混合后可能会发生剧烈的反应。注意：处理容器应该具有排放口

一些液体（如过氧化氢和高锰酸钠）或以溶液形式传输至场地的化学氧化剂则不需要混合步骤。氧化剂液体可在注入之前采用内联混合机或批量混合槽加水稀释。批量混合槽在传输浓度控制上更具优势，但通过适当的设备，内联混合机也是有效的。对于所有的应用，泵、流量计、压力表必须提供传输流量、压力和浓度的精确值、精密值；同时，必须小心确保建筑材料与所使用的化学品相适应。图 11.15 列举了两种氧化剂地上混合系统（一种混合系统相对简单，另一种混合系统相对复杂），图 11.16 提供了一些混合系统的照片。

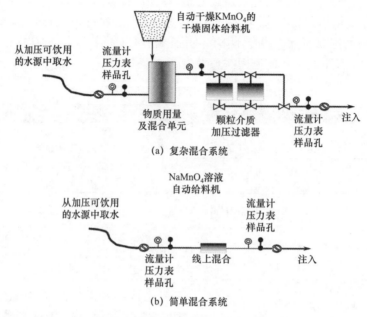

图11.15　两种氧化剂地上混合系统

图11.16　氧化剂地上混合系统的照片

如果使用再循环系统，混合系统的水源是地下水，在使用高锰酸钾时就必须加倍小心。高锰酸盐的反应或自然有机污染物的回收水会形成二氧化锰固体。二氧化锰固体可能很难采用常规的固体去除技术去除，如滤袋，而需要采用适当大小的滤芯式过滤系统或多介质过滤器。

需要催化剂的氧化反应系统，如过硫酸盐和过氧化氢，则同时需要处理系统和混合系统。这些系统可能包括处理酸或处理碱、过氧化氢、铁盐溶液。

臭氧在场地中通常会用到臭氧发生器。臭氧发生器可能生成纯氧，并以液体或气体的形式传输至场地；对于较大的系统，氧气可能直接在场地生成。处理这些气体需要非常独特的安全系统，在此不进行讨论。臭氧通常在稀释前用压缩空气注入场地。

在应用中，根据特殊的氧化剂处理系统和混合系统，选择适当的设备和操作方法。其复杂程度取决于现场施工人员的数量。如果使用的设备无须人操作或值守，需要着重考虑自动化过程控制和仪器的二次使用问题，避免溢漏。

氧化剂处理系统和混合系统的设计也应考虑环境和安全要求。例如，大部分的氧化剂都需要二次密封、水箱溢出控制和泄压阀，还应提供清理溢出和泄漏氧化剂所需的物品，包括冲洗所需的清水和中和氧化剂所需的中和剂。这些物品的应用在操作标准中有明确规定，或者为项目制定预防泄漏的计划和对策。

鉴于化学氧化剂的性质，ISCO 的使用需要认真考虑安全和废弃物管理问题，必须要认真考虑工人和环境安全并进行有效的管理。潜在的安全风险包括与施工作业和在污染现场工作相关的事宜；其他的特定风险主要与地面上部的氧化剂处理相关。风险的性质和危险性取决于使用氧化剂的种类、浓度、处理方式和向地下输送的方法。另外，材料质检数据（MSDSs）和化学试剂供应商等信息也应该进行全面的检查，并在工程实施前制订综合性的安全计划。应从供应商处获得试剂的相容性信息，以确保安全、有效地使用氧化剂。在任何时候，工人在操作时都应该戴上防护设备。

11.6 观察法和应急计划

在 ISCO 设计和实施过程中，有些关键因素很难预计但又必须着重考虑和检测，如含水层非均质性、污染物分布、优先途径、污染物迁移、氧化剂活化等。观察法可同时兼顾设计和性能不确定性，并且可以适应 ISCO 的传输体系以收集新的数据。观察法使氧化剂和污染物的接触机会最大化。应急计划是观察法的一部分，可为工程团队提供正确预测、衡量、改正出现缺陷的方法。

11.6.1 观察法

观察法是一个自适用设计和实施过程的方法，其将现有数据的理解作为最有利的设计基础，然后为可能的偏离和使用性能监测结果提供偏差使之实时调整。观察法特别适用于 ISCO 传输，其最初就是为了地下工程设计的，并得到了明确认可，其将概念场地模型的不确定性融入过程中（USDOE, 1997）。采用观察法，可以降低 ISCO 传输的失败风险。

观察法（Peck, 1969; Teezaghi et al., 1996）最初开发用于岩土工程行业以控制地下特征的不确定性，没有大量收集样本。观察法也被用于环境修复（Brown et al., 1989）。三位一体法也借用了许多观察法的原则（Triad Resource Center, 2009）。如果线性方法用于原位修复，观察法可以提供一个灵活的传输系统，在执行过程中可进行数据反馈并及时采取补救措施，有效避免致命缺陷和无效执行的发生。

11.6.2　应急计划

应急计划就是文档管理，用于对工程中观察法的描述。应急计划的目的和结果就是提供特定指令使观察法得以执行，并准备果断、决然的实时响应行动计划，根据收集的数据结果调整、适应 ISCO 的实施。

应急计划通常包括以下步骤：

- 充分描述场地，详细记录地下层构成和污染物的一般性质、类型、特点，归纳收集的数据，并建立场地概念模型；
- 对于在最理想的条件下进行的 ISCO 传输和修复，设定一个预期修复目标，编制 ISCO 修复方案；
- 评估场地概念模型中的确定性（见第 9 章、第 10 章），识别最可能存在的不利条件和偏差；
- 选择 ISCO 实施过程中的最小直径，并在场地概念模型假设工作系统中估算其值；
- 对可能的修复结果或偏差形成目录明细（有可能对或错），对偏差进行概率和成本影响分析（发生条件和结果的描述、发生的概率、影响的潜在成本、潜在的计划延迟）；
- 利用可用的地下层数据，在最不利的偏差条件下估算测量值（要求有触发响应行动）；
- 选择和估算修正偏差采取的应急响应行动的成本；
- 审查应急响应行动的概率和程度（成本和进度），评估是否进一步细化场地概念模型，或者采取其他的缓解措施有效地阻止启动相应行动。

在应急计划过程中可以得到很多有用的结果：

- 评估场地概念模型和设计方案的充分性，如果成本和计划的影响范围太大或超出了预算和时间限制，在工程实施之前，工作团队应考虑其他的数据；
- 缓解措施有可能在工程实施时或在设计过程中采取，以减小事故的发生概率；
- 采取性能监测措施，结合触发限值，以减小偏差；
- 制订应急响应行动计划（过程的主要结果）。

应急评估性能测试是为了监测 ISCO 修复的进展，将实际数据和设计数值或预期结果进行比对。这些性能测试与传输和修复效果监测所需的指标大体一致。第 12 章对传输和修复效果监测进行了详细阐述。应急评估性能测试的频率较高，以确保"预警"系统在造成损失之前发出警告，及时避免突发状况、发现问题。实时监测就是为了这个目的（见 12.4.2 节）。

评估测量是一个重要的过程，可为跟踪观察 ISCO 修复过程建立时间进度表。借用分析模型或数值模型对测量值进行估算，处理性或试验性结果也可以被借用，案例研究也可以用于评估测量值。然而，估算测量值的不确定性应明确阐述，估算测量值应是一个范围而不是一个绝对的数值。

针对田间试验的不确定性和不可预见性，可对一定范围内的可能的偏差制订应急响应行动计划。应急响应行动计划通常为发生概率中等以上的偏差而设置，其对成本、进度的影响也较为温和。对于那些对成本和进度影响严重的偏差，要在设计和设计更新过程中作为数据收集部分进行说明。

表 11.6 列举了典型的高锰酸盐 ISCO 处理系统中可能出现的偏差、测量值及测量值脱离期望值时采取的相关应急响应行动。

表 11.6　高锰酸盐 ISCO 处理系统中直推注入偏差、测量值和应急响应行动

预想偏差	测量方式	示例值（预期／实际结果）	潜在应急响应行动
地面短路（日光）	地表目视检查	预期：无 不利现象：地表发现高锰酸盐	首选，移动注射位置。 其二，减小注入压力／流速。 其三，修改传输过程
底层剖面或TTZ侧面的不均匀传输，氧化剂的传输优先选择传导性好的路线	土样观察	预期：垂直方向充满紫色溶液。 实际结果：剖面出现分层，高锰酸盐未扩散到低渗透性介质（LPM）	首选，在现有注射位置增大垂直注射点密度。 其二，增加注射位置数量。 其三，增大高锰酸盐浓度，扩大其向低渗透性介质扩散的概率
	采取多级的、间隔不连续的地下水样（MLS）	预期：所有水样中都有高锰酸盐。 实际结果：一些水样中观察不到高锰酸盐	
污染物浓度反弹到基线值以上	监测井或监测水样中污染物浓度	预期：达到修复值。 实际结果：大于修复值	首选，检查数据，确认增强注射井的性能。 其二，考虑使用另一种氧化剂或修复技术。 其三，考虑ISCO技术的不可实施性

在 ISCO 系统设计阶段，应急响应行动计划（或称第一阶段）是重要的考虑因素（见 9.3 节）。应急评估可以让我们重新审视已有的概念设计，决定是继续保持还是修改。在后续的细节设计和实施过程中，评估结果也可以使用和更新。如果允许，应急响应行动计划应在所有项目刚开始启动时就开始设计，这既为提前进行应急响应行动提供了良好的基础，又可以加快工程实施。

11.7　总结

ISCO 修复技术通过往地下有效注入氧化剂并与污染物接触使之氧化，在选择或设计氧化剂传输系统时就应该考虑到修复结果。此外，设计人员应该对氧化剂的传输机制有一个全面认识，这样有利于优化氧化剂传输系统。

氧化剂有多种传输方式，包括注入井法、直推探针法、喷雾法、渗透法、再循环法、水力压裂法和机械混合法等，其中注入井法和直推探针法是最常用的两种方法，每种方法都具有其独特的优势可以适用于某种特殊的氧化剂和场地条件。

在选择和设计氧化剂传输方法时应考虑多种因素和困难，包括含水层的非均质性、污染物分布、地下管线分布、氧化剂注入后的污染物迁移、催化剂与氧化剂混合（对于要求加入催化剂的反应）。

氧化剂的传输是难以精确预测的，结构也经常偏离预测值，因此在 ISCO 整体设计中应急响应行动计划是必不可少的一部分。应急响应行动计划是工程团队预测、测试、修正缺陷的方法，其可以解决 ISCO 系统实施过程中已知的不确定性。

参考文献

Brown SM, Lincoln DR, Wallace WA. 1989. Application of observational method to hazardous waste engineering. Am Soc Civil Eng J Manag Eng 6:479–500.

Cline SR, West OR, Korte NE, Gardner FG, Siegrist RL. 1997. $KMnO_4$ chemical oxidation and deep soil mixing for soil treatment. Geotech News 15:25–28.

Haselow J, Rossabi R, Escochea E, Vanek J. 2008. Delivery of ISCO Reagents Using Soil Blending. Proceedings of Sixth International Conference on Remediation of Chlorinated and Recalcitrant Compounds, Monterey, CA, USA, May 19–22, Abstract L-006.

Huling SG, Pivetz BE. 2006. Engineering Issue Paper: In-Situ Chemical Oxidation. EPA 600-R-06-702. U.S. Environmental Protection Agency (USEPA) Office of Research and Develop- ment, National Risk Management Research Laboratory, Cincinnati, OH, USA, 60.

Kitanidis PK, McCarty PL, et al. 2011. Delivery and Mixing in the Subsurface: Processes and Design Principles for In Situ Remediation. SERDP and ESTCP Remediation Technology Monograph Series. Springer Science&Business Media, LLC, New York, NY, USA.

Krembs FJ. 2008. Critical Analysis of the Field Scale Application of In Situ Chemical Oxidation for the Remediation of Contaminated Groundwater. MS Thesis, Environmental Science and Engineering Division, Colorado School of Mines, Golden, CO, USA, April.

Los Angeles Regional Water Quality Control Board-In Situ Remediation Reagents Injection Working Group. 2009. Guidelines for Subsurface Injection of In Situ Remedial Reagents (ISRRs) Within the Jurisdiction. September 16, 2009.

Lowe KS, Gardner FG, Siegrist RL. 2002. Field pilot test of in situ chemical oxidation through recirculation using vertical wells. Ground Water Monit Remediat 22:106–115.

Murdoch L, Slack B, Siegrist B, Vesper S, Meiggs T. 1997. Hydraulic fracturing advances. Civil Eng 67:10A–12A.

NRC (National Research Council). 2005. Contaminants in the Subsurface: Source Zone Assess- ment and Remediation. National Academies Press, Washington, DC, USA, 372.

Palaia TA, Sprinkle CL. 2004. Results from Two Pilot Testing Using Pneumatic Fracturing and Chemical Oxidant Injection Technologies. Proceedings of Fourth International Conference on Remediation of Chlorinated and Recalcitrant Compounds, Monterey, CA, USA, May 24–27, Paper 5B-04.

Palaia TA, Tsangaris SN, Singletary MA, Nwokike BR. 2004. Optimization of a Groundwater Circulation System for In-Situ Chemical Oxidation Treatment. Proceedings of Fourth International Conference on Remediation of Chlorinated and Recalcitrant Compounds, Monterey, CA, USA, May 24–27, Paper 5A-17.

Payne FC, Quinnan JA, Potter ST. 2008. Remediation Hydraulics. CRC Press Taylor & Francis Group, Boca Raton, FL, USA.

Peck RB. 1969. Advantages and limitations of the observational method in applied soil mechanics. Geotechnique 19:171–187.

Sale T, Dandy D, Zimbron J, Illangasekare T, Rodriguez D, Wilking B. 2005. AFCEE Source Zone Initiative——Back Diffusion of Contaminants in Source Zones and Plumes. Hydrology Days. Presented at the American Geophysical Union (AGU) Hydrology Days 2005, Fort Collins, CO, USA, March 7–9.

Seitz SJ. 2004. Experimental Evaluation of Mass Transfer and Matrix Interactions During In Situ Chemical Oxidation Relying on Diffusive Transport. MS Thesis, Colorado School of Mines, Golden, CO, USA.

Siegrist RL, Lowe KS, Smuin DR, West OR, Gunderson JS, Korte NE, Pickering DA, Houk TC. 1998.

Permeation Dispersal of Reactive Fluids for In Situ Remediation: Field Studies. ORNL/TM-13596. Prepared by Oak Ridge National Laboratory for the U.S. Department of Energy Office of Science and Technology, Washington, DC, USA.

Siegrist RL, Lowe KS, Murdoch LC, Case TL, Pickering DL. 1999. In situ oxidation by fracture emplaced reactive solids. J Environ Eng 125:429–440.

Siegrist RL, Urynowicz MA, West OR, Crimi ML, Lowe KS. 2001. Principles and Practices of In Situ Chemical Oxidation Using Permanganate. Battelle Press, Columbus, OH, USA, 336.

Sterrett RJ, et al. 2007. Groundwater and Wells, 3rd ed. Johnson Screens, A Weatherford Company, New Brighton, MN, USA.

Strong M, Bozzini C, Hood D, Lowder B. 2006. Air and Ozone Sparging of TCE Using a Directionally Drilled Horizontal Well. Proceedings of Fifth International Conference on Remediation of Chlorinated and Recalcitrant Compounds, Monterey, CA, USA, May 22–25, Paper M–26.

Suthersan S, Divine CE, Potter ST. 2009. Remediating large plumes: Overcoming the scale challenge. Ground Water Monit Remediat 29:45–50.

Terzaghi K, Peck RB, Mesri G. 1996. Soil Mechanics in Engineering Practice, 3rd ed. Wiley-Interscience, Malden, MA, USA.

USDOE (U.S. Department of Energy). 1997. Uncertainty Management: Expediting Cleanup through Contingency Planning. DOE/EH/(CERCLA)-002. USDOE Office of Environmental Management/Office of Environment Safety & Health, Washington, DC, USA, February.

West OR, Cline SR, Holden WL, Gardner FG, Schlosser BM, Thate JE, Pickering DA, Houk TC. 1998. A Full-Scale Field Demonstration of In Situ Chemical Oxidation through Recirculation at the X-701B Site. ORNL/TM-13556. Oak Ridge National Laboratory, Oak Ridge, TX, USA, 114.

原位化学氧化性能监测

Tom Palaia[1], Brant Smith[2], and Richard W. Lewis[3]

[1] CH2M HILL, Englewood, CO 80112, USA;
[2] XDD, LLC, Stratham, NH 03885, USA;
[3] ERM, Mansfield, MA 02048, USA.

范围

进行原位化学氧化（ISCO）性能监测项目的注意事项和方法，包括对基线、传输情况及处理性能的监测。

核心概念

- 完善具体的监测目标十分必要，这样才能收集足够的信息以评估原位化学氧化工程的有效性。监测项目必须和原位化学氧化处理目标相关联，才能保持专注且高效的数据收集工作，同时能够进行相应改变以获得预期结果。

- 基线监测活动对原位化学氧化工程启动之前场地中的关注污染物（COCs），以及近地表情况的相关资料进行完善，为原位化学氧化的传输情况和处理性能的评估提供参考。

- 传输性能监测重点在于追踪目标处理区内氧化剂的输送和分配，并在需要进行原位化学氧化操作时为制定保障执行有效性的相关决策提供数据支持。

- 处理性能监测重点在于追踪水文地质条件和地球化学条件，同时追踪关注污染物及其他组分，如氧化还原敏感性的金属水平的变化。

- 监测项目有许多注意事项、组成内容和选择，每个项目都应该仔细考虑使用原位化学氧化技术的场地情况及项目限制条件，并制定一个性能监测方案。

12.1 引言

评估原位化学氧化（ISCO）工程性能的监测项目通常是为了在复杂的、不确定的、难以预测的情况下达到各种目的而设计的。基于原位修复的基本局限性，在监测项目中出现一定程度的阐释、插值及不确定性是常见的，但是一个精心设计的、完整的监测项目往往能获得对原位修复技术的可靠评估，例如，对原位化学氧化技术的可靠评估。

一个设计得当的性能监测项目可用于评估操作对象和性能目标的完成程度，以及确定原位化学氧化是否能够达到已设定的处理目标，性能监测项目是十分必要的。一个典型的性能监测项目包括但不限于表 12.1 中突出显示的 3 个构件和部件。

表 12.1 典型的性能监测项目的构件和部件

部　件	性能监测构件		
	基线条件监测	传输情况监测	处理性能监测
明确的数据需求和数据质量目标	X	X	X
环境介质样品	X	X	X
监测点的数量和位置	X	X	X
观察和采样频率	X	X	X
监测期的持续时间	S	S	L
现场和实验室分析方法	F、La	F、La	F、La
质量保证／质量控制程序	X	X	X
一般数据分析、评估、文件编制	X	X	X

注：X—适用，S—较短，L—较长，F—现场测量，La—实验室分析。

本章描述了原位化学氧化性能监测项目的关键部件，包括运行目标的建立、基线条件监测、氧化剂传输情况监测，以及污染物处理性能监测。通过提供相关部件性能监测的信息，本章对第 10 章进行了补充，评估处理目标的实现情况，以及终点是否到达。同样，本章对第 11 章进行了补充，解释了监测项目的重要性，以及现场数据对评估应急响应行动的必要性。图 12.1 解释了如何在空间上将性能监测和场地特征描述活动及传输到目标处理区（TTZ）的氧化剂关联起来。

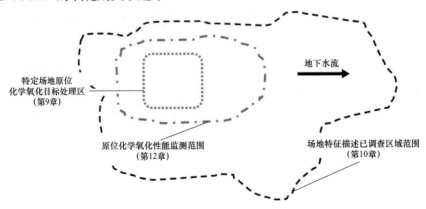

图12.1　在空间上将性能监测和场地特征描述活动及传输到目标处理区（TTZ）的氧化剂关联起来的图解

本章剩余部分描述了性能监测项目的每个关键部件，并提供了指导方针以便设计、执行一个成功的原位化学氧化工程。附录 E 的案例研究中给出了说明选项应用的监测项目的案例。

12.2　一般考虑

12.2.1　目标的建立

性能监测项目的细节具有高度的场地特异性。如果性能监测项目应用于小规模实验，或者一个单独的原位化学氧化大型生产性活动，或者如果原位化学氧化是组合补救措施的一部分，其细节都各不相同。一般来说，一个性能监测项目的基线、传输情况及处理性能监测都是为了实现以下目标：

- 收集必要数据以测量并用文件证明原位化学氧化运行目标和处理目标的实现情况（见 10.6 节）；
- 监测原位化学氧化工程以确保设计持续按照预期进行，并确保能按照应急计划的描述进行优化（见 11.6 节）；
- 为后续应用和/或与原位化学氧化结合的技术和方法（见第 7 章）提供工程性能参数。

大多数原位化学氧化工程性能监测项目的主要目标是测定运行目标和处理目标的实现情况。原位化学氧化工程的处理目标通常在技术评估阶段（如可行性研究阶段）就会被确定，而工程运行目标通常在设计阶段就已经确定。

运行目标被定义为一组特定的与传输和处理性能相关的目标。如果能够达到运行目标，就能够实现原位化学氧化修复的处理目标。10.6 节对处理目标进行了更加详细的讨论。与运行目标相关联的测量结果在性能监测项目进行期间被评估，以确定原位化学氧化修复的有效性。如果在原位化学氧化设计阶段早期就确定了运行目标，那么它也能被用于细节化的设计阶段作为性能说明的基础（见 9.4 节）。

在多数情况下，作为与性能相关联的测量结果的参考，以及提高原位化学氧化处理有效性的后续优化活动的基础，原位化学氧化工程的运行目标是有益的。例如，一个采用氧化剂循环的原位化学氧化工程也许运行时间最短，因此运行时间可以作为一个运行目标以确定原位化学氧化系统是否满足氧化剂的传输要求。如果运行时间不能达到运行目标的要求，无法达到处理目标，就需要进行优化活动。

典型的运行目标着重于确保氧化剂能在适当的时间内、在目标处理区内和污染物接触，以完成预期的反应及对污染物的处理。例如，以活化过硫酸盐为氧化剂的原位化学氧化工程的运行目标在表 12.2 中列出。

运行目标应确保务实可行，运行目标若能实现，将促进原位化学氧化工程预期性能的实现。为避免绝对值也需要小心谨慎，尤其是在绝对值不符合实际、不必要的时候。例如，目标浓度为 500mg/L 的高锰酸盐在目标处理区内不可能到处存在，为实现大规模的还原处理目标也并非一定要达到。客观地说，目标浓度至少 50mg/L 的高锰酸盐能够遍布整个目标处理区是一个更加现实的、可操作的目标。根据小型试验或现场中试、建模、文献综述、前人经验或工程判断，就可以确定运行目标。向未来的或者已经签订合约的原位化学氧化技术供应商咨询，可能有利于帮助确定运行目标。通常，原位化学氧化技术卖方可研发原位化学氧化技术专有知识，以及在不同的水文地质、地球化学、污染物设置的性能适应能力。

表 12.2　以活化过硫酸盐为氧化剂的原位化学氧化工程的运行目标

局部区域	运行目标举例
氧化剂传输浓度	将大于 Xmg/L 的最小浓度的过硫酸盐，以及大于 Ymg/L 的最小浓度的活化剂，共同传输到目标处理区内地下水污染最严重的区域
目标处理区的氧化剂持久性	为确保氧化反应的发生，在目标处理区内要保证过硫酸盐至少停留 Z 天
氧化剂原位控制	在传输过程中减少由采光或分流造成的目标处理区内氧化剂的损失
液压控制	在目标处理区外保持液压控制，并减缓污染物的扩散
工程监测	利用实时测量和数据分析程序以优化／调整注入／监测程序
健康与安全	体验零健康和安全事件

12.2.2　地下 ISCO 交互作用的解释

原位化学氧化的应用可能导致目标处理区内地下条件的系统性变化，这将影响地下的各种特征。这种影响的性质和大小取决于原位化学氧化技术实施之前的地下性质，以及应用于该场地的技术类型。每种氧化剂在地下可能发生的交互作用在 2.7 节中进行了详细讨论。表 12.3 总结了在原位化学氧化技术性能监测项目中需要特别考虑的与氧化剂进入地下相关联的主要潜在影响。在原位化学氧化技术性能监测项目的设计阶段，为确保项目特殊要求的实现，将氧化剂注入地下，它们的主要潜在影响如表 12.3 所示。作为目标处理区氧化剂传输的间接测量，一些由原位化学氧化引发的改变能够被监测并被利用。例如，溶解氧（DO）的变化表明了过氧化氢或臭氧（过去或现在）的存在，而电导率（Ec）的改变表明了高锰酸盐和过硫酸盐的变化。随着氧化剂暂时的增加，重金属可能会进入某一特定场地的地下水，因此性能监测项目列出的参数表中应该包括可能造成污染的金属。

原位化学氧化引起变化的持续时间，以及目标处理区能否达到原位化学氧化后的稳态条件是性能监测项目的重要内容。在一个特定场地理解再平衡过程、确定需要的监测范围，以及氧化剂注入目标处理区后应该花费多长时间完成监测是至关重要的。

经验表明，将使用小剂量氧化剂的情况与地下的同化能力相比较，这些变化可能不被观察到，甚至是最小的、暂时的，在再平衡后会恢复到基线状态。在这种情况下，再平衡会随着内在的生物反应和非生物反应的发生而发生，然后反梯度、未受影响的水回流至原位化学氧化目标处理区，最终重建状态与基线状态保持一致。同样地，由原位化学氧化处理的地下水顺梯度流动，并最终和未受影响的介质充分接触以恢复到基线状态。再平衡需要的时间具有高度特异性，取决于许多因素，例如，原位化学氧化造成的任何改变的幅度、污染物结构，包括有机化合物和无机化合物的类型和赋存状态，原位化学氧化目标处理区的大小，在原位化学氧化前微生物的活性程度、地下水流速及含水层的组成和特征。

表12.3 原位化学氧化性能监测项目设计阶段需要特别考虑的氧化剂引入地下的潜在影响

潜在影响的特征	与原位化学氧化性能监测项目可能相关的注意事项
地球化学的改变	• 电位偏移受pH值、氧化还原电位、溶解氧、离子强度、离子组成（如Fe^{2+}、Na^+、K^+、SO_4^{2-}）、颗粒物（MnO_2）、碱度（见2.5节，地下氧化剂交互作用的相关信息）的影响。 • 天然有机物的数量和性质会因与注入氧化剂发生反应而改变，这将改变有机污染物各赋存状态的比重。 • 如果与原位化学氧化应用相关的放热能量较高，并且目标处理区的比热容并不足以减弱该能量，那么环境温度可能升高
对微生物的扰动	原位化学氧化会造成微生物丰度和多样性的下降，但是这些参数之后一般会恢复到原位化学氧化实施前的水平，甚至有所增加（见第7章）
金属的出现及流动性的改变	• 受采矿和制造工艺影响，一些氧化剂中会出现微量金属，这些微量金属会无意地进入地下（见2.5节）。 • 化工制造商提高纯度以达到USP等级或者美国国家卫生基金会标准（NSF60）认证的等级。 • 由于原位化学氧化引发的地下地球化学的改变（如氧化还原电位、pH值），氧化剂无论是自然原本存在的还是外界注入的，具有氧化还原性或者对pH值敏感的金属移动性都会改变。 • 受到潜在关注的重金属包括锑、砷、钡、镉、六价铬、铜、铁、铅、汞、镍、硒。 • 是否需要关注微量金属（例如，酸碱度和电位的关系图）是对位点专一性的考虑，如果这样，测试可以帮助量化这种风险的性质和数量（见附录D.2）。 • 地下水中金属的浓度增加应该是暂时的，在水层再平衡后金属的浓度会恢复到原位化学氧化处理前的水平（见8.7节）
再平衡	• 原位化学氧化引发的地下条件的改变通常是短暂的，在氧化剂注入结束后，随着时间的推移地下会达到再平衡，此时的地下条件和进行原位化学氧化前的地下条件相似。以高锰酸钾为氧化剂的原位化学氧化工程中存在MnO_2固体及相关成分的长期积累，这是一个例外。 • 达到再平衡所花费时间的长短取决于原位化学氧化系统的设计（如目标处理区的大小、使用的氧化剂及传输的浓度）和地下条件（如同化能力、地下水流速）

注：Eh—电极电位，Fe—铁，K—钾，MnO_2—二氧化锰，Na—钠，ORP—氧化还原电位，SO_4^{2-}—硫酸根离子，USP—美国药典，NSF60—美国国家卫生基金会标准。

12.2.3 特定场地条件下的性能监测

在确定了原位化学氧化处理目标和具体的运行目标之后，可以实施性能监测项目对它们进行评估。一个设计合理的监测项目应该着重关注应用于特定场地条件的原位化学氧化技术。通常，设计合理的性能监测项目能够涉及并解释表12.4和表12.5中列出的相关因素。这些相关因素能直接影响性能监测的方式（例如，分离式和综合式，固定基地实验室分析和移动型现场实验分析）、监测物的状态（如蒸气、吸附态或地下水）、采样方法（如直推探针法、永久性注入井）、监测点的位置、监测频率，以及监测项目的持续时间。

表 12.4　对原位化学氧化工程性能监测项目设计至关重要的场地条件及因素

条件和因素	说　明
污染物性质	• 在选择进行采样的介质（非水相液体、土壤、地下水和蒸气）及采样位置时，污染物的性质是非常重要的。 • 密度：影响地下污染物的移动，以及非水相液体［重质非水相液体（DNAPL）或轻质非水相液体（LNAPL）］存在的可能性及出现的位置。 • 溶解度：影响水相关注污染物（COCs）的性能。对于非水相液体混合物，基于混合物中污染物的摩尔分数，应用拉乌尔定律会得到有效的溶解度。 • 蒸气压力：影响污染物的挥发性；挥发性有机化合物（VOC）易造成测量误差。 • 亨利定律常数（K_H）：影响关注气相污染物的性能。 • 有机碳分配系数（K_{oc}）：影响含水层固体对关注污染物的吸附容量
污染物浓度和赋存状态分布	和污染物的性质和地下条件相对应，污染物浓度将决定其在地下的赋存状态分布（在地下水中有3种赋存状态：水相、吸附态、非水相；在包气带有4种赋存状态：水相、吸附态、气相、非水相）。污染物的赋存状态将确定需要采样的介质（非水相液体、土壤、地下水和／或蒸气）
污染物空间分布	• 污染物空间分布是一个关于污染物类型、污染物释放数量和时间、岩性特征、地下异质性、地下水文条件及其他因素的函数。 • 污染物在地下的分布情况对于目标处理区的划分，以及采用的原位化学氧化技术是至关重要的，甚至会影响采样位置、采样方法和持续时间
地质条件	• 具有特别相关性的地质条件包括优先通道（如钻孔、隧道、公用走廊）的特征和潜在性，以及在岩层序列中不同的液压电导率和传输性质。由于地质条件涉及监测项目，对其认识至关重要，以便于选择采样技术和采样位置
地下水条件	地下水条件包括高导电层、低导电层的划分，流动的方向、速度及质量特性，为选择监测点的位置、深度区间、发展基线，对于解释原位化学氧化技术实施后生物地球化学的数据是至关重要的

注：COCs—关注污染物，DNAPL—重质非水相液体，LNAPL—轻质非水相液体，VOC—挥发性有机化合物。

表 12.5　原位化学氧化工程的性能监测项目设计中至关重要的技术因素

因　素	说　明
氧化剂性质	• 每种氧化剂都有可以影响选作性能监测项目的监测仪器设备的建造材料的特定性质（见第11章）。 • 基于氧化剂的性质，在原位化学氧化实施期间，每种氧化剂需要按照附录D.3中提到的一种或一种以上分析方法进行监测，重点如下。 ①过氧化氢（H_2O_2）：使用一种实地测试方法对H_2O_2进行现场测定。 ②高锰酸钾或高锰酸钠：通过视觉外观（粉红色／紫色表明浓度高于5mg/L）或比色测试（确定一个大致范围的半定量测试）可以现场测量高锰酸盐的浓度。通过分光光度法可以对MnO_4进行定量分析。 ③过硫酸钠：对特定的活性物质的测定并不容易成功，现场测试设备和滴定方法能够测定过硫酸钠，使用这种方法还能测定化学活化剂。 ④臭氧（O_3）：使用一种实地测试方法对臭氧进行现场测定。 • 每种氧化剂改变地下条件的方式不同（见表12.3），监测就包括对这种改变的野外观察。 ①过氧化氢：氧化还原电位、溶解氧和温度升高（如果过氧化氢浓度较高）。 ②高锰酸钾或高锰酸钠：氧化还原电位升高，溶解氧略微增加，电导率大幅度增加，某些场地的pH值会显著减小（例如，含有重质非水相液体的目标处理区及有限的场地同化能力），某些场地的钾盐、钠盐含量增加。 ③过硫酸钠：氧化还原电位升高，pH值减小（除非碱性活化），溶解氧略微增加，电导率大幅度增加，钠盐和硫酸盐含量增加。 ④臭氧：氧化还原电位升高，溶解氧升高（特别是当含有氧气的空气是喷雾气体的一部分时）。

（续表）

因 素	说 明
氧化剂性质	• 每种氧化剂在地下预期的持久性不同，这也会影响监测的频率和持续时间。 ①过氧化氢：反应很快，通常在几分钟到几小时内完成反应，这取决于能催化过氧化氢反应的天然过渡金属的存在，或者能终止反应的食腐动物的存在［例如，硝酸盐（NO_3^-）和碳酸盐（CO_3^{2-}）］。稳定的化学物质能够注入过氧化氢中，并在最优条件下延长寿命，可能延长寿命至几周。 ②高锰酸钾或高锰酸钠：持久性可以从几天到几个月，这取决于包括关注污染物和最大氧化剂需要量（NOD）在内的反应物的水平。 ③过硫酸钠：持久性可以从几天到几个月，这取决于活化的方法，以及参与非生产性反应的目标关注污染物及其他成分的水平。 ④臭氧：持久性可以从几分钟到几小时，这取决于天然有机质（NOM）及还原条件
场地及项目描述	• 对一个具有场地特异性的原位化学氧化工程的性能监测项目的发展造成的影响如下。 ①设备、操作设施和人员都会限制监测项目的进行，特别是在具有安全控制的敏感区域。 ②在进行监测的地方出现物理限制是常见的，而且这是原位化学氧化监测项目主要的限制，如建筑、交通方式、地上及地下设施、景观等。 ③技术性限制包括设备或与地下有关的情况，例如，无法使用局地钻井或探测设备，无法快速地在基岩层安置监测点。 ④由于用于执行性能监测项目的费用往往会被涵盖在用于支付执行原位化学氧化技术的资金来源中，所以经常出现预算限制。 ⑤行政限制包括：美国当地、州或联邦的法规；私人属性访问；公共路域和交通控制需求；关键任务访问限制或对军事设施的限时护送要求
管理监督	特定的条例和要求能够保证在性能监测项目中使用特定的手段或方法。这种情况常以采样及研讨工作的形式进行，例如，一个质量保证项目计划统一的美国联邦政策（UFP-QAPP）

注：请参考2.5节关于氧化剂性质和化学性质的内容；NOD—最大氧化剂需要量，NOM—天然有机质，UFP-QAPP—质量保证项目计划统一的美国联邦政策（IDQTF, 2005）。

12.3 基线条件的监测

12.3.1 目的和范围

对基线条件进行监测是性能监测项目的一部分，进行基线条件的监测是为了确定进行原位化学氧化工程前的初始条件，并为活性氧化剂传输阶段期间及之后收集数据的比较提供参考。基线条件描述能够帮助提出关于拟注入的氧化剂，以及相关传输过程中监测项目的改进意见。通常，进行基线条件监测是为了实现以下一个或多个具体目标：

• 确定进行原位化学氧化工程前的污染物浓度；
• 估计进行原位化学氧化工程前的污染物质量；
• 估计进行原位化学氧化工程前污染物的来源；
• 如果能获取历史数据或可能进行多次基线条件的监测，则可评估由于自然条件（如降水入渗、季节性或潮汐影响、干湿循环等）引起的水质浓度环境变化；
• 如果金属为关注污染物，则确定金属的背景浓度；
• 确定进行原位化学氧化工程前的地球化学条件；
• 估计进行原位化学氧化工程前的微生物条件。

由于在原位化学氧化基础设施安装后才可以进行基线条件的监测，所以假设场地特征描述和设计活动都是完整的。因此，基线条件监测的目标通常集中在一个关键的场地条件上，以达到确定进行原位化学氧化工程前的场地条件的目的。基线条件监测通常关注水文地质参数、水化学特性及污染物的分布。

化学浓度的量化是一个相对简单的过程，并且这个步骤不仅适用于原位化学氧化。污染物质量和质量流量的量化尤其具有挑战性，其分别涉及控制容积、平面区域的浓度数据的整合。因此，需要沿着划分好的独立的岩性、水文或污染区域的控制容积或平面区域进行内插、外推以获取离散的样本数据。这些数据能够被输入简单的电子表格工具或复杂的三维地理空间插值软件中。

排除基线条件监测数据及由它所导致的估算的不确定性是至关重要的。在其他因素中，环境浓度变化和/或地理空间插值的统计置信度会引入不确定性。基线不确定性的量化能对氧化剂传输和处理性能监测过程中产生的数据进行解释。例如，如果来自非水相液体源区的质量流量初始值最初被确定为 0.05 ~ 0.5kg/d，平均为 0.2kg/d，那么进行原位化学氧化后质量流量为 0.01 ~ 0.05kg/d，才能确认它远低于质量流量初始值。

12.3.2　方式与方法

1. 基线监测方式

基线监测通常通过完善现有的场地特征描述监测网络及历史污染浓度数据，从目标处理区内和周围的几个现有注入井及新的钻孔、井采集新的数据。通过这种方式，可以评估污染物浓度的环境变化，某些关键分析物的补充分析（如一些地球化学参数、金属或微生物）可以用来完成其他的基线数据目标。在进行原位化学氧化之前没有监测网络的场地，可以应用直推探针法（DPT）或通过地下钻井和新建的永久性监测井采集多孔介质和地下水的基线样品。虽然出于某些监测目的，直推探针法采样是首选，但是通常它并不是获取原位化学氧化处理性能评估数据的基线监测的唯一方法。为获取具有代表性的、可重复的地下水样品以进行时间序列数据的分析，经过适当筛选的监测井是至关重要的。正如下面所讨论的，进行多次基线监测可以帮助避免不准确的基线评估。

在那些呼吁同时建立原位化学氧化基础设施、完成基线监测以加快进度的场地，这种方法需要仔细考虑。地下钻孔、地下水井安装及水井开发活动都会对地下水系统造成严重的干扰。为确保基线样品能够代表含水层内的平衡状态，需要注意避免采样井过于密集。

质量流量的测量是复杂的，通常需要对一个特定水文地质环境中的源区，以及相关溶解态污染羽结构有更细致的了解。使用标准抽水实验或泵实验技术、示踪稀释法或无源磁通量计（PFMs）可以测量地下水的水力特性。使用一种或多种多层采样器、地下水提取井/拦截井或无源磁通量计的横断面可以测量污染物的迁移情况。

2. 需要监测的介质和位置

在基线监测期间，需要采样的介质包括那些可能受到原位化学氧化影响的介质，以及对后续处理性能监测或完成目标很重要的介质。例如，如果把源质量减少作为原位化学氧化的处理目标，为评估质量，含水层固体（也包括可能存在的水相液体）及地下水的基线监测是很重要的。对已存在的源质量分数评估后，未来地下水的样品并不是必要的，因为源质量的极小部分能够溶解进入地下水。如果把质量流量减少作为原位化学氧化的处理目标，那么可能需要对垂直于原位化学氧化目标处理区的地下水流进行监测。

正如在第 11 章中讨论的，氧化剂传输能通过物理方法或化学方法影响污染物的分布。在那些使用过硫酸盐或臭氧的场地中，如果气相的迁移及对建筑或其他构筑物的侵蚀引发关注，可能需要进行土壤气相的基线监测。同样地，如果一个场地中含有具有潜在移动性的非水相液体，那么在用氧化剂注入方法进行物理干扰前应尽可能地确定它的实际位置。有些场地的非水相液体化学成分复杂（如石油废弃物），这种非水相液体的成分可能会，也可能不会引起关注。如果原位化学氧化处理目标涵盖对非水相液体混合物的处理，那么进行基线化学分析可能是明智的，在处理性能监测期间其可作为评估未来风险减少程度的基准。

基线地下水监测通常包括：①在场地污染区上游对初始环境条件进行监测；②在目标处理区内监测基线条件；③在目标处理区下游进行处理性能的监测（例如，如果能预测到氧化剂顺流迁移，或者如果把质量流量评估当作处理的终止标准）。理解地下水水质和污染物性质是重要的，这样才能评估处理极限和反弹／再污染特征。因为原位化学氧化目标处理区通常设置在地下水污染羽的中心，所以目标处理区在一定程度上会有顺梯度地下水的汇入，这将导致活性氧化剂注入完成后目标处理区的再污染。因此，应监测汇入水的水质并将其列为污染物减排的处理估计上限。在目标处理区内的采样相对简单直接，因为其采样数据用于和未来传输及处理性能监测数据进行比较。在原位化学氧化工程中，顺梯度监测通常适用于试图减小污染物质量流量的情况，以帮助评估水质对周围地下水的影响。对于那些氧化剂需要量低、存在地下水对流，以及下游存在污染物受体（如地表水体或地下水抽提井）的场地来说，在下游进行监测是至关重要的。在这种情况下，对下游的水流监测可为合规监测目的服务，以确保对下游受体的保护。基于原位化学氧化处理和引发反应的引发物的设计，对下游地下水水质基线条件的监测有助于未来的影响评估。

在某些情况下，例如，当污染物在水中的溶解度较低或者在含水层固体采样期间，在目标处理区内和周围（出于描述目的）多个位置采样是一个明智的做法，这样才能理解采样和分析的差异性。在目标处理区外的含水层固体采样以确定背景值，这在基线条件监测中并非必要，因为在进行原位化学氧化处理相对短的时间内含水层固体浓度通常是保持不变的。一般来说，目标处理区内和靠近目标处理区的样品应该从独特的岩性和污染物环境中采集。某一特定的原位化学氧化工程并没有必需的或合适的含水层固体样品通用数量，该数量基于基线条件监测工作确定的数据质量目标得到。例如，一个工程需要大量的含水层固体样本，并需要运用地质统计学工具从源质量减少方面量化处理性能；同时，基于先前的场地特征描述数据，一个工程会关注部分热点污染。含水层固体的采样位置应该可使得后续性能采样在同一个位置上进行。通常，有一个深度 30～60cm 的钻孔就能满足需求。采样位置一致的目的是地理空间覆盖范围的匹配，而不是对原位化学氧化前后某一特定位置上多孔介质受到的影响进行比较。

如果拟实施的原位化学氧化技术预计会影响土壤气相，而土壤气相的侵蚀是一个引发广泛关注的问题，那么基线土壤气体采样可能是必要的。土壤气相通常随着气压的变化而变化。地下水等介质很容易发生反弹／再污染，所以靠近目标处理区及周围环境区域、在目标处理区及周围环境区域内的基线条件监测是很重要的。

3. 参数和分析方法

基线分析参数的选择取决于使用的氧化剂及需要采样的介质。表 12.6 列出了对拟使用过氧化氢、高锰酸钾或高锰酸钠、活化过硫酸盐、臭氧作为氧化剂的场地基线条件监测的建议。由于地下水是受关注的主要介质，所以表 12.6 重点关注地下水监测。多孔介质气相参数包括二氧化碳（CO_2）、氧气（O_2）、挥发性有机化合物及氧化剂（如果使用臭氧）。含水层固体参数包括关注污染物、非目标有机物、总有机碳和最大氧化剂需要量。在这些介质中也可以进行其他的分析，例如，对多孔介质中的金属进行分析，但是这些并非满足典型数据目标的必要操作。需要强调的是，表 12.6 仅起指导作用，在进行参数选择前需要仔细考虑场地特征条件，尤其是原位化学氧化工程采用物理活化方法还是化学活化方法。

表 12.6　基线监测项目的常规性参数

参　　数	过氧化氢	高锰酸钾或高锰酸钠	活化过硫酸盐	臭　　氧
地下水水位及测压管水头	FI	FI	FI	FI
颜色		V、DPT	V	V
温度	FI	FI	FI	FI
溶解氧	FI、FK			FI、FK
氧化还原电位	FI	FI	FI	FI
pH值	FI、FK		FI、FK	FI、FK
电导率		DPT、FI	DPT、FI	
碱度	L、FK		L、FK	L、FK
关注污染物（含水层固体和地下水）	DPT、L、FI、FK	DPT、L、FI、FK	DPT、L、FI、FK	DPT、L、FI、FK
总有机碳（含水层固体和地下水）	FI、L	FI、L	FI、L	FI、L
氯化物	L、FI、FK	L、FI、FK	L、FI、FK	L、FI、FK
锰盐		L、FK		
钾盐或钠盐		L、FK	L、FK	
铁盐	L、FK		L、FK	
硫酸盐			L、FK	
具有场地特异性的氧化还原敏感金属	L、FK	L、FK	L、FK	L、FK
自然衰减（NA）的地球化学指标（如硝酸盐、二氧化氮）	L、FK	L、FK	L、FK	L、FK
微生物指标（如生物量、DNA等）[a]	L	L	L	L
包气带气体（CO_2、O_2、挥发性有机化合物）	FI	FI	FI	FI

注：DNA—脱氧核糖核酸，DPT—直推探针法（用于挥发性有机化合物的膜界面探针、用于测电导率的电导探针），FI—野外作业仪器（如米尺、测量仪、温度计、分光光度计），FK—现场设备（如比色计、色轮、试纸），L—实验室分析，V—肉眼观察。

[a]适用于利用生物组分联合方法的系统。

原位化学氧化基线监测的分析方法通常和场地特征描述活动（见第10章）期间典型的修复实践方法是一致的，因此对专项技术的需求并不高。正如表12.6中展示的，大量的参数需要通过实验室分析确定，这些分析可以在一个偏远的、固定的实验室进行，也可以在现场的移动型实验室进行。通过现场实验室分析，或者通过次日达快递和远距离实验室进行快速周转时间（TAT）分析，能够以较快的速度采集数据并进行分析。然而，实验室的实验数据通常在1～2周内才能获得，因此数据需求必须服从这种滞后性。

4. 采样方法

在基线监测期间应用的采样方法与在场地特征描述期间应用的采样方法大致相同（见10.4节、表10.3、表10.4）。通过使用由直推探针法或暂时性、专用监测井采集的离散数据可以进行地下水监测。截面长度和深度具有高度场地特异性，应该根据场地的水文地质条件和处理目标进行仔细选择。低流量采样通常用于采集具有代表性的地下水样本。然而，对于那些半定量的或使用价值较低的参数，直接测量水斗或地下井采集的样本可能就足够了。这种直接测量方式更快速且更节约成本。被动式扩散采样袋（PDB）采样法也能用于监测一些参数，但是几个常规的水质参数（如溶解氧、氧化还原电位、溶解态金属）不能通过被动式扩散采样袋采样法确定。此外，在被动式扩散采样袋采样法使用前，需要对它与所使用氧化剂之间的化学相容性进行评估。不管选择何种采样方法，选择一种通用的测量技术（如低流量清洗、被动式扩散采样袋采样），并在整个性能监测项目中使用它以确保采集相似的质量数据。在长期性能监测项目中，可能会更改采样方法，这取决于测试要求和测试结果的使用，以及成本的节约。然而，通常在改变采样方法之前，会进行比较以确保这种改变引起的浓度变化偏差最小化。

在进行原位化学氧化工程期间，如果存在对氧化还原条件或pH值敏感的金属，或者存在可能与被引入的氧化性化学物质反应的金属，那么通常需要对地下水中的金属进行采样和分析。金属采样需要特殊的程序以避免分析结果中胶粒造成的偏差。锰氧化物是在原位化学氧化期间使用高锰酸盐产生的一种胶体微粒，会迁移到地下水中并吸附一些金属，如铬。因此，在集装箱化之前对现场地下水样品进行亚微米过滤是十分必要的，这样做才能消除胶粒氧化吸附金属造成的数据偏差，并获得以可溶性金属为代表的地下水分析结果。

典型的含水层固体采样样本包括：用取样管或干净的醋酸纤维制的套管采集的部分离散样本和大量的核心样本；使用手动驱动的设备，如手螺旋输送器及能用于直推探针法的钻井、空心钻柱和声波技术，采集的含水层固体样本。必须注意采集样本的大小，因为使用一种对含水层固体干扰最小的采样方法是很必要的。挥发性有机化合物分析样品的采集需要特殊的方法来避免在采样、处理、运输和实验室准备期间造成的样品损耗。例如，为保持样品的完整性，挥发性有机化合物样品的保存包括现场溶剂提取的使用、顶空的最小化，以及在温度低于4℃的环境下的存储（Oesterreich and Siegrist, 2009）。

土壤气相采样可以通过多种方法进行，并且取决于数据的用途，因此这项工作变得十分复杂。专门记录已存在条件的数据采集可以使用更简单的方法，但如果对风险评估数据质量有要求，采集方法会更复杂。这个问题有相当多的文献可以查阅，建议读者在对土壤气相进行基线调查前先查阅文献（USEPA, 2008; ASTM, 2008; ITRC, 2007; DoD, 2008）。

5. 监测频率和持续时间

监测频率通常是指监测次数及频繁程度，是对某特定参数进行监测的一个阶段。监测持续时间是指整个监测发生的时长。在原位化学氧化处理前，对含水层固体和非水相液体（如果存在）的采样是必要的，以确保测定结果能够代表基线条件与氧化剂传输和处理效果评估数据进行比较。然而，如果先前的描述数据揭示了相对稳定的地下条件，从氧化剂传输开始进行一年以内的采样可能就足够了。在理想情况下，对于地下水和土壤气相基线条件，尤其是对于目标关注污染物，在进行原位化学氧化之前的一年时间内至少需要进行两次监测，这样才能了解含水层内的许多环境变化（包括季节性变化）。这些监测数据尤其重要，它们可以作为一个参考，和进行原位化学氧化后的处理性能监测数据进行比较。计算地下水污染物浓度的环境变化之后，才能对再污染的程度进行更加精准的评估。

12.4 氧化剂传输过程中的监测

12.4.1 目的和范围

进行氧化剂传输过程中的监测是为了评估氧化剂在目标处理区内的分布性质和程度，以及任何与液体注入相关的水力学效应，如地下水位隆起。氧化剂传输过程中的监测包括物理监测、采样，以及对氧化剂接触（过去或现在）指示性参数的分析。氧化剂传输过程中的监测通常不包括目标处理区内目标关注污染物的分析，因为监测是在氧化剂可能存在且目标污染物仍在积极降解阶段进行的。在目标处理区内获得关注污染物的浓度数据是下一个监测阶段（原位化学氧化处理性能监测阶段）的关注重点。

氧化剂传输过程中的监测通常在氧化剂注入期间或氧化剂注入后立即进行，监测目的为下面的一个或多个：

- 完善氧化剂和活化剂注入的流速及体积的记录；
- 完善地下水水位和水力学控制方法的记录；
- 监测注入压力以确保含水层没有被堵塞，或者没有使用过大的压力，不会导致井损坏、构造变形，或者污染物迁移到目标处理区外；
- 通过观察氧化剂性质和分布形状的测试井，确定氧化剂和活化剂（如果使用）是否分布在整个目标处理区；
- 监测 pH 值、溶解氧、氧化还原电位、电导率和温度的改变，相关数据可间接估量氧化剂分布和化学反应；
- 监测并管理含水层条件，它们会对氧化剂的化学性质（如 pH 值等）造成影响；
- 监测污染物可能流入的附近的公共设施（如下水道和排涝管道）；
- 监测氧化剂注入期间挥发性有机化合物以气相或地下水形式的迁移或置换；
- 验证对敏感受体、人类健康，以及环境的保护。

一般来说，氧化剂传输过程中的监测计划侧重于对氧化剂传输性质和程度的描述，以此达到评估设计条件的完成情况，并决定后续氧化剂注入活动的范围或触发应急响应行动的目的。正如第 11 章中讨论的（见 11.6 节），观察法是一种能在原位化学氧化工程期间使用的方法。如果采用观察法，那么氧化剂传输过程中的监测数据能够用来评估、优化氧化剂的传输。氧化剂传输过程中的监测数据和运行计划中的触发水平相比较，结果用于决定工作的下一阶段是增加氧化剂注入量、使用低压，还是传输目标已经实现而终止传输。因为原位化学氧化期间氧化剂传输过程中的监测和运行计划紧密相关，具有高度的场地特异性，因此以下的方法仅作为建议。正如第 9 章中讨论的（见 9.5 节），传输性能监测计划的范围和原位化学氧化工作计划文件保持高度一致，这是最重要的。

传输性能监测包括设备、注入液体，以及地下介质的物理监测量和化学监测量。大多数传输性能监测项目的目标是记录传输：如果达到传输目标，那么原位化学氧化工程的处理性能监测阶段可以进行；如果未达到传输目标，那么需要采取传输措施以实现目标或者进行优化，使结果尽可能地靠近目标。另外，建立的运行目标（见 12.2.1 节）和传输设计需要保持一致，这是非常重要的。

正如下面所讨论的，传输性能监测期间使用的方式和方法取决于各种各样的因素，包括使用的氧化剂、待处理污染物的类型，以及具有场地特异性的氧化剂持久性。对于一些氧化剂（如催化过氧化氢和臭氧），传输性能监测包括氧化剂对地下水温度的影响，以及在包气带和井顶空中产生的废气的测量。因此，传输性能监测也是综合性原位化学氧化健康与安全项目中的一个重要组成部分。

12.4.2 方式与方法

1. 传输性能监测方法

氧化剂传输过程中的监测计划的设备组成取决于所使用的氧化剂传输方法。氧化剂传输方法包括：
- 直推探针；
- 井式注入（短期持续时间和长期持续时间）；
- 气体喷射；
- 再循环；
- 沟或渠；
- 土壤混合（掺和）；
- 土壤压裂；
- 地标应用或渗水廊道。

每种氧化剂传输方法都有独特的基础设施和设备特质（见第 11 章），这可以决定传输性能监测的方法。一般来说，每种氧化剂传输方法都包括如下监测设备：
- 压力表（在非常低的压力下注入时，不需要压力表）；
- 流量计和流量计算器；
- 用于测定注入的氧化剂及活化剂（如果使用）浓度的流体采样端口；
- 用于完成传输速率和体积优化的流量控制阀。

对于歧管式传输系统，流量控制尤为重要。歧管式传输系统通常通过同步注入多梯井道或直推探针点来加快氧化剂传输。通常，氧化剂从一个单一的注入头分散到具有相似的或不同的地下屏体间隔的多梯井道或注入点。由于不一致的屏体厚度及地下异质性，每个注入井或注入点都要求不同的注入压力，这造成了传输的不均匀性。因此，测量每个注入位置、节流压力调节器和流量控制阀的压力需求，以确保能够提供足够的流量。在某些情况下，将氧化剂传输到低渗透性的位置以获取更长的持续时间可能是必要的。需要特别关注流量计算器的数据，以确保能够达到设计值。

地下压裂技术的使用需要仔细考虑，因为压裂会导致优选路径的产生。然而，根据项目氧化剂传输目标，岩性压裂可能是原位化学氧化传输所期望发生的。如果希望氧化剂传输过程中不发生压裂，那么传输过程中的监测必须关注压裂阈值之下的剩余压力。该剩余压力也减少了注入井或注入点环形密封失败的可能性。压裂阈值是注入点水头损失、地层孔隙入口压力、内摩擦角和表土层压力的总和（Payne et al., 2008）。Payne 等提出了一种评估允许注入压力的方法。

使用高压或足够的压力以进入常压位置的传输方法，需要极其谨慎地对周围环境进行定期观察，以此来减少或避免氧化剂液体流到区域表面，例如，公用工程、湿地、地表水或附近的抽提井造成的短路、采光或浮于表面。正如下面所讨论的，这些位置应该被列入传输性能监测计划以对人类健康和环境进行保护。

评估目标处理区及地下相关区域的氧化剂分布和影响的监测计划通常和上文所述的基线条件监测有相似的组成（例如，待采样的介质、监测位置、待分析参数、分析频率，以及监测持续时间）。接下来对关键要素进行讨论，应该注意的是，以下提供的建议都是为了完善初始传输过程的监测计划。随着氧化剂传输的进行，以及监测数据的采集，需要根据新数据努力优化监测计划，使之变得必要且适当。例如，在已经观测到氧化剂目标水平出现的位置可能就不需要额外的氧化剂测量了。

活性氧化剂的传输性能监测更加复杂，因为监测必须包括活化剂或调节剂。有时传输性能监测和 pH 值监测一样简单，以确保为催化过氧化氢或活性过硫酸盐氧化分别提供适当的酸性或碱性条件。在其他场地，监测需要关注其他的化学参数，如铁，它是过氧化氢和过硫酸钠反应的催化剂。

2. 需要采样的介质和位置

在传输性能监测期间需要采样的介质（如地下水和土壤气相）包括那些确定在运行目标内的介质（见 12.2 节）。例如，地下水监测通常需要确定氧化剂分布的影响半径，并获得氧化剂持久性的相关信息。为获取臭氧裂解及影响半径的信息，可能要采集土壤气相。含水层固体样品采集的目的通常不是传输过程的评估，传统的原位化学氧化工程并不建议进行含水层固体采样。然而，如果含水层固体内核可以有效利用成本进行采集，它们能够提供外观的分析性证据以评估使用高锰酸盐的传输一致性。深紫色的高锰酸盐或深棕色的锰氧化剂造成的染色使得地表下的土壤变色，这为氧化剂传输提供了直观的证据。此外，我们能从含水层固体核心中采集样品进行孔隙水和固体的化学分析。在某些情况下，正如图 12.2 展示的，变色是不均匀的，这表明在看似均匀分布的砂层中存在优先途径。含水层固体核心能够帮助评估传输均匀性，以及是否需要额外的注入或一个不同的技术，以确保达到和关注污染物均匀接触的目的。

图12.2 为确定高锰酸盐的分布采集的含水层固体核心

（源自位于美国犹他州希尔空军基地的CH2M HILL项目）

氧化剂传输过程中的地下水监测通常应该包含能确定氧化剂和活化剂（如果使用）传输有效性的目标处理区的位置，以及能确定传输程度的目标处理区之外的位置。一些反梯度的位置也需要包括在监测范围之内，如果周围地下水地球化学的自然波动被认为完全不同，那么需要对它们进行监测，并筛选从目标处理区内采集的数据。例如，这些波动可能是由大型的降水事件造成的。了解进入目标处理区内的地下水水质对于评估传输有效性非常重要，替代物（如电导率或氧化还原电位）可被用于替代直接的氧化剂测量。对于某些场地，例如，那些最大氧化剂需要量较低、地下水水位较高，以及可能的下游受体（如低吸水体或地下水抽提井）的场地，需要在上游进行监测以确保没有不可接受的不利影响。

传输性能监测期间另一个要考虑的问题是，由于地下介质结构的不均匀性，注入的氧化剂溶液在目标处理区地下水内的横向和纵向分布通常是不均匀的。因此，有一个完全的、随径向和深度不同而不同的监测网络来获取氧化剂传输的不均匀程度是重要的。垂直嵌套的多层次取样井也可以用来提供一种监测氧化剂垂直分布情况的方法，像在注入过程后应用膜界面探针、直推采样一样。

正如上文提到的，地下注入过程可以是不规则的，尤其是在具有缺口的小阻力区域。该区域包括明显的基础设施，如市政管线、具有高渗透性回填土或管道基床的沟及一些不明显的优选途径。例如，表土包气带的干缩裂缝、先前调查的开放的或自然倒塌的钻井、路基断层或空洞（如石灰岩）。因此，工程团队需要了解场地地下情况，以及传输监测项目中的潜在途径。

3. 参数和分析方法

如表12.7所示为使用过氧化氢、高锰酸钾或高锰酸钠、过硫酸钠或臭氧的传输性能监测计划（参数和频率）的建议。表12.7关注地下水监测，因为地下水是主要关注的介质，仅起指导作用。在进行参数选择前需要仔细考虑场地特异性的条件，尤其是原位化学氧化项目采用的氧化剂，以及物理活化方法或化学活化方法。

现场分析方法可用于氧化剂传输监测过程中许多参数的分析。现场分析方法通常能快速分析结果，并使之接近实时结果，这使得更高频率的监测成为可能。适当的现场分析方法的选择取决于项目数据需求和数据质量目标。现场分析方法尤其适用于有积极计划希望在修复前完成数据目标的项目。

实时测量可以用来做出与传输相关的决策，例如，继续或停止特定位置的氧化剂注入。如果执行得当，现场分析方法的使用也能获得一定的成本效益。传输监测的目的，不像对关注污染物处理性能的监测（见12.5节），需要由被认证的实验室实施特定的方法，现场分析方法能够提供足够质量的数据。例如，氧化剂浓度的现场测试相对准确，可能实现数据质量目标以对氧化剂分布进行描述。一些现场分析方法是经美国环境保护署认证的，如果项目需要，它们可能满足更严格的数据质量目标。

现场测试方法的多样性持续增长。近年来，现场测试方法一个有益的发展是连续监测领域的实时、井下的数据记录功能。这种技术用于测量一些简单的参数，如电导率和温度，以及一些更加复杂的参数，如挥发性有机化合物及其颜色，都是可行的。数据记录方法很有吸引力，因为其能减少对传输监测的劳动力需求。劳动力通常是监测成本的主要部分，因此，在原位化学氧化工程期间，井下监测劳动力成本在初始投资中所占比例小，能够获得更积极的回报。

如表 12.7 所示，一些和传输相关的参数必须在实验室进行测定。原位化学氧化工程的分析方法通常符合传统的修复实践，并不太需要专业技术。在传输性能监测期间，使用远程、固定的实验室分析的主要顾虑是周转时间。通常，当注入施工企业出动时，快速地获取结果（贴近实时）以优化传输过程是非常重要的。通过记录随传输过程变化的地下情况，并提供一组准确的高质量数据，可能对传输活动的完成是有用的。

表 12.7　氧化剂传输性能监测期间的常规参数

参　数	过氧化氢	高锰酸钾或高锰酸钠	过硫酸钠	臭　氧	监测频率举例[a]
注入压力	FI	FI	FI	FI	连续不断监测
注入流速	FI	FI	FI	FI	连续不断监测
注入氧化剂浓度	C、FK	C、FS、V、FK	C、FK	C、FI、FK	在注入期间每日监测
地下水水位或测压水头	FI	FI	FI	FI	在注入期间每日监测（或用数据记录仪实时监测）
温度	FI		FI（热活化）	FI	在注入期间每日监测（或用数据记录仪实时监测）
颜色		V、DPT			在注入期间每日监测
pH值	FI、FK		FI、FK	FI、FK	在注入期间每日监测（或用数据记录仪实时监测）
溶解氧	FI、FK			FI、FK	在注入期间每日监测（或用数据记录仪实时监测）
氧化还原电位	FI	FI	FI	FI	在注入期间每日监测（或用数据记录仪实时监测）
电导率		DPT、FI	DPT、FI		在注入期间每日监测（或用数据记录仪实时监测），或注入后每日一次
碱度	L、FK			L、FK	在注入期间每日监测
氧化剂	FK	FS、V、FK	FK	FI、FK	在注入期间每日监测
铁盐	L、FK		L、FK		在注入期间每日监测
钠盐		L、FK	L、FK		在注入期间每日监测
硫酸盐			L、FK		在注入期间每日监测
示踪剂	L、FI	L、FI	L、FI	L、FI	在注入期间每日监测（或用数据记录仪实时监测）
包气带土壤气体（二氧化碳、氧气、挥发性有机化合物、臭氧）	FI			FI	在注入期间每日监测

注：C—计算的，DPT—直推探针法（用于挥发性有机化合物的膜界面探针，用于测定电导率的电导探针），FI—野外作业仪器（如米尺、测量仪、温度计），FK—现场设备（如比色计、色轮、试纸），FS—分光光度计，L—实验室分析。

[a]根据场地和氧化剂的不同确定实际监测频率，或者作为监管要求的一部分进行协商，可能包括延长监测时间以适应长期的再平衡环境。

4. 采样方法

在氧化剂传输性能监测期间选用的采样方法与在场地特征描述（见 10.4 节和表 10.3、表 10.4）、基线条件监测（见 12.3.2 节）期间应用的采样方法本质上是一致的，读者可以参考这些章节对本话题进行讨论。

5. 监测频率和持续时间

氧化剂传输性能监测期间的数据采集频率在很大程度上取决于氧化剂、注入设计和具有场地特异性的条件。氧化剂传输期间的监测通常比处理性能监测（见 12.5 节）更加频繁，并且它的频率范围从用数据记录进行持续监测到每日一次再到每周一次对某些特定参数进行采样和分析。在传输系统运行、氧化剂留存在地下期间，传输性能监测通常要持续。例如，对于一个长期臭氧化工程，主要的监测可能按每周一次至每月一次的频率进行。同样，在使用氧化剂分布监测的示踪剂时，理解氧化剂分布和注入液分布之间的区别也是很重要的。由于地下的化学反应，氧化剂可能不会像注入的本体溶液或惰性的（不反应的）副产品一样快速移动，因此在确定测量频率时需要考虑这个因素。

从原位化学氧化试剂传输建模或中试可以估计监测频率和持续时间。监测频率的估计通常只适用于最初的监测。随着数据的采集，监测频率需要以满足数据质量为目标进行调整（例如，减小监测频率以避免采集不必要的数据，或者增大监测频率以避免错过重要时间点）。调整监测频率的能力应该被纳入初始采样计划中。正如之前讨论的，氧化剂传输期间更频繁的数据采集对于优化传输运行是非常重要的。然而，一旦达到传输目标，因为项目进入处理性能监测阶段，监测频率就可以大幅度减小。在不考虑场地特异性选择的情况下，通常在氧化剂注入系统被分解时，采集一个完整的测量数据并记录最后的氧化剂分布是明智的。

12.5 处理性能的监测

12.5.1 目的和范围

原位化学氧化会受到相对缓慢的地下水文地质及污染物分布相平衡过程的强烈影响。因此，尽管原位化学氧化污染物破坏反应速率快，但原位化学氧化应用的再平衡结果通常不会立即显现。由此可见，性能监测项目中的处理有效性监测通常在氧化剂传输目标实现之后启动，目的是确定在原位化学氧化设计阶段建立的特定原位化学氧化处理目标是否已经实现。处理性能监测通常执行以实现以下一个或多个目标：

- 测量原位化学氧化处理目标的进展和成果（如源质量移除的程度或源质量流量的减少）；
- 评估目标处理区内再污染和 / 或反弹的性质和发生概率；
- 评估原位化学氧化运行造成的含水层固体和水质条件的变化；
- 监测条件以帮助确定是否需要额外的原位化学氧化应用，或使用另一种处理技术。

监测实现原位化学氧化处理目标的进展通常是处理性能监测工作的主要目的。原位化学氧化处理目标通常包括以下几点［在第 9 章（见 9.3 节）及第 10 章（见 10.6 节）进行了详细的讨论]：

- 污染物质量和 / 或质量流量减少；
- 在特定阶段的数值标准（土壤气体、地下水或含水层固体）；
- 可见非水相液体的移除；
- 实现基于风险确定的浓度目标。

处理性能监测设计通常包括原位化学氧化对目标处理区内的关注污染物质量的影响评估，这是一个特定的原位化学氧化处理目标。因为原位化学氧化是一种最常用的污染物质量减少技术，而评估质量受到的影响通常能表明原位化学氧化处理技术的有效性。在那些把污染物流量质量减少作为原位化学氧化处理目标的场地，理解目标处理区内关注污染物质量的减少与目标处理区外污染物质量流量的减少之间的关系变得非常重要。在许多场地，这个关系并不是线性的，可能需要大量的污染物质量减少才能减少污染物质量流量而满足相关的原位化学氧化处理目标。关于这个重要问题，可以参考第 10 章（见 10.4.2 节）获取更多信息。

根据利益相关方、其他涉及该项目的团队及场地特异性的考虑，处理性能监测计划的目标可能还包括监测原位化学氧化对地下条件的影响。正如 12.2 节所讨论的，原位化学氧化可能引起地球化学条件、微生物种群和其他场地条件的变化。

此外，原位化学氧化通常作为联合修复技术的一部分，和其他修复技术一起使用，例如，强化原位生物修复或监测自然衰减，可能遵循原位化学氧化的应用（见第 7 章）。在这些情况下，原位化学氧化处理性能监测计划的目标之一就是建立一个能进行后续修复的基线条件。因此，除了那些指定的参数，微生物分析等可能也需要包括在原位化学氧化处理性能监测计划中。

12.5.2　方式与方法

1. 处理性能监测方式

应该完善对处理性能进行评估的监测计划，并允许基于初步观察和测量对监测计划进行修改。随着处理性能监测的进行，新数据不断被收集和解读，可以基于此努力优化监测计划。例如，如果氧化剂反应时最初的测量值可以忽略不计，那么可能不需要进行金属的测量。因此，在核查处理性能监测结果之后，处理性能监测计划需要一个动态组件让项目涉及人员进行实时优化。它能调整监测参数、位置、频率和持续时间至合适的值以获取必要的数据，实现数据目标。由于与原位化学氧化应用相关的短暂的持续时间和快速的地下反应，一个灵活的处理性能监测计划对有效、准确地评估原位化学氧化处理性能，以及使现场投资和分析资源的价值最大化是至关重要的。

2. 需要采样的介质和位置

处理性能监测期间需要采样的介质包括以处理为目标的介质和原位化学氧化处理目标关注的介质。例如，如果源区域以污染物质量减少为处理目标，那么含水层固体（包括非水相液体，如果存在）和地下水的采样对于质量评估是很重要的。如果源区域以关注污染物质量流量减少为处理目标，那么对垂直于原位化学氧化目标处理区的地下水水流下游的监测可能就是必要的。

正如第 11 章（见 11.4 节）及上文讨论的，氧化剂传输和原位化学氧化反应会影响污染物的水平及空间分布。因此，对所有可能受到影响的介质进行监测是很重要的，这样才能将进行原位化学氧化后的条件和基线条件进行比较。例如，在那些使用过氧化氢和臭氧的场地，应该对土壤气相进行监测以评估变化；在那些气相迁移和侵蚀的场地，这种监测尤为重要。如果存在非水相液体，在处理性能监测期间是否需要对它进行采样取决于原位化学氧化的处理目标（例如，非水相液体中某些特定的高风险成分的破坏及完整的处理或生物地球化学稳定化）。同样地，如果一个场地含有具有潜在移动性的非水相液体，那么监测重点在于确认非水相液体是否发生迁移。

地下水监测通常包括确定关注污染物环境流入量的目标处理区反梯度位置、评估原位化学氧化处理有效的目标处理区内的位置、进行处理性能评估或水质刻画（例如，如果能预计氧化剂或副产品的顺梯度迁移；或者如果质量流量评估能作为处理终止的标准）的目标处理区顺梯度位置。在解释反弹／再污染特征时，对于评估处理有效性而言，监测反梯度地下水是重要的。如果基线条件监测显示流入目标处理区的地下水流量显著变化，那么应该在上游监测流入水流的水质，并将其作为污染物削减的期望上限。在目标处理区内的采样在估算污染物处理有效性时相对简单。正如在 12.4.2 节第 2 部分讨论的，设计以污染物质量流量减少或评估对周围地下水的影响为目标的工程通常需要对上游水流进行监测。

监测网络中适当的监测点数量和间距取决于具有场地特异性的处理目标及监管要求。设计的监测网络应能实现各种运行监测的数据目标（如传输效率）及处理效率（如处理性能）的论证。举个例子，在目标处理区内及其周围应该安置足够数量的监测井，这样能展示所有靠近注入位置区域的污染物处理效率及预期能达到的最大氧化剂影响半径。统计方法常用来评估进行原位化学氧化之后达到再平衡条件的场地，但需要足够的采样位置以进行有效的分析。

一般来说，在注入点监测原位化学氧化的处理性能并不合适。由于更高浓度氧化剂的存在，注入井内目标关注污染物的浓度通常比在地层中污染物的浓度要低。这种测量值并不能代表原位化学氧化处理后的条件，仅用于一般的进度监测（如氧化剂持久性和降解速率）。然而，如果在氧化剂消耗后有足够的时间让水文地质条件达到再平衡，在注入点进行监测可能是有用的。临时用于直推探针技术的井是一种用于原位化学氧化处理后进行处理性能扩大监测的廉价方法。

3. 参数和分析方法

处理性能监测参数的选择取决于使用的氧化剂和确定的处理目标。表 12.8 包括使用过氧化氢、高锰酸钾或高锰酸钠、过硫酸钠或臭氧时的处理性能监测（参数和频率），仅作为常规指导。表 12.8 假设地下水为关注的主要介质，仅以特定的频率为例。在选择监测参数前应对具有场地特异性的考虑进行仔细评估，尤其是对于那些使用特定原位化学氧化方法，或者在有非典型的或非常严格的原位化学氧化处理目标的场地。

表 12.8　原位化学氧化处理性能监测期间的常规参数

参　　数	过氧化氢	高锰酸钾或高锰酸钠	过硫酸钠	臭　氧	监测频率举例[a]
地下水水位或测压水头	FI	FI	FI	FI	若被认定有意义可以定期监测
温度	FI	FI	FI	FI	若被认定有意义可以定期监测
颜色	肉眼观察	肉眼观察、DPT			若被认定有意义可以定期监测
pH值	FI、FK	FI、FK	FI、FK	FI、FK	每周至每月一次
溶解氧	FI、FK			FI、FK	每周至每月一次
氧化还原电位	FI	FI	FI	FI	每周至每月一次
电导率		DPT、FI	DPT、FI		每周至每月一次
碱度	L、FK			L、FK	每周至每月一次
氧化剂	FK	FSFS、肉眼观察、FK	FK	FI、FK	每周至每月一次
硫酸盐			L、FK		每周至每月一次
锰盐		L、FK			每季度第一个月
氯化物	L、FI、FK	L、FI、FK	L、FI、FK	L、FI、FK	每月一次或者在处理性能监测结束时
关注污染物（地下水）	DPT、L、FI、FK	DPT、L、FI、FK	DPT、L、FI、FK	DPT、L、FI、FK	每月一次或者在处理性能监测结束时
关注污染物（含水层固体，也包括包气带气体）	DPT、L、FI、FK	DPT、L、FI、FK	DPT、L、FI、FK	DPT、L、FI、FK	进行原位化学氧化之后，在氧化剂消耗完之后的任何时间
具有场地特异性的、易发生氧化还原反应的金属	L、FK	L、FK	L、FK	L、FK	在处理性能监测结束时
非液体（如硝酸、二氧化碳）的地球化学指标[b]	L、FK	L、FK	L、FK	L、FK	在处理性能监测结束时
微生物参数（如生物量、脱氧核糖核酸）[b]	L	L	L	L	在处理性能监测结束时

注：C—计算的，DNA—脱氧核糖核酸，DPT—应用直推探针技术的传感器（例如，用于挥发性有机化合物的膜界面探针，用于测定电导率的电导探针），FI—野外作业仪器（如米尺、测量仪、温度计），FK—现场设备（如比色计、色轮、试纸），FS—分光光度计，L—实验室分析，V—肉眼观察。

[a]根据场地和氧化剂的不同确定实际监测频率，或者作为监管要求的一部分进行协商。这可能包括延长监测时间以适应长期的再平衡环境。

[b]适用于利用生物组分联合方法的系统。

4. 采样方法

氧化剂传输监测期间采用的采样方法和场地刻画（见 10.4 节和表 10.3、表 10.4）期间采用的采样方法本质上是一致的，并且可用于原位化学氧化性能监测项目的其他部分（如基线条件监测、氧化剂传输监测）。然而，数据采样方法要仔细地从数据质量目标和成本效益两个方面考虑。数据采样方法包括从专用井的简单采样，到直推探针连续含水层固体采样，或者到使用井下传感器进行挥发性有机化合物监测的实时连续数据记录。数据采样方法的选择通常基于特定的场地条件，因此在这里没有提供额外的选择指南。

实时测量技术的使用，例如，应用直推探针技术（如用于评估挥发性有机化合物分布的膜界面探针），以及井下原位传感器都极大地提高了原位化学氧化处理性能监测的能力。将直推探针技术应用于监测时，需要进行仔细的规划，因为探测钻孔的随便遗弃会造成在未来氧化剂注入期间出现不受控且不希望的氧化剂迁移的优先途径。

5. 监测频率和持续时间

处理性能监测通常不像氧化剂传输性能监测那样频繁进行，但这种区别取决于氧化剂的长效性、再平衡的时间、具有场地特异性的水文地质条件，以及原位化学氧化副产品（如易发生氧化还原反应的金属）的常规监测要求。除了 12.4.2 节第 5 部分讨论的因素，数据采样频率和处理性能监测的持续时间通常是关于监测计划目标、氧化剂在地下的持久性及通过目标处理区的地下水流速的函数。

由于原位化学氧化是更积极、更快速的原位修复技术之一，只要目标处理区内及周围的地下状况有足够的时间来完成再平衡，那么对原位化学氧化处理性能监测通常可以通过监测场地的单个采样、分析来完成。然而，如果试图评估趋势或长期效应，例如，再污染、污染物回落、金属的持久性、地球化学条件的影响或原位化学氧化处理后的生物活性，进行复合监测才是有效的。

在氧化剂传输停止之后马上开始测量现场参数（如 pH 值、电导率、溶解氧、氧化还原电位、温度）和氧化剂浓度，以追踪其在含水层中的迁移情况和地球化学条件的改变。实际上，这只是传输性能监测阶段使用的一些相关参数的简单延续。然而，当地下氧化剂已经耗尽且有充足的时间使地下条件恢复到再平衡状态时，通常最适合监测污染物变化。在氧化剂需要量低的场地使用了大剂量高锰酸盐或过硫酸盐的原位化学氧化工程，氧化剂持续存在一段时间是常见的。在这些情况下，不太可能等着开始处理性能监测。实际上，在这些情况下，氧化剂的存在可能是长期条件的一部分，并且当氧化反应仍在目标处理区内及周围发生时开始监测可能是必要的。这样，就需要可供选择的监测程序，例如，用含水层固体样品代替地下水样品的使用。如果污染物具有低水溶性，那么这么做是可行的。

评估处理性能监测持续时间的可行方法是，参数在基线条件监测的可变范围内稳定之前持续监测。图 12.3 阐明了监测场地三氯乙烯浓度变化。图 12.3 显示了三氯乙烯的基线浓度变化范围为 1700～20000μg/L，变化幅度超过一个数量级。在原位化学氧化工程使用高锰酸盐后，在强氧化反应过程中，三氯乙烯的浓度减小到 10μg/L 以下。当高锰酸盐的氧化反应完成时（2003 年 7 月），三氯乙烯的浓度回升到 300～1700μg/L 需要大概 16 个月。在此期间监测的三氯乙烯浓度变化和基线条件监测的浓度变化相似，因此，16 个月的原位化学氧化后处理性能监测数据表明再平衡已经达到，这样就能终止处理性能监测。

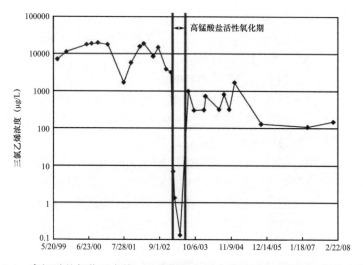

图12.3　高锰酸盐氧化反应前、反应期间和反应后地下水中三氯乙烯的浓度变化

　　这种方法的监测持续时间（以参数稳定为基础）具有高度的场地特异性，并且不同场地之间的差异极大，因此建议工程团队以具有场地特异性的数据为基础完善场地特有的处理性能监测指南。具有场地特异性的数据可能来自中试、先前的地下处理项目或数学建模。

　　出于实际原因，某些原位化学氧化工程需要在一个固定的时间段内进行原位化学氧化处理性能监测。由于某些场地达到稳态再平衡状态需要极长的时间，因此确定进行处理性能监测的持续时间是有必要的。美国部分国家法规确定了在场地关闭之前进行处理性能监测的最短时间，这能够帮助确定原位化学氧化处理性能监测持续时间。美国州际技术和监管委员会（ITRC）规定，在原位化学氧化处理完成后至少需要一年时间的监测以确保不会发生回落、确定处理有效性，并评估饱和含水层固体及水相中是否达到预期的氧化及解吸程度（ITRC, 2005）。

　　原位化学氧化处理性能监测计划的设计应该考虑到现场可能存在或可能遇到的潜在动态状况，最常见的是平均、优选的地下水流速的计算。液压再平衡后反梯度流动的地下水立即回流到目标处理区是很常见的。如果反梯度流动的地下水相对是不受污染的，那么性能评估可能就不会受到影响，在目标处理区内测量的浓度仍能代表原位化学氧化的处理性能状况。然而，如果反梯度流动的地下水含有一定污染水平的关注污染物，则目标处理区内的含水层固体和地下水存在再污染的风险。在这种情况下，了解进入目标处理区的地下水流速和质量并规定一个时间限制，超出这个时间后目标处理区内采样的监测数据可能会受到流入污染物的影响。这往往成为中试的一个重大问题，因为中试通常处理的是一大片受污染区域中的一小段而非整个区域。

12.5.3　数据评价

　　对处理性能进行监测的最终目的是收集数据，以确定达到原位化学氧化处理目标的进展和完成程度。为支持对达到处理目标的评价，对监测数据的解释需要满足以下几个重要事项。

1. 含水层再平衡评价

大多原位化学氧化注入方法会通过物理和化学过程对地下含水层状态造成干扰。钻井、地下水抽提、用注入液体替代地下水及加压注入过程、氧化反应后的沉积物（如锰氧化物）都会造成物理性干扰。氧化反应、使用氧化剂或活化剂、用表面活性剂进行 pH 值调节、氧化还原反应都会造成化学性干扰。在某些场地，低浓度氧化剂流体的大量孔隙体积被传递到目标处理区内；在其他情况下，高浓度氧化剂的注入体积只是目标处理区孔隙体积的一小部分。无论哪种情况，在对数据进行分析时对这些干扰进行解释说明都是有必要的。初始数据评价要确保液压再平衡（如水位回升）已经发生。液压再平衡之后，关注点转移到化学再平衡上。一般来说，由于地下水流量和具有不同渗透率的含水层固体（例如，移动的和固定的地下区域）造成的化学分区的速率缓慢，化学稳定过程也较缓慢。化学再平衡通常需要比液压再平衡更长的时间。

水位、现场水质参数的监测（如电导率、pH 值、溶解氧、氧化还原电位、温度）及示踪剂测量可用于理解迁移／稀释的效果。氧化剂溶液中的示踪剂，如钾／钠或添加的其他物质（如溴化物）都能用来评估稀释效果和再平衡状况。基线条件监测数据应该和随着时间推移的目标处理区内的测量结果进行比较，以评估氧化剂反应完成之后的再平衡状况。当目标处理区内的测量结果下降到基线条件监测确定的可变范围之内时，即认为再平衡已经完成。在大多数情况下，目标处理区内的地球化学条件最终会恢复到基线水平。其他场地的原位化学氧化效果可能需要更长时间达到再平衡。在这些达到再平衡更慢的场地中，原位化学氧化的效果可能表现得更加持久，并且需要另一种再平衡终点。在观察到某些条件（如 pH 值、氧化还原电位或其他参数）并没有恢复到背景值后，就可能涉及与相关利益方的讨论和谈判。第 10 章对可供选择的原位化学氧化处理终点进行了讨论。

2. 回落和再污染

由于残留非水相液体扩散或氧化剂注入期间低渗透性层中的溶解性关注污染物没有接触氧化剂或没有被完全处理，因此在修复性能评估中对目标处理区内污染物回落进行关注是必要的。现场实践（见第 8 章）表明，回落已经在原位化学氧化场地上发生，所以处理性能监测计划应该意识到污染物回落到某种程度的可能性。

一般来说，应用原位化学氧化处理，会导致目标处理区内的污染物质量显著减少。由于原位化学氧化通常被视为一种污染物质量减少技术，这种突然的变化在含有相当数量污染物质量阶段通常是最好监测的（见 12.5.2 节）。因为这些反应是不可逆的，所以质量的改变是永久性的。然而，在某些场地对地下水的长期监测表明，在进行原位化学氧化处理后水溶液浓度立即显著下降，但随着时间的推移又会逐渐升高。

这种现象统称为"回落"，尽管它是再平衡（技术上称为"回落"）和再污染的结合。当目标处理区内的污染物进入未被处理的含水层固体或非水相地下水中时，"回落"就会发生。氧化剂分布，或者对于存在的污染物使用氧化剂不足导致污染物未与足量的氧化剂接触，就会造成"回落"。当目标处理区外的污染物向内迁移时，先前处理完的地下水会发生再污染。虽然结果是一样的，但是造成这种结果的现象各不相同。那些企图在污染物迁移范围内确定原位化学氧化目标处理区的场地，或者那些未能描绘目标处理区内所有重要污染物质量的场地都会发生再污染。

无论如何，要证明在最终采样和处理性能确定之前需要足够的时间进行原位化学氧化后反应（例如，在氧化剂完全消耗之后）使含水层达到再平衡，回落评估过程是至关重要的。这几种方法能够用来确定原位化学氧化后监测的持续时间。无论选择哪种方法，根据监管要求和场地所有者的处理目标都可能需要进行特定的协商。

可以使用数学建模评价回落评估程序，如监测频率和持续时间（见第 6 章）。数学建模通常在原位化学氧化技术的设计和评价阶段使用。在某些情况下，复杂的数学模型被用来评价源区处理方法（例如，原位化学氧化和物理包裹）应用之后回落和再扩散的效果（Mundle et al., 2007; Chapman and Parker, 2005）。然而，这些数学模型仅适用于研究和教育，它们并没有被原位化学氧化实践者广泛应用。因此，这些文献只能作为一般指南，而数学建模只能用于有复杂的重质非水相液体的场地，如那些潜在收益大于成本的场地。

因为使用数学模型模拟来评估再平衡的时间线是复杂、不确定、昂贵的，所以许多工程选择采集多组原位化学氧化后的地下水样本，并使用这些样本的数据来判断含水层的稳定性和再平衡状况。使用地下水监测阶段的参数稳定化标准作为一般的经验法则，3 个动态监测点之间的现场参数和关注污染物浓度小于 10% 的变化幅度证明达到再平衡（美国环境保护署，1996）。另外，当在某个监测点测量的地球化学参数和平均基线条件相比位于 95% 置信区间时，再平衡被认定为已经发生。最后，正如前面讨论的，达到完全的再平衡所需的时间取决于对流与关注污染物解吸的速率、再扩散，以及发生在特定岩性、水文地质、地球化学环境中的扩散过程。

3. 对现场条件变化的考虑

数据评价可以通过原位化学氧化工程期间和处理性能监测期间地下条件的变化来完成。会造成目标处理区内地下条件显著变化的活动包括暴雨时间、周围地下水的抽水作业的改变、漏水的公共事业设备，如水管和下水道、设施的建设 / 拆除。即使地表活动，例如，之前的地面用沥青铺路也会对目标处理区的地下条件造成巨大的影响。在理想情况下，原位化学氧化处理要在这些活动发生之前或之后进行，然而，一些活动是不可预防或不可预见的。因此，需要认真看待基线条件监测数据的价值，因为其取决于场地条件的一致性。如果地下条件发生了显著变化，那么可能需要收集额外的基线条件数据，或者进行侧边梯度数据的再评估，并将其作为比较点，这是非常必要的。

4. 统计方法

多种数据统计方法可用于评价现场条件的变化（Gilbert, 1987; Helsel and Hirsch, 2002）。虽然统计方法可能不是必需的，但是对有以下数据解释需求的场地来说它们是有用的。

- 分析一个巨大、多层、异质的目标处理区产生的大型数据集。
- 生成空间上的平均化学浓度和置信上限（UCLs）。
- 测试关注污染物浓度变化的统计意义。
- 对时间序列浓度测量的趋势进行分析，以评估再平衡或处理有效性。
- 评估污染物质量和质量流量的减少。

统计方法具有独特的能力，能够客观地分析简单或复杂的数据集，如果应用得当，能够产生在统计上有效的、合法可靠的结果。

地理空间技术，如三维克里格法可作为一种非常有用的工具来协助评估预处理前后关注污染物浓度、质量水平和地下水质量流量。地理空间技术非常先进，一般需要进行高级的用户培训，这也是大多数统计分析所需要的。地理空间"模型"的设置要能够代表目标处理区，并且需要设置适当的边界条件来限制统计分析。对于有复杂水文地质条件的场地，这是一项复杂的工作。如果必要，需要建立多个模拟区域以保证现场条件的真实性。对模型进行简化的假设应仔细审查，以确保模型的适用性。

应该注意的是，包括场地监管员在内的决策者在选择和应用统计方法时要谨慎。这是因为原位化学氧化工程的缺省可能满足目标处理区内每个点的处理目标（关注污染物的目标浓度）。在这种情况下，监测结果和处理目标的简单比较可能是解释数据需要的全部。对于其他认定原位化学氧化修复并不能达到整个目标处理区内统一处理有效性的情况，可能要提供一种统计学方法进行有效的比较（例如，将原位化学氧化处理后的污染物平均浓度的95%的置信上限和处理目标进行比较）。

然而，需要关注的是，在分析时必须使用一个统计学上有效的数据集，这意味着必须基于选择的统计数据评估方法设计监测计划。要产生有意义的统计结果，必须在足够多的监测点及时采集足够多位置的样本，这在有限预算的环境修复场地是具有挑战性的。例如，由于采集和分析含水层固体样品的费用极高，采集到的含水层固体化学数据不足以进行统计分析，而地下水数据通常是可用的，并且经得起统计分析的检验。

12.6 总结

一个设计得当、能够实施的处理性能监测项目对于正确记录原位化学氧化执行情况，以及提供如何提高未来应用的反馈方案是至关重要的。附录E中给出了处理性能监测项目的案例。确定基线条件、氧化剂传输及处理性能监测数据的目标是确保运行目标和处理目标能够被测量并评估。处理性能监测项目应该帮助实现原位化学氧化系统成功运行，因此，它必须设计采集必要的数据并适应项目的局限性，如时间表、场地限制和预算。处理性能监测数据同样可用于优化氧化剂传输过程，并确保在面对不确定的地下响应时能够满足性能要求。处理性能监测项目必须灵活、适应性强，并且能够密切关注可能会混淆数据分析的各种条件。原位化学氧化工程团队使用了各种样品采集技术、参数测量及数据分析工具，挑战在于如何选择最合适的技术来满足具有场地特异性的数据目标、减少冗余，并保证在项目预算和时间表的限制范围内完成。

参考文献

ASTM (American Society for Testing and Materials). 2008. Standard Practice for Assessment of Vapor Intrusion into Structures on Property Involved in Real Estate Transactions. E2600-08. ASTM International, West Conshohocken, PA, USA, 56.

Chapman SW, Parker BL. 2005. Plume persistence due to aquitard back diffusion following dense nonaqueous phase liquid source removal or isolation. Water Resour Res 41:W12411, DOI:10.1029/2005WR004224.

DoD (U.S. Department of Defense). 2008. Tri-Services Handbook for the Assessment of the Vapor intrusion

Pathway. Rev 4.0, Draft Final. U.S. Air Force, U.S. Navy, and U.S. Army, 15 February.

Gilbert RO. 1987. Statistical Methods for Environmental Pollution Monitoring. John Wiley nd Sons, Inc., New York, NY, USA, 320.

Helsel DR, Hirsch RM. 2002. Statistical Methods in Water Resources. Chapter A3, Book 4, Hydrologic Analysis and Interpretation. United States Geological Survey (USGS), September, 522.

IDQTF (Intergovernmental Data Quality Task Force). 2005. Uniform Federal Policy for Quality Assurance Project Plans——Evaluating, Assessing, and Documenting Environmental Data Collection and Use Programs, Part 1: UFP-QAPP Manual. EPA 505-B-04-900A. DTIC ADA 427785, Final Version 1.

ITRC (Interstate Technology and Regulatory Council). 2005. Technical and Regulatory Guidance for In Situ Chemical Oxidation of Contaminated Soil and Groundwater, 2nd ed (ISCO-2). Prepared by the ITRC In Situ Chemical Oxidation Team, Washington, DC, USA.

ITRC. 2007. Vapor Intrusion Pathway: A Practical Guideline. Prepared by the ITRC Vapor Intrusion Team, Washington, DC, USA, January.

Mundle K, Reynolds DA, West MR, Kueper BH. 2007. Concentration rebound following in situ chemical oxidation in fractured clay. Ground Water 45:692–702.

Oesterreich RC, Siegrist RL. 2009. Quantifying volatile organic compounds in porous media: Effects of sampling method attributes, contaminant characteristics and environmental conditions. Environ Sci Technol 43:2891–2898.

Payne FC, Quinnan JA, Potter ST. 2008. Remediation Hydraulics. Taylor & Francis Group, LLC, Boca Raton, FL, USA, 432.

USEPA (U.S. Environmental Protection Agency). 1996. Low Stress (Low Flow) Purging and Sampling Procedures for the Collection of Ground Water Samples from Monitoring Wells. Revision 2. USEPA Region I. SOP#GW-0001, July 30.

USEPA. 2008. Brownfields Technology Primer: Vapor Intrusion Considerations for Redevelopment. EPA 542-R-08-001. USEPA Office of Solid Waste and Emergency Response Brownfields and Land Revitalization Technology Support Center, Washington, DC, USA, March.

项目成本和可持续发展方面的考虑

Thomas J. Simpkin[1], Friedrich J. Krembs[2] and Michael C. Marley[3]

[1] CH2M HILL, Englewood, CO 80112, USA;
[2] Aquifer Solutions, Inc., Evergreen, CO 80439,USA;
[3] XDD, Stratham, NH 03885, USA.

范围

本章主要包含原位化学氧化（ISCO）系统的成本估算方式和关键组成，以及修复程序的可持续性研究。

核心概念

- 成本估算可以有多种方式和细化等级，不同成本估算方式和细化等级决定了估算的精度。理解成本估算方式和相关的不确定性是原位化学氧化系统实现有效修复的必要环节。

- 原位化学氧化系统的成本估算主要包括专业性劳务、基本建设成本、运营和维护（O&M）费用、后期修复成本等方面。理解并掌握成本估算中的这些组成非常重要。原位化学氧化系统的基本建设成本包括打井和其他所有基础设施的建设费用。当修复工程持续时间较短时，化学氧化剂的费用可计入基本建设成本；反之，则计入运营和维护费用。

- 基于历史数据（见第8章），原位化学氧化系统的成本在数据库中的中位值为220000美元，每立方米的成本中位值是123美元。由于数据库中的数据与实际成本组成并不总是保持一致，因此应谨慎使用这些数据。

- 以假设的场地为例（见13.4节），间接基本建设成本、津贴和涨价约占基本建设成本的50%。本案例中使用了注入井，钻井成本和注入成本分别占总成本的16%和62%，这两者都包含了劳务费和化学氧化剂的费用。其余的成本包括监测费用、报告费用和项目场地结束运营的费用。

- 增强修复项目的可持续性和环保性使人们获益。一个项目的可持续性评价包含诸多因素，如温室气体排放、能源消耗、降低人体健康风险、资源的回收利用、项目运营中的死亡率、实施补救措施时的其他伤害等。

13.1 引言

修复技术的成本是决定其可行性的关键因素。更具体地说，一种技术的成本及其提供的效益与其他方法相比，通常会成为其被选择和最终实施的决定性因素。特定技术或方法的成本和效益需要根据不同的场地进行评估。本章对成本估算方法进行讨论，提供构成原位化学氧化成本的主要信息，并介绍一个假想场地的成本案例。

除了项目有效性的传统测量、可行性及成本，选择修复技术还要考虑它的可持续性。可持续性修复，又称"绿色"修复，能够从许多方面进行定义，但是美国环境保护署（USEPA）将其定义为，"考虑修复实施造成的所有环境影响，并多技术结合使清洁行动的净环境效益最大化。"（USEPA, 2008）。同样地，本章列出了关于原位化学氧化修复的可持续性评价的相关问题。

13.2 成本估算方法

13.2.1 成本估算等级划分和细节水平

成本估算可以用不同的的方法从不同的细节水平进行准备。本节对成本评估分类（水平）进行概述，对准备评估时可能使用的方法进行讨论。

美国国际工程造价促进会（AACEI，前身为美国工程造价工程师协会）已经将成本估算分成五大类（AACEI, 1997）。用于发展成本估算的方法和程序不同，评估等级分类也不同。图 13.1 阐明了建设成本估算的分类及精度范围。

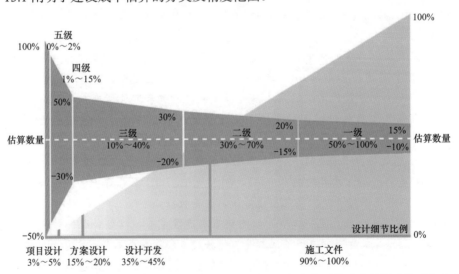

图13.1 建设成本估算的分类及精度范围（以美国工程造价国际协会描述的成本估算分类系统为基础）

图 13.1 底端是五级估算，其通常是概念、筛选或可行性成本估算。五级估算通常用于多种修复方案的比价，并且需要准备有限的信息，甚至是待处理的单位面积的历史成本（在使用历史成本时需要非常仔细）。五级估算通常精确到 −50% ～ 100%。在图 13.1 的另

一端是一级估算，这是"出价—投标"的估算方法，它以细节性的设计和投标文件为基础。一级估算根据细节（例如，从图纸中估算管道数量），以及设备供应商或销售商提供的单价报表进行估算。一级估算通常精确到 -10% ～ 15%。

在修复工程中更常见的可能是三级估算或四级估算。四级估算是以设计前或概念性设计为基础的可行性研究估算，例如，用于可行性研究的设计。四级估算的精确水平为 -30% ～ 50%。三级估算是以半详细的设计信息为基础进行的预算级估算。三级估算以设备供应商或销售商的报价（不具约束力的估计）为基础，但不包括详细的设备消耗，其通常精确到 -20% ～ 30%。二级估算或三级估算可能被认为是"工程师估算"，其通常是以工程师准备的详细设计为基础进行估算的。

一个成本估算的程序很大程度上是一个关于预期成本估算、可用信息、时间和预算等级的函数。美国环境保护署在可行性研究期间颁布的《开发和记录成本估算指南》（USEPA，2000）是一份很好的指导文件，在进行成本估算前应该仔细研读。下文是对可使用的成本估算方法的简单讨论。

13.2.2 成本估算方法概述

1.历史和参数成本估算

历史和参数成本估算是以历史（以前项目的）成本或成本曲线为基础进行的。尽管成本曲线可用于许多水处理技术，但对于原位化学氧化技术而言目前它们并不适用，所以这不能作为一种选择。第8章和Krembs（2008）展示了一些关于历史成本的信息。过去，单位体积的土壤处理成本为几美元，并且被假定成线性关系来评估给定场地的成本。然而，出于一些原因，这些单位体积的成本估算可能是不准确的。此外，总成本和待处理的土壤体积不可能成线性关系，因为部分成本是固定的（无论待处理的土壤体积为多大），如工程设计费用和津贴。

类似的场地成本也能被使用，并且使用以下的"0.6 次方法则"可以扩大规模：

$$\frac{\text{Cost}_2}{\text{Cost}_1} = \left[\frac{\text{Size}_2}{\text{Size}_1}\right]^{0.6}$$

这个比例因子通常用于废水处理设施和其他工业系统（Remer and Chai, 1990）。通常，Size 是指处理系统的面积大小或能力强弱。这个等式可能并不适用于比典型的异位处理系统拥有更少设备的原位处理系统。

2.以电子报表为基础的成本估算

电子报表通常被用来准备五级、四级或三级估算（可能还有二级估算和一级估算）。13.4 节提供了一个进行四级估算的电子报表的案例。这些电子报表可能包括不同层次的细节，其取决于估算的预期等级。三级估算或者更高等级的估算，需要用到设备供应商或销售商提供的报价。在这种形式的应用中，它们可以被看作详细的估算。对于五级估算或四级估算，需要用到项目的历史单位体积成本（如钻井）。

对于五级估算来说，电子报表不需要过于复杂，并且它倾向于使用历史单位体积成本进行估算。只要使用到的数据是准确的，以电子报表为基础的成本估算应该更具有场地特异性，并且更加精确。

3.修复成本估算软件

成本估算软件可用来协助五级估算或四级估算的进行。估算软件程序有由美国陆军工兵部队使用的微型计算机辅助工程造价系统（MCACES）、修复行动工程造价和需求（RACER）系统。修复行动工程造价和需求系统是一个环境成本估算系统，最初由美国空军研发，其不包含估算原位化学氧化模块。

大多数工程师咨询公司及建筑承包商使用成本估算软件进行二级估算或一级估算。成本估算软件估算各种建设活动的土建工程类型（如土壤挖掘）对设备和劳动力的需求。然而，它们不太可能有能力估算原位修复技术成本，因为它们并没有适当的模块来估算劳动力、化学品，以及钻井和注入设备的成本。因此，在成本估算过程中经常需要手动输入成本数据。这个数据应该包括设备供应商或销售商提供的报价，或者对特定活动和设备进行二级估算、一级估算的投标出价（如钻井和化学品）。

13.3　主要成本构成

为了解原位化学氧化的经济性，特别是和其他修复技术进行比较，了解总项目成本的主要组成是重要的。出于这个目的，成本被分为：①专业服务成本（包括工程管理、设计刻画、实验室实验、中试、施工管理）；②建设成本（通常包括分包商费用和消耗品费用）；③运营和维护（O&M）成本（通常定义为注入后的活动）；④修复后关闭场地的成本。化学氧化剂、催化剂和其他必需的化学物质可能包括在建设成本或者运营和维护成本中。其他成本分类的方法也经常使用，此处提供的成本分类仅作为参考。表 13.1 提供了主要成本组成分类。

表 13.1　主要成本组成分类

子类别	说　明
专业服务成本	
专业服务成本是和建设、运营和维护活动息息相关的成本，需要专业服务来计划、设计、采购、管理、监督并分析原位化学氧化修复。专业／技术性服务成本可以进行细分，包括但不限于以下类别	
工程管理	工程管理包括对修复设计、施工管理、运营和维护活动的技术支持等非特定的服务。工程管理还包括规划和报告、施工、运营和维护期间的社区关系支持，以及投标或合同管理
设计刻画	正如第9章所讨论的，除了传统修复调查所需要的，在原位化学氧化全面实施之前进行额外的设计刻画是必要的。设计刻画可能包括改善目标污染物垂直方向和水平方向上的描述，获取氧化剂最大需要量的数据，并定义场地的其他水文地质特征
实验室实验	第9章描述了用来选择、设计并评价原位化学氧化应用的实验室可行性实验
中试	正如第9章所讨论的，在某些情况下可能需要现场进行中试。这样的测试相对简单，并且不会使总成本大幅增加。然而，在某些场地可能要进行大型的、更复杂的中试，这大大增加了成本。在这种情况下，使中试规模足够大以实现一些重要的修复通常是有益的
数学分析和建模	正如第6章所讨论的，建模可以帮助评估全尺度系统的潜在去除能力，设计现场示范，并设计全尺度系统。作为设计阶段的一部分，建模所需的数量和成本取决于水文地质条件、场地的化学复杂性，这种不确定性程度是可以接受的
修复设计	正如第9章所描述的，典型原位化学氧化系统的实施需要不同阶段的设计。设计成本并非总成本中的重要组成，但是设计成本可能由于选择的设计形式和合同文件的要求不同而差别很大。例如，一些项目在工作说明书中加入简单的性能说明可能就足够了，这样的设计成果的成本相对较小。而对于典型的民用建设工程（如道路建设），设计成本可能是总成本的3%～10%。修复工程通常需要更复杂的设计，设计成本可能会在总成本中占更高的比例，因为设计更独特，并且拥有者和管理者的审查可能更加严格，花费因而也更多。修复工程的复杂设计成本可能占总成本的6%～20%

（续表）

子 类 别	说　明
建设期间的施工管理及服务	建设期间的施工管理和服务包括管理以下修复活动的施工或安装服务： 投标和合同管理； 施工管理和现场观察； 更改订单的谈判； 提交审查和办公服务； 竣工图； 建设期间设计小修改； 运营和管理手册的准备工作； 文件的质量控制／质量保证。 通常，由顾问工程师或水文地质学家提供这类服务，其花费的成本占总成本的5%～10%

建设成本——直接成本

一个项目的建设成本或基本建设成本由许多部分组成。短期注入的基本建设成本的定义，可用于原位化学氧化，并且不难、很快速。如果使用注入井，它们的安装和任何永久性设备的安装都被认为是建设成本，任何的注入都被认为是运营和维护成本。如果所有的注入在短时间（如少于2年）内完成，可能更容易把它们都当作建设成本。对于原位化学氧化工程，建设成本通常包括下列项目。

子类别	说明
注入系统	正如第11章所讨论的，注入井或直推探针法通常是两种最常用的方法。注入井或直推探针法的成本通常是原位化学氧化工程总成本中的主要组成部分。具体的成本取决于水文地质条件，以及需要的注入井或直推探针点的数量。那些有深层地下水并难以钻井的场地，每个注入井的成本均超过300000美元；相比之下，那些有浅层地下水并容易钻井或直推的场地，注入系统的总成本可能低至5000美元，甚至更低
化学混合和传输系统	混合、稀释及传输氧化剂到注入井或直推探针点需要储水池、混合器、泵和管道。对于典型的短期原位化学氧化工程而言，其大部分部件是租赁的，或者其成本包括在注入承包商的总成本中。许多氧化剂的供应商也租赁设备来混合化学品。对于使用再循环的长期系统，混合设备的成本是关键
化学品	化学氧化剂、催化剂和其他需要的化学物质的成本可能包括在建设成本或运营和维护成本中
一般现场准备	在某些存在难以到达的注入井或使用永久性循环系统的场地，可能需要进行现场准备（例如，等级划分和道路发展）

建设成本——间接成本

除了上述主要组成，其他的间接建设成本、津贴和涨价通常也是建设成本的一部分。间接成本可能包括以下方面。

子类别	说明
机械／电力安装	如果安装永久性循环系统，并且使用了未卸载的设备，必须要给机械设备承包商安装设备和电气承包商连接设备及仪表提供津贴。安装费占总成本的20%～50%，取决于对机械或电气工作的要求。如果要根据一个详细的设计准备一个详细的成本估算，就可以估算实际工时和效率
承包商涨价	开销、税收、债券和利润等形式的涨价一般涵盖在总投标价中。开销包括两种主要形式：①工作或办事处开销，也称为常规情况成本；②家庭办公开销，也称为综合行政管理（G&A）成本。涨价通常以复利的方式估算总额以确定施工总成本
许可证和法律费用	许可证和法律费用包括许可证及所有与工程有关的法律费用。通常，修复工程的许可证和法律费用占总成本的3%～5%。氧化剂的使用需要的许可证和法规许可费用占总成本的比例更大。在加利福尼亚州，许可证包括地下注入控制（UIC）许可证和垃圾排放要求（WDRs）
应急成本	一般的应急成本作为不可预见的额外成本包括在成本估算中。应急成本有两个部分：投标应急成本和区域应急成本。投标应急成本涵盖了建设一个给定项目未知的相关成本，例如，恶劣的天气条件、材料供应商的延期、岩土的未知问题、现有的公用设施的未知情况，以及不利的建设市场环境。区域应急成本包括发生在修复实施期间的有限区域变化。应急成本的比例随预算成本水平的不同而不同

（续表）

子 类 别	说　明
运营和维护（O&M）成本	
运营和维护（O&M）成本是建设完成后维护和监测原位化学氧化修复持续有效性的必要成本。它可能包括长期循环的运营成本，也可能包括氧化剂的再注入成本。监测成本也应包括在建设完成后的成本中。监测成本包括采集样品的劳动力、分析成本，以及准备文件报告工程结果的成本。应急成本通常也可以包括在运营和维护成本中	
修复后关闭场地的成本	
完成修复后，修复井、设备和管道需要拆除、清除污染物，并进行处理或废弃。如果安装了大量的注入井，废弃注入井的成本可能很大。在修复工程后期产生的这些成本，通常未涵盖在原位化学氧化承包商最初的估算或投标价中	

当涉及长期成本时，如果这些成本会在许多年内发生，可能需要计算净现值（NPV）。然而，如果需要考虑的年份相对较短（短于 5 年），并且使用的折现率很低，那么净现值和总成本可能并不会有显著的不同。在可行性研究期间美国环境保护署颁布的《开发和记录成本估算指南》（USEPA, 2000），以及美国国防部（DoD）第 7041 文件第 3 条《咨询资源管理的经济分析和项目评估》（DoD, 1995）应该作为这些成本的详细参考。

13.4　历史和说明性的成本估算

前文对原位化学氧化成本估算的组成部分进行了大致介绍，本节考虑原位化学氧化的实际成本。13.4.1 节讨论基于案例研究的成本，13.4.2 节展现说明性案例的成本，13.4.3 节讨论和原位化学氧化项目成本相比需要考虑的问题。

13.4.1　基于案例研究数据的 ISCO 项目费用

第 8 章和 Krembs（2008）展示了包括在原位化学氧化项目数据库中的一些原位化学氧化项目的历史成本信息。在原位化学氧化项目数据库中，原位化学氧化项目的成本中位值为 220000 美元（n=55）。该数据库中有足够的信息来计算处理区域单位体积成本，其中位值为 123 美元 / 立方米。然而，这些数据在用于其他项目的成本估算时应谨慎使用，原因如下。

- 用于计算数据库中单位成本的目标处理区（TTZ）相对较小（中位值为 4816 立方米）。因此，在没有调整因素时它们可能并不能代表更大的项目。
- 每个输入数据库的场地信息可能和包含在项目总成本中的那些并不一致。例如，如果仅包含一个进行注入的原位化学氧化供应商提供的成本，那么可能就不包括钻井、注入井废弃、监测和报告等活动的成本。
- 原位化学氧化应用可能没有得到优化（例如，更高的注入量可能会扩大影响范围，进而减少所需要注入井的数量）。

然而，数据库中的数据确实能表明许多有趣的趋势。正如第 8 章讨论的，当存在重质非水相液体（DNAPL），并且单元成本随着目标处理区体积的增大而降低时，总成本会更高。回归分析并没有在处理的污染物或使用的氧化剂之间发现任何相关性（与燃油有关的场地平均成本更低，但是这似乎是由于在这些场地处理体积更小）。

美国电力研究院（EPRI）估算了在人工制气厂场地使用原位化学氧化技术的成本，为

130.8 美元 / 立方米 ～ 654 美元 / 立方米（EPRI, 2007）。该成本可能高于数据库中的成本，部分原因是人工制气厂场地通常存在高水平的污染（通常为几千毫克 / 千克），这就会产生巨额的设计成本。

13.4.2　基于说明性案例的 ISCO 项目费用

为了说明一个典型的原位化学氧化应用的成本，本节给出一个说明性的假想案例。案例 13.1 总结了一个和在 9.1 节中的场地相似的场地。表 13.2 总结了这个场地的概念性设计和假设，而表 13.3 ～表 13.6 给出了详细的成本分析，表 13.7 进行了总结。

一个实际的原位化学氧化项目的说明性案例包括过硫酸钠的使用、在整个源区 25 个注入井的注入。假设第一年能完成第一次完整的注入，第二年能完成第二次注入，两次注入共需要注入过硫酸钠总需要量的 75%。这样，成本包括 3 年的运营和监测成本，即使在这段时间内注入井已经废弃。

对于本案例，第一年的注入成本被认为是运营和维护成本的一部分，只有钻井成本被认为是建设成本的一部分。此处的成本是总成本，而不是净现值成本。在这种情况下，项目持续时间较短，净现值成本和总成本之间的差异相对较小。

案例13.1　一个假想场地的成本估算		
场地X含有氯苯，该场地地下水中总氯化挥发性有机化合物（CVOCs）浓度达30500µg/L，而在多孔介质中其浓度为40000µg/kg。在某些区域能探测到重质非水相液体。通过场地刻画活动，能确定受到污染影响最大的区域在地面3.05～9.15m以下的面积为30.5m×30.5m的区域。这个场地具有渗透性且异质的冰渍物，平均水力传导度约为15.25m/d。该场地的处理目标是简单地实现一定程度的污染物质量减少。	**污染物：** 氯苯； 总氯化挥发性有机化合物在地下水中的浓度高达30500µg/L，在多孔介质中其浓度为40000µg/kg； 在某些区域能探测到重质非水相液体； 地下3.05～9.15m受到污染物影响最大。	
	水文地质条件： · 冰渍物； · 渗透性且异质； · 平均水力传导度约为15.25m/d。 **修复行动目标：** 总氯化挥发性有机化合物质量的减少。	

基于表 13.1 中的信息，建设成本中的间接成本（基本上除实际野外工作津贴和涨价之外的所有成本）是总成本的一个重要部分。对于这个案例，间接成本大约是总建设成本、总运营和维护成本的 50%。这在所有的修复技术和施工中是非常常见的。然而，在使用设备供应商或承包商的报价或者在投标时需要注意不要重复计算这些涨价。设备供应商和承包商的报价应该已经包括了这些涨价中的部分，如利润和小费。

另一个驱动总成本的主要因素在数据中展现了出来。例如，在这个案例中钻井的成本大约是项目总成本的 16%，注入成本（发生在头两年）是项目总成本的 62%。注入成本包括与它们相关的涨价，包括应急设施，也包括各种化学品和需要的劳动力 / 设备。在此案例中，化学品成本占注入成本的 60%。正如所料，钻井的成本和注入成本是总成本的主要部分，而监测、报告和场地关闭成本覆盖了剩余的成本。

这个案例的成本为201美元／立方米，比第8章讨论的数据库中的场地成本中位值要高。比起数据库中报道的场地成本，这个案例的成本可能更具有包容性（例如，包括注入井废弃成本），这可能是它的成本更高的一个原因。另一个可能的原因是这个案例的设计相对保守，并假设能从一个完整的孔体积注入，造成半径3.81米的影响范围（井与井之间间隔7.62米）。如果过硫酸盐剂量减少到1g/kg，成本可能降低至137美元／立方米，如果井与井之间的间隔增加到12.2米（要求有7镉井），成本可降低到78.5美元／立方米，并且只需要假设注入了每个孔体积的50%。然而，这样一个激进的设计在场地中可能并不是有效的。

表13.2　概念性设计和假设的总结

成本估计假设——直接注入永久性注入井中				
场地：场地X			准 备 人：P. Eng	
选择：源区修复			项目编号：012345.67.89	
描述：过硫酸盐注入——注入井				
说明：一些小区有使用者投入成本，而其他小区需要进行计算				
	数 值	单 位	数 值	单 位
1. 场地背景数据				
处理区	30.48	米		
目标地下水污染源区的宽度	30.48	米		
目标地下水污染源区的面积	929	平方米		
注入间隔的最小值	3.048	地面之下距离（米）		
注入间隔的最大值	9.144	地面之下距离（米）		
饱和厚度	6.096	米		
总孔隙度	0.4			
污染的地下水体积	2665	立方米		
容积密度（干重）	1762	千克／立方米		
污染土壤的体积	5663	立方米		
污染土壤的质量	9979032	千克		
2. 氧化剂传输				
优选氧化剂	过硫酸盐			
处理预期的注入孔体积	1			
目标注入体积	2665	立方米		
目标注入体积（从设备供应商或其他设计工具获得）	—	立方米		
使用者选择的注入体积	2665	立方米		
每个注入井的注入量或效率	0.038	立方米／秒		
同时注入的注入井数量	8	个		
每天注入的时间	8	小时		
活跃注入时间	16	天		
氧化剂剂量	4	g氧化剂／kg土壤		
氧化剂质量（总）	39916	千克	17632	mg/L

成本估计假设——直接注入永久性注入井中				
场地：场地X			准 备 人：P. Eng	
选择：源区修复			项目编号：012345.67.89	
描述：过硫酸盐注入——注入井				
说明：一些小区有使用者投入成本，而其他小区需要进行计算				
	数 值	单 位	数 值	单 位
需要活化剂的总质量（类型和单位成本要考虑到成本细节）	用户输入		19958	千克
需要酸性调节剂的总质量（类型和单位成本要考虑到成本细节）	—		—	千克
3. 注入系统设计				
注入井设计				
井间距	6.096	米		
按假定的网格模式井放置	5	每边	5	
井数量	25	个		
注入井深度	9.144	米		
注入井的总线性深度	228.6	米		
井口完成方式（选自下拉菜单）	嵌入式安装			
完成井口的数量	25	个		
废弃物产生质量				
钻井方法（选择下拉菜单）	中空杆螺旋钻			
钻孔直径	0.203	米		
废弃土壤体积	7.41	立方米		
废弃集装化要求	36	0.208立方米圆筒		
现场管道设计（若歧管或再循环设计可行）				
挖沟的长度	0	米		
管道的大小		米		
管道的长度		米		
管道铺垫的质量		立方米		
回填的质量		立方米		
挖掘废弃物的质量		立方米		
4. 监测系统设计				
新监测井的数量	3	个		
新监测井的深度	9.144	米		
新监测井的总线性深度	27.432	米		
井口完成方法（从下拉菜单中选择）	嵌入式安装			
完成井口的数量	3	个		
废弃物产生质量				
钻井方法（选择下拉菜单）	中空杆螺旋钻			

成本估计假设——直接注入永久性注入井中				
场地：场地X			准 备 人：P. Eng	
选择：源区修复			项目编号：012345.67.89	
描述：过硫酸盐注入——注入井				
说明：一些小区有使用者投入成本，而其他小区需要进行计算				
	数 值	单 位	数 值	单 位
钻孔直径	0.203	米		
废弃土壤体积	0.8869	立方米		
废弃集装化要求	5	0.208立方米圆筒		
需要采样的监测井总数	4	个		
每年采样次数	4	次		
每年采样的监测井总数	16	个		
每年每个监测井估算的采样总数	1	次		
每年估算的样品总数	24	个		
5. 施工时间表				
钻井的总线性深度	256	米		
钻机生产速率（包括钻井完成）	30.48	米/天		
钻机的原位修复天数	8	天		
现场设备制造所需天数（如果需要）	0	天		
挖沟的总线性深度	0	米		
挖沟的生产速率（包括管道和回填）	60.96	米/天		
挖沟需要的天数	0	天		
设备移动需要的天数	2	天		
施工需要的总天数	10	天		
6. 注入时间				
调动人员和场地建设需要的总天数	2	天		
活化注入天数	16	天		
设备建设和拆除需要的时间	50	小时（假设每个注入井建设、拆除各1小时）		
注入需要的总天数	18	天		
7. 修复后场地关闭				
将要废弃的井数	28	个		
井废弃需要的总天数	9	天		
设备拆除需要的总天数	1	天		
场地恢复需要的总天数	10	天		

表 13.3 详细的成本分类——建设成本

详细的成本估计					
场地：场地X			准 备 人：P. Eng		
选择：源区修复			项目编号：012345.67.89		
描述：过硫酸盐注入——注入井					
说明：一些小区有使用者投入成本，而其他小区需要进行计算					
项目/活动	数 量	单 位	单位成本（美元）	成本（美元）	说明与参考
建造					
中试					
源区中试	0	每个	50000.00	0	在源区的现场测试，以确定最优的氧化剂剂量
井安装和挖沟承包方					
井安装人员调动	1	每个	2500.00	2500	中空杆螺旋钻
注入井安装	228.6	线性米	164.00	37500	壁厚系列号为40的聚氯乙烯管
注入井建设	25	每个	400.00	10000	嵌入式安装
监测井安装	27.43	线性米	131.24	3600	中空杆螺旋钻
建井工程设备租赁	1	总额	2000.00	2000	包括水质仪、泵、发电机、管道系统
监测井完成	3	每个	400.00	1200	嵌入式安装
钻井许可证	28	每个	30.00	840	假设每个钻井需要一个许可证
调查中产生的废弃土壤处置	41	桶	350.00	14350	假设的产品描述、管理、储存和运输
钻井承包商论日计酬	10	天	624.00	6240	假设旅游费用（饮食、住宿等）
监管					
建设／井安装监管	125	小时	70.00	8376	假设每天监管12小时
建井工程劳动力——技术员	56	小时	70.00	3920	假设每个井建设需要2小时
系统启动监管	0	小时	90.00	0	
建设成本小计				90886	
场地工作津贴	0%		90886.00	0	
机械津贴	0%		90886.00	0	
仪表和控制装置供应	0%		90886.00	0	
电力供应	10%		90886	9088.6	
其他设备供应	0%		90886.00	0	
建设成本小计				99974.6	

（续表）

详细的成本估计					
场地：场地X			准 备 人：P. Eng		
选择：源区修复			项目编号：012345.67.89		
描述：过硫酸盐注入——注入井					
说明：一些小区有使用者投入成本，而其他小区需要进行计算					
项目/活动	数 量	单 位	单位成本（美元）	成本（美元）	说明与参考
项目管理	8%		99974.6	7997.97	
设计	15%		99974.6	14996.19	
建设管理	5%		99974.6	4998.73	
建设成本小计				127967.49	
综合行政管理	5%		127967.49	6398.375	
现场管理	5%		127967.49	6398.375	
税	0%			0	
意外开支	15%		127967.49	19195.12	
建设成本小计				159959.36	
债券和保险	2%		159959.36	3199.19	
服务费	8%		159959.36	12796.75	
建设成本合计				175955.3	

表 13.4 详细的成本分类——第一年运行和维护成本

详细的成本估计					
场地：场地X			准 备 人：P. Eng		
选择：源区修复			项目编号：012345.67.89		
描述：过硫酸盐注入——注入井					
说明：一些小区有使用者投入成本，而其他小区需要进行计算					
项目/活动	数 量	单 位	单位成本（美元）	成本（美元）	说明与参考
地下水采样					
劳动力——技术员	96	小时	55.00	5280	每个井采样需要2个人花费3小时
地下水采样分析	24	个样品	450.00	10800	包括挥发性有机化合物／监测自然衰减物／金属分析。质量保证／质量控制样本和数据有效性
采样补给品	4	轮	500.00	2000	包括耗材、运送
地下水采样设备租赁	4	轮	1300.00	5200	包括水位计、底部井眼水质仪、泵、发电机
地下水采样合计				23280	

详细的成本估计					
场地：场地X			准 备 人：P. Eng		
选择：源区修复			项目编号：012345.67.89		
描述：过硫酸盐注入——注入井					
说明：一些小区有使用者投入成本，而其他小区需要进行计算					
项目／活动	数 量	单 位	单位成本（美元）	成本（美元）	说明与参考
注入					
承包方人员调动并按日计酬	2	天	900.00	1800	包括所有提供的设备、氧化剂的运输及投加
氧化剂供应	39916	千克	3.858	154000	包括氧化剂运输和处理
活化剂供应	19958	千克	0.86	17160	25%氢氧化钠溶液
酸性调节剂供应	0	千克	1.30	0	
注入和混合设备租赁	16	天	100.00	1600	
注入分承包方——劳动力	16	天	6000.00	96000	
劳动力——工程师／水文地质学家	160	小时	90.00	14400	
系统启动合计（一个注入项目）				284960	
注入项目数量（第一年）	1	个项目			
注入合计				284960	
劳务费					
劳动力——工程师／水文地质学家	160	小时	90	14400	
劳动力——编辑	20	小时	65.00	1300	
劳动力——计算机辅助设计技术人员	8	小时	75.00	600	
劳务费合计				16300	
注入实施和维护小计				324540	
项目管理	8%		324540.00	25963	
技术支持	5%		324540.00	16227	
建设管理	0%		324540.00	0	
第一年运行和维护小计				366730	
综合行政管理成本	5%		366730.00	18337	
现场管理费	5%		366730.00	18337	
税				0	
意外开支	15%		366730.00	55010	
第一年运行和维护小计				458413	
债券和保险	0%		458413	0	债券只适用于建设成本
服务费	8%		458413	36673	
第一年运行和维护合计				495086	

表 13.5 详细的成本分类——第二年和第三年运行和维护成本

详细的成本估计					
场地：场地X			准 备 人：P. Eng		
选择：源区修复			项目编号：012345.67.89		
描述：过硫酸盐注入——注入井					
说明：一些小区有使用者投入成本，而其他小区需要进行计算					
项目/活动	数 量	单 位	单位成本（美元）	成本（美元）	说明与参考
第二年运行和维护					
地下水采样(第一年成本的百分比)	50%		23280.00	11640	
注入（第一年成本的百分比）	75%		284960.00	213720	
劳务费（第一年成本的百分比）	50%		16300.00	8150	
专业服务（第一年成本的百分比）	50%		42190.00	21095	
第二年运行和维护小计				254605	
综合行政管理成本	5%		254605	12730	
现场管理费	5%		254605	12730	
税				0	
意外开支	15%		254605	38191	
第二年运行和维护小计				318256	
债券和保险	0%		318256	0	债券只适用于建设成本
服务费	8%		318256	25461	
第二年运行和维护合计				343717	
第三年运行和维护					
地下水采样(第一年成本的百分比)	25%		23280.00	5820	
注入（第一年成本的百分比）	75%		284960.00	0	
劳务费（第一年成本的百分比）	25%		16300.00	4075	
专业服务（第一年成本的百分比）	25%		42190.00	10548	
第三年运行和维护小计				20443	
综合行政管理成本	5%		20443	1022	
现场管理费	5%		20443	1022	
税				0	
意外开支	15%		20443	3066	
第三年运行和维护小计				25553	
债券和保险	0%		25553	0	债券只适用于建设成本
服务费	8%		25553	2044	
第三年运行和维护合计				27597	
运行和维护成本合计（第二年和第三年）				371314	

表 13.6 详细的成本分类——后期场地关闭成本

详细的成本估计					
场地：场地X			准 备 人：P. Eng		
选择：源区修复			项目编号：012345.67.89		
描述：过硫酸盐注入——注入井					
说明：一些小区有使用者投入成本，而其他小区需要进行计算					
项目/活动	数 量	单 位	单位成本（美元）	成本（美元）	说明与参考
场地关闭时的劳务费					
劳动力——工程师／水文地质学家	80	小时	90.00	7200	
劳动力——编辑	16	小时	65.00	1040	
劳动力——计算机辅助设计技术人员	8	小时	75.00	600	
场地关闭时劳务费合计				8840	
井废弃和装备拆卸					
井废弃	28	个	300.00	8400	假设注入井和新监测井都被废弃
井废弃许可证	28	个	30.00	840	
装备拆卸	1	天	500.00	500	假设设备回收并运回
设备租赁	1	周	200.00	200	光电离检测器
井废弃和装备拆卸小计				9940	
场地工作补助	10%		9940.00	994	
机械补助	10%		9940.00	994	
仪表控制补助	0%		9940.00	0	
电力补助	0%		9940.00	0	
各种设备补助	0%		9940.00	0	
井废弃和装备拆卸小计				11928	
后期场地关闭成本小计				20768	
项目管理	8%		20768.00	1661	
技术支持	15%		20768.00	3115	
建设管理	15%		20768.00	3115	
后期场地关闭成本小计				28660	
综合行政管理成本	5%		28660	1433	
现场管理费	5%		28660	1433	
税				0	
意外开支	20%		28660	5732	
后期场地关闭成本小计				37258	
债券和保险	2%		37258	745	
服务费	8%		37258	2981	
后期场地关闭成本合计				40984	

表 13.7　成本估计总结

成本估计总结		
场地：场地X		准 备 人：P. Eng
选择：源区修复		项目编号：012345.67.89
描述：过硫酸盐注入——注入井		
建设成本		总成本的%
建设（井安装）	99975美元	
项目管理	7998美元	
设计	14996美元	
建设管理	4999美元	
开销、税收、债券和保险	15996美元	
服务费	12797美元	
意外开支	19195美元	
总建设成本	175955美元	16%
年度运行和维护		
地下水采样	23280美元	3%
注入	284960美元	36%
劳务费	16300美元	2%
专家服务	42190美元	5%
开销、税收、债券和保险	36673美元	
服务费	36673美元	
意外开支	55010美元	
第一年运行和维护	495086美元	
余下年度运行和维护		
第二年注入监测和劳务费	288522美元	27%
第三年监测和劳务费	55195美元	5%
第三年其他费用	27597美元	3%
余下年度运行和维护合计	371314美元	
后期场地关闭成本		
场地关闭劳务费	8840美元	
井废弃和设备拆卸	11928美元	
专家服务	7892美元	
开销、税收、债券和保险	3611美元	
服务费	2981美元	
意外开支	5732美元	
后期场地关闭成本合计	40984美元	4%
总成本	1083339美元	100%
单位成本	191美元	每立方米
总现值	1047220美元	

注：1. 本表提供的成本估计的准确性为−30%～50%，其目的是进行比较。另一种成本估计是以研究期间可获得的概念性的设计信息为基础进行的。项目的实际成本取决于选择的修复措施的设计，以及目标处理区的范围、实施时间段、竞争激烈的市场条件及其他变量。

2. 专家服务包括项目管理、技术支持（数据分析）和建设管理。

应该注意的是，根据这个案例进行的成本估算通常会被划分为 4 级。这种类型的成本估算的精确度通常为 -30% ~ 50%。这种成本估算的精确度会发生明显的变化，因为直到项目确切实施才能知道设计细节。可能对成本造成影响的因素包括场地条件、项目最终的实施范围，以及时间安排、设计细节、气候条件、竞争激烈的市场条件、在施工和运营期间的变化、生产力、利率、劳动力和设备使用率、税收影响及其他变量。因此，实际成本和估算成本可能会存在一定差异。

13.4.3　ISCO 项目成本的比较

这个案例估算的成本和第 8 章讨论的历史场地的成本表明了可能会影响原位化学氧化项目成本的因素。这些因素在表 13.8 中进行归纳。这些因素的多变性增加了比较不同原位化学氧化项目成本的难度。同样，它们也增加了比较原位化学氧化成本和其他修复技术成本的难度。具有场地特异性的不同技术的成本估算可能要求对原位化学氧化技术和其他技术进行合理、准确的比较。

表 13.8　影响原位化学氧化项目成本的因素

影响成本的因素	描　述
目标处理区的体积和尺寸（尤其是深度）	场地越大，深度越深，成本越高
污染物质量，特别是当非水相液体（NAPL）存在时	污染物质量越大，需要的氧化剂越多，可能需要更多的注入量
最大氧化剂需要量和非生产型的氧化剂损耗	氧化剂自然需要量越高，需要注入的氧化剂越多
渗透参数	低渗透性的场地需要更多的注入井／注入点
地层非均质性的程度	非均质性越强的场地需要更大的氧化剂注入量
原位化学氧化处理目标	例如，如果最大的污染物水平（MCLs）是处理目标，那么需要更小的井间距、更多的氧化剂和更多的劳动力来进行更大的氧化剂注入量
整体修复策略	这和处理目标相关，包括拟注入的氧化剂最大量
具有场地特异性的劳动力情况及系统自动化程度	如果注入系统高度自动化，那么劳动力的成本会降低
承包机制或类型	性能刻画会降低设计成本，但可能需要所有者派出的代表进行更多的监管。固定的合同价格可能会使成本降低，但也可能导致更高的性能风险和总成本风险
包括在评估中的监测时间	如果系统转换为能够进行数年的监测自动衰减，监测成本会增加

13.5　持久性考虑

13.5.1　持久性的概念和定义

使修复成果"更持久"或"更绿色化"日益成为大家关注的话题。在污染场地技术选择阶段和实施期间，对"持久性"的关注促使新的考虑事项的产生。关于可持续修复的定义一直存在不同的观点，美国环境保护署 2008 年把绿色修复定义为："考虑到所有环境影响的修复实施和具体设置，使清理行动环境效益最大化的实践。"

2009 年美国环境保护署固体废物和应急响应办公室（OSWER）在《绿色清理导则》中提出了一个不同的定义："通过增加我们对生态足迹的理解，我们能优化环境性能并实现保护性清理的绿色化，并在适当的时候采取措施以减少排放。"

可持续修复论坛（SURF）（一个由修复专家组成的、研究可持续性修复的特别小组）对可持续修复的定义如下（SURF, 2009），通过对有限资源的合理使用，某种修复方法或联合修复方法对人类健康或环境的净影响能够最小化。为了减小影响，我们将选择持久性的方法进行修复，这样才能给环境带来净效益。这些方法应尽可能地：①减少或消除能量损耗或其他自然资源的损耗；②减少或避免污染物排放到环境中，尤其是空气中；③利用或模拟自然过程；④进行土地或其他不良材料的再使用或回收；⑤鼓励能够永久性破坏污染物的修复技术的使用。

可持续修复论坛及许多其他的组织和公司已经采用了可持续性"三重底线"的定义：环境效益、经济效益和社会效益（Elkington, 1994）。依照"三重底线"，发展可持续性修复系统旨在使 3 类效益的净积极影响最大化。

2009 年 8 月 10 日美国国防部发布的一份政策声明阐明了绿色修复和可持续性修复的重要性。美国第 13423 号行政令对该政策声明内容进行了完善，以加强美国联邦环境、能源和运输管理。美国海军对可持续性修复是什么，以及应用可持续性修复的情况进行了细节报道（NAVFAC, 2009）。

可持续性修复成果中的一部分得益于评价修复成果对环境的净影响的计算工具和方法的发展。这些工具被设计用于多种用途。

- 完善对某一特定项目而言受到最显著影响的区域列表并进行评估（就"三重底线"而言）。这些影响也被称为可持续性标准或绿色要素，包括空气污染、温室气体（GHG）排放、能源消耗等。
- 量化（尽可能）一种修复方法在被认为受到显著影响的区域内的净影响。
- 完善并实施一种决策分析方法以标准化并比较结果。
- 完善并实施一种解决方法将决策过程中的结果进行汇总［例如，环境应对、赔偿和责任综合法（CERCLA）可行性研究过程］。

大多数工具同时具备上面列出的前两种用途，而更高级的工具同时具备后两种用途。

13.5.2　使技术更具可持续性

可持续性修复的主要关注点一直是对现有技术的评估；相对少的精力集中在可持续性修复新技术的开发上。然而，修复行业的新兴关注点是开发新技术，并优化现有技术使之更具可持续性。基于它们和原位化学氧化技术的相关性，以下对这两部分内容进行讨论。

1. 原位化学氧化的净影响

在场地上进行原位化学氧化修复在"三重底线"方面能够获得以下积极效应，这取决于场地的特异性条件：

- 地下的污染物质量的减少，能减小对人类健康和环境的风险；
- 受损资源重新得到有益利用，通常包括受污染的地下水和土壤的恢复（例如，通过达到再发展的属性、用于娱乐目的或恢复到生态有益的目的）；
- 在修复期间创造工作岗位，并通过财产的有益使用创造未来的工作岗位。

原位化学氧化的实施同样也对可持续性的"三重底线"造成负面影响，包括：

- 在氧化剂生产、钻井/注入，以及化学品运输期间温室气体的排放；
- 在化学品生产、运输、钻井/注入期间其他空气污染物的排放；
- 在化学品生产、运输、钻井/注入期间不可再生能源的消耗；
- 在注入期间水资源的消耗；
- 在材料和化学品调动或拆卸期间发生的交通事故。

上面列出的潜在的对"三重底线"的积极影响和负面影响在原位化学氧化技术和其他修复技术中都存在。与其他技术相比，原位化学氧化技术的积极影响和负面影响的相对值具有高度的场地特异性。一些计算原位化学氧化技术对"三重底线"的影响的特有细节在下文罗列出来。需要注意的是，一个全面的可持续性评估涵盖的内容将比下面讨论的内容更加全面；在评估过程中涉及因素的最新值的可用来源也应及时检查更新。

氧化剂生产过程中的温室气体排放量会因氧化剂和制造过程的不同而不同。例如，在高锰酸钾生产过程中，估计从一个点源排放的温室气体量为每生产 1 吨高锰酸钾排放 4 吨二氧化碳。这个排放量可能是使用旧的烘焙生产方法排放温室气体量的 10 倍以上。此外，单一过程中排放的温室气体主要受该过程中使用的能源类型（如煤炭、水力发电等）的影响。每吨过硫酸钠和过氧化氢生产过程中产生的二氧化碳的质量分别约为 1.25 吨和 1.2 吨。应该注意的是，需要记录引用数值的基准值以表明不确定性或引用数值的性质（例如，这个数值是否包括基础设施、采矿活动及其他过程，或者这个数值是否简单地量化了化学品的生产过程）。例如，上面引用的数值只用于化学品的生产过程，而不适用于原材料的运输或挖掘活动。这些数值也不包括将过硫酸钠或过氧化氢作为活化剂的过程。访问综合生命周期评估（LCA）数据库，如 EcoInvent 数据库（Hässig Primas，2007），能够更好地了解用于温室气体排放量估算的库存因子的基准值。

在上面讨论的说明性假想案例场地中，需要 40 吨过硫酸钠，在生产过硫酸钠的过程中大约会产生 50 吨二氧化碳（这可能是二氧化碳排放的主要来源之一）。该温室气体排放量相当于 16 辆轿车使用一年的温室气体排放量［假设一辆轿车开 12000 千米排放 6 吨二氧化碳（USEPA，2005）］。

和其他修复技术进行大致比较，生产 1 吨商业级大豆油［用于强化生物还原脱氯（ERD）］排放的二氧化碳约为 0.43 吨。和任何原位化学氧化的氧化剂相比，没有进行场地特异性概念性设计，不可能估算需要实现等效处理的大豆油质量。在温室气体排放方面，强化生物还原脱氯的其他方面和原位化学氧化类似，如钻井。比较原位化学氧化和强化生物还原脱氯需要对特定项目进行详细的影响分析（可能使用工业领域正在开发的新工具中的一部分）。例如，原位化学氧化通常能在较短的时间内完成，这可能会影响分析的结果。

由于原位化学氧化技术是一种原位技术，和其他技术（如抽出处理技术）相比，在大多数情况下其不需要独立存在的基础设施和运作者的时刻关注。因此，与其他技术相比，在整个修复项目过程中原位化学氧化技术可能有一个较小的净影响。

2. 使原位化学氧化更具可持续性

使原位化学氧化在实际应用中更绿色化或更具可持续性可能是困难的，因为难以在应用原位化学氧化标准方法的同时应用其他新奇方法。下面列出一些可能使原位化学氧化更具可持续性的方法：

- 使用更少的氧化剂，并结合其他技术（如监测自然衰减或强化生物还原脱氯），来减少关注污染物（COCs）的残余；
- 研发在地下具有更长寿命的氧化剂使之能够更加有效；
- 用更具针对性或优化的方法使用氧化剂，避免氧化剂非生产性消耗或浪费，这包括在更小的区域进行更多的注入以瞄准需要处理的区域，并使用监测自然衰减或强化生物还原脱氯处理关注污染物浓度较低的区域；
- 通过能耗低、温室气体排放量少的方法获取氧化剂；
- 多从当地途径获取氧化剂和其他资源以减少运输量；
- 使用可再生能源传输氧化剂（例如，用于注入系统的太阳能电池板），在使用泵时也尽量使用可再生能源；
- 考虑使用被动监测技术。

13.6 总结

在确定修复技术的可行性时其成本是一个关键因素，在修复技术选择和最终实施阶段成本是决定性因素。通过各种方法、各种不同程度的细节进行成本估算，使其准确性更高。了解准备的方法，以及相关的不确定性对成本估算结果的准确性来说非常重要。同样，了解原位化学氧化系统的主要成本组成也是很重要的，尤其是在两个成本估算之间进行比较时。一般来说，一个原位化学氧化系统的主要成本通常是氧化剂成本和钻井的花费。

原位化学氧化数据库（见第8章）中的历史成本显示，项目成本的中位值为220000美元，即单位处理区域的成本为123美元/立方米。这些数据如果应用于其他项目，在使用时一定要小心，因为数据库中场地项目成本的组成可能和进行成本估算的项目并不一致。

使修复项目更具可持续性或更绿色化正在引起广泛关注。在一个项目的可持续性分析中可以评估多种因素，包括温室气体排放、能量损耗、对人类健康风险的减小、受影响的资源再利用、交通事故、在修复实施期间发生的其他损害。另外，在"三重底线"的框架内对原位化学氧化的可持续性进行常规性说明是不可能的，需要进行额外分析。

参考文献

AACE (Association for the Advancement of Cost Engineering) International. 1997. Cost Estimate Classification System. AACE International Recommended Practice No. 17R-97.

DoD (Department of Defense). 1995. DoD Instruction 7041.3: Economic Analysis and Program Evaluation for Resource Management. November 7.

DoD (Department of Defense). 2009. Consideration of Green and Sustainable Remediation Practices in the Defense Environmental Restoration Program. Memo from DoD Office of the Undersecretary of Defense for Acquisition Technology and Logistics to the Assistant Secretaries of the Services. August 10.

Elkington J. 1994. Towards the sustainable corporation: Win-win-win business strategies for sustainable development. Calif Manag Rev 36:90–100.

EPRI (Electrical Power Research Institute). 2007. In Situ Chemical Oxidation of MGP Residuals: Field Demonstration Report. Document 1015411. EPRI, Palo Alto, CA, American Transmission Corporation, Waukesha, WI, Central Hudson Gas & Electric, Poughkeepsie, NY, ConEd, Astoria, NY, Keyspan Energy, Hicksville, NY, New York State Electric and Gas, Binghamton, NY, NiSource, Columbus, OH, Orange and Rockland Utilities, Spring Valley, NY, PSE&G, Newark, NJ, Rochester Gas and Electric, Rochester, NY.

Hässig W, Primas A. 2007. Ökologische Aspekte der Komfortlüftungen im Wohnbereich. Final report Ecoinvent Data v2.0, No 25. Swiss Centre for Life Cycle Inventories, Dübendorf, CH.

Krembs FJ. 2008. Critical Analysis of the Field Scale Application of In Situ Chemical Oxidation for the Remediation of Contaminated Groundwater. MS Thesis, Environmental Science and Engineering Division, Colorado School of Mines, Golden, CO. April.

NAVFAC (Naval Facilities Engineering Command). 2009. Sustainable Environmental Remediation Fact Sheet. NAVFAC, Naval Base Ventura County, Port Hueneme, CA.

Remer DS, Chai LH. 1990. Design cost factors for scaling-up engineering equipment. Chem Eng Prog 86:77–82.

SURF (Sustainable Remediation Forum). 2009. Accessed July 17, 2010.

USEPA (U.S. Environmental Protection Agency). 2000. A Guide to Developing and Documenting Cost Estimates During the Feasibility Study. EPA 540-R-00-002. USEPA OSWER, Washington, DC.

USEPA. 2005. Emission Facts: Greenhouse Gas Emissions from a Typical Passenger Vehicle. EPA 420-F-05-004. USEPA Office of Transportation and Air Quality, Washington, DC. February. 6.

USEPA. 2008. Technology Primer——Green Remediation: Incorporating Sustainable Environmental Practices into Remediation of Contaminated Sites. EPA 542-R-08-002. USEPA OSWER, Washington DC. 56.

USEPA. 2009. Principles for Greener Cleanups. USEPA Office of Solid Waste and Emergency Response (OSWER), Washington, DC. 4.

第14章

原位化学氧化现状与发展方向

Robert L. Siegrist[1], Michelle Crimi[2], Thomas J. Simpkin[3], Richard A. Brown[4], and Marvin Unger[5]

[1] Colorado School of Mines, Golden, CO 80401, USA;
[2] Clarkson University, Potsdam, NY 13699, USA;
[3] CH2M HILL, Englewood, CO 80112, USA;
[4] Environmental Resources Management, Ewing, NJ 08618, USA;
[5] HydroGeoLogic, Inc., Phoenix, AZ 85004, USA.

范围

本章主要从原位化学氧化最优应用、新兴技术和方法，以及提高原位化学氧化应用性和修复效果的研究3个方面进行叙述。

核心概念

- 原位化学氧化是一种对污染土壤和地下水修复均可行的技术，但其应用有效性取决于良好的场地特征、污染物特性及实际处理目标。

- 在迄今为止的众多原位化学氧化技术应用案例中，既存在原位化学氧化的最佳应用案例，也存在应用或实施不当的案例。

- 新兴技术和方法包括原位化学氧化技术与其他修复技术的联用、增强的输送方式、改进的监测评估方法。

- 原位化学氧化演化过程中的具体研究需求和领域主要涉及原位化学氧化的化学过程、试剂输送、系统设计，以及修复过程控制和效果评价等方面。

14.1 引言

原位化学氧化技术已经发展了很多年，但它的开发和部署仍在继续。虽然在某些方面，原位化学氧化技术已经是一种比较成熟的地下水修复技术，但其继续研究和开发，以及新进展的推广应用仍是重要的发展领域。本章总结了原位化学氧化的现状，重点介绍了一些新兴的技术和方法，概述了可实现原位化学氧化突破及提高未来应用性的研究发展方向。

在此，本章作者对 2009 年 11 月参加在华盛顿召开的环境科学技术专题研讨会战略环境研究与发展计划（SERDP）/环境安全技术认证计划（ESTCP）合作伙伴中提出自身见解和建议的修复研究人员和从业人员表示感谢；此外，对与本章作者就相关话题展开讨论并提供描述材料的专家表示感谢。

14.2 原位化学氧化最优应用研究

原位化学氧化技术作为一种修复污染地下水的原位技术，对于某些特定的场地特征而言是非常适用的，但对于其他场地特征而言就是一种挑战。原位化学氧化技术与其他原位技术相一致的特征包括污染物特性、处理目标和场地条件。表 14.1 列出了原位化学氧化技术修复污染地下水的最具代表性的或潜在的最佳应用范例，以及应用不当或实施不佳的例子。

表 14.1　原位化学氧化修复污染地下水的潜在的最佳应用范例，以及应用不当或实施不佳的例子

潜在的最佳应用范例	应用不当或实施不佳的例子
在一个具有良好特性的污染场地建立了一个有效的概念模型，并界定了场地条件和污染物特征。目标处理区面积为10000m²，涉及深度为地表以下3～10m。场地中的关注污染物为氯代烯烃，主要为四氯乙烯（PCE）和三氯乙烯（TCE）。在目标处理区采用原位化学氧化技术处理的目标是大量减少吸附或残留在目标处理区的非水相液体（NAPL）含量（如减少90%）。在距离地表3米的区域使用直推探针注入法，直接将含有或不含催化剂和稳定剂的氧化溶液注入目标处理区，并实时监测地下水的化学特性、氧化剂含量、目标污染物及反应产物。在第一次注入后，部分点位出现了污染反弹，也识别了这种可能性，因此需要进行第二次注入处理。第二次注入处理需要在目标处理区状态稳定后开展，但需要在第一次注入后的2个月之内完成。原位化学氧化处理后的监测分析数据显示，目标处理区中的关注污染物总量减少了90%	在一个占地50000m²的工业场地中，我们基于3个地下水监测井中采集的有限样本发现场地内的地下水受到了污染，并且其中的污染物来自多个污染源。但由于产权过户推进的时间压力，业主在未开展详细的场地特征调查的情况下就直接采取了可以快速部署且修复时间短的原位化学氧化技术来修复污染场地。场地中的污染物为燃料烃和氯代脂族化合物的混合物，且主要分布在黏土夹层与砂质沉积层等多相条件的土壤环境中。此外，调查发现待修复场地土壤有机质含量较高、矿物质含量较低。管理机构要求原位化学氧化处理后场地范围内地下水中的关注污染物浓度达到最大污染物水平。在实际修复过程中，以逐一洗井的方式一次性注入孔隙度0.3的氧化剂溶液。原位化学氧化处理后的监测数据显示，地下水中的关注污染物浓度降低了，但部分点位的污染物浓度随后反弹至接近处理前的水平。由于未分配进一步的修复预算，导致产权过户也未能按计划进行

表 14.2 总结了影响原位化学氧化技术应用有效性的有利或不利的场地特征。在评估过程中，原位化学氧化修复技术应用有效性是指，在规定的时间内，以合理的预算成本达到修复目标，并且未产生任何不良的二次影响。虽然表 14.2 是专门针对原位化学氧化技术总结的，但是表中列出的许多有利或不利的场地特征对大多数的原位修复技术都是适用的。

表 14.2 影响地下水原位化学氧化技术应用有效性的有利或不利的场地特征

特 征	注 释
有利于原位化学氧化技术应用的场地特征	
目标污染物为氯化烯烃（如PCE、TCE）与其他不饱和脂族和芳香族化合物	这些物质能被原位化学氧化技术采用的化学氧化剂快速氧化
目标污染物以溶解态或吸附态存在；或者非水相液体（NAPL）残留物以斑块状存在，但不存在大面积的NAPLs	负载相对较低和易于输送的氧化剂就可以将以这些形式存在的污染物进行氧化处理
共存污染物对pH值变化、氧化还原不敏感，或者不易受氧化过程不利影响	有助于减弱原位化学氧化处理对关注的共存污染物移动性的影响
原位化学氧化处理目标包括污染物总量减少（如减少90%），或达到联合修复技术可修复的污染浓度	已有研究证明原位化学氧化技术有完成这类处理目标的能力
目标处理区为一块相对较小的地下区域（如体积小于7645m³），并且没有障碍物（如没有埋设公共设施）	有助于快速完成原位化学氧化的现场活动
目标处理区应具有高渗透性、低异质性的特点，并且没有埋设地下设施或障碍物	简化了氧化剂的输送和分布作用，增大了氧化剂与目标污染物之间有效接触的可能性
目标处理区的地球化学条件表现为pH值中性左右，还原性物质含量在有限水平内（如地下水DOCs浓度小于50mg/L，f_{oc}小于0.005，有限的还原性矿物质）	可以减少自然氧化剂的需要量，同时降低氧化剂的损耗以保证长距离的传输
修复处理区附近不存在饮用地下水	减轻对影响公众健康的微量杂质和可能副产物的关注度
不利于原位化学氧化技术应用的场地特征	
目标污染物为氯化烷烃（如CT、TCA）和其他饱和脂肪族化合物	这些物质对一种甚至多种常见氧化剂的氧化作用具有抵抗性
目标污染物以成片形式的非水相液体存在（如DNAPLs、LNAPLs）	需要负载更高浓度的氧化剂，同时会增大二次污染的可能性
共存污染物对pH值变化和氧化还原敏感，或者易受氧化作用不利影响	可能增强共存关注污染物的迁移性，如Cr（Ⅲ）被氧化成Cr（Ⅵ）后其迁移性增强
原位化学氧化的处理目标为达到区域要求的严格浓度目标值［如最大污染水平值（MCLs）］	氧化剂对高浓度污染的氧化，以及保持低浓度水平的效果是不确定的、无法预知的
目标处理区为一块面积或深度较大的区域（如污染体积大于7645m³）	处理目标范围越大，设备要求就越复杂，修复时间也会越长
目标处理区的渗透性较低且受到目标污染物长期暴露的影响，或者埋设了地下设施或其他障碍物	可能导致短期存在的氧化剂传输过程复杂化，减少氧化剂材料与目标污染物之间的有效性接触行为
目标处理区的地球化学特征显示含有高水平的还原性物质（如地下水DOCs浓度大于50mg/L，f_{oc}大于0.005，高含量的还原性矿物质）	这些还原性物质将消耗大量的氧化剂，并可能限制氧化剂的传输距离，从而导致氧化剂只能传输到注入点位很近的范围
附近区域存在饮用地下水	需要高度关注微量杂质和可能产生的副产物对公共卫生造成的不良影响

注：CT—四氯碳；DNAPL—重质非水相液体；DOCs—溶解性有机碳；f_{oc}—有机碳含量分数；LNAPL—轻质非水相液体；mg/L—毫克每升；TCA—三氯乙烷。

14.3 新兴的方法和技术

如前文所述，在过去的 10 年里，采用原位化学氧化技术修复地下水的数量和多样性迅速增加（见第 1 章的图 1.9 和第 8 章的讨论）。从原位化学氧化被认为是传统应用（例如，将单一的氧化剂注入含有直推探测器的网络结构中，以除去目标处理区中的关注污染物）来看，原位化学氧化技术已经取得了重大的进展。表 14.3 总结了原位化学氧化技术一些新兴的发展，进一步的讨论将在接下来的章节中进行描述。众所周知，修复技术的商业化对新的修复技术的广泛应用是非常重要的，其中当然包括支持原位化学氧化技术的商业化。然而，为了避免做广告的嫌疑，本章不对专有技术进行评述。

表 14.3　原位化学氧化技术的新兴方法和技术

方法／技术	描述与举例
E1. 原位化学氧化技术与其他技术联用（见第7章）	
多种氧化剂联用的原位化学氧化	在一个目标处理区使用两种以上氧化剂，或者将两种以上氧化剂输送至不同目标处理区。 例如，Bryant 和 Kellar（2009）在修复PCE污染羽时先后注入过氧化物［如催化过氧化氢（CHP）］和高锰酸盐
原位化学氧化与强化原位生物修复	在目标处理区加入氧化剂，以部分降解顽固的关注污染物，进而促进中间产物的生物降解。 例如，Marley等（2003）在修复某个人工制气厂场地时，注入过硫酸盐1个月后发现，硫酸盐发生了还原反应，并且目标处理区中的硫酸盐和多环芳烃（PAHs）水平下降
原位化学氧化与自然衰减	在目标处理区使用原位化学氧化技术可降低顺梯度污染羽中关注污染物的质量流量，同时可以通过生成基质和电子受体增强污染物的生物降解。 例如，Marley等（2003）对某个人工制气厂场地的微观研究显示，只有在微观处理使用氧化剂（过氧化物或过硫酸盐）时，溶解性有机碳水平才呈现增加趋势
原位化学氧化与原位化学还原	在同一个目标处理区同时使用氧化剂和还原剂，以实现污染物的同时氧化和还原。 例如，Brown等（2004）研究发现，过硫酸盐和零价铁混合物能同时氧化氯代烯烃、还原氯代烷烃（如1, 1, 1-三氯乙烷、四氯化碳）
与表面活性剂联用的原位化学氧化	同时将氧化剂和一种可共存的表面活性剂／助溶剂溶液注入目标处理区，以提高非水相液体的降解速率和降解程度。 例如，Hoag等（2007）和Dugan等（2008）分别针对过硫酸盐／过氧化物和高锰酸盐类的原位化学氧化技术成功开发了可增强其修复效果的表面活性剂
热强化原位化学氧化	在氧化剂传输到目标处理区后，待氧化剂分散后通过加热处理活化氧化剂。 例如，Waldemer等（2007）发现注入过硫酸盐后可以通过加热的方法使其活化
E2. 强化原位化学氧化的给药途径（见第2～5章、第8章、第9章、第11章）	
使用稳定的氧化剂	在现场应用中使用可靠的稳定剂和配方可促进氧化剂的传输。 例如，Watts等（2007）研究发现，在催化过氧化氢反应中使用植酸盐、柠檬酸盐和丙二酸盐能增大过氧化氢的半衰期

方法／技术	描述与举例
采用封装的氧化剂	在渗透反应墙，或者在通过土壤混合或压裂方法建立的反应区中，使用微胶囊形式的氧化剂有助于氧化剂缓慢、长期地释放出来。 例如，固体微胶囊或石蜡基体可以控制高锰酸钾释放到地下水中的速度（Ross et al., 2005；Lee and Schwartz, 2007；Dugan et al., 2009；Lee et al., 2009）
使用聚合物和传输助剂	使用聚合物或传输助剂能够改变氧化剂溶液的物理、化学特性，从而提高氧化剂在低渗透性区域的迁移性及其与污染物的接触。 例如，Smith等（2008）研究发现，聚合物黄原胶可以克服由于区域低渗透性、场地异质性导致的原位化学氧化传输问题，解决自然氧化剂需求过度的难题
密度驱动传输	当氧化剂溶液的密度比水的密度大很多时，氧化剂传输到目标处理区就会出现密度驱动流。 例如，Henderson等（2009）采用密度驱动流将高锰酸盐传输到位于地下水半透水层顶部的非水相液体中，并用MIN3P-D模型对观察到的现象进行了模拟
机械混合	使用混配和混合技术增强氧化剂与目标关注污染物的接触。 例如，在使用高锰酸钾原位化学氧化的低渗透性的粉质沉积物，或在使用高硫酸盐原位化学氧化的浅层土壤中采用深土混合
E3. 提高原位化学氧化的监测和评估（见第9章、第10章、第12章）	
实地调查法	综合运用实时监测方法以控制修复过程及监测原位化学氧化性能。 例如，与监测井中的数据记录仪相连的氧化还原电位和电导率探针可以提供氧化剂分配的实时数据
质量流量法	测量目标处理区质量流量可以识别原位化学氧化的反应区和反应产物，有助于随后的目标氧化剂的注入。 例如，当使用生物修复、自然衰减或渗透反应墙修复地下水顺梯度污染羽时，质量流量／总质量流量能为确定原位化学氧化技术治理终点提供相关的基础

注：表中列出的方法和技术用于说明原位化学氧化技术的演变趋势。

14.3.1　原位化学氧化技术与其他技术联用

原位化学氧化技术通常被看作一个独立的技术，并且经常被单独应用到修复工程中。然而，原位化学氧化技术与其他技术的联用越来越受到关注（见表14.3）。原位化学氧化技术可以同时和其他技术联合使用，也可以通过时间或空间的实施方法来完成技术联用。原位化学氧化技术和其他技术可以循序地在同一个区域应用，例如，在开展原位化学氧化修复后使用生物修复，或应用原位化学氧化修复部分场地，利用其他技术修复剩下的场地。例如，在污染源区域使用原位化学氧化技术处理，而应用原位化学还原技术治理相关污染羽。如第7章所述，将原位化学氧化技术与其他技术联用有很多潜在的好处，如提高效率、缩短修复时间，并且不会出现反弹。

14.3.2　强化原位化学氧化的给药途径

原位化学氧化通常包括注入和运输可以与天然物质和目标关注污染物反应的氧化剂

（和可能的修正剂）溶液。氧化剂传输到目标处理区会受到特定的水文地质条件和地球化学条件的强烈影响（见第 2 ~ 6 章和第 11 章）。通过以下两种方式可以促进氧化剂在目标处理区的传输，具体包括：①提高含有氧化剂的溶液的水力传输与分配；②提高氧化剂的稳定性及与关注污染物的定向反应性（相对于天然物质而言）。提高水力传输与分配有助于增加氧化剂与关注污染物之间的接触，从而提高修复效率和有效性。提高氧化剂的稳定性则可以延长氧化剂与污染物的接触时间。氧化反应受限的处理相当重要，尤其是：①关注污染物的反应动力学较慢的；②关注污染物的解吸和溶解行为可能限制氧化效率的（当关注污染物以附着态出现或存在于非水相液相中时）；③关注污染物被低渗透性层和低渗透性区域截留而导致有限的物理接触的（扩散运输受限）。通过添加修正剂改变氧化剂的化学性质或物理性质有助于提高氧化剂的稳定性，从而增强原位化学氧化的传输性。研究人员已经开发并证明了一系列可用于增强原位化学氧化传输性的方法，具体见表 14.3 中的 E2。

14.3.3　提高原位化学氧化的监测与评估

为保障原位化学氧化技术的成功应用经常需要开展实地监测以调整氧化剂的应用，应确保氧化剂在初始筹措期间就实时调整，或者在氧化剂注入后进行调动（见第 9 章和第 12 章）。综合运用实地调查法和实时分析法可以增强原位化学氧化系统的设计和实施。此外，如第 10 章所述，质量流量是一种新兴的用于评估污染源污染强度和评价修复目标处理区所获得收益的技术。对于原位化学氧化技术的使用，质量流量测量对象包括从目标处理区中去除的关注污染物，以及原位化学氧化系统产生的反应物。通过对这些数据的整合和分析，我们可以深入了解氧化反应的空间分布、关注污染物减少的质量，以及有利副产物（如有机酸可以作为自然衰减法治理地下水顺梯度污染羽的基质）的产生情况。例如，当使用生物修复、自然衰减或渗透反应墙修复地下水顺梯度污染羽时，质量流量／总质量流量能为确定原位化学氧化技术治理终点提供相关的基础。

📊 14.4　研究需求和突破领域

虽然原位化学氧化在土壤和地下水修复方面具有广泛和深入的科学研究基础，但仍存在知识缺口。因此，为更有效、更有预测性地将原位化学氧化应用到更多的场地，并用更少的时间和费用实现同等或更好的修复效果，还需要对其开展进一步的研究。

14.3 节中描述的许多新兴技术和方法都是美国国防部、环境战略研究发展计划／环境安全技术认证计划办公室及其他科研赞助商正进行调查研究的主题。表 14.4 中总结了潜在的原位化学氧化强化技术的研究需求和领域，并在后续的章节中进行了简要讨论。

表 14.4 潜在的原位化学氧化技术的研究需求和领域

领 域		需 求
R1.原位化学氧化化学工艺研究	（a）复杂的关注污染物条件下的反应机制和反应动力学研究	复杂的关注污染物条件（如高能化合物、杀虫剂）或复杂的混合物（如人工制气厂的残留物）条件下的反应机制和反应动力学
	（b）氧化剂在地下环境中的化学特性研究	无论氧化剂活化与否，了解其行为有助于提高氧化剂的持久性及降低其非生产性消耗，从而增强原位化学氧化技术对较大地下水污染羽的修复能力
	（c）原位化学氧化的生物地球化学效应研究	有助于更透彻地了解工艺设计及特定场地条件如何影响多孔介质的属性（天然有机物的数量及性质）、水质，以及对原位化学氧化后期自然衰减的影响
	（d）原位化学氧化处理后关注污染物的反弹和反扩散	提高关注污染物从低渗透性区域反扩散造成的污染反弹的可能性和时间表的预测能力，同时有助于提高管理污染反弹的能力
R2.原位化学氧化传输研究	（a）氧化剂传输至低渗透性区域研究	能经济、有效地将氧化剂（活化剂或稳定剂，如果需要的话）传输至可能有大量关注污染物残留的低渗透性区域的方法
	（b）氧化剂传输大的污染羽区域研究	能经济、有效地将氧化剂传输并混合进入含有大面积中等浓度关注污染物的地下水目标处理区的方法
R3.原位化学氧化系统设计研究	原位化学氧化单独使用或联合修复的分析和建模工具	能准确预测目标处理区中的氧化剂分配和关注污染物去除效率的原位化学氧化模拟器，以及能预测给定的原位化学氧化技术对顺梯度污染羽的反应，并且可以在适当的时机以适当的方法将原位化学氧化技术过渡到另一种技术或方法的分析方法和模型
R4.原位化学氧化过程控制与评估研究	（a）传感器和无线传感器网络及其智能控制研究	可在原位部署并通过无线网络传输原位化学氧化系统相关数据的坚固的、可靠的传感器，通过智能软件系统对数据进行分析应用以控制原位化学氧化系统的操作
	（b）集成评估原位化学氧化修复效果方法研究	评估原位化学氧化修复效果和目标完成情况（如使用一套监测参数和示踪剂）的实时方法，可以评估关注污染物迁移、稀释或反弹的影响

注：表中列出的研究需求与领域是对表14.3中总结的新兴技术研究需求和领域的补充。

14.4.1 原位化学氧化化学工艺研究

1.复杂的关注污染物条件下的反应机制和反应动力学研究

一个主要的研究需求是更好地了解复杂的关注污染物（如高能化合物和农药）以单组分或复杂混合物（如人工制气厂的残留物）的形式出现时的化学反应特性和反应动力学。对反应机制和关注污染物破坏效率的基本了解，有助于确保在应用原位化学氧化技术过程中不产生有害产物。将反应动力学信息转化成有用的速率表达式，有利于优化目标处理区中的氧化剂传输和对关注污染物的破坏。由于氧化剂对关注污染物的降解动力学通常比较快，所以无须更多的关注和研究。此外，对于氧化剂和催化剂的无效消耗机制和反应动力学也需要进一步研究。

2.氧化剂在地下环境中的化学特性研究

现阶段，更加深入地了解氧化剂和催化剂在地下运动过程中的反应机制和反应动力学是很有必要的。掌握该方面的大量知识有助于减少地下天然材料消耗的氧化剂，并有可能增强控制释放氧化剂的有效性。目前，大家对污染羽较大和污染物浓度较低的污染区的关注越来越多。对原位化学氧化工程而言，要使其对污染羽的管理更加可行（如成本效益更合理），就必须提高氧化剂的传输效率。这种提高机制可以是物理的，也可以是化学的。14.3.2 节对现阶段开展的研究和提出的改进方法或技术进行了描述，但还需要继续开展深入的研究。

3. 原位化学氧化的生物地球化学效应研究

现阶段可用的原位化学氧化参数的现场数据非常有限，而且现有的建模工具也很少关注原位化学氧化处理对地下水水质的影响，导致人们对原位化学氧化对地下水水质的短期影响和长期影响方面的了解非常有限。生物地球化学效应关注的内容包括微生物群落结构和功能、金属的迁移性、有机碳结构的变化及其对污染物吸附的影响，以及有害气体和影响自然衰减作用的地球化学参数。深入了解原位化学氧化的生物地球化学效应可以提高对限制这些影响的策略的预测性，并且有助于促进原位化学氧化处理过程中及处理后的自然衰减之间的协同作用。

4. 原位化学氧化处理后关注污染物的反弹和反扩散研究

由于缺乏了解和可用于预测存储污染物的质量或释放速率和程度等场地物理化学特性的工具，存储在低移动性、低渗透性介质中的污染物对原位化学氧化而言是一个复杂的挑战。此外，现阶段人们对污染物在原位化学氧化处理过程中的反弹和反扩散作用也缺乏足够的了解，更缺乏预测工具，因此，我们需要开展深入的研究以填补在原位化学氧化处理过程中和处理后污染物的反弹和反扩散方面的空白，同时研发数学工具 / 模型用于提高影响污染物存储、释放和处理的可预测性。研究原位化学氧化处理后关注污染物的反弹和反扩散作用，有助于预测关注污染物发生反弹的可能性和程度，以预先采取措施阻止反弹现象的发生。

14.4.2 原位化学氧化传输研究

将氧化剂和修正剂可控地向目标处理区中的关注污染物传输是原位化学氧化需要进一步研究和发展的关键领域。在所有指出的研究领域中，这可能是进一步发展和扩大原位化学氧化应用的关键。

1. 氧化剂传输至低渗透性区域研究

将氧化剂和修正剂传输至低渗透性区域需要氧化剂质量传递的运输通道，而不是氧化剂溶液的简单平流通道。通过移动的地下水将氧化剂溶液扩散运输至目标处理区是一种选择，但是不采取增强措施的话，这种运输可能会非常缓慢，并且在低渗透性介质中的渗透深度非常有限。当前，大量的新兴技术，如与氧化剂相容的聚合物和传输助剂，以及脉冲压力技术正在开发和测试，以确定这些新兴技术是否能促进氧化剂通过低渗透性介质中现有的孔隙通道。机械搅拌和共混技术也已经被开发和应用，其原理是通过物理同质化实现氧化剂在低渗透性介质中的均匀分布。持续对这些领域进行研究和开发可能会获得突破，也可能会增加原位化学氧化在低渗透性区域的成本效益，同时不可避免地需要考虑关注污染物的反弹和反扩散。

2. 氧化剂传输至污染羽大的区域

表 14.3 列出了几种增强氧化剂传输至污染羽大的地下水中的新兴技术实例和方法，如稳定的氧化剂和对氧化剂进行封装控释。此外，氧化剂的释放和反应控制也是非常重要的，因此有必要针对大型污染羽中浓度中等的关注污染物的修复开发氧化剂混合和分配的新技术。

14.4.3　原位化学氧化系统设计研究

过去几年，针对特定原位化学氧化现场工程设计方法和工具的研究有较大进展，但仍需要更多的理解及建立新的分析和建模工具，以提高原位化学氧化现场应用的有效性和成本效益。

采用改进的氧化剂衰变动力学改进设计工具是当前的需要，并且应将这些工具纳入氧化剂注入过程中和注入后可简单、有效地分配氧化剂的模型中。原位化学氧化概念设计是一个开始，但通过修改可以使这种类型的工具同样适用于其他氧化剂。较原位化学氧化概念设计而言，"中等范围"的建模工具可以更严格地模拟地下的复杂性，但其应用比三维的化学氧化反应运输（CORT3D）等复杂模型更容易、更便宜，因此这种"中等范围"的建模工具的研究是非常有益的。

此外，我们还需要改进后的用于预测原位化学氧化地下反应的分析和建模工具。例如，由于污染反弹是原位化学氧化修复的一个重大挑战，因此需要利用工具来帮助理解和预测氧化剂和污染物在孔隙尺度和宏观尺度下的过程，以更好地预测和管理污染反弹。这可能需要包括解吸、反扩散及其他过程的模型来模拟。

最后，我们还需要利用工具来评估和演示原位化学氧化技术与其他技术联用的优点和局限性，以及评估和演示何时将原位化学氧化技术过渡到强化原位生物修复或自然衰减是最具成本效益的。

14.4.4　原位化学氧化过程控制与评估研究

1. 传感器和无线传感器网络及其智能控制研究

传感器可用于测量与原位化学氧化相关的地下条件，因此研发坚固、可靠的传感器是必要的。将传感器与数据采集系统进行联合部署和对接，有助于解释原位化学氧化系统过程控制下的实时状态，特别是可以使氧化剂传输系统得到改善。

2. 集成评估原位化学氧化修复效果方法的研究

当前，我们非常需要采集现场数据及评估原位化学氧化修复效果和目标实现情况的实时方法。为识别和了解关注污染物的迁移、稀释和反弹的影响，我们需要研制一套包含监测参数和示踪剂的方法和技术。此外，我们还需要建立帮助人们准确、有效地了解污染反弹如何发生及为什么发生，以及什么时候可能发生和如何避免其发生的工具。另外，一个主要的问题是，什么样的修复终点足以保证自然衰减在合理的时间期限达到修复目标。利用改进的诊断和监测工具帮助评估自然衰减机制和含水层容量是非常有利的，这可能包括改进的更加经济有效的质量通量测量工具。在地下自然发生的生物机制和非生物机制可能会被原位化学氧化改变，利用工具来帮助衡量这些影响是非常有益的。用于帮助测定其他衰减机制（如分散）的工具，有助于预测原位化学氧化修复后剩下的污染羽是如何影响受体的。

14.5　总结

原位化学氧化已经发展了 10 余年，甚至更久，如今已经成为可以在一系列关注污染物造成的污染场地上成功部署，并达到实际修复目标的原位修复技术的代表。然而，和所有原位修复技术一样，原位化学氧化并不是在任何特定的场地都可靠或可应用的。虽然目前使用最优策略的原位化学氧化应用有很高的成功率，但新兴技术和方法正受到越来越多的关注，其中最显著的是原位化学氧化技术与其他技术的联用，特别是原位化学氧化技术与强化原位生物修复、自然衰减的联合应用。与其他原位修复技术相一致的是，原位化学氧化技术的研究和发展涵盖了基本过程、氧化剂传输、预测模型、诊断工具等。现有的知识将支持原位化学氧化应用的持续扩大，但开展提高原位化学氧化对顽固关注污染物和复杂水文地质条件下的修复效果，以及拓展原位化学氧化应用市场的新研究还是必要的。

参考文献

Brown RA, Robinson D, Block PA. 2004. Simultaneous reduction and oxidation: Combining sodium persulfate with zero valent iron. Proceedings, Third International Conference on Oxidation and Reduction Technologies for In-Situ Treatment of Soil and Groundwater (ORTs-3), San Diego, CA, USA, October 24–28, 27.

Bryant D, Kellar E. 2009. Remediation goes for three. Pollut Eng April 1.

Dugan PJ, Siegrist RL, Crimi ML. 2008. Coupling surfactants with permanganate for PCE DNAPL removal: Co-injection or sequential application as delivery methods. EOS Trans AGU 89(53), Fall Meet Suppl, Abstract #H34C-05.

Dugan PJ, Vlastnik E, Ivy S, Swearingen L, Swearingen J. 2009. Micro-encapsulated oxidant technology: Enhancing in situ chemical oxidation (ISCO) with selective oxidation using controlled-release permanganate. Proceedings, Annual Conference on Soils, Sediments, Water and Energy, Amherst, MA, USA, October 19–22.

Henderson TH, Mayer KU, Parker BL, Al TA. 2009. Three-dimensional density-dependent flow and multicomponent reactive transport modeling of chlorinated solvent oxidation by potassium permanganate. J Contam Hydrol 106:195–211.

Hoag G, Collins J, Hwang K. 2007. Treatment of non-aqueous phase liquids (NAPLs) using surfactant-enhanced in-situ oxidation (S-ISCO). Proceedings, Annual Conference on Soils, Sediments, Water and Energy, Amherst, MA, USA, October 15–18.

Lee ES, Schwartz FW. 2007. Characteristics and applications of controlled-release $KMnO_4$ for groundwater remediation. Chemosphere 66: 2058–2066.

Lee BS, Kim JH, Lee KC, Kim YB, Schwartz FW, Lee ES, Woo NC, Lee MK. 2009. Efficacy of controlled-release $KMnO_4$ (CRP) for controlling dissolved TCE plume in groundwater: A large flow-tank study. Chemosphere 74: 745–750.

Marley MC, Parikh JM, Droste EX, Lee AM, Dinardo PM, Woody BA, Hoag GE, Chheda PV. 2003. Enhanced reductive dechlorination resulting from a chemical oxidation pilot test. Proceedings, Seventh International In Situ and On-Site Bioremediation Symposium, Orlando, FL, USA, June 2–5, Paper A-17.

Ross C, Murdoch LC, Freedman DL, Siegrist RL. 2005. Characteristics of potassium permanganate encapsulated in polymer. J Environ Eng 131: 1203–1211.

Smith MM, Silva JAK, Munakata-Marr J, McCray JE. 2008. Compatibility of polymers and chemical oxidants for enhanced groundwater remediation. Environ Sci Technol 42: 9296–9301.

Waldemer RH, Tratnyek PG, Johnson RL, Nurmi JT. 2007. Oxidation of chlorinated ethenes by heat-activated persulfate: Kinetics and products. Environ Sci Technol 41: 1010–1015.

Watts RJ, Finn DD, Cutler LM, Schmidt JT, Teel AL. 2007. Enhanced stability of hydrogen peroxide in the presence of subsurface solids. J Contam Hydrol 91: 312–326.

附录A 专业名词缩略语及符号

℃	摄氏度	AFB	美国空军基地
℉	华氏度	AFCEE	美国空军工程与环境中心（原美国空军环境卓越中心）
K	开氏度	ANT	蒽
（aq）	液相	AOP	高级氧化技术
（g）	气相	ARAMS	自适应风险管理建模系统
（s）	固相	ARAR	可适用的或相关的或适当的需求
μg	微克	AS	曝气
μg/kg	微克/千克	ASCE	美国土木工程学会
μg/L	微克/升	ASTM	美国材料与测试协会
μm	微米	atm	大气压
μM	微摩尔	ATSDR	美国毒物与疾病登记署
1, 1-DCA	1, 1-二氯乙烷	BaA	苯并(a)蒽
1, 1-DCE	1, 1-二氯乙烯	BaP	苯并(a)芘
1, 2-DCA	1, 2-二氯乙烷	BbF	苯并(b)荧蒽
1, 1, 1-TCA	1, 1, 1-三氯乙烷	bgs	地面以下
1, 1, 2-TCA	1, 1, 2-三氯乙烷	BkF	苯并(k)荧蒽
1, 1, 1, 2-TeCA	1, 1, 1, 2-四氯乙烷	BPLM	材料类副产品
1, 1, 2, 2-TeCA	1, 1, 2, 2-四氯乙烷	BTEX	苯、甲苯、乙苯和总二甲苯
1, 2, 4-TMB	偏三甲苯	BTOC	套管顶部以下
1, 3, 5-TMB	均三甲苯	CAD	计算机辅助设计
1-D	一维	CB	氯苯
2, 4-D	2, 4-二氯苯氧基乙酸	CCMS	现代社会挑战委员会
2, 4, 5-T	2, 4, 5-三氯苯氧基乙酸	CDISCO	原位化学氧化概念设计
2-CP	邻氯苯酚	CERCLA	《综合性环境响应、补偿与责任法》
2-D	二维	CFR	美国联邦法规
3-D	三维	CFU	菌落数
AACE	美国工程造价工程师协会	CHP	催化过氧化氢
AACEI	美国国际工程造价促进会	CHR	䓛
ACC	美国化学协会	cis-DCE	顺式-1, 2-二氯乙烯
ACE	苊	cm	厘米
ACL	基于风险的选择性清除水平	cm/s	厘米/秒

CMC	临界胶束浓度	EFR	强化液体回收
CMT	多通道连续油管	Eh	氧化还原电位
COCs	目标污染物	EISB	强化原位生物修复
COD	化学需氧量	EPCRA	《应急计划与社区知情权法案》
CORT3D	三维化学氧化反应迁移模型	EPRI	美国电力研究院
CP	圆锥贯入仪	ERD	强化还原脱氯
CPT	圆锥贯入仪测试	ERI	电阻率成像
CSI	施工规范研究所	ESTCP	环境安全技术认证计划
CSIA	复合特定的同位素分析	FA	富里酸
CSM	场地概念模型	FID	火焰离子化检测器
CSTR	连续搅拌釜反应器	FLA	荧蒽
CT	四氯化碳	FLU	芴
CTL	清除目标水平	f_{oc}	有机碳质量分数
CVOC	含氯挥发性有机化合物	FRTR	美国修复技术圆桌会议
DCDD	2, 7-二氯二苯对二噁英	FS	可行性研究
DCE	二氯乙烯	g	克
DI	去离子的	G&A	总务和行政管理
DNA	脱氧核糖核酸	g/cm^3	克/立方厘米
DNAPL	重质非水相液体	g/kg	克/千克
DNT	二硝基甲苯	g/L	克/升
DO	溶解氧	g/mol	克/摩尔
DOC	溶解性有机碳	GAO	美国政府问责局
DoD	美国国防部	GC	气相色谱法/色谱仪
DoE	美国能源部	GHG	温室气体
DPE	双相萃取	GW	地下水
DPT	直推探针技术	HA	腐殖酸
DQO	数据质量目标	HAZWOPER	危险废物作业和应急响应
DRO	柴油系有机物	HBCD	羟丙基-b-环糊精
DWP	动态工作计划	HCA	六氯乙烷
$E°$	标准氧化还原电位	HCBD	六氯丁二烯
E_a	活化能	HEDPA	1-乙醇-1, 1-二磷酸
E_c	导电系数	HMP	六偏磷酸盐
EC	电导率	HMX	环四亚甲基四硝胺
ECD	电子捕获检测器	HSM Model	Hoigné、施特赫林和巴德模型
EDTA	乙二胺四乙酸	IDQTF	政府间数据质量工作组

(续表)

IDW	调查性浪费	MGP	天然气制造厂
ISCO	原位化学氧化	mL	毫升
ISCR	原位化学还原	MLS	多水平取样器
ISS	原位化学稳定	mm	毫米
ITRC	美国州际技术和监管委员会	mM	毫摩尔质量
J	焦耳	mmol	毫摩尔
K	饱和水力传导度	MNA	监测自然衰减
K_d	分配系数	mol	摩尔
kg	千克	MSDS	物质安全资料表
kJ	千焦	MTBE	甲基叔丁醚
K_{OC}	有机碳分配系数	mV	毫伏（特）
K_{OW}	辛醇—水分配系数	MW	监测井
L	升	NA	自然衰减
LCA	生命周期评估	NAP	萘
LEA	局部平衡假设	NAPL	非水相液体
LIF	激光诱导荧光	NAS	美国海军航空站
LNAPL	轻质非水相液体	NASA	美国国家航空航天局
LPM	低渗透性介质	NATO	北大西洋公约组织
LS	汇总	NAVFAC	美国海军设施工程司令部
LTHA	低温热激活	NDMA	N-二甲基亚硝胺
LTM	长期监测	NHE	标准氢电极
LUST	地下储油罐泄漏	nm	纳米
m	米	NOD	天然氧化剂需求量
M	摩尔质量	NOM	天然有机物
MAROS	监控与修复优化系统	NPL	美国国家优先整治名单
MBT	分子生物学工具	NPV	净现值
MCACES	微型计算机辅助工程造价系统	NRC	美国国家研究委员会
MCB	一氯苯	NSB	美国海军潜艇基地
MCL	最大污染物水平	NSF60	美国国家卫生基金会标准
meq/L	毫克当量/升	NTA	次氮基三乙酸
mg	毫克	NTC	美国海军训练中心
mg/kg	毫克/千克	O&G	油脂
mg/L	毫克/升	O&M	运行和维护
MIP	膜界面探针	OAM	可氧化含水层材料

OCDD	八氯代二苯并二噁英	QC	质量控制
ORP	氧化还原电位	qPCR	定量聚合酶链反应
OSHA	美国职业安全与健康管理局	R&D	研究与开发
OSWER	美国环境保护署固体废物和应急响应办公室	RACER	修复行动工程造价和需求
OU	操作单元	RAO	修复行动目标
P&ID	流程和仪表图	RCRA	《资源保护与回收法》
P&T	抽出—处理	RCRA-CA	《资源保护与回收法纠正行动方案》
PAH	多环芳烃	RDX	六氢-三硝基-1, 3, 5-三嗪或皇家爆破炸药
PBB	多溴联苯	RG	修复目标
PCB	多氯联苯	RI	修复调查
PCE	四氯乙烯（也称全氯乙烯或四氯乙烯）	RIP	修复措施到位
PCP	五氯酚	RNS	功能区非水相液体取样器
PCR	聚合酶链式反应	ROD	决定记录
PDB	被动式扩散采样袋	ROI	影响半径
Pe	佩克莱数	rRNA	核糖体核糖核酸
PFMs	无源磁通量计	RT3D	三维空间中的反应运移模型
PHE	菲	SADA	空间分析和决策支持
PID	光离子化检测器	SDS	十二烷基硫酸钠
PITT	分区井间示踪剂测试	SDWA	《安全饮用水法》
pKa	酸解离常数	SEAR	表面活性剂增强含水土层修复
PLC	程序逻辑控制器	SEM	扫描电子显微镜（或显微镜）
PLFA	磷脂脂肪酸	SER	蒸气增强修复
PNNL	美国太平洋西北国家实验室	SERDP	战略环境研究与发展计划
ppb	十亿分之一	SOD	土壤氧化剂需要量
PPE	个人防护装备	SOM	土壤有机质
ppm	百万分之一	SRB	硫酸盐还原细菌
PRB	可渗透性反应墙	St	斯坦顿数
PRG	初级修复目标	STP	标准温度（20℃）和标准压力（1atm）
PV	孔隙容积	STPP	三聚磷酸钠
PVC	聚氯乙烯	SURF	可持续修复论坛
PYR	芘	SVE	土壤气相抽提
QAPP	质量保证项目计划	SVOC	半挥发性有机化合物
QA	质量保证	T-RFLP	末端限制性片段长度多态性

TAME	甲基叔戊基醚	UCL	置信上限
TAT	周转时间	UFP-QAPP	美国联邦质量保证计划统一政策
TBA	叔丁醇	UIC	地下注射控制
TBF	叔丁基	USEPA	美国环境保护署
TCA	二氯乙烷	USP	《美国药典》
TCDD	2, 3, 7, 8-四氯二苯并二噁英	UST	地下存储罐
TCE	三氯乙烯	UV	紫外线
TDS	总溶解固体	V	体积
TEA	末端电子受体	V/V	体积比
TMB	三甲基苯	VC	氯乙烯
TNT	2, 4, 6-三硝基甲苯	VE	工程经济学
TOC	总有机碳	VOC	挥发性有机化合物
TOD	总需氧量	WDR	废物排放要求
TPH	石油烃总量	wt.	质量
trans-DCE	反式-1, 2-二氯乙烯	wt.%	质量百分比
TSA	琼脂	ZVI	零价铁
TTZ	目标修复区		

附录B 化学式

Ag	银	$Fe(OH)_3$	氢氧化铁
Al	铝	$\alpha\text{-}FeOOH$	针铁矿
As	砷	$FeSO_4 \cdot 7H_2O$	七水硫酸亚铁
Br	溴	H^+	氢离子
–COOH	羧基官能团	$H^\cdot$	溶剂化氢原子
C–OH	羟基官能团	HCl	氯化氢
C=O	羰基官能团	HCO_3^-	碳酸氢根
Ca	钙	$HCO_3^\cdot$	碳酸氢根自由基
$CaCO_3$	碳酸钙	$HMnO_4$	质子化高锰酸钾
CaO_2	过氧化钙	$HO_2^\cdot$	氢过氧自由基
Cd	镉	HO_2^-	氢过氧阴离子
CH_4	甲烷	$HO_3^\cdot$	过三氧化氢自由基
$CHCl_3$	三氯甲烷	$HO_4^\cdot$	过四氧化氢自由基
Cl^-	氯离子	H_2O_2	过氧化氢
Cl_2	氯气	H_2O_3	过三氧化氢
$Cl_2^{\cdot-}$	二氯自由基阴离子	HS^-	硫氢根
$ClHCD^\cdot$	氯-羟基-环己-甲基基	I	碘
Co	钴	K	钾
CO_2	二氧化碳	$KMnO_4$	高锰酸钾
CO_3^{2-}	碳酸根	KOH	氢氧化钾
$CO_3^{\cdot-}$	碳酸根阴离子自由基	Mg	镁
$COCl_2$	光气	Mn	锰
Cr	铬	Mn^{2+}	锰离子
Cu	铜	Mn（Ⅶ）	七价锰
F	氟	$MnCO_3$	菱锰矿
Fe	铁	MnO_2	二氧化锰
Fe（Ⅱ）	二价铁	MnO_2^{2-}	锰酸盐离子
Fe（Ⅲ）	三价铁	$\alpha\text{-}MnO_2$	碱硬锰矿
Fe（Ⅳ）	四价铁	$\beta\text{-}MnO_2$	软锰矿
$FeCl_3$	氯化铁	$\delta\text{-}MnO_2$	水钠锰矿
$Fe(ClO_4)_3 \cdot 6H_2O$	高氯酸铁	$\gamma\text{-}MnO_2$	六方锰矿
$FeCO_3$	菱铁矿	MnO_2^-	高锰酸根
Fe_2O_3	赤铁矿	MnO_4^{2-}	锰酸根
Fe_3O_4	磁铁矿	Mn_2O_3	锰酸盐
$Fe_2O_3 \cdot 0.5H_2O$	水铁矿	Mn_3O_4	黑锰矿

（续表）

$Mn(OH)_2$	羟锰矿	$^1O_2$	单线态氧气
$MnOOH$	水锰矿	$O_2^{\cdot-}$	超氧自由基
$MnSO_4$	硫酸锰	O_3	臭氧
Mo	钼	O_3^-	臭氧化物
Na	钠	$OH^{\cdot}$	羟基自由基
$-NH_2$	氨基官能团	OH^-	氢氧根离子
NH_3^+	铵根离子	$-OH$	羟基官能团
$-NO_2$	硝基官能团	Pb	铅
NO_3^-	硝酸根	PO_4^{3-}	磷酸根离子
N_2	氮气	S	硫
N_2O	一氧化二氮	$-SO_3H$	磺酸官能团
$NaCl$	氯化钠	SO_4^{2-}	硫酸根
$NaMnO_4$	高锰酸钠	$SO_4^{\cdot-}$	硫酸盐自由基
$NaOH$	氢氧化钠	$SO_5^{\cdot-}$	过硫酸盐自由基
$Na_2CO_3 \cdot 1.5H_2O_2$	过碳酸钠	SO_5^{2-}	过硫酸盐
$Na_2S_2O_8$	过硫酸钠	$S_2O_8^{2-}$	过硫酸根离子
Ni	镍	Ti	钛
$O^{\cdot-}$	氧原子自由基	U	铀
O_2	氧气	Zn	锌

附录C 专业术语

Abiotic（非生物的） 发生在没有生物体直接参与的条件下。

Absorption（吸收） 水、其他液体或溶解的化学物质被多孔材料、细胞或生物体吸取。

Activated Carbon（活性炭） 由炭组成的一种强吸附剂，可用于去除液体或气体排放物的气味或毒性物质。

Activation（活化） 试剂与氧化剂（如过氧化氢）反应产生活性物质（如羟自由基）的反应。

Adsorption（吸附） 气体或液体溶质在固体或液体（吸附剂）表面累积，形成分子或原子膜（被吸附物）的过程。

Advection（水平对流） 液体在特定方向上的整体运动，导致的物质随液体（如地下水）的传输。

Aerobic（好氧的） 有氧存在的环境条件，生物的好氧呼吸需要氧气来提供能量。

Air Sparging（空气喷射） 将空气或氧气注入含水层使污染物挥发或被生物降解的技术。

Aldehyde（醛） 一类具有 R-CHO 结构的有机化合物，以含有不饱和羰基（C=O）为特征。它是由醇类通过脱氢或氧化形成的，因而占据了醇及其进一步氧化形成的酸之间的位置。

Aliphatic Compounds（脂肪族化合物） 一类原子没有连接在一起形成的环状有机化合物。

Alkane（烷烃） 有一个或多个碳碳单键的非芳香族饱和碳氢化合物，通式为 C_nH_{2n+2}。

Alkalinity（碱度） 溶液中和酸性的能力，等于溶液中碱基的化学计量总和，是溶液缓冲能力的一种表示。

Alkene（烯烃） 非饱和的，有一个或多个碳碳双键的开链碳氢化合物，通式为 C_nH_{2n}。

Alluvial（冲积的） 关于或涉及随流水沉积下来的砂。

Alternative Cleanup Level（ACL，替代清理水平） 与更严格的最大污染物水平（MCL）不同的另一个污染物浓度目标，通常通过场地特定的风险评估或正式监管框架为低产量或低风险的含水层确定。

Ammonium Persulfate（过硫酸铵） 由高浓度硫酸铵溶液电解和结晶回收获得的一种白色晶体。

Anaerobic（厌氧的） 缺氧的环境条件。在地下水中，溶解氧浓度小于 1.0mg/L 通常视为厌氧。厌氧呼吸是生物体在缺氧环境条件下产生能量的一种方式。

Analytical Model（解析模型） 一种有封闭形式解的数学模型（用于描述系统变化的方程的解可以用数学解析函数表示）。解析模型比数值模型更精确、更美观，但求解描述复杂系统的方程的解析解通常很困难。

Anion（阴离子） 带负电荷的离子。

Anisotropy（各向异性） 在地质水文条件下，含水层的一个或多个水力特性随方向变化而变化。

Anoxic（缺氧的） "没有氧"，缺氧特指没有溶解氧但有硝酸盐的条件。

Aquifer（含水层） 存储地下水的一种地下地质构造。承压含水层位于水力传导度较低的压力单元以下；非承压含水层没有压力单元，以地下水水位来定义。

Aquitard（弱含水层） 一种地下的低渗透性地质构造，很难传输地下水。

Assimilative Capacity（同化能力） 自然水体接收和降解废水或毒性物质的能力。

Attenuation（衰减） 污染物浓度在空间或时间上的减小，包括破坏性（生物降解、水解）和非破坏性去除过程（挥发、吸附）。

Attenuation Rate（衰减速率） 污染物浓度随时间减小的速率，单位为 mg/L/y。

Autotrophic（自养的） 自我维持的或自我供给营养的。生物体必须从无机材料（如二氧化碳和铵等）合成它们自己的食物。

Bacterium（细菌） 一种小尺寸的单细胞生物（直径通常为 0.3 ～ 2.0μm）。与真菌和高等动植物（真核生物）不同，细菌是原核生物，特征是没有明显的与膜结合的核或细胞器，脱氧核糖核酸（DNA）没有形成染色体。

Baseline（基线） 修复实施前收集的一组代表环境条件的数据，将其与处理后的数据比较可以评价修复效率。

Bedrock（基岩） 位于表面固体和其他松散介质下的固体或破碎岩石。

Bench-Test（试验台测试） 见"可处理性测试"。

Bentonite（斑脱土） 一种可膨胀的黏土矿物，在干湿过程中会膨胀或收缩，可以通过火山灰的化学改性形成。

Bioaugmentation（生物强化） 向地下添加微生物，促进目标污染物的生物降解。微生物可以从场地已经存在的污染中分离得到，或者从特殊培养的细菌菌株中分离得到。

Bioavailability（生物可利用性） 被生物吸收或与生物发生交互作用的程度或能力。

Biobarrier（生物屏障） 一种修复技术，用于当污染羽穿过渗透性地下屏障时拦截和进行生物处理。生物屏障通过垂直污染羽建设井或沟渠，当地下水流过生物屏障时，将基质输送给含水层中的微生物。

Biochemical（生物化学的） 由生物化学反应产生的，或者涉及生物化学反应的。

Biodegradation（生物降解） 一种化学物质向另一种化学物质的生物转化。

Biofouling（生物污染） 微生物的生长或活动使井或其他设备的功能受损。

Biomarker（生物标记物） 生物体中一种拥有能够识别特定的生物活性的特定分子特征的生物化学物质。

Biomass（生物量） 定量水或固体物质中的微生物总量。

Bioremediation（生物修复） 利用微生物控制或破坏污染物。

Biotransformation（生物转化） 由生物催化的化学物质向其他物质的转化。

Biowall（生物墙） 一种被动形式的原位生物修复，当污染羽流经固定的多孔墙体时（如填充砂—稻草混合物的沟渠），污染羽被拦截和处理。当地下水流经墙体时，墙体介质中生长的微生物能够通过生物降解过程去除污染物。

Buffering Capacity（缓冲能力） 当添加酸或碱时，溶液抵抗 pH 值变化的能力。

Capture Zone（捕获区） 由一个或多个井或排水沟抽取地下水形成的三维区域。

Carboxylic Acid（羧酸） 含有一个或多个羧基（-COOH）的有机酸。

Catalyst（催化剂） 一种促进化学反应但本身不参与反应的物质。

Catalyzed Hydrogen Peroxide（CHP，催化过氧化氢） 一种由过氧化氢和催化剂（通常为亚铁离子）组成的氧化剂配方，一般与 Fenton 试剂和改进的 Fenton 试剂交替使用。

Cation（阳离子） 带正电荷的离子。

Chelating Agent（螯合剂） 一种化合物，通常为有机化合物，能够产生螯合作用。

Chelation（螯合） 一个配体和一个单中心原子之间的两个或多个独立的结合模式的形成或存在形式。这些配体通常是类似乙二胺四乙酸（EDTA）的有机化合物，称为 Chelants、Chelators、Chelating Agents 或 Sequestering Agents。

Chlorinated Solvent（含氯溶剂） 一种碳氢化合物，该类物质结构中的一个或多个氢原子被氯原子取代。含氯溶剂通常用于生产、干洗和其他操作的除脂。含氯溶剂包括三氯乙烯、四氯乙烯和三氯乙烷。

Chloroethane（氯乙烷） 一种无色、可燃气体，化学式为 C_2H_5Cl，属于有机氯化物，用作制冷剂、溶剂和麻醉剂，曾经被用于汽油添加剂四乙基铅制备中的一种高容量工业化学品。

Cleanup Level（清理水平） 用于描述使某一特定场地或在某个特定目标处理区内土壤、地下水或其他介质中的关注污染物浓度达到某一特定值相关的修复程度。清理水平通常是由监管部门和项目指定的，可能包括特定介质的数值。在有些监管计划中，清理水平可以作为修复目标。

Co-Contaminant（共存污染物） 由于浓度低或风险低，虽然存在，但不是 COCs，不能被作为修复的主要驱动的一类污染物。当运用 ISCO（或其他技术）处理主要的 COCs 时，有可能将其作为目标，也有可能不将其作为目标。

Cometabolism（共代谢） 两种物质同时代谢，第二种物质的降解依赖第一种物质的存在。例如，在降解甲烷过程中，某些细菌能够降解含氯有机溶剂，如果没有降解甲烷的过程，它们就不能降解含氯有机溶剂。

Compound Specific Isotope Analysis（CSIA，特定化合物同位素分析） 比较特定化合物中的稳定同位素比值（如 TCE 中的 ^{13}C 和 ^{12}C）的一种分析技术。它用于区分降解过程（化学氧化、生物降解）和物理过程（稀释），因为降解过程会改变这些同位素的比例，而物理过程不会影响同位素比例。

Conceptual Site Model（CSM，场地概念模型） 关于某一场地污染物释放的假想、污染源现状、场地条件及到受体的传输途径，以及当前污染羽特性（污染羽稳定性）。

Contaminant of Concern（关注污染物） 某场地存在的一种或多种污染物，这些物质存在风险，影响修复的性质和程度。它们可能被选择为 ISCO 破坏或修复过程中去除的目标。

Contaminant Rebound（污染物回落） 在实施场地修复后，一开始液相中污染物浓度很快减小，但在随后的处理后监测期内污染物浓度又有所升高。

Contingency Planning（应急计划） 应急计划的目的是为实施观测方法提供场地特定

的指导，并准备一个实时响应行动计划，根据数据收集的结果，做出实施修复的决策。

Coupling（耦合） 用于描述两种或更多种修复方法或技术的主动组合，也称为联合修复。

Data Quality Objective（DQO，数据质量目标） 基于环境数据，决策者能够接受总的不确定性水平的定性表述和定量表述。按照用户的要求，提供规划和管理环境数据的统计框架。

Dechlorination（脱氯） 一种涉及用氢取代一个或多个氯原子的反应。

Degradation（降解） 化合物通过生物或非生物反应被转化。

Dehalogenation（脱卤） 用氢原子取代一个或多个卤原子（氯、氟、溴）。

Dehalorespiration（脱氯呼吸作用） 包括卤代化合物（如氯乙烯、溴乙烯）的还原代谢的产能呼吸代谢。

Delivery Performance Monitoring（传输性能监测） ISCO修复期间需要注入氧化剂并进行测定，以评价氧化剂在目标处理区及周围的传输效果。

Dense Nonaqueous Phase Liquid（DNAPL，重质非水相液体） 比水重，难溶于水或难以与水混合（不互溶）的液体。当有水存在时，它会形成相对独立的相。很多含氯溶剂，如TCE，都是重质水非相液体。

Desorption（解吸） 吸附的反义词，是指化学物质从固体表面释放。

Dichloroethene（DCE，二氯乙烯） 含氯乙烯，作为去油剂或脱脂剂，是PCE和TCE的一种脱氯降解产物。

Diffusion（扩散） 分子随浓度梯度扩散的过程。分子从高浓度区域向低浓度区域移动。

Dilution（稀释） 平流与扩散相结合的过程，导致物质在液体（如地下水）中的净稀释。

Direct Push（直推） 一种钻探方式，钻杆通过冲击技术钻进，通常称为Gepprobe。在ISCO系统中，这种方法包括向设定的深度推进一个临时井筛，并注入氧化剂。

Dispersion（分散） 在对流时，由于与个别孔隙和通道中地下水的混合，物质（溶质）沿着地下水流路径扩散并远离。

Effectiveness（有效性） COCs被破坏的速率和被破坏的百分比，代表ISCO系统的有效性。数值越大表明系统越有效。

Efficiency（效率） 介质需求、氧化剂需要量、氧化剂消耗速率都是ISCO系统效率的衡量指标，反映处理一定量污染介质或一定量污染物时氧化剂的消耗量和消耗速度。数值越小表明系统效率越低。

Electron（电子） 带负电荷的亚原子粒子，在化学反应中可能在不同的化学物质之间转移。每种化学物质都包括电子和质子（带正电荷的粒子）。

Electron Acceptor（电子受体） 在氧化还原反应中接受电子（被还原）的物质，对于微生物的生长和生物降解很重要。常见的地下电子受体包括氧、硝酸盐、硫酸盐、铁和二氧化碳。含氯溶剂（如TCE）在厌氧条件下可以作为电子受体。

Electron Donor（电子供体） 在氧化还原反应中提供电子（被氧化）的物质，对于微生物的生长和生物降解很重要。在厌氧生物修复过程中，有机化合物（如乳酸）通常作为电子供体，少数含氯溶剂（如氯乙烯）和发酵产生的氢也可以作为电子供体。

Emulsified Edible Oil（乳化食用油） 将食用油（如豆油）分散在水中（通过搅拌或使用均质机），形成油水混合物的一种配方。将油类乳化能够促进油类在地下的分散。

Emulsion（乳状液体） 一种液体小球悬浮在另一种液体中，两种不能混合（如油和水）。

Endpoints（操作终点） 操作标准，适用修复技术的应用（如 ISCO）。例如，操作终点可以设置成在某一特定时期内目标处理区某一污染物的目标浓度，达到该目标浓度后，ISCO 操作可以终止。操作终点能够被设置成要实现的目标。

Enhanced In Situ Bioremediation（EISB，强化原位生物修复） 见"原位生物修复"。

Enzyme（酶） 一种由生物制造的蛋白质，用于特定化合物的转化，该蛋白质在化学物质的生物化学转化中是一种催化剂。

Ex Situ（异位） 拉丁语，指将一种物质从它自然的或原来的位置移除，例如，在地上对污染地下水进行处理。

Fenton's Reagent（Fenton 试剂） 由过氧化氢和亚铁催化剂组成的一种溶液，用于氧化污染物。这种试剂是由 H. J. H. Fenton 于 19 世纪 90 年代发现的。

Fermentation（发酵） 在没有外部电子受体的情况下有机物质的氧化。

Ferrous Salt（亚铁盐） 可溶性铁盐。

First-order Reaction（一级反应） 是指反应速率取决于其中一种反应物浓度的化学反应。

Fluvial（河流的） 与河流相关的，或者发生在河流中的。

Free Radical（自由基） 见"Radicals"。

Full Scale（全尺度） 某种修复技术一定规模的实施，代表处理整个目标处理区需要进行的部署。

Geochemical（地球化学） 由物质的非生物化学反应产生的，或者涉及物质的非生物化学反应的。

Growth Substrate（生长基质） 一种有机化合物，细菌能够在其上面生长，通常作为唯一的碳源和能源。

Half-life（半衰期） 将组分浓度降低到初始值的一半所需要的时间。

Hydraulic Conductivity（水力传导度） 对多孔介质在一定水力梯度下传导水的能力的一种衡量。

Hydraulic Fracturing（水力破裂） 用于制造从钻孔延伸到周围地下岩层的裂缝的一种方法。裂缝通常靠支撑剂维持，支撑剂是一种类似砂粒或其他材料的物质，能够阻止裂缝闭合，用于增强或恢复地下传输流体的能力。

Hydraulic Gradient（水力梯度） 在一定方向上单位距离内水头（水压）的变化，通常在主要的流动方向上。

Hydraulic Head（水头） 特定基准面上的水体标高。在某一特定的点上，单位质量的水所具有的能量，在实验室中通常利用压力计测量水位，而在现场通常利用井、钻孔或压力计测量水位。水总是从较高的水头点流向较低的水头点。

Hydraulic Residence Time（水力停留时间） 水在某一特定的空间区域（如反应器或地下反应区域）的平均停留时间。

Hydrocarbons（碳氢化合物） 由碳和氢组成的化合物。

Hydrogen Bonding（氢键） 一个分子上带负电原子吸附的氢和另一个分子的电负性原子之间的吸引力。通常，带负电的原子为氧、氮或氟，它们带有部分负电荷，氢带有部分正电荷。

Hydrogen Peroxide（过氧化氢，H_2O_2） 一种不稳定的物质，通常用作氧化剂、漂白剂、防腐剂或推进剂。

Hydrolysis（水解） 有机物与水相互作用发生的分解。

Hydrophilic（亲水的） 对水有较强的亲和力。亲水化合物往往在水相中被发现。

Hydrophobic（疏水的） "害怕水的"。疏水性化合物，如油和含氯溶剂，在水中溶解度较低，通常形成独立的非水相。

Hydroxyl（羟基，-OH） 由一个氢原子和一个氧原子组成的化学基团或离子，是中性的或带负电荷的。

Hydroxyl Radical（羟自由基） 氢氧根离子的中性形式。羟自由基具有强反应性，半衰期较短。羟自由基能够在自然过程或工程反应过程中形成。

Hypochlorous Acid（次氯酸） 一种氯的含氧酸，含有一价氯，可作为一种氧化剂或还原剂。

Hypoxic（含氧量低的） 氧含量低或缺氧的状况。

Hysteresis（迟滞） 当作用力发生改变时效果的延迟。例如，含水量和水势之间的关系大致取决于多孔介质是潮湿的还是干燥的。同样，化合物的吸附、解吸速度也可能不一样。

Immiscibility（不互溶性） 两种或多种物质或液体相互不溶解的性质，如油和水。

Impermeable（不透性） 难以穿透多孔介质或土壤，不允许水移动或通过，或者水很难移动或通过的一种性质。

Infiltration Gallery（渗水廊道） 一种药剂输送方式，通过在非饱和区开挖水平井或沟渠，将液体注入水平井或沟渠中，液体通过向下渗透进入目标处理区。

In Situ（原位） 拉丁语，意思是"In Place"。在自然或原来的位置，如在地下对地下水进行处理。

In Situ Air Stripping（原位气提） 通过迫使空气流经水，使化合物挥发，将挥发性有机污染物从污染地下水或地表水中去除或提取出来。

In Situ Bioremediation（原位生物修复） 利用微生物原位降解污染物，最终形成无毒的物质。虽然非饱和区也能发生微生物修复，但通常原位生物修复用于饱和土壤和地下水中污染物的降解。

In Situ Chemical Oxidation（ISCO，原位化学氧化） 通过添加强的化学氧化剂，如高锰酸盐或过氧化氢等，原位氧化污染物，以降低污染物的毒性或移动性。

In Situ Chemical Reduction（原位化学还原） 通过添加化学还原剂，如零价铁等，原位还原污染物，以降低污染物的毒性或移动性。

In Situ Thermal Treatment（原位热处理） 通过产生高温，原位去除和破坏污染物的处理系统。在实际应用中，有3种类型的技术：蒸气注入、电阻加热（通过使用电流产生热量）、热传导加热（使用地下电加热器，通过固体基质向外辐射热量）。

Influent（流入） 水、废水或其他液体流入蓄水池、水坑或原位目标处理区。

Initiation（引发） 一种化学反应，使系统中自由基数量增加。

Injection Well（注入井） 为了注入修复制剂到含水层中建设的井。注入井通常不能作为效果监测井，因为它们不可能代表整个目标处理区的条件。

Inorganic Compound（无机化合物） 一种不基于共价碳键的化学物质，高氯酸是一种无机化合物，金属、营养元素（如氮、磷）、矿物质和二氧化碳也是无机化合物。

Interfacial Tension（界面张力） 两种不互溶的液体（如 DNAPL 和水）界面的作用力，是由不同液体的分子间吸引力产生的。通常，给定液体表面的界面张力是通过表面的任意一条线的力除以线段的长度得到的（因此，界面张力是用单位长度的力来表示的，等于单位表面积的能量）。

Intrinsic Bioremediation（内在生物修复） 一种原位生物修复，利用天然微生物的固有能力降解污染物，而不需要任何工程措施来促进这一过程。

Intrinsic Remediation（内在修复） 原位修复，利用自然发生的过程降解或去除污染物，不需要利用工程措施促进这一过程。内在修复也称为自然衰减，如果同时进行了监测，则称为监测自然衰减。

Investigation Derived Waste（IDW，调查衍生的废物） 在调查实际或潜在污染场地的过程中产生的废物，包括固体废弃物和危险废弃物、介质（包括地下水、地表水、土壤和沉积物、残渣）。

Ionization（离子化） 通过增加或去除带电粒子，如电子或其他离子，将原子或分子转化成离子的过程。

Ionization Potential（电离势） 当气体离子或分子在自由空间中分离处于基态时，去除（无限）原子或分子最上面的电子所需要的能量。

Isoconcentration（等浓度） 多个样点表现出相同浓度。

Isotope（同位素） 一种元素的两种或多种形式，在周期表中有相同数量的质子。同位素有类似的化学性质，但原子质量不同，物理性质也不同。例如，^{37}Cl 和 ^{35}Cl 都有 17 个质子，但 ^{37}Cl 有两个额外的中子，因此质量更大。

Isotope Fractionation（同位素分离） 选择性降解某种化合物的一种同位素形式。例如，微生物降解高氯酸盐的 ^{35}Cl 同位素相对于 ^{37}Cl 要更容易。ISCO 反应能够降解更轻的同位素，导致氧化进行过程中的分馏变化。

Karst（喀斯特） 不规则的灰岩在水槽、地下溪流、洞穴沉积形成的地质结构。

Ketone（酮） 含有羰基的化合物（含有碳氧双键），能通过氧化有机质或醇类生成。

Kinetics（动力学） 反应速率，由适用的反应速率规律和反应速率常数确定。

Lactate（乳酸） 一种乳酸盐或酯类。

Leachate（渗滤液） 当液体（如水）穿过渗透性介质时形成的溶液。当穿过污染介质时，渗滤液的溶液或悬浮液中可能包含污染物。

Leaking Underground Storage Tank（LUST，渗漏的地下储油罐） 1986 年，美国国会通过修订《资源保护与回收法》（RCRA），设立了 LUST 信托基金。LUST 信托基金有两个目的：一是提供资金，用于监督和促使责任者（通常是 LUST 的所有者或经营者）执行纠正行动；二是信托基金提供资金用于所有者或经营者不清楚、不愿意或没有能力回应，或者需要采取应急行动的 LUST 场地的清理。

Life Cycle Cost（生命周期成本） 某一特定修复策略在整个项目周期内的总成本，包括直接初始成本和间接初始成本，以及周期性或持续性的运行和维护费用。

Light Nonaqueous Phase Liquid（LNAPL，轻质非水相液体） 一种非水相液体，比重小于1.0。由于水的比重是1.0，因此很多LNAPLs浮在地下水水位以上。很多常见的石油烃染料和润滑油都属于LNAPLs。

Lipid（脂质） 两亲分子，能够分离两种不同的相或层（如分离水和油），常指细胞膜的外膜。两亲物拥有极性带电区域，能够吸引水分子；还有一个非极性不带电区域，能够吸引非极性的油类和脂类。

Liquid Chromatography（液相色谱） 一种流动相（液体）经过固定相，实现化学分离的技术。

Local Equilibrium Assumption（LEA，局部平衡假设） 一种假设，关注的反应（如NAPL溶解或吸附）足够快，因此可以假定存在局部平衡。例如，溶解意味着相对流经多孔介质而言，溶解速度很快，因此NAPL附近的溶解浓度等于NAPL的溶解度。对于吸附来说，相对流经多孔介质而言，吸附和解吸发生的速度很快，以至于浓度的任何变化都伴随着吸附量的相应变化。

$\log K_{ow}$（辛醇—水分配系数对数） 辛醇水分配系数（K_{ow}）的对数表达形式，衡量一种化合物在辛醇和水中的平衡浓度。

London-Van Der Waals Forces（范德华力） 两个分子之间的较弱的、短暂的电力（引力或斥力），是由于分子间的电子运动产生的。

Long-Term Monitoring（LTM，长期监测） 在修复措施实施并达标后开展的监测，以确保持续的保护和性能。

Low Permeability Media（LPM，低渗透性介质） 地下的低渗透性区域，能够作为地下水流动或NAPLs迁移的本地化阻隔。其最初作为溶解和吸附的一个污染物的库，随后成为反扩散的一个源。

Macroscopic（宏观的） 大到可以用肉眼看见。

Magnetite（磁铁矿） 常见的黑色氧化铁矿物，强烈吸引在磁场中；是重要的铁矿石，能够还原地下水中的含氯溶剂。

Mass Balance（质量平衡） 系统的总投入和总产出的计算。对于溶解羽来说，它是指溶解态羽流的总量估计及在地下环境中的质量衰减能力。

Mass Discharge（总质量流量） 在特定位置的整个羽流的质量流量，也称为"Total Mass Flux"或"Integrated Mass Flux"；用单位时间的质量表示（单位：g/d），质量流量集成了几个独立的质量流量测量（用质量/面积/时间表示，如 $g/m^2/d$）。

Mass Flux（质量流量） 单位面积的质量流量（单位：$g/m^2/d$），通常用断面上的地下水污染物浓度表示；经常会与总质量流量或质量负荷（单位：g/d）误用，是描述污染源区产生的量，或者穿过污染羽中某一断面的量。

Mass Spectrometer（质谱仪） 用于识别化合物的化学结构的仪器。通常，化合物中的化学物质通过色谱进行分离。

Mass Transfer（传质） 涉及分子物理过程及物理系统中原子和分子的对流传输的术语。非水相中的溶质向水相的质量传输，例如，液相和气相之间的质量传输，吸附相和液相之间的质量传输。传质速率受相之间浓度差异，以及NAPLs和水界面的表面张力的控制。

Matrix Diffusion（基质扩散） 地下水中的物质向周围的固体介质的扩散，或者物质从周围的固体介质扩散到地下水中。在低渗透性的黏土和岩石基质中，扩散是控制污染物运移速度的主要过程，可能导致污染羽在短时间内衰减，但最终污染物会长时间向地下水中释放。

Matrix Storage（基质存储） 地下的物质存储到周围的固体介质中。大部分的污染物可能被存储在低渗透性区域或非渗透性区域，加大了地下修复的难度。

Maximum Contaminant Level（最大污染物水平，MCL） 美国环境保护署或美国各州制定的标准，例如，《饮用水质量标准》给出了在《安全饮用水法》规定下，饮用水中某些危险物质的含量的法律限值。限值通常以浓度表示，即每升水中污染物的微克数或毫克数。

Media（介质） 地下水、多孔介质、土壤、空气、地表水和其他环境系统的组成部分，可能包含污染物，是监管关注和修复活动的对象。

Membrane Interface Probes（MIPs，膜界面探针） 一边带有渗透膜的探针，插入地下加热，使周围的有机化合物挥发。挥发性有机污染物穿过膜，被传输到地表，使用一个或多个检测器进行分析，如光离子化检测器（PID）、火焰离子化检测器（FID）、电子俘获检测器（ECD）。MIPs是一种半定量工具，其被推进地下或置于特定深度时，能够连续监测挥发性有机污染物的浓度。

Metabolism（新陈代谢） 活细胞内的化学反应，使食物源转化成能量和新的细胞质量。

Metabolite（代谢物） 新陈代谢的中间体和最终产物。

Metal Chelators（金属螯合剂） 化合物与单一的金属离子形成多个键，产生可溶的、络合的金属螯合分子；用于增强金属的溶解度和吸收程度，抑制沉淀的产生。

Methanogen（Methanogenic Archaea，产甲烷菌） 一种微生物，存在于厌氧环境中，新陈代谢产生甲烷终产物。产甲烷菌利用二氧化碳或简单的碳化合物，如甲烷，可作为电子受体。

Methanogenesis（产甲烷） 生物新陈代谢产生甲烷的过程。

Methanotroph（Methanotrophic Bacteria，甲烷氧化菌） 一种微生物，能够代谢甲烷，可作为甲烷唯一的碳源和能量源。甲烷氧化菌能够在有氧或厌氧条件下生长，需要单碳化合物。

Micelle（胶束） 分散在胶体中的表面活性剂分子聚合体。液相中典型的胶束形成一个聚合的、与周围溶剂接触的亲水头区域，胶束的中心则形成疏水的单尾区域。

Microcosm（微观世界） 一种模拟自然环境条件的实验室容器。

Microemulsion（微乳剂） 油、水和表面活性剂形成的透明、稳定、各向同性的液体混合物，通常与助表面活性剂组合。液相可能包括盐或其他成分，"油"可能是不同碳氢化合物和烯烃的复杂混合物。微乳剂通过组分的简单混合而成，不需要普通乳液形成时所需的高剪切条件。微乳剂有两种基本类型：直接的（油分散在水中）和反转的（水分散在油中）。

Microorganism（Microbe，微生物） 一种微观或亚微观的有机体。细菌就是微生物。

Mineral（矿物质） 通过地质过程自然形成的固体，具有特定的化学组成、高度有序的原子结构、特定的物理性质。相比之下，岩石是矿物质和类似矿物质的聚合体，不需要特定的化学组成。

Mineralization（矿化） 有机化合物完全降解成二氧化碳、水，也可能降解成其他无机物或元素的过程。

Miscible（易混合的） 两种或多种液体能够混合，并在正常条件下保持混合状态。

Mitigation（缓解） 降低对环境的不利影响所采取的措施。

Modified Fenton's Reagent（改进的 Fenton 试剂） 通过加入二价铁或三价铁活化过氧化氢，显著增强其氧化能力。这种增强是由于产生了羟自由基，引发了涉及新的自由基形成的链式反应所导致的。在 pH 值为 3～5 的条件下，铁催化的过氧化氢氧化反应称为"Fenton 化学反应"，最早是由 H. J. H. Fenton 发现的。经典的 Fenton 化学反应通过使用较高的氧化剂浓度及添加螯合剂和稳定剂等进行了改进，使其在较高的 pH 值条件下也能够有效。

Moiety（部分） 某种物质被分成多个部分或进一步细分后其中的一个部分。

Mole Fraction（摩尔分数） 溶液中某一组分的摩尔数除以所有组分的总摩尔数。

Molecular Biological Tool（MBT，分子生物学工具） 基于生物分子，如 DNA 的实验室测试，能够测量场地中微生物的存在及其活性，能够用于评估监测自然衰减及利用生物方法修复污染物的潜力或性能。

Molecular Diffusion（分子扩散） 也称为简单扩散，是一种物质从高浓度区域向低浓度区域的非主动的、自发的传输，通过随机分子运动实现。

Monitored Natural Attenuation（MNA，监测自然衰减） 是指依赖自然衰减过程（在一个精心控制、监测的场地清理方法前提下），实现场地特定的修复目标。

Monitoring Well（监测井） 用于监测含水层中地下水水质所安装的井，不是用于促进修复制剂注入的井。

Monod Kinetics（莫诺德动力学） 基于米凯利斯米氏方程的酶动力学方程，将微生物的特定生长速率（u）与底物的浓度（S）相关联；需要过量底物条件下最大生长速率（u_{max}）的经验参数及半最大饱和常数（K_s），即生长速率是 u_{max} 的一半时的底物浓度。基本方程是 $u=u_{max}(S/K_s+S)$。

Monte Carlo Simulation（蒙特卡罗模拟法） 一种解决问题的技术，通过使用随机变量进行多次试运行，即通过模拟逼近某些结果的概率。蒙特卡罗模拟法允许对随机行为的复杂情况进行评估，如游戏机会，能够帮助减少对未来结果预测的不确定性，如在风险评估或精算分析等领域。

Mudstones（泥岩） 一种细粒的沉积岩，主要的原始组分是黏土或泥浆 - 硬泥；一种粉粒和黏粒的混合物。

Nanoscale（纳米级） 尺寸为 100nm 或更小的结构。例如，这个范围内的活性铁称为纳米铁。

Natural Attenuation（自然衰减） 由于自然过程引起的、没有人为干预情况下的、土壤或地下水中污染物质量、毒性、移动性、体积或浓度的降低。这些原位过程包括污染物的生物降解、分散、稀释、吸附、挥发、放射性衰变、化学或生物固定、转化、破坏等。

Natural Organic Matter（NOM，天然有机质） 一种天然存在的有机质，被分解成一些基本的化合物（如纤维素、甲壳素、蛋白质、脂肪等）。天然有机质为食物链中的昆虫、细菌、真菌、鱼类和其他生物体提供营养物质。

Natural Oxidant Demand（NOD，最大氧化剂需要量） 发生在氧化剂（通常是高锰酸盐）与地下环境中天然存在的物质（如天然有机质、还原性金属、矿物质）之间的一种或多种化学反应。这些反应过程中消耗的氧化剂不能再被目标COCs所利用。

Nonaqueous Phase Liquid（NAPL，非水相液体） 一种有机液体，在水中维持独立的相。

Nonproductive（非生产性的） 用于描述在ISCO过程中，由于化学反应消耗氧化剂但没有降解目标污染物导致的氧化剂损耗。

Non-Wetting DNAPL（非湿润的DNAPL） 湿润性是液体和固体的相对亲和力的一种表征。当存在两种液相时，湿润的液体将优先在固体表面分散。湿润性是由接触角的概念来描述的。湿润性通常是针对非水相的，角度是通过非水相进行测量的。大部分DNAPL污染物是非湿润的（水占据了较小的孔隙空间，优先扩散到固体表面，而DNAPL被限制在较大的空间内）。

Numerical Model（数值模型） 一种数学模型，使用数值时间递进过程估计系统随时间推移的行为（与解析模型不同）。数值解通常由生成的表和图表示。数值模型需要更大的计算能力，能够更逼真地模拟复杂的系统。

Observational Method（观察法） 一种场地修复方法，明确考虑场地调查的不确定性，试图降低成本，并及时、有效地进行修复。观察法有一些适用于场地修复的关键要素：进行场地刻画以描述场地条件下会遇到的一些一般性质，基于最大可能性的场地条件进行修复设计，从那些最有可能的条件中识别合理的偏差，在修复过程中观察到的偏差的关键参数识别，可能偏差的应急计划的准备。

Octanol-Water Partition Coefficient（辛醇—水分配系数，K_{ow}） 在特定温度下，化学物质在辛醇和水中的平衡浓度的比例。辛醇是一种有机溶剂，作为天然有机质的替代。这一参数在很多环境研究中用于确定化学物质在环境中的行为。与水溶性成反比（K_{ow}高表明化合物相比水更易于溶解到有机相中）。

Operations and Maintenance（O&M，运行和维护） 修复活动实施后进行的活动，确保技术或方法的有效性和正确操作。运行和维护覆盖了大量的活动，包括监督修复系统的正确运作，以及实施环境监测评价修复行动的有效性等。

Organic（有机的） 与生物体相关的或来源于生物体的。在化学中，有机物是指任何含碳的化合物。

Oxic（好氧的） 包含氧的。通常用于描述有氧的环境、条件或栖息地。

Oxidant（氧化剂） 在化学反应中获得电子的一种化合物。氧化剂也指"Oxidizing Agent"。化学反应后，氧化剂被还原。

Oxidant Concentration（氧化剂浓度） 液体氧化剂溶液中的氧化剂浓度（质量/体积）。

Oxidant Dose（氧化剂剂量） 见"氧化剂负荷"，通常被误用为氧化剂浓度的同义词。

Oxidant Loading Rate（氧化剂负荷） 一种设计参数，是指氧化剂质量与目标处理区地下固体质量的比例，通常用g/kg或mg/kg表示。

Oxidant Persistence（氧化剂持久性） 氧化剂（如 CHP、过硫酸盐和臭氧）通过注入井、探针或其他方法输送到地下后，持续存在并维持反应性的一种能力。

Oxidation（氧化） 电子从一种物质，如有机污染物上的转移（或损失）。氧化能够提供能量，微生物利用该能量生长繁殖。通常来说，氧化会导致加氧或脱氢，但不总是如此。

Oxidation-Reduction Potential（ORP，氧化还原电位） 当引入一种新的物质时，溶液得到或失去电子的倾向。与新的物质相比，拥有较高还原电位的溶液更容易从新的物质得到电子（通过氧化新的物质而被还原），拥有较低还原电位的溶液更容易失去电子（通过还原新的物质而被氧化）。ORP 为正表明溶液是氧化性的，ORP 为负意味着还原条件占主导。

Ozone（臭氧） 一种简单的三原子分子，由 3 个氧原子组成；氧的同素异形体，稳定性要比氧气差得多；是一种强氧化剂，在浓度较高时不稳定，分解成普通双原子氧。

Ozonide（臭氧化物） 由臭氧添加到有机化合物形成的物质。

Partition Coefficient（分配系数） 液相中污染物的浓度与相接触的固相中污染物的浓度比；是污染物在固相和液相之间分配时吸附能力的一种衡量。

Partitioning Interwell Tracer Testing（PITT，分区井间示踪剂测试） 通过注入和回收可以分配到 NAPL 中的示踪剂，定量含水层中 NAPL 体积的一种方法，能够提供在相对大规模区域内的 NAPL 体积分布信息。

Passivation（钝化） 使一种物质相对于另一种物质而言变得"被动"的过程，通常用于指很多反应性或腐蚀性材料（如铝、铁、锌、锰、铜、不锈钢、钛、硅）表面较硬的不反应膜的形成，抑制进一步反应。

Passive Injection（Passive Treatment，被动注入、被动处理） 一次性或以较低频率注入添加剂的一种修复方法。

Passive Treatment（被动处理） 一次性或以较低频率注入添加剂的一种修复方法。被动处理依赖缓释电子供体的使用，这种缓释电子供体能够被注入地下或置于沟渠或井中。

Pathogen（病菌） 可能导致人类、动物或植物疾病的微生物（细菌、病毒或寄生虫）。

Percarbonate（过碳酸盐） 碳酸盐化合物家族的任何一种，如过碳酸钠（$2Na_2CO_3 \cdot 3H_2O$）。过碳酸钠化合物在一定的环境条件下能够通过化学反应产生自由基。

Perchlorate（高氯酸盐） 由 1 个氯原子和 4 个氧原子组成的离子，氯原子处于氧化态，为 +7 价。自然形成，因为是一种强氧化剂，也被生产用作固体火箭推进剂和炸药。

Perchloroethene（全氯乙烯，Perchloroethylene，Tetrachloroethene，Tetrachloroethylene，PCE） 一种无色、不可溶的有机溶剂，用作干洗溶液和工业溶剂。

Percolation（渗透） 水向下移动，并穿过地下土壤层，进一步向下进入地下水；也包括水向上的运动。水通过过滤器的缓慢渗流。

Permanganate（高锰酸盐） 一种含有 +7 价锰的化合物。由于锰为 +7 价氧化态，因此是一种强氧化剂。

Permeability（渗透性） 一种衡量介质（土壤或含水层多孔介质）传输液体（如水）的能力。

Permeable Reactive Barrier（PRB，渗透性反应墙） 一种包含反应介质或能够创造反应条件的渗透墙或垂直区域，目的是当地下水流经该墙或区域时，拦截或修复污染羽。

Peroxone　臭氧和过氧化氢联用的一种产品，不需要催化剂，用于处理污染土壤或水体。

Persistence　见"Oxidant Persistence"（氧化剂持久性）。

Persulfate（过硫酸盐）　比普通硫酸盐含有更多氧的离子或化合物，如过硫酸钠。过硫酸盐化合物能够被过渡金属、热、较高 pH 值活化，从而产生硫酸根自由基。

pH 值　液体的碱性或酸性强度的表征，在 0 ～ 14 变化。当 pH 值为 0 时，为强酸性；当 pH 值为 7 时，为中性；当 pH 值为 14 时，为强碱性。自然水体的 pH 值通常为 6.5 ～ 8.5。

Phospholipid Fatty Acid Analysis（PLFA 分析，磷脂脂肪酸分析）　磷脂分析，磷脂是所有细胞膜的主要组分。PLFA 分析能够提供整个微生物群落的描述，获得的信息包括生物质浓度、群落组成和代谢状况。

Photolysis（光解）　分子通过光的能量分解。

Phytoremediation（植物修复）　使用植物，在有些情况下使用相关的根际（根区）微生物原位修复污染物。

Piezometer（压力计）　一种非抽提井，通常直径较小，用于测量地下水区域一定深度和位置的水头。

Pilot Scale（中试规模）　在实验室或场地条件下进行示范、测试或评价的一种规模，能够考虑一些代表全尺寸系统的特征和过程。中试规模通常适用于调查全尺寸系统的设计和性能。见"Full Scale"和"Pilot Test"。

Pilot Test（中试）　在场地规模下试运行的修复技术，主要是为了评价修复技术的可行性，并收集场地规模的数据，基于这些数据进行全尺寸设计。中试规模通常要比全尺寸处理规模小。

Plume（污染羽）　含有污染物的环境介质区域，适用于地下水，通常起源于污染源区，并沿地下水流向延伸一定距离。

Pneumatic Fracturing（气压破裂）　以超过自然的压力，以及超过地下自然渗透性的流量，注入气体到地下，使得在地质结构中产生一些人为裂隙网络。这些人为裂隙网络有利于将污染物从这些地质结构中去除，能够用于引入修复制剂。

Polychlorinated Biphenyls（PCB，多氯联苯）　一组有毒的、持久性的化合物，用于电力变压器或电容器的绝缘，以及天然气管道系统的润滑。1979 年美国法律禁止了这些化合物的销售和使用。

Polycyclic Aromatic Hydrocarbon（多环芳烃）　由稠环芳烃组成的化合物，不包括杂原子和取代基。多环芳烃存在于油、煤、焦油中，是染料（化石燃料、生物质）燃烧的一种副产物。作为一种污染物，它们部分被证实是致癌、致畸和致突变的，因此受到广泛关注。

Polymerase Chain Reaction（PCR，聚合酶链式反应）　扩增特定基因序列几个数量级的技术。允许对目标基因或基因的一部分进行观测，适用于土壤和地下水中污染物浓度较低的情况。PCR 依赖热循环，反复加热和冷却可使 DNA 融化和酶复制。

Polyvinyl Chloride（PVC，聚氯乙烯）　一种硬的、不会被环境破坏的塑料，在燃烧时会释放氢氯酸。

Pore Volume（PV，孔隙体积）　多孔介质（如土壤）中的空隙空间的总体积；是一种设计度量，是注入试剂的体积与目标处理区空隙空间体积的比值，也称为孔隙体积数。

Porosity（孔隙度） 地下填充孔隙或洞的体积，水和空气能够通过这些孔隙运动。

Potassium Permanganate（$KMnO_4$，高锰酸钾） 用于 ISCO 的一种常用化学氧化剂，是紫红色溶液。

Potassium Persulfate（过硫酸钾，$K_2S_2O_8$） ISCO 常用的一种化学氧化剂。

Potentiometric Surface Map（电位表面图） 含水层中地下水表面顶部的等高线图。

Precipitate（沉淀） 由于化学变化或物理变化，物质从溶液或悬浮液中分离出来。

Pressure Transducer（压力传感器） 一种传感器装置，能够将压力转换为模拟电信号，使其能够被测量。

Primary Substrates（原底物） 确保微生物生长的重要的电子供体和电子受体。这些化合物类似于人类生长繁殖所需的食物和氧气。

Propagation Reaction（链式反应） 包括自由基的化学反应，总的自由基数量保持不变。

Pseudo First-Order Reaction（假一阶反应动力学） 一种二级反应，一种反应物的量很大，但它的效应不明显，导致反应表现为一级反应。

Pump-and-Treat（P&T，抽出—处理） 一种修复方法，将地下水利用抽提井抽到地上，进行异位处理，去除 COCs。P&T 也被用于阻隔。

Pyrite（黄铁矿） 化学式为 FeS_2，是最常见的硫化铁矿物，也称为"傻瓜的黄金"。

Radicals（自由基） 带有未成对电子的原子、分子或离子，反应性强。在 ISCO 应用中，化学氧化剂（如过氧化氢）能够被激活，产生一种或多种类型的自由基，是主要的氧化剂。

Radius of Influence（ROI，影响半径） 从注入点或注入井中心到注入材料没有显著影响的点的径向距离。

Raoult's Law（拉乌尔定律） 将组分的蒸气压与溶液的组成相结合。如果组分类似，溶液的蒸气压将取决于每种化学组分的蒸气压、溶液中存在组分的摩尔分数。基于混合物中每种化合物的摩尔分数，预测与液相达到平衡的化学物质（苯、甲苯、二甲苯、乙苯）混合物中每种化学物质的溶解浓度。

Rebound（回落） 见"污染物回落"。

Recharge（补给） 水被添加到饱和区的过程，通常通过地表渗流（含水层通过降雨入渗）补给。

Recirculation Wells（循环井） 一种地下水井，经过特别设计，地下水能够进出该井，使地下水形成一种球形循环模式。当地下水在井内时，能够（通过气提或吸附过程）实现处理，如果加入添加剂（如微生物营养物质、氧化剂），地下水从井中抽出时添加剂也被带出，这样就能够实现地下水的原位处理。

Record of Decision（ROD，决策记录） 一种公开文件，解释在综合环境响应、赔偿和责任法案下，由信托基金支付清理费用的国家优先清单场地中会运用何种修复策略。

Redox Reactions（氧化还原反应） 原子的氧化数发生变化的反应。例如，碳能够被氧氧化产生二氧化碳，也能够被氢还原产生甲烷。氧化还原反应反映了一种化学物质得到电子被还原的趋势。在氧化还原反应中，一种化学物质作为还原剂，失去电子被氧化；另一种化学物质作为氧化剂，得到电子被还原。

Reducing（还原）　可能使反应性化学物质的氧化状态降低的环境条件。

Reduction（还原）　电子从一种物质（如氧）转移，发生在另一种物质被氧化时。

Reductive Dechlorination（Hydrogenolysis，还原脱氯、氢解）　从有机物中去除一个或多个氯原子，由氢取代的反应；是还原脱卤的一种，是含氯溶解厌氧降解的主要反应。

Reductive Dehalogenation（还原脱卤）　有机化合物中的卤素原子（氯或溴）被氢原子取代的过程。

Remedial Action（修复行动）　修复设计后污染场地清理的实际建设和实施阶段。

Remedial Action Objectives（RAOs，修复行动目标）　针对整个修复过程制定的保护人体健康和环境的具体目标。

Remediation（修复）　用于去除或遏制污染物的清理技术或方法。

Remediation Goal（修复目标）　修复行动要实现或达到的目标。目标可以是针对整个修复系统（或处理链）的，也可以是针对处理中的某一种具体技术的（见"Treatment Goals"）。在 CERCLA 中，目标通常是具体的数字水平。例如，在 CERCLA 的可行性研究过程中，初步修复目标（PRGs）是指定义修复面积和修复水平的浓度。一旦 ROD 具体明确了选择的技术或者修订了 PRGs，PRGs 就成为修复目标（RGs）。

Remediation Objective（修复目标）　可以描述修复要达到的目的。它们往往倾向于高水平的结果，但很多是不能直接测量的。例如，目标可能会被表述为：修复污染场地，当不限制目前和将来土地利用方式时降低人体健康风险。CERCLA 下的 RAOs 就是修复目标的一个例子。

Residual NAPL（残留 NAPL）　在该饱和水平以下，NAPL 不会再自由流动。

Residual Saturation（剩余饱和度）　在该饱和水平以下，水不会再自由流动。

Retardation（迟滞）　物质在含水层的移动相对于地下水流速而言很缓慢。例如，一个污染羽表现出迟滞系数为 5，表明其流速是水的 1/5。不反应的示踪剂，如氯，其迟滞系数为 1。

Reverse Osmosis（反渗透）　水系统的一种处理过程，通过施压使水通过半透膜，去除大量饮用水中的污染物。反渗透也用于废水处理。

Salinity（盐度）　水中盐的百分比。

Saturated Zone（饱和区域）　地下水水位以下，孔隙被水充满的地下部分。

Saturation（饱和）　包含液体（如水或 NAPL）的多孔介质孔隙空间部分。如果没有指定液体，其通常是指水饱和。

Scavenger（清除剂）　能够与自由基反应，抑制自由基参与 COCs 氧化反应的物质。清除剂包括有机物质（如甲酸、乙醇）和无机物质（如重碳酸盐、碳酸盐）。

Second-Order Reaction（二级反应）　化学反应，速率与某种反应物浓度的平方，或者两种反应物浓度的乘积成正比。

Secondary Groundwater Parameters（二级地下水参数）　实施 ISCO 后，除目标 COCs 浓度会改变外，很多含水层的参数也会变化（包括 pH 值、微生物群落、金属浓度等）。

Sediments（沉积物）　从陆地被带到水体中的土壤、砂和矿物质。

Seepage Velocity（渗流速度） 平均孔隙水流速。由于地下水实际上是通过相互连接的孔隙流动的，而不是通过整个地下体积，因此在计算达西速率（V）时，深流速度（V_s）等于达西速率除以孔隙度（n）。

Semi-Passive Treatment（半被动处理） 原位处理方法，间歇性地向地下投加药剂（间隔几周或几个月）。

Site Characterization（场地刻画） 收集环境数据，用于描述场地的条件，以及污染性质和范围。

Slug Test（抽水试验） 一种特殊类型的含水层测试，将水快速加入地下水井中，或者从水井中抽出，监测水头随时间的变化，确定井附近含水层的特性；是水文地质学家和土木工程师用于确定井周围地下介质渗透率和保水度的一种方法。

Sodium Permanganate（高锰酸钠，$NaMnO_4$） 用于 ISCO 的一种化学氧化剂，比高锰酸钾浓度高，能够以液体形式提供。

Sodium Persulfate（过硫酸钠，$Na_2S_2O_8$） ISCO 常用的一种化学氧化剂。

Soil Mixing（土壤混合） 用于传输和分散化学氧化剂（或其他修复添加剂）到地下的一种方法。

Soil Organic Matter（SOM，土壤有机质） 土壤中的有机组分，包括未分解的植物或动物组织、部分分解产物及土壤生物。SOM 包括高分子量有机质（如多糖和蛋白质）、简单物质（如糖类、氨基酸和其他小分子）及腐殖质。

Soil Oxidant Demand（SOD，土壤氧化剂需要量） 发生在氧化剂和土壤或地下多孔介质之间的一种或多种化学反应。这些化学反应消耗的氧化剂不能被目标污染物利用。NOD 是非生产性反应的优先术语（见 NOD）。

Soil Vapor Extraction（SVE, Soil Venting；土壤气相抽提，土壤通风） 原位修复渗流（非饱和）区的一种技术。该过程去除受 VOCs 污染的土壤蒸气，并通过真空提取土壤污染物和气体，促进 VOCs 从土壤孔隙向气相的传质。

Solubility（溶解度） 一种物质的溶解能力。某种特定溶质的溶解度就是在一定温度条件下在特定溶剂中的最大浓度。

Solute（溶质） 溶解于另一种物质中的物质（通常为少量），例如，氧化剂溶于地下水，氧化剂是溶质，地下水是溶剂。

Solvent（溶剂） 一种能够溶解其他物质的物质，通常是液体。

Sorb（吸附） 通过吸附或吸收被占有或保持。

Sorption（吸附） 通过物理或化学引力将物质收集在固体上面，指吸收（一种物质渗进另一种物质）或吸附（将固体、液体、气体分子、原子或离子滞留在表面）。

Sorption Isotherm（吸附等温线） 描述常温下物质在表面的吸附。通过将吸附的物质浓度与溶液中的物质浓度相比得到，描述溶解的污染物吸附或吸收到固体颗粒（土壤或颗粒物）的能力。

Source Strength（源强） 从源区排放的量，代表单位时间内污染羽的质量负荷（例如，每天排放的 TCE 的质量）。

Source Zone（源区） 作为污染物库的一个地下区域，维持地下水中溶解的污染羽流；包括正在或已经与污染物接触的地下介质释放（如 DNAPLs 和含氯溶剂），源区的质量包括吸附相和液相污染物，以及残留的 NAPL。

Sparge（喷射） 将气体注入水中，用于原位修复，空气（或其他气体）被喷射，用于剥离溶解的 VOCs，或者将氧气注入地下水，促进有机污染物的需氧生物降解。空气中的臭氧被喷射用于氧化有机污染物。

Specific Conductance（Electrical Conductivity，电导率） 通过测试其承载电流的能力，快速评估水的溶解性固体含量（总溶解性固体）的一种方法。

Stabilization/Solidification（稳定化 / 固化） 一种修复技术，污染物被物理性固定或封闭在一个稳定的质量中（固化），或者通过稳定剂和污染物之间的化学反应降低其移动性（稳定化）。

Stabilizer（稳定剂） 用于描述能够降低氧化剂在地下传输过程中的反应速率的物质的术语。

Stakeholder（利益相关者） 对污染场地有合法利益的人（除了管理者、业主或技术人员）。

Steady-State（不变的） 物理系统或设备的一种状态，不会随时间变化，或者任何一种改变都会被平衡，例如，平衡系统的稳定状态。

Steam Enhanced Remediation（SER，蒸气强化修复） 一种原位热处理技术，涉及蒸气注入、蒸气和液相抽提，将有机污染物从源区移走或清除。

Steric Effects（空间位阻效应） 反应物质的结构型对速率、性质和反应程度的影响。

Sterilization（杀菌） 去除或破坏所有微生物，包括病原菌及其他细菌、繁殖体和孢子。

Stoichiometry（化学计量） 在一个平衡的化学方程式中，反应物和产物之间的定量关系的计算。

Storativity（储水系数） 从单位面积含水层单位水头变化释放或存储的水量，等于单位出水量和含水层厚度的乘积。在潜水含水层，储水系数等于单位储量。

Stratum（Strata，岩层、地层） 具有一致特性的地下介质层，区别于其相邻层。岩层的每层通常是位于另一层之上的平行层，受自然力作用。当岩层暴露在悬崖、路堑、采石场和河岸时，通常表现出不同颜色或不同结构。

Substrate（基质） 在酶催化的化学反应中，微生物能够利用的物质。

Sulfate Radical（硫酸根自由基） ISCO 中通过活化过硫酸盐产生的一种自由基。

Sulfate-Reducing Bacteria（SRB，Sulfate Reducer，硫酸盐还原菌） 将硫酸盐转化成硫化氢的细菌。在缺氧的地下环境中，硫酸盐还原菌通常起重要作用。

Superoxide Radical Anion（超氧阴离子自由基） 化学式为 O_2^- 的离子，是氧分子单电子还原的产物，在自然界中经常发生。超氧阴离子有一个未配对电子，所以是一种自由基，类似于氧气，是顺磁性的。超氧化物具有生物毒性，由免疫系统支配用于杀死入侵的微生物。超氧化物有毒性，存在于有氧环境中的生物几乎都含有超氧化物歧化酶，这是一种非常有效的酶，能够催化中和超氧化物，并且速度非常快，以至于两者在溶液中可以自发地弥散在一起。

Surfactant（表面活性剂） 在极低浓度下能够降低水表面张力的物质，是许多肥皂和洗涤剂的主要成分。

Surfactant Flushing（Surfactant Enhanced Aquifer Remediation，SEAR；表面活性剂冲洗，

表面活性剂强化的含水层修复） 一种涉及注入表面活性剂到含有 NAPLs 的地下的修复技术。在冲洗过程中，表面活性剂增加 NAPLs 组分的有效水溶解度，促进 NAPLs 的去除。

Sustainable（可持续性的） 可持续的、绿色的修复，能够用多种方法定义。USEPA 将其定义为："考虑修复技术实施的所有环境影响，考虑修复行动的最大净环境效益的实践。"

Target Treatment Zone（TTZ，目标处理区） 修复技术或方法要处理的地下区域。

Termination Reaction（终止反应） 包含自由基的反应，导致自由基数量的净减少。例如，两个自由基合并形成一种稳定的物质。

Thermodynamic（热力学的） 能量转化为功或热，以及与状态函数（如温度和压力）有关系的研究。

Tortuosity（曲度） 多孔介质中液体流动路径的实际长度，形式上是弯曲的，处理路径两个终点之间的直线距离。

Total Dissolved Solids（TDS，总溶解性固体） 液体中所有以分子、离子或悬浮微小颗粒（胶体）形式存在的无机物和有机物的总量。

Total Organic Carbon（TOC，总有机碳） 土壤、沉积物或水中有机物含有碳的总量，常常作为水质的一个非特异性指标。

Toxicity（毒性） 一种物质或混合物对生物体伤害的程度。急性毒性是指通过一次暴露或短期暴露对生物体造成有害影响。慢性毒性是指物质或混合物在较长时间内导致有害效应的能力。

Tracer Test（示踪测试） 用于追踪迁移流体的路径。对于地下水而言，示踪测试通常是指将示踪物质以一定浓度溶于地下水中，不显著改变水的密度。示踪物质必须是保守的，总量不会因为反应或分配到不同的相中而损失。溴离子是一种常用的示踪剂（以溴化钾或溴化钠的形式添加到地下水中）。

Transmissivity（透射率） 普通密度和黏度的水通过一定宽度的含水层或单位水力梯度的隔水层的速度（面积 / 时间），是液体性质、多孔介质和多孔介质厚度的函数，等于水力传导度（K）乘以含水层厚度。

Transverse Dispersivity（横向分散性） 经验系数，用于量化有多少污染物远离地下水携带它们的路径。有些污染物可能落后或超过地下水路径，导致纵向分散；有些污染物会往纯对流方向两边迁移，导致横向分散。

Treatability Test（可处理性测试） 在处理技术实施之前，评价处理技术的适用性的方法。可处理性测试通常是在实验室条件下进行的。

Treatment Goal（处理目标） 特定的标准，衡量某项活动是否成功实施。例如，ISCO 处理目标建立在可以应用 ISCO 的目标处理区。

Treatment Performance Monitoring（处理效果监测） 通过监测获取与技术或方法的效果及处理目标的实现有关的数据。

Trichloroethane（TCA，三氯乙烷） 一种工业溶剂（CH_3CCl_3），也称为甲基氯仿、氯乙烷，有两种同分异构体，即 1, 1, 1-TCA 和 1, 1, 2-TCA。

Trichloroethene（TCE，三氯乙烯） 一种稳定的、低沸点的无色液体，用作溶剂、金属脱脂剂及其他工业制剂。三氯乙烯吸入有毒，是可疑致癌物。

Unsaturated Zone（非饱和区） 位于地下水水位以上的地下区域，可能存在一部分水，但介质孔隙没有完全饱和，也称为渗流区。

Vadose Zone（渗流区） 位于地下水水位以上的地下区域，孔隙部分或大部分被空气填充，也称为非饱和区。

Vapor Intrusion（蒸气入侵） 挥发性化学物质从地下迁移到上覆的建筑物中。

Vapor Pressure（蒸气压） 衡量物质的蒸发倾向的指标。在给定压力的平衡状态下，单位面积上蒸气所施加的力。蒸气压随着温度的升高成指数增长。蒸气压能够在一定程度上表征物质的挥发性，用于计算水分配系数和挥发速率常数。

Vaporization（气化） 物质由液相或固相向气相（蒸气）转化。气化有两种形式——蒸发和沸腾。

Vinyl Chloride（VC，氯乙烯） 一种高毒性的化合物（CH_2CHCl），致癌，无色，是一种重要的工业化学品，主要用于生产聚合物 PVC。

Viscosity（黏性） 液体内的分子摩擦，产生流动阻力。

Volatile（挥发性的） 在正常温度和压力下容易蒸发。

Volatile Organic Compound（VOC，挥发性有机污染物） 在正常条件下蒸气压足够高时，能够从液相显著蒸发和转移到气相的有机物。

Volatilization（挥发） 化学物质从液相向气相的转移。

Water Solubility（水溶性） 化学物质溶于水中的最大可能浓度。

Water Table（水位） 潜水含水层的顶部。在该水位以下，多孔介质是水饱和的。

Wellhead（水源） 地表及连接到流通线路、管道、井套管的配件、阀门和控制装置的装配，以控制地下水流。

Wettability（湿润性） 在有其他不溶性液体存在的情况下，液体扩散到固体表面的相对程度。

Zero-Order Reaction（零级反应） 速度不取决于反应物的浓度的化学反应。

附录D 特定场地原位化学氧化的辅助材料

D.1 用于天然氧化剂需要量及氧化剂持久性测定的检测程序

D.1.1 引言

当氧化剂注入（例如，通过探针或传输井注入）地下后，它们可以通过与多孔介质和地下水成分的交互作用而发生非生产性反应。发生的反应及其反应速率可能会随着场地的不同而发生变化，这主要取决于所使用氧化剂的类型和浓度及场地介质特性（例如，场地中的活性矿物质、有机碳等）。因为氧化剂会在污染物降解和非生产性反应这两个过程中被消耗，所以，与溶液在注入和运输过程中的迁移相比，氧化剂的消耗过程会阻碍氧化剂的迁移。图D.1以高度简化图鲜明地对比了注入溶液和氧化剂在迁移过程中的有效影响半径，例如，氧化剂在地下被消耗时，相对而言，注入溶液的迁移速度可能很快。氧化剂注入溶液的迁移范围取决于注入速率及注入区的水文地质条件（如移动带厚度）。氧化剂注入后的传输距离是迁移速率除以氧化剂消耗速率的函数。

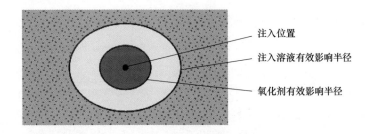

图D.1 地下注入过程中（俯视图）注入溶液与氧化剂（如高锰酸钾）的假设有效影响半径（RIO） 对比。氧化剂有效影响半径与注入溶液有效影响半径之比是溶液注入速率，以及氧化剂与目标污染物（COCs）和地下天然组分接触时发生反应的速率函数。

当氧化剂的迁移速度很快，并且非生产性氧化剂的消耗速率较慢（如持久性氧化剂）时，氧化剂可以迁移到更远的位置。也有例外情况，如强化过氧化氢迁移时产生的气体会促进注入溶液的移动，从而使迁移距离超出预计有效影响半径。虽然氧化剂的迁移速度受系统设计控制，但氧化剂的消耗速率会随着场地的不同而发生变化，可以通过评估和量化氧化剂消耗速率来提高与设计有效影响半径相关的确定性。

有关收集特定场地介质信息以决定氧化剂消耗速率和影响范围的工作已形成了一套规程，这有助于提高原位化学氧化修复从业者的工作效率。这些规程的目的是确认通常被称为"天然需氧量"（NOD）的高锰酸钾，或者基于自由基的氧化剂，如催化过氧化氢（CHP）

和激活过硫酸盐的氧化剂持久性。这些数据可用来判断在使用设计工具［如第 6 章提到的 CDISCO（原位化学氧化概念设计）］建模过程中氧化剂的有效影响半径。值得重点注意的是，这套规程是作为指导意见被提出的，并且有多重手段可以获取相关数据。本书所概述的规程基于简化的"单位孔隙体积（PV）"平推流，这样做的目的是说明目标，假设目标氧化剂传输量等于目标修复区（TTZ）的单位孔隙体积（PV）。在测试程序过程中，我们可以根据需要将孔隙体积调整为大于 1PV 或小于 1PV。

D.1.2　样品采集、保存和存储

针对某一特定场地，多孔介质收集的样本数量是关于场地大小及场地异质性程度的函数，这一点对于设计目标修复区尤其重要。每个独立岩性区中至少要有一个场地多孔介质样品与氧化剂接触，并且建议每个区域至少采集 3 个样品。即使对于某个给定的岩性区，其中某种特定介质的氧化剂持久性测量值也存在较大的变异。为了充分估计成本和氧化剂传输效率，所采集的样品数量应该是氧化剂持久性测量确定性程度的函数。样品数量、采样步骤、处理和存储遵循标准做法（美国环境保护署于 1981 年、1991 年发布的参考文献）。

通常认为，未被污染的场地中的多孔介质和地下水背景样品是首选，它们代表了目标修复区。可以采用污染介质进行这一过程，但在污染水和多孔介质浓度可能相差几个数量级的目标修复区，需要仔细推断相关结论。如果对含有高浓度污染物（如重质非水相液体残留）的介质进行评估，那么在污染物浓度较低的区域氧化剂的持久性就可能会被低估，需要根据以下过程得到的结果来确定样品采集量和体积，并考虑进行适当的重复。在采样时要保持介质的原位场地条件（如多孔介质含水量），保持最小变化直到准备测试。

D.1.3　氧化剂持久性测定步骤

测定步骤如下。

（1）根据预期的系统设计确定流体的最大影响半径（R_{max}）。这一数值被假定为氧化剂的可能最大影响半径（R_{ox}）。如果 R_{max} 未知或不确定，那么根据场地条件，注入探针和注入井合理的默认值应该是 4.6m 和 9.2m（运移方法中最常用的两种）。

（2）计算目标修复区总体积（V_b），即

$$面积 = \pi R_{max}^2 \tag{D.1}$$

$$V_b = 面积 \times 厚度 \tag{D.2}$$

$$厚度 = 目标修复区地下厚度$$

由于目标修复区的非均质性，优势流先流过活动性区域，场地中流体接触的体积会小于最大值。如果可以根据示踪测试或其他的场地描述信息计算移动孔隙度，就可以在此应用校正（也就是用移动区体积代替总体积）。

（3）采用介质干容重，其值为 $1.6 \sim 2.0 \text{g/mL}$，来计算与体积相关的多孔介质质量。

（4）计算与有效影响半径 ROI（V_{fl}）有关的氧化剂溶液注入体积（1PV）。如果某种方法中体积小于 1PV 是理想的，那么可以修正 V_{fl}，即

$$V_{fl} = 场地介质孔隙度 \times V_b \tag{D.3}$$

（5）选择可能适用于场地的最大理想氧化剂浓度（C_{max}）。一般来说，用 mg MnO_4^-/L、mg H_2O_2/L 或 mg $S_2O_8^{2-}$/L 分别表示高锰酸盐、催化过氧化氢和硫酸盐 3 种氧化剂的浓度。多种因素会影响浓度，包括：

- 氧化剂溶解性；
- 场地污染物的类型、浓度、质量、质量分布；
- 产生潜在副产物（如气体、氧化剂杂质、固体等）的潜力；
- 结果／输出的一级概念设计（见第 9 章）；
- 氧化剂的危害；
- 从业者经验。

另外，可以在场地中应用更复杂的原位化学氧化分析或数值模型来决定 C_{max}。

（6）计算初始条件下（D_0）氧化剂最大剂量 [mg 氧化剂/kg 介质（干重）]，即

$$D_0 = C_{max} V_{fl}/M_{media} \tag{D.4}$$

式中，D_0 的单位为 mg 氧化剂/kg 介质（干重）；

C_{max} 的单位为 mg 氧化剂/L 溶液；

V_{fl} 的单位为 L 溶液；

M_{media} 的单位为 kg 介质（干重）。

（7）选择两种 D_0 作为跨理想条件评价的范围（如 $0.5D_0$、$0.1D_0$），并指定为 D_1 和 D_2。

（8）对于一个体积至少为 40mL 的反应锅，需要计算要使用的介质质量（M_{rx}）[见式（D.5）] 和溶液体积（V_{rx}）[见式（D.6）]，得到固液比为 1∶1，从而得到最小顶部空间。这些是测试中每种氧化剂和每次重复将应用的数值（根据标准，所有条件下的重复为 20%）。下面的例子是假定反应锅容量为 40mL、介质颗粒密度为 2.65g/mL 时的计算方法。注意：当场地的地下条件异质时（如具有低体积密度或样品断裂），需要采用更大的反应锅来处理具有代表性的样本。

$$M_{rx} = (40\text{mL}) \times 0.5 \times (2.65\text{g/mL}) = 53\text{g 多孔介质（干重）} \tag{D.5}$$

$$V_{rx} = (40\text{mL}) \times 0.5 = 20\text{mL 溶液} \tag{D.6}$$

注意：当应用场地为湿润固体时，要根据水分含量修正 M_{rx} 和 V_{rx}，其中 V_{rx} 和 M_{rx} 随着固体含水量的增加分别有减少和增加的趋势（水的密度为 1.0g/mL）。例如，如果使用的场地多孔介质含水量为 0.25V/V，那么 V_{rx} 要减小 5mL（5mL=0.25×20mL），这表明场地固体中水所占的体积；M_{rx} 要增加 13.25g（13.25g=0.25×20mL×2.65g/mL）以得到一个新的 M_{rx}，这相当于场地样品中水的质量。

（9）通过计算氧化剂的浓度 [C_0，见式（D.7）] 可以得到 D_0 的剂量。注意：虽然 D_0 是根据场地理想化的最高浓度（C_{max}）得出的，但在这些研究中应用于目标介质（M_{media}）的剂量浓度 [单位为 mg 氧化剂/kg 介质（干重）] 必须经过评估。测试中预先决定了介质质量（M_{rx}）可能导致实验室测试采用的浓度与 C_{max} 不同。执行相同的计算可以得到 C_1 和 C_2。下面是计算 C_0 的一种方法。C_1 和 C_2 是与 C_0 相同的结果分数，与步骤（7）选择 D_1 和 D_2 一样。

$$C_0 = M_{rx} D_0 / V_{rx} \tag{D.7}$$

式中，C_0 的单位为 mg 氧化剂 /L 溶液；

M_{rx} 的单位为 kg 介质（干重）；

D_0 的单位为 mg 氧化剂 /kg 介质（干重）；

V_{rx} 为溶液体积与场地介质含水量之和（单位：L）。

（10）针对场地的有效氧化剂和目标污染物选择合适的反应器。由于某些氧化剂具有光敏性，因此建议选择棕色或彩色的玻璃瓶。注意：对于有气体产生的氧化剂，在反应过程中有必要选择具有放气（如包括 / 不包括收集并分析后排放）功能的反应器。

（11）称取合适质量的介质并放入重复反应器。建议使用含湿多孔介质以减轻风干或烘干可能引起的多孔介质特性的变化。为了避免在干燥过程中可能出现的氧化，最好使用已经被妥善保存的含湿多孔介质。但是，如果含湿多孔介质已经被使用，就要按照步骤（8）描述的方法根据含水量调整 M_{rx} 和 V_{rx} 的计算方法。

（12）按照步骤（9）的计算结果添加合适浓度的氧化剂。注意，如果体积小于所使用的库存氧化剂的 V_{rx}，为了达到 V_{rx}，可以使用场地地下水或去离子水作为溶液的额外组成。为了有效地减少地下水中的氧化产物，建议使用场地地下水。在这种情况下，建议至少使用 75% 的 V_{rx} 组成的地下水和至多 25% 的氧化剂溶液。在多数场地中，地下水组分消耗氧化剂剂量只占多孔介质消耗氧化剂剂量的一小部分。但是，当场地中总溶解固体（TDS）浓度较高时，会消耗较大量的氧化剂。

（13）在反应阶段反应器内物质应充分混合。注意，对于产生气体的氧化剂来说，有必要释放反应器中的气体。如果使用的污染多孔介质中有挥发性有机化合物，则需要释放气体。当然，在上述情况下，考虑到安全因素，需要收集并妥善处理释放气体。如果对污染物降解进行监测，还需要量化释放气体中的挥发性有机化合物（如使用溶剂网和恰当的分析方法）。

（14）在反应开始后最初的 48 小时内多次（至少 4 次）采集反应器内的氧化剂浓度，48 小时后每天采样（至少 3 天），直到 3 个连续样品中氧化剂浓度变化很小时（如降幅小于 5% ～ 10%）结束采样。对于快速反应氧化剂，如过氧化物，建议增加采样次数，在最初的几小时内多次采样，之后每几小时采样一次。建议采用样品分析需要的氧化剂分析检出限，若有必要，则需要进行稀释。这样做可以避免反应器体积损失、顶空的形成和 / 或从隔板处的泄漏。例如，每个测试时间点转移 0.1mL 样品是合适的，然后将样品稀释到氧化剂测试步骤所需的浓度。如果分析过程需要更大的体积，那么在每个测试时间点要谨慎使用 40mL 以上反应器或分离 40mL 反应器。

（15）描述评估每个氧化剂剂量（D_0、$0.5D_0$、$0.1D_0$）的反应速率。对于过氧化氢和过硫酸盐，在测试期间有必要确定氧化剂分解的伪一阶反应动力学速率。对于高锰酸钾，图 D.2 定义并证明了自然需氧量的范围。

最终的自然需氧量（NOD_{ult}）是整个测试过程中总自然需氧量 [单位为 mg 氧化剂 /kg 介质（干重）]。

瞬时需氧量分数（NOD_{if}）是高锰酸钾与介质组分发生快速反应的需氧量和总自然需氧量的比值。这是测试最初 8 ～ 12 小时内泄漏明显时的需氧量占 NOD_{ult} 的比例。其中，$NOD_{if} < 1.0$，并且无单位。

伪一阶反应或二阶慢速反应的自然需氧量（NOD_{slow}）指的是剩余氧化剂与介质的反

应速率（$NOD_{ult} - NOD_{if} \times NOD_{ult}$）。如果伪一阶反应或二阶慢速反应速率确定，那么至少需要 4 个数据点来确定 NOD_{slow}。

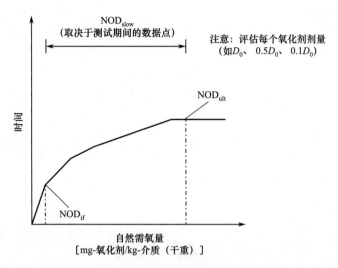

图D.2　高锰酸钾实验室测试的自然需氧量

（16）绘制初始氧化剂剂量—消耗速率（3 种高锰酸钾浓度）点坐标,形成氧化剂剂量—消耗速率曲线（也就是模型），如图 D.3 所示。基于这条曲线，可以由 3 个测试值得到的氧化剂消耗剂量来估计氧化剂消耗速率（D_0、$0.5D_0$ 和 $0.1D_0$）。

（17）测试完成后材料和废物的有效管理。

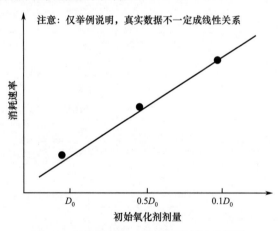

图D.3　氧化剂剂量—氧化剂消耗速率评估

D.1.4　举例说明测试程序和数据分析

案例 D.1 全面地证明了测试程序。第 9 章讨论了这些数据的使用，9.3 节讨论了一级概念设计和二级概念设计。第 6 章通过输入变量的模型（分析或数值模型）讨论数据的使用。附录 D 介绍了实验室研究和场地规模设计的关系，并关注了中试规模评估设计。

案例 D.1

为一个注入溶液期望有效影响半径为 3.7m 的场地，设计（概念上）了应用高锰酸钾的原位化学氧化系统。场地污染物范围是地下 3 ～ 9.1m，但是通过在场地钻井发现，由于场地介质的异质性，注入溶液只能到达地下大约 4.6m 处。根据一级概念设计，注入氧化剂浓度为 5000mg MnO_4^-/L。

为了核实氧化剂的期望有效影响半径，开展实验室测试以明确总体概念设计中氧化剂的消耗速率，这就需要明确注入位置的数量和间距。使用棕色挥发性有机化合物分析瓶和聚四氟乙烯瓶盖，准备并使用 10000mg MnO_4^- 储备溶液（C_{stock}）及足够的场地多孔介质和地下水用来检测场地中多个数据点重复收集的样品。表 D.1 给出了有关设置测试的计算结果。

表 D.1　实验室测试条件和设置测试的计算结果

参　　数	等式 / 数值	单　位	备　　注
R_{max}	3.7	m	依据概念设计
V_{fl}			
面积	43.0	m^2	式（D.1）
深度	6.1	m	场地条件
V_b	面积×深度		式（D.2）
	256.2	m^3	
V_{fl}	孔隙度×V_b		式（D.3），设孔隙度为0.3
	76.9	m^3	相当于76900L（计算D_0）
M_{media}	410196.6	kg	设1.6g/mL
M_{media}（流动带）	301440.0	kg	深4.6m
C_{max}（MnO_4^-）	5000.0	mg/L	依据概念设计
D_0	$C_{max}V_{fl}/M_{media}$		式（D.4）
	1275.5	mg/kg	
$0.5D_0$	637.8	mg/kg	
$0.1D_0$	127.6	mg/kg	
M_{rx}	53.0	g	式（D.5）
	0.053	kg	
V_{rx}	20.0	mL	式（D.6）
	0.020	L	
C_0	$M_{rx}D_0/V_{rx}$		式（D.7）
C_0	3380	mg/L	
C_1	1690	mg/L	
C_2	338	mg/L	

称取多孔介质的等分试样（M_{rx}），并加入挥发性有机化合物分析瓶中，然后依据表 D.2 中的计算值加入适量地下水（V_{gw}）和氧化剂（V_{ox}）。将装有挥发性有机化合物的瓶子放入立式圆筒形搅拌器中，并保持温度为 20℃ 以完成后续程序。在反应开始后的 1 小时、4 小时、8 小时、24 小时，以及之后一周中的每一天，采用注射器通过反应瓶的隔板取样

0.1mL。在525nm下采用分光光度法（5点校准）测定高锰酸钾浓度。表D.3和图D.4给出了一个重复介质样品的相关数据。首先将其转化为高锰酸钾消耗量（测定浓度乘以液体体积20mL），然后转化为氧化剂需求量（消耗量/多孔介质量）。

表 D.2　地下水与库存氧化剂需求量

参　数	方程式/数值	单　位	备　注
C_{stock}	10000	mg/L	原液
V_{rx}	0.02	L	
氧化剂需求量	CV_{rx}		
C_0	67.6	mg	3380mg/L×0.02L
C_1	33.8	mg	$0.5C_0$
C_2	6.76	mg	$0.1C_0$
库存体积	$1000×C/C_{stock}$		
$V_{ox}-C_0$	6.8	mL	
$V_{ox}-C_1$	3.4	mL	
$V_{ox}-C_2$	0.7	mL	
地下水体积	$20mL-V_{ox}$	mL	
$V_{gw}-C_0$	13.2	mL	
$V_{gw}-C_1$	16.6	mL	
$V_{gw}-C_2$	19.3	mL	

表 D.3　一个重复介质样品的相关数据

时间（h）	高锰酸钾（mg MnO$_4^-$/L）			高锰酸钾消耗量（mg）			氧化剂需求量（mg MnO$_4^-$/kg固体）		
	D_0	$0.5D_0$	$0.1D_0$	D_0	$0.5D_0$	$0.1D_0$	D_0	$0.5D_0$	$0.1D_0$
0	1275	638	128	0.00	0.00	0.00	0.0	0.0	0.0
1	1004	526	111	5.42	2.23	0.33	102.2	42.1	6.3
4	884	461	96	7.83	3.53	0.64	147.7	66.6	12.1
8	805	430	86	9.40	4.14	0.83	177.3	78.2	15.7
24	666	402	86	12.19	4.72	0.83	230.0	89.0	15.7
48	595	379	83	13.61	5.18	0.89	256.7	97.7	16.7
72	540	363	78	14.72	5.48	0.98	277.7	103.5	18.6
96	499	346	75	15.52	5.83	1.06	292.8	110.0	20.0
120	476	335	73	15.98	6.06	1.10	301.5	114.3	20.7
144	455	325	72	16.40	6.25	1.12	309.4	117.9	21.1
168	440	321	71	16.71	6.32	1.14	315.2	119.3	21.4

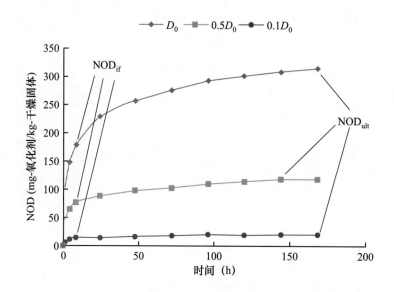

图D.4　每个介质样品重复添剂量为D_0、$0.5D_0$和$0.1D_0$时的氧化剂需求量

为了判断 NOD_{slow}，对测试开始后 8 小时到测试结束的数据进行线性化（对数正态变换）。图 D.5 给出了测试结果，图 D.6 给出了氧化剂剂量与反应速率之间的关系，以便于估计氧化剂的补充量。

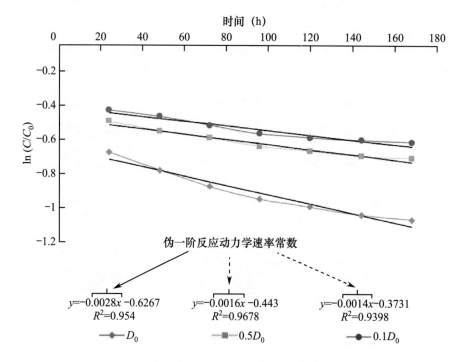

图D.5　通过伪一阶反应动力学速率评估从24小时到一周时间内的时间点线性化

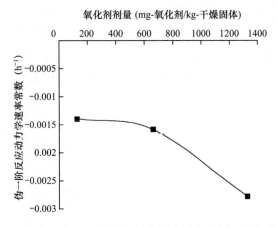

图D.6 氧化剂剂量与氧化剂消耗速率之间的关系

D.1.5 参考文献

USEPA (U.S. Environmental Protection Agency). Soil Sampling Quality Assurance User's Guide[M]. 2nd ed. EPA 600/8-89/046. USEPA Environmental Monitoring Systems Laboratory, Las Vegas, NV, USA, March, 1989.

USEPA. Site Characterization for Subsurface Remediation[M]. Seminar Publication. EPA 625/4-91/026. USEPA Office of Research and Development, Washington, DC, USA, November, 1991.

D.2 污染物可处理性和反应产物评估的测试过程

D.2.1 前言

原位化学氧化处理目标污染物的系统效率会受到特定场地条件的影响。因此，为了提高概念设计和确认处理效率，有必要采用场地地下水和多孔介质进行实验室测试，以比较或优化原位化学氧化技术。

另外，尽管简化设计方案便于了解初级反应和传输过程对于原位化学氧化处理溶解污染物效率的影响，但是场地中大量的非水相液体或吸附态污染物、复合污染物、反应产物和中间产物可能发生的反应过程也需要考虑。这些过程可能影响污染物降解效率和降解有效性，包括：

- 氧化剂活化（尤其是催化过氧化氢和活化过硫酸盐）；
- 非水相液体分解；
- 污染物解吸；
- 复合污染对污染物溶解、解吸、降解及其速率的影响；
- 金属增溶 / 活化。

测试是为了：①指导催化过氧化氢和过硫酸盐氧化剂最佳活化方法的选择；②为原位

化学氧化概念设计过程提供精确的指导；③提供对于满足处理目标（如非水相液体污染物或高吸附性污染物范围）能力的理解；④指导原位化学氧化操作过程中和处理后的监测过程（如基于可能由概述过程产生的副产物或金属"危险信号"）。值得注意的是，这里的步骤是作为建议提出的，在实际应用中有多种可以完成上述目标的方法。

D.2.2　优化化学氧化的测试方法

优化化学氧化的测试方法的目的是获取有助于选择原位化学氧化最高效和最有效途径的数据：①氧化剂活化；②氧化剂与目标污染物的比率（通常用于污染程度较高的场地评估）。注意，这些评估对于催化过氧化氢和过硫酸盐氧化剂是至关重要的，自然需氧量和氧化剂持久性（见附录 D.1）测试过程可以同时进行（没必要将这两个过程分开进行）。

根据原位化学氧化筛选过程的结果（见第 9 章），对于一般的场地条件而言，可行的氧化剂和活化方法（每种氧化剂）可能不止一种。为了协助一级概念设计过程，假定了影响氧化剂分布的反应动力学参数，同时依据文献应用了污染物破坏率。为了根据污染物破坏率实现最广泛、最有效的氧化剂分布，在设计过程中应用了以上参数来评估最有应用前景的注入设计和氧化剂传输浓度。本节概述的步骤旨在优化一级概念设计过程中使用的估计和参数值，以优化原位化学氧化系统，进而实现氧化剂分配与污染物处理最优。评估 / 优化化学氧化的步骤如下。

（1）在测试中选择一种或多种氧化剂，以及氧化剂剂量范围 [mg-氧化剂 /kg-介质（干重）]。建议针对每种被评估的氧化剂至少选择 3 个剂量。以下是关于这些测试中最初氧化剂施用量的参考。这些参考值源自已有文献资料（见第 2 ～ 5 章）和案例研究综述（见第 8 章），并且与已取得较高效率及解决了氧化剂处理安全等问题、获得注入许可的典型场地氧化剂剂量一致。注意，推荐氧化剂剂量是根据原位目标氧化剂的最大影响半径（ROI）确定的，应根据实际规模设定注入浓度。

高锰酸钾：推荐测试剂量为目标修复区（TTZ）[单位：kg-介质（干重）] 拟处理溶解污染物量（单位：mol）的 10 倍、100 倍和 1000 倍。这些值反映了那些通常针对全规模应用，并且足以满足对氧化剂的非生产性介质需求，以及大多数氧化剂迁移条件下吸附介质或 NAPL。如果 NAPL 或吸附介质浓度很高，那么浓度范围就需要比建议值高一个数量级以上。下面举了一个确定目标剂量的例子。

场地三氯乙烯的最大溶解浓度为 10mg/L；

TTZ 包含 10000kg 介质（干重）；

场地干重体积密度为 1.6kg/L；孔隙度（n）为 0.3；

TTZ 孔隙体积为 (kg 介质)×(n)/(1.6kg/L)=(10000kg)×0.3/(1.6kg/L)=1875L；

TCE=(10mg/L)×(1875L)/[(131.4g/mol)(1000mg/g)]=0.14mol；

0.14mol（TCE）/10000kg（介质）=1.4×10^{-5}mol/kg；

氧化剂用量 1=10×1.4×10^{-5}mol/kg=1.4×10^{-4}mol/kg；

氧化剂用量 2=100×1.4×10^{-5}mol/kg=1.4×10^{-3}mol/kg；

氧化剂用量 3=1000×1.4×10^{-5}mol/kg=1.4×10^{-2}mol/kg；

$1.4×10^{-4}$mol/kg ≈ 16.6mg MnO_4^-/kg 介质；

$1.4×10^{-3}$mol/kg ≈ 166.5mg MnO_4^-/kg 介质；

1.44×10^{-2} mol/kg ≈ 1665mg MnO$_4^-$/kg 介质。

过氧化氢：推荐氧化剂剂量为 1875mg/kg、5625mg/kg 和 18750mg/kg。在上述例子中，在高锰酸钾应用的场地这些值会分别转换为过氧化氢溶液干重的 1%、3% 和 10%。上述 10mg/L 的 TCE 例子提供的氧化剂 / 污染物摩尔比分别约为 4000、12000、40000（mol-氧化剂 /mol-TCE）。这些值显著高于常见过氧化氢量，是由于过氧化氢分解的自动催化特征。这些值已经引起严重的安全风险，所以需要进行处理（如热量和气体逸出会导致反应器炸裂）。

过硫酸盐：建议测试氧化剂剂量为 937.5mg/kg、2810mg/kg 和 5625mg/kg。在高锰酸钾应用的场地，这些值相当于 5g/L、15g/L 和 30g/L 过硫酸钠溶液。上述 10mg/L 的 TCE 例子提供的氧化剂 / 污染物摩尔比分别约为 281、843、1689（mol-氧化剂 /mol-TCE）。

（2）在必要时，选择氧化剂活化的条件范围。由于高锰酸钾不需要活化，所以，当高锰酸钾作为测试氧化剂时上述步骤可以省略。

过氧化氢：测试条件一般应依据原位化学氧化筛选过程的结果确定（见第 9 章），其可能包括如下内容。

• 没有激活（依赖场地多孔介质中天然存在的金属和矿物质的催化作用）。
• 添加的溶解铁（尤其是二价铁和三价铁）。
• 添加的溶解铁和酸。
• 添加的螯合铁［尤其是硫酸亚铁（FeSO$_4$）和乙二胺四乙酸（EDTA）或柠檬酸］。

对于低 pH 值激活而言，pH 值为 2 ~ 3 最适宜。但是，添加酸的条件更苛刻，金属在低 pH 值条件下移动性可能会增强，因此许多实践者调整 pH 值以尽力阻止 pH 值降低。在测试之前，为得到理想 pH 值条件，酸添加量要依据场地介质的特点确定。需要注意的是，在测试过程中 pH 值可能发生变化，因此，在确定酸添加量时，有必要对系统的 pH 值监测至少 24 小时，以确保低 pH 值条件稳定。

铁的浓度通常是拟测试过氧化氢摩尔浓度的 0.001 ~ 0.1。在确定铁的具体添加浓度时，评估场地中天然存在的溶解铁浓度是很重要的。如果预期天然场地介质中（多孔介质和地下水）含有高浓度的二价铁（如浓度大于 100mg/L），那么很可能需要极少量甚至不需要额外的铁即可催化过氧化氢分解产生氧自由基。

螯合剂的浓度通常是拟测试铁（自然存在或添加）摩尔浓度的 0.1 ~ 10 倍。

过硫酸盐：测试条件一般应根据原位化学氧化筛选过程的结果确定（见第 9 章），其可能包括如下内容。

• 没有激活（依赖场地多孔介质中天然存在金属的催化作用）。
• 螯合铁以外的添加物（通常是硫酸亚铁加 EDTA 或柠檬酸钠）。
• 提升 pH 值活化的基本添加量。
• 热活化。
• 添加过氧化氢。

拟评估铁的浓度通常是拟测试过硫酸盐摩尔浓度的 0.1 ~ 1.0 倍。在确定铁的具体添加浓度时，评估场地中天然存在的溶解铁浓度是很重要的。如果预计场地天然介质中（多孔介质和地下水）含有高浓度的铁，那么很可能需要极少量甚至不需要额外的铁即可催化过氧化氢分解产生氧自由基。螯合剂的浓度通常是拟测试铁（自然存在或添加）摩尔浓度的 0.1 ～ 10 倍。

对于高 pH 值活化，pH 值为 10 或更大是通常的目标。为了实现目标 pH 值，在测试开始之前，要根据场地介质的特征确定酸添加量。需要注意的是，在测试过程中 pH 值可能发生变化，因此，在确定酸添加量时，有必要对系统的 pH 值监测至少 24 小时，以确保高 pH 值条件的稳定。虽然温度范围通常为 20℃（68 华氏度）～ 50℃（122 华氏度），但是热活化的适宜温度是以污染物为指向的。同时要注意到一点，典型地下水温度通常低于 20℃的"室温"，可以通过温度控制箱和水浴来调节测试温度。

硫酸盐加过氧化氢的双氧化方法的测试应该在两种氧化剂不同摩尔比（过氧化氢与硫酸盐的比例从 10∶1 到 1∶10）条件下进行。初始过氧化氢的浓度越高，污染物的破坏速率和氧化剂的消耗速率（两种氧化剂）更大。

（3）根据步骤（1）和步骤（2）选择的目标氧化剂和激活条件，按照自然需氧量和氧化剂持久性测试步骤（见附录 D.1）制备样品，有如下修改：

- 场地目标污染物必须以质量或浓度的形式包括在系统中以代表场地条件。这可以通过购买的化学品制备的污染物峰来实现，但是建议使用污染场地的地下水和多孔介质，尤其是当场地中有共存污染物存在时。
- 氧化剂加到所有系统中（也就是，在氧化剂添加前，加入热量以外的氧化剂，活化剂）。
- 可能需要对每个评估时间点准备一个单独的反应器，这取决于样本体积需要的氧化剂和测试过程中污染物的分析浓度。
- 测试过程中对于氧化剂和污染物浓度进行分析使用的是标准方法，并且消耗／破坏速率是可量化的。
- 为了判断系统中是否存在吸附的或非水相液体，有必要开展最后的、全容器提取未经淬火的氧化剂（可能会改变系统的化学条件）。使用的提取剂（实验室级）是以氧化剂和污染物为导向的，典型的提取剂有甲醇和己烷。

（4）选择最佳反应对比结果。在氧化剂具有最持久氧化效应条件下，最适系统会产生最广泛的污染物降解。理想的系统将展示：

- 最大污染物降解量；
- 最慢氧化剂消耗速率；
- 最快污染物降解速率；
- 消除或控制尾气排放。

D.2.3　探索附加系统化学条件的测试方法

探索附加系统化学条件的目的是产生数据，这些数据可以用来判断 NAPL 或吸附污染物对整个污染物降解过程的影响，以及反应过程中中间产物／副产物的潜在产生能力。

需要注意的是，基于完全混合及反应系统的理想条件，上述过程可能会过高估计污染物的降解程度。整个过程如下。

（1）遵循用于测量的天然氧化剂需求量和氧化剂持久性测试程序中所描述的一般样品制备过程（见附录 D.1），从附录 D.1 步骤（6）开始，进行如下修改：

- 使用化学优化过程决定的最佳反应条件（见附录 D.2.2）。

• 根据数据目标进行准备，特定数据目标的适应性实验室测试过程如表 D.4 所示。

表 D.4 特定数据目标的适应性实验室测试过程

数据目标	适应性方法
NAPL溶解	向反应器中加入适当质量 / 体积的污染场地NAPL以达到代表性饱和；允许在添加氧化剂之前平衡24小时
污染物解吸	向场地地下水系统中加入适当质量 / 体积的污染场地多孔介质（由于系统老化会影响污染物解吸速率和程度，因此使用污染场地多孔介质是很重要的）；允许在添加氧化剂之前平衡24小时
复合污染处理 / 效果	使用污染场地地下水代表混合物组分和浓度；氧化剂浓度与所有组分总摩尔浓度之比
副产物 / 中间产物评估	为了理解可能产生的副产物和中间产物需要进行全面的文献综述，并相应地修改分析方法；采用多个反应器来评估测试的副产物 / 中间产物（尽管实验室结果显示重金属浓度持续增大，但要记住重金属浓度在场地中增大是十分短暂的）
金属溶解性 / 活动性	确保反应器中包括具体的目标场地介质（自然或复合污染金属源）；为了理解金属溶解性 / 活动性潜力，要进行彻底的场地特征描述和文献综述
动态评估	准备一个单独的反应器，以便在每个时间点进行评估，在测试过程中根据所需样品量和标准方法对目标分析物进行分析

（2）根据需要数据调整测试和分析方法。特定客观数据测试 / 分析方法的调整如表 D.5 所示。

表 D.5 特定客观数据测试 / 分析方法的调整

客观数据	适应性方法
NAPL溶解	采用与污染物特性相似的提取剂完整地提取污染物，包括每个测试时间点耗费的取样瓶
污染物解吸	
共存污染物处理 / 影响	评估除初级COCs破坏之外的总污染物破坏
副产物 / 中间产物评估	分析随着时间推移潜在的副产物 / 中间产物，采用标准方法分析每种目标分析物，包括每个测试时间点耗费的取样瓶
金属溶解性 / 活动性	针对分析结果，考虑到变化是氧化还原电位（ORP）、pH值和粒子强度的函数，而对长期影响而言，其是后ISCO条件到前ISCO条件转化的函数。例如，虽然在ISCO和迅速后处理过程中引起的高pH值和高氧化还原电位可能导致高浓度的锰离子沉淀，但如果场地的pH值和氧化还原电位适中，那么锰离子浓度长期增大就不足为虑了（也就是说，处理的影响是短暂的；可以根据实验室测试结果预测原位化学氧化期间及处理之后的变化）

（3）考虑认同或修改现行的 ISCO 系统设计对结果的影响，主要方法如下。

① 对于包括重要 NAPL 和吸附污染物介质的场地来说，使用多个传递事件，需要在每个传递事件、允许时间和重要污染物解吸 / 溶解之间建立概念场地模型；通过修改系统化学条件，最大限度地提高氧化剂的持久性，采用污染物处理及副产物步骤（1）组合步骤（2），以评估对氧化物的消耗及对污染物破坏的影响；为了通过多孔隙体积氧化剂传输实现连续的氧化剂注入，考虑到再循环传输系统，需要改进计划的传输方式。正如原位化学氧化筛选过程（见第 9 章）描述的那样，可行性显著地取决于场地水文地质条件。

② 对于有副产物 / 中间产物，尤其是针对含有重金属的场地来说，需要注意：考虑

需要返回前 ISCO 场地条件（如氧化还原电位和 pH 值）的时间来决定问题是否短期存在；评估副产物 / 中间产物或金属存在的影响风险，权衡实施 ISCO 对降低风险的整体好处；为了避免产生不需要的金属副产物 / 中间产物，考虑对系统化学条件进行修改，例如，增大氧化剂浓度可以促进有害中间产物向无害副产物转化，减小氧化剂浓度可以减小副产物或目标金属的浓度或累积；为了管理副产物 / 中间产物或金属，考虑采用 ISCO联用。

D.2.4　总则

上述程序提供了进行实验室测试的总体框架，确认了一系列可以满足这些测试程序的方法。与上文所述程序相关，查找范围测试有助于对评估的条件和水平进行限制。考虑到需要在针对氧化剂消耗率和污染物破坏率开展动力学评估前优化氧化剂的化学条件，并在短期内寻找合适的初始范围，因此样品制备过程如上所述，然而，为了提供数据以比较活化方法或氧化剂比率和活化剂和 / 或污染物，测试要在一个时间周期（也就是 8 小时、24小时或 48 小时）进行。

按照这种方法，在目标时间点对用于氧化剂浓度测试的水相样品进行等份测量，为了测量此时的污染物浓度，需要进行反应器中的完全提取。"最佳"的 ISCO 技术会以最少的氧化剂消耗量最大限度地降解污染物，更昂贵和更广泛的动态评估可能会专注于提供最有利结果的方法，需要根据一般氧化剂的特点选择目标时间段。例如，与持久性过硫酸盐和高锰酸钾氧化剂相比，CHP 是一种反应快速的氧化剂，需要的反应时间更短。

不建议为了在给定时间段后监测污染物浓度而采用淬火法来阻止氧化剂发生氧化反应。淬火法可以通过改变系统化学条件的方式影响其他的拟分析指标（如 pH 值、ORP、金属浓度、副产物 / 中间产物等）。淬火法的影响不是非常明确，因此最好避免采用淬火法。一个更好的方法是从溶解性样品中提取 COCs 作为提取剂，它可以有效地阻止化学氧化反应的进行。重要的是使用的提取剂：①与氧化剂不发生反应或反应量很少；②与分析方法兼容（如气相色谱法和探测器）；③会充分提取目标污染物。

D.2.5　预防措施的解释和结果的应用

污染物可处理性和副产物评估的结果必须是"最佳案例"或"最差案例"场景，如果条件允许，应在现场条件下全面推断预期结果。例如，当考虑实验室研究中污染物的处理程度时，由于完全接触、充分混合，以及理想化的污染物质量转移，结果必然是"最佳案例"；当场地尺度下观察到的处理范围小于实验室预测的范围时，由于完全接触、充分混合，以及理想化的质量转移，氧化剂消耗结果必然是"最差案例"。场地条件下的氧化剂消耗速率通常低于实验室中基于测试方法的氧化剂预测消耗速率。同时，当监测中间产物 / 副产物或金属活动性时，结果必然是"最差案例"，主要是由于缺乏场地条件下可以降低这些过程活动性的重要步骤，包括稀释、返回前 ISCO 平衡条件（通过反应完成或从反梯度区域流动），或者其他的自然衰减过程。这些测试及由此产生的结果可以指导监测方法，但不应视为备考指标，因为 ISCO 不适合现场应用。

D.3　氧化剂浓度的分析方法

D.3.1　已有方法

表 D.6 总结了 ISCO 常用氧化剂的分析方法。这些方法通常是涉及简单设备及密集度较低的样品制备和保存方法，因为它们往往可以用于监测现场 ISCO 或进行可行性研究。除表 D.6 所列分析方法外，可能还有其他有用的分析方法，它们可能减少干扰或提供可信度更高的结果，但是它们很可能是设备和制备密集型。但是，臭氧可能是例外，因为许多实时臭氧监测器在气相和液相浓度监测中适用，但此处不做介绍。

表 D.6　ISCO 常用氧化剂的分析方法

引　文	必要装备	可否作为测试试剂盒?	试　剂	概　要	干　扰	每个样本的估计时间
过氧化氢						
Kolthoff and Sandell, 1969	玻璃器皿	是	碘化钾、硫代硫酸钠、钼酸铵、硫酸、淀粉(指示剂)	碘量滴定法和返淀粉滴定终点	其他氧化剂	约5钟prep
						5分钟 rxn
高锰酸钾						
标准方法[a] 4500-KMnO$_4$	分光光度计、过滤装置（如0.2μm）、玻璃器皿	否	无	在525nm直接监测高锰酸钾	二氧化锰，在525nm处吸附的任何浊度或颜色	约2分钟prep
过硫酸盐						
Kolthoff and Carr, 1953	玻璃器皿	否	碘化钾、小苏打、硫代硫酸钠、淀粉（指示剂）	碘量滴定法和返淀粉滴定终点	其他氧化剂	约5分钟prep
						15分钟rxn
Liang et al., 2008	分光光度计、玻璃器皿	否	碘化钾、小苏打、硫代硫酸钠	在352nm处取吸光度碘量滴定法	其他氧化剂	约5分钟prep
						15分钟rxn
Huang et al., 2002	分光光度计、玻璃器皿	否	硫酸、硫酸亚铁铵、硫氰酸铵	过硫酸铵在酸性溶液中与铁反应，加入硫氰酸铵且在450nm处读取	其他氧化剂，可能是有机质，背景吸收波长为450nm	约5分钟prep
						40分钟 rxn
臭氧						
标准方法[a] 4500-O$_3$	分光光度计或过滤比色计、玻璃器皿	是	磷酸、磷酸氢二钠、靛蓝（钾靛蓝三磺酸盐）	靛蓝比色方法，臭氧在酸性溶液中快速使靛蓝脱色，在600nm处读取或与色盘比较	锰和其他氧化剂，如果样品可以迅速读取，过氧化氢也可以使用	约5分钟prep

注：min—分钟；nm—纳米。

[a]见Eaton et al., 2005。

[b]Kolthoff and Carr（1953）报道，由于增长反应包含过硫酸盐自由基，有机物会影响三价铁的生成量，可以通过添加重要的清除剂，如溴化钾来克服这种干扰。

"prep"指每个样品准备时间的估计值，"rxn"指每个样品估计的反应时间（如果有的话）。

需要指出的是，最常用的过硫酸盐和过氧化氢的分析方法几乎是相同的，催化剂是例外（钼酸铵）。另外，尽管靛蓝比色法是一种更普遍的臭氧监测方法，但是碘量滴定法也可以量化臭氧（Eaton et al., 2005）。只要这些氧化剂中的一种存在，那么可以预期的是，碘量滴定法测量的浓度和实际氧化剂的浓度可以达到较好的平衡。这需要建立校准曲线来决定氧化剂浓度。

但是，一些 ISCO 技术将多种氧化剂注入地下，如过氧化氢和过硫酸盐，或者过氧化氢和臭氧。在这些情况下，碘量滴定法无法区分氧化剂。因此，碘量滴定法不是针对氧化剂的特定测试，而用来测试样品的氧化潜力。靛蓝比色法和臭氧法是一种更具体的氧化剂测试方法，臭氧可迅速使靛蓝脱色，而过氧化氢作为最可能与臭氧组合的氧化剂，使靛蓝脱色的速度变慢，因此快速测量可能减少这种干扰。一般来说，干扰会影响针对任何自然颜色进行的任何测试方法的结果，样品背景的浊度和吸光度可能影响分光光度计读数或比色终点读数分析的能力。

值得指出的是，这些方法中的绝大部分，尤其是靛蓝比色法或分光光度计读数方法，在氧化剂浓度低（如 1～100mg/L）的条件下表现最优（如线性校准）。由于这个氧化剂浓度范围通常远低于 ISCO 系统应用于场地的浓度范围，因此样品必须被稀释 100 倍甚至更多倍以达到最佳浓度范围，并且需要惰性稀释水源。

几乎所有这些方法都涉及不同程度的湿化学来确定氧化剂浓度。一些方法，包括分析过氧化氢和臭氧的方法，市面上销售的试剂盒可以为测试者省去准备和测试试剂的工作。然而，其他氧化剂的分析方法可能没有这种产品，可能需要测试者制备试剂。技术供应商通常有能力为氧化剂分析提供额外的专业知识。

D.3.2　参考文献

Eaton AD, Clesceri LS, Rice EW, Greenberg AS. Standard Methods for the Examination of Water and Wastewater[M]. American Public Health Association, Washington, DC, USA, 2005.

Huang KC, Couttenye RA, Hoag GE. Kinetics of heat-assisted persulfate oxidation of methyl-tert-butyer ether (MTBE)[J]. Chemosphere, 2002, 49: 413-420.

Kolthoff IM, Carr EM. Volumetric determination of persulfate in the presence of organic solutes[J]. Anal Chem, 1953, 25: 298-301.

Kolthoff IM, Sandell EB. Quantitative Chemical Analysis[M]. Macmillan, New York, NY, USA, 1969.

Liang C, Huang CF, Mohanty N, Kurakalva RM. A rapid spectophotometric determination of persulfate anion in ISCO[J]. Chemosphere, 2008, 73: 1540-1543.

D.4　场地条件下 ISCO 中试的注意事项

以下是在开展场地 ISCO 中试过程中需要注意的一些事项。

D.4.1 中试目标

实际应用的中试目标应根据时间及经济可行性制定，并且应考虑场地具体条件，以减小不确定性。一个中试的可能目标包括以下一条或更多条：

- 评估可能的处理效果（换句话说，质量去除或减小浓度），以减小全面实施过程中的不确定性；
- 评估药剂分布和有效影响半径；
- 优化设计工具的输入参数（也就是设计参数），以帮助减小 ISCO 系统设计及相关费用的不确定性；
- 在低成本的前提下确认 / 排除小规模挑战；
- 评估会使全尺度 ISCO 无法实际应用的致命缺陷；
- 实现一些 COCs 的质量去除。

中试方法应该考虑这样一个事实：观察法可能在 ISCO 的全尺度中被应用。换句话说，可能需要多重注射，后期注入要基于前期注入的表现情况。尽管如此，中试仍然需要减小设计中的不确定性及成本，同时评估致命缺陷。

评估中试的处理效率可能是具有挑战性的，导致实现这个中试目标复杂化的因素具体如下。

- 污染物从未经处理的高处位置流入中试处理区的可能性。在高水力压力梯度、高渗透性场地，以及高污染梯度存在的场地这种情况可能尤其明显。这可能需要恰当的梯度监测和模拟，或者水力压力控制方法来管理。
- 氧化剂在形成过程中持久性的潜力超出了中试的允许时间，因此得不到真正的终点浓度。真正的终点浓度在氧化剂耗尽、地下重新平衡并恢复地球化学条件，以及反弹（如果有）发生后才能得到。
- 将水作为氧化剂注入的一部分加入，以暂时取代或稀释原位污染物浓度的潜力。当大部分污染物以溶解相存在时，这种做法是极具挑战性的。在具有大量吸附态或残留态 NAPL 的场地中，上述问题不足为虑，因为吸附态或残留态 NAPL 比溶解相高得多，并且淹没了溶解相。只要存在氧化剂，污染物就会被看作溶解相而被处理，但如果吸附态或残留态 NAPL 仍然存在，在氧化剂耗尽（反弹）后溶解相浓度可能会增大。
- 一些氧化剂会使吸附态或残留态 NAPL 发生显著的解吸和溶解，这可能导致在地下水样品中观察到的液相浓度发生暂时性增大，并且可能掩盖实际发生的质量去除（如果考虑到溶解、吸附和 NAPL 残留态的量）。

如果评估 ISCO 系统设计对于 ISCO 处理目标的满足能力是中试的目标之一，那么应充分考虑中试的设计以避免上述问题（也就是说，采用大范围中试区域，以使地下污染物有足够的时间再平衡，并且采用充足数量的监测站点）。中试应该代表全面设计预期的关键参数。

其他中试目标更多地集中于注入过程中地下氧化剂分布信息的获取。可以通过中试加以修正的设计参数如下。

- 目标处理区的污染物质量和浓度。在准备中试的同时安装额外的井将会提供场地的额外特征信息。

- 目标处理区的维度（面积和深度）。
- 可移动区域的厚度（试剂通过可移动区域会发生流动）。
- 由于与污染物和自然介质发生反应而造成的氧化剂消耗速率和消耗程度的量级。

实现一些初始物质去除并不总是明确地作为中试的目标，但它可能仍然存在。这可能会促使中试的范围比实际需要的范围大得多。

D.4.2 注入探针和井间距与氧化剂的体积/质量

要根据中试目标和预算来设置中试注入探针或注入井（以下称为井）的数量。仅通过一个注入井就可以获得重要的信息（因此减小了不确定性），当考虑氧化剂分布时，其更实用。但是，应采用多点注入（至少4个）来评估一种ISCO技术对污染物减少的作用。用于评估ISCO技术性能的监测井应该布置在注入井之间，这样可以避免污染物运移到监测处理区。

如果资金有限，最好将更多的钱投入监测位置而不是注入位置。一般来说，监测井的数量最少应为3个。监测井的布设应与注入井间隔不同的距离，以评估注入过程中氧化剂的分布（从而获得所需要的井空间分布信息）。使用小尺度的监测井（如直径0.61m），为了获得注入过程中氧化剂的垂直分布信息，将监测井布置在不同的深度也是可取的。由于注入的化学药品不会完美地环绕分布于注入点周围，所以应该在不同的方向布置注入井。

当开发中试设计方案时，应该考虑推荐的全面注入模式。如果为氧化剂持续性提出了一个"注入和迁移"方法，那么布置在注入点下坡向的监测井应该被用于评估迁移的实现能力（注入井的行间距）。但是，应该在与注入井相对接近的位置布置监测井以评估注入阶段氧化剂的分布（在注入井行分布监测井）。如果网络模式被建议用于全范围，那么理解氧化剂迁移就不是至关重要的了。用于中试的注入井和监测井的设计应该与全范围的注入井和监测井的设计保持一致或非常相似。

对于全范围系统，在安装井的过程中，应十分小心以避开公共设施。另外，布设井的过程应该考虑公共设施和其他可能的优先迁移路径，以避免氧化剂流入使用层。

应该指出的是，示踪测试可能是中试一个非常有用的组成部分。仅注入一种保守的示踪剂就可以用于评估液体的"可注入能力"（例如，监测一个致命缺陷）和一种氧化剂的潜在分布（移动区域）。

例如，溴化物是一种常用的示踪剂，其可以在氧化剂注入前或在氧化剂注入过程中注入。但是，将溴化物与一些氧化剂混合时要小心谨慎，因为在某些条件下（高氧化剂浓度和高有机质浓度）会反应产生三溴甲烷。

根据9.3节内容，对氧化剂注入质量和体积的具体建议如下。

- 避免低估注入氧化剂溶液的体积。为了在中试过程中评估氧化剂的分布，采用低浓度、大体积的形式注入氧化剂可能是更好的。
- 特定的高锰酸钾：在氧化剂天然需要量低的场地，应避免加入过量的高锰酸钾。氧化剂在地下的迁移距离可能比预想情况更远，持续的时间也可能更长。

D.4.3 设备

用于实施中试的设备（例如，氧化剂混合、运移系统和检测设备）可能与全范围ISCO系统使用的设备相似。但是，由于注入时间更短且注入的质量/体积更小，可能使用不同的设备。例如，一个简单的液体高锰酸钠稀释系统可以用于中试，不用高锰酸钾是因为需要混合干化学物质。但是，建议从业者权衡节约成本，并通过取代不同的设备来实现，而不是在全范围内使用，以确定和解决在全范围内使用设备潜在的操作问题（例如，泵囊被氧化剂腐蚀，过滤系统没有按设计运行）。

D.4.4 监测

中试的监测计划可以与全范围系统所使用的相似。更多的全范围系统监测信息可参见第12章。这里提供一些监测的建议。

- 提供足够的基线条件监测以理解地下水浓度的自然变率，对于污染物浓度来说尤其如此，其空间上的差异可能达一个数量级甚至更高，时间上环境的变率可能高达±50%。
- 氧化剂注入后通过足够多次的取样可以观察到氧化剂和反应产物（或惰性示踪剂）的分布，对于有效性短暂的氧化剂来说尤其如此，如果NOD高，那么对于高锰酸钾来说可能也是这样的。
- 考虑使用带有数据记录器的实时监测系统帮助收集氧化剂分布的连续性信息。这可能缓解非常频繁的取样需要，并且可用于指导样品收集。

D.4.5 案例

运行良好的中试研究案例，包括观察和经验教训总结如附录E所示。

D.5 直接注入高锰酸钾的原位化学氧化的初步设计报告提纲

1. 项目介绍
  1.1 场地背景和修复状态
  1.2 前期ISCO测试结果总结
  1.3 修复程序
2. 概念设计模型简要总结
  2.1 源描述
  2.2 岩性
  2.3 水文地质条件
  2.4 地球化学背景
  2.5 污染物几何
    2.5.1 性质和相态
    2.5.2 程度和位置

3. ISCO 处理目标和里程碑

3.1 整体场地 RAOs 和 RGs

3.2 处理训练描述

3.3 ISCO 处理目标

4. 目标处理区描述

4.1 横向范围

4.2 井深间隔

4.3 岩性背景与复杂性

5. 处理技术描述

5.1 氧化剂选择和期望化学反应

5.2 氧化剂传输设计

6. 合同、设计和实施方法

6.1 合同模式

6.2 细节设计水平

6.3 实施途径

7. ISCO 细节设计

7.1 氧化剂剂量与注入体积

7.2 污染物接触和反应时间设计

7.3 注入点设计和安装方法

7.4 氧化剂存储、迁移、混合和输送方法

　7.4.1 注入点布局

　7.4.2 工艺流程图

　7.4.3 注入混合和迁移过程

　7.4.4 注入过程和深度间隔

　7.4.5 目标注射体积、速率和压力

8. 应急评估

8.1 技术风险分析结果

8.2 管理风险分析结果

8.3 概率和进度 / 成本影响结果

9. 传递和处理性能监测程序

9.1 传递监测程序

　9.1.1 监测位置

　9.1.2 参数和监测频率

9.2 处理性能监测程序

　9.2.1 监测位置

　9.2.2 参数和监测频率

9.3 应急监测评估

9.4 处理中断监测

10. 计划表

10.1 注入计划和事件数

10.2 传递监测计划

10.3 处理性能监测计划

10.4 偶然性对计划的潜在影响

11. 总要求

11.1 健康和安全

11.2 工程控制

11.3 许可要求

11.4 废弃物管理

12. 实施成本估计

12.1 建设和注入成本

12.2 传输监测成本

12.3 处理性能监测和中断监测成本

12.4 偶然性对成本的潜在影响

附录 初步设计方案图纸

初步设计方案图纸通常包含在初步设计的基础报告中。初步设计方案图纸至少应该包括以下几点：

- 工艺和设备布局图（P & ID）；
- ISCO 处理系统布局图；
- 初步的管道平面布置图；
- 井建设细节。

应该注意的是，如果采用基于绩效的承包方法，那么上面具体化的初步设计方案的某些组成部分可能会被省略。省略部分可能包括氧化剂的体积／用量、注入基础设施和注入井的设计。

D.6 ISCO 实施操作方案的典型组成部分

D.6.1 操作指标

操作指标被定义为一组特定的与操作相关的目标，如果操作相关的目标得以实现，那么 ISCO 处理目标也将实现。为了判断 ISCO 性能的有效性和成功性，在处理性能监测过程中这些操作指标将会被测定和评估。例如，用于 ISCO 的操作指标和目标如下：

- 在 TTZ 高锰酸盐从始至终传输最低浓度 x mg/L；
- 将高锰酸钾的最短停留时间维持在 x 天，在 TTZ 范围内使氧化反应发生；
- 最小化在传输过程中由于日照和短路引起的氧化剂在 TTZ 中的损耗；
- 采用实时监测和数据分析方法来优化/适应注入/监测过程，并且保证处理的经济性。
- 零健康和安全事故。

建立具体项目决策涉及的操作指标及与操作相关的目标。在多数情况下，这可以被用作性能测定指标和后续改进 ISCO 处理效率的优化活动的基础。例如，氧化剂再循环项目可能包括一个最低比例运行操作指标，如果未能达到该操作指标，就需要改进优化活动的操作。

应该怀谨慎态度以确保操作指标是切实可行的，如果操作指标可以实现，就会引导 ISCO 处理走向成功。在最初设计阶段，向潜在 ISCO 技术供应商咨询可能是很有益的。通常，技术供应商已经针对某些水文地质条件和污染背景开发出独特的 ISCO 技术。如果某些技术供应商已经被确定对某个项目有价值，那么应该在操作指标制定过程中征求他们的意见。这可以帮助确保操作指标是实用的、切实可行的。这样，技术供应商就可以参与到操作指标的制定过程中，并适当地承包任务，共同或全部负责操作指标的实现。

D.6.2　ISCO 处理里程碑

ISCO 处理里程碑是暂时目标，面向维持 ISCO 操作，并且针对 ISCO 处理目标不断进步。ISCO 处理里程碑具有高度的场地特异性，并且依赖场地业主需求和合同／法规要求。ISCO 处理里程碑通常与处理目标类型相结合。例如，如果污染物质量减少 90% 是处理目标，那么 ISCO 处理里程碑可能包括 50% 中段里程碑，并将 90% 作为最终处理里程碑。使用中段里程碑可以帮助衡量进度并进行中间调整，如果有必要，可以提高处理效率。

其他 ISCO 处理里程碑可能包括：
- 在 ISCO 处理开始时的当地补救（RIP）（美国国防部 DoD——具体目标）；
- 氧化剂输送完成；
- 氧化剂反应完成；
- 反弹期结束（例如，氧化剂反应和含水层氧化还原状态回归到基线条件）；
- 处理目标实现 50%（污染物解吸浓度、污染物质量、污染物质量通量等）。

处理目标实现的百分比和 ISCO 处理完成的百分比在没有获得反弹周期完成里程碑的条件下是不能实现的。

D.7　ISCO 的性能规格和／或详细图纸和设计规范的发展

为了本附录所讨论的目标，使用了下面的术语：
- 所有者——负责场地修复和合法管理的场地拥有者；
- 工程师——负责 ISCO 处理系统设计的顾问；
- 承包商——负责 ISCO 处理系统的物理实现。

D.7.1　性能指标

如果一个绩效合同将要实施，会准备承包商性能指标文件，并列出期望承包商能实现的最低性能指标。性能指标包括：
- 定义场地所有者、工程师、承包商的角色和职责；
- 确定 ISCO 处理目标；
- 为了让承包商详细了解场地条件，从而最大化 ISCO 处理目标的实现概率，确保性能指标包括的具体细节；

- 最大化承包商的灵活性；
- 让承包商对他们声称的处理效率负责；
- 确保收集恰当的数据以记录处理效率；
- 规定一个与预期处理里程碑相一致的付款里程碑过程；
- 需要遵守包括后 ISCO 再平衡监测和处理性能监测程序的操作和应急计划。

一般来说，性能要求要与 ISCO 操作目标和处理目标一致，包括：

- 将目标质量的氧化剂传输到目标处理区；
- 得到注入点周围的目标有效影响半径；
- 得到某些监测井地下目标氧化剂的浓度；
- 避免 / 最小化地下水和 / 或氧化剂表面暴露；
- 得到某个区域的目标污染物浓度、质量减少量或质量流量减少量。

应该将性能规格作为工作范围和投标表的一部分发给相关承包商。如果 ISCO 实施工作将由一个以上的专业（例如，钻孔、控制和机械设备、氧化剂注入）承包商执行，并且每个承包商都有自己的特定工作健康和安全需要，那么，应该将工作范围和投标表分开。

应该小心避免基于绩效的说明中出现矛盾，例如，依据污染物减少详细说明特定性能，但同时详细说明井的数量和将要使用的氧化剂剂量，这可能无法满足绩效目标。总之，应该由承包商来选择材料、手段和方法。在某些情况下，为了满足特定场地的需要，最小化材料和方法规范是可取的。例如，可能已经开展了实验室测试，并且证实碱性激活过硫酸盐可以用于复合污染物的氧化。另外，场地中可能有低渗透性介质，现场测试可能已经证明在传输氧化剂时需要气动压裂。

预测达到一个确定的浓度或污染物质量减少量是非常困难的；同样，难以预测可以达到的有效影响半径，除非已经开展了中试或前期注入。因此，如果履约合同中详细说明了这些条件中的任意一个，那么绝大多数承包商将会收取额外的费用。未来的 ISCO 技术承包商应在该阶段确保性能要求是现实可行的。基于此业主和承包商均满意的、经济的合约就准备好了。

D.7.2 详细设计规范和图纸

如果使用一个规定的合同，那么就需要一套详细的设计规范和图纸，其细节和格式是由建筑规范研究所规定的。设计规范和图纸的详细程度取决于合同结构，以及承包商所具有的专业知识水平。例如，由一个有经验的承包商实施简单直推探针技术，设计的规定合同可能包括最小设计规范，如井的北 / 东方位、钻井完成和开发细节、氧化和活化方法选择、氧化剂注入的体积和质量、氧化剂混合方式、氧化剂注入持续期及注入后监测。

更复杂的 ISCO 技术设计将由一个或更多个具体实施承包商来设计 / 操作，需要一套完整的详细设计规范和图纸。使用直推探针注入的 ISCO 系统的详细设计规范和图纸如表 D.7 所示，更复杂的自动再循环传输（使用井对井回灌技术）的 ISCO 系统的详细设计规范和图纸如表 D.8 所示。

表 D.7　使用直推探针注入的 ISCO 系统的详细设计规范和图纸

分　类	设计规范和图纸示例
一般	盖板 图纸清单
民法	布置图（场地边界、进入路线、井位置、设备、存储区、施工放线区） 井建筑图 各种民间细节（井拱顶、沟、混凝土垫块、围墙、灯箱）
工艺仪表	工艺流程图（氧化剂和活化剂混合、运输和输送设备） 管路和仪器仪表（氧化剂和活化剂混合、运输和输送设备）
机械	总布置图（控制建筑；混合、运输和输送设备） 井库布局和组成部分 储罐细节 各种机械的细节（管道、泄漏容器）
电器	单线图 发电计划和时间表

表 D.8　使用井对井回灌技术的 ISCO 系统的详细设计规范和图纸

分　类	设计规范和图纸示例
一般	盖板 图纸清单
民法	布置图（场地边界、进入路线、井位置、管道、设备、存储区、施工放线区） 井建筑图 各种民间细节（井拱顶、沟、混凝土垫块、围墙、灯箱）
建筑设计	计划和高度（调度室）
结构	基础方案（调度室、储罐、卸货站）
工艺仪表	工艺流程图（氧化剂和活化剂混合、运输和输送设备） 管路和仪器仪表（氧化剂和活化剂混合、运输和输送设备）
机械	总布置图（调度室；混合、运输和传输设备） 井库布局和组成部分 储罐细节 等距管道细节 各种机械的细节（管道、泄漏容器）
电器	埋管道网络 单线图 建筑电力计划和时间表 建筑照明计划 程序逻辑控制器（PLC）互连图

不管 ISCO 设计的复杂性或设计文件中包括的细节水平如何，在一个文件中，设计规范和图纸应包括所有需要的信息。另外，应该在项目中详细说明具体组件的设计要求，而不是按照一般供应商的设计规范或单张图纸。

▨ D.8 质量保证项目计划（QAPP）目录

1. 项目管理和目标

（1）项目组织。

- 项目组织结构图。
- 沟通途径。
- 全体人员职责和资格。
- 特殊培训和认证要求。

（2）项目计划 / 问题定义。

- 沟通途径。
- 项目计划（范围）。
- 问题定义、场地历史和背景。

（3）工程质量目标和衡量性能标准。

- 使用系统规划过程来设计工程质量目标。
- 衡量性能标准。

（4）二次数据评估。

（5）项目概述和计划。

2. 测量 / 数据获取

（1）抽样任务。

（a）抽样过程设计和原理。

（b）抽样程序和要求。

- 样品容器、体积和储存。
- 设备 / 样品容器清理和去污过程。
- 场地设备校准、维护、测试和检验程序。
- 提供验收程序。
- 现场记录程序。

（2）分析任务。

- 分析标准操作程序（SOPs）。
- 分析仪器校准程序。
- 分析仪器和设备。
- 维护、测试和检验程序。
- 提供验收程序。

（3）样品收集文件、处理、跟踪和托管程序。

- 样品收集文件。
- 样品处理和跟踪系统。
- 样品托管程序。

（4）质量控制样品。

• 抽样质量控制样品。

• 分析质量控制样品。

（5）数据管理任务。

• 项目文档和记录。

• 数据交付包。

• 数据报告格式。

• 数据处理和管理。

• 数据跟踪和控制。

3. 评估／监督

（1）评估及相应行为。

• 计划评估。

• 评估结果及相应纠正措施。

（2）质量保证（QA）管理报告。

（3）项目最终报告。

4. 数据审查

（1）数据审查步骤。

• 第一步：核实。

• 第二步：确认。

• 第三步：可用性评估。

• 可用性评估活动的数据限制和操作。

（2）精简数据回顾。

• 数据回顾简化步骤。

• 数据回顾简化标准。

• 适用于精简的数据量和数据类型。

D.9 ISCO 工程的潜在施工前活动描述

D.9.1 注入允许

可以在可行性研究（FS）期间的适用或相关和恰当要求（ARARs）评估过程中确定允许需求，并由决策记录（ROD）正式提出 ISCO 修复申请。如果有必要，ISCO 的实施必须结合恰当的工程、监测和应急控制，以确保与 ARARs 相符。

不同场地的允许需求和过程差别很大，建议在了解特定场地许可和公共设施清除要求后对指导手册加以补充。美国州际技术和监管委员会（ITRC, 2005）提供了关于典型监管问题／障碍的详细信息，以及突出允许过程的案例。ITRC 还编译了氧化剂注入的监管许可要求，并由美国各州组织实施。

监管机构可能想要解决的一些常见的允许需求包括：

• 化学存储和容器泄漏，以及程序控制；

- 化学试剂注入到饮用水类地下水区；
- 注入微量金属等制造业杂质；
- 氧化剂迁移到临近供水区或有 / 无液压控制的灌溉井；
- 对一级或二级水质特征，如味道、颜色和气味的永久影响，这些参数会受氧化副产物，如活化过硫酸盐产生的硫酸盐、高锰酸钾中的锰，以及催化过氧化氢或活化过硫酸盐中铁的影响；
- 对地表水和相关生态的潜在影响；
- 暂时的氧化还原条件变化，以及相关潜在问题对自然存在金属的吸附 / 溶解的影响。

在美国，氧化剂和试剂的注射主要由《安全饮用水法》（SDWA）的地下注射控制项目（UIC）、异位系统的《资源保护和回收法》（RCRA）、《综合性环境响应、补偿与责任法》（CERCLA）、《应急计划与社区知情权法案》（EPCRA）等监管。除得到这些环境项目的批准外，可能还需要获得当地和州政府环保机构的注入允许。美国一些州已经发布了可能影响 ISCO 项目的变动、弃权和允许例外。例如，弃权是为工业 / 商业拥有浅层含水层中的短期、闭环（例如，提取速率和注入流速相等）、高锰酸盐再循环系统发布的。ITRC 发布的文件规定了化学氧化可以用于多孔介质和地下水修复（ITRC, 2005）的情况，并提供了美国 6 个州的监管案例。美国各个州可能有比美国联邦计划更严格的规定，在实际应用中应该在案例基础上对每个 ISCO 项目的监管限制进行评估。

在允许进程中应注意确保进行监测，以实时掌握一些地球化学条件的改变，例如，溶解金属浓度是暂时升高还是没有升高，如果浓度升高，则含水层可能发生了永久性变化（Crimi and Siegrist, 2003; Moore, 2008）。对于有重新回到初始状态固有能力（如天然有机物或还原性金属）的许多场地来说，这是一种典型现象。对于拥有较弱再平衡能力的场地来说，在经历大规模 ISCO 注入工程后，可以制定一个使用直接注入氧化剂中和剂或消耗剂（如硫代硫酸钠、糖水或乳酸），从而淬灭有害氧化副产物的应急计划。淬灭剂也可用于刺激后 ISCO 联合处理方法，如增强原位还原脱氯。更多有关不同氧化剂对地球化学影响的讨论见第 2 ~ 5 章。

D.9.2 效用清除

所有钻井和地下作业都需要工具清除，至少要标记工作区域并调用当地地下服务预警网络（例如，开挖前致电，挖掘机热线，通话和未接来电记录）。法律规定，要通过当地地下服务预警网络警戒效用间隙，并且通知在拟定工作区域拥有地下管线（水、废水、天然气、电、电话、有线电视和光纤）的所有公共事业公司。一旦收到通知，设施拥有者将会以不同颜色标记管线所在位置。建议将私人公用定位器分包以进行更彻底的场地使用调查，尤其是私有财产中的公共设施不会通过地下服务预警网络进行标记，未被很好记录的设施位置和平面图，以及其他地下机构也可能不被标记。

在所有情况下，当设施位于或毗邻目标处理区（TTZ）时，需要评估地下设施与将使用氧化剂的化学兼容性。如果材料化学不兼容，则需要进行工程控制，下文将进一步讨论工程控制。

设备的位置重要性不仅出于健康和安全方面的考虑，也是为了了解对传输一致性的潜在影响。由于浅层 ISCO 注入点的渗透性会比天然形成的注入点更强，因此浅层 ISCO 的

521

床／沟槽设备代表潜在的短路趋势。如果注入位置距离设备通道太近，则氧化剂可能丢失或浪费。最坏的情况是，氧化剂可能会与设备结构中的不兼容性原料发生反应，同时引起破坏。最好的情况是，氧化剂失去了，并且需要新的注入点将氧化剂输送到相邻的原生地层。在某些情况下需要注意的是，对于处理可能迁移到设备通道的污染物来说，ISCO 处理设备通道是可取的。在处理时需要十分小心，以确保氧化剂不会破坏设备（例如，无立即排放点的混凝土排水管线），并且氧化剂会真正按照污染物的流动路径流动。如果采用这种方法，需要十分细心地监测包括入孔／地下蒸气在内的所有潜在暴露途径。

D.9.3　潜在受体调查

另一个重要的施工前活动是现场巡视，以及 TTZ 与周边地区调查（地上和地下），目的是寻找在 ISCO 施工过程中可能导致人类健康和环境风险的潜在暴露途径。不同场地的路径和潜在受体可能是不同的。例如，高压直接注入法与液压控制的氧化剂再循环系统相比，可能有更高的设备入口损坏风险。潜在受体包括人类和生态动植物群落。暴露途径包括：

- 设备下部或入口；
- 湿地；
- 岩石破碎或旧水井形成短路而导致地表积水；
- 地表水（如溪流或池塘）；
- 沼泽地排水／沟或涵洞；
- 室内空气。

需要仔细调查场地，了解 ISCO 注入场景以评估潜在风险。应该考虑每个潜在暴露途径，以采取必要的、恰当的工程控制和／或应急响应行动。缓解措施应包括 9.4 节准备的操作和应急计划。

D.9.4　ISCO 实施的工程控制

在某些极端情况下，若 ISCO 工程临近敏感设备或受体（如湿地），则有必要进行工程控制，以保护它们免于接触氧化剂。工程控制措施包括：

- 使用临时桩板可以保护光纤电缆；
- 开放孔／盖（被动或机械）可以防止蒸气积累；
- 液压控制（如地下水循环）可以用于控制氧化范围；
- 标记监测计划会保证 ISCO 注入得到控制，并且没有暴露。

应该仔细评估工程控制的性质和范围，如果有必要的话，工程控制应该由经验丰富的项目团队人员设计、安装和监测。

D.9.5　行政活动

在采购合同签订以后，调动之前执行的行政活动应该包括：

- 为所有场地工作者获取场地访问权限和人员审批权限；
- 与场地承包商开展施工前会议，以确定地下和地上设施、了解总体工作计划、了解健康和安全隐患，以及在工程实施过程中其他妨碍 ISCO 实施的现有场地活动；
- 在施工前会议上确保承包商拥有指定的设备、材料及附加设备，并确保将使用设备的化学兼容性；
- 验证水源和电力的可用性和可获取性；
- 在调动之前确认现场进度及识别 / 解决任何技术问题。

D.9.6　健康和安全准备工作

保证场地会按照健康和安全计划的要求装备所有合适的健康和安全设施、设备是至关重要的，具体包括：
- 个人防护装备；
- 化学品存储和处理设施；
- 氧化剂中和与泄漏物质容器和控制设备；
- 清洗与淋雨站；
- 灭火器。

健康和安全计划具体指出的详细安全检查表应由整个项目现场小组完成并检查。承包商应该完成这些安全检查表，包括应该用于更正缺陷的具体操作方法和措施的信息。安全检查表应该基于具体项目的健康和安全要求，现场工作队应该在施工之前确认所有的高风险场地活动是否都已被解决。高风险项目活动可能包括（但不局限于）以下几种：
- 钻孔；
- 电；
- 升降机；
- 手动和电动工具；
- 危险废弃物；
- 呼吸暴露；
- 交通管制；
- 废弃物定性、取样和分析。

D.9.7　参考文献

Crimi ML, Siegrist RL. Geochemical Effects on Metals Following Permanganate Oxidation of DNAPLs[J]. Groundwater, 2003, 41: 458-469.

ITRC (Interstate Technology and Regulatory Council). Technical and Regulatory Guidancefor In Situ Chemical Oxidation of Contaminated Soil and Groundwater[M]. 2nd ed. Interstate Technology and Regulatory Council, Washington DC, USA, 2005.

Moore K. Geochemical Impacts From Permanganate Oxidation Based on Field Scale Assessments[M]. MS Thesis, Department of Environmental Health, East Tennessee State University, TN, USA, 2008.

D.10　构建和传输有效性质量保证和质量控制（QA/QC）指南

表 D.9 给出了不同 ISCO 传输方法的构建和传输有效性 QA/QC 指南。

表 D.9　不同 ISCO 传输方法的构建和传输有效性 QA/QC 指南

适用氧化剂	成　分	数据对象	QA/QC程序	故障排除措施
		直推探针法		
高锰酸钾、催化过氧化氢（CHP）、活化过硫酸盐	钻孔	注入位置坐标精度 深度精度 注入深度的岩性检验	考察 探测杆或螺旋叶片统计 打击统计	圆锥贯入仪技术（CPT）调查以验证岩性界面 连续土壤采样与记录
	离散深度注入	注入效果 水力有效影响半径 氧化剂／活化剂传输有效影响半径	注入压力与流速 氧化剂／活化剂注入液浓度 附近监测点压力 监测井水位 监测井氧化还原点位（ORP）	调整传输顺序（例如，自上而下或自下而上） 连续土壤采样与记录 电阻率层析成像（ERT）调查 示踪剂注入与周界监测 采用连续下降井ORP数据采集器和／或比电导率
	钻孔报废	孔塞效果	自下而上注入水泥浆及水泥浆量	超钻和再弃井 如果老钻井导致注入液短路，则需要重设注入位置
		注入井		
高锰酸钾、CHP、臭氧、活化过硫酸盐	钻孔	见"直推探针法"中的目标与过程		
	注入井安装和完成	膨润土密封完整性 井适当发展	过滤和膨润土密封材料统计 净化水数量与质量监测	压力测试 再评估筛孔与过滤包设计
	注入	注入效果 水力有效影响半径	注入井效率 注入压力与流速 氧化剂／活化剂注入液周围监测点压力 监测井水位 监测井ORP	标记注入井总深度以评估沉淀 调整传输顺序（如自上而下或自下而上） 连续土壤采样与记录 ERT评估 示踪剂注入与周界监测 采用连续下降井ORP数据采集器和／或比电导率
		再循环系统		
高锰酸钾	钻孔	见"直推探针法"中的目标与过程		
	注入／提取井安装与完成	见上面详细说明的"注入井"中的目标与过程		
	工艺设备建造	工艺管道完整性 设备性能验证	液压测试 功能测试（过程、仪表与控制）	机械与控制程序修复
	地下水提取	提取效率 采集区域液压ROI 进水水质	提取压力与地下水流速 监测井水位 提取水质量抽样（场地参数与COCs）	再评估筛孔与过滤包设计
	氧化剂投加	氧化剂利用率	氧化剂消耗监测	重新评估氧化剂监测技术

（续表）

适用氧化剂	成 分	数据对象	QA/QC程序	故障排除措施
高锰酸钾	氧化剂注入	氧化剂注入液浓度 液压注入有效影响半径 氧化剂传输有效影响半径	氧化剂浓度 注入压力与流速 周围监测点压力 监测井水位 监测井ORP	调整传输压力 评估注入井效率 连续土壤采样与记录 ERT调查 示踪剂注入与周界监测 采用连续下降井ORP数据采集器和／或比电导率
沟槽与遮幕				
臭氧	钻孔	见"直推探针法"中的目标与过程		
	注入井安装与完成	见上面详细说明的"注入井"中的目标与过程		
	工艺设备建造	见上面详细说明的"再循环系统"中的目标与过程		
	氧化剂投加	见上面详细说明的"再循环系统"中的目标与过程		
	氧化剂注入	见上面详细说明的"再循环系统"中的目标与过程		
土壤混合				
高锰酸钾、CHP、活化过硫酸盐	工艺设备建造	见上面详细说明的"再循环系统"中的目标与过程		
	土壤混合	混合效果	混合后采样分析多孔介质中COCs与氧化剂／活化剂 在混合过程中目测或简单取样	评估混合工具设备与特定场地类型介质的兼容性 在氧化剂／活化剂混合之前采用挖土机预混合多孔介质
	氧化剂／活化剂投加	见上面详细说明的"再循环系统"中的目标与过程		
压裂布设				
高锰酸钾、活化过硫酸盐	钻孔	见"直推探针法"中的目标与过程		
	压裂	压裂破坏 压裂延伸 压裂有效影响半径	压裂井压力连续监测 压裂井气体流速连续监测 井口压力监测（最大拖拽臂压力表与数据记录） 表面泄漏调查 目测	CPT调查以核实岩性界面 连续土壤采样与记录 确定封隔器的完整性，使用双封隔器组件 使用钢管套维持井口完整性 在偏移井口进行压裂
	氧化剂／活化剂注入离散深度	见上面详细说明的"直推探针法"中的目标与过程		
	井口报废	见上面详细说明的"直推探针法"中的目标与过程		
表面应用于渗透通道				
高锰酸钾、活化过硫酸盐	工艺设备建造	见上面详细说明的"再循环系统"中的目标与过程		
	地下水提取	见上面详细说明的"再循环系统"中的目标与过程		
	氧化剂／活化剂投加	见上面详细说明的"再循环系统"中的目标与过程		
	氧化剂／活化剂注入	见上面详细说明的"再循环系统"中的目标与过程		

附录E 案例研究与应用说明

▅▅ E.1 案例研究：臭氧的试点测试

E.1.1 摘要

美国库珀鼓超级基金地是加利福尼亚州自20世纪40年代开始运行的一个鼓翻新设施，并于2001年被添加到美国重点名录中。这个地区被分层沉积的沙粒和有黏土晶体的淤泥所覆盖，地下水位为地表以下13.72m。地下水受到氯乙烯和1,4-二噁烷的污染。前一个测试发现增强原位生物衰减不能成功地降解1,4-二噁烷。一项原位化学氧化（ISCO）治理研究发现，臭氧在有无过氧化氢作为催化剂的情况下都能降解1,4-二噁烷。在这两种情况下，结果的相似性与理论违背，理论上臭氧与过氧化氢反应的速率应该快于臭氧单独反应的速率。自然产生的铁和碱度可能是纯臭氧系统快速降解1,4-二噁烷的原因。原位化学氧化试验自2005年7月开始实施了将近1年，包括1,4-二噁烷在内的关注污染物的浓度降低了60%～70%。监测结果显示，没有二次的地下水影响。基于这些研究结果，工程师建议在该地区全面使用原位化学氧化技术进行水体净化。

E.1.2 区域特征概要

1. 试验区域关注污染物的浓度

• 地下水中的最大浓度如下。

TCE：940μg/L。

1,4-二噁烷：750μg/L。

• 重质非水相液体（DNAPL）不能被直接观测到。

2. 试验区域的水文地质和地球化学情况

• 分层沉积的砂粒和带有黏土晶体的淤泥。

• 饱和水力传导度：18.59m/d。

• 地下水深度：13.72m。

• 地下水渗透速率：0.09m/d（孔隙度为0.4，梯度为0.002）。

• pH值：7.2。

• 氧化还原电位（ORP）：−51mV。

• 总有机碳：19.5mg/L。

• 碱度：17meq/L。

• 铁：2.8mg/L。

3. 区域特征描述方法

区域特征描述开始于 1996 年，对象包括土壤、地下水和挥发性有机化合物（VOCs）土壤气样本。圆锥贯入仪技术（CPT）被用于评估区域的地质情况，以及采集具有精确深度的地下水样品。

E.1.3 试点测试的特征和结果概要

1. 试点测试的目的

- 试点测试的第一个目的是评估臭氧和过氧化物降解该场地现存关注污染物的能力，尤其是降解 1, 4-二噁烷的能力。根据案例研究的源文件，该场地在试验期之前未进行过原位化学氧化处理。试点测试的第二个目的是评估场地土壤的自然需氧量（NOD）。试点测试的成功通过 COCs 的显著减少、二次副产物（如六价铬）持续增长现象的缺乏及 COCs 的最小反弹来衡量。

2. 试验前可治理性测试

- 批量测试使用试验场地的地下水和多孔土壤介质。试验评估了臭氧和过氧化物对 COCs 的破坏清除效率。COCs 的清除情况通过与喷射了惰性氮气的相似性蓄水层材料进行对比得到证实。COCs 在水相、喷射尾气和固相（如果存在）中测定。批量测试使用了 100g 含水层固体和 1000mL 地下水。空气中臭氧的浓度为 26 ～ 31mg/L，以 200mL/min 的速率喷射 3h。
- 由于在臭氧测试中观测到出乎意料的高破坏效率，故进行补充测试来分析地下水中可能充当臭氧氧化增强剂角色的成分。对亚铁、螯合铁、TCE 和重碳酸盐（提供碱度）使用注有 1, 4-二噁烷的去离子水来进行评估。
- 批量测试还评估了对金属和溴酸盐喷射臭氧和过氧化物的影响。

3. 试点测试设计

- 目标处理区：7641m³。
- 氧化剂：最初的 5 个月只用臭氧，并以 0.25 ～ 0.86kg/d 单独进行处理，随后用摩尔比为 2∶1 的过氧化氢∶臭氧试剂（9.46 ～ 18.92L 16% 的过氧化氢）再进行 5 个月处理。
- 激活方法：在试点测试的后半部分加入过氧化氢。
- 传质的数量：1。
- 传质的持续时间：321d，其中 91% 的时间在运行。
- 传质方法：使用 3 个喷射井，每个喷射井建有 2 个喷射点（深度分别为 21.34m、27.43m），喷射井间间距为 9.14 ～ 15.24m，脉冲频率为 1Hz，有效影响半径（ROI）为 4.57 ～ 6.10m。

4. 试点测试监测

- 除监测试点测试目标的完成情况及之前指定的影响成功的因素外，也执行一些监测来评估实际有效影响半径和系统操作优化。通过监测溶解氧（DO）、ORP 和修改氧化剂注入率来获得最终优化的系统运行参数。
- 在试点测试中只关注地下水的监测。

- 5 个监测井设置在距离喷射井 3.05 ～ 9.15m 的地方。其中，2 个监测井在地下 15.24 ～ 21.34m 进行筛查，2 个监测井在地下 21.34 ～ 27.43m 进行筛查，1 个监测井在地下 15.24 ～ 27.43m 进行筛查。

- 注入井在注入前要进行一次基线采样，系统启动后每 3 周进行一次采样，持续 9 周，紧接着每 4 ～ 6 周进行一次采样，持续 36 周。反弹监测在试点测试终止后进行，为期 3 个月。因此，系统共进行了 14 次地下水采样，并且采样是通过使用带有溢流式单元配置的低流量采样技术进行的。

- 井中采样监测以下分析物：COCs、臭氧、过氧化氢、pH 值、DO 和 ORP。采样频率因分析物而异。

- 井下数据记录仪被用于监控 DO 和 ORP。实时监测数据是优化臭氧和过氧化氢剂量策略的关键。

- 在长期掩蔽的现有抽取井中对 DO 和 ORP 进行纵剖面分析，以评估不同深度臭氧影响的变化。

- 图 E.1 给出了系统的布局和基线条件监测中得到的 TCE 浓度结果。

- 图 E.2 在地质剖面图上叠加了监测井网图，用来显示与渗透性更强的砂岩相关的监测井（某些监测井嵌入了砂岩中）的位置。它还展示了井内的基线浓度和 TCE 及二噁烷的最终浓度（注入终止后立即获取）来显示处理后的情况。然而，这些数据不能用于处理性能的评估，因为无文件证明采样是在含水层再次平衡之后进行的。

- 图 E.3 显示了实时的 ORP 数据记录结果，其被用于了解臭氧氧化对距离臭氧氧化点位大约 6.1m 远的监测井内水质的影响。因为监测井嵌入了一个可渗透的砂岩中，故即刻观察到一个针对氧化剂注入的反应。这还表明，最初的臭氧剂量足以实现和维持 ORP 的升高。

5. 原位化学氧化的有效性

- 目标：实现存在最小反弹现象的 COCs 的显著降低，以及原位化学氧化系统设计参数的优化。

- 目标是否实现：是。

- 原位化学氧化处理后地下水中 COCs 的最大浓度（停止注入后立即获取）。
  TCE：180μg/L（对比于初始的 940μg/L）。
  1, 4-二噁烷：99μg/L（对比于初始的 750μg/L）。

- 反弹：试点测试终止后 3 个月内在试验监测井内几乎没有或只有适度的污染物浓度的回升。某些回升是可预料的，因为来自上方 9.14m 或更远处的污染羽被预料到会在这个时期到达试验区域。试验期间适度的反弹在污染物浓度的最大降低处被观测到。在这 3 个月内，其他区域显示某些污染物的浓度有所回升，而某些污染物的浓度持续下降。

- 副产物的形成：六价铬和溴酸盐没有被监测到。

- 微生物活动的减少：未被分析。

- 案例状态：开放。

- 未来的工作：项目工程师为源区设计了一个全面的催化氧化系统。

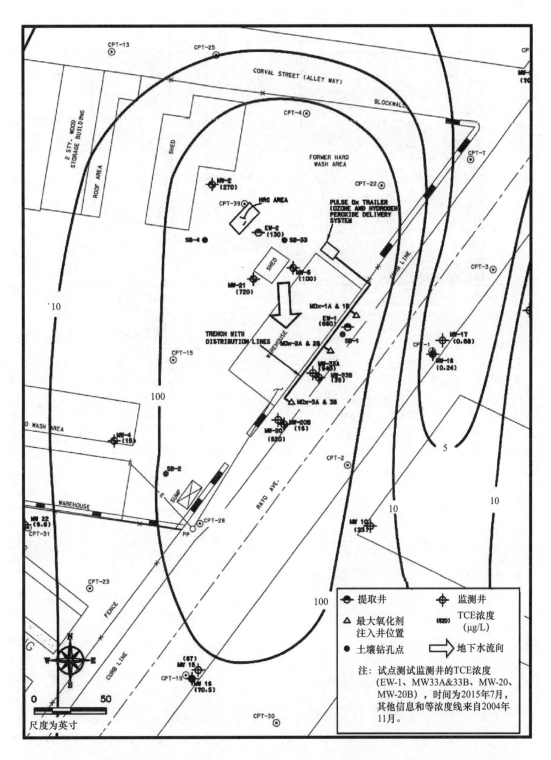

图E.1 美国库珀鼓超级基金地基线TCE浓度（μg/L）的试验测试布局，括号中显示井标签

（URS Group, 2006）

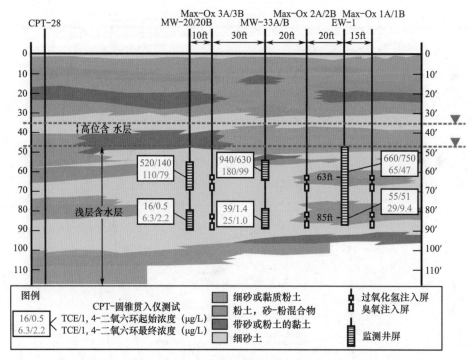

图E.2 美国库珀鼓超级基金地试验测试的地质学截面（URS Group, 2006）

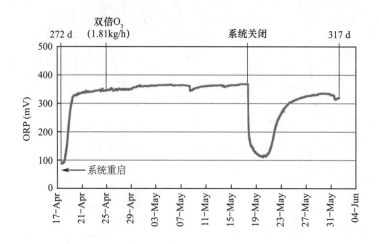

图E.3 2006年实时井下实时数据记录仪摘要，来自美国库珀鼓超级基金地MW-33A（URS Group, 2006）

6. 其他观测和经验教训

- 观测到平均有效影响半径大约为9.14m，这是注入井和监测井的最大距离。一个更大的有效影响半径（15.24～24.38m）在浅层被观测到，这可能与负重造成的低渗透性有关。
- 臭氧每天注射1次，每次0.454kg，取得了最优的结果。
- 过氧化氢对污染物浓度减小的影响还不清楚。

- 没有发现空气的注入速度是一个重要的影响因素，尽管 0.028m³/min 以上的注入速度应该被避免，以尽量减少细小沉积物在发育形成时的搅拌。
- 测量 DO 和 ORP 的实时数据记录仪在优化系统设计中是很有价值的。
- 修改臭氧的加载速率，并测量相应的污染物浓度降低，来评估这个设计标准的影响。
- 有一口井在试验期间被堵塞了，大概是由于沉积物剥落和生物淤积。之后，这口井被稀酸成功修复了。

E.1.4 参考文献

Sadeghi VM, Gruber DJ, Yunker E, Simon M, Gustafson D. In Situ Oxidation of 1,4-Dioxane with Ozone and Hydrogen Peroxide[C]. Proceedings, Fifth International Conference on Remediation of Chlorinated and Recalcitrant Compounds, Monterey, CA, USA, May 22-25, 2006.

Schreier CG, Sadeghi VM, Gruber DJ, Brackin J, Simon M, Yunker E. In-Situ Oxidation of 1,4-Dioxane[C]. Proceedings, Fifth International Conference on Remediation of Chlorinated and Recalcitrant Compounds, Monterey, CA, USA, May 22-25, 2006.

USEPA (U.S. Environmental Protection Agency). Superfund Site Progress Profile-Cooper Drum Co. (EPA ID: CAD055753370). On-line Superfund Information System[N]. Accessed July 19, 2010.

URS Group. Field Pilot Study of In Situ Chemical Oxidation Using Ozone and Hydrogen Peroxide to Treat Contaminated Groundwater at the Cooper Drum Company Superfund Site[N]. Prepared by URS Group, Sacramento, CA for the USEPA, Region IX, San Francisco, CA. December, 2006.

E.2 案例研究：过硫酸盐试点测试

E.2.1 摘要

美国加利福尼亚州北岛海军航空站是一个运行的军事基地，毗邻加利福尼亚州圣地亚郡的科罗纳多镇。可操作单元（OU）的地下水污染羽大约长 0.805km、深 24.38m，含有 TCE 和自 1945 年以来该地飞机维修和实施其他基础业务所产生的相关降解产物。由于存在的 TCE 对毗邻东北地区的圣迭戈湾有潜在影响，因此原位修复是非常有必要的。原位化学氧化（ISCO）试点测试以含有平均浓度大约 4000μg/L 的 TCE 的污染羽中的一部分作为测试对象，并基于对污染物的浓度、可及性和基础设施的考虑进行选择设计。试点测试实施前在地下水中观测到铬浓度升高，这表明试点测试区应重新选址。

E.2.2　区域特征概要

1.试验区关注污染物的浓度

- 试验区关注污染物的最大浓度如下。

  TCE：地下水中为 16500μg/L，土壤中为 0.22mg/kg。

  1, 2-二氯乙烯（cis-DCE）：地下水中为 1100μg/L，土壤中为 0.11mg/kg。

- 重质非水相液体未被直接观测到。

2.试验区域的水文地质和地球化学情况

- 很细的砂和粉砂。
- 饱和水力传导度为 6.71 ～ 9.14m/d。
- 地下水深度：6.1m。
- 地下水渗透速率：0.012 ～ 0.015m/d（孔隙度为 0.3，梯度为 0.0005）。
- pH 值：7.5。
- 氧化还原电位（ORP）：112mV。
- 温度：22℃。
- 溶解氧：0.4mg/L。

3.区域特征描述方法

- 2002 年进行了可操作单元污染羽的大规模界定。试验区关注污染物的浓度在 7 个点位进行的膜界面探针（MIP）测试中得到了确认，这直接推动了大约 594.58m² 区域内针对挥发性有机化合物（VOCs）和铬的地下水采样。
- 膜界面探针测试的结果显示地下 13.41 ～ 16.46m 这一目标处理区含有污染物的最大监测值。

E.2.3　试点测试的特征和结果概要

1.试点测试的目的

- 试点测试的目的是评估利用环境中地下水温度作为激活方法所活化的过硫酸盐，削减地下水中至少 90% 的 TCE 和 cis-DCE 浓度的能力。
- 该计划包括一个蒸气活化的应急措施，以避免 90% 的去除率没有实现。
- 试点测试还评估了距离的影响，对金属和二级地下水标准制定的相关参数的影响，以及 ISCO 处理所导致的形成层渗透率的变化。

2.试点前可处理性测试

- 批量测试使用了一种由试点试验区采样的污染物组成的含水层泥浆。批量测试的目的是评估各种催化作用（包括热、Fe-EDTA、碱性条件、介质中 22℃地下水水温等）的自然氧化需求和降解的有效性。试点测试还评估了石膏颗粒沉淀（$CaSO_4 \cdot 2H_2O$）。料浆由区域地下水和含水层固体以 1.5 : 1 组成，并标配了 TCE 以确保水相中的 TCE 浓度与场地中所记录的相似。泥浆在测试时被混合均匀，并于初始、第 1 天、第 3 天、第 7 天对氧化剂和 TCE 浓度进行采样。
- 处理测试结果显示，Fe-EDTA 催化会导致反应抑制和 COCs 弱降解。在 40℃和 60℃下进行热催化最成功（地下水中污染物浓度降低 99% 以上），紧随其后的是碱性条件（污染物浓度降低 93% ～ 97%）和 22℃环境地下水温度（污染物浓度降低 96%）。

- 处理测试结果表明，7 天后环境地下水温度激活过硫酸盐的自然氧化需求是 2.3g 过硫酸盐消耗 1kg 含水层固体（其中过硫酸盐的浓度是 30g/L）。
- 石膏发生沉淀（其质量为含水层固体质量的 1% 以下），但没有影响含水层固体粒度的矩阵分布。批量测试后，粒度分布与未处理的样品几乎相同。

3. 试点测试设计

- 目标处理区：481.39m³。
- 氧化剂：过硫酸盐的浓度为 45g/L。
- 激活方法：环境温度为 22℃，并预备一个蒸气催化的应急措施，以避免环境温度没有实现理想的污染物去除效果。
- 传递事件的数量：1。
- 传递方法：中央注入井和距离注入井 6.1m 或 9.14m 的 4 个提取井（全部为不锈钢，用于之后潜在的蒸气活化的使用）连续循环工作 5 天，从地下 13.41 ～ 16.46m 进行筛选。地下水在提取和加入氧化剂后、回注前进行过滤（袋式过滤器的滤袋直径为 10mm）。试验开始时的注入率为 37.85L/min，之后在后一阶段降低到 22.71L/min（由于注入锥导致液压压头增大）。
- 如图 E.4 所示为包括注入、提取、监测井和蒸气监测点系统布局的一个计划视图。
- 图 E.5 展示了地下水开采、过滤、氧化剂注入和再循环处理系统的注入组件的管道和仪表。

4. 试点测试监测

- 除监测试点测试目标的完成情况和上面指定的影响因素外，还执行一些监测来评估氧化剂再循环区域外水相和气相污染物的潜在迁移。
- 在此试点测试中只关注地下水和土壤气体的监测。
- 在 4 个监测井内，中央注入井和 5 个周边开采井之间安装了处理单元。5 个监测井设置在距离喷射井 3.05 ～ 9.15m 远的地方。其中，2 个监测井深 15.24 ～ 21.34m，2 个监测井深 21.34 ～ 27.43m，1 个监测井深 15.24 ～ 27.43m。
- 一个蒸气探测器被安装在修复区中。
- 监测井、开采井和注入井被采样用于监测以下分析物：VOCs、过硫酸盐、pH 值、DO、OR、碱度、氯化物、硫酸盐、固体总溶解量（TDS）及包括六价铬在内的金属。采样频率因分析物而异。
- 井在注入前进行一次基线采样，并在停止注入氧化剂的第 7 天、第 19 天、第 30 天、第 60 天和第 90 天进行采样。在长期掩蔽的现有开采井中对 DO 和 ORP 进行垂直分析，以评估不同深度臭氧影响的变化。
- 直到提取的地下水的相关参数出现连续 3 次稳定的读数时，才对每个监测井进行清理。
- 场地参数用 YSI 556 水质仪和相关流动单元进行监测。
- 地球化学相关参数被跟踪监测用于评估包括温度、电导率、碱度、DO、pH 值和 ORP 等参数在内的地下水的稳定度。
- 再循环时，在提取井中利用淀粉碘化反应测试套件来进行过硫酸盐的分析。
- 图 E.6 显示了水相浓度和 VOCs 总质量分数的基线条件监测结果。

- 图 E.7 说明了 5 个监测井在进行 ISCO 操作时的水位监测结果。所有监测井的地下水水位均显示 0.061 ～ 0.122m 的初始增长和之后的波动变化。顺梯度井被安置在离其最近的抽取井下方约 9.14m 的地方，它在同一时段被监测到 0.03m 的增长。

5. 原位化学氧化的有效性

- 目标：地下水中 TCE 和 cis-DCE 的浓度减少 90%。

- 目标是否实现：是。完成 ISCO 工程后的 19 天内，ISCO 性能监测井中的平均浓度就已经降低了 90%，表明蒸气活化将不会在项目中被启用。

- 原位化学氧化处理后地下水中 COCs 的最大浓度（停止注入后立即获取）为：

  19 天内为 3900μg/L（对比于初始最大浓度 16500μg/L）；

  30 天内为 12500μg/L；

  60 天内为 3500μg/L；

  90 天内为 4200μg/L。

- ISCO 处理后监测井中 TCE 的平均浓度为：

  60 天内为 1300μg/L（降低了 86%）；

  90 天内为 2000μg/L（降低了 78%）。

- 金属移动：无。

- 渗透率降低：无（通过段塞测试得到验证）。

- 微生物活动的减少：未被测试。

- 目前关于未来工作的计划：项目团队将评估过硫酸盐的全方位实施。

- 在试点测试时工人呼吸区和包气带中的蒸气监测结果表明，VOCs 未被释放到工人呼吸区或包气带；同时，这些区域的 PID 读数从未达到或超过 1ppmv。

- 图 E.8 总结了地下水中 TCE 和 cis-DCE 处理性能的监测结果。第 1 个数据显示的是基线水平，接下来显示的是循环停止后大约 7 天的水平。

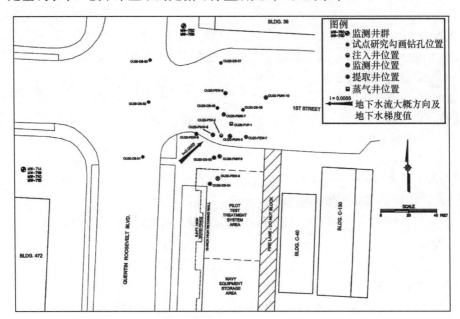

图E.4　监测点系统布局，美国北岛海军航空站建筑C-40（Shaw, 2007）

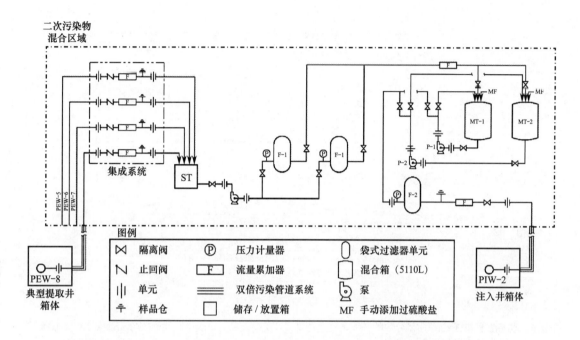

图E.5 过硫酸盐再循环处理系统的注入组件的管道和仪表图，美国北岛海军航空站建筑C-40（Shaw, 2007）

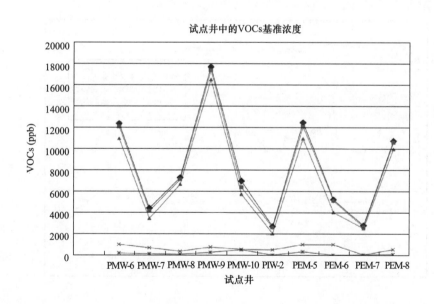

图E.6 水相浓度和VOCs总质量分数的基线条件监测结果，美国北岛海军航空站建筑C-40（Shaw, 2007）

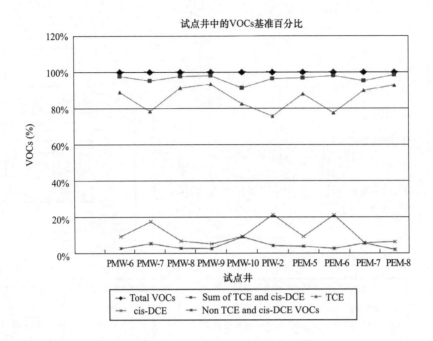

图E.6　水相浓度和VOCs总质量分数的基线条件监测结果，美国北岛海军航空站建筑C-40（Shaw, 2007）（续）

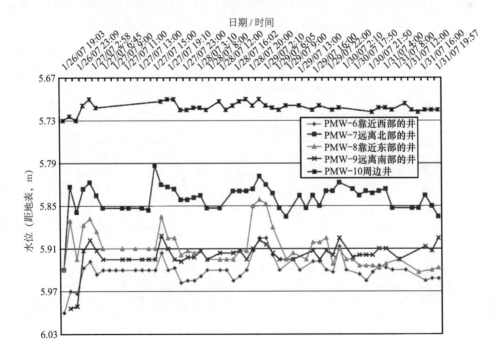

图E.7　ISCO处理期间地下水水位监测，美国北岛海军航空站建筑C-40（Shaw, 2007）

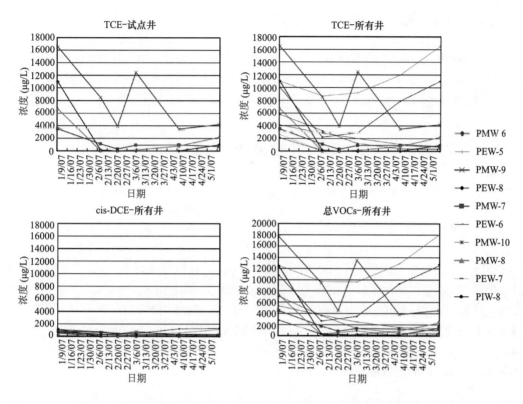

图E.8　修复效果的监测结果，美国北岛海军航空站建筑C-40（Shaw, 2007）

6. 其他观测和经验教训

- 目标的实现不需要引入蒸气和提高热活化温度。应该指出的是，低温热活化（LTHA）是一种会使场地重要污染物减量的"感知"活化方法。但是，没有实施特定的测试来验证 LTHA 是否起了主要的活化作用。因此，LTHA 可能不能用于与该场地没有相似地下水和多孔介质（地球化学）特征的其他场地。

- 某些监测区域地下水中 TCE 浓度的增长归因于 TTZ 外高阶地区污染地下水的流入。

- 项目团队在 ISCO 处理后监测中使用低流量采样技术。另外，因为有以下假设：处理后 7 天内监测井中观测到的 TCE 的异常高浓度是 ISCO 处理后这些监测井中未经处理、停滞不前的地下水残留的结果。所以，工程队在监测井中挑了 3 个监测井进行清洗，然后在这些监测井中对 VOCs 进行了重新采样（处理 19 天后采样）。

- 过硫酸盐在修复区内被持续监测 19 天。过硫酸盐的腐蚀性质使得某些设备（如泵）的维护非常必要。

- 注入时，观察到密封的注入井因注入压力被迫打开。这导致注入溶液在埋藏的管道沟内流动并进入提取井，使得系统短路。于是，井被重新密封，额外的过硫酸盐被加入系统以弥补短路。

- 实验台测试验证了在没有活化措施（增加热量、调节 pH 值等）应用时，过硫酸盐自由基的活化会在自然条件下发生，并导致 VOCs 的显著减少。

- 因为地下水温度升高（20～24℃）是操作单元与其他场地的主要区别，所以过硫酸盐自由基的形成可以归因于低的热活化温度。

E.2.4　参考文献

Shaw. Persulfate Pilot Test Summary Report, Naval Air Station North Island Operable Unit 20, San Diego, CA[R]. Prepared for Navy Facilities Engineering Command Southwest, San Diego, CA by Shaw Infrastructure, Inc., San Diego, CA. November, 2007.

E.3　案例研究：过氧化氢的试点测试

E.3.1　摘要

美国宾夕法尼亚州的莱特肯尼陆军仓库之前是一个地下水已受到污染的垃圾处理场。一个可试性测试被实施，用于检验被催化的过氧化氢（CHP）注入溶液注入喀斯特地形蓄水层治理氯乙污染物，包括重质非水相液体（DNAPL）的有效性。注入连续进行了4天，大量的监测显示过氧化氢和硫酸亚铁活化剂分布在整个处理区域。处理结果显示，处理区域注入井中的污染物浓度有显著下降，并且其中含有可监测水平的过氧化氢。然而，处理后观测到污染物有反弹的现象。大量的降雨出现在处理后监测阶段，导致地下水水位比处理和极限采样阶段高出了几米。

E.3.2　区域特征概要

1. 试验区关注污染物的浓度

（1）ISCO 处理前地下水中的最大浓度如下。

- PCE：1500μg/L。
- TCE：6000μg/L。
- cis-DCE：5600μg/L。
- VC：560μg/L。

（2）重质非水相液体在处理区域的监测井 PW-6 中被观测到。观测到的产物为 DNAPLs 和轻质非水相液体（LNAPLs）的组合。

2. 试验区域的水文地质和地球化学情况

- 喀斯特石灰岩床。
- 饱和水力传导度：8.23～24.38m/d。
- 基岩水力传导度：小于 0.305m/d。
- 地下水深度：1.83～9.14m。
- 地下水渗透速率：2.44～762m/d。
- 平均水力梯度：0.0054。
- 基岩有效孔隙度：0.003～0.13（平均值为 0.063）。
- pH 值：6.6。
- 温度：16℃。
- 碱度：7meq/L。
- 铁离子：37mg/L。
- 钙离子：115mg/L。

3. 区域特征描述方法

- 染料示踪剂跟踪测试。
- 压水试验（关注污染物、比容重和水力连通）。
- 地球物理测井学（温度、卡尺、流体电阻率、光学和声学仪记录）。

E.3.3 试点测试的特征和结果概要

1. 试点测试的目的

- 试点测试的目的是评估 CHP 有效降解喀斯特系统中氯乙污染物的能力，明确地说，是评估生成物的高电导性和异质性的影响、系统降低 pH 值以达到 Fenton 反应最优 pH 值范围的能力、试剂持续注射的必要性和有效性，以及监测项目的有效性。
- 根据完工的结果，试点测试项目应被视为是有效的。该研究的另一个目标是为全面的系统设计收集数据。

2. 试点前可处理性测试

利用场地地下水和岩心岩石进行的实验室规模测试被用于满足以下目标。

- 评估 CHP 氧化地下水中污染物的能力。VOCs 总浓度从测试前的 73.1mg/L 下降到 0.65mg/L 甚至监测不到。超出 8% 的氯离子浓度的增长在反应完成后被监测到。
- 评估石灰岩基岩对于催化剂溶液 pH 值的影响，结果显示一个合适的混合催化剂能够维持化学氧化反应发生所需要的 pH 值。
- 评估酸性催化剂溶解石灰岩基岩的潜在优势，结果显示催化剂（pH 值大约为 3）和本土形成的碳酸盐矿物之间只有一个很轻微的反应被监测到。
- 评估由二价铁离子催化剂的加入所致的三价铁的沉淀物造成堵塞的可能性。
- 评估石灰石基岩和断裂面矿物沉淀活化（或分解）过氧化氢的可能性。结果显示，过氧化氢溶液和本土形成的碳酸盐矿物之间只有一个很轻微的反应被监测到，最强烈的反应在一个涂有类似焦油的有机物的断裂面被监测到。一旦该有机物被清洗掉，过氧化氢的反应就会显著地下降。
- 优化催化剂和过氧化氢的浓度。为了使受 pH 值调控的催化剂与石灰岩基岩地层反应的可能性降到最小，推荐试验研究的目标 pH 值为 5。氧化效率只轻微地受到过氧化氢浓度的影响。

3. 试点测试设计

- 目标处理区（TTZ）：135920m³。
- 氧化剂：596g/L（体积百分数为 50%）的过氧化氢 48074L。
- 激活方法：136275L 的硫酸亚铁和磷酸溶液（浓度未报道）。
- 传输的孔隙容积：0.0055（基于过氧化氢的体积）。
- 传递事件的数量：1。
- 传递方法：反应物连续 3.5d（24h/d）被注入 5 个注入钻孔。注入以催化剂溶液的注入开始，仅为了获得最优的 pH 值（在模型试验阶段被确定为 5）。一旦蓄水层条件就绪，过氧化氢就被添加并补充必要的催化剂。反应物通过专利设备进行传递，这种专利设备被设计安置在注入井中的注入头内，以对过氧化氢和催化剂溶液进行混合。
- 安置注入器的目的是在源区的上边缘建立一个注入系统，用于将化学氧化剂溶液同时沿着基岩走向和地下水流向输入基岩。这样，注入项目就可以利用基岩蓄水层的各向异质性特征将氧化剂溶液输入目标处理区域，同时防止了上方区域对注入器的再次污染。

- 注入和监测兼用的开放钻孔。这些钻孔的地球物理性质被记录，有一些钻孔被用于泵抽、采样和分析水力影响的程度、与其他井的连通，以及使用隔离封隔器的多相流动区域内 VOCs 浓度的监测。这些数据被用于支撑注入器的布局。

- 如图 E.9 所示为一个包括注入井和监测井在内的试点测试布局平面图，其中主要的注入井是 IP02、IP05 和 IP06。

- 如图 E.10 所示为一个普通的地质剖面图，显示了垃圾填埋区下基岩大概的性质、7.62m 区域地下水水位的波动及注入器的间距。

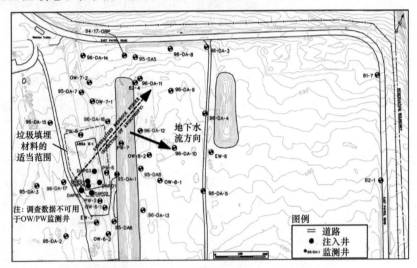

图E.9 试点测试布局平面图（Weston, 2000）

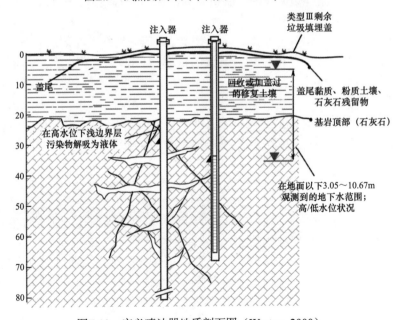

图E.10 广义喷油器地质剖面图（Weston, 2000）

4. 试点测试监测

- 注入时,地下水的情况被监测用来作为确定注入溶液的分布情况和反应的客观证据。
- 注入后,地下水的情况被监测用来估计被破坏的含氯 VOCs 的质量,以及发布石灰岩基岩的所有变化。
- 表 E.1 和表 E.2 概述了试点测试的监测方案,其规定了监测点参数测定的井深间距和相关安排。
- 试点测试期间的监测仅关注地下水。
- 除非另有说明,注入时以下这些参数要使用场地仪器进行测量以用于监测。过氧化氢会干扰某些测试方法,所以,当过氧化氢的浓度为 3mg/L 以上时,一些测试是不能被执行的。

  —铁离子(配有监测组件);

  —pH 值;

  —比电导率;

  —温度;

  —二氧化碳;

  —溶解氧;

  —过氧化氢(配有监测组件);

  —氯离子(配有监测组件);

  —硬度(配有监测组件,如果存在的话,被监测以评估石灰石基岩的降解程度);

  —地下水水位。

表 E.1　DA 初试测试(Letterkenny Army Depot, Chambersburg, PA)中用于现场监测的离散区域

现场监测点	总深度(地表以下,m)	到现场监测区域的深度(地表以下,m)
上坡		
96-DA-17	73.46	19.20~19.51;26.52;55.17~42.06
PW-2	38.71	20.73
OW-6-1	51.82	9.45~10.67;13.72~14.63;21.03~22.25
PW-5	14.33	11.28
96-DA-16	67.06	11.28~11.89;14.63~15.24;21.34
源区		
IP01	30.48	14.33,16.46,24.08
IP03	30.48	16.46
IP04	30.48	14.63,18.59,20.73
PW-6	24.38	23.16
下坡		
95-DA-1	67.66	8.84~9.75(void),21.34,53.06,57.30
96-DA-12	26.52	10.97~11.89,19.81~20.73,44.20
95-DA-8	67.06	17.68~18.29,28.96,42.98
96-DA-13	67.97	10.06,13.11,23.04,55.47
82-1	10.67	10.36

- 注入前 10 天，以及注入后 5 天、20 天、3 个月和 9 个月对地下水中的 VOCs 进行监测。采样先通过潜水泵对井进行清洗，并在一个用于监测的流通池中进行。当场地参数稳定，以及有 3 个井管容积被清除干净中有任何一种情况先发生时，清洗结束。清洗泵被撤掉后，使用一次性的聚四氟乙烯筒进行样品采集。被跟踪监测用于评估地下水稳定性的地球化学场地参数包括温度、比电导率和 pH 值。

- 如图 E.11 所示为一个典型的抽水采样系统设置。抽水泵在水层中上下移动，缓慢地将水从止回阀的深度带到地表面。为了使抽水泵或止回阀的堵塞最小化，抽水采样系统被安置在一个每个监测点都配有直径为 2.6m 的水井套管中。这种水井套管可以防止钻孔在水层中上下移动时止回阀对其侧壁进行刮擦。套管在用于监测的区域设置。

- 图 E.12 描绘了过氧化氢在地下水中的分布范围，其在注入 66 ~ 72 小时之后注入的最后一天使用场地监测组件进行测量。浓度高于 100mg/L 的过氧化氢的分布延伸到了 68.58m 远，这是试点测试期间被监测到的最远连续分布。这些数据表明，氧化剂的传输主要沿着基岩的走向。

- 图 E.13 描绘了注入最后一天地下水的等温线（与图 E.12 显示的是同一件监测事件）。在井 IP03 中监测到最高的地下水温度为 60℃，该井在当时没有被用作注入点。每个注入点的地下水温度都监测到超出了环境温度，这种情况拓延到了更远的北方（沿着基岩的走向），在那里监测到过氧化氢浓度升高。

表 E.2　DA 初试测试（Letterkenny Army Depot, Chambersburg，PA）中现场监测和注射活动的总结

监控点	区域	深度（m）	现场监测日期			
			1999年6月21日	1999年6月22日	1999年6月23日	1999年6月24日
上坡						
96-DA-17	1	19.20	Monitored	H_2O_2	H_2O_2	H_2O_2
96-DA-17	2	26.52	Monitored	H_2O_2	H_2O_2	H_2O_2
PW-2	1	20.73	Monitored	H_2O_2 at 20:05	H_2O_2	H_2O_2
OW-6-1	1	10.06	Monitored	H_2O_2 at 2:05	H_2O_2	H_2O_2
OW-6-1	2	14.02	N/A	H_2O_2 at 16:29	H_2O_2	H_2O_2
OW-6-1	3	21.34	Monitored	H_2O_2 at 2:05	H_2O_2	H_2O_2
PW-5	1	11.28	N/A	Monitored	Monitored	Monitored
96-DA-16	1	11.58	Monitored	Monitored	Monitored	Monitored
96-DA-16	2	14.94	Monitored	Monitored	Monitored	Monitored
96-DA-16	3	21.34	Monitored	Monitored	Monitored	Monitored
源区						
PW-6	1	23.16	Monitored	Product	H_2O_2 at 9:50	H_2O_2
IP01	1	14.33	H_2O_2	Injector	Injector	H_2O_2
IP01	2	16.46	H_2O_2	Injector	Injector	H_2O_2

监控点	区域	深度 (m)	现场监测日期			
			1999年6月21日	1999年6月22日	1999年6月23日	1999年6月24日
IP01	3	24.08	H_2O_2	Injector	Injector	Clogged
IP02	1	15.24	Injector	Injector	Catalyst?	Catalyst?
IP03	1	16.46	H_2O_2	H_2O_2	H_2O_2	H_2O_2
IP04	1	14.63	Monitored	Injector	Injector	Injector
IP04	2	18.59	Monitored	Injector	Injector	Injector
IP04	3	20.73	Monitored	Injector	Injector	Injector
IP05	1	12.19	Injector	Injector	Catalyst?	H_2O_2
IP06	1	12.19	Injector	Injector	Injector	Injector
下坡						
95-DA-1	1	9.14	H_2O_2	H_2O_2	H_2O_2	H_2O_2
95-DA-1	2	21.34	H_2O_2	H_2O_2	H_2O_2	H_2O_2
95-DA-1	3	53.04	Monitored	H_2O_2	H_2O_2	H_2O_2
96-DA-12	1	11.28	Monitored	Monitored	H_2O_2 at 20:55	H_2O_2
96-DA-12	2	20.42	Monitored	Monitored	H_2O_2 at 20:55	H_2O_2
95-DA-8	1	17.98	Monitored	Monitored	Monitored	Monitored
95-DA-8	2	28.96	Monitored	Monitored	Monitored	Monitored
95-DA-8	3	42.98	Monitored	Monitored	Monitored	Clogged
96-DA-13	1	10.06	Monitored	Monitored	H_2O_2 at 11:52	H_2O_2
96-DA-13	2	13.11	Monitored	Monitored	H_2O_2 at 11:52	H_2O_2
96-DA-13	3	23.04	Monitored	Monitored	H_2O_2 at 11:52	H_2O_2
96-DA-13	4	55.47	Monitored	Monitored	H_2O_2 at 11:52	H_2O_2
82-1	1	10.36	N/A	N/A	Monitored	Monitored
Rowe Spring	N/A	N/A	N/A	N/A	Monitored	Monitored

注：Catalyst—用于注入催化剂的监测点；Clogged—之前已被沉积物堵塞的区域；H_2O_2 at 11:52—过氧化氢第一次监测的时间（24小时制），是经改良的场地参数；Monitored—所有的场地参数均被监测；Injector—用于注入的监测点；N/A—未被监测的区域。

- 如图 E.14 所示为全部含氯 VOCs 的基线条件监测的结果。图 E.14 显示所有注入位置的含氯 VOCs 浓度都超过了 1mg/L，有两个监测点位的浓度超过了 10mg/L。
- 目标：评价 CHP 修复喀斯特蓄水层中氯乙污染物的能力。
- 目标是否实现：是。CHP 在某些位置被证明是有效的，尽管在其他区域没有那么有效。污染物的浓度在 ISCO 实施后的监测阶段监测到有回升，推测可能是由于没有实施 ISCO 注入的浅层基岩或表层过渡带中未处理污染物的溶解造成的。利用地下水中氯离子的浓度可以估计，含氯 VOCs 的质量被清除了 862kg。

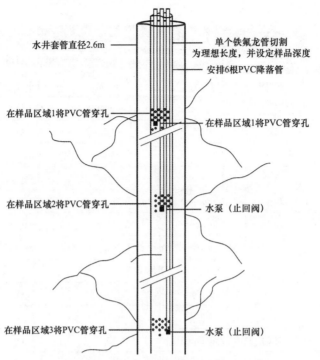

图E.11　典型的抽水采样系统设置（Weston, 2000）

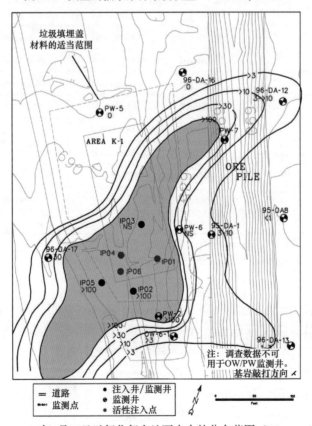

图E.12　1999年6月24日过氧化氢在地下水中的分布范围（Weston, 2000）

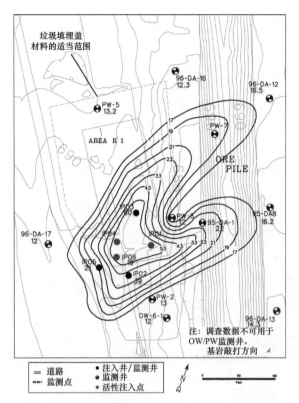

图E.13　1999年6月24日地下水温度（℃）分布（Weston, 2000）

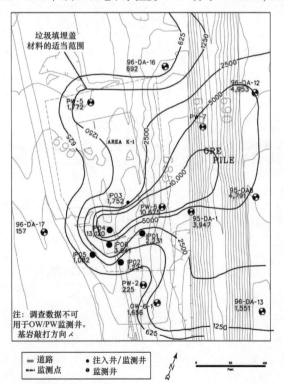

图E.14　1999年6月10日全部含氯VOCs（μg/L）的基线条件监测结果（Weston, 2000）

- 金属移动：无报道。
- 渗透率的降低：无报道。
- 微生物活动的减少：未被测试。
- 目前关于未来工作的计划：项目团队将会在试点测试报告中给出好几个全面的规模设计推荐值。对于场地的未来计划目前还是未知的。
- 图 E.15 总结了注入完成后大约 9 个月内对于地下水中总 VOCs 处理效果监测的结果。结果显示，总 VOCs 浓度高于 10mg/L 现象得到根除，5mg/L 浓度等高线减少。原来含有重质非水相液体的井中总 VOCs 的浓度从 10.8mg/L 降低到 4.7mg/L。

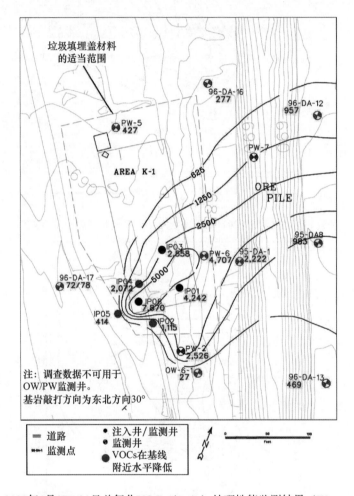

图E.15　2000年4月17—21日总氯化VOCs（μg/L）处理性能监测结果（Weston, 2000）

5. 其他观测和经验教训

- 大量的降雨事件在 ISCO 处理后的监测阶段发生，导致地下水水位高出了历史水平和试验阶段的水平好几米。这使得有关污染物反弹的解释变得混乱。
- 在 ISCO 处理后的监测阶段认识到氧化剂和采样方法（如场地监测组件和仪器）的兼容性是非常重要的。
- 为了避免在注入时氧化剂不必要的、非生产性的损耗，项目团队建议在目标处理区的周边监测过氧化氢的浓度，一旦周边过氧化氢的浓度达到了 100mg/L，则立即降低过氧化氢的注入速率。

- 计划注入区域周边注入的催化剂溶液建议以提供"氧化栅栏"的方式来防止 VOCs 从 TTZ 中迁移出去。
- 没有测出对石灰岩基岩的影响。
- 将注入方法从以持续速率注入更改为以下降速率注入，缓慢下降注入速率以收集氯离子的信息，进而评估氯离子的生成情况（例如，对含氯 VOCs 的破坏）。这种方法有可能降低或消除过氧化氢流至非目标处理区的不必要的损耗，避免过氧化氢的额外注入，减少 VOCs 的迁移，得到一个更加全面的氯产物的评估，以确定含氯 VOCs 的破坏程度。

E.3.4 参考文献

Weston. Summary Report for the In Situ Chemical Oxidation Pilot Study of the Bedrock Aquifer at the Southeastern (SE) Disposal Area (DA), Letterkenny Army Depot[R]. Prepared by Roy F. Weston, West Chester, PA for the U.S. Army Corps of Engineers, Baltimore, MD. October, 2000.

🏭 E.4 例证性的应用：联合方法

E.4.1 高锰酸钾对厌氧微生物群落修复氯化溶剂的影响

在美国新罕布什尔州米尔福德的城市供水井场的可操作单元，有一个小型 PCE 的 DNAPL 源区，其在地下水中创造了一个更大的溶解性 PCE 污染羽。源区已经被水泥墙壁包围，但几年后 ISCO 技术被选择用于去除 DNAPL 邻近区域的污染物。不过，普遍认为在 ISCO 技术实施后进行完善是必要的，而通过还原脱氯作用增强原位生物修复（EISB）被认为可能是针对这个应用最合适的技术。因此，在实施 ISCO 之前、ISCO 初始注入一年后，以及更大的第二轮 ISCO 注入一年后，项目团队进行了全面表征微生物群落的结构特性的相关研究工作（Macbeth et al., 2005; Macbeth, 2006; Weidhaas and Macbeth, 2006）。此外，项目团队实施了 *Dehalococcoides* spp. 的特异性抽样来鉴定是否需要将增强原位生物修复作为 EISB 完善策略的一部分。

基线地下水的样本是 2003 年从目标处理区和目标处理区以外的现场采集到的。之后，立即将 3855kg 高锰酸钾通过两个注入井注入目标处理区。评估微生物群落反应的样本在高锰酸钾注入 1 年后，即 2004 年再次被采集。随后进行第二轮高锰酸钾注入，即通过 8 个注入井将 1089kg 高锰酸钾注入。最终，地下水样本在第二轮注入 1 年后，即 2005 年被采集。

对地下水样本进行了 ORP、TOC、DOC、高锰酸盐和挥发性氯化有机化合物（CVOCs）的指标分析，微生物群落是通过使用广泛的、基于非培养脱氧核糖核酸（DNA）分析技术进行评估的。具体来说，末端限制性酶切片段长度多态性（T-RFLP）被用于"指纹识别"不同时间点的群落，从而估计物种的数量和相对丰度。克隆库分析被用于将一些更常见的基因序列进行排序，以作为初步识别及评估关联性和多样性的基础。最后，定量聚合酶链反应（qPCR）被用于监测和量化 Dehalococcoides spp. 虫害细菌在空间和时间上的分布情况。在所有情况下，16S 核糖体核糖核酸（rRNA）基因都是分析目标。

从 2003—2005 年的基准样本来看，目标处理区监测井四氯乙烯（PCE）浓度的下降为略低于 90% 至超过两个数量级，最终浓度为 17 ~ 190μg/L。2003—2005 年，所有这些监测井中的 ORP 都在稳步增长，波动范围从 2003 年的 889mV 变为 2005 年的 925mV。DOC 一直比较低，从 2003 年到 2005 年略有增加。2003—2005 年，在下风向的监测区域没有观察到 ISCO 对这些参数造成的影响。但是，下风向离目标处理区域最近的 2 个监测井显示 ORP、DOC 显著增大，而 PCE 浓度下降（尽管没有目标处理区那么显著）。

在所有监测井中，基准 T-RFLP 样品中的微生物多样性（按物种丰度、物种的数量及相关指数来衡量）是相当高的，尽管其略低于目标处理区监测井的结果，这大概是由较高的 PCE 浓度导致的。2004 年，目标处理区监测井的物种丰度戏剧性地下跌，并在 2005 年保持类似的水平。但是，在 3 次采样中，目标处理区以外所有监测井中的物种丰度保持恒定。另一个衡量微生物群落结构和多样性的指标是"均匀度"，这与物种的相对丰度"均匀"（对各物种或一些优势物种有相似的丰度）的程度有关。尽管 2003 年目标处理区和下风向监测井的均匀度接近，但随着微生物群落中一群小数量的能抗高浓度高锰酸钾的物种占主导，2004 年目标处理区监测井的均匀度大幅下降。2005 年目标处理区监测井的均匀度有一些回升，而下风向监测井中的均匀度一直没有变化。克隆库分析提供了类似的见解，即下风向监测井的序列代表了只有遥远关系的、范围广泛的细菌，而 2004 年来自目标处理区的序列代表的大部分都是关系非常密切的发酵细菌（Desulfosporosinus）。2005 年，目标处理区内属的数量和范围都有所增加，尽管大多数仍与梭状芽胞杆菌密切相关。

基于与高锰酸钾浓度、DOC、微生物丰度和均匀度相关的结果，一个针对微生物群落动态的概念模型被研发出来，其涵盖了处理前期、中期及后期（Macbeth et al., 2005; Macbeth, 2006）。由于许多场地没有获得详细的数据，所以这个概念模型仅作为一个假设，但可以作为一个起始点预测 ISCO 技术对原位微生物群落的可能影响。该概念模型被概括为一系列关于高锰酸盐浓度函数的 6 个情景，如图 E.16 所示。

- 情景 1：前 ISCO 条件下生物多样性很高，但生物量较低（此处假定有机碳含量较低，一般适用于不受石油烃污染的地下蓄水层）。
- 情景 2：在实施 ISCO 修复后，高锰酸盐以很高的浓度存在，而生物多样性和生物量都处在最低水平。
- 情景 3：高锰酸盐浓度仍然有点高，但已经下降到足以让某些细菌在 DOC 较高的条件下生长；生物多样性仍然很低，但实际上生物量已经高于基准值。
- 情景 4：高锰酸盐仍然存在，但浓度正在降低，随着生物多样性的持续恢复，DOC 逐渐增大，生物量达到最大值。
- 情景 5：随着高锰酸盐的消耗和 DOC 的降低，生物量开始下降，但生物多样性持续增大。
- 情景 6：随着高锰酸盐消耗时间延长，以及 DOC 已经恢复到背景值一段时间，有足够的时间让群落恢复到最初的平衡结构。

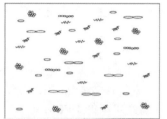

情景1：在周围环境下微生物均衡分布。
最高多样性——相应尺度中10个微生物；
低生物量——相应尺度中3个微生物。

情景2：高浓度的高锰酸盐溶液。
最低多样性——相应尺度中1个微生物；
最低生物量——相应尺度中1个微生物。

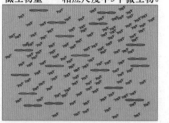

情景3：高锰酸盐浓度显著降低，由于高锰酸盐
还原菌的生长，受可利用碳含量增加影响。
低多样性——相应尺度中3个微生物；
高生物量——相应尺度中5个微生物。

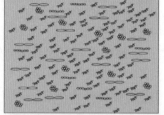

情景4：高锰酸盐浓度低，受可利用碳含量增加影响，
刺激额外微生物的生长。
高多样性——相应尺度中5个微生物；
最高生物量——相应尺度中10个微生物。

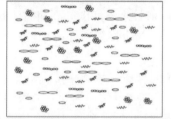

情景5：高锰酸盐消失，但受可利用碳含量
增加影响，依然刺激额外微生物的生长。
更高多样性——相应尺度中7个微生物；
更高生物量——相应尺度中7个微生物。

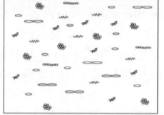

情景6：高锰酸盐消失，碳含量回归到ISCO
之前的含量或低于之前的含量。
最高多样性——相应尺度中10个微生物；
低生物量——相应尺度中3个微生物。

图E.16　氯化场地高锰酸盐ISCO的微生物群落的假设概念模型，基于Savage多级水供应井中详细分子分析（Macbeth，2006）

　　虽然这个假设概念模型是基于这个案例研究的现场数据的，但它似乎与7.2节的大多数实验室工作是一致的。应该注意的是，采样时间并没有长到足以使其恢复到该案例情景6中假设的基准平衡结构。

　　该案例研究中微生物群落分析的最后部分是对 *Dehalococcoides* spp. 的监测。2003 年基线条件取样期间，在目标处理区的 2 个监测井中发现了低浓度的 *Dehalococcoides* 虫害细菌。2004 年，即第一轮高锰酸盐注入 1 年后，*Dehalococcoides* 虫害分别在目标处理区外的一个监测井中被监测到了。在第二轮高锰酸盐注入 1 年后，任何监测井中都没有监测到 *Dehalococcoides* 虫害。虽然多次高锰酸盐注入可能对目标处理区的人口产生了显著影响，但目前尚不清楚如果有更多的时间，源区的 *Dehalococcoides* 虫害是否已经自然恢复。当然，如果 EISB 完善可以在最后一次高锰酸盐注入的 1 年内应用，则源区可能需要强化原位生物修复来使残留的 PCE 进行完全脱氯变成乙烯。

E.4.2　在一个废旧的气体制造厂场地利用催化过氧化氢和相关的放热性来进行 PAH 的修复

在美国佐治亚州奥古斯塔市，一个前制气厂内约 22000m² 的区域受到了副产物材料（BPLM）的影响（Bryant and Haghebaert, 2008）。该厂址坐落在有众多历史建筑的城市区域，大部分厂区用原位稳定技术（ISS）修复，但一些厂区外的建筑下的 BPLM 也要求修复，包括加油站、一个历史悠久的教堂及私人住宅。CHP 被选中去处理剩余的 BPLM。补救策略是利用 Fenton 化学的多种机制来达到处理目标：促进产品回收的放热性；降解污染物的氧化机制。

煤焦油埋藏在一个高渗透性砂层中，上覆不透水黏土，下覆密集的腐殖质。岩性抑制了 CHP 产生的二氧化碳和氧气的释放，帮助保护废气积聚的结构，以及可能由于注入引起的潜在的不稳定性。对很难接触到的地区煤焦油的 NAPL 质量的描述是不完整的，而在易接近的区域内其质量可能是较为乐观的。恢复工作用于减少这些不确定性对用于处理的化学计量需求的影响。

实验包括在 1308m² 区域内安装 45 个注入井，注入 104476L CHP 溶液（10.9% 过氧化氢），相当于 BPLM 质量：H_2O_2 质量为 1kg∶5kg。注入井被设计用于适应注入过程，以及 NAPL 提取点的温度和压力升高。在实验中，观察到由地下水温度的升高和循环的增强导致的 BPLM 增强的活化、BPLM 黏度的下降，并允许有主动收集来提高处理效率。结果表明，在实验区 BPLM 的质量约减少了 81%。

基于现场实验结果进行了全面的处理。基于 BPLM 的存在，场地中共安装了 686 个额外的注入器。如果在一个钻孔位置监测到了 BPLM，在这里将安装一个喷射器并进一步深入地开凿一个新的钻孔。场地中共有 118 个钻孔对 VOCs 和 PAHs 进行了分析，以确定 BPLM 的质量。全面注入已于 2004 年 11 月展开，并于 2005 年 9 月完成，共有 1201259kg 过氧化氢以 14% 的平均浓度被注入。处理仍然继续，直到监测不到分离相的 BPLM，每个位置的 VOCs 读数都低于 0.005%，过氧化氢在地下水中存在了至少 21 天。现场长期的地下水监测记录显示挥发性有机化合物和多环芳烃浓度减小 88% ～ 97.5%。

注入 CHP 导致地下水温度升高和循环加强，最初只是降低了残留 BPLM 的黏度。CHP 产生的废气，加上粉质黏土覆盖层提供有效的压力上限，导致了由于 BPLM 的充盈所致的砂和砾石区的增压。BPLM 被迫离开相邻的喷射器进入一个收集管系统，最后排入一些集水坑。

随着处理的进行，通过部分氧化对剩余 BPLM 的物理特性进行改性。在由于地下水温度升高而导致的最初 BPLM 的黏度下降之后，BPLM 逐渐变得更加黏稠。这可能是由于单环芳烃和低分子量的多环芳烃化合物被优先破坏，使其与 CHP 的反应比高分子量化合物更迅速。剩余的较高分子量馏分表现出更高的黏度，从而降低提取和收集效率。

在这种情况下，积极的产品回收优先或并发于 ISCO 可以缩短处理时间、降低处理成本。此外，污染物质量的减少允许更有效的化学注入和分布，为现场岩性创造了条件，特别有利于开发的 CHP 过程的放热性。

E.4.3 在一个 PCE 污染场地使用催化过氧化氢和高锰酸钠结合的原位化学氧化技术联合土壤挖掘的方法以达到最大的污染去除水平

2007 年，美国佛罗里达州的奥兰多市确定了一个地下水中的 PCE 污染羽，其源区位于一个新体育场拟封装材料的下方（Bryant and Kellar, 2009）。这个污染会产生威胁，从而拖延修建体育场的施工进度。为了防止这种中断，高污染区的土壤被挖掘移除，并对场地实施催化过氧化氢和高锰酸钠结合的原位化学氧化方法进行了修复，以实现严格的处理目标。

目标处理区的含水层位于致密的黏土弱透水层下部，其组成部分主要是砂层，只在距地面大约 12.19m 的深度处有一些细粒度的（粉土）区域。源区地下水中发现的最大 PCE 浓度是 14600μg/L，超过了美国佛罗里达州地下水的处理目标水平（CTL）——3μg/L。监测到 TCE 的最大浓度为 57μg/L，cis-1,2- 二氯乙烯（cis-DCE）的最大浓度为 98μg/L，均超过了各自的处理目标水平（分别为 3μg/L 和 70μg/L）。浅层土壤（地下 0.61 ~ 1.22m）在两个离散区域也受到了影响。土壤中四氯乙烯的最大浓度大约是 0.49mg/kg，超过了佛罗里达州土壤的 CTL——0.03mg/kg。

除了严格的处理目标水平，修复时间也被体育场的施工进度所限制。修复分为 3 个阶段进行：第 1 个阶段包括使用 CHP 原位化学氧化法来处理集中的源区；第 2 个阶段包括使用高锰酸钠来进一步氧化处理第 1 个阶段修复后潜在的残留污染物；第 3 个阶段则对受影响的浅层土壤进行异位处理。

该场地 CHP 和高锰酸盐的依次应用充分利用了每种氧化剂的特定优势。CHP 能迅速破坏污染物，在这种规模的场地下在几周时间内对污染物造成大规模的杀伤。然而，地表以下 CHP 的短生命周期限制了其对从细粒度（淤泥和黏土）含水层中缓慢释放出来的污染物处理的有效性，其自身的短生命周期也使得其来不及扩散进入这些细粒度的含水层中。细粒度（淤泥和黏土）含水层中长期释放的污染物可能会导致污染物反弹的问题，从而成为实现或维持处理目标水平的障碍。相比之下，高锰酸盐的攻击性通常不如 CHP 强，因此能在地表以下持续更长的时间。剩余的高锰酸盐可能会留存好几个月，以处理从细粒度含水层基岩中缓慢释放的污染物，也可以直接扩散进入细粒度含水层基岩中直接攻击这些污染物。

在一个 24.38m×39.62m 的区域内，72 个注入井被安装，其跨越了地下 3.05 ~ 12.20m 的 3 个深度段。修复的第 1 个阶段包括注入 321760L CHP 溶液，为期大约 3 周。4 个监测井中地下水样本顶空取样的 VOCs 读数显示了一个与 VOCs 从含水层基质的解吸有关的初始峰值，以及在随后的处理期内出现的未监测出水平。这些数据被用来决定何时停止 CHP 注入，以完成第 1 个阶段。

在开始第 2 个阶段的高锰酸盐注入前，有 1 周的时间允许残留过氧化氢进行降解。而后使用同一个注入井网（为 CHP 的注入所安装）进行高锰酸盐注入。第 2 个阶段的修复包括注入 79493L 4% 的高锰酸钠溶液，为期 1 周。高锰酸钠的现场监测包括采集地下水样品进行视觉分析，结果显示高锰酸钠在注入后是分布在整个目标处理区的。

第 3 个阶段修复包括在高锰酸盐注入结束的 15 天后，在 2 个受四氯乙烯影响的区域内进行为期 3 天的土壤移除，共移除了 94t 土壤。在移除过程中，聚氯乙烯（PVC）管道和明显的地面排水管系统被发现。管道还被发现含有剩余淤泥，并显示 VOCs 浓度升高。其直接位于地下水源区的上方，被推测是污染排放源。管道和相关的基床也被移除。

原位化学氧化修复后的性能监测通过 3 次中期的地下水采样事件和注入结束后第 177 天的一次最终采样事件来进行。在中期采样事件中，5 个性能监测井中的 VOCs 浓度都降低到了处理目标水平之下，只有 1 个性能监测井例外。在注入结束后第 164 天采集的一个样本中监测到 PCE 浓度为 11μg/L，并且经过了第 2 次分析的验证。这个样本来自毗邻土壤移除区域的浅水井，因此 PCE 可能与土壤移除有关。附加的高锰酸盐处理在该井区域内应用，所有的 VOCs 浓度随后都降到了处理目标水平以下。依照美国佛罗里达州的规定，注入井和监测井随之被废弃。

这个案例表明，在初始的 CHP 修复行为后注入高锰酸钠是一个特别有效和具有成本效益的修复氯化溶剂的策略，其中，污染物反弹问题的预防和修复停止时间是重要的考虑因素。这也说明了获知污染的主要来源的重要性，以及挖掘移除方法可能是清除这些污染源最有效的手段。这种策略充分利用了 CHP 的反应性，以及高锰酸钠的持久性和穿透进入低渗透性地层的能力。

E.4.4　参考文献

Bryant D, Haghebaert S. Full-Scale In-Situ Chemical Oxidation Treatment of MGP Sites[C]. Proceedings, MGP 2008 Conference, Dresden, Germany, March 4–6, 2008.

Bryant D, Kellar E. Remediation goes for 3[J]. Pollut Eng 2009, 41: 24–29.

Macbeth TW. Microbial Population Dynamics as a Function of Permanganate Concentration: OK Tool, Milford, NH[R]. North Wind, Inc., Report No. NWI-2234-001, April, 2006.

Macbeth TW, Peterson LN, Starr RC, Sorenson KS, Goehlert R, Moor KS. ISCO Impacts on Indigenous Microbes in a PCE-DNAPL Contaminated Aquifer[C]. Proceedings, Eighth In Situ and On-Site Bioremediation Symposium, Baltimore, MD, USA, June 6–9, 2005.

Macbeth TW, Sorenson KS Jr. In Situ Bioremediation of Chlorinated Solvents with Enhanced Mass Transfer[R]. Environmental Security Technology Certification Program Cost and Performance Report for Project ER-0218. November, 2009.

Weidhaas J, Macbeth TW. Influence of In Situ Chemical Oxidation on Microbial Population Dynamics: Savage Municipal Water Supply Site, Operable Unit 1, Milford, NH[R]. North Wind, Inc., Report No. NWI-2234-002, November, 2006.